Hofmann · Handbuch Meßtechnik und Qualitätssicherung

Handbuch Meßtechnik und Qualitätssicherung

Prof. Dr.-Ing. habil. Dietrich Hofmann

Friedrich-Schiller-Universität Jena
Sektion Technologie für den Wissenschaftlichen Gerätebau

Mit 242 Tafeln

Springer Fachmedien Wiesbaden GmbH

CIP-Kurztitelaufnahme der Deutschen Bibliothek

Hofmann, Dietrich:
Handbuch Meßtechnik und Qualitätssicherung/Dietrich Hofmann.
– Braunschweig; Wiesbaden: Vieweg, 1983.

ISBN 978-3-528-08507-0 ISBN 978-3-663-14093-1 (eBook)
DOI 10.1007/978-3-663-14093-1

Ursprünglich erschienen bei VEB Verlag Technik, Berlin 1980.
Softcover reprint of the hardcover 1st edition 1980

Gesamtherstellung: Offizin Andersen Nexö, Graphischer Großbetrieb, Leipzig III/18/38

Vorwort

Meßtechnik und Qualitätssicherung sind zwei Gebiete, die in der modernen arbeitsteiligen und spezialisierten Produktion immer enger zusammenwachsen. Es sind zwei Gebiete, die in Forschung, Entwicklung, Produktion und Anwendung gesetzmäßig zunehmend Gewicht erhalten.

Die Meßtechnik liefert die Meßinformationen zur Analyse, Beurteilung und Steuerung kontinuierlicher und diskontinuierlicher technischer Prozesse. Sie ist unerläßlich für die Produktions- und Qualitätssteuerung sowie die Produktionsorganisation und Produktionssicherheit. Darüber hinaus wird die Meßtechnik zunehmend in Landwirtschaft, Medizin und Verkehrswesen angewendet sowie in technische Konsumgüter integriert.

Die Qualitätssicherung umfaßt die Gesamtheit aller Maßnahmen, die von der Planung bis zum Absatz von Erzeugnissen durchgehend aufeinander abgestimmt sind, um die volkswirtschaftlich effektivste Qualität sowohl der Erzeugnisse als auch der Produktion zu gewährleisten.

Im Buch ist beabsichtigt, das Lehrgebäude der Meßtechnik und Qualitätssicherung in seinen Konturen zu umreißen und dabei disziplinäre und interdisziplinäre Gesetzmäßigkeiten aufzuzeigen. Außerdem wird angestrebt, Zusammenhänge zwischen volkswirtschaftlichen Aufgabenstellungen und daraus resultierenden Anforderungen an die Meßtechnik und Qualitätssicherung deutlich zu machen.

Das Buch stellt einen Versuch dar, das Gerüst der Meßtechnik und Qualitätssicherung mit knappen Worten in Übersichten darzustellen. Um seinen Umfang in Grenzen zu halten und die Übersichtlichkeit nicht in Frage zu stellen, waren Kompromisse erforderlich. Besonders deutlich kommt das in zwei Punkten zum Ausdruck.

Erstens mußte bei der Theorie der Meßtechnik und Qualitätssicherung zur weiteren Erklärung von Einzelheiten vielfach auf Spezialliteratur verwiesen werden, die sehr umfangreich ist.

Zweitens konnten bei der Anwendung der Meßtechnik und Qualitätssicherung im wesentlichen nur die Basisgrößen des Internationalen Einheitensystems berücksichtigt werden. Viele spezielle Meßverfahren und Meßmittel, die dem einen oder anderen bekannt sind, fehlen im Buch. Dieser Mangel hat aber, so hoffe ich, auch eine positive Seite. Den Lesern wird gezeigt, wie die abgeleiteten Größenarten und Einheiten auf die Basisgrößenarten und Einheiten zurückgeführt werden können und welche Schritte für die Lösung beliebiger Meßaufgaben durchlaufen werden müssen.

Meßtechnik und Qualitätssicherung sind einerseits wichtige Rationalisierungsmittel und unterliegen andererseits selbst der Rationalisierung. Deshalb wurde das Buch so angelegt, daß es in sich sowohl Elemente eines Fach- und Lehrbuchs als auch eines Handbuchs und Wissensspeichers vereinigt. Es wendet sich an technische Arbeitskräfte, die in Forschung, Entwicklung, Projektierung, Konstruktion, Technologie, Produktion, Absatz, Kundendienst und Service häufig Problemen der Meßtechnik und Qualitätssicherung gegenüberstehen. Außerdem ist es für Studierende an Hoch- und Fachschulen in den Studienrichtungen Elektrotechnik/Elektronik, Maschinenbau, Gerätetechnik und Technische Physik geeignet.

Die überproportionalen Fortschritte bei der Meßwertverarbeitung dürfen nicht darüber hinwegtäuschen, daß die Fortschritte bei der verbesserten Meßwertgewinnung wesentlich bescheidener sind. Die Anstrengungen sollten nun auf die wissenschaftlich-technische Durchdringung der zu untersuchenden und zu steuernden Prozesse, auf die weitere Algorithmierung und Vereinheitlichung von Meßprozessen sowie die qualitative und quantitative Leistungssteigerung der Sensoren konzentriert werden.

Dieses Handbuch wäre undenkbar ohne die umfangreiche Arbeit meiner Fachkollegen, deren Leistungen durch die zahlreichen Literaturhinweise und Quellenangaben gewürdigt werden sollen.

Die Zusammenarbeit der Meßtechniker in der Internationalen Meßtechnischen Konföderation (IMEKO) und in der Kammer der Technik (KDT) hat die konzeptionelle Arbeit für dieses Buch gefördert.

Besonderer Dank gebührt meinen Fachkollegen Herrn Prof. Dr. rer. nat. habil. H. Hart und Herrn Prof. Dr. sc. techn. W. Richter, Herrn Prof. Dr. rer. nat. W. Masing, meinen Mitarbeitern sowie dem verantwortlichen Lektor Herrn E. Mann für sachkundige Hinweise zur Verbesserung des Manuskripts.

Jena Dietrich Hofmann

Inhaltsverzeichnis

0. Einleitung

Die anspruchsvollen Zielstellungen für die Wirtschaftsentwicklung der nächsten Jahre sind eng mit der beschleunigten Qualitätsentwicklung verbunden.

Die Qualität beeinflußt auf vielfältige Weise die Kontinuität und den Rhythmus der Produktion, die Produktionskosten, den Produktionsumfang, die Arbeitsproduktivität und den Nutzeffekt der Erzeugnisse bei ihrer Anwendung oder ihrem Verbrauch.

Eine hohe Erzeugnisqualität trägt dazu bei, die ständig wachsenden Bedürfnisse der Bevölkerung immer besser zu befriedigen, internationale Kooperationsbeziehungen zu stabilisieren und auszubauen sowie die Exportfähigkeit und Exportrentabilität der Erzeugnisse zu steigern.

Die Qualitätsinformationsgewinnung ist in erster Linie eine Aufgabe der Meßtechnik. Hohe Erzeugnisqualitäten können nur dort erzielt werden, wo die Meßtechnik unmittelbar in den Reproduktionsprozeß integriert ist. Andererseits werden durch steigende Qualität ständig neue Anforderungen an die Leistungsfähigkeit der Meßtechnik gestellt. Qualitätssicherung und Meßtechnik bilden daher im Reproduktionsprozeß eine untrennbare Einheit.

Die Meßtechnik entwickelte sich in enger Verknüpfung mit den objektiven Bedürfnissen der menschlichen Gesellschaft. Ihre Anfänge liegen mehr als 7000 Jahre zurück. Der beginnende Warenaustausch forderte die Schaffung einfacher Längen- und Volumenmaße sowie Wägemittel. Mit der gesellschaftlichen Entwicklung vervollkommnete sich auch die Meßtechnik (Metrologie).

Die industrielle Revolution (18./19. Jahrhundert) bewirkte durch die Einführung von technischen Antrieben und Werkzeugmaschinen eine umfassende Anwendung von Längen- und elektrischer Meßtechnik.

Die wissenschaftlich-technische Revolution (20. Jahrhundert) brachte durch die Einführung von technischen Steuerungen und komplexen Produktionssystemen den größten Aufschwung der Meßtechnik im Verlauf ihrer historischen Entwicklung.

Diese Entwicklung erfolgt extensiv und intensiv,

- weil die moderne mechanisierte, teilautomatisierte oder vollautomatisierte und in hohem Maße arbeitsteilige Industrieproduktion nur mit großem Kontrollaufwand funktionsfähig ist
- weil die Anforderungen an die Güte, die Sicherheit und die Schnelligkeit der Meßvorgänge ständig wachsen und
- weil sich die Meßbereiche der einzelnen Meßgrößen in den letzten 20 Jahren um Größenordnungen erweitert haben.

Bedeutenden Einfluß auf die weitere Entwicklung der Meßtechnik haben im 20. Jahrhundert die gesellschaftlichen Bedingungen des komplizierten Warenaustauschs. Hierunter sind die Bedingungen der wachsenden nationalen und internationalen Spezialisierung und Kooperation zu verstehen.

Von Industrieländern wird der Umfang der Prüf- und Meßprozesse gegenwärtig im Durchschnitt mit 10 bis 15% der eingesetzten lebendigen Arbeit angegeben. In Teilbereichen des Reproduktionsprozesses, wie bei der Herstellung elektronischer Bauelemente, liegt er weit darüber.

Deshalb ist es notwendig, die Meßtechnik stärker zur Qualitätssicherung zu nutzen und beide durch Anwendung der mikroelektronischen Rechentechnik zu rationalisieren.

Einsparungen von nur 1% durch intensiveren Einsatz von Meßmitteln im Reproduktionsprozeß und durch höhere Qualifikation der Meßpersonen würden erhebliche wirtschaftliche und ökonomische Reserven erschließen.

Die unzähligen Einsatzgebiete der Meßtechnik, ihre hohe Vollkommenheit in einzelnen Spezialbereichen, die immer noch zu geringe Integration der Meßtechnik in die Produktion, die breit streuende Qualifikation der Meßpersonen und der sich anbahnende Verschmelzungsprozeß von Labor-, Fertigungs- und Prozeßmeßtechnik lassen es angeraten erscheinen, die Grundlagen der Meßtechnik und Qualitätssicherung in Übersichten darzustellen. Es ist beabsichtigt, auf diese Weise zur Rationalisierung von Meßprozessen beizutragen.

In der Industrie werden Meßtechnik und Qualitätssicherung in Fließ-, Chargen- und Stückgutprozessen eingesetzt.

Kennzeichnend für **kontinuierliche Herstellungsverfahren** (Fließprozesse, fließende Medien) sind Struktur- und Stoffumwandlungsprozesse, d.h. physikalisch-chemische Zustands- und Stoffzusammensetzungsänderungen. Hauptindustriezweig ist die Chemieindustrie. Von den etwa vier Millionen bekannten chemischen Verbindungen (Zuwachsrate etwa 100000 Verbindungen/Jahr) werden gegenwärtig etwa 400 anorganische und 25000 organische Stoffe großtechnisch erzeugt. Mehr als 40% dieser Stoffe kamen erst in den letzten 10 bis 20 Jahren auf den Markt. Chemische Stoffe werden durch mechanische, thermische, elektrische und/oder chemische Umwandlung erzeugt.

Mechanische Umwandlungsprozesse sind Abscheiden, Adsorbieren, Emulgieren, Filtrieren, Flotieren, Mischen, Sedimentieren, Sieben, Suspendieren, Verschäumen, Versprühen, Windsichten, Zentrifugieren, Zerkleinern, Zyklonieren.

Zu den **thermischen** Umwandlungsprozessen gehören Destillieren, Dialysieren, Kondensieren, Kristallisieren, Rektifizieren, Sintern, Sublimieren, Trocknen, Verdampfen.

Elektrische Umwandlungsprozesse sind Elektrophoresieren, Elektroosmieren und Elektrolysieren.

Zu den **chemischen** Umwandlungsprozessen zählen Chemosorbieren, Diffundieren, Extrahieren, Lösen, Oxydieren, Reduzieren, Neutralisieren, Hydrieren, Sulfidieren, Nitrieren und Titrieren.

Großen Einfluß auf die Qualität der Erzeugnisse haben die zeitliche Führung der Umwandlungsprozesse und die Reaktionsdauer. Die Reaktionsdauer kann von 10^{-12} s bis hin zu Jahren reichen.

Sowohl die hydrodynamischen und wärmetechnischen Verhältnisse in den Reaktoren als auch die Reaktionsgeschwindigkeit, d.h. die je Zeit gebildete oder umgewandelte Stoffmenge, werden in der Regel an Versuchsanlagen gemessen, optimiert und durch Analogieverfahren auf großtechnische Anlagen übertragen.

Wegen der Herstellungstoleranzen der Apparate im Großprozeß und durch Unsicherheiten in der Modellbildung werden an die meßtechnische Instrumentierung der Anlagen hohe Anforderungen gestellt.

Stoffumwandlungsprozesse bestehen im Mittel aus etwa 5 bis 25 Stufen. Ein direkter Zusammenhang zwischen charakteristischen Herstellungsfehlern in einzelnen Prozeßstufen (Umwandlungsstufen) und der Qualität von Enderzeugnissen läßt sich wegen der Vielfalt der Umwandlungsarten (über 50), Umwandlungsstufen (etwa 5 bis 25) und Enderzeugnisse (über 25000 großtechnisch hergestellt) *nicht* in allgemeiner Form angeben. Beispielsweise wird ein Dederonseidenfaden aus Erdöl hergestellt und durchläuft dafür die Verfahrensstufen Destillieren (Rohbenzin) – Raffinieren (Benzol, Phenol) – Hydrieren (Zyklohexanol) – Oxydieren (Zyklohexanon) – Destillieren, Oxymieren (Zyklohexanonoxim) – Umlagern (Kaprolaktam) – Destillieren, Kühlen (Rein-Kaprolaktam) – Polymerisieren (Polyamid) – Schnitzeln, Schmelzspinnen (Dederonseide).

Jeder Produktionsprozeß wird durch eine Reihe von Prozeßgrößen beschrieben. Die Prozeßgrößen dürfen nur in vorgegebenen Grenzen schwanken, um das Produktionssystem im Betriebspunkt zu halten und sowohl die Zwischenprodukte als auch das Endprodukt mit den geforderten Eigenschaften zu erzeugen. **Prozeßgrößen** und **Produktgrößen** werden gemessen.

Die Sicherung der Qualität des Enderzeugnisses setzt voraus, daß sich die erforderlichen Zustands- und Stoffgrößen in allen Etappen des Produktionsablaufs auch mit ausreichender Meßgenauigkeit erfassen lassen. Gegenwärtig gilt für die Sicherung der Qualität von Fließprozessen in der Chemieindustrie als grobe Orientierung etwa folgende prozentuale Verteilung der Meßgrößen (Prozeßgrößen und Produktgrößen):

Temperatur	50%
Durchfluß (Massestrom, Volumenstrom)	15%
Druck	10%
Niveau (Füllstand)	6%
Menge (Masse, Volumen)	5%
Zeit	4%
Analysen (Stoffdaten)	4%
Sonstige (Dichte, Feuchte, elektrische Stromstärke, Geschwindigkeit)	6%.

In chemischen Großbetrieben sind 20000 Temperaturmeßstellen keine Seltenheit. In Kernkraftwerken werden die Meßwerte von etwa 3000 Meßstellen zum Informations- und Steuerrechner geführt.

Neben der meßtechnischen Überwachung kritischer Prozeß- und/oder Produktgrößen dient die meßtechnische Informationsgewinnung und -verarbeitung auch der Gefahrensignalisation, der Betriebsorganisation und der Aufstellung von Stoff- und Energiebilanzen für verschiedene Bilanzräume und -zeiten sowie der Verfahrensoptimierung.

Bei **diskontinuierlichen Herstellungsverfahren** (Stückgutprozessen) ist einerseits nach der Fertigungsart zwischen Einzel-, Serien- und Massenfertigung und andererseits nach dem Fertigungsprinzip zwischen Werkstatt-, Nest-, Reihen- und Fließfertigung (nicht zu verwechseln mit Fließprozeß) zu unterscheiden. Kennzeichnend für Stückgutprozesse (quantisierte Teile, getakteter Ausstoß) sind Stoffumformungsprozesse, d.h. physikalisch-technische Form- und Eigenschaftsänderungen. Bei der Herstellung (Fertigung) der Einzelteile, Baugruppen oder Enderzeugnisse erfolgt die Formänderung durch **Urformen** wie Gießen, Sintern, Plastpressen, elektrolytisches Abscheiden; durch **Umformen** wie Walzen, Schmieden, Pressen, Ziehen, Drücken, Biegen; durch **Trennen** wie Spanen (Drehen, Fräsen, Bohren, Schleifen, Läppen), Abtragen (Erodieren, Elysieren, Laser- und Elektronenstrahlabtragen), Zerteilen (Abschneiden, Ausschneiden, Lochen), Zerlegen, Reinigen (Bürsten, Waschen, Beizen), Evakuieren; durch **Fügen** wie Nieten, Schrauben, Schrumpfen, Löten, Schweißen, Falzen, Kleben, Nähen, Ausgießen, Tränken und durch **Beschichten** wie Aufdampfen, Galvanisieren, Emaillieren, Lackieren, Auftragsschweißen. Die Änderung der Eigenschaften von Einzelteilen und Baugruppen erfolgt durch das sog. Stoffeigenschaftsändern wie Härten, Anlassen, Vergüten, Aufkohlen, Nitrieren, Magnetisieren, Festwalzen.

Innerhalb jeder dieser Hauptgruppen existiert, wie bei den Fließprozessen, eine große Anzahl von Einzelverfahren. Auch hier lassen sich zwischen charakteristischen Herstellungsfehlern (Fertigungsfehlern) in einzelnen Prozeßstufen (Umformungsstufen) und der Qualität von Enderzeugnissen *keine* direkten Zusammenhänge in allgemeiner Form angeben.

Für die Sicherung der Qualität von Stückgutprozessen (Maschinenbau, Gerätebau, Bauelementeindustrie) ergibt sich als grobe Orientierung etwa folgende prozentuale Verteilung der Meßgrößen (Prozeßgrößen und Produktgrößen):

Stückzahl	25%
Länge (Abmessung, Toleranz, Position, Weg)	25%
Zeit	15%
Temperatur	8%
Menge (Masse, Volumen)	5%
Durchfluß (Massestrom, Volumenstrom)	4%
Niveau (Füllstand)	4%
Druck	4%
Sonstige (Dichte, Feuchte, elektrische Strömstärke, Geschwindigkeit)	10%.

Bei überwiegend diskontinuierlich betriebenen Produktionsprozessen (Stückgutprozessen) steht die Prozeßführung anhand von zählbaren Zwischen- oder Endproduktgrößen und Zeiten im Vordergrund. Zahlreiche voneinander quasi unabhängige Einzelprozesse werden durch die Fertigungsorganisation miteinander verknüpft. Erfaßt werden dabei vor allem Stückzahlen (Gutteile, Ausschuß- und Nacharbeitsteile), Zeiten (Produktfolgezeiten, Maschinenlaufzeiten, Maschinenstillstandszeiten), kommerzielle Daten (Auftragsnummer, Materialart, Maschinennummer, Werkzeug, Schichtnummer, Arbeiterkennzeichen) u.a. Die Produktqualität wird auch hier wie bei Fließprozessen durch Messungen erfaßt.

Sowohl die kontinuierlichen als auch die diskontinuierlichen Herstellungsverfahren haben charakteristische Herstellungsfehler, die von den Verfahrens- und Erzeugnisentwicklern, Konstrukteuren und Technologen zu beachten sind, damit durch Stoffumwandlungen oder Stoffumformungen auch die geforderten Stoffzusammensetzungen oder Abmessungen erzielt werden können. Das Einhalten der in den technischen Unterlagen geforderten Werte bestimmt schließlich die Eigenschaften der Produkte (Stoffzusammensetzung, Funktionstüchtigkeit, Paßfähigkeit, Austauschbarkeit u.a.) und bestimmt damit ihre Qualität und Zuverlässigkeit.

Maßnahmen zur Intensivierung, wie

- Verringerung der Eigenmasse der Produkte durch materialsparende Konstruktionen und genauere Herstellung
- Kostensenkung bei der Herstellung und Anwendung von Meß-, Steuer- und Regelgeräten durch Einsatz moderner Technologien
- Verringerung der Ausschuß-, Nacharbeits- und Garantieleistungskosten durch Erhöhung der Qualität und Zuverlässigkeit,

stellen wachsende Anforderungen an die Meßtechnik und Qualitätssicherung.

1. Aufgaben, Verantwortung und Aufbau der Meßtechnik und Qualitätssicherung

1.1. Aufgaben, Verantwortung und Aufbau des betrieblichen Meßwesens

Messungen dienen in den Betrieben der primären Informationsgewinnung **(Tafel.1.1)**. Alle gesetzlichen, materiellen, personellen und organisatorischen Voraussetzungen und Tätigkeiten zur Vorbereitung, Durchführung und Auswertung von Messungen werden als Meßwesen bezeichnet [1.1, S.238].

Das **betriebliche Meßwesen (Tafel 1.2)** umfaßt alle personellen, organisatorischen und materiell-technischen Voraussetzungen und alle Tätigkeiten, die zur Vorbereitung, Durchführung und Auswertung von Messungen sowie zur Nutzung von Meßergebnissen in den Betrieben erforderlich sind.

Das betriebliche Meßwesen hat in den Betrieben und Einrichtungen der materiellen Produktion unterschiedlichen Umfang, ist sehr verschieden organisiert und kann deshalb nicht in allgemeiner Form beschrieben werden. Dennoch lassen sich wichtige Grundsätze formulieren, wie beispielsweise in der Verordnung über das Meßwesen [1.2], im Standard „Betriebliches Meßwesen" [1.3] sowie in der Verordnung über die Entwicklung und Sicherung der Qualität der Erzeugnisse [1.4] [1.5], dem Statut des Amtes für Standardisierung, Meßwesen und Warenprüfung [1.6] und den Handbüchern von *Lilie* [1.7] und *Masing* [1.8].

Die Verordnung über das Meßwesen [1.2] verpflichtet alle Betriebe, im Produktionsprozeß und zur Überwachung von Qualität und Quantität der Erzeugnisse, zum An- und Verkauf von Waren, zur Ermittlung und Kontrolle von Planziffern und Beständen sowie zur Bewertung der Arbeitsleistung geeignete Meßmittel anzuwenden.

Weiterhin ist gesetzlich geregelt, daß für die Auswahl und Beschaffung der erforderlichen Meßmittel sowie für den Vergleich der Meßmittel mit beglaubigten Normalen die Leiter der Betriebe verantwortlich sind. Besonders hohe Anforderungen werden an solche Meß- und Prüfmittel gestellt, die im rechtsgeschäftlichen Verkehr zur Bestimmung der Qualität und Quantität der Erzeugnisse und die zur Sicherung des Umwelt-, Arbeits-, Brand- und Gesundheitsschutzes dienen. Das betriebliche Meßwesen [1.3] [1.7] muß durch die Lösung von Meßaufgaben objektivierte und quantifizierte Meßinformationen bereitstellen. Die Leiter der Betriebe müssen gewährleisten, daß das betriebliche Meßwesen in ihrem Verantwortungsbereich den gegenwärtigen und perspektivischen Anforderungen voll entspricht. Hierfür ist eine Reihe wichtiger Voraussetzungen zu schaffen.

Die **personellen** Voraussetzungen sind die Bereitstellung ausreichend qualifizierter Meßpersonen sowie die Sicherung ihrer ständigen Weiterbildung.

Die **organisatorischen** Voraussetzungen umfassen die Verantwortlichkeiten für die Lösung von Meßaufgaben, den Arbeitsablauf und Festlegungen zur Informationsauswertung.

Die **materiell-technischen** Voraussetzungen betreffen die langfristige und kontinuierliche Planung sowie Bereitstellung der erforderlichen Meßmittel, Räume, Meßplätze und sonstigen Ausrüstungen.

Tafel 1.1. Meßinformationsgewinnung in der Produktion

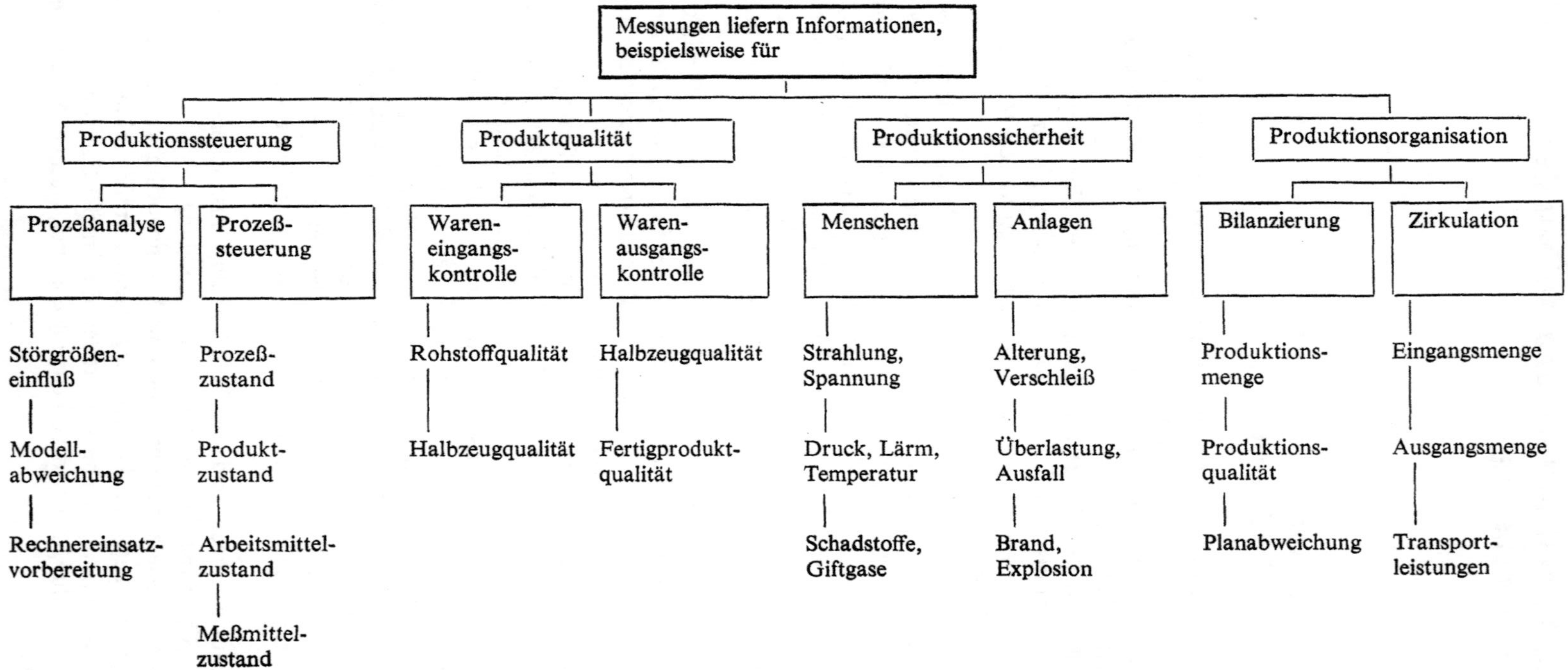

Tafel 1.2. Aufgaben des betrieblichen Meßwesens

Bereitstellung von Meßinformationen für Produktionssteuerung und Qualitätssicherung durch

Qualifizierung von Werktätigen	Beschaffung von Meßmitteln	Einsatz von Meßmitteln	Instandhaltung von Meßmitteln	Prüfung von Meßmitteln	Aussonderung von Meßmitteln	Ersatz von Meßmitteln	Entwicklung von Meßmitteln
innerbetrieblich	Planung	Aufgabenstellungen	Pflege	Prüfvorschriften	technischer Verschleiß	Planung	Vorrichtungen
außerbetrieblich	Nutzensnachweis	Optimierung	Wartung	Prüfpläne	funktioneller Verschleiß	Präzisierung	Werkzeuge
Produktionsarbeiter	Finanzierung	Meßmittelauswahl	Reinigung	Prüfmittel	moralischer Verschleiß	Finanzierung	Prüfmittel
ingenieurtechnisches Personal	Bestellung	Prüftechnologie	Ersatzteilbeschaffung	Prüfplätze	Lagerung	Bestellung	Anpaßmittel
Produktion	Kontrolle	Bereitstellung	Ersatzteillagerung	Prüfräume	Umsetzung	Kontrolle	Spezialmeßmittel
Absatz	Registrierung	Meßgerätebedienung	Reparatur	Ersteichung	Verkauf	Registrierung	Standardisierungsempfehlungen
Kundendienst	Lagerung	Messung	Prüfung	Nacheichung	Verschrottung	Lagerung	Weltstandsvergleiche
Entwicklung	Verteilung	Auswertung	vorbeugende Instandhaltung	Kalibrierung	Ersatzantrag	Verteilung	Forschungsverträge

Die notwendigen Entscheidungen stellen hohe Anforderungen an die Leiter. Diese müssen sich vor allem bewußt sein, daß es in der Qualitätsentwicklung keinen Stillstand gibt und daß die Maßstäbe, nach denen die betrieblichen und meßtechnischen Leistungen beurteilt werden, ständig steigen [1.9].

Für eine Warenproduktion bzw. für Erzeugnisse, die **nicht** den geplanten Qualitätszielen bzw. staatlichen Standards und anderen Gütevorschriften entsprechen, können Gewinnabschläge berechnet werden, die an den Staat abzuführen sind [1.10].

1.2. Aufgaben, Verantwortung und Aufbau des staatlichen Meßwesens

Das staatliche Meßwesen hat die Aufgabe **(Tafel 1.3)**, die Einheitlichkeit und Richtigkeit der Maße und Messungen in der Volkswirtschaft zu gewährleisten und eine wirksame Kontrolle zur Sicherung, Entwicklung und effektiven Nutzung eines rationellen Meßwesens auszuüben.

Das natur- und ingenieurwissenschaftliche Staatsinstitut und die technische Oberbehörde der Bundesrepublik Deutschland für das Meßwesen ist die **Physikalisch-Technische Bundesanstalt** (PTB) [1.31]

Die PTB konzentriert ihre meßtechnische Tätigkeit auf:

- Forschung und Entwicklung auf allen Gebieten des physikalisch-technischen Meßwesens, insbesondere Darstellung, Aufbewahrung und Entwicklung der physikalischen und technischen Einheiten zur Sicherung der Einheitlichkeit der Maße
- Forschung und Entwicklung zur Lösung wissenschaftlicher Probleme von großer Tragweite auf physikalischem und technischem Gebiet unter Ausnutzung vorhandener hochwertiger Forschungseinrichtungen
- Prüfung und Zulassung von Meßgeräten zur Eichung
- Bauartprüfungen auf dem Gebiet der Sicherheitstechnik, des Strahlenschutzes, der Heilkunde und der Überwachung des Straßenverkehrs sowie auf
- Prüfungen von Meßgeräten, Apparaten und Werkstoffen ohne gesetzliche Verpflichtungen, soweit sie nicht anderen Stellen vorbehalten sind.

Es ist zu empfehlen, sich bei Unklarheiten über meßtechnische Problemstellungen direkt mit der PTB **(Tafel 1.4)** [1.32] in Verbindung zu setzen.

Im öffentlichen Auftragswesen, im Export und in der wissenschaftlich-technischen Zusammenarbeit wird zunehmend gefordert, daß die hergestellten oder verwendeten Meßmittel an staatliche Normale höchster Genauigkeit angeschlossen werden. Dadurch wird auf dem nationalen und internationalen Markt die Wettbewerbsfähigkeit erhöht und dem Anwender Sicherheit über die erreichten Funktionsparameter der Meßmittel gegeben.

In der Bundesrepublik Deutschland erhalten die vom Deutschen Kalibrierdienst (DKD) kalibrierten Meßmittel ein Kalibrierzeichen mit Datum der Kalibrierung (s. Abschnitte 2. und 3.) und ein Zertifikat (Kalibrierschein). Koordinierende Tätigkeiten werden vom Western European Metrology Club (WEMC) wahrgenommen [1.33].

Die Befugnisse des DKD erstrecken sich *nicht* auf den Bereich des gesetzlichen Meßwesens und die Durchführung von Eichungen (s. Abschnitte 2. und 3.).

Organ des Ministerrats der DDR zur Leitung und Planung des staatlichen Meßwesens ist das **Amt für Standardisierung, Meßwesen und Warenprüfung** (ASMW) [1.6].

Tafel 1.3. Aufgaben des staatlichen Meßwesens

Sicherung der Einheitlichkeit und Richtigkeit von Messungen durch

Festlegung des Maßsystems	Darstellung von Einheiten	Durchführung von Prüfungen	Bereitstellung von Normativen	Ausarbeitung von Standards
Basisgrößen	Primärnormale	Beglaubigung und Eichung der höchsten Betriebsnormale	Beglaubigungsvorschriften	Grundbegriffe
abgeleitete Größen	Normalmeßverfahren	Zulassung von Meßmittelbauarten	Eichvorschriften	Meßmittel
Basiseinheiten	Normalstaffelung	Qualitätsbeurteilung und Klassifizierung	Vorschriften für Sonderprüfungen	Klasseneinteilung
abgeleitete Einheiten	Normalübertragung	Erst- und Nachprüfungen	Prüfschemata	Meßfehler
Benennungen	physikalische Normalproben	Sonderprüfung mit hohem meßtechnischem Aufwand	Zulassungsordnungen für Prüfstellen	Umweltbedingungen
Umrechnungen	chemische Normalproben	Importgutachten	Ausstattungsrichtlinien für Prüflabors	Hilfsenergie

Tafel 1.4. Arbeitsgebiete meßtechnischer Abteilungen der Physikalisch-Technischen Bundesanstalt (PTB) [1.31]

Abt. 1 Mechanik 2220	Abt. 2 Elektri- zität 2240	Abt. 3 Wärme	Abt. 4 Optik 2270	Abt. 5 Akustik 2280	Abt. 6 Atom- physik 3200	Abt. 7 Reaktor- strahlung 4201	Abt. 8 Technisch- wissenschaft- liche Dienste 4401	Abt. 9 Institut Berlin (West) 244
Gruppe 1.1 Länge 2223	Gruppe 2.1 Elektrische Einheiten 2242	Gruppe 3.1 Thermo- dynamische Grundlagen 2261	Gruppe 4.1 Licht und Strahlung 2273	Gruppe 5.1 Physi- kalische Akustik 2580	Gruppe 6.1 Ionen- physik 3260	Gruppe 7.1 Reaktor- technik 4283	Gruppe 8.1 Physi- kalische Grundlagen 2404	Gruppe 9.1 Mechanik und Wärmetechnik 244
Gruppe 1.2 Zeit Frequenz 2230	Gruppe 2.2 Elektrische Präzisions- messung 2247	Gruppe 3.2 Thermo- dynamische Transport- größen 2268	Gruppe 4.2 Bild- und Wellen- optik 2275	Gruppe 5.2 Hör- akustik 2281	Gruppe 6.2 Elektronen- und Röntgen- strahlen 3270	Gruppe 7.2 Metrologie der Reaktor- neutronen 2243	Gruppe 8.2 Technische Dienste 2210	Gruppe 9.2 Hoch- temperatur und Vakuumphysik 335
Gruppe 1.3 Masse 2233	Gruppe 2.3 Elektrische Energie- meßtechnik 2250	Gruppe 3.3 Chemische Physik 2260			Gruppe 6.3 Radio- aktivität 3360	Gruppe 7.3 Reaktor- experimente 4244	Gruppe 8.3 Technisch- Wissenschaft- liche Referate 2289	Gruppe 9.3 Tief- temperatur- physik 276
Gruppe 1.4 Kraft u.a. 2234	Gruppe 2.4 Elektro- physik 2246	Gruppe 3.4 Physi- kalische Sicherheits- technik 2356			Gruppe 6.4 Photonen und Elektronen- dosimetrie 3310	Gruppe 7.4 Prozeß- datenver- arbeitung 4240	Gruppe 8.4 Datenver- arbeitung 2216	Gruppe 9.4 Medizinische Meßtechnik 343
Gruppe 1.5 Flüssig- keiten Gase 2235		Gruppe 3.5 Explosions- schutz 2257			Gruppe 6.5 Neutronen- dosimetrie 3391			
Gruppe 1.6 Industrielle Meßtechnik 2226					Gruppe 6.6 Strahlen- schutz- metrologie 3340			
Gruppe 1.7 Industrielle Meßtechnik, Maschinen- elemente 2228								

Postanschriften:

D-3300 Braunschweig
Bundesallee 100
Telefon (0531) 592...

1000 Berlin (West) 10
Abbestraße 2–12
Telefon (030) 3481...

Die Telefonnebennummern sind jeweils als vierstellige oder dreistellige Zahlen in den Strukturblöcken angegeben.

1.3. Aufgaben, Verantwortung und Aufbau der betrieblichen Qualitätssicherung

Die betriebliche Qualitätssicherung ist definiert als „die Gesamtheit aller von der Planung bis zum Absatz durchgehend aufeinander abgestimmten Maßnahmen zur Entwicklung, Erhaltung und Kontrolle der volkswirtschaftlich effektivsten Qualität sowohl der Erzeugnisse als auch der Produktion auf der Grundlage eines effektiven Meßwesens bei vorrangiger Nutzung der staatlichen Standards“ [1.12].

Die Wirkungsweise der betrieblichen Qualitätssicherung läßt sich am Modell des **Qualitätskreises** veranschaulichen, der eine in sich geschlossene Folge aller qualitätswirksamen Maßnahmen und Ergebnisse in den Phasen der Entstehung und der Anwendung eines Produkts oder einer Tätigkeit darstellt [2.20].

Allgemeingültige Grundsätze zur Gestaltung und Realisierung der betrieblichen Qualitätssicherung werden in [1.4] [1.7] [1.8] [1.12] [1.13] angegeben.

Zur Bewältigung der komplizierten betrieblichen Qualitätsvorgänge, die man durch die Einwirkung unvermeidbarer Störeinflüsse nicht immer vollständig planen kann, sind

Tafel 1.5. Aufgaben der betrieblichen Qualitätssicherung

Sicherung der Qualität durch

Qualitätsentwicklung (Produktionsvorbereitung)

- Bedarfsanalyse
- Marktanalyse
- Trendabschätzung
- Ressourcenbilanzierung
- Aufwand-Nutzen-Analyse
- Kooperation, Spezialisierung
- Wirtschaftsverträge
- Forschung
- Verfahrensentwicklung
- Geräteentwicklung
- Konstruktion
- Dokumentation
- Funktionsmusterbau
- Erprobung
- Klassifizierung
- Standardisierung
- Qualifizierung

Qualitätserzeugung (Produktionsdurchführung)

- materielle Sicherstellung
  - Gebäude
  - Ausrüstungen
  - Material, Normteile
  - Transport
- ökonomische Sicherstellung
  - Betriebsplan
  - Arbeitskräfteplan
  - Gehaltsplan
- personelle Sicherstellung
  - Anzahl der Arbeitskräfte (AK)
  - Qualifikation der AK
  - Mehrschichtbetrieb
- konstruktiv-technologische Sicherstellung
  - Konstruktionsunterlagen
  - Herstellungstechnologie
  - Prüftechnologie
  - Justiervorschriften
  - Qualitätsvorschriften
- organisatorische Sicherstellung
  - Meßbeauftragte der Prüfstufen A, B, C
  - Meßbeauftragte der Meßzentrale
  - Qualitätsbeauftragter des Betriebsleiters
  - Erzeugnisgruppenbeauftragter der TKO

Qualitätserhaltung (Absatz, Kundendienst)

- Konservierung
- Lagerung
- Verpackung
- Versand
- Transport
- Dokumentation
- Beratung
- Montage
- Bedienung
- Einsatzbedingungen
- Umweltbedingungen
- Wartung, Reparatur
- Ersatzteile
- Reklamationsanalyse
- Vorbeugende Instandhaltung
- Rechtzeitige Aussonderung
- Organisation des Kundendienstes
- Qualifikation der Anwender

Tafel 1.6. Wichtige Standards zur Meßtechnik und Qualitätssicherung

Meßtechnik, Grundlagen

DIN	E ISO 5725	**TGL**	174	15528-70
202	7182 T.1,3	0-4760	183	15624-70
E 861 T.1	8236 T.1–4	0-5033/01	193	15855-70
863 T.1	10950	7682	219	16217-70
E 863 T.1	E 13320	7907/42	229	16263-70
868	E 13346	9252	254	16319-70
1301	E 16160 T.1–6	12020/01	384	16819-71
1302	18718	14283/02	450/06	
1304	E 19221	14591	465	**ST RGW**
1305	19226	18233/01,02	472	178-75
1306	19228	19115/01–06*	493	301-76
1313	19229	19145/01*	494	302-76
1314	19236	22112/01	646	403-76
1315	V 19237	22500/01 bis 03	1012	638-77
1318	28400	29124		1052-75
1318 T.1,2,3	E 33403 T.1-3	31532	**GOST**	1155-78
1320	E 33405	31536	8.001-71	1156-78
1324	40110	31542/01-29	8.002-71	
1325	40150	31543/01 bis 03	8.009-72	**RS**
1339	41640	31548	8.010-72	327-65
1341	41857	31550/02	8.011-72	611-66
1357	E 44480 T.1	31550/03,04	8.054-73	1182-67
2062	45630 T.1,2	31550/05 bis 08	8.061-73	1376-74
2244	45661	31550/10	8.103-73	2273-69
2257 T.1,2	45667	32854/01*	8.256-77	2625-70
2258	50010 T.1	32991/02	8.271-77	2859-70
2268	58122	33256/01,02*	8.310-78	3114-71
2271 T.1	58185	33699/01,02	8.315-78	3472-72
2330	58966 T.1,2	34854	8.316-78	4208-73
3960	66034	35305	8.326-78	
E 3971	66035	37497*	1494-77	**MS**
3975			3925-59	6-73
3998 Bl.1, T.1-4	**VDI/VDE**	**TGL RGW**	5197-70	14-71
3999	2600 Bl.2–6	144	7721-76	16-72
4760	E 2600 Bl.5	145	11708-66	43-77
bis	2601 Bl.1	177	13088-67	48-77
4765	2603	180 bis 185	13417-76	51-78
E 4766 T.1	2605	305	13600-68	52-78
4768	2620 Bl.1,2	403	13607-68	53-78
4769	E 2622	720	14686-69	
4771	2625	1155	14691-69	
4890	2626		14766-69	
4892	2633	**ASMW – VM**	14828-69	
4893	3511	133	15115-69	
5033 T.1	3512 Bl.2,3	137	15473-70	

Qualitätssicherung, Grundlagen

DIN	**ASMW –**
30780	**VW** bzw. **V**
31051 T.1,10	V 1
44300, Bbl.	V 3
44302	V 4
E 55350 T.11–13	V 5
55405 T.1–6	VW 55
55446 T.1	VW 643
66200 T.1	VW 1167/01,02
E 66201 T.1	VW 1336
TGL	
3933	**GOST**
9198	1.0-68
9200/01–03	1.1-68
16223/01 bis 12	1.5-68
25060	1.9-67
25061/01	2.001-70
25064/01	2.110-68
25432/01	3.1001-74
25432/02*	3.1102-74
27015	bis
27324	3.1109-73
29163/01–08	8.011-72
29432	8.051 73
29512	12.0.002-74
29513	14.004-74
31284	2789-73
31286/01	8908-73
31491/01*	13762-68
31534	14127-69
31538/01,02	16035-70
31538/03*	16431-70
31542/28,30*	16456-70
31543/28,30*	16504-74
31544/07*	17102-71
31545*	17195-76
31549*	17341-71
31550/07	17527-72
31788*	18322-73
32087/01,02	18831-73
32136/04–06*	19539-73
32257*	19605-74
32681/03*	20071-74
32832	20185-74
33384	20779-75
33791	20780-75
34236	22732-77
34237	22851-77
35312	**ST RGW**
35504*	879-78
36497	
36952	**RS**
89-026	4250-73
200-0602/01	4251-73

Prüftechnologie

DIN	**GOST**
862	2.116-71
4667 T.2	3.1302-74
4772	14.001-73
6580	14.002-73
6581	14.101-73
E 6583	14.102-73
8580	14.201-73
E 8550 T.2	14.301-73
E 8589 T.0,1	14.302-73
8589 T.2	bis
8590	14.306-73
E 8599 T.11	14.308-74
	14.310-73
VDI/VDE	14.317-75
3550	14.318-77
3552	16.001-76
3553	16.304-74
E 3554	bis
	16.308-75
TGL	14287-69
7682	17420-72
14091	17194-76
14283/01–11	17195-76
15041	18353-73
15041*	18442-73
15046/03	19489-74
15051*	19675-74
31343/04*	20831-75
31533	20913-75
31535/01–05	21705-76
31538/03*	23004-78
31741	
31754/01–03	**ST RGW**
33291/01–06*	344-76
33701	505-77
33702	583-77
bis	704-77
33708	768-77
33710	850-78
bis	
33714	**RS**
33721	1483-68
33722	
33736	
35502*	
35503*	
35741*	
35742*	
28-173/01–10	

Statistische Qualitätskontrolle

DIN	**ASMW – VW**
40080	1364
E 55301	
55302 T.1,2	*Stichproben-*
E 55303 T.2–5	*prüfung*
E 55350 T.21,22	
66050	**TGL**
66052	14450
66054	14452
TGL	**TGL RGW**
14449/01–02	293
14451	
14454	**GST**
	16490-70
TGL RGW	16493-70
544	18242-72
545	18321-73
876	
	Qualitäts-
GOST	*regelkarten*
11.001-73	
bis	**TGL**
11.006-74	–
15895-77	
16467-70	**GOST**
16949-71	15893-77
20736-75	15894-70
20737-75	16498-70
21406-75	20427-75
ST RGW	**ST RGW**
546-77	1191-78
547-77	
548-77	**RS**
876-78	4239-73
877-78	
1190-78	
RS	
966-67	
1855-69	
3495-72	

* Entwurf

betriebliche Qualitätssicherungsmaßnahmen unter Einbeziehung der Standardisierung (QSS) zu schaffen.

Die betrieblichen QSS sind ein Leitungssystem für die Qualitätsentwicklung, -erzeugung und -erhaltung des Kombinats oder Betriebs, das den gesamten Reproduktionsprozeß umfaßt [1.12] und ihn bis zu einem gewissen Grad in einem Regelvorgang einem Zwangslauf unterwirft (**Tafel 1.5**). Die festgelegte Aufbau- und Ablauforganisation zur Durchführung der Qualitätssicherung wird als Qualitätssicherungssystem bezeichnet [2.20]. Die Qualität der Produktionsvorbereitung hat sehr großen Einfluß auf die Qualität der Finalerzeugnisse.

Maßnahmen der Qualitätsförderung haben zum Ziel, *alle* betrieblichen personellen Potenzen in die Qualitätssicherung aktiv einzubeziehen, beispielsweise durch Arbeitsmethoden zur bewußten und systematischen Fehlerverhütung, zur Früherkennung potentieller Fehlerquellen sowie durch Neuerungen zur Qualitätssteigerung [1.8] [1.35] bis [1.42].

Grundlage der betrieblichen QSS ist die Methode der fehlerfreien Arbeit, die auf der Vermeidbarkeit von Fehlern beruht [1.14] bis [1.21].

Die Erfahrungen mit den Methoden der fehlerfreien Arbeit besagen, daß alle Teilnehmer am Arbeitsprozeß wissen müssen, welche Qualität sie erzeugt haben und in welchem Maß die Qualität des Finalprodukts von ihrem persönlichen Beitrag abhängt.

Der Schwerpunkt der Qualitätssicherung liegt in der Phase der Qualitätsentwicklung. Wachsenden Stellenwert haben Qualifikation und Weiterbildung [1.20] [1.21]. Ausbildung und Qualitätsbewußtsein aller Arbeitskräfte, beginnend bei den Leitern, können größeren Einfluß auf die Qualität haben als materiell-technische Komponenten des Produktionsprozesses.

Die moralische und materielle Stimulierung der Qualität der Arbeitsergebnisse ist durch den Wettbewerb und qualitätsbezogene Lohn- und Prämienformen zu erreichen.

In zunehmendem Maße wird die Wirtschaftlichkeit der betrieblichen Qualitätssicherung zum entscheidenden Kriterium auf dem nationalen und internationalen Markt.

1.4. Aufgaben, Verantwortung und Aufbau der staatlichen Qualitätssicherung

In Industriestaaten wird staatlicherseits auf die Qualitätssicherung Einfluß genommen. Das geschieht durch Standards und Normen, durch Gesetze und das staatliche Meß- und Eichwesen (s. Abschnitte 1.2. und 1.3.) [1.22] bis [1.30].

Normen und Standards enthalten grundsätzliche Festlegungen, die für die rationelle Gestaltung des gesellschaftlichen Reproduktionsprozesses in der Regel für einen längeren Zeitraum Bestand haben und betreffen vorrangig:

- Festlegungen, die die Entwicklungsrichtung der wichtigsten Erzeugnisse und Verfahren bestimmen
- Festlegungen der optimalen Sortimente und der entscheidenden Qualitätskennwerte für Haupterzeugnisse
- Festlegungen der Haupt- und Anschlußmaße sowie der technischen Forderungen für Erzeugnisse und Bauelemente, die in Maschinen, Aggregaten und Anlagen in großer Breite verwendet werden
- Festlegungen für technologische Verfahren, Prüfverfahren sowie Projektierungs- und Konstruktionsrichtungen, die für große Bereiche der Volkswirtschaft von Bedeutung sind.

Tafel 1.7. Informationsmittel zur Standardisierung und Normung

Informationsmittel	DIN – Katalog DIN – Mitteilungen + elektronorm mit DIN-Normanzeiger DK – Mitteilungen	TGL-Verzeichnis staatlicher Standards der DDR Mitteilungen des Amtes für Standardisierung, Meßwesen und Warenprüfung (ASMW) Gesetzblatt-Sonderdrucke (ST...)
Katalog	DIN – Katalog [1.34]	TGL-Verzeichnis staatlicher Standards der DDR [1.23]
	A Sachteil/Systematische Ordnung geordnet nach der Dezimalklassifikation (DK) in Sachgruppen mit Gruppennummern *Beispiel:* **Gruppen-Nr. – DK-Zahl – Sachgruppentitel** 5 – 389 – Maßwesen, Normung 10 – 53.087 – Beobachtung, Aufzeichnung 12 – 531.7 – Messung geometrischer und mechanischer Größen 16 – 531.78 – Dynamometer, Manometer, Vakuummeter	*A Sachteil/Systematische Ordnung (Band 1–3)* geordnet nach der Dezimalklassifikation (DK) in Hauptgruppen, Gruppen und Untergruppen mit Suchzahlen *Beispiel:* **Suchzahl – DK-Zahl – Abschnittsbezeichnung** 7 – 389 – Maßwesen, Normung 18 – 53.087 – Beobachtung, Aufzeichnung 20 – 531.7 – Messung geometrischer und mechanischer Größen 27 – 531.78 – Messung von Kräften, von Arbeit und von Drücken
	B DIN-Nummern-Verzeichnis Ordnung in laufender Folge der DIN-Nummern mit Angabe der Nummer im Sachteil, und zwar jeweils: – DIN – DIN – EN – DIN IEC – DIN ISO	*B Nummernregister (Band 4)* Ordnung in numerischer Folge mit Angabe der Suchzahl im Sachteil, und zwar – Standards mit einfacher Zählnummer (TGL...) – Standards mit kombinierter Zählnummer (TGL 0–..., TGL 1–..., TGL 200–...) – DDR-Ausgaben von RGW-Standards (TGL bzw. TGL RGW)
Anlage 1 im Katalog	DK-Ordnung der wichtigsten Sachgruppen *Beispiel:* **DK-Nr. – Titel – Gruppe** 001 – Wissenschaft und Kenntnisse im allgemeinen – 1 51 – Mathematik – 6 621.753.1/.2 – Toleranzen, Passungen – 268	Gegenüberstellung Suchzahl – DK-Zahl – Abschnittsbezeichnung *Beispiel:* **Suchzahl – DK-Zahl – Abschnittsbezeichnung** (2.0) – 001 – Wissenschaft und Kenntnisse im allgemeinen (13.0) – 51 – Mathematik (370.0) – 621,753.1/2. – Toleranzen, Passungen
Anlage 2 im Katalog	Stichwortverzeichnis (Stichworte in alphabetischer Folge mit Angabe der Gruppennummern im Suchteil)	Stichwortregister (Stichworte in alphabetischer Folge mit Angabe der Suchzahlen)

Tafel 1.8. Kennzeichnung von Standards und Normen

	DIN – Normen		TGL – Staatliche Standards der DDR	
Zeichen	DIN		TGL	
Träger der Normungsarbeit	DIN Deutsches Institut für Normung e. V. Bundesrepublik Deutschland		Amt für Standardisierung, Meßwesen und Warenprüfung beim Ministerrat der Deutschen Demokratischen Republik	
Arten	in Verbindung mit einer DIN-Nummer bedeuten im DIN-Katalog [1.34]	Beispiele	in Verbindung mit einer TGL-Nummer bedeuten im TGL-Verzeichnis [1.23]	Beispiele
	E Entwurf	E DIN 1302, Ausg. 6.78 Mathematische Zeichen und Begriffe	D DDR-Standard	D TGL 34230, Ausg. 9.77 Vektoren, Tensoren; Schreibweise
	V Vornorm	V DIN 8320, Ausg. 6.73 Schraubendreher für Schrauben mit Schlitz für Feinwerktechnik	DDR-Ausgabe eines RGW-Standards: SD RGW authentische Übersetzung der Originalfassung des RGW Standards	SD TGL RGW 512-77, Ausg. 2.79 Grundstandards der Austauschbarkeit; Kegel und Kegelwinkel, Vorzugswerte
	EN Europäische Norm, deren deutsche Fassung den Status einer Deutschen Norm hat	DIN EN 2, Aus. 2.73 Brandklassen	SD DDR-Standard mit voller Übereinstimmung der Kennwerte mit den Kennwerten des RGW-Standards	SD TGL 26096/01, Ausg. 1.78 Zuverlässigkeit in der Technik, Begriffe (ST RGW 292-76)
	pr EN DIN-EN-Norm-Entwurf	E DIN pr EN 12, Ausg. 1.75 Bestimmung des Dampfdruckes von Mineralerzeugnissen; REID-Verfahren	Fachbereichstandard	TGL 33699/01, Aus. 9.77 Ministerium für Elektrotechnik/Elektronik: Betriebliches Meßwesen; Längenmeßwesen
	ISO Deutsche Norm, in die eine internationale Norm der ISO unverändert übernommen wurde	DIN ISO 2603, Ausg. 6.75 Kabinen für Simultanübertragung; Allgemeine Merkmale und Ausrüstungen	I Informationsblatt	I TGL 0-6483, Ausg. 4.63 Feder-Außentaster
	IEC Deutsche Norm, in die eine internationale Norm der IEC unverändert übernommen wurde	E DIN IEC 1.1069, Ausg. 12.76 Internationales Elektronisches Wörterbuch; Teil 121: Elektromagnetismus und Materialeigenschaften	* DDR- und Fachbereichstandards, in die Empfehlungen der Ständigen Kommissionen des RGW eingearbeitet wurde	* D TGL 10687/02, Ausg. 7.70 Schallschutz; Zulässiger Lärm * TGL 15046/02, Ausg. 11.73 Meßschrauben für Innenmessung; Baumaße
	.../VDE.. Norm, die zusätzlich als VDE-Bestimmung gekennzeichnet ist	E DIN 47413 T.1/VDE 0413 T.1, Ausg. 10.78 Messen, Steuern, Regeln; Geräte zum Prüfen der Schutzmaßnahmen in elektrischen Anlagen, Isolationsmeßgeräte		

- Festlegungen, die für die Außenwirtschaft von besonderer Bedeutung sind
- grundsätzliche Festlegungen für die Sicherheit sowie zum Schutz und zur Gesunderhaltung der Menschen.

Zum aktuellen Stand der Standardisierungs- und Normungsarbeit gibt es umfangreiche Informationsmittel **(Tafel 1.7)**.

DIN-Normen gelten in der Bundesrepublik Deutschland.

TGL-Standards sind für die Anwender in der Deutschen Demokratischen Republik verbindlich.

Die unterschiedlichen Arten von Standards und Normen sind durch Symbole und Abkürzungen eindeutig gekennzeichnet **(Tafel 1.8)**.

In der Bundesrepublik Deutschland tritt der RAL (ehemals „Reichsausschuß für Lieferbedingungen und Gütesicherung") für die Durchsetzung der Gütesicherung in der Wirtschaft im Interesse der Aufrechterhaltung der Redlichkeit im Handelsverkehr und der Förderung des Verbraucherschutzes ein [1.8].

Die RAL-Politik wird von einem Kuratorium bestimmt. Ihm gehören u.a. die Arbeitsgemeinschaft der Verbraucher, der Bundesverband der Deutschen Industrie, der Bundesverband des Deutschen Groß- und Außenhandels, der Deutsche Gewerkschaftsbund, der Deutsche Industrie- und Handelstag, das Deutsche Institut für Normung, die Bundesministerien für Wirtschaft, für Ernährung, Landwirtschaft und Forsten, der Justiz, für Arbeit und Sozialordnung sowie die Präsidenten der Bundesanstalt für Materialprüfung und des Deutschen Patentamtes an.

Werden von getesteten Erzeugnissen die DIN-Normen oder RAL-Güte- und -Prüfvorschriften eingehalten, so können die Erzeugnisse mit Gütezeichen als neutralen Qualitätsausweisen gekennzeichnet werden ([1.8] S. 760).

In der Deutschen Demokratischen Republik ist die Qualitätssicherung staatlich gelenkt. Die staatliche Qualitätssicherung hat die Aufgabe, die Qualität der Erzeugnisse bei hoher Materialökonomie und niedrigsten Kosten entsprechend den volkswirtschaftlichen Erfordernissen und Möglichkeiten planmäßig zu sichern und zu steigern mit dem Ziel, einen größtmöglichen Zuwachs an Nationaleinkommen zu gewährleisten. Oberstes Organ der staatlichen Qualitätssicherung ist der Ministerrat der DDR. Er schafft die gesetzlichen Regelungen der staatlichen Qualitätssicherung durch den Erlaß von Gesetzen und Verordnungen.

Dem Amt für Standardisierung, Meßwesen und Warenprüfung (ASMW) [1.6] obliegt die staatliche Qualitätsbewertung auf der Grundlage der staatlichen Standards. Die staatliche Qualitätsbewertung wird durch die Erteilung von Gütezeichen bestätigt [1.4] [1.30].

Zur Durchsetzung der staatlichen Qualitätssicherung wird in den Betrieben die staatliche **Technische Kontrollorganisation** (TKO) gebildet. Der Leiter der TKO ist häufig Mitarbeiter des ASMW und unterstützt den Werkleiter bei der Lösung von Qualitätsproblemen [1.4].

2. Grundbegriffe und Definitionen der Meßtechnik und Qualitätssicherung

2.1. Meßtechnische Verständigungsstandards

Die Standardisierung verfolgt das Ziel, den gesellschaftlichen Aufwand für die Herstellung, die Verteilung und den Gebrauch von Erzeugnissen der materiellen und geistigen Produktion (hardware und software) zu minimieren. Sie bedient sich dabei der Methode, einheitliche Lösungen auf der Basis des wissenschaftlich-technischen Höchststands zu schaffen [1.1, S. 253]. Meßtechnik und Qualitätssicherung entwickeln sich schnell und durchdringen dabei die unterschiedlichsten Fachgebiete in Wissenschaft und Technik. Ihre Fachsprache ist deshalb unverhältnismäßig begriffsreich, so daß bereits heute einer unmißverständlichen nationalen und internationalen Verständigung deutliche Grenzen gesetzt sind. In Anbetracht der immer engeren Verflechtung der verschiedenen Zweige der Volkswirtschaft einerseits und der wissenschaftlichen Durchdringung der materiellen Produktion andererseits bewirkt die einheitliche Festlegung von Begriffsbenennungen, Begriffsinhalten, Einheiten und Zeichen einen beachtenswerten Rationalisierungseffekt.

Zur eindeutigen, rationellen Verständigung in der Meßtechnik wurden zahlreiche Verständigungsstandards geschaffen oder befinden sich in der Phase der Erarbeitung. Diese Begriffsfestlegungen werden ebenfalls für die Information und Dokumentation benötigt. Die wissenschaftliche Arbeit wird erschwert oder unmöglich, wenn es nicht gelingt, Begriffe einfach und übersichtlich darzustellen und durch Klärung ihrer Beziehungen untereinander zu ordnen [2.1].

Ein Auszug der wichtigsten Grundbegriffe und ihrer Definitionsinhalte wurde in Anlehnung an [1.12] [1.18] [2.2] bis [2.24] zusammengestellt.

2.2. Meßtechnische Tätigkeiten

Prüfen: Feststellen, ob das Prüfobjekt eine oder mehrere vereinbarte oder vorgeschriebene Eigenschaften hat (Entscheidungsvorgang).

Subjektives Prüfen ist die Entscheidung aufgrund von Sinneswahrnehmungen (Aussehen, Geschmack).

Objektives Prüfen ist die Entscheidung aufgrund von Messungen.

Messen: Feststellen der (Qualität und) Quantität einer Größe durch experimentellen direkten oder indirekten Vergleich mit einer bekannten Vergleichsgröße. Bestimmung des Werts einer Größe auf experimentellem Wege mit Hilfe spezieller technischer Mittel.

Beim direkten Messen wird der Wert der Meßgröße aus experimentell ermittelten Meßwerten direkt gewonnen (z. B. Längenmessung mit Meßschieber, Temperaturmessung mit Flüssigkeitsglasthermometer).

Beim indirekten Messen wird der Wert der Meßgröße aus experimentell ermittelten Meßwerten aufgrund kausaler Zusammenhänge errechnet (z. B. Ermittlung des spezifischen Widerstands eines Leiters aus seinem Widerstand, multipliziert mit seiner Querschnittsfläche, dividiert durch seine Länge).

Lehren: Maßliches Prüfen, bei dem festgestellt wird, ob die Eigenschaft des Prüfobjekts zwischen zwei vorgegebenen Grenzen liegt (Grenzlehrung) oder ob eine Grenze nicht über- oder unterschritten wird (z.B. Lehren eines Gewindes mit einer Formlehre).

Zählen: Feststellen der Anzahl von Elementen oder Ereignissen, die einen Zustand oder Vorgang kennzeichnen (z.B. Zählen von Einzelteilen je Arbeitstag).

Sortieren: Ordnen (Einteilen, Trennen) einer Menge von Gegenständen oder Stoffen nach bestimmten Arten oder Sorten (z.B. Sortieren von Schrauben gleichen Durchmessers aus einer Menge von Schrauben unterschiedlichen Durchmessers).

Klassieren: Feststellen der Häufigkeit, mit der gleichartige Elemente eines Kollektivs mit vorgegebenen Merkmalen innerhalb des Kollektivs enthalten sind (z.B. Feststellen der Häufigkeit, mit der ein regellos veränderliches Meßsignal eine vorgegebene Amplitude erreicht).

Kalibrieren: Feststellen des für ein Meßsystem gültigen Zusammenhangs zwischen Ausgangsgröße und Eingangsgröße (z.B. Ermittlung der Fadenlänge eines Thermometers als Funktion seiner Temperatur).

Eichen: Die von der zuständigen staatlichen Eichbehörde (ASMW) nach gesetzlichen Vorschriften vorgenommene Prüfung und Stempelung von Meßgeräten für den rechtsgeschäftlichen Verkehr (z.B. Eichung einer Waage).

Justieren (Abgleichen, Korrigieren): Einstellen eines Meßsystems mit dem Ziel, den Meßfehler auf Werte zu bringen, die den technischen Forderungen entsprechen (z.B. Justieren einer Unruhe auf eine vorgegebene Anzahl von Schwingungen je Sekunde).

Graduieren: Festlegen und Aufbringen der den Meßwerten zugeordneten Teilungsmarken auf den Skalenträger eines Meßgeräts; Teilen einer Skale (z.B. Aufbringen der Teilungsmarken in Form von Strichen, Punkten oder anderen Markierungen).

2.3. Benennungen der Meßtechnik und Qualitätssicherung

Meßinformation: Gesamtheit der Information über eine Größe, die im Ergebnis ihrer Messung erhalten wird.

Meßprinzip: Physikalische Erscheinung, die der Messung zugrunde liegt (z.B. Temperaturmessung durch thermoelektrischen Effekt, Massemessung durch Wägung – Ausnutzen der Schwerkraft, die proportional der Masse ist).

Meßmethode: System von Regeln (Handlungsanweisungen), nach denen die Messung ausgeführt wird (z.B. direkte Messung – indirekte Messung, berührende Messung – berührungslose Messung, Fundamentalmethode – Vergleichsmethode, Differenzmethode – Nullabgleichmethode – Ergänzungsmethode, Vertauschungsmethode – Ersetzungsmethode, Ausschlagmethode – Koinzidenzmethode).

Meßverfahren: Praktische Anwendung von Meßprinzip und Meßmethode zur Gewinnung von Meßwerten (z.B. direkte Messung der Temperatur mit einem Thermoelement).

Meßobjekt: Objekt, auf das sich die Messung bezieht. Objekt, über dessen Qualität und Quantität Unklarheit besteht. Objekt, dessen Zustand oder Vorgang experimentell bestimmt werden soll.

Meßmittel (Meßwandler, Meßeinrichtung, Meßsystem, Meßgerät, Meßglied): Abgegrenzte Anordnung von aufeinander einwirkenden Gebilden zur Realisierung von Messungen. Diese Anordnung wird durch eine Hüllfläche von ihrer Umgebung abgegrenzt oder abgegrenzt gedacht. Durch die Hüllfläche werden Verbindungen des Meßmittels mit seiner Umgebung geschnitten. An den Schnittstellen werden Größen in das Meßmittel eingegeben oder aus dem Meßmittel ausgegeben. Es ist das technische Mittel, das für Messungen verwendet wird und festgelegte metrologische Eigenschaften hat (z. B. Flüssigkeitsglasthermometer: die Längenänderung des Fadens ist seiner Temperaturänderung proportional).

Beim analogen Meßmittel kann der Informationsparameter innerhalb vorgegebener Grenzen jeden beliebigen Wert annehmen (z. B. Meßschieber, Zeigerinstrumente, Bandschreiber).

Beim digitalen Meßmittel kann der Informationsparameter innerhalb vorgegebener Grenzen nur endlich viele diskrete (digitale) Werte annehmen (z. B. Zählwerke, Zählfrequenzmesser, digitale Meßsysteme).

Bemerkung: Ein Zählschritt in der letzten Dezimalstelle der Ziffernskale stellt die kleinste Quantisierungsstufe dar.

Struktur eines Meßsystems: Zuordnung der Meßglieder in einem Meßsystem; Organisationsform des Meßsystems; Aufbau des Meßsystems **(Tafel 2.1)**.

Tafel 2.1. Struktur von Meßsystemen

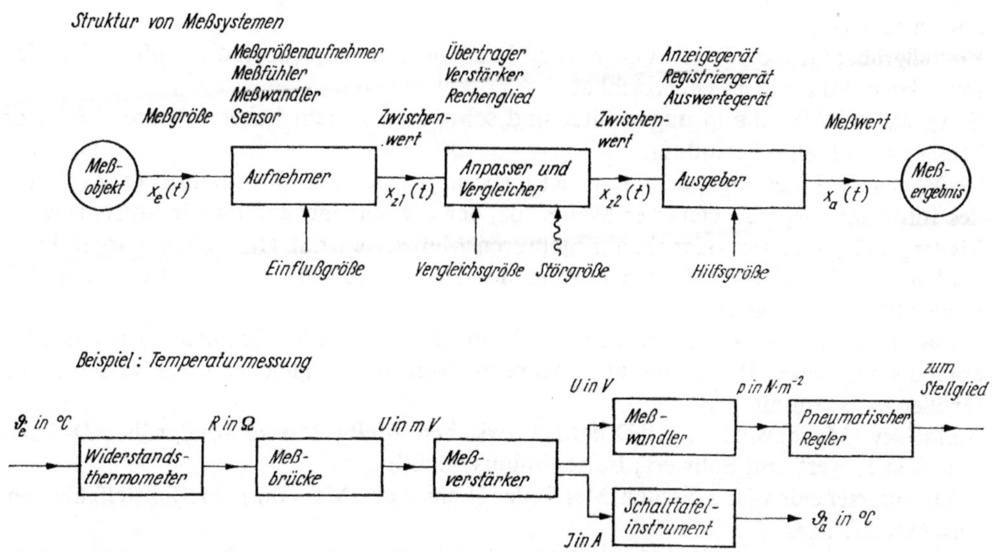

Verhalten eines Meßsystems: Funktionsweise des Meßsystems. Beispielsweise kennzeichnet der Übertragungsfaktor als Abhängigkeit zwischen Ausgangsgröße und Eingangsgröße eines Meßsystems eine seiner charakteristischen Eigenschaften.

Maßverkörperung: Meßmittel, das zur Darstellung einer Größe mit vorgegebenem Wert dient (z.B. einwertige Maßverkörperung: Parallelendmaß, Wägestück; mehrwertige Maßverkörperung: Strichmaßstab, Normalwiderstandsdekade).

Meßgröße: Größe, deren Wert durch eine Messung bestimmt werden soll. Sie ist in der Regel die Eingangsgröße eines Meßsystems. Sie stellt den Sollwert oder richtigen Wert dar.

Sollwert: Wert einer Größe, der als fehlerfrei (abweichungsfrei) angenommen wird.

Merkmal: Eigenschaft, die das Erkennen von unterschiedlichen Elementen (Einheiten) entweder quantitativ oder qualitativ ermöglicht (quantitatives oder qualitatives Merkmal).

Merkmalswert: Wert eines quantitativen oder qualitativen Merkmals.

Meßwert: Größe, deren Wert den Wert der Meßgröße in jedem Fall nur fehlerbehaftet (abweichungsbehaftet) abbildet. Er ist in der Regel die Ausgangsgröße eines Meßsystems. Er stellt den Istwert oder fehlerbehafteten (abweichungsbehafteten) Wert dar.

Istwert: Wert einer Größe, der am Ausgang eines Meßmittels zu beobachten und zu verarbeiten ist.

Nennwert: Wert einer Größe, der den Arbeitsbereich eines Meßobjekts oder Meßmittels kennzeichnet.

Vergleichsgröße: Größe, die Vielfache oder Teile einer Einheit mit bekanntem Fehler darstellt und häufig durch eine Maßverkörperung realisiert wird (z.B. Größe von Endmaß, Strichmaßstab, Normalelement, Wägestück).

Bemerkung: Die Vergleichsgröße wird häufig innerhalb des Meßsystems realisiert.

Hilfsgröße: Größe, die zur Durchführung des Meßprozesses dem Meßsystem zugeführt werden muß und nicht dem Meßobjekt (der Meßgröße) entnommen werden kann.

Zwischengröße (Zwischenwert): Größe, in die die Meßgröße oder eine andere Größe mit dem Ziel einer weiteren Signalverarbeitung umgewandelt wird (z.B. Temperaturmessung mit Widerstandsthermometer und Drehspulinstrument: Meßgröße ist Temperaturänderung; Zwischenwerte sind Widerstandsänderung, Spannungsänderung, Stromstärkeänderung usw.).

Einflußgröße: Größe, die nicht Gegenstand der Messung ist, jedoch die Bildung des Meßwerts beeinflußt. Sie ist beherrschbar.

Störgröße: Größe, die in ungewollter und schwer oder nicht beherrschbarer Weise die Messung nachteilig beeinflußt.

Meßsignal: Darstellung (technische Realisierung) einer Meßinformation (z.B. Verlauf des Informationsparameters der Meßgröße, der Zwischengröße, des Meßwerts usw.).

Meßergebnis: Meßwert oder ein aus mehreren Meßwerten mit Hilfe einer vorgegebenen eindeutigen Beziehung erhaltener Wert der zu ermittelnden Größe mit Angabe der Fehler (Abweichungen).

Das Meßergebnis kann mit dem Meßwert identisch sein. Häufiger wird das Meßergebnis mit einer Rechnung aus mehreren Meßwerten gleicher oder verschiedener Größenart bestimmt.

Meßfehler (Meßabweichung): Differenz zwischen Meßwert und Meßgröße; Differenz zwischen Istwert und Sollwert; Falsch minus Richtig.

Zu unterscheiden ist zwischen Meßfehler (Fehler der Messung), Meßmittelfehler und Zusatzmeßfehler.

Typische Meßmittelfehler (Grundfehler eines Meßmittels) sind: Reibungsfehler, Trägheitsfehler, Justierfehler, Digitalisierungsfehler, Fehler der Maßverkörperung.

Typische Zusatzmeßfehler sind: Beobachtungsfehler, Ablesefehler, Parallaxenfehler, Interpolationsfehler, Fehler aufgrund veränderter Bedingungen gegenüber den Nennbedingungen (Lage, Temperatur, Feuchte, Druck, elektrische Spannung).

Meßmittelfehler und Zusatzfehler ergeben als Summe den Fehler der Messung.

Abweichung: Differenz zwischen einem beobachteten Wert (Istwert) und einem Bezugswert (Sollwert, Nennwert).

Fehler: Merkmalswert, der die vorgegebenen Forderungen nicht erfüllt.

Mangel: Unzulässiger Fehler, durch den ein Produkt oder eine Tätigkeit zur Erfüllung vorgegebener Zielkriterien nicht geeignet ist.

Genauigkeit: Bezeichnung für den reziproken Wert der Abweichung.

Richtigkeit: Anteil systematischer Fehler (Abweichungen) im Meßergebnis.

Präzision: Anteil zufälliger Fehler (Abweichungen) im Meßergebnis.

Toleranz: Höchstwert (oberer Grenzwert, obere Grenzabweichung, Größtwert) minus Mindestwert (unterer Grenzwert, untere Grenzabweichung, Kleinstwert).

Wiederholbarkeit: Grad der Übereinstimmung von Meßergebnissen, die von denselben Meßobjekten mit den gleichen Meßmitteln unter den gleichen Randbedingungen gewonnen wurden.

Vergleichbarkeit: Grad der Übereinstimmung von verschiedenen Meßobjekten, Meßmitteln und Randbedingungen.

Beherrschter Prozeß: Prozeß, dessen funktionsbestimmende Merkmalswerte sich in bekannter Weise deterministisch und/oder stochastisch ändern.

Aufnehmer (Meßfühler, Meßgrößenaufnehmer, Sensor, Meßwandler): Teil eines Meßsystems, das eine Meßgröße (Eingangsgröße, Eingangsmeßsignal) in ein Zwischensignal umformt (z.B. ist ein Widerstandsthermometer ein Temperaturaufnehmer).

Anpasser: Teil eines Meßsystems, das eine Umwandlung seiner Eingangsgröße in eine für die Meßsignalverarbeitung günstigere Form vornimmt (z.B. Meßverstärker, Integrierglied, Analog/Digital-Umsetzer).

Ausgeber: Teil eines Meßsystems, das Meßwerte aus der Meßkette ausgibt (z.B. Anzeiger, Schreiber, Magnetbandausgeber, Lochbandausgeber).

Qualität: Gesamtheit von Eigenschaften, durch die ein Produkt oder eine Tätigkeit zur Erfüllung vorgegebener Zielkriterien geeignet ist.

Erzeugnisqualität: Gesamtheit der wesentlichen Eigenschaften der Erzeugnisse, die den Grad ihrer Eignung für einen vorgesehenen Verwendungszweck bestimmen.

Fertigungsqualität (Ausführungsqualität): Grad der Übereinstimmung der Qualität mit den Forderungen der normativtechnischen Dokumente oder mit dem Muster.

Qualitätssicherung: Gesamtheit der Maßnahmen, durch die die Durchsetzung und Einhaltung der Qualitätsfestlegungen der normativtechnischen Dokumente mit geringstem gesellschaftlichem Arbeitsaufwand gesichert wird.

Qualitätskreis: In sich geschlossene Folge aller qualitätswirksamen Maßnahmen und Ergebnisse in der Entstehung und der Anwendung eines Produkts oder einer Tätigkeit.

Gebrauchstauglichkeit: Sowohl objektiv nach Qulitätsprüfung als auch nach subjektiven Beurteilungen bewertete Eignung eines Produkts für seinen Verwendungszweck.

Qualitätsfähigkeit: Eignung von Struktureinheiten, Verfahren, Maschinen, Erzeugnissen usw. festgelegte Qualitätsforderungen zu erfüllen.

Qualitätsmerkmal: Zur Qualität beitragendes Merkmal.

Qualitätssicherungssystem: Leitungs- und Organisationssystem zur Vorbereitung, Durchführung und Auswertung der Qulitätssicherung mit festgelegter Aufbau- und Ablauforganisation.

Qualitätsaudit (Qualitätsrevision): Begutachtung der Wirksamkeit des Qualitätssicherungssystems oder seiner Teile.

Qualitätslenkung: Planung, Überwachung und Korrektur der Ausführung eines Produkts oder einer Tätigkeit mit dem Ziel, unter Verwendung der Ergebnisse der Qualitätsprüfung und/oder anderer Qualitätsdaten die vorgegebenen Qualitätsforderungen zu erfüllen.

Qualitätskennwert (Qualitätsparameter): Qualitative Charakteristik von Eigenschaften eines Erzeugnisses, eines Rohstoffs oder einer Leistung.

Attestierung der Erzeugnisse: Tätigkeit, die der Bestätigung der Erzeugnisqualität dient.

Gütezeichen (Qualitätszeichen): Unterscheidungssymbol (-zeichen), das eine bestimmte Qualität bestätigt.

Staatliche Kontrolle: Kontrolle, die von befugten staatlichen Organen durchgeführt wird.

Qualimetrie: Wissenschaft von der Bewertung der Qualität.

3. Metrologische Grundlagen einheitlicher und richtiger Messungen

Mit Meßsystemen werden beispielsweise Längen, Geschwindigkeiten, Kräfte oder elektrische Spannungen gemessen. Diese charakteristischen Merkmale sind Größenarten [3.1].

Im Laufe der historischen Entwicklung von Wissenschaft und Technik wurden die verschiedensten Größenarten als Basisgrößenarten erklärt und entsprechend auch die verschiedensten Einheiten eingeführt. Das hatte in der internationalen Fachliteratur der technisch-physikalischen Wissensgebiete eine heute unnötige Vielfalt an Größenarten und Einheiten zur Folge. Diese Vielfalt ist Quelle unnötiger Fehler und Unsicherheiten.

In den technischen Wissenschaften genügen sieben Basisgrößenarten zur Beschreibung fast aller Erscheinungen. Die übrigen erforderlichen Größenarten lassen sich aus den Basisgrößenarten über Naturgesetze bzw. Definitionsgleichungen ableiten. Das gegenwärtig vollkommenste Einheitensystem ist das sog. Internationale Einheitensystem (SI). Die Mehrzahl aller Industriestaaten hat sich bereits dem SI angeschlossen. Es wurde bisher allerdings noch nirgends durchgängig verwirklicht.

3.1. Grundlegende Begriffe und Definitionen

Größenart: Charakteristisches Merkmal (Qualität) eines Zustands oder Vorgangs.

Bemerkung: Größenarten werden definiert (z.B. gehören die Abmessungen von Werkstücken zur Größenart **Länge**).

Größe: Qualität und Quantität eines Zustands oder Vorgangs. Produkt aus Zahlenwert mal Einheit (z.B. Länge **12 mm** eines Werkstücks).

Zahlenwert: Reelle Zahl aus einer vereinbarten Zahlenmenge, die eine Wertigkeit festlegt (z.B. Länge **12 mm** > Länge **10 mm**).

Einheit: Durch Übereinkunft angenommene Vergleichsgröße jeweils einer Art mit dem Zahlenwert 1.

Bemerkung: Die Einheit einer Größe wird festgelegt, um die Qualität der Größe zu kennzeichnen und um einen quantitativen Vergleich unterschiedlicher Wertigkeiten derselben Größenart vornehmen zu können.

Basisgrößenarten: Klasse der mindestens erforderlichen Größenarten zur Beschreibung der wichtigsten Erscheinungen in einem abgegrenzten Wissensgebiet.

Bemerkung: Basisgrößenarten werden definiert (z.B. für die Mechanik: Länge, Zeit, Masse; für die Elektrotechnik: Länge, Zeit, Masse, elektrische Stromstärke).

Basiseinheit: Einheit einer Basisgrößenart.

Bemerkung: Basiseinheiten werden definiert (z.B. hat die Basisgrößenart Länge die Basiseinheit 1 m; s. **Tafel 15.3**).

Abgeleitete Größenart: Aus Basisgrößenarten abgeleitete Größenart.

Bemerkung: Abgeleitete Größenarten werden definiert oder durch Naturgesetze zwingend beschrieben (z.B. ist die Geschwindigkeit v einer gleichförmigen Bewegung der Quotient aus dem zurückgelegten Weg s und der dazu benötigten Zeit t, also $v = s/t$).

Abgeleitete Einheit: Einheit einer abgeleiteten Größenart (z. B. Einheit der Geschwindigkeit: $m \cdot s^{-1}$).

3.2. Das Internationale Einheitensystem (SI)

Das Internationale Einheitensystem (SI) ist das für die Anwendung in allen Ländern von der 11. Generalkonferenz für Maß und Gewicht (CGPM) im Jahre 1960 empfohlene System von Einheiten physikalischer und technischer Größen [3.2]. Seine vollständige Einführung erfordert internationale Abstimmungen und einschneidende Maßnahmen auf dem Gebiet der praktischen Meßtechnik und wird sich daher noch auf einen längeren Zeitraum erstrecken. Der Gebrauch der alten technischen Einheiten soll laut RGW-Empfehlung [3.3] in allen RGW-Ländern außer Kraft treten. Darüber hinaus gibt es noch einige SI-fremde Einheiten, die befristet (z. B. Neugrad ^{g} für die Größenart ebener Winkel) oder unbefristet (z. B. Minute min für die Größenart Zeit) gesetzlich zulässig sind [3.4].

Die Basisgrößenarten des SI sind Länge, Zeit, Masse, elektrische Stromstärke, Temperatur, Stoffmenge und Lichtstärke (**Tafel 3.1**). Die physikalisch-technische Realisierung der genannten Basiseinheiten erfolgt nach eindeutigen Vorschriften, wobei anstelle der bisher verwendeten Prototypen die Darstellung nach Möglichkeit auf Naturkonstanten zurückgeführt wird. Dadurch kann in den meisten Fällen die Darstellungsgenauigkeit erhöht und die Gefahr des Verlorengehens oder der Beschädigung der Prototypen ausgeschaltet werden [3.1] [3.4].

Das Internationale Einheitensystem hat gegenüber allen anderen Einheitensystemen zwei entscheidende Vorzüge:

- zunehmende Anerkennung in aller Welt und damit erleichterter Austausch internationaler Forschungs- und Produktionsergebnisse
- abgeleitete Einheiten werden kohärent aus den Basiseinheiten gebildet.

Alle kohärenten Einheiten werden mit Maßstabsfaktoren gleich Eins aus Basiseinheiten gebildet. Alle inkohärenten Einheiten haben dagegen von Eins abweichende Maßstabsfaktoren.

Beispiel: Kraft = Masse · Beschleunigung
kohärent: $F_k = 1\ \mathrm{kg \cdot m \cdot s^{-2}} = 1$ Newton $= 1$ N
inkohärent: $F_i = 9{,}81\ \mathrm{kg \cdot m \cdot s^{-2}} = 9{,}81\ \mathrm{N} = 1\ \mathrm{kp}$.

Dezimale Vielfache oder Teile von Einheiten mit selbständigem Namen werden durch die in **Tafel 3.1** genannten Vorsätze vor dem Namen der Einheit gebildet.

Beispiele: Kilometer ($1\ \mathrm{km} = 1 \cdot 10^3\ \mathrm{m}$)
Mikrogramm ($1\ \mu\mathrm{g} = 1 \cdot 10^{-6}\ \mathrm{g}$)

Dezimale Vielfache oder Teile von Einheiten mit selbständigem Namen dürfen nicht gebildet werden, wenn dies in der Tafel der gesetzlichen Einheiten [3.2] ausdrücklich durch „keine Vorsätze" untersagt wird.

Falsch: kh Kilostunde

Die Kurzzeichen für die Vorsätze dürfen nur mit den Kurzzeichen für die Einheiten verbunden werden.

Tafel 3.1
Basisgrößenarten, Basiseinheiten und Vorsätze im SI

Basisgrößenart	Einheiten-zeichen	Basis-einheit
Länge	l	m
Zeit	t	s
Masse	m	kg
Elektrische Stromstärke	I	A
Temperatur	T	K
Stoffmenge	n	mol
Lichtstärke	I	cd

Vorsatz	Kurz-zeichen	Faktor
Exa	E	10^{18}
Peta	P	10^{15}
Tera	T	10^{12}
Giga	G	10^{9}
Mega	M	10^{6}
Kilo	k	10^{3}
Hekto*	h	10^{2}
Deka*	da	10^{1}
Dezi*	d	10^{-1}
Zenti*	c	10^{-2}
Milli	m	10^{-3}
Mikro	µ	10^{-6}
Nano	n	10^{-9}
Piko	p	10^{-12}
Femto	f	10^{-15}
Atto	a	10^{-18}

* Die Vorsätze Hekto, Deka, Dezi und Zenti sollen nur noch dort verwendet werden, wo sie bereits üblich sind.

Beispiel: Kilometer: richtig km, falsch kilom
Kiloohm: richtig kΩ, falsch kOhm

Vorsätze, die einer ganzzahligen Potenz von Tausend (10^{3n} mit $n = \pm 0, \pm 1, \pm 2, \ldots$) entsprechen, sind zu bevorzugen.

Zur Bildung von Vielfachen oder Teilen einer Einheit mit selbständigem Namen darf jeweils nur ein Vorsatz verwendet werden.

Richtig: $1 \cdot 10^{-9}$ m = 1 nm Nanometer
Falsch: $1 \cdot 10^{-9}$ m = 1 m µm Millimikrometer

Die Kombination von Vorsatzkurzzeichen und Einheitenkurzzeichen gilt als ein Symbol, das ohne Verwendung von Klammern in eine Potenz erhoben werden kann.

Beispiel: km³ bedeutet $(10^3\ \text{m})^3$, aber nicht $10^3\ \text{m}^3$
μs^{-1} bedeutet $(10^{-6}\ \text{s})^{-1}$, aber nicht $10^{-6}\ \text{s}^{-1}$

Die gesetzlichen Einheiten sind mit Angabe ihrer Benennung, Kurzzeichen, Definitionen, Beziehungen zu den Basiseinheiten und speziellen Bemerkungen für die Verwendung in [3.2] verankert.

3.3. Mehrdeutigkeiten von Einheiten

Trotz vieler Vorteile ist auch das Internationale Einheitensystem SI nicht frei von Mehrdeutigkeiten, die besonders bei der maschinellen Datenverarbeitung zu Fehlern führen können. Im folgenden sollen deshalb einige Besonderheiten genannt werden, die *Padelt* [3.5] ausführlich behandelt hat.

Winkeleinheiten

Die Definitionen der Winkeleinheiten Radiant und Steradiant sind umstritten. Nach internationaler Festlegung sind sie sog. Ergänzungs- oder Supplementeinheiten. Die Einheit Radiant ist definiert als ebener Winkel zwischen zwei Radien eines Kreises, die aus dem Kreisumfang einen Bogen von der Länge des Radius ausschneiden. Entsprechendes gilt für die Einheit Steradiant des räumlichen Winkels. Winkeleinheiten sollten nicht durch den Zahlenwert 1 ersetzt werden.

Es gilt

$$1\ \mathrm{rad} = 360°/2\pi$$

$$1° = (\pi/180)\ \mathrm{rad}.$$

Die Ergänzungseinheiten Radiant und Steradiant wurden in das SI aufgenommen, um kohärente Einheiten für Winkelgeschwindigkeit und Winkelbeschleunigung sowie für einige Einheiten der Lichtstrahlung zu erhalten. Wenn ein Winkel in eine Beziehung eingeht, so muß dies auch durch die zugehörige Einheit zum Ausdruck gebracht werden [3.5] [3.6].

Wird die Einheit Radiant fälschlich durch 1 ersetzt, so ergibt sich z. B. als Einheit der Winkelgeschwindigkeit

falsch: $\omega = 1\ \mathrm{s}^{-1}$ statt richtig: $\omega = 1\ \mathrm{rad} \cdot \mathrm{s}^{-1}$.

Wird die Einheit Steradiant fälschlich durch 1 ersetzt, so ergeben sich irreführende Übereinstimmungen von Einheiten unterschiedlicher physikalischer Größen, z. B.

falsch: $1\ \mathrm{lm} = 1\ \mathrm{cd}$ statt richtig: $1\ \mathrm{lm} = 1\ \mathrm{cd} \cdot \mathrm{sr}$
falsch: $1\ \mathrm{lx} = 1\ \mathrm{cd} \cdot \mathrm{m}^{-2}$ statt richtig: $1\ \mathrm{lx} = 1\ \mathrm{cd} \cdot \mathrm{sr} \cdot \mathrm{m}^{-2}$.

Auch in anderen Zusammenhängen werden Winkel und ihre Einheiten nicht selten unterschlagen, z. B. ganz allgemein in Rotationssystemen [3.6]. Das Drehmoment T wird meist als Produkt aus Kraft F mal Radius r, statt als Produkt aus Kraft mal Radiusvektor ausgedrückt und erhält die Einheit Newtonmeter ($\mathrm{N} \cdot \mathrm{m}$) wie ein Kraftmoment M, anstelle von Newtonmeter je Radiant ($\mathrm{N} \cdot \mathrm{m/rad}$). Der Drehimpuls L als Produkt aus Massenträgheitsmoment J und Winkelgeschwindigkeit ω bzw. Drehmoment T und Zeit t ist mit der SI-Einheit $\mathrm{N} \cdot \mathrm{m} \cdot \mathrm{s} \cdot \mathrm{rad}^{-1}$ oder $\mathrm{kg} \cdot \mathrm{m}^2 \cdot \mathrm{s}^{-1} \cdot \mathrm{rad}^{-1}$ zu bezeichnen, statt mit $\mathrm{N} \cdot \mathrm{m} \cdot \mathrm{s}$ oder $\mathrm{kg} \cdot \mathrm{m}^2 \cdot \mathrm{s}^{-1}$. Ebenso ist es üblich, den Schermodul G' in $\mathrm{N} \cdot \mathrm{m}^{-2}$, d.h., wie den Gleitmodul G anzugeben, statt $\mathrm{N} \cdot \mathrm{m}^{-2} \cdot \mathrm{rad}^{-1}$. Außerdem konnte nachgewiesen werden, daß die Definition der Ergänzungseinheit Radiant meßtechnischen Anforderungen wenig gerecht wird und daß die Maßeinheit Steradiant auf den Radiant zurückgeführt werden kann und damit nicht als Basiseinheit geführt zu werden brauchte [3.6].

Durch exakte Einheitenbezeichnungen werden Irrtümer der Meßperson und des Rechners weitgehend ausgeschlossen.

Kürzen von Einheiten

Die formale Behandlung der Einheiten und das bedingungslose Kürzen innerhalb der Definitionsgleichungen führt oft zu Zusammensetzungen von Einheiten, die im Ergebnis wenig sinnvoll und nahezu unverständlich sind. Außerdem bedeutet das Kürzen in manchen Fällen eine Unterdrückung wichtiger Informationen. Als Beispiele seien der spezifische Widerstand ϱ in Ohmmeter ($\Omega \cdot m$) und die elektrische Leitfähigkeit $\varkappa$ in Siemens je Meter ($S \cdot m^{-1}$) genannt. Dabei geht die Information verloren, daß es sich beispielsweise beim spezifischen Widerstand um einen Leiter der Länge 1 m und des Querschnitts 1 mm^2 handelt.

Verständlicher wäre, für ϱ die Einheit $\Omega \cdot mm^2 \cdot m^{-1}$ zu verwenden. Um Mehrdeutigkeiten zu vermeiden und Irrtümer der Meßpersonen und EDVA einzuschränken, sollte in Einheitengleichungen nicht in jedem Fall gekürzt werden.

Gleichnamige Einheiten für unterschiedliche physikalische Größenarten

In der Elektrotechnik ist es üblich, für einige unterschiedliche physikalische Größenarten wie elektrische Stromstärke und magnetische Spannung die Einheit Ampere, für Induktivität und magnetischen Leitwert die Einheit Henry u.ä. zu verwenden. Hier ist es unumgänglich, Ausweichmöglichkeiten zu schaffen, um Mehrdeutigkeiten auszuschließen. Die Eigennamen sollten für die wichtigeren Einheiten beibehalten werden. Für die untergeordneten Einheiten ist auf deren Herleitung zurückzugreifen. Im Interesse der Eindeutigkeit darf dann für die dominierende Einheit keine Ersatzeinheit mehr angewendet werden, d.h. für den magnetischen Fluß nur Weber (Wb), nicht Voltsekunde ($V \cdot s$).

Tafel 3.2. Mehrdeutige Einheiten und ihr Ersatz nach [3.5]

Größenart	Einheit	Ersatzeinheit
Stromstärke	A	
Magnetische Spannung		$(A \cdot m^{-1}) \cdot m$
Induktivität	H	
Magnetischer Leitwert		$Wb \cdot A^{-1}$
Magnetischer Fluß	Wb	
Magnetische Polstärke		$V \cdot s$; $N \cdot m^3/(A \cdot m)$
Magnetische Induktion	T	
Magnetische Polarisation		$Wb \cdot m^{-2}$; $V \cdot s \cdot m^{-2}$
Elektrizitätsmenge	C	
Elektrischer Verschiebungsfluß		$C \cdot m^2/m^2$; $A \cdot s$
Frequenz	s^{-1}	$osc \cdot s^{-1} = Hz$
Kreisfrequenz	s^{-1}	$2\pi\, rad \cdot s^{-1}$
Drehzahl	s^{-1}	$U \cdot s^{-1}$; $rev \cdot s^{-1}$
Winkelgeschwindigkeit	s^{-1}	$rad \cdot s^{-1}$
Spektroskopische Wellenzahl	s^{-1}	$on \cdot s^{-1}$
Photometrische Wellenzahl	m^{-1}	$on \cdot m^{-1}$
Teilchenfluenz	m^{-2}	$part \cdot m^{-2}$
Elektrischer Leitwert	Ω^{-1}	S
Elektrische Leitfähigkeit	$\Omega^{-1} \cdot m^{-1}$	$S \cdot m/m^2$; $S \cdot m^{-1}$
Magnetischer Widerstand	H^{-1}	$A \cdot Wb^{-1}$
Linearer Ausdehnungskoeffizient	K^{-1}	$m/(K \cdot m)$
Kubischer, räumlicher Ausdehnungskoeffizient	K^{-1}	$m^3/(K \cdot m^3)$

In **Tafel 3.2** wurden mehrdeutige Einheiten zusammengefaßt und Vorschläge für ihren Ersatz angegeben [3.5].

Allgemein gilt im Größenkalkül die Regel, daß gleichnamige Größen additiv zusammenfaßbar sind. Dabei wird stillschweigend vorausgesetzt, daß mit den betreffenden gleichen Einheiten auch Größen gleicher Art bezeichnet werden. Das ist, wie **Tafel 3.2** zeigt, nicht immer der Fall. Internationale Festlegungen wären hier dringend erwünscht [3.5].

3.4. Vorteile und Hemmnisse beim Übergang zum Internationalen Einheitensystem

Die Anwendung des Internationalen Einheitensystems sowohl in der Theorie als auch in der Praxis bietet folgende Vorteile gegenüber anderen Einheitensystemen [3.1] [3.4] [3.7]:

- Das SI ist das erste international anerkannte Einheitensystem.
- Die Darstellung der Einheiten nach ihren Definitionen ist mit großer Genauigkeit möglich (vgl. [3.4, S. 124–176]).
- Im SI werden alle abgeleiteten Einheiten kohärent aus den Basiseinheiten gebildet, d.h., alle Maßstabsfaktoren bei der Bildung abgeleiteter Einheiten sind gleich Eins **(Tafel 3.3)**.
- Durch die eindeutige Trennung der Einheiten für die Größenarten Masse und Kraft (im Technischen Maßsystem können für beide Größenarten Masseeinheiten verwendet werden) wird Mißverständnissen und systematischen Fehlern vorgebeugt.
- Das SI hat eine eigene elektrische Basiseinheit, wodurch ein endgültiger Übergang von den „internationalen" elektrischen Einheiten (1908 international durch Vorschriften zu ihrer Realisierung festgelegt) zu den „absoluten" (theoretischen) elektrischen Einheiten vollzogen wurde [3.1].
- Alle Arten von mechanischen, elektrischen, thermischen Kräften und Energien werden in den im SI gültigen Einheiten der Kraft (N) und Energie (J) ausgedrückt.
- Durch die Anwendung derselben Einheit für die mechanische, elektrische und thermische Energie (das gilt analog für die Leistung) werden alle Leistungskennziffern dimensionslos und können direkt mit denen der idealen Wärmekraftmaschine (Carnot-Maschine) verglichen werden.
- Für Einheiten mit selbständigen Namen wurden im SI einheitliche Festlegungen zur Bildung von Vielfachen und Teilen durch Vorsätze getroffen.
- Das SI führt zu einer Reduzierung der zulässigen Einheiten und bewirkt damit u.a. auch eine Rationalisierung der geistigen Arbeit.

Der endgültige Übergang zum SI, der z.B. laut RGW-Empfehlung [3.3] bis 1980 im wesentlichen in allen RGW-Ländern vollzogen sein soll, erfordert erheblichen Realisierungsaufwand und bringt einige Probleme mit sich.
Dazu gehören:

- Erarbeitung und Herausgabe von Einheiten-Umrechnungstafeln [3.8]
- Umstellung der meisten Berechnungsunterlagen (Diagramme, Stoffdatentafeln u.a.)
- Schaffung neuer Ausrüstungsunterlagen (Prospekte u.ä.)
- Änderung zahlreicher Standards
- Eichung und Kalibrierung neuer Meßsysteme **nur** in SI-Einheiten

Tafel 3.3. Gegenüberstellung abgeleiteter SI-Einheiten und abgeleiteter SI-fremder Einheiten

Größenart	Symbol	SI-Einheit	Kurzzeichen	Beziehung zu Grundeinheiten	SI-fremde Einheit	Kurzzeichen	Beziehung zu Grundeinheiten
Volumen	V	Kubikmeter	m^3	$1\ m^3 = 1\ m \cdot m \cdot m$	Liter	l	$1\ l = 1 \cdot 10^{-3}\ m^3$
Kraft	F	Newton*	N	$1\ N = 1\ m \cdot kg \cdot s^{-2}$	Kilopond	kp	$1\ kp = 9{,}81\ kg \cdot m \cdot s^{-2}$
Druck	p	Pascal*, Newton je Quadratmeter	Pa $N \cdot m^{-2}$	$1\ Pa = 1\ N \cdot m^{-2} = 1\ m^{-1} \cdot kg \cdot s^{-2}$	Kilopond je Quadratzentimeter	kp $\times\ cm^{-2}$	$1\ kp \cdot cm^{-2} = 10^4 \cdot 9{,}81\ m^{-1} \cdot kg \cdot s^{-2}$
Dynamische Viskosität	η	Pascalsekunde, Newtonsekunde je Quadratmeter	$Pa \cdot s$ $N \cdot s \cdot m^{-2}$	$1\ Pa \cdot s = 1\ N \cdot s \cdot m^{-2} = 1\ m^{-1} \cdot kg \cdot s^{-1}$	Poise	P	$1\ P = 10^{-1} m^{-1} \cdot kg \cdot s^{-1}$
Kinematische Viskosität	ν	Quadratmeter je Sekunde	$m^2 \cdot s^{-1}$	–	Stokes	St	$1\ St = 1 \cdot 10^{-4} m^2 \cdot s^{-1}$
Arbeit	W	Joule*	J	$1\ J = 1\ m^2 \cdot kg \cdot s^{-2}$	Kalorie	cal	$1\ cal = 4{,}1868\ m^2 \cdot kg \cdot s^{-2}$
Leistung	P	Watt*	W	$1\ W = 1\ J \cdot s = 1\ m^2 \cdot kg \cdot s^{-3}$	Pferdestärke	PS	$1\ PS = 735{,}49875\ m^2 \cdot kg \cdot s^{-3}$
Magnetische Feldstärke	H	Ampere je Meter	$A \cdot m^{-1}$	–	Milliampere je Zentimeter	mA $\times\ cm^{-1}$	$1\ mA \cdot cm^{-1} = 10\ A \cdot m^{-1}$
Leuchtdichte	L	Candela je Quadratmeter	$cd \cdot m^{-2}$	–	Stilb	sb	$1\ sb = 10^4\ cd \cdot m^{-2}$
Aktivität	A	Becquerel*	Bq	$1\ Bq = 1\ s^{-1}$	Curie	Ci	$1\ Ci = 0{,}37 \cdot 10^{11}\ s^{-1}$

* SI-Einheiten mit selbständigem Namen

- Neueichung und -kalibrierung in Betrieb befindlicher Meßsysteme
- Einführung des SI in die gesamte wissenschaftlich-technische Literatur (einschließlich Lehrbücher)
- Bekanntmachen der Anwender mit dem SI durch Presseinformationen, Vorträge und objektbezogene Qualifizierungsmaßnahmen.

Trotz der genannten Probleme beim Übergang zum SI überwiegen die Vorteile die zeitweiligen Umstellungsschwierigkeiten bei weitem. Zunehmende Spezialisierung und Kooperation in Forschung und Technik, steigende Warenumsätze über Ländergrenzen hinweg und die wachsende Rolle der Wissenschaft als Produktivkraft fordern dazu auf, eventuell noch bestehende Vorbehalte gegen die Einführung des Internationalen Einheitensystems schnell zu überwinden.

3.5. Staffelung von Normalen und Arbeitsmeßmitteln

Forschung, Entwicklung, Produktion und Handel fordern Einheitlichkeit, Richtigkeit und Wirtschaftlichkeit von Messungen. Messungen definierter Einheitlichkeit und Richtigkeit werden mit einem abgestuften System von Normalen und Arbeitsmeßmitteln durchgeführt [3.9]. Diese Normale werden nach einheitlichen Vorschriften und Regeln an die Einheiten angeschlossen [3.10] [3.11].

Normale sind Meßmittel (Meßsysteme) oder Meßeinrichtungen zur Verkörperung oder Darstellung einer physikalischen Einheit, ihrer Teile oder Vielfachen zum Zwecke ihrer Bewahrung und/oder Weitergabe an andere Meßmittel.

Beispiele sind

- ein Parallelendmaß als Verkörperung eines Teils der Einheit der Länge (Endmaß 50 mm = [1/20] m)
- ein Wägestück als Verkörperung eines Vielfachen der Einheit der Masse (Wägestück 5 kg = 5 · 1 kg) und
- eine Stromwaage als Darstellung der Einheit der elektrischen Stromstärke (1 A).

Die Normale sind nach einer vereinbarten Rangfolge entsprechend ihrer Unsicherheit gestaffelt. An der Spitze der Rangfolge steht das Staatliche Etalon.
Ein Staatliches Etalon ist ein **Primärnormal** oder Spezialnormal, mit dem die Darstellung einer Einheit entsprechend ihrer Definition erfolgt und dessen Unsicherheit einen festgelegten Wert, dem Stand von Wissenschaft und Technik entsprechend, nicht überschreitet. Es wird vom Präsidenten der PTB bzw. des ASMW bestätigt. Auf diese Weise wird ausgeschlossen, daß beliebige Normale zu Primärnormalen erklärt werden können, z.B. Staatliches Etalon für die Längeneinheit 1 m, s. Abschn. 15.2 und **Tafel 15.3.**
Sekundärnormal: Normal mit einer vereinbarten maximalen Unsicherheit, das unmittelbar an das Primärnormal angeschlossen ist und das zur Übertragung der vom Primärnormal dargestellten Maßeinheit auf die Referenznormale verwendet wird (z.B. Interferenzkomparator mit Sekundärstrahler).
Referenznormal erster Ordnung: Normal mit einer vereinbarten maximalen Unsicherheit, das unmittelbar an das Sekundärnormal angeschlossen ist und das zur Übertragung der vom Sekundärnormal dargestellten Maßeinheit auf die Referenznormale zweiter Ordnung verwendet wird (z.B. Parallelendmaß).
Referenznormal n-ter Ordnung: Normal mit einer vereinbarten maximalen Unsicherheit, das unmittelbar an das Referenznormal $(n - 1)$-ter Ordnung angeschlossen ist und das

Tafel 3.4. Staffelung der Normale

Größenart	Primärnormal	Sekundärnormal	Referenznormal erster Ordnung	Arbeitsmeßmittel
Länge	Wellenlängennormal ASMW $\Delta l/l = 1 \cdot 10^{-8}$ für $l = 1$ m	Interferenzkomparator mit Sekundärstrahler $\Delta l/l = 5 \cdot 10^{-8}$ für $l = 1$ m	Parallelendmaß 00 $\Delta l = 5 \cdot 10^{-2}$ µm für $l = 100$ mm	Meßschraube Kl. 1 $\Delta l = 5$ µm für $l = 100$ mm
Zeit	Cäsiumuhr (Atomuhr) ASMW $\Delta t/t = 1 \cdot 10^{-11}$ für $t = 1$ s $\Delta t/t = 1 \cdot 10^{-10}$ für $t = 1$ d	Quarzuhr $\Delta t/t = 1 \cdot 10^{-8}$ für $t = 1$ d	Pendeluhr $\Delta t = 5 \cdot 10^{-1}$ s für $t = 1$ d	Federuhr $\Delta t = 2$ s für $t = 1$ d
Masse	Kilogrammprototyp Nr. 55 ASMW $\Delta m/m = 1 \cdot 10^{-9}$ für $m = 1$ kg	Normalwägestück $\Delta m/m = 6 \cdot 10^{-8}$ für $m = 1$ kg	Handelswägestück $\Delta m = 2 \cdot 10^{-4}$ kg für $m = 1$ kg	Neigungswaage $\Delta m = 1 \cdot 10^{-3}$ kg für $m = 1$ kg
Temperatur	Pt-Widerstandsthermometer ASMW $\Delta\vartheta = 2 \cdot 10^{-3}$ K für $\vartheta = 20$ °C	Pt-Widerstandsthermometer $\Delta\vartheta = 5 \cdot 10^{-3}$ K für $\vartheta = 20$ °C	Quecksilber-Normalthermometer $\Delta\vartheta = 1 \cdot 10^{-2}$ K für $\vartheta = 20$ °C	Flüssigkeits-Glasthermometer (benetzend) $\Delta\vartheta = 5 \cdot 10^{-1}$ K für $\vartheta = 20$ °C

Tafel 3.5. Prüfschema für Längenmeßmittel, Parallelendmaße (Ausschnitt)

F Fehler der Messung; *L* gemessene Länge in m; *r* Reproduzierbarkeit: *u* Meßunsicherheit; für $P = 95\%$

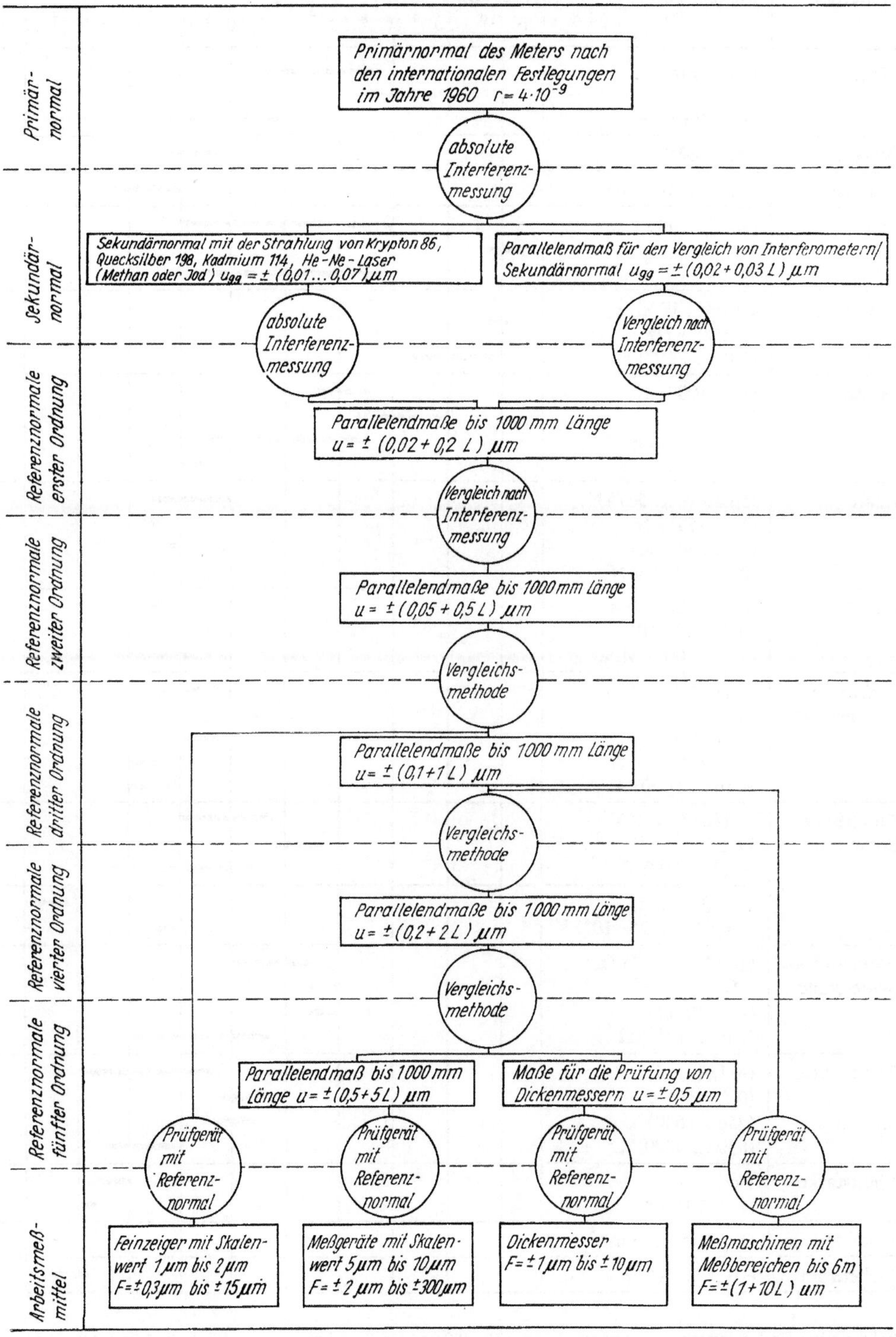

Tafel 3.6. Mittlere quadratische Meßfehler für ausgewählte Meßgrößen

Meßgröße	Meßbereich
Länge	(0 ... 1) m
	1 m
	(1 ... 100) m
Winkel	(0 ... 360)°
Volumen	$(10^{-3} \ldots 10^{5})\ m^3$
Zeit	$(10^{-7} \ldots 1)$ s
	1 s
	> 1 s
Frequenz	1 MHz; 10 kHz
	1 kHz; 1 Hz
	$(10^{-2} \ldots 10^{6})$ Hz
Masse	(1 ... 1000) g
	1 kg
	(1 ... 1000) kg
	(1 ... 60) t
Kraft	$(5 \cdot 10^{-3} \ldots 50)$ kN
	(1 ... 150) kN
	(5 ... 1000) kN
	(0,02 ... 10) MN
Druck	(0,1 ... 0,6) MPa
	(0,6 ... 2) MPa
	(2 ... 14000) MPa
Elektrische Stromstärke	$(10^{-11} \ldots 1)$ A
	= 1 A
	$(1 \ldots 10^{4})$ A
	$(10^{-2} \ldots 6)$ A
	~ (6 ... 6000) A
Elektrische Spannung	$(10^{-4} \ldots 2)$ V
	= 1 V
	$(2 \ldots 10^{5})$ V
	$(10^{-6} \ldots 1)$ V
	~ $(10^{-2} \ldots 25 \cdot 10^{4})$ V
Elektrischer Widerstand	$(10^{-5} \ldots 10^{-1})\ \Omega$
	$1\ \Omega$
	$(1 \ldots 10^{5})\ \Omega$
	$(10^{6} \ldots 10^{12})\ \Omega$
Temperatur	(−180 ... 0) °C
	(0 ... 450) °C
	(450 ... 630) °C
	(630 ... 4000) °C
Lichtstärke	1 cd
	$(1 \ldots 10^{3})$ cd
Leuchtdichte	$(1 \ldots 10^{8})\ cd \cdot m^{-2}$
Lichtstrom	$(10 \ldots 2 \cdot 10^{4})$ lm

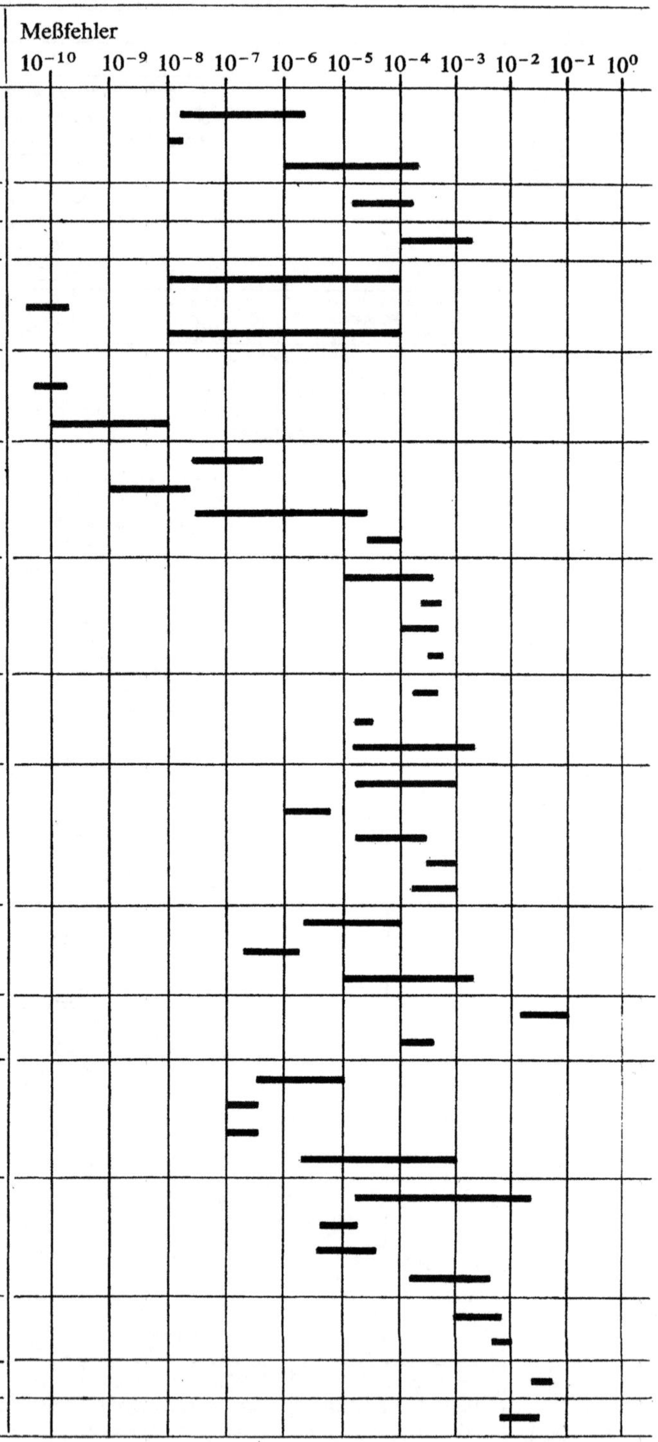

Fehlerangaben für Labormessungen etwa mit Faktor 10 ... 100 und für Betriebsmessungen etwa mit Faktor 100 ... 1000 multiplizieren!

zur Übertragung der vom Referenznormal ($n-1$)-ter Ordnung dargestellten Maßeinheit auf die Referenznormale ($n+1$)-ter Ordnung oder die Arbeits-(Betriebs-) Meßmittel verwendet wird (z.B. Strichmaßstab).

Arbeitsmeßmittel: Meßmittel, das für praktische Messungen bestimmt ist, das über Referenznormale an das Sekundärnormal angeschlossen ist, das aber nicht zur Prüfung anderer Meßmittel verwendet werden darf (z.B. Meßschieber).

Die Staffelung der Normale erfolgt für unterschiedliche Größenarten in unterschiedlichen Stufen **(Tafel 3.4)**.

Die standardisierte Übertragung der Längeneinheit vom höchsten Normal auf die Arbeitsnormale und -meßgeräte wird durch sog. Prüfschemata und Prüfvorschriften [3.12] [3.13] festgelegt. Als Beispiel sei das Prüfschema für Längenmeßmittel „Endmaß" **(Tafel 3.5)** auszugsweise wiedergegeben [3.14].

Es wird angestrebt, daß jedes Normal oder Meßmittel ($n-1$)-ter Ordnung oder ($n-1$)-ter Klasse als Bezugsnormal für alle Normale oder Meßmittel der n-ten Ordnung oder n-ten Klasse verwendet werden kann. Die dabei einzuhaltende goldene Regel der Meßtechnik lautet:

- Das Normal sollte fünf- bis zehnmal genauer sein als das daran angeschlossene Meßmittel [3.10].

3.6. Unsicherheiten von Normalen

Für die Sicherung der Basiseinheiten und abgeleiteten Einheiten sind staatliche Einrichtungen verantwortlich. In der Bundesrepublik Deutschland ist es die Physikalisch-Technische Bundesanstalt (PTB) (s. Abschn. 1.2.). In der DDR ist es das Amt für Standardisierung, Meßwesen und Warenprüfung (ASMW) beim Ministerrat der DDR (s. Abschn. 1.4.). Neben der Auswahl, Bestätigung, Reproduktion, Bewahrung und Weiterentwicklung der Basiseinheiten in Staatlichen Etalons besorgen PTB und ASMW den Anschluß von Normalen niederer Ordnung an die Staatlichen Etalons sowie die Prüfung und Beglaubigung der höchsten Normale für die Prüfstellen der Staatsinstitute und der Betriebe. Spiegel der wissenschaftlich-technischen Leistungsfähigkeit eines Industriestaates ist das Leistungsvermögen seines staatlichen Meßwesens. Das hohe Niveau einer Volkswirtschaft spiegelt sich deshalb auch in den großen Meßbereichen und kleinen Meßunsicherheiten der Staatlichen Etalons für die wichtigsten physikalisch-technischen Meßgrößen wider. Die erzielbaren absoluten Meßunsicherheiten hängen dabei von der Intensität der Meßgröße und vom verwendeten Meßsystem ab **(Tafel 3.6)** [1.11] [3.15] [3.16].

4. Formen und Verhalten von Meßsignalen

Die Ein- und Ausgangsgrößen sowie die Zwischengrößen, Einflußgrößen, Störgrößen beliebiger Systeme sind Energie- und/oder Informationsträger. In der Meßtechnik steht der informatorische Aspekt im Vordergrund. Sind die Ein- und Ausgangsgrößen sowie die Zwischengrößen und Einflußgrößen von Meßsystemen Informationsträger, so werden sie als Meßsignale bezeichnet. Meßsignale sind durch qualitative und quantitative Merkmale zu kennzeichnen. Qualitatives Merkmal ist die Meßsignalart. Quantitatives Merkmal ist die Meßsignalform, die sich aus Wertevorrat und Wertefolge zusammensetzt **(Tafel 4.1)**.

Für den Meßvorgang ist interessant, welcher **Einheitenbereich** vorhanden ist, d.h., in welchem Meßsignalbereich das Meßsignal liegt (z.B. im µm- oder km-Bereich) und wie groß sein **Änderungsbereich** ist (Teile oder Vielfache von Größenordnungen der entsprechenden Einheit).

Weiterhin ist für die Informationsgewinnung und -verarbeitung wichtig, ob das Meßsignal innerhalb der vorgegebenen Grenzen einen kleinen oder großen **Wertebereich** (kleiner oder großer Zahlenbereich) umfaßt und welche **Wertestufen** durchlaufen werden. Nach den Wertestufen (Amplitudenstufen, Amplitudenquanten) ist zwischen analogen, diskreten und digitalen Meßsignalen zu unterscheiden **(Tafel 4.2)** [4.12].

Analoge Meßsignale können innerhalb vorgegebener Grenzen jeden beliebigen Wert annehmen. **Diskrete** Meßsignale können innerhalb vorgegebener Grenzen nur endlich viele Werte annehmen. Sie sind amplitudenquantisiert. **Digitale** Meßsignale sind diskrete Meßsignale, wobei den diskreten Werten des Wertevorrats zusätzlich Werte eines vereinbarten Alphabets (z.B. Dezimalsystem, Binärsysteme) zugeordnet werden.

Für den Aufbau der Meßsysteme und für die auftretenden Meßfehler ist neben dem Wertevorrat auch die **Wertefolge** von großer Bedeutung, d.h., ob der zu verarbeitende Wertevorrat in langsamer Folge (statisch) oder aber in schneller Folge (dynamisch) das Meßsystem passiert, ob die Meßsignale kontinuierlich oder diskontinuierlich vorhanden sind bzw. abgefragt werden können und ob sie determiniert oder nichtdeterminiert sind **(Tafel 4.2)**.

Kontinuierliche Meßsignale sind zu jedem beliebigen Zeitpunkt während des Meßprozesses vorhanden und abzufragen. **Diskontinuierliche** Meßsignale sind nur zu bestimmten Zeitpunkten während des Meßprozesses abzufragen. Sie sind zeitquantisiert. Analoge Meßsysteme arbeiten aufgrund ihrer Funktionsprinzipe bevorzugt ohne Amplituden- und Zeitquantisierung der Meßsignale. In digitalen Meßsystemen überwiegt dagegen Amplituden- und Zeitquantisierung.

4.1. Deterministische Meßsignalmodelle

4.1.1. Determinierte digitale Meßsignale

Determinierte Meßsignale sind dadurch gekennzeichnet, daß sie unter Wiederholbedingungen gleiche Werte oder Wertefolgen annehmen. Sie sind durch analytische Funktionen beschreibbar und jederzeit reproduzierbar. Bei der analytischen Behandlung der

Tafel 4.1. Klassifikation von Meßsignalen

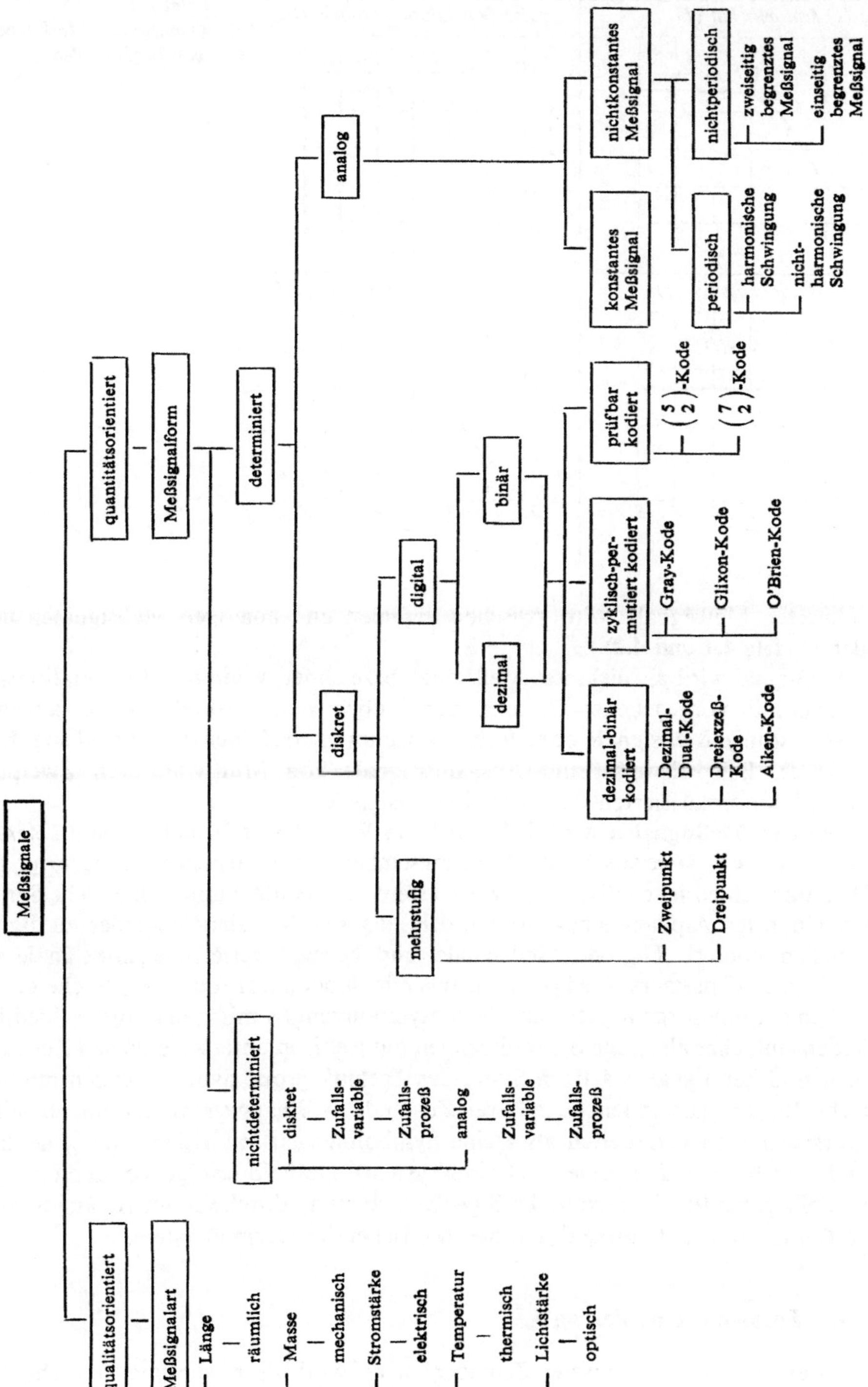

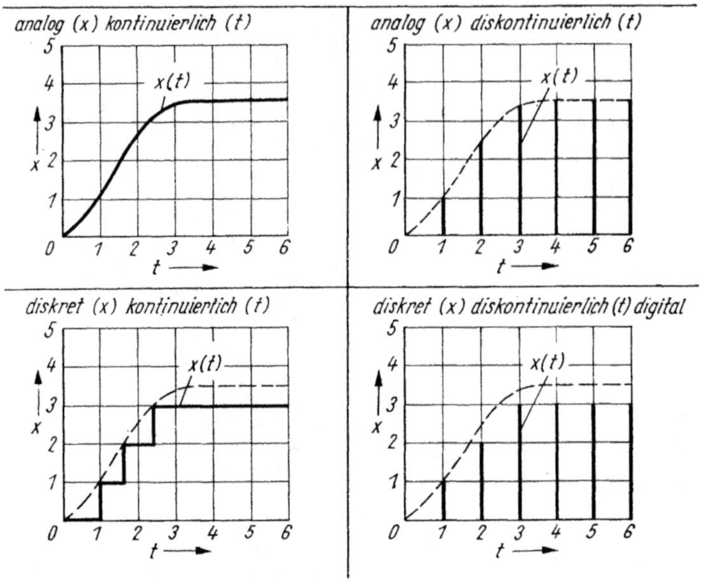

Tafel 4.2
Quantitative Merkmale von Meßsignalen

determinierten Meßsignale wird zwischen digitalen und analogen Meßsignalen unterschieden **(Tafeln 4.1 und 4.2)**.

Ein Meßsignal wird als **diskretes** Meßsignal bezeichnet, wenn sein Informationsparameter innerhalb vorgegebener Grenzen nur endlich viele (diskrete) Werte annehmen kann. Mehrstufige Meßsignale ohne feste Zuordnung von Zahlenwerten sind sog. Mehrpunktsignale. Beispielsweise sind Ausgangssignale von Multivibratoren Zweipunktsignale und von polarisierten Relais Dreipunktsignale.

Bei **digitalen Meßsignalen** wird jeder diskrete Wert des Informationsparameters aus ganzzahligen Vielfachen einer Quantisierungseinheit, dem Elementarquantum q, gebildet. Den unterschiedlichen diskreten Werten werden außerdem unterschiedliche Symbole eines vereinbarten Alphabets zugeordnet, d.h., diskrete Meßsignale werden zu digitalen Meßsignalen kodiert. Digitale Meßsignale sind beispielsweise Ausgangssignale eines Analog/Digital-Umsetzers (A/D-Umsetzer) mit Kodelineal oder Kodescheibe. Die menschlichen Sinnesorgane erfassen kleine Symbolmengen mit vielen unterschiedlichen Zuständen einfacher als große Symbolmengen mit wenigen unterschiedlichen Zuständen. Dagegen sind beim gegenwärtigen Stand der Technik große Symbolmengen mit wenig unterschiedlichen Zuständen (z.B. zwei Zustände → Binärsystem) maschinell leichter und störsicherer zu verarbeiten als kleine Symbolmengen mit vielen unterschiedlichen Zuständen (z.B. zehn Zustände → Dezimalsystem). Deshalb erfolgt die Kodierung diskreter Meßsignale für die technische Signalverarbeitung durchweg im Binärsystem und für die Informationsaufnahme durch den Menschen im Dezimalsystem.

4.1.1.1. Formen der Kodierung

Das Zuordnen von Listen zweier Zeichenmengen wird als Kodierung bezeichnet, die Zuordnung selbst als Kode **(Tafel 4.3)** [4.1] [4.2] [4.3] [4.19].

Unter „Zeichen" versteht man i. allg. Symbole. In meßtechnischen Anwendungen (Digitalmeßtechnik) tritt lediglich eine Kodierung von Zahlen auf, d.h., die dem Meßwert entsprechende Zahl von Meßquanten wird in einem Kode dargestellt.

Kodes, die nur aus Binärzeichen (Zeichen, die zwei Werte symbolisieren: 0, 1) aufgebaut sind, werden als **Binärkodes** bezeichnet [4.2] [4.4] [4.5] [4.19].

Ein in der Digitalmeßtechnik sehr häufig verwendeter Binärkode ist der **Dualkode (Tafel 4.3)**. Beim Dualkode wird jede Dezimalzahl als Summe der Potenzen von 2 dargestellt. Die Zahl 11 erhält man durch folgende Summierung:

$$1 \cdot 2^3 + 0 \cdot 2^2 + 1 \cdot 2^1 + 1 \cdot 2^0 = 1011 \mathrel{\hat{=}} 11.$$

Ein wesentlicher Vorteil des Dualkodes ist die technisch einfache Realisierung der mathematischen Grundoperationen Addition, Subtraktion, Multiplikation und Division [4.6].

Da Dualzahlen jedoch mit zunehmender Stellenzahl vom Menschen immer schwieriger erkennbar werden und der Dualkode nicht prüfbar ist, wird häufig eine binär-dezimale Darstellung vorgezogen. Diese Kodes bezeichnet man als **BCD-Kodes** (**b**inär-**c**odiert-**d**ezimal) [4.1]. Vom Dezimalkode wird die Unterteilung in Dekaden beibehalten; die Dekaden selbst werden binär kodiert. Jedes Teilkodewort heißt Tetrade, da zur binären Verschlüsselung der Dezimalziffern 0 bis 9 bis zu 4 bit (vier Elementarschritte 0 oder 1) erforderlich sind. Mit 4 bit sind $2^4 = 16$ Kombinationen von 0 und 1 möglich, d.h., bei den dezimalbinären Kodes werden sechs Dualwerte nicht genutzt. Sie bilden den redundanten Teil des Kodes und heißen Pseudotetraden [4.6]. Beispiele für BCD-Kodes (auch dezimal-binäre, dezimal-tetradische oder binär-tetradische Kodes genannt) sind der Dezimal-dual-Kode, der Aiken-Kode und der Dreiexzeß-Kode.

Besteht die Forderung, daß sich jedes Kodewort vom vorhergehenden nur um 1 bit unterscheiden darf, werden **zyklisch-permutierte Kodes** (einschrittige Kodes) verwendet. Zur Gewährleistung eines einfachen Übergangs zur nächsten Dezimalstelle sollte sich auch der größte Wert 9 vom kleinsten Wert 0 nur um 1 bit unterscheiden.

Beispiele für zyklisch permutierte Kodes sind der Gray-Kode (von 9 auf 0 nicht einschrittig), der Glixon-Kode und der O'Brien-Kode **(Tafel 4.3)**.

4.1.1.2. Aufbau prüfbarer und selbstkorrigierender Kodes

Wenn einzelne Binärstellen in ihrer Polarität durch physikalische Ursachen, wie kurzzeitige Übertragungsunterbrechungen, Rauschspannungen u.ä., verfälscht werden, so führt das z.B. bei der numerischen Maschinensteuerung zu Ausschuß, Werkzeug- oder Maschinenschaden [4.4, S. 73] [4.5, S. 68].

Um das zu verhindern, müssen die Kodes so aufgebaut sein, daß Fehler durch die innere Datenverarbeitung erkannt und korrigiert werden können. Je nach Anzahl der verfälschten Stellen in einem Abschnitt (Kodewort) wird zwischen Einfach-, Zweifach- und Mehrfachfehlern unterschieden [4.5, S. 70]:

Richtiges Kodezeichen	mögliche Einfachfehler	mögliche Zweifachfehler
0 1 1 0 0	(1) 1 1 0 0	0 (0) (0) 0 0
	0 (0) 1 0 0	(1) 1 1 (1) 0
	0 1 (0) 0 0	0 1 1 (1) (1)
	0 1 1 (1) 0	(1) 1 1 0 (1)
	0 1 1 0 (1)	(1) (0) 1 0 0
		(1) 1 (0) 0 0
		0 (0) 1 (1) 0
		0 (0) 1 0 (1)
		0 1 (0) (1) 0
		0 1 (0) 0 (1)

( ) Fehlerhaftes Zeichen

Tafel 4.3. Kodes der Digitalmeßtechnik

	Binärer Kode	BCD-Kodes			Zyklisch permutierte Kodes			Prüfbarer Kode
	Dual-Kode	Dezimal-Dual-Kode	Dreiexzeß-Kode	Aiken-Kode	Gray-Kode	Glixon-Kode	O'Brien-Kode	$\binom{5}{2}$-Kode
Darstellung	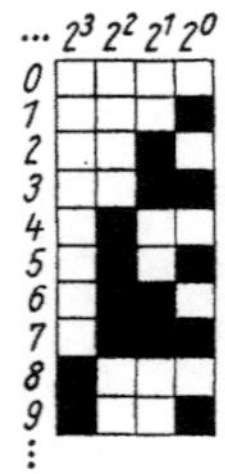	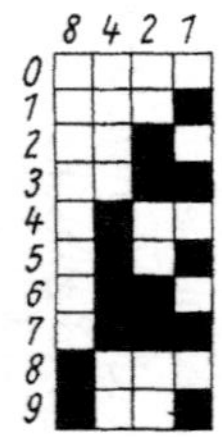	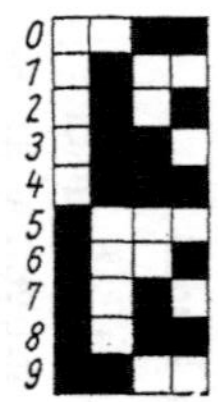	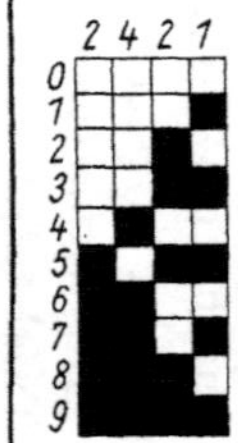	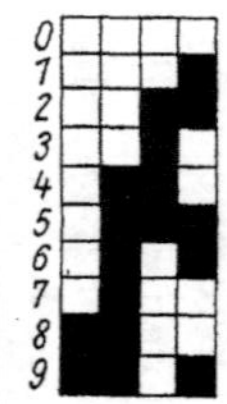	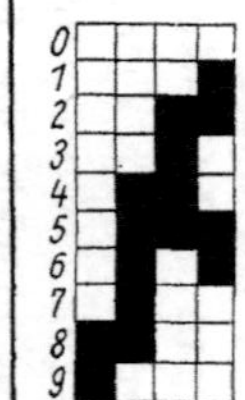	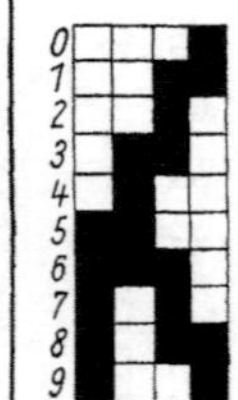	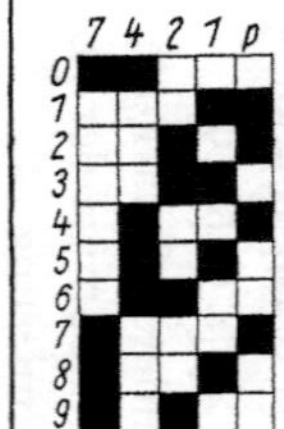
Stellenwerte	... 8, 4, 2, 1	8, 4, 2, 1		2, 4, 2, 1	–	–	–	7, 4, 2, 1, p
Belegung	0 ... 3	0 ... 3	1 ... 3	0 ... 4	0 ... 3	0 ... 3	1 ... 3	2
Vorteile	Rechenoperationen technisch leicht realisierbar	Rechenoperationen technisch leicht realisierbar, leicht umsetzbar	dezimale Null eindeutig, Subtraktion einfach, leicht umsetzbar	Rechenoperationen technisch leicht realisierbar	Abtastung einfach, einschrittig von 0 auf 1 bis 8 auf 9	einschrittig	einschrittig	prüfbar, dezimale Null, eindeutig
Nachteile	bei großer Stellenzahl schlecht lesbar, nicht prüfbar, nicht redundant, schlecht umsetzbar	beschränkt redundant	beschränkt redundant	nicht redundant	nicht redundant, schlecht umsetzbar, von 9 auf 0 nicht einschrittig, Rechenoperationen nicht möglich	Rechenoperationen nicht möglich	Rechenoperationen nicht möglich	Rechenoperationen nicht möglich, hoher technischer Aufwand
Mindestabstand	1	1	1	1	1	1	1	1

Sämtliche Sicherungsmaßnahmen beruhen auf der Ausnutzung vorhandener oder zusätzlich hinzugefügter Redundanz [4.4, S. 75]. Je nach Größe der Redundanz existieren im Kode einige nicht enthaltene Wörter (sinnlose Wörter), so daß bei Störungen mit geringer oder größerer Wahrscheinlichkeit ein sinnloses Wort entsteht, wodurch der Fehler zu erkennen ist. Die Erkennbarkeit von Fehlern ist abhängig vom Hamming-Abstand d und dem Gewicht der Belegung w im Kode.

Fehler mit dem Gewicht $w < d$ können sicher erkannt, Fehler mit $w < d/2$ eindeutig rekonstruiert werden [4.4, S. 76] [4.5].

Zur Erkennung einfacher Fehler, d. h. Verfälschung einer 1 in eine 0 oder umgekehrt, verwendet man am häufigsten Kodes mit einer zusätzlichen Prüfspur (Paritätsprüfung) oder (mq)-Kodes (selbstprüfende Kodes) [4.5, S. 74] mit m Anzahl der Spuren, q Quersumme. Die Prüfspur enthält ein zusätzliches Zeichen (1 oder 0), das sog. Paritätsbit. Es wird so gewählt, daß die Quersumme aller 1-Zeichen je Zeile immer gerade (oder auch ungerade) ist. Ergibt die **Paritätsprüfung** eine Abweichung, so hat das übertragene Kodezeichen einen Fehler:

Dezimal-kode	Dualkode 2^3	2^2	2^1	2^0	geradzahlige Quersumme: Paritätsbit	Quersumme	ungeradzahlige Quersumme: Paritätsbit	Quersumme
0	0	0	0	0	0	0	0	0
1	0	0	0	1	1	2	0	1
2	0	0	1	0	1	2	0	1
3	0	0	1	1	0	2	1	3
4	0	1	0	0	1	2	0	1
5	0	1	0	1	0	2	1	3
6	0	1	1	0	0	2	1	3
7	0	1	1	1	1	4	0	3
8	1	0	0	0	1	2	0	1
9	1	0	0	1	0	2	1	3

In $\binom{m}{r}$-Kodes (r aus m Kodes) ist in jedem Zeichen eine festgelegte Anzahl von 1-Werten enthalten [4.2, S. 35] [4.5, S. 75] (m Anzahl der Spuren, r Anzahl der 1-Werte je Kodezeichen).

Werden von r verschiedene 1-Werte gezählt, so ist das Kodezeichen fehlerhaft. Die gebräuchlichsten $\binom{m}{r}$-Kodes sind der $\binom{5}{2}$- und $\binom{7}{2}$-Kode **(Tafeln 4.1 und 4.3)**.

In **selbstkorrigierenden** Kodes sind die Eingangszeichen aus den verfälschten Zeichen rekonstruierbar [4.2, S. 36]. Das Erkennen der Fehler und die Rekonstruktion des Eingangszeichens sind von der Redundanz des Kodes abhängig. Ein Kode zur Einfachfehlerkorrektur benötigt die Redundanz $R = m/n$ mit m Anzahl der Spuren je Kodezeichen, n Anzahl der Informationsspuren [4.5, S. 77].

Ein BCD-Kode benötigt $n = 4$ Informationsspuren. Die Gesamtzahl m der Spuren wird nach der Ungleichung $2^n \triangleq 2^m/(m + 1)$ bestimmt. Danach ist $m_{\min} = 7$, d. h., der Kode muß mindestens drei Prüfspuren haben. Nach den genannten Prinzipien ist z. B. der Hamming-Kode aufgebaut [4.5, S. 80].

4.1.2. Determinierte analoge Meßsignale

4.1.2.1. Konstante Meßsignale

Ein konstantes Meßsignal **(Tafeln 4.1 und 4.4)** stellt im Sinne der Signaltheorie [4.7] eine Elementarfunktion dar. Es läßt sich nicht in einfachere Komponenten zerlegen. Seine mathematische Beschreibung erfolgt durch

$$x(t) = \hat{x}. \tag{4.1}$$

Die Länge eines fertig bearbeiteten Werkstücks ist eine konstante Größe. Aus der Elektrotechnik ist die Messung konstanter Eingangsgrößen als einfachster Betriebsfall, nämlich als Gleichstromfall, bekannt.

4.1.2.2. Periodische Meßsignale

Harmonische Schwingungen

Die mathematische Beschreibung einer harmonischen Schwingung erfolgt beispielsweise durch

$$x(t) = \hat{x} \cos \omega_1 t \tag{4.2}$$

$\hat{x}$ Amplitude der harmonischen Schwingung,
$\omega_1 = 2\pi/T$ Kreisfrequenz, T Periodendauer.

Tafel 4.4 zeigt das Meßsignal nach Gl. (4.2) im t-Bereich (Zeitbereich) und im ω-Bereich (Kreisfrequenzbereich). Beide Formen sind üblich, aber nicht gleichwertig. Aus der Darstellung im ω-Bereich ist nur abzulesen, daß es sich um eine harmonische Schwingung der Frequenz ω_1 und der Amplitude $\hat{x}$ handelt. Die Phaseninformation geht verloren.

Summenschwingungen

Die **Summe** zweier harmonischer Schwingungen gleicher Frequenz, aber unterschiedlicher Phasenlage kann zu einer Schwingung derselben Frequenz zusammengefaßt werden.

Tafel 4.4. Determinierte analoge Meßsignale

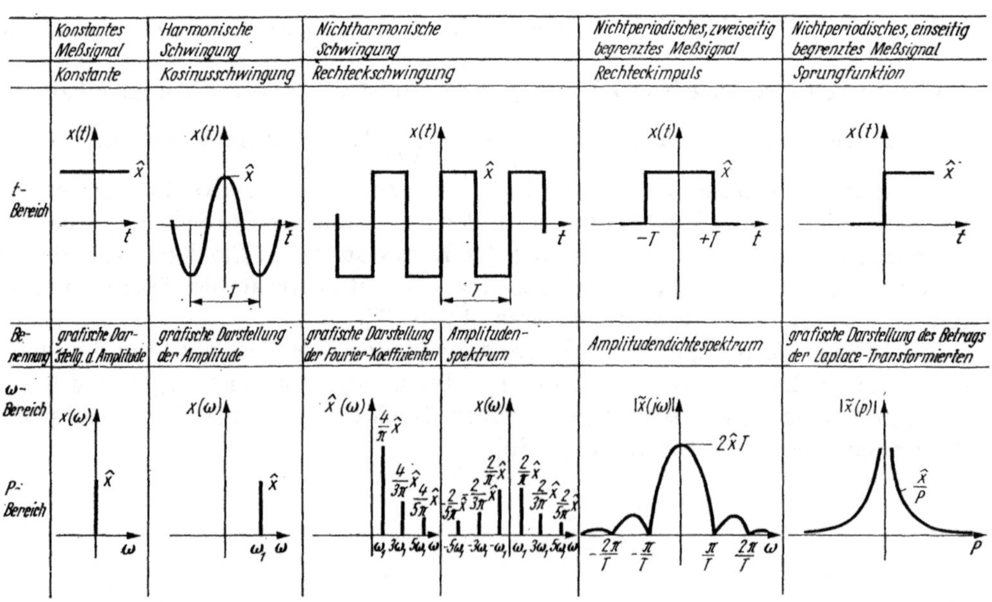

Lauten die zu addierenden Schwingungen

$$x_1(t) = \hat{a}_n \cos n\omega_1 t$$

und

$$x_2(t) = \hat{b}_n \sin n\omega_1 t,$$

dann soll für die Summenschwingung gelten

$$x_1(t) + x_2(t) = \hat{x}_n \cos (n\omega_1 t - \varphi_n). \tag{4.3}$$

Zur Bestimmung der resultierenden Amplitude $\hat{x}_n$ und der Phasenverschiebung φ_n wird die rechte Seite von Gl.(4.3) durch das Additionstheorem

$$\hat{x}_n \cos (n\omega_1 t - \varphi_n) = \hat{x}_n \cos \varphi_n \cos n\omega_1 t + \hat{x}_n \sin \varphi_n \sin n\omega_1 t$$

ersetzt.

Ein Koeffizientenvergleich liefert

$$\hat{a}_n = \hat{x}_n \cos \varphi_n \tag{4.4}$$

$$\hat{b}_n = \hat{x}_n \sin \varphi_n. \tag{4.5}$$

Die Amplitude $\hat{x}_n$ der Summenschwingung errechnet sich aus

$$\hat{x}_n = \sqrt{\hat{a}_n^2 + \hat{b}_n^2} \tag{4.6}$$

wegen

$$\hat{a}_n^2 + \hat{b}_n^2 = \hat{x}_n^2 (\cos^2 \varphi_n + \sin^2 \varphi_n)$$

mit

$$\cos^2 \varphi_n + \sin^2 \varphi_n = 1.$$

Für die Phasenverschiebung φ_n ergibt sich aus den Gln.(4.4) und (4.5) durch Quotientenbildung

$$\varphi_n = \arctan (\hat{b}_n/\hat{a}_n). \tag{4.7}$$

Nichtharmonische Schwingungen

Ist das Meßsignal eine nichtharmonische Schwingung, dann kann sie **exakt** durch eine **Fourier-Reihe** in reeller oder komplexer Form beschrieben werden.

Das Bildungsgesetz der Fourier-Reihe in **reeller Form** lautet

$$x(t) = \sum_{n=0}^{\infty} \hat{a}_n \cos n\omega_1 t + \sum_{n=0}^{\infty} \hat{b}_n \sin n\omega_1 t. \tag{4.8}$$

Als Elementarkomponenten treten wieder harmonische Schwingungen auf, obwohl das Meßsignal nicht harmonisch ist.

Die reellen Fourier-Koeffizienten errechnen sich aus

$$\hat{a}_0 = \frac{1}{T} \int_{-T/2}^{+T/2} x(t)\,\mathrm{d}t; \quad b_0 = 0$$

$$\left.\begin{aligned} \hat{a}_n &= \frac{2}{T} \int_{-T/2}^{+T/2} x(t) \cos n\omega_1 t\,\mathrm{d}t \\ \hat{b}_n &= \frac{2}{T} \int_{-T/2}^{+T/2} x(t) \sin n\omega_1 t\,\mathrm{d}t \end{aligned}\right\} \quad \text{für } n = 1, 2, \ldots \tag{4.9}$$

$\omega_1 = 2\pi/T$ Grundkreisfrequenz (Kreisfrequenz der ersten Harmonischen).

Wird zur Beschreibung von $x(t)$ nach Gl. (4.8) nur eine endliche Anzahl von Gliedern verwendet, so stellt die aus diesen Gliedern gebildete Näherungsfunktion $x_N(t)$ die beste Approximation der periodischen nichtharmonischen Schwingung im Sinne des kleinsten mittleren quadratischen Fehlers dar. Die Approximation wird mit zunehmender Gliederzahl fortlaufend besser. Die Koeffizienten $\hat{a}_n$, $\hat{b}_n$ der einzelnen Glieder sind unabhängig von der Anzahl der zur Approximation verwendeten Glieder (Orthogonalentwicklung).

Beispiel: Rechteckschwingung.

t-Bereich

Die Zerlegung der Rechteckschwingung **(Tafeln 4.4 und 4.5)** in eine Fourier-Reihe ergibt nach den Gln. (4.9) die Koeffizienten

$$\hat{a}_0 = \frac{\hat{x}}{T}\left[\int_0^{T/2} \mathrm{d}t - \int_{T/2}^{T} \mathrm{d}t\right] = \frac{\hat{x}}{T}\left(\frac{T}{2} - 0 - T + \frac{T}{2}\right) = 0; \quad \hat{b}_0 = 0$$

$$\hat{a}_n = \frac{2\hat{x}}{T}\left[\int_0^{T/2} \cos(n\omega_1 t)\,\mathrm{d}t - \int_{T/2}^{T} \cos(n\omega_1 t)\,\mathrm{d}t\right]$$

$$= \frac{\hat{x}}{n\pi}\left[\sin(n\pi) - \sin 0 - \sin(n2\pi) - \sin(n\pi)\right]$$

$$\hat{b}_n = \frac{2\hat{x}}{T}\left[\int_0^{T/2} \sin(n\omega_1 t)\,\mathrm{d}t - \int_{T/2}^{T} \sin(n\omega_1 t)\,\mathrm{d}t\right]$$

$$= \frac{2\hat{x}}{n\omega_1 T}\left[-\cos(n\pi) + \cos 0 + \cos(n2\pi) - \cos(n\pi)\right]$$

$$= \frac{\hat{x}}{n\pi}\left[2 - 2\cos(n\pi) - \frac{2\hat{x}}{n\pi}(1 - \cos n\pi)\right].$$

Die Fourier-Koeffizienten nehmen für geradzahlige n wegen $\sin n\pi = 0$ und $\cos n\pi = 1$ die Werte

$$\hat{a}_n = 0; \quad \hat{b}_n = 0 \quad \text{für} \quad n = 2, 4, 6, \ldots$$

und für ungeradzahlige n wegen $\sin n\pi = 0$ und $\cos n\pi = -1$ die Werte

$$\hat{a}_n = 0; \quad \hat{b}_n = \frac{4\hat{x}}{n\pi} \quad \text{für} \quad n = 1, 3, 5, \ldots$$

an.

Die Fourier-Entwicklung der Rechteckschwingung lautet also

$$x(t) = \frac{4\hat{x}}{\pi}\left(\sin\omega_1 t + \frac{1}{3}\sin 3\omega_1 t + \frac{1}{5}\sin 5\omega_1 t + \ldots\right). \tag{4.10}$$

ω-Bereich

Eine grafische Darstellung der Fourier-Koeffizienten in Abhängigkeit von der Kreisfrequenz liefert das sog. **Spektrum** der Rechteckschwingung **(Tafel 4.4)**. Aus einer Berechnung der Fourier-Koeffizienten (Amplituden $\hat{x}_n$) ist eine Abschätzung möglich, welche Harmonischen der Kreisfrequenz $\omega_n = n\omega_1$ bei der Meßinformationsgewinnung vernachlässigt werden dürfen.

Tafel 4.5. Fourier-Reihenentwicklungen

Harmonische Analyse

Verlauf der Zeitfunktion	Mathematisches Modell
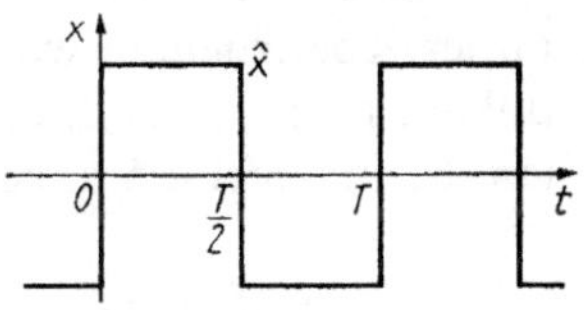	$x(t) = \begin{cases} \hat{x} & nT < t < \frac{2n+1}{2}T \\ & \text{für} \qquad n = 0, 1, 2, \ldots \\ -\hat{x} & \frac{2n+1}{2}T < t < (n+1)T \end{cases}$ oder $x(t) = \frac{4}{\pi}\hat{x}\left(\sin\omega_1 t + \frac{1}{3}\sin 3\omega_1 t + \frac{1}{5}\sin 5\omega_1 t + \ldots\right)$
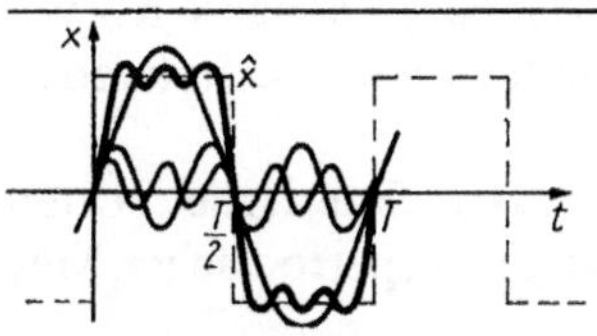	$x(t) = \frac{4}{\pi}\hat{x}\left(\sin\omega_1 t + \frac{1}{3}\sin 3\omega_1 t + \frac{1}{5}\sin 5\omega_1 t\right)$ oder $x(t) = \frac{4}{\pi}\hat{x}\sum_{n=1}^{3}\frac{1}{2n-1}\sin(2n-1)\,\omega_1 t$
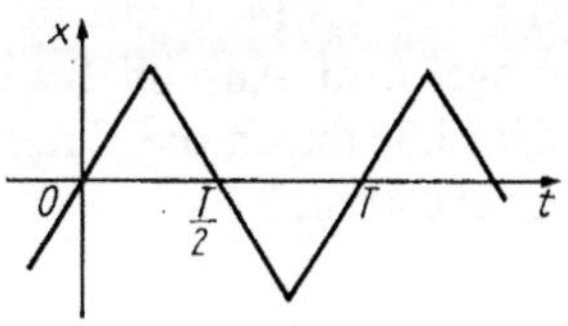	$x(t) = \begin{cases} \frac{4\hat{x}}{T}t & -\frac{T}{4} \leqq t \leqq \frac{T}{4} \\ & \text{für} \\ \frac{4\hat{x}}{T}\left(\frac{T}{2} - t\right) & \frac{T}{4} \leqq t \leqq \frac{3T}{4} \end{cases}$ oder $x(t) = \frac{8}{\pi^2}\hat{x}\left(\sin\omega_1 t - \frac{1}{3^2}\sin 3\omega_1 t + \frac{1}{5^2}\sin 5\omega_1 t \mp \ldots\right)$
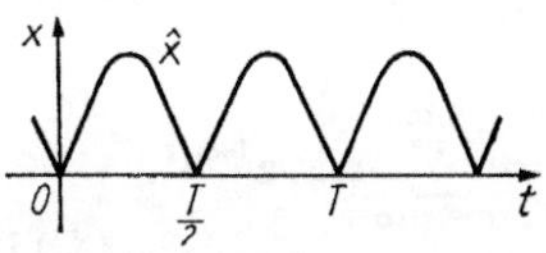	$x(t) = \hat{x}\,\lvert\sin\omega_1 t\rvert$ oder $x(t) = \frac{4}{\pi}\hat{x}\left(\frac{1}{2} - \frac{1}{1\cdot 3}\cos 2\omega_1 t - \frac{1}{3\cdot 5}\cos 4\omega_1 t - \ldots\right)$

Angenäherte harmonische Analyse

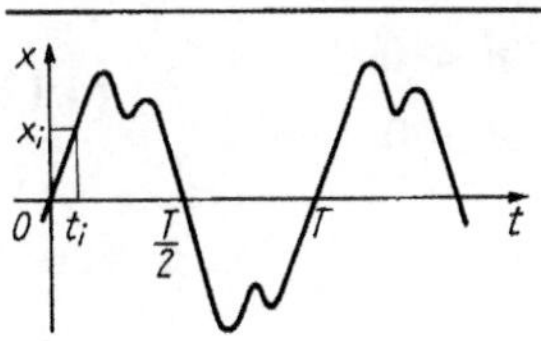	$x(t) = \hat{a}_0 + \sum_{n=1}^{\infty}\hat{a}_n\cos n\omega_1 t + \sum_{n=1}^{\infty}\hat{b}_n\sin n\omega_1 t$ mit $\omega_1 = 2\pi/T$ $\hat{a}_0 = \frac{1}{2m}\sum_{i=0}^{2m-1}x_i; \quad x_i = x(t_i); \quad t_i = \frac{iT}{2m}; \quad i = 1, 2, \ldots, 2m$ $\hat{a}_n = \frac{1}{m}\sum_{i=0}^{2m-1}x_i\cos\frac{in\pi}{m} \quad \text{für} \quad n = 1, 2, \ldots, m$ $\hat{b}_n = \frac{1}{m}\sum_{i=0}^{2m-1}x_i\sin\frac{in\pi}{m} \quad \text{für} \quad n = 1, 2, \ldots, m-1$

$2m$ Anzahl der äquidistant zeitquantisierten Stützstellen

Zur Vereinfachung des Rechenaufwands bei der analytischen Beschreibung des Verlaufs periodischer nichtharmonischer Meßsignale im unendlichen Intervall sowie nichtperiodischer Meßsignale im endlichen Intervall T kann man die Bildungsgesetze für die Fourier-Koeffizienten einer **angenäherten Fourier-Analyse** verwenden.

Gegeben ist ein Kurvenzug, der das Abbild des Meßsignals $x(t)$ im endlichen Intervall T darstellt **(Tafel 4.5)**. Die Angabe des Kurvenverlaufs in analytischer Form ist manchmal schwierig. Zur näherungsweisen Berechnung der Fourier-Koeffizienten wird das Intervall T in $2m + 1$ gleiche Teile geteilt und den Zeitpunkten $t_1, t_2, \ldots, t_{2m}$ die Amplitudenwerte $x_1, x_2, \ldots, x_{2m}$ zugeordnet. Im weiteren gelten die in **Tafel 4.5** angegebenen Bildungsgesetze.

Um den Zeitaufwand für die Berechnung klein zu halten, wird in [4.8, S. 482] $2m = 24$ empfohlen. Außerdem ist vorzuschlagen, bei der praktischen Durchführung Wertetafeln aufzustellen und mit elektronischen Taschenrechnern zu arbeiten.

Vorher sollte in Funktionstafeln [4.8, S. 477–480] [4.9, S. 349–522] nachgesehen werden, ob der gesuchte Kurvenverlauf nicht schon einer harmonischen Analyse unterzogen wurde.

Die Darstellung der Fourier-Reihe in **komplexer Form** bringt rechnerische Vorteile und erleichtert den Übergang zur mathematischen Beschreibung nichtperiodischer Meßsignale [4.7].

Dazu wird die Fourier-Reihe Gl. (4.8) in eine Summenschwingung Gl. (4.3) mit den Amplituden Gl. (4.6) und den Phasenverschiebungen Gl. (4.7) umgeformt. Anschließend ersetzt man die trigonometrische Funktion $\cos(n\omega_1 t - \varphi_n)$ in Gl. (4.3) durch die Eulersche Formel für komplexe Zahlen $\cos z = (e^{jz} + e^{-jz})/2$, und es ergibt sich

$$x(t) = \sum_{n=0}^{+\infty} \frac{\hat{x}_n}{2} \left[e^{j(n\omega_1 t - \varphi_n)} + e^{-j(n\omega_1 t - \varphi_n)}\right].$$

Wegen $-jn\omega_1 t = j(-n\omega_1 t)$ und $j\varphi_n = -j\varphi_{-n}$ ist

$$x(t) = \sum_{n=-\infty}^{+\infty} \frac{\hat{x}_n}{2} e^{j(n\omega_1 t - \varphi_n)} = \sum_{n=-\infty}^{+\infty} \frac{\hat{x}_n}{2} e^{-j\varphi_n} e^{jn\omega_1 t} = \sum_{n=-\infty}^{+\infty} x_n^{\llcorner} e^{jn\omega_1 t}. \tag{4.11}$$

Die komplexen Fourier-Koeffizienten lauten wegen $\hat{a}_n = \hat{a}_{-n}$ und $\hat{b}_n = -\hat{b}_{-n}$

$$x_n^{\llcorner} = \frac{1}{T} \int_{-T/2}^{+T/2} x(t)\, e^{-jn\omega_1 t}\, dt = \begin{cases} \frac{1}{2}(\hat{a}_n + j\hat{b}_n) & \text{für} \quad n < 0 \\ \frac{1}{2}(\hat{a}_n - j\hat{b}_n) & \text{für} \quad n > 0 \end{cases} \tag{4.12}$$

$x_n^{\llcorner}$ ist die komplexe Amplitude der n-ten Harmonischen.

Die Darstellung der Beträge

$$|x_n^{\llcorner}| = \tfrac{1}{2}\sqrt{\hat{a}_n^2 + \hat{b}_n^2} \tag{4.13}$$

in Abhängigkeit von der Frequenz liefert das **Amplitudenspektrum**, für die bereits angegebene Rechteckschwingung s. **Tafel 4.4** [4.10, S. 168].

Die Amplitude $\hat{x}_n$ der Kosinusschwingung in Gl. (4.3) ist doppelt so groß wie der Betrag $|x_n^{\llcorner}|$ der komplexen Schwingungsamplitude in Gl. (4.13).

Beim Übergang von harmonischen Schwingungen zu komplexen Schwingungsgrößen kommen negative Frequenzen $(-\infty < \omega < +\infty)$ als reine Rechengrößen hinzu. Sie haben kein physikalisches Analogon.

4.1.2.3. Nichtperiodische, zweiseitig begrenzte Meßsignale

Eine nichtperiodische Zeitfunktion (Meßsignal) ist i. allg. dann Fourier-transformierbar, wenn ihr Betrag im Bereich von $-\infty$ bis $+\infty$ integriert über der Zeit einen endlichen Wert ergibt [4.8, S. 173].

Zur harmonischen Analyse eines nichtperiodischen, aber absolut integrierbaren Meßsignals ist es zweckmäßig, von der Fourier-Reihe in komplexer Form Gl. (4.11) auszugehen. In diese Gleichung werden die komplexen Fourier-Koeffizienten Gl. (4.12) eingesetzt:

$$x(t) = \sum_{n=-\infty}^{+\infty} \underline{x}_n \, e^{jn\omega_1 t} = \sum_{n=-\infty}^{+\infty} \left[\frac{1}{T} \int_{-T/2}^{+T/2} x(t) \, e^{-jn\omega_1 t} \, dt \right] e^{jn\omega_1 t}.$$

Wegen $1/T = \omega_1/2\pi$ lautet die Fourier-Entwicklung des Meßsignals

$$x(t) = \frac{1}{2\pi} \sum_{n=-\infty}^{+\infty} \left[\int_{-T/2}^{+T/2} x(t) \, e^{-jn\omega_1 t} \, dt \right] e^{jn\omega_1 t} \, \omega_1 . \tag{4.14}$$

Eine nichtperiodische Funktion entsteht aus einer periodischen Funktion durch den Grenzübergang $T \to \infty$.

Für $T \to \infty$ geht ω_1 in $d\omega$ und $\sum$ in $\int$ über.

Damit ist das Meßsignal $x(t)$ für $n\omega_1 \hat{=} \omega$

$$x(t) = \frac{1}{2\pi} \int_{-\infty}^{+\infty} \tilde{x}(j\omega) \, e^{j\omega t} \, d\omega = F^{-1}\{\tilde{x}(j\omega)\}. \tag{4.15}$$

F ist das Symbol für die **Fourier-Transformation.** Die Fourier-Transformierte des Meßsignals lautet nach den Gln. (4.14) und (4.15)

$$\tilde{x}(j\omega) = \int_{-\infty}^{+\infty} x(t) \, e^{-j\omega t} \, dt = F\{x(t)\}. \tag{4.16}$$

Die Funktion $\tilde{x}(j\omega)$ ist die komplexe spektrale Amplitudendichte des Meßsignals.

Aus einem Vergleich der Definitionsgleichungen für die komplexe spektrale Amplitude $\underline{x}_n$ und die komplexe spektrale Amplitudendichte $\tilde{x}(j\omega)$ folgt $T\underline{x}_n = \tilde{x}(j\omega)$.

Die **komplexe spektrale Amplitudendichte** hat folgende inhaltlich gleichwertige, aber formal unterschiedliche Darstellungsweisen:

$$\begin{aligned} \tilde{x}(j\omega) &= \int_{-\infty}^{+\infty} x(t) \, e^{-j\omega t} \, dt \qquad (4.17) \\ &= \int_{-\infty}^{+\infty} x(t) \, [\cos \omega t - j \sin \omega t] \, dt \\ &= \int_{-\infty}^{+\infty} x(t) \cos \omega t \, dt - j \int_{-\infty}^{+\infty} x(t) \sin \omega t \, dt \\ &= A(\omega) - jB(\omega) \\ &= |\tilde{x}(j\omega)| \, e^{-j\varphi(\omega)} \\ &= \tilde{x}(\omega) \, e^{-j\varphi(\omega)} \end{aligned}$$

mit

$$|\tilde{x}(j\omega)| = \tilde{x}(\omega) = \sqrt{A^2(\omega) + B^2(\omega)} \tag{4.18}$$

und

$$\arg \tilde{x}(\mathrm{j}\omega) = \varphi(\omega) = \arctan \frac{B(\omega)}{A(\omega)}. \tag{4.19}$$

Die grafische Darstellung des Betrags der komplexen spektralen Amplitudendichte im ω-Bereich liefert das **Amplitudendichtespektrum** des Meßsignals.

Beispiel: Rechteckimpuls

t-Bereich

Der Rechteckimpuls **Tafel 4.4** ist definiert:

$$x(t) = \begin{cases} \hat{x} & -T < t < +T \\ & \text{für} \\ 0 & |t| > |T|. \end{cases}$$

ω-Bereich

Für das Amplitudendichtespektrum des Rechteckimpulses **(Tafel 4.4)** ergibt sich nach Gl. (4.16)

$$\tilde{x}(\mathrm{j}\omega) = \int_{-T}^{+T} \hat{x}\,\mathrm{e}^{-\mathrm{j}\omega t}\,\mathrm{d}t = \frac{-\hat{x}}{\mathrm{j}\omega}\,|\mathrm{e}^{-\mathrm{j}\omega t}|_{-T}^{+T}$$

$$= \frac{2\hat{x}}{\omega}\,\frac{1}{2\mathrm{j}}\,[\mathrm{e}^{\mathrm{j}\omega T} - \mathrm{e}^{-\mathrm{j}\omega t}] = 2\hat{x}T\,\frac{\sin \omega T}{\omega T}.$$

Die grafische Darstellung des Amplitudendichtespektrums des Rechteckimpulses **(Tafel 4.4)** gibt Auskunft über die Energieverteilung innerhalb des Spektrums.

Die Koeffizienten $\hat{a}_n$ und $\hat{b}_n$ bestimmen in der Fourier-Reihe die Amplitude der n-ten Schwingung.

Beim Fourier-Integral geben $A(\omega)$ und $B(\omega)$ **nicht** die zur Frequenz ω gehörige Amplitude, sondern nur die **Amplitudendichte** an, d.h. die auf das Frequenzintervall Eins entfallende Amplitude. Ist nämlich das Spektrum **stetig**, so kann eine Schwingung, die zu einer ganz bestimmten Frequenz gehört, keine endliche Amplitude haben. Es würden in einer beliebigen Nähe dieser Frequenz auch unendlich viele andere Frequenzen auftreten, deren Amplituden in die Größenordnung der vorherigen fielen. Dadurch würden unendlich große Resultanten erzeugt.

Ein endlicher Amplitudenwert ist nur einem schmalen Frequenzband $\mathrm{d}\omega$ zuzuordnen. Die Summe der Sinus- bzw. Kosinusschwingungen $A(\omega)\,\mathrm{d}\omega \cos \omega t$ bzw. $B(\omega)\,\mathrm{d}\omega \sin \omega t$ stellt die nichtperiodische Funktion um so genauer dar, je feiner die Unterteilung $\mathrm{d}\omega$ gewählt wird [4.8].

4.1.2.4. Nichtperiodische, einseitig begrenzte Meßsignale

Auf eine große Klasse nichtperiodischer Funktionen ist die Fourier-Transformation nicht anwendbar, da diese Meßsignale im unendlichen Intervall nicht absolut integrierbar sind.

Ist die Zeitfunktion aber einseitig begrenzt, so läßt sich über eine Hilfsfunktion $\mathrm{e}^{-\sigma t}$ für $\sigma > 0$, reell i. allg. Konvergenz im t-Bereich erzwingen.

Das Meßsignal $x(t)$ ist dann Laplace-transformierbar [4.11]. Wird nun das nicht konvergierende Meßsignal $x(t)$ mit der Hilfsfunktion $e^{-\sigma t}$ multipliziert, so ergibt sich die Ersatzfunktion

$$z(t) = x(t)\,e^{-\sigma t}. \tag{4.20}$$

Wird anschließend auf die Ersatzfunktion die Fourier-Transformation angewendet, so liefern die Gln. (4.16) und (4.20) bei einseitiger Begrenzung

$$\begin{aligned}\tilde{z}\,(j\omega) &= \int_0^{+\infty} z(t)\,e^{-j\omega t}\,dt\\ &= \int_0^{+\infty} x(t)\,e^{-(\sigma+j\omega)t}\,dt.\end{aligned}$$

Wegen $\tilde{z}\,(j\omega) = \tilde{x}\,(\sigma + j\omega) = \tilde{x}(p)$ sowie $\sigma + j\omega = p$ lautet die **Laplace-Transformierte** $\tilde{x}(p)$ des Meßsignals

$$\tilde{x}(p) = \int_0^{+\infty} x(t)\,e^{-pt}\,dt = L\,\{x(t)\}. \tag{4.21}$$

Die Zeitfunktion $x(t)$ ergibt sich aus der Laplace-Transformierten des Meßsignals $\tilde{x}(p)$ durch formale Anwendung der Fourier-Rücktransformation auf $\tilde{x}\,(\sigma + j\omega)$ und Multiplikation mit dem Faktor $e^{\sigma t}$.

Danach ist

$$x(t) = \frac{1}{2\pi}\int_{-\infty}^{+\infty} \tilde{z}\,(j\omega)\,e^{\sigma t}\,e^{j\omega t}\,d\omega,$$

und wegen $j\,d\omega = dp$ sowie $\tilde{z}\,(j\omega) = \tilde{x}(p)$ ist

$$x(t) = \frac{1}{2\pi j}\int_{\sigma-j\omega}^{\sigma+j\omega} \tilde{x}(p)\,e^{pt}\,dp = L^{-1}\,\{\tilde{x}(p)\}. \tag{4.22}$$

Die Laplace-Transformation ist nur auf mindestens einseitig begrenzte Zeitfunktionen anwendbar. Die Forderung nach einseitiger Begrenzung des Meßsignals stellt im meßtechnischen Fall i. allg. **keine** Einschränkung dar, da der Nullpunkt, d.h. der Beginn des Meßprozesses, willkürlich festgelegt werden kann. Praktisch führt man die Laplace-Transformation bevorzugt mit sog. Korrespondenzen-Tafeln durch [4.11] [4.12].

Beispiel: Sprungfunktion

***t*-Bereich**

Die Sprungfunktion **(Tafel 4.4)** ist definiert:

$$x(t) = \begin{cases} 0 & \text{für} \quad t < 0 \\ \hat{x} & \text{für} \quad t > 0. \end{cases}$$

Die Fourier-Transformation ist nicht anwendbar.

***p*-Bereich**

Die Laplace-Transformation des Meßsignals $x(t)$ liefert

$$\tilde{x}(p) = \int_0^{\infty} \hat{x}\,e^{-pt}\,dt = \hat{x}\left| -\frac{1}{p}\,e^{-pt}\right|_0^{\infty} = \frac{\hat{x}}{p}.$$

Eine grafische Darstellung des Betrags $|\tilde{x}(p)|$ der Laplace-Transformierten $\tilde{x}(p)$ des Meßsignals zeigt **Tafel 4.4**. Der Ausdruck $\hat{x}/\omega$, der über $p = \sigma + j\omega$ aus der Laplace-Transformierten $\hat{x}/p$ gebildet werden kann, darf nicht als Amplitudendichtespektrum des Meßsignals $x(t)$ bezeichnet werden.

4.2. Wahrscheinlichkeitstheoretische Meßsignalmodelle

Wahrscheinlichkeitstheoretischen Meßsignalmodellen liegt die praktische Erfahrung zugrunde, daß eine Ursache mehrere Wirkungen haben kann. Obwohl die Meßwerte im einzelnen scheinbar regellos streuen, unterliegen sie in ihrer Gesamtheit statistischen Gesetzmäßigkeiten. Statistische Meßsignalmodelle werden benutzt, wenn komplizierte Objekte mit mehreren Einflußgrößen untersucht werden sollen und aus technischen, physikalischen, zeitlichen oder ökonomischen Gründen einzelne Eigenschaften des Objekts und der Einflußgrößen nicht näher untersucht werden können. Das unscharfe Objekt wird deshalb durch ein unscharfes Modell beschrieben. Die Praxis entscheidet, ob das verwendete Modell den Zielstellungen genügt.

Es ist nicht selten, daß die unscharfen Modelle die wesentlichsten Eigenschaften eines unscharfen Objekts mit ausreichender Genauigkeit widerspiegeln.

Die interessierenden Eigenschaften zufälliger Objekte lassen sich entweder durch Kennfunktionen oder durch daraus abgeleitete Kennwerte charakterisieren.

Tafel 4.6. Nichtdeterminierte digitale und analoge Meßsignale

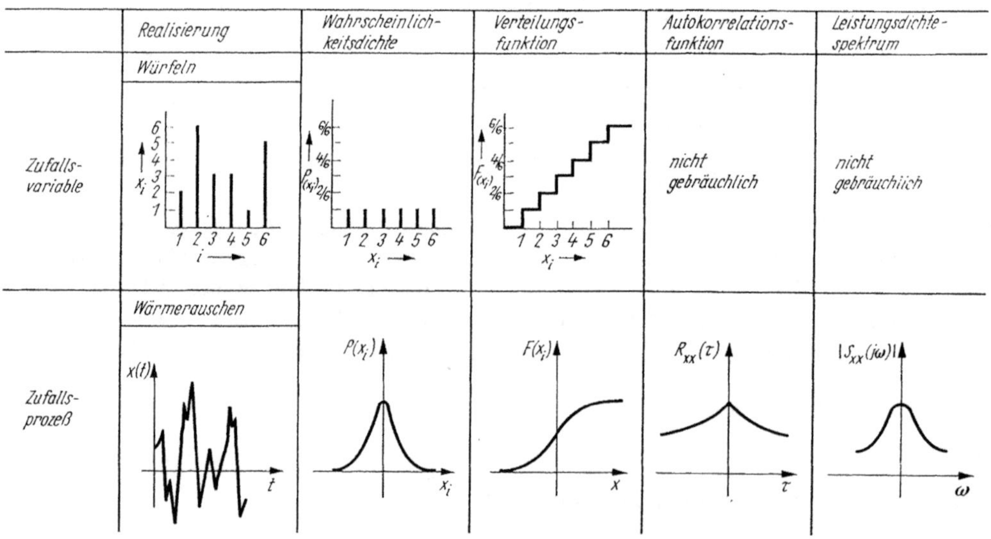

Typische Kennfunktionen sind **(Tafel 4.6)** [4.13] bis [4.16]:

- Wahrscheinlichkeiten für diskrete Zufallsgrößen

$$p_i = P(X = x_i)$$

- Wahrscheinlichkeitsdichten für analoge Zufallsgrößen

$$p(x_i) = \lim_{\Delta x \to 0} \frac{P(x_i \leqq X < x_i + \Delta x)}{\Delta x} \quad \text{und}$$

- Verteilungsfunktionen

$$F(x_i) = P(X < x_i) = \sum_{i, X < x_i} p_i = \int_{-\infty}^{x_i} p(x_i)\, dx.$$

Durch **Zufallsvariable** werden Ereignisse beschrieben, die unter Wiederholbedingungen infolge von Zufallsentscheidungen zu einem nicht näher definierten Zeitpunkt zufällig auftreten (statische Betrachtungsweise).

Durch **Zufallsprozesse** werden kontinuierliche Folgen beschrieben, deren Ereignisse unter Wiederholbedingungen infolge von Zufallsentscheidungen in kontinuierlicher Folge zufällig auftreten (dynamische Betrachtungsweise). Ein Zufallsprozeß ist eine Funktion mindestens zweier Argumente, beispielsweise des Elementarereignisses e und der Variablen t.

Wird unter dem Argument t die Zeit verstanden, so heißt der Zufallsprozeß auch **stochastischer Prozeß.**

Ein stochastischer Prozeß ist **stationär,** wenn die Wahrscheinlichkeit für das Auftreten eines bestimmten Ereignisses unter allen zufälligen Ereignissen zeitunabhängig ist.

Ein stochastischer Prozeß ist **ergodisch,** wenn ein Ensemble von $N \to \infty$ Vorgängen, betrachtet zur Zeit $t = t_i$, und ein Einzelvorgang, betrachtet in einem sehr großen Zeitintervall $t \to \infty$, dieselbe Wahrscheinlichkeitsdichte haben. Dieser Sachverhalt wird für empfindliche Meßverstärker in [4.13, S. 138] illustriert. Die Verstärker sind identisch aufgebaut und haben die Eingangsgrößen $x_{e1}(t), \ldots, x_{eN}(t) = 0$. Die Ausgangsgrößen $x_{a1}(t), \ldots, x_{aN}(t) \neq 0$ sind Rauschspannungen.

Zur **Schätzung** der Eigenschaften der Verteilungsgesetze werden häufig nicht die obengenannten Kennfunktionen, sondern daraus abgeleitete Kennwerte verwendet. Man bezeichnet sie als Momente. Es wird unterschieden zwischen gewöhnlichen Momenten k-ter Ordnung

$$m_k = E[X^k] \tag{4.23}$$

und zentralen Momenten (Zentralmomenten) k-ter Ordnung

$$\mu_k = E[(X - E[X])^k]. \tag{4.24}$$

E ist der Erwartungswert oder die mathematische Erwartung.

Das gewöhnliche Moment erster Ordnung wird auch als arithmetischer **Mittelwert** $\bar{x}$ bezeichnet

$$m_1 = E[X] = \bar{x} = \left(\sum_{i=1}^{n} x_i\right) \Big/ n. \tag{4.25}$$

Zentralmomente sind dadurch gekennzeichnet, daß sie die Momente k-ter Ordnung der zentrierten Zufallsgrößen sind.

Zufallsgrößen werden als zentriert bezeichnet, wenn von ihnen der arithmetische Mittelwert abgezogen wurde.

Das Zentralmoment erster Ordnung ist stets

$$\mu_1 = E[(X - E[X])] = \overline{x_i - \bar{x}} = 0. \tag{4.26}$$

Das Zentralmoment zweiter Ordnung wird auch als Dispersion, **Varianz,** Streuung bezeichnet und ist ein Maß für die Abweichung der Meßwerte vom Mittelwert

$$\sigma^2 = \mu_2 = D[X] = E[(X - E[X])^2] = E[X^2] - (E[X])^2. \tag{4.27}$$

Als mittlere quadratische Abweichung oder **Standardabweichung** (Streuung) bezeichnet man

$$\sigma = +\sqrt{D[X]} = +\sqrt{\sigma^2}. \tag{4.28}$$

Der Begriff Streuung wird in der Literatur nicht einheitlich verwendet. Er steht für σ^2 in [4.20] [4.21] [9.24] und σ in [4.22] [4.23] [9.20]. Er sollte also vermieden werden.

Das Zentralmoment dritter Ordnung dividiert durch die dritte Potenz der Standardabweichung kennzeichnet die Asymmetrie der Verteilungsfunktion und wird **Schiefe** genannt. Es ist

$$\gamma_3 = \mu_3/\sigma^3 \tag{4.29}$$

mit

$$\mu_3 = E[(X - m_1)^3] \quad \text{und} \quad \sigma = +\sqrt{E[(X - m_1)^2]}.$$

Das Zentralmoment vierter Ordnung bezogen auf die vierte Potenz der Standardabweichung minus drei kennzeichnet die Flankensteilheit der Verteilungsfunktion. Der Ausdruck

$$\gamma_4 = (\mu_4/\sigma^4) - 3 = (\mu_4/\mu_2^2) - 3 \tag{4.30}$$

heißt **Exzeß** der Zufallsgröße X, wenn die Momente

$$\mu_4 = E[(X - m_1)^4] \quad \text{und} \quad \mu_2 = \sigma^2 = E[(X - m_1)^2]$$

existieren.

Für die Normalverteilung sind

$$\gamma_3 = \gamma_4 = 0.$$

Ist p eine beliebige reelle Zahl ($p \in 0{,}1$), so heißt eine Zahl Q_p mit den Eigenschaften $F(Q_p) = P(X < Q_p) \leqq p$ und $P(X \geqq Q_p) = 1 - p$ **Quantil** der Ordnung p oder p-Quantil der Zufallsgröße X. Das 0,5-Quantil ist der Median (s. Abschn. 9.3.).

4.2.1. Nichtdeterminierte digitale Meßsignale

Eine **diskrete (digitale)** Zufallsgröße (Zufallsvariable, Zufallsveränderliche) X kann in einem endlichen Intervall zählbar viele diskrete Werte x_i annehmen. Die zufälligen Ereignisse einer eindimensionalen Zufallsgröße lassen sich als Punkte (Zahlen) auf einer Zahlengeraden darstellen.

Eine diskrete Zufallsgröße X ist gekennzeichnet durch [4.13, S. 250]:

1. alle möglichen, abzählbar vielen Werte x_i, die sie im Intervall $\hat{x} - \check{x}$ annehmen kann,
2. die Wahrscheinlichkeit

$$p_i = P(X = x_i) = P(x_i) = \lim_{n \to \infty} \frac{r_i}{n} \quad \text{für} \quad (i = 1, 2, \ldots) \tag{4.31}$$

mit der ein spezieller Wert x_i auftritt,
r_i Anzahl der Realisierungen von x_i, n Anzahl aller Realisierungen.
Es gilt

$$0 \leqq p_i \leqq 1; \quad \sum_{i=1}^{r} p_i = 1.$$

3. die Wahrscheinlichkeitsdichte

$$p(x_i) = \sum_{i=1}^{r} p_i \, \delta(x - x_i) \tag{4.32}$$

p_i Wahrscheinlichkeit dafür, daß die Zufallsgröße X den Wert x_i annimmt.
$\delta(x)$ ist die Dirac-Funktion (Deltafunktion) mit den Eigenschaften

$$\delta(x) = \begin{cases} \infty & \text{für } x = 0 \\ 0 & \text{für } x \neq 0 \end{cases}$$

und

$$\int_{-\infty}^{\infty} \delta(x)\, \mathrm{d}x = 1; \quad \int_{-\infty}^{\infty} \varphi(x)\, \delta(y - x)\, \mathrm{d}x = \varphi(y),$$

wobei $\varphi(x)$ eine beliebige im Punkt $x = y$ stetige Funktion ist. Die Funktion $\delta(x)$ hat die analytische Darstellung [4.24, S. 53]

$$\delta(x) = \frac{1}{2\pi} \int_{-\infty}^{\infty} \mathrm{e}^{j\omega x}\, \mathrm{d}\omega.$$

4. durch die Verteilungsfunktion

$$F(x_i) = P(X < x_i) = \sum_{i;\, X < x_i} p_i, \tag{4.33}$$

die angibt, wie groß die Wahrscheinlichkeit dafür ist, daß der bei jeder Realisierung auftretende Wert kleiner als x_i ist.
Es gilt:

$$P(x_1 \leqq X < x_2) = \sum_{i;\, x_1 \leqq X < x_2} p_i = F(x_2) - F(x_1)$$

$$F(x_1) \leqq F(x_2) \quad \text{wenn} \quad x_1 < x_2$$

$$\lim_{x_i \to -\infty} F(x_i) = F(-\infty) = 0; \quad \lim_{x_i \to \infty} F(x_i) = F(\infty) = 1$$

5. den arithmetischen Mittelwert (gewöhnliches Moment erster Ordnung)

$$\bar{x} = m_1 = E[X] = \left(\sum_{i=1}^{r} x_i r_i \right) \Big/ n = \sum_{i=1}^{n} x_i P(x_i) = \sum_{i=1}^{n} x_i p_i, \tag{4.34}$$

wenn absolute Konvergenz gegeben ist, d.h. wenn

$$\sum_{i=1}^{\infty} |x_i|\, p_i < \infty.$$

6. die Varianz oder Dispersion (Zentralmoment zweiter Ordnung)

$$\sigma^2 = \mu_2^* = D[X] = \sum_{i=1}^{\infty} (x_i - \bar{x})^2\, p_i = \overline{(x_i - \bar{x})^2} \tag{4.35}$$

7. die mittlere quadratische Abweichung oder Standardabweichung

$$\sigma = +\sqrt{\sigma^2}. \tag{4.36}$$

Beispiel: Würfeln

Die Wahrscheinlichkeit, daß bei einem fehlerfreien Würfel eine Eins, Zwei oder Drei usw. gewürfelt werden, ist jeweils $P(x_k) = 1/6$. Der Verlauf der Verteilungsfunktion $F(x_i)$ ist stufenförmig **(Tafel 4.6)**.

Die Wahrscheinlichkeit, daß Werte $X < 3$ gewürfelt werden, ist $F(3) = P(X < 3) = 1/3$. Die Wahrscheinlichkeit, daß Werte $X < 8$ gewürfelt werden, ist $F(8) = P(X < 8) = 1$.

4.2.2. Nichtdeterminierte analoge Meßsignale

Eine stetige analoge Zufallsgröße kann in einem endlichen Intervall alle überabzählbar vielen Werte (Punkte, Zahlen) der Zahlengeraden zufällig realisieren.

Ein analoger Zufallsprozeß $X(x_i, t)$ liefert für n gleichartige Vorgänge (Elementarereignisse) n unterschiedliche Realisierungen, z. B. bei der Ermittlung der thermisch bedingten Rauschspannung an einem hochohmigen Widerstand **(Tafel 4.6)**.

Ein analoger stochastischer Prozeß $X(x_i, t)$ entartet bei fixiertem Zeitpunkt $t = 1$ in eine analoge Zufallsvariable $X(x_i)$, z. B. $X[x_{a1}(1), x_{a2}(1), \ldots, x_{aN}(1)]$. Ein analoger stochastischer Prozeß $X(x_i, t)$ entartet bei fixiertem Elementarereignis zu einer zufälligen Zeitfunktion, der sog. Realisierung $x_i(t)$, z. B. $x_{a1}(t)$.

Bei ergodischen Prozessen setzt man die zeitlichen Mittelwerte gleich den statistischen Erwartungswerten.

Eine analoge Zufallsvariable oder ein entarteter analoger stochastischer Prozeß sind gekennzeichnet durch [4.13, S. 250]:

1. überabzählbar viele Werte x_i, die im Intervall $\hat{x} - \check{x}$ auftreten können
2. die Wahrscheinlichkeitsdichte

$$p(x_i) = \lim_{\Delta x \to 0} \frac{P(x_i \leqq X < x_i + \Delta x)}{\Delta x} = \lim_{\Delta x \to 0} \frac{r_i}{n\,\Delta x} \tag{4.37}$$

3. die Wahrscheinlichkeit

$$P(x_i \leqq X \leqq x_{i+1}) = \int_{x_i}^{x_{i+1}} p(x)\,\mathrm{d}x \tag{4.38}$$

4. die Verteilungsfunktion

$$F(x_i) = \int_{-\infty}^{x_i} p(x)\,\mathrm{d}x, \tag{4.39}$$

und es gilt:

$$F(-\infty) = 0, \quad F(\infty) = 1, \quad \text{für} \quad P(x_1 \leqq X < x_2) \quad \text{ist} \quad F(x) = \int_{x_1}^{x_2} p(x)\,\mathrm{d}x.$$

5. den linearen Mittelwert (gewöhnliches Moment erster Ordnung)

$$m_1 = \bar{x} = \int_{-\infty}^{+\infty} x p(x)\,\mathrm{d}x \Bigg|_{\text{für } t = t_i} = \lim_{T \to \infty} \frac{1}{2T} \int_{-T}^{+T} x(t)\,\mathrm{d}t \Bigg|_{\text{für } x(t) = x_i(t)} \tag{4.40}$$

6. den quadratischen Mittelwert (gewöhnliches Moment zweiter Ordnung)

$$m_2 = x^2 = \int_{-\infty}^{\infty} x^2 p(x)\,\mathrm{d}x = \lim_{T \to \infty} \frac{1}{2T} \int_{-T}^{+T} x^2(t)\,\mathrm{d}t. \tag{4.41}$$

Auf Momente höherer als zweiter Ordnung (Schiefe, Exzeß) wird hier nicht näher eingegangen.

7. die Varianz oder Dispersion (Zentralmoment zweiter Ordnung)

$$\sigma^2 = \int_{-\infty}^{+\infty} (x - \bar{x})^2\, p(x)\, \mathrm{d}x = \lim_{T \to \infty} \frac{1}{2T} \int_{-T}^{+T} (x - \bar{x})^2\, \mathrm{d}t, \tag{4.42}$$

und es gilt

$$\sigma^2 = \overline{x^2} - \bar{x}^2$$

8. die Standardabweichung oder mittlere quadratische Abweichung

$$\sigma = +\sqrt{\sigma^2}. \tag{4.43}$$

Die Eigenschaften stochastischer, stationärer, ergodischer Zufallsprozesse werden weiterhin beschrieben durch:

9. die Autokorrelationsfunktion

$$R_{xx}(\tau) = \lim_{T \to \infty} \frac{1}{2T} \int_{-T}^{+T} x(t)\, x(t - \tau)\, \mathrm{d}t = \overline{x(t)\, x(t - \tau)}, \tag{4.44}$$

und es gilt

$$R_{xx}(0) = \overline{x^2}; \quad R_{xx}(\infty) = \bar{x}^2$$

$$\sigma^2 = R_{xx}(0) - R_{xx}(\infty) \quad \text{für} \quad \bar{x} \neq 0.$$

Auf die Autokorrelationsfunktion ist die Fourier-Transformation anwendbar und ergibt als weitere Kennfunktion von Zufallsprozessen:

10. die spektrale Leistungsdichte

$$P_{xx}(\mathrm{j}\omega) = \int_{-\infty}^{+\infty} R_{xx}(\tau)\, \mathrm{e}^{-\mathrm{j}\omega\tau}\, \mathrm{d}\tau. \tag{4.45}$$

Es gilt das Theorem von *Wiener* und *Chintschin* [4.13, S. 258] [4.14, S. 172] [4.17, S. 51]

$$P_{xx}(\mathrm{j}\omega) = \int_{-\infty}^{+\infty} R_{xx}(\tau)\, \mathrm{e}^{-\mathrm{j}\omega\tau}\, \mathrm{d}\tau = F\{R_{xx}(\tau)\} \tag{4.46}$$

$$R_{xx}(\tau) = \frac{1}{2\pi} \int_{-\infty}^{+\infty} P_{xx}(\mathrm{j}\omega)\, \mathrm{e}^{\mathrm{j}\omega\tau}\, \mathrm{d}\omega = F^{-1}\{P_{xx}(\mathrm{j}\omega)\}. \tag{4.47}$$

Die grafische Darstellung des Betrags der spektralen Leistungsdichte wird als Leistungsdichtespektrum bezeichnet. Am Beispiel des „Wärmerauschens" von Hochohmwiderständen werden prinzipielle Verläufe der Rauschspannung, ihrer Wahrscheinlichkeitsdichte (Gauß-Prozeß) und Verteilungsfunktion angegeben. Bei unterschiedlichen, schwer zu beurteilenden Zeitfunktionen $x(t)$ mit gleichen Zeitmaßstäben T ergeben sich aussagekräftige unterschiedliche Kennfunktionen in Gestalt der Autokorrelationsfunktionen und Leistungsdichtespektren **(Tafel 4.6)**.

Zufällig streuende Meßwerte liegen gewöhnlich zwischen der **Normalverteilung** (günstigster Fall) mit der Wahrscheinlichkeitsdichte [4.25]

$$p(x) = \frac{1}{\sigma\sqrt{2\pi}} \exp - \left[\frac{(x_i - \bar{x})^2}{2\sigma^2}\right] \quad \text{für} \quad -\infty < x_i < \infty \tag{4.48}$$

sowie der Verteilungsfunktion

$$F(x) = \frac{1}{\sigma\sqrt{2\pi}} \int_{-\infty}^{x_i} \exp - \left[\frac{(x - \bar{x})^2}{2\sigma^2}\right] \mathrm{d}x \tag{4.49}$$

und der **Gleichverteilung** oder Rechteckverteilung (ungünstigster Fall) mit der Wahrscheinlichkeitsdichte

$$p(x) = \begin{cases} 1/(\hat{x} - \underset{\vee}{x}) & \text{für} \quad \underset{\vee}{x} \leqq x \leqq \hat{x} \\ 0 & \text{für} \quad x < \underset{\vee}{x} \quad \text{und} \quad x > \hat{x} \end{cases}$$

sowie der Verteilungsfunktion

$$F(x) = \begin{cases} 0 & \text{für} \quad x \leqq \underset{\vee}{x} \\ (x_i - \underset{\vee}{x})/(\hat{x} - \underset{\vee}{x}) & \text{für} \quad \underset{\vee}{x} < x_i \leqq \hat{x} \\ 1 & \text{für} \quad x > \hat{x}. \end{cases}$$

Den real existierenden Verteilungen der Meßwerte werden ideale mathematische Modelle von Verteilungen zugeordnet.

Da reale Verteilung und ideales Modell nicht übereinstimmen können, liefern die nach den angegebenen Gleichungen berechneten statistischen Kenngrößen lediglich Schätzwerte. Gewöhnlich wird den Untersuchungen Normalverteilung so lange zugrunde gelegt, bis erhebliche Abweichungen zwischen praktischen Erfahrungen und theoretischen Berechnungen eine detailliertere Analyse der Gesetzmäßigkeiten erfordern [4.26] [4.27] [6.14].

4.3. Vorteile von Meßsignal-Transformationen

Eine Funktion bildet eine Menge von Zahlen auf einer anderen Menge von Zahlen ab.

Ein Operator bildet eine Klasse von Funktionen auf einer anderen Klasse von Funktionen ab.

Im Zeitbereich (t-Bereich) sind die Meßsignale reelle Funktionen $x(t)$ einer reellen Variablen t.

Im p-Bereich sind Meßsignale komplexe Funktionen $\tilde{x}(p)$ einer komplexen Variablen p. Es handelt sich um Operatoren.

Der Zusammenhang zwischen Ausgangs- und Eingangsgrößen eines zeitinvarianten quasilinearen Meßsystems mit konzentrierten Bauelementen wird im t-Bereich durch eine Differentialgleichung beschrieben. Zwischen Ausgangs- und Eingangsgröße besteht i. allg. Fall keine Proportionalität. Die Meßsystemgleichungen in t sind analytisch.

Der Zusammenhang zwischen Ausgangs- und Eingangsgrößenoperator eines zeitinvarianten quasilinearen Meßsystems mit konzentrierten Bauelementen wird im p-Bereich durch eine Übertragungsfunktion beschrieben. Zwischen Ausgangs- und Eingangsgröße besteht in jedem Fall Proportionalität. Die Meßsystemgleichungen in p sind algebraisch. Deshalb werden Meßsignale zur Erkennung allgemeiner Gesetzmäßigkeiten bei der Meßinformationsgewinnung aus dem t-Bereich in den p-Bereich transformiert **[4.18]**.

5. Strukturen und Verhalten von Meßsystemen

Ein Meßsystem ist eine Anordnung materieller Glieder, die zur Ermittlung (qualitativer und) quantitativer Informationen (Meßinformationen) über den Zustand eines Meßobjekts oder über Vorgänge in einem Meßobjekt dient.

Aufgabe des Messens ist, aus der Ausgangsgröße (Meßwert x_a) und bekannten Eigenschaften des Meßsystems Meßinformationen über seine Eingangsgröße (Meßgröße x_e) zu gewinnen. Dabei wird der Meßwert aus der Wechselwirkung zwischen Meßgröße, weiteren äußeren Variablen (z.B. Vergleichsgrößen, Einflußgrößen, Hilfsgrößen) und inneren Variablen (Parametern des Meßsystems) gebildet.

Eine anschauliche Darstellung der Funktionsweise von Meßsystemen geben Signalflußpläne.

Behandelt werden lineare (linearisierte, quasilineare) Meßsysteme [4.10] [5.1]. Zu unterscheiden ist zwischen den Strukturen (Meßsignalweg) und dem Verhalten (Meßsignalverhältnis und Meßsignalübertragung) von Meßsystemen **(Tafel 5.1)**.

5.1. Strukturen von Meßsystemen

Bezüglich ihrer Struktur werden offene, geschlossene und mehrschleifige Meßsysteme **(Tafeln 5.1 und 5.2)** unterschieden.

Offene Meßsysteme sind dadurch gekennzeichnet, daß die Ausgangsgröße (Meßwert x_a) nicht auf den Eingang des Meßsystems zurückgeführt wird. Ein Vergleich zwischen der Ausgangsgröße (Meßwert x_a) des Meßsystems und seiner Eingangsgröße (Meßgröße x_e) ist so nicht möglich **(Tafel 5.2)**.

Eine Masse m_e entwickelt an einer Federwaage **(Tafel 5.3)** unter Einwirkung der Schwerebeschleunigung g die Gewichtskraft F_e, der die Federkraft $F_g = cs_a$ entgegenwirkt. Im Gleichgewichtszustand ist $F_e = F_g$. Die Auslenkung s_a des Zeigers und damit die Anzeige m_a der in Masseeinheiten kalibrierten Skale ist der angreifenden Gewichtskraft F_e der Masse m_e direkt proportional, nämlich $m_a = ks_a = kF_g/c = (gk/c)\, m_e$, mit c Direktionskraft (Federkonstante), g Schwerebeschleunigung, k Skalenkonstante.

Geschlossene Meßsysteme sind dadurch gekennzeichnet, daß die Ausgangsgröße (Meßwert x_a) des Meßsystems auf den Eingang des Meßsystems zurückgeführt wird **(Tafel 5.2)**.

Diese Maßnahme ermöglicht einen Vergleich zwischen Meßwert x_a und Meßgröße x_e. Der Meßprozeß gilt dann als abgeschlossen, wenn der Meßwert x_a und die Meßgröße x_e bis auf einen bekannten Restfehler $\Delta x = x_a - x_e$ übereinstimmen.

Die Rückführung kann manuell oder automatisch erfolgen. Eine automatische Balkenwaage **(Tafel 5.3)** hat anstelle der Meßschneiden ein Meßpotentiometer. Die Meßperson wird beim automatischen Abgleich durch Meßbrücke, Verstärker und Motor ersetzt. Der Signalflußplan veranschaulicht die Struktur und die Funktionsweise einer automatischen Balkenwaage.

Tafel 5.1. Klassifikation von Meßsystemen

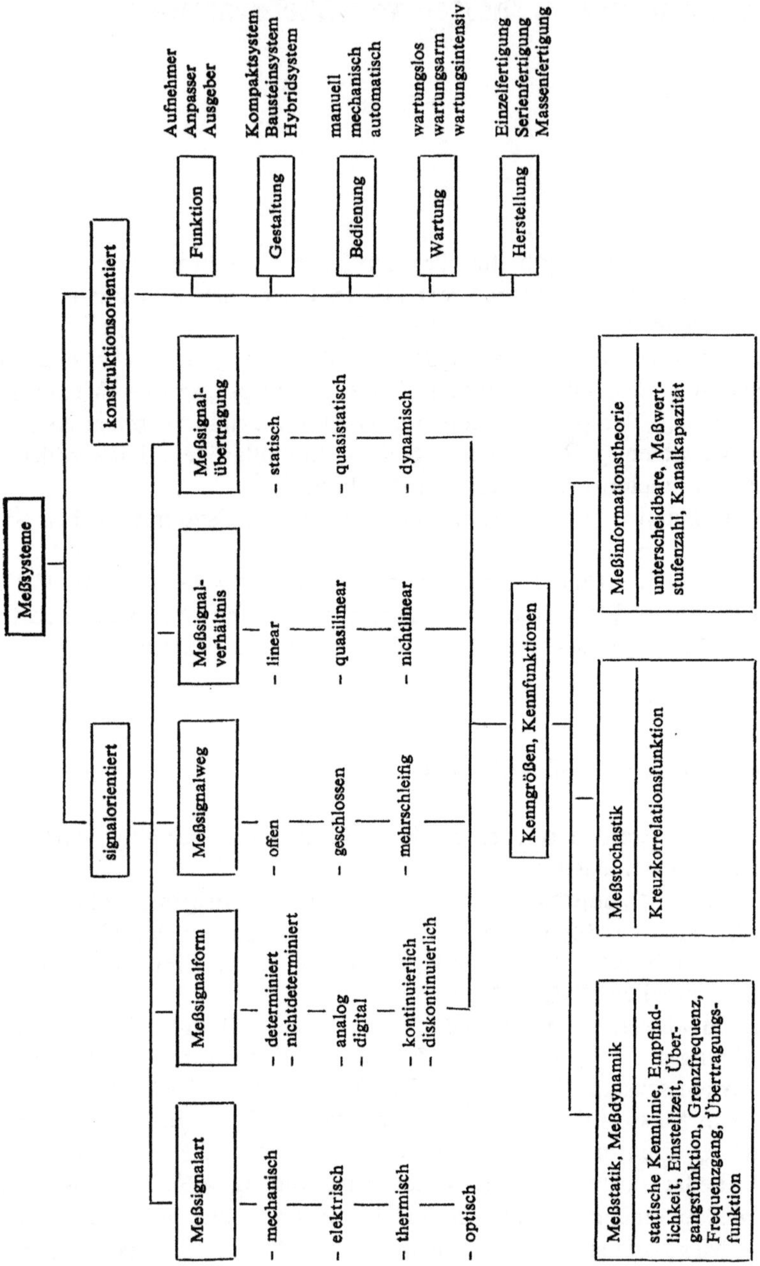

Tafel 5.2. ***Strukturen von Meßsystemen***

	Originalsystem	Verallgemeinertes Meßsystem	Eigenschaft
Offen	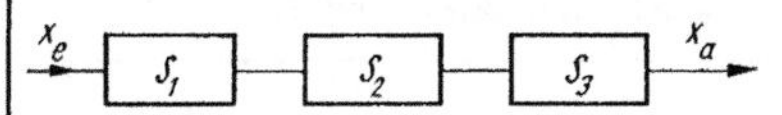		$S = S_1 S_2 S_3$
Geschlossen	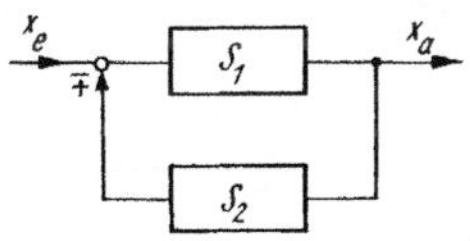		$S = \frac{S_1}{1 \pm S_1 S_2}$
Mehrschleifig	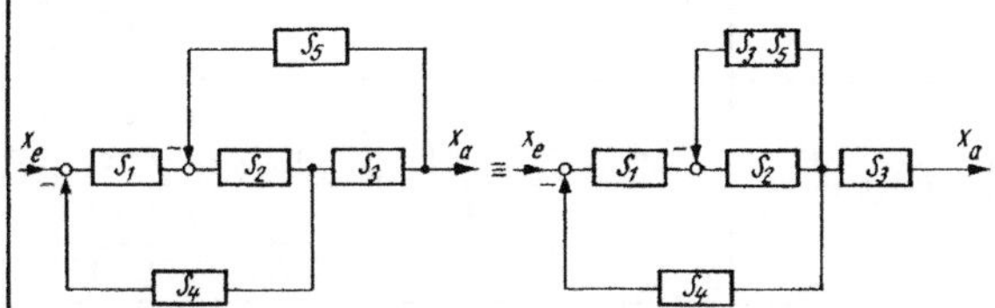		$S = \frac{S_1 S_2 S_3}{1 + S_2 (S_1 S_4 + S_3 S_5)}$

Automatische geschlossene Meßsysteme werden wegen ihrer kleinen Meßfehler in der Meßtechnik zunehmend eingesetzt.

Mehrschleifige Meßsysteme bestehen aus mehreren Teilsystemen unterschiedlicher Struktur. Mehrschleifige Meßsysteme können in Meßsysteme einfacherer Struktur transformiert werden **(Tafel 5.2)** [5.2, S. 133].

Komplizierte Meßsysteme (Meßgeräte, Meßmittel, Meßeinrichtungen, Meßwandler, Meßanordnungen) dürfen als Zusammenschaltung einfacherer Meßsysteme betrachtet werden.

Oft ist es nicht erforderlich, auf die Feinstruktur der Meßsysteme einzugehen.

Verallgemeinerte Meßsysteme S bestehen aus einem Block mit der Eingangsgröße (Meßgröße x_e) und einer Ausgangsgröße (Meßwert x_a). Verallgemeinerte Meßsysteme haben dieselben Übertragungseigenschaften wie die tatsächlichen, strukturell weitaus komplizierteren Meßanordnungen **(Tafel 5.2).**

5.2. Statisches Verhalten von Meßsystemen

5.2.1. Statische Übertragungskenngrößen

Zur Beschreibung des statischen Verhaltens von Meßsystemen wird zwischen Übertragungs-, Fehler- und Informationskenngrößen unterschieden **(Tafeln 5.4 und 5.5)**.

Wichtigste Kennfunktion eines Meßsystems ist seine **statische Kennlinie** $x_a = f(x_e)$. Sie gibt für den statischen (stationären, eingeschwungenen) Zustand des Meßsystems an, welche Ausgangsgrößen x_{ai} das Meßsystem für die Eingangsgrößen x_{ei} hat **(Tafel 5.6)**.

Die unteren und oberen Grenzwerte der Eingangsgröße $\check{x}_e$, $\hat{x}_e$ und Ausgangsgröße $\check{x}_a$, $\hat{x}_a$ ($\check{x}$ Minimalwert, $\hat{x}$ Maximalwert) geben den Arbeitsbereich des Meßsystems an und kennzeichnen häufig den linearen Teil seiner statischen Kennlinie **(Tafel 5.6)**. Der maximal zulässige Grenzwert $x_{e\,lim}$ gibt die Überlastungsgrenze des Meßsystems an.

Tafel 5.3. Strukturen von Waagen

Struktur	Offenes Meßsystem	Geschlossenes Meßsystem
Benennung	Federwaage	Automatische Balkenwaage
Geräteplan	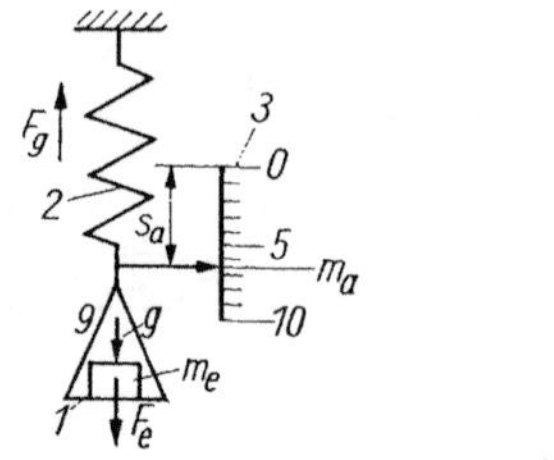	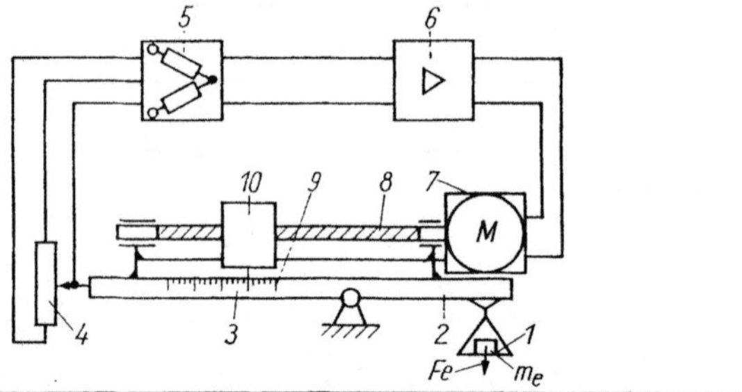
Signalflußplan	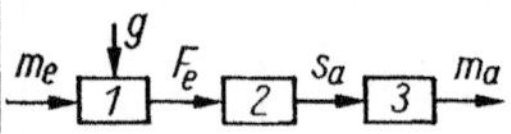	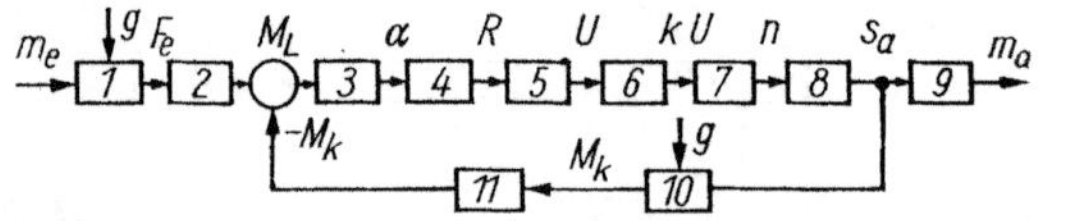
Bezeichnung	1 Waagschale 2 Feder 3 Skale	1 Waagschale 2 Lastarm 3 Waagebalken 4 Meßpotentiometer 5 Meßbrücke 6 Verstärker 7 Motor 8 Drehspindel 9 Skale 10 Laufgewicht und Vergleichsarm 11 Invertierglied
	F_e Gewichtskraft der Masse F_g Gegenkraft der Feder g Fallbeschleunigung (Einflußgröße) m_a Masse (Meßwert) m_e Masse (Meßgröße) s_a Auslenkung der Feder (Längenänderung) bzw. Verschiebung des Laufgewichts	M_k Vergleichsmoment M_l Lastmoment R Widerstandsänderung U Meßspannung k Verstärkungsfaktor n Spindeldrehzahl α Drehwinkel (Waagebalken)

Wenn x_{elim} eine Zeit t_{1lim} auf das Meßsystem einwirkt, dürfen sich seine Parameter dadurch nicht bleibend verändern (Widerstände dürfen nicht durchbrennen, Federn sich nicht irreversibel verformen usw.).

5.2.1.1. Empfindlichkeit, Übertragungsfaktor

Unter **Empfindlichkeit** (Übertragungsfaktor) eines Meßsystems wird der quantitative Ausdruck für das Verhältnis von Wirkung zu Ursache verstanden.

Ursachen und Wirkungen können unterschiedlicher physikalischer Natur sein.

Die statische Meßgrößenempfindlichkeit $S_{x_e}^{x_a}$ eines Meßsystems ist das Verhältnis der Änderung des Meßwerts (Δx_a) zu der sie verursachenden Änderung der Meßgröße (Δx_e) für den statischen Zustand des Meßsystems.

Trigonometrisch ist die statische Meßgrößenempfindlichkeit $S_{x_e}^{x_a}$ als Anstieg ($\tan \alpha$) der statischen Kennlinie deutbar **(Tafel 5.6)**.

Tafel 5.4. Kenngrößen und Kennfunktionen des Verhaltens von Meßsystemen

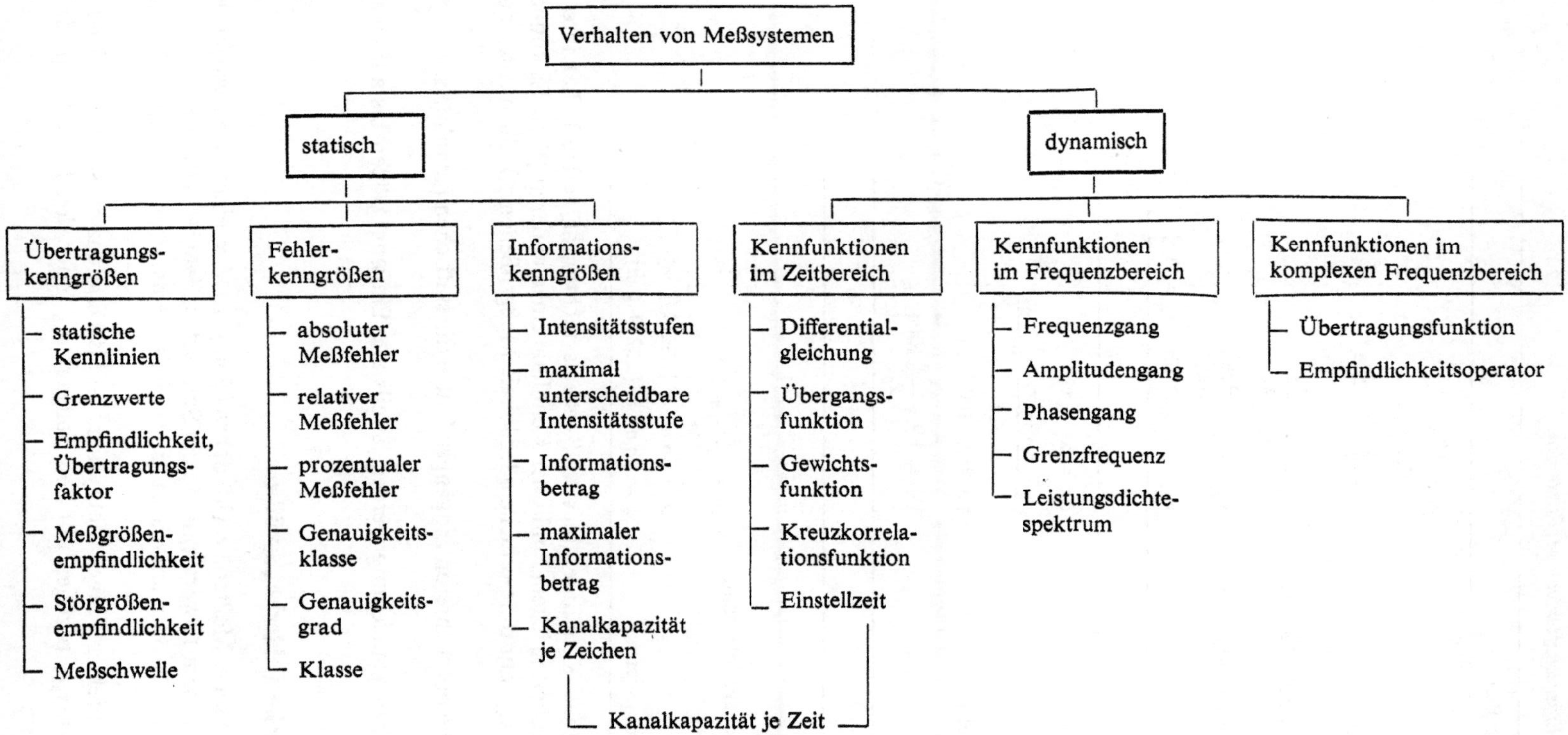

Tafel 5.5. Statische Eigenschaften von Meßsystemen

Übertragungskenngrößen	
Statische Kennlinie	$x_a = f(x_e)$
Grenzwerte	$x_e, \hat{x}_e, \check{x}_a, \hat{x}_a$
Statische Empfindlichkeit	$S = \frac{\Delta x_a}{\Delta x_e} \approx \frac{dx_a}{dx_e}$
Statische Meßgrößenempfindlichkeit	$S_{xe}^{xa} = \frac{\hat{x}_a - \check{x}_a}{\hat{x}_e - x_e}$
Statische Störgrößenempfindlichkeit	$S_{Zei}^{xa} = \sum_{i=1}^{n} \frac{\Delta x_a}{\Delta z_{ei}}$
Meßschwelle	$x_{sch} = x_{e\,min}$ für $x_a = \Delta x_a$
Fehlerkenngrößen	
Absoluter Meßfehler	$\Delta x = x_I - x_S$
Relativer Meßfehler	$\gamma = \frac{x_{aI} - x_{aS}}{x_{aS}} \approx \frac{\Delta x_a}{x_a}$
Prozentualer Meßfehler	$\gamma_{\%} = \gamma \cdot 100$
Genauigkeitsklasse	$\text{Kl.} = \left[\pm \frac{\Delta x_a}{\hat{x}_a} 100\right]$
Informationskenngrößen	
Intensitätsstufen	$m = \frac{x_a}{\Delta x_a} + 1$
Maximal unterscheidbare Intensitätsstufen	$\hat{m} = \frac{\hat{x}_a}{\Delta x_a} + 1$
Informationsbetrag	$q = [\text{lb}\, m] = [3{,}3219 \lg m]$
Maximaler Informationsbetrag	$\hat{q} = [\text{lb}\, \hat{m}] = [3{,}3219 \lg \hat{m}]$

Falls die statische Kennlinie eines Meßsystems nichtlinear verläuft, hat ihre Meßgrößenempfindlichkeit in jedem Punkt der Kennlinie einen anderen Wert. Es können daher, bezogen auf x_{ei}, nur differentielle oder lokale Meßgrößenempfindlichkeiten angegeben werden.

Für Meßsysteme mit mehreren Eingängen lauten die statischen Kennlinien $x_a = f(x_{e1}, x_{e2}, \ldots, x_{en})$.

Bei der grafischen Darstellung werden jeweils alle Eingangsgrößen bis auf eine konstant gehalten.

5.2.2. Statische Fehlerkenngrößen

Der **absolute** statische Meßfehler (Meßabweichungen) Δx eines Meßsystems ist als Differenz zwischen dem Istwert x_I und dem Sollwert x_S definiert **(Tafel 5.5)**.

Handelt es sich um Größen am Ausgang des Meßsystems, so erhalten sie zusätzlich den Index a.

Der **relative** Meßfehler γ eines Meßsystems ist als Differenz zwischen dem Istwert x_{aI} und dem Sollwert x_{aS}, bezogen auf den Sollwert x_{aS} (oder den Istwert x_{aI}), definiert **(Tafel 5.5)**.

Tafel 5.6. Statische Kennlinien von Meßsystemen

	Meßsystem mit einem Eingang	Meßsystem mit mehreren Eingängen
Schaltung	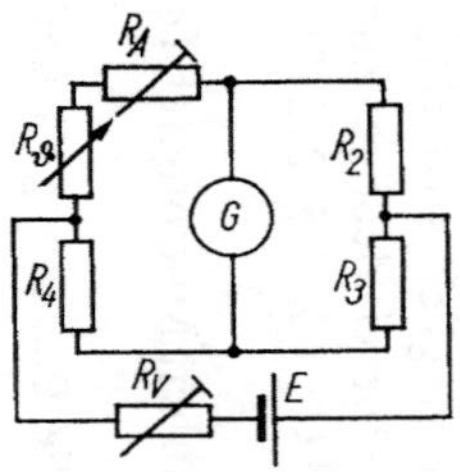	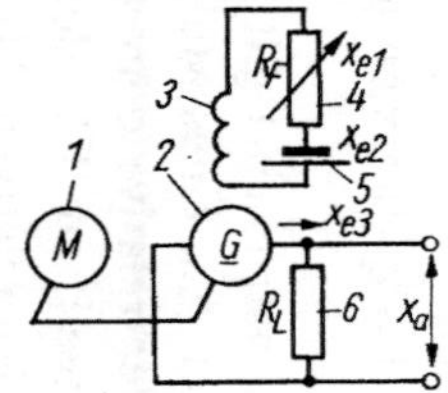
Kennlinie	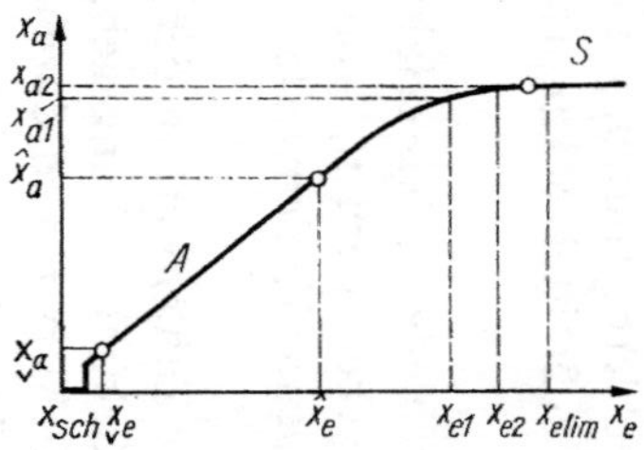	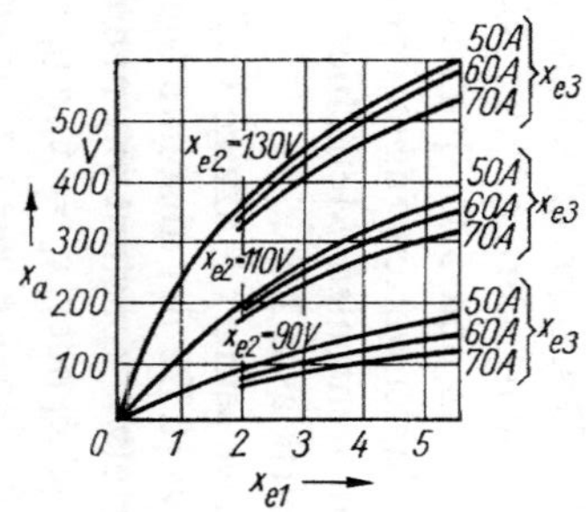
Bezeichnung	*A* Arbeitsbereich *E* Spannungsquelle *G* Galvanometer R_A Abgleichwiderstand R_V Vorschaltwiderstand R_ϑ Widerstandsthermometer $R_2 \dots R_4$ Brückenwiderstände *S* Sättigungsbereich $\check{x}_a$, $\hat{x}_a$ unterer, oberer Grenzwert der Ausgangsgröße x_a $\check{x}_e$, $\hat{x}_e$ unterer, oberer Grenzwert der Eingangsgröße x_e $x_{e\,\mathrm{lim}}$ maximal zulässiger Wert der Eingangsgröße x_{sch} Meßschwelle $\tan\alpha = \frac{dx_a}{dx_e}$ Anstieg der statischen Kennlinie	*1* Antriebsmotor *2* Fremderregter Generator *3* Feldwicklung *4* Feldwiderstand R_F *5* Feldkreisspannungsquelle *6* Lastwiderstand R_L x_a Ausgangsspannung x_{e1} Stellung des Feldwiderstands R_F x_{e2} Feldkreisspannung x_{e3} Belastungsstromstärke

Der Austausch von x_{aI} und x_{aS} zu allgemein x_a im Nenner der Definitionsgleichung ist zulässig wegen

$$\Delta x_a \ll x_{aI} \approx x_{aS} = x_a .$$

Der **prozentuale** Meßfehler $\gamma_{\%}$ ist der mit 100 multiplizierte relative Meßfehler **(Tafel 5.5)**.

5.2.2.1. Genauigkeitsklasse, Klassenwert, Genauigkeitsgrad

Um die Genauigkeit der Meßsysteme im statischen (stationären) Betrieb zu kennzeichnen, werden sie in Genauigkeitsklassen (besser Fehlerklassen) eingeteilt **(Tafel 5.5)**.

Der Zahlenwert der Genauigkeitsklasse entspricht dem Betrag des maximal zulässigen prozentualen Meßfehlers, bezogen auf den Meßbereichsendwert $\hat{x}_a$ oder die Meßspanne.

Die eckigen Klammern der Definitionsgleichung deuten an, daß es sich hier um Valenzklassen handelt. Die standardisierten Valenzklassen **elektrischer** Meßgeräte sind Kl. 0,05; 0,1; 0,2; 0,5; 1; 1,5; 2,5 und 5 [5.3]. Zwischenwerte sind nicht zulässig und müssen den nächst größeren Zahlenwerten zugeordnet werden.

Ein Meßsystem mit dem prozentualen Meßfehler $\gamma_{\%} = 1{,}6\%$, bezogen auf Vollausschlag, gehört zur Genauigkeitsklasse 2,5.

Für Meßinstrumente mit zweiseitiger Anzeige (z.B. Nullinstrument) gilt die Summe der Skalenteile als Skalenendwert. Da der absolute Meßfehler Δx_a eines Meßsystems im gesamten Meßbereich häufig etwa konstant ist, nehmen der relative oder prozentuale Meßfehler für Meßwerte $x_a < \hat{x}_a$ oder $x_a = \hat{x}_a/q$ ($q > 1$, reell) zu. Für den gesamten Meßbereich stellt $\gamma = \Delta x_a/\hat{x}_a$ den kleinsten zu erwartenden relativen Meßfehler dar **(Tafel 5.7)**. Die Genauigkeitsklasse wird auch als **reduzierter** Fehler bezeichnet.

Da die relativen und prozentualen Meßfehler von Meßinstrumenten mit zunehmender Aussteuerung abnehmen, sollen Meßinstrumente so betrieben werden, daß die Anzeige im letzten Drittel der Skale erfolgt. Das gilt allerdings nur bei dieser Art der Fehlerdefinition und unter der Voraussetzung, daß der absolute Meßfehler im gesamten Meßbereich etwa konstant ist. Letzteres ist nicht immer gegeben, vor allem nicht für mechanische und optische Längenmeßgeräte. Deshalb wurde für **Längenmeßgeräte** eine gänzlich andere Klasseneinteilung eingeführt.

Der **Klassenwert** [5.4] ist

- der in einem Meßbereich auftretende oder zu erwartende größte Betrag des **absoluten** Fehlers eines Meßmittels oder
- die Meßunsicherheit des zur Fehlerbestimmung angewendeten Meßverfahrens, wenn die systematischen Fehler des Meßmittels bekannt sind oder zur Korrektion verwendet werden.

Sind mit einem Meßmittel verschiedene Meßverfahren möglich, so darf für jedes Meßverfahren ein Klassenwert angegeben werden, wobei eine eindeutige Zuordnung gewährleistet sein muß. Zu bevorzugende Zahlenwerte sind $(1; 1.2; 1.5; 2; 2.5; 3; 4; 5; 6; 8) \times 10^n$ mit $n = \ldots -2, -1, 0, 1, 2, \ldots$

Für Längenmeßmittel wird der Zahlenwert in der Einheit Mikrometer (µm) und für Winkelmeßmittel in der Einheit Sekunde (″) angegeben.

Die Längenabhängigkeit des Fehlers f wird durch die Beziehung Grundwert a und längenabhängiges Glied b mal Länge l beschrieben $f = \pm(a + bl)$. Der Faktor b hat die Einheit $\mu m \cdot mm^{-1}$, Länge l in mm.

Der Fehler an beliebiger Stelle innerhalb des Meßbereichs wird aus dem maximalen Klassenwert gebildet $f = f_{max} - b\,(l_{max} - l)$. Die Zuordnung eines Meßmittels zu einer Meßaufgabe erfolgt nach Standards [5.5] oder betrieblichen Festlegungen.

Tafel 5.7. Meßinstrument der Genauigkeitsklasse 1

<table>
<tr><th></th><th>Statische Kennlinie</th><th>Skale</th><th>Prozentualer Fehler</th></tr>
<tr><td>Kenn-
werte</td><td>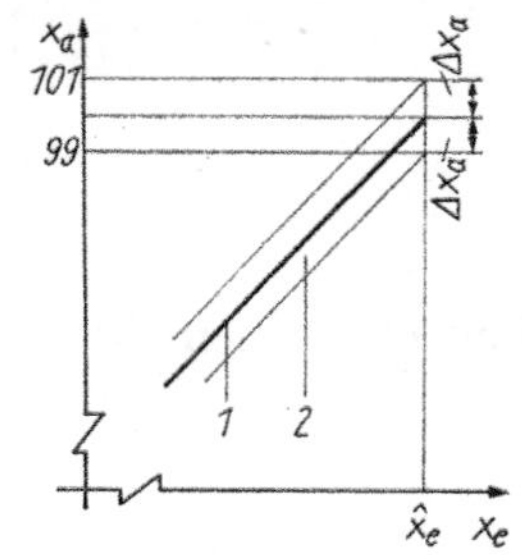
</td><td>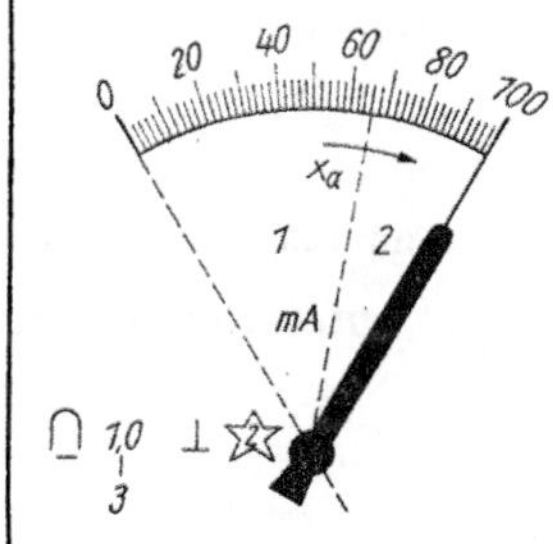
</td><td>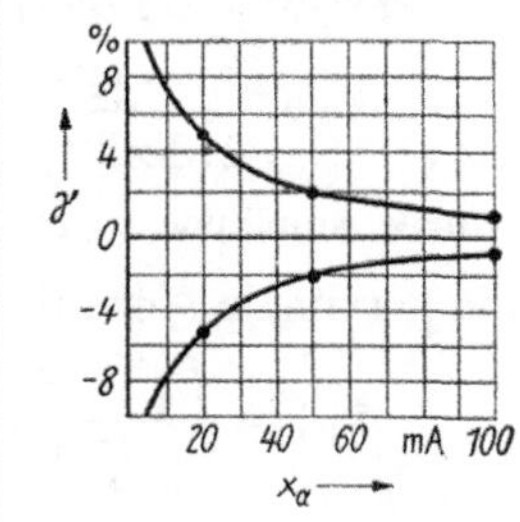
</td></tr>
<tr><td>Bezeich-
nung</td><td>*1* Statische Kennlinie
2 Toleranzband
x_a Ausgangsgröße
$\hat{x}_e$ Eingangsgröße
$2\Delta x_a$ Breite des Toleranzbands</td><td>Der prozentuale Meßfehler $\gamma_{\%}$ eines Meßinstruments der Klasse 1 beträgt bei Vollausschlag für $x_a = \hat{x}_a$
$\gamma_{\%} = \pm \frac{\Delta x_a}{\hat{x}_a} \cdot 100\%$
$= \pm 1\%$.
1 Orientierungsbereich
2 Arbeitsbereich
3 Klassenzeichen</td><td>Der prozentuale Meßfehler eines Meßinstruments der Klasse 1 beträgt im gesamten Skalenbereich für $x_a = \hat{x}_a$
$\gamma_{\%} = \pm \frac{\Delta x_a}{\hat{x}_a} \cdot q \cdot 100\%$
$= \pm q\gamma$.
Mit $q = \hat{x}_a/x_a$ beträgt der prozentuale Meßfehler für
$x_a = 100$ mA $\curvearrowright \gamma_{\%} = 1\%$
$x_a = 20$ mA $\curvearrowright \gamma_{\%} = 5\%$
$x_a = 1$ mA $\curvearrowright \gamma_{\%} = 100\%$
(Meßschwelle).</td></tr>
</table>

Maßverkörperungen der Längenmeßtechnik in Form von Parallelendmaßen (siehe Abschn. 15.) haben wieder andere Klasseneinteilungen [5.6]. Die zulässigen Maßabweichungen werden durch **Genauigkeitsgrade** gekennzeichnet.

Parallelendmaße des Genauigkeitsgrads 00 haben für Nennmaße von 0,5 bis 10 mm eine zulässige Maßabweichung von $a_b = \pm 0{,}06\ \mu m$ und für Nennmaße über 900 bis 1000 mm einen Wert von $a_b = \pm 1{,}00\ \mu m$.

Parallelendmaße des Genauigkeitsgrads 3 haben für Nennmaße von 0,5 bis 10 mm eine zulässige Maßabweichung von $a_b = \pm 0{,}8\ \mu m$ und für Nennmaße über 900 bis 1000 mm einen Wert von $a_b = \pm 16{,}0\ \mu m$.

5.2.3. Statische Informationskenngrößen

Zur Ermittlung des Informationsgehalts beim Auftreten eines Elementarereignisses ist zwischen zwei Fällen zu unterscheiden, und zwar

1. interessiert nur, ob ein Ereignis vorliegt oder nicht vorliegt. Diese Problemstellung ist Gegenstand der klassischen Informationstheorie von *Shannon.*
2. interessiert zusätzlich, mit welcher Intensität (Amplitude) das Ereignis vorliegt. Diese Problemstellung ist Gegenstand der modernen Meßinformationstheorie.

Bei diskreten (digitalen) Prozessen sind nur diskrete Amplituden zu unterscheiden.

Bei stetigen (analogen) Prozessen liegen scheinbar kontinuierliche Amplitudenverteilungen vor. Infolge des Meßfehlers Δx_a ist aber auch hier nur eine Δx_a-genaue Ermittlung der Amplitude möglich. Es ist deshalb gerechtfertigt, die Amplitude zu quantisieren **(Tafel 5.5).** Wird der Meßfehler (Meßunsicherheit) Δx_a mit doppeltem Vorzeichen eingeführt **(Tafel 5.7)**, so ist die maximale Anzahl $\hat{m}$ der unterscheidbaren Amplitudenstufen analoger Meßgeräte [5.7] [5.8]

$$\hat{m} = \frac{\hat{x}_a - \check{x}_a}{2\,|\Delta x_a|} + 1, \tag{5.1}$$

$\hat{x}_a$ maximale Amplitude, $\check{x}_a$ minimale Amplitude.

Für die maximale Anzahl $\hat{m}_{Pa}$ der unterscheidbaren Leistungsstufen gilt

$$\hat{m}_{Pa} = \frac{\hat{P}_a - \check{P}_a}{2\,\overline{\Delta x_a^2}} + 1, \tag{5.2}$$

$\hat{P}_a$ maximale Leistung, $\check{P}_a$ minimale Leistung.

Für digitale Meßgeräte ist

$$\hat{m} = f_z T_E + 1, \tag{5.3}$$

f_z Zählfrequenz, T_E Einstellzeit.

Der Summand Eins in den Gln. (5.1) bis (5.3) bringt zum Ausdruck, daß auch der niedrigste Wert $\check{x}_a$, $\check{P}_a$ auftreten und erkannt werden kann. Der zweite Term in den Gln. (5.1) bis (5.3) ist in der Regel zu vernachlässigen, da er jeweils wesentlich kleiner als der erste Term ist.

Hat ein Meßsystem eine Skale mit einem Meßbereich von $(\hat{x}_a - \check{x}_a) = 100$ und einen Meßfehler von $\Delta x_a = \pm 1\,\%$, dann lassen sich $\hat{m} = (100/2) + 1 = 51$ Amplitudenstufen voneinander unterscheiden.

Für einen Meßwert $x_a = \hat{x}_a/q$ mit $q > 1$, reell nimmt die Anzahl der unterscheidbaren Meßwertstufen etwa um den Faktor $1/q$ ab **(Tafel 5.7)**.

Die Messung der Informationsmenge beruht auf dem Zweierkode (Binärsystem).

Es wird angenommen, daß m mögliche Meßwerte zu unterscheiden sind. Werden diese m möglichen Werte durch 0- oder L-Signale des redundanzlosen Dualkodes verschlüsselt, so ist jeder Wert durch

$$q = \text{lb}\, m = \text{ld}\, m = \log_2 m = 3{,}32 \log_{10} m = 3{,}32 \lg m \text{ (in bit)} \tag{5.4}$$

binäre Auswahlschritte zu erreichen. bit ist die Abkürzung für binary digit.

Als **Informationsbetrag** q oder Kodierungsaufwand wird die Anzahl der erforderlichen Binärschritte zur Realisierung von m Intensitätsstufen (z.B. 22) bezeichnet.

Andererseits kann ein Meßwert auf einem Informationsspeicher mit q binären Speicherplätzen in einem Raster, d.h. mit einem Auflösungsvermögen (Fehler) von

$$m = 2^q \tag{5.5}$$

unterscheidbaren Amplitudenstufen dargestellt werden.

Der **maximale Informationsbetrag** $\hat{q}$ ist die Anzahl der Binärschritte, die zur Realisierung der Maximalzahl der Intensitätsstufen $\hat{m}$ erforderlich ist **(Tafel 5.5)**. Er ist identisch mit der Kanalkapazität je Zeichen C_Z. Die eckigen Klammern deuten an, daß bei nicht ganzzahligen Informationsbeträgen die jeweils größere ganze Zahl (nächste Valenzklasse) zu nehmen ist, da nur ganzzahlige Binärschritte technisch realisierbar sind.

Ein Meßinstrument mit einem prozentualen Meßfehler $\gamma_{\%} = \pm 1\,\%$, bezogen auf den Meßbereichsendwert, hat maximal 51 unterscheidbare Intensitätsstufen.

Der maximale Informationsbetrag $\hat{q}$ ergibt sich zu

$$\hat{q} = \text{lb}\, \hat{m} = [5{,}64] \text{ bit} = 6 \text{ bit}.$$

Alle Meßsysteme der gleichen Genauigkeitsklasse haben denselben Informationsbetrag.

Der Meßbereich ist so zu wählen, daß möglichst der Maximalwert $\hat{x}_a$ erreicht wird.

Die Meßinformation gewinnt man durch Abzählen der Symbolfolge (Teilstriche) bis zu dem Teilstrich, den der Zeiger verdeckt. Das Schätzen von Zwischenwerten bringt keine Erhöhung der Meßgenauigkeit.

Sollen 22 Ereignisse (Meßwert 22 mA) dargestellt werden, so braucht man dafür:

	Zählzeichen	Startimpulse	Stopimpulse	Übertragungsimpulse	Impulsschritte
im Einersystem	1 (1)	1	1	0	24
im Dezimalsystem	10 (0 ... 9)	1	1	2	14
im Binärsystem	2 (0,1)	1	1	0	7

Für die Umsetzung einer Dezimalzahl in eine Dualzahl, z.B. 22 in 10110, gilt das Bildungsgesetz

$$\begin{array}{rcl|l} 22:2 &=& 11 \text{ Rest } 0 \uparrow & 2^0 \\ 11:2 &=& 5 \text{ Rest } 1 & 2^1 \\ 5:2 &=& 2 \text{ Rest } 1 & 2^2 \\ 2:2 &=& 1 \text{ Rest } 0 & 2^3 \\ 1:2 &=& 0 \text{ Rest } 1 & 2^4. \end{array}$$

Für die Umrechnung von Dezimalzahlen m in ihre binären Logarithmen lb m gilt:

m	lb m	m	lb m	m	lb m	m	lb m
1	0,00000	4	2,00000	7	2,80734	10^1	3,32193
2	1,00000	5	2,32193	8	3,00000	10^2	6,64386
3	1,58496	6	2,58496	9	3,16993	10^3	9,96579

Es werden also für die Kennzeichnung von $m = 10$ Werten etwa $q = 4$ bit, d.h. eine vierstellige Dualzahl, und für $m = 1000$ Werte etwa $q = 10$ bit, d.h. eine zehnstellige Dualzahl, benötigt.

In jedem praktischen Fall ist das Nutzsignal am Ausgang des Meßsystems von einer Störung überlagert. Für den Empfänger ist die zu empfangende Information nicht im voraus determiniert. Die Information tritt nur mit einer größeren oder kleineren Wahrscheinlichkeit ein. Informationsprozesse sind stochastische Prozesse. Ihr mathematisches Modell liefert die Wahrscheinlichkeitstheorie.

Wenn ein mit großer Wahrscheinlichkeit $p_i \to 1$ erwartetes Ereignis x_i eintritt, dann ist sein Informationsgehalt $I \to 0$ sehr klein.

Wenn dagegen ein mit sehr geringer Wahrscheinlichkeit $p_i \to 0$ erwartetes Ereignis x_i eintritt, dann ist sein Informationsgehalt $I \to \infty$ sehr groß.

Dieser Sachverhalt wird durch die Funktion $I = 10\text{g}\, 1/p_i$ modelliert.

Treten m **Werte** in einem stochastischen Prozeß mit gleicher Wahrscheinlichkeit auf, dann ist die Wahrscheinlichkeit für das Auftreten eines Wertes x_i

$$p_i = P(X = x_i) = 1/m. \tag{5.6}$$

Wird Gl. (5.6) in Gl. (5.4) eingesetzt, so erhält man die Informationsmenge (Kodierungsaufwand) in der Form

$$q_i = \text{ld}\,(1/p_i) = -\text{ld}\, p_i \quad \text{in bit}. \tag{5.7}$$

Treten m **Symbole** s_i (Ziffern oder Ziffernfolgen, Buchstaben, Worte) mit unterschiedlicher Wahrscheinlichkeit p_i je Symbol s_i auf, so haben sie auch unterschiedlichen Kodierungsaufwand.

Der mittlere Kodierungsaufwand (mittlere Informationsmenge) wird als Informationsentropie bezeichnet und beträgt für diskrete Amplituden nach den Gln.(4.25) und (5.7)

$$H = E[q] = \bar{q} = \sum_{i=1}^{n} p_i q_i = -\sum_{i=1}^{n} p_i \operatorname{ld} p_i \quad \text{in bit/Symbol.} \tag{5.8}$$

Die Informationsentropie H ist in Meßprozessen eine doppeldeutige Maßzahl [4.22]. Sie kennzeichnet

1. für **alle** Symbole des „Alphabets" den mittleren Kodierungsaufwand je Symbol in bit/Symbol
2. für **ein** Symbol des Alphabets den mittleren Informationsgehalt je Symbol in bit/Symbol.

Wenn mit stetigen (analogen, kontinuierlichen) Signalen gearbeitet wird, so ergibt sich für diskrete Amplitudenstufen $\Delta x \to 0$ die Wahrscheinlichkeitsdichte $p(x_i)$ für das Auftreten eines Amplitudenwerts im Bereich $x_i \dots (x_i + \Delta x)$.

Die entsprechende Wahrscheinlichkeit beträgt

$$p_i = p(x_i)\,\Delta x. \tag{5.9}$$

Der mittlere Kodierungsaufwand (mittlere Informationsmenge) oder die Informationsentropie beträgt für kontinuierliche Signale nach den Gln.(5.8) und (5.9)

$$H = -\lim_{\Delta x \to 0} \sum_{i=-\infty}^{\infty} p(x_i)\,\Delta x \operatorname{ld}\left(p(x_i)\,\Delta x\right). \tag{5.10}$$

Es gilt

$$\sum_{i=-\infty}^{\infty} p(x_i)\,\Delta x = 1.$$

Beim Grenzübergang zu infinitesimal kleinen Quantisierungsstufen ist die Informationsentropie

$$H = -\int_{-\infty}^{\infty} p(x_i) \operatorname{ld} p(x_i)\,\mathrm{d}x + \lim_{\Delta x \to 0} \operatorname{ld} \frac{1}{\Delta x}. \tag{5.11}$$

Sie divergiert durch den zweiten Term von Gl.(5.11) und wird im Grenzfall unendlich groß. Das widerspricht der praktischen Erfahrung und dem in Gl.(5.1) ausgedrückten Sachverhalt. Deshalb wird der zweite Term bei vergleichenden Betrachtungen nicht berücksichtigt [5.7, S. 18]. Bei der Berechnung von Differenzen von Informationsentropien hebt er sich weg.

Ein kontinuierliches stochastisches Nutzsignal $x_e(t)$ hat am Eingang eines fehlerfreien Meßsystems die mittlere Informationsmenge oder Eingangsentropie

$$H(X_e) = -\int_{-\infty}^{\infty} p(x_e) \operatorname{ld} p(x_e)\,\mathrm{d}x + \lim_{\Delta x \to 0} \operatorname{ld} \frac{1}{\Delta x}. \tag{5.12}$$

Ein Teil der Informationen geht durch Störungen am Eingang verloren. Dieser Teil wird Äquivokation $H(X_e/X_{aI})$ genannt.

Durch Störungen am Ausgang entsteht ein Ausgangssignal, das Fehlinformationen verursacht. Ihre mittlere Informationsmenge heißt Irrelevanz oder Dissipation $H(X_{aI}/X_e)$.

Die tatsächlich übertragene mittlere Informationsmenge ist die Transinformation $H(X_e; X_{aI})$.

Die mittlere Informationsmenge am Ausgang des Meßsystems, d.h. die Ausgangsentropie $H(X_{aI})$ setzt sich aus der Irrelevanz und der Transinformation zusammen.

Wenn das Nutzsignal $x_e(t)$ und das Störsignal $r_e(t)$ normalverteilte Signale sind, so haben beide die glockenförmige Wahrscheinlichkeitsdichte nach Gl. (4.48). Damit ergibt sich für die

- Eingangsentropie

$$H(X_e) = \frac{1}{2} \operatorname{ld} [2\pi e \overline{x_e^2(t)}] + \lim_{\Delta x \to 0} \frac{1}{\Delta x} \tag{5.13}$$

- Irrelevanz (Dissipation)

$$H(X_{aI}/X_e) = \frac{1}{2} \operatorname{ld} [2\pi e \overline{r_e^2(t)}] + \lim_{\Delta x \to 0} \frac{1}{\Delta x} \tag{5.14}$$

- Ausgangsentropie

$$H(X_{aI}) = \frac{1}{2} \operatorname{ld} \{2\pi e [\overline{x_e^2(t)} + \overline{r_e^2(t)}]\} + \lim_{\Delta x \to 0} \frac{1}{\Delta x} \tag{5.15}$$

- Transinformation

$$H(X_e; X_{aI}) = \tfrac{1}{2} \operatorname{ld} \{1 + [\overline{x_e^2(t)}/\overline{r_e^2(t)}]\}. \tag{5.16}$$

Die Transinformation ist eine Eigenschaft des Übertragungskanals in bezug auf eine bestimmte Quelle und nicht eine typische Eigenschaft des Übertragungskanals allein.

Die mittleren Meßinformationsmengen $H(X_e, X_{aI})$, $H(X_e)$, $H(X_{aI})$ und $H(X_{aI}/X_e)$ lassen sich zwar berechnen, sind aber gerätetechnisch nicht oder nur bedingt zu trennen.

Für Berechnungen ist es vorteilhafter, mit natürlichen Logarithmen zu arbeiten. Es ist zu beachten, daß die Zahlenwerte der Informationsmengen von den verwendeten Einheiten abhängen.

Rechnungen mit binären Logarithmen ld erhalten die Einheit bit, mit natürlichen Logarithmen ln die Einheit nit und mit dekadischen Logarithmen lg die Einheit dit.

Es gelten folgende Umrechnungsformeln [5.17, S. 60]

1 bit = 0,69 nit = 0,3 dit

1 nit = 1,45 bit = 0,43 dit

1 dit = 2,3 nit = 3,3 bit.

Tafel 5.8. Kennfunktionen des dynamischen Verhaltens von Meßsystemen

Bereich	Eingangsgröße	Kenngrößen, Kennfunktionen	Ausgangsgröße	Abgeleitete Größe
Zeitbereich t, τ	$x_e(t)$	Differentialgleichung $\sum_{i=0}^{n} a_i \frac{d^i}{dt^i} x_a(t) = \sum_{i=0}^{m} b_i \frac{d^i}{dt^i} x_e(t)$ oder $\sum_{i=0}^{n} a_i p^i x_a = \sum_{i=0}^{m} b_i p^i x_e$ mit $\frac{d^i}{dt^i} = p^i;\ n \leqq m;\ i = 0, 1, 2, \ldots$	$x_a(t)$	
	Einheitssprung-funktion $1(t)$	entfällt	Übergangs-funktion $h(t) = \int g(t)\,dt$	Einstellzeit $t_E = \frac{1}{2f_g}$
	Einheitsstoß-funktion $\delta(t)$	entfällt	Gewichts-funktion $g(t) = \frac{dh(t)}{dt}$	Kanal-kapazität $C_T = \frac{\hat{s}}{t_E}$
	Autokorrelations-funktion $R_{x_e x_e}(\tau)$	Kreuzkorrelationsfunktion $R_{x_a x_e}(\tau) = \lim_{T \to \infty} \frac{1}{2T} \int_{-T}^{+T} x_a(t)\, x_e(t+\tau)\,dt$	Autokorre-lationsfunktion $R_{x_a x_a}(\tau)$	
Frequenz-bereich ω	$\tilde{x}_e(j\omega)$	Frequenzgang $S(j\omega) = \frac{\tilde{x}_a(j\omega)}{\tilde{x}_e(j\omega)} = \frac{F\{x_a(t)\}}{F\{x_e(t)\}} = \frac{F\{R_{x_a x_e}(\tau)\}}{F\{R_{x_e x_e}(\tau)\}} = S(\omega)\, e^{j\varphi(\omega)}$ $= \frac{\hat{x}_a}{\hat{x}_e} \cos\varphi + j \frac{\hat{x}_a}{\hat{x}_e} \sin\varphi = A(\omega) + jB(\omega)$	$\tilde{x}_a(j\omega)$	
		Amplitudengang $S(\omega) = \lvert S(j\omega)\rvert = \sqrt{A^2(\omega) + B^2(\omega)} = \frac{\hat{x}_a(\omega)}{\hat{x}_e(\omega)}$ für $0 \leqq \omega < \infty$		Grenz-frequenz $f_g = \frac{1}{2t_E}$
		Phasengang $\varphi(\omega) = \arg S(j\omega) = \arctan[B(\omega)/A(\omega)] = \sphericalangle\, \hat{x}_a(\omega), \hat{x}_e(\omega)$ für $0 \leqq \omega < \infty$		
		Leistungsdichtespektrum $P(\omega) = \lvert S(j\omega)^2\rvert = S(j\omega)\, S(-j\omega)$		

Komplexer Frequenzbereich p	$\tilde{x}_e(p)$	Übertragungsfunktion $S(p) = \frac{\tilde{x}_a(p)}{\tilde{x}_e(p)} = \frac{\Sigma b_i p_i}{\Sigma a_i p_i} = \frac{L\{x_a(t)\}}{L\{x_e(t)\}} = L\{g(t)\} = pL\{h(t)\}$	$\tilde{x}_a(p)$
Bezeichnung	$A(\omega)$ Realteil $B(\omega)$ Imaginärteil C_T Kanalkapazität $P(\omega)$ spektrale Leistungsdichte $R_{xx}(\tau)$ Korrelationsfunktion	$S(j\omega)$ Frequenzgang $S(p)$ Übertragungsfunktion $S(\omega)$ Amplitudengang f_g Grenzfrequenz $g(t)$ Gewichtsfunktion, Stoßantwortfunktion $h(t)$ Übergangsfunktion, Sprungantwortfunktion t_E Einstellzeit $x(t)$ Zeitfunktion $\tilde{x}(j\omega)$ Fourier-Transformierte der Zeitfunktion	$\tilde{x}(p)$ Laplace-Transformierte der Zeitfunktion $1(t)$ Einheitssprungfunktion $\delta(t)$ Einheitsstoßfunktion $\varphi(\omega)$ Phasengang

Tafel 5.10. Verhaltensweisen schwingungsfähiger Meßsysteme im Zeitbereich

Differentialgleichung	Parameter	Übergangsfunktion	Verlauf der Übergangsfunktion
Gewöhnliche Differentialgleichung:	$D < 1$	periodisches Verhalten (Schwingverhalten)	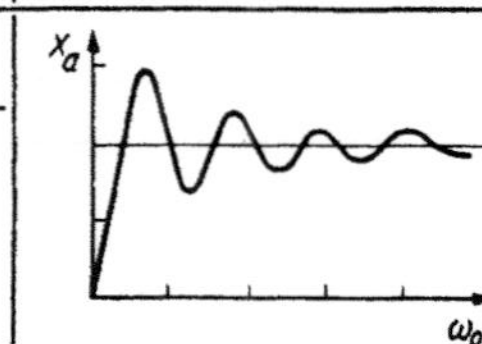
$a_2\ddot{x}_a(t) + a_1\dot{x}_a(t) + a_0 x_a(t) = x_e(t)$	$\delta < \omega_0$	$x_a(t) = x_{a0}\left[1 - \frac{\omega_0}{\omega_0'} e^{-\delta t} \cos\left(\omega_0' t - \arctan\frac{\delta}{\omega_0'}\right)\right]$	
Normierte Differentialgleichung:	$D = 1$	aperiodischer Grenzfall	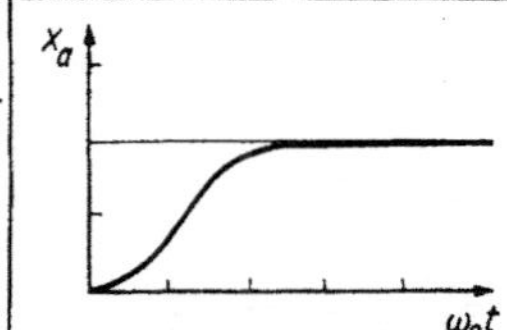
$\ddot{x}_a(t) + 2\delta\dot{x}_a(t) + \omega_0^2 x_a(t) = \frac{1}{a_2} x_e(t)$	$\delta = \omega_0$	$x_a(t) = x_{a0}[1 - (1 + \omega_0 t)\, e^{-\omega_0 t}]$	
Homogene Differentialgleichung:	$D > 1$	aperiodisches Verhalten (Kriechverhalten)	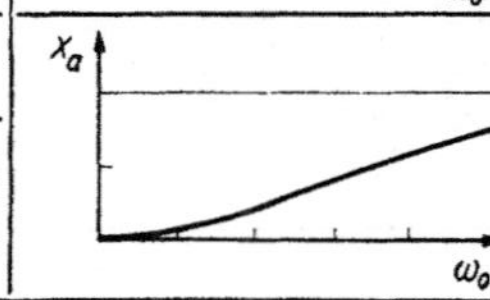
$\ddot{x}_1(t) + 2\delta\dot{x}_a(t) + \omega_0^2\dot{x}_a(t) = 0$	$\delta > \omega_0$	$x_a(t) = x_{a0}\left[1 - e^{-\delta t}\left(\cosh j\omega_0' t + \frac{\delta}{j\omega_0'} \sinh j\omega_0' t\right)\right]$	
Bezeichnung	$D = \frac{\delta}{\omega_0} = \frac{a_1}{2a_2\omega_0}$ Dämpfungsfaktor; $\omega_0 = \frac{1}{\sqrt{a_2/a_0}}$ Eigenfrequenz des ungedämpften Systems; $\delta = \frac{a_1}{2a_2}$ Abklingkonstante; $\omega_0' = \sqrt{\omega_0^2 - \delta^2}$ Eigenfrequenz des gedämpften Systems		

Tafel 5.9. Differentialgleichungen einfacher Meßglieder

	Mechanisch-translatorisches Meßsystem			Mechanisch-rotatorisches Meßsystem		
Bauprinzip	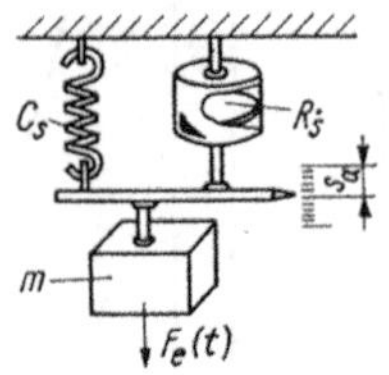			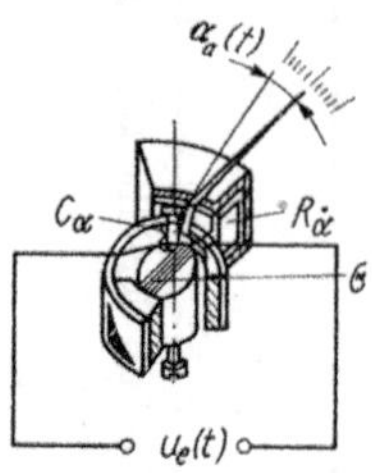		
Differentialgleichung	$m \frac{d^2 s_a(t)}{dt^2} + R_{\dot{s}} \frac{d^2 s_a(t)}{dt} + \frac{1}{C_s} s_a(t) = F_e(t)$			$\Theta \frac{d^2 \alpha_a(t)}{dt^2} + R_{\dot{\alpha}} \frac{d\alpha_a(t)}{dt} + \frac{1}{C_\alpha} \alpha_a(t) = k u_e(t)$		
Bezeichnung	Auslenkung	s_a	m	Drehung	α_a	rad
	Geschwindigkeit	$\frac{ds_a}{dt}$	$\frac{m}{s}$	Winkelgeschwindigkeit	$\frac{d\alpha_a}{dt}$	$\frac{rad}{s}$
	Aktionskraft	F	N	Aktionsmoment	M	N · m/rad
	Reaktionskraft	F_s	N	Reaktionsmoment	M_α	N · m/rad
	mechanischer Verlustwiderstand	$R_{\dot{s}}$	$\frac{N \cdot s}{m}$	mechanischer Verlustwiderstand	$R_{\dot{\alpha}}$	$\frac{N \cdot m \cdot s}{rad}$
	Masse	m	$\frac{N \cdot s^2}{m}$	Massenträgheitsmoment	Θ	$\frac{N \cdot m \cdot s^2}{rad}$
	Nachgiebigkeit	C_s	$\frac{m}{N}$	Weichheit	C_α	$\frac{rad}{N \cdot m}$

5.3. Dynamisches Verhalten von Meßsystemen

5.3.1. Dynamische Kennfunktionen im Zeitbereich (t-Bereich)

5.3.1.1. Differentialgleichung

Meßsysteme sind mehr oder minder träge. Ihre Trägheit hängt von der Fähigkeit der Energiespeicherung in den einzelnen Bauelementen ab. Bei der Energiespeicherung wird ein Teil der während des Meßprozesses in das Meßsystem eingespeisten Energie in potentielle und kinetische Energie z. T. mehrmals umgewandelt und kehrt teilweise zur Quelle zurück. Diese energetischen Prozesse bestimmen das dynamische Eigenverhalten der Meßsysteme [5.18] bis [5.22].

Für quasilineare zeitinvariante Meßsysteme mit passiven konzentrierten Bauelementen wird der Zusammenhang zwischen Ursache $x_e(t)$ und Wirkung $x_a(t)$ im Zeitbereich durch eine lineare **Differentialgleichung** beschrieben **(Tafel 5.8)**.

Die Mehrzahl aller Meßsysteme hat einen Freiheitsgrad und enthält verschiedenartige

Elektrisches Meßsystem			Thermisches Meßsystem		
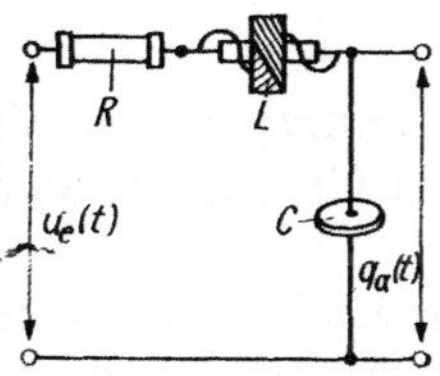			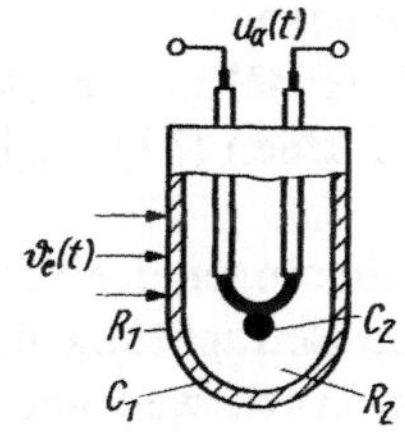		
$L\frac{d^2q_a(t)}{dt^2} + R\frac{dq_a(t)}{dt} + \frac{1}{C}q_a(t) = u_e(t)$			$T_1T_2\frac{d^2u_a(t)}{dt^2} + (T_1 + T_2 + T_{12})\frac{du_a(t)}{dt} + u_a(t) = k\vartheta_e(t)$ $T_1 = R_1C_1;\ T_2 = R_2C_2;\ T_{12} = R_1C_2$		
Elektrizitätsmenge	q_a	A · s	Wärmemenge	Q_t	J
Stromstärke	i	A	Wärmestrom	Q_h	W
Urspannung	e	V	Temperatur	ϑ	K
Spannungsabfall	u	V	Temperaturdifferenz	$\Delta\vartheta$	K
Wirkwiderstand	R	$\frac{V}{A}$	thermischer Widerstand	R_t	$\frac{K}{W}$
Induktivität	L	$\frac{V \cdot s}{A}$	–	–	–
Kapazität	C	$\frac{A \cdot s}{V}$	Wärmekapazität	C_t	$\frac{J}{K}$

Energiespeicher (Masse, Feder, Induktivität, Kapazität) sowie Energieverbraucher (Reibung, Widerstand).

Das dynamische Verhalten der Meßsysteme (Meßgrößenaufnehmer, Meßglieder, Meßwandler) wird dann durch Integro-Differentialgleichungen beschrieben, die in reine Differentialgleichungen umgewandelt werden können (**Tafel 5.9**).

Die für $x_e(t) = F_e(t) = u_e(t) = \vartheta_e(t) = 0$ homogenen Differentialgleichungen in **Tafel 5.9** sind einfach in die Form

$$\ddot{x}_a(t) + 2\delta\dot{x}_a(t) + \omega_0^2 x_a(t) = 0$$

mit $x_a(t) = s_a(t), \alpha_a(t), q_a(t), u_a(t)$ sowie $\dot{x}_a(t) = dx_a(t)/dt$ und $\ddot{x}_a(t) = d^2x_a(t)/dt^2$ umzuwandeln.

Die Quotienten

$$\delta = \frac{R_s}{2m} = \frac{R_\alpha}{2\theta} = \frac{R}{2L} = \frac{T_1 + T_2 + T_{12}}{2T_1T_2}$$

werden als Abklingkonstanten, die Ausdrücke

$$\omega_0 = \sqrt{\frac{1}{C_s m}} = \sqrt{\frac{1}{C_\alpha \theta}} = \sqrt{\frac{1}{CL}} = \sqrt{\frac{1}{T_1 T_2}}$$

als Eigenfrequenzen bezeichnet.

In Abhängigkeit vom Verhältnis der Abklingkonstante δ zur Eigenfrequenz ω_0 sind drei typische Verhaltensformen (Eigenschaften) schwingungsfähiger Gebilde zu unterscheiden **(Tafel 5.10)**.

Sind die Bewegungsgleichungen der Meßsysteme von höherer (als zweiter und dritter) Ordnung, so behalten die Betrachtungen für Systeme niedrigerer (zweiter oder dritter) Ordnung trotzdem ihren Wert, weil lineare Systeme beliebig hoher Ordnung in ihrem dynamischen Verhalten häufig durch Systeme niedrigerer (speziell zweiter und dritter) Ordnung gut approximiert werden können.

Die Lösung der Differentialgleichung ist nur für Systeme erster und zweiter Ordnung relativ einfach. Der Rechenaufwand ist groß.

Die konstanten Koeffizienten (a_i, b_i) der Differentialgleichungen sind schwer zu bestimmen. Eine Differentialgleichung hat zusätzlich den Nachteil, daß sie das dynamische Verhalten von Meßsystemen nur wenig anschaulich wiedergibt. Daher wurden zusätzliche Kenngrößen und Kennfunktionen eingeführt, deren praktische Bestimmung einfacher ist und die das dynamische Verhalten der Meßsysteme anschaulicher als Differentialgleichungen beschreiben.

5.3.1.2. Übergangs- und Gewichtsfunktion

Wenn eine bekannte Eingangszeitfunktion $x_e(t)$ auf ein Meßsystem mit unbekanntem Verhalten aufgeschaltet wird, dann gibt die Antwortzeitfunktion $x_a(t)$ Auskunft über das Eigenverhalten des Meßsystems.

Gebräuchliche Testfunktionen sind die Einheitssprungfunktion und die Einheitsstoßfunktion. Sie sind als Grenzfunktionen einer passend gewählten Folge stetiger Funktionen (Fundamentalfolgen, Distributionen) aufzufassen [5.9] **(Tafel 5.11)**.

Die Antwortfunktion des Meßsystems auf eine Einheitssprungfunktion ist seine Übergangsfunktion $h(t)$.

Die Antwortfunktion des Meßsystems auf eine Einheitsstoßfunktion ist seine Gewichtsfunktion $g(t)$.

Beide Funktionen beschreiben das dynamische Verhalten von Meßsystemen. Aus technischen Erwägungen (Realisierbarkeit, Energiebilanz usw.) hat die Übergangsfunktion den Vorzug.

5.3.1.3. Einstellzeit, Beruhigungszeit

Wird der Verlauf der Übergangsfunktion $h(\omega_g t)$ eines idealen Tiefpasses **(Tafel 5.11)** durch eine Rampenfunktion (punktiert) angenähert, so ist der Abschnitt $\omega_g t_E$ auf der Abszisse die mit der Grenzkreisfrequenz ω_g des idealen Tiefpasses normierte Einstellzeit [5.10].

Für den Anstieg der Rampenfunktion folgt aus **Tafel 5.11**

$$\tanh(\omega_g t) = \frac{1}{\omega_g t_E} \quad \text{für} \quad \omega_g t \approx 0.$$

Tafel 5.11. Funktionsverläufe und ihre mathematischen Modelle

	1-Distribution	δ-Distribution	Integralsinus	Übergangsfunktion
Funktionsverlauf	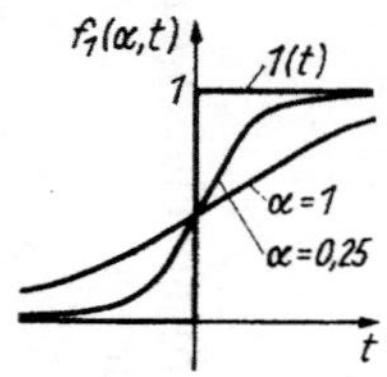	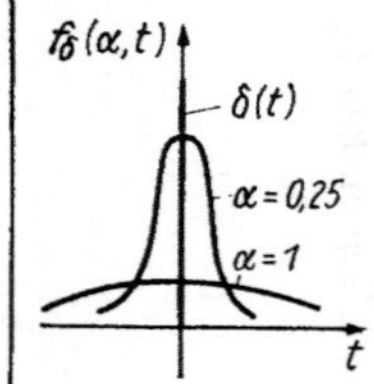	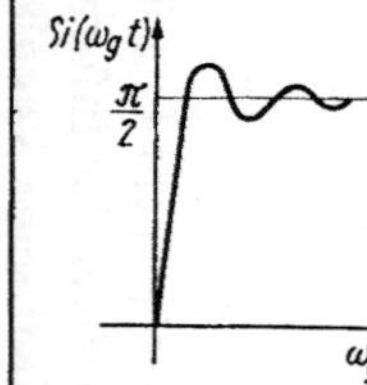	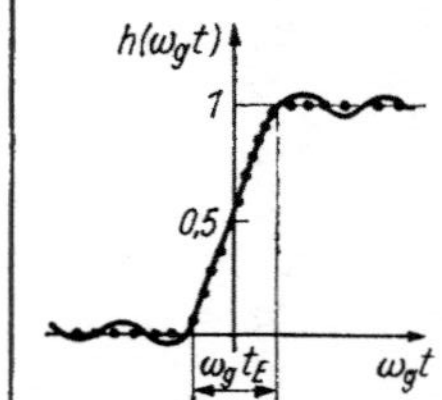
Mathematisches Modell allgemeiner Fall	$f_1(\alpha, t) = \frac{1}{2} + \frac{1}{\pi} \arctan \frac{t}{\alpha}$	$f_\delta(\alpha, t) = \frac{\alpha}{\pi (t^2 + \alpha^2)}$	$\mathrm{Si}(\omega_g t) = \int_0^{\omega_g t} \frac{\sin \omega t}{\omega t} \, \mathrm{d}\omega t$	$h(\omega_g t) = \frac{1}{2} \mp \frac{1}{\pi} \mathrm{Si}(\omega_g t)$ für $t < 0$, $t > 0$
Mathematisches Modell spezieller Fall	$1(t) = \lim_{\alpha \to 0} \left\{ \frac{1}{2} + \frac{1}{\pi} \arctan \frac{t}{\alpha} \right\}$	$\delta(t) = \lim_{\alpha \to 0} \left\{ \frac{\alpha}{\pi (t^2 + \alpha^2)} \right\}$	$\mathrm{Si}(\infty) = \frac{\pi}{2}$	$h(\infty) = 1$
Bezeichnung	$1(t)$ Einheitssprungfunktion α Abklingfaktor	$\delta(t)$ Einheitsstoßfunktion α Abklingfaktor	Si Integralsinus ω_g Grenzfrequenz	$h(\omega_g t)$ Übergangsfunktion t_E Einstellzeit
Bemerkung	$1(t) = \begin{cases} 1 & \\ 1/2 & \text{für} \\ 0 & \end{cases} \begin{matrix} t > 0 - 3 \\ t = 0 - 2 \\ t < 0 - 1 \end{matrix}$	$\delta(t) = \frac{\mathrm{d}1(t)}{\mathrm{d}t} = \begin{cases} \infty & \text{für } t = 0 \\ 0 & t = 0 \end{cases}$	$\mathrm{Si}(x) = x - \frac{x^3}{3 \cdot 3!} + \frac{x^5}{5 \cdot 5!} - + \ldots$	gilt nur für idealen Tiefpass mit rechteckigem Amplitudengang

Für die Steigung der Übergangsfunktion ergibt sich

$$\frac{\mathrm{d}h(\omega_g t)}{\mathrm{d}\omega_g t} = \frac{1}{\pi}\,\frac{\sin\omega_g t}{\omega_g t} \approx \frac{1}{\pi} \quad \text{für} \quad \omega_g t \approx 0.$$

Da der Anstieg der Rampenfunktion gleich der Steigung der Übergangsfunktion für $\omega_g t \approx 0$ ist, folgt

$$1/(\omega_g t_E) = 1/\pi$$

oder

$$t_E = \pi/\omega_g = 1/2f_g \quad \text{für} \quad \omega_g = 2\pi f_g.$$

Die Einstellzeit (Beruhigungszeit) hängt also von der Grenzfrequenz f_g des Meßsystems ab und ist seiner Bandbreite umgekehrt proportional. Die angegebene Definitionsgleichung gilt exakt für einen idealen Tiefpaß mit rechteckigem Amplitudengang.

Ein System mit diesen Eigenschaften ist technisch nicht realisierbar. Unabhängig davon liefert sie verläßliche Richtwerte für den praktischen Einsatz von Meßsystemen.

5.3.1.4. Kanalkapazität je Zeit

Das dynamische Verhalten eines Meßsystems ist um so besser, je mehr Intensitätsstufen (Binärschritte) je Zeit übertragen werden können, d.h., je größer der Informationsfluß ist. Als Maß für die dynamische Güte eines Meßsystems dient seine Kanalkapazität je Zeit C_T, d.h. der vom Meßsystem maximal zu verarbeitende **Informationsfluß (Tafel 5.12)** [5.7] [5.8] [5.11].

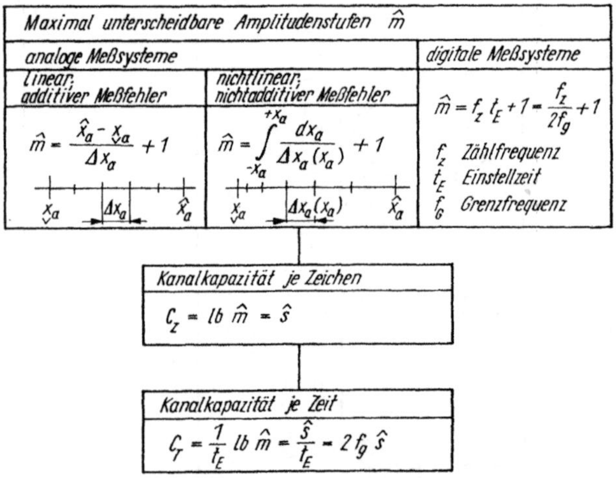

Tafel 5.12
Berechnung der maximal unterscheidbaren Amplitudenstufenzahl $\hat{m}$ sowie der Kanalkapazitäten C_Z und C_T

Der Informationsfluß (Binärzeichenfluß) ist größer als der Symbolfluß, wenn die Symbole aus mehreren Binärzeichen (0,1) gebildet werden. Es gilt

$$C_T = VI \quad \text{in bit/s},$$

V Symbolfluß in Symbolen/s, I Kodierungsaufwand (Entscheidungsgehalt) je Symbol in bit/Symbol.

Benötigt ein Meßsystem t_E Sekunden bis der maximale Meßwert $\hat{x}_a$ mit ausreichender Genauigkeit angezeigt wird, dann können nur $\hat{x}_a/t_E$ Meßwerte je Sekunde übertragen werden.

Ein Zeigerinstrument der Kl. 1 mit einer Einstellzeit von $t_E = 1$ s für $x_a = \hat{x}_a$ hat eine Kanalkapazität je Zeit von $C_T = 6$ bit/s.

Die Kanalkapazität je Zeichen C_Z (maximaler Informationsbetrag) entspricht etwa der maximalen Transinformation $H(X_e, X_{al})$, die mit einem Zeichen (Amplitudenwert) über ein Meßsystem übertragen werden kann. Die Kanalkapazität je Zeit C_T entspricht etwa dem maximalen Transinformationsfluß durch ein Meßsystem **(Tafel 5.12)** [5.11].

Die Kanalkapazität je Zeit C_T läßt sich als Kenngröße für die statischen und dynamischen Eigenschaften eines Meßsystems verwenden. Sie liefert jedoch nicht mehr Aussagen über das statische und dynamische Verhalten eines Meßsystems als die maximal unterscheidbare Amplitudenstufenzahl $\hat{m}$ und die Einstellzeit t_E.

5.3.1.5. Kreuzkorrelationsfunktion

Für nichtdeterminierte ergodische Funktionen $x_e(t)$ und $x_a(t)$ läßt sich das Systemverhalten durch die Kreuzkorrelationsfunktion beschreiben **(Tafel 5.8)**. Die Kreuzkorrelationsfunktion drückt aus, in welchem Maße die stationäre ergodische zufällige Ausgangsgröße $x_a(t)$ des Meßsystems mit seiner Eingangsgröße $x_e(t)$ korreliert ist [4.14].

Die Fourier-Transformierte der Kreuzkorrelationsfunktion liefert das Kreuzleistungsdichtespektrum. Aus der Kreuzkorrelationsfunktion und einer Autokorrelationsfunktion **(Tafel 4.6)** kann man den Frequenzgang errechnen **(Tafel 5.8)**.

5.3.2. Dynamische Kennfunktionen im Kreisfrequenzbereich (ω-Bereich)

5.3.2.1. Komplexe Empfindlichkeit, komplexer Übertragungsfaktor

Neben Einheitssprungfunktionen und Einheitsstoßfunktionen werden auch Sinusschwingungen konstanter Amplitude als Testfunktionen verwendet. Da das Frequenzspektrum einer Sinusschwingung aber sehr schmal ist, nämlich genau eine Frequenz ent-

Tafel 5.13. Frequenzgänge und Übergangsfunktionen von einfachen Meßgliedern

	Aufbau	Amplitudengang	Phasengang	Ortskurve des Frequenzgangs	Übergangsfunktion
Trägheitsglied erster Ordnung	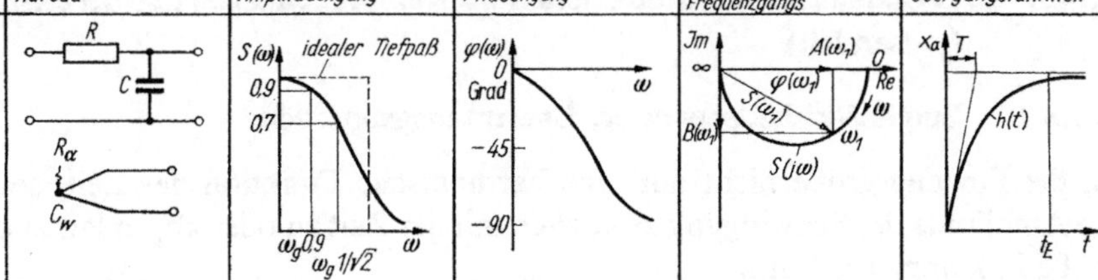				
Schwingungsfähiges Trägheitsgied zweiter Ordnung	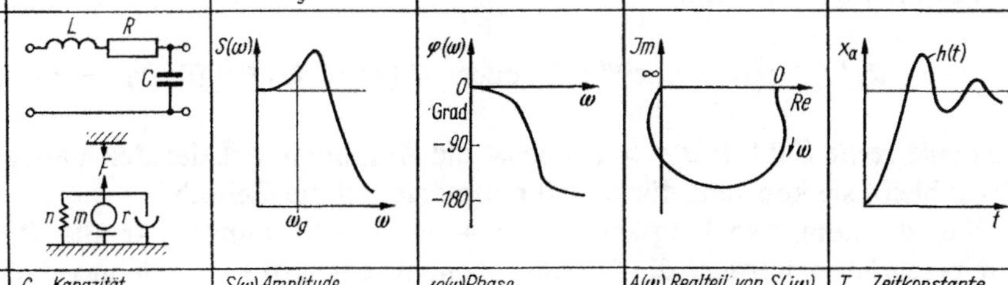				
Bezeichnung	C Kapazität C_W Wärmekapazität F Kraft L Induktivität R Widerstand R_α Wärmeübergangsw. m Masse n Nachgiebigkeit r Dämpfung	$S(\omega)$ Amplitude ω Kreisfrequenz ω_g Grenzfrequenz	$\varphi(\omega)$ Phase	$A(\omega)$ Realteil von $S(j\omega)$ $B(\omega)$ Imaginärteil $S(j\omega)$ Im imaginäre Achse Re reale Achse $S(\omega)$ Amplitude $S(j\omega)$ komplexe Amplitude $\varphi(\omega)$ Phase	T Zeitkonstante $T = RC = 1/\omega_{g\,1/\sqrt{2}}$ t_E Einstellzeit $t_E = \pi/\omega_{g\,1/\sqrt{2}} = \pi T$

hält, müssen Sinusschwingungen der Frequenzen $0 \leq \omega < \infty$ auf das zu untersuchende Meßsystem gegeben werden, damit es seine Übertragungseigenschaften mitteilt.

Aus dem Verhältnis der Amplituden der Ausgangsgröße zu den Amplituden der Eingangsgröße in Abhängigkeit von der Frequenz folgt der Amplitudengang $S(\omega)$ **(Tafeln 5.8 und 5.13)**.

Aus der Phasenverschiebung zwischen der Ausgangsgröße und Eingangsgröße in Abhängigkeit von der Frequenz ergibt sich der Phasengang $\varphi(\omega)$ **(Tafeln 5.8 und 5.13)**.

Amplituden- und Phasengang können in der komplexen Ebene zum sog. Frequenzgang zusammengefaßt werden **(Tafel 5.8)**.

Die grafische Darstellung des Frequenzgangs in der komplexen Ebene ergibt die Ortskurve **(Tafel 5.13)**.

In der Meßtechnik wird das Verhältnis von Ausgangsgröße zu Eingangsgröße als Empfindlichkeit oder Übertragungsfaktor bezeichnet. Der Frequenzgang ist demnach identisch mit der komplexen Empfindlichkeit oder dem komplexen Übertragungsfaktor $S(j\omega)$.

5.3.2.2. Grenzfrequenz

Zur Abschätzung des dynamischen Verhaltens von Meßsystemen wird der Amplitudengang $S(\omega)$ durch ein Rechteck angenähert (idealer Tiefpaß). Ob dabei die Grenzfrequenz ω_g bei 0,7; 0,85; 0,9 usw. der Amplitude des horizontalen Astes liegt, ist zu vereinbaren **(Tafel 5.13)**.

Für Schwingkreise in der Elektrotechnik hat sich ein zulässiger Abfall auf $\hat{x}_a/\hat{x}_e = 1/\sqrt{2} = -3$ dB eingebürgert. Außerdem wurde festgelegt, daß der Amplitudengang im Gesamtbereich des Rechtecks auch nicht über das angegebene Toleranzband hinaus nach oben abweichen darf.

In der Meßtechnik gilt häufig $\hat{x}_a/\hat{x}_e = 0{,}9$ als vereinbarter Grenzwert.

5.3.3. Dynamische Kennfunktionen im komplexen Frequenzbereich (p-Bereich)

5.3.3.1. Empfindlichkeitsoperator, Übertragungsfunktion

Ist die Eingangsgröße nicht nur eine harmonische Funktion der Zeit, sondern nimmt die Amplitude der Schwingung zusätzlich mit der Zeit zu oder ab, so lautet die Eingangsgröße in komplexer Form

$$\tilde{x}_e(\sigma + j\omega) = \hat{x}_e\, e^{j\omega t}\, e^{\sigma t} \quad \text{oder} \quad \tilde{x}_e(p) = \hat{x}_e\, e^{pt} \quad \text{für} \quad p = \sigma + j\omega .$$

σ ist eine reelle Zahl. Für $\sigma > 0$ wächst die Amplitude mit der Zeit unbegrenzt an, für $\sigma = 0$ bleibt sie konstant, für $\sigma < 0$ nimmt sie mit der Zeit ab.

Über die komplexe Frequenz $p = \sigma + j\omega$ können unmittelbar alle Prozesse erfaßt und beschrieben werden, die Gleichgrößen, Wechselgrößen sowie an- und abklingende harmonische Schwingungen umfassen.

Der Quotient $\tilde{x}_a(p)/\tilde{x}_e(p) = S(p)$ ist als Empfindlichkeitsoperator $S(p)$ eines Meßsystems aufzufassen. Er ist mit der aus der Regelungstechnik bekannten Übertragungsfunktion identisch. $S(0)$ ist die statische Empfindlichkeit (der Übertragungsfaktor) des Meßsystems.

Sind die Anfangsbedingungen gleich Null, wie es fast ausnahmslos bei der Synthese von Meßschaltungen oder der Bestimmung der Übertragungsfunktion von Meßsystemen angenommen werden darf, dann gelten die in **Tafel 5.8** angegebenen Definitionsgleichungen als Meßvorschriften.

5.4. Ökonomische Eigenschaften von Meßsystemen

Aus der Vielfalt der meßtechnischen Aufgabenstellungen müssen auch technisch-ökonomische Parameter abgeleitet werden, die für die Meßgeräteauswahl und den Meßgeräteeinsatz von Bedeutung sind. Dies gilt besonders dann, wenn für eine meßtechnische Aufgabenstellung mehrere Lösungsvarianten existieren.

Bei der Beurteilung der Eigenschaften von Meßsystemen sind deshalb integrale Qualitätskenngrößen unter Berücksichtigung ökonomischer Einflußgrößen zu beachten.

Als Grundlage zur Ermittlung ökonomischer Einflußgrößen können die Kriterien Preis, Gebrauchswert, Kosten, Nutzen herangezogen werden. Sie setzen sich jeweils aus zahlreichen weiteren Komponenten zusammen.

Es wird allgemein anerkannt, daß die Funktionsfolge Meßaufgabe – Lösungsvariante – Kosten – Nutzen optimiert werden muß. Zur wissenschaftlichen Lösung dieser Aufgabenstellung fehlt bisher der theoretische Vorlauf [5.12] bis [5.17].

6. Aufbau und Wirkungsweise analoger Meßgeräte der Labor-, Fertigungs- und Prozeßmeßtechnik

Der Einsatz neuer Meßmethoden und Meßgeräte schafft wichtige Voraussetzungen zur Steigerung der Arbeitsproduktivität in Forschung, Entwicklung und Produktion.

Die Mehrzahl der gegenwärtig eingesetzten Meßgeräte arbeitet analog, aber der Anteil digitalisierter Meßgeräte wächst stark an (s. Abschn. 7.).

Durch die ständige Intensivierung des Reproduktionsprozesses verwendet man Meßgeräte mit wachsenden Stückzahlen sowohl in den herkömmlichen Hauptanwendungsgebieten wie Maschinen- und Anlagenbau, Chemische Industrie, Energiewirtschaft, Metallurgie und Glasindustrie als auch in neueren Einsatzbereichen wie Land- und Nahrungsgüterwirtschaft, Bauwesen, Wasserwirtschaft und Umweltschutz.

Neue Generationen von hochwertigen Konsumgütern – Kraftfahrzeuge, Tiefkühltruhen, Waschautomaten – stellen wachsende Anforderungen an die Zuverlässigkeit, Lebensdauer und Servicefreundlichkeit der in ihnen eingebauten Meßgeräte.

Damit die Meßgeräte auch den zukünftigen höheren Anforderungen der Meßinformationsgewinnung gerecht werden können, ist es besonders im Hinblick auf die Anwendung der Mikroelektronik notwendig, im Grenzgebiet zwischen Mechanik, Optik und Elektronik weitere Fortschritte zu erzielen.

Entwickler und Anwender von Meßgeräten müssen sich *vor* dem Einsatz der Meßgeräte ein Urteil darüber bilden, ob unter Beachtung aller funktionellen, technologischen, konstruktiven und ökonomischen Anforderungen sowohl das Meßprinzip als auch die Meßmethode und schließlich das Meßgerät für die Lösung der Meßaufgabe grundsätzlich geeignet sind oder nicht.

Folgende Zielfunktionen sind anzustreben:

- Auswahl und Einsatz solcher Meßprinzipe, die eine große Empfindlichkeit und Selektivität gegenüber der Meßgröße haben und bei denen die Anzahl der Umwandlungsschritte minimal ist
- Anwendung solcher Meßmethoden, die subjektive Entscheidungen weitestgehend ausschließen
- Verwendung von Meßgeräten mit vereinheitlichten Systemparametern zur Steigerung der Zuverlässigkeit, Rentabilität und Kompatibilität [6.1] [6.2]
- stärkere Einbeziehung der Mikroelektronik in die Meßgeräte zur Steigerung ihrer Leistungsfähigkeit durch rechnerische Fehlerkorrektur und durch Erweiterung der Anwendungsgebiete indirekter Messungen.

6.1. Klassifikation analoger Meßgeräte

Ein Meßgerät ist eine Anordnung materieller Glieder, die zur Ermittlung (qualitativer und) quantitativer Informationen (Meßinformationen) über den Zustand oder Vorgang eines Meßobjekts dient (s. Abschnitte 2. und 4.).

Ein analoges Meßgerät ist dadurch gekennzeichnet, daß der Informationsparameter der Eingangsgröße (Meßgröße) auf den Informationsparameter der Ausgangsgröße (Meßwert) abgebildet wird, wobei der Informationsparameter der Ausgangsgröße innerhalb vorgegebener Grenzen jeden beliebigen Wert annehmen kann.

Um aus der Ausgangsgröße eines Meßgeräts (Meßwert) zutreffende Schlüsse auf seine unbekannte Eingangsgröße (Meßgröße) ziehen zu können, muß das Verhalten des Meßgeräts, d. h., müssen die Gesetzmäßigkeiten seiner Signalverarbeitung unter Beachtung zusätzlicher Einflußgrößen bekannt sein. Die Meßgröße (Meßsignal) x_e wird von einem Meßgrößenaufnehmer (Sensor) aufgenommen, in einem Meßsignalanpasser verglichen, verstärkt, gedämpft und/oder umgewandelt und von einem Meßwertausgeber als eindeutige für den Menschen oder Rechner erfaßbare Information ausgegeben.

Aus den drei Teilen Sensor, Meßsignalanpasser und Meßwertausgeber setzt sich prinzipiell jedes Meßgerät zusammen (s. **Tafel 2.1**). Jede Funktionseinheit kann wiederum als eine Zusammenschaltung von funktionell gleich- oder verschiedenartigen Baugruppen angesehen werden. Nicht immer ist es möglich, eine eindeutige Abgrenzung zwischen den einzelnen Funktionseinheiten vorzunehmen. Es gibt eine nicht mehr vorstellbare Vielfalt von über 10^6 unterschiedlichen analogen Meßgeräten [6.3] bis [6.9], wodurch eine Einteilung in Klassen immer notwendiger, jedoch auch schwieriger wird.

Ordnende Gesichtspunkte für eine Einteilung analoger Meßgeräte sind z. B. (siehe Abschn. 5. und [6.10])

- die Meßgrößenart (Längen-, Temperaturmeßgerät)
- das Meßprinzip (mechanoelektrisch, thermoelektrisch)
- die im Meßgerät bevorzugt verwendete Meßsignalart (mechanisch, elektrisch)
- die Meßmethode (Ausschlag-, Kompensationsmeßgerät)
- der Meßsignalweg („offenes" oder „geschlossenes" Meßgerät)
- das Meßsignalverhältnis (linear, nichtlinear)
- die Meßsignalübertragung (statisch, dynamisch).

Mechanische Meßgeräte zeichnen sich häufig durch einfachen Aufbau und zuverlässige Funktion aus. Da alle Übertragungs- und Verstärkungsglieder massebehaftet sind, zeigen sie Rückwirkungen auf das Meßobjekt und relativ große Verzerrungen bei dynamischen Messungen. Diese Nachteile sind durch den Übergang zu optischen Signalen teilweise zu verringern, so daß heute mechanisch-optische Systeme für Hochgenauigkeitsmessungen in der Längenmeßtechnik bevorzugt eingesetzt werden.

Die stürmische Entwicklung der Meßtechnik in den letzten Jahrzehnten hing jedoch vorwiegend mit der Anwendung elektrisch-elektronischer Meßgeräte zusammen. Elektrische analoge Meßgeräte zeichnen sich durch hohes zeitliches Auflösungsvermögen, einfache Realisierbarkeit mathematischer Operationen, große Verstärkung und teilweise berührungsfreie Meßgrößenaufnahme aus. Außerdem sind Mehrstellenmessung und -anzeige, praktisch unbegrenzte Fernübertragung und einfache Registrierung sowie maschinelle Meßwertverarbeitung mit Analogrechnern leicht zu verwirklichen. Nachteilig ist bei analogen elektrischen Meßgeräten ihre Störanfälligkeit, beispielsweise gegenüber Temperaturen und gegen elektrische Fremdfelder. Oftmals verursachen elektrische Meßgeräte höhere Betriebskosten als mechanische Meßgeräte.

6.2. Analoge Sensoren

6.2.1. Funktion der Meßgrößenaufnehmer (Sensoren)

Innerhalb eines Meßsystems stellt der Meßgrößenaufnehmer die Kopplung zwischen Meßobjekt und meßsignalverarbeitenden Gliedern der Meßkette dar. Der Meßgrößenaufnehmer erfaßt mittelbar oder unmittelbar die interessierende Meßgröße und bildet sie auf dem Informationsparameter eines Meßsignals ab. Dabei ist entscheidend, daß beim Ankoppeln des Aufnehmers an das Meßobjekt dieses wenig beeinflußt wird.

Der Sensor hat als einziges Glied der Meßkette (s. **Tafel 2.1**) unmittelbaren Kontakt mit dem Meßobjekt. Seine Eigenschaften bedingen oft in erheblichem Maße die Eigenschaften des gesamten Meßsystems. Er ist häufig die „schwache Stelle" im Signalweg.

Die Sensoren sind aktiv oder passiv arbeitende Bauglieder. Aktive Sensoren benötigen Hilfsenergie [1.1] [6.11] bis [6.42].

6.2.2. Mechanische Sensoren

6.2.2.1. Mechanische Längenaufnehmer

Bei der mechanischen Längenaufnahme (Wegaufnahme) muß der Aufnehmer mit dem Meßobjekt kraftschlüssig, seltener formschlüssig, direkt gekoppelt werden. Zur Darstellung kleiner abgetasteter Längen ist die Vergrößerung des aufgenommenen Meßsignals erforderlich.

Die Verstärkung kann mit Hebel-, Gewinde- oder Zahnradübersetzungen **(Tafel 6.1)** erfolgen.

Für den Ausgangsweg gilt:

$$\Delta s_a = \Delta s_e / i \tag{6.1}$$

i Übersetzungsverhältnis (reziproke Empfindlichkeit), Δs_a Änderung des Ausgangswegs, Δs_e Änderung des Eingangswegs.

Tafel 6.1. Mechanische Aufnehmer

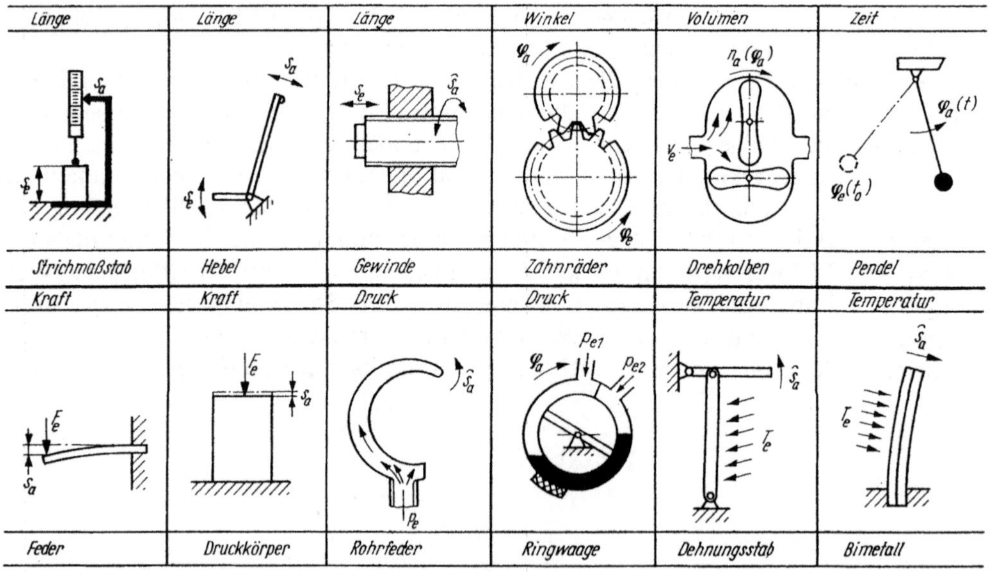

Für das Hintereinanderschalten mehrerer Übersetzungen ergibt sich die Gesamtübersetzung

$$i_{ges} = \prod_{k=1}^{n} i_k. \tag{6.2}$$

Mechanische Ausführungen ermöglichen Übersetzungen bis zu einer Größenordnung 1:1000. Mechanische Aufnehmer weisen zwar einen einfachen Aufbau und geringe Störanfälligkeit auf, sind jedoch wegen der zu bewegenden Massen vorwiegend nur für statische Messungen geeignet. Ein besonderes Problem stellt die Reibung in den Lagerstellen dar, die letztlich für die beim Feinmessen zu beachtende Umkehrspanne verantwortlich ist.

6.2.2.2. Mechanische Kraftaufnehmer

Kräfte können nicht direkt, sondern nur über ihre Auswirkungen aufgenommen werden. Bei der mechanischen Kraftmessung dienen Verformungskörper als Kraftaufnehmer **(Tafel 6.1)**. Die Gestaltung des Verformungskörpers wird durch die Meßaufgabe festgelegt. Sie reicht von speziellen Federn (Biege- und Torsionsfedern) für kleine Kräfte bis zu kompakten Druckkörpern für große Kräfte.

Innerhalb des Elastizitätsbereichs gilt für den einachsigen Spannungszustand nach dem Hookeschen Gesetz zwischen der Dehnung ε und der mechanischen Spannung σ ein linearer Zusammenhang

$$\sigma = \varepsilon E \tag{6.3}$$

E Elastizitätsmodul, ε mechanische Dehnung, σ mechanische Spannung.

Es gilt

$$\varepsilon = \Delta s/s \tag{6.4}$$

s Länge, Δs Längenänderung

und bei Zug- oder Druckbelastung

$$\sigma = F/A \tag{6.5}$$

A Querschnittsfläche, F Kraft,

so daß die Kraft auf eine Längenänderung zurückführbar ist

$$\Delta s = \frac{s}{AE} F. \tag{6.6}$$

Bei Biege- oder Torsionsfedern wird die Kraft als Moment eingeleitet. Dabei gilt für die Durchbiegung s einer Biegefeder an der Stelle x

$$\mathrm{d}^2 s/\mathrm{d}x^2 = M_b/(EI) \tag{6.7}$$

bzw. für den Verdrehwinkel φ einer Torsionsfeder (Welle)

$$\varphi = M_t/(GW_p) \tag{6.8}$$

E Elastizitätsmodul, G Gleitmodul, I Trägheitsmoment, M_b Biegemoment, M_t Torsionsmoment, W_p polares Widerstandsmoment.

Die durch die Krafteinwirkung hervorgerufenen Längenänderungen sind über einen nachgeschalteten Längenaufnehmer auswertbar. Nur in den einfachsten Fällen, so bei Verwendung einer Schraubenfeder, kann die Längenänderung direkt abgelesen werden.

Hier gilt im zugelassenen Bereich:

$$\Delta s_a = \Delta F_e / c \tag{6.9}$$

ΔF_e Eingangskraftänderung, c Federkonstante, Δs_a Ausgangslängenänderung.

6.2.2.3. Mechanische Temperaturaufnehmer

Mechanische Temperaturaufnehmer **(Tafel 6.1)** beruhen in ihrer Wirkungsweise auf dem thermomechanischen Effekt, d.h. der Temperaturabhängigkeit der Ausdehnung von Feststoffen, Flüssigkeiten und Gasen. Für Feststoffe ist der Längenausdehnungskoeffizient α_l definiert zu

$$\alpha_l = \frac{1}{l} \frac{\Delta l}{\Delta T} \tag{6.10}$$

ΔT Temperaturänderung, Δl Längenänderung, l Länge.

Er ist materialbedingt und auch von der Temperatur T abhängig. In festgelegten Bereichen kann mit hinreichender Genauigkeit ein mittlerer Ausdehnungskoeffizient angenommen werden. In diesen Bereichen gilt dann für eine Längenänderung

$$\Delta s_a = l_0 \alpha_{l_0} (T_e - T_0) = l_0 \alpha_{l0} \Delta T \tag{6.11}$$

T_e Meßtemperatur, T_0 Bezugstemperatur, l_0 Bezugslänge bei Bezugstemperatur.

Damit ist die Temperatur aus der Längenänderung zweier Festkörper (Stäbe) bestimmbar, wenn beispielsweise die Temperatur des einen konstant gehalten wird. Bei Stabausdehnungsthermometern werden zwei Stäbe mit der gleichen Länge l, aber mit unterschiedlichen Längenausdehnungskoeffizienten miteinander gepaart und die Differenz der Längenänderung als Maß der Temperaturänderung benutzt:

$$\Delta s_a = l_0 (\alpha_{l_{01}} - \alpha_{l_{02}}) (T_e - T_0). \tag{6.12}$$

Damit ist die Temperaturdifferenz wiederum mittelbar über einen Längenaufnehmer auszuwerten. Wegen der wesentlich größeren Auslenkung ist eine direkte Messung dann möglich, wenn die beiden Stäbe in Längsrichtung fest miteinander verbunden werden und ein Bimetallthermometer ergeben **(Tafel 6.1)**.

6.2.3. Pneumatische Sensoren

6.2.3.1. Pneumatische Längen- und Temperaturaufnehmer

In ihrer Wirkungsweise können statische und dynamische pneumatische Aufnehmer **(Tafel 6.2)** unterschieden werden. Die statischen Aufnehmer beruhen auf der für ideale Gase geltenden Zustandsgleichung

$$p \frac{V}{T} = mR = k \text{ (konstant)} \tag{6.13}$$

p Druck, m Masse der im Volumen V eingesperrten Gasmenge, V Volumen, T absolute Temperatur, R Gaskonstante, $k = 1{,}38 \cdot 10^{-23}$ W · s/K Boltzmannsche Konstante.

Diese Gesetzmäßigkeit gilt auch in guter Näherung für reale Gase. So liegt für Luft mit einem Druck zwischen 10 und 100 $N \cdot cm^{-2}$ und einer absoluten Temperatur zwischen 273 und 373 K die Abweichung in einem Bereich von 0,9945 bis 1,0027.

Aus der Zustandsgleichung ist erkennbar, daß Längen- und Temperaturänderungen über Druckänderungen gemessen werden können. Wird in einem ideal zylindrischen Gefäß mit der Querschnittsfläche A nur die Bewegung s in Achsrichtung zugelassen, so ist wegen $V = As$ bei konstanter Temperatur

$$p = \mathrm{k}\,\frac{T}{A}\,\frac{1}{s}. \tag{6.14}$$

Bei Druckänderung von p auf $p + \Delta p$ ändert sich s in $s + \Delta s$, d.h.,

$$p + \Delta p = \mathrm{k}\,\frac{T}{A}\,\frac{1}{s + \Delta s}. \tag{6.15}$$

Aus den Gln. (6.14) und (6.15) folgt

$$\Delta p = -\frac{\mathrm{k}T}{A}\,\frac{\Delta s}{(s + \Delta s)\,s}. \tag{6.16}$$

Für $\Delta s \ll s$ ergibt sich aus Gl. (6.16)

$$\Delta p \approx -\frac{\mathrm{k}_2}{s^2}\,\Delta s. \tag{6.17}$$

Tafel 6.2. Pneumatische und hydraulische Aufnehmer (oben) sowie optische Aufnehmer (unten)

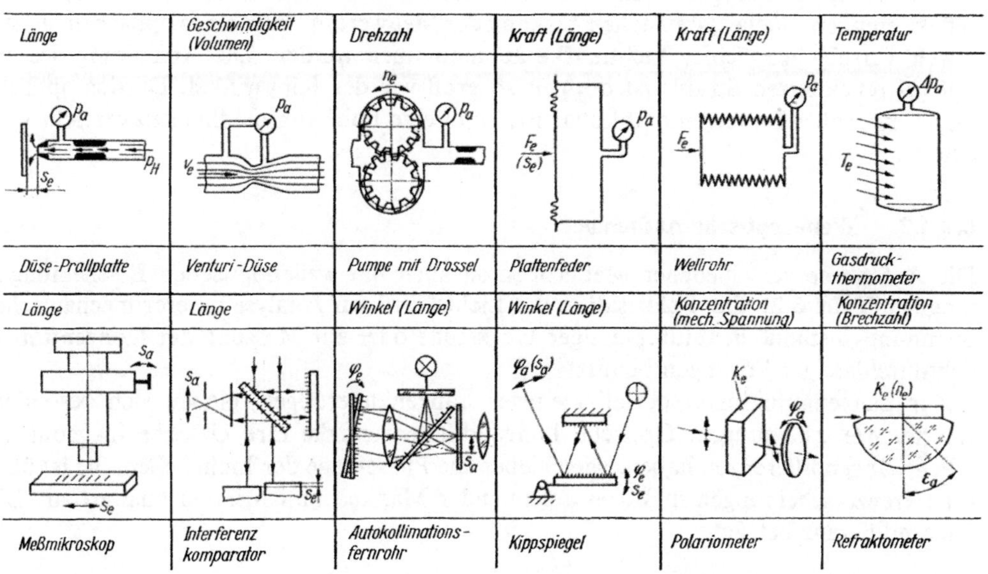

Damit sind Längen- und Druckänderung praktisch proportional. Unter der Voraussetzung eines konstanten Volumens ergibt die analoge Betrachtung Proportionalität zwischen Temperatur- und Druckänderung

$$\Delta p = \mathrm{k}_3\,\Delta T. \tag{6.18}$$

Zur Aufnahme kleiner Längen ist besonders das System Düse–Prallplatte geeignet. Die Messung erfolgt berührungsfrei (**Tafel 6.2**). Der mit Überdruck aus der Meßdüse austretende Luftstrom trifft auf die Meßfläche. Bei kleinen Abständen s_e zwischen Düse und Meßfläche entstehen wegen des Staudrucks merkliche Rückwirkungen auf die Druckleitung. Die Druckänderung dient als Maß für den Abstand s_e. Für den Düsendurchmesser d ist in einem Bereich von $0 < s_e < 0{,}15\,d$ in grober Näherung der Zusammenhang zwischen Druckänderung Δp_a und Längenänderung Δs_e linear

$$\Delta p_a \approx k s_e . \tag{6.19}$$

Um im Linearitätsbereich zu bleiben, werden meist Differenzmessungen durchgeführt. Die Kalibrierung erfolgt durch Normale unter der Meßdüse und eine parallel zu ihr liegende Einstelldüse. Durch Anwendung geeigneter Normale ist auch die Messung von zylindrischen Oberflächen oder Rauheiten möglich.

6.2.4. Optische Sensoren

6.2.4.1. Strahlenoptische Aufnehmer

Die Wirkungsweise strahlenoptischer Aufnehmer **(Tafel 6.2)** beruht auf den Abbildungsgesetzen der geometrischen Optik. Geeignete Führungssysteme vorausgesetzt, ist die direkte optische Messung einer Länge nach dem Komparatorprinzip durch Vergleich mit einem hochgenau geteilten Glasmaßstab (Normal) möglich. Zur Auswertung werden Meßmikroskope verwendet.

Gelingt es, die Meßgröße direkt oder indirekt durch die definierte Winkellage einer reflektierenden Fläche darzustellen, so kann der Meßwert in Form eines optischen Signals durch Verschiebung einer Lichtmarke aufgenommen werden. Die Ablenkung des am Spiegel reflektierten Strahls ist doppelt so groß wie der Kippwinkel. Da das optische Signal in großer Entfernung ablesbar ist, kann eine hohe Empfindlichkeit erreicht werden.

6.2.4.2. Wellenoptische Aufnehmer

Die Aufnahme verschiedener Meßgrößen ist auch mit wellenoptischen Erscheinungen möglich **(Tafel 6.2)**. Die Polarisation des Lichts wird zur Analyse innerer mechanischer Spannungszustände lichtdurchlässiger Werkstoffe oder zur Messung der Konzentration lichtdurchlässiger Lösungen benutzt.

Zur Längenaufnahme, speziell kleinster Längenänderungen, eignen sich besonders Interferenzerscheinungen. Optische Längendifferenzen, die ihre Ursache in geometrischen Längendifferenzen haben, verschieben die Phasenlage der Lichtwellen. Sie ist über Interferenzerscheinungen in Form auftretender Maxima und Minima auswertbar. Die Phasendifferenz beträgt

$$\Delta\varphi_a = 2\pi n\,\Delta s_e/\lambda \tag{6.20}$$

n Brechzahl, Δs_e Längenänderung, λ Wellenlänge, $\Delta\varphi_a$ Phasendifferenz.

Bei konstanten geometrischen Längen kann eine optische Längendifferenz auch durch unterschiedliches Brechungsverhalten der Medien entstehen. Schon geringfügige Unterschiede in der Brechzahl sind feststellbar. Da ein solcher Unterschied bei Lösungen verschiedener Konzentration auftritt, ist über die Aufnahme der Brechzahl mit Refraktometern der Konzentrationsgrad bestimmbar.

6.2.5. Elektrische Sensoren

6.2.5.1. Passive elektrische Aufnehmer

Piezoelektrische Kraftaufnehmer (Längenaufnehmer, Druckaufnehmer). Bei festen Materialien mit Dipolstruktur, z.B. Quarz, Turmalin, Lithiumsulfat oder spezielle Keramiken, tritt der piezoelektrische Effekt auf. Er ist dann meßtechnisch nutzbar, wenn die elementaren Dipole in einer definierten Lageordnung vorliegen **(Tafel 6.3)**. Bei mechanischer Deformation der Kristalle heben sich die Ladungen nicht mehr gegenseitig auf, so daß an den Außenflächen eine Differenzladung auftritt, die man bei Abnahme über leitende Schichten messen kann. Zwar ruft das elektrische Feld wegen der Umkehrbarkeit des Effekts seinerseits eine sekundäre Verformung hervor, die jedoch vernachlässigbar klein ist.

Tafel 6.3. Passive elektrische Aufnehmer (oben) und aktive ohmsche Aufnehmer (unten)

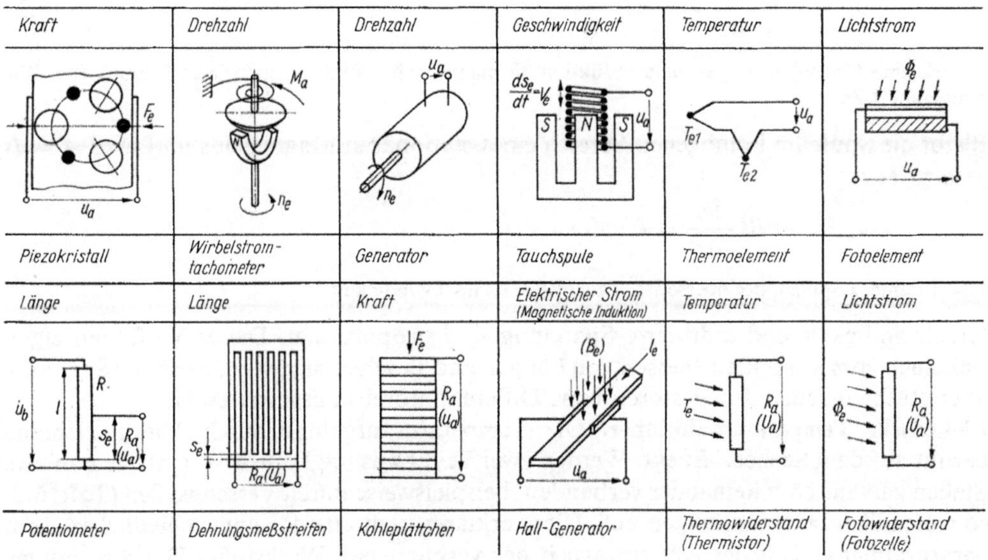

Die hervorgerufene Ladung ist der einwirkenden Kraft proportional, wobei der Piezomodul, d.h. der Quotient aus Ladung Q und Kraft F

$$\delta = \frac{Q}{F} \tag{6.21}$$

durch das Material und die Belastungsrichtung beeinflußt wird. Unter üblichen Bedingungen liegt der Piezomodul für Quarz und Turmalin bei $\delta = 10^{-12}\ \mathrm{A \cdot s \cdot N^{-1}}$, für Bleititanatkeramik bei $\delta = 10^{-10}\ \mathrm{A \cdot s \cdot N^{-1}}$.

Weil der Meßgrößenaufnehmer zwischen den Anschlußplatten eine Kapazität hat, erzeugt er eine Spannung

$$u_a = \frac{Q}{C} = \frac{\delta}{C} F_e \tag{6.22}$$

C Kapazität, F_e Kraft, Q Ladung, δ Piezomodul.

Da bei praktischen Ausführungen die Plattenabmessungen begrenzt sind, ergibt sich eine maximal erreichbare Empfindlichkeit δ/C für Kristallaufnehmer von etwa $10^{-2}\ \mathrm{V \cdot N^{-1}}$ und für Keramikaufnehmer von etwa $10^{-1}\ \mathrm{V \cdot N^{-1}}$ [6.17].

Beim praktischen Einsatz ist zu beachten, daß die entstandenen Ladungen zeitlich nicht stabil und damit piezoelektrische Aufnehmer für statische Messungen nicht geeignet sind. Ideal eignen sie sich zur Aufnahme von Beschleunigungen a über die Kraftwirkung $F = ma$ einer Masse m.

Elektrodynamische Schwingungsaufnehmer. Durch einen sich ändernden magnetischen Fluß wird in einer Spule eine Spannung e induziert, die der Änderungsgeschwindigkeit proportional ist [6.18]. Wird die Flußänderung durch das Bewegen der Spule in einem stationären Magnetfeld bewirkt, so ist die Spannungsänderung der Geschwindigkeit eindeutig zugeordnet. Nach diesem Prinzip arbeitende Aufnehmer haben i. allg. einen zylinderförmigen Magneten (Topfmagnet) **(Tafel 6.3)**. Nach dem Induktionsgesetz gilt für die in einer Spule induzierte Spannung

$$u_a = -n\,\frac{\mathrm{d}\Phi}{\mathrm{d}t} = -nB\,\frac{\mathrm{d}A}{\mathrm{d}t} \tag{6.23}$$

A wirksame Fläche, B magnetische Induktion, Φ magnetischer Fluß, u_a induzierte Spannung, n Windungszahl, t Zeit.

Bleibt die Spule im homogenen Bereich eines stationären Magnetfelds und wird $A = ls_e$ gesetzt, so ist

$$u_a = -nBl\,\frac{\mathrm{d}s_e}{\mathrm{d}t} = k \cdot v(t)$$

k Konstante, l Spulendurchmesser, s_e Tauchtiefe, v Geschwindigkeit.

Geschwindigkeit und induzierte Spannung sind proportional. Dieses Verfahren eignet sich auch zum indirekten Messen von Längen und Beschleunigungen, wenn die Spannung über Rechenglieder (Integratoren bzw. Differentiatoren) ausgewertet wird.

Elektrische Temperaturaufnehmer. Die Temperaturaufnahme durch Thermoelemente beruht auf dem Seebeck-Effekt. Werden zwei Leiter aus ungleichen Werkstoffen an zwei Stellen galvanisch miteinander verbunden, beispielsweise durch Verschweißen **(Tafel 6.3)**, so treten Kontaktspannungen auf. Diese erklären sich aus der unterschiedlichen Temperaturabhängigkeit der Austrittsarbeit der verbundenen Werkstoffe. Die Spannungen heben sich auf, wenn beide Kontaktstellen gleiche Temperatur haben. Bei homogenen Leitern ist die Thermospannung neben der Werkstoffpaarung nur von der Temperaturdifferenz der Kontaktstellen abhängig. Es gilt

$$\Delta u_a = [e_1(T) - e_2(T)]\,\Delta T_e. \tag{6.24}$$

Die absolute Thermospannung e_i wird auf 1 K bezogen und ist selbst temperaturabhängig.

Die Materialauswahl wird im wesentlichen vom vorgesehenen Temperaturbereich bestimmt. Da die Thermospannung durch die Temperaturdifferenz bedingt ist, wird die Temperatur einer der Kontaktstellen konstant gehalten. Gebräuchlich sind Vergleichsstellentemperaturen von 0 oder 50 °C, die durch Thermostate realisiert werden.

6.2.5.2. Ohmsche Aufnehmer

Ohmsche Längenaufnehmer mit Potentiometer. Die Messung einer Länge durch Abgriff der Länge an einem ohmschen Widerstand ist weit verbreitet **(Tafel 6.3)**. Dabei kann der Widerstand die Form eines gestreckten Drahts, einer Wendel, einer leitenden Flüssigkeitssäule – beispielsweise Quecksilber – oder einer leitenden Dünnschicht haben. Für die Längenabhängigkeit der Ausgangsspannung gilt

$$U_a = U_b \left(R_a || R \frac{s_e}{l}\right) \bigg/ \left[R\left(1 - \frac{s_e}{l}\right) + \left(R_a || R \frac{s_e}{l}\right)\right]$$

$$= U_b \frac{1}{\dfrac{l}{s_e} + \dfrac{R}{R_a}\left(1 - \dfrac{s_e}{l}\right)} \tag{6.25}$$

R Gesamtwiderstand des Potentiometers, R_a Abschlußwiderstand, U_a Ausgangsspannung, U_b Betriebsspannung, l Potentiometerlänge, s_e Abgrifflänge.

Unter der Voraussetzung $R \ll R_a$ entsteht

$$U_a \approx \frac{U_b}{l} s_e = k s_e. \tag{6.26}$$

Nur für diesen Fall arbeitet der Aufnehmer annähernd linear. Solche Aufnehmer eignen sich nur für grobe Messungen. Wegen der meist mechanischen Abtastung (Schleifer) werden sie bevorzugt für statische Messungen eingesetzt.

Ohmsche Längenaufnehmer mit Dehnungsmeßstreifen. Ein Dehnungsmeßstreifen ist ein zwischen Spezialpapier, meist in Mäanderform, eingebetteter Widerstandsdraht (**Tafel 6.3**). Neuerdings werden die Dehnungsmeßstreifen auch in gedruckter Schaltung ausgeführt oder aufgedampft. Die relative Widerstandsänderung bei Dehnung des Drahts wird als Maß für die erfolgte Längenänderung genutzt. Die Widerstandsänderung wird nicht allein durch das Ändern der geometrischen Gestalt, sondern auch durch die inneren mechanischen Spannungen hervorgerufen.

Die Definitionsgleichung für den Widerstand eines Leiters mit kreisförmigem Querschnitt ist

$$R = \varrho l/A = 4\varrho l/d^2\pi \tag{6.27}$$

A Querschnittsfläche, R Widerstand, d Durchmesser, l Länge, ϱ spezifischer Widerstand.

Sie liefert nach ihrer logarithmischen Differentiation die Komponenten der Widerstandsänderung

$$\mathrm{d}R/R = \mathrm{d}\varrho/\varrho + \mathrm{d}l/l - 2\,\mathrm{d}d/d. \tag{6.28}$$

Werden die Differentiale durch Differenzen ersetzt, die Querkontraktion mit der Poissonschen Gleichung auf die Längsdehnung bezogen

$$\Delta d/d = -\nu\,\Delta l/l, \tag{6.29}$$

ν Querkontraktionszahl,

und für die Änderung des spezifischen Widerstands in Gl. (6.28)

$$\Delta\varrho/\varrho = p\,(\Delta l/l), \tag{6.30}$$

p Proportionalitätsfaktor,

eingeführt, so lautet die relative Widerstandsänderung des Meßdrahts

$$\Delta R/R = (p + 1 + 2\nu)\,\Delta l/l$$

$$\Delta R_a/R_a = k(\Delta l/l) = k_1(s_e/l). \tag{6.31}$$

Der k-Faktor wird vom Hersteller für jeden Dehnungsmeßstreifen angegeben. Er liegt für metallische Widerstandsdrähte wegen $\nu \approx 0{,}3$ und $p \approx 0{,}3 \ldots 0{,}4$ bei $k \approx 2$. Für Halbleiter ist er wesentlich größer. Die Widerstandsänderungen werden mit Meßbrücken gemessen.

Zu beachten ist beim Einsatz von Dehnungsmeßstreifen, daß Temperatureinflüsse das Meßergebnis stark verfälschen können. Der Temperatureinfluß wird bei Messung mit zwei Dehnungsmeßstreifen zurückgedrängt.

Beide Dehnungsmeßstreifen sind dann derselben Temperatur auszusetzen, aber nur einer ist zu verformen. Als Meßergebnis dient die Widerstandsdifferenz beider Dehnungsmeßstreifen.

Ohmsche Kraftaufnehmer. Die direkte Kraftaufnahme basiert auf der Änderung des Übergangswiderstands bei unterschiedlicher Anpreßkraft an der Kontaktstelle zweier Leiter. Es werden Kohleplättchen mit Dicken von etwa 1 mm übereinander geschichtet **(Tafel 6.3)**, so daß bei axialer Kraftwirkung der Übergangswiderstand, der praktisch den Gesamtwiderstand der Säule ausmacht, eine Änderung erfährt.

Es gilt für den Gesamtwiderstand

$$R_a = R_0 + R_K = R_0 + k/F_e \tag{6.32}$$

R_0 Widerstand der Kohleplättchen, R_K Kontaktwiderstand zwischen den Kohleplättchen (Übergangswiderstand), F_e Kraft, k Proportionalitätsfaktor.

Es folgt für die kraftabhängige Widerstandsänderung

$$\Delta R_a = -k \frac{1}{F_e(F_e + \Delta F_e)} \Delta F_e. \tag{6.33}$$

Neben dem einfachen Aufbau zeichnen sich solche Aufnehmer durch eine große Empfindlichkeit aus. Dem stehen jedoch verhältnismäßig große Meßunsicherheiten (nicht nullpunktsicher und nicht alterungsbeständig) gegenüber. Anstelle von Kohleplättchen werden neuerdings druckabhängige Halbleiterwiderstände eingesetzt.

Ohmsche Temperaturaufnehmer. Die Temperaturmessung mit ohmschen Widerständen beruht auf der Temperaturabhängigkeit des Widerstands der meisten Leiter oder Halbleiter. Die Widerstandsänderung, die mit einer Brückenschaltung gemessen werden kann, stellt das Maß für die Temperaturänderung dar.

Metallische Meßwiderstände sind vorzugsweise aus Nickel oder Platin. Im Arbeitsbereich gilt wegen

$$R = R_0 [1 + \alpha_{R_0} (T - T_0)] \tag{6.34}$$

für die Widerstandsänderung

$$R_a = R_0 \alpha_{R_0} \Delta T_e. \tag{6.35}$$

Da der Temperaturkoeffizient α_{R_0} im Arbeitsbereich des Meßwiderstands praktisch als konstant angesehen werden kann, liegt lineares Verhalten vor.

Neuerdings werden für Messungen bis 100°C häufig Thermistoren, das sind stark temperaturempfindliche Halbleiterwiderstände, eingesetzt. Für deren Widerstand gilt

$$R_T = R_0 \exp b/T \tag{6.36}$$

also

$$\Delta R = -R_T \left[1 - \exp - \frac{b\, \Delta T}{T(T + \Delta T)}\right]. \tag{6.37}$$

Vorteilhaft ist die große Empfindlichkeit, nachteilig die Nichtlinearität.

6.2.5.3. Kapazitive Aufnehmer

Kapazitive Aufnehmer **(Tafel 6.4)** bestehen aus Zylinder- oder Plattenkondensatoren mit veränderlichen Elektroden, Elektrodenabständen oder Dielektrika. Die Kapazitätsänderungen werden mit Meßbrückenschaltungen gemessen.

Für die Kapazität C eines Plattenkondensators gilt

$$C = \varepsilon_0 \varepsilon_{\text{rel}} \frac{A}{s} \tag{6.38}$$

A wirksame Fläche, s Plattenabstand, ε_0 absolute und ε_{rel} relative Dielektrizitätskonstante.

Die Aufnahme von Längen ist mit einem Plattenkondensator direkt über den Plattenabstand oder indirekt über die Änderung der wirksamen Fläche, z. B. Drehkondensator, aber auch durch das anteilmäßige Verhältnis zweier verschiedener Dielektrika zwischen den Platten möglich.

Kapazitive Längenaufnehmer. Bei gleichbleibendem Dielektrikum und konstanter Plattenfläche gilt nach Gl. (6.38)

$$C = k \frac{1}{s}. \tag{6.39}$$

Wird der Plattenabstand um Δs geändert, ändert sich die Kapazität um

$$\Delta C = k \left(\frac{1}{s + \Delta s} - \frac{1}{s} \right) = -k \frac{\Delta s}{s\,(s + \Delta s)} \tag{6.40}$$

und für kleine Längen $\Delta s \ll s$ folgt aus Gl. (6.40)

$$\Delta C_{\text{a}} \approx -k \frac{1}{s^2} \Delta s_{\text{e}}. \tag{6.41}$$

Tafel 6.4. Aktive kapazitive Aufnehmer (oben) und aktive induktive Aufnehmer (unten)

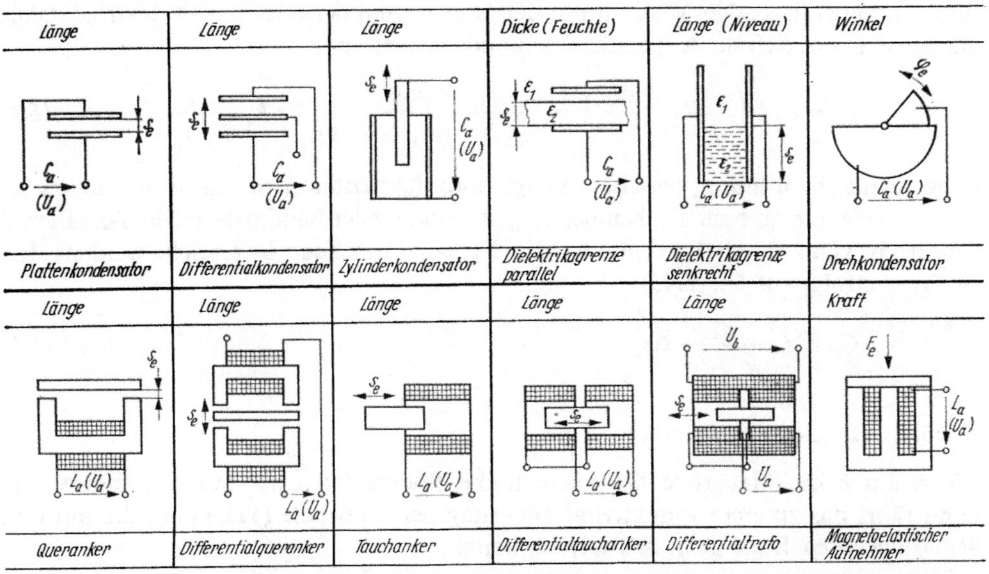

Das bedeutet eine fast proportionale Änderung von Länge und Kapazität. Noch bessere Linearität, vor allem in einem größeren Bereich, kann durch einen Differentialkondensator **(Tafel 6.4)** erreicht werden, bei dem die Längenänderung auf die mittlere Platte übertragen wird. Bei dieser Anordnung bleibt die Gesamtkapazität konstant. Die Längenänderung ist proportional der Differenz der Teilkapazitäten.

Wird von einer symmetrischen Bezugslage ausgegangen, d. h., der Differentialkondensator auf $C_1 = C_2$ und damit auf $s_1 = s_2 = s$ eingestellt, so führt eine Längenänderung Δs zu einer Kapazitätsdifferenz

$$\Delta C = k\left(\frac{1}{s + \Delta s} - \frac{1}{s - \Delta s}\right) = -k\,\frac{2\Delta s}{s^2 - (\Delta s)^2}. \tag{6.42}$$

Da für $\Delta s \approx s$ der Term $(\Delta s)^2$ praktisch verschwindet, gilt schließlich

$$\Delta C_\mathrm{a} = -\frac{2k}{s^2}\,\Delta s_\mathrm{e}. \tag{6.43}$$

Neben einer verbesserten Linearität gegenüber dem einfachen Kondensator verdoppelt sich auch die Empfindlichkeit.

Kapazitive Niveauaufnehmer. Wird der Raum zwischen den Platten eines Kondensators durch zwei Stoffe mit unterschiedlicher Dielektrizität ausgefüllt, z. B. Luft und eine elektrisch nicht leitende Flüssigkeit, so bewirkt die Lageänderung der Trennfläche zwischen beiden Medien eine Änderung der Kapazität des Kondensators. Auf dieser Grundlage lassen sich sehr einfach die Füllstände in Behältern (Niveaumessung) erfassen.

Der Kondensator wird so angeordnet, daß die Trennebene zwischen beiden Medien parallel oder senkrecht **(Tafel 6.4)** zu den Plattenebenen liegt. Nach dem erstgenannten Prinzip ist es auch möglich, die Dicke s_e eines festen, elektrisch nicht leitenden Stoffs zwischen den Platten berührungsfrei zu messen. Für die Reihenschaltung von zwei Kondensatoren gilt

$$C_\mathrm{ges} = \frac{C_1 C_2}{C_1 + C_2}. \tag{6.44}$$

Bei einem konstanten Plattenabstand d, konstanter Plattenfläche und einem zwischen diesen parallel liegenden Medium mit der Dicke s und der relativen Dielektrizitätskonstante ε_{r2} ergibt sich die Kapazität des Kondensators zu

$$C = \varepsilon_0 A\left(\frac{\varepsilon_{r1}}{d - s}\,\middle\|\,\frac{\varepsilon_{r2}}{s}\right) = \frac{\varepsilon_{r1}\varepsilon_{r2}}{\varepsilon_{r2} d - (\varepsilon_{r2} - \varepsilon_{r1})\, s} = k_1\,\frac{1}{k_2 - s}. \tag{6.45}$$

Obwohl die Zuordnung zwischen Länge und Kapazität nicht linear ist, eignet sich dieses Verfahren gut zur Dickenmessung durchlaufender Bandmaterialien. Annähernde Linearität kann durch Bestimmung der Dickenabweichung Δs erreicht werden; denn für $\Delta s \ll s$ folgt aus Gl. (6.45)

$$C_\mathrm{a} \approx C\,\frac{k_1}{k_2 - s}\,\Delta s_\mathrm{e}. \tag{6.46}$$

6.2.5.4. Induktive Aufnehmer

Wenn durch die Meßgröße der magnetische Widerstand einer Spule geändert wird, dann führt das zu einer Induktivitätsänderung der Meßspule **(Tafel 6.4)**, die mit einer Meßbrückenschaltung gemessen werden kann.

Wird beispielsweise eine Spule mit n Windungen von einem elektrischen Strom mit der Stromstärke i durchflossen, so entsteht ein magnetisches Feld mit dem magnetischen Fluß

$$\Phi = n \frac{i}{R_m}. \tag{6.47}$$

R_m magnetischer Widerstand, i elektrische Stromstärke, n Windungszahl.

Bei Änderung des Magnetfelds durch Änderung der elektrischen Stromstärke i induziert die Spule nach dem Induktionsgesetz die Gegenspannung [Gl. (6.23) und Gl. (6.47)]

$$e = -n^2 \frac{\mathrm{d}i}{R_m \, \mathrm{d}t}. \tag{6.48}$$

Da die über der Induktivität anliegende Spannung

$$u = L \, \mathrm{d}i/\mathrm{d}t \tag{6.49}$$

betragsmäßig der Gegenspannung e gleich ist, folgt aus den Gln. (6.48) und (6.49)

$$L = n^2/R_m. \tag{6.50}$$

Nach Gl. (6.50) bietet sich als Wirkprinzip für induktive Aufnehmer die Beeinflussung des magnetischen Widerstands an. Dies erfolgt durch Änderung des magnetischen Wegs (Querankeraufnehmer) oder der Permeabilität (Tauchankeraufnehmer, magnetoelastische Aufnehmer).

Induktive Längenaufnehmer mit Queranker. Da die Permeabilität von Eisen μ_{Fe} wesentlich größer als die von Luft μ_L ist, kann die Erfassung kleinster Längen besonders sicher über die Änderung der Luftspaltbreite eines Eisen-Luft-Kreises vorgenommen werden **(Tafel 6.4)**.

Der magnetische Widerstand eines solchen Kreises beträgt

$$R_m = \frac{l_{Fe}}{\mu_{Fe} A} + \frac{l_{Luft}}{\mu_{Luft} A}. \tag{6.51}$$

Wird die Fläche A als konstant angesehen, gilt wegen $\mu_0 \approx \mu_{Luft}$

$$R_m = \frac{1}{A\mu_0} \left(\frac{l_{Fe}}{\mu_{rel\,Fe}} + 2s_e \right). \tag{6.52}$$

Gl. (6.52) in Gl. (6.50) eingesetzt, ergibt für die Induktivität

$$L_a = \frac{A\mu_0 n^2}{l_{Fe}/(\mu_{rel\,Fe} + 2s_e)} \tag{6.53}$$

und nach logarithmischer Differentiation und anschließendem Übergang zu Differenzen für $\Delta s_e \ll s_e$

$$\frac{\Delta L_a}{L_a} = \frac{2\Delta s_e}{l_{Fe}/(\mu_{rel\,Fe} + 2s_e)} \tag{6.54}$$

$$\Delta L_a = -L_a \frac{\Delta s_e}{k_2 + s_e} \tag{6.55}$$

A wirksamer Querschnitt, L_a Induktivität, R_m magnetischer Widerstand, l_{Fe} Eisenweg, $l_{Luft} = 2s_e$ Luftweg, n Windungszahl, μ_0 absolute Permeabilität, μ_{Fe} absolute Permeabilität von Eisen, μ_{Luft} absolute Permeabilität von Luft, $\mu_{rel\,Fe}$ relative Permeabilität von Eisen.

Für kleine Meßwege hat der Querankeraufnehmer also eine lineare statische Kennlinie.

Noch bessere Linearisierung bei gleichzeitiger Erhöhung der Empfindlichkeit und Unterdrückung äußerer Störeinflüsse bewirkt ein Differentialsystem **(Tafel 6.4)**. Dieses Verfahren eignet sich besonders zum berührungsfreien Messen von mechanischen Schwingungen oder von Exzentrizitäten laufender Wellen. Die Meßunsicherheit ist kleiner als 1 μm [6.20].

Induktive Längenaufnehmer mit Tauchanker. Wird ein teilweise in eine Spule eingeführter Eisenkern verschoben, ändert sich das Verhältnis zwischen den im Eisen und den in der Luft verlaufenden Feldlinien. Dies entspricht einer relativen Permeabilitätsänderung des Gesamtkreises und führt zu einer Induktivitätsänderung in Abhängigkeit von der Verschiebung s_e **(Tafel 6.4)**. Ein System aus zwei Drosseln, die im Gegentakt betrieben werden, hat bessere Linearitätseigenschaften. Gegenüber dem Querankeraufnehmer tritt zwar eine größere Meßunsicherheit auf, jedoch ist das Erfassen wesentlich größerer Längen möglich.

Induktive magnetoelastische Kraftaufnehmer. Induktive Kraftaufnehmer **(Tafel 6.4)** arbeiten nach dem magnetoelastischen Prinzip. Die Permeabilität einer Reihe von Werkstoffen wird durch mechanische Spannungen beeinflußt.

Besonders ausgeprägt trifft dies für Nickel-Eisen-Legierungen zu. Bei einer mechanischen Spannung von $10\ \mathrm{N \cdot mm^{-2}}$ tritt eine Permeabilitätsänderung bis zu 4% auf. Dabei ist der Zusammenhang zwischen Spannung und Permeabilität näherungsweise linear [6.17].

Die magnetoelastischen Kraftaufnehmer zeichnen sich durch robuste Belastbarkeit bei geringer Wartung aus.

6.3. Analoge Meßsignalanpasser

Meßbrückenschaltungen bestehen aus einer ringförmigen Anordnung von vier elektrischen, hydraulischen oder pneumatischen Widerständen. Es ist charakteristisch für eine Meßbrücke, daß bei Nullabgleich ihre Diagonalspannung Null ist, unabhängig von den Eigenschaften der Brückenspeisespannung. Die Genauigkeit der Messung eines unbekannten Brückenzweigelements (Meßwiderstands) ist nur von der Genauigkeit der übrigen drei Brückenzweigelemente (Vergleichswiderstände) abhängig. Bei unabgeglichenen Meßbrücken geht die Genauigkeit der Versorgungsspannung in das Meßergebnis ein. Die Betrachtungen für elektrische Meßbrücken (s. Abschn. 18.) gelten sinngemäß auch für hydraulische und pneumatische.

Meßverstärker sind Baugruppen, die für das Ausgangssignal die zu seiner Darstellung notwendige Leistung bereitstellen. Die Verstärker müssen an die in der Meßkette liegenden Wandler (Meßgrößenaufnehmer, Meßwertausgeber) angepaßt werden. Störungen der Hilfsgröße übertragen sich auf die Ausgangsgröße [6.13] [6.21] [6.22] [6.23]. Je nach verwendeter Hilfsenergie wird zwischen mechanischen, hydraulischen, pneumatischen, elektrischen, magnetischen und optischen Verstärkern unterschieden **(Tafel 6.5)**. Es ist aber auch üblich, die Verstärker nach der Eingangsgröße zu bezeichnen, wie Kraftverstärker, Stromverstärker. Gleichspannungsverstärker arbeiten ohne, Wechselspannungsverstärker mit Potentialtrennung. Gleichspannungsverstärker übertragen Gleich- und Wechselgrößen, Wechselspannungsverstärker dagegen nur Wechselgrößen, erreichen aber größere Verstärkungsgrade, vor allem im Gegentaktbetrieb.

Dämpfungsglieder haben die Aufgabe, unerwünschte Schwingungen schwingungsfähiger Systeme (s. Abschn. 5. und **Tafel 5.9**) zu reduzieren. Erfahrungsgemäß ist für Meßsysteme ein Dämpfungsgrad von $D = 0{,}6 \ldots 0{,}8$ optimal, da einerseits die Schwingungen schnell unterdrückt werden, andererseits die Amplitudeninformation aber im wesentlichen erhalten bleibt [6.24].

Jede mechanische Lagerung bewegter Elemente führt durch die Reibung zu einer Dämpfung, deren absichtliche Vergrößerung zu Signalformverfälschungen führen würde. Deswegen werden spezielle Dämpfungsorgane eingesetzt **(Tafel 6.6)**.

Tafel 6.5. Verstärkungsglieder

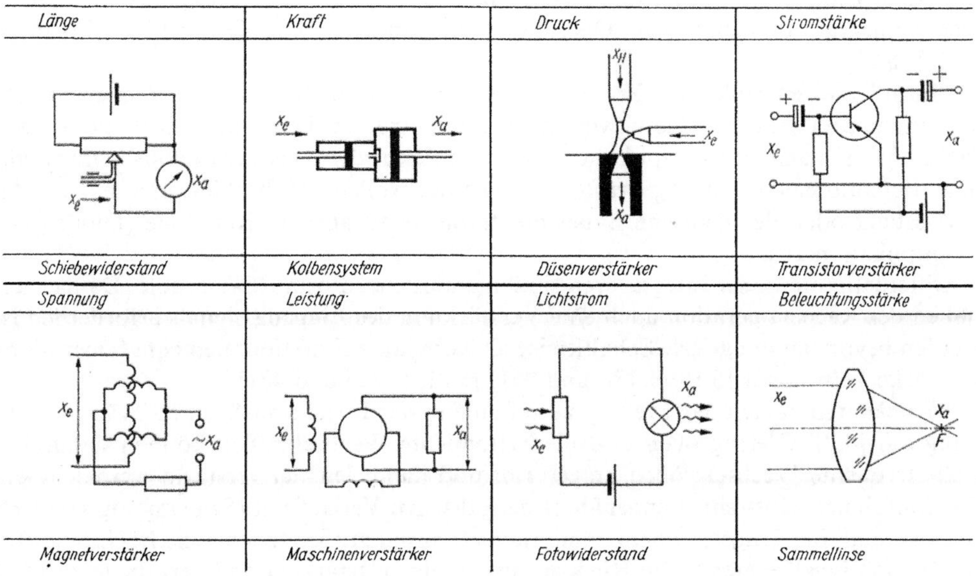

Tafel 6.6. Dämpfungsglieder

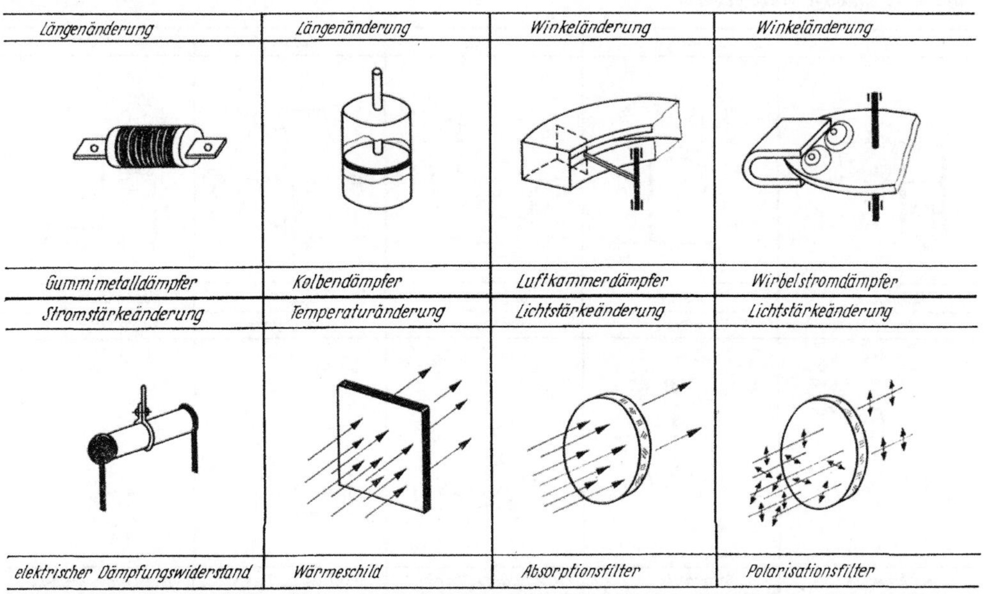

Die wichtigsten Dämpfer auf mechanischer Basis sind Luftkammerdämpfer und Öldämpfer. Auf elektromagnetischem Prinzip beruht die Dämpfung mit Wirbelstrombremse, bei der eine meist aus Aluminium gefertigte Metallscheibe in einem magnetischen Feld gedreht wird. Über die magnetische Induktion kann der Dämpfungsgrad stufenlos eingestellt werden. Ebenso verwendet man Dämpfungsglieder, bei denen der Induktionsstrom über einen Widerstand geleitet wird. Die Dämpfungsarbeit wird im Widerstand in Wärmeenergie umgesetzt.

Am Rande sei erwähnt, daß die Ermittlung des Dämpfungsgrads selbst zum Messen von elektrischen und mechanischen Größen benutzt werden kann [6.25].

Rechenglieder sind Anpassungsglieder, die ihr Eingangs- und Ausgangssignal durch eine elementare mathematische Operation miteinander verknüpfen [6.12] [6.13] [6.21] [6.22] [6.23].

Multiplikatoren bilden die Produkte zweier Signale, beispielsweise aus einem Kraftaufnehmer und aus einem Geschwindigkeitsaufnehmer zur Leistungsermittlung. Auf einfachste Weise kann die Multiplikation durch ein elektrodynamisches Meßinstrument oder eine Potentiometerschaltung erfolgen. Anspruchsvollere Multiplikatoren nutzen den Hall-Effekt oder elektronische Bauelemente mit quadratischer Kennlinie (Dioden) zur Multiplikation aus.

Differentiatoren oder Integratoren sind in einfachster Form *RC*-Vierpole. Da meistens neben der Rechenoperation auch eine Verstärkung des Eingangssignals erforderlich ist, werden bevorzugt integrierte Schaltkreise als kompakte Funktionselemente (Operationsverstärker) eingesetzt [6.13, S. 136 und 361] [6.21, S. 215 und 481].

Modulatoren prägen das Meßsignal auf eine in der Regel sinusförmige Trägerschwingung auf [4.7]. Gleichgrößen und niederfrequente Wechselgrößen können dadurch in höherfrequente Wechselgrößen umgeformt und damit leichter verstärkt werden. Wenn das Meßsignal selbst einen angenähert periodischen Verlauf hat (Schwingungsmeßtechnik), so muß die Trägerfrequenz mindestens fünfmal größer sein als die höchste auftretende Meßsignalfrequenz. Die Rückgewinnung des verstärkten und verarbeiteten Meßsignals erfolgt durch Demodulatoren.

Tafel 6.7. Analoge Anzeigegeräte

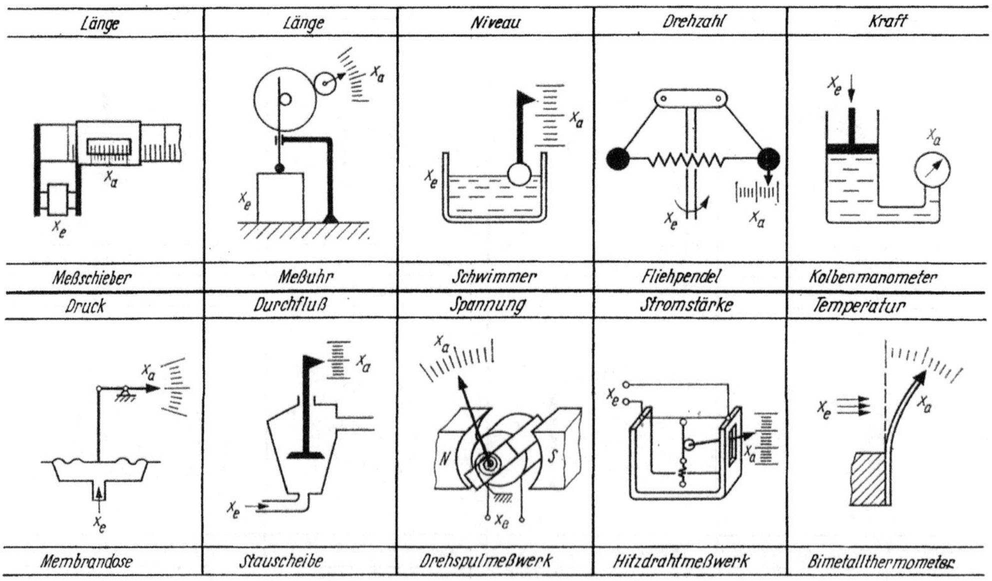

6.4. Analoge Meßwertausgeber

6.4.1. Analoge Anzeigegeräte

Die analoge Ausgabe eines Meßwerts ist durch die Darstellung einer ungestuften Relativlage zwischen einem Zeiger (Index) und einer Skale gekennzeichnet. Dabei kann der Zeiger als materielles Gebilde oder als Lichtmarke vorliegen. Je nach Art des am Ausgeber anliegenden Eingangssignals sind die Ausgeber mit mechanischen, pneumatischen oder elektrischen Meßwerken versehen **(Tafel 6.7)**.

Die Meßwertbildung wird von der Meßperson durch Ablesen der Relativlage der Ausgangsgröße vorgenommen. Dabei müssen von ihr die Denkoperationen Quantisieren und Kodieren, d. h. das Umsetzen in ein Zahlensystem, vorgenommen werden. Diese Operationen werden bei digitaler Ausgabe durch logische Bauelemente ausgeführt. In der Analogtechnik sind die Erfahrung und das Vermögen der Meßperson für die Meßwertbildung von nicht zu unterschätzender Bedeutung.

6.4.2. Analoge Registriergeräte

Um subjektive Einflüsse, besonders bei zeitlich sich schnell ändernden Meßwerten, weitgehend zu reduzieren, werden die Ausgangssignale festgehalten – registriert.

Damit ist eine mehrfache Nachprüfung durch die Meßperson selbst oder durch andere Personen möglich. Die Aufzeichnung dient auch als Dokumentation, z. B. bei Fahrtenschreibern. Die Meßwerke in Schreibern sind häufig wie Meßwerke in anzeigenden Meßinstrumenten aufgebaut.

Linienschreiber (Tafel 6.8) sind analoge Registriergeräte, die sofort lesbar das Meßsignal in seinem Zeitverhalten festhalten. Das Registrierpapier läuft – fast immer geradlinig – mit konstanter Geschwindigkeit an dem Schreibarm des Meßwerks vorbei.

Die Markierung der Meßwerte kann verschieden erfolgen, und zwar durch

1. Tinte mit Schreibfeder
2. Tintenstrahl
3. Schreibstift auf Wachspapier
4. Schreibstift über Farbband (Kohlepapier)
5. Lichtbogen zwischen zwei Elektroden (Funkenschreiber)
6. Lichtstrahl auf Fotopapier.

Bei 1., 3. und 4. führt die auftretende Reibung zu größeren Fehlern bei der Meßwertregistrierung und erfordert oft eine Vorverstärkung.

Diese Nachteile lassen sich weitgehend ausschalten, wenn der Schreibstift nur in bestimmten Zeitintervallen kurzzeitig aufsetzt wie bei **Punktschreibern** (Fallbügelschreibern) **(Tafel 6.8)**. Das Fallbügelprinzip ermöglicht auch eine mehrkanalige Registrierung. Durch Umschalten und verschiedenfarbige Bänder können mit einem Meßwerk die Meßsignale von mehreren Meßstellen oder die Meßsignale verschiedener Größen einer Meßstelle parallel registriert werden.

Beim **Lichtlinienschreiber (Tafel 6.8)** bewegt sich der Lichtstrahl frei über das Papier. Wegen der relativ geringen Massen der bewegten Teile sind Lichtlinienschreiber auch für Meßsignale höherer Frequenzen einsetzbar. Gewöhnlich wird mit UV-Licht und UV-empfindlichem Papier gearbeitet, das sich bei Tageslicht selbst entwickelt. Zur Registrierung von Meßsignalen mit kleinen Leistungen eignen sich besonders Kompensations-

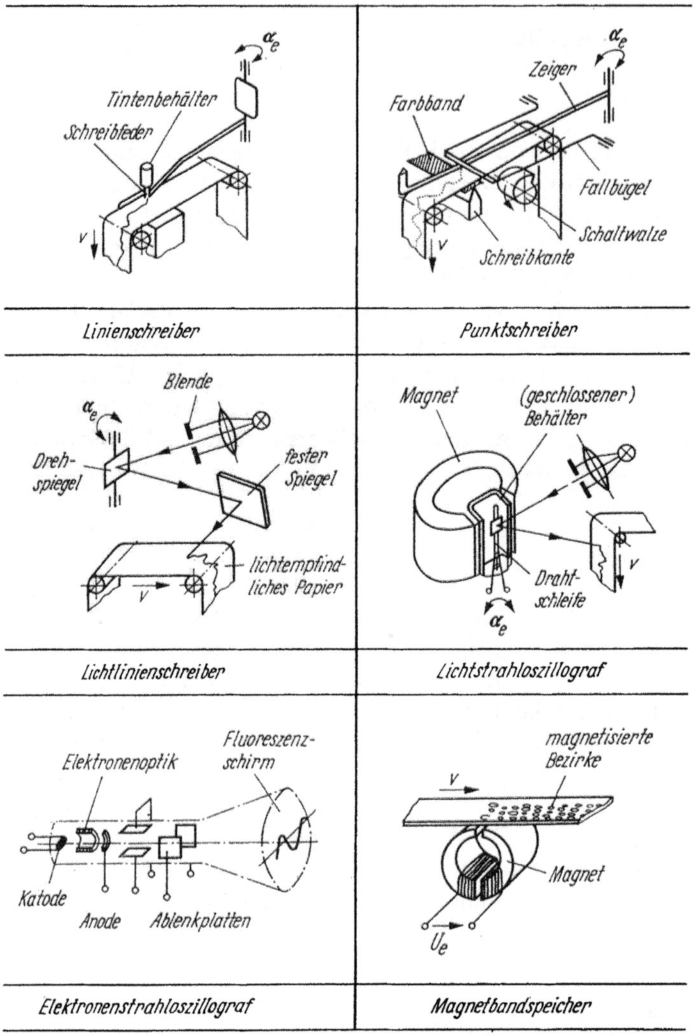

Tafel 6.8
Analoge Registriergeräte

schreiber. Hier wird die zu messende Spannung mit einer an einem Spannungsteiler abgenommenen Spannung verglichen. Die Differenzspannung steuert einen Motor, der gleichzeitig ein Schreibelement und den Abgriff am Spannungsteiler solange verstellt, bis die Spannungsdifferenz ausgeglichen ist.

In ihrem Grundaufbau stimmen **Lichtstrahloszillografen (Tafel 6.8)** mit Drehspulmeßwerken bzw. elektrodynamischen Meßwerken überein. Anstelle der Drehspulen werden zwischen Magnetpole Stiftgalvanometer (Meßschleifen) eingesetzt, durch deren Drahtschleife der zu messende Strom fließt.

Der Drehwinkel α wird durch einen – von einem kleinen Spiegel reflektierten – Lichtstrahl auf lichtempfindlichem Papier angezeigt. Diese Bauweise ergibt ein kleines Trägheitsmoment der auszulenkenden Teile. Aus kleinem Trägheitsmoment und großer Verdrehsteifigkeit der vorgespannten Drahtschleife resultiert eine hohe Eigenfrequenz der Meßschleife. Wegen der gewöhnlich verwendeten Öldämpfung der Meßschleifen ist es möglich, Meßsignale bis nahe an die Eigenfrequenz der Schleifen aufzulösen. Mehrfachschleifen ermöglichen die synchrone Aufzeichnung mehrerer Meßsignale.

Zur visuellen Beobachtung des Meßsignalverlaufs kann ein Teil des Lichtstrahls ausgeblendet und über einen drehbaren Polygonspiegel auf eine Mattscheibe gelenkt werden. Periodische Meßsignale lassen sich so bei richtiger Einstellung der Spiegeldrehzahl als stehende Bilder darstellen. Nachteile von Lichtstrahloszillografen sind relativ großer Raumbedarf und geringe Empfindlichkeit.

Mit **Elektronenstrahloszillografen (Tafel 6.8)** erfolgt gewöhnlich nur eine Anzeige. Das Schirmbild kann aber durch handelsübliche Fotovorsätze für Oszillografen leicht fotografisch festgehalten und anschließend ausgewertet werden.

Speicheroszilloskope speichern das entstandene Schirmbild bis zu mehreren Stunden auf dem Bildschirm [6.21, S. 541]. Kernstück eines Elektronenstrahloszillografen ist die Bildröhre. Die von der Katode emittierten Elektronen werden gebündelt und in Richtung Anode beschleunigt. Durch zwei elektrische oder magnetische Felder ist eine beliebige Ablenkung des Elektronenstrahls möglich.

Die Steuerung des Vertikalfelds erfolgt durch das Meßsignal (Spannung, Stromstärke). Durch den Verlauf der Spannung (Kippspannung) an den Horizontalplatten wird der Strahl mit konstanter Geschwindigkeit horizontal über den Leuchtschirm geführt. Bei periodischen Meßsignalen ist durch Synchronisation der Kippspannung mit der Frequenz des Meßsignals ein stehendes Bild erreichbar.

Wird anstelle der Kippspannung ein zweites periodisches Meßsignal oder ein definiertes Vergleichssignal angelegt, ist das Verhältnis zwischen beiden Signalen anhand der entstehenden Lissajous-Figuren auszuwerten [6.18].

Für komplexe Auswertungen sind Mehrstrahloszillografen geeignet, die heute bereits mit Mehrfarbendarstellung arbeiten.

Die **Magnetbandregistrierung (Tafel 6.8)** entspricht der üblichen Magnetbandspeicherung. Durch einen Aufspielkopf wird eine magnetische Durchflutung (Urspannung) $\theta = ni$ erzeugt, die zu einem magnetischen Fluß $\Phi = \theta / R_m$ führt (R_m Widerstand des magnetischen Kreises, n Windungszahl, i Stromstärke).

Der magnetische Fluß hinterläßt auf dem vorbeilaufenden Magnetband eine remanente Durchflutung $\theta_{rem} \approx ki = k' \Phi$.

Die Rückgewinnung der Information verläuft gleichartig, aber umgekehrt. In der Induktionsspule wird nach dem Induktionsgesetz eine dem magnetischen Fluß proportionale Spannung induziert. Die Magnetbandregistrierung hat den Vorzug der unmittelbaren Speicherung elektrischer Meßsignale, die dann beliebig (mehrfach, elektronisch, optisch) auszuwerten und zu verarbeiten sind. Durch unterschiedliche Bandgeschwindigkeiten bei Aufnahme und Wiedergabe sind weiterhin Frequenztransformationen möglich, z.B. höherfrequente Meßsignale in den Frequenzbereich eines üblichen Registriergeräts. Besonders geringe Verzerrungen treten dann auf, wenn als Informationsparameter die Frequenz von frequenzmodulierten Signalen verwendet wird. Die Mehrspuraufnahme liefert günstige Voraussetzungen für vergleichende Auswertungen [6.24].

7. Aufbau und Wirkungsweise digitaler Meßgeräte der Labor-, Fertigungs- und Prozeßmeßtechnik

Die weitere Intensivierung von Forschung, Entwicklung und Produktion ist eng mit der Durchführung und Auswertung von Meßprozessen durch Meßautomaten und der allseitigen Durchsetzung der produktionsbegleitenden Messung und Prüfung verknüpft. Sowohl der Einsatz von Meßautomaten als auch die aktive Messung in der Produktion werden durch den Übergang zur Digitaltechnik wesentlich gefördert. In historisch kurzer Zeit erfuhren deshalb die digitalen Meßgeräte eine ganz erstaunliche Anwendungsbreite.

Die digitale hat gegenüber der analogen Meßtechnik folgende Vorteile [7.1] bis [7.23]:

- kleine Ablesefehler durch Beseitigung subjektiver Einflüsse (Parallaxe, Ermüdung, psycho-physiologische Unzulänglichkeiten der Meßperson)
- leichte und einfache Registrierung von Meßwerten (Abschreiben, Ausdrucken, Speichern)
- leichte Prozeßüberwachung (Messung) durch Anschluß an zentrale Meßwarten und Kontrollrechner
- leichte Prozeßautomatisierung (Messung, Steuerung, Regelung) durch Anschluß an Prozeßrechner
- leichte Meßfehlerkorrektur durch Unterprogramme in elektronischen Rechnern.

7.1. Klassifikation digitaler Meßgeräte

Während die Meßwertbildung bei analogen Meßgeräten durch die Meßperson vorgenommen wird, nämlich Quantisieren durch Interpolation zwischen zwei Skalenstrichen und Kodieren durch Ablesen im Dezimalzahlensystem, erfolgt die Meßwertbildung bei digitalen Meßgeräten selbsttätig **(Tafel 7.1)**.

Die Fehler der Messungen mit digitalen Meßgeräten sind (Fehler durch einzelne Meßglieder ausgeschlossen) von der Größe der Elementarquanten (kleinste Quantisierungs-

Tafel 7.1. Prinzipieller Aufbau analoger und digitaler Meßsysteme

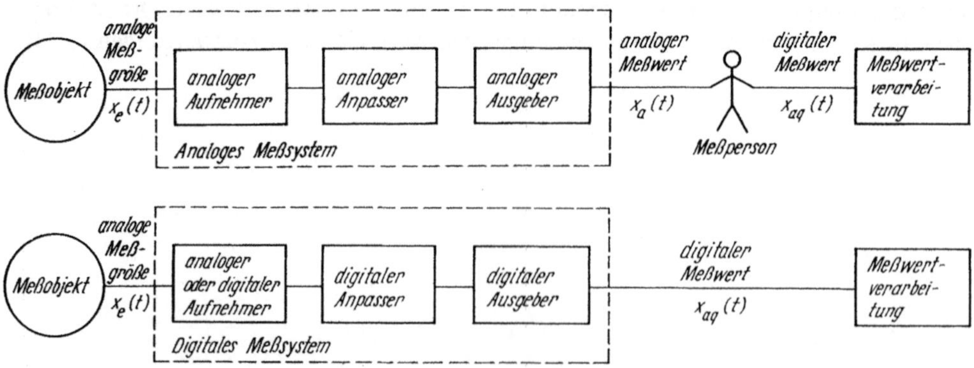

Tafel 7.2. Struktur digitaler Meßsysteme

	Eingangsdigitalisierung	Ausgangsdigitalisierung	Zwischendigitalisierung
Struktur	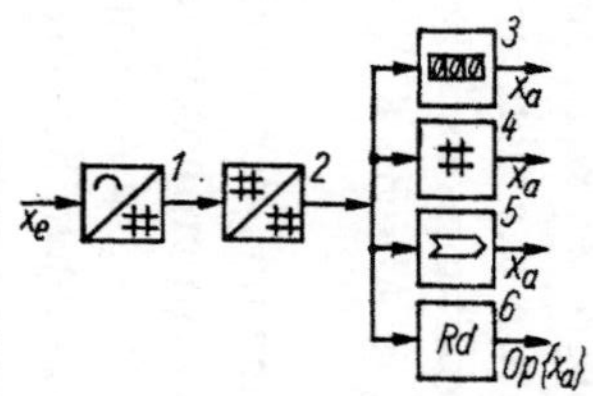	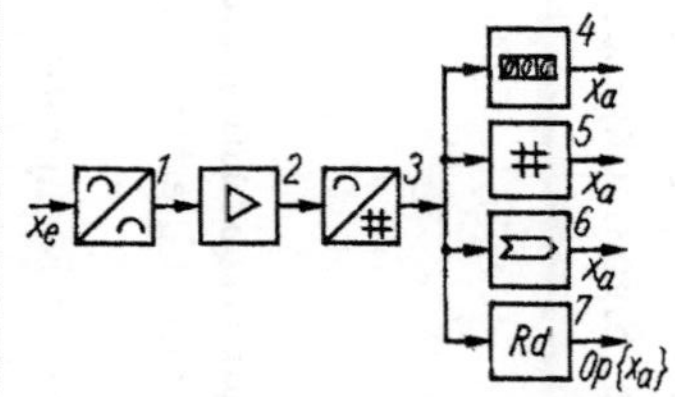	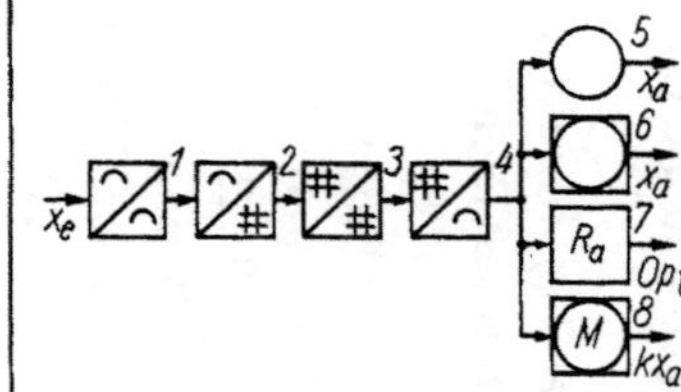
Bezeichnung	*1* A/D-Umsetzer (Meßgrößenaufnehmer) *2* digitaler Anpasser *3* Ziffernanzeiger *4* Zifferndrucker *5* Locher *6* Digitalrechner	*1* Meßgrößenaufnehmer mit Analogausgang *2* analoger Anpasser *3* A/D-Umsetzer *4* Ziffernanzeiger *5* Zifferndrucker *6* Locher *7* Digitalrechner	*1* Meßgrößenaufnehmer mit Analogausgang *2* A/D-Umsetzer *3* digitaler Anpasser *4* D/A-Umsetzer *5* analoger Anzeiger *6* Schreiber *7* Analogrechner *8* analoges Stellglied
Vorteile	digitale Meßsignalverarbeitung, große Genauigkeit, kleine Störgrößenempfindlichkeit	für alle Meßgrößen anwendbar, großes Auflösungsvermögen, digitale Meßwertverarbeitung	für alle Meßgrößen anwendbar, störsichere Fernübertragung, analoge Stellglieder anschließbar
Nachteile	nur für wenige Meßgrößen anwendbar, kleine obere Grenzfrequenz	kleine obere Grenzfrequenz, teurer als analoge Meßgeräte	kleine obere Grenzfrequenz, teurer als analoge Meßgeräte

einheit) abhängig. Theoretisch kann der statische Meßfehler digitaler Meßgeräte beliebig klein gemacht werden, wenn nur das Elementarquantum klein genug ist. In der Praxis sind Grenzen durch die Genauigkeit der Vergleichsgröße (Normal), die Rückwirkung des Meßgeräts auf das Meßobjekt sowie das Auflösungsvermögen und die Linearität der in den Meßgeräten verwendeten Bauelemente gesetzt.

Digitale Meßsysteme mit **Eingangsdigitalisierung (Tafel 7.2)** (direkt-digitale Meßsysteme) sind dadurch gekennzeichnet, daß der A/D-Umsetzer zugleich Meßgrößenaufnehmer ist.

Die in der Praxis am häufigsten angewendeten Meßsysteme mit Eingangsdigitalisierung haben Sensoren (A/D-Umsetzer) für die Meßgrößen Länge und Winkel (vgl. Abschnitt 7.3.1.1. und [7.1] [7.2]) sowie Frequenz (vgl. Abschn. 7.3.1.2. und [7.3] [7.4]).

Digitale Meßsysteme mit **Ausgangsdigitalisierung (Tafel 7.2)** sind dadurch gekennzeichnet, daß sich der A/D-Umsetzer an einen analogen Anpasser (Verstärker, Filter, Rechenglied usw.) anschließt. In der Praxis werden hierfür die im Abschn. 7.3. beschriebenen A/D-Umsetzer verwendet.

Digitale Meßsysteme mit **Zwischendigitalisierung (Tafel 7.2)** sind dadurch gekennzeichnet, daß sich der A/D-Umsetzer zwischen einem analogen Meßgrößenaufnehmer und einem digitalen Anpasser (Verstärker, Filter, Rechenglied usw.) befindet und daß die digitale Ausgangsgröße des Anpassers wieder in ein analoges Signal umgesetzt wird, z. B. für Prozeßsteuerungen mit Hybridtechnik.

7.2. Digitale Sensoren

Innerhalb eines Meßsystems stellt der Meßgrößenaufnehmer (Sensor) die Kopplung zwischen dem Meßobjekt und den meßsignalverarbeitenden Gliedern der Meßkette dar **(Tafeln 2.1 und 7.1)**.

Der Sensor erfaßt mittel- oder unmittelbar die interessierende Meßgröße und bildet sie auf dem Informationsparameter eines Meßsignals ab. Die Anzahl technisch realisierter direkter digitaler Sensoren ist immer noch sehr klein. Bewährt haben sich digitale Längen- und Winkelaufnehmer (s. Wegumsetzer) sowie quasidigitale Frequenzaufnehmer (s. Zeitbasisumsetzer). Daneben hat ein digitaler Kraft-Weg-Intensitätsaufnehmer technische Anwendung gefunden [7.5].

Meist gibt es zur Aufnahme physikalisch-technischer Meßgrößen keine direkten Digitalisierungsverfahren, so daß digitale Messungen auf dem Umweg über analoge Meßgrößenaufnahme – Digitalisierung – digitale Meßwertverarbeitung oder aber über analoge Meßgrößenaufnahme – analoge Meßwertverarbeitung (s. Abschn. 6.) und anschließende Digitalisierung vorgenommen werden.

Sensoren gewinnen mit der zunehmenden Automatisierung und der verstärkten Entwicklung und Anwendung von Mikroelektronik und Industrierobotern eine immer größere technisch-ökonomische Bedeutung. Die moderne Meß- und Automatisierungstechnik kann nur dann voll wirksam werden, wenn die benötigten Sensoren preiswert zur Verfügung stehen.

Sensoren dienen der Informationsgewinnung. Sie sind die Teile des Informationssystems, die Informationen aus dem Prozeß aufnehmen und der Informationsverarbeitung zugänglich machen.

Durch den Kostenverfall der mikroelektronischen Informationsverarbeitungstechnik, speziell der Mikrorechner, sind die Sensoren zu kostenbestimmenden Bestandteilen der Prozeßsteuerungen geworden. Die Hardwarekosten mikroelektronischer Prozeßsteuerungen haben gegenwärtig etwa folgendes Verhältnis: Sensoren 40 %, Aktoren 40 % und Signalverarbeitung 20 %.

Kosten, Abmessungen, Masse, Kompatibilitätsprobleme sowie Zuverlässigkeits- und Leistungsgrenzen vorhandener Sensoren behindern gegenwärtig die breite Anwendung der Mikroelektronik zur Einsparung von Arbeitsplätzen und Arbeitskräften durch prozeßspezifische und prozeßflexible Industrieroboter, zur Einsparung von Energie durch Prozeßoptimierung und Nutzung von Abwärme, zur Sicherung der Qualität durch prozeßinterne Meßtechnik und zur Verbesserung der technischen und medizinischen Diagnostik sowie zum Schutz der Umwelt durch Schaffung rechnergestützter miniaturisierter multipler Sensorsysteme.

Hersteller mikroelektronischer Schaltkreise bemühen sich deshalb mit wachsendem Erfolg nun auch um die Herstellung billiger, leistungsfähiger, zuverlässiger und mikroprozessorkompatibler Sensoren. Beispiele sind Temperatur- und Drucksensoren für Massenkonsumgüter wie Waschmaschinen und Autos [7.24] bis [7.29], für Uhren, Unterhaltungselektronik und elektrische Hausgeräte [7.30] bis [7.33].

In der Sensortechnik gibt es außerdem verstärkte Anstrengungen, die Sinnesorgane des Menschen und die mit ihnen verknüpften intelligenten Leistungen bei der Informationsgewinnung und -verarbeitung technisch (künstlich) nachzubilden. Dabei geht es um die Ausdehnung der Beobachtbarkeit von bevorzugt technisch-physikalisch-chemischen Zuständen und Vorgängen, weit hinausgehend über die natürlichen Grenzen der Sinnesorgane der Meßpersonen, um Objektivierung der Beobachtungen von Meßpersonen durch Vergleich von Meßgrößen mit bekannten vereinbarten Vergleichsgrößen und um die Herauslösung des Menschen aus technischen und nichttechnischen Wiederholprozessen.

7.2.1. Qualitative und quantitative Unterschiede zwischen natürlichen und künstlichen Sensoren

Unter dem Einfluß der Mikroelektronik vollzieht sich gegenwärtig ein markanter Wandel bei der Interpretation des Sensorbegriffs.

Die Entwicklung der Meßtechnik ist bisher geprägt durch bevorzugte Erfassung physikalischer Größen, Schaffung eines einheitlichen Systems von Vergleichsgrößen im internationalen Maßstab (SI), Überwindung von Mehrdeutigkeiten in den Einheiten, Erhöhung von Auflösungsvermögen und Genauigkeit, Erweiterung der Meßgrenzen und von der wesentlichen Leistungssteigerung technischer Sensoren gegenüber natürlichen Sensoren des Menschen in bezug auf die *eindimensionale* Erweiterung der Meßinformationsgewinnung zu höheren und niederen Grenzwerten.

Durch die Fortschritte in der Mikroelektronik wird die bisherige Entwicklung der Meßtechnik schrittweise ergänzt durch

- Erfassung nichtphysikalischer Größen beispielsweise in der Chemie und
- komplexe Erfassung mehrdimensionaler Meßinformationen in Form von Geräuschanalyse (Amplitude, Frequenz, Phase) durch **akustische Sensoren,** Bildanalyse (x-, y-Koordinate, Grauwerte, Farbwerte) durch **visuelle Sensoren**, Körperanalyse (x-, y-, z-Koordinate) durch **taktile Sensoren.**

In beiden Fällen kann die Meßgröße nicht mehr mit Teilen oder Vielfachen einer physikalischen Einheit beschrieben werden. Das Meßergebnis besteht in der Regel nicht aus nur einem Zahlenwert multipliziert mit einer Einheit.

Der bisherige Meßprozeß des einfachen Vergleichens in einer Dimension wird ergänzt durch kompliziertes mehrdimensionales Vergleichen. Da es dem Verhalten des Menschen bei der Erkennung komplizierter Sachverhalte nahe kommt, spricht man von „intelligenten" Meßprozessen.

Biologische (natürliche) Sensoren basieren auf physiologischen Phänomena der belebten Materie. Sie sind geeignet für die Erfassung physikalischer und chemischer Phänomena in der belebten Natur und unbelebten Natur und Technik.

Biologische physikalische Sensoren liefern akustische Informationen (*Ohr* – Amplitude, Frequenz), optische Informationen (*Auge* – Licht, Sehen) und taktile Informationen (*Haut* – Länge, Temperatur, Druck).

Biologische chemische Sensoren liefern olfaktorische Informationen (*Nase* – einige tausend Gerüche) und gustatorische Informationen (*Mund* – sauer, salzig, süß, bitter).

Der Mensch als dem Wesen nach natürliches thermoenergetisch instabiles und lastempfindliches System braucht die biologischen Sensoren (Rezeptoren) zur Sicherstellung seiner Lebensfunktionen [7.34].

Werden die verträglichen Intensitäten von physikalischen oder chemischen Einwirkungen auf den Menschen überschritten, so verursachen die sog. Nozizeptoren Schmerzen.

Die Besonderheiten der biologischen (natürlichen) Informationsgewinnung und -verarbeitung sind gekennzeichnet durch *massenhafte Sensoren* (Rezeptoren) **(Tafel 7.3)** [7.35], *massenhafte Busleitungen* (Nervenbahnen), *parallele Informationsgewinnung* und *-verarbeitung* sowie *hochentwickelte Lernfähigkeit*.

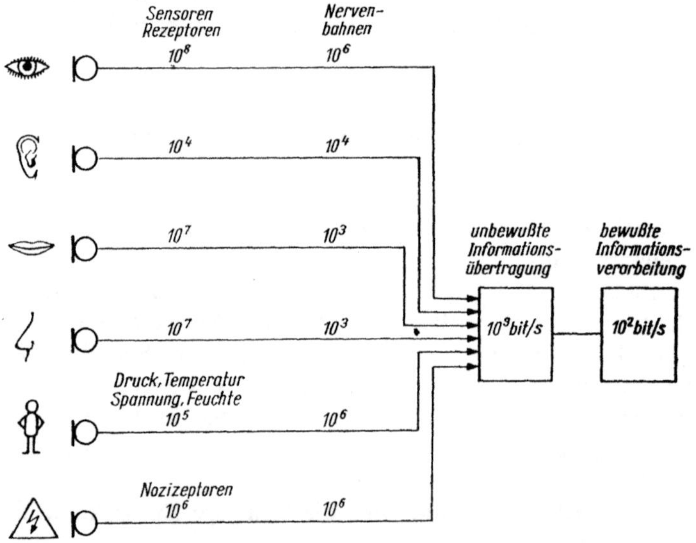

Tafel 7.3
Sensorsystem des Menschen

Technische (künstliche) Sensoren basieren auf physikalischen Phänomena der unbelebten Materie. Sie sind geeignet für die Erfassung physikalischer und chemischer Phänomena in Natur und Technik.

Technische Sensoren liefern Informationen über bevorzugt physikalische Phänomena. Sie erfassen die Basisgrößen des Internationalen Einheitensystems SI wie Länge, Zeit, Masse, elektrische Stromstärke, Temperatur und Lichtstärke sowie deren abgeleitete Größen wie Volumen, Frequenz, Kraft, Spannung, Entropie und Beleuchtungsstärke.

Elektrische Sensoren haben elektrische Ausgangssignale, bevorzugt mit Amplitudenmodulation.

Mechanische und optische Sensoren haben mechanische und optische Ausgangssignale, manchmal auch mechanische und optische Eingangssignale und elektrische Ausgangssignale. Die Benennungen sind uneinheitlich.

Längen-, Massen- und Temperatursensoren liefern Informationen über Längen, Massen oder Temperaturen. Sie können auf mechanischen, optischen oder elektrischen Funktionsprinzipen basieren (s. Abschn. 5.). Sensoren mit elektrischen Ausgangssignalen sind besonders bevorzugt, um Kompatibilität zu Mikroprozessoren einfach zu realisieren **(Tafel 7.4)**.

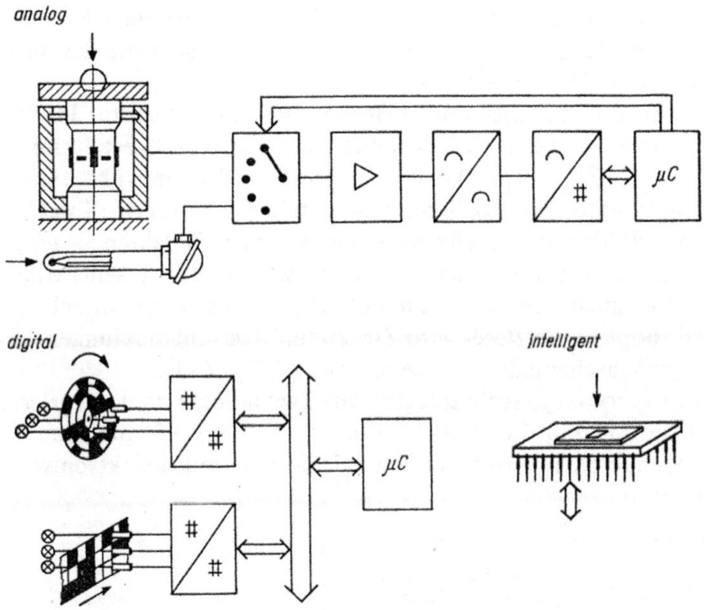

Tafel 7.4
Analoge, digitale und intelligente Sensoren

Zum Aufbau von Sensorsystemen werden bevorzugt:

- **für Sehen:** Fernsehkameras (Vidicon, Plumbicon), Abtastgeräte, Infrarotkameras, fotoelektrische Mikroskope [7.36], Röntgenkameras, Strahlungsempfänger, Fotodioden (PD) sowie ladungsgekoppelte Bauelemente (CCD) – teilweise mit Faseroptik
- **für Hören:** Mikrophone und Ultraschallsensoren
- **für Tasten:** berührende und berührungslose Taster auf der Basis von galvanischen, induktiven, kapazitiven, optischen und mechanischen (fluidischen) Prinzipen.

Technik und Produktion als dem Wesen nach künstliche thermoenergetisch instabile und lastempfindliche Systeme benötigen biologische und technische Sensoren zur Sicherstellung ihrer Existenzfunktionen.

Die Besonderheiten der technischen (künstlichen) Informationsgewinnung und -verarbeitung sind gekennzeichnet durch *wenige Sensoren*, *wenige Busleitungen*, *serielle Informationsgewinnung* und *-verarbeitung* sowie *unterentwickelte Lernfähigkeit.*

Deshalb bleibt der Mensch ein entscheidender Faktor in der Technik. Er wirkt in Entwicklung, Fertigung, Steuerung und Prüfung. Sein leistungsfähigstes Sensorsystem ist das Tripel Auge-Hirn-Erfahrung.

7.2.2. Digitalisierte Sensorsysteme

Es gibt objektive und subjektive Gründe für wachsende Anstrengungen, das natürliche Sensorsystem des Menschen durch technische künstliche Sensorsysteme zu ergänzen oder zu ersetzen (z.B. Zwang zur weiteren Automatisierung der Prozesse, psychophysiologische Eigenschaften des Menschen).

Unabhängig von individuellen Fähigkeiten ist der Mensch nicht in der Lage, sich längere Zeit auf einen monotonen Prozeß zu konzentrieren. 100-%-Prüfungen in der Serien- oder Massenproduktion haben deshalb nur die Aussagekraft von Stichprobenprüfungen. Die Gütekontrolleure sind nicht in der Lage, mehr als 70% der vorhandenen Fehler zu erfassen [7.37]. Automatische Prüfungen versprechen also ein Qualitätsniveau, das durch manuelle Prüfungen prinzipiell nicht erreichbar ist.

In den meisten Fällen kann nur das Zusammenwirken von automatisierter Prüfung *und* Änderungen sowohl in der Produktentwicklung als auch in der Prozeßgestaltung *und* im Training der Arbeitskräfte [7.38] [7.39] zu höherer Qualität der Endprodukte führen.

Zur Sichtprüfung und automatischen Sortierung mit Industrierobotern **(Tafel 7.5)** müssen die stereoskopischen Bilder von häufig dreidimensionalen Objekten in zeitgestaffelte elektrische Signale umgewandelt werden, um seriell verarbeitbar zu sein (Mikroelektronik). Andererseits ist es auch denkbar, sie in optische Signale zu verwandeln und parallel zu verarbeiten (Mikrooptik). Letzteres wird Ziel zukünftiger Entwicklungen sein, um den „von Neumannschen Flaschenhals“ zu überwinden [7.40] [7.41].

Gefördert durch die VLSI-(very large scale integration)-Technologie hochintegrierter Schaltkreise mit Metall-Oxid-Silizium-Feldeffekttransistoren MOSFET machten die ladungsgekoppelten Bauelemente CCD (charge coupled devices) in mikroelektronischen

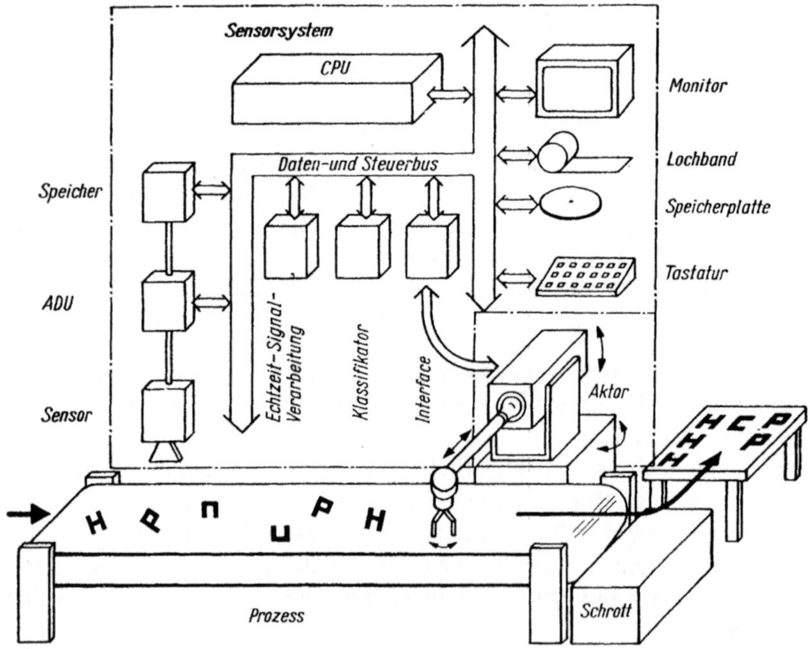

Tafel 7.5. Sensorsystem und Aktorsystem eines Industrieroboters für automatische Prüfung und Sortierung

Schaltungen die schnelle Entwicklung von ladungsgekoppelten Bildaufnehmern CCI (charge coupled imagers) oder CCID (charge coupled image devices) möglich.

Sie werden als Zeilen CCLID (charge coupled line imaging devices) oder Matrizen CCAID (charge coupled area imaging devices) hergestellt. Ein Element hat die Fläche von (13 × 13) μm^2. Sowohl die Technologie als auch die dazugehörige Terminologie breiten sich aus.

Die Sensoren sind Ladungsübertrager CTD (charge transfer devices), Einzelübertrager STD (single transfer devices), Eimerkettendioden BBD (bucket brigade devices), ladungsgekoppelte Bauelemente CCD, ladungsinjizierte Bauelemente CID (charge injection devices), oberflächenladungsgekoppelte Bauelemente SCCD (surface charge coupled devices), kanalladungsgekoppelte Bauelemente BCCD (bulk charge coupled devices), Fotodioden PD (photo diodes) oder ladungsgekoppelte Fotodioden CCPD (charge coupled photo diodes).

CCD-Zeilen können mit engerem Abstand der Sensorelemente als CCD-Flächen (Matrizen) hergestellt werden.

Fotodiodenanordnungen haben gewöhnlich digitale Schieberegister, die ein stärkeres Ausgangsrauschen haben als CCD-Anordnungen mit analogen Schieberegistern. Die meisten Typen arbeiten mit Selbstabtastung SS (self scanning) [7.42].

Die Targets von Fernsehaufnahmeröhren (vidicon – video signal conversion cameras) werden mit fotoempfindlichen Sb_2S_3-Schichten (standard vidicon), Siliziumschichten (Si-vidicon) und PbO-Schichten (plumbicon) oder mit elektronenempfindlichen Siliziumschichten SIT (silicon intensified target) oder EBS (electron bombarded silicon) mit Sekundärelektronenleitung SEC (secondary electron conduction) und Plattenverstärkung MCP (micro channel plate amplifier) oder MAMA (multi anode micro channel array) ausgerüstet.

Bildabtaströhren IDT (image dissector tube) haben Bildpunktabtaster IDS (image dissector scanner), die wie Sekundärelektronenvervielfacher SEV/SEM (secondary electron multiplier) für diskrete Bildpunkte arbeiten.

Für Bildfotonenzählsysteme IPCS (image photon counting systems) werden elektronenvervielfachende Bildaufnahmeröhren EMI (electron multiplying imager) benötigt.

Zur schnelleren Orientierung wurden typische Parameter von optoelektronischen multiplen Sensoren aus [7.43] bis [7.50] in **Tafel 7.6** zusammengestellt.

Tafel 7.6. Parameter von optoelektronischen multiplen Sensoren

Sensor	Spektralbereich μm	Empfängerfläche μm²	Elementeanzahl Stück	Fehlerklasse	Quanteneffektivität %	Dynamikbereich	Empfindlichkeit
Fotografie	0,25 … 1,1	5 × 5	50000 × 50000	7	0,1	10^2	20 DIN 80 ASA
Elektronografie	0,25 … 0,9	10 × 10	1000 × 1000	7	20	10^2	
Standard Vidicon	0,3 … 0,7	20 × 20	850 × 650	5	70		$5 \cdot 10^{-9}$ lm
SIT-Vidicon	0,25 … 1,0	25 × 25	2000 × 2000	5	20	10^2	$5 \cdot 10^{-13}$ lm
Mikrokanalplatte	0,25 … 1,0	20 × 20	1000 × 1000	2	20	10^7	$5 \cdot 10^4$ Verstärkung
CCD-Zeile	0,3 … 1,1	13 × 13	2048 × 1	1	80	10^3	3 V · cm/μJ
CCD-Matrix	0,3 … 1,1	12 × 18	500 × 300	1	80	10^3	5 V · cm/μJ

Die gegenwärtig noch geringe Anwendung von optischen Sensoren für die technische Bildwandlung (außer beim Fernsehen) ist auf ihre geringe Auflösung und Empfindlichkeit, ihre Kosten und die sehr hohen Kosten für Bildverarbeitungsanlagen (hardware) sowie Bildverarbeitungsprogramme (software) zurückzuführen.

Im Fernsehen müssen die Bilder lediglich reproduziert werden. Bei der automatischen Sichtprüfung müssen die Bilder sowohl reproduziert als auch bewertet werden. Letzteres ist ungleich komplizierter (Einzelheiten s. [7.51]).

7.2.3. Gerätetechnische und programmtechnische Einflüsse auf die metrologische Qualität von Sensorsystemen

Bei automatisierten rechnergestützten Sichtprüfungen muß das Bild des Objekts digitalisiert werden.

Das digitalisierte Bild des Objekts ist eine Funktion von *Objekt* (Form, Abmessungen, Oberfläche, Orientierung, Bewegung usw.), *Beleuchtung* (Blitzlicht, Punktlicht, Auflicht, Durchlicht, Kontrast, Spektralbereich, Beleuchtungswinkel usw.), *Kamera* (Abstand, Winkel, Verzerrung, Scharfstellung usw.), *Sensor* (Empfindlichkeit, Auflösungsvermögen, Meßschwelle, Linearität usw.), *Rechner* (Zentraleinheit, Speicher, Peripherie, Bediensystem, Zykluszeit usw.), *Algorithmen* (Punkt, Linie, Umfang, Kontur, Schwerpunkt, Trägheitsmoment usw.), *Suchprogramm* (Koordinatensystem, Orientierung, Bezugspunkt, Startpunkt, Konvergenz, Stabilität usw.), *Implementierung* (Sprache, Struktur, Fehlerempfindlichkeit usw.) und *Zeit* (Objektbewegung, Belichtungszeit, Sensordynamik, Rechenzeit als Funktion der Zyklusdauer, Anzahl der Sensorelemente, Algorithmen und ihrer Implementierung usw.).

Die Ergebnisse von „Messungen" mit unterschiedlichen Sensorsystemen (hardware) und Algorithmen (software, firmware) sind für dasselbe Meßobjekt unterschiedlich. Sie sind untereinander *nicht* ohne weiteres vergleichbar. Die Interpretation von binären Bildern verlangt ausgeklügelte Algorithmen [7.52] [7.53].

Unter dem Einfluß der Mikroelektronik geraten die Grenzen zwischen Messung und Klassifizierung besonders bei der Anwendung von Sensorsystemen immer stärker in Bewegung [7.54] [7.55].

Messung im engen Sinne (Messung) ist der experimentelle Vergleich der Meßgröße mit einem metrologischen Normal (Etalon) (s. Abschn. 3.).

Messung im weiten Sinne (Klassifikation, Identifikation) ist der experimentelle Vergleich des Meßobjekts mit einem Einzelnormal (Muster) (s. Abschn. 21.).

Ein **metrologisches Normal** ist ein Meßinstrument, das die Einheit einer Größe oder ihrer Teile oder Vielfache definieren, physikalisch vergegenständlichen, bewahren oder reproduzieren soll, um sie durch Vergleich auch an andere Meßinstrumente zu übertragen. Metrologische Normale sind nach ihrer Genauigkeit in Prüfschemata hierarchisch geordnet. Jedes Arbeitsmeßmittel ist über Arbeits- und Referenznormale sowie vorgeschriebene Vergleichsmethoden an das Primärnormal angeschlossen. Das Primärnormal (Etalon) einer Größe hat die höchsten metrologischen Qualitäten in einem gegebenen Feld.

Das Primärnormal ist in den meisten Fällen das Staatliche Etalon. Die nationale Organisation für die gesetzliche Metrologie wie ASMW, PTB usw. (s. Abschn. 1.) sichert die Bewahrung des Staatlichen Etalons und garantiert seine Genauigkeit durch Vergleich mit internationalen Normalen.

Ein **partikuläres Normal** ist ein Muster, das die Erkennungsmerkmale eines Objekts oder seiner Teile oder Vielfache physikalisch oder mathematisch repräsentieren, bewahren oder reproduzieren soll, um sie durch Vergleich auch an andere Meßinstrumente zu übertragen. Die partikulären Normale sind nach ihrer Genauigkeit *nicht* in einer Hierarchie geordnet. Sie sind *nicht* an ein primäres staatliches Normal (Etalon) angeschlossen. Sie sind individuelle Festlegungen einzelner Firmen oder Laboratorien.

Es gibt keine standardisierten Methoden zu ihrem Vergleich.

Für die industrielle Anwendung von Sensorsystemen ist erforderlich, folgende Bedingungen zu erfüllen:

- Schaffung kompletter aufgabenbezogener Sensorsysteme
- Schaffung kompletter aufgabenbezogener Problemlösungen.

Es ist offensichtlich, daß die Vorzüge und Grenzen sowohl strenger (mathematischer) als auch empirischer (heuristischer) Programme (software) genauer untersucht werden müssen, wobei dem „software interface" und „software bus" für strukturierte Programme besondere Bedeutung zukommt.

Die häufigsten Irrtümer bei Auswahl und Einsatz der Sensoren [7.56] [7.57] sowie die teuersten Programmierfehler werden durch unvollständige Prozeßanalysen und unkorrekte Aufgabenstellungen verursacht. Darüber hinaus ist für Sensorsysteme und rechnergestützte Meßsysteme die metrologische Sicherstellung der partikulären Normale sowie die Beglaubigung ihrer problemorientierten Software zu fordern. Hier stehen wir noch am Anfang.

7.3. Digitale Meßsignalanpasser

7.3.1. Analog/Digital-Umsetzer (Verschlüßler)

7.3.1.1. Wegumsetzer

Wegumsetzer **(Tafel 7.7)** arbeiten nach der Ausschlagmethode. Die Meßgröße wird in einen analogen Ausschlag (Weg, Winkel) umgewandelt, der jedoch nicht wie bei analogen Verfahren mit Hilfe eines Maßstabs von der Meßperson abgelesen, sondern quantisiert und kodiert wird [4.3].

Die Umsetzung (Verschlüsselung) erfolgt durch Schablonen.

Tafel 7.7. Analog/Digital-Umsetzer (Verschlüßler)

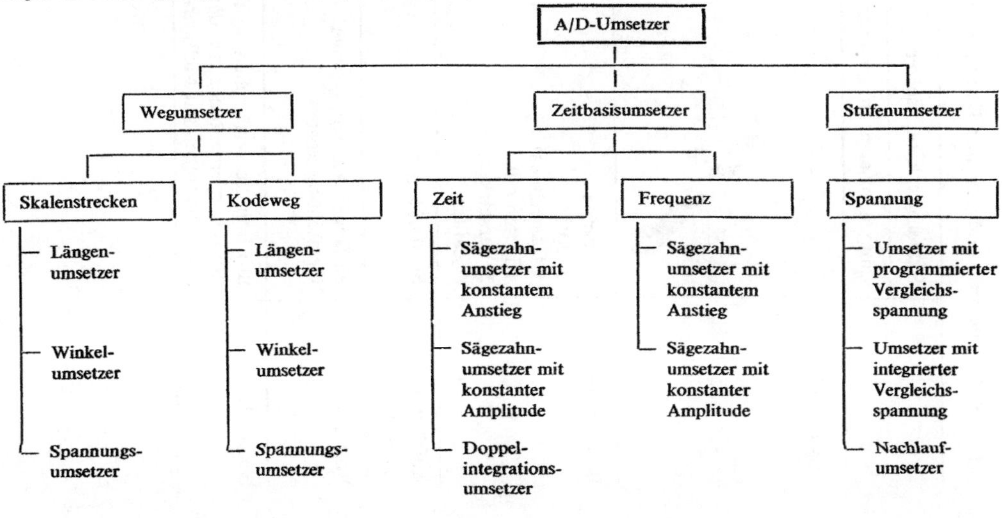

Tafel 7.8. Wegumsetzer (Längen- und Winkelumsetzer)

	Skalenstreckenumsetzer		Kodewegumsetzer	
	Längenumsetzer inkremental	Winkelumsetzer inkremental	Längenumsetzer absolut	Winkelumsetzer absolut
Bauprinzip	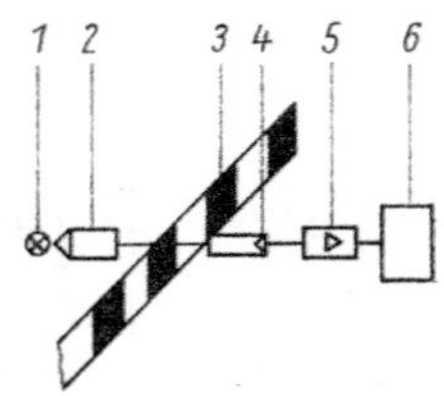	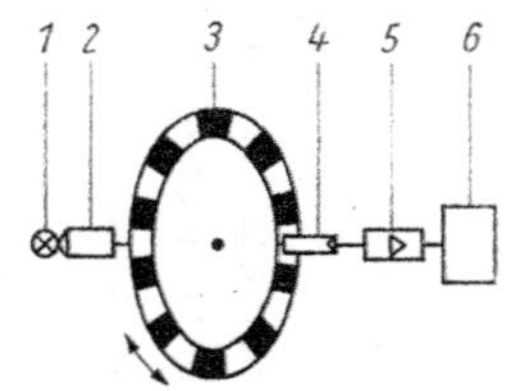	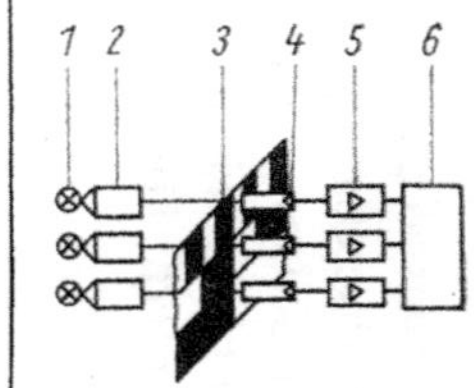	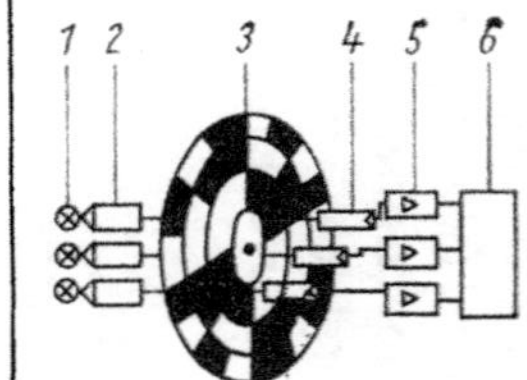
Bezeichnung	*1* Lampe *2* Optik *3* Rasterlineal *4* Fotodiode *5* Verstärker *6* Zähler	*1* Lampe *2* Optik *3* Rasterscheibe *4* Fotodiode *5* Verstärker *6* Zähler	*1* Lampe *2* Optik *3* Kodelineal *4* Fotodiode *5* Verstärker *6* Antwortlogik	*1* Lampe *2* Optik *3* Kodescheibe *4* Fotodiode *5* Verstärker *6* Antwortlogik
Auflösungsvermögen	bis 0,001 mm	bis 20″	bis 0,001 mm	bis 20″
Vorteile	einfacher Aufbau, geringe Herstellungskosten	einfacher Aufbau, geringe Herstellungskosten	Fehler durch Störimpuls bleibt auf momentanen Meßwert beschränkt	Fehler durch Störimpuls bleibt auf momentanen Meßwert beschränkt
Nachteile	Störimpulse verfälschen nicht nur den momentanen, sondern auch alle folgenden Meßwerte	Störimpulse verfälschen nicht nur den momentanen, sondern auch alle folgenden Meßwerte	hohe Herstellungskosten	hohe Herstellungskosten

Skalenstreckenumsetzer (inkrementale A/D-Umsetzer) sind dadurch gekennzeichnet, daß jeweils nur die Änderung (Zunahme oder Abnahme) des Informationsparameters der umzusetzenden Größe um ganze Vielfache des Elementarquantums erfaßt wird. Auf Schablonen sind in wechselnder Folge 0- und 1-Segmente (Inkremente) aufgetragen **(Tafel 7.8)**. Bei einer Längen- oder Winkeländerung um ein Inkrement wird durch einen Abtaster jeweils ein Impuls ausgelöst, d.h., die Meßgröße (Länge, Winkel) wird quantisiert. Ein Zähler summiert die Impulse und gibt mit seinem Zählerstand den Meßwert in einem Kode (meist Dezimalkode) an [4.1] [4.3] [7.6]. Bei gleichbleibender Bewegungsrichtung werden für Skalenstreckenumsetzer nur Vorwärtszähler, bei wechselnder Bewegungsrichtung Richtungsdiskriminatoren und Vor-Rückwärtszähler benötigt (Meßwertverfälschung s. **Tafel 7.9**).

Kodewegumsetzer (absolute A/D-Umsetzer) sind dadurch gekennzeichnet, daß jeweils der absolute Wert des Informationsparameters der umzusetzenden Größe erfaßt wird. Dadurch erhält jede mögliche Position (Länge, Winkel) eine eindeutige Bewertung **(Tafel 7.8)**.

Im Gegensatz zu Skalenstreckenumsetzern wird mit Hilfe der Schablone nicht nur die Quantisierung, sondern auch die Kodierung vorgenommen (Meßwertverfälschung s. **Tafel 7.9**).

Zur **Abtastung** der Schablonen (Skalenstrecken, Kodemuster) dienen galvanische, magnetische oder optoelektronische Abtastelemente.

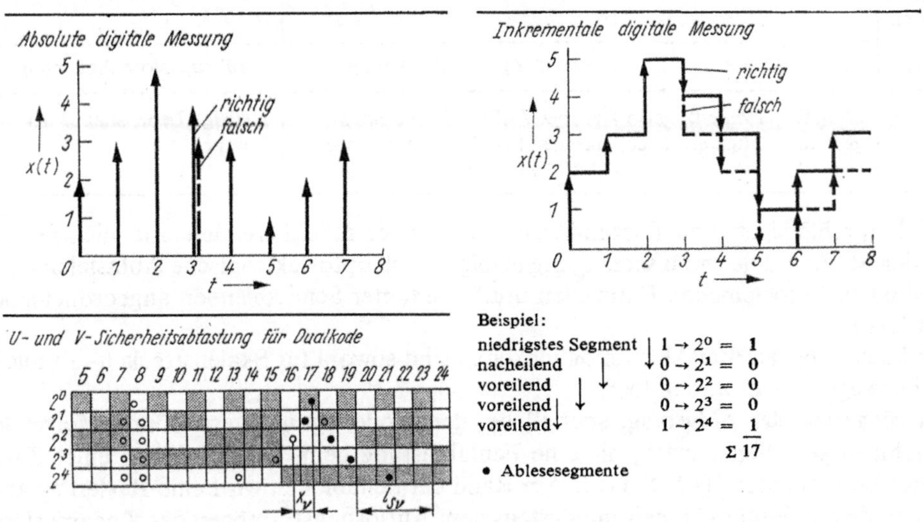

Tafel 7.9. Einfluß von Abtastfehlern auf Folgemessungen mit inkrementalen und absoluten digitalen Meßgeräten sowie Maßnahmen zur Abtastsicherung

Bei **galvanischer Abtastung** befinden sich die 0- und 1-Segmente auf der Schablone (leitende und nichtleitende Streifen) in einem Gleichstromkreis. Schleifkontakte (Bürsten) öffnen und schließen den Stromkreis und erzeugen auf diese Weise Impulse **(Tafel 7.10)**.

Bei **magnetischer Abtastung** sind die 0- und 1-Segmente auf der Schablone jeweils aus magnetischen und nichtmagnetischen Streifen. Die Impulserzeugung erfolgt durch Abtastung mit Hall-Generatoren (für permanent magnetische Raster) oder Wechselspannungsgeräte (für weichmagnetische Raster) **(Tafel 7.10)** [4.4, S.714].

Bei **optoelektronischer Abtastung** sind die 0- und 1-Segmente auf der Schablone jeweils

Tafel 7.10. Impulsabtaster

	Galvanische Abtastung	Magnetische Abtastung	Optoelektronische Abtastung
Bauprinzip	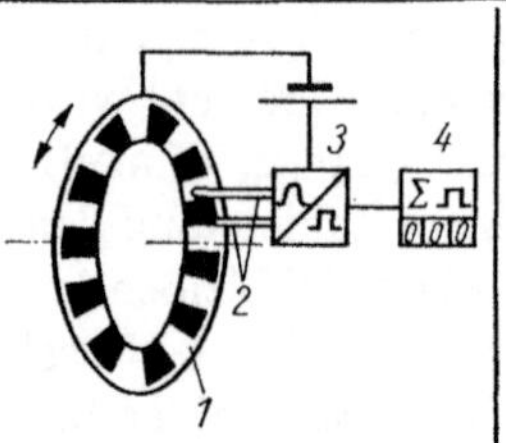	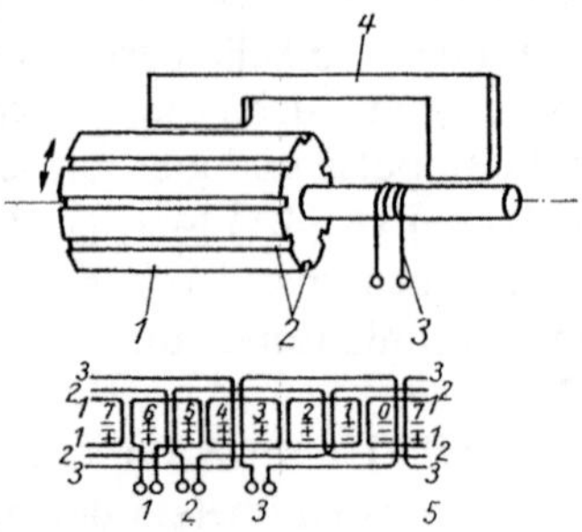	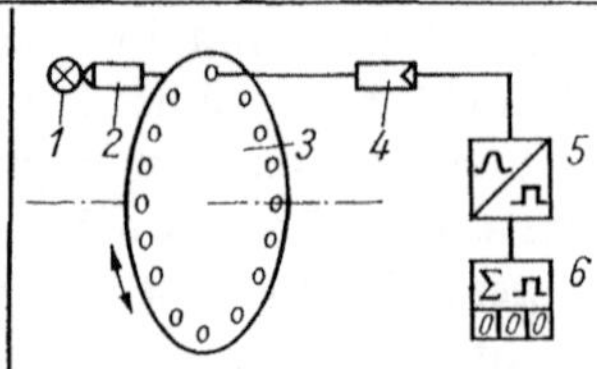
Bezeichnung	*1* Kodescheibe *2* Abtaster *3* Impulsformer *4* Zähler	*1* Stator *2* Wicklungsnuten *3* Erregerwicklung *4* Rotor *5* Wicklungsschema	*1* Lampe *2* Optik *3* Kodescheibe *4* Fotodiode *5* Impulsformer *6* Zähler
Auflösungsvermögen	0,5 mm	0,1 mm	0,001 mm
Vorteile	geringe Kosten	berührungslose Abtastung	berührungslose Abtastung
Nachteile	Kontaktverschleiß, geringes Auflösungsvermögen	großer Aufwand an elektronischen Schaltungen, geringes Auflösungsvermögen	niedrige Lebensdauer der Lampen

aus lichtdurchlässigen und lichtundurchlässigen oder reflektierenden und nichtreflektierenden Streifen. Die Impulserzeugung erfolgt durch optoelektronische Abtastelemente (Fotodioden, Fotoelemente, Fotozellen u.a.), die hinter Schlitzblenden angeordnet sind **(Tafel 7.10)**.

Die beschriebenen drei Abtastmöglichkeiten sind sowohl für Skalenstrecken- als auch für Kodewegumsetzer anwendbar.

Zur **Sicherung der Abtastung**, speziell bei den Kodewegumsetzern können folgende Maßnahmen getroffen werden, die eine Fehlabtastung beim Übergang von einer Zahl zur anderen verhindern [4.1, S. 116]: Am Rand der Schablonen wird eine **Rasterung** angebracht, deren Teilungsfeinheit mindestens dem Auflösungsvermögen des Kodemusters entspricht. Das gestattet gleichzeitige absolute und inkrementale Messung und deren Vergleich. Eine weitere Sicherung der Abtastung ist die Anwendung **einschrittiger** Kodes, wodurch sich der angezeigte Meßwert bei einer fehlerhaften Abtastung an einer Übergangsstelle nur um maximal 1 bit vom richtigen Meßwert unterscheiden kann. Die **V-Abtastung** bietet eine dritte Möglichkeit. Für jede Lesespur (mit Ausnahme der 2^0-Spur) werden je ein Abtastelement vor und hinter der Ableselinie eingesetzt. Beim Dualkode beträgt ihr Abstand x_v von der Leselinie [4.1, S. 116].

$$x_v = \pm\tfrac{1}{4}l_{sv} \pm 2nl_{sv}, \quad n = 0, 1, 2, \ldots \tag{7.1}$$

l_{sv} Länge eines 1-Segments der Spur v, v Ordnungszahl der Spur.

Die Entscheidung, ob das vor- oder das nacheilende Abtastelement in Funktion tritt, ist vom Ableseergebnis in der Spur mit der niedrigeren Wertigkeit abhängig: Bei 0-Signal wird voreilend, bei 1-Signal nacheilend abgelesen **(Tafel 7.9)**.

Bei BCD-Kodes läßt sich die V-Abtastung in etwas abgewandelter Form (U-Abtastung) ebenfalls anwenden [4.1] [4.2] [4.4] [4.19] [7.7].

7.3.1.2. Zeitbasisumsetzer

Zeitbasisumsetzer arbeiten nach der Zeitbasismethode, d. h., die analoge Meßgröße wird vor Beginn der eigentlichen Umsetzung in eine der Meßgröße **proportionale Zwischengröße** (Zeitintervall oder Impulsfrequenz) umgewandelt. Anschließend erfolgt die Umsetzung der Zwischengröße in ein digitales Signal [4.19] [7.6].

Bei **digitaler Zeitmessung (Tafel 7.11)** passieren die Schwingungen des Normalfrequenzgenerators die Torschaltung und werden am Zähler angezeigt. Das Tor wird von der Vorder- und Rückflanke des auszumessenden Impulses über einen Impulsformer angesteuert.

Das Zeitintervall Δt resultiert aus [7.6, S. 690]

$$\Delta t = Z/f_N. \tag{7.2}$$

Bei **digitaler Impulsfrequenzmessung (Tafel 7.11)** wird aus sinus- oder nichtsinusförmigen periodischen Eingangssignalen mit Hilfe eines Impulsformers jeweils ein Impuls je Periode gewonnen und über eine Torschaltung auf einen Zähler gegeben. Als Zeitgeber dient ein Frequenzteiler, der von einem Normalfrequenzgenerator gespeist wird. Zwi-

Tafel 7.11. Digitale Zeit- und Impulsfrequenzmessung

	Digitale Zeitmessung	Digitale Impulsfrequenzmessung
Bauprinzip	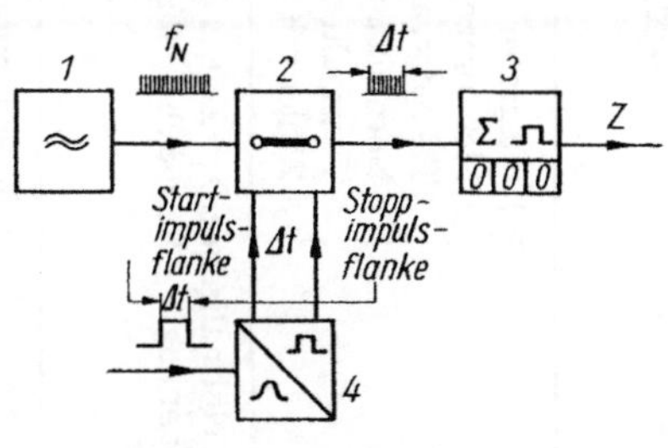	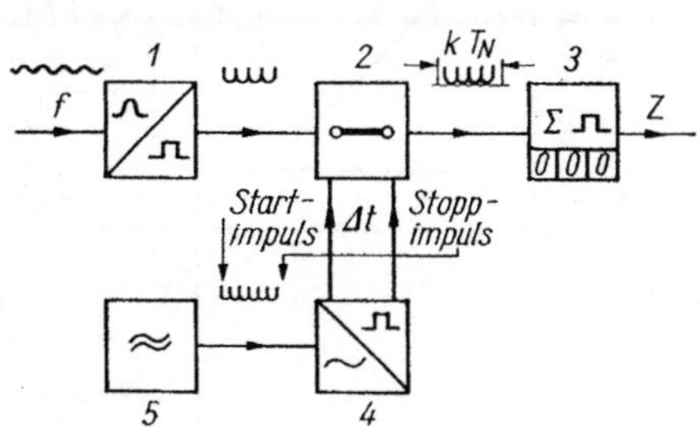
Bezeichnung	*1* Normalfrequenzgenerator *2* Torschaltung *3* Zähler mit Anzeige *4* Impulsformer	*1* Impulsformer *2* Torschaltung *3* Zähler mit Anzeiger *4* Frequenzteiler und Zeitgeber *5* Normalfrequenzgenerator
	Z digitales Informationssignal (Zahl); T_N Periodendauer der Normalschwingung; f Frequenz; f_N Normalfrequenz; $k = 1, 2, 3, \ldots, n$; t Zeit; Δt Zeitintervall	
Vorteile	durch eine hohe Normalfrequenz kann der Meßfehler sehr klein gehalten werden, kleinere Meßfehler gegenüber analogen Meßverfahren, einfacher Aufbau	Meßdauer einstellbar, es lassen sich sowohl Perioden der Normalfrequenz $k \cdot T_N = 1/f$ für ($f_N > f$) als auch Perioden der zu messenden Frequenz $k \cdot T = 1/f_N$ für ($f_N < f$) auszählen
Nachteile	der Verkürzung der Zeitintervalle sind Grenzen gesetzt, hoher technischer Aufwand, Unsicherheiten der Start- und Stoppauslösung	hoher technischer Aufwand

Tafel 7.12. Zeitbasisumsetzer mit der Zwischengroße Zeitintervall

	Sägezahnumsetzer mit konstantem Vergleichsspannungsanstieg	Sägezahnumsetzer mit konstanter Vergleichsspannungsamplitude	Doppelintegrationsumsetzer
Arbeitsprinzip	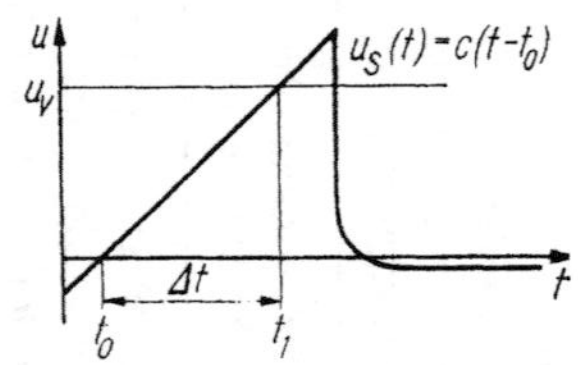	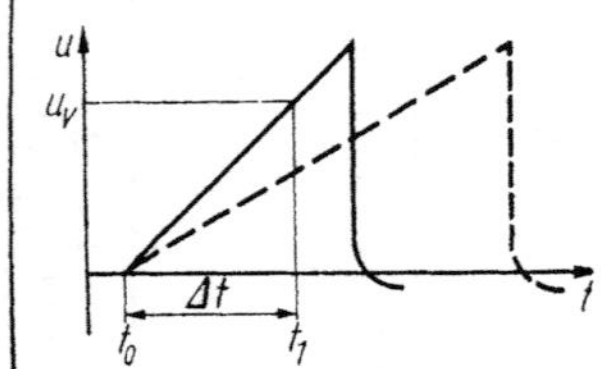	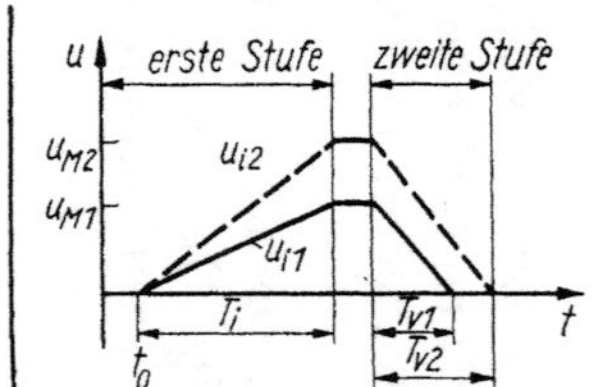
Bauprinzip	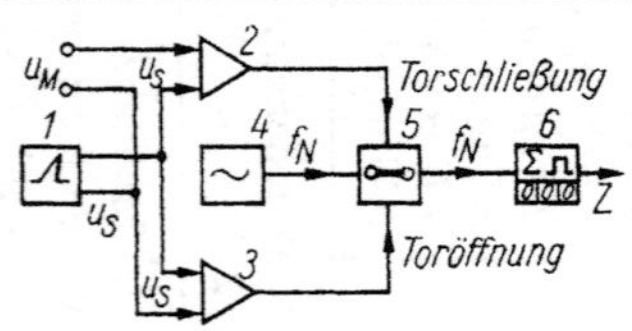	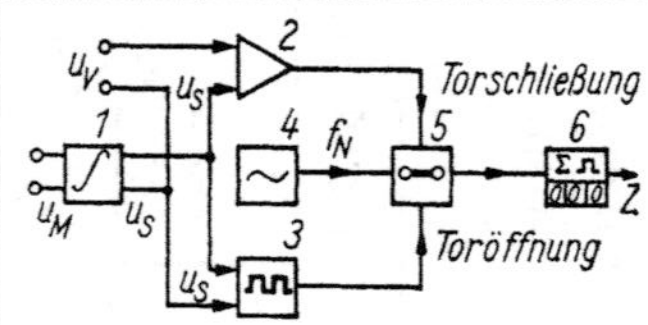	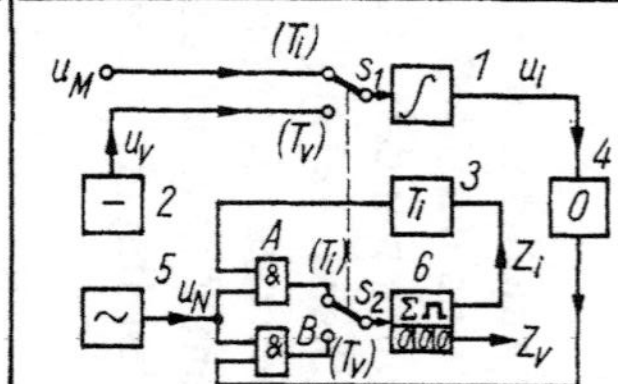
Bezeichnung	*1* Sägezahngenerator *2* Meßkomparator *3* Nullkomparator *4* Normalfrequenzgenerator *5* Torschaltung *6* Zähler mit Anzeige	*1* Integrator *2* Meßkomparator *3* Taktgenerator *4* Normalfrequenzgenerator *5* Torschaltung *6* Zähler mit Anzeige	*1* Integrator *2* Referenzspannungsgenerator *3* Integrationszeitdetektor *4* Nulldetektor *5* Normalfrequenzgenerator *6* Zähler mit Anzeiger
	c Vergleichsspannungsanstieg, f_N Normalfrequenz, t Zeit, u Spannung, u_M Meßspannung, u_s Sägezahnspannung, u_V Vergleichsspannung, Z Impulszahl, Δt Zeitintervall		S_1, S_2 Schalter, T_i Integrationsdauer, T_V Vergleichsdauer, u_i Integrationsausgangsspannung, Z_i Zählervoreinstellung, Z_V Zählerstand
Vorteile	relativ einfacher Aufbau	Störspannungsunterdrückung durch Integration der Meßspannung	geeignet für Digitalvoltmeter, da die Umsetzungszeit von untergeordneter Bedeutung ist, sehr gute Störspannungsunterdrückung
Nachteile	starker Störspannungseinfluß, relativ geringe Genauigkeit durch Drifteinflüsse, große Umsetzungszeit	große Umsetzungszeit	Erhöhung der Störspannungsunterdrückung vergrößert die Umsetzungszeit

schen Start- und Stopimpuls liegen jeweils ganze Vielfache k der Normalschwingung f_N. Die Impulsfrequenz f resultiert aus

$$f = Z/\Delta t \tag{7.3}$$

Z Anzahl der gezählten Impulse, $\Delta t = kT_N$ Toröffnungszeit, $T_N = 1/f_N$ Periodendauer der Normalschwingung.

7.3.1.2.1. Zeitbasisumsetzer mit der Zwischengröße Zeit

Beim **Sägezahnumsetzer mit konstantem Vergleichsspannungsanstieg** c der Sägezahnspannung u_S und konstanter Normalfrequenz f_N **(Tafel 7.10)** wird die Meßspannung u_M mit der Sägezahnspannung u_S des Sägezahngenerators im Meßkomparator verglichen [7.6, S. 690]. Es ist

$$u_S(t) = c\,(t - t_0) \quad \text{mit} \quad t_0 = t \quad \text{für} \quad u_S = 0. \tag{7.4}$$

Der Nullkomparator öffnet beim Nulldurchgang der Sägezahnspannung u_S für die Ausgangsspannung u_N des Normalfrequenzgenerators das Tor, während der Meßkomparator bei Erreichen der Meßspannung, d. h. für $u_S = u_M$, das Tor wieder schließt. In dem zwischen Öffnungs- und Schließimpuls liegenden Zeitintervall Δt laufen Z Impulse in den Zähler ein und werden dort angezeigt

$$Z = f_N u_M/c = k_1 u_M \tag{7.5}$$

$k_1 = f_N/c$ Konstante.

Beim **Sägezahnumsetzer mit konstanter Amplitude der Vergleichsspannung** u_V und konstanter Normalfrequenz f_N **(Tafel 7.12)** ist der Vergleichsspannungsanstieg c der Sägezahnspannung proportional der Meßspannung u_M

$$c = u_M(t)/\tau = \alpha u_M(t) \tag{7.6}$$

α reziproke Zeitkonstante des Integrators, τ Zeitkonstante des Integrators.

Diese Proportionalität wird durch Integration der Meßspannung u_M im Integrator erreicht [7.6, S. 691]. Aus den Gln. (7.4) und (7.6) folgt $u_S(t) = \alpha\,(t - t_0)\,u_M(t)$.

Der Spannungsvergleich erfolgt im Meßkomparator. Ein Taktgenerator bestimmt den Integrationsbeginn und öffnet gleichzeitig der Ausgangsspannung u_N des Normalfrequenzgenerators das Tor. Den Schließimpuls liefert der Meßkomparator für $u_S = u_V$. Für den Zählerstand gilt nach [7.6, S. 691]

$$Z = f_N\,\Delta t = f_N u_V/(\alpha \bar{u}_{M\Delta t}) \tag{7.7}$$

$\bar{u}_{M\Delta t}$ arithmetischer Mittelwert der Meßspannung u_M im Zeitintervall Δt, α reziproke Zeitkonstante des Integrators.

Beim **Doppelintegrationsumsetzer** (auch Dual-slope- oder Dual-ramp-Umsetzer) **(Tafel 7.12)** läuft die Umsetzung in zwei Stufen ab.

In der Schalterstellung T_i des Schalters S_1 (erste Stufe: Integration) wird die Meßspannung u_M mit dem Integrator im Zeitintervall T_i integriert und im Integrator gespeichert

$$T_i = Z_i/f_N. \tag{7.8}$$

Die Integrationsdauer T_i wird im Zähler in Schalterstellung T_i des Schalters S_2 durch den Zählerstand Z_i manuell voreingestellt, dann über den Integrationszeitdetektor abgefragt und durch Tor A gesteuert [7.6, S. 691]. Bei Erreichen von T_i werden die Schalter S_1, S_2 in die Schalterstellung T_V (zweite Stufe: Vergleich) umgelegt. Die Zählervoreinstellung Z_i wird gelöscht, und der Zähler beginnt zu zählen. Die Referenzspannung u_V des Refe-

Tafel 7.13. Zeitbasisumsetzer mit der Zwischengröße Impulsfrequenz

	Spannungs/Frequenz-Umsetzer mit konstantem Vergleichsspannungsanstieg	Spannungs/Frequenz-Umsetzer mit konstanter Vergleichsspannungsamplitude	Ladungskompensationsumsetzer
Arbeitsprinzip	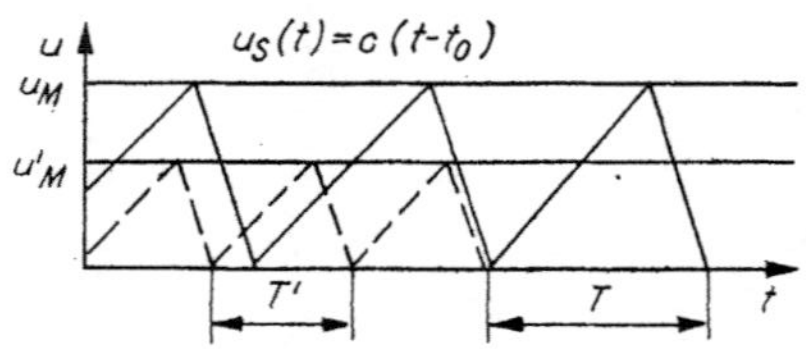	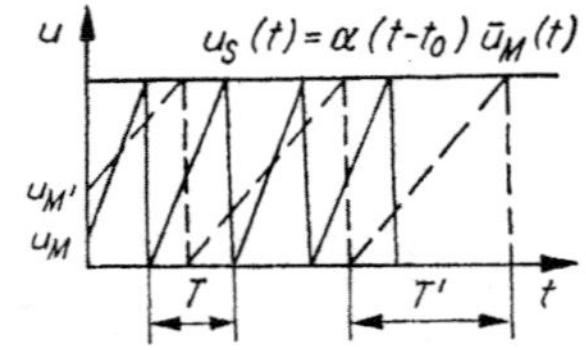	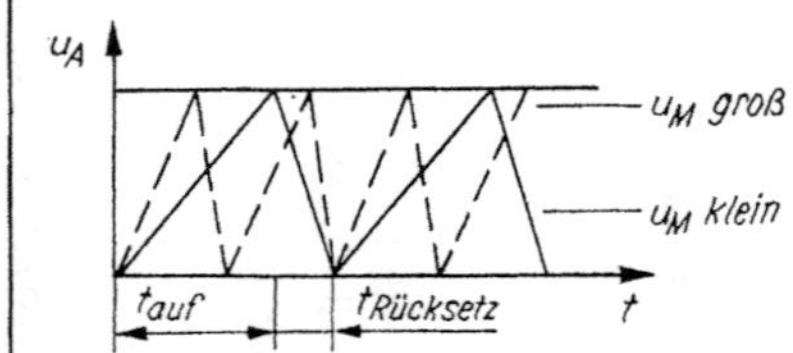
Bauprinzip	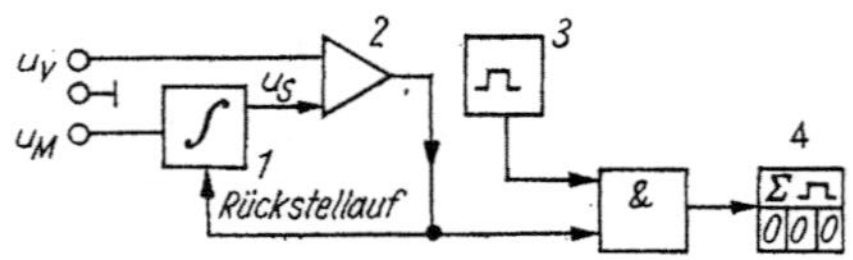	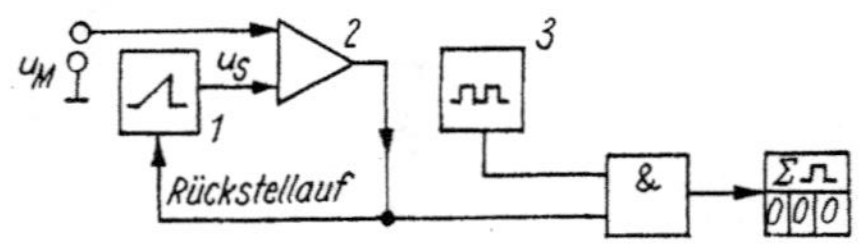	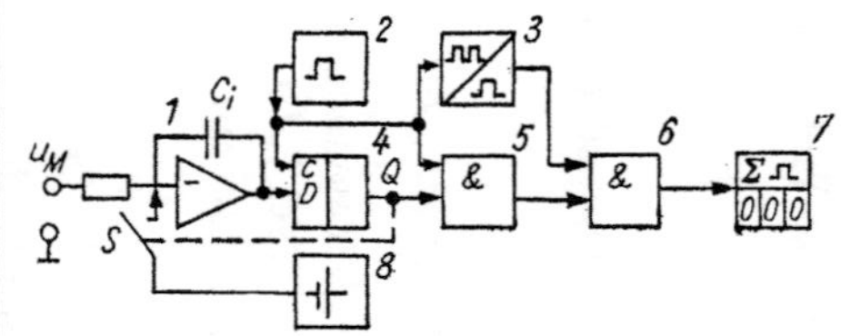
Bezeichnung	*1* Sägezahngenerator *2* Komparator *3* Torzeitgenerator *4* Zähler mit Anzeige *T* Periodendauer *c* Vergleichsspannungsanstieg *t* Zeit u_M Meßspannung u_S Sägezahnspannung	*1* Integrator *2* Komparator *3* Torzeitgenerator *4* Zähler mit Anzeige *T* Periodendauer *t* Zeit u_M Meßspannung u_S Sägezahnspannung u_V Vergleichsspannung α reziproke Zeitkonstante des Integrators	*1* Integrator *2* Taktgeber *3* Frequenzteiler *4* D-Flipflop *5, 6* Tor *7* Zähler mit Anzeige *8* Referenzspannungsquelle u_M Meßspannung C_i Integrationskondensator *Q* direkter Ausgang *S* Schalter
Vorteile	durch Wahl der Torzeitgeneratorfrequenz kann die Integrationszeit ein Vielfaches der Periodendauer der Netzfrequenz betragen	Integration der Meßspannung und integrierende Frequenzmessung ergeben sehr gute Gegentaktdämpfung von Störspannungen	feste Umsetzzeit ermöglicht direkten Anschluß an Rechnereinheiten, ständige Integration der Meßspannung ergibt gute Störspannungsunterdrückung
Nachteile	Vergrößerung der Integrationszeit erhöht die Umsetzzeit, Meßspannung wird nicht integriert	Vergrößerung der Integrationszeit erhöht die Umsetzzeit	

renzspannungsgenerators entlädt den Integrator mit konstanter Geschwindigkeit. Bei Integratorausgangsspannung $u_i = 0$ gibt der Nulldetektor einen Stopimpuls auf Tor B und der ablesbare Zählerstand Z_V (Meßwert) der aus Normalfrequenzgenerator auf den Zähler eingelaufenen Impulse Z_V ist proportional dem arithmetischen Mittel der Meßspannung u_{MTi} während der Integrationsdauer T_i

$$Z_V = Z_i \bar{u}_{MTi}/u_V. \tag{7.9}$$

Der Doppelintegrationsumsetzer wird gegenwärtig in Digitalvoltmetern am häufigsten angewendet.

7.3.1.2.2. Zeitbasisumsetzer mit der Zwischengröße Frequenz

Geschwindigkeitsumsetzer (translatorisch oder rotatorisch) können mit Rasterlinealen oder -scheiben (Skalenstrecken) realisiert werden. Ein Rasterlineal oder eine Rasterscheibe wird um **einen** Quantisierungsschritt q (Länge oder Winkel) weiterbewegt mit der mittleren Geschwindigkeit

$$\bar{v}_{\Delta tq} = q/\Delta t_q \tag{7.10}$$

Δt_q Zeitdauer der Weiterbewegung um q.

Wird die Summation der Quantisierungsschritte im Zähler in einer festgelegten Zeit Δt (Zähldauer) ausgeführt, ist das Zählerergebnis

$$Z = \Delta t \bar{v}_{\Delta t}/q \tag{7.11}$$

proportional der mittleren Geschwindigkeit der Rasterverschiebung [7.6, S. 736].

Der Geschwindigkeitsumsetzer (auch Skalenstreckenumsetzer) setzt also die analoge Meßgröße direkt in eine Impulsfrequenz um und ist somit bei der digitalen Geschwindigkeitsmessung ein integrierender Umsetzer.

Spannungs/Frequenz-Umsetzer können durch alle Schwing- und Kippschaltungen realisiert werden, deren Frequenz durch eine Spannung oder eine Stromstärke beeinflußt wird. Die am häufigsten verwendeten Spannungs/Frequenz-Umsetzer arbeiten mit einer Sägezahnspannung.

Beim **Spannungs/Frequenz-Umsetzer mit konstantem Vergleichsspannungsanstieg** c **(Tafel 7.13)** werden die Meßspannung u_M und die Spannung u_S aus dem Sägezahngenerator auf einen Komparator gegeben. Bei $u_S = u_M$ springt die Sägezahnspannung u_S auf Null, und der Vorgang beginnt von neuem [7.6, S. 736]. Die Periodendauer T der Sägezahnimpulsfolge ist proportional der Meßspannung u_M

$$T = u_M/c. \tag{7.12}$$

Durch digitale Frequenzmessung kann die Sägezahnfrequenz über den Torzeitgenerator und das Tor während des Zeitintervalls (Meßdauer) Δt bestimmt werden. Für den Zählerstand Z gilt dann [7.6, S. 736]

$$Z = \Delta t/T = c\,\Delta t/u_M. \tag{7.13}$$

Beim **Spannungs/Frequenz-Umsetzer mit konstanter Vergleichsspannungsamplitude (Tafel 7.13)** ist der Anstieg c des Sägezahns proportional der mittleren Meßspannung u_M, was mit einem Integrator realisiert wird [7.6, S. 737].

Wie beim Spannungs/Frequenz-Umsetzer mit konstantem Anstieg der Sägezahnspannung wird mit einem Komparator erreicht, daß die Sägezahnspannung auf Null zurückspringt, wenn sie den Wert der Vergleichsspannung erreicht hat. Danach beginnt wieder ein neuer Anstieg der Sägezahnspannung.

Tafel 7.14. Stufenumsetzer

	Stufenumsetzer mit programmierter Vergleichsspannung			Stufenumsetzer mit integrierter Treppenvergleichsspannung	Nachlaufumsetzer
	Prinzipschaltung	sukzessive Approximation	stufenweise Subtraktion		
Bauprinzip	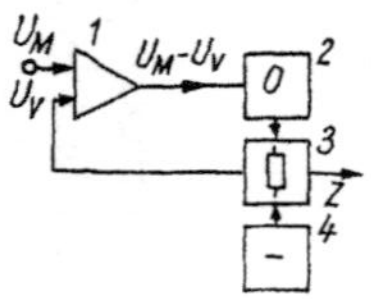	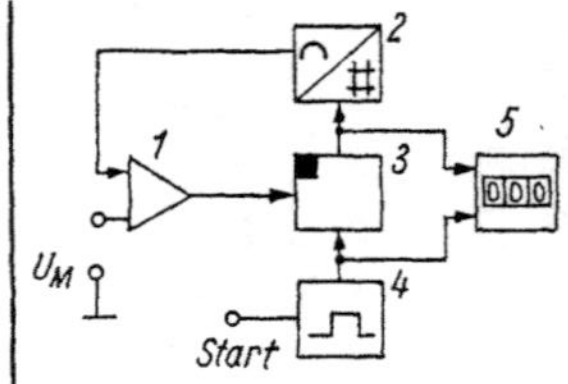	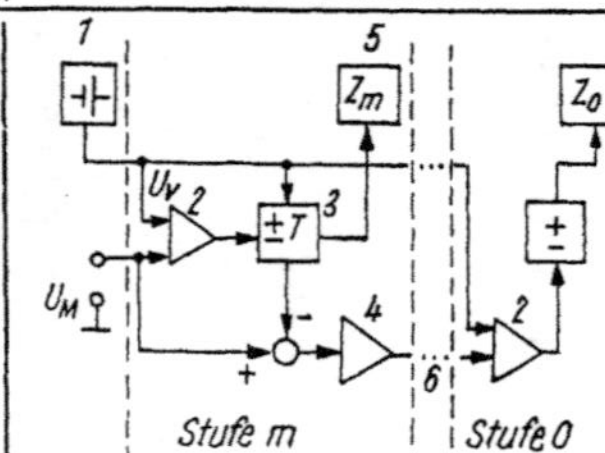	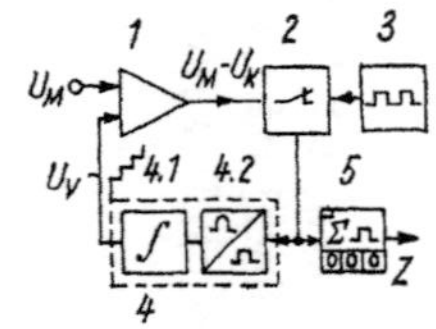	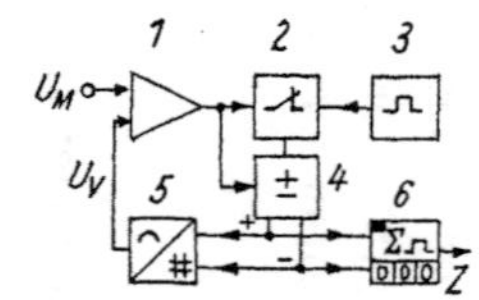
Bezeichnung	*1* Komparator *2* Nulldetektor *3* Widerstandsnetzwerk *4* Referenzspannungsgenerator u_M Meßspannung u_V Vergleichsspannung *z* Zählerstand	*1* Komparator *2* Digital/Analog-Umsetzer *3* Speicher *4* Taktsteuerung *5* Puffer, Anzeige u_M Meßspannung	*1* Referenzspannungsquelle *2* Komparator *3* Polaritätserkennung (±) Torung (T) *4* Verstärker *5* digitale Information der m-ten Stufe *6* Signal zur (m – 1)-ten Stufe u_M Meßspannung u_V Vergleichsspannung $z_m \dots z_0$ kodierte Meßspannung	*1* Komparator *2* Torschaltung *3* Impulsgenerator *4* D/A-Umsetzer (4.1 Integrator 4.2 Impulsformer) *5* Zähler mit Speicher und Anzeige u_M Meßspannung u_V Vergleichsspannung *z* Zählerstand	*1* Komparator *2* Torschaltung *3* Impulsgenerator *4* Polaritätskenner *5* D/A-Umsetzer *6* Vorwärts/Rückwärts-Zähler mit Speicher und Anzeige u_M Meßspannung u_V Vergleichsspannung *z* Zählerstand
Vorteile	schnelle Umsetzung von Meßspannungen in Meßwerterfassungssystemen und Prozeßrechneranlagen	schnelle Umsetzung von Meßspannungen, geringer Abgleichaufwand	alle Stufen (außer nullter Stufe) gleich aufgebaut, schnelle Umsetzung von Meßspannungen	kleine Umsetzzeit	sehr kleine Umsetzzeit, weil nur Teilzyklus durchlaufen wird
Nachteile	ganzer Zyklus muß durchlaufen werden, zur Störspannungsunterdrückung müssen spezielle Maßnahmen getroffen werden	schlechte Störspannungsunterdrückung slew rate des Operationsverstärkers legt maximale Umsetzgeschwindigkeit fest	Umsetzgenauigkeit ist von der Genauigkeit der Referenzspannung, des Verstärkers und des Komparators abhängig, Meßbedingung $u_M < 2u_V$ muß gelten	ganzer Zyklus muß durchlaufen werden, spezielle Maßnahmen zur Störspannungsunterdrückung sind erforderlich	spezielle Maßnahmen zur Störspannungsunterdrückung sind erforderlich

Für die Periodendauer T der Sägezahnimpulse gilt

$$T = u_V/(\alpha \bar{u}_{MT}) \tag{7.14}$$

$\bar{u}_{MT}$ arithmetischer Mittelwert der Meßspannung für die Periodendauer T.

Die Sägezahnfrequenz während des Zeitintervalls Δt kann mit Torzeitgenerator und Tor durch digitale Frequenzmessung bestimmt werden. Für den Zählerstand ergibt sich aus den Gln. (7.13) und (7.14)

$$Z = \Delta t/T = \alpha \bar{u}_{M\Delta t}\, \Delta t/u_V. \tag{7.15}$$

Weitere Ausführungen über Spannungs/Frequenz-Umsetzer s. [4.1, S. 140] [4.19] [7.6, S. 736].

Beim **Ladungskompensationsumsetzer** wird der Kondensator C_i bis zur Triggerschwelle des D-Flipflops zeitlinear aufgeladen. Die Aufladung vollzieht sich so lange, bis die nächstfolgende positive Flanke des Taktgenerators den D-Flipflop in den High-Zustand versetzt. Der Schalter S wird gleichzeitig geschlossen. Von der hochgenauen Referenzspannungsquelle wird nun eine Kompensationsspannung in den Summationspunkt eingespeist. Dadurch sinkt die Ausgangsspannung des Integrators unter die Triggerschwelle des D-Flipflops (etwa Nullniveau). Mit der nächsten positiven Flanke des Taktgenerators am Takteingang C wird das Signalniveau vom D-Eingang auf den Q-Ausgang des Flipflops übertragen. Der Schalter S wird gleichzeitig geöffnet. Damit beginnt der Vorgang von neuem. Die am Q-Ausgang des D-Flipflops entstehenden Rechteckimpulse werden in einer voreingestellten Toröffnungszeit gezählt und angezeigt.

7.3.1.3. Stufenumsetzer

Stufenumsetzer arbeiten nach der Kompensationsmethode, d. h., die analoge Größe Meßspannung (Meßstromstärke) wird direkt mit einer analogen Referenzspannung verglichen. Die Umsetzer arbeiten wie automatisch abgleichende Kompensatoren [7.6, S. 737].

Beim **Stufenumsetzer mit programmierter Vergleichsspannung (Tafel 7.14)** wird im Komparator die Meßspannung u_M mit der Vergleichsspannung u_V verglichen, und der Nulldetektor schaltet für $u_M - u_V = 0$ den automatischen Durchlauf des Widerstandsnetzwerks mit dem Referenzspannungsgenerator ab. Die Schalterstellung Z des meistens in dualen Stufen aufgebauten Widerstandsnetzwerks ist dann ein Maß für u_M.

Beim **Stufenumsetzer mit Treppenvergleichsspannung (Tafel 7.14)** wird im Komparator die Meßspannung u_M mit der Vergleichsspannung u_V verglichen. Für $u_M - u_V \neq 0$ laufen aus dem Impulsgenerator völlig gleichartige Impulse in den D/A-Umsetzer und den Zähler.

Die Impulse aus dem Impulsgenerator werden über Impulsformer und Integrator zu einer Treppenspannung aufgebaut, bis die Torschaltung für $u_M - u_V = 0$ den Impulsgenerator abschaltet. Der Zählerstand Z ist dann proportional u_M.

Beim **Nachlaufumsetzer (Tafel 7.14)** wird die am Komparator aus einer Messung 1 mit Meßspannung u_{M1} anliegende Vergleichsspannung u_{V1} für Messung 2 mit Meßspannung u_{M2} nicht gelöscht. Die Torschaltung öffnet bei $u_{M2} - u_{V1} \neq 0$ den Impulsgenerator, dessen Impulse über den Polaritätserkenner und den D/A-Umsetzer die Vergleichsspannung u_{V1} zur Vergleichsspannung u_{V2} aufbauen oder abbauen. Bei $u_{M2} - u_{V2} = 0$ wird der Impulsgenerator gesperrt. Der Zählerstand Z am Vor-Rückwärts-Zähler ist ein Maß für die Meßspannung u_{M2}.

Stufenumsetzer benötigen zur Kompensation von Meß- und Vergleichsspannung sog. Digital/Analog-Umsetzer (D/A-Umsetzer), d. h. Meßglieder, die eine digitale Eingangsgröße in eine analoge Ausgangsgröße umwandeln.

Tafel 7.15. Digital/Analog-Umsetzer (Entschlüßler)

	D/A-Umsetzer mit gestuftem Spannungsteiler	D/A-Umsetzer mit gestuftem Stromteiler	D/A-Umsetzer mit Widerstandsketten
Bauprinzip	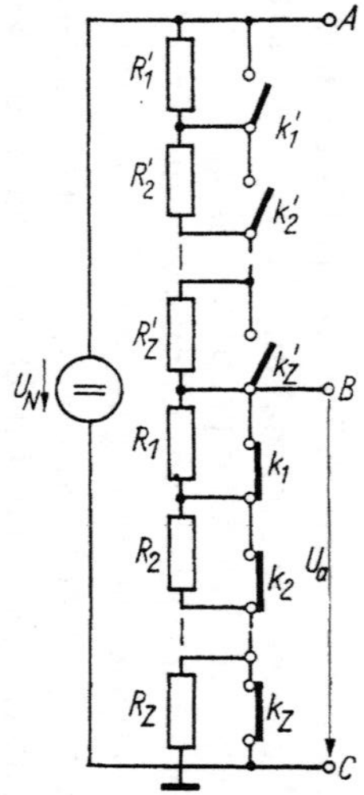	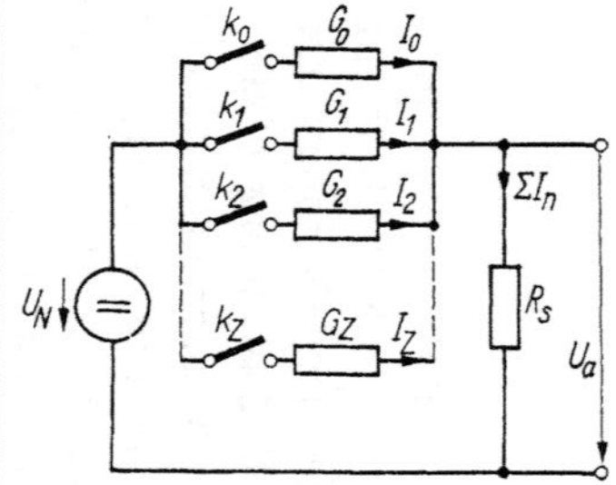	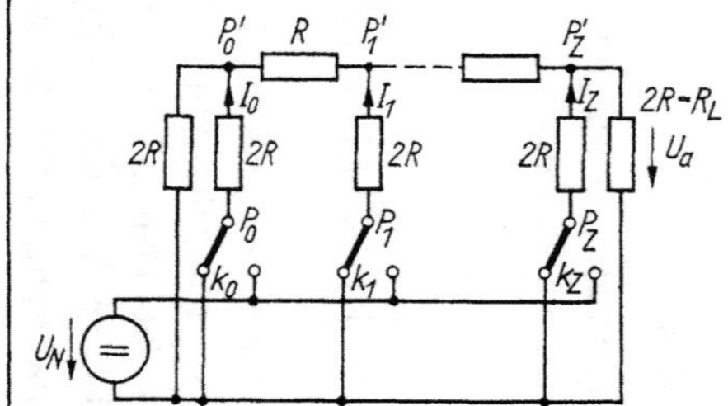
Bezeichnung	R_Z, R_Z' gestufte Widerstände K_Z, K_Z' Relaiskontakte U_a Ausgangsspannung U_N Normalspannung	G_n gestufte Leitwerte R_s Summierwiderstand I_n gestufte Teilströme U_a Ausgangsspannung U_N Normalspannung	P_n Schaltkontakte R Wirkwiderstand R_L Lastwiderstand K Kontaktsätze U_a Ausgangsspannung U_N Normalspannung
Vorteile	Lastwiderstand der Normalspannungsquelle konstant	Innenwiderstand der Ausgangsspannungsquelle konstant	Ausgangsspannung unabhängig vom Betrag von R
Nachteile	Innenwiderstand der Ausgangsspannungsquelle veränderlich	Lastwiderstand der Normalspannungsquelle veränderlich	Lastwiderstand von U_N und Innenwiderstand von U_a veränderlich

7.3.2. Digital/Analog-Umsetzer (Entschlüßler)

Beim D/A-Umsetzer mit **gestuftem Spannungsteiler (Tafel 7.15)** wird die einem vorgegebenen Kode entsprechende Stufung der Spannung mit Widerstandsteilern erzeugt [4.1, S. 167].

Ein Spannungsteiler nach *Feussner* besteht aus Paaren gleichgroßer Widerstände R_z und R'_z, die jeweils der Wertigkeit einer Ziffer entsprechen und denen Paare von Relaiskontakten k_z und k'_z zugeordnet sind. Beim Einschalten des Widerstands R_z durch Öffnen des Kontakts k_z im Spannungsteilerabschnitt BC wird gleichzeitig im Spannungsteilerabschnitt AB der entsprechende Widerstand R'_z durch Schließen des Kontakts k'_z kurzgeschlossen, wodurch die Stromstärke i_K im Gesamtstromkreis konstant gehalten wird. Die analoge Ausgangsspannung u_a beträgt

$$u_a = u_N \frac{\sum R_{BC}}{\sum R_{AC}} = u_N \frac{pR}{p_{max}R} = u_N \frac{p}{p_{max}} \tag{7.16}$$

R Widerstandsstufe, die mit Konstantstromstärke i_K multipliziert die kleinste Spannungsstufe ergibt, p umzusetzende Zahl, p_{max} größte mit dem Teiler umsetzbare Zahl.

Beim D/A-Umsetzer mit **gestuftem Stromteiler (Tafel 7.15)** wird die einem vorgegebenen Kode entsprechende Stufung der Teilstromstärken i_n mit konstanter Normalspannung u_N und jeweils verschiedenen Leitwerten G_n oder durch Stromgeneratoren realisiert. Die Aufsummierung der Teilströme erfolgt über einen Summierwiderstand R_S [4.1, S. 170]. Die analoge Ausgangsspannung u_a ist

$$u_a = R_S u_N \sum G_n. \tag{7.17}$$

Beim D/A-Umsetzer mit **Widerstandskettenleitern (Tafel 7.15)** wird mit Widerstandsketten, die aus gleich großen Widerständen $2R$ bestehen, über Relaiskontakte k_n eine Aufteilung des Stroms i in Teilströme i_n vorgenommen [4.1, S. 174]. Die von den Punkten $P_0 \dots P_z$ ausgehenden Ströme $i_0 \dots i_z$, die über den Arbeitswiderstand R_L fließen, entsprechen den dargestellten Dualzahlen 2^0 bis 2^n. Die analoge Ausgangsspannung u_a lautet

$$u_a = R_L u_N / [2^{n+1} (R_L + R)]. \tag{7.18}$$

7.3.3. Elektronische Hilfsglieder

7.3.3.1. Elektronische Schalter und Torschaltungen

Elektronische Schalter (Tafel 7.16) erzeugen binäre Signale, indem sie die beiden Grenzlagen der Arbeitspunkte der Schalterkennlinie (gesperrter oder vollständig leitender Betriebszustand) ausnutzen. Die Übergangszeit zwischen den beiden Grenzzuständen soll möglichst kurz sein. Von ihr ist u.a. die Arbeitsgeschwindigkeit eines digitalen Meßsystems abhängig. Als Schalterelemente können Halbleiterdioden, Transistoren oder integrierte Schaltkreise verwendet werden [4.1] [4.4] [4.19] [6.13] [6.21] [7.8] [7.9].

Torschaltungen (Tafel 7.16) sind Netzwerke, die in Abhängigkeit von der Steuerspannung für bestimmte Eingangssignale geöffnet oder gesperrt sind [4.1] [4.4] [4.19] [7.9].

7.3.3.2. Kippschaltungen und Impulsformer

Kippschaltungen (Tafel 7.17) erzeugen binäre Ausgangssignale, wobei zwischen Kippschaltungen mit zwei stabilen Zuständen (bistabile Kippstufe), mit einem stabilen Zustand (monostabile Kippstufe), mit zwei quasistabilen Zuständen (astabile Kippstufe)

Tafel 7.16. Elektronischer Schalter und Torschaltung

	Elektronischer Schalter	Torschaltung
Schaltungssymbol	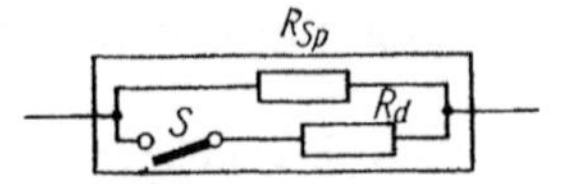	
Bauprinzip	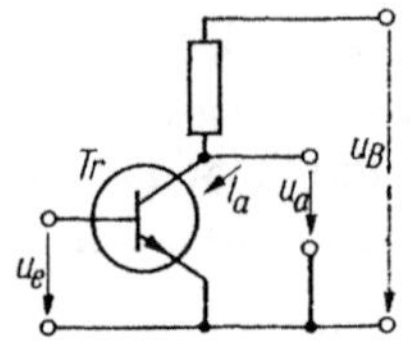	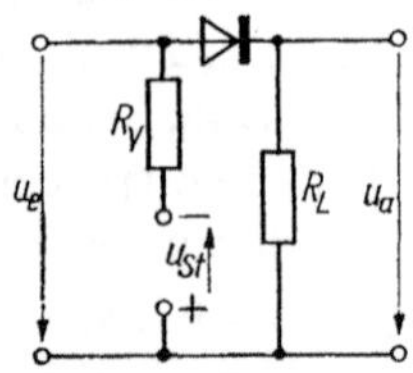
Funktionsprinzip	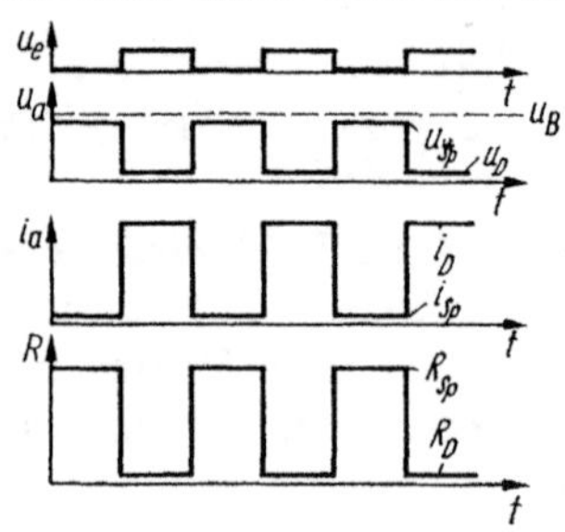	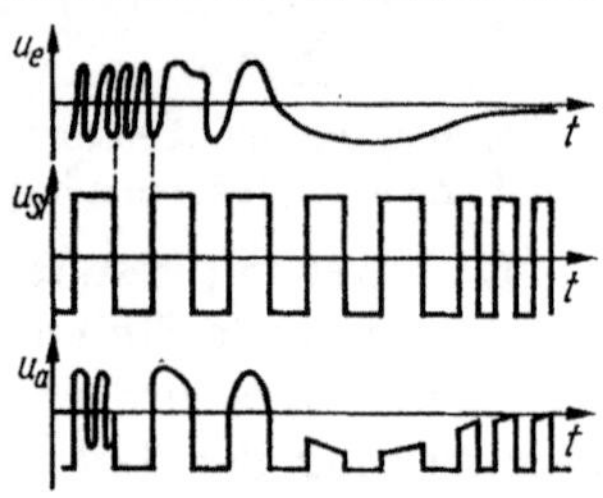
Bezeichnung	R_D, R_d Durchlaßwiderstand, R_{Sp} Sperrwiderstand, *S* Schalter, *Tr* Transistor, i_D Durchlaßstromstärke, i_{Sp} Sperrstromstärke, i_a Ausgangsstromstärke, u_B Betriebsspannung, u_a Ausgangsspannung, u_e Eingangsspannung, *t* Zeit	R_L Lastwiderstand, R_V Vorwiderstand R_{Sp}, R_D Sperr-, Durchlaßwiderstand, u_a Ausgangsspannung, u_e Eingangsspannung, u_{st} Steuerspannung, u_s Schwellspannung der Diode, $(u_s) \ll (u_{st})$, $R_{Sp} \to \infty$, $R_D \to 0$

und einer Schaltung zum Erzeugen kurzer Impulse mit sehr steilen Flanken bei kleinem Innenwiderstand (Sperrschwinger) unterschieden wird [4.1] [4.2] [4.4] [4.19] [7.8] [7.9].

Impulsformer (Tafel 7.18) verändern die Signalimpulsform, wobei zwischen linearen Formungsschaltungen, d.h. Schaltungen mit linearem Zusammenhang zwischen Stromstärke und Spannung (Differentiations-, Integrationsschaltungen), und nichtlinearen Formungsschaltungen, d.h. Schaltungen mit nichtlinearem Zusammenhang zwischen Stromstärke und Spannung (Begrenzerschaltungen, Schmitt-Trigger), zu unterscheiden ist [4.1] [4.2] [4.4] [4.19] [7.8] [7.9].

7.3.3.3. Logikglieder und Verstärker

Durch **Logikglieder (Tafel 7.19)** werden die zur Meßinformationsgewinnung aus binären Meßsignalen benötigten unterschiedlichen mathematischen Operationen realisiert. Diese mathematischen Operationen lassen sich auf wenige elementare Grundoperationen reduzieren.

Die wichtigsten Verknüpfungsformen und Grundschaltungen zeigt **Tafel 7.19** [4.1] [4.4] [4.6] [4.19] [6.12] [6.13].

Mit den vier Grundschaltungen JA, NEIN, UND, ODER sind alle interessierenden Verknüpfungen möglich [7.10].

Tafel 7.17. Kippschaltungen

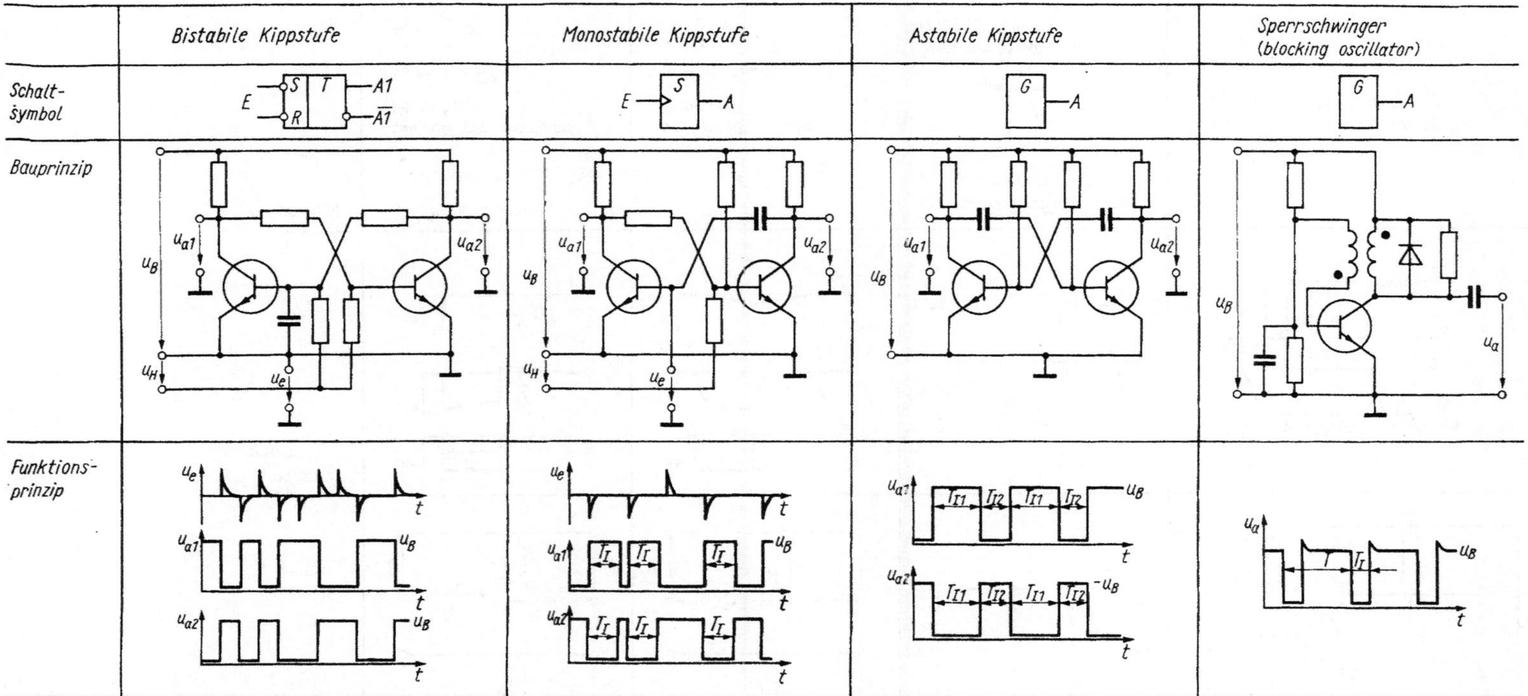

Bezeichnung

U_B Betriebsspannung	U_e Eingangsspannung
U_H Hilfsspannung	T Periodendauer
U_a Ausgangsspannung	T_I Impulsdauer

Tafel 7.18. Impulsformer

	Lineare Impulsformungsschaltungen		Nichtlineare Impulsformungsschaltungen	
	Differentiationsschaltungen	Integrationsschaltungen	Begrenzerschaltungen	Schmitt-Trigger
Schaltungssymbol	$df(x)$	$\int f(x)$		
Bauprinzip	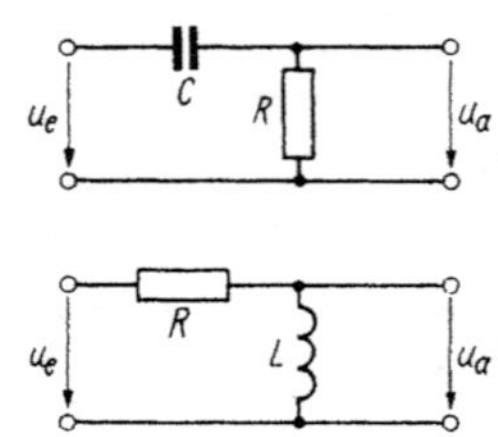	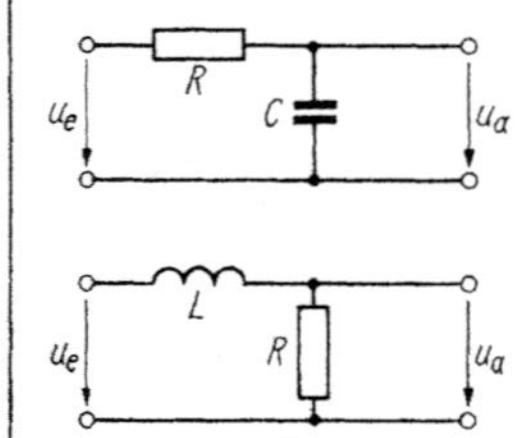	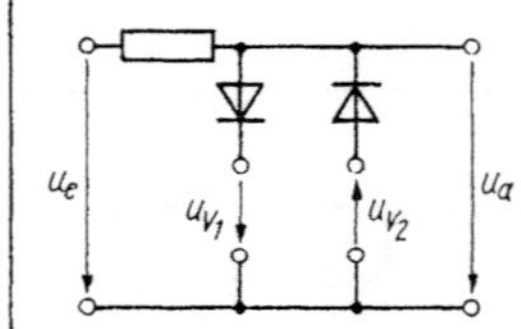	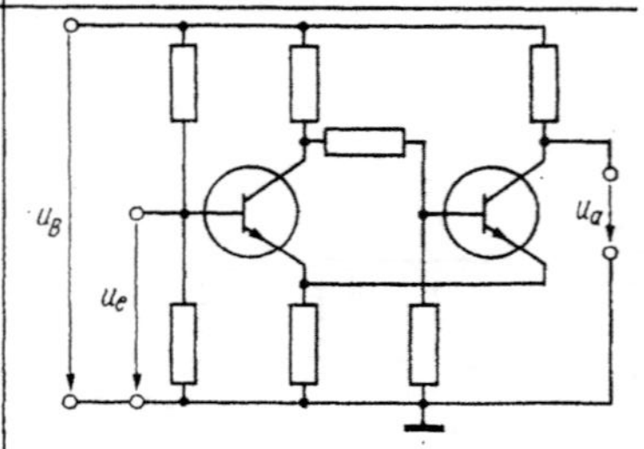
Funktionsprinzip	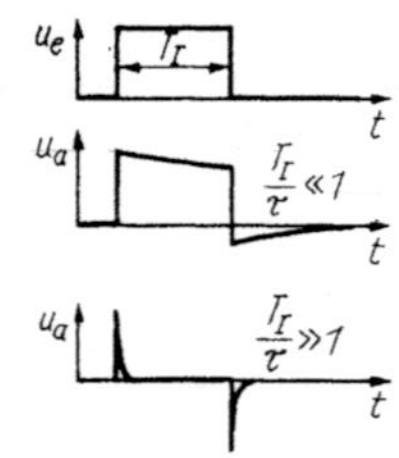	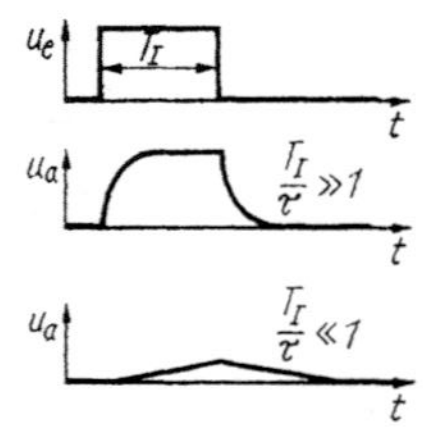	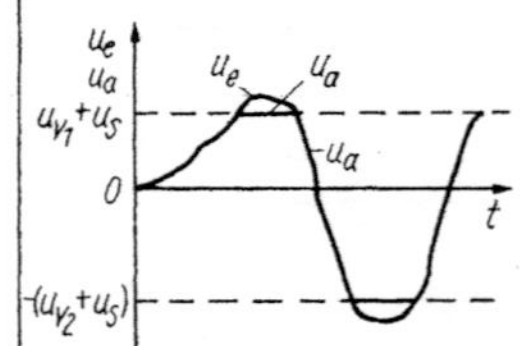	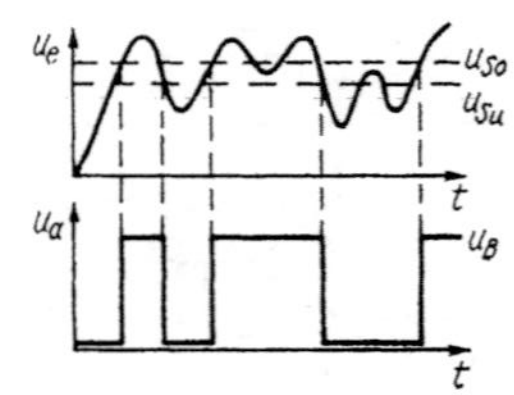
Bezeichnung	T_I Impulsdauer $\tau = RC$ bzw. $\tau = \frac{L}{R}$ Zeitkonstante quasidifferenzierendes Verhalten $u_a \approx \tau \frac{du_e}{dt}$ für $\frac{T_I}{\tau} \gg 1$	quasiintegrierendes Verhalten $u_a \approx \frac{1}{t} \int u_e dt$ für $\frac{T_I}{\tau} \ll 1$	u_S Diodenschwellspannung u_V Gleichvorspannung 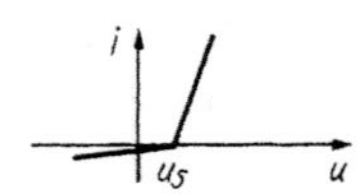 idealisierte Kennlinie einer HL-Diode	u_{So} obere Schwellspannung u_{Su} untere Schwellspannung

Tafel 7.19. Logikglieder

	Wiederholglied	Negation NICHT	Konjunktion UND	Disjunktion ODER
Schalttabelle	x_e | x_a 0 | 0 1 | 1	x_e | x_a 0 | 1 1 | 0	x_{e1} | x_{e2} | x_a 0 | 0 | 0 0 | 1 | 0 1 | 0 | 0 1 | 1 | 1	x_{e1} | x_{e2} | x_a 0 | 0 | 0 0 | 1 | 1 1 | 0 | 1 1 | 1 | 1
Schaltfunktion	$x_a = x_e$	$x_a = \overline{x}_e$	$x_a = x_{e1} \wedge x_{e2}$	$x_a = x_{e1} \vee x_{e2}$

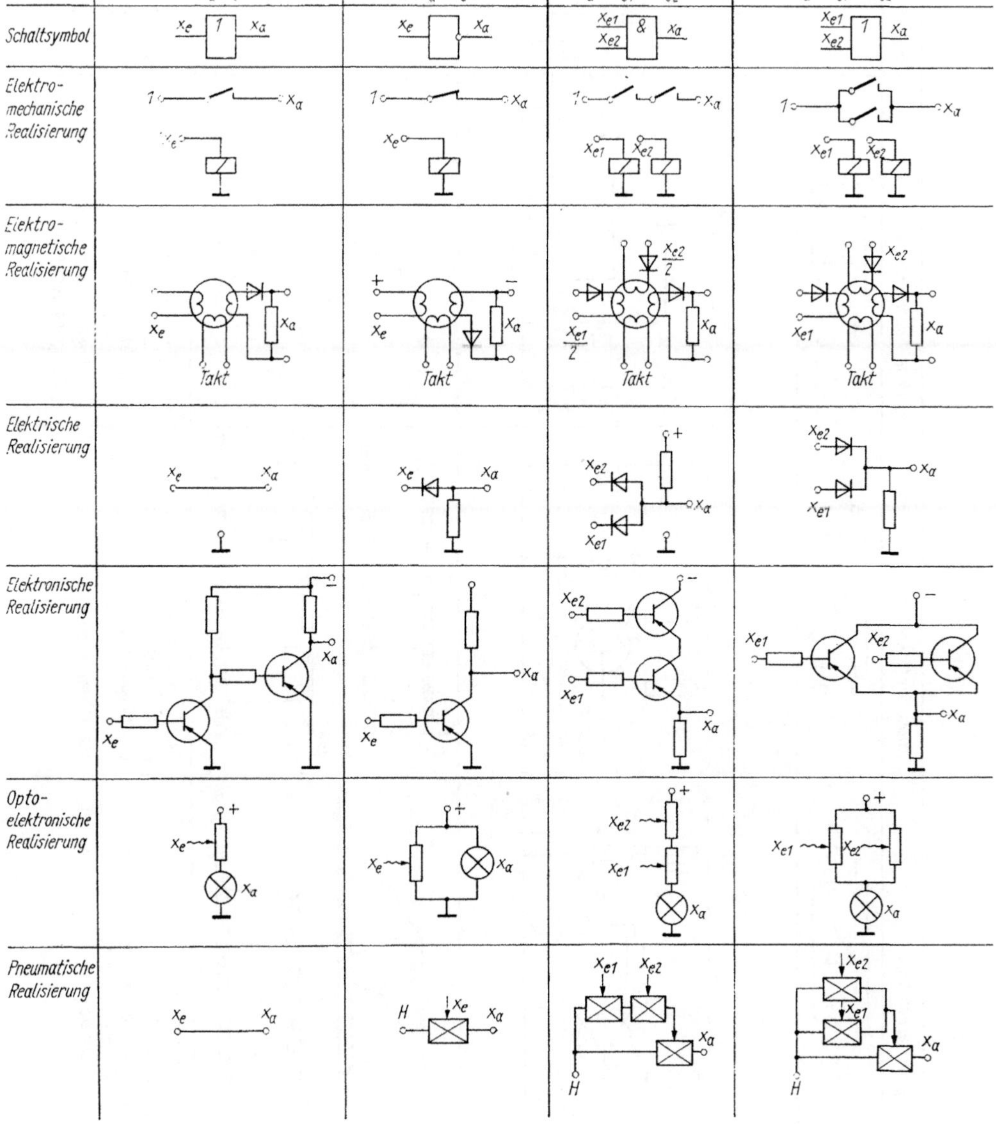

Tafel 7.20. Verstärker

	Regenerierverstärker	Anpaßverstärker	Integrationsverstärker	Nullverstärker (Komparator)
Schalt-symbol	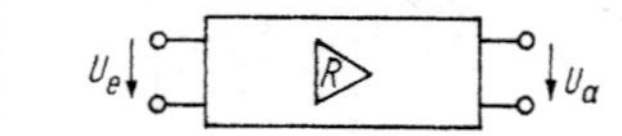	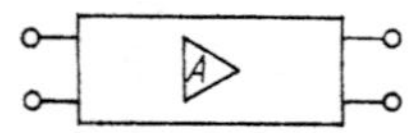	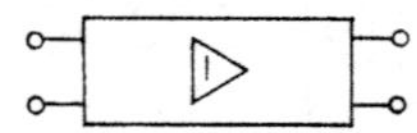	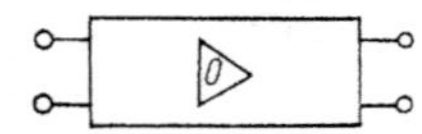
Bauprinzip	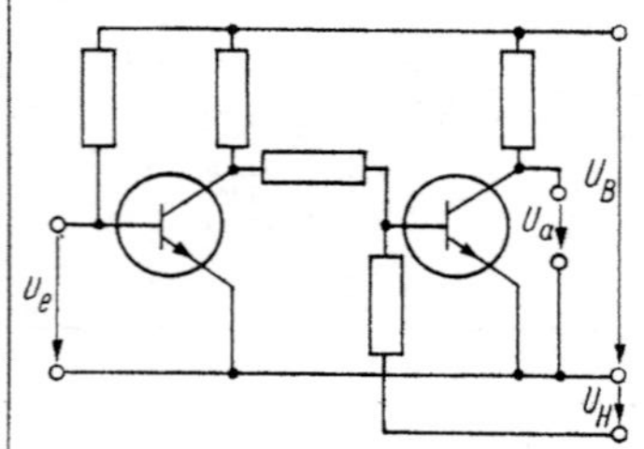	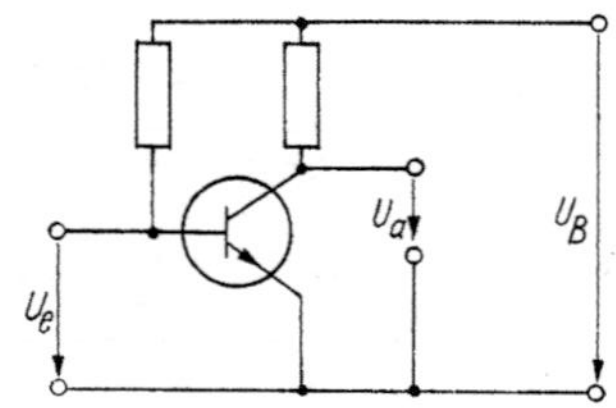	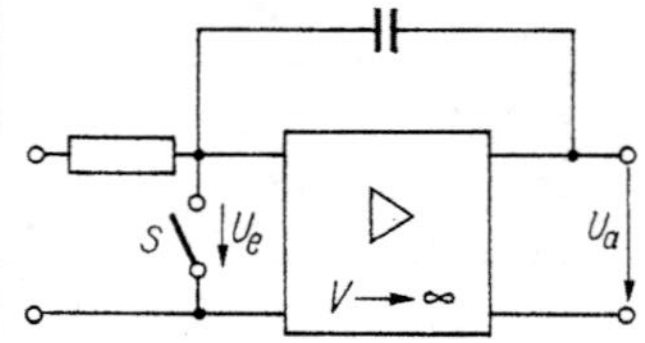	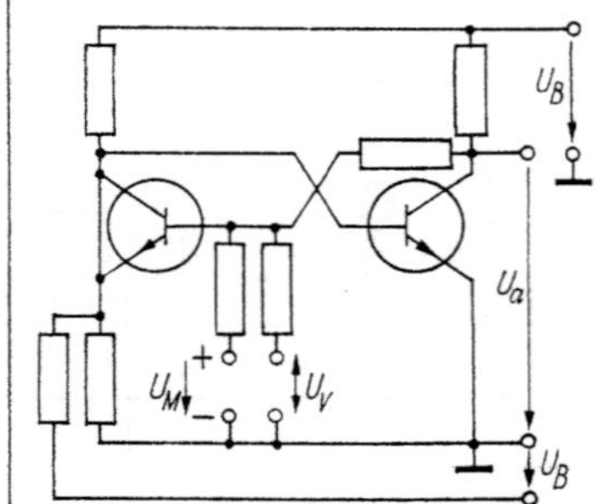
Funktions-prinzip	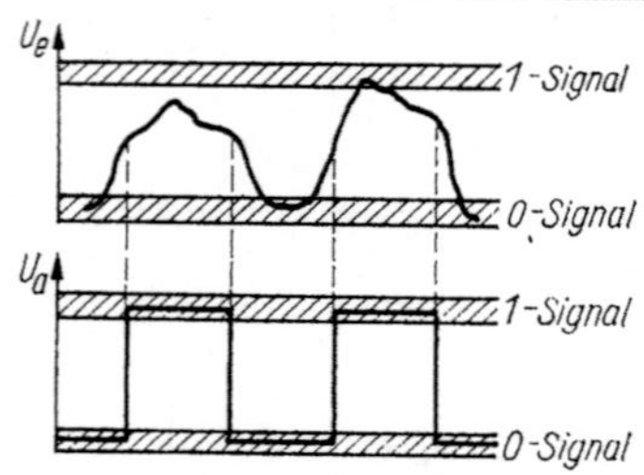	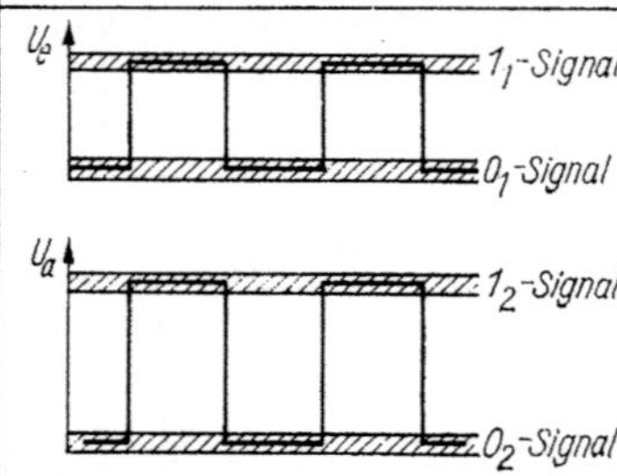	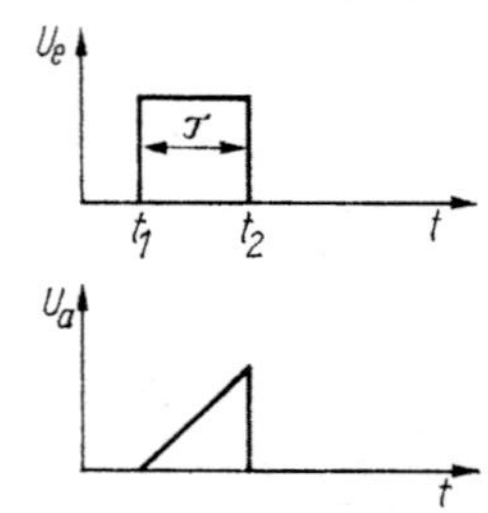	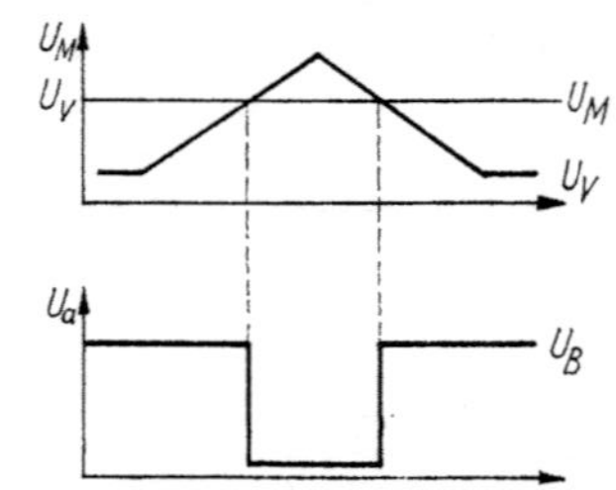
Bezeichnung	U_B Betriebsspannung U_H Hilfsspannung U_a Ausgangsspannung U_e Eingangsspannung ▨ Toleranzbereich	U_B Betriebsspannung U_a Ausgangsspannung U_e Eingangsspannung ▨ Toleranzbereich	C Kondensator, R Wirkwiderstand t_1 Schalter S geöffnet t_2 Schalter S geschlossen $t_2 - t_1 = \tau = RC$ U_a Ausgangsspannung U_e Eingangsspannung	U_B Betriebsspannung U_M Meßspannung U_V Vergleichsspannung U_a Ausgangsspannung

Weitere Verknüpfungsglieder (NAND, NOR usw.) erlauben grundsätzlich keine anderen Verknüpfungen, wohl aber z.T. wesentliche Schaltungsvereinfachungen. Ihre Funktionsweise sowie ihre Vor- und Nachteile sind Gegenstand der Spezialliteratur über Schaltalgebra und Schaltsysteme [7.11] bis [7.15].

Verstärker (Tafel 7.20) dienen in der digitalen Meßtechnik der Regulierung der Ausgangsspannungspegel für die binären Werte 1 und 0 (Regenerierverstärker), der Anpassung der Ausgangspegel des A/D-Umsetzers an die Eingangsspannungspegel des Ausgebers (Anpaßverstärker), der Erzeugung zeitlinear ansteigender Spannungen (Integrationsverstärker oder Sägezahngenerator) und dem Vergleich von Meß- und Referenzspannung (Nullverstärker oder Komparator) [4.1] bis [4.4] [6.12] [6.13] [6.21] [7.7] [7.8] [7.9].

7.3.4. Elektronische Normale

7.3.4.1. Spannungsnormale

Als Spannungsnormale wurden früher in erster Linie Weston-Normalelemente (galvanische Elemente mit sehr konstanter Spannung und kleinem Temperaturkoeffizienten) benutzt [4.1] [4.3]. Wegen der geringen Belastbarkeit ($\leq 1\ \mu A$) werden heute zunehmend Schaltungen mit Zener-Dioden als Spannungsnormal verwendet. Sie weisen zwar eine etwas geringere zeitliche Spannungskonstanz als die Weston-Normalelemente auf, sind aber unempfindlich gegenüber starken Belastungen und gestatten eine höhere Stromentnahme. In **Tafel 7.21** ist eine einstufige Z-Diodenschaltung zur Erzeugung einer konstanten Spannung dargestellt. Um den Stabilisierungsfaktor zu erhöhen, können mehrere einstufige Schaltungen in Reihe angeordnet werden (Kaskadenschaltung). Eine weitere Erhöhung der Konstanz ist durch eine Brückenschaltung der Z-Dioden zu erreichen. Der Stabilisierungsfaktor (Verhältnis der relativen Änderung der Eingangsspannung zur relativen Änderung der Ausgangsspannung) ist bei einstufigen Z-Diodenschaltungen etwa 500, bei mehrstufigen etwa bis 25000 und bei Brückenschaltungen etwa bis 100000.

7.3.4.2. Frequenz- und Zeitnormale

Als Frequenz- und Zeitnormale **(Tafel 7.21)** werden quarzgesteuerte Oszillatoren verwendet [4.1] [4.3]. Mit ihnen ist im Gegensatz zu LC-Schwingkreisen, die eine Konstanz der Eigenfrequenz von etwa $1 \cdot 10^{-4}$ aufweisen, eine Konstanz bis $1 \cdot 10^{-9}$ zu erreichen. Der Temperaturkoeffizient liegt für LC-Schwingkreise bei etwa $1 \cdot 10^{-5}\ K^{-1}$ und für Quarze bei $1 \cdot 10^{-6}\ K^{-1}$ [4.1].

Als Zeitnormale werden Impulsgeneratoren (Sinusoszillator mit nachgeschaltetem Impulsformer und Differenzierglied) verwendet, die äquidistante Zeitabschnitte, getrennt durch Impulse, liefern. Zur Erzeugung längerer Zeitabschnitte werden mehrere Impulse summiert.

7.3.5. Digitale Speicher

Zur Aufbewahrung von binären Informationen dienen digitale Speicher **(Tafel 7.22)**, wobei die speichernden Grundelemente nur zwei diskrete Zustände annehmen können. Diesen beiden Zuständen werden die Binärwerte 0 und 1 zugeordnet.

Wichtige Kenngrößen für Speicher sind die Zugriffszeit und die Speicherkapazität.

Tafel 7.21. Normale

	Spannungsnormale (Einstufige Z-Diodenschaltung)	Frequenznormale (Oszillatorschaltung für Parallelresonanzquarz)	Zeitnormale (Prinzipschaltung)
Bauprinzip	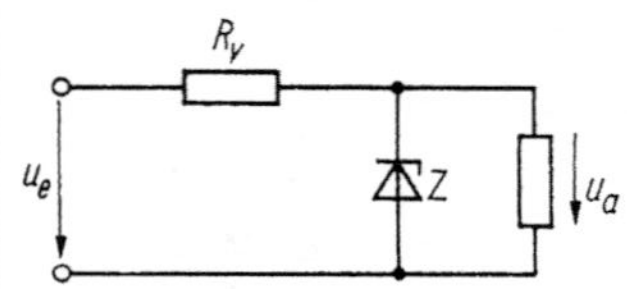	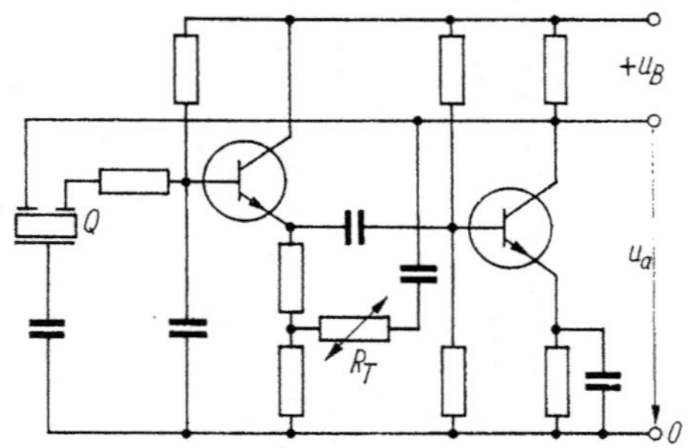	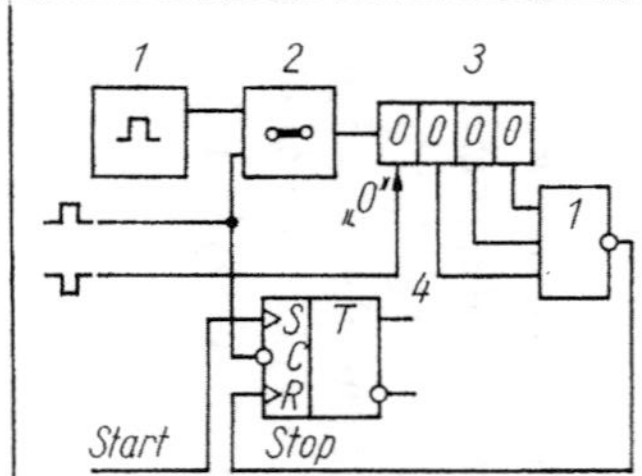
Bezeichnung	R_V Vorwiderstand u_a Ausgangsspannung u_e Eingangsspannung Z Z-Diode	Q Parallelresonanzquarz R_T Regelheißleiter u_a Ausgangsspannung u_B Betriebsspannung	*1* Generator *2* Tor *3* Zähler *4* Flipflop
Vorteile	sehr einfacher Aufbau, gutes Verhältnis von Aufwand zu erreichbarem Stabilisierungsfaktor	einfacher Aufbau mit teilweiser Temperaturkompensation des Quarzresonators	Zeitintervall ist vorwählbar durch Zählstandsdekodierung
Nachteile	kleiner Laststrombereich, Temperaturkoeffizient engt Anwendungsbereich ein	durch Betriebsspannungsstabilisierung und Thermostatanwendung läßt sich die Frequenzdrift weiter verringern	die Normalzeit kann nur ein Vielfaches der Taktperiode des Generators sein, relativ hoher Aufwand
Anwendung	Spannungsstabilisierung mit geringem Stabilisierungsfaktor	Normalfrequenzgenerator für Zeit und Frequenzmeßeinrichtungen, Taktgenerator für digitale Steuerungen	digitale Steuerungen für Frequenzmeßgeräte, programmierbare Zeitüberwachung in Steuerungseinrichtungen

Tafel 7.22. Digitale Speicher

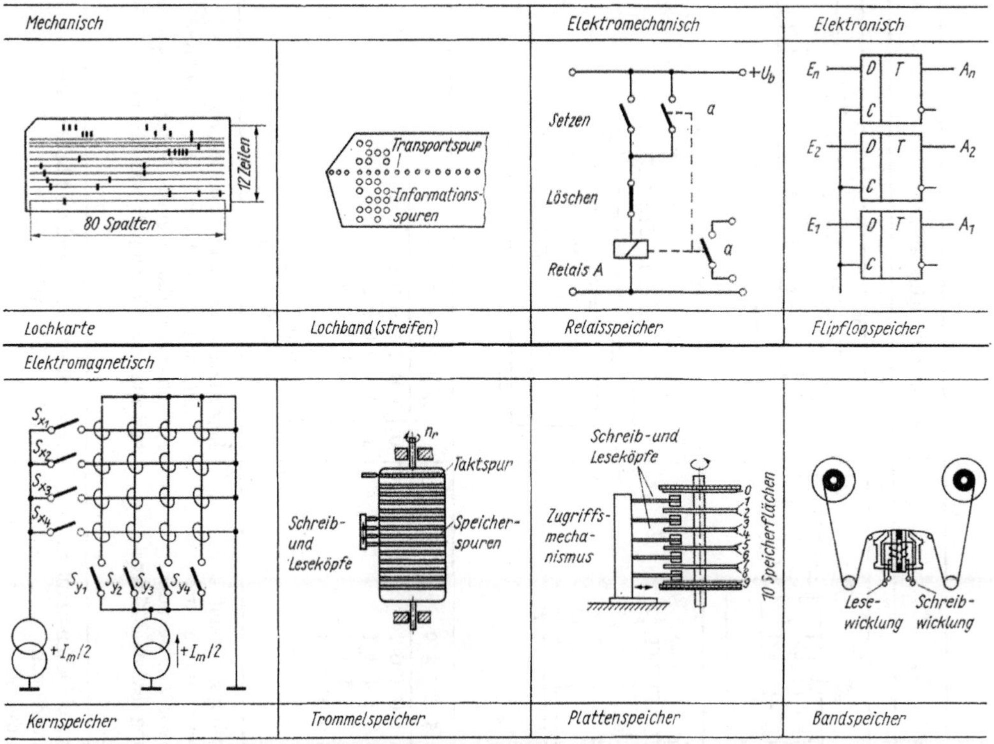

Als **Zugriffszeit** wird die Zeitspanne zwischen Aufruf einer Speicherzelle und dem Ende des Schreib- bzw. Lesevorgangs bezeichnet. Sie liegt je nach Art des Speichers zwischen einigen Nanosekunden und mehreren Minuten.

Als **Speicherkapazität** wird das Aufnahmevermögen eines Speichers bezeichnet. Die Speicherkapazität wird in Bit, Zeichen oder Wörtern angegeben und liegt zwischen 10^1 und 10^9 bit oder 1 K bis 100 M Wörtern mit Wortlängen von 4 bis 24 bit [4.4].

Externe Speicher dienen der Speicherung von Ein- und Ausgabeinformationen [4.2] (z.B. Lochkarten, Lochbänder, Magnetkarten, Magnetbänder und Magnetplatten).

Interne Speicher dienen der Zwischenspeicherung von Informationen während des Verarbeitungsprozesses und haben sehr kleine Zugriffszeiten (z.B. Transistorflipflop, Tunneldioden, Ferritkernspeicher und integrierte Festkörperspeicher).

7.3.6. Zähler

Zum Zählen der Impulse einer Impulsfolge werden Zähler eingesetzt. Die am häufigsten verwendeten Zähler bestehen aus mehreren in Reihe geschalteten bistabilen Kippstufen, die mit Transistorschaltungen realisiert werden. Ebenso sind auch Zählschaltungen mit Ferritkernen, Tunneldioden und Parametrons bekannt [4.4].

Der Aufbau eines Zählers ist abhängig vom Zahlensystem, in dem gezählt werden soll, und zusätzlich von der Kodierungsart.

Dualzähler (Tafel 7.23) bestehen aus mehreren in Reihe geschalteten Kippstufen, wobei der Ansteuerimpuls für eine Kippstufe jeweils von der vorhergehenden Kippstufe abgenommen wird. Da eine bistabile Kippstufe die Impulszahl halbiert, werden die zu zäh-

Tafel 7.23. Zähler

	Dualzähler	Dual-dekadischer Zähler	Dekadischer Ringzähler
Bauprinzip	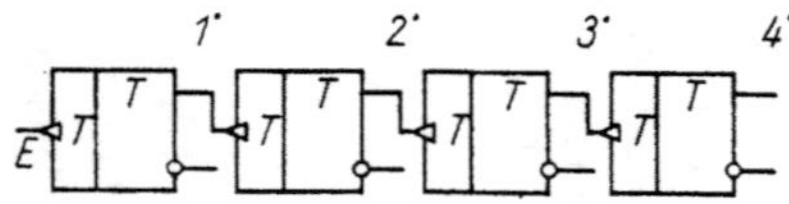	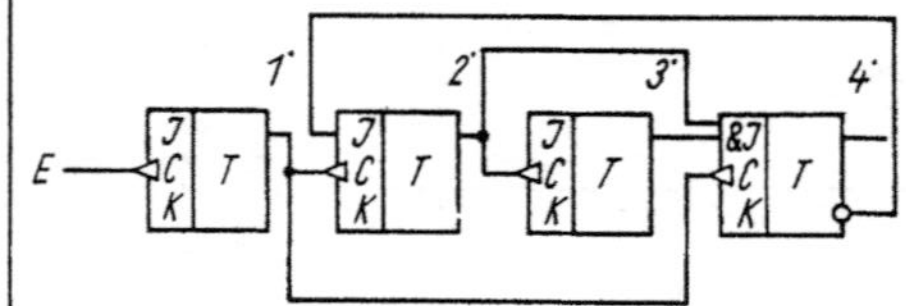	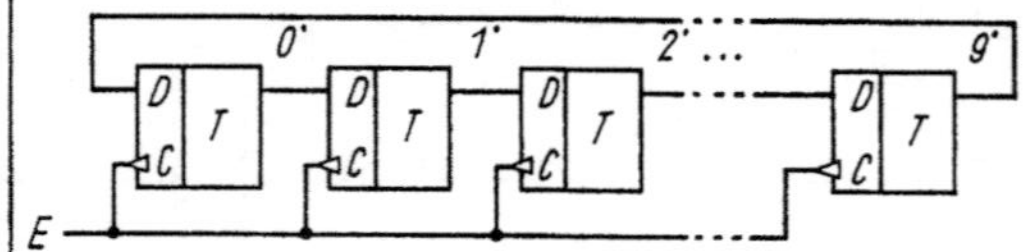
Funktionsprinzip	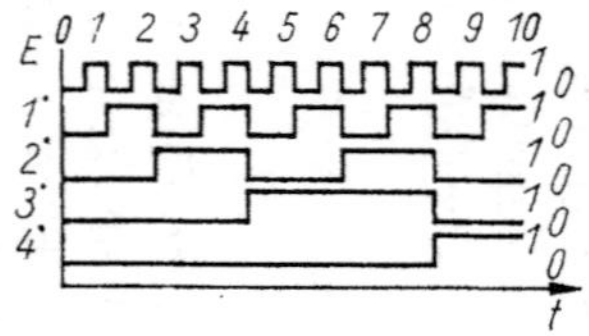	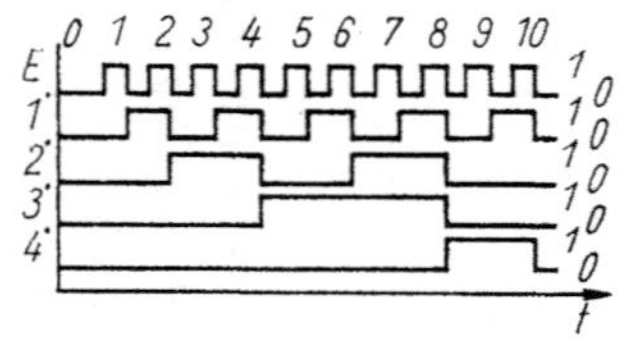	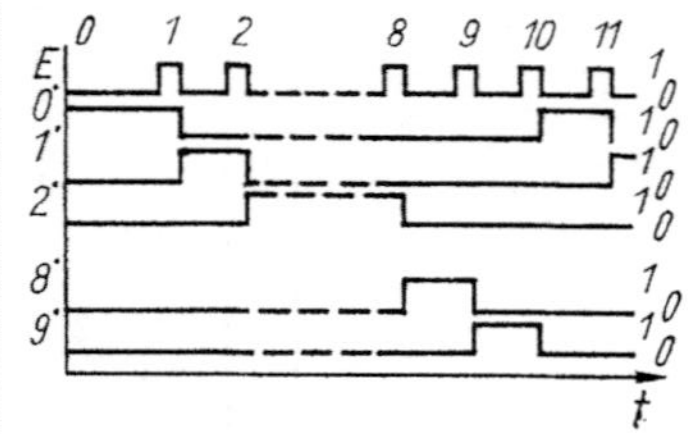
Schaltbelegung	| 0 1 2 3 4 5 6 7 8 9 2^0 | 0 1 0 1 0 1 0 1 0 1 2^1 | 0 0 1 1 0 0 1 1 0 0 2^2 | 0 0 0 0 1 1 1 1 0 0 2^3 | 0 0 0 0 0 0 0 0 1 1	| 0 1 2 3 4 5 6 7 8 9 2^0 | 0 1 0 1 0 1 0 1 0 1 2^1 | 0 0 1 1 0 0 1 1 1 1 2^2 | 0 0 0 0 1 1 1 1 1 1 2^3 | 0 0 0 0 0 0 0 0 1 1	| 0 1 2 3 4 5 6 7 8 9 0 | 1 0 0 0 0 0 0 0 0 0 1 | 0 1 0 0 0 0 0 0 0 0 2 | 0 0 1 0 0 0 0 0 0 0 ⋮ 8 | 0 0 0 0 0 0 0 0 1 0 9 | 0 0 0 0 0 0 0 0 0 1
Vorteile	geringer Verknüpfungsaufwand, maximale Zählfrequenz wird durch die erste Zählstufe bestimmt (Asynchronbetrieb), einfache binäre Auswertbarkeit	geringer Verknüpfungsaufwand, Aufbau von Dezimalzählern durch Reihenschaltung von Zähldekaden, durch Dekodierung dezimale Ziffern-darstellung	keine Dekodierschaltung notwendig, Zählumfang ist gleich der Flipflop-Zahl und einfach erweiterbar, kleinste Verzögerungszeit zwischen Zählimpuls und Ergebnis
Nachteile	bei asynchroner Betriebsweise störempfindlich, hoher Dekodieraufwand	Übertragsbildung bei Dezimalzählern verringert die Zählfrequenz, hoher Dekodieraufwand	relativ hoher Aufwand an Flipflops bei großem Zählumfang

lenden Impulse im Dualkode dargestellt, wobei man den Kippstufen die Wertigkeiten 2^0 bis 2^n ($n = 1, 2, \ldots$) zuordnet. Eine Stufe untersetzt die Impulszahl jeweils um 1 : 2, n Kippstufen also um $1 : 2^n$. Durch Torschaltungen kann der beschriebene Vorwärtszähler zum Vor-Rückwärts-Zähler erweitert werden [4.1] [4.4].

Dual-dekadische Zähler (Tafel 7.23) bestehen aus in Reihe geschalteten Kippstufen, wobei durch geeignete Rückkopplungen von Stufen höherer zu Stufen niederer Wertigkeit ein Teilerverhältnis von 1 : 10 erreicht wird. Das bedeutet, daß eine Zählkette aus vier Kippstufen nicht $2^4 = 16$, sondern nur 10 verschiedene Zustände annehmen kann. Beim zehnten Eingangsimpuls wird ein Übertragungsimpuls an die nächste Zähldekade abgegeben. Die Art der Rückkopplung richtet sich nach dem verwendeten Kode [4.1] [4.4].

Ringzähler (Tafel 7.23) bestehen aus Zählringen mit jeweils zehn Kippstufen, wobei ein Zählring immer einer Dezimalstelle entspricht. In jedem Zählring ist nur eine der zehn Positionen gesetzt (mit 1 belegt). Durch die Aufnahme eines Zählimpulses wird die gesetzte Position an die benachbarte Kippstufe weitergegeben. Ist die Position 9 erreicht, wird beim nächstfolgenden Zählimpuls die Position 9 an Position 0 weitergegeben. Kippstufe 9 wird mit der Kippstufe zur Schließung des Zählrings verbunden. Außerdem geht ein Übertragungsimpuls an den nachfolgenden Zählring (nächsthöhere Dezimalstelle), der dann in gleicher Weise bei jedem Impuls eine Position weiterzählt. Als Zählringe dienen Schieberegister [4.1] [4.4].

7.3.7. Kodeumsetzer

Zur Signalübertragung und -verarbeitung in einem digitalen Meßsystem werden aus Zweckmäßigkeitsgründen häufig mehrere Kodes verwendet. Zur Ansteuerung von Ziffernanzeigern müssen die digitalen Signale im $\binom{10}{1}$-Kode vorliegen. Für die A/D-Umsetzung jedoch ist ein Kode mit geringerer Redundanz – häufig ein dualdekadischer Kode – ökonomischer. Die zur Umsetzung von Kodes erforderlichen Schaltungen heißen Kodeumsetzer [4.1] bis [4.4].

Elektromechanische Kodeumsetzer mit Relais **(Tafel 7.24)** dienen der Kodeumsetzung mit geringen Anforderungen an die Umsetzungsgeschwindigkeit, beispielsweise bei der Ansteuerung von Zahlenanzeigern.

Für Relaisumsetzer zur Umsetzung eines BCD-Kodes in den $\binom{10}{1}$-Kode sind bei optimaler Kontaktanordnung nur vier Relais zur Umsetzung erforderlich.

Elektronische Kodeumsetzer **(Tafel 7.24)** dienen der Kodeumsetzung mit höheren Anforderungen an die Umsetzgeschwindigkeit.

Statische Kodeumsetzer mit Diodenschaltkreisen sind für die Umsetzung eines BCD-Kodes in den $\binom{10}{1}$-Kode geeignet. In der Schaltung wird jeweils eine Diode den Werten 0 und 1 zugeordnet. Der dezimale Wert wird durch ein Konjunktionsglied und vier Eingänge gebildet [4.1].

Dynamische Kodeumsetzer mit Taktgeneratoren werden angewendet, wenn Schaltungen mit Dioden zu aufwendig werden, z. B. bei der Umsetzung von Gray-Kode in Dualkode oder von Dualkode in BCD-Kode.

Tafel 7.24. Kodeumsetzer

	Elektromechanischer Kodeumsetzer mit Relais (BCD-Kode in $\binom{10}{1}$-Kode)	Elektronischer Kodeumsetzer mit Dioden (BCD-Kode in $\binom{10}{1}$-Kode)	Elektronischer Kodeumsetzer mit Taktgenerator (Gray-Kode in Dualkode)
Bauprinzip (Funktionsprinzip)	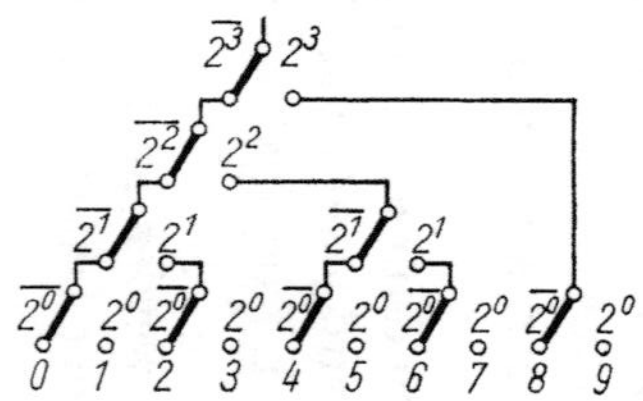	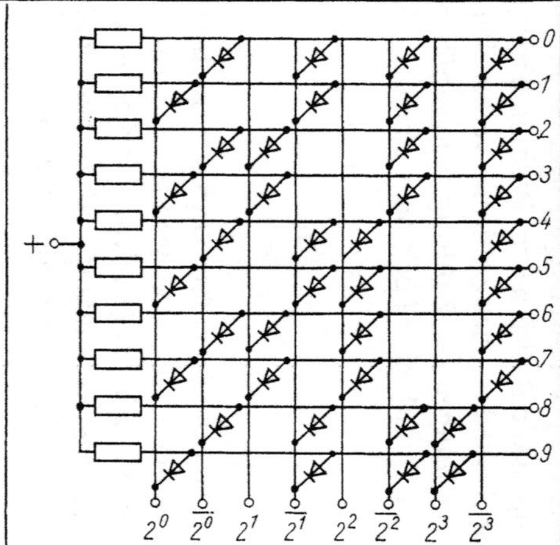	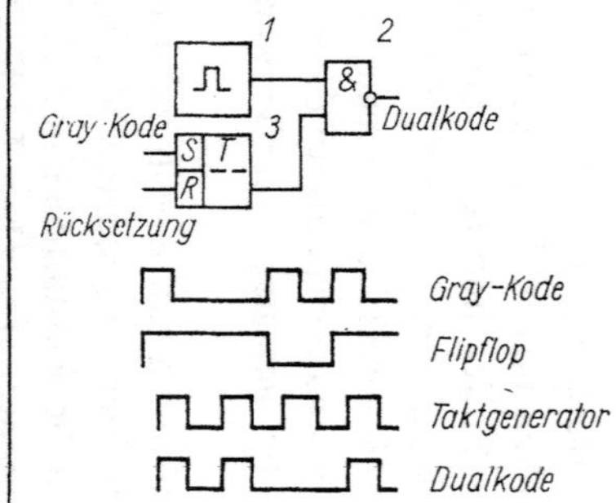
Bezeichnung	Relaisschaltfeld	Diodenmatrix	*1* Taktgenerator *2* Gatter *3* Flipflop
Vorteile	robust, störspannungsunempfindlich	schnelle Kodeumsetzung	gut einsetzbar in A/D-Umsetzern, die mit Abtastprinzipien arbeiten
Nachteile	sehr langsame Kodeumsetzung, geringe Lebensdauer, großer Platzbedarf	großer Platzbedarf, große Anzahl von Verknüpfungsstellen	Gray-Kode Umsetzung ist aufwendig, Gray- und Dualkode sind nicht redundant, d.h. nicht prüfbar

7.4. Digitale Meßwertausgeber

7.4.1. Zahlensichtgeräte

Digitale Meßwertausgeber dienen der visuellen Beobachtung, Protokollierung, späteren Weiterverarbeitung und akustischen Ansage des digitalen Meßwerts.

Mechanische Zahlensichtgeräte haben Rollen, Klappen oder Bänder mit aufgetragenen Ziffern, deren Ziffernträger durch Bildfenster sichtbar werden. Schrittschaltwerke mit Ziffernrolle für Dezimalzahlen schalten bei jedem Impuls auf das Transportrelais die Rolle über einen Hebel um einen Schritt weiter **(Tafel 7.25)**.

Bei Schriftbandanzeigern wird ein Motor über den Ruhekontakt eines Relais betrieben, das mit dem beweglichen Teil des Stufenschalters verbunden ist. Der Stufenschalter arbeitet synchron zum Durchlauf des Ziffernbands. Erreicht der Stufenschalter den Kontakt, der mit der abzubildenden Ziffer übereinstimmt, zieht das Relais an, und der Motor wird abgeschaltet.

Optische Zahlensichtgeräte haben Zifferndiapositive oder Flutlichtziffern (jeweils im $\binom{n}{1}$-Kode), die durch eingeschaltete Lämpchen sichtbar werden. Eine weitere Möglichkeit besteht in Ziffern aus einzelnen Segmenten, von denen jeweils eine entsprechende Kombination angesteuert wird.

Projektionszifferngeräte **(Tafel 7.25)** arbeiten wie Diaprojektoren, nur liegen hier mehrere Projektionskanäle räumlich nebeneinander. Das Ziffernbild wird jeweils auf dieselbe Mattscheibe projiziert.

Optoelektronische Zahlensichtgeräte **(Tafel 7.25)** zeichnen sich durch niedrigen Leistungsbedarf, Kompatibilität mit integrierten Schaltungen, gute dynamische Eigenschaften und geringe Kosten aus.

Wichtigstes aktives Anzeigeelement für die Digitaltechnik ist die Siebensegmentanzeige mit Lumineszenzdioden (LED). Jeder Leuchtbalken besteht aus je einer LED. Sie haben wie Siliziumhalbleiter eine hohe Zuverlässigkeit, geringe Bautiefe und arbeiten in dem relativ großen zulässigen Temperaturbereich von $(-50 \ldots +150)\,°C$.

Weitere aktive Anzeigeeinheiten sind Fluoreszenzanzeigen und Gasentladungsanzeigen [7.16]. Als passive optoelektronische Anzeigeeinheiten werden Flüssigkristalldisplays eingesetzt.

7.4.2. Lochbandgeräte

Lochbandgeräte können sowohl zu den Ein- und Ausgabeeinrichtungen digitaler Meßgeräte als auch zu den Langzeitspeichern (externe Speicher) gerechnet werden. Stanzer nehmen Informationen auf und stanzen die entsprechende Lochung in ein Papierband. Leser tasten die im Lochband enthaltenen Informationen ab **(Tafel 7.26)**.

Langsame **Stanzer** transportieren das Papierband beim Stanzen schrittweise. Bei jedem Schritt wird eine Zeichenlochung und eine Transportlochung ausgeführt. Schnelle Stanzer arbeiten kontinuierlich durch reduzierte Anzahl und Masse der Einstellorgane sowie durch kleine Einstellwege [4.2] [4.4].

Langsame **Leser** mit Bürstenabtastung wandeln die im Lochband enthaltenen Zeichen in elektrische Impulse um und führen sie der Empfangstelle zu. Schnelle Leser tasten fotoelektronisch oder kapazitiv ab.

Tafel 7.25. Zahlensichtgeräte

	Mechanisch	Optisch	Optoelektronisch
	Ziffernrollenanzeiger	Projektionsziffernanzeiger	Lumineszenzanzeige
Bauprinzip	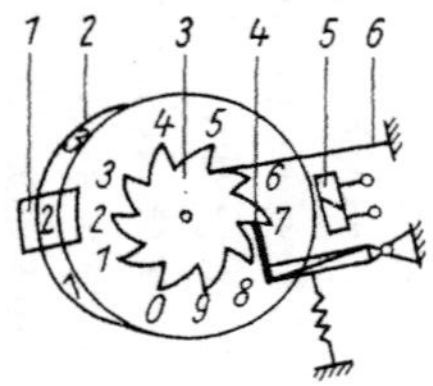	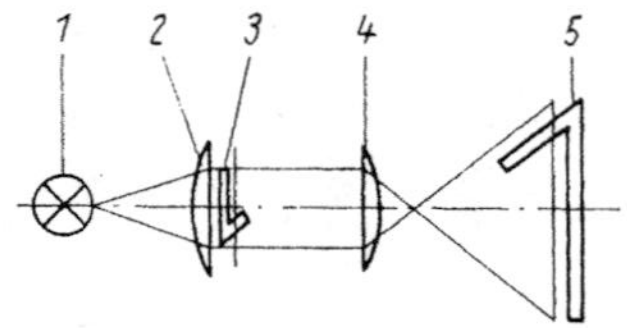	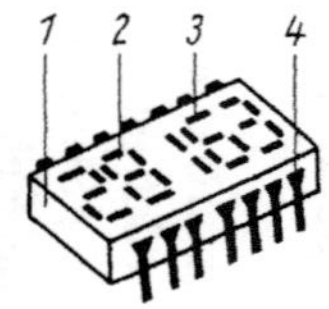
Bezeichnung	*1* Bildfenster *2* Ziffernrolle *3* Transportrad *4* Transporthebel *5* Relais *6* Transportsperre	*1* Lampe *2* Kondensor *3* Dia *4* Objektiv *5* Projektion	*1* Grundkörper *2* 7-Segment-Anzeigeeinheit *3* 1 Segment = 1 Leuchtdiode *4* Kontaktfuß
Vorteile	gute Ablesbarkeit, Anzeigespeicherung bei Stromausfall	kurze Ansprechzeit, mittlere äußere Abmessung, selbstleuchtend	unempfindlich gegen mechanische Einflüsse, geringe Steuerleistung, große Lebensdauer, trägheitsfrei, kleine Abmessungen, selbstleuchtend
Nachteile	großer Leistungsbedarf, große Trägheit, nicht selbstleuchtend	großer Leistungsbedarf, im Hellen schwer abzulesen	geringe Lichtausbeute, begrenztes Lichtspektrum, im Hellen schwer abzulesen

Tafel 7.26. Lochbandgeräte

	Langsamer Locher	Schneller Locher	Langsamer Leser	Schneller Leser
Bauprinzip	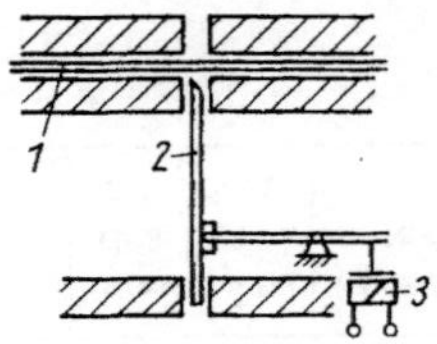	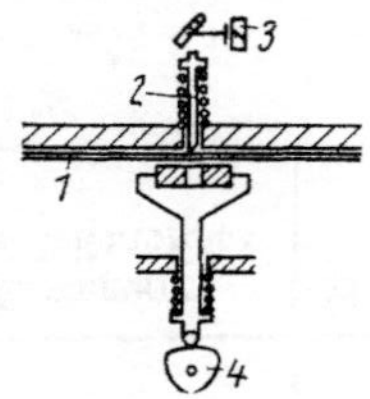	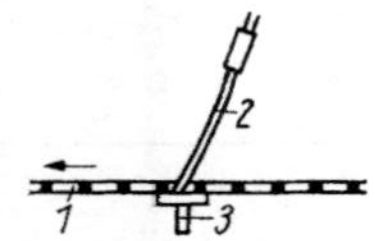	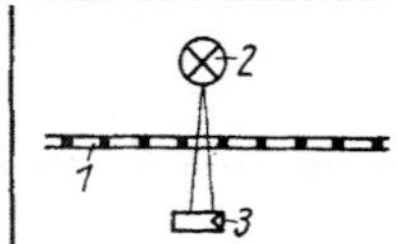
Bezeichnung	*1* Papierband *2* Stanzstempel *3* Auslösungsmagnet	*1* Papierband *2* Stanzstempel *3* Einstellmagnet *4* Kurvenscheibe	*1* Lochband *2* Bürste *3* Kontaktstift	*1* Lochband *2* Lichtquelle *3* Fotodiode
Arbeitsgeschwindigkeit	20 Zeichen/s	300 Zeichen/s	50 Zeichen/s	2000 Zeichen/s
Vorteile	einfacher Aufbau, robust, billig, wenig störungsanfällig	relativ große Stanzgeschwindigkeit	einfacher mechanischer und elektrischer Aufbau	große Lesegeschwindigkeit
Nachteile	langsam, nur bei Bandstillstand zu lochen	komplizierter mechanischer Aufbau, zahlreiche Verschleißteile, teuer	kleine Lesegeschwindigkeit, großer mechanischer Verschleiß der Bürsten	größerer Aufwand für Leseelektronik erforderlich

Tafel 7.27. Schnelldrucker

	Alphanumerischer Seriendrucker	Mechanischer Schnelldrucker	Nichtmechanischer Schnelldrucker
Bauprinzip	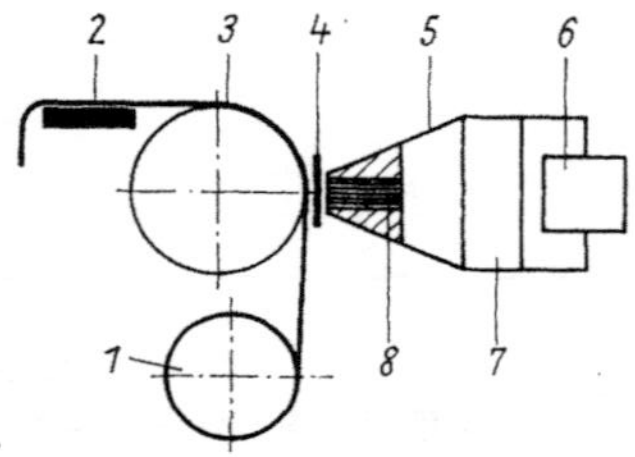	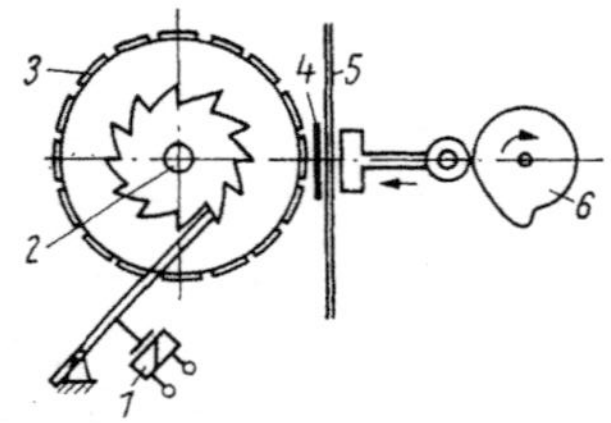	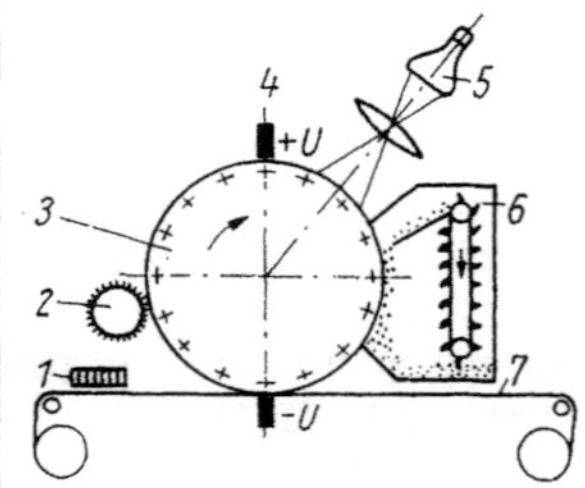
Bezeichnung	*1* Papierrolle *2* Tisch *3* Schreibwalze *4* Farbband *5* Druckkopf *6* Steuerelektronik *7* 35 Elektromagnete *8* 35 Drucknadeln	*1* Magnet *2* Welle *3* Typenrad *4* Farbband *5* Papierband *6* Nocke	*1* Heizung *2* Bürste *3* Trommel *4* Koronaelement *5* Elektronenstrahlröhre *6* Entwicklungskammer *7* Papierband
Druckgeschwindigkeit	(25 ... 100) Zeichen/s	(50 ... 200) Zeichen/s	bis 600 Zeichen/s
Vorteile	einfacher mechanischer Aufbau, wenig bewegte Teile, kleine Masse der Drucknadeln	einfacher mechanischer Aufbau, Durchschläge möglich	große Druckgeschwindigkeit
Nachteile	kleine Druckgeschwindigkeit, Bewegung des Druckkopfes über gesamte Zeilenbreite erforderlich	kleine Druckgeschwindigkeit	großer apparativer Aufwand

7.4.3. Schnelldrucker

Schnelldrucker können im Gegensatz zu den reinen Zifferndruckern auch Buchstaben und Sonderzeichen drucken **(Tafel 7.27)** [4.4]. Mechanische Schnelldrucker haben mechanische Typenträger (Trommeln, Ketten, Schubglieder, Stäbe, Walzen). Sie arbeiten vorwiegend zeilenweise. Nichtmechanische Schnelldrucker verwenden elektrostatische, fotoelektrische, elektromagnetische, elektromechanische, elektrothermische und fotografische Druckverfahren.

Alphanumerische Seriendrucker haben Mosaikköpfe. Die durch Druck abzubildenden Zeichen werden aus einem Grundraster von 35 Punkten (7 vertikal, 5 horizontal) zusammengesetzt. Eine Erweiterung auf 10 vertikale Punkte zur Darstellung von Ober- und Unterlängen zur Angleichung der Zeichengestalt an den Komplettdruck ist möglich. Die einzelnen Zeichen werden durch Anschlag von Drucknadeln auf Farbband und Papier realisiert.

Der Druck erfolgt während der horizontalen Bewegung des Druckkopfs entlang der feststehenden Zeile des feststehenden Datenträgers.

Nichtmechanische Schnelldrucker haben auch Laserdrucker. Im Zeichengenerator wird ein Laserstrahl mit einem akusto-optischen Strahlablenker und einem Polygonspiegel in Buchstabenhöhe und Zeilenrichtung abgelenkt. Der aufgefächerte Strahl belichtet die rotierende elektrisch geladene Fotoleitertrommel. Anschließend werden die Zeichen elektrofotografisch auf das Papier übertragen.

8. Aufbau, Wirkungsweise und Anwendungen von Meßautomaten und Prüfautomaten

Die gegenwärtige Entwicklung des Maschinen- und Gerätebaus, der Elektronikindustrie und der Verfahrenstechnik ist durch ein schnelles kontinuierliches Wachstum der Arbeitsproduktivität gekennzeichnet. Große Anstrengungen werden darauf gerichtet, daß die Meß- und Prüftechnik den intensivierten technologischen Prozessen bezüglich Genauigkeit, Produktivität, Zuverlässigkeit und Flexibilität stets von neuem angepaßt wird. Der Trend verläuft sowohl für Herstellungs- als auch für Meßprozesse von der Mechanisierung über die Teilautomatisierung zur Vollautomatisierung.

Ebenso wie die einfachen Arbeitsgeräte und Arbeitsmaschinen (Drehmaschinen, Fräsmaschinen, Bohrmaschinen) vor allem in der Massenproduktion durch hocheffektive Arbeitsautomaten (Drehautomaten, numerisch gesteuerte Werkzeugmaschinen, Bedampfungsautomaten) ergänzt werden, so kommen zu den vorhandenen Meßgeräten neue hochproduktive Meß- und Prüfautomaten hinzu **(Tafel 8.1)**.

Meß- und Prüfautomaten sind dadurch gekennzeichnet, daß sie aufeinanderfolgende Meßarbeitsgänge (Operationen) selbsttätig ausführen. Ihr Leistungsvermögen hängt von dem eingebauten Programm- und Steuerteil ab.

8.1. Struktur und Einsatzgebiete von Meßautomaten

Dem neuesten Stand der Technik entsprechen Meßgeräte mit Rechnern (meist Kleinrechner mit Mikroprozessoren) zur Maschinensteuerung und Meßwertverarbeitung **(Tafel 8.2)** [8.1] bis [8.6]. Ein Meßautomat kann ein kompaktes Meßgerät (Längenmeßtechnik), eine Kombination von Meßgeräten (elektrische und elektronische Meßtechnik) oder eine Meßanlage (chemisch-physikalische Meßtechnik) als Grundbestandteil enthalten. In jedem Falle müssen die einzelnen Teile des Meßautomaten durch Steuer- und Programmsignale steuerbar sein.

Steuersignale kommen von analogen oder digitalen Meßgrößenaufnehmern (Sensoren) [8.7] (s. Abschnitte 6. und 7.), die z.B. zur Erfassung der prozeßbestimmenden Größen Länge, Winkel, Schnittkraft, Drehmoment, Temperatur und elektrische Leistung an einer numerisch gesteuerten Werkzeugmaschine angebracht sind. Programmsignale kommen aus festen oder flexiblen Speichern.

Feste Speicher sind in konventioneller Technik Verdrahtungen oder in integrierter Schaltkreistechnik (LSI-Technik) sog. Festwertspeicher (Nur-Lese-Speicher, read only memory, ROM). Sie dienen der Speicherung unveränderlicher, vom Hersteller fest eingeprägter Programme (Firmware).

Flexible Speicher sind Lochbänder, Magnetkarten, Magnetplatten (s. Abschn. 7.), rotierende Magnetfolienscheiben (Floppy-Disk) und in LSI-Technik frei programmierbare Speicher mit wahlfreiem Zugriff (Operativspeicher, Schreib/Lesespeicher, random access memory, RAM).

Der Rechner löst nach einem vorgegebenen Programm Befehle aus, übernimmt auch

Tafel 8.1. Einsatzgebiete von Meß- und Prüfautomaten in Forschung, Entwicklung und Produktion

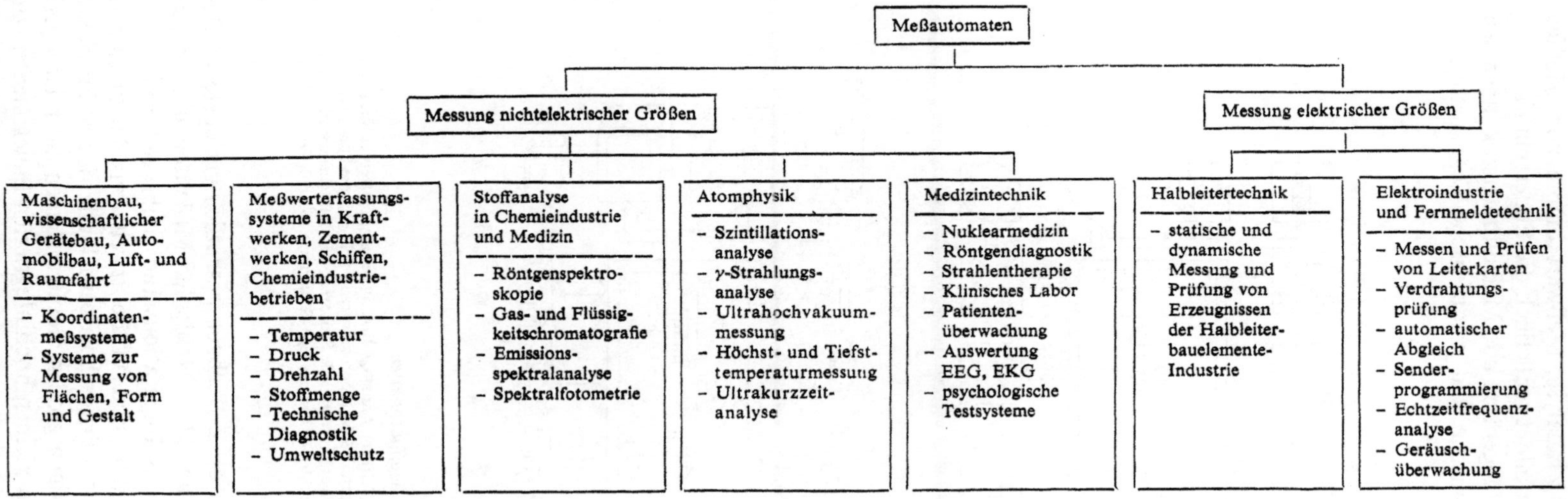

die Meßwertverarbeitung, wie Meßfehleranalyse, Meßwertkompression, Meßfehlerkorrektur, Störgrößenunterdrückung, und bildet schließlich die Endergebnisse.

Messungen mit rechnergestützten Meßgeräten und Meßautomaten können sehr komplexe Aufgabenstellungen lösen (technische und medizinische Diagnostik), benötigen

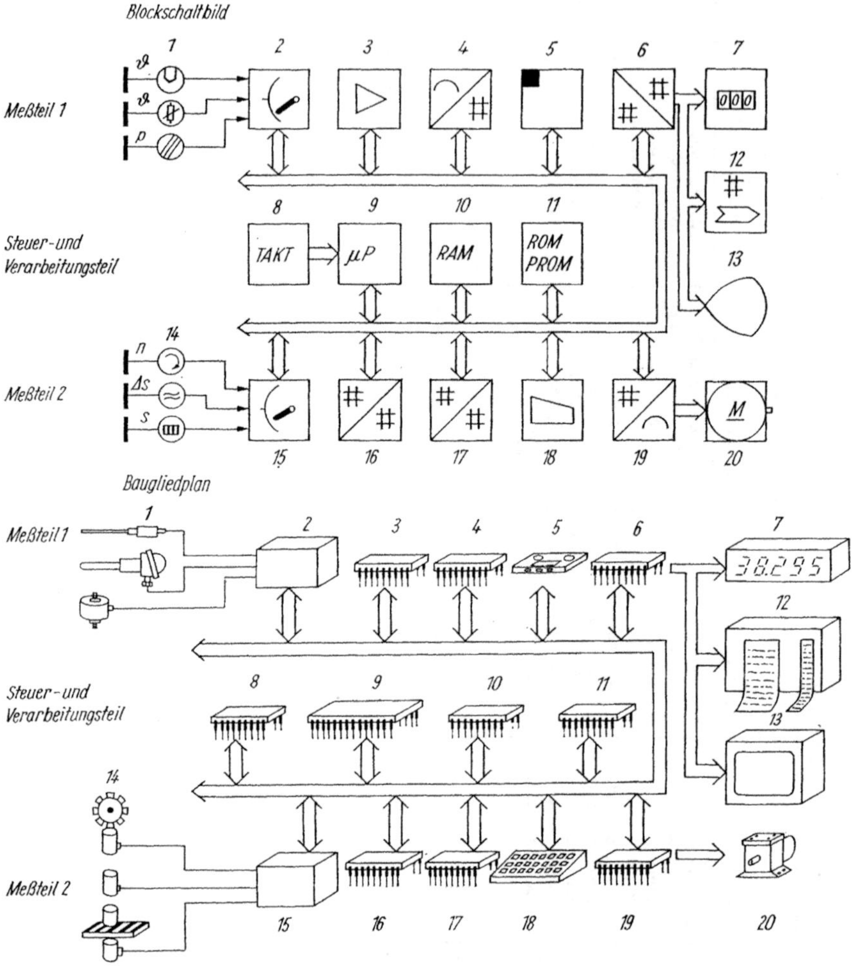

Tafel 8.2. Bestandteile und Funktionsweise von Meßautomaten

1 analoge Sensoren; *2* Meßstellenumschalter; *3* Meßverstärker; *4* analoge E/A-Steuerung; *5* externer Speicher; *6* digitale E/A-Steuerung; *7* Ziffernanzeige; *8* Taktgenerator; *9* Mikroprozessor; *10* Schreib/Lese-Speicher; *11* Nurlesespeicher; *12* Drucker, Stanzer; *13* Bildschirmgerät; *14* digitale Sensoren; *15* Meßstellenumschalter; *16* Kodewandler; *17* digitale E/A-Steuerung; *18* Bedienpult; *19* analoge E/A-Steuerung; *20* Stellglied

gegenüber Messungen mit Meßgeräten ohne Rechner wesentlich geringere Meßzeiten, sind zuverlässiger und haben kleinere subjektive Meßfehler. Meßautomaten sind gegenwärtig teuer. Die ständige Erhöhung des Integrationsgrads mikroelektronischer Bauelemente und ihre gleichzeitige Verbilligung sind für die Erweiterung der Einsatzgebiete von Meßautomaten günstig. Durch die stürmische Entwicklung der Mikroelektronik schrumpften die Rechner von selbständigen großen Gerätesystemen mit relativ geringer Zuverlässigkeit zu äußerst zuverlässigen kleinen hochintegrierten Bauelementen zusammen, die integrierter Bestandteil der Meßgeräte werden. Folgender Überblick veranschaulicht die stürmische Entwicklung der Rechner:

Jahr	Rechenglieder	Volumen in m^3	Leistungsbedarf in W	Rechengeschwindigkeit in Operationen/s	Preisrelation
1955	Elektronenröhren	10	10000	$10^2 \dots 10^3$	1000000
1965	Transistoren	1	1000	$14^4 \dots 10^5$	1000
1975	Integrierte Schaltkreistechnik	0,01	1	$10^6 \dots 10^7$	10
1985	Hochintegrierte Schaltkreistechnik	0,001	0,1	$10^8 \dots 10^9$	1

Moderne Meßautomaten fragen die Meßwerte von Sensoren für Längen, Winkel, Temperaturen, Durchflüsse, elektrische Spannungen und Stromstärken sowie Stoffdaten, Füllstände usw. nacheinander (zeitmultiplex) in Entfernungen bis zu mehreren Kilometern ab. Sie arbeiten in der Regel im Echtzeitbetrieb (on-line), so daß die vom Meßautomaten aufgenommene und verarbeitete Information zur Steuerung des Prozeßablaufs unmittelbar in den Prozeß zurückgeführt werden kann. Die Prozeßeingabe- und -ausgabeeinheiten (PEA) sind modular aufgebaut und in weiten Bereichen variierbar. Sämtliche Funktionsblöcke eines Erzeugnissystems sind untereinander zu verketten [8.8] [8.9]. Es gibt spezielle Festlegungen zur Übereinstimmung (Kompatibilität) der technischen Bedingungen und Parameter (Standard-Interfaces) [6.2] [8.10]. Programmierhilfen, wie spezielle anwendungsorientierte Rechnersprachen, Programmpakete mit Auswerte-, Korrektur- und Steuerprogrammen, Übersetzungsprogramme für maschinenorientierte Programmiersprachen (Assembler) und Übersetzungsprogramme für problemorientierte Programmiersprachen (Compiler), erleichtern den Einsatz von Meßautomaten und tragen dazu bei, technische Großanlagen und -prozesse sicherer und vor allem mit größerem ökonomischem Nutzeffekt zu betreiben.

In der Chemieindustrie, in Kraftwerken, Zementwerken, Flugzeugen, Schiffen usw. werden die Werte von etwa 200 bis 2000 Meßstellen von einer automatisierten Meßanlage aufgenommen, verarbeitet, registriert und zur Kontrolle oder Steuerung der Prozesse weitergegeben. In allen Fällen ist der Prozeßablauf territorial ausgedehnt und entzieht sich ohne Einsatz von Meßautomaten der gleichzeitigen Beobachtung durch den Anlagenfahrer.

Im Maschinen- und Gerätebau haben rechnergestützte Meßgeräte und Meßautomaten zur Messung von Längen, Winkeln, Gewinden und Zahnrädern größere Bedeutung erlangt (s. Abschn. 15. und **Tafel 15.13**).

In der elektronischen Bauelementeindustrie nehmen Meß- und Prüfprozesse einschließlich der Arbeiten zur Fehlerlokalisierung und Fehlerbeseitigung einen erheblichen Anteil des Gesamtzeitaufwands für die Herstellung ein. Zeitanteile über 50% sind keine Seltenheit. Mit zunehmendem Integrationsgrad der Bauelemente werden diese Anteile größer **(Tafel 8.3)** [8.11].

Die Meßautomaten für die Zwischen- und Endprüfung von integrierten Schaltkreisen unterscheiden sich hauptsächlich in ihren Eingangsstufen.

Die Medizin verwendet rechnergestützte Meßgeräte und Meßautomaten in zunehmendem Maße zur Patientenüberwachung in Intensivstationen, zur Geburtenüberwachung, zur Verbesserung der Strahlentherapie und zur Präzisierung von Krankheitsbildern in Diagnosezentren [8.12] bis [8.14].

Die Sensoren medizinischer Meßautomaten reichen von einfachen Metallelektroden für EKG (Elektrokardiogramm) und EEG (Elektroenzephalogramm) bis hin zu miniaturisierten Druckaufnehmern, die in Blutgefäße eingeführt werden.

In der Geburtenüberwachung hat sich herausgestellt, daß acht Größen den Zustand des Ungeborenen und der Mutter sicher signalisieren. Werden bei der fetalen Herzfrequenz, dem mütterlichen Wehendruck usw. festgelegte Grenzwerte überschritten, löst der „Fetalbiomonitor" optische und akustische Warnsignale aus. Der behandelnde Arzt erfährt über das ausgedruckte Rechnerprotokoll den aktuellen Zustand von Mutter und Kind.

8.2. Funktionsparameter und Wirkungsweise von Mikro- und Minirechnern

Aus den meßtechnischen Aufgabenstellungen müssen technisch-ökonomische Parameter abgeleitet werden, die für die Auswahl und den Einsatz der Meßgeräte und Rechner bedeutend sind. Das gilt besonders dann, wenn für eine meßtechnische Aufgabenstellung mehrere Lösungsvarianten existieren.

Typische ökonomische Kriterien sind Preis, Kosten, Nutzen. Sie setzen sich jeweils aus zahlreichen weiteren Komponenten zusammen.

Es wird allgemein anerkannt, daß das Kosten-Nutzen-Verhältnis optimiert werden muß. Zur wissenschaftlich begründeten Lösung fehlt bisher der theoretische Vorlauf.

Dennoch lassen sich aus Variantenvergleichen zu Anschaffungs- und Betriebskosten von Geräten, Arbeitszeitbilanzierungen und Materialeinsparungen wichtige Informationen für kostenoptimierte Lösungen gewinnen.

In der Produktion reicht die moderne Rechentechnik vom Taschenrechner über den Kleinstrechner (Mikrorechner) bis zum Kleinrechner (Minirechner). Bemerkenswert sind die erheblichen Preisunterschiede der Rechner **(Tafel 8.3).** Analoges gilt übrigens auch für Meßgeräte **(Tafeln 15.12** und **15.13).**

Werden Mikrorechner als **wissenschaftlich-technische Rechner** ausgerüstet, so haben sie zahlreiche Funktionstasten für intern gespeicherte Mikroprogramme (Makros) zur Lösung bevorzugt mathematischer Algorithmen.

Schnittstellen nach außen fehlen **(Tafel 8.4)** [8.15].

Programmierung und Anwendung dieser Rechner ist extrem einfach. Für automatische Steuerungsaufgaben sind sie nicht vorgesehen.

Werden Mikrorechner als **Prozeßrechner** konfiguriert, so haben sie zahlreiche Schnittstellen und Steuereinheiten für Prozeßkoppelglieder **(Tafel 8.5)** [8.16] und periphere Geräte. Programmierung und Anwendung dieser Rechner ist komplizierter. Für automatische Steuerungsaufgaben sind sie sehr gut geeignet. Es ist notwendig, entsprechend den neuartigen Arbeitsmitteln auch die Arbeitsmethoden zu qualifizieren.

Unabhängig davon, ob es sich um einen Einchiprechner (One-chip-computer), einen Einkartenrechner (Single-board-computer), einen Einschubrechner (Rack-computer oder OEM-computer [only equipment manufacturing]) oder einen konfektionierten Rechner handelt, jeweils werden programmgesteuert prinzipiell die gleichen Funktionen ausgeführt: arithmetische und logische Verknüpfung sowie Speicherung und Transport von Daten (Meßwerten) **(Tafel 8.6)** [8.17]. Die zentrale Verarbeitungseinheit – in modernen Rechnern bevorzugt ein Mikroprozessor **(Tafel 8.7)** – ist über Sammelleitungen mit bis zu 64 getrennten parallelen Steuer-, Daten-, Adressen- und Versorgungsdrähten (Bus,

Tafel 8.3. Funktionsparameter handelsüblicher Mikro- und Minirechner

Typ	MR 610	PKR K 1001 K 1002 K 1003	MRS K 1510	MRS K 1520	MRS K 1620 K 1630	KRS 4100 (PDP 8)	KRS 4200	SM3, SM4 (PDP 11)
Befehls-anzahl	48 Funktionen	25 Funktionen	48 Mikro-programm-befehle	158 Mikro-programm-befehle	etwa 400	6 Grundbefehle, etwa 50 Mikro-programm-befehle	50 Grund-befehle	74 Grund-befehle, 218 Mikro-programm-befehle
Befehls-ausfüh-rungszeit	max. 3 s	max. 3 s	(12,5 ... 46) µs	(1,3 ... 1,6) µs	(3,0 ... 17,3) µs (3,0 ... 7,5) µs	(5,5 ... 50,2) µs	(1,3 ... 2,6) µs	(5 ... 8,3) µs
Wortbreite	–	8 bit	8 bit	8 bit	16 bit	12 bit	10 bit	16 bit
Adress-raum	–	4 K Byte	16 K Byte	64 K Byte	28 K Byte 124 K Byte	32 K Byte	16 K Byte (32 K Byte)	64, 256 K Byte (4 M Byte)
Zusatz-speicher	–	Magnetkarten-speicher (für K 1002 und K 1003)	–	Folienspeicher MF 3200	Magnetkarten-speicher, Plattenspeicher	–	Magnetband-speicher MBD 4000, Trommel-speicher PGB 201	Plattenspeicher
Interface	–	–	SI 1.2, SIF daro 1000, S 1, SIF daro 1000 F, V 24	SIF daro 1000, V 24	SKR-Einheits-bus (Unibus), S 1, V 24, V 28, V 35	SI 1.2, SI 2.2, S 1, SIF daro 1000	SIF daro 1000, SI 1.2, SI 2.2, V 24, S 1	SKR-Einheits-bus (Unibus)
Sichtgerät	–	–	ANA 000	BAB 1	BDE 1600	–	VT 340	VT 340
Drucker	–	Thermodruck-werk (nur K 1003)	Blattschreiber T51 DAT2, Seriendrucker SD daro 1154	Bediendrucker SD daro 1156	Seriendrucker SD daro 1156	Blattschreiber T 51 DAT 2	Seriendrucker SD daro 1156, Bediendrucker SM 4000	Mosaikdrucker DZM-180
Interner Speicher	–	RAM ROM	RAM ROM	RAM ROM	RAM ROM	Magnetkern-speicher	Magnetkern-speicher	Magnetkern-speicher, RAM, ROM
Masse	0,1 kg	15 kg	60 kg	60 kg	70 kg	150 kg	150 kg	800 kg
Richtwert		15 TM	50 TM	50 TM		250 TM	250 TM	500 TM
Hersteller	Kombinat VEB Funk-werk Erfurt	Kombinat VEB Robotron Dresden	Kombinat VEB Robotron Dresden	Kombinat VEB Robotron Dresden	Kombinat VEB Robotron Dresden	Kombinat VEB Robotron Dresden	Kombinat VEB Robotron Dresden	Kombinat für Elektro-maschinenbau Kiew

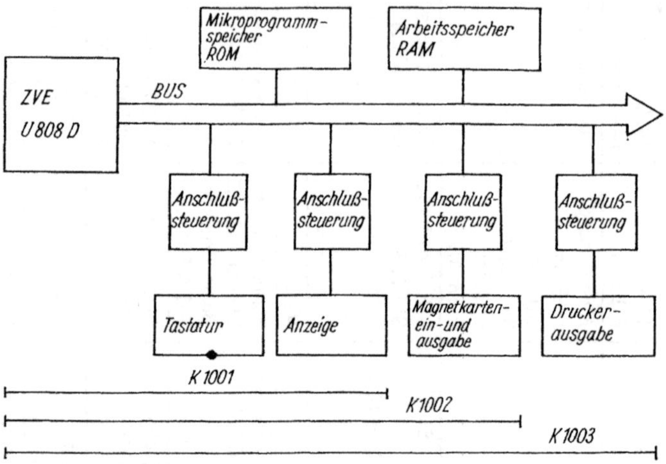

Tafel 8.4
Programmierbare Kleinstrechner Robotron K 1001, K 1002 und K 1003

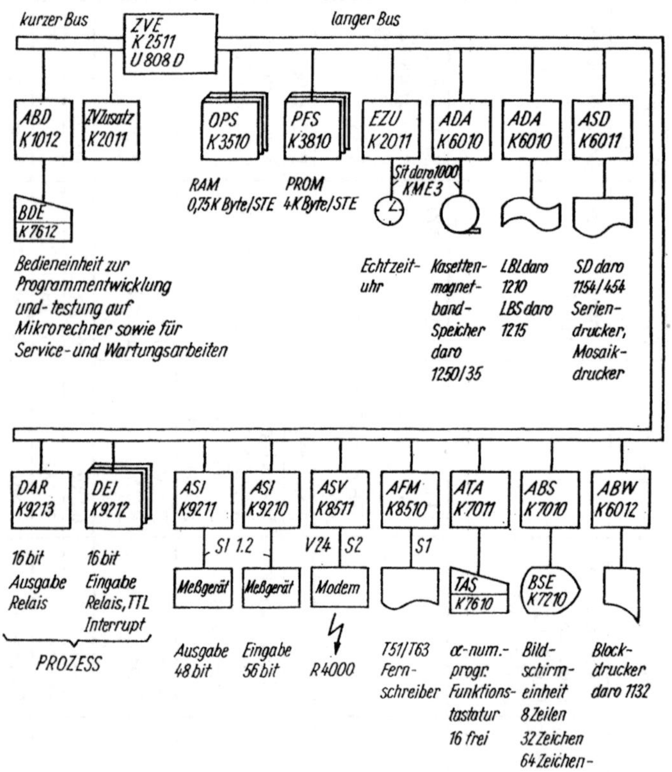

Tafel 8.5
Mikrorechnersystem Robotron K 1510

Schiene, Magistrale, Highway, Interface) mit den Speichern (ROM, PROM, RAM) sowie der Eingangs/Ausgangs-Steuerung, der Unterbrechungssteuerung (Interrupt), der Bedienkonsole und der Stromversorgung verbunden.

Daneben existieren noch wesentlich billigere **anwendungsspezifische Schaltkreise** (beispielsweise in Taschenrechnern), die vom Hersteller vorprogrammiert sind, und **Programmschaltwerke** (Mikrosteuerschaltkreise, microcontroller), die ohne arithmetische

Tafel 8.6. Eigenschaften von Klein- und Prozeßrechnern

Parameter	Realisierung
Rechen- und Steuerwerk:	
Verarbeitungswortlänge	meist 16 bit parallel, auch 12 bit
Anzahl der Instruktionen	50 bis über 200
Akkumulatorregister	meist nur 1
direkte Adressierbarkeit von Speicherplätzen	256, 1024 und mehr
Dauer der Addition zweier Dualzahlen	(1 ... 5) µs
verdrahtete Logik für Multiplikation, Gleitkomma u.ä.	teilweise vorhanden bzw. nachrüstbar
Arbeitsspeicher:	
Kapazität	4, 8, 16, 32 K, meist modular aufgebaut und nachrüstbar
Zykluszeit	1 bis 2 µs bei Ferritkernspeichern, 1 µs bei Halbleiterspeichern
Speicherschutz	ab mittleren Typen vorhanden
Eingabe/Ausgabe-Kanäle:	
programmgesteuerter Kanal	Anschlußeinheiten für Interface, z.B. Sif 1000, SI 2.2, SI 1.2, CAMAC, IEC
direkter Speicherkanal	bis zu etwa $5 \cdot 10^5$ Worte/s, bei mehr als einem peripheren Gerät: Multiplexer
Programmunterbrechungsanforderungen	Sammelkanal, mehrere Ebenen mit wählbarer Priorität
Peripherie:	
Grundausstattung	Lochbandleser und -stanzer, Bedien(fern)schreibmaschine
Datendarstellung	Sichtschirm für alphanumerische Zeichen, Plotter, Drucker
externe Speicher	Magnetbandkassette, Magnettrommel, -platte und -band
Prozeßperipherie	A/D- und D/A-Wandler, Meßstellenumschalter, Register, Zähler usw.
Programme (Software):	
Grundpaket	Assembler, Editor, Ladeprogramm, mathematische u.a. Standardprogramme
Echtzeitbetriebsprogramm	für Einsatz als Prozeßrechner
Übersetzer für problemorientierte Programmiersprachen	am häufigsten FORTRAN
Repräsentative Typen:	KRS 4201, PRS 4000; PDP-8; KRS 4100 PDP-11, SM 3, SM 4, K 1620, K 1630

und logische Operatoren ausgerüstet sind und lediglich Steuerfunktionen übernehmen [8.4, S.10].

Die A/D-Umsetzer sind neuerdings in die Chips integriert.

Befehle und Daten werden in den Rechnern als sog. Worte dargestellt und über den Datenbus parallel (gleichzeitig) übertragen. Die Wortlänge beträgt 8, 12 oder 16 bit. 8 bit ergeben 1 Byte. Mit 2 Byte (16 bit) können $2^{16} = 64\,K = 65536$ Speicherzellen direkt adressiert werden. Es bedeuten $1\,K = 2^{10} = 1024$. Wird allerdings der BCD-Kode verwendet (s. **Tafel 4.3**), dann lassen sich mit 8 bit nur zweistellige Zahlen (zwei Tetraden) von 00 bis 99 darstellen.

Tafel 8.7. Eigenschaften von Einchipmikroprozessoren und Einchipmikrorechnern mit 8-bit-Parallelwortverarbeitung

	8008	U 808 D	8080 A	MC 6800	Z-80	U 880 D	8048	Z-8
Hersteller	Intel	FWE	Intel	Motorola	Zilog	FWE	Intel	Zilog
Technologie	PMOS	PMOS	NMOS	NMOS	NMOS	NMOS	NMOS	NMOS
Anschlußstifte (Stück)	18	18	40	40	40	40	40	40 (64)
Betriebsspannung (V)	+5, −9	+5, −9	+5, −5, +12	+5	+5	+5	+5	+5
Befehle (Stück)	48	48	78	72	158	158	96	129
Ausführungszeiten (μs)	20 ... 44	20 ... 40	2 ... 8	2 ... 12	1,5 ... 5	1,6	2,5	1,5 ... 5
Taktfrequenz (MHz)	0,5	0,5	2	1	2,5	2,5	6 (3 ... 8)	4 (8)
Adreßraum (Byte)	16 K	16 K	64 K	64 K	64 K	64 K	64 K	2 × 64 K
Eingabeadressen (Stück)	8	8	256		256	256	–	4
Ausgabeadressen (Stück)	24	24	256		256	–	–	4
Akkumulatorregister (8 bit)	1	1	1	2	2 × 1	2 × 1	16	124
Schnellspeicherregister (8 bit)	6	6	6	–	2 × 6	2 × 6	64	124
Indexregister (16 bit)	–	–	–	1	2 × 1	2 × 1	–	124
Stack-Pointer	8 bit	8 bit	16 bit	16 bit	16 bit	16 bit	16 bit	8 bit
Hardwareinterrupt	1		1	2	2	2	–	–
Vektorinterrupt (Ebenen)	8		8	8	8	–	1	6
Wegbreite (bit)	8	8	8	8	8	8	8	8
Bauelemente/mm²	270	270	285	285	285	285	285	285
Chipfläche (mm²)	6,5 × 6,5	6 × 6	6 × 6	6 × 6	6 × 6	6 × 6	6 × 6	6 × 6
RAM intern (Byte)	–	–	–	–	–	–	64	256
ROM intern (Byte)	–	–	–	–	–	–	1 K	2 K
PROM intern	–	–	–	–	–	–		
E/A-Leitungen (Stück)			8				24	32
Einführung (Jahr)	1972	1977	1973	1974	1976	1979	1977	1979

Die Rechner lassen sich aber so programmieren, daß sie auch eine Multibyteverarbeitung vornehmen.

In der Meßtechnik dominieren **analoge** Sensoren (Aufnehmer). Deshalb sind zur Einspeisung der entsprechenden Meßdaten in den Rechner sogenannte A/D-Umsetzer erforderlich (s. Abschn. 7.3.1.). A/D-Schaltkreise mit Stufenumsetzern (s. Abschn. 7.3.1.3.) haben für ein Auflösungsvermögen von 10 bit Umsetzzeiten kleiner als 100 μs [8.4, S. 44].

Moderne Rechner haben programmierbare Eingabe/Ausgabe-Schaltkreise für den unmittelbaren Anschluß von Meßwandlern, so daß externe Multiplexer und A/D-Umsetzer entfallen können. Typisches Beispiel ist die Analog-Eingabe/Ausgabe-Baugruppe AN-μP 80-E 16 im Mikrorechnersystem PSI Ψ 80-P [8.18].

Neuartig ist die Entwicklung von analogen Einchipsignalprozessoren, die auch als „analoge Mikrorechner“ [8.19] bezeichnet werden. Sie verarbeiten Analogsignale im Echtzeitbetrieb und haben eine Grenzfrequenz von etwa 5 kHz. Sie sind programmierbar. Ihre endgültige Funktion hängt vom Inhalt des löschbaren Speichers ab. Der Intel 2920 **(Tafel 8.8)** [8.19] [8.20] hat eine Wortlänge von 24 bit und einen Befehlsvorrat von 192 Befehlen. Für jede Abtastung werden aus zeitökonomischen Gründen alle Befehle durchlaufen. Dafür sind 76,8 μs erforderlich.

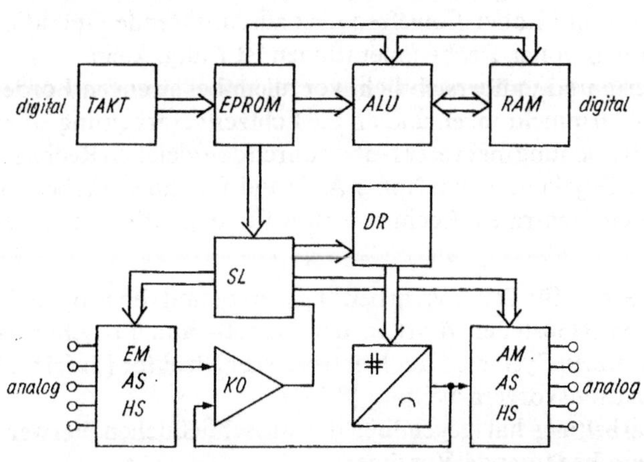

Tafel 8.8. Prinzipschaltung analoger Mikrorechner

ALU arithmetisch-logische Einheit; *AM* Ausgangsmultiplexer; *AS* Abtastschaltung; *DR* Datenregister; *EM* Eingangsmultiplexer; *EPROM* löschbarer programmierbarer Lesespeicher; *HS* Halteschaltung; *KO* Komparator; *RAM* Schreib/Lese-Speicher; *SL* Steuerlogik; *TAKT* Taktgeber und Programmzähler

Für die Kopplung von externen Geräten mit Rechnern ist nachteilig, daß sich im Verlaufe der technischen Entwicklung sehr zahlreiche unterschiedliche **Interfaces** [8.10] mit unterschiedlichen Schnittstellen herausgebildet haben. Sie haben jeweils Vor- und Nachteile. Für unterschiedliche Applikationsfälle gibt es unterschiedliche optimale Lösungen. Sie hängen ab von der Anzahl der zu verbindenden Funktionsblöcke, ihrer räumlichen Entfernung voneinander, dem Umfang und der Verarbeitungsgeschwindigkeit der zu transportierenden Datenmassive und dem Schutz der Daten vor Störeinflüssen.

In letzter Zeit scheinen folgende Interfaces bevorzugte Anwendung zu finden:

- **Maschineninterface** Typ Unibus (PDP 11, SM 3) für rechnerinterne Verkopplung weniger Funktionsblöcke mit massenhaften schnellen Datentransport im Nahbereich
- **Systeminterface** Typ CAMAC für rechnergesteuerte Verkopplung zahlreicher unselbständiger Funktionsblöcke unterschiedlichster Konfiguration mit mittlerem rechnergesteuerten Datentransport im Nah- und Fernbereich; Standardisierung der mechanischen, elektrischen und logischen Kopplungsbedingungen
- **Geräteinterface** Typ IEC-bus, IMS-2-bus; byteserielles-bitparalleles Interface für die Kopplung einzelner selbständiger Geräte mit einem externen Rechner; kleiner, schneller asynchroner Befehls- und Datenaustausch im Nahbereich.

Für den Aufbau von Meßrechenkomplexen ist entscheidend, daß nicht nur die logischen, sondern auch die elektrischen und mechanischen Bedingungen für die Kompatibilität zwingend vorgeschrieben werden, ohne den Spielraum für die Herstellung und die Applikation der Funktionsblöcke (Moduln) zu stark zu reglementieren.

Für den Einsatz von Rechnern war in der Vergangenheit typisch, daß die relativ hohen Kosten ihrer zentralen Verarbeitungseinheiten zur **zentralen Informationsverarbeitung** zwangen (s. **Tafel 21.1**). In derartigen Konfigurationen übernimmt der zentrale Rechner alle Datenverarbeitungsaufgaben. Im Interesse der ökonomischen Auslastung des Rechners ist auch die Bedienung mehrerer, voneinander unabhängiger Prozesse sinnvoll.

Die Datenerfassung, Datenverarbeitung und Steuerung der Prozesse durch einen zentralen Rechner hat eine Reihe schwerwiegender Mängel, welche die Einführung der rechnergestützten Prozeßsteuerung stark behinderte:

- Die Zuverlässigkeit der Gesamtanlage hängt entscheidend von Zuverlässigkeit und Verfügbarkeit des zentralen Rechners ab; in Produktionsprozessen, weniger bei Meßanordnungen der Forschungstechnik, sind daher Zusatzeinrichtungen erforderlich, um bei Rechnerausfall folgenschwere Havarien auszuschließen.
- Der Rechner muß eine hohe Verarbeitungsgeschwindigkeit haben, da besonders bei der Datenerfassung einfache, aber mit hoher Folgefrequenz auszuführende Operationen auftreten. Der Anteil anspruchsvoller Rechenoperationen ist i. allg. klein.
- Die Programmierung ist schwierig und unübersichtlich, vor allem bei strengen Forderungen an die Bearbeitung von Alarmmeldungen und an die Echtzeitverarbeitung, aber auch bei zeitlich verschachtelter Bedienung mehrerer Nutzer durch den gleichen Rechner.
- Bei räumlich weit ausgedehnten Objekten ist ein hoher Aufwand für die Verkabelung zwischen den Sensoren und dem zentralen Rechner sowie für den Störschutz der Leitungen nötig.

Der kontinuierliche Verfall der Preise für Datenverarbeitungsgeräte und die progressiv wachsende Anzahl der installierten Meßstellen führt in der Prozeß- und Forschungstechnik zunehmend zu rechnergestützten Systemen mit **hierarchischer Struktur (Tafel 8.9)** und bevorzugt dezentraler Informationsvorverarbeitung [8.17].

Die **dezentrale Informationsverarbeitung** hat gegenüber der ausschließlichen Verwendung eines Zentralrechners mehrere bedeutende Vorzüge:

- Die Zuverlässigkeit des Gesamtsystems steigt, weil der Ausfall des Zentralrechners nicht zum totalen Zusammenbruch des Systems führt. Die untergeordneten Rechner arbeiten teilweise selbständig und ermöglichen bei längeren Ausfällen zumindest ein kontrolliertes Abfahren des technologischen Prozesses oder die Sicherung der angefallenen Meßdaten.
- Die Programmierung wird übersichtlicher, weil die Rechner in den unteren Ebenen nur mit wenigen objektbezogenen Aufgaben belastet werden.
- Der Echtzeitbetrieb wird erleichtert, weil beim Zentralrechner viele einfache, aber insgesamt rechenzeitintensive Operationen entfallen.
- Die Flexibilität steigt, weil Erprobungen, Servicemaßnahmen und Modifikationen ohne Störungen in übergeordneten Ebenen der Hierarchie durchgeführt werden können. Das ist besonders für Produktionsanlagen bedeutungsvoll.
- Der Aufwand für Übertragungsleitungen zwischen Meßstellen (Sensoren) sowie Stellgliedern (Aktoren, Aktuatoren, Effektoren) und dem Zentralrechner wird wesentlich reduziert, weil nur noch aufbereitete Daten geringer Folgefrequenz zu übertragen sind und dafür beispielsweise normale Fernmeldeleitungen statt teurer Spezialkabel ausreichen.

Tafel 8.9. Hierarchischer Aufbau moderner Automatisierungssysteme mit Mikrorechnern

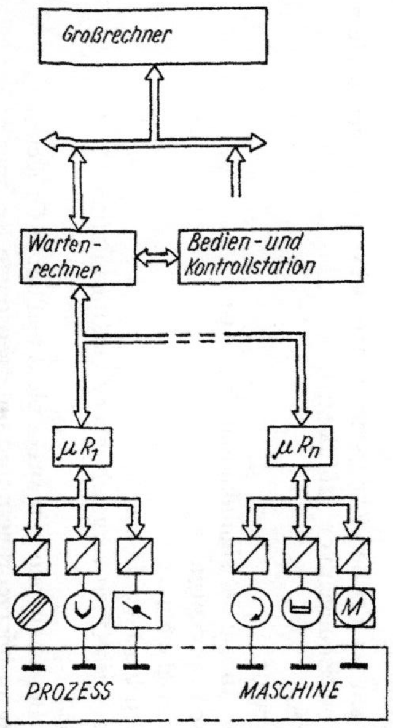

Gerätetechnik	Funktion	Ebene	Raum	Entfernung	Anordnung	Störeinflüsse	Randbedingung
(siehe Bild)	Lenkung, Bilanzierung	Betrieb	Rechenzentrum	1 ... 5 km	zentral	klein	einfach
	Informations-verarbeitung	Bereich	Meßwarte	100 bis 1000 m	zentralisiert	mittel	einfach
	Informations-reduktion	Abteilung, Gruppe	Produktions-abteilung	bis 200 m	dezentral	groß	kompliziert
	Informations-eingabe und -ausgabe	Prozeß, Maschine	vor Ort	bis 10 m	verstreut	sehr groß	sehr kompliziert

Durch die Entwicklung der Mikroprozessoren und der mit ihnen aufgebauten **Mikrorechner** wurde die Realisierung der dezentralen Informationsverarbeitung wesentlich gefördert. Die relativ geringen Kosten der Mikrorechner ermöglichten ferner, die Methoden der Digitalrechentechnik zur Datenverarbeitung und Steuerung auch solcher Meßanordnungen einzusetzen, bei denen zuvor die Kopplung mit einem Prozeßrechner ökonomisch

Tafel 8.10. Typische Aufgaben von Ortsrechnern

Aktivierung und Reaktivierung der Meßvorgänge
Automatisches Kalibrieren von Meßsystemen
Selbstdiagnose der Meßsysteme
Automatischer Durchlauf der Meßzyklen
Aktivierung von Display, Drucker usw.
Abspeichern von Meßwerten
Datenübergabe an Strategierechner
Ermittlung der Abweichungen von Sollwerten
Abspeichern oberer und unterer Grenzwerte
Alarmausgabe
Plausibilitätsprüfung
Automatische Driftkorrektur
Konstantenaddition und -multiplikation
Linearisierung und Normierung von Meßwerten
Mittelung
Errechnen der prozentualen Abweichungen
Berechnung nicht direkt meßbarer Größen
Korrektur des statischen und dynamischen Verhaltens
Korrektur von Umwelteinflüssen
Umrechnung physikalischer Einheiten
Kennlinienapproximation
Differenzieren von Kurvenzügen
Integrieren von Flächeninhalten

Tafel 8.11. Typische Aufgaben von Strategierechnern

Koordinierung der Prüfsysteme
Automatische Funktionsprüfung der Meßstationen
Fehlererkennung von Meßgeräten
Automatisches Laden von Programmen in Mikrorechner
Melden von Systemfehlern
Vorgabe von Prüfabläufen
Speichern von Meßwerten
Automatisches Erstellen von Meßtoleranzen
Periodisches Überwachen von Meßtoleranzen
Optimieren von Vorgabesollwerten
Automatische Ermittlung von Korrekturkurven für Umgebungseinflüsse
Errechnen von Qualitätsfaktoren
Ermitteln von Abweichungen bei gleichen Prüfsystemen und bei verschiedenen Prüfern
Ermitteln der zeitlichen Abweichungen von Prüfdaten
Erstellen von Prüfstatistiken
Ermitteln von Betriebszuständen
Statistische Ermittlung der Anzahl der signifikanten Prüflinge
Erkennen von Fertigungsschwankungen
Orten von Fertigungsschwierigkeiten
Auflisten der häufigsten und teuersten Fehler
Speichern von Daten für die gesetzlich vorgeschriebene Dokumentation
Erstellen von Trendanalysen
Ausführung komplizierter Berechnungen von direkt nicht meßbaren Größen
Übertragen von Meßdaten an übergeordnete und untergeordnete Rechner

nicht vertretbar war oder zur Mehrfachnutzung eines Zentralrechners zwang. Das betrifft einfache Analysengeräte, leistungsfähige Frequenzmesser und Multimeter, einfache Meßwarten, Maschinensteuerungen u.a.m.

Typische Aufgabenstellungen für die Rechner in der untersten Hierarchieebene (Ortsrechner) und in höheren Hierarchieebenen (Strategierechner) wurden in den **Tafeln 8.10** und **8.11** zusammengestellt [8.21].

Durch die Dezentralisierung rücken die Rechner aus den Rechenzentren unmittelbar an die Arbeitsplätze, werden zu „Personalcomputern" und erhalten die Chance, aufgabenspezifisch wesentlich kompetenter bedient zu werden als durch einen anonymen Operator im Rechenzentrum.

Außerdem bringt die Verlagerung der Rechner in den prozeßnahen Raum mit sich, daß die interessierenden Qualitätsdaten kurzfristig vorliegen und zur verlustarmen operativen Steuerung der Prozesse genutzt werden können.

8.3. Programmierung von Rechnern

Die heuristischen oder mathematischen Algorithmen der Meßprogramme (s. Abschn. 12.) müssen zur Verarbeitung durch den Rechner in eine ablauffähige Befehlsfolge umgesetzt werden. Die Programmierung erfolgt mit gestaffeltem Komfort in Maschinensprache, Assemblersprache oder problemorientierter höherer Programmiersprache.

Das **Maschinenprogramm** ist eine Folge von Maschinenbefehlen in Form von binären Ziffernfolgen. Es kann vom Rechner direkt erkannt und verarbeitet werden. Für die Meßperson ist das Programm undurchsichtig, fehleranfällig und schwer korrigierbar.

Das **Assemblerprogramm** arbeitet mit mnemotechnischen Abkürzungen und Pseudobefehlen und prägt sich dadurch der Meßperson leichter ein. Unterschiedliche Rechner haben unterschiedliche Assemblersprachen. Die interne Struktur des Rechners muß bei der Assemblerprogrammierung bekannt sein und berücksichtigt werden. Für die Umsetzung des Assemblerprogramms (Quellprogramm) in das dem Rechner „verständliche" Maschinenprogramm (Objektprogramm) ist ein Assembler notwendig. Er verbraucht eine Speicherkapazität von durchschnittlich 5 bis 10 K Byte [8.4, S. 74].

Das **Problemprogramm** wird in einer problemorientierten höheren Programmiersprache formuliert. Es ist selbstdokumentierend, d.h. ohne weiteren Kommentar verständlich und rechnerinvariant, d.h. von beliebigen Rechnern ohne zusätzliche Arbeitsschritte abzuarbeiten. Die Umsetzung des Problemprogramms (Quellprogramm) in das dem Rechner „verständliche" Maschinenprogramm (Objektprogramm) erfolgt durch einen Compiler. Er benötigt wesentlich mehr Speicherplätze als ein Assembler.

Deshalb können Problemprogramme nur auf sehr leistungsfähigen Rechnern gefahren werden.

Bisher wurden mehrere Hundert problemorientierte (prozedurorientierte) höhere **Programmiersprachen** mit zahlreichen Modifikationen entwickelt.

Breit eingeführt haben sich BASIC, FORTRAN und PL/1.

Mit PASCAL wurde der Versuch unternommen, eine logisch eindeutige, ausbaufähige höhere Programmiersprache zu schaffen [8.22] [8.23].

8.4. Anwendungsbeispiele für die rechnergestützte Meßtechnik

8.4.1. Rechnergestützte Meßtechnik im Maschinen- und Gerätebau

Beim Aufbau von Meßrechenkomplexen für die Meßdatenverarbeitung und Qualitätssicherung können zwei unterschiedliche Wege beschritten werden:

- Herstellung und Anwendung von rechnerintegrierten Meßautomaten
- Kombination von konventionellen Präzisionsmeßgeräten mit handelsüblichen Rechnern.

Der erste Weg führt in der Regel zu teuren, komfortablen, anwendungsspezifischen Lösungen, der zweite Weg zu preiswerteren, weniger komfortablen, flexibleren Lösungen.

Für die stärkere Beachtung der Kombination von konventionellen Präzisionsmeßgeräten mit handelsüblichen Rechnern spricht die weite Verbreitung von Meßgeräten mit bemerkenswerten Leistungsparametern und die Tendenz, ihre qualitative und quantitative Leistung durch Hinzuziehung eines kleinen Rechners weiter zu steigern.

Das Investitionsvolumen zur Anschaffung und Aufstellung solch eines Rechners liegt vielfach um Größenordnungen unter den Ausgaben für einen Automaten.

Außerdem sollte trotz aktueller harter Auseinandersetzungen um immer komfortablere Softwarepakete nicht übersehen werden, daß die Qualität des Meßergebnisses nach wie vor dominant von der Qualität des Meßmittels beeinflußt wird. Die Meßunsicherheiten von Meßautomaten sind teilweise größer oder gleich den Meßunsicherheiten vergleichbarer konventioneller Meßgeräte.

Manchmal sind überraschende Rationalisierungseffekte bereits mit Taschenrechnern oder durch die Kombination von Mikroprozessor und Taschenrechner zu erzielen [8.6, S. 125].

Zur leichteren Vergleichbarkeit stammen die folgenden Beispiele aus dem Gebiet der Produktionskontrolle im Maschinen- und Gerätebau. Sie betreffen die Koordinatenmeßtechnik (s. Abschn. 15.).

Typische Vertreter rechnergestützter Meßgeräte der Längenmeßtechnik sind sog. Zweikoordinaten- und Dreikoordinatenmeßgeräte (s. **Tafel 15.13**) [8.23] bis [8.28].

Die Meßobjekte werden punktweise angetastet. Der integrierte Mikrorechner organisiert die Meßdatenübernahme, berechnet nach Betätigung von sog. Funktionstasten die gewünschten Maß-, Form- und Lageabweichungen und nimmt Koordinatentransformationen sowie die Korrektur systematischer Maßstabs- und Temperaturfehler vor.

Die Messungen erfolgen indirekt. Alle interessierenden Zusammenhänge werden nach punktweiser Antastung der Objekte über bekannte Gesetzmäßigkeiten der analytischen Geometrie errechnet. So lassen sich neben einfacheren Körpern, wie Zylindern, Prismen, Platinen, Kugeln, auch kompliziertere Gestalten, wie Gewinde, Zahnräder, Turbinenschaufeln, und vielgestaltige Druckgußteile mit den rechnergestützten Mehrkoordinatenmeßgeräten vermessen.

Komfortable, aufwendige rechnergestützte Meßsysteme ermöglichen auch den Dialogverkehr mit der Meßperson und steuern den Meßprozeß mittels entsprechender Informationen an die Meßperson. Als Kommunikationsmittel werden Sichtgeräte mit alphanumerischer und grafischer Ausgabe bevorzugt.

Die Anschaffungskosten der Geräte sind erheblich (s. Tafel **15.13**). Ihr **Gebrauchswert** wird durch mehrere Einflußgrößen bestimmt, die fast gleichrangig ins Gewicht fallen:

- Genauigkeit und Flexibilität des Meßteils
- Speichervolumen und mittlere Operationszeit des Rechners
- Umfang und Komfort der Programmpakete.

Neben den materiell-technischen Einflußgrößen existieren noch organisatorische und personelle Einflußgrößen, die leicht übersehen werden und bei der Realisierung des Gebrauchswerts von rechnerintegrierten Meßgeräten zu jähen Überraschungen führen können. Dominierenden Einfluß haben hier

- Art und Anzahl der zu lösenden Meßaufgaben
- organisatorische und technische Randbedingungen des Meßorts
- Qualifikation der Meßpersonen
- Organisation der Wartung und Reparatur von Hard- und Software.

Rechnerintegrierte teure Meßautomaten sind in der Produktionskontrolle sowie im betrieblichen und staatlichen Meßwesen nicht als Ersatz, sondern als Ergänzung konventioneller Meßmittel aufzufassen.

Sie sind gerechtfertigt, wenn durch ihren Einsatz die Wirtschaftlichkeit und Konkurrenzfähigkeit des Betriebs steigt, d.h., mehr und bessere Produkte schneller und billiger hergestellt werden.

Die rechnerintegrierten Meßautomaten ordnen sich direkt in CAD/CAM-Systeme ein, die einen rechnergestützten Entwurf (computer aided design) und eine rechnergestützte Fertigung (computer aided manufacturing) erlauben [8.29].

Auf Probleme einer notwendigen Vereinheitlichung und teilweisen Überwindung von „gewachsenen" Traditionen in Konstruktion, Fertigung und Prüfung, im Gebrauch unterschiedlicher Symbole und Fachsprachen, in Denkgewohnheiten zum Fertigungsprozeß (Überbetonung von Details, Vernachlässigung von Prozessen) in der Benutzung von Programmier-, Kommando- und Anfragesprachen sowie in der Einbeziehung lautverarbeitender Geräte in den Dialogprozeß Mensch–Maschine kann hier nicht näher eingegangen werden.

Daß auch durch die Kombination von **konventionellen** Koordinatenmeßgeräten mit frei programmierbaren Tischrechnern deutliche Rationalisierungseffekte zu erzielen sind, geht aus **Tafel 8.12** hervor.

Der erzielte Gewinn liegt nicht nur in der erheblichen Verkürzung der Rechenzeiten auf etwa 1:10, sondern auch in der Reduzierung der subjektiven Fehlerursachen, der Konzentration der Meßperson auf den Meßprozeß und der Verbesserung der Arbeitsbedingungen bei massenhaft zu wiederholenden Prüfungen wie beispielsweise Spiralbohrerprüfungen.

Weitere nicht zu unterschätzende Vorteile liegen in der hohen Genauigkeit und Zuverlässigkeit der eingesetzten Meßmittel, der bereits langjährigen Nutzung und damit großen Erfahrung im Umgang mit den Meßmitteln, der Nutzbarkeit des Rechners auch für andere Aufgaben, der schnellen Austauschbarkeit oder Reparatur der Systemelemente im Falle von Funktionsfehlern und dem hohen Gebrauchswert beider Systemkomponenten begründet.

Im Rationalisierungsbeispiel rechnergestützte Spiralbohrerprüfung wird „nur" ein u.U. verzichtbarer Zeitgewinn und eine Objektivierung der Prüfung, verbunden mit einer Ermüdungsminderung der Meßperson, erzielt.

Die Ermittlung der Radien von Ausgleichskreisen und von Formabweichungen vom Kreis ist dagegen ohne Rechner nicht zu bewältigen. Hier geht der Rationalisierungseffekt weit über den Zeitgewinn und die Objektivierung des Meßprozesses hinaus. Es ist ein Beispiel dafür, daß weit verbreitete konventionelle Präzisionsmeßgeräte durch Kombination mit Rechnern wesentlich leistungsgesteigert werden.

Bezüglich der Rechengeschwindigkeit ist zu beobachten, daß **Antwortzeiten** bis fünf Sekunden als ergonomisch günstig gelten. Darüber hinaus treten rasch Ermüdungserschei-

Tafel 8.12. Rechnergestützte Meßtechnik mit konventionellen Meßmitteln

Meßaufgabe	Fehlerursachen	Meßgerät	Algorithmen	Rechner	Speicherplatz K Byte	Rechenzeit mit Rechner min	Rechenzeit ohne Rechner min	Zeitgewinn %
Ermittlung des Radius $\bar{R}$ des Ausgleichskreises und der Formabweichung ΔF vom Kreis aus $3 \leq m \leq 10$ Meßpunkten P_m	Maschinenfehler Einstellfehler Werkzeugverschleiß	Universalmeßmikroskop Großes Werkzeugmikroskop	$(\bar{x}_i - \bar{x}_0)^2 + (\bar{y}_i - \bar{y}_0)^2 = \bar{r}$ $\bar{R} = \left(\sum_{i=1}^{m} \bar{r}_i\right) \Big/ m, \quad F_i = \bar{r}_i - \bar{R}$ $\Delta F = F_{i\,\max} - F_{i\,\min}$	K 1002	3,3	14	1200	98
Ermittlung des Einflusses zufälliger Fehler bei der Messung von Zylinderdurchmessern (s. Abschn. 9.3.)	Maschinenfehler Lagerspiele Temperaturschwankungen	Elektrischer Feinzeiger	$\bar{x} = \left(\sum_{i=1}^{n} x_i\right) \Big/ n$ $s = \sqrt{\left(\sum_{i=1}^{n} (x_i - \bar{x})^2\right) \Big/ (n-1)}$ $v = st/\sqrt{n}$	K 1510	0,2	0,05	30	99
Ermittlung des Hauptschneidenversatzes S_v und der Hinterschliffe S_1 und S_2 an Spiralbohrern	Maschinenfehler Einstellfehler Werkzeugverschleiß	Elektronischer Feinzeiger	$S_v = x_3 - x_1$ $S_1 = x_1 - x_2$ $S_2 = x_3 - x_4$	K 1510	0,15	0,02	0,2	90
Ermittlung des Gewindeflankendurchmessers d_2, der Gewindesteigung p und der Teilflankenwinkel α_1, α_2 an Gewinden	Maschinenfehler Einstellfehler Körpertemperatur	Großes Werkzeugmikroskop	$d_2 = (d_{21} + d_{22})/2$ $p = (p_1 + p_2)/2$ $\alpha_1 = (\alpha_{11} + \alpha_{12})/2$ $\alpha_2 = (\alpha_{21} + \alpha_{22})/2$	K 1002	0,5	0,5	10	95

nungen auf. Außerdem werden sehr lange Antwortzeiten über zehn Minuten akzeptiert, wenn die Aussage schwierig zu gewinnen ist. Die Meßperson ist in diesem Falle durch entsprechende Informationen psychisch zu stützen.

8.4.2. Rechnergestützte Meß- und Prüftechnik in der Elektrotechnik und Elektronik

Billige, leistungsfähige Rechner, „intelligente" Meßgeräte und standardisierte Interfaces schaffen günstige Voraussetzungen für den Übergang von der Handbedienung elektrischer Meßgeräte zu den nächst komfortableren und leistungsfähigeren Arbeitsformen:

- automatische programmgesteuerte Bedienung
- automatische programmgesteuerte Bedienung einschließlich Selbstkalibrierung und Fehlerkorrektur
- automatische programmgesteuerte Bedienung, Selbstkalibrierung, Fehlerkorrektur, statistische Auswertungen, Fehlerprotokolle und grafische Darstellungen.

Unter Verwendung des IEC-Bus mit acht Datenbusleitungen DIO 1 ... 8 (data input output), drei Übergabesteuerbusleitungen DAV (data valid), NRFD (not ready for data) und NDAC (not data accepted) sowie fünf Schnittstellensteuerbusleitungen ATN (attention), IFC (interface clear), SRQ (service request), REN (remote enable) und EOI (end or identify) kann man auch entsprechend vorbereitete analoge Meßgeräte zu automatischen Netzwerkanalysatoren, automatischen VHF-UHF-Meßplätzen für Nutz- und Störsignale, automatischen Meßplätzen für Intermodulation und Kreuzmodulation sowie zu

Tafel 8.13. Kabelplan für IEC/IMS 2-Bus (Ausschnitt)

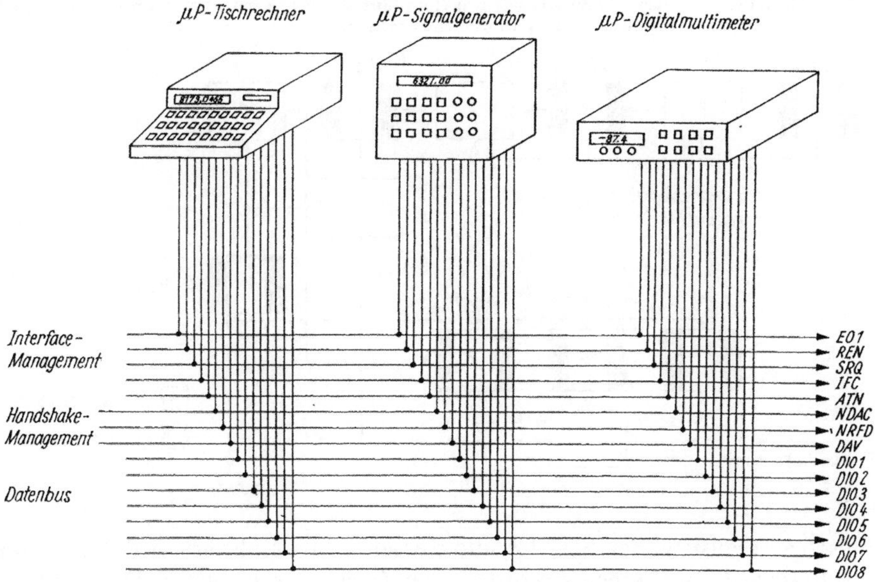

automatischen Testplätzen für die Prüfung des elektrischen und thermischen Verhaltens von elektronischen Baugruppen zusammenschalten **(Tafel 8.13)** [8.30].

Die IEC-Busleitungen werden bidirektional genutzt, d.h. für Hin- und Rücktransport. Die Programmierung erfolgt entweder in einer Programmiersprache oder bei leistungsfähigeren Rechnern durch vorprogrammierte Meßroutinen (Makros), die durch Kodenummern oder über Funktionstasten aufzurufen sind.

Es besteht freie Wahl zwischen den Betriebsarten Handbetrieb oder Automatik.

Die Datenübertragung erfolgt mit Handshake (Quittierbetrieb), d. h. die nächstfolgende Steuerfunktion wird erst ausgeführt, nachdem der Abschluß der Datenübertragung gemeldet und bestätigt wurde. Je größer die interne „Intelligenz" der Meßgeräte, um so einfacher gestaltet sich die Programmierung bei einer zentralen automatischen Steuerung.

Die automatische Prüfung **diskreter Systeme** gewinnt für die automatische Prüfung hochintegrierter Bauelemente und komplizierter diskreter (digitaler) Geräte wegen ihrer wachsenden Verbreitung immer größere Bedeutung. Der Übergang zwischen Bauelementen und Geräten ist fließend. Sowohl kombinatorische diskrete Systeme (ohne Speicherwirkung) als auch sequentielle diskrete Systeme (mit Speicherwirkung) können mit hohem Integrationsgrad auf einem Chip angeordnet sein oder aus mehreren Bauelementen bestehen.

Unabhängig vom Anwendungsfall, beispielsweise als Nachrichtenübertragungssystem, als Werkzeugmaschinensteuerung, als Diagnosesystem, als Tischrechner oder Datenverarbeitungsanlage, sind diskrete Systeme dadurch gekennzeichnet, daß diskrete (digitale) Eingangssignale durch mehrere Arbeitsschritte im System zu diskreten (digitalen) Ausgangssignalen verarbeitet werden (s. Abschn. 7.).

Tafel 8.14. Flußdiagramm des Herstellungsprozesses von integrierten Schaltkreisen (IS) in Epitaxie-Planar-Technik unter Berücksichtigung der eingesetzten Meßtechnik nach [8.11]

0 Schaltungsentwurf, Masken- und Schablonenherstellung; *1* Messung der Ausgangsmaterialien; *2* Herstellung der Halbleiterscheiben; *3* Zwischenmessung 1 (spezifischer Widerstand, Kristallorientierung, räumliche Abmessungen usw.); *4* Kollektivprozesse Zyklus 1 (Oxydation, Diffusion, Epitaxie); *5* Zwischenmessung 2 (statisch: Restströme und Spannungen, Stromverstärkung, Durchbruchspannung); *6* Vereinzelungsprozesse Zyklus 2 (Ritzen, Brechen, Bonden, Verkappen); *7* Endmessung (statisch, dynamisch: Vierpolparameter, Grenzfrequenz, logische Funktionsprüfungen); *8* Labortest; *9* Vorbeanspruchung (thermisch, elektrisch); *10* Zuverlässigkeitsprüfung (Stresstest); *11* Umwelttest (chemisch, physikalisch); *12* zentrale Fehleranalyse (z.B. Korrelationsanalyse zwischen einzelnen Testserien)

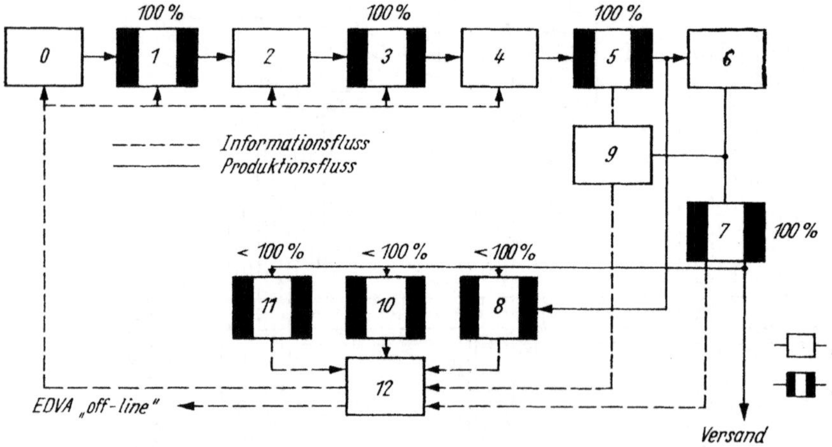

Die technisch zu realisierenden Schritte sind elementar. Kompliziert wird die Prüfung durch die technisch-physikalischen Anforderungen (mechanische und elektrische Parameter) und durch die kombinatorische Vielfalt (logische Parameter).

Einen Eindruck vermittelt das Flußdiagramm in **Tafel 8.14.**

Hat ein integrierter Schaltkreis n unabhängige Eingänge und enthält er m Speicher, dann kann er im sequentiellen Betrieb (Folgeschaltung) 2^{n+m} logische Funktionen realisieren. Mit je 20 Eingängen und Speicherelementen lassen sich also 2^{40}, d.h. etwa 10^{12}, unterschiedliche logische Zustände erzeugen. Bei einer Gesamttestzeit von 0,1 ms je logischem Zustand müßte dieses Bauelement etwa drei Jahre getestet werden, um jeden Zustand einmal zu überprüfen. Da dies nicht möglich ist, wird in der Industrie jedem Grundelement eine sog. Wahrheitstabelle zugeordnet, die alle diejenigen Prüffolgen enthält, die mit hoher Wahrscheinlichkeit die möglichen Fehler des Bauelements nachweisen. Vor allem für digitale Schaltkreise hohen Integrationsgrads (LSI-Schaltkreise) und sequentiellen Betrieb werden Logikanalysatoren und LSI-Tester mit Prozeßrechnersteuerung verwendet. Die Rechner geben zur logischen Funktionsprüfung an die Eingänge der IS einzelne Folgen von Eingangsbitmustern (Eingangspattern) und vergleichen anschließend die Ausgangsbitmuster (Ausgangspattern) mit den zugehörigen Sollbitmustern (Sollpattern) zur Erfassung eventuell vorhandener Funktionsfehler.

Bei der **automatischen Fehleranalyse** von Steckeinheiten ist zu unterscheiden zwischen [8.31]

- Bauelementefehlern (interne Kurzschlüsse, Unterbrechungen)
- Bestückungsfehlern (Verwechslungen, Verdrehungen, Vertauschungen)
- Verbindungsfehlern (externe Kurzschlüsse, Unterbrechungen, irrtümliche Verdrahtungen, Kontaktkorrosion, Kontaktlockerungen)
- Zufallsfehlern (nach Zeit und Ort zufällig auftretende und wieder verschwindende fehlerhafte Reaktionen, Hasards, Übersprechen)
- Firmwarefehlern (richtiger ROM-Typ, aber abweichender Logikinhalt)
- Softwarefehlern (Irrtümer bei der Programmierung werden als Systemfehler interpretiert).

Es ist offensichtlich, daß Fehlerursache und **Fehlerwirkung** (Fehlerbild) nicht identisch sind. Moderne diskrete Systeme sind so groß und kompliziert, daß Meßpersonen ohne vorbereitete Hilfsmittel die Fehler weder schnell noch sicher finden können. Testroutinen müssen so angelegt werden, daß der Fehler anhand von Fehlerortungsdokumentationen oder Fehlerkatalogen für größere Funktionsblöcke grob lokalisiert wird, damit die Funktionsblöcke (häufig Steckeinheiten) ausgetauscht werden können. Eine anschließende Feinlokalisierung des Fehlers auf der defekten Steckeinheit erfolgt mit Rechnerunterstützung auf Testadaptern.

Durch zunehmenden Einsatz komplizierter diskreter Systeme auch unter erschwerten organisatorischen (fehlendes Fachpersonal, schwach entwickelter Kundendienst), technischen (Luft- und Raumfahrt), ökonomischen (Fehlerfolgekosten in Chemieanlagen, Verkehrssteuerungen usw.) oder ergonomischen Randbedingungen (Patientenüberwachung, Umweltschutz) verstärken sich die Anstrengungen zur Herstellung selbstprüfender und fehlertoleranter Systeme.

Selbstprüfende Systeme sind dadurch gekennzeichnet, daß mit den im Gerät vorhandenen Funktionseinheiten und zusätzlichen Schaltungen extern oder intern Prüfabläufe ausgelöst werden können, die Funktionsbereitschafts- oder Fehlermeldungen oder interne Fehlerkorrekturen zur Folge haben. Ausgangspunkt der Selbstprüfung ist eine Funktionsgruppe des Systems mit sehr stabilen bekannten Eigenschaften (hardcore) [8.31, S. 133].

Fehlertolerante Systeme sind dadurch gekennzeichnet, daß ohne Unterstützung von außen und ohne Leistungsverlust die im diskreten System auftretenden Fehler von ihm selbst erkannt und korrigiert werden [8.31] [8.32].

On-line-Fehlertoleranz wird durch zusätzliche Schaltungen (Funktionsredundanz) realisiert, die zwar aufwendig sind, aber schnell reagieren.

Off-line-Fehlertoleranz wird durch bereitstehende Ersatzteile (Komponentenredundanz) realisiert, die eingeschaltet werden müssen, wodurch Verzögerungen auftreten.

Alle Fehlererkennungs- und -korrekturmaßnahmen hängen direkt von der Güte des Fehlermodells ab. Wird ein zu grobes Fehlermodell verwendet, muß auch mit großem Fehlerschlupf gerechnet werden.

Weitere praktische Beispiele für den großen Rationalisierungseffekt durch Prüfautomaten beziehen sich auf Leiterplattenprüfautomaten, Verkabelungsprüfer und Telefonleitungstestsysteme.

In der Rundfunk- und Fernsehempfangstechnik hat neben der Funktionsprüfung die **Bestückungsprüfung** von Leiterkarten zu einer wesentlichen Steigerung der Zuverlässigkeit der Geräte im Langzeitbetrieb geführt.

Mit dem Leiterplattenprüfautomaten LPA 101 [8.33] können maximal 196 Prüfpunkte über Kontaktnadeln und eine Schutzgaskontakt(Reed)-Relais-Schaltmatrix auf den Leiterplatten automatisch angesteuert und getestet werden. Damit sind je Leiterplatte etwa 170 Bauelemente auszumessen. Die Prüfleistung beträgt 1500 Leiterkarten je Schicht.

Analog wird mit der Prüfung von Leiterplatten für EDV-Anlagen verfahren [8.34].

Die Prüfzeit für die Verkabelung eines Flugzeugs konnte von 21 Tagen im manuellen Betrieb auf 2 Tage im automatischen Betrieb reduziert werden [8.35].

Erwähnt sei in diesem Zusammenhang, daß sich gerade langfristige, manuelle 100%-Prüfungen durch den Einfluß der Meßpersonen in der Regel auf die Aussagekraft von Stichprobenprüfungen beschränken. Der Gewinn liegt also nicht nur in der wesentlichen Zeiteinsparung, sondern auch in der bemerkenswerten Erhöhung der Aussagekraft (Validität) der Prüfergebnisse.

Für große Leitungsnetze ist bekannt, daß eine Million Telefonleitungen in automatische Leitungsschleifentests einbezogen werden [8.36]. Durch tägliche Leitungsfehlerdiagnose- und Fehlerlokalisierungsroutinen werden Defekte aufgespürt und behoben, bevor die Fernsprechkunden etwas davon merken.

Mit dem Ziel der **technischen Diagnostik** haben sich rechnergestützte Testsysteme bisher im Automobilbau [8.37] in der Energietechnik [8.38] und auf Bohrplattformen [8.39] sehr bewährt. Zahlreiche bevorzugt nichtelektrische Meßgrößen werden über Sensoren in elektrische Abbildsignale als Zwischenwerte umgewandelt (s. Abschn. 6.), digitalisiert (s. Abschn. 7.) und dann wie elektrische Größen verarbeitet und ausgewertet.

Tafel 8.15. Folgekosten von Störungen in chemischen Großbetrieben nach [8.40]

Störsituation	Spezifischer Produktionsausfall TM/h	Ausfallzeit h	Ökonomischer Verlust TM
Ausfallzeit einer Großanlage durch Fehlabschaltung	40	10 ... 100	400 ... 4000
Ausfall der Elektroenergie an einem Produktionsstrang	12	60	720
Ausfall eines Umlaufverdampfers	5	120	600
Ausfall eines Kompressors	10	28	280
Ausfall eines Reglers am Kompressor	12	1	12
Temperaturüberhöhung auf der Primärseite des Blocktrafos	10	17	170

8.4.3. Rechnergestützte Meßtechnik in der Chemieindustrie

Für die **chemische Industrie** ist charakteristisch, daß zur Sicherung einer gefahrlosen optimierten Produktion ein hoher Instrumentierungsaufwand erforderlich ist und daß Ausfälle von Meß-, Regel- und Rechenanlagen erhebliche Folgekosten verursachen können **(Tafel 8.15)** [8.40].

Durch rechnergestützte Messungen lassen sich fünf Klassen von Störungen weitgehend beherrschen [8.41]:

a) normalverteilte zufällige Schwankungen der Meßwerte, die auf zufälligen Fehlern bei der Informationsgewinnung beruhen (50 ... 1 Hz)
b) nichtnormalverteilte zufällige Störungen in Form von externen Störungseinwirkungen auf Meß- und Steuerungssysteme, soweit diese diskrete Signale als Informationsträger benutzen
c) beliebig verteilte Störungen (häufig jedoch normalverteilt), die von außen auf den technologischen Prozeß einwirken ($10^{-1} \ldots 10^{-4}$ Hz)
d) innere Störungen des Prozesses mit sehr langsamer Änderung (Verschleiß, Verschmutzung, Langzeitdrift)
e) zufällige innere und äußere Störungen, die zu sehr großen Schwankungen oder sogar Havarien im technologischen Prozeß führen (vollständiger oder teilweiser Ausfall der Rohstoff- oder Energieversorgung und der damit verbundenen zwangsweisen Abschaltung großer Aggregate); hierbei handelt es sich um Störungen, die selten auftreten, jedoch eine große Amplitude haben, sie können z.B. leicht von Störungen des Typs b) ausgelöst werden.

Wegen der erheblichen Schäden, die nach Störungen des Typs e) entstehen können, wird Störungen des Typs b) große Aufmerksamkeit geschenkt [8.42]. Gefördert wird diese Entwicklung durch den sich anbahnenden Wandel in der Instrumentierungstechnik. Die Mikrorechner ermöglichen eine dezentralisierte Kontrolle und Steuerung mit zentralisierter Aufsicht (s. **Tafel 8.9**).

Meßwarten von bis zu 10 m Breite verkürzen sich auf 2 m. Die Einsparungen an Arbeitszeit, Material und Energie sind erheblich. Miteinander verknüpfte Informationen sind gleichzeitig von einer Person zu erfassen **(Tafel 8.16)**.

Die Meßperson wird in ihren Handlungen und Entscheidungen über Rechner und Bildschirm geführt [8.43]. Dadurch reduzieren sich Fehlentscheidungen und Fehlhandlungen.

Herausragendes Beispiel ist die Anlage TDC 2000 (total distributed control) mit drei farbigen Bildschirmen (Übersichts-, Gruppen- und Alarmdarstellung) in der Betriebszentrale **(Tafel 8.16)** [8.44]. Eine Betriebszentrale kann bis zu 1000 Meßstellen aufnehmen, einzeln mit $\leqq 8$ alphanumerischen Zeichen adressieren und einzeln darstellen. Die Abfragegeschwindigkeit beträgt 200 Meßpunkte/s. Die Momentanwerte von kleiner oder gleich 40 Prozeßvariablen je Steuerstation können Minute für Minute über eine Zeitdauer von vier Tagen aus Speichern reproduziert werden, um kritische Ereignisse aus „historischer“ Sicht zu analysieren. Analoges gilt für 6 Schichtmittelwerte, 31 Tagesmittelwerte und 12 Monatsmittelwerte.

Die Datenübertragung zwischen den räumlich verteilten Teilsystemen und der Betriebszentrale erfolgt seriell über drei selbständige je 1500 m lange Koaxialkabel. Die Datenbahnen dienen der Verbindung von normalen, eigensicheren und präzisen Prozeßkoppeleinheiten (PIU) sowie Kernreglern mit den Rechnern und Betriebsstationen. Eine normale PIU kann bis zu 256 Analogeingänge oder 512 Digitaleingänge oder 128 Analogausgänge oder 256 Digitalausgänge oder 96 Impulseingänge haben. Eine eigensichere PIU kann Meßsignale von bis zu 256 Meßstellen aufnehmen. Die Auflösung der abgetasteten Meßwerte beträgt 12 bit = 4096 Stufen.

Datenbahn, Kernregler und Prozeßkoppeleinheiten unterliegen ohne Eingriff von Meßpersonen einer zyklischen automatischen Selbstdiagnose. Bei erkannten Defekten wird die Meßperson informiert. Redundante Funktionsblöcke schalten sich in etwa 1 s selbsttätig an die Stelle der defekten Einheiten und übernehmen sowohl ihre Adresse als auch ihre Aufgaben. Der Prozeß wird nicht unterbrochen [8.45].

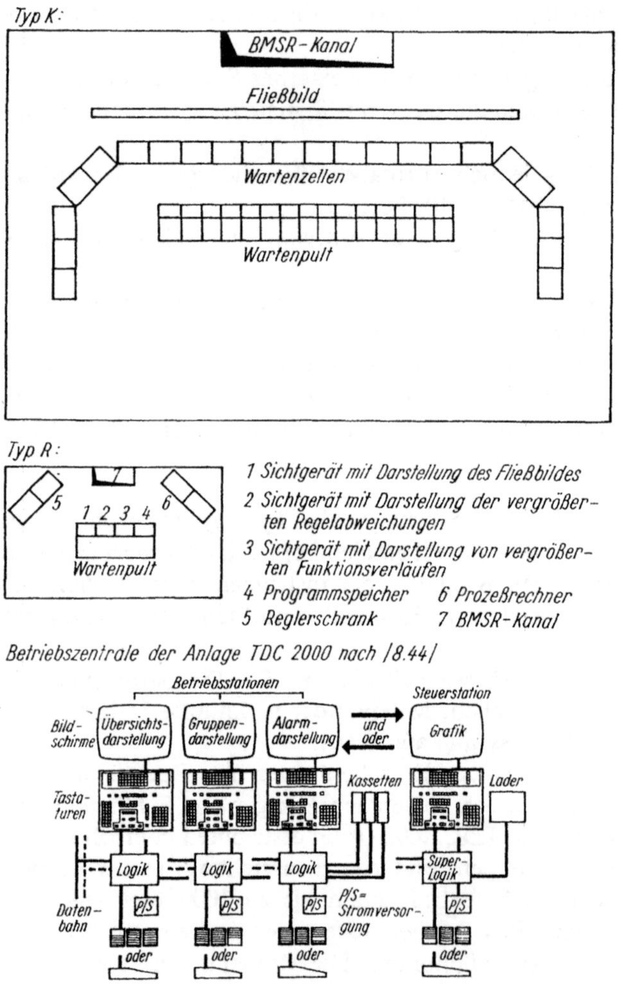

Tafel 8.16
Meßwartengestaltung in konventioneller (K) und rechnergestützter (R) Instrumentierung

In der Übergangsperiode ist auch die Kombination von konventioneller Instrumentierung mit Prozeßleittechnik durch Mikrorechner verbreitet **(Tafel 8.17)** [8.46]. Beispielsweise brachte die Automatisierung von Wärmekraftwerken im Spitzenlastbetrieb an einem 500 MW Kraftwerksblock eine Einsparung von zwei Arbeitskräften, 2% Brennstoff und 75% Instrumentierungsvolumen [8.47] [8.48]. Die Effektivitätsgewinne basieren auf größerer Flexibilität der Ausrüstungen und räumlich naher sowie zeitlich schneller Signalisation von Störeinflüssen im Prozeß.

Auftretende Fehler können exakter und schneller erfaßt und an der fehlerverursachenden Stelle korrigiert werden. Gerade bei kontinuierlichen Prozessen mit großen Durchsätzen können die Fehlerfolgekosten, wie bereits gezeigt, ganz beachtliche Werte annehmen.

Tafel 8.17. Einordnung der Mikrorechner in das System ursamat K 4000 nach [8.46]

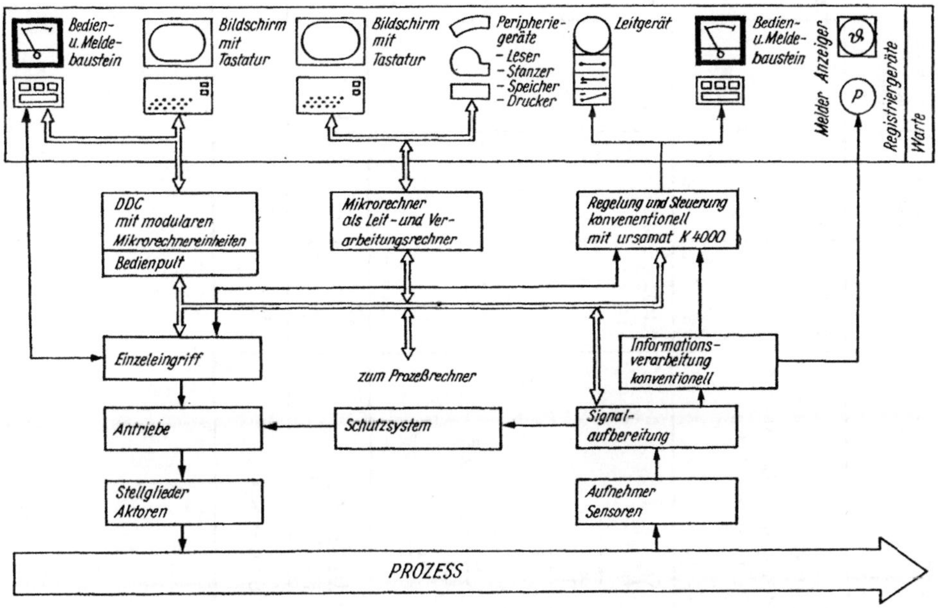

8.5. Anwendungsbeispiele für die rechnergestützte Qualitätssicherung

Die Automatisierung der Qualitätssicherung muß darauf abzielen, mehr Informationen über den Prozeß und das Produkt so zu gewinnen und zu verarbeiten, daß mehr Enderzeugnisse schneller, besser und billiger von der Industrie zur Verfügung gestellt werden. Die Meßtechnik nimmt hierbei eine Schlüsselstellung ein, weil sie durch Sensoren sowie die dazugehörige Hardware und Software die notwendigen Meßinformationen über Prozeß und Produkt bereitstellt. Die Meßinformationen lassen sich allerdings nur dann als Qualitätsdaten nutzen, wenn sie aufbereitet und gesichert sind, rechtzeitig zur Verfügung stehen und im Qualitätsregelkreis verarbeitet werden können **(Tafel 8.18)**.

Wenn es nicht gelingt, die Leistungsfähigkeit der Meßtechnik und Qualitätssicherung überproportional zu steigern, so mündet die Intensivierung der Herstellungsprozesse in eine Intensivierung der Herstellung von Ausschuß und Nacharbeit.

Durch den dezentralisierten Rechnereinsatz haben seit langem bekannte und bewährte Qualitätssicherungsmaßnahmen die Chance, eine nunmehr breite Anwendung zu finden. Bevorzugt gilt das für Maschinenfunktionsanalysen sowie Stichprobenverfahren (s. Abschnitt 14.).

Trotz unbestrittener Wirtschaftlichkeit der genannten Verfahren werden sie in der Industrie bisher wenig angewendet. Die Ursachen liegen in ihrer komplizierten Handhabung und in zeitraubenden Auswertungen begründet. Teilweise fehlt es auch an Meßmitteln, die räumlich und zeitlich so nahe am Prozeß eingesetzt werden können, daß die genann-

Tafel 8.18. Rechnergestützte Qualitätssicherung mit Mikrorechnern

Aufgabe	Einflußgrößen	Verfahren	Algorithmen	Rechner	Speicherplätze K Byte	Rechenzeit mit Rechner min	Rechenzeit ohne Rechner min	Zeitgewinn %
Ermittlung der Maschinenfunktionsungenauigkeit *MFU* von Werkzeugmaschinen sowie des potentiellen Ausschußanteils bei der kleinsten noch herstellbaren ISO-Qualität	Lagerspiele, Führungsspiele, Schwingungen, Temperatureinflüsse, Werkzeugverschleiß	Maschinenfunktionsanalyse	$MFU = 6s$ $MFU_r = 6s/(T_o - T_u)$ $P_o = 1 - \Phi(\lambda_{To})$; $\lambda_{To} = (T_o - \bar{x})/s$ $P_u = \Phi(\lambda_{Tu})$; $\lambda_{Tu} = (T_u - \bar{x})/s$ $P = P_o + P_u$ $IT = f(MFU, M_N)$	K 1002	1,6	2,5	25	90
Qualitätssteuerung während der Bearbeitung	Maschinenfehler, Einstellfehler, Werkzeugverschleiß	$\bar{x}s$- und R-Regelkartenverfahren	$\bar{x} = \left(\sum_{i=1}^{n} x_i\right)/n$ $s = \sqrt{\dfrac{\sum_{i=1}^{n} x_i^2 - n\bar{x}^2}{n-1}}$ $R = \hat{x} - \check{x}$ $K_{o,u\bar{x}} = \tilde{x} \pm \dfrac{3s}{\sqrt{n}}$ $K_{oR} = D_4\bar{R}$ $K_{o,us} = c_2 \pm \dfrac{3s}{\sqrt{n}}$ $K_{uR} = D_3\bar{R}$	K 1002	1,2	0,1	5	98
Qualitätssteuerung nach der Bearbeitung	Fertigungsfehler	$\bar{x}s$-Variablen-stichprobenverfahren	$L \approx \Phi\left(\dfrac{-\psi(p)\sqrt{n} + t_0}{\sqrt{1 + t_0^2/2n}}\right)$	K 1002	0,7	0,75	6	88
Kostenoptimale Qualitätssteuerung nach der Bearbeitung	Fertigungsfehler, Fehlerfolgekosten	kostenoptimales Attribut-Stichproben-verfahren	$A = \int_a^b G_Q'(p)\,dp \rightarrow$ Max.	K 1002	0,7	10...60	manuell nicht lösbar	–

ten Verfahren einen überzeugenden Effekt erzielen. Bezogen auf die Koordinatenmeßtechnik (s. Abschn. 8.4.) ist es z. B. wenig effektiv, die teuren rechnergestützten Koordinatenmeßgeräte **(s. Tafel 15.15)** lediglich für einen Sortiervorgang nach erfolgter Produktion einzusetzen. Anzustreben ist die Im-Prozeß-Messung. Als Beispiel sei die prozeßintermittierende Werkstückvermessung in Bearbeitungszentren genannt [8.49].

Natürlich darf nicht übersehen werden, daß prinzipiell unterschiedliche Strategien bei der Meßinformationsgewinnung entsprechend unterschiedliche Vor- und Nachteile haben [8.50].

Das Messen nach der Bearbeitung außerhalb der Maschine erlaubt hochgenaue Messungen in konditionierten Räumen. Die Meßergebnisse können zur Qualitätsregelung auf das Erzeugnis aber nicht unmittelbar zurückwirken.

Das Messen nach der Bearbeitung im Arbeitsraum der Maschine läßt die Möglichkeit offen, einzelne Erzeugnisse durch Nacharbeit zu verbessern. Allerdings sind größere einschränkende Nebenbedingungen auf die Meßgenauigkeit zu erwarten (Sensorgeometrie, Schwingungs- und Temperaturfelder).

Das intermittierende Fertigen und Messen außerhalb der Maschine führt zu häufigem Aus- und Einspannen des Werkstücks und zur Prüfung von Zwischengrößen. Das Verfahren ist geeignet, Ausschuß in der Vorfertigung zu minimieren.

Das intermittierende Fertigen und Messen in der Maschine gestattet die Ausdehnung der qualitätsregelnden Prüfung auch in den Bereich der Feinbearbeitung. Allerdings sind die Meßmittel fest in den Fertigungsprozeß integriert, an die Maschine gebunden und müssen entsprechend angepaßt werden.

Die kontinuierliche Messung während der Bearbeitung in der Maschine wäre qualitätsregelungstechnisch am günstigsten, unterliegt aber aufgrund der harten Randbedingungen den meisten qualitätsmindernden Einflüssen bei der Meßinformationsgewinnung [8.51].

Die Anwendung der modernen Technologien der Mikroelektronik auf die Sensortechnik läßt neuartige leistungsfähigere Sensoren erwarten.

Für die Anwendung von Minirechnern in der Qualitätssicherung sind folgende Beispiele bekannt geworden [8.52]:

Handelsübliche **Minirechner** mit vorhandener Kleinrechnerperipherie wie Drucker, Plotter, Floppy-disk wurden mit spezieller Geräte- und Programmtechnik für die Qualitätssicherung ergänzt. Sie bestehen aus einem A/D-Umsetzer und einem Interface, das 64 Eingangs/Ausgangs-Leitungen zu je 1 bit hat. 20 bit können als Ausgänge mit Zwischenspeicher verwendet werden. Die Leitungen sind gruppenweise zu je 8 bit adressierbar.

Die Programme ermöglichen die messende Prüfung mit mehreren BCD-kodierten Meßgeräten im On-line-Anschluß. Die Stammdaten, wie Toleranzgrenzen und Qualitätsgeschichte, werden für maximal 20 Merkmale in einer Datenkassette oder Floppy-disk abgelegt. Die Messungen können merkmalsweise oder ungeordnet hintereinander erfolgen.

Die Ergebnisse der Prüfungen zeigt ein Sichtschirm als Häufigkeitsschaubild (Histogramm, s. **Tafel 9.9**) oder Qualitätsregelkarte (s. **Tafel 14.3**) mit Echtzeitangabe.

Ist die vorgegebene merkmalsbezogene Stückzahl erreicht, werden Mittelwert und Standardabweichung ausgegeben.

Nach Vergleich mit der gespeicherten Gutgrenze erfolgen Annahme oder Ablehnung des Loses.

Die untere Grenze der Taktzeit der Meßwerte beträgt 200 ms. Die Programmierung erfolgte teilweise in Maschinensprache, um die notwendige Geschwindigkeit der Programmbearbeitung für den On-line-Betrieb zu gewährleisten.

Es ist möglich, Steuersignale an die Meßgeräte auszugeben.

Tafel 8.19. Qualitätssteuerung in Stückgutprozessen unter Berücksichtigung von A-priori-Information über den Prozeß

A Ausschuß; *AOQ* Durchschlupf; *N* Nacharbeit; *Q* Gutteile; $\bar{Q}$ Schlechtteile; *R* zurückgewiesene Teile; *μR* Mikrorechner

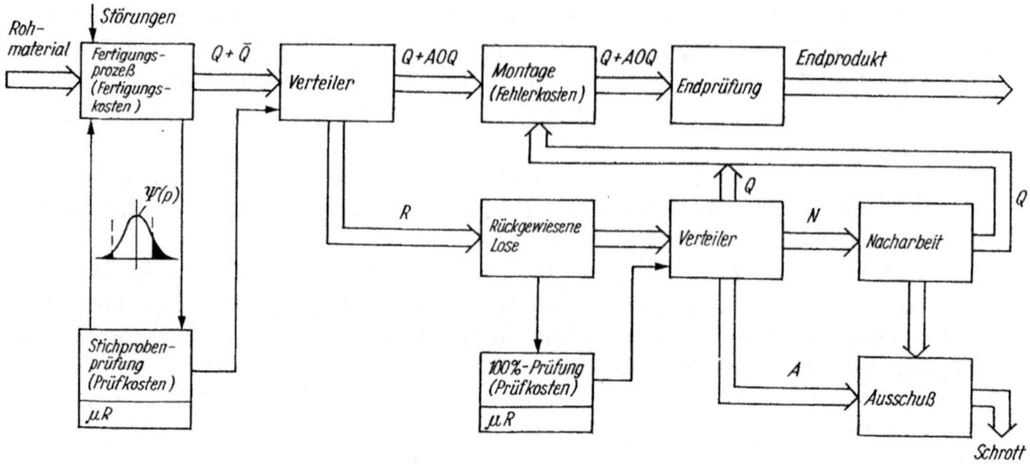

Tafel 8.20. Steueralgorithmus für optimale Attributstichprobenprüfung

Hauptprogramm	*Unterprogramm* ASPAN
Numerisches Näherungsverfahren zur Maximumsuche durch systematische Intervallteilung $A = \int_a^b G_Q'(p)\,dp \rightarrow$ Max.	Numerische Integration der gewichteten relativen Qualitätskosten $G_Q'(p)$

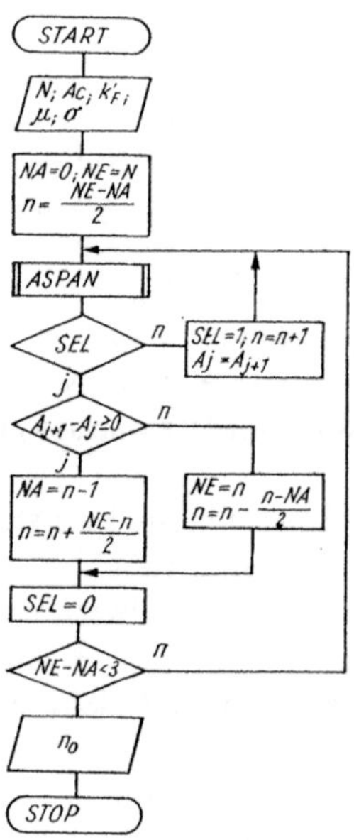

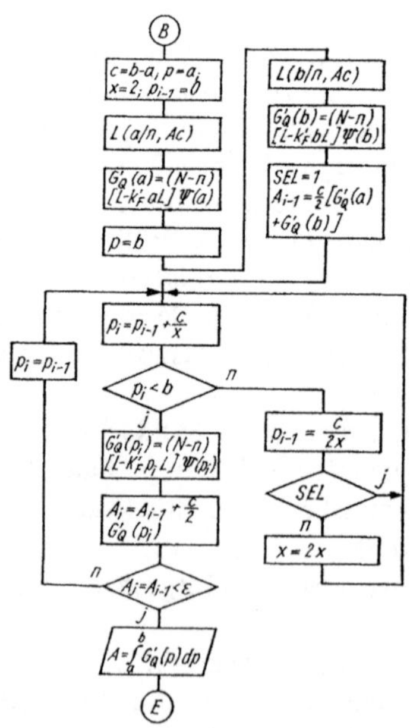

verwendete *Abkürzungen*

$$A = (N - n) \times \int_a^b \{[L(p/n;\,Ac) - k_F' pL(p/n;\,Ac)] \times \psi(p/\mu;\,\sigma)\}\,dp$$

- $G_Q'(p)$ gewichtete relative Qualitätskosten einer Attributstichprobenprüfung
- *A* durchschnittlicher relativer Nutzen einer Attributstichprobenprüfung
- *N* Losgröße
- *n* Stichprobenumfang
- *a* untere Integrationsgrenze
- *b* obere Integrationsgrenze
- $L(p/n;\,Ac)$ Annahmewahrscheinlichkeit
- *p* relative Anzahl fehlerhafter Einheiten der Fertigung bezogen auf die Losgröße *N*
- *Ac* Annahmezahl
- k_F' Fehlerfolgekostenfaktor
- $\psi(p/\mu;\,\sigma)$ Wahrscheinlichkeitsdichte von Ausschuß und Nacharbeit

Tafel 8.21. Programmorganisation, Rechnervorbereitung, Programmprüfung, Programmbetrieb und Bedienfehlerkorrektur zur Auswahl kostenoptimaler Attributstichprobenpläne

Programmorganisation:

Mikrorechnersystem: robotron K 1002
Speicherplatzbedarf: 0,54 K Byte
Rechenzeit: 10 bis 30 min
Programmspeicherung: Magnetkarte

Datenregisterbelegung:

001 a	012 k'_F
002 b	013 N
003 $\varepsilon = 0{,}1$	014 Ac
004 p	015 K'_{QT}
005 $L(p/n; Ac)$	016 Rechenregister (B)
006 $c = b - a$	017 μ
007 A	018 σ
008 B	019 $1/\sqrt{2\pi\sigma^2}$
009 n	020 $(p - \mu)^2$
010 Ac	021 NE
011 np	022 NA

Rechnervorbereitung:

Gerät einschalten (zeilenweise abarbeiten)

D/P	0	2	3	MKL

Magnetkarten „Auswahl kostenoptimaler Attributsstichprobenpläne"
Spur 1 bis 3 einlesen.

Programmprüfung durchführen! (spaltenweise abarbeiten)

NUM	Befehl/Zahl	Erläuterung	NUM	Befehl/Zahl	Erläuterung
	SPRUNG	auf Programmanfang springen	04	0	Eingabe Erwartungswert $\mu = 0{,}04$
	↑			/	
	ST			0	
01	1	Eingabe Losgröße $N = 100$		4	
	0			ST	
	0		05	0	Eingabe Standardabweichung $\sigma = 0{,}005$
02	ST	Eingabe Annahmezahl $Ac = 0$		/	
	0			0	
	ST			0	
03	2	Eingabe Fehlerfolgekostenfaktor $k'_F = 25$		5	
	5			ST	Rechnung wird durchgeführt, Rechenzeit 10 min
	ST		06	Anzeige $n_{opt} = 21$	

Tafel 8.21 (Fortsetzung)

Programmbetrieb (spaltenweise abarbeiten):

NUM	Befehl/Zahl	Erläuterung	NUM	Befehl/Zahl	Erläuterung
	SPRUNG	auf Programmanfang springen	04	Eingabe μ	Erwartungswert
	↑			ST	
	ST		05	Eingabe σ	Standardabweichung
01	Eingabe N	Losgröße		ST	Rechnung wird durchgeführt
	ST		06	Anzeige n_{opt}	
02	Eingabe Ac	Annahmezahl			
	ST				
03	Eingabe k'_F	Fehlerfolgekostenfaktor			
	ST				

Bedienfehlerkorrektur:

Falsche Zahl und *nicht* [ST] gedrückt,

[LÖ] drücken, richtige Zahl eingeben, [ST] drücken,

Eingabe wie geplant fortsetzen!

Falsche Zahl und [ST] gedrückt,

[SPRUNG] [↑] [ST]

drücken und gesamte Eingabe wie geplant neu durchführen.

Darüber hinaus lassen sich in der Qualitätssicherung auch bemerkenswerte Rationalisierungseffekte durch Anwendung von freiprogrammierbaren **Mikrorechnern** erzielen. Das bezieht sich sowohl auf die Maschinenfunktionsanalyse als auch die Auswertung von Qualitätsregelkarten sowie die Auswahl optimaler Stichprobenpläne **(Tafel 8.19)**.

Beispielsweise wird bei der Auswahl kostenoptimaler Stichprobenpläne unter Berücksichtigung von Vorinformationen aus der Produktion **(Tafel 8.18)** der kostenoptimale Stichprobenumfang n_{opt} eines Attributstichprobenplans für vorgegebene Annahmezahl Ac, Losgröße N und relative Fehlerfolgekosten k'_F bei Normalverteilung von Ausschuß und Nacharbeit mit den Parametern Erwartungswert μ und Standardabweichung σ berechnet. Das Gesamtprogramm besteht aus Hauptprogramm und Unterprogramm **(Tafel 8.20)**. Die Anzahl der Integrationsschritte wird in Abhängigkeit von der geforderten Genauigkeit $\varepsilon = 0{,}1$ gesteuert.

Der Berechnung der Annahmewahrscheinlichkeit liegt die Poisson-Verteilung zugrunde [8.53].

Die Angaben zu Programmorganisation, Rechnervorbereitung, Programmprüfung, Programmbetrieb und Bedienfehlerkorrektur **(Tafel 8.21)** sowie die Befehlsliste **(Tafel 8.22)** reichen aus, um die Lösung gleichartiger Aufgaben auf jedem beliebigen Mikrorechner robotron K 1002 [8.54] oder auch K 1001 oder K 1003 nachzuvollziehen.

Tafel 8.22. Befehlsliste zur Auswahl kostenoptimaler Attributstichprobenpläne

Befehlsliste: Auswahl kostenoptimaler Attributstichprobenpläne									Befehls-Nr.: von 0000 bis 0199		
Nr.	Befehl	Bemerk.	Nr.	Befehl	Bemerk.	Nr.	Befehl	Bemerk.	Nr.	Befehl	Bemerk.
0000	NUM		0050	R → x		0100	R → x		0150	x → R	
01	SPRUNG		51	6		01	7		51	1	
02	0		52	·		02	–		52	0	
03	3		53	x → R		03	R → x		53	R → x	
04	0		54	7		04	3		54	9	
05	0		55	R → x		05	–	$B - A$	55	= 0	$n = 0$
06	ST		56	6		06	< 0	$-\varepsilon < 0$	56	0	
07	ST		57	↑		07	0		57	1	
08	ST		58	2		08	1		58	7	
09	ST		59	:		09	2		59	2	
10	ST		60	R → x		10	0		60	R → x	$p = 0$
11	R → x		61	1		11	R → x		61	4	
12	2		62	+		12	8		62	= 0	
13	R → x		63	x → R	$p = (b - a)/2$	13	x → R	$A = B$	63	0	
14	1		64	4	$+a$	14	7		64	1	
15	–		65	SPRUNG		15	SPRUNG		65	7	
16	x → R	$b - a$	66	UP		16	0		66	2	
17	6		67	0		17	0		67	SPRUNG	
18	R → x		68	1		18	5		68	0	
19	1		69	4		19	5		69	1	
20	x → R		70	7		20	R → x		70	7	
21	4	a	71	x → R	$G_Q'(p)$	21	7		71	9	
22	SPRUNG		72	+		22	R → x		72	1	
23	UP		73	5		23	8		73	x → R	$L(p) \overset{!}{=} 1$
24	0		74	R → x		24	–		74	SPRUNG	
25	1		75	4		25	R → x		75	0	
26	4		76	R → x		26	3		76	2	
27	7		77	6		27	–	$A - B$	77	3	
28	x → R		78	+	$p = p$	28	<0	$-\varepsilon < 0$	78	2	
29	5	$G_Q'(a)$	79	x → R	$+b - a$	29	0		79	GL	
30	R → x		80	4		30	4		80	x → R	$L(p) \overset{!}{=} 0$
31	2		81	R → x		31	1		81	R → x	
32	x → R		82	2		32	0		82	9	
33	4	b	83	–		33	R → x		83	R → x	
34	SPRUNG		84	<0	$p - b < 0$	34	8		84	4	
35	UP		85	0		35	x → R	$A = B$	85		
36	0		86	0		36	7		86	x → R	np
37	1		87	6		37	SPRUNG		87	1	
38	4		88	5		38	0		88	1	
39	7		89	2		39	0		89	R → x	
40	x → R	$G_Q'(b)$	90	x → R		40	5		90	1	
41	+	$+ G_Q'(a)$	91	:		41	5		91	0	
42	5		92	6		42	ST		92	$x \leftrightarrow y$	
43	↑		93	R → x		43	ST		93	$-\lvert x\rvert^y$	$(np)^{Ac}$
44	2		94	6		44	ST		94	R → x	
45	x → R		95	R → x		45	ST		95	1	
46	:		96	5		46	ST		96	0	
47	5		97	·		47	R → x		97	x!	$Ac!$
48	R → x		98	x → R		48	1		98	:	
0049	5		0099	8		0149	4		0199	1	

Tafel 8.22 (Fortsetzung 1)

Befehlsliste: Auswahl kostenoptimaler Attributstichprobenpläne — Befehls-Nr.: von 0200 bis 0399

Nr.	Befehl	Bemerk.	Nr.	Befehl	Bemerk.	Nr.	Befehl	Bemerk.	Nr.	Befehl	Bemerk.
0200	+/−		0250	−		0300	STOP		0350	Marke	
01	R → x		51			01	x → R	Eing. N	51	x^2	
02	1		52	x → R	K_{QT}'	02	1		52	R → x	
03	1		53	1		03	3		53	0	
04	·		54	5		04	STOP		54	1	
05	e^x		55	π		05	x → R	Eing. Ac	55	8	
06	·		56	2		06	1		56	3	
07	x → R	$P(n, Ac, p)$	57	·		07	4		57	·	
08	+		58	$\sqrt{x}$		08	STOP		58	R → x	
09	↑		59	R → x		09	x → R	Eing. k_F'	59	1	
10	1		60	1		10	1		60	7	
11	+/−		61	8		11	2		61	+	
12	R → x		62	·		12	STOP		62	x → R	
13	1		63	1/x	$\frac{1}{\sqrt{2\pi}\,\sigma^2}$	13	x → R	Eing. μ	63	0	
14	0		64	x → R		14	1		64	0	
15	+		65	1		15	7		65	2	
16	< 0	$Ac - 1 < 0$	66	9		16	STOP		66	1	
17	0		67	R → x		17	x → R	Eing. σ	67	−	$\mu + 3\sigma$
18	2		68	4		18	1		68	< 0	$= b < 1$
19	3		69	R → x		19	8		69	STM	
20	2		70	1		20	ST		70	e^x	
21	x → R		71	7		21	,		71	ST	
22	1		72	−		22	1		72	ST	
23	0		73	x^2	$(p - \mu)^2$	23	x → R		73	1	
24	R → x		74	x → R		24	3		74	x → R	$b \overset{!}{=} 1$
25	1		75	2		25	R → x		75	2	
26	1		76	0		26	0		76	Marke	
27	SPRUNG		77	R → x		27	1		77	e^x	
28	0		78	1		28	8		78	R → x	
29	1		79	8		29	3		79	1	
30	8		80	x^2		30	·		80	3	
31	9		81	2		31	R → x		81	x → R	$NE = N$
32	R → x		82	·		32	1		82	2	
33	1		83	R → x		33	7		83	1	
34	2		84	2		34	x ⇄ y		84	GL	
35	R → x		85	0		35	−		85	x → R	$NA = 0$
36	4		86	x ⇄ y		36	x → R		86	2	
37	·		87	:		37	1		87	2	
38	1		88	e^x	$e^{-\frac{(p-\mu)^2}{2\sigma^2}}$	38	< 0	$\mu - 3\sigma$	88	R → x	
39	−		89	1/x		39	STM	$= a < 0$	89	2	
40	+/−		90	R → x		40	$\sqrt{x}$		90	1	
41	1		91	1		41	ST		91	R → x	
42	·		92	9	$\varphi(p)$	42	ST		92	2	
43	R → x		93	·		43	STM		93	2	
44	·		94	R → x		44	x^2		94	−	
45	R → x		95	1		45	Marke		95	2	
46	1		96	5		46	$\sqrt{x}$		96	:	$n =$
47	3		97	·		47	GL		97	x → R	
48	R → x		98	ST	$G_Q'(p)$	48	x → R		98	9	$\frac{NE - NA}{2}$
0249	9		0299	UP		0349	1	$a \overset{!}{=} 0$	0399	SEL = 0	

Tafel 8.22 (Fortsetzung 2)

Befehlsliste: Auswahl kostenoptimaler Attributstichprobenpläne — **Befehls-Nr.: von 0400 bis 0599**

Nr.	Befehl	Bemerk.	Nr.	Befehl	Bemerk.	Nr.	Befehl	Bemerk.	Nr.	Befehl	Bemerk.
0400	ST		0450	x → R	$NE = n$	0500	1		50		
01	SPRUNG		51	2		01	R → x		51		
02	0		52	1		02	2		52		
03	0		53	R → x		03	2		53		
04	1		54	2		04	−		54		
05	1		55	2		05	3		55		
06	ST		56	−		06	−		56		
07	ST		57	2		07	< 0	$NE - NA$	57		
08	ST		58	:		08	SPRUNG	< 3	58		
09	ST		59	R → x		09	0		59		
10	SEL		60	9		10	5		60		
11	SPRUNG		61	x ⇄ y	$n = n$	11	1		61		
12	0		62	−		12	8		62		
13	4		63	x → R	$-\frac{n-NA}{2}$	13	SPRUNG		63		
14	6		64	9		14	0		64		
15	3		65	SPRUNG		15	0		65		
16	R → x		66	0		16	1		66		
17	8		67	4		17	1		67		
18	x → R		68	9		18	R → x		68		
19	1		69	1		19	9		69		
20	6		70	R → x		20	ST		70		
21	R → x		71	9		21	,		71		
22	9		72	↑		22	9		72		
23	ST		73	1		23	+		73		
24	1		74	−		24	int x		74		
25	+		75	x → R	$NA = n - 1$	25	STOP	n_{opt}	75		
26	x → R	$n = n + 1$	76	2		26	GL		76		
27	9		77	2		27	SPRUNG		77		
28	Pause		78	R → x		28	0		78		
29	Pause		79	2		29	0		79		
30	SEL = 1		80	1		30	0		80		
31	SPRUNG		81	R → x		31	0		81		
32	0		82	9		32	ENDE		82		
33	0		83	−		33			83		
34	1		84	2		34			84		
35	1		85	:		35			85		
36	R → x		86	R → x	$n = n$	36			86		
37	1		87	9		37			87		
38	6		88	+	$+\frac{NE-n}{2}$	38			88		
39	R → x		89	x → R		39			89		
40	8		90	9		40			90		
41	−	$A_i - A_{i+1}$	91	SEL = 0		41			91		
42	< 0	< 0	92	R → x		42			92		
43	SPRUNG		93	9		43			93		
44	0		94	Pause		44			94		
45	4		95	Pause		45			95		
46	7		96	Pause		46			96		
47	0		97	Pause		47			97		
48	R → x		98	R → x		48			98		
0449	9		0499	2		49			99		

Für zahlreiche Aufgabenstellungen sind darüber hinaus wissenschaftlich-technische **Taschenrechner** mit statistischen Funktionen und sog. Statistikrechner im Taschenrechnerformat sehr wirkungsvolle Hilfsmittel.

Zusammenfassend bleibt zu bemerken, daß sich der Qualitätsregelkreis mit dem Ziel der Qualitätssicherung immer erst dann schließt, wenn alle seine Komponenten miteinander verbunden werden. Dazu gehören Qualitätsplanung, Qualitätssicherung der Einzelteile, Qualitätssicherung der Enderzeugnisse (materiell, funktionell), Aufbereitung der Qualitätsdaten und Veranlassung von Schlußfolgerungen sowie nicht zuletzt die Kostenüberwachung der Qualität [8.55]. Prozeßkenntnisse und Softwarekosten fallen dabei immer stärker ins Gewicht.

Durch die rasche Verbreitung der Rechentechnik und damit der „technischen Intelligenz" werden die Arbeitsplätze nicht abgeschafft, sondern umstrukturiert. Es ist sicher, daß die **rechnergestützten Arbeitsplätze** neue Bildungsanforderungen an die Meßpersonen stellen. Die Zeit ist herangereift, sich darauf einzustellen [8.56] bis [8.66].

9. Analyse und Korrektur systematischer, zufälliger und grober Meßfehler

9.1. Klassifikation der Meßfehler (Meßabweichungen)

Ist Messen die Ermittlung einer Ursache (Meßgröße) aus ihrer Wirkung (Meßwert) und den bekannten Eigenschaften des Meßmittels (Meßsystem), so wird das Meßergebnis bei automatischen Messungen durch die Eigenschaften des verwendeten Meßverfahrens, des Meßsystems und der Umgebung beeinflußt. Bei Messungen durch eine Meßperson treten deren persönliche Eigenschaften hinzu. Alle Einflußgrößen können Fehlerursachen sein. Obwohl alle Fehlereinflüsse in der Praxis grundsätzlich zusammen in Erscheinung treten, hat es sich bei der Meßfehleranalyse bewährt, den Gesamtfehler nach seinen Ursachen in die drei Komponenten systematischer, zufälliger und grober Meßfehler aufzuteilen **(Tafel 9.1)** [9.1] bis [9.41].

Tafel 9.1. Klassifikation von Meßfehlern

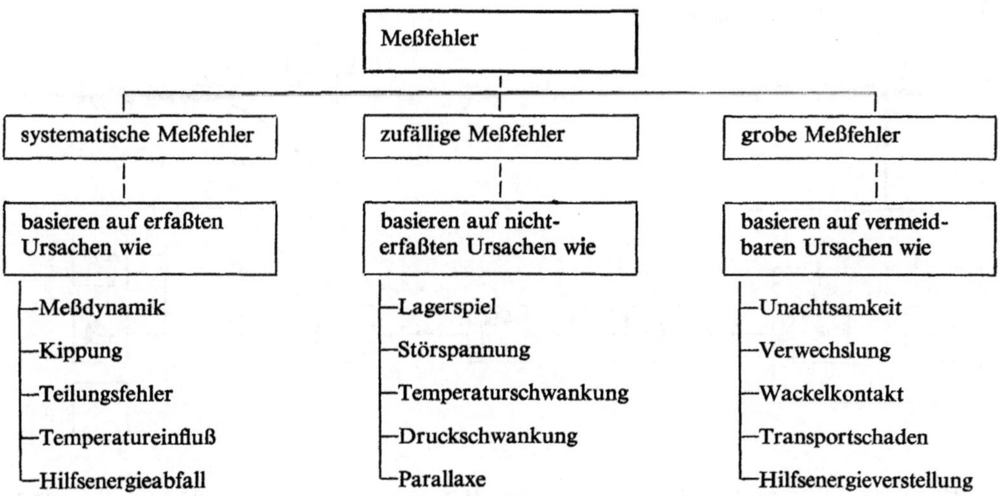

Systematische Meßfehler werden durch Unvollkommenheit der Meßgeräte, Meßverfahren, Maßverkörperungen und durch meßtechnisch erfaßte oder berechnete determinierte Einflüsse der Umwelt sowie den persönlichen Einfluß der Meßperson hervorgerufen. Systematische Meßfehler sind grundsätzlich beherrschbare, bestimmbare und eliminierbare Fehler.

Es gibt auch nicht exakt erfaßte – weil auf einfache Weise nicht bestimmbare – systematische Fehler. Sie können in einigen Fällen abgeschätzt und den Vertrauensgrenzen innerhalb des Meßergebnisses hinzugefügt werden.

Zufällige Meßfehler treten auf, wenn empfindliche Messungen unter Wiederholbedingungen durchgeführt werden. Wiederholbedingungen liegen vor, wenn dieselbe Meßperson am selben Meßobjekt dieselbe Meßgröße mit demselben Meßgerät und demselben Meßverfahren wiederholt mißt. Die Streuungen der Meßwerte beruhen auf zeitlich und örtlich nicht konstanten Fehlerursachen. Zufällige Meßfehler können deshalb nicht eliminiert werden.

Es fällt auf, daß einige Autoren als Ursache zufälliger (auch systematischer) Meßfehler Veränderungen des Meßobjekts angeben. Da bei einer Messung die Eigenschaften eines Meßobjekts quantitativ bestimmt werden sollen, sind diese vom Meßobjekt ausgehenden Schwankungen nicht als Fehlerursache des Meßvorgangs anzusehen, sondern eine typische Eigenschaft des Meßobjekts, die erkannt und berücksichtigt werden muß.

Grobe Meßfehler beruhen auf Irrtümern, falschem oder nachlässigem Ablesen, einem zeitweilig defekten Meßgerät oder starken äußeren Störeinflüssen. Grobe Meßfehler sind durch Sorgfalt der Meßperson beim Messen zu vermeiden und scheiden als uneigentliche Meßfehler aus.

Tafel 9.2. Einfluß der Eigenschaften von Meßobjekt und Meßsystem auf den Meßfehler

1 Meßgrößenaufnehmer; *2* Anpasser; *3* Rechenglied; *4* Anzeiger; *D* Datenverarbeitung; *E* Meßperson; *M* Meßobjekt; *R* Regler; *a* gesuchte Größe; *b* erreichbare Größe; *b'* erreichter Wert; *c* aufgenommener Wert; *d* erfaßter Wert; *e* korrigierter Wert; *f* gemessener Wert;

$x_e(t)$	Sprungeingangsgröße (Meßgröße);
$x_a(t)$	Verlauf der Ausgangsgröße (Meßwert);
$x_{as}(t)$	Verlauf der Sollausgangsgröße;
$x_{aI}(t_1)$	Verlauf der Istausgangsgröße;
$\Delta x_{a,stat}(t_1)$	statischer Meßfehler zur Zeit
$t = t_1$; $x_{a,dyn}(t_1)$	dynamischer Meßfehler zur Zeit $t = t_1$;
I	Sprungfunktion;
II	Übergangsfunktion

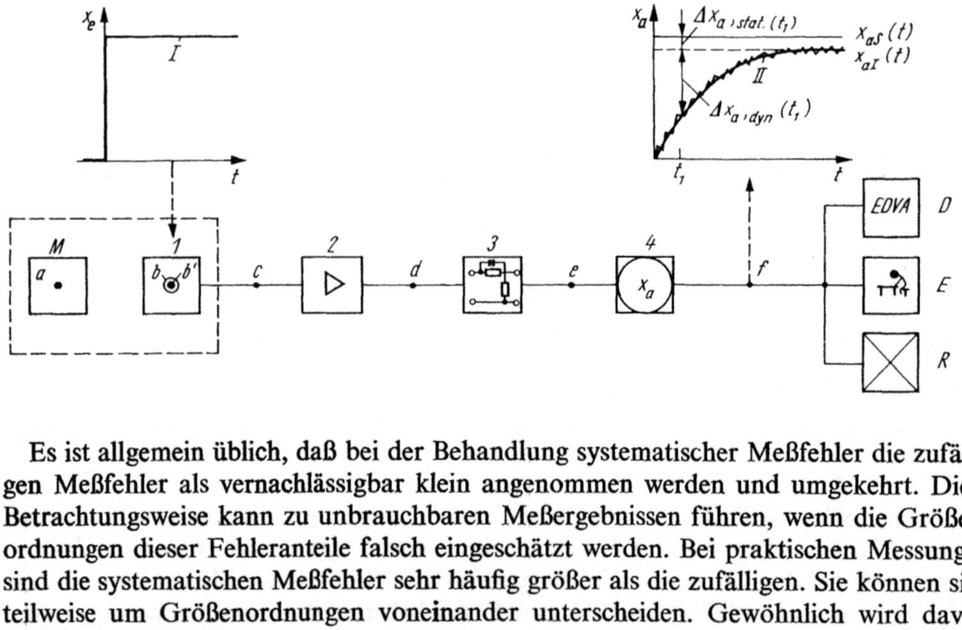

Es ist allgemein üblich, daß bei der Behandlung systematischer Meßfehler die zufälligen Meßfehler als vernachlässigbar klein angenommen werden und umgekehrt. Diese Betrachtungsweise kann zu unbrauchbaren Meßergebnissen führen, wenn die Größenordnungen dieser Fehleranteile falsch eingeschätzt werden. Bei praktischen Messungen sind die systematischen Meßfehler sehr häufig größer als die zufälligen. Sie können sich teilweise um Größenordnungen voneinander unterscheiden. Gewöhnlich wird davon ausgegangen, daß die dem Meßsystem zugängliche Größe mit der gesuchten Meßgröße identisch sei. Häufig ist aber gerade diese vereinfachende Annahme nicht begründet [9.12], weil der Meßort in Umgebung der gesuchten Größe *a* **(Tafel 9.2)** dem Meßmittel unzugänglich bleibt, z. B. die Mittentemperatur eines geglühten Werkstücks. Der Meßort in Umgebung der erreichbaren Größe *b* ist dem Meßmittel prinzipiell zugänglich, z. B. die Ofeninnentemperatur. Hier muß aber beachtet werden, daß die Größe *b* nur bei

Abwesenheit des Meßmittels vorhanden wäre. Durch Anwesenheit des Meßmittels, beispielsweise einem Thermoelement, wird b durch Wärmeableitung zu b' verzerrt. Erst der erreichte Wert b' wird deshalb gewöhnlich mit der gesuchten Meßgröße x_e, die bei dieser Betrachtung als fehlerfrei gilt, gleichgesetzt.

Zwischen den Größen a bis f bestehen Differenzen, die als Meßfehler die Meßinformationsgewinnung nachteilig beeinflussen.

Für die Meßfehleranalyse der Größen a bis b' gibt es bisher keine allgemeingültig erprobten Methoden.

Für die Meßfehleranalyse der Größen b' bis f erwies sich die nachfolgende Methode als wirksam.

9.2. Ermittlung systematischer Meßfehler

9.2.1. Ermittlung des absoluten Meßfehlers

Der absolute Meßfehler

$$\Delta x = x_I - x_S, \tag{9.1}$$

x_I Istwert, x_S Sollwert, hat für zeitabhängige Größen die Form

$$\Delta x(t) = x_I(t) - x_S(t). \tag{9.2}$$

Wegen der Linearitätsrelation [5.1]

$$\mathrm{L}\,\{c_1 f_1(t) + c_2 f_2(t)\} = c_1 \mathrm{L}\,\{f_1(t)\} + c_2 \mathrm{L}\,\{f_2(t)\}$$

lautet die Fehlerdefinition für lineare oder fast lineare, stabile, zeitinvariante Meßsysteme im p-Bereich

$$\Delta \tilde{x}(p) = \tilde{x}_I(p) - \tilde{x}_S(p) \tag{9.3}$$

L Operator für Laplace-Transformation, $\tilde{x}_I(p)$ Laplace-Transformierte des Istwerts, $\tilde{x}_S(p)$ Laplace-Transformierte des Sollwerts (s. Abschnitte 4.4. und 5.3.).

Der Meßperson oder der Datenverarbeitungsanlage ist nur die Ausgangsgröße x_{aI} des Meßsystems (s. **Tafel 9.2**) zugänglich. Der Meßfehler am Ausgang des Meßsystems lautet nach Gl. (9.2) im t-Bereich

$$\Delta x_a(t) = x_{aI}(t) - x_{aS}(t) \tag{9.4}$$

oder nach Gl. (9.3) im p-Bereich

$$\Delta \tilde{x}_a(p) = \tilde{x}_{aI}(p) - \tilde{x}_{aS}(p). \tag{9.5}$$

In den Gln. (9.4) und (9.5) ist der wahre Wert (Sollwert) $x_{aS}(t)$ bzw. $\tilde{x}_{aS}(p)$ unbekannt. Die Sollübertragungsfunktion

$$S_S(p) = \tilde{x}_{aS}(p)/\tilde{x}_e(p) \tag{9.6}$$

des Meßsystems kann als bekannt vorausgesetzt werden, da sie unmittelbar aus der Aufgabenstellung resultiert.

$\tilde{x}_{aS}(p)$ und $\tilde{x}_e(p)$ sind die Laplace-Transformierten der fehlerfreien Ausgangs- und Eingangsgrößen des Meßsystems.

Tafel 9.3. Korrespondenzen von Laplace-Transformierten

Laplace-Transformierte

$$\tilde{x}(p) = \int_0^\infty x(t)\,\mathrm{e}^{-pt}\,\mathrm{d}t, \quad x(t) \equiv 0 \quad \text{für} \quad t < 0$$

Nr.	$\tilde{x}(p)$	$x(t)$
1	$\frac{1}{p}$	$1(t)$
2	$\frac{1}{p-a}$	e^{at}
3	$\frac{1}{p(p-a)}$	$\frac{1}{a}(\mathrm{e}^{at} - 1)$
4	$\frac{1}{p(p+a)}$	$\frac{1}{a}(1 - \mathrm{e}^{-at})$
5	$\frac{1}{1+Tp}$	$\frac{1}{T}\mathrm{e}^{-t/T}$
6	$\frac{1}{p(1+Tp)}$	$1 - \mathrm{e}^{-t/T}$
7	$\frac{1}{(1+T_1p)(1+T_2p)}$	$\frac{1}{T_1 - T_2}(\mathrm{e}^{-t/T_1} - \mathrm{e}^{-t/T_2})$
8	$\frac{1}{p(1+T_1p)(1+T_2p)}$	$1 - \frac{1}{T_1 - T_2}(T_1\,\mathrm{e}^{-t/T_1} - T_2\,\mathrm{e}^{-t/T_2})$
9	$\frac{1+T_2p}{1+T_1p}$	$\frac{T_1 - T_2}{T_1}\mathrm{e}^{-t/T_1}$
10	$\frac{1+T_2p}{p(1+T_1p)}$	$1 - \frac{T_1 - T_2}{T_1}\mathrm{e}^{-t/T_1}$
11	$\frac{1+T_3p}{(1+T_1p)(1+T_2p)}$	$\frac{1}{(T_1 - T_2)}\left(\frac{T_1 - T_3}{T_1}\mathrm{e}^{-t/T_1} - \frac{T_2 - T_3}{T_2}\mathrm{e}^{-t/T_2}\right)$
12	$\frac{1+T_3p}{p(1+T_1p)(1+T_2p)}$	$1 - \frac{1}{T_1 - T_2}\left[(T_1 - T_3)\,\mathrm{e}^{-t/T_1} - (T_2 - T_3)\,\mathrm{e}^{-t/T_2}\right]$

In den meisten praktischen Fällen soll die Eingangsgröße des Meßsystems am Ausgang des Meßsystems abgebildet werden.

Die Sollübertragungsfunktion erhält dann die einfache Form

$$S_\mathrm{S}(p) = K_\mathrm{S}.$$

Seltener sind Meßaufgaben, in denen interessierende Meßinformationen aus Ableitungen oder Integralen der Eingangsgrößen bezüglich Zeit oder Ort gewonnen werden sollen. Aber auch in diesen Fällen sind die Sollübertragungsfunktionen bekannt.

Mit der Sollübertragungsfunktion Gl. (9.6) und der Istübertragungsfunktion

$$S_\mathrm{I}(p) = \tilde{x}_{\mathrm{aI}}(p)/\tilde{x}_\mathrm{e}(p) \tag{9.7}$$

des Meßsystems lautet nach Gl. (9.5) die Definition des systematischen Meßfehlers im p-Bereich

$$\Delta \tilde{x}_a(p) = \left[1 - \frac{S_S(p)}{S_I(p)}\right] \tilde{x}_{aI}(p). \tag{9.8}$$

$\tilde{x}_e(p)$ und $\tilde{x}_{aI}(p)$ sind die Laplace-Transformierten der Meßgröße und des Meßwerts.

Die Istübertragungsfunktion $S_I(p)$ ist beispielsweise durch Kennwertermittlungsverfahren [9.13] zu bestimmen.

Eine Übertragung des Meßfehlers in den t-Bereich erfolgt mit Laplace-Rücktransformation

$$x_a(t) = L^{-1}\{\tilde{x}_a(p)\}. \tag{9.9}$$

Für diesen Zweck gibt es umfangreiche Tabellen mit Laplace-Transformierten [4.11]. Eine Auswahl wurde in **Tafel 9.3** zusammengestellt.

Der systematische Meßfehler $\Delta x_a(t)$ setzt sich aus dem statischen und dynamischen Meßfehler additiv zusammen. Der statische Meßfehler ist der bezüglich der Meßgröße zeitlich unveränderte Anteil des systematischen Meßfehlers. Der dynamische Meßfehler ist die Differenz zwischen systematischem Meßfehler und statischem Meßfehler **(Tafel 9.2)**.

9.2.2. Ermittlung der Meßfehlerübertragungsfunktion

Die formale Übertragung des relativen Meßfehlers **(s. Tafel 5.5)** in den p-Bereich liefert die Meßfehlerübertragungsfunktion

$$\frac{\Delta \tilde{x}_a(p)}{\tilde{x}_{as}(p)} = \frac{S_I(p)}{S_S(p)} - 1 = S_F(p). \tag{9.10}$$

Sie ist für das Fehlerverhalten des Meßsystems typisch und unabhängig von seiner Eingangsgröße [9.1].

Die Meßfehlerübertragungsfunktion $S_F(p)$ entspricht der aus der Regelungstheorie für Folgeregler bekannten Abweichungsübertragungsfunktion [6.12]

$$F_{Xw}(p) = \frac{X_w(p)}{W(p)} = \frac{X(p)}{W(p)} - 1$$

oder der Fehlerübertragungsfunktion [9.14]

$$F_s(p) = 1 - \frac{X(p)}{W(p)}$$

mit $X(p)$ Regelgröße, $W(p)$ Führungsgröße, $X_w(p)$ Regelabweichung. Setzt man $X(p) = \tilde{x}_{aI}(p)$ und $W(p) = \tilde{x}_{as}(p)$, dann ist

$$S_F(p) = F_{Xw}(p) = -F_s(p).$$

Der systematische Meßfehler des Meßsystems ist Null, wenn seine Istübertragungsfunktion mit seiner Sollübertragungsfunktion übereinstimmt.

Wird Gl. (9.10) nach der Istübertragungsfunktion $S_I(p)$ des Meßsystems aufgelöst, so erhält man

$$S_I(p) = S_S(p)\,[S_F(p) + 1]. \tag{9.11}$$

Das reale Meßsystem kann also bezüglich seiner systematischen Meßfehler als rückwir-

Tafel 9.4. Meßfehlerpläne von Meßsystemen

Reales Meßsystem ohne Fehlerangabe

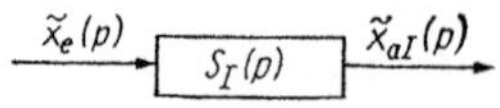

Reales Meßsystem mit Fehlerangabe systematischer Meßfehler

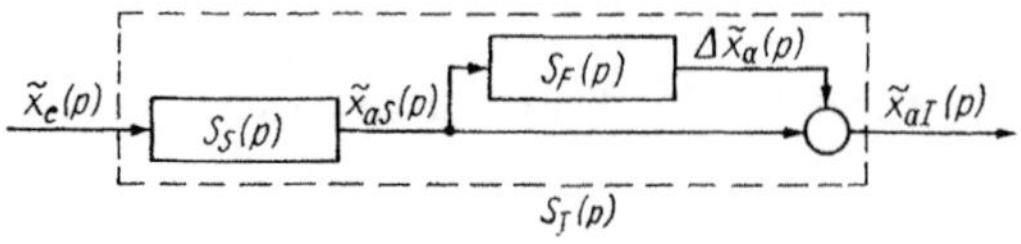

Reales Meßsystem mit detaillierter Fehlerangabe systematischer Meßfehler

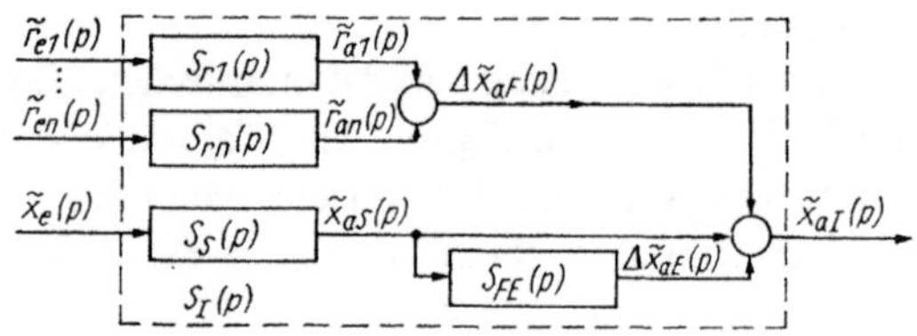

Reales Meßsystem mit detaillierter Fehlerangabe systematischer Meßfehler sowie mit der äquivalenten Fremdfehlerübertragungsfunktion

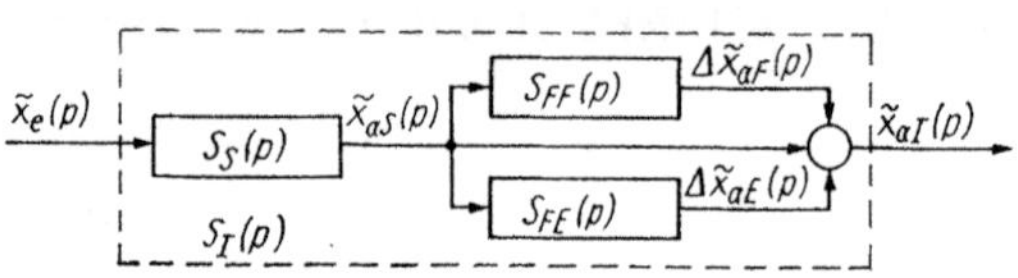

Bildung von Meßergebnissen mit systematischen und zufälligen Meßfehlern

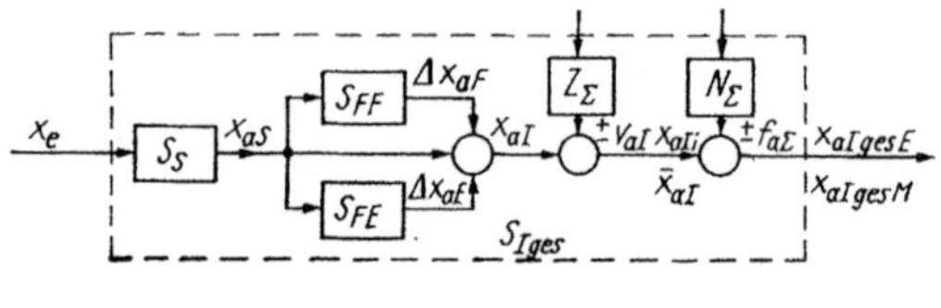

Z_Σ zufällige Störungen, N_Σ nicht exakt erfaßte Meßfehler
Meßergebnis der Einzelmessung:

$$x_{asE} = x_{aIi} - \Delta x_a \pm [ak_1 s_{aI} + f_{a\Sigma}]$$

Meßergebnis der Meßreihe (Serie):

$$x_{asM} = \bar{x}_{aI} - \Delta x_a \pm [t s_{aI}/\sqrt{n} + f_{a\Sigma}]$$

x_e Meßgröße, x_{as} Sollwert, x_{aI} Istwert, x_{aIi} Wert der Einzelmessung, x_{aIges} Gesamtistwert

$$\bar{x}_{aI} = \frac{\sum_{i=1}^{n} x_{aIi}}{n} \quad \text{Mittelwert der Meßwerte}$$

$\Delta x_a = \Delta x_{aE} + \Delta x_{aF}$ absoluter systematischer Fehler des Meßwerts

$v_{aIE} = \pm a k_1 s_{aI}$ Vertrauensbereich der Einzelmessung

$v_{aIM} = \pm t s_{aI}/\sqrt{n}$ Vertrauensbereich des Mittelwerts

$f_{a\Sigma}$ Summe der nicht erfaßten systematischen und zufälligen Meßfehler kungsfreie Kettenschaltung eines idealen Meßsystems mit der Sollübertragungsfunktion $S_S(p)$ sowie eines Fehlerglieds mit der Übertragungsfunktion $[S_F(p) + 1]$ aufgefaßt werden.

Tafel 9.4 zeigt den Signalflußplan des Meßfehlers oder den sog. Meßfehlerplan. Die Blöcke 1 bis 4 des Meßsystems in **Tafel 9.2** wurden dabei zu einem Block zusammengefaßt (s. Abschn. 5.1.1.).

9.2.3. Ermittlung der Eigen- und Fremdfehler

Der absolute systematische Meßfehler Δx_a am Ausgang des Meßsystems kann nach einem Vorschlag von *Dobrynin* und *Pan Čzun Čzen* [9.15] als Summe von Eigenfehler Δx_{aE} und Fremdfehler Δx_{aF} aufgefaßt werden:

$$\Delta x_a = \Delta x_{aE} + \Delta x_{aF}. \tag{9.12}$$

Eigenfehler Δx_{aE} werden durch Abweichungen der Ist-Meßgrößenempfindlichkeit $S_{xI}(p)$ des Meßsystems von seiner Soll-Meßgrößenempfindlichkeit $S_S(p)$ hervorgerufen.

Die Eigenfehlerübertragungsfunktion $S_{FE}(p)$ ergibt sich aus der Meßfehlerübertragungsfunktion Gl. (9.10) durch den Austausch von $S_I(p)$ mit $S_{xI}(p)$.

Fremdfehler Δx_{aF} entstehen unter dem Einfluß determinierter Störgrößen r_i, wenn die Störgrößenübertragungsfunktionen $S_{ri}(p)$ des Meßsystems verschieden von Null sind.

Da sich die Wirkungen der Störungen am Ausgang des Meßsystems überlagern, ist der Operator des Fremdfehlers

$$\Delta \tilde{x}_{aF}(p) = \sum_{i=1}^{n} \tilde{r}_{ai}(p) = \sum S_{ri}(p)\, \tilde{r}_{ei}(p) \tag{9.13}$$

$i = 1, 2, ..., n$ Anzahl der verschiedenartigen Einfluß- oder Störgrößen, $\tilde{r}_{ai}(p)$ Laplace-Transformierte der i-ten Ausgangsstörgröße, $\tilde{r}_{ei}(p)$ Laplace-Transformierte der i-ten Eingangsstörgröße.

Die äquivalente Fremdfehlerübertragungsfunktion $S_{FF}(p)$ lautet [9.1]:

$$S_{FF}(p) = \Delta \tilde{x}_{aF}(p)/\tilde{x}_{aS}(p). \tag{9.14}$$

Den Meßfehlerplan mit Angabe der Eigen- und Fremdfehler zeigt **Tafel 9.4.** *Novickij* [5.16, S. 23] [5.17] bezeichnet den Eigenfehler als multiplikativen und den Fremdfehler als additiven Meßfehler.

9.2.4. Fehlerfortpflanzung systematischer Meßfehler bei indirekten Messungen

Ist die gesuchte Größe y eine Funktion mehrerer voneinander unabhängiger Meßgrößen $x_1, x_2, \ldots, x_n$ (indirekte Messung von y), d. h.,

$$y = f(x_1, x_2, \ldots, x_n), \tag{9.15}$$

so muß der systematische Meßfehler der gesuchten Größe y aus den systematischen Meßfehlern der gemessenen Größen $x_1, \ldots, x_n$ nach dem **linearen Fehlerfortpflanzungsgesetz** berechnet werden

$$\Delta y = \sum_{i=1}^{n} \frac{\partial y}{\partial x_i} \Delta x_i. \tag{9.16}$$

Es resultiert aus einer Entwicklung der Funktion f in eine Taylor-Reihe und anschließender Vernachlässigung aller Glieder mit Potenzen zweiten und höheren Grads [9.3].

Für den relativen Meßfehler gilt

$$\frac{\Delta y}{y} = \sum_{i=1}^{n} \frac{\partial y}{\partial x_i} \frac{\Delta x_i}{y}. \tag{9.17}$$

Verfahren der logarithmischen Differentiation

Soll nur der relative Meßfehler $\Delta y/y$ berechnet werden, führt logarithmisches Differenzieren häufig schneller zum Ziel.

Die Funktion

$$z = \log_a v \tag{9.18}$$

hat bekanntlich ein Differential

$$\mathrm{d}z = \frac{\log_a e}{v}\,\mathrm{d}v. \tag{9.19}$$

Für natürliche Logarithmen mit der Basis e erhalten die Gln. (9.18) und (9.19) die Form

$$z = \ln y \tag{9.20}$$

und

$$\mathrm{d}z = \mathrm{d}\,(\ln v) = \frac{\mathrm{d}v}{v} \tag{9.21}$$

Zur Berechnung des relativen Meßfehlers unter Anwendung der logarithmischen Differentiation wird Gl. (9.15) zunächst beiderseitig logarithmiert

$$\ln y = \ln f(x_1, x_2, \ldots, x_n). \tag{9.22}$$

Anschließend wird das vollständige Differential von Gl. (9.22) gebildet [9.16]:

$$\frac{\mathrm{d}y}{y} = \sum_{i=1}^{n} \frac{\partial\,(\ln y)}{\partial x_i}\,\mathrm{d}x_i. \tag{9.23}$$

Werden die Differentiale $\mathrm{d}x_i$ in Gl. (9.23) formal durch die systematischen Meßfehler Δx_i der Meßwerte x_i ersetzt, ergibt sich gerade der gesuchte relative Meßfehler

$$\frac{\Delta y}{y} = \sum_{i=1}^{n} \frac{\partial\,(\ln y)}{\partial x_i}\,\Delta x_i. \tag{9.24}$$

Gl. (9.24) kann mit Gl. (9.21) in Gl. (9.17) umgewandelt werden.

Die partiellen Ableitungen $\partial(\ln y)/\partial x_i$ in Gl. (9.24) sind nur dann einfach bestimmbar, wenn die x_i in Gl. (9.15) vorwiegend multiplikativ miteinander verknüpft sind.

Beispiel

Ist die zu ermittelnde Funktion

$$y = a x_1^b x_2^{-c} \frac{x_3}{x_3 - x_4}$$

mit den Meßwerten x_1, x_2, x_3, x_4 und den Konstanten a, b, c, so ist

$$\ln y = \ln a + b \ln x_1 - c \ln x_2 + \ln x_3 - \ln (x_3 - x_4),$$

*Tafel 9.5. Relative Meßfehler typischer Meßschaltungen**

Nr.	Schaltung	Struktur	Übertragungsfunktion	Relativer Meßfehler
1	Kettenschaltung	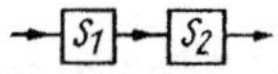	$S_1 S_2$	$\frac{\Delta x_1}{x_1} + \frac{\Delta x_2}{x_2}$
2	Parallelschaltung	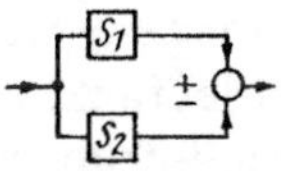	$S_1 \pm S_2$	$\frac{S_1}{S_1 \pm S_2} \frac{\Delta x_1}{x_1} \pm \frac{S_2}{S_1 \pm S_2} \frac{\Delta x_2}{x_2}$
3	Rückführschaltung (Mitkopplung)	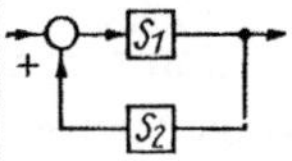	$\frac{S_1}{1 - S_1 S_2}$	$\frac{1}{1 - S_1 S_2} \frac{\Delta x_1}{x_1} + \frac{1}{\frac{1}{S_1 S_2} - 1} \frac{\Delta x_2}{x_2}$
4	Rückführschaltung (Gegenkopplung)	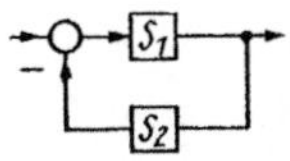	$\frac{S_1}{1 + S_1 S_2}$	$\frac{1}{1 + S_1 S_2} \frac{\Delta x_1}{x_1} - \frac{1}{\frac{1}{S_1 S_2} + 1} \frac{\Delta x_2}{x_2}$

* Die Meßfehler $\Delta x_i / x_i$ sind die relativen Meßfehler der Blöcke S_i vor der Zusammenschaltung.

Tafel 9.6. Absolute und relative Meßfehler typischer Meßfunktionen

Nr.	Ausdruck $y = f(x_1, ..., x_n)$	Absoluter Meßfehler Δy	Relativer Meßfehler $\Delta y / y$
1	$x_1 + x_2 + x_3 + ...$	$\Delta x_1 + \Delta x_2 + \Delta x_3 + ...$	$\frac{\Delta x_1 + \Delta x_2 + \Delta x_3 + ...}{x_1 + x_2 + x_3 + ...}$
2	$x_1 - x_2 - x_3 - ...$	$\Delta x_1 + \Delta x_2 + \Delta x_3 + ...$	$\frac{\Delta x_1 + \Delta x_2 + \Delta x_3 ...}{x_1 - x_2 - x_3 - ...}$
3	$x_1 x_2 x_3 ...$	$\Delta x_1 x_2 x_3 + x_1 \Delta x_2 x_3 + x_1 x_2 \Delta x_3 + ...$	$\frac{\Delta x_1}{x_1} + \frac{\Delta x_2}{x_2} + \frac{\Delta x_3}{x_3} + ...$
4	$\frac{x_1 x_2 x_3 ...}{x_a x_b x_c ...}$	$\frac{x_2 x_3 ...}{x_a x_b x_c ...} \Delta x_1 + \frac{x_1 x_3 ...}{x_a x_b x_c ...} \Delta x_2 + ... - \frac{x_1 x_2 x_3 ...}{x_a^2 x_b x_c ...} \Delta x_a - \frac{x_1 x_2 x_3 ...}{x_a x_b^2 x_c ...} \Delta x_b - ...$	$\frac{\Delta x_1}{x_1} + \frac{\Delta x_2}{x_2} + ... - \frac{\Delta x_a}{x_a} - \frac{\Delta x_b}{x_b} - ...$
5	ax	$a \Delta x$	$\frac{\Delta x}{x}$
6	x^n	$n x^{n-1} \Delta x$	$\frac{n}{x} \Delta x$
7	$\sin x$	$\cos x \, \Delta x$	$\cot x \, \Delta x$
8	$\cos x$	$-\sin x \, \Delta x$	$-\tan x \, \Delta x$
9	$\tan x$	$\frac{1}{\cos^2 x} \Delta x$	$\frac{2}{\sin 2x} \Delta x$
10	$\cot x$	$-\frac{1}{\sin^2 x} \Delta x$	$-\frac{2}{\sin 2x} \Delta x$

und der relative Meßfehler der Funktion $y = f(x_1, x_2, x_3, x_4)$ beträgt

$$\frac{\Delta y}{y} = b\frac{\Delta x_1}{x_1} - c\frac{\Delta x_2}{x_2} + \frac{\Delta x_3}{x_3} - \frac{\Delta x_3}{x_3 - x_4} + \frac{\Delta x_4}{x_3 - x_4}.$$

9.2.5. Meßfehler typischer Meßschaltungen und Meßfunktionen

Die Meßfehleranalyse kann wesentlich vereinfacht werden, wenn die absoluten und relativen Meßfehler typischer Meßschaltungen und Meßfunktionen bekannt sind. Sie wurden für charakteristische Meßfunktionen und Meßschaltungen in den **Tafeln 9.5 und 9.6** auszugsweise zusammengestellt [9.17] [9.18] [9.19].

Außerdem sind im Zusammenhang mit der Fehlerrechnung häufig durch Näherungsformeln für kleine Zahlenwerte wesentliche Vereinfachungen der Rechenarbeit zu erzielen.

In **Tafel 9.7** wurden aus [9.17] und [9.20] die wichtigsten Näherungsformeln aufgenommen.

9.2.6. Bildung von Teilergebnissen

Werden lediglich systematische Meßfehler bei der Meßfehleranalyse berücksichtigt, so erfolgt die Darstellung des Teilmeßergebnisses nach Gl. (9.1) oder Gl. (9.4) in den Formen

$$x_S = x_I - \Delta x \tag{9.25}$$

oder

$$x_{aS}(t) = x_{aI}(t) - \Delta x_a(t). \tag{9.26}$$

9.3. Ermittlung zufälliger Meßfehler

9.3.1. Ermittlung der Mittelwerte, des Medians, der Spannweitenmitte und des Modalwerts

Zur Berechnung zufälliger Meßfehler ist die Literatur [9.3] bis [9.11] und [9.21] bis [9.25] im wesentlichen gleichlautend. Es werden Rechenvorschriften angegeben, die der Ermittlung charakteristischer Kenngrößen von Zufallsgrößen wie Mittelwert, Median, Standardabweichung, Streuung, Schranken der Vertrauensbereiche und Spannweiten dienen.

Der im Abschn. 9.2. nur mit systematischen Meßfehlern behaftete Wert x_{aI} werde durch zusätzliche stochastische Störeinflüsse unsicher. Man mißt unter Wiederholbedingungen nicht wiederholt einen bestimmten Wert x_{aI}, sondern unterschiedliche Werte x_{aIi}, die um x_{aI} streuen.

Die Abweichung jeder Einzelmessung (Ereignis, Merkmalswert) x_{aIi} vom „wahren" Meßwert x_{aI}

$$\varepsilon_{ai} = x_{aIi} - x_{aI}$$

kann nicht berechnet werden. Der Meßwert x_{aI} ist, wenn zufällige Störungen auf das Meßsystem einwirken, meßtechnisch nicht erfaßbar. Nach den Regeln der Ausgleichsrechnung (Gaußsche Methode, Methode der kleinsten Fehlerquadratsumme) ist aber das **arithmetische Mittel** (arithmetischer Mittelwert, Durchschnitt)

$$\bar{x}_{aI} = \frac{1}{n}\sum_{i=1}^{n} x_{aIi} \tag{9.27}$$

Tafel 9.7. Näherungsformeln für kleine Zahlenwerte $\alpha, \beta, \gamma, \delta \ll 1$

Nr.	Ausdruck	Näherung
1	$(1 \pm \alpha)(1 \pm \beta) \ldots$	$1 \pm \alpha \pm \beta \pm \ldots$
2	$(1 \pm \alpha)^n$	$1 \pm n\alpha$
3	$\dfrac{(1 \pm \alpha)(1 \pm \beta) \ldots}{(1 \pm \gamma)(1 \pm \delta) \ldots}$	$1 \pm \alpha \pm \beta \pm \ldots \mp \gamma \mp \beta \mp \ldots$
4	$\dfrac{1}{1 \pm \alpha}$	$1 \mp \alpha$
5	$\sqrt{1 \pm \alpha}$	$1 \pm \dfrac{\alpha}{2}$
6	$\sqrt[n]{1 \pm n\alpha}$	$1 \pm \alpha$
7	$\dfrac{1}{\sqrt{1 \pm \alpha}}$	$1 \pm \dfrac{\alpha}{2}$
8	e^α	$1 + \alpha$
9	a^α	$1 + \alpha \ln a$
10	$\sin \alpha = \tan \alpha$	α
11	$\cos \alpha$	1
12	$\sin(\varphi \pm \alpha)$	$\sin \varphi \pm \alpha \cos \varphi$
13	$\sqrt{ab}$ für $a \approx b$	$\dfrac{1}{2}(a + b)$

der im Sinne der Wahrscheinlichkeitstheorie beste Wert aus n gleich wahrscheinlichen und voneinander unabhängigen Meßwerten x_{aIi} einer Meßreihe $x_{aI1}, \ldots, x_{aIi}, \ldots, x_{aIn}$. Der Mittelwert $\bar{x}_{aI}$ kommt dem wahren Wert x_{aI} nahe.

Es gibt eine ganze Reihe von **Hilfsverfahren**, um den arithmetischen Mittelwert großer Meßreihen zu bestimmen.

Ein Verfahren besteht in der Klassierung der Meßwerte und der Ermittlung des Mittelwerts aus den Klassenmitten, den absoluten Klassenhäufigkeiten und der Anzahl der Meßwerte **(Tafel 9.8)** [9.26].

Als **Klassierung** (Klasseneinteilung) bezeichnet man eine Unterteilung des gesamten Wertebereichs der Meßreihe vom Kleinstwert $\check{x}_{aI}$ bis zum Größtwert $\hat{x}_{aI}$ in k zusammenhängende Intervalle mit dem Ziel der Datenreduzierung. Jeweils mehrere, nach der Größe aufeinanderfolgende Meßwerte x_{aIk}, x_{aIf}, x_{aIb}, x_{aIp} werden zu einer Klasse x_{aIi} zusammengefaßt.

Die **Klassenbreite** soll für alle Klassen, die mit den Werten einer Meßreihe gebildet werden, konstant sein.

Die **Klassenanzahl** k soll zwischen 5 und 25 liegen und wird nach der empirischen Faustformel

$$k \approx \sqrt{n} \tag{9.28}$$

errechnet, wobei n die Anzahl der Meßwerte x_{ai} ist [9.24, S.82]. Jeder Klasse wird eine Klassennummer $m = 1, 2, \ldots, k$ zugeordnet.

Kommt ein bestimmter Meßwert als Merkmalswert x_m in einer Meßreihe oder einer Klasse h-mal vor, so wird $h(x_m)$ als **absolute Häufigkeit** des Merkmalswerts x_m bezeichnet

$$h(x_m) = h_m = h. \quad (9.29)$$

Es gilt

$$\sum_{m=1}^{k} h_m = n,$$

wobei k die Anzahl der möglichen unterschiedlichen Merkmalswerte und n die Anzahl aller vorhandenen Merkmalswerte ist.

Tafel 9.8. Rechnerische Verfahren zur Ermittlung des arithmetischen Mittelwerts nach [9.26]

	Ermittlung des arithmetischen Mittelwerts		Rechen-aufwand	Bemerkungen
Nach Definition	$\bar{x} = \frac{1}{n} \sum_{i=1}^{n} x_i$	x_i Merkmalswert	groß	Stichprobenumfang $n \leqq 25$ für $n > 25$ Taschenrechner verwenden
Häufigkeits-verfahren	$\bar{x} = \frac{1}{n} \sum_{m=1}^{k} h_m u_m$	h_m absolute Häufigkeit u_m Klassenmitte	klein	Stichprobenumfang $n > 25$ Strichliste ist Voraussetzung
Berechnung mit Hilfs-wert x_a	$\bar{x} = \bar{x}_a + \frac{1}{n} \sum_{i=1}^{n} a_i$	$a_i = x_i - \bar{x}_a$ $\bar{x}_a$ angenommener Mittelwert	groß	für große Zahlenwerte; für die produktionsbegleitende Qualitätssicherung nur bedingt geeignet
Strichlisten, Funktions-papiere	$\bar{x} = \bar{x}_a + \frac{d}{n} \sum_{m} m h_m$	m Klassennummer d Klassenbreite	klein	Schäfers Feinpapier Nr. 500, 625, 626, 630, 644
Schätzung des Erwar-tungswerts μ	1. $\bar{\bar{x}} = \frac{1}{k} \sum_{i=1}^{k} \bar{x}_i = \mu$	$\bar{x}_i$ Mittelwert	groß	Anzahl der Stichproben $k \leq 25$
	2. $\bar{\tilde{x}} = \frac{1}{k} \sum_{i=1}^{k} \tilde{x}_i = \mu$	$\tilde{x}_i$ Median	klein	bei $n = 3$ bzw. $n = 5$ ist die Schätzung sehr einfach
	3. $\bar{R}_M = \frac{1}{k} \sum_{i=1}^{k} R_M = \mu$	R_M Spannweiten-mitte	klein	für Praxis gut geeignet

Kommt der Merkmalswert x_m in einer Meßreihe mit insgesamt n Merkmalswerten h-mal vor, so wird das Verhältnis der absoluten Häufigkeit $h(x_m)$ zum Umfang der Meßreihe n als **relative Häufigkeit** bezeichnet:

$$f(x_m) = \frac{h(x_m)}{n} = f_m. \quad (9.30)$$

Es gilt $0 \leqq f_m \leqq 1$.

Die prozentuale Häufigkeit ist die **relative Häufigkeit** $f(x_m)$ in Prozent

$$f(x_m)\,\% = \frac{h(x_m)}{n} \cdot 100\,\% = f_{m\%}. \tag{9.31}$$

Durch Summieren der prozentualen Häufigkeiten $f_{m\%}$ entsteht die prozentuale **Summenhäufigkeit** F_m

$$F_m = \sum_{m=1}^{k} f_{m\%} = f_1 + f_2 + f_3 + \ldots + f_k. \tag{9.32}$$

Werden in einem kartesischen Koordinatensystem auf der Abszisse die Klassenmitten und auf der Ordinate die dazugehörigen absoluten oder relativen Häufigkeiten aufgetragen, so entsteht je nach Darstellungsart ein Strichdiagramm (Strichliste), ein Liniendiagramm, ein Säulendiagramm (Staffeldiagramm, Histogramm) oder ein Polygondiagramm. Werden in einem kartesischen Koordinatensystem auf der Abszisse die Klas-

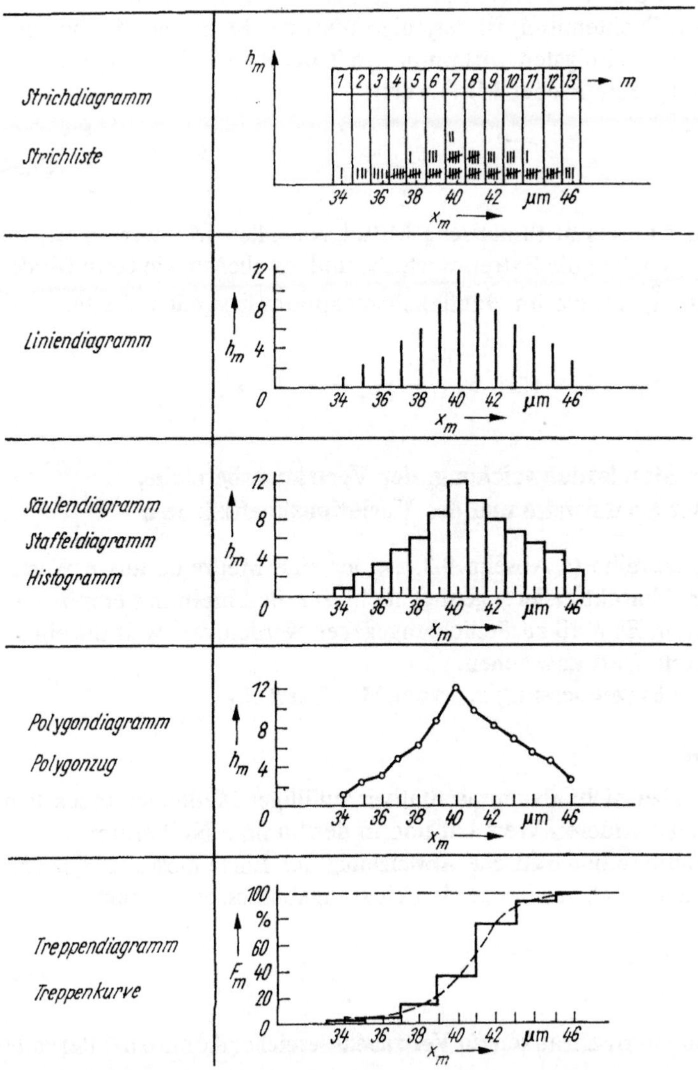

Tafel 9.9
Grafische Darstellung von Häufigkeitsverteilungen h_m und Summenhäufigkeitsverteilungen F_m

senmitten und auf der Ordinate die dazugehörigen Summenhäufigkeiten aufgetragen, so entsteht die sog. Summenhäufigkeitsverteilung als Treppendiagramm (Treppenkurve) **(Tafel 9.9).**

Hat die Meßreihe einen Umfang von n Meßwerten und wurden die Meßwerte nach der Größe geordnet, dann ist der **Median** oder Zentralwert $\tilde{x}_{aI}$ für ungerade n der mittlere Meßwert oder für gerade n der arithmetische Mittelwert der beiden in der Mitte liegenden Meßwerte der geordneten Meßreihe.

In den meisten Fällen ist der Unterschied zwischen dem Median und dem arithmetischen Mittelwert – errechnet nach Gl. (9.27) – vernachlässigbar klein, seine Bestimmung aber ist wesentlich einfacher.

Die **Spannweitenmitte**

$$R_M = (\hat{x}_{aI} + \underset{\vee}{x}_{aI})/2 \tag{9.33}$$

zeigt i. allg. eine größere Abweichung vom arithmetischen Mittelwert. Sie ist bei größeren Meßreihen noch leichter als der Median zu ermitteln, da lediglich der größte Meßwert $\hat{x}_{aI}$ und der kleinste Meßwert $\underset{\vee}{x}_{aI}$ aus der Urliste herausgesucht werden müssen.

Der **Mode** D (Modalwert, Dichtemittel) ist derjenige Wert der Meßreihe, der bei einer Klassierung der Meßwerte am häufigsten vorkommt. In **Tafel 9.9** ist $D = 40\,\mu m$.

Das **geometrische Mittel** (geometrischer Mittelwert)

$$\overset{\circ}{x}_{aI} = \sqrt[n]{\prod_{i=1}^{n} x_{aIi}} \tag{9.34}$$

für $x_{aIi} > 0$ hängt ebenso wie das arithmetische Mittel von allen Meßwerten x_{aIi} mit $i = 1, 2, \ldots, n$ ab. Allerdings haben die Extremwerte $\hat{x}_{aI}$ und $\underset{\vee}{x}_{aI}$ ebenso wie beim Modalwert geringeren Einfluß auf $\overset{\circ}{x}_{aI}$ als die im Häufigkeitsmaximum liegenden Werte.

Es gilt die Beziehung

$$\overset{\circ}{x}_{aI} \leqq \bar{x}_{aI} \quad \text{mit} \quad \overset{\circ}{x}_{aI} = \bar{x}_{aI} \quad \text{für} \quad x_{aI1} = x_{aI2} = \ldots = x_{aIn}.$$

9.3.2. Ermittlung der Standardabweichung, der Vertrauensbereiche, der Varianz, der Spannweite und des Variationskoeffizienten

Der mittlere Wert einer Meßreihe (s. Abschn. 9.3.1.), der eine Meßreihe aus n Werten durch einen einzigen Wert charakterisiert, genügt nicht zur Beschreibung empirischer Verteilungen von Meßwerten. Es muß zusätzlich angegeben werden, wie weit die einzelnen Meßwerte vom mittleren Wert abweichen.

Die **Abweichung** v_{aIi} jeder Einzelmessung x_{aIi} vom Mittelwert $\bar{x}_{aI}$

$$v_{aIi} = x_{aIi} - \bar{x}_{aI}$$

kann berechnet werden, ist aber nicht als repräsentativer zufälliger Meßfehler anzusehen, da sie für jede Messung einen anderen Wert hat und in der Summe Null ergibt.

Demgegenüber ist die **mittlere quadratische Abweichung** der Einzelmessung x_{aIi} vom Mittelwert $\bar{x}_{aI}$, d.h. die Standardabweichung, als Fehlerangabe besser geeignet

$$s_{aI} = \sqrt{\frac{1}{n-1}\sum_{i=1}^{n} v_{aIi}^2}\,. \tag{9.35}$$

Mit der Standardabweichung sind Schranken für **Vertrauensbereiche** (Konfidenzintervalle) zu errechnen. In den Bereichen um den Einzelmeßwert x_{aIi} oder Mittelwert $\bar{x}_{aI}$ ist der „wahre“ Wert x_{aI} mit einer bekannten statistischen Sicherheit enthalten. Dabei sind für normalverteilt streuende Meßwerte die Vertrauensbereiche der Einzelmessung

$$v_{aIE} = \pm a k_1 s_{aI} \tag{9.36}$$

und des Mittelwerts

$$v_{aIM} = \pm t s_{aI}/\sqrt{n}. \tag{9.37}$$

Der Faktor $k_1 = f_1(P, n)$ in Gl. (9.36) berücksichtigt die Unsicherheit bei der Ermittlung der Standardabweichung, der Faktor $t/\sqrt{n} = f_2(P, n)$ in Gl. (9.37) die Unsicherheit bei der Ermittlung des Mittelwerts. Die Faktoren a, k_1, $t/\sqrt{n}$ sind Tafeln (z.B. in [9.3]) zu entnehmen. Auszüge gibt **Tafel 9.10** wieder.

Die Wahl des zweckmäßigsten Werts für P hängt vom systematischen Meßfehler sowie von technischen und ökonomischen Gesichtspunkten ab.

Bei der Fertigungsüberwachung genügt meistens $P = 95\%$ und damit $a = 1{,}96$. Für Präzisionsmessungen nimmt man $P = 99\%$ und damit $a = 2{,}58$. Für $a = 3$ liegen für Normalverteilung nur noch 0,27% aller Meßfehler außerhalb des Toleranzbands

$$v_{aIE} = \pm 3 k_1 s_{aI}.$$

Deshalb wird dieser Vertrauensbereich allgemein als **praktischer Größtfehler** der Einzelmessung bezeichnet.

Die zufälligen Meßfehler sind also für die Einzelmessung

$$[x_{aIi} - x_{aI}]_{n,P} = \pm v_{aIE} = \pm a k_1 s_{aI} \tag{9.38}$$

und für die Meßreihe

$$[\bar{x}_{aI} - x_{aI}]_{n,P} = \pm v_{aIM} = \pm t s_{aI}/\sqrt{n}. \tag{9.39}$$

Die eckigen Klammern deuten darauf hin, daß es sich bei diesen Fehlerangaben um Schranken (Größtfehler) handelt, die von der Anzahl n der verwendeten Meßwerte und der statistischen Sicherheit P abhängen.

Das Quadrat der Standardabweichung heißt **Varianz** oder Dispersion (s. Abschn. 4.2.)

$$s_{aI}^2 = \frac{1}{n-1} \sum_{i=1}^{n} v_{aIi}^2. \tag{9.40}$$

Sowohl Gl. (9.35) als auch Gl. (9.40) hat als Divisor $(n - 1)$. In der Literatur [9.25, S. 25] ist auch der Divisor n zu finden. Der Divisor $(n - 1)$ bewirkt, daß s_{aI}^2 eine erwartungstreue Schätzung für die Streuung der Grundgesamtheit wird [9.24, S. 101], [9.25, S. 47].

Für zahlreiche praktische Untersuchungen, beispielsweise die Kontrollkartentechnik, genügt es, anstelle der Standardabweichung die einfacher zu ermittelnde **Spannweite** (Streubreite, Variationsbreite)

$$R = \hat{x}_{aI} - \check{x}_{aI} \tag{9.41}$$

mit $\hat{x}_{aI}$ Größtwert der Meßreihe und $\check{x}_{aI}$ Kleinstwert der Meßreihe anzugeben.

Der **Variationskoeffizient** gibt die relative Schwankung der Einzelwerte um den Mittelwert an. Der Variationskoeffizient

$$V_{aI} = \frac{s_{aI}}{\bar{x}_{aI}} \cdot 100\% \tag{9.42}$$

Tafel 9.10
Unsicherheitsfaktor k_1 bei der Ermittlung der Standardabweichung, Unsicherheitsfaktor $t/\sqrt{n}$ bei der Ermittlung des Mittelwerts und „Ausreißer"-Kriteriums k (Auszug)

Faktoren k_1 der Vertrauensgrenzen der Standardabweichung s_{aI} der Meßreihe von n Einzelmessungen für die statistische Sicherheit P

n	k_1 für $P = 95\%$	für $P = 99\%$	für $P = 99{,}73\%$
6	2,09	3,00	3,96
8	1,80	2,38	2,93
10	1,65	2,08	2,48
12	1,55	1,90	2,21
15	1,46	1,73	1,96
20	1,37	1,58	1,75
25	1,32	1,49	1,62
30	1,28	1,42	1,53
40	1,23	1,34	1,43
50	1,20	1,30	1,37

Faktoren $t/\sqrt{n}$ für den Vertrauenshalbbereich $ts_a/\sqrt{n}$ des Mittelwerts $\bar{x}_{aI}$ einer Meßreihe mit n Einzelmessungen bei bekannter Standardabweichung s_{aI} und gewählter statistischer Sicherheit P

n	$t/\sqrt{n}$ für $P = 95\%$	für $P = 99\%$	für $P = 99{,}73\%$
(3)	(2,48)	(5,72)	(11,0)
(4)	(1,59)	(2,92)	(4,61)
5	1,24	2,06	2,96
6	1,05	1,65	2,25
8	0,838	1,24	1,60
10	0,715	1,03	1,29
12	0,635	0,898	1,11
15	0,555	0,700	0,938
20	0,468	0,640	0,772
25	0,412	0,560	0,668
30	0,374	0,504	0,599
40	0,320	0,429	0,506
50	0,284	0,379	0,447

Faktor k des „Ausreißer"-Kriteriums zum Ausscheiden grober Fehler

n	k für $P = 95\%$	für $P = 99\%$	für $P = 99{,}73\%$
9	4,42	7,10	11,49
10	4,31	6,99	10,26
12	4,16	6,38	8,80
15	4,03	5,88	7,66
20	3,90	5,41	6,73
25	3,84	5,14	6,25
30	3,80	5,00	5,95
40	3,75	4,82	5,56
50	3,73	4,70	5,34

( ) nach Möglichkeit vermeiden

Tafel 9.11. Zur Anwendung des Wahrscheinlichkeitsnetzes Schäfer Nr. 500 bei Meßreihen mit beschränkter Gliederzahl n nach [9.3]
Prozentsätze H_i für n aufsteigend geordnete Meßwerte x_{ali} und Häufigkeitsprozentwerte H_{sal} der Standardabweichung s_{al}

i \ n	6	7	8	9	10	11	12	13	14	15	16	17	18	19	20	21
1	10,20	8,85	7,78	6,81	6,18	5,59	5,15	4,75	4,46	4,09	3,92	3,67	3,44	3,29	3,07	2,94
2	26,11	22,36	19,77	17,62	15,87	14,45	13,13	12,30	11,31	10,56	10,02	9,34	8,85	8,38	7,93	7,64
3	42,07	36,32	31,92	28,43	25,46	23,27	21,47	19,77	18,41	17,11	16,11	15,15	14,23	13,57	12,92	12,30
4	57,93	50,00	44,04	39,36	35,19	32,27	29,46	27,43	25,46	23,88	22,36	20,89	19,77	18,67	17,88	17,11
5	73,89	63,68	55,96	50,00	45,22	41,29	37,83	34,82	32,27	30,16	28,43	26,76	25,14	23,88	22,66	21,77
6	89,80	77,64	68,08	60,64	54,78	50,00	46,02	42,46	39,36	36,69	34,82	32,64	30,85	29,12	27,76	26,43
7		91,15	80,23	71,57	64,81	58,71	53,98	50,00	46,41	43,25	40,90	38,21	36,32	34,46	32,64	31,20
8			92,22	82,38	74,54	67,73	62,17	57,54	53,59	50,00	46,81	44,04	41,68	39,74	37,83	35,94
9				93,19	84,13	76,73	70,54	65,18	60,64	56,75	53,19	50,00	47,21	44,83	42,46	40,51
10					93,82	85,55	78,53	72,57	67,73	63,31	59,10	55,96	52,79	50,00	47,61	45,22
11						94,41	86,87	80,23	74,54	69,84	65,18	61,79	58,32	55,17	52,39	50,00
12							94,85	87,70	81,59	76,12	71,57	67,36	63,68	60,26	57,54	54,78
13								95,25	88,69	82,89	77,64	73,24	69,15	65,54	62,17	59,49
14									95,54	89,44	83,89	79,11	74,83	70,88	67,36	64,06
15										95,91	89,98	84,85	80,23	76,12	72,24	68,80
16											96,08	90,66	85,77	81,33	77,34	73,57
17												96,33	91,15	86,43	82,12	78,23
18													96,71	91,62	87,08	82,89
19														96,71	92,07	87,70
20															96,93	92,36
21																97,06
$-H_{sal}$	18,19	17,96	17,80	17,54	17,39	17,28	17,18	17,13	17,05	17,00	16,93	16,88	16,80	16,78	16,70	16,73
$+H_{sal}$	81,81	82,04	82,20	82,46	82,61	82,72	82,82	82,87	82,95	83,00	83,07	83,12	83,20	83,22	83,30	83,37

ist eine dimensionslose Zahl und eignet sich besonders zum Vergleich der Präzision bzw. mittleren Streuung der Meßreihen unterschiedlicher empirischer Verteilungen, unabhängig vom Zahlenwert der Meßwerte.

Ein **Hilfsverfahren** zur Ermittlung des arithmetischen Mittelwerts und der Standardabweichung normalverteilt streuender Meßwerte ist der sog. **grafische Fehlerausgleich**.

Wird die glockenförmige Verteilungsfunktion normalverteilt streuender Meßfehler integriert, so ergibt sich das sog. Fehlerintegral [9.3]. Das Fehlerintegral stellt die relative Gesamthäufigkeit oder die Häufigkeitssumme (Summe der relativen Häufigkeit) aller Fehler im Intervall $\check{v}_{aI} \leqq v_{aI} \leqq \hat{v}_{aI}$ dar.

Das Fehlerintegral (die Häufigkeitssumme) verläuft im linearen Maßstab s-förmig. In einigen Büchern werden die Verteilungsfunktion auch als Dichtefunktion und das Fehlerintegral als Verteilungsfunktion bezeichnet. Durch eine invers zum Fehlerintegral geteilte Ordinate wird die S-Kurve zur Geraden (Hazensche Gerade) verzerrt. Diese Gerade dient der einfachen Kontrolle zufällig streuender Meßwerte auf Normalverteilung sowie der grafischen Ermittlung des Mittelwerts Gl. (9.27), der Standardabweichung Gl. (9.35) und der Erkennung grober Meßfehler (s. Abschn. 9.4.).

Gearbeitet wird in diesem Fall mit Schäfers Feinpapier Nr. 500, das eine lineare Abszisse und eine invers zum Fehlerintegral geteilte Ordinate hat. Diese Achsenteilung bildet das Wahrscheinlichkeitsnetz. Zu seiner Anwendung ist es erforderlich, den Prozentsatz H_i der Summenhäufigkeit des i-ten Meßwerts x_{aIi} zu kennen. Sind die Meßwerte aufsteigend geordnet, dann kann der Prozentsatz H_i der **Tafel 9.11** [9.3] entnommen werden. Ebenso enthält diese Tafel den Prozentsatz H_{saI} der Summenhäufigkeit der Standardabweichung s_{aI}. Der Mittelwert $\bar{x}_{aI}$ liegt beim Prozentsatz der Summenhäufigkeit $H_{\bar{x}aI} = 50{,}00$ **(Tafel 9.12)**.

Die Steigung der Ausgleichsgeraden ist der Standardabweichung umgekehrt proportional. Bei mehreren im gleichen Maßstab dargestellten Ausgleichsgeraden repräsentiert die steilste Ausgleichsgerade die Meßreihe, die mit dem präzisesten Meßverfahren ermittelt wurde.

9.3.3. Fehlerfortpflanzung zufälliger Meßfehler bei indirekten Messungen

Ist die gesuchte Größe y eine Funktion mehrerer voneinander unabhängiger Meßgrößen $x_1, x_2, \ldots, x_n$, d.h.,

$$y = f(x_1, x_2, \ldots, x_n),$$

dann ergeben sich die Kenngrößen zufälliger Meßfehler der Größe y aus den Fehlerkenngrößen der Meßgrößen x_i nach dem **quadratischen Fehlerfortpflanzungsgesetz**

$$\Delta y = \pm\sqrt{\sum_{i=1}^{n}\left(\frac{\partial y}{\partial x_i}\,\Delta x_i\right)^2}. \tag{9.43}$$

Ist y eine Funktion von nur zwei Meßgrößen x_1 und x_2, dann muß das **lineare** Gesetz

$$|\delta y_{max}| = \left|\frac{\partial y}{\partial x_1}\,\Delta x_1\right| + \left|\frac{\partial y}{\partial x_2}\,\Delta x_2\right| \tag{9.44}$$

angewendet werden [9.3, S. 70].

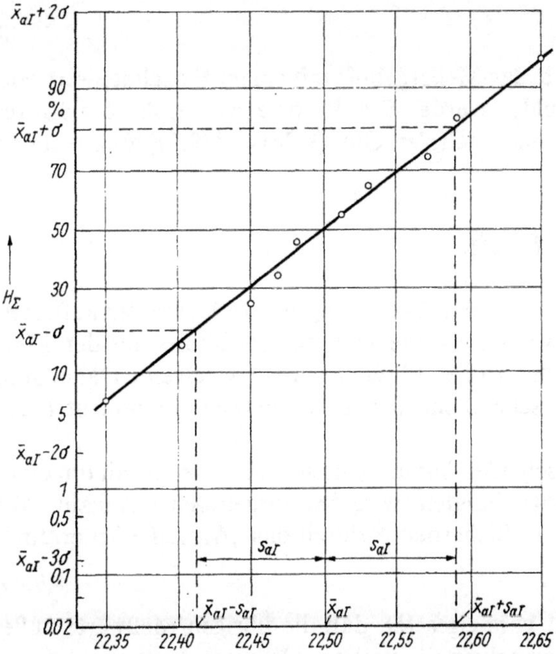

Tafel 9.12
Prüfung auf Normalverteilung und grafischer Fehlerausgleich mit Wahrscheinlichkeitsnetz

Meßwerte	x_{aI1}	x_{aI2}	x_{aI3}	x_{aI4}	x_{aI5}	x_{aI6}	x_{aI7}	x_{aI8}	x_{aI9}	x_{aI10}
ungeordnet	22,48	22,59	22,53	22,45	22,35	22,65	22,40	22,57	22,47	22,51
geordnet	22,35	22,40	22,45	22,47	22,48	22,51	22,53	22,57	22,59	22,65
H_i	6,18	15,87	25,46	35,19	45,22	54,78	64,81	74,54	84,13	93,82
H_{saI}	$-H_{saI} = 17{,}39$					$+H_{saI} = 82{,}61$				

Das Bildungsgesetz für die **Standardabweichung** s_{ya} indirekter Messungen lautet nach Gl. (9.43)

$$s_{ya} = \pm \sqrt{\sum_{i=1}^{n} \left(\frac{\partial y_a}{\partial x_{ia}} s_{ia} \right)^2} \,. \tag{9.45}$$

Die **Vertrauensbereiche** der Einzelmessung (Index E) sowie des Mittelwerts (Index M) der Meßreihe sind nach

$$v_{yaE,M} = \pm \sqrt{\sum_{i=1}^{n} \left(\frac{\partial y_a}{\partial x_{ia}} v_{iaE,M} \right)^2} \tag{9.46}$$

zu berechnen.

9.3.4. Bildung von Teilergebnissen

Sollen die Teilmeßergebnisse mit Fehlerangaben formuliert werden, so lautet das Teilmeßergebnis unter Berücksichtigung zufälliger Meßfehler entweder

$$x_{aSE} = x_{aIi} \pm v_{aIE} \tag{9.47}$$

oder

$$x_{aSM} = \bar{x}_{aI} \pm v_{aIM}. \tag{9.48}$$

Die Indizes E oder M weisen aus, ob das Meßergebnis mit einem Einzelmeßwert oder einem arithmetischen Mittelwert gebildet wurde. Die Vertrauensbereiche der Einzelmessung v_{aIE} und des Mittelwerts v_{aIM} sind nach den Gln. (9.36) und (9.37) zu errechnen.

9.4. Ermittlung grober Meßfehler

Neben den zufälligen Meßfehlern können noch übermäßig große Meßfehler auftreten, die häufig leicht erkennbar sind. Sie werden als uneigentliche Meßfehler aus den Meßreihen ausgeschieden. Die Erkennung der groben Meßfehler wird durch eine Darstellung der einzelnen Meßwerte x_{aIi} im Wahrscheinlichkeitsnetz wesentlich vereinfacht (siehe Abschn. 9.3.2.).

Wenn sich die Meßperson nicht entscheiden kann, ob es sich im Zweifelsfall um einen groben oder großen zufälligen Meßfehler handelt, wird bei vorgegebener Anzahl n der Meßwerte und vorgegebener statistischer Sicherheit P durch das „Ausreißerkriterium“

$$|x_{ag} - \bar{x}_{aI}| > ks_{aI} \tag{9.49}$$

die Entscheidung gefällt. Hierbei wird vorausgesetzt, daß die übrigen Meßwerte außer dem grob fehlerhaften Meßwert x_{ag} normalverteilt streuen. Ob diese Annahme berechtigt ist, muß überprüft werden.

Die Werte $k = f(P, n)$ sind **Tafel 9.10** unten zu entnehmen.

9.5. Behandlung nicht exakt erfaßter Meßfehler

Nicht exakt erfaßte – weil auf einfache Weise nicht bestimmbare – systematische Meßfehler und Unsicherheiten errechneter systematischer Meßfehler werden abgeschätzt. Ihre Zusammenfassung erfolgt nach dem Gaußschen Fehlerfortpflanzungsgesetz für zufällige Meßfehler. Der resultierende mittlere Fehler $f_{a\Sigma}$ muß mit doppeltem Vorzeichen versehen und der Meßunsicherheit (den zufälligen Meßfehlern) hinzugefügt werden.

Die Abschätzung verlangt sehr hohe Sachkenntnis von der Meßperson. Die angegebenen Schätzwerte sind häufig umstritten.

9.6. Bildung von vollständigen Meßergebnissen

Zur Erleichterung der Meßergebnisbildung wird das Gesamtverhalten des Meßsystems im Meßfehlerplan **(Tafel 9.4)** geschlossen dargestellt. Die Bestimmung der systematischen Meßfehler erfolgt, wie im Abschn. 9.2. angegeben. Die systematischen Meßfehler sind Null, wenn die Eigenfehlerübertragungsfunktion $S_{FE}(p)$ und die äquivalente Fremdfehlerübertragungsfunktion $S_{FF}(p)$ Null sind. Die Eigenfehlerübertragungsfunktion ist Null, wenn die Sollübertragungsfunktion $S_S(p)$ des Meßsystems mit seiner Ist-Meßgrößenübertragungsfunktion $S_{xI}(p)$ übereinstimmt. Die äquivalente Fremdfehlerübertragungsfunktion $S_{FF}(p)$ ist Null, wenn alle Störgrößen r_{ei} oder alle Störgrößenübertragungsfunktionen $S_{ri}(p)$ Null sind. Aus **Tafel 9.4** ist abzulesen, daß Störgrößen nicht in jedem Fall das Meßergebnis nachteilig beeinflussen müssen. Haben Eigen- und

Fremdfehler ähnliche Verläufe mit entgegengesetztem Vorzeichen, so tritt teilweise eine Korrektur der systematischen Meßfehler ein.

Bei der Behandlung zufälliger Meßfehler müssen zwei Anwendungsfälle unterschieden werden:

a) Bildung des Meßergebnisses mit einem Meßwert x_{aIi}
b) Bildung des Meßergebnisses mit einem Mittelwert $\bar{x}_{aI}$ einer Meßreihe.

Das Toleranzband $v_{aIE} = \pm ak_1 s_{aI}$ um den Einzelmeßwert ist wesentlich breiter als das Toleranzband $v_{aIM} = \pm ts_{aI}/\sqrt{n}$ um den Mittelwert (Ergebnis der Ausgleichsrechnung). Deshalb wird für eine genauere Meßinformationsgewinnung Fall b) bevorzugt. Fall a) hat praktische Vorteile, wenn die Standardabweichung s_{aI} bereits aus früher durchgeführten gleichartigen Messungen bekannt ist. Dann läßt sich das Meßergebnis nur aus einer Messung bilden.

Die nicht erfaßten Anteile der systematischen Meßfehler verbreitern das Toleranzband um $\pm f_{a\Sigma}$.

Der gesuchte Sollwert x_{aS} der Ausgangsgröße mit Angabe seines größten Fehlers lautet mit dem Merkmalswert x_{aIi} der **Einzelmessung** nach den Gln. (9.26) und (9.47)

$$x_{aSE} = x_{aIi} - \Delta x_a \pm (ak_1 s_{aI} + f_{a\Sigma}) \tag{9.50}$$

und mit dem Mittelwert $\bar{x}_{aI}$ der **Meßreihe** nach den Gln. (9.26) und (9.48)

$$x_{aSM} = \bar{x}_{aI} - \Delta x_a \pm \left(\frac{t}{\sqrt{n}} s_{aI} + f_{a\Sigma} \right). \tag{9.51}$$

x_{aSE} und x_{aSM} unterscheiden sich durch die Breiten der Toleranzbänder. Die Angabe von x_{aSM} ist präziser.

Der Klammerausdruck in den Gln. (9.50) und (9.51) ist die **Meßunsicherheit** u.

Beispiel:

Gegeben sind ein Thermoelement, ein Thermostat, ein Drehspulinstrument sowie ein Strömungskanal mit Schieber. Eine sprungförmige Temperaturänderung soll gemessen werden.

Das Thermoelement hat eine statische Meßgrößenempfindlichkeit **(s. Tafel 5.5)** von

$$S_{Th} = x_{aTh}/x_{eTh} = 0{,}05\ \text{mV} \cdot \text{K}^{-1}. \tag{9.52}$$

Das Drehspulinstrument wurde für NiCr-Ni-Thermoelemente mit einer Empfindlichkeit von $S_{NiCr\text{-}Ni} = x_{aTh'}/x_{eTh'} = 0{,}04\ \text{mV} \cdot \text{K}^{-1}$ kalibriert und hat deshalb die statische Empfindlichkeit

$$S_D = x_{aD}/x_{eD} = x_{eTh'}/x_{aTh'} = 25\ \text{K} \cdot \text{mV}^{-1}. \tag{9.53}$$

Sollen Temperaturänderungen trägheitsfrei und richtig durch das Drehspulinstrument angezeigt werden, dann ist die Sollübertragungsfunktion des Gesamtsystems (Thermoelement und Drehspulinstrument)

$$S_s(p) = 1\ \text{K}/\text{K} \tag{9.54}$$

zu fordern. Das ist die Übertragungsfunktion für ein trägheitsfreies Proportionalglied mit dem Proportionalitätsfaktor 1.

Thermoelemente sind aber träge. Werden die dynamischen Eigenschaften des gesamten Systems (Thermoelement und Drehspulinstrument – **Tafel 9.13**) nur durch das

Thermoelement bestimmt – das soll hier vereinfachend angenommen werden –, dann ergibt sich folgendes dynamisches Verhalten des Meßsystems:

Die kugelförmige Meßstelle des Thermometers befindet sich auf konstanter Temperatur ϑ_K und wird zur Zeit $t = 0$ sprungförmig einem Medium mit der konstanten Temperatur $\vartheta_M > \vartheta_K$ ausgesetzt. Dann verläuft die Temperatur innerhalb der Kugel als Funktion der Zeit und des Orts nach einer Summe von Exponentialfunktionen mit unterschiedlichen Koeffizienten und negativen reellen Exponenten [19.4]. Ist der Radius der Kugel klein, ihre Wärmeleitzahl λ groß oder die Wärmeübergangszahl α klein, dann können in der Entwicklung alle Glieder höherer als erster Ordnung vernachlässigt werden. Die Kugel erwärmt sich dann wie ein Trägheitsglied erster Ordnung **(s. Tafel 5.13)**, und das Thermoelement liefert eine Ausgangsspannung von

$$x_{\mathrm{aTh}}(t) = \hat{x}_{\mathrm{aTh}} \left[1 - \exp\left(-\frac{3\alpha t}{c\varrho R} \right) \right] \mathrm{mV} \tag{9.55}$$

c spezifische Wärme, ϱ Dichte, R Radius des Thermometerkörpers, $\hat{x}_{\mathrm{aTh}}$ Ausgangsspannung im stationären Zustand.

Tafel 9.13. Verlauf systematischer und zufälliger Meßfehler bei Temperaturmessungen

Baugliedplan der Meßschaltung

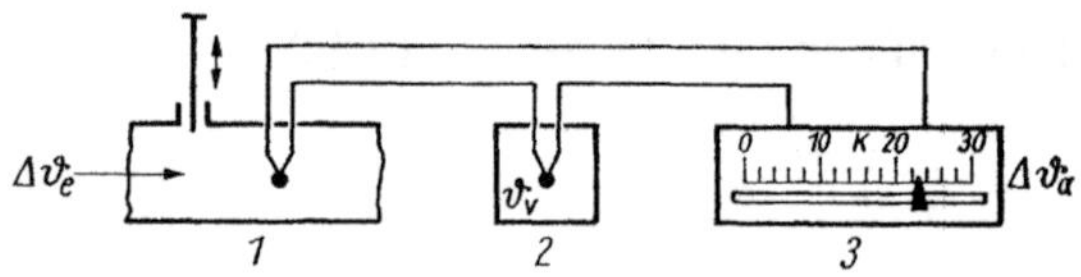

Signalflußplan der Meßschaltung

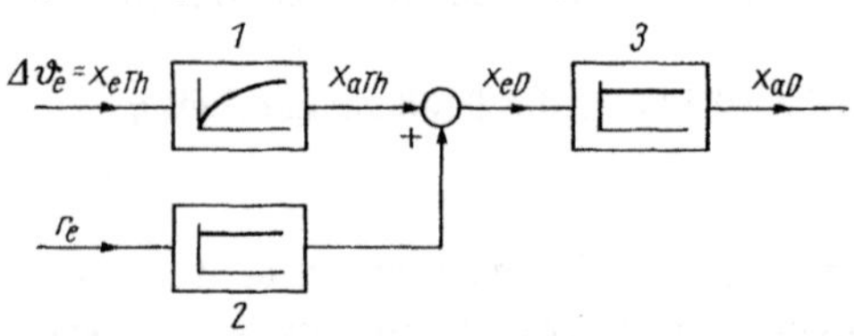

Verläufe der systematischen und zufälligen Meßfehler

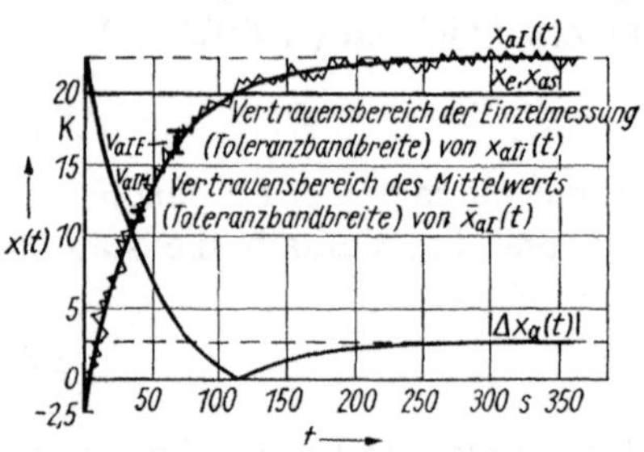

Wertetabelle der Meßreihen 1 bis 3

Nr.	$x_{\mathrm{aI}1}$	$x_{\mathrm{aI}2}$	$x_{\mathrm{aI}3}$	$x_{\mathrm{aI}4}$	$x_{\mathrm{aI}5}$	$x_{\mathrm{aI}6}$	$x_{\mathrm{aI}7}$	$x_{\mathrm{aI}8}$	$x_{\mathrm{aI}9}$	$x_{\mathrm{aI}10}$
1	22,56	22,65	22,35	22,53	22,47	22,59	22,40	22,57	22,45	22,48
2	22,45	22,53	22,48	23,49	22,51	22,47	22,65	22,35	22,40	22,57
3	20,01	20,15	19,85	20,03	19,97	20,09	19,90	20,07	19,95	19,98

Der Ausdruck

$$\frac{c\varrho R}{3\alpha} = T \tag{9.56}$$

wird als Zeitkonstante des Thermometers bezeichnet. Für $c = 5 \cdot 10^{-1}$ kJ · kg^{-1} · K^{-1}, $\varrho = 1 \cdot 10^4$ kg · m^{-3}, $R = 3 \cdot 10^{-3}$ m und $\alpha = 100$ W · m^{-2} · K^{-1} (bewegte Luft) beträgt die Zeitkonstante $T = 50$ s.

Die Ist-Meßgrößenübertragungsfunktion des Thermoelements lautet also (siehe Abschnitt 5.3.3. und **Tafel 5.8**)

$$S_{\mathrm{ThI}}(p) = \frac{\mathrm{L}\,\{x_{\mathrm{aTh}}(t)\}}{\mathrm{L}\,\{x_{\mathrm{eTh}}(t)\}} = \frac{\hat{x}_{\mathrm{aTh}}/\hat{x}_{\mathrm{eTh}}}{1 + Tp} \tag{9.57}$$

mit (s. **Tafel 9.3**, Nr. 1 und 6)

$$\tilde{x}_{\mathrm{eTh}}(p) = \frac{\hat{x}_{\mathrm{eTh}}}{p}; \quad \tilde{x}_{\mathrm{aTh}}(p) = \frac{\hat{x}_{\mathrm{aTh}}}{p\,(1 + Tp)}$$

sowie

$$\hat{x}_{\mathrm{eTh}} = \vartheta_{\mathrm{M}} - \vartheta_{\mathrm{K}}, \quad T = 50\,\mathrm{s}$$

und

$$\hat{x}_{\mathrm{aTh}}/\hat{x}_{\mathrm{eTh}} = 0{,}05\,\mathrm{mV} \cdot \mathrm{K}^{-1}.$$

Die Istübertragungsfunktion des gesamten Meßsystems aus Thermoelement und Drehspulinstrument lautet nach den Gln. (9.57) und (9.53) sowie **Tafel 5.2**

$$S_{\mathrm{xI}}(p) = S_{\mathrm{ThI}}(p)\, S_{\mathrm{D}}(p) = [1{,}25/(1 + Tp)]\,\mathrm{K/K}. \tag{9.58}$$

Die Eigenfehlerübertragungsfunktion $S_{\mathrm{FE}}(p)$ des Meßsystems hat nach den Gln. (9.10), (9.54) und (9.58) die Form

$$S_{\mathrm{FE}}(p) = \left[\frac{1{,}25}{1 + Tp} - 1\right] \frac{\mathrm{K}}{\mathrm{K}}. \tag{9.59}$$

Der absolute systematische Eigenfehler des Meßsystems ist nach den Gln. (9.10) und (9.59) im p-Bereich

$$\Delta\tilde{x}_{\mathrm{aE}}(p) = S_{\mathrm{FE}}(p)\, \tilde{x}_{\mathrm{as}}(p) = \left[\frac{1{,}25}{1 + Tp} - 1\right] \frac{20\,\mathrm{K}}{p} \tag{9.60}$$

mit $\tilde{x}_{\mathrm{as}}(p) = 20$ K/p wegen $\tilde{x}_{\mathrm{as}}(p) = S_{\mathrm{s}}(p)\,\tilde{x}_{\mathrm{es}}(p)$ und $S_{\mathrm{s}}(p) = 1$ K/K sowie $\tilde{x}_{\mathrm{es}}(p) = 20$ K/p für eine sprungförmige Temperaturänderung von beispielsweise $\vartheta_{\mathrm{K}} = 50\,°\mathrm{C}$ auf $\vartheta_{\mathrm{M}} = 70\,°\mathrm{C}$, wobei $x_{\mathrm{es}} \equiv x_{\mathrm{eTh}}$ ist.

Im t-Bereich hat der absolute systematische Eigenfehler des Meßsystems nach Gl. (9.59) und **Tafel 9.3**, Nr. 1 und 6, den Verlauf

$$\Delta x_{\mathrm{aE}}\,(t) = 5\,(1 - 5\,\mathrm{e}^{-t/50\,\mathrm{s}})\,\mathrm{K}. \tag{9.61}$$

Eine **determinierte Störung** r_e tritt nun dadurch auf, daß die Temperatur der Vergleichsstelle nicht wie vorgeschrieben beispielsweise $\vartheta_{\mathrm{V}} = 50\,°\mathrm{C}$, sondern $\vartheta_{\mathrm{V}}^* = 52\,°\mathrm{C}$ hat. Die Störgröße $\Delta x_{\mathrm{eF}} = \vartheta_{\mathrm{V}} - \vartheta_{\mathrm{V}}^* = -2\,\mathrm{K}$ erzeugt über die Vergleichsstelle, die die gleiche Temperaturempfindlichkeit wie die Meßstelle hat, d.h. $S_{\mathrm{V}} = 0{,}05$ mV · K^{-1}, die Gegenspannung $\Delta x_{\mathrm{aF}} = S_{\mathrm{V}} \Delta x_{\mathrm{eF}} = -0{,}1$ mV.

Die Trägheit der Vergleichsstelle kann unberücksichtigt bleiben, weil die Temperatur der Vergleichsstelle bis zum Beginn des Meßvorgangs ihren stationären Wert erreicht hat und während des Messens konstant bleibt.

Der absolute systematische Fremdfehler ist nach Gl. (9.13) und **Tafel 5.2** für die Kettenschaltung aus Vergleichsstelle und Drehspulinstrument mit der Empfindlichkeit S_D in Gl. (9.53)

$$\Delta x_{aF} = (-0{,}1\ \text{mV})\ 25\ \text{K} \cdot \text{mV}^{-1} = -2{,}5\ \text{K}. \tag{9.62}$$

Der absolute systematische Meßfehler setzt sich additiv aus dem Eigenfehler und dem Fremdfehler zusammen [s. Gl. (9.12) und **Tafel 9.4**], so daß sich mit den Gln. (9.61) und (9.62) endgültig ergibt

$$\Delta x_{aI}(t) = \Delta x_{aE}(t) + \Delta x_{aF} = 2{,}5\,(1 - 10\,e^{-t/50\,s})\ \text{K}. \tag{9.63}$$

Bei einem Temperatursprung am Thermoelement von 50 auf 70 °C wird am Drehspulinstrument statt des „wahren" Verlaufs $x_{aS}(t) = 20$ K für $t > 0$ der Verlauf

$$x_{aI}(t) = x_{aS}(t) + \Delta x_{aI}(t) = [20 + 2{,}5\,(1 - 10\,e^{-t/50\,s})]\ \text{K} \tag{9.64}$$

vorgetäuscht. Für $t \gg T$ stellt sich ein stationärer Wert von 22,5 K ein.

Zufällige Meßfehler entstehen z. B. durch parasitäre regellose Störfelder, die in den unabgeschirmten Drähten der Thermoelemente stochastische Störspannungen induzieren. Damit schwankt der Verlauf der Ausgangsgröße regellos um den ungestörten Verlauf nach Gl. (9.64).

Im stationären Zustand ($t \gg T$) wurden für wiederholte Messungen Meßwerte wie in **Tafel 9.13** ermittelt.

Wird Meßreihe 1 zugrunde gelegt, so ist der Mittelwert nach Gl. (9.27)

$$\bar{x}_{aI} = \left(\sum_{i=1}^{10} x_{aIi}\right) \Big/ 10 = 22{,}5\ \text{K}. \tag{9.65}$$

Die Standardabweichung beträgt nach Gl. (9.35)

$$s_{aI} = \sqrt{[\sum (x_{aIi} - \bar{x}_{aI})^2]/9} = 0{,}09\ \text{K}. \tag{9.66}$$

Der Vertrauensbereich der Einzelmessung lautet nach Gl. (9.36) für $P = 95\,\%$ und $n = 10$ **(s. Tafel 9.10)**

$$v_{aIE} = \pm a k_1 s_{aI} = \pm 1{,}96 \cdot 1{,}65 \cdot 0{,}09\ \text{K} = \pm 0{,}29\ \text{K}. \tag{9.67}$$

Der Vertrauensbereich des Mittelwerts hat nach Gl. (9.37) für $P = 95\,\%$ und $n = 10$ **(s. Tafel 9.10)** die Breite

$$v_{aIM} = \pm s_{aI} t / \sqrt{n} = \pm 0{,}715 \cdot 0{,}09\ \text{K} = \pm 0{,}064\ \text{K}. \tag{9.68}$$

Die nicht erfaßten Meßfehler $f_{a\Sigma}$ sollen für das Meßsystem in **Tafel 9.13** Null sein.

Das Meßergebnis setzt sich nunmehr aus allen errechneten Komponenten zusammen, und zwar

– für die Einzelmessung, beispielsweise x_{aI1}, nach den Gln. (9.50), (9.63) und (9.67)

$$x_{aSE} = [22{,}56 - 2{,}5\,(1 - 10\,e^{-t/50\,s}) \pm 0{,}29]\ \text{K}$$

– für den Mittelwert nach den Gln. (9.51), (9.63), (9.65) und (9.68)

$$x_{aSM} = [22{,}5 - 2{,}5\,(1 - 10\,e^{-t/50\,s}) \pm 0{,}064]\ \text{K}.$$

Tafel 9.13 zeigt abschließend die Verläufe der Eingangsgröße, der Ausgangsgröße und der Meßfehler bei der Temperaturmessung mit einem Thermoelement und einem Drehspulinstrument unter den vorgegebenen Meßbedingungen.

Tafel 9.14. Korrekturverfahren

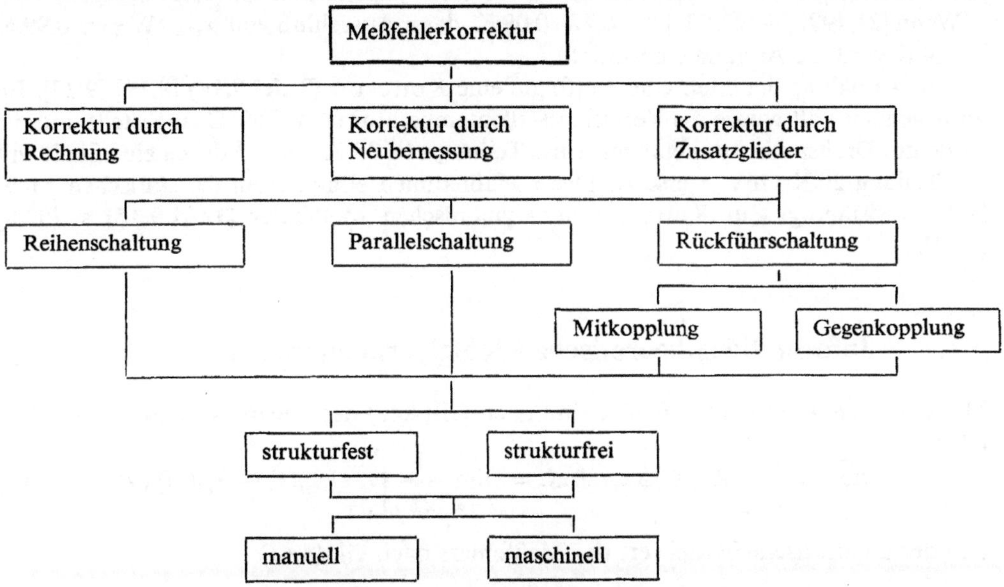

Tafel 9.15. Korrektur des dynamischen Meßfehlers der Meßschaltung in Tafel 9.13 mit der Übertragungsfunktion Gl. (9.58) für $0 < a < 1$

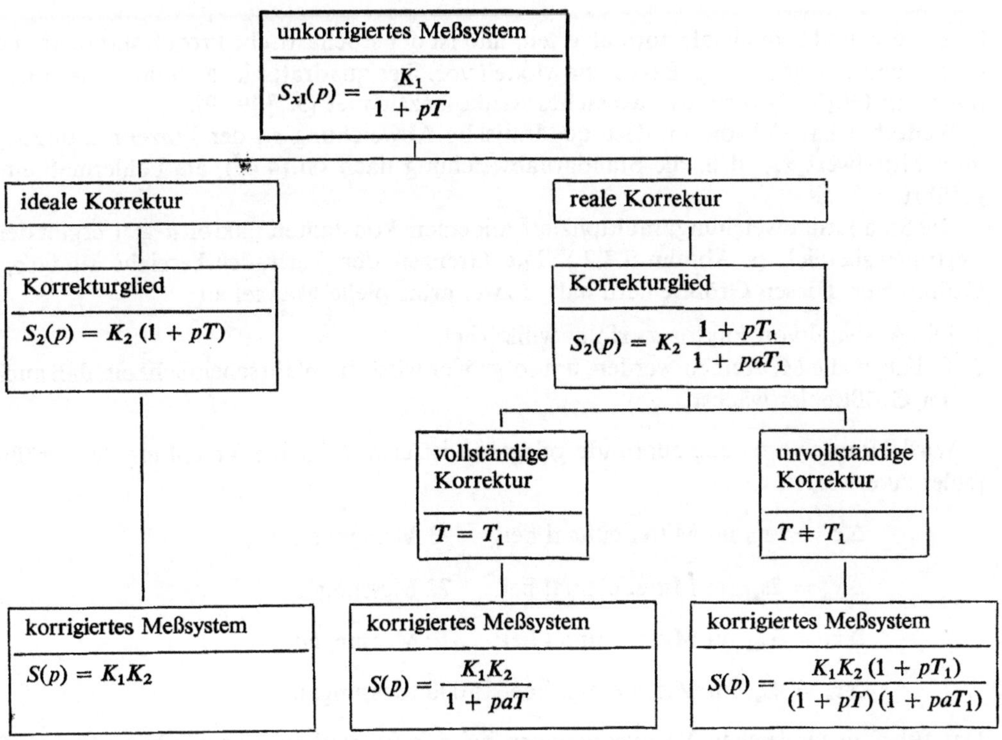

In der Wertetabelle ist in Meßreihe 2 der Meßwert $x_{aI4} = 23{,}49$ K vermutlich ein **grober Meßfehler**. Die Anwendung des „Ausreißer"-Kriteriums Gl. (9.49) besagt:

Wenn $|23{,}49\ \text{K} - 22{,}5\ \text{K}| > 4{,}42 \cdot 0{,}09$ K, dann Ausschluß von x_{aI4}. Wegen 0,99 K > 0,4 K wird die Annahme bestätigt.

Vor Aufnahme der Meßreihe 3 erfolgte eine Korrektur **(Tafel 9.14)** [9.19] [9.27]. Im vorliegenden Fall wurde die Vergleichsstellentemperatur ϑ_v auf 50 °C eingestellt und die Skale des Drehspulinstruments mit einer Teilung von 25 K · mV⁻¹ durch eine Skale mit der Teilung 20 K · mV⁻¹ ersetzt. Diese Maßnahmen eliminierten die statischen Meßfehler vollständig. Zur Korrektur der dynamischen Meßfehler **(Tafel 9.15)** s. [9.28] [19.4].

9.7. Informationstheoretische Meßfehlerkenngrößen

Maße für den auftretenden Fehler sind nach Gl. (4.40) der lineare Mittelwert des Meßfehlers

$$\overline{\Delta x_a} = \int_{-\infty}^{\infty} \Delta x_a p\,(\Delta x_a)\,\mathrm{d}\Delta x_a = \lim_{T\to\infty} \frac{1}{2T} \int_{-T}^{T} [x_{aI}(t) - x_{aS}(t)]\,\mathrm{d}t \tag{9.69}$$

und der quadratische Mittelwert des Meßfehlers nach Gl. (4.41)

$$\overline{\Delta x_a^2} = \int_{-\infty}^{\infty} \Delta x_a^2 p\,(\Delta x_a)\,\mathrm{d}\Delta x_a = \lim_{T\to\infty} \frac{1}{2T} \int_{-T}^{+T} [x_{aI}(t) - x_{aS}(t)]^2\,\mathrm{d}t \tag{9.70}$$

$x_{aI}(t)$ fehlerbehaftetes Ausgangssignal des Meßsystems, $x_{aS}(t)$ fehlerfreies Ausgangssignal des Meßsystems.

Sind Nutz- und Störsignale normalverteilt und ist der stochastische Prozeß stationär und ergodisch, so liegt das sog. Bayessche Modell vor. Der quadratische Mittelwert des Meßfehlers in Gl. (9.70) wird als Bayessches Risiko bezeichnet [5.7] [9.29].

Weiterhin hat sich die mittlere quadratische Abweichung s_{aI} der Einzelmessung x_{aIi} vom Mittelwert $\bar{x}_{aI}$, d. h. die Standardabweichung nach Gl. (4.43), als Fehlermaß eingeführt.

Die Standardabweichung, multipliziert mit einem konstanten Faktor $a \geqq 1$ ergibt den Vertrauensbereich (s. Abschn. 9.3.2.). Die Grenzen der Vertrauensbereiche sind sog. Größtfehler. Diesen Größtfehlern haften zwei prinzipielle Mängel an:

1. Die Auswahl von Faktor a erfolgt willkürlich.
2. Je länger die Meßreihen werden, um so größer wird die Wahrscheinlichkeit, daß auch der Größtfehler wächst.

Wird Normalverteilung zugrunde gelegt, so ist etwa folgende Verteilung der Größtfehler zu erwarten

$\Delta x_a = s_{aI}$ im Mittel einmal bei 3 Messungen

$\Delta x_a = 2s_{aI}$ im Mittel einmal bei 22 Messungen

$\Delta x_a = 3s_{aI}$ im Mittel einmal bei 370 Messungen

$\Delta x_a = 4s_{aI}$ im Mittel einmal bei 15000 Messungen

Das führt zu ungleichen Voraussetzungen bei der Beurteilung von Meßprozessen aufgrund „kurzer" und „langer" Meßreihen.

Außerdem erhält man bei beschränkter Anzahl von Meßwerten nicht den Vertrauensbereich (Größtfehler) selbst, sondern nur seine Näherung, d.h. seinen Schätzwert.

Bei einer kleinen Anzahl von Meßwerten lassen sich keine begründeten Aussagen zu den möglicherweise auftretenden Größtfehlern machen. Deshalb wurde von *Novickij* [5.17] der Entropiewert η der Meßfehler vorgeschlagen.

Bei beliebiger Verteilung des Meßfehlers kann die Informationsmenge nach den Gleichungen (5.1) und (5.4) beschrieben werden. Zur Vereinfachung der Rechnung ergibt sich mit natürlichen Logarithmen

$$q = \ln m = \ln [(\hat{x}_a - \underset{\vee}{x}_a)/d] = \ln (\hat{x}_a - \underset{\vee}{x}_a) - \ln d \qquad (9.71)$$

d Fehlerintervall.

Außerdem gilt

$$q = H(X_e) - H(X_e/X_{aI}). \qquad (9.72)$$

Die Informationsentropie des Fehlers ist unter der vereinfachenden Annahme, daß Äquivokation und Irrelevanz identisch sind

$$H(X_e/X_{aI}) = H(X_{aI}/X_e) = -\int_{-\infty}^{\infty} p(x) \ln p(x)\, dx. \qquad (9.73)$$

Sind die Fehler normalverteilt – s. Gl. (4.48) – dann ist

$$\ln p(x) = -\ln (\sigma \sqrt{2\pi}) - x^2/(2\sigma^2),$$

und mit

$$\int_{-\infty}^{\infty} p(x)\, dx = 1 \quad \text{sowie} \quad \int_{-\infty}^{\infty} x^2 p(x)\, dx = \sigma^2$$

ergibt sich

$$H(X_e/X_{aI}) = \ln (\sigma \sqrt{2\pi\, e}).$$

Zur formalen Definition des Entropiefehlers Δ_e dienen die Beziehungen

$$H(X_e/X_{aI}) = \ln d_e = \ln 2\Delta_e \qquad (9.74)$$

$$d_e = 2\Delta_e = \exp H(X_e/X_{aI}) \qquad (9.75)$$

$$\Delta_e = 1/2 \exp H(X_e/X_{aI}). \qquad (9.76)$$

Es gelten [5.17]

für Normalverteilung $\Delta_e = \sqrt{\pi\, e/2}\,\sigma = 2{,}066\sigma$

für Gleichverteilung $\Delta_e = \sqrt{3}\,\sigma = 1{,}73\sigma$

für Dreieckverteilung $\Delta_e = \sqrt{3\, e/2}\,\sigma = 2{,}02\sigma$.

Der Entropiekoeffizient ist definiert als

$$k = \Delta_e/\sigma. \tag{9.77}$$

Damit sind

$$\Delta_e = k\sigma; \quad m = (\hat{x}_{aI} - \check{x}_{aI})/2k\sigma; \quad q = \ln m.$$

Der gewöhnlich verwendete Vertrauensbereich (Konfidenzintervall) der Einzelmessung und der Entropiefehler sind ähnlich.

Die Angabe des Meßergebnisses erfolgt also gemäß Gl. (9.50) in der Form

$$x_{aS} = x_{aIi} - \Delta x_a \pm \Delta_e. \tag{9.78}$$

In Gl. (9.78) ist Δx_a der systematische Meßfehler nach Gl. (9.50).

10. Staatliche Festlegungen zur Einschränkung systematischer, zufälliger und grober Meßfehler

Technische Geräte und Einrichtungen, die in Produktionsprozessen eingesetzt werden, müssen bestimmten Anforderungen genügen, wenn ihre Funktionstüchtigkeit gewährleistet sein soll. Diese Anforderungen hängen naturgemäß von der Art des Produktionsprozesses, dem zu erzeugenden Produkt und den äußeren Bedingungen ab, unter denen der Produktionsprozeß abläuft.

Für eine Reihe von Einflußgrößen und deren Auswirkungen wurden national und international gültige Übereinkünfte getroffen und in Standards festgelegt. Sie bilden einen Kompromiß zwischen idealen Forderungen und technischen Möglichkeiten.

Bei Einhaltung der standardisierten Bedingungen arbeiten die Meßsysteme „fast fehlerfrei".

10.1. Festlegungen für Prüf- und Arbeitsbedingungen

Die vom Hersteller für den Einsatz eines Meßsystems garantierten maximalen Meßfehler sind die sog. **Garantiefehler.** Für die Festlegung von Garantiefehlergrenzen von

Tafel 10.1. Klimagebiete und Klimabereiche nach DIN 50019 (Auswahl)

Klimagebiet			Klimabereich	
Trockenes Klimagebiet	A	aridus	alternierendes Klima	C
Kaltes Klimagebiet	F	frigidus	Randland	D
Warmfeuchtes Klimagebiet	H	humidus	Höhenklima	E
Meeres Klimagebiet	M	mare	mildtropisches Klima	L
Gemäßigtes Klimagebiet	T	temperatus	Feuchtluftwüste	N
Landklimate	–85	winterexzessiv	sommerfeuchtes Klima	Q
	–55	winterextrem	Sonderbereich	S
	–40	winterkalt	mäßigtrockenes Klima	AT
	–25	winterrauh	hygrothermes Klima	V
	–15	winterkühl	extremwarmes Klima	X
	5	ausgeglichen	extremhygrothermes Klima	Y
Meeresklima	–1 5 18	kalt gemäßigt warm	hohe Globalstrahlung	–

Geräten ist entscheidend, unter welchen Bedingungen die Fehlergrenzen vom Meßsystem eingehalten werden können. Es gibt vereinbarte normale **Prüfbedingungen** [10.1] und **Arbeitsbedingungen**; letztere lassen größere Abweichungen von den Nennwerten zu [10.2].

Im konkreten Anwendungsfall ist es notwendig zu prüfen, für welche Umgebungsbedingungen der Hersteller seine Kenndaten angibt. Zu enge Toleranzen für die Einflußgrößen sind nachteilig, da sie in der Betriebspraxis oft nicht eingehalten werden können.

Ein bewährtes Verfahren zur Einschränkung von Meßfehlern ist der Schutz der Geräte vor Störeinflüssen. Über den Klimaschutz, den Schutz gegen äußere Beanspruchung sowie den Brand- und Explosionsschutz existieren zahlreiche Festlegungen, ebenso für den Schutz gegen Schwingungs- und Stoßbeanspruchungen. Dagegen sind Festlegungen zum Schutz von elektrischen Meßstromkreisen gegen äußere Störquellen bisher wenig verbreitet.

10.2. Festlegungen zum Schutz gegen Klimabeanspruchung

Jede technische Einrichtung ist an ihrem Standort den dort herrschenden klimatischen Einflüssen ausgesetzt [10.3]. Dazu zählen nicht die vom Prozeß ausgehenden Beeinflussungen, die zwar gleichartig, aber wesentlich intensiver sein können (Hitze, chemische Einwirkungen, Strahlung). Deshalb werden die klimatischen Umgebungseinwirkungen in geographisch-meteorologisch bedingte makroklimatische und technisch-technologisch bedingte mikroklimatische Umgebungseinflüsse getrennt. Die Eignung eines Geräts für den Einsatz unter **makroklimatischen** Bedingungen wird durch acht **Klimabereiche** und entsprechende **Klimagebiete** beschrieben [10.4]:

Tafel 10.2. Klimagruppen nach DIN 50019 T.1

Klimagruppen		alle	ohne
Eingeschränkt	W	T_{-25}	$T_{-25}Q$
Gewöhnlich	G	T, AT	T Q
Umfassend	U	TQ, N, G, L, H_{-40}, H_{-25}	
Allklimatisch	P	A, F, H, M, T	T_{-85}, X, $A_{-15}Y$
Außerordentlich	E	A, F, H, M, T	
Kaltklimatisch	K	G, F_{-55}, $F_{-55}Q$, $F_{-85}SYA$	F_{-85}
Meer	M	freie Ozeane	Küsten, Randmeere

Die Benennungen und Einteilungen der klimatischen Zonen sind in TGL-Standards und DIN-Normen unterschiedlich festgelegt [10.3] [10.4] und [10.42] bis [10.45].

Die Zahlenwerte in **Tafel 10.1** entsprechen bei den

- Landklimaten den mittleren Jahrestiefstwerten der Lufttemperaturen in °C und bei den
- Meeresklimaten den mittleren Jahrestiefstwerten der Wassertemperaturen in °C an der Meeresoberfläche.

Es handelt sich durchweg um Techno-Freiluftklimate.

Beispiele für die Bezeichnung eines Klimagebietes und eines Klimabereiches sind:

- Klima DIN 50019 – T_{-15}
  Gemäßigtes Klimagebiet (T), Landklima winterkühl (–15)

– Klima DIN 50019 – A_{-15} CL
Trockener Klimabereich (A), Landklima winterkühl (–15), alternierend (C), mild-tropisch (L).

Einzelne Klimagebiete und -bereiche wurden zu **Klimagruppen** zusammengefaßt **(Tafel 10.2).**

Zur exakteren Beschreibung der klimatischen Umweltbedingungen von Meßgeräten dienen statistische Klimamodelle. Ihnen liegen mehrjährige Untersuchungen von rund 50 Meßstationen in Freiluft und Räumen zugrunde. Die Klimamodelle für Freiluft (Offen O) **(Tafel 10.3)** und Räume (R) **(Tafel 10.4)** beschreiben in Klimatogrammen **(Tafel 10.5)** die relativen und absoluten Luftfeuchten und Lufttemperaturen sowie ihre Häufigkeitssummen für die angegebenen Objekte.

Tafel 10.3. Freiluftklimamodelle nach DIN 50019 T.3

0 11	0 12	0 21	0 22	0 31	0 32	0 33	0 34	0 41	0 42
F_{-85}	F_{-55}	T_{-40}	T_{-25}	$A_{-25}T$	$A_{-25}L$	A_{-15}	$A_{-15}X$	H_5L	H_5

Tafel 10.4. Raumklimamodelle nach DIN 500 19 T.3

Innenraum, vollklimatisiert	Meßraum	R 11
Innenraum, Temperatur begrenzt geregelt	Betriebsraum	R 12
Innenraum, geheizt, gelüftet	Wohnraum	R 13
Innenraum, Temperatur begrenzt geregelt, mäßig trocken	Baracke	R 14
Innenraum, heizbar	Fabrikhalle	R 15
Innenraum, kein Frost, feucht	Keller	R 16
Außenraum, wettergeschützt, ungeheizt, hell	Fernsprechzelle	R 51
Außenraum, wettergeschützt, ungeheizt, dunkel	Container	R 52
Außenraum, wettergeschützt, ungeheizt, feucht	Schuppen	R 53
Unterflurraum, ungeheizt, feucht	Kabelschacht	R 91

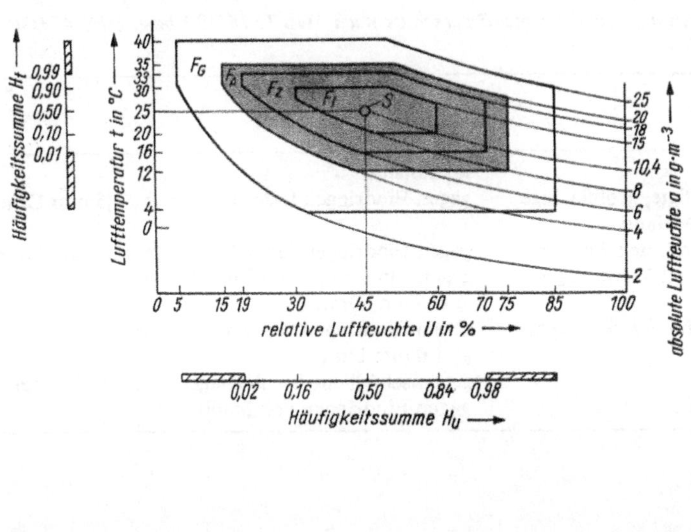

Tafel 10.5
Klimatogramm für Raumklima in Betriebs- und Fertigungsräumen mit technisch hochwertigen Einrichtungen.
Statistisches Klimamodell R 12 nach DIN 500019 T.3 (Auswahl)

Festlegungen zum Normalklimaraum und zur Norm-Atmosphäre enthalten [10.46] und [10.47].

Aus Klimabereich und Aufstellungskategorie werden Ausführungsklassen gebildet [10.4]. Für Erzeugnisse der Elektrotechnik, Elektronik und des wissenschaftlichen Gerätebaus wurden sog. **Prüfklassen** [10.5] [10.48] standardisiert. Zu den Prüfvorschriften muß auf die geltenden Standards verwiesen werden [10.6] bis [10.18].

Ein entsprechendes Verzeichnis der Umweltprüfungen und einschlägigen Normen enthält DIN 40046 T. 1, Bbl. 1. [10.49]. Das entsprechende Normenwerk umfaßt etwa 40 Normen mit insgesamt etwa 350 Seiten.

Zu Begriffen sowie Einteilung und Reihenfolge der Prüfungen siehe [10.50].

Die Prüfbedingungen modellieren typische Einsatzfälle mit mehreren Schärfegraden. Die Prüfergebnisse weisen eindeutig, reproduzierbar und vergleichbar nach, welchen Einfluß die Beanspruchungen auf die Eigenschaften der Prüflinge haben.

Es sei erwähnt, daß die Leistungsfähigkeit der Anlagen teilweise auch vom Wohlbefinden der Arbeitskräfte abhängt. Deshalb wurden Normen zur Ermittlung des Arbeitsklimas [10.51], zur Einwirkung des Arbeitsklimas auf den Menschen [10.52] sowie zu seiner Arbeit in Klimazonen [10.53] geschaffen.

10.3. Festlegungen zum Schutz gegen äußere Beanspruchung

Zum Schutz gegen äußere Beanspruchung gehört vor allem der Schutz gegen Berührung von Bauelementen und Baugruppen, gegen das Eindringen von Fremdkörpern sowie gegen eindringendes Wasser. Kennzeichen ist der sog. **Schutzgrad** IP (International Protection), der zwar nur für elektrische Geräte und Einrichtungen definiert ist, oft aber auch auf andere nichtelektrische Einrichtungen sinngemäß angewendet wird [10.19].

Das für den Schutzgrad verwendete Kurzzeichen besteht aus den Buchstaben IP und einer zweistelligen Zahl. Die erste Ziffer kennzeichnet den Schutz gegen innere Berührung (durch die Hand oder mit Hilfe von Werkzeugen) und das Eindringen von Fremdkörpern **(Tafel 10.6)**, während die zweite Ziffer den Schutz gegen das Eindringen von Wasser **(Tafel 10.7)** angibt [10.20] [10.54] bis [10.62].

Der Schutzgrad IP 00 gilt grundsätzlich für alle ungeschützten elektrischen Bauteile und Baugruppen. Werden diese in Gehäuse, Schränke oder andere Gefäßeinheiten fest eingebaut, so erhält die neu entstandene Einheit einen höheren Schutzgrad, wenn konstruktiv die entsprechenden Vorkehrungen getroffen sind (z. B. IP 20, IP 31, IP 44 u. a.).

Tafel 10.6. Kennziffern für Berührungs- und Fremdkörperschutz nach TGL 15 165/02 bzw. DIN 40 050 (Auswahl)

Erste Kennziffer	Berührungsschutz	Fremdkörperschutz
0	kein Schutz	kein Schutz
1	gegen unbeabsichtigte, großflächige Berührung mit der Hand	gegen Eindringen fester Körper ≧ 52,5 mm Dmr.
2	gegen Berührung mit den Fingern	gegen Eindringen fester Körper ≧ 12,5 mm Dmr.
3	gegen Berührung mit Werkzeugen	gegen Eindringen von Fremdkörpern ≧ 2,5 mm Dmr.
4	gegen Berührung mit Werkzeugen	gegen Eindringen von Fremdkörpern ≧ 1,0 mm Dmr.
5	vollständiger Schutz	gegen schädliche Staubablagerungen im Inneren
6	vollständiger Schutz	gegen Eindringen von Staub

Tafel 10.7. Kennziffern für Wasserschutz nach TGL 15165/01 bzw. DIN 40050 (Auswahl)

Zweite Kennziffer	Schutz gegen
0	kein Schutz
1	senkrecht fallende Wassertropfen (bei waagerechter Gebrauchslage)
2	senkrecht fallende Wassertropfen auch bei Neigung um 15° aus der Senkrechten
3	Regen in einem Winkel bis zu 60° in bezug auf die Senkrechte
4	Spritzwasser aus beliebiger Richtung
5	Strahlwasser aus beliebiger Richtung
6	Strahlwasser aus beliebiger Richtung unter verschärften Bedingungen
7	Wasser beim Überfluten unter konstanten Druck- und Zeitbedingungen
8	Wasser bei zeitlich unbegrenztem Überfluten und vereinbartem Druck

Werden einzelne Schutzgrade nicht angegeben, so ist anstelle der fehlenden Kennziffer der Buchstabe X zu verwenden; z.B. IP X 5 oder IP 2 X.

Darüber hinaus können für elektrische und elektronische Meßgeräte zusätzliche Festlegungen getroffen werden [10.63] [10.64] [10.65]. Schutz- und Warnzeichen auf den Meßgeräten und Betriebsmitteln können auf spezielle Betriebsarten aufmerksam machen [10.66].

In explosivstoffgefährdeten Bereichen müssen Meßgeräte und elektrische Betriebsmittel mindestens die Schutzart IP 54 haben. Für eigensichere Stromkreise gilt mindestens die Schutzart IP 20. Für Steckvorrichtungen muß IP 44 erfüllt sein.

10.4. Festlegungen zum Schutz gegen Schwingungs- und Stoßbeanspruchung

Mit dem fortschreitenden Einsatz elektronischer Bauteile und Baugruppen in Meßsystemen wird deren Zuverlässigkeit zunehmend nicht nur von rein elektrisch bedingten Ausfällen bestimmt, sondern hängt auch von der Sicherheit gegen mechanische Schädigungen wie durch Schwingungen und Stöße ab. Diese Schäden sind vorwiegend Ermüdungsbrüche an Bauelementen und das Lösen von Klemm-, Steck- und Schraubverbindungen. Bisher gibt es erst für Ermüdungsbrüche gesicherte Angaben [10.22]. Die wesentlichen mechanischen Eigenfrequenzen der Bauelemente und Baugruppen liegen zwischen 10 und 500 Hz.

In TGL 200-0057 [10.23] sind typische **Einsatzgruppen** für Geräte und Bauelemente festgelegt. Nach diesen Einsatzgruppen richten sich die Prüfbedingungen und -schärfen für die Geräte. Die anzuwendenden Prüftechniken und Prüfmaschinen sind in [10.22] beschrieben.

10.5. Kombinierte Festlegungen zum Schutz gegen Klimabeanspruchung, äußere Beanspruchung sowie Schwingungs- und Stoßbeanspruchung

Die **Einsatzklasse** eines Meßsystems wird nach TGL 9200/03 [10.6] aus vier Einsatzgrenzwerten der klimatischen Parameter und einer vierstelligen Kodezahl des Schutzgrads gebildet. Die Einsatzgrenzwerte sind durch Schrägstriche getrennt, die Kodezahl folgt nach einem doppelten Schrägstrich [10.21].

Ähnlichen Charakter wie die standardisierten Einsatzklassen haben die genormten **Anwendungsklassen** [10.67].

Sie werden aus drei Bestimmungsgrößen gebildet, die durch Schrägstriche voneinander zu trennen sind.

Beispiel:

Anwendungsklasse GPF/LT/WRZ

Erste Bestimmungsgröße (Klimatische Anwendungsklasse):

1. Stelle: Untere Grenztemperatur
   im Beispiel: −40 °C (nach DIN 40040, Tabelle 1)
2. Stelle: Obere Grenztemperatur
   im Beispiel: 85 °C (nach DIN 40040, Tabelle 2)
3. Stelle: Feuchtebeanspruchung
   im Beispiel: Grenzen der relativen Luftfeuchte
   - im Jahresmittel 75 %
   - an 30 Tagen im Jahr 95 %
   - an übrigen Tagen gelegentlich 85 %
   - keine Betauung (nach DIN 40040, Tabelle 3)

Zweite Bestimmungsgröße (Zuverlässigkeitsangabe)

4. Stelle: Ausfallquotient
   im Beispiel: $300 \cdot 10^{-9} h^{-1}$ (nach DIN 40040, Tabelle 4)
5. Stelle: Beanspruchungsdauer
   im Beispiel: 10000 h (nach DIN 40040, Tabelle 5)

Dritte Bestimmungsgröße (Mechanische Anwendungsklasse):

6. Stelle: Mechanische Beanspruchung
   im Beispiel: Schwingen (10 ... 55) Hz; 2 g; $20 \text{ m} \cdot \text{s}^{-2}$
   Schocken 15 g; $150 \text{ m} \cdot \text{s}^{-2}$; 11 ms
   (nach DIN 40040, Tabelle 6)
7. Stelle: Luftdruck
   im Beispiel: bis $70000 \text{ N} \cdot \text{m}^{-2}$; bis 700 mbar; bis 2200 m über NN (nach DIN 40040, Tabelle 7)
8. Stelle: Sonderbeanspruchung
   Die Bedeutung des Z ist in der Einzelbestimmung anzugeben. Beispielsweise Sonnenstrahlung nach DIN 40046, Teil 54.

Umweltprüfungen von *optischen* Geräten und Geräten mit optischen Baugruppen sind nach DIN 58390 Bl. 1, Ausg. 11.73 [10.68] bis DIN 58390 Bl. 10, Ausg. 12.78 E [10.69] genormt. Die Beanspruchungsarten sind durch zweistellige Zahlen gekennzeichnet:

Klimabeanspruchung	10 ... 29
Mechanische Beanspruchung	30 ... 49
Sonderbeanspruchungen	50 ... 99.

Zur Beschreibung des Schärfegrads wird die erste Dezimale verwendet.

Beispiel:

Prüfung 14.2 bedeutet langsamer Temperaturwechsel bei Grenztemperaturen $t_1 = (+55 \pm 2)$ °C und $t_2 = (-25 \pm)$ °C, Temperaturdifferenz $\Delta t = 80$ K, Anzahl der Zyklen 6, Verweilzeit bei Grenztemperaturen $(3 \pm 0{,}5)$ h, Aufheiz- und Abkühlgeschwindigkeit zwischen (0,2 ... 1) K/min.

10.6. Festlegungen zum Schutz gegen Brand und Explosion

In der Umgebung chemischer und petrolchemischer Industrieanlagen bilden sich vielfach brand- und explosionsgefährdete Mikroklimate. Meßeinrichtungen, vor allem solche mit elektrischer Hilfsenergie, müssen dort so beschaffen sein, daß von ihnen keine gefährdende Wirkung auf die Umgebung ausgeht und daß sie damit auch selbst nicht gefährdet werden.

Explosivstoffgefährdete Bereiche sind Bereiche, in denen beim Herstellen, Bearbeiten, Verarbeiten, Aufbewahren oder Lagern explosionsgefährlicher Stoffe Zündgefahren durch elektrische Anlagen entstehen können [10.68].

Explosionsgefährdete Bereiche sind Bereiche, in denen sich nach den örtlichen oder betrieblichen Verhältnissen Gase, Dämpfe, Nebel oder Stäube, die mit der Luft explosionsfähige Gemische bilden, in gefahrdrohender Menge ansammeln können [10.68].

Entzündungstemperatur ist die niedrigste Temperatur eines explosionsgefährlichen Stoffes, bei dem er sich unter vorgegebenen Bedingungen gerade noch entzündet, verpufft oder explodiert.

Bei der Beurteilung eines Mediums hinsichtlich seiner Brand- oder Explosionsgefährlichkeit wird allgemein, vom Flammpunkt ausgehend, in drei Gruppen eingeteilt. Außerdem wird in zwei Klassen unterschieden, ob die brennbaren Flüssigkeiten, Mischungen oder Lösungen mit Wasser mischbar sind oder nicht.

Gefahrklasse A: nicht oder nur teilweise mit Wasser mischbar
Gefahrklasse B: mit Wasser in beliebigem Verhältnis mischbar
Gruppe I: Flammpunkt < 21 °C
Gruppe II: Flammpunkt 21 bis 55 °C
Gruppe III: Flammpunkt 55 bis 100 °C.

Brennbare Gase und Dämpfe werden außerdem nach ihrer Zündtemperatur in Zündgruppen G 1 bis G 5 **(Tafel 10.8)** und nach dem Grad der Fortpflanzung einer Explosion durch enge Spalte in die Explosionsklassen I bis IV oder Explosionsgruppen und in Gefahrklassen eingeteilt [10.24].

Tafel 10.8. Zündgruppen, Explosions- und Gefahrenklassen für einige Stoffe nach TGL 14275 sowie deren Flammpunkt, Zündtemperatur, Temperaturklasse und Explosionsgruppe nach DIN 57165 (Auswahl)

Stoff	Zündgruppe	Explosionsklasse	Gefahrklasse	Flammpunkt °C	Zündtemperatur °C	Temperaturklasse	Explosionsgruppe
Azetylen	G 2	IV c		Gas			
Äthylalkohol	G 2	II	B I	12	425	T 2	II A
Benzin							
Siedebeginn < 135 °C	G 3	II	A I	< 21	220 ... 300	T 3	II A
Siedebeginn > 135 °C	G 3	II	A II	> 21	220 ... 300	T 3	II A
Erdöl	G 3	III	A II	> 55	220 ... 300	T 3	II A
Kohlenmonoxid	G 1	III		Gas	605	T 1	II A
Propan	G 1	II		Gas	470	T 1	II A
Wasserstoff	G 1	IV a		Gas	560	T 1	II C

DIN 57166 [10.70] enthält umfangreiche Tabellen mit Entzündtemperaturen von explosionsgefährlichen Stoffen und von gewerblichen Sprengstoffen.

In Abhängigkeit von der experimentell gefundenen sicheren Spaltweite (Normalspaltweite MESG), durch die sich Explosionen nicht fortpflanzen, oder von der Mindestzündstromstärke MIC gehören sie zu den **Explosionsgruppen** II A bis II C **(Tafel 10.9)** [10.71].

Explosionsgefährdete Bereiche werden nach der Wahrscheinlichkeit des Auftretens gefährlicher explosibler Atmosphären in **Zonen** klassiert [10.71] [10.72] und Betriebsmittel nach ihren maximalen Oberflächentemperaturen in Temperaturklassen eingeteilt **(Tafel 10.10)** [10.71].

Sollen Meßeinrichtungen, die mit elektrischer Hilfsenergie betrieben werden, in brand- oder explosionsgefährdeten Anlagen zum Einsatz kommen, so ist bereits bei Entwurf und Konstruktion, aber auch bei der Montage und im Betrieb auf die Einhaltung der entsprechenden Vorschriften zu achten [10.25].

In TGL 19491/01 bis 11, [10.26] bis [10.36] sind **Schutzarten** für die Einsatzfälle festgelegt, in denen betriebsmäßig zündfähige Funken, Lichtbögen oder gefährliche Temperaturen auftreten können. Die Schutzarten werden durch Kleinbuchstaben gekennzeichnet [10.36]

Druckfeste Kapselung	d	Sonderschutz	s
Ölkapselung	o	Eigensicherheit	i
Fremdbelüftung	f	erhöhte Sicherheit	e.
Fremdluftüberdruck	fü		

Tafel 10.9. Explosionsgruppen für ohmsche, kapazitive und induktive Stromkreise nach DIN 57165 (Auswahl)

	Ohmsch		Kapazitiv		Induktiv	
Gruppe	Spannung V	Stromstärke mA	Spannung V	Kapazität µF	Stromstärke mA	Induktivität mH
II A	20	1000	–	–	50	120
	50	120			100	30
	100	40			200	7
	200	20			500	1
II B	20	800	–	–	35	120
	50	100			70	30
	100	35			150	7
	200	15			400	1
II C	20	300	5	2000	17	120
	50	40	20	0,3	35	30
	100	15	50	0,035	75	7
	200	9	100	0,012	160	1

Tafel 10.10. Temperaturklassen nach DIN 57165

Temperaturklasse	Bisherige Zündgruppen	Maximale Oberflächentemperatur der Betriebsmittel °C	Zündtemperaturen der brennbaren Stoffe °C
T 1	A G 1	450	450
T 2	B G 2	300	300
T 3	– G 3	200	200
T 4	C G 4	135	135
T 5	D G 5	100	100
T 6	– –	85	85

Die vom Europäischen Komitee für Elektrotechnische Normung (CENELEC) harmonisierten Normen für Schutzarten betreffen:

allgemeine Bestimmungen nach DIN EN 50014, Ausg. 5.78 [10.72]
Ölkapselung o nach DIN EN 50015, Ausg. 5.78 [10.73]
Überdruckkapselung p nach DIN EN 50016, Ausg. 5.78 [10.74]
Sandkapselung q nach DIN EN 50017, Ausg. 5.78 [10.75]
druckfeste Kapselung d nach DIN EN 50018, Ausg. 5.78 [10.76]
erhöhte Sicherheit e nach DIN EN 50019, Ausg. 5.78 [10.77].

Die Kennzeichnung der Meßmittel erfolgt beispielsweise in der Form

EEx d IIB T 3

mit der Bedeutung:

EEx Meßmittel entspricht den von CENELEC genormten Zündschutzarten
d druckfeste Kapselung nach DIN EN 50018
II B für Gruppe II B nach DIN 57165 **(Tafel 10.9)**
T 3 Temperaturklasse nach DIN 57165 **(Tafel 10.10)**.

Während die Schutzarten d, o, f und fü sowie o, p, q und d besondere konstruktive Maßnahmen erfordern, wie druckfeste Gehäuse, Bereitstellung von Zusatzluft usw., ist die Schutzart Eigensicherheit i dadurch gekennzeichnet, daß jeder gewollt oder ungewollt erzeugte Funke sowie jede möglicherweise auftretende Übertemperatur kein explosionsfähiges Gemisch zünden kann. Zur Zündung eines solchen Gemischs bedarf es einer stoffspezifischen Mindestenergie (Aktivierungsenergie). Die in einem elektrischen Stromkreis gespeicherte magnetische oder dielektrische Energie darf also nur klein sein, um die Bedingungen für die Schutzart Eigensicherheit zu erfüllen.

Einrichtungen, bei denen nach Angabe des Herstellers, *keiner* der Werte 1,2 V; 0,1 A; 20 μJ oder 25 mW überschritten wird, brauchen weder bescheinigt noch gekennzeichnet zu werden [10.72].

TGL 19491 enthält auch Festlegungen für die Schutzart Sonderschutz s [10.32].

Die Prüfung auf Explosions- und Schlagwetterschutz wird in der DDR von der Prüfstelle im Institut für Bergbausicherheit, 92 Freiberg/Sa., vorgenommen; eine Typprüfbescheinigung wird erst nach experimenteller Überprüfung erteilt, da die Einhaltung der Standards nur eine notwendige Bedingung darstellt.

Schließlich sei noch auf Meßeinrichtungen hingewiesen, bei denen anzeigende oder registrierende Geräte an einem nicht explosionsgefährdeten Ort untergebracht sind. Nur die im gefährdeten Bereich liegenden Teile (z. B. Meßfühler, Meßwandler, Signalleitungen) müssen explosionssicher sein, was durch entsprechende Zusatzbauglieder (Sicherheitsbarrieren, galvanische Trennglieder) gewährleistet wird [19.1].

10.7. Hinweise zum Schutz gegen die Störbeeinflussung elektrischer Meßkreise

Bei der Beeinflussung von Meßkreisen wird zwischen elektrochemischen Wirkungen, elektrischen Wirkungen im Hochfrequenzbereich und elektrischen Wirkungen im Niederfrequenzbereich (elektromagnetische und galvanische Kopplung) unterschieden.

Die elektrischen Wirkungen im Niederfrequenzbereich gliedern sich in Beeinflussung durch Induktion, Influenz und galvanische Kopplung.

Die Beeinflussung der Meßstromkreise durch Störstromkreise hängt wesentlich von ihrer Lage ab. Liegen beide Kreise unsymmetrisch zur Erde, dann ist die gegenseitige Kopplung am größten.

Bei **induktiver** Kopplung ist die induzierte Spannung von der Induktivität der Leitung und der magnetischen Feldstärke des fremden Wechselfelds abhängig.

Bei **kapazitiver** Kopplung hängt die influenzierte Spannung von den Kapazitäten der beeinflussenden und der beeinflußten Leitung untereinander sowie gegen Erde und der elektrischen Feldstärke ab.

Haben zwei Stromkreise gemeinsame Leiterteile, so sind sie **galvanisch** gekoppelt. Diese Kopplungsart kann selbst bei getrennter Leitungsführung nicht ausgeschlossen werden, falls verschiedene Erdbezugspunkte existieren. Die aufgrund unterschiedlicher Erdpotentiale fließenden Ausgleichsströme verursachen in der Meßleitung einen Spannungsabfall, der als Störspannung wirkt. Erdungsprobleme sind besonders in der Vielstellenmeßtechnik und beim Prozeßrechnereinsatz von nicht zu unterschätzendem Einfluß [10.37].

Besteht ein Meßkreis aus Hin- und Rückleitung und wirkt eine Störung nach Betrag und Phase mit gleicher Größe auf beide Leitungen ein, so wird von **Gleichtaktstörungen** gesprochen. Sie treten bevorzugt bei kapazitiver Kopplung auf. Bei entgegengesetzten Vorzeichen der Störungen spricht man von **Gegentaktstörungen**.

Bei idealer Symmetrie des Meßkreises gegen Erde werden keine Gleichtaktstörungen wirksam. Bei einer Asymmetrie im Meßkreis erfolgt aber eine Gleichtakt-Gegentakt-Umwandlung. Die Gleichtaktunterdrückung einer Schaltung ist deshalb ein Gütemaß. Sie beträgt bei Differenzverstärkern bis 80 dB und bei potentialfreien Verstärkern bis 140 dB [7.4].

Fremdspannung ist eine beliebige nicht frequenzbewertete Summenspannung, die eine Störung verursacht.

Geräuschspannung ist eine frequenzbewertete störende Fremdspannung [10.78] bis [10.81].

Bei der Bearbeitung von Störspannungen muß außerdem zwischen multiplikativen und additiven Störungen unterschieden werden.

Multiplikative Störungen enthalten fast nur tiefstfrequente Anteile und resultieren aus Pegelschwankungen, Verstärkungsänderungen u. a.

Additive Störungen sind wesentlich häufiger und überlagern sich dem Meßsignal. Untersuchungen der Zeitfunktionen solcher Störungen führten auf drei Grundtypen [10.38] bis [10.40]

- Sinusstörungen (zeitlich unbegrenzt mit schmalem Frequenzspektrum)
- Rauschstörungen (zeitlich unbegrenzt mit theoretisch unendlich breitem Frequenzspektrum)
- Impulsstörungen (zeitlich begrenzt mit breitem Frequenzspektrum).

Die Grenzen zwischen Rauschstörungen und Impulsstörungen sind fließend. Man rechnet Impulsstörungen, deren Maximalamplituden kleiner sind als der drei- bis vierfache mittlere Pegel, zu den Rauschstörungen. Bei der Auswahl und Festlegung von Meßsignalen ist die Unempfindlichkeit gegenüber Störungen ein entscheidendes Kriterium. Beispielsweise ist das elektrisch-analoge Gleichstromsignal dem elektrisch-analogen Gleichspannungssignal in der Störunempfindlichkeit überlegen.

Eine Sonderstellung nehmen **Funkstörungen** ein. Sie sind als hochfrequente Störungen des Funkempfangs definiert [10.82]. Funkstörungen werden als unerwünschte elektromagnetische Schwingungen im Bereich von 10 kHz bis 3000 GHz zusammen mit dem

Tafel 10.11. Technische Angaben zum elektrischen Meßumformer EMU nach [10.41]

Abmessungen	Prinzipschaltbild
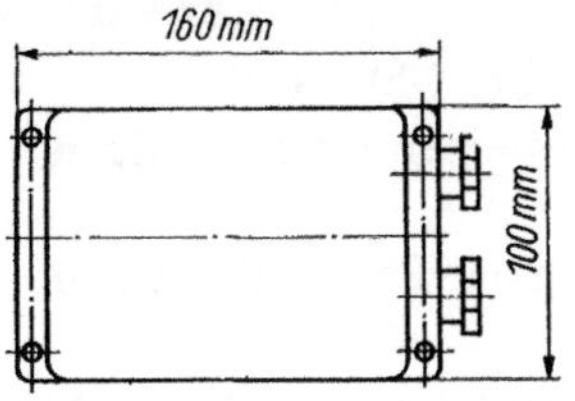	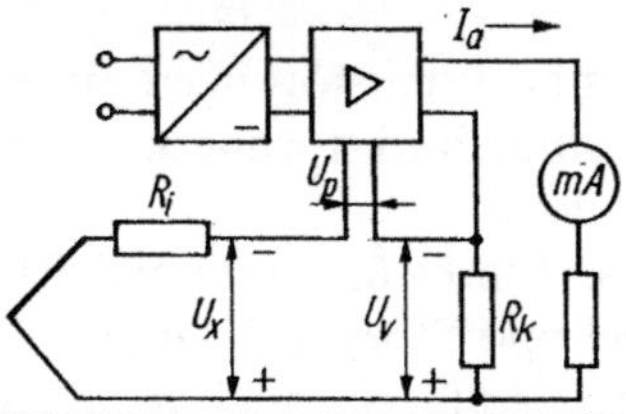

Technische Daten

Eingangssignale und Meßbereiche

1. Spannungs-Meßbereiche: min. 0 ... 5 mV, max. 0 ... 100 mV
   - Nullpunktunterdrückung: max. 5:1 (unterdrückter Meßbereich)
   - Zusatzfehler bei Nullpunktunterdrückung: max. 0,15% des unterdrückten Bereichs
   - Zusatzfehler bei automatischer Vergleichsstellenkorrektur: max. ± (1,5 K ± 0,5 K je Abweichung der Umgebungstemperatur des EMU von 25 °C)
   - Zulässiger Außenwiderstand des Meßkreises: 100 Ω/mV, max. 2 kΩ
   - bei Ausführung mit Thermoelementbruchsicherung: max. 100 Ω
   - Eingangswiderstand: etwa 100 kΩ (im abgeglichenen Zustand > 100 kΩ/mV)
2. Strom-Meßbereiche: min. 0 ... 50 μA, max. 0 ... 5 mA
3. Widerstands-Meßbereiche: min. ΔR = 10 Ω, max. ΔR = 200 Ω
   - Strom durch den Geber: max. 0,5 mA
   - Anschluß der Widerstandsgeber an EMU: grundsätzlich in 3-Leiterschaltung
   - Zuleitungswiderstand: 2 × 5 Ω

Ausgangssignale

Ausgangssignal	Bürde*	Bürde**	Verbindung mit Netzteil durch:
(0 ... 5) mA	4 kΩ	2 kΩ	3 Leiter
(0 ... 20) mA	1 kΩ	0,5 kΩ	3 Leiter
(4 ... 20) mA	0,5 kΩ	0,2 kΩ	2 Leiter
(4 ... 20) mA	1 kΩ	0,5 kΩ	3 Leiter

* bei Verwendung eines normalen Netzteils
** bei Verwendung eines eigensicheren Netzteils

Restwelligkeit des Ausgangsstroms: 0,5% eff. bei 3-Leiterschaltung, 2% eff. bei 2-Leiterschaltung

Einstellzeit: t_{95} etwa 1,5 s

Grundfehler in Abhängigkeit vom Meßbereich:

bei Spannungsmessung:	±0,6%	±0,4%	±0,25%
für Meßbereiche:	≦10 mV	>10 bis ≦30 mV	>30 bis ≦ 100 mV

bei Widerstands- und Strommessung: ±0,6%

Zusatzfehler durch:

Umgebungstemperatureinfluß: 0,2% je 10 K Umgebungstemperaturänderung im Bereich von −10 bis +70 °C, 0,4% je 10 K im Bereich von −30 bis −10 °C

Fremdfeld-Einfluß: 2 × Grundfehler bei 400 A · m^{-1}

Störspannungseinfluß:

Unsymmetrische Störspannung: max. 1000 × Meßbereich, zusätzl. (Welligkeit des Eingangssignals) Fehler max. ±0,4%

Symmetrische Störspannung: max. 1 × Meßbereich, zusätzl. (zwischen Erde und Eingang) Fehler max. ±0,4%

Meßbereichswechsel: ≦1% (kann durch Nachgleichen beseitigt werden)

Schutzgrad: IP 54

Leitungsanschluß: Kabeleinführung 2 × Pg 13 TGL 10492, Leiterquerschnitt max. 1,5 mm^2

Umgebungsbedingungen:

Einsatz-Temperaturbereich: (−30 bis +70) °C
Relative Feuchte: max. 90% bei 20 °C
Magnetische Felder: max. 400 A · m^{-1}

Lagerung und Transport:

Lagerung:
- Umgebungstemperatur: 15–35 °C
- Relative Feuchte: 35–65%
- Höchster Dampfdruck: 20 mbar
- Luftverunreinigungen: SO_2-Gehalt max. 1 mg · m^{-3}
- Restschadstoffgehalt: 0,1 mg · m^{-3}

Transport:
- Umgebungstemperatur: −45 bis +70 °C
- Relative Feuchte: 90%
- Feuchtekopplung: 32/90
- Stoßfestigkeit: 1000 Stöße von 8 g_n, 40 Stöße je min.

Eigensichere Ausführung:

Prüfzeugnis der VS Freiberg

Ex-Schutzart: (Ex)i IIC KI, in Verbindung mit Netzgerät SVGe Typ 5580, C_L und L_a gemäß Netzgerät

Nutzsignal über die Antenne aufgenommen und beeinträchtigen die Wiedergabe des Nutzsignals.

Knackstörungen sind Funkstörungen mit einer Impulsdauer kleiner 200 ms.

Dauerstörungen sind Funkstörungen, die am Anzeigeinstrument einen längerfristigen Ausschlag hervorrufen.

Störabstand ist bei Funkstörspannung, -feldstärke oder -leistung der Pegelunterschied zwischen Nutzpegel und Störpegel, ausgedrückt in dB.

Betriebsmittel und Anlagen, die ihrer Natur nach keine Funkstörungen verursachen, haben den **Funkstörgrad** 0.

Ihre Störspannung darf im Bereich 150 kHz bis 30 MHz den Wert 1 μV und die Störfeldstärke im Bereich 30 bis 300 MHz den Wert 16 μV/m in 3 m Entfernung nicht überschreiten.

Für die Funkstörgrade G (groß), N (normal) und K (klein) werden in [10.82] die genormten zulässigen frequenzabhängigen Funkstörspannungen sowie typische Störoszillogramme und Störmeßverfahren sowie Maßnahmen zur Funkentstörung angegeben.

Die **Störfestigkeit** von Meßgeräten kennzeichnet die Grenze ihrer einwandfreien Funktion beim Einfluß äußerer Störgrößen, die nicht unmittelbar mit den Aufgaben des Geräts zusammenhängen [10.83] [10.84].

Beispiel zu den Abschnitten 10.2. bis 10.6.:

Elektrischer Meßumformer EMU in **Tafel 10.11** [19.1]. Die Angaben des Herstellers vermitteln eine Vorstellung über den Aufwand für die Prüfung und den Einsatz des Meßsystems.

Es ist zu beachten, daß in den Datenblättern, Prospekten und Bedienungsanleitungen von Meßgeräten manchmal Angaben erscheinen, die sich direkt oder indirekt überschneiden oder doppeln. Eine solche Überschneidung ist aber wegen der für viele Bereiche der Volkswirtschaft gültigen Festlegungen einerseits und der Spezialisierung vieler Zweige andererseits nicht zu vermeiden. Durch wechselseitige Abstimmung muß gesichert werden, daß keine sich widersprechenden Angaben vorliegen.

Die umfangreichen Maßnahmen für eine Einschränkung systematischer, zufälliger und grober Meßfehler dürfen nicht darüber hinwegtäuschen, daß Datenblätter, Prospekte, Bedienungsanleitungen und andere technische Unterlagen der Meßgerätehersteller oft unscharf, irreführend oder unvollständig sind. Besonders die Angaben über die Grund- und Zusatzfehler von Meßsystemen und die Bedingungen, unter denen sie eingehalten werden können, sind vielfach unvollständig, manchmal unscharf oder irreführend und in Einzelfällen unrichtig.

Hierfür gibt es subjektive und objektive Ursachen (s. Abschn. 12.), die meist in der Meßstrategie begründet sind.

11. Charakteristische Zusammenhänge zwischen Funktionssicherheit und Toleranzen

11.1. Abhängigkeit der Funktionssicherheit von Funktionstoleranz, Herstellungstoleranz, Maßtoleranz und Meßtoleranz

Unter **Funktionssicherheit** wird die Einhaltung der für ein Erzeugnis vorgegebenen Funktionsfehlergrenzen für Grund- und Zusatzfehler unter vorgegebenen Einsatzbedingungen verstanden. Innerhalb der Funktionsfehlergrenzen ist das Erzeugnis funktionstüchtig.

Die **Funktionstoleranz** ist die Differenz zwischen den oberen und unteren zulässigen Grenzwerten aller die Funktionstüchtigkeit beschreibenden Eigenschaften eines Erzeugnisses.

Die **Herstellungstoleranz** ist die Differenz zwischen dem oberen und unteren erreichten Grenzwert bei der Herstellung mehrerer gleichartiger Einzelteile, Baugruppen oder Fertigerzeugnisse.

Die **Maßtoleranz** ist die Differenz zwischen dem zulässigen Größt- und Kleinstmaß **(Tafel 11.1)** [11.1].

Die **Meßtoleranz** ist die Differenz zwischen der zulässigen oberen und unteren Abweichung des Meßwerts von der Meßgröße. Sie entspricht der zulässigen Fehlergrenze der Messung.

Die Funktionstoleranz ist in der Regel größer als die Maßtoleranz. Die Herstellungstoleranz und die Meßtoleranz sind bei **beherrschter** Produktion grundsätzlich kleiner als die Maßtoleranz **(Tafel 11.2)** [11.2].

Besonders durch die weitere Ausdehnung der industriell wirtschaftlichen Serien- und Massenproduktion und das verstärkte Streben nach Austauschbarkeit der Teile und Gruppen von Geräten und Maschinen gewinnt die exakte Tolerierung wachsende Bedeutung. Mit abnehmenden Toleranzen wachsen die Fertigungs- und Prüfkosten, mit zunehmenden Toleranzen wachsen die Kosten für Nacharbeit und zusätzliche Leistungen bei der Montage. Das Optimum liegt dazwischen.

Grundsätzlich ist anzustreben, die Produktionen zu entfeinern, d.h. die Herstellungstoleranzen so groß wie möglich zu machen. Andererseits ist erwiesen, daß die Verringerung des spezifischen Aufwands an vergegenständlichter und lebendiger Arbeit nur durch weitere Einengung vor allem der Herstellungstoleranzen, aber auch der Funktionstoleranzen und Meßtoleranzen möglich ist. In der industriellen Fertigung können die Herstellungssollmaße selten erreicht werden. Beispielsweise weichen die Längen (Abmessungen, Maße) der Werkstücke, d.h. die Herstellungsistmaße, vom Herstellungssollmaß (z.B. Toleranzmittenmaß) ab. Die Ursachen dieser charakteristischen Abweichungen **(Tafel 11.3)** [11.3] sind

- Ungenauigkeiten der Maschinen, Werkzeuge und Vorrichtungen
- Verschleiß der Maschinen, Werkzeuge und Vorrichtungen
- Einstellfehler an Maschinen, Werkzeugen und Vorrichtungen
- elastische Verformung durch Spann- und Schnittkräfte
- Verformungen durch Temperatureinfluß.

Tafel 11.1. Grundbegriffe für Maße und Maßtoleranzen

Bezeichnung	Symbol	Erläuterung	Gleichung	Bildliche Darstellung
Nennmaß	N	Maßzahl, auf die die Maßtoleranz bezogen wird		siehe Bild
Istmaß	I	Maß des gefertigten Werkstücks		
Größtmaß	G	zulässiges Maximum des Istmaßes	$G = N + A_0$	
Kleinstmaß	K	zulässiges Minimum des Istmaßes	$K = N + A_u$	
Toleranzmittenmaß	C	arithmetischer Mittelwert aus Größt- und Kleinstmaß	$C = \frac{1}{2}(G + K)$	
Erwartungsmaß	E	arithmetischer Mittelwert einer Serie von Istmaßen	$E = \frac{1}{n} \sum_{i=1}^{n} I_i$	
Istabmaß	A_i	Differenz zwischen Istmaß und Nennmaß	$A_i = I_i - N$	
Oberes Abmaß	A_0	Differenz zwischen Größtmaß und Nennmaß	$A_0 = G - N$	
Unteres Abmaß	A_u	Differenz zwischen Kleinstmaß und Nennmaß	$A_u = K - N$	
Toleranzmittenabmaß	A_C	Differenz zwischen Toleranzmittenmaß und Nennmaß	$A_c = C - N$	
Erwartungsabmaß	A_E	Differenz zwischen Erwartungsmaß und Nennmaß	$A_E = E - N$	
Maßtoleranz	T	Differenz zwischen Größt- und Kleinstmaß	$T = G - K = A_0 - A_u$	
Koeffizient der relativen Streuung	c_i	Quotient aus Standardabweichung s_i der empirischen Verteilung der Istmaße zur halben wahrscheinlichen Toleranz $T_i'/2$	$c_i = \frac{2s_i}{T_i'}$	
Koeffizient der relativen Asymmetrie	a_i	Differenz zwischen dem Erwartungsabmaß A_{Ei} und dem Toleranzmittenabmaß A_{Ci} bezogen auf die wahrscheinliche Toleranz T_i'	$a_i = \frac{A_{Ei} - A_{Ci}}{T_i'}$	
Toleranzfeld		Feld, das in bildlicher Darstellung durch Größtmaß und Kleinstmaß begrenzt ist		
Toleranzfeldlage		kleinster Abstand eines Toleranzfelds von der Nullinie		
Nullinie		in bildlicher Darstellung Bezugslinie für alle Abmaße		

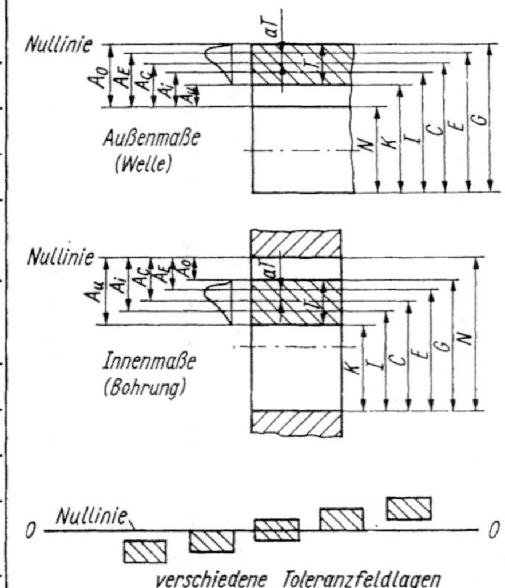

Tafel 11.2. Schematische Darstellung des Driftausfalls

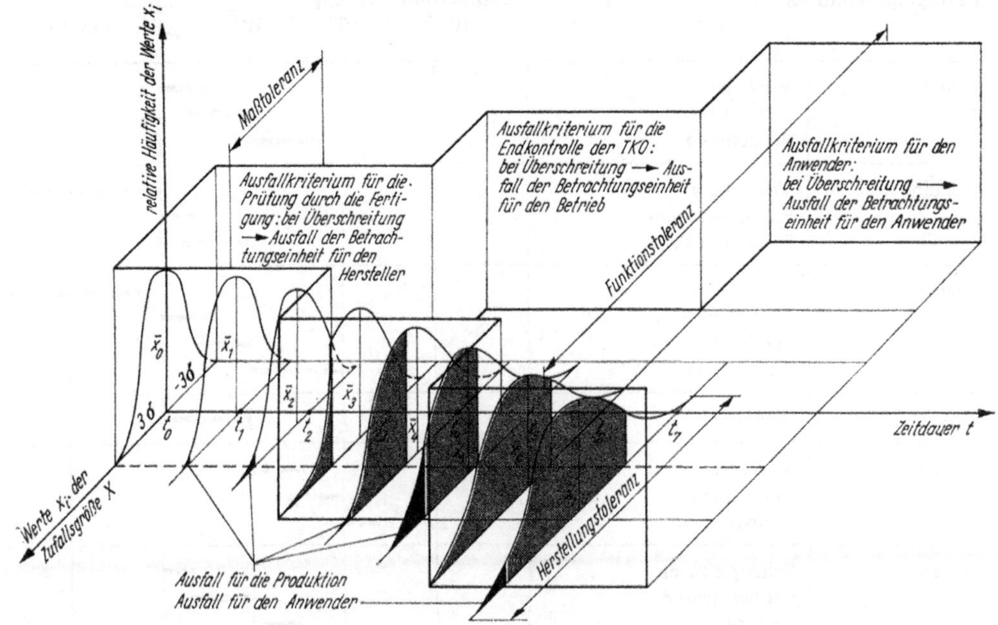

Tafel 11.3. Mittlere quadratische Fertigungsfehler (Standardabweichungen) ausgewählter Fertigungsverfahren

Fertigungsverfahren		Standardabweichung 10^{-1} 10^{0} 10^{1} 10^{2} µm 10^{3}
Gießen	Sandguß Kokillenguß Feinguß	
Schmieden	Freiformschmieden Gesenkschmieden Genauschmieden	
Blasen	Sandstrahl grob Sandstrahl mittel Sandstrahl fein Kugelblasen	
Walzen	Warmwalzen Kaltwalzen	
Ziehen	Ziehen Feinziehen	
Pressen	Pressen Prägen	
Preßpolieren	Prägepolieren Rollieren	

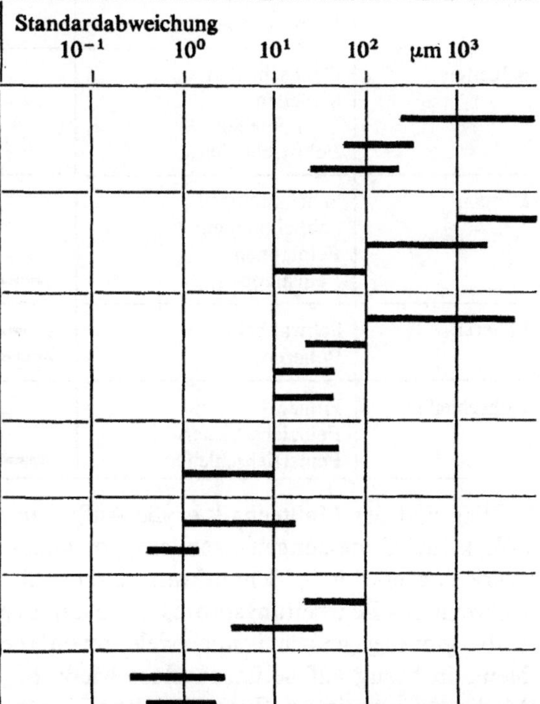

Tafel 11.3. (Fortsetzung)

Fertigungsverfahren	
Feilen	Vorfeilen Schlichtfeilen Staubfeilen
Hobeln	Vorhobeln Schrupphobeln Schlichthobeln
Drehen	Vordrehen Schruppdrehen Schlichtdrehen Feinstdrehen
Senken	Senken
Reiben	Vorreiben Feinreiben Feinstreiben
Fräsen	Schruppfräsen Schlichtfräsen Feinfräsen Feinstfräsen
Räumen	Vorräumen Feinräumen
Schaben	Vorschaben Fertigschaben
Schleifen	Grobschleifen Schleifen Feinschleifen Feinstschleifen
Läppen	Schruppläppen Schlichtläppen Feinläppen Feinstläppen
Polieren	Schwabbeln Polieren
Ziehschleifen	Honen Feinziehschleifen Feinstziehschleifen

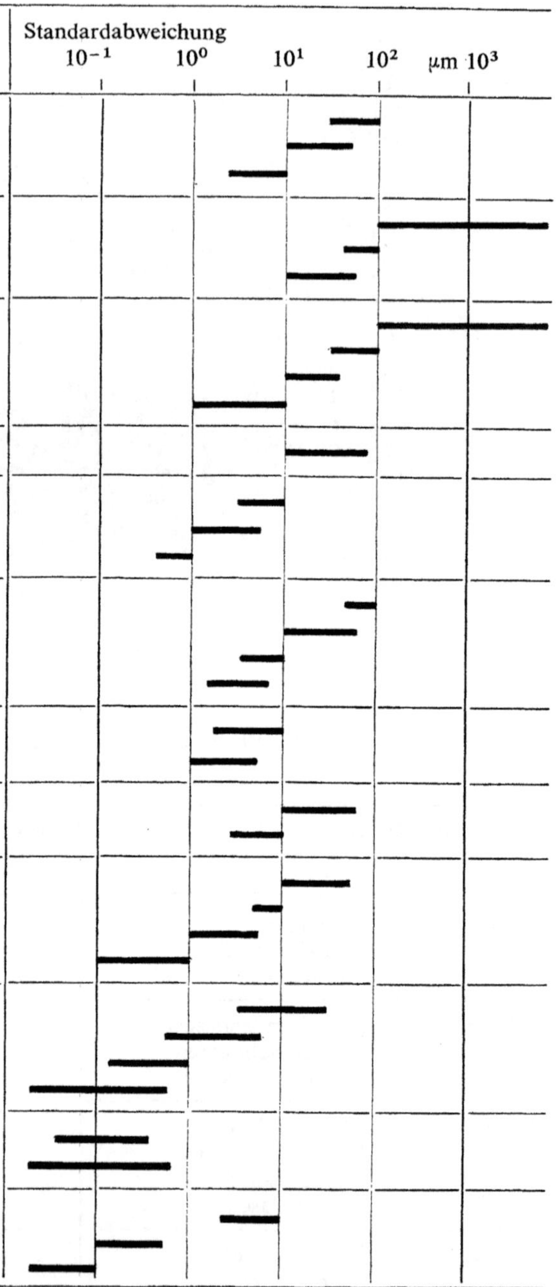

Hier sind der Meßtechnik große Aufgaben gestellt, um nicht nur die Produktgrößen (Werkstückabmessungen), sondern vor allem die Prozeßgrößen (Werkzeugeinstellung, Werkzeugverschleiß, Schnittkraft, Drehzahl, Drehmoment, Spannkraft, Temperatur) während des Bearbeitungsprozesses zuverlässig und mit hoher Genauigkeit zu erfassen. Dabei gibt es gegenwärtig noch viele sowohl theoretisch als auch praktisch ungelöste Probleme in bezug auf berührungslose Meßgrößenaufnahme, Meßdynamik, Störeinflüsse, Meßwertverarbeitung, Zuverlässigkeit, Kosten.

Bei Messungen ist zu beachten, daß nicht nur die Produkte, sondern auch die Meßmittel fehlerbehaftet sind. Nähern sich die Herstellungsistmaße der Erzeugnisse den Toleranzgrenzen, dann können die Toleranzen der Meßmittel bewirken, daß gute Werkstücke fälschlich abgelehnt und schlechte Werkstücke fälschlich angenommen werden. *Markow* [11.4] hat den Einfluß der Meßfehler auf die Annahmegrenzen **(Tafel 11.4)** ermittelt unter der Voraussetzung, daß die Maßtoleranz T, die Standardabweichung der Fertigung s_F **(Tafel 11.3)** und die Standardabweichung der Messung s_M **(Tafel 3.6)** bekannt sind. Auf dieser Grundlage wurden die größten zulässigen Meßunsicherheiten der Längenmeßmittel für Längenmessungen von 1 bis 500 mm standardisiert [11.5] [11.6].

Tafel 11.4. Einfluß der Meßfehler auf die Annahmegrenzen nach [11.5]

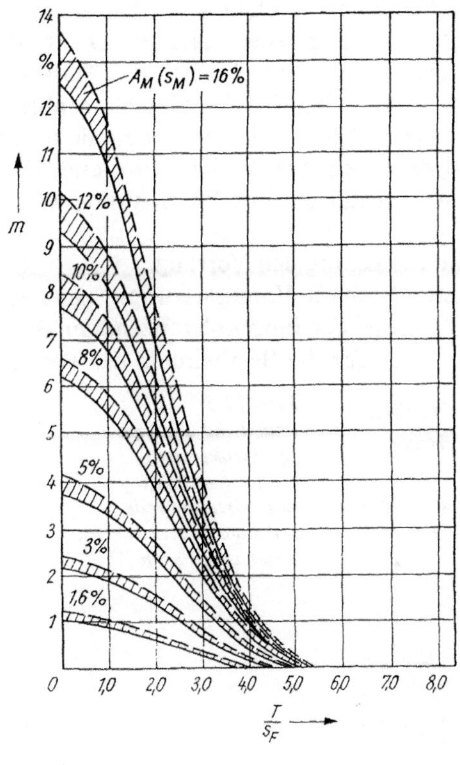

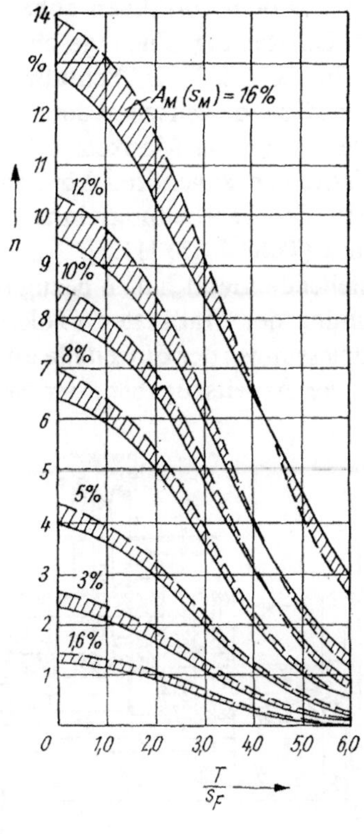

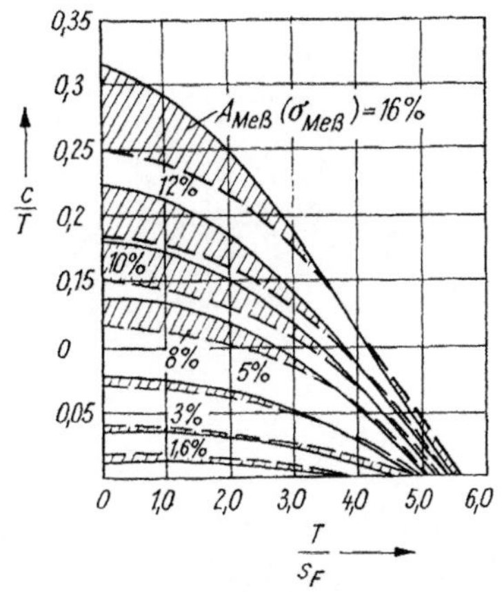

—— normalverteilt,
-—- gleichverteilt

A $= (s_M/T) \cdot 100\,\%$ prozentualer relativer mittlerer quadratischer Meßfehler, prozentuale relative Standardabweichung der Messung, bezogen auf die Maßtoleranz
M maximal zulässiger Meßfehler, quadratisch addierte zufällige und nicht erfaßte systematische Meßfehler der Messung unter Betriebsbedingungen
T Maßtoleranz
T/s_F relative Qualität des technologischen Prozesses
c wahrscheinlichkeitstheoretischer Maximalwert, um den die Maßtoleranzgrenzen von fälschlich angenommenen Schlechtteilen überschritten werden können
m Quotient aus fälschlich angenommenen Schlechtteilen und der Gesamtzahl der angenommenen Werkstücke
n Quotient aus fälschlich abgelehnten Gutteilen und der Gesamtzahl der angenommenen Werkstücke
s_F mittlerer quadratischer Fertigungsfehler, Standardabweichung der Fertigung
s_M mittlerer quadratischer Meßfehler, Standardabweichung der Messung

11.2. Aufbau und Berechnung von Maßketten und Toleranzketten

Kernstück einer funktions-, fertigungs- und montagegerechten Tolerierung ist die **Maßkettentheorie.** Sie ist die Lehre von der funktionsgerechten Bemessung aneinandergereihter Maße, deren Toleranzen sich summieren.

Für Toleranzuntersuchungen genügt es häufig, die Maßkette auf die Toleranzkette zu verkürzen.

Die **Toleranzkettentheorie** ist die Lehre von der möglichen Größe und Lage der Toleranz (Schlußtoleranz) des funktionsbestimmenden resultierenden Maßes (Schlußmaß, Summenmaß) einer Maßkette.

Die **Maßkette** ist eine Aneinanderreihung von zusammenwirkenden Einzelmaßen (Einzelwerten) und dem von ihnen abhängigen Schlußmaß (Schlußwert). Sie bildet bei schematischer Darstellung einen geschlossenen Linienzug (eine Masche). Die Maße (Einzelmaß – Index 1, 2, 3, ..., Schlußmaß – Index 0) sind die **Glieder** der Maßkette **(Tafel 11.5).** Eine Grundeigenschaft der Maßkette mit Schlußmaß ist ihre Geschlossenheit.

Bei der Berechnung von Maßketten (Toleranzketten) ist zu beachten, daß sie unterschiedlichen Systemen angehören können, und zwar dem herzustellenden Gerät, dem Werkstück oder der Bearbeitungseinheit aus Werkzeugmaschine, Vorrichtung, Werkzeug, Werkstück **(Tafel 11.5)** [11.7].

Das herzustellende Gerät hat in bezug auf die Bemaßung den Vorrang.

Die Berechnung der Maßketten (Toleranzketten) schafft Voraussetzungen zur Festlegung der Abmessungen der Einzelteile und des Geräts, der Einzeltoleranzen, der Bearbeitungsfolge, der Arbeitszugaben, der Bezugsflächen für die Bearbeitung, der Bezugs-

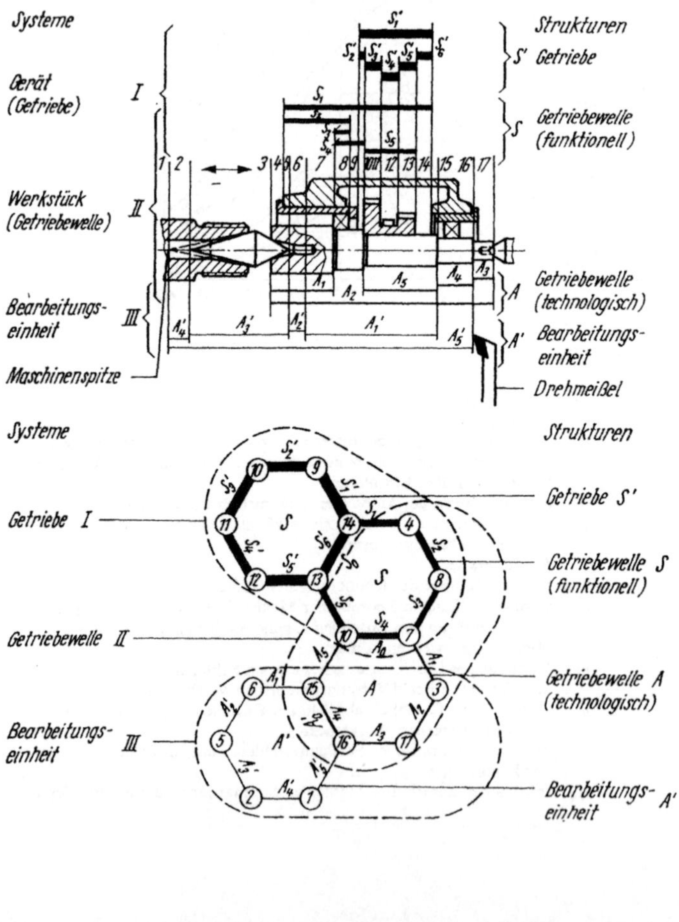

Tafel 11.5
***Räumliche Systeme und Strukturen bei der Bearbeitung einer Getriebewelle und zugeordnete Wechselbeziehungen nach* [11.7]**

flächen für die Messung und beeinflußt die Ökonomie des Produktionsergebnisses. Alle Aufgaben sind eng miteinander verknüpft, werden aber in der Regel unabhängig voneinander und von unterschiedlichen Personen gelöst.

Die Toleranzkettentheorie liefert Bemessungsvorschriften für vollständige oder beherrschte unvollständige Austauschbarkeit.

Scheinbare Vorteile der unbeherrschten unvollständigen Austauschbarkeit wie willkürliche Festlegung der Fertigungstoleranzen und geringer Aufwand in der Projektierungs- und Konstruktionsphase zahlen sich nicht aus. Es überwiegen die Nachteile wie unbeherrschte Montage, stark schwankende Ausfallquote, großer Aufwand für Nacharbeit, niedrige Organisationsform der Montage und geringe Zuverlässigkeit der Einzelteile, Baugruppen und Finalerzeugnisse.

Unter den Bedingungen der weiteren Spezialisierung und Kooperation wird die unbeherrschte unvollständige Austauschbarkeit immer weiter zurückgedrängt.

Zur **Berechnung der Maßkette** werden für die Einzelmaße M_i die Nennmaße N_i und die dazugehörigen Toleranzmittenabmaße A_{Ci} oder Erwartungsabmaße A_{Ei} bestimmt. Auftretende Spiele **(Tafel 11.6)** werden mit der halben Größe des Kleinstspiels $\frac{1}{2}\,S_{ki}$ wie ein Einzelmaß behandelt.

Für das Schlußmaß M_0 bestimmt man das Nennmaß N_0 und das dazugehörige Toleranzmittenabmaß A_{C0} oder das Erwartungsabmaß A_{E0}. Ist die Schlußtoleranz eine Paßtoleranz oder ein Größtspiel, so wird das Toleranzmittenabmaß A_{C0} oder das Erwartungsabmaß A_{E0} durch das mittlere Spiel S_{m0} oder das halbe Größtspiel $\frac{1}{2}\,S_{g0}$ gebildet.

In einer Toleranzkette können als **Einzeltoleranzen** Maßtoleranzen, Form- und Lagetoleranzen oder Kleinstspiele und als **Schlußtoleranz** Maßtoleranz, Lagetoleranz, Größtspiel oder Paßtoleranz auftreten.

Bei der Anwendung der Berechnungsgleichungen für Maß- und Toleranzketten sind die unterschiedlichen Arten der Maße und Toleranzen unbedingt zu berücksichtigen.

11.2.1. Berechnung von Maßketten und Toleranzketten für vollständige Austauschbarkeit

Berechnung der Maßkette

Das **Nennmaß** N_0 des Schlußmaßes setzt sich für **lineare** Maßketten mit parallelen Maßkettengliedern additiv aus den Nennmaßen N_i der m Einzelmaße M_i zusammen [11.8]

$$N_0 = \sum_{i=1}^{m} k_i N_i. \tag{11.1}$$

Der **Richtungskoeffizient** k_i hat den Wert 1 und gibt mit seinem Vorzeichen den Einfluß des Einzelmaßes auf das Schlußmaß an. Positive Einzelmaße haben den Richtungskoeffizienten $+1$. Sie bewirken bei ihrer Vergrößerung oder Verkleinerung eine gleichsinnige Veränderung des Schlußmaßes. Negative Einzelmaße mit dem Richtungskoeffizienten -1 wirken gegensinnig auf das Schlußmaß. In der Regel laufen positive Einzelmaße nach rechts und oben, negative dagegen nach links und unten, wobei die Masche im Uhrzeigersinn durchlaufen wird **(Tafel 11.7)**.

Der Richtungskoeffizient k_0 ist der Maßkette zu entnehmen. Ist das Nennmaß N_0 des Schlußmaßes bekannt und sind die **Nennmaße** N_i der Einzelmaße zu berechnen, so ergibt sich für das n-te Nennmaß des n-ten Einzelmaßes

$$N_n = \frac{1}{k_n}\left[N_0 - \sum_{i=1}^{n-1} k_i N_i - \sum_{i=n+1}^{m} k_i N_i\right] \tag{11.2}$$

i Laufvariable, m Anzahl der Einzelmaße ohne Schlußglied, n Zählnummer des Einzelmaßes.

Tafel 11.6. Grundbegriffe für Passungen am Beispiel Welle (W) und Bohrung (B)

Passungsart	Parameter	Symbol	Erläuterung	Formel	Schematische Darstellung
Spielpassung	Toleranz der Bohrung	T_B	Differenz zwischen Größtmaß G_B und Kleinstmaß K_B der Bohrung	$T_B = G_B - K_B$	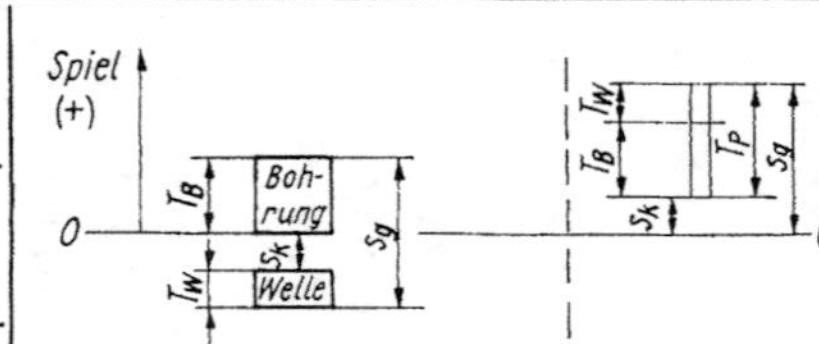
	Toleranz der Welle	T_W	Differenz zwischen Größtmaß G_W und Kleinstmaß K_W der Welle	$T_W = G_W - K_W$	
	Größtspiel	S_g	maximaler Maßunterschied zwischen Welle und Bohrung, die sich gegeneinander bewegen	$S_g = G_B - K_W$	
	Kleinstspiel	S_k	minimaler Maßunterschied zwischen Welle und Bohrung, die sich gegeneinander bewegen	$S_k = K_B - G_W$	
	Paßtoleranz	T_p	mögliche Schwankung des Spiels zwischen Welle und Bohrung	$T_p = T_B + T_W$	
Übergangspassung	Toleranz der Bohrung	T_B	Differenz zwischen Größtmaß G_B und Kleinstmaß K_B der Bohrung	$T_B = G_B - K_B$	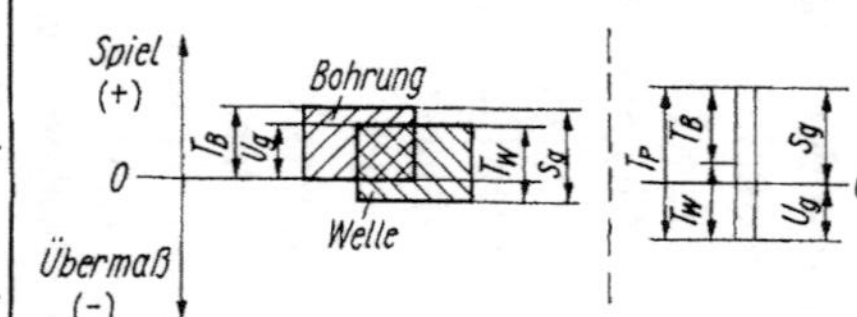
	Toleranz der Welle	T_W	Differenz zwischen Größtmaß K_W und Kleinstmaß K_W der Welle	$T_W = G_W - K_W$	
	Größtspiel	S_g	maximaler Maßunterschied zwischen Welle und Bohrung, die sich gegeneinander bewegen	$S_g = G_B - K_W$	
	Größtübermaß	U_g	maximaler Maßunterschied zwischen Welle und Bohrung, die zusammengepreßt werden	$U_g = G_W - K_B$	
	Paßtoleranz	T_p	mögliche Schwankung des Spiels und des Übermaßes zwischen Welle und Bohrung	$T_p = T_B + T_W$	

Preßpassung	Toleranz der Bohrung	T_B	Differenz zwischen Größtmaß G_B und Kleinstmaß K_B der Bohrung	$T_B = G_B - K_B$
	Toleranz der Welle	T_W	Differenz zwischen Größtmaß G_W und Kleinstmaß K_W der Welle	$T_W = G_W - K_W$
	Größtübermaß	U_g	maximaler Maßunterschied zwischen Welle und Bohrung, die zusammengepreßt werden	$U_g = G_W - K_W$
	Kleinstübermaß	U_k	minimaler Maßunterschied zwischen Welle und Bohrung, die zusammengepreßt werden	$U_k = K_W - G_B$
	Paßtoleranz	T_p	mögliche Schwankung des Übermaßes zwischen Welle und Bohrung	$T_p = T_B + T_W$

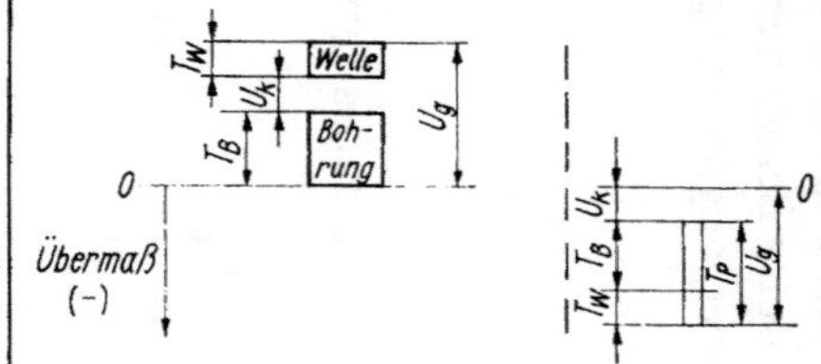

Tafel 11.7. Darstellung und Berechnung von Maßketten

Bildliche Darstellung der Baugruppe

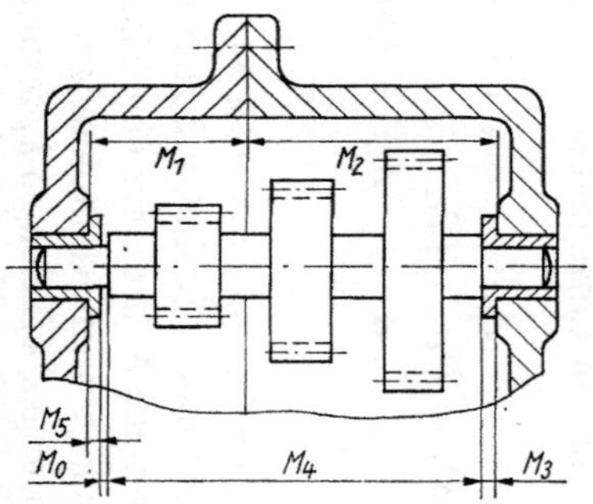

Schematische Darstellung der Maßkette

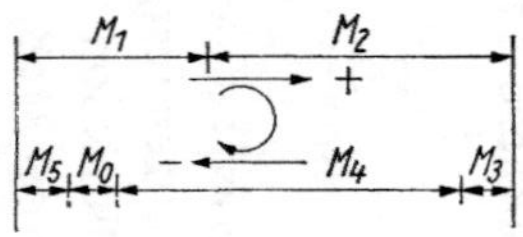

Werteliste für vollständige Austauschbarkeit

i	N_i mm	T_i mm	k_i	A_{Ci} mm	M_i mm
0	0	0,150	-1	0,105	0 $^{+0,18}_{+0,03}$
1	25	0,033	-1	0,035	25 $^{+0,0515}_{+0,0185}$
2	40	0,040	+1	0,040	40 $^{+0,060}_{+0,020}$
3	25	0,015	-1	0	2,5 ±0,0075
4	60	0,047	-1	-0,030	60 $^{-0,0065}_{-0,0535}$
5	2,5	0,015	-1	0	2,5 ±0,0075

Werteliste für beherrschte unvollständige Austauschbarkeit (statistische Methode)

i	N_i mm	T_i mm	k_i	A_{Ci} mm	M_i mm	E_i mm	a_i	c_i	A_{Ei} mm
0	0	0,06	-1	0,105	0 $^{+0,134}_{+0,074}$	—	—	—	0,10405
1	25	0,033	+1	0,035	25 $^{+0,0515}_{+0,0185}$	25,0353	0,010	0,38	0,03533
2	40	0,040	+1	0,040	40 $^{+0,060}_{+0,020}$	40,0406	0,015	0,42	0,04060
3	2,5	0,015	-1	0	2,5 ±0,0075	2,5001	0	0,33	0
4	60	0,047	-1	-0,030	60 $^{-0,0065}_{-0,0535}$	59,9719	0,040	0,45	-0,02812
5	2,5	0,015	-1	0	2,5 ±0,0075	2,5000	0	0,33	0

vorgegeben (Konstrukteur) | festgelegt (Technologe) | gemessen und errechnet | errechnet

Sind die Toleranzmittenabmaße A_{Ci} der Einzelmaße gegeben und soll aus ihnen das **Toleranzmittenabmaß** A_{C0} des Schlußmaßes errechnet werden, so ist unter Berücksichtigung aller e funktionell mindestens erforderlichen Spiel- und Übergangspassungen **(s. Tafel 11.6)**

$$A_{C0} = \sum_{i=1}^{m-e} k_i A_{Ci} - \frac{1}{2} \sum_{i=m-e+1}^{m} S_{ki} \tag{11.3}$$

e Anzahl der Spiel- und Übergangspassungen, S_{ki} Kleinstspiel.

Bei bekanntem oder vorgegebenem Toleranzmittenabmaß A_{C0} des Schlußmaßes resultiert das Toleranzmittenabmaß A_{Cn} des n-ten Einzelmaßes aus

$$A_{Cn} = \frac{1}{k_n}\left[A_{C0} - \sum_{i=1}^{n-1} k_i A_{Ci} - \sum_{i=n+1}^{m-e} k_i A_{Ci} + \frac{1}{2} \sum_{i=m-e+1}^{m} S_{ki}\right]. \tag{11.4}$$

Berechnung der Toleranzkette

Sind die Einzeltoleranzen T_i der Einzelmaße und die Kleinstspiele S_{ki} der Spiel- und Übergangspassungen gegeben, so beträgt die **Schlußtoleranz** T_0 des Schlußmaßes **(Tafel 11.8)**

$$T_0 = \sum_{i=1}^{m-e} T_i + \sum_{i=m-e+1}^{m} S_{ki}. \tag{11.5}$$

Die **Einzeltoleranz** T_n des n-ten Einzelmaßes resultiert aus

$$T_n = T_0 - \sum_{i=1}^{n-1} T_i - \sum_{i=n+1}^{m-e} T_i - \sum_{i=m-e+1}^{m} S_{ki}. \tag{11.6}$$

Gl. (11.6) ist für $m > 1$, $e > 1$ unbestimmt. Deshalb wird zunächst für jedes Einzelmaß eine mittlere oder **durchschnittliche Einzeltoleranz**

$$\bar{T} = \frac{1}{m-e}\left[T_0 - \sum_{i=m-e+1}^{m} S_{ki}\right] \tag{11.7}$$

berechnet. Anschließend müssen auf der Grundlage der durchschnittlichen Einzeltoleranz die tatsächlichen Einzeltoleranzen festgelegt werden. Hierbei sind alle Einflußgrößen bei vorrangiger Sicherung der Funktion zu beachten. Außerdem spielen die Meßmöglichkeiten und die Qualifikation der Meßperson eine nicht untergeordnete Rolle. Notwendige Abweichungen von der durchschnittlichen Einzeltoleranz bei einem Einzelmaß sind bei der Festlegung der Einzeltoleranz eines anderen Einzelmaßes durch Korrektur zu berücksichtigen.

Die Bildung von Einzelmaßen erfolgt durch

$$M_i = N_i \begin{matrix} A_{0i} \\ \\ A_{ui} \end{matrix} = N_i \begin{matrix} A_{Ci} + 0{,}5T_i \\ \\ A_{Ci} - 0{,}5T_i \end{matrix}. \tag{11.8}$$

Beispiel

Gegeben ist ein Getriebe mit einer Maßkette aus sechs Gliedern, die sich aus $m = 5$ Einzelmaßen und einem Schlußmaß zusammensetzt **(Tafel 11.7)**.

Die Nennmaße N_i der einzelnen Glieder wurden vom Konstrukteur, die im schwarzen Rahmen angegebenen Maßtoleranzen vom Technologen vorgegeben.

Die Richtungskoeffizienten k_i resultieren aus dem Verlauf der Maßkette.

Tafel 11.8. Methoden zur Gewährleistung der Austauschbarkeit

Austauschbarkeit	Vollständigkeit	Unvollständig, beherrscht			
Methode	Maxima-Minima-Methode	Korrekturmethoden		Selektionsmethoden	
		Korrektur durch Anpassung	Korrektur durch Einstellung	Gruppenaustausch-Methode	Statistische Methode
Gleichung zur Ermittlung der Toleranzkette	$T_0 = \sum_{i=1}^{m} T_i$ T_0 Schlußtoleranz T_i Einzeltoleranz m Anzahl der Einzeltoleranzen	$T_K = T_0 - T_{0\,zul} = \sum_{i=1}^{m} T_i - T_{0\,zul}$ T_0 ermittelte Schlußtoleranz $T_{0\,zul}$ zulässige Schlußtoleranz T_K Korrekturtoleranz (Übertoleranz) T_i Einzeltoleranz m Anzahl der Einzeltoleranzen		$T_0 = T_B + T_W$ $T_B = T_W = T_F/n$ T_0 Schlußtoleranz T_B Toleranz der Bohrung T_W Toleranz der Welle T_F Fertigungstoleranz n Anzahl der Toleranzgruppen	$T_0' = t \sqrt{\sum_{i=1}^{m-e} (c_i T_i')^2} + \sum_{i=m-e+1}^{m} S_{ki}$ S_{ki} Kleinstspiel T_0' Schlußtoleranz T_i' Einzeltoleranz t Risikofaktor c_i Koeffizient der Streuung e Anzahl der Spiel- und Übergangspassungen m Anzahl der Toleranzen
Vorteile	vollständige Austauschbarkeit, wirtschaftliche und reibungslose Montage, planbarer Montageaufwand, nacharbeitsloser Austausch schadhafter oder abgenutzter Teile, einfache Lagerhaltung, umfassende Kooperationsmöglichkeiten	kleine Schlußtoleranz bei wirtschaftlichen Einzeltoleranzen erzielbar	kleine Schlußtoleranz bei wirtschaftlichen Einzeltoleranzen erzielbar, keine zusätzliche spanende Bearbeitung, Montage zeitlich planbar, Schlußtoleranz kann bei beweglichen Kompensatoren periodisch oder kontinuierlich nachgestellt werden	kleine Schlußtoleranz erreichbar, große Einzeltoleranzen, wirtschaftliche Fertigung, reibungslose Montage	größere Toleranzen auch bei vielgliedrigen Maßketten, wirtschaftlichere Bearbeitung der Einzelteile als bei Maxima-Minima-Methode
Nachteile	kleine Toleranzen bei vielgliedrigen Maßketten, hohe Kosten für Fertigung und Prüfung	hoher Prüfaufwand, zusätzliche spanende Bearbeitung des Kompensators erforderlich, hochqualifizierte Arbeit, Montageaufwand nicht planbar, hohe Kosten	hoher Prüfaufwand, hohe Kosten für bewegliche Kompensatoren, bei unbeweglichen Kompensatoren nur stufenweiser Abbau der Übertoleranz möglich	Sortierung und Lagerung in Gruppen, hoher Prüfaufwand, hoher Lageraufwand	Einzelteile müssen bei der Montage zufällig entnommen werden, Schlußtoleranz wird bei einigen wenigen Maßketten nicht eingehalten, statistische Kontrolle der Produktion erforderlich
Anwendung	kurzgliedrige Maßketten mit kleiner Schlußtoleranz, vielgliedrige Maßketten mit großer Schlußtoleranz, Einzel- und Kleinserienfertigung	Maßketten mit kleiner Schlußtoleranz, Einzel- und Kleinserienfertigung	Maßketten mit kleiner Schlußtoleranz, Maßketten mit Kettengliedern, die ständigen Veränderungen unterliegen (Verschleiß, Temperaturabhängigkeit)	kurzgliedrige Maßketten, Paarungen aus Welle und Bohrung (Passungen), Großserien- und Massenfertigung	vielgliedrige Maßketten mit kleiner Schlußtoleranz, Großserien und Massenfertigung

Das Nennmaß des Schlußglieds beträgt nach Gl. (11.1)

$$N_0 = (25 + 40 - 2{,}5 - 60 - 2{,}5)\ \text{mm} = 0\ \text{mm}.$$

Die Summe der Einzeltoleranzen T_i ergibt nach Gl. (11.5) die Schlußtoleranz

$$T_0 = (0{,}033 + 0{,}040 + 0{,}015 + 0{,}047 + 0{,}015)\ \text{mm} = 0{,}15\ \text{mm}.$$

Um den freien Lauf der Getriebewelle im Getriebegehäuse zu gewährleisten, soll das untere Abmaß des Schlußglieds mindestens $A_{u0} = 0{,}03$ mm haben. Das Toleranzmittenabmaß des Schlußmaßes muß dann nach Gl. (11.8) mindestens $A_{C0} = A_u + 0{,}5T_0 = (0{,}03 + 0{,}075)\ \text{mm} = 0{,}105$ mm groß sein. Nach Gl. (11.3) ist das Toleranzmittenabmaß des Schlußmaßes gleich der Summe der richtungsgewichteten Toleranzmittenabmaße der Einzelmaße. Aus technologischen Gründen wird A_{C0} auf die Maße 1, 2 (Getriebegehäuse) und 4 (Getriebewelle) aufgeteilt, und zwar $A_{C1} = 0{,}035$ mm, $A_{C2} = 0{,}040$ mm und $A_{C4} = -0{,}030$ mm. Das Toleranzmittenabmaß des Schlußmaßes ist nach Gl. (11.3) $A_{C0} = (+1)\,0{,}035 + (+1)\,0{,}040 + (-1)(-0{,}030)\ \text{mm} = 0{,}105$ mm.

Mit der Schlußtoleranz $T_0 = 0{,}15$ mm und dem Toleranzmittenabmaß des Schlußmaßes $A_{C0} = 0{,}105$ mm ergeben sich schließlich nach Gl. (11.8) die oberen und unteren Abmaße $A_{o0} = 0{,}18$ mm und $A_{u0} = 0{,}03$ mm. Mit einem Nennmaß des Schlußmaßes von $N_0 = 0$ mm hat die Getriebewelle im Getriebegehäuse ein axiales Größtspiel von $S_g = 180\ \mu\text{m}$ und ein axiales Kleinstspiel von $S_k = 30\ \mu\text{m}$.

11.2.2. Berechnung von Maßketten und Toleranzketten für beherrschte unvollständige Austauschbarkeit

Die beherrschte unvollständige Austauschbarkeit ist durch Korrektur (Einstellung, Kompensation, Justierung) oder Selektion (Auslese, Auswahl, Sortierung) erreichbar **(Tafel 11.8)**.

Korrekturmethoden sind dadurch gekennzeichnet, daß die Maßkette ein Korrekturglied enthält. Dadurch sind sehr genaue Schlußmaße erzielbar, die Fertigungstoleranzen können bei Einhaltung der Austauschbarkeit vergrößert werden, und auch Verschleiß ist in Grenzen korrigierbar. Allerdings funktionieren die Korrekturmethoden nur bei großem meßtechnischem Aufwand und qualifiziertem Montagepersonal.

Selektionsmethoden sind dadurch gekennzeichnet, daß nur ein Teil der produzierten Einzelteile, Baugruppen oder Geräte miteinander gepaart werden können. Die auf diese Weise zulässige Vergrößerung der Fertigungstoleranzen bei Einhaltung der Austauschbarkeit ist vorteilhaft. Nachteilig sind bei der Auslesepaarung der hohe Aufwand für Sortierung, Klassierung und Lagerhaltung und bei der statistischen Paarung die unvermeidliche Ausfallquote. Ausfallquote bedeutet, daß einzelne Teile für die Montage ungeeignet sind und wieder zurückgelegt werden müssen.

11.2.2.1. Korrekturmethoden

Bei gegebener Maßkette werden für alle Glieder wirtschaftliche Einzeltoleranzen T_i festgelegt. Dabei kann die nach Gl. (11.5) ermittelte Schlußtoleranz T_0 die zulässige Schlußtoleranz $T_{0\,\text{zul}}$ überschreiten. Die sich ergebende Übertoleranz T_K muß zur Sicherung der Funktion korrigiert werden **(Tafel 11.8)**. Dazu wird die Größe eines vorher festgelegten Kettenglieds (Korrekturglied) durch Anpassung oder Einstellung geändert.

Bei **Korrektur durch Anpassung** (durch Neubemessung) erfolgt die Beseitigung der Übertoleranz T_K durch spanabhebende Bearbeitung (Feilen, Läppen, Schaben u.ä.) des

Korrekturglieds. Es ist zu beachten, daß das Korrekturglied nicht gleichzeitig mehreren parallel verbundenen Maßketten angehört und die Toleranzfeldlage des Korrekturglieds einen nachträglichen Abbau der Übertoleranz zuläßt.

Bei **Korrektur durch Einstellung** (durch Zusatzglieder) erfolgt die Beseitigung der Übertoleranz T_K durch einen Kompensator. Der bewegliche Kompensator wird in seiner Lage verändert (Verschiebung, Schwenkung u. ä.), bis die zulässige Schlußtoleranz $T_{0\,zul}$ erreicht ist. Der unbewegliche Kompensator (Einstellring, Unterlegscheibe, Buchse, Flansch u. ä.) mit den notwendigen Abmessungen wird zusätzlich in die Maßkette eingesetzt.

Größe und Lage des Kompensationsglieds werden mit den Rechenregeln für die vollständige Austauschbarkeit (Abschn. 11.2.1.) berechnet.

11.2.2.2. Selektionsmethoden

Die **Gruppenaustauschmethode (Tafel 11.8)** findet besonders für Maßketten mit wenigen Kettengliedern Anwendung, z. B. für Passungen **(Tafel 11.6)**. Die Glieder der Maßkette werden mit wirtschaftlichen Fertigungstoleranzen T_F hergestellt und danach in n Gruppen mit den **Gruppentoleranzen** $T_G = T_F/n$ sortiert.

Die erforderliche Schlußtoleranz T_0 wird erreicht, wenn nur Kettenglieder gepaart werden, die der gleichen Gruppe angehören **(Tafel 11.9)**.

Voraussetzungen für die Gruppenaustauschmethode sind annähernd gleiche Verteilung der Abmessungen der zu paarenden Glieder innerhalb der Fertigungstoleranz T_F und annähernd gleiche Anzahl von Gliedern in jeder Toleranzgruppe.

Tafel 11.9. Anwendung der Gruppenaustauschmethode am Beispiel der Spielpassung von Bohrung und Welle

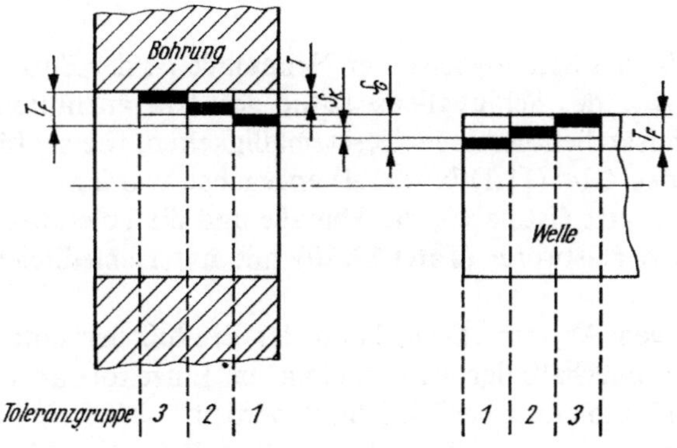

zulässiges Größtspiel S_G
zulässiges Kleinstspiel S_K
resultierende Paßtoleranz $T_P = S_G - S_K$
erforderliche Bohrungstoleranz $T_B = T_P/2$
erforderliche Wellentoleranz $T_W = T_P/2$
wirtschaftliche Fertigungstoleranz $T_F = n \quad T_W = n \quad T_B = nT$
Anzahl der Toleranzgruppen n
Gruppentoleranz $T = T_F/n$

Paarungsvorschrift

Gepaart werden:
Wellen der Toleranzgruppe 1 mit Bohrungen der Toleranzgruppe 1
Wellen der Toleranzgruppe 2 mit Bohrungen der Toleranzgruppe 2
Wellen der Toleranzgruppe 3 mit Bohrungen der Toleranzgruppe 3.

Beispiel

Gegeben ist eine Spielpassung **(Tafel 11.6)** mit dem Kleinstspiel $S_k = 0{,}002$ mm und dem Größtspiel $S_g = 0{,}008$ mm.

Die Paßtoleranz beträgt demnach $T_p = S_g - S_k = 0{,}006$ mm.

Bei gleicher Aufteilung der Paßtoleranz auf Bohrung und Welle ist $T_B = T_W = 0{,}003$ mm.

Die Toleranzen T_B und T_W sind fertigungstechnisch bei vorgegebenen Fertigungsbedingungen nicht zu realisieren. Daher erfolgt eine Erweiterung um das Dreifache.

Die Fertigungstoleranz hat dann

$$T_F = 3T_G = 3T_B = 3T_W = 3 \cdot 0{,}003 \text{ mm} = 0{,}009 \text{ mm}.$$

Nach der Fertigung erfolgt die Sortierung der Wellen und Bohrungen in drei Gruppen mit der jeweiligen Gruppentoleranz T_G. Die Einhaltung der Paßtoleranz T_P wird durch die Paarungsvorschrift **(Tafel 11.9)** gesichert.

Die **statistische** (wahrscheinlichkeitstheoretische) **Methode** liefert Bemessungsvorschriften für die beherrschte unvollständige Austauschbarkeit [11.8].

Es wird davon ausgegangen, daß die bei der Herstellung auftretenden Herstellungsmaße (Istmaße) innerhalb der Toleranz liegen und Zufallsgrößen sind. Sie seien zwischen den beiden Grenzmaßen – Größtmaß und Kleinstmaß – stetig verteilt. Ist die Verteilung der Istmaße durch statistische Kontrolle der Produktion bekannt, können die nach Gl. (11.6) nur für vollständige Austauschbarkeit zulässigen Einzeltoleranzen T_i erweitert werden. Hierbei wird bewußt einkalkuliert, daß bei einem beherrschten verhältnismäßig geringen Prozentsatz von Maßketten die Schlußtoleranz T_0 nicht eingehalten wird. Der Prozentsatz ist von der Verteilung der Istmaße **(Tafel 11.10)** [11.8] [11.9] und von der gewählten statistischen Sicherheit abhängig, die durch einen **Risikofaktor** t berücksichtigt wird. Mit der statistischen Methode lassen sich bei vorliegender Maßkette mit m Gliedern folgende Aufgaben lösen:

Berechnung der Maßkette

Für die Berechnung des Nennmaßes N_0 des Schlußglieds, der Nennmaße N_n der Einzelmaße, des Toleranzmittenabmaßes A_{C0} des Schlußglieds sowie der Toleranzmittenabmaße A_{Cn} der Einzelmaße gelten grundsätzlich dieselben Gesetzmäßigkeiten, wie sie für die vollständige Austauschbarkeit in den Gln. (11.1) bis (11.4) angegeben wurden.

Es ist zu berücksichtigen, daß die Istwerte (Istmaße), die Abmaße und die Toleranzen in Abhängigkeit vom Verteilungstyp der Istwerte **(Tafel 11.10)** mit unterschiedlicher statistischer Sicherheit P auftreten.

Durch den Koeffizienten der relativen Asymmetrie a_i kann der Einfluß der unterschiedlichen Verteilungen der Istwerte innerhalb der wahrscheinlichen Einzeltoleranzen auf die **Lage** der wahrscheinlichen Schlußtoleranz berücksichtigt werden.

Der Koeffizient der relativen Streuung c_i kennzeichnet den Einfluß der unterschiedlichen Verteilungen der Istwerte innerhalb der wahrscheinlichen Einzeltoleranzen auf die **Größe** der wahrscheinlichen Schlußtoleranz.

Für das **Erwartungsabmaß des Schlußmaßes** gilt

$$A_{E0} = \sum_{i=1}^{m-e} k_i A_{Ei} - \frac{1}{2} \sum_{i=m-e+1}^{m} S_{ki}. \tag{11.9}$$

Das Bildungsgesetz für das *Erwartungsabmaß eines Einzelmaßes* lautet

$$A_{En} = \frac{1}{k_n}\left[A_{E0} - \sum_{i=1}^{n-1} k_i A_{Ei} - \sum_{i=n+1}^{m-e} k_i A_{Ei} + \frac{1}{2} \sum_{i=m-e+1}^{m} S_{ki}\right]. \tag{11.10}$$

Sowohl in Gl. (11.9) als auch in Gl. (11.10) kann nach **Tafel 11.1** der Ausdruck $A_{Ei} = A_{Ci} + a_i T'_i$ gesetzt werden.

Berechnung der Toleranzkette

Die **wahrscheinliche Schlußtoleranz** errechnet sich gemäß [11.8] aus

$$T'_0 = t \sqrt{\sum_{i=1}^{m-e} (c_i T'_i)^2 + \sum_{i=m-e+1}^{m} S_{ki}}. \tag{11.11}$$

Tafel 11.10. Koeffizienten c und a verschiedener Verteilungstypen nach [11.8]

Verteilungstyp	Bild der Verteilungsdichte	Koeffizienten c	Koeffizienten a	Erläuterungen
Normalverteilung	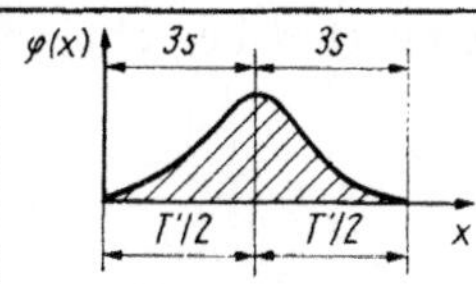	0,333	0	$6s/T'$ | c | a 1,0 | 0,33 | 0 0,9 | 0,30 | 0 0,8 | 0,27 | 0 0,7 | 0,23 | 0 0,6 | 0,20 | 0
Simpson-Verteilung	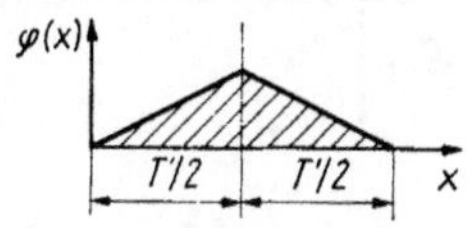	0,408	0	
Gleichverteilung	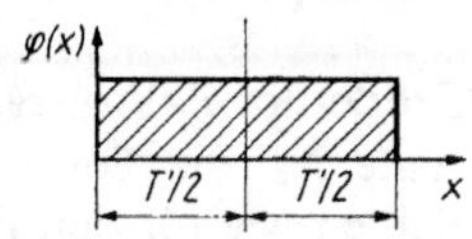	0,58	0	kann den Berechnungen zugrunde gelegt werden, wenn der Verteilungstyp unbekannt ist (ungünstigster Fall)
Maxwell-Verteilung	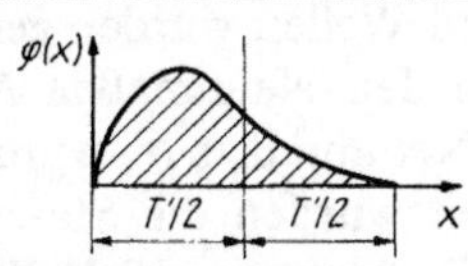	0,48	−0,12	tritt auf bei Ausgangsstreuung von zwei Maßen (Exzentrizität, Schlag o. ä.)
Gleichmäßig wachsende Verteilung	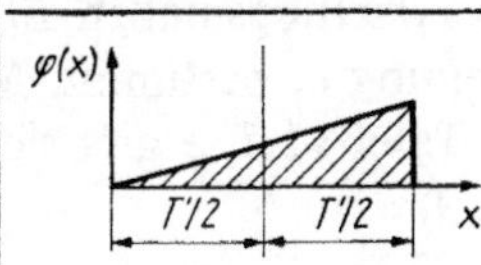	0,48	0,14	
Überlagerung der Normalverteilung mit der Gleichverteilung	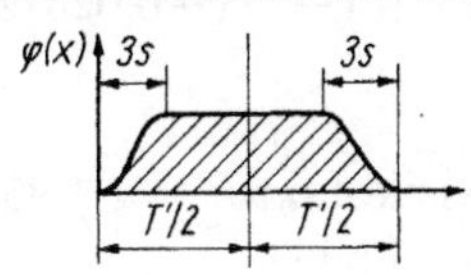 $T'/6s$ 0,66 1,00 2,00 3,00	 0,37 0,40 0,46 0,49	 0 0 0 0	s und T' sind Parameter der Normal- und der Gleichverteilung, tritt bei Prozessen mit Trend auf
Überlagerung der Normalverteilung mit der gleichmäßig wachsenden Verteilung	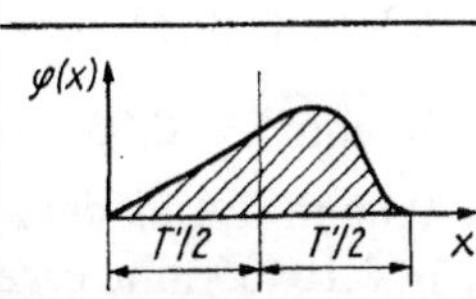	0,33 bis 0,47	0 bis 0,16	

Die Werte für den **Risikofaktor** t der Student-Verteilung sind abhängig von der Ausfallquote p, d.h. dem prozentualen Anteil der Istwerte des Schlußmaßes, die außerhalb der Schlußtoleranz liegen, bezogen auf die Gesamtanzahl der Istwerte des Schlußmaßes. Es gilt:

p in %	10	5	2	1	0,5	0,2	0,1
t	1,65	1,96	2,33	2,58	2,81	3,09	3,37

Die **wahrscheinliche Einzeltoleranz** lautet

$$T'_i = \frac{1}{c_i}\sqrt{\left[\frac{1}{t}\left(T'_0 - \sum_{i=m-e+1}^{m} S_{ki}\right)\right]^2 - \sum_{i=1}^{n-1}(c_i T'_i)^2 - \sum_{i=n+1}^{m-e}(c_i T'_i)^2}\,. \tag{11.12}$$

Soll die **durchschnittliche wahrscheinliche Einzeltoleranz** berechnet werden, so ist

$$\bar{T}' = \sqrt{\sum_{i=1}^{m-e}(c_i T'_i)^2}\Big/\sqrt{\sum_{i=1}^{m-e}c_i^2} \tag{11.13}$$

anzuwenden. Anstelle des Zählers in Gl. (11.13) kann man bei bekannter wahrscheinlicher Schlußtoleranz nach Gl. (11.11) auch

$$\sqrt{\sum_{i=1}^{m-e}(c_i T'_i)^2} = \frac{1}{t}\left[T'_0 - \sum_{i=m-e+1}^{m} S_{ki}\right]$$

einsetzen.

Beispiel

Für ein Getriebe **(Tafel 11.7)** sind Lage und Größe der Paßtoleranz der Getriebewelle im Getriebegehäuse zu berechnen. Die Nennmaße N_i, die Toleranzmittenabmaße A_{Ci} der Einzelmaße und auch das Schlußmaß N_0 bleiben wie für den Fall der vollständigen Austauschbarkeit erhalten (s. Abschn. 11.2.1.). Die im Fall der vollständigen Austauschbarkeit vorgegebenen Toleranzen T_i werden zu sog. wahrscheinlichen Toleranzen T'_i.

Zahlreiche gefertigte Gehäuseteile, Lager und Wellen wurden gemessen. Dabei stellte sich heraus, daß die Erwartungsmaße E_i von den Nennmaßen N_i abweichen **(s. Tafel 11.7)**. Aus den Erwartungsmaßen E_i und Nennmaßen N_i wurden die Koeffizienten der relativen Asymmetrie ermittelt. Außerdem wurden die Standardabweichungen s_i (s. Abschn. 9.) aus den Istwerten I_i und den Erwartungsmaßen E_i errechnet und nach **Tafel 11.1** die Koeffizienten der relativen Streuung c_i bestimmt. Mit den Erwartungsabmaßen A_{Ei} der Einzelmaße, berechnet nach **Tafel 11.1**, ergibt sich schließlich für das Erwartungsmaß des Schlußmaßes nach Gl. (11.9)

$$\begin{aligned} A_{E0} &= (+1)\,0{,}03533 + (+1)\,0{,}04060 + (-1)\,(-0{,}02812)\ \text{mm} \\ &= 0{,}10405\ \text{mm}. \end{aligned}$$

Für eine Ausfallquote von $p = 5\,\%$ mit einem Risikofaktor $t = 1{,}96$ (s. Abschn. 11.2.2.2.) ist die wahrscheinliche Schlußtoleranz nach Gl. (11.11)

$$\begin{aligned} T'_0 = 1{,}96\sqrt{(0{,}38 \cdot 0{,}033)^2 + (0{,}42 \cdot 0{,}04)^2 + (0{,}33 \cdot 0{,}015)^2} \\ \overline{+ (0{,}45 \cdot 0{,}047)^2 + (0{,}33 \cdot 0{,}015)^2\ \text{mm}^2} = 0{,}06\ \text{mm}. \end{aligned}$$

Mit der wahrscheinlichen Schlußtoleranz $T'_0 = 0{,}06$ mm und dem Erwartungswert des Toleranzmittenabmaßes des Schlußglieds $A_{E0} = 0{,}10405$ mm ergeben sich schließlich nach Gl. (11.8) für $A_{C0} = A_{E0}$ und $T_0 = T'_0$ die oberen und unteren wahrscheinlichen Abmaße $A'_o = 0{,}134$ mm und $A'_u = 0{,}074$ mm. Mit einem Nennmaß des Schlußmaßes von $N_0 = 0$ mm hat die Getriebewelle im Getriebegehäuse ein axiales Größtspiel von $S_g = 134\,\mu$m und ein axiales Kleinstspiel von $S_k = 74\,\mu$m. Durch die wahrscheinlichkeitstheoretische Tolerierung konnte das Spiel der Passung Getriebegehäuse–Getriebewelle gegenüber der Tolerierung für vollständige Austauschbarkeit um über 50% gesenkt werden, ohne die Toleranzen der Einzelglieder zu verkleinern. Dabei wird in Kauf genommen, daß die Ausfallquote $p = 5\%$ beträgt, d. h. 5% Überschreitungen der Schlußtoleranzen auftreten. Die Verteilung der Herstellungsistwerte der Einzelteile muß bekannt oder abschätzbar sein. Für Montagelosgrößen $n_L = 50$ Stück/Los und vielgliedrige Toleranzketten mit $m - e = 5$ kann i. allg. Normalverteilung angenommen werden. Im Zweifelsfall kann man stets die Gleichverteilung zugrunde legen **(Tafel 11.10)**, da sie die ungünstigste Variante darstellt.

11.3. Standardisierung von Maßtoleranzen

Die freie Wahl der Größe und Lage der Toleranz erschwert den Austauschbau und ist unökonomisch. Daher wurden Toleranzsysteme entwickelt. Für die Anwendung in der Bundesrepublik Deutschland und der DDR ist das internationale ISO-Toleranzsystem verbindlich.

Im ISO-Toleranzsystem sind die Größe und die Lage der Toleranzfelder standardisiert und durch ISO-Toleranzkurzzeichen gekennzeichnet. Zahlen kennzeichnen die Größe und Buchstaben die Lage der Toleranzfelder [11.10]

Beispiel

⌀ 20 H 8

8 — Qualität (kennzeichnet die Größe der Toleranz)

H — Toleranzfeldlage

20 — Nennmaß

Die **Größe des Toleranzfelds** ist abhängig vom Nennwert (Nennmaß, Maß) und von der jeweiligen Qualitätsforderung. Mit abnehmendem Nennmaß und zunehmender Qualitätsanforderung wird die Toleranz kleiner. Nach ISO sind 13 Hauptnennmaßbereiche über 1 bis 500 mm und 8 Hauptnennmaßbereiche über 500 bis 3150 mm standardisiert.

Für jeden Nennmaßbereich wurde eine Stufung in 18 ISO-Grundtoleranzreihen IT (Internationale Toleranz) oder ISO-Qualitäten (IT 01, 0, 1, 2, 3, ..., 15, 16) eingeführt. Kleine Zahlen symbolisieren kleine Toleranzen, hohe Qualität sowie hohe erforderliche Fertigungsgenauigkeit und entsprechende Meßgenauigkeit.

Die berechneten Grundtoleranzen sind in Tabellen in [11.10] zusammengestellt.

Beim System Einheitsbohrung liegt das Toleranzfeld der Bohrung an der Nullinie an, d. h., das untere Abmaß ist Null.

Beim System Einheitswelle liegt das Toleranzfeld der Welle an der Nullinie an, d. h., das obere Abmaß ist Null.

Bei Anwendung der Systeme Einheitsbohrung oder Einheitswelle wird die mögliche Anzahl der Passungen auf jeweils etwa 9000 reduziert.

Zur weiteren Einschränkung der immer noch unwirtschaftlichen Vielfalt an Paarungsmöglichkeiten wurden in Standards weitere Auswahlreihen und Vorzugsreihen festgelegt, so beispielsweise in TGL 8275/02 [11.11] und DIN 58700.

12. Meßstrategie zur Gewinnung von Meßinformationen als Such- oder Wiederholproblem

Die Lösung von Meßaufgaben hat die Bereitstellung von Meßinformationen über ein vorgegebenes Meßobjekt zum Ziel. Obwohl sehr unterschiedliche Meßaufgaben existieren und ihre Lösungen den verschiedensten strategischen Zielen dienen können, ist trotzdem anzunehmen, daß sich Meßlösungsprozesse in ihrer Grundstruktur ähneln. Aus Arbeiten [12.1] bis [12.10] geht hervor, daß ein beliebiger Meßlösungsprozeß Handlungen und Entscheidungen zwischen Meßaufgabe und Meßergebnis umfaßt.

Für die Begriffe „Meßaufgabe" und „Meßergebnis" gibt es gegenwärtig in der Literatur keine einheitlichen Definitionen.

Eine **Meßaufgabe**, d.h. eine Aufgabenstellung zur Meßinformationsgewinnung, müßte so formuliert sein, daß in ihr alle lösungsbedeutsamen Eingangsinformationen zur Lösung der Meßaufgabe enthalten sind. Das ist in der meßtechnischen Praxis selten der Fall. Deshalb muß die Meßperson vielfach die Aufgabenstellung zunächst präzisieren bzw. ergänzen. Das stellt hohe Anforderungen an ihre Kenntnisse und Fähigkeiten.

Ein **Meßergebnis** wird unter Berücksichtigung der bekannten Eigenschaften des Meßsystems und der Wirkungen von Einfluß- und Störgrößen aus einem oder mehreren Meßwerten nach bekannten Gesetzmäßigkeiten gebildet (s. Abschn. 9.) und stellt vor allem bezüglich der richtigen Beurteilung der Wirkungen von Einfluß- und Störgrößen hohe Anforderungen an die Meßperson.

In der Literatur bestehen einheitliche Auffassungen darüber, daß die Lösung von beliebigen Meßaufgaben in drei Stufen erfolgt, und zwar Vorbereitung (Schaffung aller erforderlichen Voraussetzungen zur experimentellen Meßinformationsgewinnung), Durchführung (Experimentelle Gewinnung von Meßwerten) und Auswertung der Messung (Bearbeitung der Meßwerte und Bildung des Meßergebnisses).

Die Lösung von Meßaufgaben wäre wesentlich zu vereinfachen, wenn der Meßperson alle Handlungen und logischen Entscheidungen zur Vorbereitung, Durchführung und Auswertung von Messungen vorgeschrieben werden könnten.

Als erstes soll deshalb geklärt werden, welche notwendigen (lösungsbedeutsamen) Informationen dazu gegenwärtig aus Anleitungen und Vorschriften zur Lösung von Meßproblemen gewonnen werden können.

12.1. Anleitungen und Vorschriften zur Lösung von Meßaufgaben

Veröffentlichungen über Geräteapplikationen, z. B. [12.11] [12.12] [12.13], dienen in erster Linie der Werbung für das beschriebene Meßsystem. Anwendungsmöglichkeiten werden vorgestellt und theoretische Grundlagen herausgearbeitet. Die mitgeteilten Informationen beziehen sich größtenteils auf die Durchführung der Messungen und in kleinerem Umfang auf deren Vorbereitung.

Vorträge des Kundendienstes über Meßmethoden und Meßsysteme, z. B. [12.14] [12.15] [12.16], ähneln den Veröffentlichungen über Geräteapplikationen. Sie sind fast ausschließlich auf eine umfassende Darstellung der Anwendungsmöglichkeiten und der Funktionsweise der Geräte beschränkt.

Beim Leser wird in beiden Fällen vorausgesetzt, daß ihm das Meßsystem und die erläuterte Meßmethode prinzipiell bekannt seien. Für die beim Messen notwendige unmittelbare Bedienung des Meßsystems werden deshalb keine Handlungen und Entscheidungen angegeben. Die mitgeteilten Informationen sind für Meßtechniker ohne Spezialkenntnisse nicht als vollständige Vorschrift zur Vorbereitung, Durchführung und Auswertung von Messungen anzusehen. Sie stellen aber eine beachtenswerte Hilfe dar.

Übungsblätter des Kundendienstes, z.B. [12.17], sollen die praktischen Kundenlehrgänge ergänzen und unterstützen. Sie werden interessierten Kunden als Ergänzung zu den Bedienungsanleitungen der Geräte zur Verfügung gestellt.

Sie enthalten allgemeine Grundlagen zu den Meßmethoden und Meßverfahren, Regeln für vorbereitende Einstellungen an den Geräten und eine ausführliche Beschreibung der Lösung spezieller Meßaufgaben mit der zu ermittelnden Größe, dem zu verwendenden Meßsystem, den Eigenschaften des Meßobjekts und dem anzuwendenden Meßverfahren.

Darüber hinaus wird die Durchführung der Messung durch Regeln zur Vorbereitung des Meßsystems und zur experimentellen Gewinnung der Meßwerte beschrieben.

Die Übungsblätter können ohne Bedienungsanleitung bzw. ohne Spezialkenntnisse des Anwenders nicht als Vorschrift zur Durchführung von Messungen eingesetzt werden, da die vorgeschriebenen Operationen zwar vollständig, aber nicht elementar sind und daher nicht ohne weiteres ausgeführt werden können.

Bedienungsanleitungen sind technische Unterlagen, die Informationen über richtige Anwendung, Betrieb, Wartung und Reparatur der Geräte enthalten und zum Verständnis der Funktion des Geräts erforderlich sind, z.B. [12.18] [12.19] [12.20].

Eine Bedienungsanleitung soll den Anwender befähigen, die Messungen mit Hilfe des Geräts schnell und sicher zu bewältigen. Bedienungsanleitungen, z.B. [12.21] [12.22] [12.23], enthalten im wesentlichen alle erforderlichen Informationen zur Durchführung der Messungen. In allen ist der Text mit geringen Unterschieden gut verständlich formuliert und durch erläuternde Bilder und Tafeln ergänzt. Hinsichtlich ihrer Anwendbarkeit als Vorschriften zur Durchführung von Messungen sind die untersuchten Bedienungsanleitungen jedoch unvollständig,

- weil die Regeln zur Durchführung der Messungen nicht oder nur zum Teil nach Meßaufgabenklassen untergliedert sind,
- weil die Anweisungen zum Betrieb des Meßgeräts teilweise von Gerätebeschreibungen unterbrochen werden und
- weil die Handlungsanweisungen nicht oder nur teilweise in anwendungsorientierter Form (Ablauftabellen, Programmablaufpläne) dargestellt werden.

Darüber hinaus wird die Anwendbarkeit der Bedienungsanleitungen dadurch eingeschränkt, daß einige Informationen, die von der Meßperson für die Lösung von Meßaufgaben unbedingt gebraucht werden, schwer aufzufinden sind.

Die **Vorschriften „Meßwesen" des ASMW** sind in „Allgemeine Vorschriften" und „Besondere Vorschriften" unterteilt [12.24].

Allgemeine Vorschriften umfassen Grundsatzvorschriften, Vorschriften über Begriffsbestimmungen, Vorschriften für die Beurkundung von Prüfergebnissen, Allgemeine Beglaubigungs-, Eich- und Sonderprüfvorschriften. Sie enthalten Festlegungen, die für das gesamte staatliche Meßwesen (s. Abschn. 1.) gelten. In Verbindung mit den „Besonderen Vorschriften" regeln sie die staatliche Prüftätigkeit.

Die **Besonderen Vorschriften** umfassen Beglaubigungsvorschriften, Eichvorschriften,

Sonderprüfvorschriften und Zulassungsvorschriften. Sie enthalten Anforderungen an die meßtechnischen Parameter sowie an die Bauart der Meßmittel, die beglaubigt, geeicht oder sondergeprüft werden müssen. Weiterhin werden in ihnen Festlegungen über Art und Umfang der meßtechnischen Prüfung, über die zu verwendenden Prüfmittel und über die Beurkundung der Beglaubigung, Eichung oder Sonderprüfung getroffen. Aus Art und Inhalt der Vorschriften wird deutlich, daß die „Besonderen Vorschriften" Meßlösungsprozesse im definierten Sinne beschreiben. Sie enthalten Regeln zur Vorbereitung, Durchführung und Auswertung der meßtechnischen Prüfung von Meßsystemen [12.25]. Sie können deshalb auch über das im Vorschriftenwerk markierte Einsatzgebiet hinaus angewendet werden. Die Regeln sind allerdings sehr allgemein formuliert und stellen in den seltensten Fällen eine unmittelbare Anleitung zum Handeln dar. Sie sind für den Meßtechniker ohne Spezialkenntnisse keine ausreichende Informationsquelle zur Lösung von Meßaufgaben mit dem betreffenden Meßsystem.

12.2. Klassifikation von Meßlösungsprozessen

Anleitungen, Vorschriften und Standards zur Lösung von Meßaufgaben enthalten keine allgemeingültigen geschlossenen Beschreibungen von Meßlösungsprozessen. Dasselbe gilt auch für die meßtechnische Fachliteratur.

Werden die Vorbereitung, Durchführung und Auswertung von Messungen als Teilziele des Meßlösungsprozesses angesehen, so vertreten unterschiedliche Autoren zwar relativ einheitliche Auffassungen zu den Start- und Zielobjekten der Vorbereitung, Durchführung und Auswertung von Messungen, äußern sich aber zu den notwendigen Handlungen und Entscheidungen nicht einheitlich. Selbst zu scheinbar einfachen Aufgabenstellungen, wie beispielsweise der Auswahl der Meßmittel, gibt es unterschiedliche Ansichten [12.5] [12.26] bis [12.30].

Zur Lösung von Meßaufgaben reichen Klassifikationsmerkmale für Meßaufgaben wie Meßgrößenart, Meßsignalübertragung, Meßprinzip, Meßsystem, Meßgenauigkeit, Meßwertverarbeitung und Meßbedingungen nicht aus.

Messen ist ein Problemlösungsprozeß. Für die Absicherung der Einheitlichkeit und Richtigkeit von Meßlösungsprozessen ist es notwendig, sie vorzuschreiben, zu führen und schrittweise zu kontrollieren. Dabei sind folgende Grundsätze zu berücksichtigen:

- Festlegen des strategischen Ziels der Messung durch Einordnung in ein höher organisiertes System, da das taktisch richtige Vorgehen bei der Lösung von Meßaufgaben von der genauen Kenntnis und Beibehaltung des strategischen Ziels abhängt
- Schaffung von Meßaufgabenklassen unter Berücksichtigung des strategischen Ziels der Messung
- Erarbeitung von Lösungsvorschriften für die einzelnen Meßaufgabenklassen
- Sammlung von Beispielen für geschlossene Problemlösungen entsprechend den strategischen Zielen der Meßaufgaben.

Klassifiziert man die Meßlösungsprozesse nach den strategischen Zielen der Messungen, dann ist zwischen Erkundungsmessungen sowie Produkt- und Prozeßmessungen zu unterscheiden.

Erkundungsmessungen sind Bestandteil wissenschaftlicher Experimente. Sie dienen der qualitativen und quantitativen Ermittlung unbekannter Sachverhalte, der Verifizierung sowie Aufstellung von Hypothesen und Theorien. Die Meßaufgaben sind deshalb in jedem Falle unvollständig formuliert. Eine Lösungsgarantie liegt nicht vor. Die Meßperson gewinnt die interessierende Meßinformation durch Probehandlungen bei der Vorbereitung, Durchführung und Auswertung der Messungen. Die Anforderungen an die meßtechnischen und spezialfachlichen Kenntnisse sowie an das manuelle Geschick und die Erfahrung der Meßperson sind hoch.

Erkundungsmessungen liegen objektiv auch dann vor, wenn bei Messungen in Labors oder in der Produktion zwar Meßobjekt, Meßgröße und Meßsystem bekannt, aber die Meßbedingungen (s. Abschn. 10.) unbekannt sind, so daß sich die Meßperson für die Meßfehleranalyse (s. Abschn. 9.) zusätzliche Informationen beschaffen muß.

Produkt- und Prozeßmessungen liegen dann vor, wenn die Meßaufgabe eindeutig und vollständig formuliert ist und garantiert gelöst werden kann. Die Meßperson gewinnt die interessierende Meßinformation durch vorgeschriebene determinierte Handlungen und Entscheidungen bei der Vorbereitung, Durchführung und Auswertung der Messungen. Die Anforderungen an die Meßperson sind wesentlich geringer als bei Erkundungsmessungen. Prozeßmessungen sind in zahlreichen Fällen gut zu mechanisieren und zu automatisieren.

Die Lösung von Erkundungsmeßaufgaben ist ein **Suchproblem**. Die Lösung von Produkt- und Prozeßmeßaufgaben ist dagegen ein **Wiederholproblem**. Meßprozesse unter Produktionsbedingungen sind grundsätzlich als Wiederholprobleme zu gestalten.

12.3. Voraussetzungen und Grenzen der Erarbeitung von algorithmischen Vorschriften zur Lösung von Meßaufgaben

Voraussetzung für ein zielgerichtetes Vorgehen der Meßperson beim Meßlösungsprozeß sind gedankliche Vorwegnahme (Planung) des Ziels der Messung und Vorgabe von handlungsbedeutsamen Ergebnismerkmalen. Darüber hinaus ist es notwendig, Teilziele als kontrollierbare Etappen des Lösungswegs festzulegen. Es muß ein „Grobplan“ des Meßlösungsprozesses erarbeitet werden, der unmittelbar aus den formulierten Teilzielen abzuleiten ist. Alle weiteren Handlungen und Entscheidungen werden in „Feinplänen“ in ihrer notwendigen Reihenfolge festgelegt.

Erfahrene Meßpersonen bedienen sich einer „planenden“ Vorschrift. Diese wird in einer relativ selbständigen Vorplanungsphase gedanklich erarbeitet. Sie enthält eine Zielhierarchie mit Routineoperationsfolgen und schließt Vorhaltoperationen für Gefahrenfälle ein.

Unerfahrene Meßpersonen arbeiten nach einer „momentanen“ Vorschrift, die vorwiegend auf der Analyse des aktuellen Prozeßzustands basiert. Diese Arbeitsweise erfordert in vielen Fällen ein Probehandeln der Meßperson, unabhängig vom Charakter der Meßaufgabe [12.31].

Probehandlungen begünstigen Fehlentscheidungen und sind andererseits wegen des hohen Zeitaufwands unrationell. Deshalb ist anzustreben, daß alle Meßpersonen nach einer „planenden“ Vorschrift arbeiten.

Die Beherrschung von Handlungsabläufen zur Lösung von Meßaufgaben kann jedoch wesentlich verbessert werden, wenn der Meßperson die Handlungsabläufe in Form von Vorschriften mitgeteilt werden. Algorithmen kommen besondere Bedeutung zu, da dieser Vorschriftentyp die Handlungen und Entscheidungen der Meßperson determiniert und unterschiedliche Meßpersonen zu gleichen Handlungsabläufen und damit zu einheitlichen Lösungen zwingt [12.32] [12.33] [12.34].

Falls ein Algorithmus den optimalen Lösungsweg enthält, kann er den Meßlösungsprozeß optimieren und damit rationalisieren.

Aufgrund der strengen Forderungen zur Aufstellung von mathematischen Algorithmen haben diese in der Meßtechnik für Meßlösungsprozesse nur geringere Bedeutung. Es können aber **algorithmische Vorschriften** (Meßprogramme, heuristische Algorithmen) erarbeitet werden, die einige Merkmale von Algorithmen haben (Determiniertheit, Endlichkeit, Allgemeinheit, Lösungsgarantie), sonst aber nur weniger strengen Forderungen genügen müssen. Folgende Voraussetzungen sind notwendig:

- Die bei Meßlösungsprozessen ablaufenden kreativen Prozesse unterliegen Gesetzmäßigkeiten. Obwohl nicht alle Einzelheiten vollständig geklärt sind und ein Teil der Prozesse unbewußt verläuft und von der Meßperson nicht oder nur unvollständig beschrieben werden kann, ist die wiederholte Lösung ähnlicher Meßaufgaben objektiv als Routineprozeß anzusehen. Solche Prozesse sind beschreibbar.
- Die gedanklichen Operationen beim Lösen von Meßaufgaben sind nicht primär durch die Meßgrößenart bzw. durch das Meßobjekt, sondern durch den Problemsachverhalt bestimmt. Der Problemsachverhalt ergibt sich aus dem strategischen Ziel der Messung. Es ist möglich, Meßaufgaben entsprechend dem Problemsachverhalt zu klassifizieren (s. Abschn. 12.2.).
- Die entstehende Anzahl von Meßaufgabenklassen ist endlich. Damit ist auch nur eine endliche Anzahl von Vorschriften zu erarbeiten. In den Umfang jeder Meßaufgabenklasse können dabei durchaus unendlich viele Aufgabenstellungen fallen.
- Jede komplexe Meßaufgabe läßt sich in elementare Teilaufgaben auflösen, die nacheinander oder sich wechselseitig bedingend gelöst und beschrieben werden können.
- Bei der Lösung von Meßaufgaben werden neue methodische Erfahrungen gesammelt. Werden diese Erfahrungen abgehoben, verallgemeinert und systematisiert, können Vorschriften mit definiertem Geltungsbereich gewonnen werden.
- Jede Berufsgruppe verfügt über eine über die Personen invariante Menge an Wissen, Erfahrungen, Fähigkeiten und Fertigkeiten, die als Stereotype oder als fester Vorschriftenbestandteil vorausgesetzt werden kann. Dementsprechend können die Vorschriften für einen definierten Anwenderkreis von Meßpersonen erarbeitet werden, was eine eindeutige Abgrenzung des Inhalts ermöglicht. Der definierte Anwenderkreis verfügt über die berufstypisch voraussetzbaren Eigenschaften eines Angehörigen dieser Berufsgruppe zum gegebenen Zeitpunkt.

Mit den genannten Voraussetzungen ist eine algorithmische Vorschrift eine endliche abgegrenzte und geordnete Menge von Handlungen und Entscheidungen mit definiertem Geltungsbereich für einen gegebenen Anwenderkreis.

Sie bestimmt den Meßlösungsprozeß vollständig, wenn alle Teilschritte (Handlungen, Entscheidungen) elementar sind.

Sie bestimmt den Meßlösungsprozeß unvollständig, aber mit einer gegen Eins konvergierenden Wahrscheinlichkeit, wenn zahlreiche Einzelschritte nicht elementar sind, die Meßperson aber über große Erfahrung verfügt.

12.4. Darstellungsformen für algorithmische Vorschriften zur Beschreibung von Meßlösungsprozessen

Zur Erhöhung der Übersichtlichkeit von algorithmischen Vorschriften sowie zur Förderung der Erlernbarkeit von Meßlösungsprozessen werden folgende Darstellungsformen vorgeschlagen [12.2]:

Tafel 12.3. Meßstrategie zur Durchführung und Auswertung von Messungen

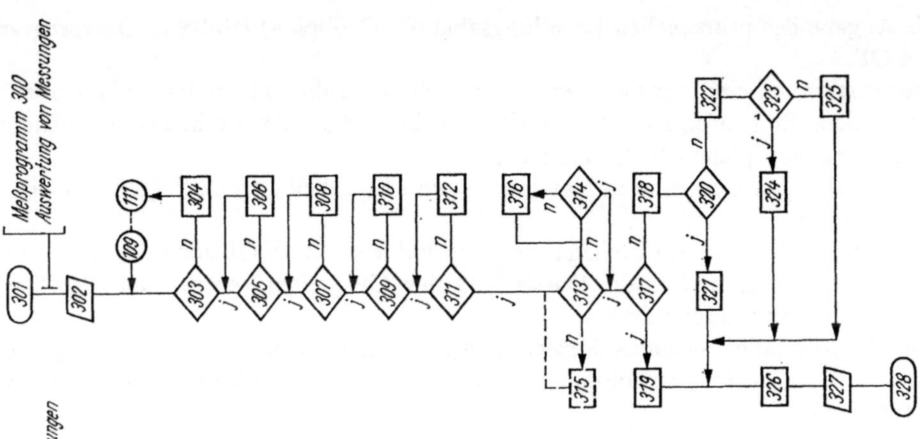

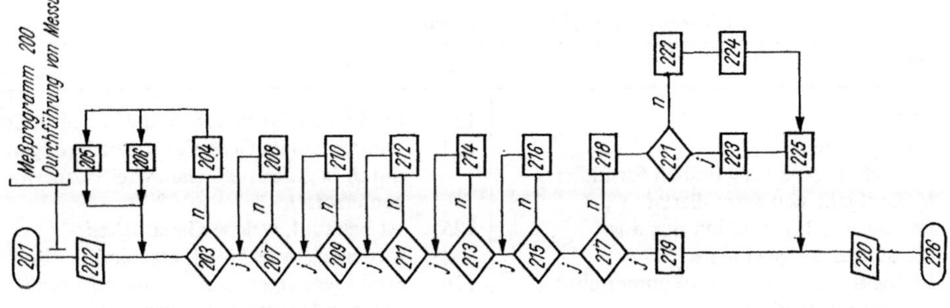

Tafel 12.1. Meßstrategie zur Vorbereitung von Messungen

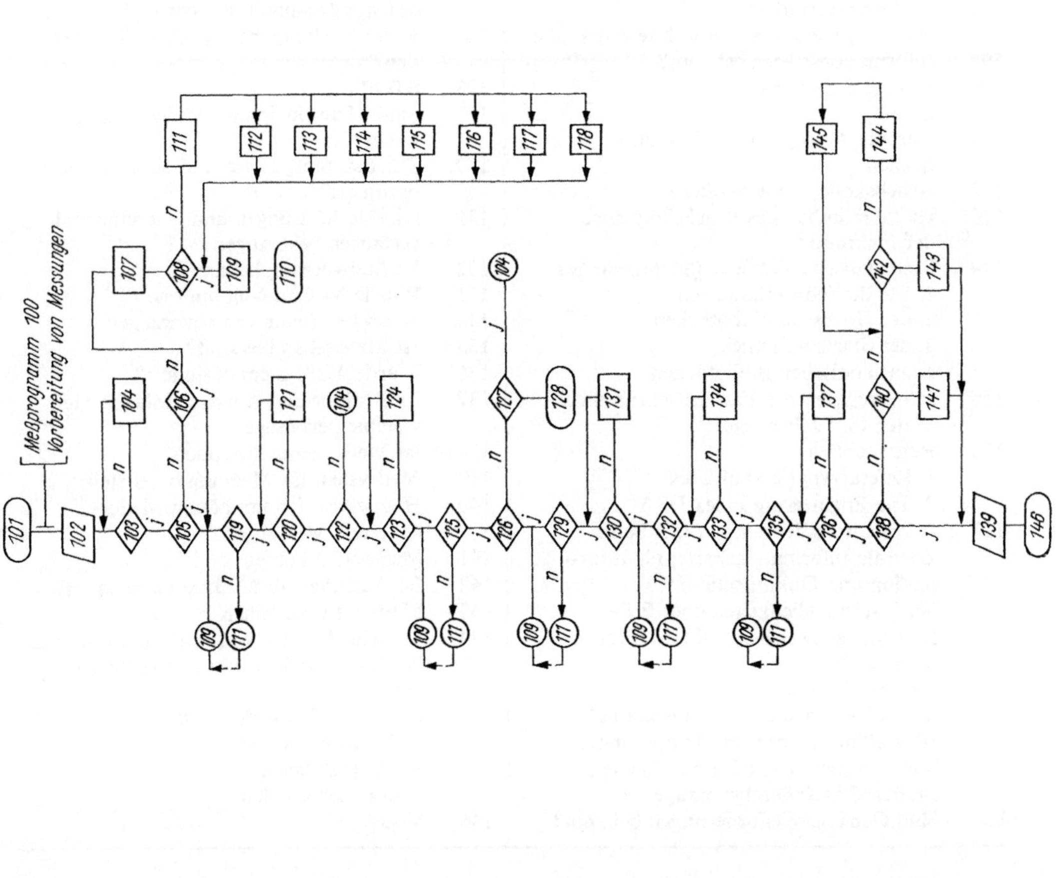

Tafel 12.1 und 12.3 s. S. 248

1. Die Angabe des prinzipiellen Handlungsablaufs (Grobplan) erfolgt in **Oberprogrammen OP**.
   Oberprogramme sind endzielorientiert und schreiben alle zu lösenden Teilaufgaben in der richtigen Reihenfolge vor. OP sind günstig durch die in der Rechentechnik üblichen Programmablaufpläne (PAP) darzustellen.
2. Die Angabe aller elementaren Handlungen und Entscheidungen erfolgt in **Unterprogrammen UP**.
   Die Unterprogramme sind teilzielorientiert und werden im OP zur Lösung der Teilaufgaben aufgerufen. Für die Darstellung der UP sollten Schrittlisten (Prüflisten, Checklisten) Anwendung finden.
3. Die Angabe aller **eindimensionalen Entscheidungen** vom Typ $x_{Ai} = f(x_{Ei})$ mit $i = 1, 2, 3, \ldots, n$ erfolgt sowohl im OP als auch im UP durch logische Ja – Nein – Entscheidungen.

Tafel 12.2. Schrittliste zum Meßprogramm 100 – Vorbereitung von Messungen

Nr.	Inhalt	Nr.	Inhalt
101	START	123	Sind Genauigkeitsforderungen begründet?
102	Meßaufgabe	124	Unbegründete Genauigkeitsforderungen durch begründete Genauigkeitsforderungen ersetzen
103	Ist Meßaufgabe verständlich formuliert?	125	Ist bekannt, welche Genauigkeitsforderungen technisch realisierbar sind?
104	Meßaufgabe neu formulieren	126	Sind Genauigkeitsforderungen in Meßaufgabe technisch realisierbar?
105	Ist gesuchte Information nur aus Messungen zu gewinnen?	127	Kann Meßaufgabe neu formuliert werden?
106	Ist Messung vermutlich ökonomischer als Literaturstudie?	128	STOP
107	Messungen ersetzen durch Literaturstudie	129	Sind Meßprinzip und Meßverfahren bekannt?
108	Informationsträger bekannt?	130	Wurden Meßprinzip und Meßverfahren optimiert?
109	Lösung des Problems	131	Direkte Messungen und Fundamentalverfahren bevorzugen
110	STOP	132	Ist Meßvorgang bekannt?
111	Gezielte Abfrage von Informationsquellen	133	Wurde Meßvorgang optimiert?
112	Arbeitskollege, Fachkollege	134	Statische Messungen bevorzugen
113	Handbibliothek des Bearbeiters oder der Institution	135	Ist Meßsystem bekannt?
114	Systematische Kataloge (Sachkataloge) 1. der Betriebsbibliotheken 2. der Hochschulbibliotheken 3. der Staatsbibliothek 4. ausländischer Bibliotheken	136	Wurde Meßsystem optimiert?
115	Jahresregister von Fachzeitschriften der letzten fünf Jahrgänge	137	In Struktur und Aufbau einfache Meßsysteme bevorzugen
116	Referateblätter 1. Referatyvnyj žurnal UdSSR 2. The Engineering Index USA	138	Ist Meßsystem vorhanden?
117	Informationsdienst z.B. ZIID Berlin Zentrale Informationskartei für Information und Dokumentation Nachweismöglichkeiten über F/E-Berichte; schwer beschaffbare Informationsquellen	139	Meßsystem für Messung bereitstellen
118	Firmenschriften, Prospekte	140	Handelt es sich um häufig wiederkehrende Messungen?
119	Ist Meßinformationsquelle bekannt?	141	Meßsystem kaufen
120	Ist Meßinformationsquelle optimiert?	142	Ist Ausleiher für Meßsystem bekannt?
121	Meßinformationsquellen mit kleinen Innenwiderständen bevorzugen	143	Meßsystem ausleihen
122	Sind Genauigkeitsforderungen bekannt?	144	Gezielte Abfrage von Informationsquellen
		145	Nachweiskataloge wissenschaftlicher Geräte 1. der Akademie der Wissenschaften 2. der Hochschulen 3. der F/E-Stellen 4. der Fachschulen
		146	STOP

Tafel 12.4. Schrittliste zum Meßprogramm 200 – Durchführung von Messungen und Schrittliste zum Meßprogramm 300 – Auswertung von Messungen

Nr.	Inhalt
201	START
202	Experimentelle Messung mit Meßsystem
203	Beherrscht Meßperson den Meßprozeß?
204	Informationsquellen befragen
205	Fachmann
206	Fachliteratur
207	Befindet sich Meßobjekt unter eindeutigen (reproduzierbaren) Betriebsbedingungen?
208	Eindeutige Betriebsbedingungen für Meßobjekt schaffen
209	Befindet sich Meßsystem unter zulässigen Arbeitsbedingungen?
210	Arbeitsbedingungen für Meßsystem „normalisieren“
211	Ist Meßsystem betriebsbereit?
212	Betriebsbereitschaft des Meßsystems herstellen
213	Sind Anpassungsbedingungen Meßsystem – Meßobjekt bekannt?
214	Anpassungsbedingungen ermitteln
215	Wurden Anpassungsbedingungen optimiert?
216	Bedingung: Innenwiderstand Meßobjekt < Innenwiderstand Meßsystem
217	Soll Zustand des Meßobjekts ermittelt werden?
218	Vorgang des Meßobjekts ermitteln
219	Durchführung einer Serie statischer Messungen unter Wiederholbedingungen
220	Aufnahme einer Meßreihe und Angabe der Meßbedingungen
221	Ist eine Formerkennung erforderlich?
222	Amplitudenerkennung genügt
223	Realisierung der Meßbedingung: $t_E < 0{,}2\,\Delta t$; $f_g > 2{,}5/\Delta t$
224	Realisierung der Meßbedingung: $t_E < \Delta t$; $f_g > 0{,}5/\Delta t$
225	Durchführung einer Serie dynamischer Messungen unter Wiederholbedingungen
226	STOP

Nr.	Inhalt
301	START
302	Meßfehleranalyse und Meßfehlerkorrektur der Meßreihe 220
303	Treten im Meßprozeß systematische und zufällige Meßfehler auf?
304	Unrichtige Interpretation des Meßprozesses korrigieren
305	Wurden Meßfehler ermittelt?
306	Meßfehler ermitteln
307	Wurden systematische und zufällige Meßfehler getrennt ermittelt?
308	Systematische und zufällige Meßfehler getrennt ermitteln
309	Wurden die zufälligen Meßfehler grafisch ermittelt?
310	Grafische Ermittlung der Kenngrößen zufälliger Meßfehler bevorzugen
311	Wurden grobe Meßfehler ausgesondert?
312	Grobe Meßfehler mit „Ausreißerkriterium“ aussondern
313	Wurden die systematischen Meßfehler hinreichend genau errechnet?
314	Wurden die systematischen Meßfehler hinreichend genau experimentell ermittelt?
315	Approximation zwischen Modell und Prozeß verbessern
316	Geeignete Normale verwenden (Regel: Systematische Meßfehler der Normale eine Größenordnung kleiner als der untersuchte systematische Meßfehler des Meßprozesses)
317	Sind die systematischen Meßfehler gegenüber den zufälligen Meßfehlern vernachlässigbar klein?
318	Systematische Meßfehler korrigieren
319	Zufällige Meßfehler ausgleichen
320	Handelt es sich um einen einmaligen Meßprozeß?
321	Korrektur durch Rechnung bevorzugen
322	Es handelt sich um häufig wiederkehrende Meßprozesse
323	Kann Meßsystem in Struktur und Parametern verändert werden?
324	Korrektur durch Neubemessung bevorzugen
325	Korrektur durch Zusatzglieder bevorzugen
326	Meßergebnis formulieren
327	Meßergebnis
328	STOP

4. Die Angabe aller **mehrdimensionalen Entscheidungen** vom Typ $x_{Ai} = f_i(x_{E1}; x_{E2}; \ldots; x_{En})$ mit $i = 1, 2, 3, \ldots, m$ erfolgt durch Entscheidungstafeln ET [12.35] [12.36] [12.37], die im OP und im UP aufgerufen werden können.
5. Die Angabe **ergänzender Informationen** für OP, UP und ET erfolgt durch Bilder B. Sie können ebenfalls über OP, UP und ET aufgerufen werden. Bilder sind zeichnerische oder fotografische Darstellungen von Baugruppen, Bau-, Bedienungs- und Kontrollelementen.

Meßsystemgebundene algorithmische Vorschriften zur Lösung von Meßaufgaben werden als „Meßprogramme" bezeichnet. Meßprogramme dienen der Lösung vorgegebener Meßaufgaben mit einem definierten Meßsystem.

Eine **verallgemeinerte Meßstrategie** zur Lösung aller Meßaufgaben mit **vollständiger** Lösungsgarantie existiert nicht. Für Meßaufgaben innerhalb begrenzter Meßaufgabenklassen lassen sich dennoch Meßstrategien erarbeiten, die eine vollständige Lösung der Meßaufgaben garantieren.

Die Erarbeitung dieser Meßstrategie wird durch Abarbeitung einer verallgemeinerten Meßstrategie mit **unvollständiger** Lösungsgarantie erleichtert **(Tafeln 12.1 bis 12.4)** [12.1] [12.38] bis [12.42]. Besondere Schwierigkeiten bereitet gegenwärtig vor allem die Vorbereitung von Messungen.

13. Anwendung von betrieblichen Vorschriften zur Organisation von Meß- und Prüfprozessen in der Industrie

Jeder Werktätige hat seine Arbeitspflichten mit Umsicht und Initiative wahrzunehmen und ist insbesondere verpflichtet, Qualitätsarbeit zu leisten [13.1]. Aus diesem Grund muß er verständliche Vorschriften erhalten, die ihn veranlassen und befähigen, die Qualität der von ihm erzeugten Produkte selbständig oder mit Hilfe des betrieblichen Meßwesens (s. Abschn. 1.) zu beurteilen und innerhalb vorgegebener Toleranzen (s. Abschn. 11.) zu halten.

Der Begriff Prüftechnologie ist mehrdeutig.

Für die folgenden Darstellungen sei vereinbart, daß unter **Prüftechnologie** die betrieblichen Vorschriften zur Organisation von Prüfprozessen zu verstehen sind.

Nach [2.20] wird die Gesamtheit dieser betrieblichen Vorschriften als Prüfplan bezeichnet, der im Ergebnis der Prüfplanung (Planung der Qualitätsprüfung) entsteht. Der Prüfplan enthält i. allg. Prüfspezifikationen mit festgelegten Prüfmerkmalen und Prüfverfahren, Prüfanweisungen für die Durchführung der Qualitätsprüfungen sowie Prüfablaufpläne als festgelegte Abfolge der Qualitätsprüfungen.

13.1. Aufgaben der Prüftechnologie und der Prüftechnologen

Die Prüftechnologie ist eine betriebliche Vorschrift, mit deren Hilfe Herstellungsfehler (Fertigungsfehler, s. Abschn. 11.) rechtzeitig und richtig ermittelt werden sollen.

Die Prüftechnologie hat die Aufgabe, zu einem ausgewogenen Verhältnis zwischen Fehlerkosten, Verhütungskosten und Prüfkosten beizutragen und insgesamt die Qualitätskosten niedrig zu halten.

Verhütungskosten K_V sind Aufwendungen zur Qualitätsplanung und zur Vermeidung fehlerhafter Produktion, beispielsweise durch Ausarbeitung einer zuverlässigen Prüftechnologie, durch Qualifizierung der Werktätigen, Instandhaltung der Werkzeugmaschinen und Werkzeuge sowie durch Bereitstellung geeigneter Meß- und Prüfmittel.

Prüfkosten K_P sind Kosten, die direkt bei der Prüfung der Produkte entstehen wie Prüflohn, Prüfmaterialkosten sowie Abschreibungs-, Wartungs- und Energiekosten für Meß- und Prüfmittel.

Fehlerkosten K_F sind Verlustkosten, die durch fehlerhafte Produktion (Ausschuß- und Nacharbeitskosten) und ihre Weiterverarbeitung (Folgekosten) entstehen.

Die Summe aus Verhütungskosten K_V, Prüfkosten K_P und Fehlerkosten K_F sind die **Qualitätskosten** K_Q [1.8].

Die Prüftechnologie wird von Technologen oder Prüftechnologen in Zusammenarbeit mit dem betrieblichen Meßwesen und der TKO (s. Abschn. 1.) erarbeitet.

Zur Rationalisierung der Qualitätsprüfungen und zur Sicherung eines minimalen Prüfaufwands muß der **Prüftechnologe** in allen Phasen der betrieblichen Qualitätssicherung **(Tafel 1.5)** mitarbeiten.

Im einzelnen ergeben sich für den Prüftechnologen, z. B. in der Gerätetechnik, die folgenden wichtigen Aufgaben [9.26] [13.2] [13.3] [13.4].

In Forschung und Entwicklung:

- prüftechnische Beratung bei der Festlegung funktionsbedingter Maß-, Form- und Lagetoleranzen sowie weiterer mechanischer, optischer, elektrischer und thermischer Parameter (s. Abschn. 11.)
- prüftechnische Beratung bei der Durchführung von Tests (Verschleiß, Lebensdauer, Zuverlässigkeit)
- Mitarbeit bei der Vorbereitung, Durchführung und Auswertung der Mustererprobungen zur Bestimmung optimaler Prüfverfahren (s. Abschn. 12.)
- Mitarbeit bei der Vorbereitung, Durchführung und Auswertung der Nullserienfertigung mit dem Ziel der Erprobung und Verbesserung der Prüfverfahren (s. Abschn. 12.)
- Entwurf und Aufbau rechnergestützter Prüftechnologenarbeitsplätze
- Beschaffung und Anpassung vorhandener Software sowie Erarbeitung objektbezogener Software.

In der Konstruktion:

- konstruktive Spezifizierung der Qualitätsfestlegungen der Forschung und Entwicklung
- Beratung bei der Konstruktionsausführung mit dem Ziel, prüfgerechte Lösungen zu finden (s. Abschnitte 15. bis 20.)
- Beratung bei der Festlegung der notwendigen Prüf- und Abnahmebedingungen
- Prüfung der Konstruktionszeichnungen auf Eindeutigkeit der Zeichnungsausführung einschließlich Text, Begriffen, Symbolen und Abkürzungen
- Beratung zur prüftechnischen Erfaßbarkeit und Eindeutigkeit der funktionsbedingten Qualitätsfestlegungen
- Beratung zur richtigen Kennzeichnung der Form-, Maß- und Lageabweichungen sowie der mechanischen, optischen, elektrischen und thermischen Parameter
- Mitarbeit bei der Erarbeitung von Vorschriften und Standards
- Beratung bei der Schaffung von rechnergestützten Konstruktionsarbeitsplätzen.

In der Technologischen Vorbereitung (TV):

- Erarbeitung der Prüftechnologie
- Erarbeitung der prüftechnologischen Unterlagen (Prüfspezifikation, Prüfanweisung, Prüfablaufplan)
- Einflußnahme auf das Festlegen von Prüfungen durch die Material-, Fertigungs-, Betriebsmittel-, Verpackungs- und Versandtechnologen
- Ermittlung und Erarbeitung von Prüfinformationen bzw. der Prüftechnologie für die obengenannten Abschnitte des Reproduktionsprozesses
- Einarbeitung prüftechnologischer Angaben in die technologischen Unterlagen bzw. Arbeitspapiere
- prüftechnische Beratung der Betriebsmittelkonstruktion
- Bilanzierung des Prüfaufwands (Prüfzeit, Prüfmittelauswahl, Prüfpersonal, Prüfkosten)
- Einsatz von Mikro- und Minirechnern zur Rationalisierung der Prüftechnologie.

Die genannten Aufgaben sind vom Prüftechnologen oder einem Technologen des Bereichs TV wahrzunehmen.

In der Fertigung:

- psychologische Vorbereitung aller Qualitätssicherungsmaßnahmen
- Durchsetzung der Prüftechnologie und Auswertung der Prüfprozesse

- Überwachung der vorschriftengerechten Durchführung der Prüfprozesse (Einhaltung der technologischen Disziplin)
- Korrektur von Mängeln im Prüfprozeß
- Einleitung zusätzlicher prüftechnischer Maßnahmen beim Auftreten von Qualitätsmängeln
- schrittweise Erarbeitung und Verbesserung von Prüfzeitnormativen und Unterlagen für den Prüftechnologen
- ständige prüftechnologische Beratung aller an der Fertigung und Prüfung beteiligten Personen
- Entwicklung des Qualitätsbewußtseins
- Zusammenarbeit mit der TKO (s. Abschn. 1.)
- Zusammenarbeit mit dem betrieblichen Meßwesen (s. Abschn. 1.)
- Einsatzvorbereitung zur Anwendung von Mikro- und Minirechnern im betrieblichen Meßwesen.

13.2. Inhalt und Form von Prüftechnologien

Die **Prüftechnologie** (Prüfunterweisung, Prüfspezifikation [2.20]) ist eine betriebliche Vorschrift über Ort, Zeit, Art, Umfang und anzuwendende Prüfmittel für alle vor, während und nach einem Arbeitsgang durchzuführenden Qualitätsprüfungen, die zum Erreichen der geplanten Qualität des Erzeugnisses notwendig sind [13.5].

Die **Qualitätsprüfung** ist die technologisch vorgeschriebene Phase eines Arbeitsgangs, um festzustellen, ob und in welchem Grad betriebliche Vorschriften erfüllt und gegebene Werte erreicht sind bzw. inwieweit Produkte oder Tätigkeiten die an sie gestellten Qualitätsforderungen erfüllen. Dabei kann es sich um das Feststellen von Meßwerten (objektives Prüfen) oder von Eigenschaften handeln, die meßtechnisch nicht erfaßt werden (subjektives Prüfen) [2.20].

Die Prüftechnologie legt als betriebliche Vorschrift fest,

– was zu prüfen ist	Prüfobjekt, Prüfmerkmal
– womit zu prüfen ist	Prüfmittel
– wie zu prüfen ist	Prüfstrategie
– wieviel zu prüfen ist	Prüfmenge
– wie oft zu prüfen ist	Prüfumfang
– wann zu prüfen ist	Prüfzeitpunkt
– wie lange zu prüfen ist	Prüfdauer, Prüfzeit
– wo zu prüfen ist	Prüfort, Prüfraum
– wer zu prüfen hat	Prüfperson.

Bei der Erarbeitung von Prüftechnologien (prüftechnologischen Vorschriften, Prüfplänen) ist von folgenden **prüftechnologischen Grundsätzen** auszugehen [9.26] [13.2] [13.3]:

- Die Qualität wird im Entwicklungs-, Fertigungs- und Montageprozeß und nicht durch den Prüfprozeß erzeugt.
- Qualitätsmerkmale können arbeitsteilig und reproduzierbar nur so gut realisiert werden, wie sie geprüft werden können.
- Prüfprozesse sind notwendige, häufig zeit- und kostenintensive Hilfsprozesse; deshalb nicht so viel wie möglich, sondern so viel wie nötig prüfen.
- Prüftechnologische Forderungen sind bereits in der Forschung, Entwicklung und Konstruktion eines Erzeugnisses zu berücksichtigen.

- Die Prüftechnologie ist in die Gesamttechnologie des Erzeugnisses einzugliedern und in Inhalt und Form dieser anzupassen.
- Prüftechnologische Maßnahmen sind so in den Fertigungsablauf einzugliedern, daß dieser nicht mehr als unvermeidbar gestört wird.
- Für unterschiedliche Teile bzw. unterschiedliche Fertigungstechnologien sind unterschiedliche Prüftechnologien notwendig.
- Durch die Prüftechnologie müssen ein effektiverer Ablauf der Meß- und Prüfvorgänge sowie die Anwendung moderner Prüfverfahren, Prüfmittel und Prüfstrategien gesichert werden.
- Prüftechnologische Angaben müssen vollständig, eindeutig und leichtverständlich in die betrieblichen technologischen Unterlagen eingetragen werden.
- Prüftechnologische Unterlagen sind in den betrieblichen Änderungsdienst einzubeziehen.

Zur Sicherung eines hohen Qualitätsniveaus der Erzeugnisse bei minimalen Kosten ist eine rechtzeitige und umfassende technologische Vorbereitung der Qualitätsprüfung notwendig. Die Beherrschung der prüftechnologischen Vorbereitung setzt in den Betrieben eine gründliche Analyse des Iststands der Qualitätsprüfungen und der dafür bestehenden betrieblichen Grundlagen voraus. Aus dieser Analyse sind Schlußfolgerungen für die Beseitigung der Unzulänglichkeiten der Qualitätssicherung und zur Vorbereitung der Einführung einer leistungsfähigen Prüftechnologie zu ziehen.

Tafel 13.1. Algorithmische Vorschrift Prüftechnologie

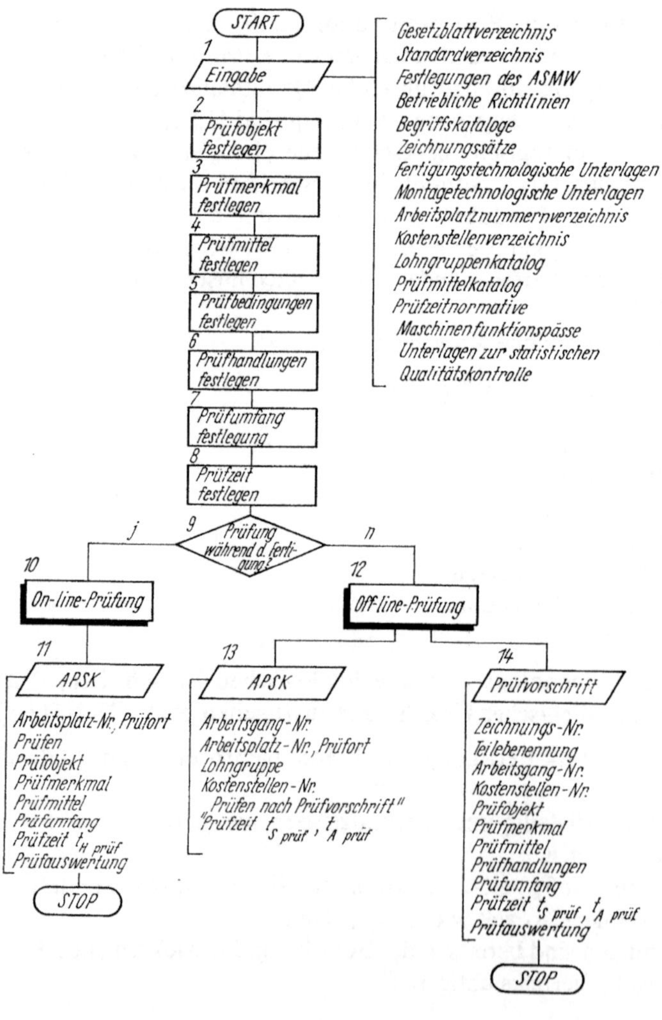

13.3. Hilfsmittel zur Gestaltung von Prüftechnologien

Zur systematischen Erarbeitung der Prüftechnologie sowie zur Vereinheitlichung, Vervollkommnung und praxisfreundlichen Gestaltung prüftechnologischer Lösungen ist die Anwendung vereinheitlichter Arbeitsunterlagen **(Tafel 13.1)** anzustreben.

Tafel 13.2. Arbeitsplanstammkarte APSK

25.03.75 Ho/Loe 30 09 48 271015:001.24
16 1 S WMS 10 hoch 6 p
16 206680:001.24 06 0 WMS p AZ 305
40
0 50 13 00

00.00 Teile bereitst.
00120 1602 IFLE

T 000 77 30 01.00 Gruppe mont. AU 26.11.76 B/T
2 52040 7 1645 IF41
206680:005.14 1x Scheibengruppe 1 206680:018.10 1x Feder
:009.14 1x Getriebe 2x Zs M2x4 TGL 0-84-5.8 cd
:013.14 1x Beleuchtung 8x M4x8 Zs TGL 0-84-5,8 cd
:208.14 1x Scheibengruppe 3 1x Ls M4x8 TGL 0-920-5.8 cd
:118.14 1x Spaltkopf 1
:019 .14 1x Spaltkopf 2 ta-Zeit 1,2 min/Stck in ts enthalten
Feinzeiger mit Stativ Kollimator 872441A Justierfuß W 110

T 000 0023 40 002.00 Gruppe prüfen C/T
0 52120 7 1645 IF41
1x Scheibe 4,3 TGL 0 125 St cd 1x Sich. Scheibe 3,2 TGL 0 6799
Cd Gruppe mit Prüfvorr. nach Prüfplan prüfen
Axialsicherung nach der Prüfung anbringen
ta-Zeit von 0,40 min/Stck in ts enthalten

Zuordnungsprüfgerät 206680:001.24/P6

T 000 03.00 Abtastköpfe mont AU 26.11.76 A/T
2 52020 5 1645 IF41
206680:010.14 1x FT-Kopf 1 50.25 4x Zs M2x6 TGL 0-84-5.8 cd
1x FT-Kopf 2 51.25 2x Zs M2x8 TGL 0-84-5.8 cd
1x FT-Kopf 3 52.25 2x Zs M4x6 TGL 0-84-5.8 cd
:020.14 2x Verstärker 1V3
271015:017.14 1x Halterung 2x Scheibe 4,3 TGL 17774 St cd
ta-Zeit von 0,30 min/Stck in ts enthalten

ITTF5 ILL2 QI22 01 02

Da die Arbeit mit diesen Unterlagen wesentlich zur Rationalisierung der prüftechnologischen Arbeit beiträgt, müssen diese Unterlagen, sofern sie im Betrieb noch nicht vorhanden sind, erarbeitet und bereitgestellt werden.

Alle prüftechnologischen Angaben sind in Abhängigkeit vom Charakter der Fertigungsunterlagen prinzipiell in Arbeitsplanstammkarten (APSK), Arbeitsunterweisungen (AU) oder Prüfvorschriften (PV) einzutragen.

Unterschieden wird zwischen On-line-Prüfungen und Off-line-Prüfungen [13.6].

On-line-Prüfungen sind in der Regel einfache Messungen oder Prüfungen, die während der Fertigungsarbeitsgänge vom Produktionsarbeiter am Arbeitsplatz durchgeführt werden (z.B. einfache Längenmessungen mit Meßschieber oder Bügelmeßschraube oder Durchmesserprüfungen mit Lehren).

Off-line-Prüfungen sind in der Regel komplizierte Messungen oder Prüfungen, die nach einzelnen Fertigungsarbeitsgängen bevorzugt von Prüfpersonen an gesonderten Prüfplätzen durchgeführt werden (z. B. Längenmessungen mit Dreikoordinatenmeßgeräten in Meßlabors).

Tafel 13.3. Prüf- und Justiervorschrift

Datum 10.10.76	Techn. Schrbk.	Prüf- und Justiervorschrift	Index
Gerätetyp 44/78		Baueinheit Transformator 3/18	
Baugruppe 3-44/78-66/2		Zeichnungs-Nr. 363-42-76	
Arbg.-Nr. 21/32/1	Reifegrad 0-Serie	Blattanz. 1	

Änderungen

Nr.	Name	Blatt	Datum	Nr.	Name	Blatt	Datum

Arb.-stufe	Prüfpunkt (Ppkt) Prüfmittel (Pm)	Prüfbedingungen (Pb)	Nennwert und Toleranz
Prüfen	**vor dem Tränkprozeß**		
1	Ppkt: Anschlüsse 3–4 nach Schaltplan Pm: Spannungsmesser 20 kΩ/V	Spannungsmessung 100% Prüfung	22,1 V ±3%
2	Ppkt: Anschlüsse 3–4 nach Schaltplan	Brückennullp.-Verf. m. Einstellnormal 100% Prüfung	2,4 Ω ±10%
Prüfen	**nach dem Tränkprozeß**		
3	Ppkt: Anschluß 2 gegen ⏚	Spannungsfestigkeitsprüfung b. Normalbedingungen 100% Prüfung	20 kV 1 min
4	Ppkt: Oberfläche Pm: Sichtprüfung	Lackschäden, Kennzeichnung 100% Prüfung Kreuzkarte führen	Prüfmuster Blatt-Nr. 1

Angaben für On-line- und Off-line-Prüfungen müssen in technologische Unterlagen [13.7] [13.8] vollständig, eindeutig und verständlich eingetragen werden.

Eine **Arbeitsplanstammkarte** (APSK) **(Tafel 13.2)** ist eine technologische Arbeitsunterlage zur Auftragsrealisierung, die alle für die Durchführung des Produktionsprozesses notwendigen Angaben enthält. Sie ist die Grundlage für die Produktionsplanung, Beleganfertigung, Produktionslenkung und Produktionsabrechnung.

Eine **Arbeitsunterweisung** (AU) beschreibt den Arbeitsablauf eines Arbeitsgangs oder einer Arbeitsstufe so umfassend, wie es für die qualitätsgerechte und rationelle Durchführung des Produktionsprozesses erforderlich ist.

Eine **Prüfvorschrift** (PV) **(Tafel 13.3)** oder **Prüfspezifikation** (in [2.20] genormt) dient der ausführlichen, exakten Beschreibung umfangreicher Prüfarbeitsgänge.

TAN-Ermittlungsblätter sind technologische Arbeitsunterlagen, die neben der Beschreibung des Arbeitsgangs wissenschaftlich-technisch und ökonomisch begründete Kennzahlen zum Arbeitsaufwand einzelner Arbeitsverrichtungen in Gestalt von Normzeiten enthalten.

Prüftechnologische Arbeitspapiere müssen wie die fertigungstechnologischen Arbeitspapiere einem organisierten betrieblichen Änderungsdienst unterliegen. Damit wird gesichert, daß bei Konstruktions- (Zeichnungs-) Änderungen neben den fertigungstechnologischen Gesichtspunkten auch prüftechnologische Probleme berücksichtigt werden. Es ist nicht ausgeschlossen, daß im Zusammenhang mit Konstruktionsänderungen gänzlich neue Prüfvorschriften zu erarbeiten sind.

13.4. Schwierigkeiten bei der Erarbeitung von Prüftechnologien

Die wirkungsvolle Anwendung einer Prüftechnologie ist in erster Linie ein psychologisches Problem. Von der technologischen Prüfvorbereitung ist deshalb bei der Erarbeitung der Prüftechnologie **(Tafel 13.1)** besonders darauf zu achten, daß für den Hersteller (Produktionsarbeiter) solche Prüfmerkmale festgelegt werden, die Fehler bzw. Abweichungen während der Herstellung rechtzeitig erkennen lassen. Die Festlegung der Prüfmerkmale resultiert aus den geforderten Eigenschaften des Prüfobjekts in bezug auf Funktionssicherheit, Zuverlässigkeit, Lebensdauer, Kosten sowie Eigenschaften des ästhetischen Empfindens [13.9]. Die Auswahl des Prüfobjekts und die Festlegung des Prüfmerkmals werden stark vom Konstrukteur beeinflußt. Konstrukteure stellen oft unnötig genaue Qualitätsforderungen und lassen sich nicht immer von meßtechnischen Grundsätzen leiten. Erweiterungen der Toleranzen ermöglichen sowohl die Anwendung wirtschaftlicher Fertigungs- und Prüfverfahren als auch die gleichzeitige Erhöhung der Fertigungssicherheit und Produktionsstabilität.

Sind die Prüfmerkmale bekannt, so müssen die **Prüfmittel** richtig ausgewählt und rechtzeitig bereitgestellt werden. Die Beziehungen zwischen Maßtoleranz, Fertigungsfehler und Meßfehler sind hierbei wichtige Kriterien (s. Abschn. 11.). Nicht für alle Meß- und Prüfmittel sind die Meßfehler unter Laborbedingungen und besonders unter Produktionsbedingungen bekannt.

Außerdem gehen nicht nur Merkmalswerte (Maße), Merkmalstoleranzen (Maßtoleranzen), Abmessungen, Massen und Werkstoffe der Prüfobjekte sowie Meßbereiche, Meßfehler, Meßbedingungen, Meßzeiten und Meßmittelpreise in die Entscheidungen ein. Jeder Betrieb muß berücksichtigen, über welche Meß- und Prüfmittel er verfügt, wie leistungsfähig sein Vorrichtungsbau ist und welche Qualifikation seine Produktions-

Tafel 13.4. Prüfmittelübersicht und Prüfzeitwerte nach [13.5] *(Auswahl)*

Ord.-Nr.	Arbeitsgang Prüfen mit Prüfmittel	Symbol	für Toleranz ≧ in mm	Skw in mm	Meßbereich bis in mm	Bemerkungen
005	Meßband B2-mm TGL 13621	M-Band	1 2	1	2000 5000	A-Endmeßband B-Endstrichmeßband nur aussortiertes M-Band verwenden
006	Stahlmaßstab A500 TGL 3515	St.-Maß	1 2	1	500 1000	A-Endmaßstab B-Endstrichmaßstab
010	Grenzlehrdorn 8H7 TGL 8825	L.-Dorn	IT 5	–	1 ... 32	für Qualitäten < IT 5 anzeigende Meßgeräte anwenden
016	Gutlehrring A 42h9 TGL 8832	L-Ring	IT 5	–	1 ... 315	A – Welle B – Bolzengewinde
021	Grenzrachenlehre 20n6 TGL 8814	R.-Lehre	IT 5	–	1 ... 100	zweimäulige Grenzrachenlehre
101	Meßschieber A300 TGL 9252	M Schi A	0,3 0,4 0,4 0,5 0,6 0,7	0,10	135 200 300 500 750 1000	Zeitwerte für Außenmessung Zeitwerte für Innenmessung
114	Meßschraube C25-6,5 TGL 15046	M Schr C	0,02 0,03 0,04 0,05	0,01	25/50 75/100 200/300 400/500	Bügelmeßschraube
146	Meßuhr A3 TGL 7682	M-Uhr	USM UMM 0,03 0,08	0,10	0 ... 3 0 ... 10 0 ... 25	Meßuhr mit Anhebeeinrichtung VEB Feinmeß Suhl; USM – Unterschiedsmessungen, UMM – unmittelbare Messungen
154	Feinzeiger M1/60 TGL 7483	Fzm	0,0035 0,0040	0,001	±0,060	VEB Carl Zeiß JENA

arbeiter haben. Die für die Prüfungen notwendige Qualifikation wird durch die Prüfgruppe gekennzeichnet.

Der **Prüfgruppe** ordnet die Qualitätsprüfungen nach der Kompliziertheit der Prüfung der Prüfmerkmale und bestimmt, wer die Prüfung durchführt [13.5].

Prüfgruppe A (Produktionsarbeiter) gilt für Qualitätsprüfungen, für die außer der Angabe des Prüfmittels keine textlichen Hinweise in den Arbeitsunterlagen gegeben werden und die vom Arbeitsausführenden eigenverantwortlich vor, während oder nach Beendigung des Fertigungsarbeitsgangs selbst durchgeführt werden.

Prüfgruppe B (Produktionsarbeiter) gilt für Qualitätsprüfungen, für die außer der Angabe der Prüfmittel zusätzlich auch textliche Hinweise auf Prüfmerkmale, Prüfumfang und Prüfablauf in den Arbeitsunterlagen angegeben werden und die vom Arbeitsausführenden vor, während und nach Beendigung des Fertigungsarbeitsgangs selbst durchgeführt werden.

Prüflänge in mm											
bis 10	10 bis 16	16 bis 25	25 bis 40	40 bis 63	63 bis 100	100 bis 160	160 bis 250	250 bis 400	400 bis 630	630 bis 1000	> 1000
Prüfzeit in min											
		0,08	0,08	0,09	0,10	0,11	0,12	0,14	0,16	0,18	0,20
		0,10	0,10	0,11	0,11	0,12	0,13	0,15	0,18	0,20	0,25
Bohrungslänge 160–250	0,35	0,40	0,45	0,50	0,55	0,60	0,65				
Bohrungslänge 10–16	0,14	0,16	0,17	0,19	0,23	0,27	0,32				
0,12	0,15	0,17	0,19	0,21	0,26	0,33	0,46	0,58	0,73		
		0,12	0,12	0,14	0,15	0,18	0,22	0,30	0,35	0,50	
		0,18	0,18	0,22	0,24	0,26	0,28	0,35	0,40	0,50	
		0,12	0,16	0,20	0,25	0,30	0,35	0,40	0,50	0,60	0,90
Längenprüfung		0,10	0,11	0,13	0,15	0,18	0,21				
Längenprüfung		0,10	0,11	0,13	0,15	0,18	0,21				

Prüfgruppe C (Produktionsarbeiter) gilt für Qualitäts- und Klassifizierungsprüfungen, die nicht an der Maschine oder am Fertigungsarbeitsplatz durchzuführen sind oder zusätzliche Maschinenstillstandszeiten hervorrufen. Diese Prüfungen werden als gesonderte Prüfarbeitsgänge in die Arbeitsunterlagen eingetragen und, wenn notwendig, textlich erläutert.

Prüfgruppe D (Mitarbeiter des betrieblichen Meßwesens) gilt für Qualitätsprüfungen, die als Sonderprüfungen von der Technologischen Vorbereitung in Abstimmung mit dem betrieblichen Meßwesen und der TKO festgelegt wurden. Diese Prüfungen werden als gesonderte Prüfarbeitsgänge in die Arbeitsunterlagen eingetragen und textlich erläutert.

Prüfgruppe E (Mitarbeiter der TKO) gilt für Qualitätsprüfungen, die das staatliche Meßwesen als Sonderprüfungen nach eigenverantwortlich erarbeiteten Prüfplänen realisiert. Diese Prüfungen werden nicht in die Arbeitsunterlagen eingetragen.

Die Einteilung der Prüfgruppen ist in den einzelnen Betrieben nicht einheitlich. Es gibt Betriebe, die die Prüfgruppen A bis C zu einer Prüfgruppe A zusammenfassen. Entsprechend werden dann Prüfgruppe D zu B und E zu C.

Die Qualifikation der Prüfperson muß beispielsweise bei der Bedienung anzeigender Meßmittel höher sein als bei der Bedienung von Grenzlehren.

Grenzlehren sind dort bevorzugt einzusetzen, wo Werkzeuge nicht verstellbar sind (Bohren, Gewindeschneiden). Anzeigende Meßmittel liefern bei verstellbaren Werkzeugen (Drehen, Fräsen, Schleifen) mehr Informationen als Grenzlehren. Außerdem sind Lehren nur für einen Merkmalswert, anzeigende Meßmittel dagegen universell für einen größeren Merkmalswertebereich einzusetzen.

Der **Prüfaufwand** ist dem Prüfumfang, der Prüfhäufigkeit und der Prüfzeit direkt proportional.

Grundsätzlich ist zu gewährleisten, daß durch die Prüfung die Fehlerursachen verringert oder beseitigt werden können und daß die zu erwartenden Prüfkosten in einem vertretbaren Verhältnis zum Prüfnutzen stehen.

Für eine Produktion mit hoher Fehlerrate ist ein hoher Prüfaufwand gerechtfertigt, weil hier die Kosten infolge Ausschuß, Nacharbeit und Reparatur schnell die Prüfkosten übersteigen.

Für eine Produktion mit niedriger Fehlerrate ist ein hoher Prüfaufwand nur dann gerechtfertigt, wenn durch Funktionsfehler Menschenleben gefährdet werden oder wenn unvertretbar hohe Folgekosten entstehen, wie bei Baugruppen in hochintegrierten und in unzugänglichen Anlagen.

Der **Prüfumfang** legt fest, welches wievielte Teil geprüft werden muß.

Wird die Einstellung der Werkzeuge von Teil zu Teil stets neu vom Produktionsarbeiter vorgenommen, so sind die betreffenden Merkmalswerte **an jedem Teil** zu prüfen.

Führt das Nichteinhalten vorgegebener Merkmalswerte im weiteren technologischen Ablauf zu Werkzeugbruch, Maschinenschaden, Montagestörungen, Funktionsstörungen oder zu Unfällen, so sind die betreffenden Merkmalswerte **an jedem Teil** zu prüfen.

Bei Arbeitsgängen mit einstellbaren Werkzeug- und/oder Maschineneinstellungen (Anschläge, Meßspindeln) sind die betreffenden Merkmalswerte z.B. **an jedem zehnten Teil** zu prüfen [13.5].

Bei Arbeitsgängen mit fester Werkzeug- und/oder Maschineneinstellung (Gewindebohren, Kopierdrehen, Fertigung in Vorrichtungen) sind die betreffenden Merkmalswerte z.B. **an jedem zwanzigsten Teil** zu prüfen.

Bei Arbeitsgängen an automatisch gesteuerten Werkzeugmaschinen (Drehmaschinen, Fräsmaschinen, Pressen, Stanzen) bei Mittelserien-, Großserien- und Massenfertigung sind nach der Maschineneinstellung in Abhängigkeit von der Standzeit der Werkzeuge die betreffenden Merkmalswerte aufgrund **statistisch gesicherter Festlegungen** (s. Abschnitt 14.) zu prüfen.

Die **Prüfhäufigkeit** gibt an, wie oft ein Merkmalswert an einem Teil geprüft werden muß. In den Arbeitsunterlagen sind dazu kurze exakte Angaben erforderlich, beispielsweise bei der Rundheitsprüfung von Drehteilen: prüfen 2 × 90° versetzt; Tol. = 0,05 mm, Meßuhr A3 TGL 7682 USM **(Tafel 13.4)**, Prüfgruppe B. Wenn in den Arbeitsunterlagen keine Angaben über die Prüfhäufigkeit erfolgen, so ist eine einmalige Prüfung durchzuführen.

Für die **Prüfzeiten** gibt es bisher keine standardisierten Zeitnormative. Die Prüfzeiten werden durch die Prüftechnologen aufgrund ihrer meßtechnischen und betrieblichen Erfahrung festgelegt. Verschiedene Betriebe haben sich Werksnormative geschaffen **(Tafel 13.4)**. Ist die Prüfung während der Fertigungszeit möglich, sollte die Prüfzeit **(Tafel 13.5)** als Anteil der Fertigungszeit in den technologischen Unterlagen ausgewiesen werden.

Da beim Einsatz hocheffektiver Fertigungsverfahren und -mittel die Fertigungsgrundzeit immer weiter gesenkt wird, kann die **Prüfzeit (Tafel 13.5)** länger dauern als die Fertigungsgrundzeit. In diesem Falle ist dem Produktionsarbeiter Prüfzeit zuzuschreiben. In verschiedenen Fällen ist es notwendig, die Prüfaufgaben teilweise oder gänzlich an einen Prüfer zu übertragen.

Tafel 13.5. Zeitgliederung für Prüfprozesse

- Prüfzeit $t_{\Sigma\,\text{prüf}}$
  - $t_{\text{P prüf}}$ produktive Zeit
    - $t_{\text{S prüf}}$ Zeit für eine Einzelprüfung
      - $t_{\text{o prüf}}$ operative Zeit
        - $t_{\text{G prüf}}$ Grundzeit
          - $t_{\text{Gg prüf}}$ Zeit für Meßwertgewinnung
          - $t_{\text{Gv prüf}}$ Zeit für Meßwertverarbeitung
        - $t_{\text{H prüf}}$ Hilfszeit
      - $t_{\text{W prüf}}$ Wartungszeit
      - $t_{\text{E prüf}}$ Erholungszeit
    - $t_{\text{A prüf}}$ Vorbereitungs- und Abschlußzeit
  - $t_{\text{V prüf}}$ Verlustzeit

Die Vorbereitungszeiten für den Einsatz von Prüfmitteln sind der Maschinenvorbereitungszeit zuzurechnen.

Wird das Prüfmittel nicht nach jeder Prüfung abgelegt, bilanziert man die erste Prüfung mit der vollen Prüfzeit und alle weiteren Prüfungen mit der 0,7fachen Prüfzeit [13.5].

Bei Prüfarbeitsgängen, die sich aus mehreren Prüfungen zusammensetzen, werden die einzelnen Prüfzeiten addiert.

Die Angabe der **Prüfstrategie** ist dann in den Arbeitsunterlagen erforderlich, wenn es sich um komplizierte Prüfungen aus mehreren Prüfarbeitsgängen, um Prüfungen mit komplizierten oder neuartigen Prüfmitteln oder die gestufte Einordnung von Prüfarbeitsgängen in die Fertigungsarbeitsgänge handelt. Bei Prüfarbeitsgängen in der Fertigung muß es sich grundsätzlich um Wiederholprobleme handeln, die vollständig und eindeutig beschreibbar sind (s. Abschn. 12.). Anderenfalls muß der Prüfalgorithmus durch das betriebliche Meßwesen in Zusammenarbeit mit Forschung und Entwicklung erst vollständig erarbeitet werden.

Alle Prüfungen haben nur dann einen Sinn, wenn sie auch **ausgewertet** werden und wenn die Auswertungen zu praktischen Schlußfolgerungen für die Stabilisierung der Produktion, zur Erhöhung der Qualität der Erzeugnisse und zur besseren moralischen und materiellen Stimulierung der Werktätigen führen.

Anderenfalls kommen Prüfungen sehr schnell in Mißkredit, werden oberflächlich, lückenhaft oder unehrlich vorgenommen und verfehlen vollständig ihren Zweck.

Die Formen der Auswertung sind sehr unterschiedlich und reichen von einfachen Fertigungs- und Prüfnachweisen über Ausschuß- und Nacharbeitsmeldungen bis hin zu komplexen Qualitätssicherungen [13.10] bis [13.16] unter Einbeziehung der statistischen Qualitätskontrolle. Mit der statistischen Qualitätskontrolle beschäftigt sich der folgende Abschnitt.

14. Anwendung mathematisch-statistischer Prüfverfahren zur ökonomischen Sicherung der Qualität industrieller Erzeugnisse

Zur Sicherung einer stabilen qualitätsgerechten und kostengünstigen Produktion muß ein ganzer Komplex ideologischer, technischer, organisatorischer und ökonomischer Maßnahmen wirksam werden, der alle betrieblichen Struktureinheiten umfaßt und für die der Betriebsleiter verantwortlich ist.

Es genügt nicht, durch Messungen zu prüfen, ob die gefertigten oder bezogenen Einzelteile, Baugruppen oder Fertigerzeugnisse den Zeichnungen, den Prüfvorschriften oder anderen Vorschriften genügen.

Eine Qualitätssicherung ist nicht zu erzielen, wenn Meßvorgänge nur genutzt werden, um die Produktion in Gutteile, Ausschuß und Nacharbeit zu sortieren. Es ist erforderlich, aus Meßinformationen solche Schlußfolgerungen für die Herstellung abzuleiten, die die Produktion progressiv verändern. Progressive Veränderung der Produktion heißt Verkleinerung systematischer, zufälliger und Vermeidung grober Fertigungsfehler, Verringerung der Ausschuß-, Nacharbeits- und Garantieleistungskosten, Verkürzung der Fertigungs- und Prüfzeiten je Erzeugnis, Schaffung höherer Organisationsformen der Produktion sowie Erhöhung des Anteils der ohne Nacharbeit zu montierenden und auszutauschenden Einzelteile und Baugruppen. Progressive Veränderung der Produktion heißt auch Vergrößerung des Wiederholteilgrads sowie Schaffung von Baukastensystemen und damit Erhöhung des Projektierungsanteils bei gleichzeitiger Verkleinerung des Anteils an Entwicklung und Konstruktion.

Statistische Qualitätskontrolle (-lenkung, SQK) ist die Gesamtheit aller Maßnahmen, um mit mathematisch-statistischen Verfahren der Analyse von Prüfergebnissen und der Ursachenforschung auf die Qualitätsfertigung einzuwirken [14.1]. Es wird angestrebt, die Herstellungs- oder Fertigungsfehler bzw. -abweichungen zu minimieren und mit einer beherrschten Fertigung ein optimales Produktionsergebnis zu erzielen [14.2] bis [14.28].

Der erreichte Entwicklungsstand der Rechentechnik und Mikroelektronik bietet für die Weiterentwicklung und den Einsatz der statistischen Qualitätskontrolle völlig neue Möglichkeiten. Zukünftig ist eine wesentlich breitere Anwendung der rechnergestützten statistischen Qualitätslenkung in der industriellen Praxis zu erwarten [1.8] [14.29] bis [14.39].

14.1. Klassifikation von Fertigungsfehlern

In Anlehnung an die Meßfehleranalyse (s. Abschn. 9.) ist eine Ordnung der Herstellungs- oder Fertigungsfehler bzw. -abweichungen nach ihren Ursachen zu empfehlen [14.2]. Sind Konstruktionszeichnungen und Fertigungsunterlagen fehlerfrei, so können in der mechanischen Fertigung die **Fertigungsfehler** in systematische, zufällige und grobe Abweichungen vom Sollzustand im System Werkzeugmaschine–Werkzeug–Werkstück–Messung–Mensch eingeteilt werden **(Tafel 14.1)**.

Systematische Fertigungsfehler sind bei einwandfreien Meßmitteln beispielsweise dar-

Tafel 14.1. Klassifikation von Fertigungsfehlern

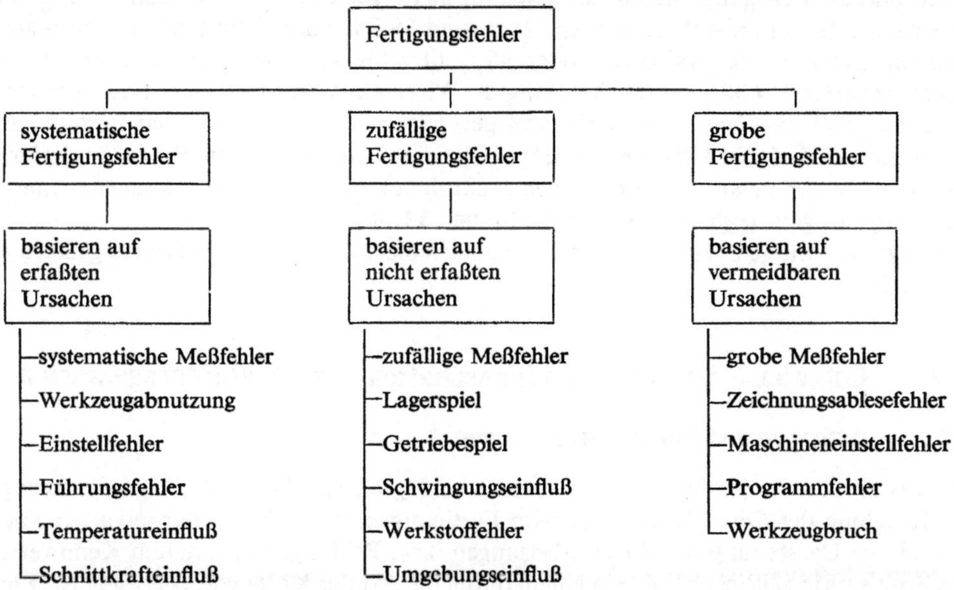

an erkennbar, daß nacheinander gefertigte Einzelteile stetig oder sprunghaft voneinander abweichen. Systematische Fertigungsfehler, die durch den Einsatz fehlerhafter Meßmittel verursacht werden, äußern sich in der Regel erst durch Schwierigkeiten bei der Montage. Sie sind durch wiederholte Messungen der gleichen Parameter mit unterschiedlichen Meßmitteln früher zu erkennen.

Quantitativ wird der systematische Fertigungsfehler als **Fehler** mit Betrag, Einheit und Richtung (Vorzeichen) oder als **Trend** mit Betrag, Einheit und Richtung je Bezugsgröße angegeben. Als Bezugsgrößen dienen Stückzahl der gefertigten Teile, Anzahl der Arbeitsgänge, Anzahl der Arbeitsschichten, Bearbeitungsdauer usw.

Auf einfache Weise nicht erfaßbare systematische Fertigungsfehler, z.B. Aufbiegung der Maschine bei hoher Belastung, müssen abgeschätzt werden und sind wie zufällige Fertigungsfehler zu behandeln.

Zufällige Fertigungsfehler sind bei einwandfreien Meßmitteln an zufälligen Abweichungen nacheinander gefertigter Einzelteile erkennbar. Sie sind unter den gegebenen Bedingungen unvermeidbar. Quantitativ wird der zufällige Fertigungsfehler durch die Fertigungsstandardabweichung gekennzeichnet, mit der in Analogie zur Meßfehleranalyse (s. Abschn. 9.) ein Fertigungsvertrauensbereich zu ermitteln ist. Er ist eine wichtige Kenngröße für den Konstrukteur bei der Festlegung der Toleranzen (s. Abschn. 11.), für den Fertigungstechnologen bei der Erarbeitung des Maschinenbelegungsplans, für den Prüftechnologen bei der Gestaltung der Prüftechnologie (s. Abschn. 13.) und für die betriebliche Instandsetzung (s. Abschn. 1.) bei der Präzisierung der Reparaturpläne.

Grobe Fertigungsfehler sind in der Regel leicht erkennbar, weil unverhältnismäßig große Abweichungen von den Sollwerten auftreten. Sie sind seltene Ereignisse. Grobe Fertigungsfehler sind grundsätzlich zu vermeiden.

Von **beherrschter Fertigung** bzw. **beherrschtem Prozeß** wird dann gesprochen, wenn alle systematischen Fehlereinflüsse beherrscht, alle groben vermieden werden und wenn zusätzlich die zufälligen Fehlereinflüsse in ihrer Gesamtheit über eine längere Zeit konstant bleiben, beispielsweise für eine Arbeitsschicht oder größere Stückzahl [2.20] [9.25]. Dann bleibt die Fertigungsfehlerverteilungsfunktion der gefertigten Merkmalswerte x_i unverändert, und die Fertigungsstandardabweichung s_F **(s. Tafel 11.3)** ist konstant. Wenn die Merkmalswerte normalverteilt streuen, dann sind 99,7% aller auftretenden Merkmalswerte im Intervall $\pm 3s_F$ (also $6s_F$) oder 95% aller Merkmalswerte im Intervall $\pm 2s_F$ ($4s_F$) zu erwarten [14.35]. Bei der Messung der Merkmalswerte muß allerdings gewährleistet sein, daß die Fehler der Meßmittel gegenüber den zu ermittelnden Fertigungsfehlern vernachlässigbar klein sind [14.2] [14.3]. Diese Bedingung ist im Präzisionsgerätebau bei großen Abmessungen und kleinen Maßtoleranzen sowie bei sehr kleinen Abmessungen schwierig zu realisieren **(s. Tafeln 3.6 und 11.3)**.

Für die rechtzeitige Erkennung von Fertigungsfehlern haben sich Qualitätsregelkarten sehr bewährt.

14.2. Aufgaben, Aufbau und Eigenschaften von Qualitätsregelkarten

14.2.1. Aufgaben von Qualitätsregelkarten

Qualitätsregelkarten (früher Kontrollkarten) sind grafische Hilfsmittel zur Steuerung bzw. Regelung der Qualitätsmerkmale im Fertigungsprozeß. Qualitätsregelkarten sind die grafische Darstellung der durch Messungen bzw. Prüfungen ermittelten Kennwerte eines Prozesses in zeitlicher Folge in einem durch die Art der Karte vorgegebenen Netz in bezug auf die durch dieses Netz vorgegebenen Warn- und Eingriffsgrenzen [1.8] [14.1].

Qualitätsregelkarten [1.8] [9.24] [9.25] [14.4] [14.5] [14.14] [14.40] [14.41]

- ermöglichen die Übereinstimmung von Istzustand und Sollzustand der Fertigung, indem sie rechtzeitig tendenzielle Veränderungen der gefertigten Qualitätsmerkmale anzeigen
- vermeiden *unnötige* Eingriffe in den Fertigungsablauf
- unterstützen die Fertigungsfehleranalyse
- ermöglichen das Führen einer Qualitätsgeschichte über einen längeren Zeitraum
- sind in der Klein-, Mittel-, Großserien- und Massenfertigung anwendbar
- können in der Eingangs- und Fertigungskontrolle der Vor-, Zwischen- und Endfertigung, der Ausgangskontrolle, dem Service und der Applikation eingesetzt werden und
- sind in Verbindung mit Mikrorechnern für die automatische Prozeßregelung geeignet.

14.2.2. Aufbau von Qualitätsregelkarten

In eine Qualitätsregelkarte werden in einem kartesischen Koordinatensystem auf der Abszisse die Zeit und auf der Ordinate die Qualitätsmerkmale x_i aufgetragen. Je nach Art der Probenentnahme wird die Abszisse geteilt in Tag, Arbeitsschicht, Uhrzeit, Nummer der Stichprobe oder Nummer der Messung.

Je nach Art der Qualitätsregelkarte wird die Ordinate geteilt in

- Einzelwerte x_i
- Mittelwerte, Mediane, Spannweitenmitten $\bar{x}$, $\tilde{x}$, R_M
- Standardabweichungen, Spannweiten s_F, R
- Fehleranzahl oder Fehlerprozente p, np, c, u.

Parallel zur Abszisse verlaufen die Linien

- des Qualitätsmerkmalsmittelwerts $\bar{x}$
- der Eingriffsgrenzen (früher Kontrollgrenzen) *OEG* bzw. *UEG* (früher K_o bzw. K_u)
- der Warngrenzen *OWG* bzw. *UWG* (früher W_o bzw. W_u).

Die **Eingriffsgrenzen** (früher Kontrollgrenzen) werden in Abhängigkeit von den Prozeßdaten festgelegt. Sie hängen von der Art der Fertigungsverteilung, der Sollage des Mittelwerts, der Standardabweichung sowie von der gewünschten Eingriffswahrscheinlichkeit (Aussagewahrscheinlichkeit) ab. Im allgemeinen wird Normalverteilung der Merkmalswerte der gefertigten Teile zugrunde gelegt. Bevorzugte Eingriffswahrscheinlichkeiten sind 99% bzw. 99,73% [1.8] [9.24] [9.25].

Grundsätzlich ist zwischen mittelwert- und grenzwertbezogenen Eingriffsgrenzen zu unterscheiden.

Mittelwertbezogene Eingriffsgrenzen werden unabhängig von vorgegebenen Grenzwerten (z. B. Toleranzgrenzen) festgelegt. Sie gehen vom Mittelwert oder Sollwert der Fertigung aus. Für Normalverteilung der Merkmalswerte und eine Eingriffswahrscheinlichkeit von 99,73% sind sie identisch mit den $3s_F$-Grenzen der Fertigungsverteilung. Liegt eine normalverteilte beherrschte Fertigung vor, dann werden 99,73% aller Merkmalswerte x innerhalb dieser Eingriffsgrenzen gehalten. Die Meßfehler werden dabei als vernachlässigbar klein angenommen. Für die Einzelwertkarte werden die Eingriffsgrenzen berechnet nach

$$OEG,\ UEG = \bar{x} \pm 3s_F.$$

Für die Mittelwertkarte ist bei der Berechnung der Eingriffsgrenzen der Stichprobenumfang zu berücksichtigen:

$$OEG,\ UEG = \bar{\bar{x}} \pm 3s_F/\sqrt{n}.$$

Qualitätsregelkarten mit mittelwertbezogenen Eingriffsgrenzen erhalten die nach fertigungstechnischen Gesichtspunkten *engstmöglichen* Eingriffsgrenzen.

Die vorgegebenen Toleranzgrenzen müssen in jedem Fall außerhalb der $3s_F$-Grenzen liegen.

Aus praktischen Erfahrungswerten [1.8] wurde für eine zentrierte Fertigung mit $\bar{x} = T_M$ (Toleranzmitte) die Forderung

$$T_o - T_u \geqq 10s_F$$

abgeleitet. Hierbei wird berücksichtigt, daß ein Teil des Toleranzbandes durch die Fehler der Messungen in Anspruch genommen wird (s. Abschn. 11.).

Grenzwertbezogene Eingriffsgrenzen [1.8] [14.42] werden im Abstand ks_F vom oberen bzw. unteren Grenzwert (*OGW* bzw. *UGW*) festgelegt, um mit ausreichender Sicherheit das rechtzeitige Erkennen von Grenzwertüberschreitungen zu ermöglichen.

Für die Mittelwertkarte gilt z. B.:

$$OEG = OGW - ks_F; \qquad UEG = UGW + ks_F.$$

Der Faktor k ist abhängig von der Verteilungsfunktion und der gewählten Eingriffswahrscheinlichkeit. Die Berechnung grenzwertbezogener Eingriffsgrenzen ist für normalverteilte Merkmalswerte in [1.8] und [14.42] ausführlich dargestellt.

Bei der Anwendung grenzwertbezogener Eingriffsgrenzen wird mit den *weitestmöglichen* Eingriffsgrenzen in bezug auf die Toleranzen gearbeitet.

Die theoretische Voraussetzung für die wirtschaftliche Anwendung grenzwertbezogener Eingriffsgrenzen lautet

$$T_o - T_u \geqq 6s_F + 2ks_F > 10s_F.$$

Die **Warngrenzen** werden i. allg. für eine Eingriffswahrscheinlichkeit von 95% festgelegt.

Sie entsprechen damit bei normalverteilten Merkmalswerten den $2s_F$-Grenzen der Fertigung. Sie dürfen nur bedingt überschritten werden. Einmaliges Überschreiten ist als zufälliges Ereignis zu werten. Mehrmaliges Überschreiten deutet auf signifikante Veränderungen im Fertigungsprozeß hin.

Die Berechnung der Warngrenzen erfolgt beispielsweise

- für die Einzelwertkarte nach $WOG,\ WUG = \bar{x} \pm 2s_F$
- für die Mittelwertkarte $WOG,\ WUG = \bar{\bar{x}} \pm 2s_F/\sqrt{n}$.

Für die Anfangslage von $\bar{x}$ gilt für

- Prozesse ohne Gang (ohne Trend, ohne zeitabhängigen systematischen Fehler)

  $\bar{x} = T_M$ (Toleranzmitte),

- Prozesse mit Gang (mit Trend, mit zeitabhängigem systematischem Fehler)

  von T_u nach T_o: $\bar{x} = T_u + 3s_F$,

  von T_o nach T_u: $\bar{x} = T_0 - 3s_F$.

Schäfers Feinpapiere, Bestell-Nr. 571 und 647, sind universell anwendbare Qualitätsregelkartenpapiere bzw. Qualitätsregelkartenformulare.

14.2.3. Arten von Qualitätsregelkarten

Grundsätzlich wird zwischen Regelkarten für Attributprüfung bzw. Zählergebnisse und Regelkarten für Variablenprüfung bzw. Meßergebnisse **(Tafeln 14.2, 14.3 und 14.4)** unterschieden [1.8] [9.26] [14.6].

Attributprüfung ist die Beurteilung von Attributmerkmalen. Ein Attributmerkmal ist ein qualitatives, zahlenmäßig nicht ausgedrücktes, nicht gemessenes Merkmal (z.B. Sichtprüfung von lackierten Oberflächen, Geräuschprüfung von Getrieben, Geschmacksprüfung von Nahrungsmitteln, Geruchsprüfung von chemikalischen Reagenzien oder Duftstoffen). Das Ergebnis einer Attributprüfung ist ein Zählergebnis, das z.B. die Anzahl fehlerhafter Erzeugniseinheiten oder die Anzahl der Fehler je Erzeugniseinheit angibt.

Variablenprüfung ist die Beurteilung von Variablenmerkmalen. Ein Variablenmerkmal ist ein quantitatives, zahlenmäßig ausgedrücktes, gemessenes Merkmal (z.B. Durchmesserprüfung von Bohrungen, Längenprüfung von Wellen, Masseprüfung von Nahrungsmitteln, Dichteprüfung von Flüssigkeiten, Temperaturprüfung von Härtebädern).

Ein **Merkmalswert** x_i ist die quantitativ, zahlenmäßig ausgedrückte Eigenschaft eines quantitativen oder qualitativen Merkmals.

Ein **Rangordnungsmerkmal** ist die mit einer Platzziffer (Rangordnungszahl) ausgedrückte Eigenschaft eines Merkmals.

Regelkarten für Einzelwerte sind leicht zu führen, zu lesen und zu deuten. Die Steuerung der Fertigung mit Einzelwertkarten ist aber schwierig, da Mittelwert und Standardabweichung nicht unmittelbar entnommen werden können.

Regelkarten für abgeleitete Werte sind aufwendiger als Einzelwertkarten zu führen. Sie ermöglichen aber eine feinfühligere Steuerung des Fertigungsprozesses, da die abgeleiteten Werte sowohl über zufällige als auch über systematische Fehler des Prozesses besser als Einzelwerte Aufschluß geben (Datenreduzierung und Datenverdichtung). (Berechnungsformeln für die **Eingriffsgrenzen** von Doppelkarten s. [9.25, Tafel VI] und [1.8] [14.40].)

Da die Regelkarten von den Anwendern (Fertigung, betriebliches Meßwesen, TKO) mit unterschiedlichen Zielstellungen eingesetzt werden, sind Ergänzungen und Abstimmungen zu empfehlen.

Tafel 14.2. Unterschiedliche Arten von Regelkarten

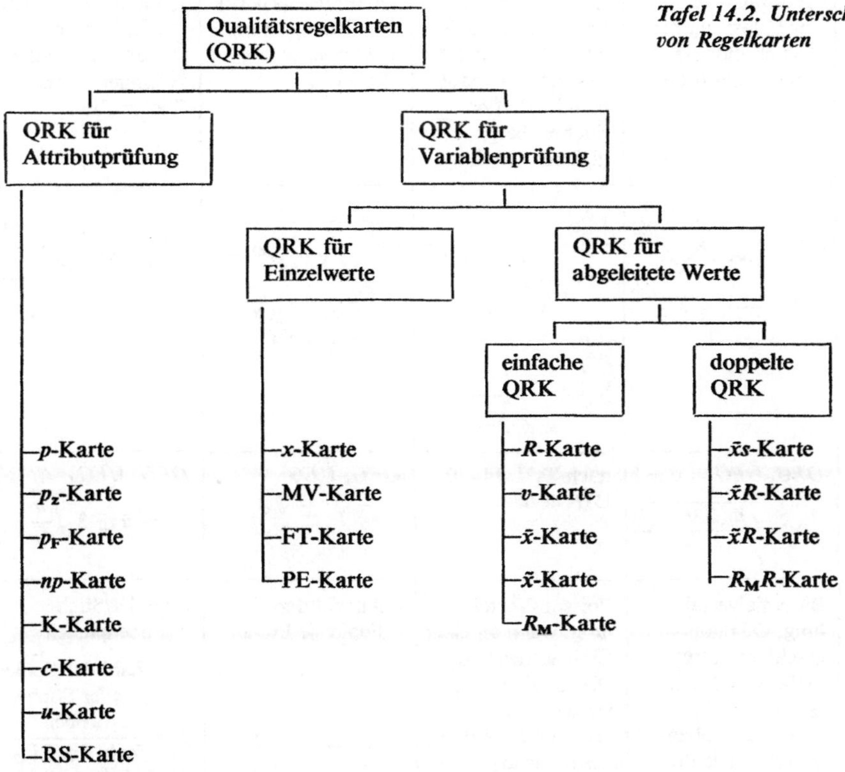

Verwendete Abkürzungen

p	Fehlerprozentsatz	c	Fehleranzahl je Einheit	MV	Multi-Vari	s	Standardabweichung
p_z	zweifache p-Karte	u	Fehleranzahl je Stichprobe	FT	Folgetest	$\bar{x}$	Mittelwert
p_F	p-Karte mit Fehleraufteilung	RS	Rangsumme	PE	Prozeßeinstellung	$\tilde{x}$	Median
np	Anzahl fehlerhafter Einheiten	x	Einzelwert	R	Spannweite	R_M	Spannweitenmitte
K	Kreuz	Z	Anzahl	v	Variationskoeffizient		

Soll der Fertigungsfehler einer Werkzeugmaschine ermittelt werden, so hat sich folgende Vorbereitung der Fertigungsfehleranalyse bewährt [14.7]:

- Festlegung der zu beurteilenden Qualitätsparameter der Werkzeugmaschine, d.h. ihrer Arbeitsfunktionen, Arbeitsbereiche und fertigungstechnischen Maschinendaten
- Auswahl eines Prüflings, bei dessen Fertigung die Qualitätsparameter der Maschine abgefordert werden
- Festlegung der Meß- und Prüfmittel, des Prüfumfangs und der Prüfbedingungen
- Festlegung des organisatorischen Ablaufs der Prüfung (Prüfstrategie).

Für die Durchführung und Auswertung der Fertigungsfehleranalyse sollte ein Formblatt verwendet werden wie in **Tafel 14.5**. Durch Mikrorechner kann der Aufwand für die Fertigungsfehleranalyse erheblich vermindert werden [1.8] [14.32] [14.36].

Tafel 14.3. Qualitätsregelkarten zur Attributprüfung

Regel-Kartenart	p-Karte	K-Karte	c-Karte	u-Karte
Definition	Qualitätsregelkarte zur Erfassung der Ausschußquote jeder Stichprobe	Qualitätsregelkarte mit Fehleraufteilung zur Erfassung der absoluten Anzahl np fehlerhafter Stichproben gleichen Umfangs	Qualitätsregelkarte zur Erfassung der Fehlerquote je Einheit	Qualitätsregelkarte zur Erfassung der Anzahl der Fehler je Einheit in einer Stichprobe
	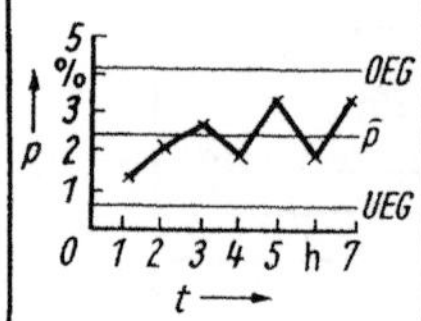	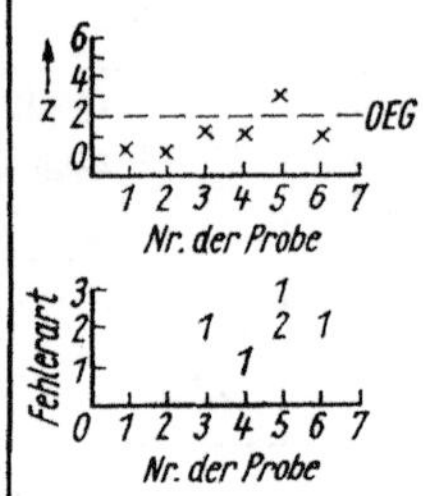	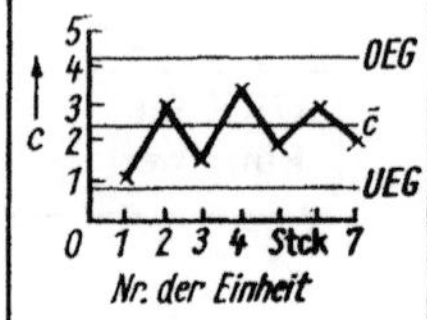	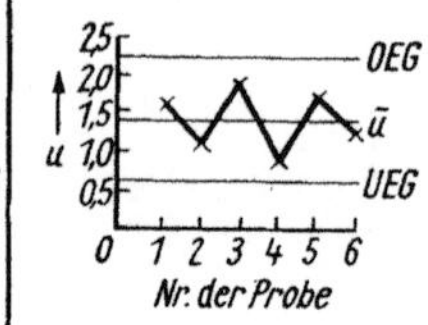
Eingriffs-grenzen	$OEG, UEG = \bar{p} \pm 3 \times \sqrt{\frac{\bar{p}\,(100-\bar{p})}{n}}$	nach TGL 14450 DIN 40080	$OEG, UEG = \bar{c} \pm \sqrt{\bar{c}}$	$OEG, UEG = \bar{u} \pm 3\sqrt{\frac{\bar{u}}{n}}$
Anwendung	Binomialverteilung, Qualitätsgeschichte, Prüfumfang $100 \leqq n \leqq 500$; 100%- und Stichprobenprüfung; leichte Handhabung	Poisson-Verteilung, wenn an einer Einheit mehrere Merkmale geprüft werden; Fehlerarten und -häufigkeiten, Prüfumfang $5\% \leqq n \leqq 10\%$ der Losgröße, $\bar{p}$ bekannt	c Anzahl der Fehler je Einheit	u Fehler/Stichprobeneinheit $\bar{u} = \frac{\text{Zahl der Fehler aller Stichproben}}{\text{Zahl der Einheiten aller Stichproben}}$ mehrere, voneinander unabhängige Merkmale
Bestell-Nr.	Schäfers Feinpapier Nr. 648	Schäfers Feinpapier Nr. 649	Schäfers Feinpapier Nr. 571	Schäfers Feinpapier Nr. 571

14.2.4. Entscheidungstafeln für die Vorauswahl von Qualitätsregelkarten

Die Vorauswahl der Qualitätsregelkarten erfolgt nach solchen Kriterien wie Einsatzziel, Fertigungsvorgaben, Prüfvorgaben, Informationsgehalt der Qualitätsregelkarte und Aufwand zu ihrer Führung. In einer Entscheidungstafel (**Tafel 14.6**) nach [14.7] wurden vorrangig solche Kriterien zusammengestellt, die beim Einsatz der Qualitätsregelkarten besonders zu beachten sind. Allgemeingültige, bekannte und auf alle Qualitätsregelkarten gleichermaßen zutreffende Einsatzmöglichkeiten sind nicht enthalten.

Durch **Tafel 14.6** wird die Vorentscheidung erleichtert, ob die einzelnen Qualitätsregelkarten für häufig vorkommende Anwendungsfälle geeignet oder ungeeignet sind.

Tafel 14.4. Qualitätsregelkarten zur Variablenprüfung

Qualitätsregel-Kartenart	x-Karte	FT-Karte	$\bar{x}s$-Karte
Definition	Qualitätsregelkarte zur Erfassung einzelner Merkmalswerte	Qualitätsregelkarte zur Darstellung eines Sequentialstichprobenverfahrens beim Einrichten von Maschinen und Geräten	Qualitätsregelkarte zur Erfassung des arithmetischen Mittelwerts und der Standardabweichung der Werte jeder Stichprobe
Aufbau	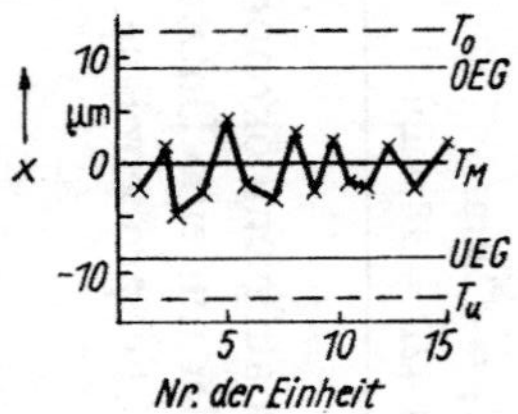	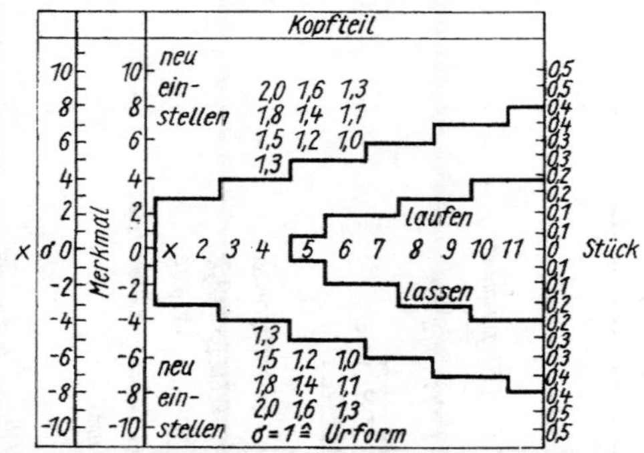	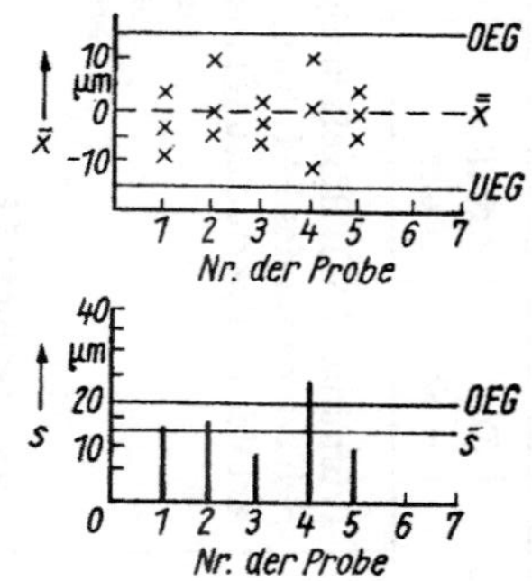
Eingriffsgrenzen	OEG, $UEG = \bar{x} \pm 3s$ $OEG = OGW - ks$ $UEG = UGW + ks$	$\bar{x}$ und s bekannt, mit Tafel VII in [9.25] werden für x und s die Faktoren für die Festlegung der Regelgrenzen bestimmt	S. [9.25, Tafel VI]; [1.8] [14.40]
Anwendung	Normalverteilung, Rechen- und Schreibaufwand gering, $\bar{x}$ und s nicht unmittelbar erkennbar; wenn $K_o \equiv T_o$ und $K_u \equiv T_u$, dann wegen geringer „Feinfühligkeit" nicht anwenden	Normalverteilung, Standardabweichung bekannt und konstant, periodisches Einrichten von Werkzeugmaschinen	Normalverteilung, $\bar{x}$-Verlauf ≙ systematischen Fertigungsfehler, s-Verlauf ≙ zufälligen Fertigungsfehler, Fertigungsfehleranalyse, empfohlener Stichprobenumfang $n = 3$ oder $n = 5$
Bestell-Nr.	Schäfers Feinpapier Nr. 571, 647		Schäfers Feinpapier Nr. 571

Tafel 14.5. Formblatt zur Ermittlung des Fertigungsfehlers von Werkzeugmaschinen

Maschine DLZ 500 × 1000/Inv.-Nr. 081

Datum	Zeichn.-Nr.	Arbg.	Merkmal	Tol.	Arbeiter:	Prüfer:
06.6.81	40-0084	06	19,06 h9	−52	Hasse	Rühlich

Einspannung: Dreibackenfutter
Drehzahl: 1800 min^{-1}
Vorschub: 0,18 mm/U
Spantiefe: 0,6 mm
Werkstoff: C 15
Schneidstoff: Hartmetall P 20
Stückzeit t_s: 1,5 min
Probennahme: systematisch

Prüfmittel (PM): Bügelfeinzeiger
Fehlergrenzen des PM: 5 µm
Art der Meßwertablesung: max ☐ min ☐ zufällig ☐ gemittelt ☒

Versuchsdauer: 3 h
Prüfzeit $t_{h\,prüf}$: 10 s
während des Versuchs bearbeitete Stückzahl N: 300

i \ j	1	2	3	4	5	6	7	8	9	10	
1	10	11	15	12	24	37	30	52	37	55	
2	8	9	26	27	35	31	50	40	48	55	
3	13	15	21	31	42	50	42	43	53	45	
4	32	21	15	29	36	49	56	60	53	47	
5	26	27	35	36	33	43	57	71	54	56	
$\tilde{x}$	13	15	21	29	35	43	50	52	53	55	$\tilde{\tilde{x}} = 35$
R	24	18	20	24	18	19	27	31	17	11	$\tilde{R} = 20$

Stichprobenumfang = 5
i Prüflingsnummer
j Probennummer

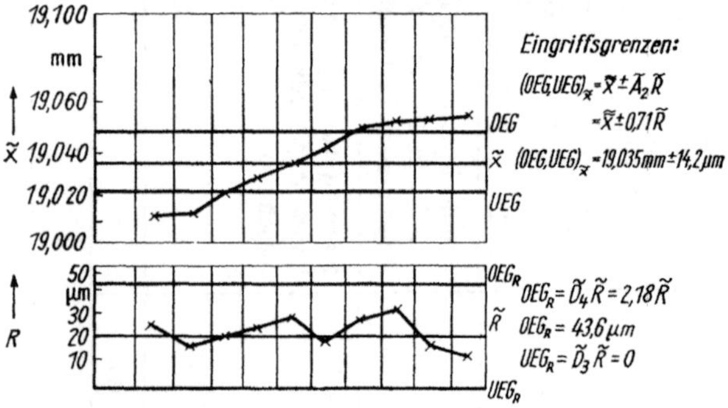

Systematischer Fertigungsfehler (Trend) $T_N = \tilde{x}_{10} - \tilde{x}_1 = 42\,\mu m$
zufälliger Fertigungsfehler (Streuung) $6s_F = 2\tilde{A}_2\tilde{R} = 1{,}42\tilde{R} = 28{,}4\,\mu m$

Neben den genannten Kriterien ist zusätzlich aufgrund ökonomischer Erwägungen zu entscheiden, ob die Menge aller Teile (Los) oder nur eine Untermenge (Stichprobe) geprüft werden soll. Aussagen hierzu liefern die Stichprobenpläne.

14.3. Aufgaben, Aufbau und Eigenschaften von Stichprobenplänen

14.3.1. Aufgaben von Stichprobenplänen

Stichprobenprüfungen bilden je nach Prüfschärfe den allmählichen Übergang von der 100%-Prüfung zur 0%-Prüfung.

Eine **Stichprobe** ist eine Menge von n Einheiten, die aus einem Posten oder Los ent-

Tafel 14.6. Vorauswahl von Qualitätsregelkarten für Attribut- und Variablenmerkmale

● sehr gut ◐ bedingt ○ nicht geeignet

Eignung der Qualitätsregelkarte für:	Attributmerkmale							Variablenmerkmale								
	p	p_Z	p_F	np	K	c	u	x	MV	FT	PE	v	$\bar{x}s$	$\bar{x}R$	$\tilde{x}R$	R_MR
Fertigungsfehleranalyse	○	○	◐	○	◐	○	○	○	●	○	○	○	●	●	●	●
Erkennung systematischer Fehler	○	○	○	○	○	○	○	●	●	●	◐	○	●	●	●	●
Erkennung zufälliger Fehler	○	○	○	○	○	○	○	○	●	○	○	●	●	●	●	●
Fehlerhäufigkeit	●	●	●	●	●	◐	◐	◐	○	○	○	○	◐	◐	◐	◐
Fertigungssteuerung	○	○	○	○	○	○	○	◐	●	●	◐	◐	●	●	●	●
Qualitätsgeschichte	●	●	●	●	◐	◐	◐	◐	◐	○	○	●	◐	◐	◐	◐
Periodisches Einrichten von WZM	○	○	○	○	○	○	○	◐	○	●	●	○	○	○	○	○
s_F variabel	◐	◐	◐	◐	◐	◐	◐	◐	◐	○	◐	●	●	●	●	●
$6\,s_F < T$	●	●	●	●	●	●	●	●	●	●	●	●	●	●	●	●
$6\,s_F \geqq T$	◐	◐	◐	◐	◐	◐	◐	○	○	○	●	●	◐	◐	◐	◐
Prozesse mit Trend	○	○	○	○	○	○	○	●	◐	●	◐	●	●	●	●	●
Klein-, Mittelserienfertigung	●	●	●	◐	◐	●	◐	●	●	●	●	●	●	●	●	●
Großserien-, Massenfertigung	●	●	◐	●	●	●	●	○	◐	●	●	●	○	◐	◐	◐
100% Prüfung	●	●	●	○	○	●	○	◐	○	○	○	○	○	○	○	○
Stichprobenprüfung, *n* konstant	●	●	●	●	●	●	●	●	●	○	○	●	●	●	●	●
Stichprobenprüfung, *n* variabel	◐	◐	◐	○	◐	◐	◐	◐	◐	●	●	◐	◐	◐	◐	◐
Prüfung in Produktionsfolge	●	●	●	●	●	●	●	●	●	●	●	●	●	●	●	●
Prüfung nicht in Produktionsfolge	◐	◐	◐	◐	◐	◐	◐	○	○	○	○	●	○	○	○	○
Darstellung von Einzelwerten	○	○	○	○	●	○	○	●	●	●	●	○	○	○	○	○
Darstellung von abgeleiteten Werten	●	●	●	●	○	●	●	○	○	○	○	●	●	●	●	●
Auswerteaufwand klein	nein	nein	nein	nein	ja	ja	ja	ja	nein	ja	ja	nein	nein	nein	nein	nein
Vordrucke handelsüblich	ja	ja	ja	ja	ja	ja	ja	ja	ja	ja	ja	ja	ja	ja	ja	ja

nommen wird, um von den an den Einheiten festgestellten Merkmalswerten auf die Beschaffenheit des gesamten Postens oder Loses zu schließen [14.1]. Die Anzahl der Einheiten *n* heißt Stichprobenumfang [14.37].

Die Auswahl muß zufällig erfolgen, um eine repräsentative Aussage über die Qualität aller Einheiten (Los) zu erzielen. Die Auswahl ist dann zufällig, wenn für jede Einheit (einzelner Gegenstand) des Postens (Menge aller Gegenstände) die gleiche Chance besteht, der Stichprobe anzugehören oder nicht.

Ein **Stichprobenplan** enthält den Stichprobenumfang und die nach ökonomischen Gesichtspunkten zusammengestellte Gesamtheit von Kennwerten (z.B. Herstellerrisiko, Abnehmerrisiko) und Kennlinien (z.B. Annahmekennlinie oder Operationscharakteristik) für die Annahmewahrscheinlichkeit des Loses. Durch Prüfung mit Stichprobenplänen werden die Qualitätsmerkmale der Einheiten bei Massen-, Großserien- und Mittelserienfertigung beurteilt und gesteuert [14.8] [14.9] [14.37].

Ziel der Steuerung des Fertigungsprozesses durch Prüfung mit Stichprobenplänen ist es,

- den Prüfumfang bis hin zur Ausschöpfung der vertretbaren Fehlerkosten infolge Durchschlupfs zu reduzieren (Kosteneinsparung)
- den Ausschuß- und Nacharbeitsanteil festzustellen, um damit Fehlerquellen im technologischen Ablauf zu ermitteln und zu beseitigen.

Eine Prüfung mit Stichprobenplänen muß

- über Annahme und Rückweisung eines Postens (Loses) entscheiden
- den Qualitätsstand mit bekannter statistischer Sicherheit **real** wiedergeben
- das Herstellerrisiko α und das Abnehmerrisiko β **volkswirtschaftlich** vertretbar gewährleisten
- die Qualitätskosten (s. Abschn. 13.1.) **kleiner** halten als bei einer 100%-Prüfung oder einer 0%-Prüfung.

Achtung: Wenn das Nichterkennen eines Fehlers Leben und Gesundheit von Menschen gefährdet oder zu großen volkswirtschaftlichen Verlusten führt, ist eine Stichprobenprüfung **nicht** zulässig.

14.3.2. Aufbau von Stichprobenplänen

Ein Stichprobenplan für die **Attributprüfung** hat die Bestimmungsgrößen:

– Stichprobenumfang	n
– Annahmezahl	Ac (oder c)
– Rückweiszahl	Re (oder r)
– annehmbare Qualitätslage	AQL (oder p_α)
– Grenzqualität	LQ (oder p_β)
– Verfahren der Stichprobenentnahme.	

Ein Stichprobenplan für die **Variablenprüfung** hat die Bestimmungsgrößen:

– Stichprobenumfang	n
– Annahmekriterium	k (Form 1)
oder den maximal zugelassenen	
Fehlerprozentsatz	M (Form 2)
– annehmbare Qualitätslage	AQL
– Verfahren der Stichprobenentnahme.	

Die Prüfschärfe eines Stichprobenplans wird durch die Kennwerte Herstellerrisiko α bei *AQL* und Abnehmerrisiko β bei *LQ* der zugrunde gelegten Annahmekennlinie *OC* bestimmt.

Die Annahmekennlinie *OC* gibt den Zusammenhang zwischen dem prozentualen Anteil fehlerhafter Teile (Ausschußquote) p_n in einem Los und seiner Annahmewahrscheinlichkeit L an **(Tafel 14.7)**.

Tafel 14.7. Formen und Eigenschaften von Annahmekennlinien

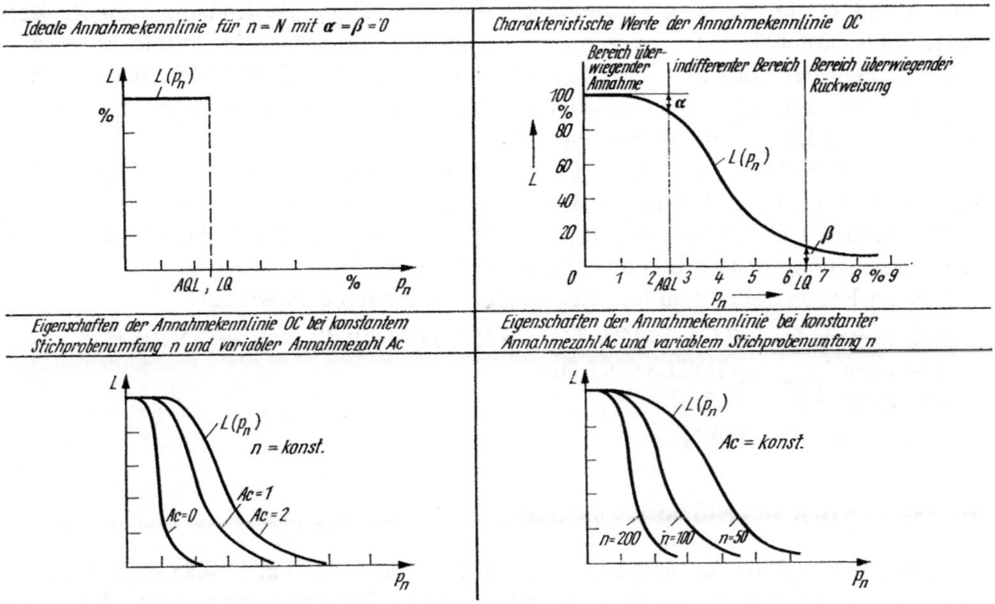

Die **Annahmekennlinie** wird durch die vorliegende Verteilung eindeutig bestimmt und ist deren Summenhäufigkeitskurve.

Bei der Attributprüfung sind die Stichprobenpläne von der Art der Verteilung [14.10] der zu prüfenden Qualitätsmerkmale weitgehend unabhängig [9.24] [9.25] [2.20].

Den Stichprobenplänen für Variablenprüfung liegt in der Regel die Normalverteilung zugrunde [14.11].

14.3.3. Eigenschaften der Annahmekennlinie

Charakteristische Werte der Annahmekennlinie *OC* sind die annehmbare Qualitätslage *AQL*, die Grenzqualität *LQ*, das Herstellerrisiko α und das Abnehmerrisiko β **(Tafel 14.7)**.

Herstellerrisiko und Abnehmerrisiko müssen eine Kosteneinsparung beim Prüfen ermöglichen, ohne Mehrkosten durch Fehlentscheidungen zu verursachen. In der Praxis haben sich aus dieser Forderung Werte für α und β zwischen 5 und 10% als günstig erwiesen. Die Werte für α und β sind vom Hersteller und vom Abnehmer gemeinsam vertraglich festzulegen.

Bei Stichprobenprüfungen können grundsätzlich zwei Arten von Fehlentscheidungen auftreten:

- Aus einem „guten" Los (Fehleranteil $p_n \leq AQL$) wird zufällig eine „schlechte" Stichprobe gezogen und das gesamte Los unberechtigterweise zurückgewiesen. Dieser Fall wird als **Herstellerrisiko** α bezeichnet.

Aus einem „schlechten" Los (Fehleranteil $p_n > AQL$) wird zufällig eine „gute" Stichprobe gezogen und das gesamte Los unberechtigterweise angenommen. Dieser Fall wird als **Abnehmerrisiko** β bezeichnet.

Stichprobenpläne sind so aufgebaut, daß derartige Fehlentscheidungen nur mit einer Wahrscheinlichkeit zwischen 5 und 10% eintreten.

Ein Maß für die Prüfschärfe eines Stichprobenplans ist die Steilheit der Annahmekennlinie. Eine steile Annahmekennlinie ist gleichbedeutend mit einer hohen Prüfschärfe.

Die Annahmewahrscheinlichkeit L wächst, wenn bei konstantem Stichprobenumfang n und bei konstantem prozentualem Fehleranteil p_n die Annahmezahl Ac steigt (**Tafel 14.7**, unten links) oder wenn bei konstanter Annahmezahl Ac und konstantem prozentualem Fehleranteil p_n der Stichprobenumfang n sinkt (**Tafel 14.7**, unten rechts).

Der in den angenommenen Losen verbliebene Prozentsatz fehlerhafter Teile, den der Abnehmer erhält, ist der **Durchschlupf** $AOQ \approx p_n L$.

Der maximale Durchschlupf $AOQL$ wird in der Praxis nur unter ungünstigsten Umständen erreicht. Er darf in seiner Bedeutung nicht überbewertet werden.

Um minimale Qualitätskosten K_Q zu erzielen, müssen für jeden Anwendungsfall die geeigneten Kennlinien und Kennwerte ausgewählt werden.

Aus der Praxis haben sich folgende Stichprobensysteme entwickelt:

- AQL-System (TGL 14450, TGL 14452, DIN 40080, MIL-STD-105 D)
- LQ-System (GOST 16493-70)
- $AOQL$-System [9.25]
- p_{50}-System [14.5].

14.3.4. Arten von Stichprobenplänen

Die Stichprobenpläne für Attribut- und Variablenprüfung (**Tafel 14.8**) sind standardisiert [14.1] [14.9] [14.37]. Nach dem Einfachstichprobenplan wird nur eine Stichprobe entnommen. Beim Doppelstichprobenplan werden zwei Stichproben entnommen, und zwar nur dann, wenn die Anzahl der fehlerhaften Einheiten z größer als die Annahmezahl Ac und kleiner als die Rückweiszahl Re ist. Analog wird bei Mehrfachstichprobenplänen verfahren. Doppel- und Mehrfachstichprobenpläne dienen der Reduzierung der Prüfkosten durch Verringerung des Prüfumfangs gegenüber Einfachstichprobenplänen.

Tafel 14.8. Stichprobenpläne

- Stichprobenpläne
  - Stichprobenpläne für die Attributprüfung TGL 14450
    - Einfachstichprobenpläne
    - Doppelstichprobenpläne
    - Mehrfachstichprobenpläne
    - Sequentialstichprobenpläne
  - Stichprobenpläne für die Variablenprüfung TGL 14452*
    - $\bar{x}s$-Stichprobenpläne
    - $\bar{x}R$-Stichprobenpläne
    - $\bar{x}\sigma$-Stichprobenpläne
    - $\tilde{x}\sigma$-Stichprobenpläne
    - $\tilde{x}R_{Qi}$-Stichprobenpläne

* Anwendbar in Form 1 und Form 2

Bei Sequentialstichprobenplänen sinkt der Prüfumfang häufig um 50% und mehr gegenüber Einfach- und Doppelstichprobenplänen. Sie sind allerdings komplizierter zu handhaben.

Bei Variablenstichprobenplänen unterscheidet man zwei Formen. Bei Plänen der Form 1 ist die Maßeinheit des Annahmekriteriums k gleich der Maßeinheit der Toleranzangabe. Annahmekriterium und Toleranzgrenze sind gut miteinander vergleichbar.

Die Pläne der Form 2 ermöglichen eine direkte Bestimmung des im Los zu erwartenden prozentualen Fehleranteils p, der mit dem vorgegebenen maximal zulässigen prozentualen Fehleranteil M gut vergleichbar ist.

Beide Formen sind hinsichtlich ihrer Prüfschärfe völlig gleichwertig.

14.3.5. Auswahl von Stichprobenplänen

Zur Durchführung von Stichprobenprüfungen in Eingangskontrolle, Fertigung und Endkontrolle müssen folgende Voraussetzungen erfüllt sein:

- Es dürfen keine überkritischen Fehler vorliegen.
- Es muß eine beherrschte Fertigung vorliegen.
- Während des Zeitintervalls zwischen den Probenahmen darf der von der Stückzahl j abhängige Trend x_{ij} nicht dazu führen, daß die Toleranzgrenze überschritten wird.
- Der systematische Fertigungsfehler Δx und der zufällige Fertigungsfehler $6s_F$ müssen kleiner oder höchstens gleich der zulässigen Werkstücktoleranz T sein, d.h., $\Delta x + 6s_F \leqq T$.

Die Auswahl der Stichprobenpläne erfolgt in fünf Schritten:

1. Aussage über das zu beurteilende Merkmal
   Attributmerkmale TGL 14450, DIN 40080; Variablenmerkmale TGL 14452.
   Die Variablenmerkmale müssen normalverteilt sein [14.11]. Liegt keine Normalverteilung vor, so ist auf Attributmerkmale überzugehen.
2. Festlegen des AQL-Wertes (früher p_α-Wert)
   Es können als AQL-Werte für Fertigungsaufgaben gelten:

$AQL = 0{,}15$ für IT 6, 7, 8	metrisches Feingewinde Bohrungen, Passungen 0 und I Maßtoleranzen bis 0,02 mm
$AQL = 0{,}65$ für IT 9, 10, 11	metrisches Feingewinde Bohrungen, Passungen I Maßtoleranzen größer 0,02 mm
$AQL = 1{,}5$ für Normteile	metrisches ISO-Grobgewinde Freimaßtoleranzen.

   Das Festlegen des AQL-Werts ist entscheidend für die **wirtschaftliche** Anwendung von Stichprobenverfahren.
   Die besten Ergebnisse werden erzielt, wenn man den AQL-Wert kleiner oder gleich dem Quotienten aus Prüf- und Fehlerkosten wählt. Die Qualitätskosten des Stichprobenplans werden dann niedrig gehalten, weil ein ausgewogenes Verhältnis zwischeh Prüf- und Fehlerkosten entsteht [14.12].
3. Auswahl des Schlüssel- bzw. Kennbuchstabens
   a) aus Tabelle 2 in TGL 14450 [14.8] Auswahl des Schlüsselbuchstabens bzw. aus Tabelle 1 in DIN 40080 [14.37] Auswahl des Kennbuchstabens in Abhängigkeit von der Losgröße N und der Prüfstufe I bis IV

b) aus Tabelle 7 in TGL 14452 [14.9] Auswahl des Schlüsselbuchstabens in Abhängigkeit von der Losgröße N und der Prüfstufe I bis V

4. Auswahl des Stichprobenplans mit Hilfe des Schlüsselbuchstabens

5. Ermittlung der Bestimmungsgrößen des Stichprobenplans
   a) Attributmerkmale
   Bestimmung der Stichprobenumfänge, der Annahmezahlen Ac_i und der Rückweiszahlen Re_i in Abhängigkeit von AQL
   b) Variablenmerkmale
   Bestimmung des Stichprobenumfangs n und des Annahmekriteriums k (Form 1) bzw. des maximal zulässigen Fehlerprozentsatzes M (Form 2) bei gewählten Schätzwerten der Parameter der Gesamtheit (gewählte Kategorie).

Beispiel

Soll nach der Bearbeitung von Teilen auf einer automatischen Taktstraße ein Stichprobenplan angewendet werden, so ist wie folgt vorzugehen [14.8] [14.12]:

Die gefertigten Qualitätsmerkmale werden gelehrt, also ist ein Attributstichprobenplan anzuwenden. Der Prüfaufwand je Los beträgt 7,10 M. Die Fehlerkosten je Los können bis zu 10,– M betragen. Der Prozeßdurchschnitt $\bar{p}$ wurde mit Regelkarte, und zwar p-Karte, bestimmt und übersteigt nicht 1%. Es wird ein AQL-Wert von 0,65 gewählt. Bei einer Losgröße $N = 400$ wird der Plan I angewendet [14.8]. Für Plan I und $AQL = 0{,}65$ ergibt sich bei einer Annahmezahl $Ac = 0$ ein Stichprobenumfang $n = 25$. Bei $AQL = 0{,}65$ beträgt für diesen Plan der maximale Durchschlupf $AOQL = 1{,}08\%$.

Neuere Untersuchungen zur Weiterentwicklung der Stichprobenverfahren sind auf die kostenoptimierte Auswahl von Strichprobenplänen gerichtet. Sie berücksichtigen vorhandene statistische und ökonomische Vorinformationen über den Prozeßverlauf [14.24] bis [14.28]. Ihre Anwendung ist mit der Lösung komplizierter numerischer Aufgaben verknüpft. Deshalb lassen sie sich nur mit speziellen Organisationsmitteln und elektronischer Rechentechnik rationell bewältigen. Im folgenden Abschnitt wird auf ausgewählte Hilfsmittel zur Rationalisierung mathematisch-statistischer Prüfverfahren eingegangen.

14.4. Organisationsmittel zur Rationalisierung mathematisch-statistischer Prüfverfahren

Der mit der Anwendung mathematisch-statistischer Prüfverfahren verbundene Auswertaufwand ist häufig ein Hemmnis bei ihrer Applikation.

Die Auswertzeiten für statistische Parameter und Qualitätsregelkartenverfahren sind in der Teilefertigung des Gerätebaus zum Teil erheblich größer als die Stückzeiten.

Mit steigendem Stichprobenumfang n wachsen die Auswertzeiten $t_{A,n}$. Für unterschiedliche statistische Parameter und unterschiedliche Regelkarten sind die Auswertzeiten unterschiedlich. Beispielsweise ist die manuelle Auswertzeit der $\bar{x}s$-Karte für $n = 3$, verglichen mit der $R_M R$-Karte, mehr als doppelt so groß. Bei einem Stichprobenumfang von $n = 50$ unterscheiden sich die Auswertzeiten um das Achtfache.

Die Anwendung von **Organisationsmitteln** zur Auswertung statistischer Prüfverfahren hat eine Verringerung der Auswertzeiten und der Fehlerquellen sowie einen rationelleren Handlungsablauf zum Ziel und wurde deshalb in den **Tafeln 14.9 und 14.10** zusammengestellt.

Tafel 14.9. Organisationsmittel zur Rationalisierung von Qualitätsregelkartenverfahren

Organisationsmittel

- **Variablenprüfung**
  - Strichliste (F)
  - Ermittlung von $\bar{x}$ (N)
  - Ermittlung von s (N, R)
  - Ermittlung von v (N)
  - Wahrscheinlichkeitsnetz $\bar{x}$, s (N)
  - projektiv verzerrtes Wahrscheinlichkeitsnetz (N)
  - Strichliste mit projektiv verzerrtem Wahrscheinlichkeitsnetz (F, N)
  - Standardstichprobenplan (F)
  - relativer und absoluter Vertrauensbereich von $\bar{x}$ (N, R)
  - mechanische und elektronische Klassiergeräte
  - Schaltfeinzeiger
  - Statistisches Auswertegerät $\bar{x}$-R
  - digitaler Funkenschreiber
  - elektronische Tisch- und Taschenrechner
  - Auswerteschablone „Minilot" (Sc)
  - Auswertegerät „Statifix"
  - Zufallsstreubereich im Wahrscheinlichkeitsnetz (Sc)
  - Regelgrenzen $\bar{x}$-R-Karte (R, T)
  - vereinfachte $\bar{x}$-R-Karte
  - Regelgrenze Urwertkarte bei gegebener Toleranzbreite (S)
  - Urwertkarte mit Wahrscheinlichkeitsnetz (F)
  - Ermittlung von p aus $\bar{x}$ und R (N, R)
- **Attributprüfung**
  - Binomialpapier (N)
  - Eingriffsgrenzen der p-Karte (N)
  - Eingriffsgrenzen der np-Karte (N)
  - Eingriffsgrenzen der c-Karte (N)
  - Eingriffsgrenzen der u-Karte (N)
  - Eingriffsgrenzen der Kreuzkarte (T)
  - Summierte Binomialverteilung – Binomialkarte (N)
  - elektronische Tisch- und Taschenrechner

Verwendete Abkürzungen:

F Formblätter
N Nomogramme und Funktionspapiere
R Spezialrechenstab
S Tabellenschieber
T Tabellen
Sc Schablone

Eine wesentliche Verringerung des Organisations- und Auswerteaufwands ist mit freiprogrammierbaren und festprogrammierten **Rechnern** zu erzielen. Dabei sind Mikro- und Taschenrechner wegen ihrer leichten Bedien- und Programmierbarkeit, des raschen Zugriffs, der Ortsveränderlichkeit, des geringen Platzbedarfs, der geringen Umweltempfindlichkeit sowie nicht zuletzt des niedrigen Preises besonders vorteilhaft (s. Abschn. 8.). Typische Aufgabenstellungen sind:

– Berechnung statistischer Kennfunktionen und Kennwerte (s. Abschnitte 4.2., 9.3., 9.7.)

- statistische Auswertung von Meß- und Prüfergebnissen (s. Abschn. 9.)
- Berechnung der Kenngrößen für Stichproben- und Regelkartenverfahren (siehe Abschnitt 14.)
- Berechnungen zum ökonomischen Einsatz der statistischen Qualitätskontrolle in der Industrie.

Gegenüber herkömmlichen Auswerteverfahren sind Rechenzeiteinsparungen in der Größenordnung von 90 bis 95% zu [14.32] erzielen **(s. Tafel 8.18).** Zahlreiche Aufgabenstellungen werden überhaupt erst durch den Rechnereinsatz lösbar (s. Abschnitte 8. und 21.). Höher als die Einsparung an Rechenzeit ist der **Folgenutzen** zu bewerten. Er ist allerdings schwieriger zu quantifizieren.

Tafel 14.10. Organisationsmittel zur Rationalisierung statistischer Test- und Stichprobenverfahren

- Organisationsmittel
  - Statistische Testverfahren
    - X^2-Test (T)
    - t-Test (N, T)
    - F-Test (T)
    - Spannweitenplan (F)
    - Tisch- und Taschenrechner
    - Wahrscheinlichkeitsnetz (N)
    - EDV-Anlagen
  - Stichproben-verfahren
    - Variablenprüfung
      - doppeltes Wahrscheinlichkeitsnetz
      - Stichprobenpläne mit einseitiger Toleranzgrenze (N)
      - Tisch- und Taschenrechner
      - Annahmediagramme (N)
    - Attributprüfung
      - Binomialpapier (N)
      - TGL 14450 (S)
      - Summierte Binomialverteilung (N)
      - Tisch- und Taschenrechner

Verwendete Abkürzungen

F Formblätter
N Nomogramme und Funktionspapiere
R Spezialrechenstab
S Tabellenschieber
T Tabellen

15. Messung räumlicher Größen

Die Länge ist wohl die älteste und bis auf den heutigen Tag auch eine für den Menschen unverändert wichtige Meßgrößenart.

Maschinenbau, Elektrotechnik/Elektronik und Gerätebau, aber auch Zellstoff-, Papier- und Verpackungsmittelindustrie, Textil- und Bekleidungsindustrie, Chemieanlagenbau, Metallurgie sowie viele Zweige der Konsumgüterproduktion sind auf Längenmessungen zur Prüfung, Steuerung und Bilanzierung der Quantität und Qualität ihrer modernen Produktionsprozesse angewiesen.

Die Forderungen nach hochproduktiven Ausrüstungen und Maschinen enthalten auch für die Längenmeßtechnik ständig neue Aufgabenstellungen. Nicht zu übersehen sind die gänzlich neuartigen Anforderungen an die Präzision von Längenmessungen, die aus dem Weltraumflug, der Satellitenerderkundung mit Multispektralkameras und aus der Mikroelektroniktechnologie erwachsen **(Tafel 15.1)**.

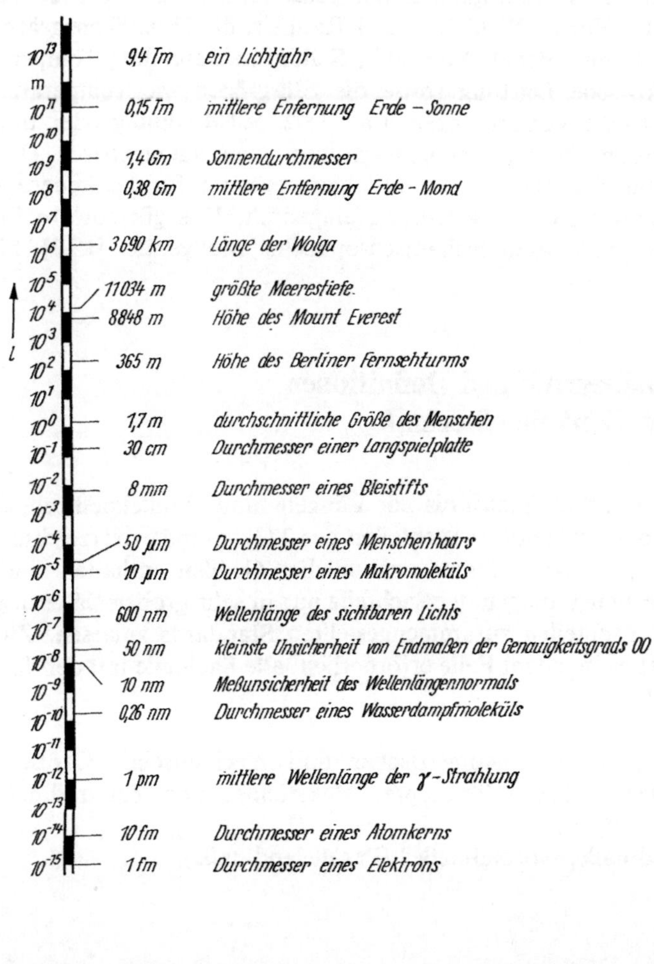

Tafel 15.1. ***Längenskale***

Hauptanwendungsgebiet der Längenmeßtechnik ist die Messung räumlich definierter Körper, die in einem Teilesortiment von etwa 10^6 unterschiedlichen Teilen gefertigt werden. An jedem Teil sind wenigstens zwei, manchmal aber bis fünfzig und mehr Abmessungen innerhalb vorgeschriebener Toleranzen zu halten (s. Abschn. 11.). In der Elektroniktechnologie und im wissenschaftlichen Gerätebau sind die Toleranzen teilweise kleiner als 1 μm, im Werkzeugmaschinenbau kleiner als 5 μm [15.1].

Im folgenden soll ein kurzer Überblick über die wichtigsten Meßprinzipe und Meßgeräte zur Messung räumlicher Größen gegeben werden. Im Vordergrund stehen dabei feinmechanisch-optische Meßgeräte.

Die **elektrische** Messung räumlicher Größen basiert auf Meßprinzipen, wie sie in den Abschnitten 6., 7. und 17. ausführlicher behandelt werden.

Die hier bevorzugte Beschreibung feinmechanisch-optischer Meßsysteme zur Messung räumlicher Größen dient einer Begrenzung des Umfangs des vorliegenden Abschnitts und spiegelt die wachsende Bedeutung gerade elektrischer Meßgeräte für die produktionsbegleitende fertigungsmeßtechnische Kontrolle nicht adäquat wider.

Durch den zunehmenden Einsatz von hochproduktiven numerisch gesteuerten Werkzeugmaschinen, Fertigungsautomaten, Meßsteuerungen [15.2] und Meßautomaten (s. Abschn. 8.) kommt besonders den elektrischen Meßgrößenaufnehmern (s. Abschn. 6.), der analogen und digitalen elektrischen Meßsignalübertragung und Meßwertverarbeitung (s. Abschnitte 6. und 7.) sowie der elektrischen Steuerung der Qualitätsparameter der Produktion ständig wachsende Bedeutung zu.

Der Einsatz adaptiv gesteuerter Werkzeugmaschinen setzt voraus, daß die **Produktkenngrößen** wie Länge, Breite, Form, Welligkeit und Rauheit, die **Prozeßkenngrößen** wie Kraft, Druck, Drehzahl, Drehmoment, Vorschub, Kühlmitteldurchfluß, Temperatur und aufgenommene elektrische Leistung sowie die **Störgrößen** wie Temperatur, Feuchte, Schwingungen, elastische Verformungen u.a. [15.2, S. 16] ständig oder programmgesteuert gemessen werden. Diese Messungen erfolgen bevorzugt elektrisch. Dessenungeachtet haben die feinmechanisch-optischen Längenmeßmittel für die Steuerung der Qualität in der Produktion nicht an Bedeutung eingebüßt. Das gilt sowohl für Lehren als auch für anzeigende feinmechanisch-optische Meßgeräte [15.3] bis [15.62].

15.1. Standards, Grundbegriffe und Definitionen der Längen- und Winkelmeßtechnik

Aufgrund der etwa 400 verbindlichen **Standards** zur Längen- und Winkelmeßtechnik kann hier nur angegeben werden, in welchen Sachteilen des TGL-Standardverzeichnisses [1.23] entsprechende Standards zur Messung räumlicher Größen enthalten sind. Dabei ist zu beachten, daß die Benennungen der Sachteile nur in sehr grober Näherung Rückschlüsse auf die in den Sachteilen zusammengestellten Standards zulassen. Zur Lösung spezieller Aufgaben ist es in jedem Falle erforderlich, alle Sachteile mit den folgenden **Suchzahlen** durchzusehen.

(20.0): 18 Standards zur „Messung geometrischer und mechanischer Größen" (Gewindemeßeinsätze, optische Teilköpfe, Meßständer und Zahnradmeßgeräte).

(21.0): 5 Standards zu „Endmaße, Normalmaße" (Parallelendmaße).

(22.0): 30 Standards für „Längenmaße, Maßstäbe“ (Maßstäbe, Meßbänder sowie Begriffe und Symbole in der Längenprüftechnik).

(23.0): 22 Standards und Informationsblätter zur „Messung von Dicken, Durchmessern, Höhen, Tiefen, Neigung, Ebenheit, Parallelität“ (Meßuhren, Meßstifte, Meßdorne, Meßschieber, Meßschrauben, Feinzeiger sowie Tuschierlineale und Tuschierplatten).

(24.0): 3 Standards zur „Winkelmessung“.

(25.0): 2 Standards zur „Messung von Masse und Dichte“ (Sinuslineale).

(115.0): 40 Standards über „Oberflächenzustand; Form und Gestalt von Gegenständen“ (Form-, Lage- und Rundlaufabweichungen sowie Gestaltabweichungen dritter bis fünfter Ordnung).

(370.0): 42 Standards und Informationsblätter über „Toleranzen und Passungen“ (Maßtoleranzen im Bauwesen, Maschinenbau und in der Gerätetechnik; ISO-Maßtoleranzen und Passungen für Nennmaße unter 1 mm und für Nennmaße von 1 bis 500 mm).

(371.0): 9 Standards über „ISO-Passungen“.

(372.0): 3 Standards über „Passungen für Arbeits- und Prüflehren“.

(373.0): 4 Standards und 2 Informationsblätter über „Toleranzen und Passungen für Eisenbahnfahrzeuge, allgemein“.

(374.0): 62 Standards über „Lehren, Kaliber“ (Rachenlehren, Grenzrachenlehren, Gutrachenlehren, Ausschußrachenlehren, Lehrdorne, Gewindelehrdorne und Kegellehren).

(375.0): 80 Standards über „Lehren für Elektrotechnik“ (Fassungen von Elektronenröhren, für Lampensockel und für Leitungsschutzsicherungen).

(376.0): 71 Standards über „Gewindelehren“ (Lehren für metrische ISO-Gewinde, Schlauchventilgewinde, Whitwortgewinde und Rundgewinde).

(689.0): 38 Standards über „Prüfung und Kontrolle“ (Prüfschemata für Tuschierlineale und Tuschierplatten, Stahllineale, Strichmaßstäbe, Rachenlehren, Gewindelehren, Kegellehren und Einstellringe).

(947.0): 10 Standards über „Allgemeine Instrumentenkunde; Meßgeräte; Meßinstrumentenbau; Waagen“ (Feinzeigermeßschrauben, Bügelmeßschrauben).

(1053.0): 32 Standards über „Zeichnungen; Zeichengeräte“ (Symbole sowie zulässige Forderungen an Form- und Lageabweichungen auf Zeichnungen).

Neben den genannten DDR-Standards existieren auch **RGW-Standards** zur Längen- und Winkelmessung.

ST RGW 157-75: Glatte Lehren für Abmessungen bis 500 mm; Toleranzen.

ST RGW 242-75: Meßdrähte zum Messen des mittleren Gewindedurchmessers; Technische Forderungen.

Außerdem sind **ASMW-Vorschriften** für das Meßwesen zu beachten.

ASMW-VM 95, Ausg. 11.75: Parallelendmaße; 0,5 bis 1000 mm Nennmaß; Beglaubigungsvorschrift.

ASMW-VM 133, Ausg. 12.66: Länge; Prüfsäulen für Werkstattwinkel; Beglaubigungsvorschrift.

ASMW-VM 229, Ausg. 3.70: Länge; Prüfgeräte für Meßuhren und Feinzeiger; Beglaubigungsvorschrift.

ASMW-VM 254, Ausg. 12.75: Länge; Strichmaßstäbe; Beglaubigungsvorschrift.

ASMW-VM 384, Ausg. 4.74: Länge; Winkelprüfgeräte; Beglaubigungsvorschrift.

ASMW-VM 421, Ausg. 8.70: Länge; Längenmeßmaschinen; Eichvorschrift.

ASMW-VM 472, Ausg. 6.74: Länge; Feinzeiger; Beglaubigungsvorschrift.

ASMW-VM 493, Ausg. 9.69: Länge; Meßdorne; Beglaubigungsvorschrift.

ASMW-VM 494, Ausg. 6.75: Länge; Meßstifte; Beglaubigungsvorschrift.

ASMW-VM 495, Ausg. 2.71: Länge; Einstellringe für Meßgeräte; Beglaubigungsvorschrift.

ASMW-VM 496, Ausg. 7.69: Länge; Prüflehren für Rachenlehren; Beglaubigungsvorschrift.

ASMW-VM 610, Ausg. 6.75: Länge; Prüflehren für Gewindelehren; Beglaubigungsvorschrift.

ASMW-VM 618, Ausg. 6.70: Länge; Höheneinstellmaße für Kegel-Universalfeinmeßgeräte; Beglaubigungsvorschrift.

ASMW-VM 1012, Ausg. 2.71: Länge; Universal-Meßmikroskope; Beglaubigungsvorschrift.

Die Mehrzahl der für die Längen- und Winkelmeßtechnik wichtigen **Grundbegriffe und Definitionen** wurden ebenfalls standardisiert. Wegen ihres Umfangs sei auf die wichtigsten Quellen verwiesen.

TGL 31550/02 bis 08, Ausg. 9.77 bis 1.80: Grundbegriffe der Metrologie.

TGL 15042/01, Ausg. 3.63: Symbole der Längenmeßtechnik; Bauelemente, Meßgeräte.

TGL 15042/02, Ausg. 5.63: Symbole der Längenmeßtechnik; Meßzeuge (Maße und Lehren).

TGL 15042/03, Ausg. 12.64: Symbole der Längenmeßtechnik für Meßanweisungen.

TGL 20240/01, Ausg. 1.66: Maßverkörperungen; Definition der Maße; Maßverkörperungen ohne Teilung.

TGL RGW 720, Ausg. 9.79: Parallelendmaße, Technische Bedingungen.

TGL RGW 513-77, Ausg. 4.79: Grundstandards der Austauschbarkeit; Winkelmaße, Vorzugswerte.

TGL 14320/02, Ausg. 10.63: Winkel; Toleranzen für Winkelwerte.

TGL 19080, Ausg. 8.64: Oberflächen; Begriffe für Form- und Lageabweichungen.

TGL 0-4760, Ausg. 3.63: Begriffe für die Gestalt von Oberflächen.

TGL 46-0212, Ausg. 6.68: Form- und Lageabweichungen; Auswahl; Begriffe mit Prüfvorschriften und Erläuterungen.

TGL 46-0213, Ausg. 12.71: Form- und Lageabweichungen; Zulässige Forderungen auf Zeichnungen.

TGL 46-0218, Ausg. 12.71: Form- und Lageabweichungen; Symbole, Angaben auf Zeichnungen.

TGL RGW 144-75, Ausg. 5.77: Einheitliches System der Toleranzen und Passungen des RGW; Toleranzfelder und empfohlene Passungen.

TGL 8811, Ausg. 12.72: Lehren für Innen- und Außenmaße; Übersicht, Kennzeichnung.

TGL 15051, Ausg. 10.72: Lehren für metrische ISO-Gewinde; Übersicht, Kennzeichnung.

TGL 20258/01, Ausg. 6.67: Photogrammetrie; Fachausdrücke.

Normen zur Längen- und Winkelmeßtechnik sind im DIN-Katalog [1.34] unter den folgenden Suchzahlen aufgeführt:

(12): 8 DIN zur „Messung geometrischer und mechanischer Größen“ (Nichtanzeigende Meßzeuge. Drehzahlmesser, -anzeiger, -geber, Laborgeräte).

(14): 22 DIN zur „Längen-, Flächen-, Raum- und Winkelmessung“ (Parallelendmaße, Meßschrauben, Winkel, Feinzeiger, pneumatische Längenmessung).

(15): 6 DIN über „Maßstäbe, Meßbänder, Meßzirkel, Taster“ (Flachlineale, Sinuslineale).

(87): 20 DIN zu „Oberflächenzustand, Form und Gestalt von Gegenständen“ (Gestaltabweichung zweiter bis fünfter Ordnung, Ermittlung von Rauheitsmeßgrößen).

(268): 36 DIN zu „Toleranzen und Passungen“ (ISO Maßtoleranzen und Passungen für Nennmaße von 1 bis 500 mm, Form- und Lagetoleranzen, ISO-Toleranzfeldauswahl für die Feinwerktechnik).

(269): 26 DIN über „Lehren“ (Rachenlehren, Lehrdorne, Lehrenkörper, Lehrringe).

(270): 33 DIN über „Lehren für Elektrotechnik“ (Lehren für Schutzgläser, Gerätesteckdosen, Sicherungssockel, Lampenfassungen).

(271): 43 DIN über „Lehren für Röhren“ (für Sockel und Fassungen).

(272): 13 DIN über „Lehren für Wellen“ (Kerbzahn-, Grenzlehrdorne, -Lehrringe, -Ausschußrachenlehren).

(273): 32 DIN über „Gewindelehren“ (Lehren für Metrisches ISO-Gewinde, Whitworth-Rohrgewinde, Gewinde-Lehrdorne, Gewinde-Lehrenkörper, Gewinde-Lehrringe).

(274): 16 DIN über „Lehren für Werkzeuge und Werkzeugmaschinen“ (Morsekegellehren, Metrische Kegellehren, Kegellehrringe, -dorne).

(275): 3 DIN über „Lehren für Bergbau“.

(276): 20 DIN über „Lehren für Landfahrzeuge (außer Schienenfahrzeuge), (Felgenprofillehren).

(626): 16 DIN über „Darstellungen. Sinnbilder“ (Maßeintragungen, Maß- und Toleranzangaben, Oberflächenbeschaffenheit, Symbole für Form- und Lagetoleranzen).

Genormte Grundbegriffe und Definitionen der Längen- und Winkelmeßtechnik sind enthalten in:

DIN 1315, Ausg. 3.74: Winkel, Begriffe, Einheiten.

DIN 1319 T.1, Ausg. 11.71: Grundbegriffe der Meßtechnik; Messen, Zählen, Prüfen.

DIN 1319 T.2, Ausg. 12.68: und Entwurf Ausg. 3.78: Grundbegriffe der Meßtechnik; Begriffe für die Anwendung von Meßgeräten.

DIN 1319 T.3, Ausg. 1.72: Grundbegriffe der Meßtechnik; Begriffe für die Fehler beim Messen.

DIN 2062, Ausg. 8.66: Nichtanzeigende Meßzeuge, Endmaße und feste Lehren, Definitionen für die Maße.

DIN 861 T.1, Ausg. 10.59: Parallelendmaße; Meßschnäbel, Endmaßhalter; Parallelendmaße, Begriffe, zulässige Abweichungen.

E DIN 861 T.1, Ausg. 11.74: Parallelendmaße; Begriffe, Anforderungen, Prüfung.

DIN 861 T.2, Ausg. 5.55: Parallelendmaße; Meßschnäbel, Endmaßhalter, Begriffe, Ausführung, zulässige Abweichungen.

E DIN 862, Ausg. 7.77: Meßschieber (Schieblehre); Begriffe, Anforderungen, Prüfung.

DIN 862, Ausg. 12.60: Schieblehren; Begriffe, Anforderungen, zulässige Abweichungen, Prüfung.

DIN 863 T.1, Ausg. 11.77: Meßschrauben; Bügelmeßschrauben, Begriffe, Anforderungen, Prüfung.

DIN 2257 T.1, Ausg. 3.70: Begriffe der Längenprüftechnik; Einheiten, Tätigkeiten, Prüfmittel.

DIN 2257 T.2, Ausg. 8.74: Begriffe der Längenprüftechnik; Fehler und Unsicherheit beim Messen.

DIN 2268, Ausg. 10.75: Längenmaße mit Teilung; Kenngrößen, Tolerierung.

DIN 4760, Ausg. 7.60: Begriffe für die Gestalt von Oberflächen.

DIN 4761, Ausg. 12.78: Oberflächencharakter; Geometrische Oberflächentextur-Merkmale, Begriffe, Kurzzeichen.

E DIN 4762 T.1, Ausg. 5.78: Oberflächenrauheit; Begriffe.

DIN 4762 T.1, Ausg. 8.60: Erfassung der Gestaltabweichung 2. bis 5. Ordnung an Oberflächen an Hand von Oberflächenschnitten; Begriffe für Bezugssysteme und Maße.

DIN 7182 T.1, Ausg. 10.71: Toleranzen und Passungen; Grundbegriffe.

DIN 7182 T.3, Ausg. 8.77: Toleranzen und Passungen; Preßverbände, Begriffe.

DIN 7184 T.1, Ausg. 5.72: Form- und Lagetoleranzen; Begriffe, Zeichnungseintragungen.

DIN 7184 T.1, Bbl. 1, Ausg. 2.73: Form- und Lagetoleranzen; Begriffe, Zeichnungseintragungen, Kurzfassung.

DIN 7184 T.1, Bbl. 3, Ausg. 4.74: Form- und Lagetoleranzen; Begriffe, Zeichnungseintragungen, Bemaßung und Tolerierung von Linienformen.

DIN 7186 T.1, Ausg. 8.74: Statistische Tolerierung; Begriffe, Anwendungsrichtlinien und Zeichnungsangaben.

DIN 58700 T.1, Ausg. 3.78: ISO-Passungen; Toleranzfeldauswahl für die Feinwerktechnik; Toleranzfelder, Nennabmaße.

DIN 58700 T.2, Ausg. 3.78: ISO-Passungen; Toleranzfeldauswahl für die Feinwerktechnik; Empfohlene Passungen.

E DIN 58701, Ausg. 5.76: Toleranzen der Feinwerktechnik und Mikronik; Grundtoleranzen für Nennmaße bis 10 mm.

DIN 7162, Ausg. 12.65: Arbeits- und Prüflehren für Längenmaße; Herstelltoleranzen und zulässige Abnutzung.

DIN 12 T.16, Ausg. 6.76: Metrisches ISO-Gewinde; Lehren für Bolzen- und Muttergewinde, Lehrensystem und Benennungen.

In der metallverarbeitenden Industrie (mvI), speziell dem Werkzeugmaschinen-, Landmaschinen- und Fahrzeugbau sowie im feinmechanisch-optischen Gerätebau wird die Längenmeßtechnik wegen ihrer Bedeutung für die Stabilisierung der Produktion auch als Fertigungsmeßtechnik bezeichnet. Für fertigungsmeßtechnische Präzisionsmessungen ist noch der Begriff Feinmeßtechnik gebräuchlich.

Die Längenmeßtechnik umfaßt sowohl die Messung von Längen und Winkeln als auch die Messung von Maß- und Gestaltabweichungen, von Kegeln, Gewinden und von Zahnrädern. Gestaltabweichungen sind alle Abweichungen der gemessenen Oberfläche oder des gemessenen Profils von seiner geometrisch idealen Soll-Oberfläche. Gestaltabweichungen werden in Lageabweichungen, Formabweichungen und Oberflächenrauheit unterteilt [15.3]. Es gibt Lageabweichungen von der Parallelität, Koaxialität, Nennlage, Kreuzung zweier Achsen und von der Rechtwinkligkeit.

Bei den Formabweichungen unterscheidet man zwischen Formabweichungen von der Geraden, vom Kreis, von der Ebene und vom Zylinder. Diese Abweichungen werden beispielsweise durch Führungsfehler der Werkzeugmaschinen, Durchbiegungen der Maschine oder des Werkstücks bei der Bearbeitung sowie durch fehlerhafte Einspannungen des Werkstücks oder des Werkzeugs verursacht. Eine spezielle Art der Formabweichungen ist die Welligkeit. Sie wird durch unbeabsichtigte Schwingungen im System Werkzeugmaschine–Vorrichtung–Werkzeug–Werkstück hervorgerufen.

Die Oberflächenrauheit ist der Anteil der Gestaltabweichungen in einem Abschnitt der wirklichen Oberfläche, in dem Lage- und Formabweichungen einschließlich der Welligkeit eliminiert wurden [15.3, S. 117].

Die Prüfung räumlicher Größen erfolgt durch Lehren oder Messen. Lehren als Tätigkeit ist maßliches Prüfen, ob das Maß oder die Form eines gefertigten Werkstücks innerhalb der durch die Lehre dargestellten Grenzen liegt (Grenzlehrung).

Messen erfolgt dagegen grundsätzlich mit anzeigenden Meßgeräten.

Eine Lehre ist ein Meßmittel, das **ein** Maß oder **eine** Form oder beides gemeinsam darstellt. Die wichtigsten Lehren sind Bohrungslehren und Wellenlehren. Es gibt aber auch Kegellehren, Gewindelehren, Winkellehren, Radienlehren usw.

Lehren sind Maßverkörperungen.

Als Maßverkörperungen werden solche Meßmittel bezeichnet, die die Maßeinheit, ihre Teile oder Vielfachen mit bekannter Genauigkeit realisieren **(Tafel 15.2)**.

Weitverbreitete Maßverkörperungen sind Strichmaße, Parallelendmaße und Winkelendmaße.

Wegen der relativ einfachen Herstellung und Handhabung der Maßverkörperungen von Längen und Winkeln ist die Unterschiedsmessung in der Längenmeßtechnik häufig anzutreffen. Bei der Unterschiedsmessung wird das zu bestimmende Maß mit zwei Meßmitteln verglichen, und zwar einer einwertigen Maßverkörperung (Parallelendmaß) und einer mehrwertigen Maßverkörperung (z.B. Strichmaßstab). Beide Maßverkörperungen werden in Reihe geschaltet. Das anzeigende Meßgerät mit mehrwertiger Maßverkörperung braucht so nur einen kleinen Meßbereich zu haben. Das führt in der Regel zu kleineren Meßfehlern als bei ausschließlich **unmittelbaren** Messungen mit sog. anzeigenden Meßgeräten.

Tafel 15.2. Maßverkörperungen der Längen- und Winkelmeßtechnik

	Längenmaße		
	Wellenlänge	Parallelendmaß	Meßstift
Bauprinzip	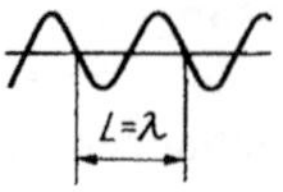	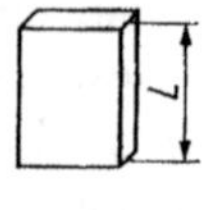	
Definition des Maßes	Verkörperung des Maßes L durch die Wellenlänge monochromatischen Lichts	Verkörperung des Maßes L durch den Abstand zweier ebener Meßflächen	Verkörperung des Maßes L durch den Durchmesser einer kreisrunden Meßfläche
Zulässige Abweichung	nicht standardisiert, etwa $\pm 0{,}005\,\mu m$	nach TGL RGW 720: Genauigkeitsgrad 00: $\Delta L = \pm 0{,}06$ mm für $L = (0{,}5 \dots 10)$ mm und $\Delta L = \pm 1$ mm für $L = 1000$ mm	nach TGL 13620: Genauigkeitsgrad I: $\Delta L = \pm 0{,}5\,\mu m$
Anwendung	Interferometer, Interferenzfeinzeiger, Interferenzkomparatoren, Laserwegmeßsysteme	Anschluß an Lichtwellenlängennormale, Weitergabe der Längeneinheit durch Endmaßkombinationen	Messung von Bohrungsdurchmessern und Bohrungsabständen

15.2. Räumliche Größenarten, Einheiten und Normale

Im internationalen Einheitensystem wurde als räumliche Basisgrößenart die Länge festgelegt. Ihre Einheit ist das Meter **(Tafel 15.3)** [3.1] bis [3.4].

Die Darstellung des Meters erfolgt im ASMW Berlin durch eine U-förmige Entladungsröhre mit Glühkatode, die mit mindestens 99%igem Krypton gefüllt ist [1.11] [3.1]. Die Interferenzen werden in einem Fabry-Perot-Interferometer [15.4, S. 83] oder einem modifizierten Michelson-Interferometer [15.4, S. 67] erzeugt. Als Sekundärstrahlungsquellen sind auch Kadmium-Lampen mit Cd 114-Füllung und Quecksilber-Lampen mit Hg 198-Füllung gebräuchlich [1.11]. Sie liefern gegenüber Kryptonlampen eine größere Streifenintensität und einen größeren Streifenkontrast in rot (Kadmium) oder grün (Quecksilber).

Die Weitergabe der Längeneinheit sowie ihrer Teile und Vielfachen **(Tafel 15.4)** nach [3.8] geschieht durch Parallelendmaße **(Tafel 3.5)** und Strichmaße **(Tafel 15.5)**, die als Längennormale erster bis fünfter Ordnung dienen. Der Anschluß erfolgt im ASMW mit einem automatischen Strichmaß-Parallelendmaß-Interferenzkomparator zur statischen und dynamischen Messung von Strichmaßen und Parallelendmaßen bis 2 m Länge [15.5]. Auf diesem Gerät sind Strichteilungen bis zu 2 m Nennlänge auszumessen, wenn die Striche von 2 bis 20 μm breit und die Strichabstände >0,1 mm sind. Der Strichabstand wird aus der zugehörigen Anzahl von Interferenzstreifen einer monochroma-

Längenmaße		Winkelmaße	
Strichmaß	Meßgewinde	Winkelendmaß	90°-Winkel
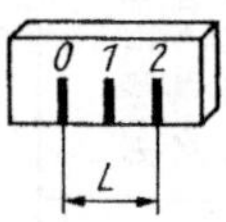	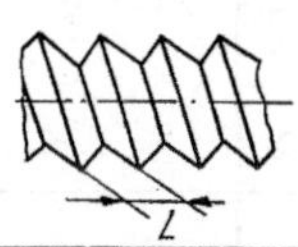		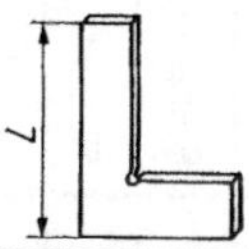
Verkörperung des Maßes L durch den Abstand zweier Strichmitten	Verkörperung des Maßes L durch den achsenparallelen Abstand aufeinanderfolgender Rechts- oder Linksflanken des gleichen Gangs	Verkörperung des Winkels α durch den Winkel zwischen zwei Meßflächen	Verkörperung des Winkels 90° durch den Winkel zwischen zwei Meßflächen
nach TGL 6154: Klasse 7A: $\Delta L = \pm(2 + 0{,}002L)\,\mu m$ L Meßlänge in mm	nach TGL 15046/03 Genauigkeitsgrad 1: $\Delta L = \pm 1{,}5\,\mu m$ für Meßschraube Typ A	nicht standardisiert, etwa $\pm 3''$	nach TGL 6163: Abweichung von der Rechtwinkligkeit: $\Delta L = \pm(2 + 0{,}01L)$ µm L Meßlänge in mm
Glasmaßstäbe, Stahlmaße, Meßschieber, Meßmikroskope, Meßmaschinen, Koordinatenmeßgeräte	Meßschrauben, Wälzschraubtriebe, Meßmikroskope, Werkzeugmikroskope, Meßprojektoren, Koordinatenmeßgeräte	Überprüfung von Kreisteilungen, Einstellung von Vorrichtungen und Werkzeugen	Überprüfung der Rechtwinkligkeit von Werkstücken und Werkzeugen, Einstellung von Vorrichtungen

Tafel 15.4. Räumliche Einheiten nach [3.8]

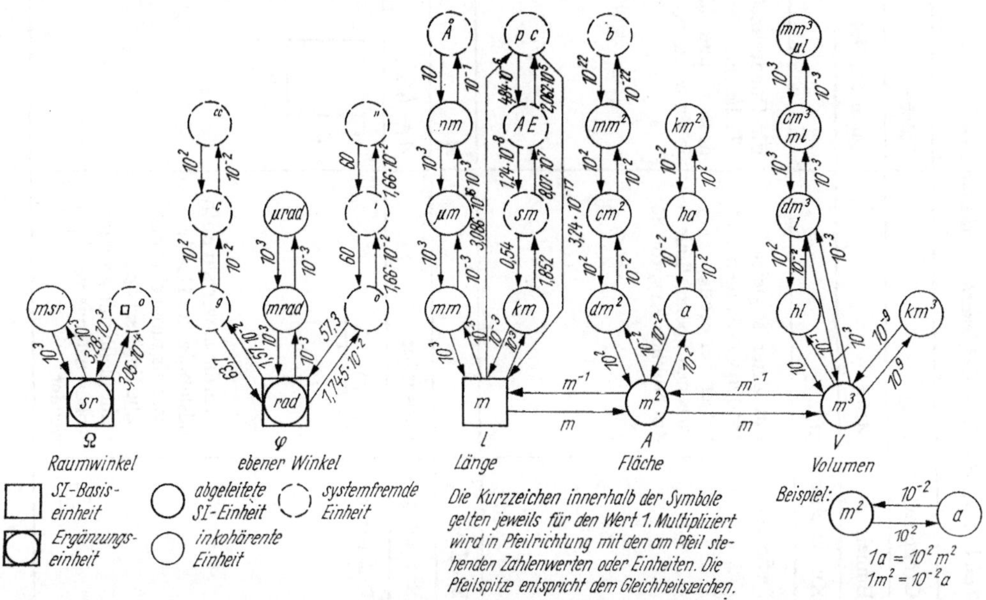

Tafel 15.3. Räumliche Größenarten und Einheiten

Größenart	Länge	Fläche	Volumen	Ebener Winkel	Raumwinkel
Einheit	Meter	Quadratmeter	Kubikmeter	Radiant	Steradiant
Kurzzeichen	m	m^2	m^3	rad	sr
Definition	Ein Meter ist gleich 1650763,73 Wellenlängen der orangefarbenen Spektrallinie des Nuklids Krypton 86.	Ein Quadratmeter ist die Fläche eines Quadrats, dessen Kantenlängen je ein Meter betragen.	Ein Kubikmeter ist das Volumen, das durch einen Würfel von je ein Meter Kantenlänge begrenzt wird.	Ein Radiant ist der ebene Winkel zwischen zwei vom Mittelpunkt eines Kreises ausgehenden Strahlen, die auf dem Umfang einen Bogen b von der Länge des Radius r ausschneiden.	Ein Steradiant ist der Raumwinkel, der von einer vom Mittelpunkt einer Kugel ausgehenden Strahlenschar gebildet wird, die auf der Oberfläche dieser Kugel eine Fläche A gleich dem Quadrat mit der Seitenlänge r des Kugelradius ausschneidet.
Symbol	l	A	V	φ	Ω
Beziehung	Basisgröße	$A = l_1 l_2$	$V = lbh$	$\varphi = b/r$	$\Omega = A/r^2$
Erläuterung	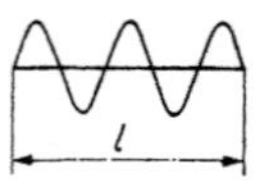 Neuerdings werden auch jodstabilisierte He-Ne-Laser als monochromatische linienscharfe Lichtquelle mit großer Kohärenzlänge verwendet.	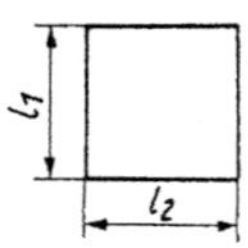	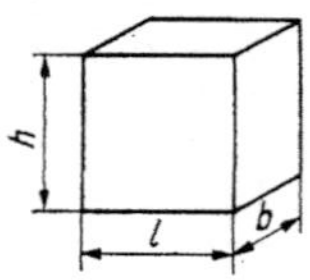 l Länge b Breite h Höhe	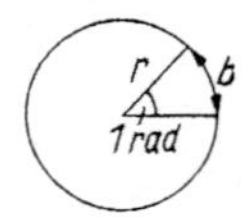 ebener Vollwinkel $= 2\pi$ rad $= 6{,}28$ rad $= 360°$	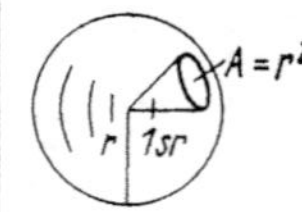 räumlicher Vollwinkel $= 4\pi$ sr $= 12{,}56$ sr Die Begrenzungslinie des Raumwinkels auf der Kugeloberfläche kann beliebig sein.

Tafel 15.5. Prüfschema für Längenmeßmittel, Strichmaße (Ausschnitt)

F Fehler der Messung; *L* gemessene Länge in m; *r* Reproduzierbarkeit; *u* Meßunsicherheit für *P* = 95%

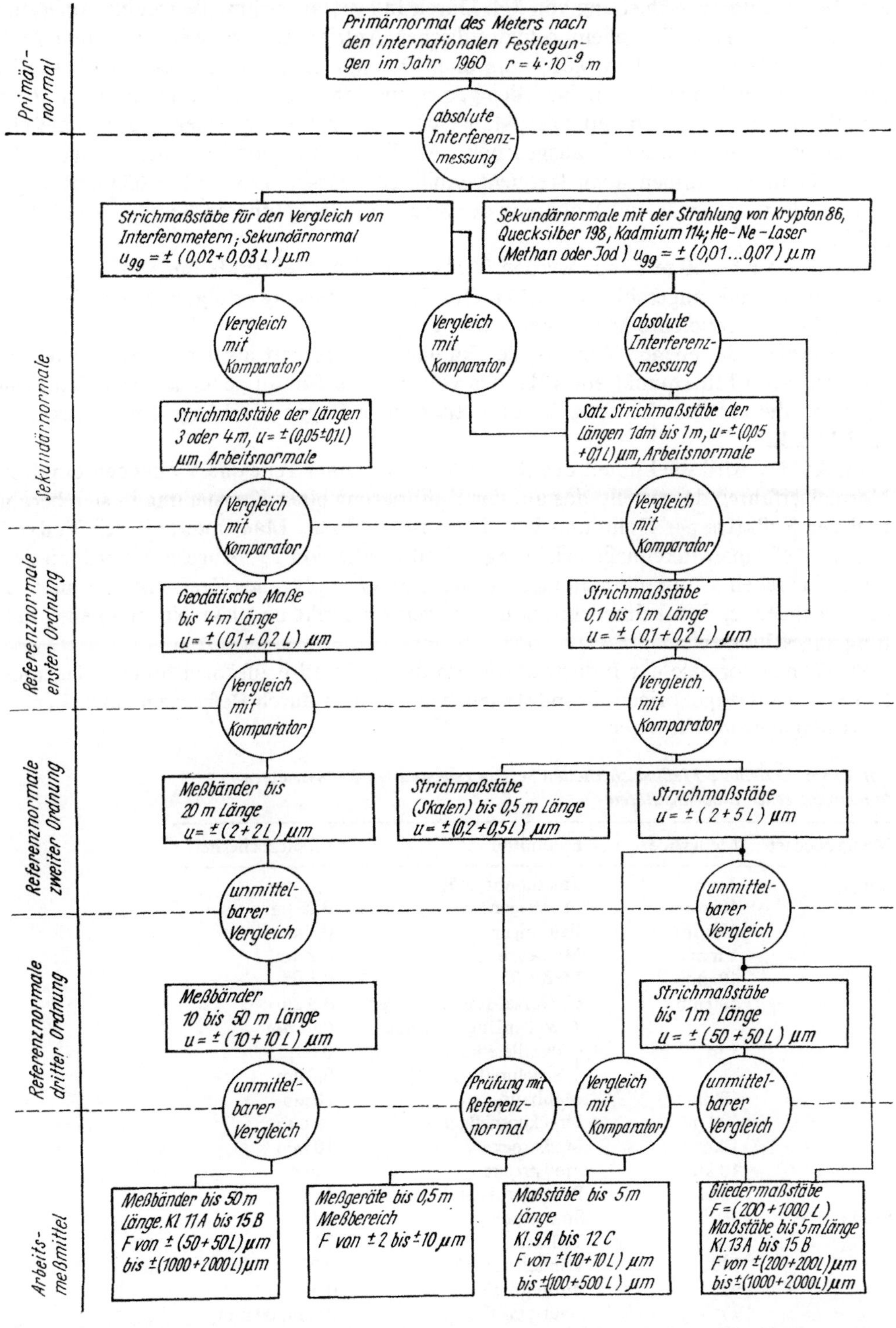

tischen Strahlung bekannter Wellenlänge bestimmt. Das Einfangen der Strichmarken geschieht mit einem fotoelektrischen Mikroskop. Einer Interferenzzähleinheit entspricht eine Meßschlittenverschiebung von $\lambda/4$. Durch Interpolationsimpulse ist eine Auflösung auf $\lambda/400$ möglich. Ein pneumo-hydraulischer Antrieb erlaubt vier konstante Meßgeschwindigkeiten zwischen 0,01 mm/s und 10 mm/s. Auf dem Meßprotokoll werden die Anzahl der Wellenlängen für jedes gemessene Intervall, die Brechzahl der Luft im Interferometer, die Temperatur des Maßstabs und der Teilungsfehler, bezogen auf eine Bezugstemperatur von 20 °C, ausgedruckt. Als Wellenlängennormale dienen neben den obengenannten Lampen auch frequenzstabilisierte He-Ne-Laser (λ = 633 nm) wegen ihrer großen Intensität und Kohärenz der Strahlung im sichtbaren Bereich [15.6] [15.7] [15.8].

Meßbänder bis 50 m Länge werden über einen 25-m-Meßbandkomparator an die genaueren Normale angeschlossen [1.11]. Die Teilungsablesung erfolgt mit visuellen Meßmikroskopen. Erzielbare Meßunsicherheiten s. **Tafel 15.6.**

Die Einheit des ebenen Winkels, der Radiant, ist definiert als der ebene Winkel, der von zwei vom Mittelpunkt eines Kreises vom Radius 1 m ausgehenden Strahlen gebildet wird, die auf dem Umfang dieses Kreises einen Bogen der Länge 1 m einschließen **(Tafel 15.3).**

Im ASMW wird die Einheit des ebenen Winkels, seiner Teile und Vielfachen durch ein Normalverfahren dargestellt, das auf der Kalibrierung einer Kreisteilung in sich beruht, weil der Vollkreis per Definition beispielsweise 360° hat. Man unterteilt den Vollkreis mit einer Normalwinkelmeßeinrichtung in Teilschritte von 15′. Abgelesen wird mit zwei fotoelektrischen Autokollimationsfernrohren. Spiegelpolygone, Kreisteiltische und andere hochgenaue Winkelmeßeinrichtungen werden direkt an diese Normalmeßeinrichtung angeschlossen.

90°-Winkelnormale der Industrie, wie Stahlwinkel und Prüfsäulen höherer Genauigkeit mit den dazugehörigen Grundplatten, schließt man durch Referenznormale in einer Umschlagmeßeinrichtung an.

Tafel 15.6. Erzielbare Meßunsicherheiten bei Längen- und Winkelmessungen in metrologischen Staatsinstituten

Meßgrößenart	Meßgröße	Meßmittel	Meßunsicherheit
Länge	1 µm	Tastschnittgerät	0,05 µm
	10 µm	Feinzeiger	0,05 µm
	100 µm	Feinzeiger	0,1 µm
	1 mm	Meßlehre	0,2 µm
	10 mm	Meßstift	0,1 µm
	100 mm	Universal-Längenmesser	0,3 µm
	1 m	Wellenlängennormal	0,01 µm
	1 m	Parallelendmaß	0,05 µm
	1 m	Strichmaßstab	0,2 µm
	10 m	Meßband	50 µm
	100 m	Streckenmeßgerät	20 mm
	1 km	Meßstrecke	10 mm
	10 km	Meßstrecke	1 cm
	100 km	Rollenprüfstand	1 m
Winkel	360°	Spiegelpolygon	0,1″
	360°	Teilkreis	0,2″
	360°	Winkelendmaß	0,2″
	90°	Einstellmaß	0,3″
	90°	Haarwinkel	2 µm/300 mm
	90°	Werkstattwinkel	3 µm/1 m

Für die Prüfung von Richtungs- und Neigungsmeßgeräten wird ein Tangenslineal, für die Bestimmung von Formabweichungen von der Ebene ein Doppelspaltinterferometer in Autokollimationsschaltung und für die Bestimmung von Welligkeit und Rauheit werden optische Interferenz- und Lichtschnittgeräte sowie elektrische Tastschnittgeräte eingesetzt [1.11].

15.3. Längen- und Winkelmeßprinzipe

15.3.1. Mechanische Meßprinzipe

Festkörperprinzip

Feste Körper sind Stoffe im kondensierten Aggregatzustand, deren Atome nur kleine Schwingungen um fixierte Gleichgewichtslagen ausführen. Die Stoffe können amorph (Gläser) oder kristallin (Metalle) sein. In beiden Fällen haben Festkörper eine feste Gestalt, die sie unter definierten Umweltbedingungen (Temperatur, Druck, Feuchte, chemische Zusammensetzung der Atmosphäre) aufgrund atomarer Kräfte selbständig mit hoher Genauigkeit beibehalten. Die Form der Festkörper oder definierte Abstände auf ihnen können deshalb als Maß für Längenmessungen dienen.

Bei Übereinstimmung (Koinzidenz) zwischen dem Festkörpermaß l_a und der Meßgröße l_e ist

$$l_a = l_e. \tag{15.1}$$

Zur Anpassung der Empfindlichkeit der Meßgeräte an die Empfindlichkeit der menschlichen Sinnesorgane oder die Empfindlichkeit der meßwertverarbeitenden Geräte werden in verschiedenen Fällen zusätzlich mechanische oder optische Übersetzungen in Form von Hebeln, Keilen (schiefen Ebenen), Gewinden, Zahnrädern, Linsen, Lupen, Mikroskopen, Fernrohren, Fotoobjektiven, Torsionsbändern, Kippspiegeln, Lichtzeigern u. a. verwendet. Dann gilt

$$l_a = l_e/i \tag{15.2}$$

i Übersetzungsverhältnis (reziproke Empfindlichkeit).

Kreisteilungsprinzip

Der Vollkreis ist eine geschlossene Linie, die die Länge $L = 2\pi r$ hat, mit r als Radius des Kreises.

1 rad ist demzufolge neben seiner Definition in **Tafel 15.3** auch identisch mit dem 2π-ten Teil des Vollkreises.

Deshalb gilt fehlerfrei (bis auf Rundungsfehler von π)

$$2\pi \text{ rad} = 6{,}28 \text{ rad} = 360^\circ = 4^{\llcorner} \tag{15.3}$$

und

$$(\pi/2) \text{ rad} = 1{,}57 \text{ rad} = 90^\circ = 1^{\llcorner}. \tag{15.4}$$

Weitere Umrechnungen lauten:

$$\begin{aligned}
1^\circ &= (2\pi/360) \text{ rad} = 17{,}45 \text{ mrad}\\
1' &= (1/60) = 290{,}9\ \mu\text{rad}\\
1'' &= (1/60)' = (1/3600)^\circ = 4{,}85\ \mu\text{rad}\\
1 \text{ rad} &= 360^\circ/2\pi = 57{,}3^\circ\\
1 \text{ mrad} &= 3{,}44'\\
1\ \mu\text{rad} &= 0{,}21''
\end{aligned} \tag{15.5}$$

mit den Symbolen

$\llcorner$ Rechter (rechter Winkel), ° Grad (Altgrad), ′ Minute, ″ Sekunde.

Die Abhängigkeiten (15.3) bis (15.5) werden Kreisteilungen und Winkelmessungen zugrunde gelegt.

Der Radiant wird grundsätzlich dezimal unterteilt.

Die dezimale Unterteilung des Altgrads

$$0{,}1° = 6' = 360''; \qquad 0{,}01° = 0{,}6' = 36''; \qquad 0{,}1' = 6''$$

ist wenig gebräuchlich.

Abweichungen von der Waagerechten oder Senkrechten werden als Länge des Kreisbogens in mm bei einem Radius von 1 m angegeben

$$1 \text{ mrad} = 1 \text{ mm}/1 \text{ m} = 3{,}44' = 206{,}27''.$$

Dabei gilt $\sin\alpha \approx \tan\alpha \approx \alpha$ (rad) [15.9, S. 15].

Schwerkraftprinzip

Das Schwerkraftprinzip äußert sich in der Erscheinung, daß Feststoffe, Flüssigkeiten und Gase proportional ihrer Masse von der Erde angezogen werden. Dadurch richten sich frei bewegliche Pendel auf den Erdmittelpunkt aus (Lot). Verschiedenartige Stoffe mit unterschiedlicher Dichte entmischen sich. Der Stoff mit geringerer Dichte befindet sich über dem mit größerer Dichte (Libelle). Bei Messungen von Abweichungen von der Waagerechten dienen als konstante natürliche Bezugssysteme entweder der Erdmittelpunkt (Lot) oder die Erdtangente bzw. der Erdhorizont (Libelle).

Volumenstrommeßprinzip

Wird ein Strömungskanal von einem Medium (Flüssigkeit, Gas) durchströmt, so wird das ausströmende Volumen (Menge) des Mediums von dem engsten Querschnitt des Strömungskanals bestimmt. Der engste Querschnitt des Strömungskanals befinde sich an seinem Ausgang und werde durch ein System Düse–Prallplatte gebildet **(s. Tafel 15.10)** [15.10]. Den Speisedruck des Mediums hält ein Regler konstant. Der Querschnitt des Strömungskanals ist innerhalb eines konischen Meßrohrs durch die veränderliche Lage eines Schwebekörpers variabel. Die Stellung des Schwebekörpers ist proportional dem Luftvolumen, das je Zeit das Meßrohr durchströmt. Das ausströmende Luftvolumen je Zeit ist bei konstantem Speisedruck direkt proportional der Spalthöhe (Länge) im System Düse–Prallplatte

$$l = \dot{V}_r/C \tag{15.6}$$

mit

$$C = \frac{0{,}48}{l_0} A_b \alpha \sqrt{2RT_r} \tag{15.7}$$

und

$$l_0 = l A_b / A_e . \tag{15.8}$$

A_b Austrittsquerschnitt der Meßdüsenbohrung, A_e engster Querschnitt des Strömungskanals, C Gerätekonstante, R Gaskonstante, T_r absolute Temperatur der einströmenden Luft, $\dot{V}_r$ Volumen/Zeit, l Spaltlänge zwischen Stirnfläche der Meßdüse und Prallplatte, α Ausflußzahl.

Die Ausflußzahl α ist von der Düsenform, vom Strömungsverlauf und von der Oberflächenrauheit des Systems Düse–Prallplatte abhängig und kann i. allg. nur experimentell ermittelt werden.

Druckmeßprinzip

Ein weiteres Prinzip der pneumatischen Längenmessung beruht auf der Abhängigkeit zwischen Prallplattenabstand und Meßkammerdruck. Die Meßkammer wird durch eine sog. Kopfdüse gespeist **(s. Tafel 15.10)**.

Für den Zusammenhang zwischen Spaltlänge und angezeigtem Druck gilt bei Niederdruck [15.10]

$$l = l_0 C_N \sqrt{(H - h)/h} \tag{15.9}$$

mit

$$C_N = \frac{A_{eK} A_{eM} \alpha_K}{A_{bM} A_{eM} \alpha_M} \tag{15.10}$$

A_{bM} Austrittquerschnitt der Meßdüse, A_{eK} kleinster Querschnitt des Strömungskanals in der Kopfdüse, A_{eM} Austrittsquerschnitt der Kopfdüse, C_N Gerätekonstante bei Niederdruck mit $p < 10$ kPa, H Überdruck vor der Kopfdüse, h Überdruck vor der Meßdüse, p Speisedruck, α_K Ausflußzahl der Kopfdüse, α_M Ausflußzahl der Meßdüse.

Da durch einen Druckregler nur der Überdruck vor der Kopfdüse konstant gehalten werden kann, ist die Anzeige l von Niederdruckgeräten auch vom atmosphärischen Außendruck abhängig.

Für einen Speisedruck von $p > 0{,}25$ MPa, also für Hochdruck, gilt dagegen

$$l = l_0 C_H (p_{rK}/p_{rM}) \tag{15.11}$$

mit

$$C_H = \frac{A_{eK} \alpha_K}{A_{bM} \alpha_M} \tag{15.12}$$

C_H Gerätekonstante bei Hochdruck, p_{rK} Eintrittsdruck vor der Kopfdüse, p_{rM} Eintrittsdruck vor der Meßdüse.

Geräte, die nach dem Hochdruckprinzip arbeiten, haben eine vom atmosphärischen Außendruck unabhängige Anzeige. Dasselbe gilt für sog. Differenzdruckgeräte **(s. Tafel 15.10)**. Unabhängig von diesen Vorteilen können die Kennlinien für alle pneumatischen Längenmeßsysteme i. allg. aber nur experimentell ermittelt werden.

Geschwindigkeitsmeßprinzip

Beim Geschwindigkeitsmeßprinzip wird der Querschnitt einer Düse (Venturi-Düse) konstant gehalten und die Geschwindigkeit der Luft mit einem U-Rohr-Manometer gemessen **(s. Tafel 15.10)**. Die Spalthöhe ist im wesentlichen proportional der Quadratwurzel aus der Druckdifferenz h, die am U-Rohr-Manometer angezeigt wird [15.10, S. 65]

$$l \approx \frac{l_0}{0{,}26} C_H \sqrt{\frac{\varkappa - 1}{\varkappa} \frac{h}{p_{rK}}} \tag{15.13}$$

C_H Gerätekonstante, h Differenzdruck, l Spalthöhe zwischen Stirnfläche der Meßdüse und Prallplatte, l_0 siehe Gl. (15.8), p_{rK} Speisedruck, $\varkappa$ Quotient aus spezifischer Wärme der Luft bei konstantem Druck und spezifischer Wärme der Luft bei konstantem Volumen.

Eine Modifikation des Geschwindigkeitsmeßprinzips ist das Bolometermeßprinzip. Bei ihm liegt ein Bolometerdraht in einem Ast einer Meßbrücke und wird in Abhängigkeit von der Strömungsgeschwindigkeit der Luft in der Meßkammer abgekühlt. Die Verstimmung der Meßbrücke ist ein Maß für die Spalthöhe an der Meßdüse.

15.3.2. Optische Meßprinzipe

Allen optischen Längenmeßsystemen liegen entweder die geometrischen Abbildungsgesetze der Strahlenoptik (Meßmikroskope, optische Feinzeiger) oder aber die physikalischen Interferenzerscheinungen der Wellenoptik (Interferenzmikroskop, Interferenzkomparator, Prüfglas) zugrunde. Ihre grundsätzliche Wirkungsweise wurde bereits im Abschn. 6.2.4. und **Tafel 6.2** beschrieben. Weitere gerätetechnische Einzelheiten s. Abschn. 15.4.1.

15.3.3. Radiometrisches Meßprinzip

Das radiometrische Meßprinzip zur Längenmessung ist identisch mit dem Strahlungsintensitätsprinzip zur Massemessung (s. Abschnitte 17.3.3., 17.4.1. und **Tafel 17.7**).

Meßgeräte auf der Basis des radiometrischen Meßprinzips können dann zur Längenmessung (Schichtdickenmessung) herangezogen werden, wenn das untersuchte Material über der gesamten Meßfläche (mehrere Quadratzentimeter) sowohl eine konstante Dichte als auch eine konstante Dicke hat. Diese Bedingung wird i. allg. von Halbzeugen und Werkstücken eingehalten, die gewalzt, gezogen, gewebt oder beschichtet werden.

15.3.4. Elektrische Meßprinzipe

Elektrischen Meßprinzipen liegt zugrunde, daß eine Längenänderung an einem mechanoelektrischen Bauelement zur Änderung seiner elektrischen oder magnetischen Parameter führt. Sowohl die entsprechenden Bauelemente als auch ihre Wirkungsweise wurden im Abschn. 6.2.5. behandelt.

Für die Messung kleiner Längen und Winkel, vor allem im Zusammenhang mit Masse-, Kraft- und Druckmessungen **(s. Tafeln 17.7 und 17.8)**, haben ohmsche Längenaufnehmer mit Dehnungsmeßstreifen sowie Ring- und Wendelpotentiometern (Abschnitt 6.2.5.2. und **Tafel 6.3**) breite Anwendung gefunden.

Kapazitive Längenaufnehmer (Abschn. 6.2.5.3. und **Tafel 6.4**) werden bevorzugt für elektrische Schichtdicken- und Niveaumessungen eingesetzt.

Als universellstes mechanoelektrisches Längenmeßmittel hat sich der induktive Längenaufnehmer (Abschn. 6.2.5.4. und **Tafel 6.4**) in der Praxis bewährt. Er wird in Meßbrückenschaltungen (Abschn. 18.4.4.1. sowie **Tafeln 18.9 und 18.10**) im Trägerfrequenzbetrieb eingesetzt. Die Trägerfrequenzen liegen im Bereich zwischen 5 und 50 kHz.

Für digitale Meßgeräte werden absolut oder inkremental kodierte Rasterlineale und Rasterscheiben eingesetzt, die optoelektronisch, ohmsch, kapazitiv oder induktiv abgetastet werden können.

Mechanoelektrische Meßgrößenaufnehmer zeichnen sich besonders dadurch aus, daß ihre Ausgangssignale fast beliebig verstärkt, fernübertragen sowie regelungstechnisch und rechenelektronisch verarbeitet werden können. Das erklärt ihre wachsende Verbreitung, obwohl sie nicht in jedem Falle genauer und/oder billiger als mechanische oder optische Meßgrößenaufnehmer sind.

15.4. Längenmeßsysteme

15.4.1. Einkoordinatenmeßgeräte

Die Einkoordinatenmeßgeräte **(Tafel 15.7)** ermöglichen die Längenmessung in einer Koordinate. Zu ihnen gehören einfache mechanische einwertige **Maßverkörperungen** wie Endmaße **(Tafel 15.2)** und Lehren **(Tafeln 15.8.1 bis 15.8.5)** [15.11] sowie mechanische

Tafel 15.7. Klassifikation der Längenmeßsysteme

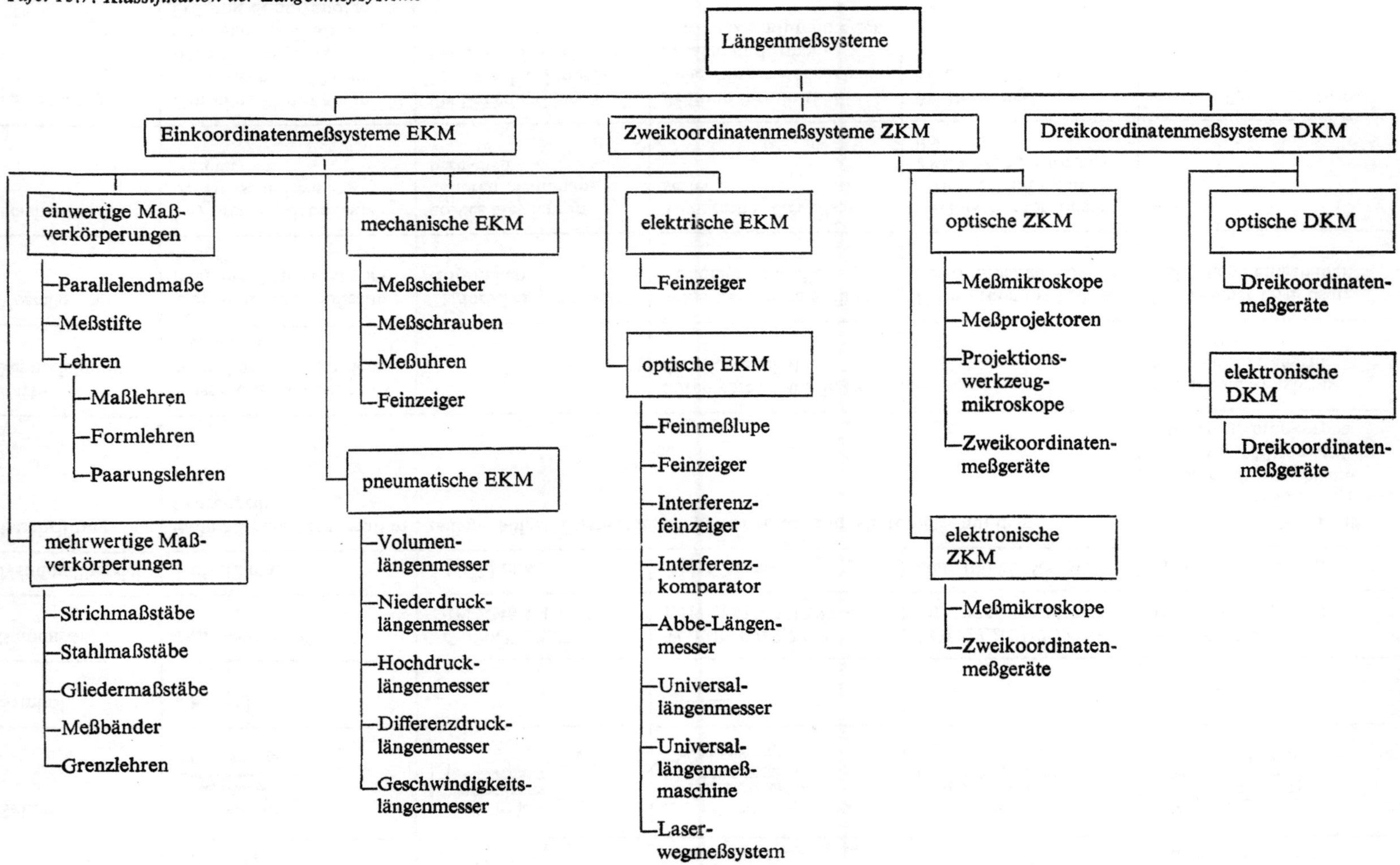

Tafel 15.8.1. Lehren für Bohrungen

	Grenzlehrdorn	Gutlehrdorn	Ausschußlehrdorn	Gutflachlehrdorn	Kugelendmaßlehre
Skizze	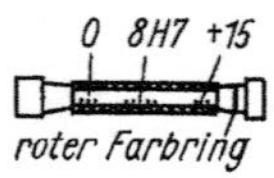	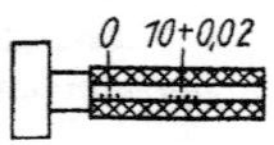	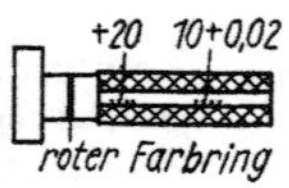	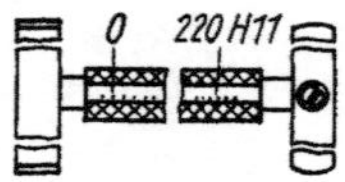	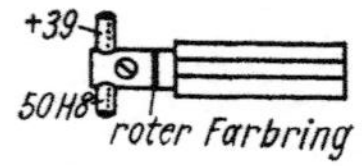
Symbol				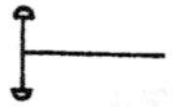	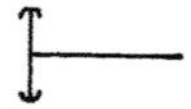
Standard	TGL 8825/12.72	TGL 8827/12.72 DIN 2246 T.1/12.77	TGL 8828/12.72 DIN 2247 T.1/12.77	TGL 28.202/12.72 DIN 2246 T.2/12.77	TGL 8831/12.72 DIN 2247 T.2/12.77
Nennmaßbereich	1 bis 32 mm	1 bis 32 mm	1 bis 32 mm	über 100 bis 500 mm	über 32 bis 160 mm
Beschriftung	Paßmaß oder Nennmaß mit zahlenmäßiger Toleranzangabe, Nennabmaße in Mikrometer auf dem Lehrengriff				Paßmaß oder Nennmaß mit zahlenmäßiger Toleranzangabe, Nennabmaß in Mikrometer auf dem Lehrenkörper
Farbkennzeichnung	Ausschußseite durch roten Farbring auf dem Kegelschaft	–	durch roten Farbring auf dem Kegelschaft	–	durch roten Farbring auf dem Lehrengriff oder Schaft
Vorteile	Gut- und Ausschußseite in einem Prüfmittel vereinigt	Taylorscher Grundsatz eingehalten	keine Verformung dünnwandiger Prüfteile	Gutprüfung bis 120 mm Bohrungslänge möglich	Taylorscher Grundsatz weitgehend eingehalten
Nachteile	Taylorscher Grundsatz bei Ausschußlehrung verletzt	großes Gewicht in höheren Nennmaßbereichen	Taylorscher Grundsatz verletzt	Taylorscher Grundsatz verletzt, Prüfung in zwei Ebenen erforderlich	–
Anwendung	Gutseite: Prüfung von Bohrungen bis 32 mm Bohrungslänge, Ausschußseite (zylindrisch), Prüfung dünnwandiger Teile und Innengewindekerndurchmesser	für Bohrungslängen bis etwa der doppelten Länge des Prüfkörpers	Prüfung forminstabiler Teile, kurzer Bohrungsabsätze und Innengewindekerndurchmesser	für Bohrungslängen bis etwa 120 mm	Ausschußprüfung formstabiler Teile

Tafel 15.8.2. Lehren für Wellen

	Grenzrachenlehre zusammengesetzt, einmäulig	Grenzrachenlehre zusammengesetzt, doppelmäulig	Gutrachenlehre zusammengesetzt	Ausschußrachenlehre zusammengesetzt
Skizze	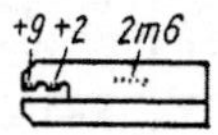	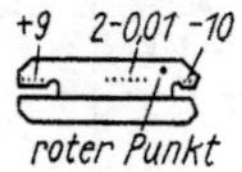	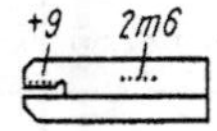	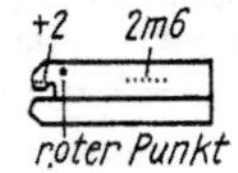
Symbol				
Standard	TGL 8812/12.72	TGL 8812/12.72	TGL 8812/12.72	TGL 8812/12.72
Nennmaßbereich	unter 5 mm	unter 5 mm	unter 5 mm	unter 5 mm
Beschriftung	Paßmaß oder Nennmaß mit zahlenmäßiger Toleranzangabe, Nennabmaße in Mikrometer auf dem Lehrenkörper in Nähe der Prüfflächen			
Farbkennzeichnung	–	Ausschußseite durch roten Punkt auf beschrifteter Fläche	–	durch roten Punkt auf beschrifteter Fläche
Vorteile	Gut- und Ausschußseite in einem Prüfmittel vereinigt und hintereinander angeordnet	Gut- und Ausschußseite in einem Prüfmittel vereinigt	kurze Prüfzeiten	Taylorscher Grundsatz weitgehend eingehalten
Nachteile	Taylorscher Grundsatz bei Gutlehrung verletzt (keine umhüllende Paarung)	Taylorscher Grundsatz bei Gutlehrung verletzt (keine umhüllende Paarung)	Taylorscher Grundsatz verletzt (keine umhüllende Paarung)	–
Anwendung	Gut- und Ausschußseite: für Wellen bis 5 mm Nenndurchmesser	Gut- und Ausschußseite: für Wellen bis 5 mm Nenndurchmesser	für Wellen bis 5 mm Nenndurchmesser	für Wellen bis 5 mm Nenndurchmesser

Tafel 15.8.3. Lehren für Wellen

	Grenzrachenlehre doppelmäulig	Grenzrachenlehre einmäulig		Gutrachenlehre		Ausschußrachenlehre		Gutlehrring	Ausschußlehrring
Skizze	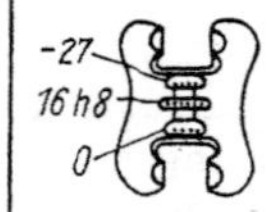	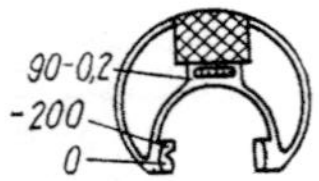		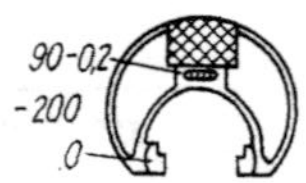		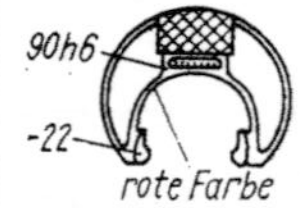		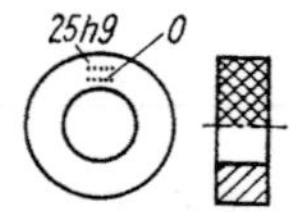	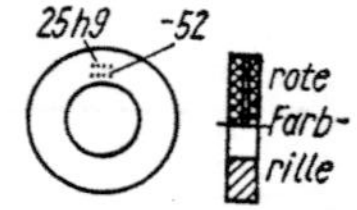
Symbol									
Standard	TGL 8814/12.72 DIN 2259/01.52	TGL 8816/12.72 DIN 2231/07.67	TGL 8820/12.72	TGL 8817/12.72 DIN 2232/07.67	TGL 8821/12.72	TGL 8818/12.72	TGL 8822/12.72	TGL 8832/12.72 DIN 2250/09.77	TGL 8832/12.72 DIN 2254/09.77
Nennmaß-bereich	5 bis 100 mm	5 bis 100 mm 3 bis 100 mm	über 100 bis 200 mm	5 bis 100 mm 3 bis 100 mm	über 100 bis 200 mm	5 bis 100 mm 3 bis 100 mm	über 100 bis 200 mm	1 bis 250 mm	1 bis 250 mm
Beschriftung	Paßmaß oder Nennmaß mit zahlenmäßiger Toleranzangabe in Mikrometer auf dem Lehrenkörper in Nähe der Prüfflächen	Paßmaß oder Nennmaß mit zahlenmäßiger Toleranzangabe auf der Beschriftungsfläche, Nennabmaße in Mikrometer auf einem Prüfbacken						Paßmaß oder Nennmaß mit zahlenmäßiger Toleranzangabe, Nennabmaße in Mikrometer auf einer Planfläche	
Farbkenn-zeichnung	Ausschußseite durch rote Farbe im Rachen	–		–		durch rote Farbe im Rachen		–	durch rote Farbrille, bis 5 mm Breite durch rote Markierung auf beschrifteter Planfläche
Vorteile	Gut- und Ausschußseite in einem Prüfmittel vereinigt	Gut- und Ausschußseite in einem Prüfmittel vereinigt und hintereinander angeordnet		kurze Prüfzeiten		Einhaltung des Taylorschen Grundsatzes, kurze Prüfzeiten		Taylorscher Grundsatz eingehalten	keine Verformung dünnwandiger Prüfteile
Nachteile	Taylorscher Grundsatz bei Gutlehrung verletzt (keine umhüllende Paarung)	Taylorscher Grundsatz bei Gutlehrung verletzt (keine umhüllende Paarung)		Taylorscher Grundsatz verletzt (keine umhüllende Paarung)		für forminstabile Teile ungeeignet		Prüfung zwischen Spitzen aufgenommener Werkstücke unmöglich, hohe Prüfzeiten	Taylorscher Grundsatz verletzt
Anwendung	Gut- und Ausschußseite: für Wellen bis 100 mm Nenndurchmesser	Gut- und Ausschußseite: für Wellen bis 100 mm Nenndurchmesser		für Wellen bis 100 bzw. 200 mm Nenndurchmesser		für Wellen bis 100 bzw. 200 mm Nenndurchmesser		für Wellen bis 250 mm Nenndurchmesser	Prüfung forminstabiler Teile

Tafel 15.8.4. Lehren für Innengewinde

	Gewindegrenzlehrdorn	Gewindegutlehrdorn			Gewindeausschußlehrdorn		
Skizze	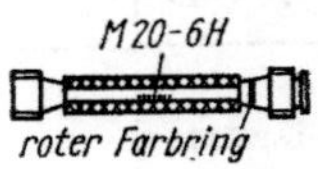	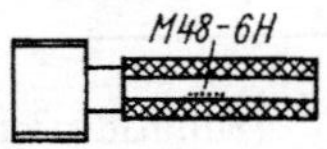			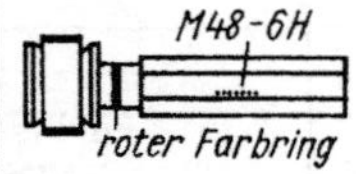		
Symbol							
Standard	TGL 15052/6.78	TGL 15053/6.78 DIN 2281 T.1/12.77	TGL 15055/6.78 DIN 2281 T.2/12.77	TGL 15061/6.78	TGL 15054/6.78 DIN 2283 T.1/12.77	TGL 15056/6.78 DIN 2283 T.2/12.77	TGL 15062/6.78
Nenndurchmesserbereich	1 bis 33 mm	1 bis 33 mm 1 bis 40 mm	über 33 bis 200 mm über 40 bis 200 mm	über 200 bis 300 mm	1 bis 33 mm 1 bis 40 mm	über 33 bis 200 mm über 40 bis 200 mm	über 200 bis 300 mm
Beschriftung	Gewindebezeichnung und Toleranzfeld auf dem Lehrengriff	Gewindebezeichnung und Toleranzfeld: auf dem Lehrengriff		auf einer Planfläche	Gewindebezeichnung und Toleranzfeld: auf dem Lehrengriff		auf einer Planfläche
Farbkennzeichnung	Ausschußseite durch roten Farbring auf dem Kegelschaft	–			durch roten Farbring auf dem Kegelschaft oder dem Lehrengriff bzw. durch roten Punkt in der Aussparung		
Vorteile	Gut- und Ausschußseite in einem Prüfmittel vereinigt	Taylorscher Grundsatz weitgehend eingehalten (Funktionsprüfung)			–		
Nachteile	Taylorscher Grundsatz bei der Ausschlußlehrung verletzt	hohe Prüfzeiten, große Masse in höheren Nenndurchmesserbereichen			Taylorscher Grundsatz verletzt		
Anwendung	Gutseite: Funktionsprüfung des Gewindes, Ausschußseite: Prüfung des Flankendurchmessers (und damit der Steigung und des Teilflankenwinkels)	Funktionsprüfung des Gewindes			Prüfung des Flankendurchmessers (und damit Steigung und Teilflankenwinkel)		

Tafel 15.8.5. Lehren für Außengewinde

	Gewindegrenzrollenlehre	Gewindegutlehrring	Gewindeausschußlehrring
Skizze		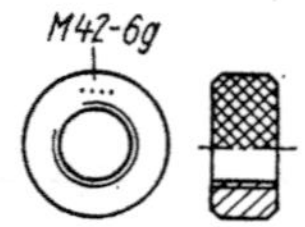	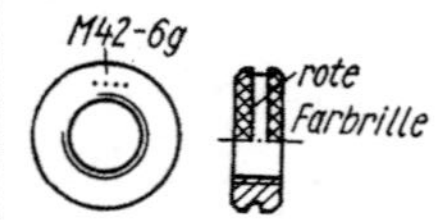
Symbol	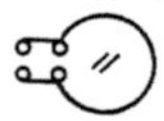		
Standard	–	TGL 15063/6.78	TGL 15064/6.78 DIN 2299 T.1/09.77
Nenndurchmesser-bereich	–	1 bis 300 mm	1 bis 300 mm 1 bis 200 mm
Beschriftung	–	Gewindebezeichnung und Toleranzfeld auf einer Planfläche	Gewindebezeichnung und Toleranzfeld auf einer Planfläche
Farb-kennzeichnung	–	–	durch rote Farbrille, bis 5 mm Breite durch roten Punkt auf beschrifteter Planfläche
Vorteile	kurze Prüfzeiten, Verstellbarkeit der Rollenpaare, Verwendbarkeit für Rechts- und Linksgewinde, geringe Abnutzung, Prüfung zwischen Spitzen aufgenommener Werkstücke möglich	Taylorscher Grundsatz eingehalten (Funktionsprüfung)	keine Verformung dünnwandiger Prüfteile
Nachteile	Taylorscher Grundsatz bei Gutlehrung verletzt (keine Funktionsprüfung)	lange Prüfzeiten, Prüfung zwischen Spitzen aufgenommener Werkstücke unmöglich	Taylorscher Grundsatz verletzt
Anwendung	Gutseite: Prüfung des Kern- und Flankendurchmessers (und damit der Steigung und des Teilflankenwinkels), Ausschußseite: Prüfung des Flankendurchmessers	Funktionsprüfung des Gewindes	Prüfung forminstabiler Teile

mehrwertige Maßverkörperungen wie Längenmaße mit Teilungen (Strichmaßstäbe, Stahlmaßstäbe, Meßbänder, Gliedermaßstäbe) **(Tafel 15.2).**

Parallelendmaße sind rechteckige Körper mit geläppten planparallelen Meßflächen. Sie sind hochgenau gefertigt und in Sätzen fein gestufter Maßverkörperungen nach TGL 12015 handelsüblich. Mehrere Parallelendmaße lassen sich an ihren Meßflächen zu Endmaßkombinationen ansprengen oder anschieben.

Zylinderendmaße sind Körper mit zylindrischen Meßflächen. Sie sind ohne Griff als Meßstifte (TGL 13620) und mit Griff als Meßdorne (TGL 13619) handelsüblich. Sie dienen der Messung von Bohrungsdurchmessern und Bohrungsabständen.

Unter **Lehren** versteht man die Verkörperung eines Maßes oder einer Form oder die Verkörperung von Maß und Form. Die maßliche Prüfung mit Lehren wird als lehren bezeichnet.

Maßlehren verkörpern nur ein Maß und dienen der Lehrung von Innen- und Außenmaßen sowie von Abständen zwischen Bohrungen oder Kanten. Spezielle Formen der Maßlehren sind „Spione" zum Lehren von Drahtdurchmessern, Blechdicken und Spaltbreiten.

Mit Hilfe von **Formlehren** wird geprüft, ob eine gefertigte Form (Radius, Ausschnitt, Winkel, Gewinde) mit einer durch die Formlehre vorgegebenen Form übereinstimmt, d.h. „gut" ist.

Paarungslehren sind komplizierte Körper bekannter Genauigkeit, die der Funktionsprüfung von Bohrungen, Wellen oder Gewinden dienen. Die Lehrung der Bohrungen, Wellen oder Gewinde erfolgt mit einem maß- und formidealen Gegenstück.

Grenzlehren sind so ausgebildet, daß man mit ihnen überprüfen kann, ob ein gefertigtes Maß innerhalb der zulässigen Toleranzen liegt.

Für Grenzlehren ist der **Taylorsche Grundsatz** (Taylorsches Prinzip) zu beachten: Bei Grenzlehrung ist die Gutprüfung als Paarungslehrung und die Ausschußprüfung als Maßlehrung durchzuführen.

Grenzlehren sind also so auszubilden, daß sie auf der Gutseite mit dem formidealen Gegenstück des Prüflings das Paarungsmaß und auf der Ausschußseite mit punktförmig berührenden Meßstücken das zulässige Sollmaß verkörpern [15.12].

Das **Paarungsmaß** ist das Maß des formfehlerfreien Gegenstücks, mit dem das formfehlerbehaftete Werkstück mit definiertem Kraftaufwand gepaart werden kann.

Kompliziertere mechanische Einkoordinatenmeßgeräte mit Ablesehilfen sind Meßschieber, Meßschrauben, Meßuhren und Feinzeiger **(Tafeln 15.7 und 15.9).**

Meßschieber (TGL 9252) bestehen aus einer Schiene mit Hauptteilung als Maßverkörperung, einem Meßschnabel und einem Nonius (s. Abschn. 15.6.) als Ablesehilfe. Ein Meßschenkel ist winkelförmig oder als Grundplatte fest mit der Schiene verbunden. Der andere Meßschenkel ist auf der Schiene beweglich angeordnet. Beim Messen wird der bewegliche Meßschenkel an das Meßobjekt angeschoben und der Abschnitt auf der Hauptteilung abgelesen.

Meßschrauben (TGL 15046) bestehen aus einer Meßspindel mit einer Steigung von 0,5 oder 1 mm je Umdrehung, einer nachstellbaren Spindelmutter, einer Längenteilung mit Skalenwert 1 mm auf der Teilungshülse (Längsteilung), einer 100- bzw. 50fachen Kreisteilung auf der Meßtrommel (Querteilung) und einem Indexstrich zum Ablesen des Meßtrommelstands. Bekannt sind Einbau-, Bügel-, Feinzeiger-, Tiefen- und Innenmeßschrauben sowie Gewinde-, Zahnweiten-, Wanddicken- und Drahtmeßschrauben.

Meßuhren (TGL 7682) bestehen aus Zahnstange und Zahnrädern. Ihr Zeigerausschlag ist größer als 360°.

Mechanische **Feinzeiger** (TGL 33788) haben mechanische Hebelgetriebe, mechanisch-

Tafel 15.9. Mechanische Einkoordinatenmeßgeräte

	Meßschieber	Meßschraube	Meßuhr	Feinzeiger		
	Kontrollmeß-schieber	Bügelmeßschraube	Meßuhr	Hebelfeinzeiger	Spannband-feinzeiger	Optischer Feinzeiger
Bauprinzip	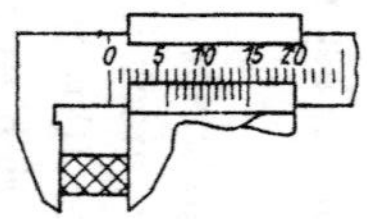	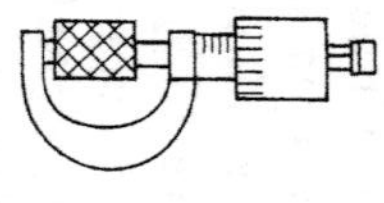	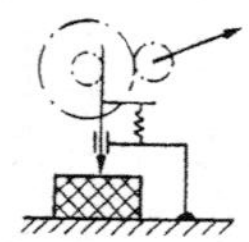	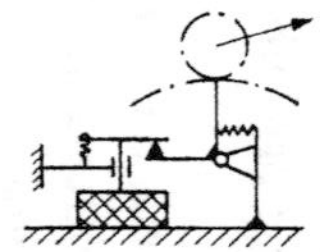	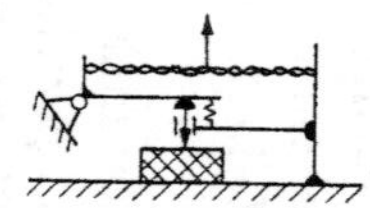	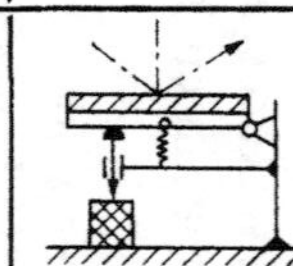
Symbol	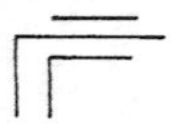	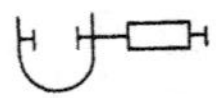				
Meßbereich	(135; 200; ... 2000) mm	(0 ... 25) mm; (25 ... 50) mm bis (475 ... 500) mm	(3; 5; 10; 25) mm	±(50; 60; 100) μm	±(15; 30; 50) μm	±(12; 25; 100) μm
Meßunsicherheit	(20 ... 200) μm	(5 ... 10) μm	(10 ... 20) μm	(1 ... 2) μm	(0,5 ... 1) μm	(0,1 ... 0,2) μm
Einstellzeit	2 s	5 s	1 s	1 s	1 s	2 s
Vorteile	einfacher Aufbau, billig, robust	Prüfling und Maßverkörperung liegen fluchtend hintereinander	einfacher Aufbau, billig, robust	robust, genau	arbeitet in jeder Gebrauchslage, kleine Umkehrspanne	für Präzisionsmessungen geeignet (auch mit Spannband)
Nachteile	Prüfling und Maßverkörperung sind parallel versetzt	Meßgewinde empfindlich gegenüber Verformungen durch Meßkraft	relativ großer Meßfehler bei Vollausschlag	stabiler Meßständer und Fixierung des Prüflings erforderlich	schwingungsempfindlich, stoßempfindlich	Schwingungs- und Wärmeschutz erforderlich
Anwendung	Labor und Produktion, bevorzugt Außenmessung, mit Meßschnäbeln auch Innenmessung	Labor und Produktion, Außenmessungen, unmittelbare Messungen	Labor und Produktion, Außenmessungen, Unterschiedsmessungen	Labor und Produktion, Unterschiedsmessungen	Labor, vorwiegend Unterschiedsmessungen	Meßlabor, klimatisiert, Unterschiedsmessungen, Kontrolle von Lehren
Richtwert (in M)	20	100	30	200	100	500 ... 1500

optische Feinzeiger haben Hebelgetriebe, die mit optischen Bauelementen gekoppelt sind, und elektrische Feinzeiger haben elektrische oder magnetische Bauelemente und Zusatzglieder, die den Meßbolzenweg vergrößern und auf eine Skale übertragen. Pneumatische Feinzeiger **(Tafel 15.10)** basieren auf aerostatischen und aerodynamischen Funktionsprinzipen. Sowohl Meßuhren als auch mechanische, mechanisch-optische, elektrische und pneumatische Feinzeiger enthalten keine Maßverkörperungen. Ihre Skalen werden beispielsweise mit Parallelendmaßen und Sinuslinealen [15.3, S. 61] kalibriert.

Alle **pneumatischen** Längenmeßgeräte **(Tafel 15.10)** zeichnen sich dadurch aus, daß sie einfach und robust und deshalb leicht zu bedienen und zu warten sind. Außerdem haben sie große bis sehr große Übersetzungen (bis 50000) und dadurch ein hohes Auflösungsvermögen.

Durch kleine Abmessungen der Meßgrößenaufnehmer und durch berührungslose Meßgrößenaufnahme sind pneumatische Längenmeßgeräte für Mehrstellenmessungen und Messungen an laufenden Maschinen besonders geeignet. Spezielle Anordnungen der Meßdüsen gestatten darüber hinaus die einfache Ermittlung von Kreisformfehlern bei Ovalen, Gleichdicken, Unrunden und der Abweichungen von der Geradheit bei Bohrungen sowie der Durchmesser tiefer Bohrungen (auch Grundbohrungen) [15.10, S. 137]. Das Meßergebnis wird allerdings durch die Oberflächenrauheit der Prüflinge beeinflußt.

Pneumatische Längenmeßgeräte sind deshalb bevorzugt für Vergleichsmessungen an gleichartigen Meßobjekten einzusetzen. Für Absolutmessungen sind pneumatische Längenmeßgeräte kaum geeignet.

Ein sehr einfaches **mechanisch-optisches** Einkoordinatenmeßgerät ist die **Feinmeßlupe**. Sie hat eine 10-mm-Skalenplatte, die auf den Prüfling aufgesetzt und durch eine Lupe mit zehnfacher Vergrößerung betrachtet wird. Sie kann auch unter die Ablesehilfen (s. Abschn. 15.6.) eingeordnet werden.

Für Unterschiedsmessungen größerer Genauigkeit und/oder unmittelbare Messungen größerer Längen werden bevorzugt kompliziertere mechanisch-optische Einkoordinatenmeßgeräte wie Interferenzfeinzeiger und Interferenzkomparatoren **(Tafel 15.11.1)** sowie Meßmaschinen **(Tafel 15.11.2)** verwendet. In optischen Meßsystemen treten masselose Lichtstrahlen an die Stelle von mechanischen Bauelementen. Das verbessert sowohl die Gesamtverstärkung als auch das dynamische Verhalten.

Im Interferenzkomparator **(Tafel 15.11.1)** sendet die Lichtquelle monochromatisches Licht über das schwenkbare Dispersionsprisma auf die 45° gekippte Teilerplatte (teildurchlässiger Spiegel). Ein Strahlenbündel verläuft von der verspiegelten Oberfläche der Teilerplatte durch die planparallele Glasplatte (Kompensationsplatte) zu Spiegel *1* und zurück durch die Glasplatte, die Teilerplatte und das Okular bis zum Auge der Meßperson. Das zweite Strahlenbündel verläuft durch die Teilerplatte zum Spiegel *2*, wird dort reflektiert, dringt von unten durch die Teilerplatte bis zur Rückseite der verspiegelten Oberfläche der Teilerplatte, wird reflektiert, durchläuft erneut die Teilerplatte und gelangt über das Okular ins Auge der Meßperson. Teilerplatte und Glasplatte (Kompensationsplatte) haben gleiche Dicke. Die Glasplatte bewirkt, daß Strahlenbündel *1* denselben Glasweg zurücklegen muß wie Strahlenbündel *2* (jeweils drei Glasdicken).

Die Spiegeloberfläche der Grundplatte und die obere Begrenzungsfläche des Parallelendmaßes bilden die zwei Teilspigel *2*, deren Abstand l gleich der Länge des Parallelendmaßes ist [15.3, S. 86]

$$l = (p + n)(\lambda/2) \tag{15.14}$$

n Interferenzstreifenbruchteil, p Ordnungszahl (etwa 35000 für l = 10 mm), λ Wellenlänge des monochromatischen Lichts.

Tafel 15.10. Pneumatische Längenmeßgeräte

	Volumenlängenmesser	Niederdrucklängenmesser	Hochdrucklängenmesser	Differenzdrucklängenmesser	Geschwindigkeitslängenmesser
Bauprinzip	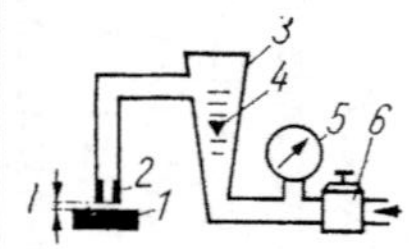	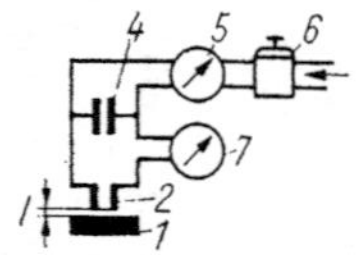	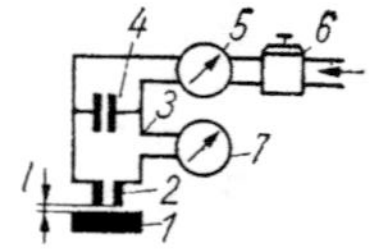	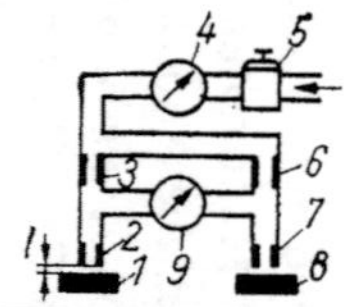	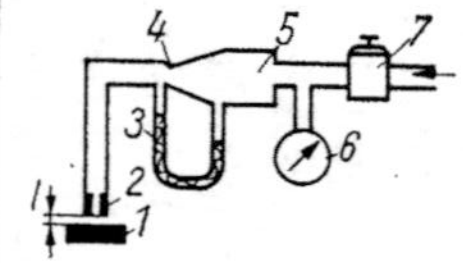
Bezeichnung	*1* Prallplatte *2* Meßdüse *3* konisches Meßrohr *4* Schwebekörper *5* Speisedruckmesser *6* Speisedruckregler	*1* Prallplatte *2* Meßdüse *3* Meßkammer *4* Kopfdüse *5* Speisedruckmesser *6* Speisedruckregler *7* Meßinstrument	*1* Prallplatte *2* Meßdüse *3* Meßkammer *4* Kopfdüse *5* Speisedruckmesser *6* Speisedruckregler *7* Meßinstrument	*1* Prallplatte *2* Meßdüse *3* Kopfdüse *4* Speisedruckmesser *5* Speisedruckregler *6* Kopfdüse *7* Vergleichsdüse *8* Vergleichsplatte *9* Meßinstrument	*1* Prallplatte *2* Meßdüse *3* Meßmanometer *4* Venturi-Düse *5* Meßkammer *6* Speisedruckmesser *7* Speisedruckregler
Meßbereich	(0,2 ... 250) µm	100 µm	(10 ... 100) µm	(10 ... 100) µm	20 µm
Meßunsicherheit	(0,2 ... 0,5) µm	1 µm	(0,1 ... 0,5) µm	0,1 µm	0,2 µm
Einstellzeit	1 s	5 s	5 s	5 s	10 s
Vorteile	berührungslose Messung, robust, wenig störanfällig	geringerer Luftverbrauch als beim Hochdrucklängenmesser	unabhängig vom atmosphärischen Luftdruck, selbstreinigend	unabhängig vom atmosphärischen Luftdruck	robust, geringer Luftverbrauch, gute Auflösung
Nachteile	abhängig von Düsenform, Strömungsverlauf und Oberflächenrauheit von Düse–Prallplatte	Anzeige abhängig vom atmosphärischen Luftdruck, kleiner linearer Meßbereich	großer Luftverbrauch	großer Luftverbrauch	große Einstellzeit, kleiner Meßbereich, schwierige Ablesung
Anwendung	Differenzmessungen in Labor und Produktion, Mehrstellenprüfungen	Differenzmessungen in Labors, Meß- und Sortiergeräte	Differenzmessungen in der Produktion, Meßmittel für Meßsteuerungen und Massenproduktion	Präzisionsmessungen in Labor und Produktion, Meßbereich leicht verstellbar	Präzisionsmessungen in Labor und Produktion, Unterschiedsmessungen
Richtwert (in M)	1000	1000	1000	1000	500 ... 1000

Tafel 15.11.1. Mechanisch-optische Einkoordinatenmeßsysteme

	Interferometer		
	Interferenzfeinzeiger	Interferenzkomparator	Laserwegmeßsystem
Bauprinzip	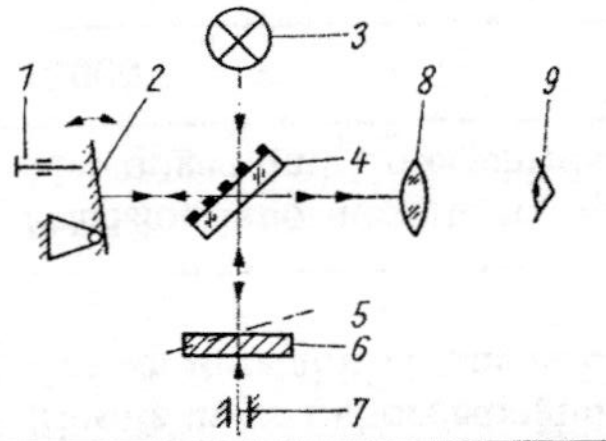	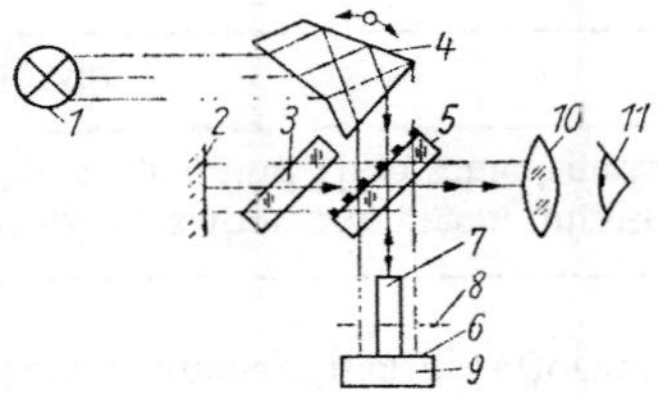	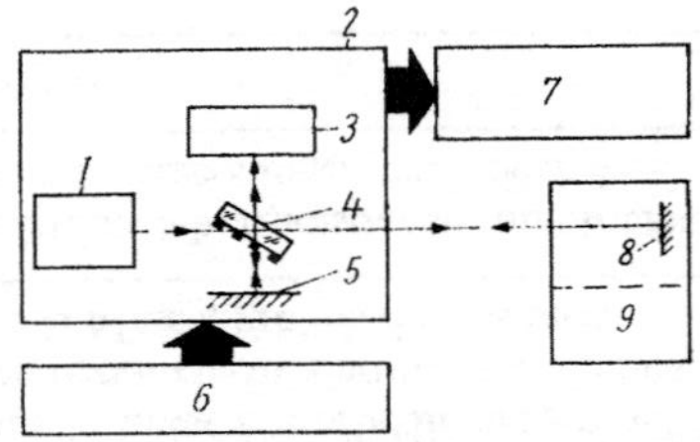
Bezeichnung	*1* Verstellung 2 Spiegel 1 3 Lichtquelle *4* Teilerplatte 5 Bild des Spiegels 1 *6* Spiegel 2 7 Meßbolzen 8 Okular 9 Meßperson	*1* Lichtquelle 2 Spiegel 1 3 Glasplatte 4 Dispersionsprisma 5 Teilerplatte 6 Spiegel 2 7 Endmaß 8 Bild des Spiegels 1 9 Objektplatte *10* Okular *11* Meßperson	*1* Laserquelle 2 Laserinterferometer 3 Wandler 4 Teilerplatte 5 Spiegel 1 6 Versorgungseinheit 7 Auswerteeinheit 8 Spiegel 2 9 Meßobjekt
Meßbereich	$\pm 2\ \mu m$	100 mm	20 m
Meßunsicherheit	0,05 μm	(0,02 … 1) μm	(0,1 … 5) μm
Einstellzeit	5 s	30 s	10 s
Vorteile	für Präzisionsmessungen gut geeignet, einfacher Aufbau	geeignet für Messungen höchster Genauigkeit	großer Meßbereich, große Genauigkeit, maschinelle Meßwertverarbeitung
Nachteile	kleiner Anzeigebereich	relativ kleiner Meßbereich, großer apparativer Aufwand	großer apparativer Aufwand, Genauigkeit abhängig von Brechzahl der Luft
Anwendung	Unterschiedsmessungen in Labors	Labor klimatisiert, unmittelbare und Unterschiedsmessungen größter Präzision, Prüfung von Endmaßen	Präzisionslängenmeßsystem in Mehrkoordinatenmeßmaschinen und Präzisionswerkzeugmaschinen
Richtwert (in M)	5000	15000	50000

Tafel 15.11.2. Mechanisch-optische Einkoordinatenmeßsysteme

	Meßmaschine		
	Abbe-Längenmesser	Universallängenmesser	Längenmeßmaschine
Bauprinzip	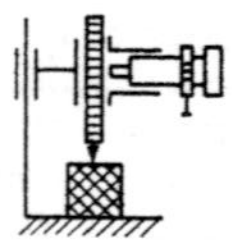	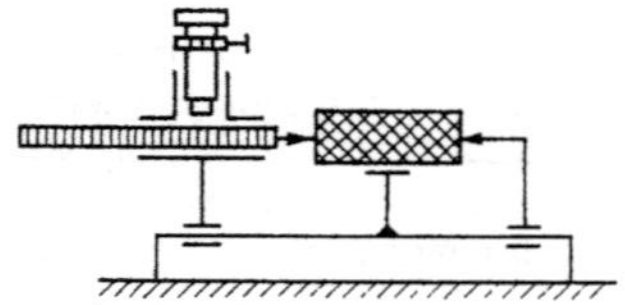	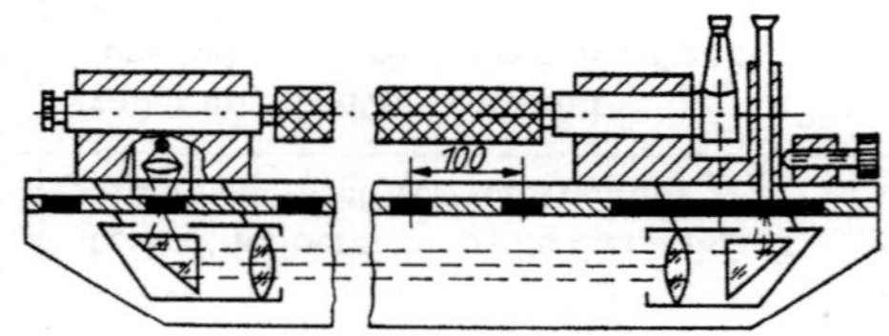
Meßbereich	(0 ... 100; 200) mm	(0 ... 450) mm	(0 ... 3000; 6000) mm
Meßunsicherheit	0,2; 1 μm	0,2; 1 μm	(1 ... 10) μm
Einstellzeit	5 s	5 s	5 s
Vorteile	Prüfling und Maßverkörperung liegen fluchtend hintereinander, genau	Prüfling und Maßverkörperung liegen fluchtend hintereinander, genau	durch Anwendung des Eppenstein-Prinzips keine Kippfehler erster Ordnung, unmittelbare Messung großer Längen mit großer Genauigkeit
Nachteile	Einsatz unter Laborbedingungen mit Temperaturstabilisierung erforderlich	Einsatz unter Laborbedingungen mit Temperaturstabilisierung erforderlich	Einsatz unter Laborbedingungen mit Temperaturstabilisierung erforderlich, große Masse, große Abmessungen
Anwendung	Präzisionslabormessungen, unmittelbare Messungen und Unterschiedsmessungen	Präzisionslabormessungen, unmittelbare Messungen und Unterschiedsmessungen	Präzisionslabormessungen, unmittelbare Präzisionsmessungen bis 3 oder 6 m.
Richtwert (in M)	10000	12000	100000

Die Wellenlängen der Lichtquellen reichen je nach verwendeter Strahlungsquelle von 312 nm (Quecksilberlampe-UV) bis 2325 nm (Quecksilberlampe-IR). Vorwiegend für meßtechnische Zwecke im sichtbaren Bereich benutzte Wellenlängen sind 546 nm (Quecksilber grün), 587 nm (Helium gelb), 589 nm (Natrium gelb) und 643 nm (Kadmium rot) [15.13, S. 160].

Die Lichtquellen haben Linienspektren, aus denen die monochromatische Strahlung durch Kippung des Dispersionsprismas auf das Interferometer gelenkt werden kann.

Als **Meßmaschinen** bezeichnet man mechanisch-optische Einkoordinatenmeßgeräte für unmittelbare Präzisionsmessungen größerer Längen. Bekannt sind der sog. Abbe-Längenmesser, der Universallängenmesser, die Längenmeßmaschine und die Universallängenmeßmaschine **(Tafel 15.11.2)**.

Sowohl der Abbe-Längenmesser als auch der Universallängenmesser realisieren den **Abbeschen Grundsatz** (Abbesches Prinzip).

Er lautet: Um Kippfehler erster Ordnung zu vermeiden, sind Prüfling und Maßverkörperung in Meßrichtung fluchtend hintereinander anzuordnen [15.3, S. 16].

Bei Längenmeßmaschinen, die bis 6 m Meßlänge gefertigt werden, kann aus fertigungstechnischen Gründen der Abbesche Grundsatz nicht realisiert werden. Hier findet das sog. **Eppenstein-Prinzip** Anwendung. Es lautet: Kleine Kippungen eines optischen Systems „Sammellinse plus Spiegel“ um seinen Knotenpunkt [15.13] sind ohne Einfluß auf die Richtung der Parallelstrahlen im Bildraum, wenn sie von einem Punkt des Objektraums – besonders dem objektseitigen Brennpunkt – ausgehen [15.14, S. 196].

Durch Realisierung dieses Prinzips in den Längenmeßmaschinen werden trotz parallelverschobener Anordnung vom Meßobjekt und Maßstab Kippfehler erster Ordnung vermieden und dadurch sehr große Genauigkeiten bei Messungen großer Längen erreicht [15.15].

Meßmaschinen bestehen im wesentlichen aus Grundbett, Maßverkörperung, Meßobjektaufnahme sowie Antast- oder Visiereinrichtung. Als Maßverkörperungen dienen Strichmaßstäbe oder Meßgewinde. Das Meßobjekt wird auf einen Tisch oder zwischen Spitzen aufgenommen und mit der Meßpinole mechanisch angetastet oder mit dem Visiermikroskop optisch anvisiert. Beim mechanischen Antasten oder optischen Anvisieren wird das Meßobjekt auf dem Tisch oder zwischen den beweglichen Spitzen relativ zur eingebauten Maßverkörperung verschoben. Die Verschiebung entspricht der zu messenden Länge. Sie wird an der Maßverkörperung als Differenz zwischen der Endlage und der Anfangslage abgelesen.

15.4.2. Zweikoordinatenmeßsysteme

Zweikoordinatenmeßsysteme sind Längen- und Winkelmeßgeräte, mit denen sich kompliziertere Meßaufgaben ohne Umspannen des Meßobjekts in zwei zueinander senkrechten Koordinaten ausführen lassen **(Tafel 15.7)**. Man unterscheidet zwischen Meßmikroskopen, Meßprojektoren **(Tafel 15.12)** und Zweikoordinatenmeßgeräten **(Tafel 15.13)**.

Meßmikroskope [15.3] [15.16] bestehen aus Grundbett, Maßverkörperungen in zwei zueinander senkrechten Koordinaten, Meßobjektaufnahme sowie Visiermikroskop und/oder mechanisch-optischer Antasteinrichtung. Als Maßverkörperungen dienen Längenmaße mit Teilung (Strichmaßstäbe) oder Meßgewinde.

Das Meßobjekt wird auf dem Tisch oder zwischen Spitzen aufgenommen und optisch anvisiert oder mechanisch angetastet. Beim optischen Anvisieren erfolgt eine Einstellung

Tafel 15.12. Mechanisch-optische Zweikoordinatenmeßsysteme

	Meßmikroskop			Meßprojektor
	Meßmikroskop	Projektionswerkzeugmikroskop	Universalmeßmikroskop	Meßprojektor
Bauprinzip	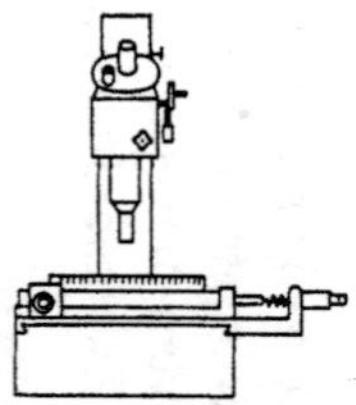	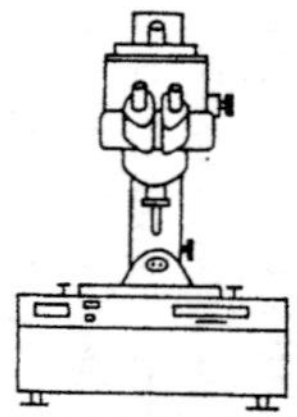	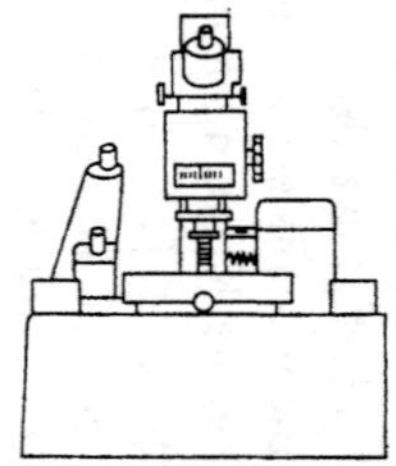	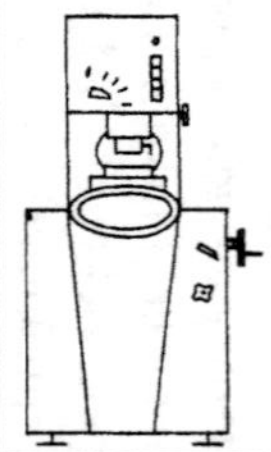
Meßbereich	$x = (0 \ldots 70)$ mm; $y = (0 \ldots 50)$ mm	$x = (0 \ldots 150)$ mm; $y = (0 \ldots 75)$ mm	$x = (0 \ldots 200)$ mm; $y = (0 \ldots 100)$ mm	$x = (0 \ldots 75)$ mm; $y = (0 \ldots 50)$ mm
Meßunsicherheit	3 µm; 10 µm; 6′	5 µm; 3′	0,2 µm; 1 µm; 30″	3 µm; 2′
Einstellzeit	10 s	10 s	10 s	10 s
Vorteile	leicht umrüstbares Meß- und Betrachtungsmikroskop im Auf- und Durchlicht	Objektbetrachtung durch Meßmikroskop oder auf Projektionsschirm im Auf- und Durchlicht	große Genauigkeit, besonders zur Prüfung von Gewindelehrdornen geeignet, umrüstbar	Meß- und Betrachtungsprojektor im Auf- und Durchlicht, großer Bedienkomfort
Nachteile	kleine Betrachtungsausschnitte von 2 bis 6 mm je nach Vergrößerung	teurer als Meßmikroskop	große Eigenmasse, große Abmessungen, Tischgerät	große Abmessungen, Standgerät
Anwendung	Produktion und Labor, Längen- und Winkel-, Innen- und Außenmessungen	Meßlabor, Messung von Lehren, Gewinden, Zahnrädern, Schablonen, komplizierten mechanischen Bauteilen	Meßlabor, Längen- und Gewinde-, Innen- und Außenmessungen	Meßlabor; Messen von Lehren, Gewinden, Zahnrädern, Profilen, komplizierten mechanischen und elektrischen Bauelementen
Richtwert (in M)	3500	25000	20000	15000

Tafel 15.13. Zwei- und Dreikoordinatenmeßgeräte und -meßautomaten ohne Meßwertverarbeitungsanlagen und Steuerelektronik

	Zweikoordinatenmeßgerät	Dreikoordinatenmeßgerät	Dreikoordinatenmeßautomat
Bauprinzip	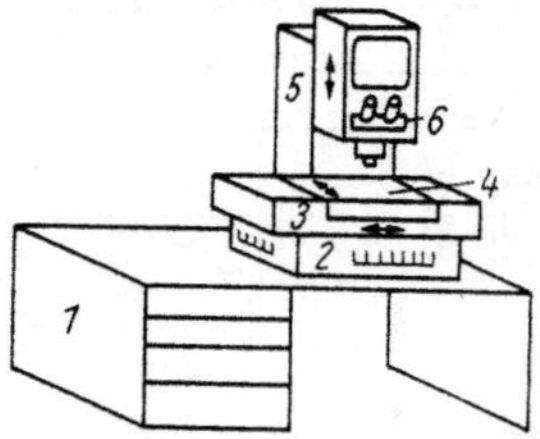	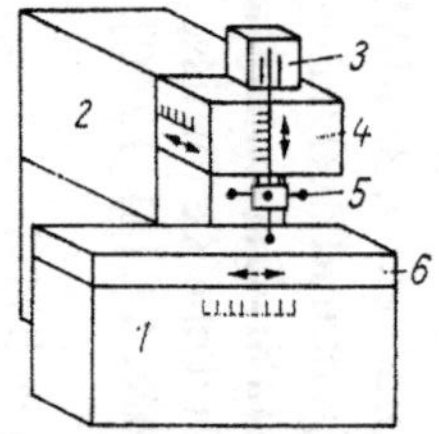	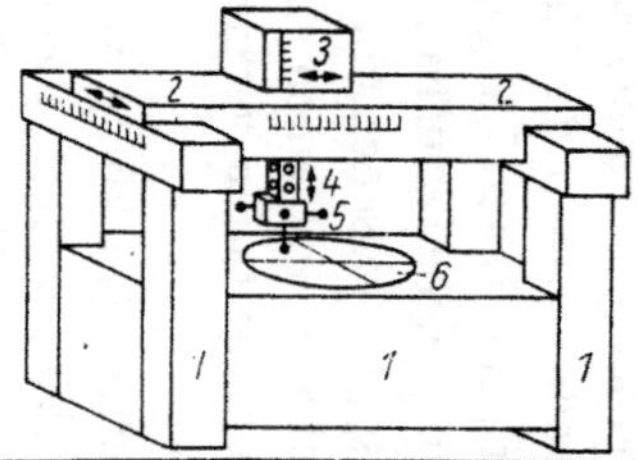
Bezeichnung	*1* Tisch *2* Grundbett *3* x-Schlitten *4* y-Schlitten *5* schwenkbarer Ständer *6* Meßkopf (Binokular, Projektionsschirm)	*1* Grundbett *2* Zwischenträger (Ständer) *3* z-Schlitten *4* y-Schlitten *5* Meßtaster an z-Pinole *6* x-Schlitten	*1* Grundgestell *2* y-Schlitten *3* x-Schlitten *4* z-Schlitten *5* Meßkopf mit Tastern *6* Kreisteiltisch
Hauptabmessungen	Grundgerät: (950 × 950 × 1100) mm³	Grundgerät: (1200 × 1500 × 2000) mm³	Grundgerät: (2000 × 2000 × 3000) mm³
Meßbereich	x = (0 ... 250) mm, y = (0 ... 100) mm, z = (0 ... 190) mm	x = (0 ... 320) mm, y = (0 ... 220) mm, z = (0 ... 150) mm	x = (0 ... 750) mm, y = (0 ... 750) mm, z = (0 ... 400) mm
Skalenwert	0,2 µm (analog), 0,5 µm, 1 µm (digital)		1 µm (digital)
Einstellzeit	30 s (analog), 20 s (digital)		5 s
Vorteile	Flexibilität, Interferenzlinienverfahren Auswertung der Messung durch Rechner	Flexibilität, Dreikoordinatenmessungen Auswertung der Messung durch Rechner	rechnergesteuerte Meß- und Positioniervorgänge, Auswertung der Messung durch Rechner
Nachteile	langwierige Durchführung und Auswertung der Messungen am analogen Gerät	nicht automatisch steuerbar	hohe Investitionskosten
Anwendung	direktes Messen in kartesischen Koordinaten, Winkelmessung, Gewindemessung, Bohrungsabstands- und Bohrungsdurchmessermessung, Zahnrad- und Wälzfräsermessung, Profilmessungen u.a.	direktes Messen in kartesischen Koordinaten, indirektes Messen in Polarkoordinaten; mittelbare, unmittelbare Winkelmessungen, Messungen von Ebenheit, Parallelität, Rundlauf, Gewindemessung, Zahnradmessung u.a.	direktes Messen in kartesischen Koordinaten und Polarkoordinaten, absolutes Gerätekoordinatensystem, Koordinatentransformation, vollautomatische Messung an fünf Seiten des Meßobjekts in einer Aufspannung, sekundenschnelle Auswertung, universelle Messung von Form- und Lageabweichungen
Richtwert (in TM)	150	200	500 ... 1000

auf Strichmarken oder Körperkanten. Bei der Messung werden die Meßobjektaufnahme, das Visiermikroskop oder die Antasteinrichtung in der jeweiligen Meßkoordinate relativ zur eingebauten Maßverkörperung verschoben. Die Verschiebung entspricht der zu messenden Länge. Sie wird an der Maßverkörperung als Differenz zwischen Endlage und Anfangslage ermittelt. Zur Erhöhung des Ablesekomforts werden zunehmend Meßmikroskope mit digitaler Anzeige und externer Nullung verwendet. Durch die Nullung der Anfangslage ist die Anzeige der Endlage identisch mit der gemessenen Länge.

Meßprojektoren haben in der Ebene des Meßtischs den gleichen Aufbau wie Meßmikroskope. Darüber hinaus sind sie mit einer Projektionsoptik versehen, die in Durchlicht- oder Auflichtprojektion eine Abbildung des Meßobjekts auf einen tischartigen Bildschirm ermöglicht. Die Objektive sind auswechselbar und gestatten Vergrößerungen im Maßstab 1:10, 1:20, 1:50 und 1:100.

Zweikoordinatenmeßgeräte (Tafel 15.13) sind eine Weiterentwicklung von Projektions-Werkzeugmikroskopen [15.17] [15.18]. Als Maßverkörperungen dienen Strichmaßstäbe, Endmaßkombinationen oder Meßgewinde (Präzisionswälzschraubtriebe). Sie enthalten hochgenaue Lager, Führungen und Antriebe zur Bewegung des Prüflings oder der Meßtaster. Neuere Zweikoordinatenmeßgeräte sind so ausgelegt, daß die Meßwerte mit Meßwertdruckern und Meßwertlochern registriert und mit Rechnern über spezielle dialogfähige Programmsysteme ausgewertet werden können [15.19] [15.20]. Einzelne Typen verfügen über integrierte Mikrorechnersysteme, die eine automatische Meßwertverarbeitung während des Meßprozesses realisieren (s. Abschn. 8.). Dadurch sind erhebliche Produktivitätsgewinne zu erzielen.

Durch die Verwendung von problemorientierten Fachsprachen, z. B. MAUS (**Meß-Au**swertungs-Sprache), werden die Beschreibung der Meßaufgabe und der Dialog zwischen Rechner und Meßperson für den Meßtechniker relativ einfach. Dessenungeachtet fordert diese moderne Meßtechnologie vom Meßtechniker zusätzliche Kenntnisse, die heute über den Rahmen seiner Grundausbildung hinausgehen **(Tafel 15.14)** [15.20].

Tafel 15.14. Arbeitsstufen zur rechnergestützten Koordinatenmessung nach [15.20]

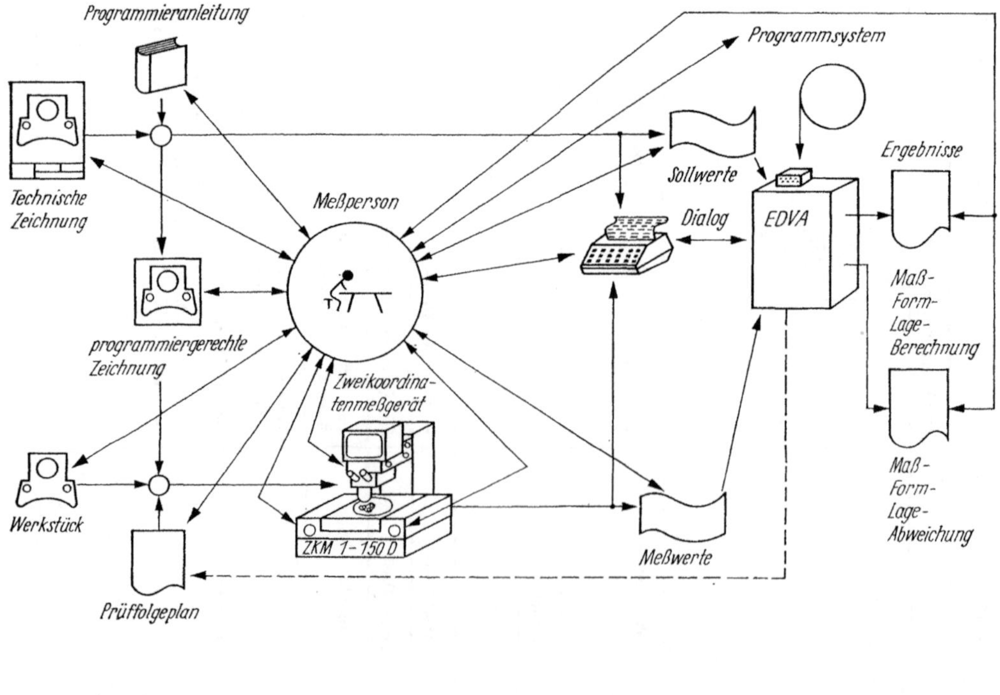

Neben den beschriebenen Geräten bekommen automatisierte Zweikoordinatenmeßgeräte für die Mikrostrukturtechnik (Mikroelektronik) zunehmende Bedeutung. Ein speziell für die Belange der Mikroelektronik gefertigtes Kontroll-, Meß- und Bearbeitungsgerät für Mikrostrukturen in Form eines speziellen Rasterelektronenmikroskops gestattet für Meßobjekte 102 mm × 102 mm × 12 mm im Objektverschiebebereich von 80 mm × 80 mm eine Positioniergenauigkeit von kleiner ±0,1 μm und eine Reproduzierbarkeit von Längenmessungen kleiner ±0,05 μm [15.21].

15.4.3. Dreikoordinatenmeßgeräte und -meßautomaten

Dreikoordinatenmeßgeräte und -meßautomaten **(Tafel 15.13)** sind Längen- und Winkelmeßgeräte, mit denen sich komplizierte Meßaufgaben ohne Umspannen des Meßobjekts in drei zueinander senkrechten Koordinaten ausführen lassen [15.22] bis [15.25]. Als Maßverkörperungen dienen Meßgewinde (Wälzschraubtriebe) oder Längenmaße mit Teilungen (Strichmaßstäbe).

Die Meßobjektantastung erfolgt manuell oder automatisch von einer bis zu fünf Seiten. Meßautomaten führen folgende Funktionen aus:

Inkrementale Längenmessung in x-, y- und z-Richtung, Messung des Abstands zwischen Punkten, Berechnung von Bohrungsmittelpunkten und Bohrungsdurchmessern nach der Drei- und Vierpunktmethode, Berechnung von Achsenschnittpunkten, Radiusbestimmung an Kreisabschnitten, Ermittlung von Mittigkeit, Achsneigung, Ebenheit, Geradlinigkeit, Rechtwinkligkeit, Planschlag und Parallelität, Paarungslehrung [15.26], automatischer Soll-Istwert-Vergleich und Ausdrucken von Fehlerkurven, automatisches Ausrichten von Meßobjekten, automatische Taststiftkorrektur und Koordinatentransformationen (kartesisch–polar) und Meßwertumrechnungen (Zoll–metrisch).

Der Einsatz des Meßautomaten bringt besonders im Maschinenbau mit relativ konstantem Werkstückspektrum große Einsparungen an Meßzeit. Auf einem Fahrweg der Meßeinrichtung von einem Meter können in drei Minuten zwanzig Meßpunkte in drei Koordinaten erfaßt werden.

Sowohl die modernen Zwei-, als auch die modernen Dreikoordinatenmeßgeräte sind nur dann effektiv einzusetzen, wenn sie über eine elektronische digitalisierte Meßwertausgabe verfügen und über spezielle Programmsysteme [15.27] mit leistungsfähigen EDVA gekoppelt werden können. Nur dadurch sind komplizierte Konfigurationen nach Maß, Form und Lage sowie dazugehörige Abweichungen schnell und genau zu ermitteln. In einer weiteren Ausbaustufe ist der Meßautomat direkt in den Fertigungsprozeß zu integrieren. Für die Verringerung von Ausschuß und Nacharbeit ist anzustreben, daß NC-Werkzeugmaschine und NC-Meßmaschine eine funktionelle Einheit bilden. Letzterem sind allerdings noch Grenzen gesetzt [15.19].

15.5. Winkelmeßsysteme

15.5.1. Einwertige Winkelmeßgeräte

Einwertige Winkelmeßgeräte [15.28] [15.29] dienen der Messung von kleinen Abweichungen von der Waagerechten und der Bestimmung größerer Winkel an Werkzeugen, Vorrichtungen usw. **(Tafel 15.15)**.

Winkelendmaße (Tafel 15.2) basieren auf dem Festkörperprinzip. Sie sind als 90°-Stahlwinkel und Winkelendmaßsätze handelsüblich. Die Winkelendmaßsätze enthalten prismatische Körper, deren geläppte Meßflächen beispielsweise die Winkel 1′, 3′, 5′, 15′, 30′, 1°, 3°, 5°, 15°, 30°, 90° einschließen. Mehrere Winkelendmaße können zu Kombinationen angeschoben werden, deren Summenfehler etwa ±5″ beträgt [15.3, S.99].

90°-Werkstattstahlwinkel mit Genauigkeitsgrad I (TGL 6163) **(Tafel 15.2)** dürfen bei Schenkellängen von 100 mm eine Abweichung von maximal ±30″ von der Rechtwinkligkeit haben.

Tafel 15.15. Klassifikation von Winkelmeßsystemen

- Winkelmeßsysteme
  - Einwertige Winkelmeßgeräte
    - Winkelendmaß
    - 90°-Werkstattwinkel
    - Kegellehre
    - Sinuslineal
    - Tangenslineal
    - Pendel, Lot
    - Winkelprisma
    - Röhrenlibelle
    - Dosenlibelle
  - Mehrwertige Winkelmeßgeräte
    - Richtwaage
      - Setzwaage
      - Rahmenrichtwaage
      - Gradteilungsrichtwaage
      - Rosettenrichtwaage
      - Schlauchrichtwaage
    - Pendelneigungsmesser
      - mechanisch
      - elektronisch
    - Richtfernrohr
      - mit Kollimator
      - mit Autokollimation
      - mit Spiegelpolygon
    - Universalwinkelmesser
      - mechanisch
      - optisch
      - elektronisch
    - Kreisteiltisch
      - mechanisch
      - optisch
    - Teilkopf
    - Theodolit
    - Winkellibelle mit Mikroskop
    - Koinzidenzlibelle
    - Interferometer

Kegellehren verkörpern durch den Winkel zwischen gegenüberliegenden Mantellinien der Mantelfläche den Kegelwinkel. Sie werden als Kegelhülse (Innenkegel, Innenwinkel) und als Kegeldorn (Außenkegel, Außenwinkel) hergestellt.

Sinuslineale (TGL 34-53) sind einstellbare einwertige Winkelendmaße, die aus einem oder mehreren Parallelendmaßen, dem Sinuslineal und zwei Auflagezapfen gleichen Durchmessers zusammengesetzt werden **(Tafel 15.16)**.

Für den Winkel α gilt

$$\alpha = \arcsin (E/L) \tag{15.15}$$

E Länge des Parallelendmaßes, L Länge des Sinuslineals.

Röhrenlibellen dienen der Horizontierung von Linien, Dosenlibellen der von Flächen. Sie enthalten eine Tangentiallinie bzw. -ebene, bezogen auf den Erdmittelpunkt. Libellen ohne Teilung werden auch als Einstellibellen bezeichnet.

Tafel 15.16. Sinuslineal sowie Neigungs- und Richtungsmesser

	Sinuslineal	Libelle	Richtwaage	Gradteilungsrichtwaage	Schlauchrichtwaage	Richtfernrohr
Bauprinzip	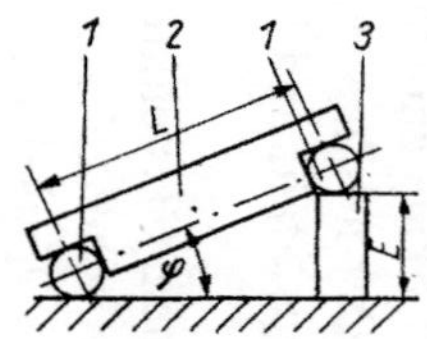	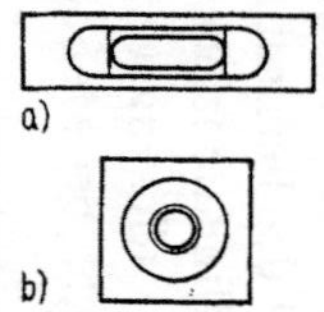	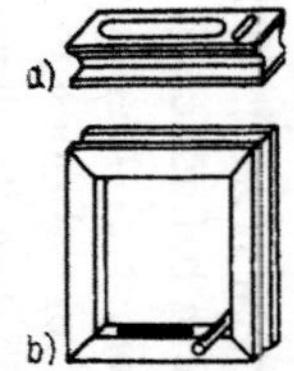	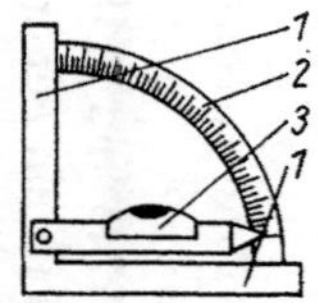	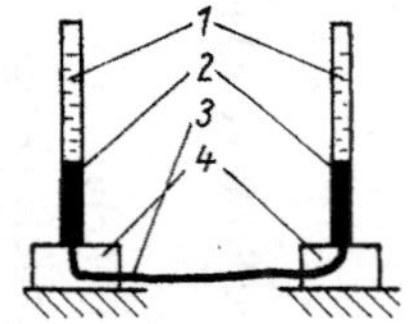	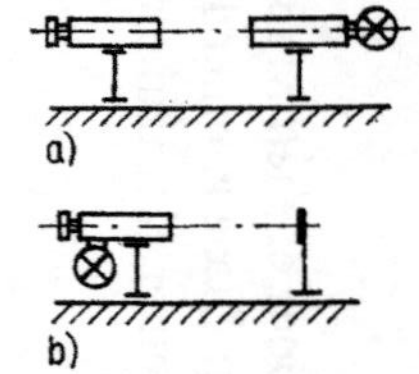
Bezeichnung	*1* Auflagezapfen *2* Sinuslineal *3* Endmaß	a) Röhrenlibelle b) Dosenlibelle	a) Setzwaage b) Rahmenrichtwaage	*1* Anlegeschenkel *2* Teilkreis *3* Röhrenlibelle	*1* Glasrohr *2* Flüssigkeit *3* Verbindungsschlauch *4* Auflagestück	a) mit Kollimator b) mit Autokollimation
Meßbereich	0° … 60°	–	± 20°	0° … 90°	± 5° und ± 10%	5′ … 40′
Meßunsicherheit	5″ … 10″	–	4″ … 25″	0,5°	$0{,}25x_a$	0,05″ … 60″
Einstellzeit	5 s	(1 … 5) s	(1 … 10) s	10 s	5 s	100 s
Vorteile	genaue Darstellung von beliebigen Winkeln, viele Anwendungsvarianten	schnelles Horizontieren von Achsen und Ebenen	einfache Bedienung, großer Meßbereich	großer Meßbereich, robuster Aufbau	Messen über große Entfernung, elektrisches Ausgangssignal möglich	geringe Meßunsicherheit, Messen über große Entfernung
Nachteile	Rechenaufwand groß, Kombinationsmessung	keine Winkelmessung direkt möglich	Verkanten möglich, Temperaturempfindlichkeit	Temperaturempfindlichkeit, Verkippen möglich	Anwendung kompliziert	kleiner Meßbereich
Anwendung	Winkel- und Kegelmessung	Anwendung als Normal, Darstellung horizontaler Linien und Ebenen	Horizontieren von Maschinen und Wellen, Winkelmessung	Messen von Neigungswinkeln	Horizontieren von Maschinenelementen	Messen kleiner Winkel, Richtungsprüfung
Richtwert (in M)	200	10	100 … 300	50	30	3000 … 9000

15.5.2. Mehrwertige Winkelmeßgeräte

Richtwaagen (TGL 12020) **(Tafel 15.16)** sind Körper mit einer ebenen Meßfläche, deren waagerechte Lage (Nullage) durch den definierten Stand der Blase in einer Röhrenlibelle oder durch die Übereinstimmung zweier Blasenhälften in einer Koinzidenzlibelle [15.3, S. 107] angezeigt wird.

Es gilt

$$\widehat{\varphi} = I/R \text{ in rad} \tag{15.16}$$

oder

$$S = I/R \text{ in mm/m} \tag{15.17}$$

I Skalenteilung der Libelle, R Krümmung (Radius) der Libelle, S Empfindlichkeit der Libelle, $\widehat{\varphi}$ Winkellage.

Rahmenrichtwaagen haben vier zueinander senkrechte Meßflächen. Bei Richtwaagen mit Gradteilung kann die Anlagelinie gegenüber der Bezugslinie (Zeiger mit Röhrenlibelle) verstellt werden. Rosettenrichtwaagen bestehen aus einem flachen zylinderförmigen Körper, in dessen Stirnfläche vier jeweils um 90° versetzte Röhrenlibellen eingelassen sind. Sie dienen der Horizontierung von Großmaschinen.

Schlauchrichtwaagen ermöglichen durch kommunizierende Röhren Neigungsmessungen an räumlich ausgedehnten Objekten.

Pendelneigungsmesser basieren auf dem Schwerkraftprinzip. Sie sind in ihrem Aufbau der Gradteilungsrichtwaage ähnlich. Die Bezugslinie (Zeiger) ist ein Pendel. Seine Stellung wird bei elektronischen Pendelneigungsmessern (elektronischen Libellen) durch Differentialtransformatoren aufgenommen. Ihre Meßunsicherheit beträgt 1″.

Richtfernrohre mit Kollimatoren (Tafel 15.16) dienen der Winkelprüfung von Führungen und der Richtungsprüfung über größere Entfernungen [15.12]. Der Kollimator besteht aus einer Sammellinse und einem in ihrer Brennebene befindlichen beleuchteten Strichkreuz. Das Strichkreuz wird im Richtfernrohr auf einer x-y-Teilung abgebildet. Die Abweichungen sind in der x- und in der y-Richtung direkt abzulesen. Es gelten die Gln. (15.16) und (15.17) sinngemäß. Laserfluchtungsgeräte haben Reichweiten von über 1 km.

Autokollimationsfernrohre (Tafel 15.16) verwenden anstelle des Kollimators einen Spiegel. Die Strichplatte ist im Fernrohr beleuchtet. Das Bild der Fernrohrteilung wird durch den Spiegel in sich selbst zurückgeworfen. Autokollimationsfernrohre haben gegenüber Richtfernrohren mit Kollimatoren ein doppeltes Auflösungsvermögen in x- und in y-Richtung. Ihr Auflösungsvermögen beträgt 4″ bis 0,5″ bei Meßbereichen von 5′ bis 40′ [15.3, S. 108].

Universal-Winkelmesser sind Kreisteilgeräte mit einer 360°-Skale und Meßschenkeln, die in jeder beliebigen Winkellage arretiert werden können. Der mechanische Universal-Winkelmesser **(Tafel 15.17)** hat eine Strichteilkreisscheibe aus Stahl und einen Nonius, der Ablesungen von 5′ zu 5′ erlaubt.

Optische Universal-Winkelmesser **(Tafel 15.17)** haben einen Glasteilkreis von 0° bis 360° und zwei Nonien-Feinskalen mit 5′-Teilungen. Die Meßschenkel aus Stahl sind in jeder beliebigen Winkellage zu arretieren. Zum Ablesen der Winkelstellung dient eine Lupe mit 40facher Vergrößerung.

Als **elektronische** Universal-Winkelmesser **(Tafel 15.17)** bezeichnet man optoelektronische Anbaudrehgeber mit inkremental oder absolut geteilten Rastermaßstreifen [15.30].

Kreisteiltische (Tafel 15.17) sind drehbar gelagerte Rundtische mit mechanischem oder optischem Teilkreis [15.12, S. 177].

Tafel 15.17. Winkelmeßgeräte zur Messung größerer Winkel

	Mechanischer Universalwinkelmesser	Optischer Universalwinkelmesser	Elektronischer Universalwinkelmesser	Kreiseltisch	Teilkopf	Theodolit
Bauprinzip	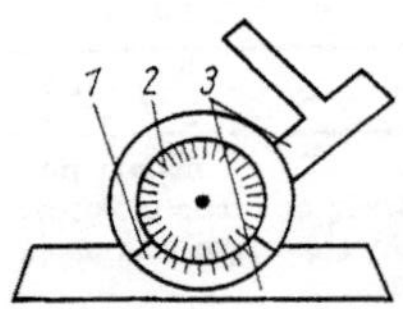	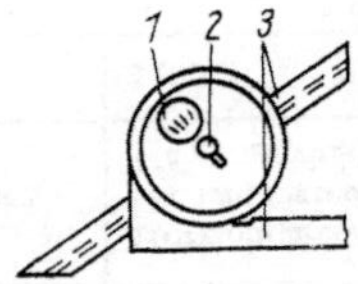	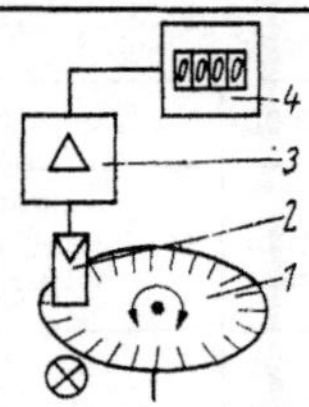	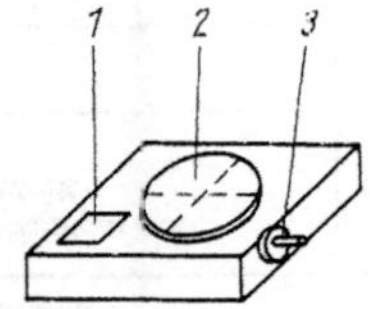	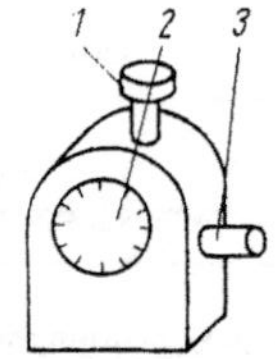	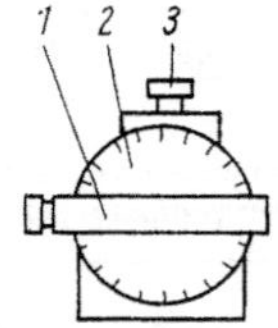
Bezeichnung	*1* Nonius *2* Teilkreis *3* Meßschenkel	*1* Lupe *2* Klemmschraube *3* Meßschenkel	*1* Kode-Impulsscheibe *2* fotoelektrischer Aufnehmer *3* Verstärker *4* Meßwertanzeige	*1* Projektionsanzeige *2* Aufspanntisch *3* Drehkopf	*1* Mikroskop *2* Teilkreis *3* Meßobjektaufnahme	*1* Fernrohr *2* Glasteilkreis *3* Mikroskop
Meßbereich	0° ... 360°	90° (viermal)	0° ... 360°	0° ... 360°	0° ... 360°	0° ... 360°
Meßunsicherheit	± 2′ ... ± 3′	± 2′	± 1″	± 0,5″ ... ± 2′	± 2″	± 0,2″
Einstellzeit	5 s	5 s	1 s	(5 ... 10) s	5 s	5 s
Vorteile	universelle Anwendung, einfache Bedienung	universelle Anwendung, einfache Bedienung, abgekapselter Glasteilkreis	digitales Ausgangssignal, Messen von Winkeln > 360°, universelle Anwendung	robuster Aufbau, geringe Meßunsicherheit, Vorwahl der Einstellwinkel	schnelles und sicheres Einstellen von Winkelwerten	Messen über große Entfernungen, Messen in horizontaler und vertikaler Ebene
Nachteile	mechanische Beanspruchung des Teilkreises	keine mechanische Beanspruchung des Teilkreises, schwierige Meßwertablesung	hoher elektronischer Aufwand	kein motorischer Antrieb des Rundtischs	kein motorischer Antrieb der Meßobjektaufnahme	gute Sichtverbindung der Meßpunkte erforderlich
Anwendung	Messen von körperlichen Winkeln	Messen von körperlichen Winkeln	Winkelmeßsystem für Werkzeugmaschinen	Teilungswinkelmessung Herstellung von Teilungen auf Werkzeugmaschinen	Herstellen von Teilungen in Verbindung mit Bearbeitungsmaschinen	Winkelmessung in der Geodäsie, Bergbau, Hochbau, Tiefbau, Schwermaschinenbau
Richtwert (in M)	50	1000	1500 ... 2000	12000 ... 35000	12000	8000

Tafel 15.18. Winkelmeßgeräte zur Messung kleiner Winkelabweichungen

	Winkellibelle mit Mikroskop	Koinzidenzlibelle	Goniometer	Winkelteilungsmesser	Interferometer
Bauprinzip	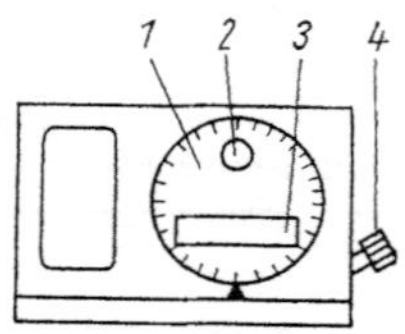	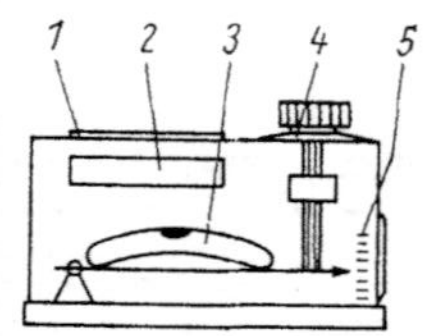	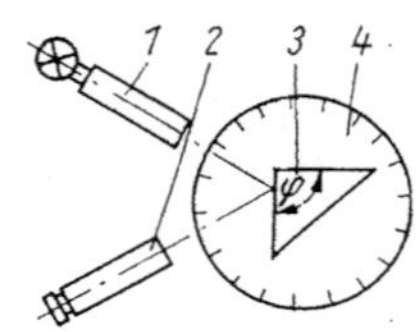	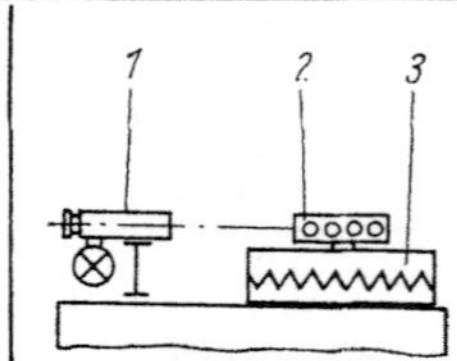	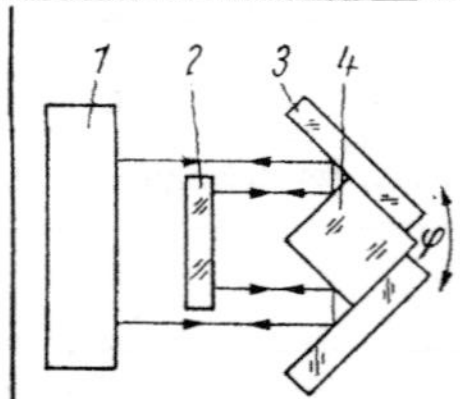
Bezeichnung	*1* Teilkreis *2* Mikroskop *3* Röhrenlibelle *4* Stellschraube	*1* Lupe *2* Prismensystem *3* Röhrenlibelle *4* Feinskale *5* Grobskale	*1* Kollimator *2* Fernrohr *3* Meßobjekt *4* Teilkreis	*1* Autokollimationsfernrohr *2* Spiegelpolygon *3* Kreisteiltisch	*1* Interferometer *2*, *3* Planplatten *4* Vierkantblock
Meßbereich	$\pm 120°$	± 10 mm/m $\hat{=} \approx \pm 34'$	$0° \dots 360°$	$360°$	$70°$
Meßunsicherheit	$\pm 1'$	$\pm 0{,}01$ mm/m $\hat{=} \approx \pm 2''$	$\pm 5'' \dots \pm 10''$	$\pm 0{,}2''$	$\pm 0{,}1''$
Einstellzeit	(1 ... 10) s	(5 ... 15) s	100 s	50 s	50 s
Vorteile	einfaches Ablesen, einfache Bedienung	hohe Auflösung, große Empfindlichkeit, sicheres Einstellen möglich	einfache Bedienung, robuster Aufbau	geringe Meßunsicherheit, großer Meßbereich, elektrisches Ausgangssignal	geringe Meßunsicherheit, automatische Meßwerterfassung, digitales elektrisches Ausgangssignal
Nachteile	Verkanten möglich, große Bauweise	kleiner Meßbereich	Meßobjekt muß reflektierende Meßflächen besitzen	hoher technischer Aufwand	Kalibrierung erforderlich
Anwendung	Neigungswinkelmessung, Horizontieren von Maschinen und Wellen	Horizontieren von Justiertischen, Geradheitsprüfung, Neigungswinkelmessung	Messen von Winkeln an optischen Bauteilen	Messen von Teilkreisnormalen	Präzisionswinkelmessung, Messen von Winkelnormalen
Richtwert (in M)	1400	1200	7000	10000 ... 15000	15000 ... 20000

Optische Kreisteiltische mit Glasteilkreisen haben eine Auflösung von 3″. Der Meßwert wird zur leichteren Ablesung auf eine Mattscheibe projiziert. Kreisteiltische sind sehr robust und können direkt als Werkstückaufnahme dienen.

Teilköpfe (Tafel 15.17) sind Getriebe, deren Steuerwelle mit einer Lochscheibe (Rastenscheibe) versehen ist, die mehrere Lochkränze mit unterschiedlichen Lochzahlen (Teilungen) hat [15.12, S. 175]. Wird die Steuerwelle zur Arbeitswelle mehrfach untersetzt, so lassen sich bei einer Verstellung von Loch zu Loch schließlich sehr feine Kreisteilungen einstellen. Das Auflösungsvermögen mechanischer Teilköpfe wird durch die Übertragungsfehler des Getriebes begrenzt.

Theodoliten (Tafel 15.17) sind Winkelmeßgeräte, mit denen von einem Standort aus durch Visierfernrohre, Glasteilkreise und Ablesemikroskope die Winkel zwischen mehreren Objekten in horizontaler und vertikaler Richtung bestimmt werden können [15.31].

Winkellibellen mit Mikroskop **(Tafel 15.18)** sind eine Kombination aus optischem 120°-Glasteilkreis und 30″-Libelle als Nullinstrument. Durch das 40fache Ablesemikroskop kann mit einer Auflösung von 1′ abgelesen werden.

Koinzidenzlibellen sind Präzisionsrichtwaagen, mit denen über ein optisches System hohe Auflösung und sichere Einstellung (Koinzidenz von zwei Blasenhälften in der Röhrenlibelle) erzielt werden können **(Tafel 15.18)**. Die Relativlage der einstellbaren Röhrenlibelle zum Gehäuse entspricht dem Neigungswinkel, der an je einer Grob- und Feinskale in mm/m abgelesen wird [15.3, S. 107].

Goniometer dienen der Winkelmessung an optischen Bauteilen, z. B. Prismen **(Tafel 15.18)**. Das Meßobjekt wird an seinen Meßflächen mit einem Richtfernrohr angetastet. Der eingeschlossene Winkel ist mit einem Mikroskop an einem Glasteilkreis in der Goniometerbasis abzulesen.

Winkelteilungsmesser dienen der Prüfung von Kreisteilungen, z. B. ebener Verzahnungen **(Tafel 15.18)**. Ein geprüftes Spiegelpolygon wird auf dem Kreisteiltisch befestigt und mit einem Autokollimationsfernrohr angetastet.

Spiegelpolygone sind Polygone mit ebenen reflektierenden Meßflächen, die miteinander definierte Winkel einschließen. Die Teilungswinkel sind die Winkel zwischen den Flächennormalen auf der Mitte zweier benachbarter Meßflächen. Die Lage der Meßflächen wird durch Richtungsmessung mit Autokollimationsfernrohr bestimmt.

Für die Kalibrierung von Autokollimationsfernrohren, Winkelendmaßen und Spiegelpolygonen lassen sich zählende automatisierte Interferometer **(Tafel 15.18)** einsetzen. Die Meßunsicherheit [15.32] entspricht den gegenwärtig erzielbaren Meßunsicherheiten bei Hochpräzisionswinkelmessungen [15.33].

Das staatliche Etalon der UdSSR für den ebenen Winkel hat die Meßunsicherheit 0,02″ [3.16].

15.6. Ablese- und Visierhilfen mechanischer und optischer Längen- und Winkelmeßgeräte

Der **Nonius (Tafel 15.19.1)** ist eine Hilfsskale zum genauen Ablesen von Bruchteilen des Abstands zweier benachbarter Skalenstriche der Hauptskale. Hat die Hauptskale $(n - 1)$ Teilstriche auf der Länge l und die Hilfsskale n Teilstriche auf der Länge $l' = l$ und fällt der i-te Teilstrich des Nonius (der Hilfsskale) mit einem Teilstrich der Hauptskale zusammen, so ist der Nullstrich des Nonius vom vorhergehenden Teilstrich der Hauptskale um il/n entfernt.

Tafel 15.19.1. Ablesehilfen für Maßverkörperungen

	Nonius	Meßtrommel	Spiralmikroskop	Feinmeßokular
Bauprinzip	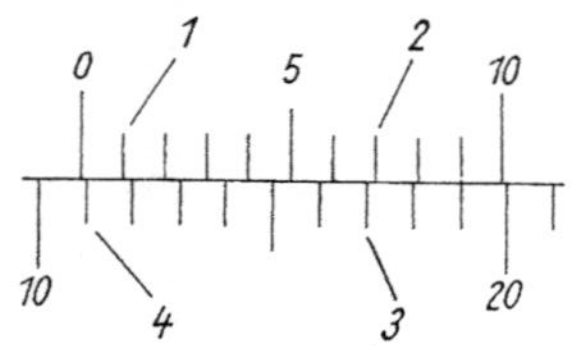	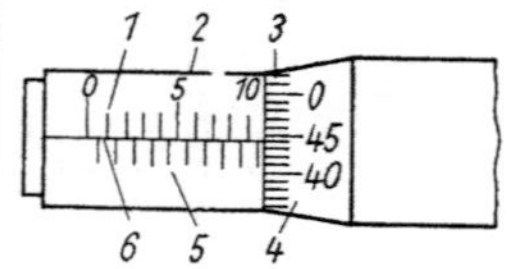	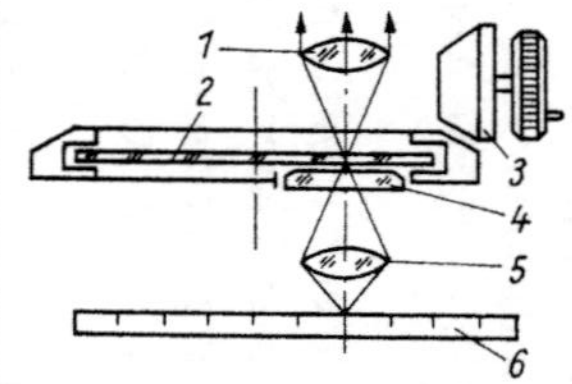	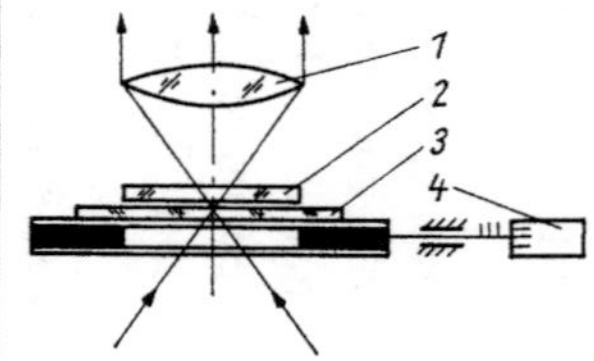
Bezeichnung	*1* Nonius *2* Hilfsskale *3* Längenmaß mit Teilung *4* Hauptskale	*1* Hauptteilung *2* Teilungshülse *3* Kreisteilung *4* Trommel *5* Hilfsteilung *6* Indexstrich	*1* Okular *2* drehbare Strichplatte *3* Feintrieb *4* feste Strichplatte *5* Objektiv *6* Maßstab	*1* Okular *2* feste Strichplatte *3* bewegliche Strichplatte *4* Meßschraube
Ablesung und Sehfeld des Okulars	Meßwert: 10,9 mm	Meßwert: 10,94 mm	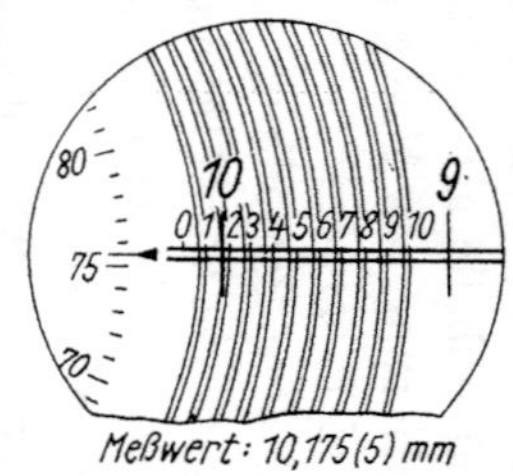	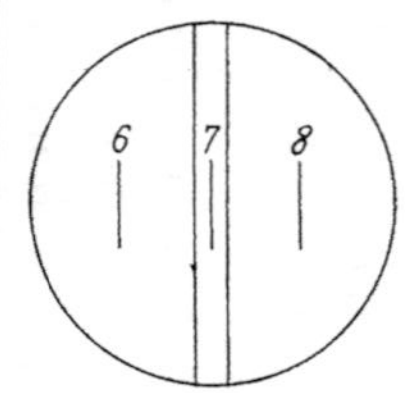
Anwendung	Meßschieber	Meßschrauben, Meßmaschinen, Meßmikroskope	Meßmaschinen, Meßmikroskope	Meßmaschinen, Meßmikroskope

Tafel 15.19.2. Ablesehilfen für Maßverkörperungen und Visierhilfen

	Revolverokular	Winkelmeßokular	Doppelbildokular
Bauprinzip	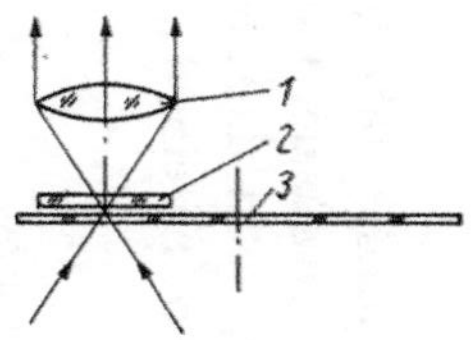	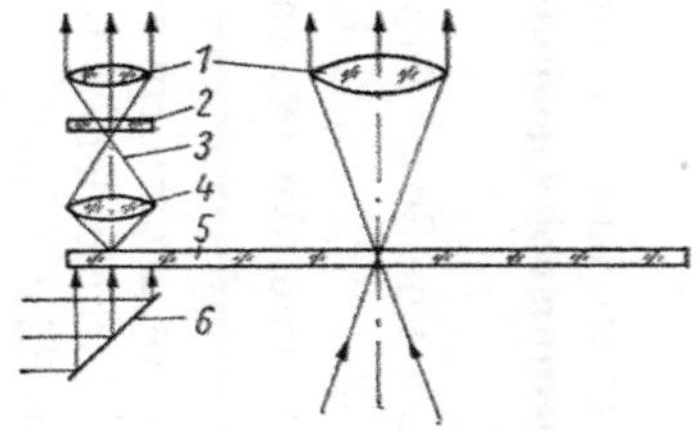	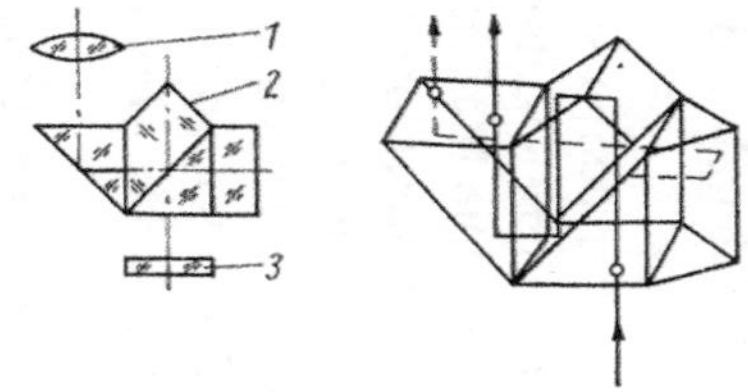
Bezeichnung	*1* Okular *2* feste Strichplatte mit Gradteilung *3* drehbare Strichplatte mit Normalprofil	1 Okular *2* feste Strichplatte *3* Blende *4* Objektiv *5* drehbare Strichplatte mit Teilkreis *6* Beleuchtungsspiegel	*1* Okular *2* Prismensystem *3* Abdeckglas
Ablesung und Sehfeld des Okulars	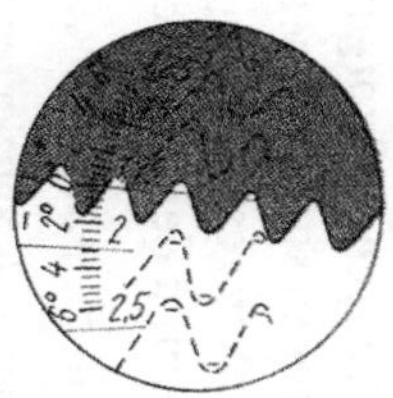	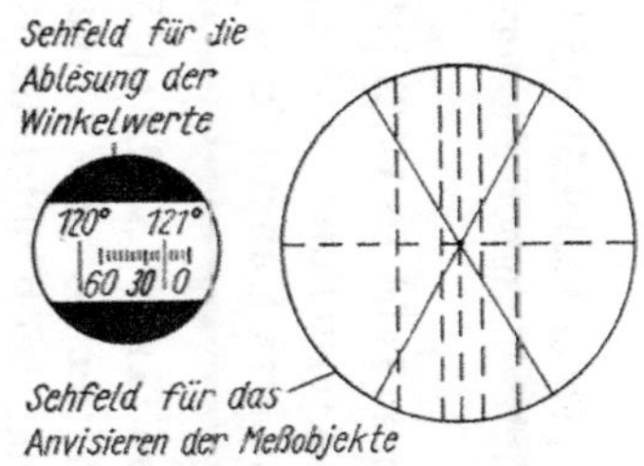	 Die zylindrische Bohrung liegt außerhalb der optischen Achse des Mikroskops, daher doppeltes Bild. Nach Einstellung decken bzw. überlagern sich die Figuren, die optische Achse des Mikroskops geht durch den Mittelpunkt der Bohrung.
Anwendung	Längenmeßmaschinen, Meßmikroskope, Messung an Gewinden	Längenmeßmaschinen, Meßmikroskope, Messung an Gewindeprofilen, Zylindern, Kegeln, Lehren	Längenmeßmaschinen, Meßmikroskope, Meßprojektoren; Messung von Bohrungsabständen, Strichbreiten und -abständen; Lagebestimmung von Durchbrüchen

Meßschrauben (Tafel 15.19.1) haben zur Ableseerleichterung sowohl eine skalierte Teilungshülse mit 0,5- und 1-mm-Teilung als auch eine skalierte Trommel mit 0,01-mm-Skalenwert. Durch Kreisteilung und Indexstrich lassen sich zehntel und hundertstel Millimeter mühelos ablesen.

Spiralmikroskope (Tafel 15.19.1) [15.16] sind Ablesehilfen, bei denen sich zwischen Präzisionsmaßstab mit Millimeterteilung und Okular eine drehbare Okularstrichplatte mit einer zehngängigen Doppelspirale in der Bildebene befindet. Die Maßstabsintervallbruchteile werden innerhalb des vergrößerten Teilungsintervalls durch die Hilfsskale in der Okularbildebene bestimmt. Die Doppelspirale mit ihrem Drehpunkt außerhalb des Gesichtsfelds wird so lange verdreht, bis sie den Maßstabsstrich eingefangen hat. Die zehn Windungen der Doppelspirale überdecken gerade ein Skalenteil von 1 mm Länge. Die Einstellunsicherheit von Spiralmikroskopen beträgt bei 60facher Gesamtvergrößerung etwa $\pm 0{,}2\ \mu m$.

Feinmeßokulare (Tafel 15.19.1) [15.16] sind Kombinationen von Strichplatte mit Indexmarke und Okularmeßschraube. Die in der Bildebene angeordnete Strichplatte wird so lange verstellt, bis sie den Maßstabsstrich eingefangen hat. Die Verstellung der Strichplatte liest man an der Meßtrommel ab. Es ist nachteilig, daß an zwei Stellen abgelesen werden muß.

Revolverokulare (Tafel 15.19.2) [15.16] tragen auf der Strichplatte in der Bildebene des Okulars eine Vielzahl verschiedener Prüfprofile zur Messung von Gewinden, Radien, Kreisbögen usw.

Winkelmeßokulare (Tafel 15.19.2) [15.3] [15.12] enthalten eine Strichplatte mit einer 360°-Teilung. Die Kreisteilung wird an einem kleinen Hilfsmikroskop mit 1'-Teilung abgelesen, während das Hauptmikroskop mit Strichplatte dem Anvisieren des Meßobjekts dient.

Doppelbildokulare (Tafel 15.19.2) [15.16, S. 201] dienen vor allem dem exakten Anvisieren von Lochmittenabständen. Solange die Bohrung außerhalb der optischen Achse des Mikroskops liegt, beobachtet die Meßperson ein Doppelbild.

Elektronische digitale Meßwertanzeiger stellen eine moderne Form der Ablesehilfen dar, die immer häufiger den Meßgeräteherstellern abverlangt werden.

15.7. Längen- und Winkelmeßfehler

15.7.1. Systematische Meßfehler

Bei einer Analyse von Längenmeßvorgängen ist festzustellen, daß die auftretenden systematischen Meßfehler neben sog. Temperaturfehlern hauptsächlich aus der Lage zwischen Meßobjekt und Meßsystem resultieren [15.28]. Es wird vorausgesetzt, daß die Abhängigkeit zwischen Meßfehler und Fehlerursache als konvergierende Potenzreihe darzustellen ist

$$\Delta x = a_0 + a_1 z^1 + a_2 z^2 + \dots a_n z^n \qquad (15.18)$$

Δx systematischer Meßfehler, a_i Koeffizienten der Potenzreihe, z Fehlerursache.

Der kleinste auftretende Exponent der Fehlerursache wird als Unterscheidungsmerkmal benutzt. Tritt z. B. die Fehlerursache in der ersten Potenz auf, so wird vom Fehler erster Ordnung gesprochen. Bei einer konvergierenden Potenzreihe muß $|z| < 1$ sein, so daß der kleinste auftretende Exponent der Fehlerursache den Betrag des Fehlers F wesentlich beeinflußt

$$a_1 z^1 > a_2 z^2 > a_3 z^3 > \dots > a_n z^n. \qquad (15.19)$$

Längenmeßvorgänge mit Fehlern erster Ordnung

Bei Meßschiebern **(Tafeln 15.9 und 15.20)** bewirkt die Verkippung des beweglichen Meßschenkels aufgrund des Spiels s in der Führung einen Kippfehler erster Ordnung

$$\Delta x = L\left(\varphi + \frac{1}{3}\varphi^3 + \frac{2}{15}\varphi^5 + \frac{17}{315}\varphi^7 + \ldots\right) \tag{15.20}$$

wegen $\tan\varphi = s/c$ mit $\varphi = s/c$ für $s \ll c$,

Δx systematischer Meßfehler des Meßschiebers, L Länge des Meßschenkels, φ Verkippung des Meßschenkels, s Spiel der Führung, c Lagerlänge.

Längenmeßvorgänge mit Fehlern zweiter Ordnung

Bei Meßschrauben **(Tafeln 15.9 und 15.20)** führt die Verkippung zu einem Kippmeßfehler zweiter Ordnung

$$\Delta x = x_{\mathrm{I}}\left(\frac{\varphi^2}{2!} - \frac{\varphi^4}{4!} + \frac{\varphi^6}{6!} - + \ldots\right) \tag{15.21}$$

wegen $\cos\varphi = x_{\mathrm{S}}/x_{\mathrm{I}}$,

Δx systematischer Meßfehler der Meßschraube, x_{I} gemessene Werkstücklänge, φ Verkippung der Meßspindel.

Tafel 15.20. Kippmeßfehler mechanischer Meßgeräte

	Meßschieber	Bügelmeßschraube
Bauprinzip	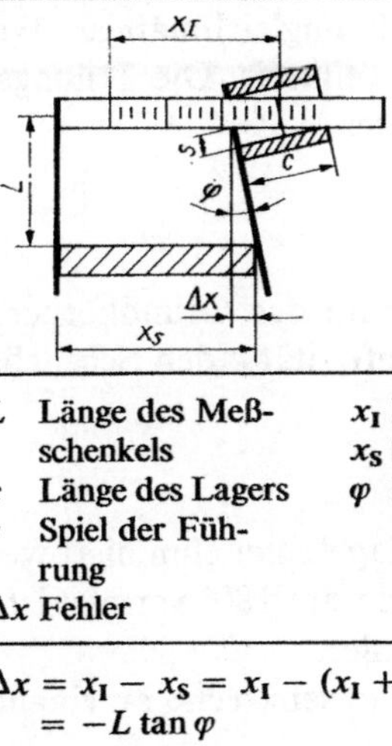	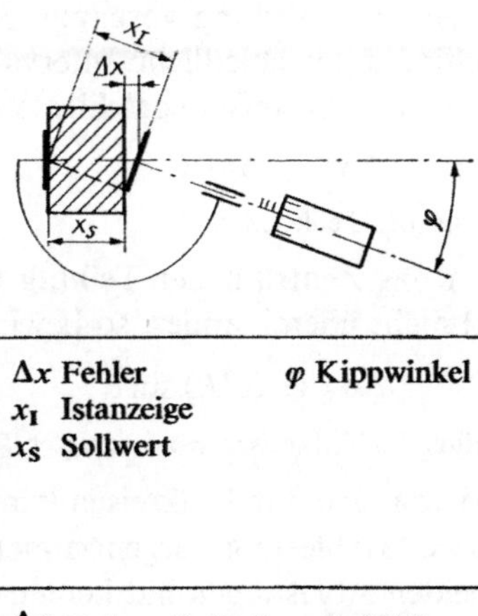
Bezeichnung	L Länge des Meßschenkels; c Länge des Lagers; s Spiel der Führung; Δx Fehler; x_{I} Istanzeige; x_{S} Sollwert; φ Kippwinkel	Δx Fehler; x_{I} Istanzeige; x_{S} Sollwert; φ Kippwinkel
Fehlergleichung	$\Delta x = x_{\mathrm{I}} - x_{\mathrm{S}} = x_{\mathrm{I}} - (x_{\mathrm{I}} + L\tan\varphi) = -L\tan\varphi$	$\Delta x = x_{\mathrm{I}} - x_{\mathrm{S}} = x_{\mathrm{I}} - x_{\mathrm{I}}\cos\varphi$
Näherung	Im Intervall $-10° < \varphi < 10°$ ergibt sich für $\tan\varphi = \hat{\varphi}$ mit einem Approximationsfehler $\gamma = \frac{\varphi - \tan\varphi}{\tan\varphi}\,100\% \leqq 1\%$ der Meßfehler $\Delta x = -L\hat{\varphi}$.	Im Intervall $-38° < \varphi < 38°$ ergibt sich für $\cos\varphi = 1 - \varphi^2/2$ mit einem Approximationsfehler $\gamma = \frac{(1 - \varphi^2/2) - \cos\varphi}{\cos\varphi}\,100\% \leqq 1\%$ der Meßfehler $\Delta x = x_{\mathrm{I}}\hat{\varphi}^2/2$.
Fehlerart	Kippfehler erster Ordnung	Kippfehler zweiter Ordnung

Aus den Gln. (15.19) und (15.20) ist abzuleiten, daß Meßvorgänge mit Meßfehlern erster Ordnung möglichst zu vermeiden sind.

Winkelmeßvorgänge mit Fehlern erster Ordnung

Eine Besonderheit der Winkelmessung am „gleichmäßig" geteilten Vollkreis besteht darin, daß die vorzeichenbehaftete Summe aller Teilkreisfehler Null sein muß, da ein geschlossener Kreis stets fehlerfrei den Winkel 2π verkörpert.

Zur Messung wird lediglich ein konstanter, fehlerbehafteter Hilfswinkel

$$\alpha_H = \frac{2\pi}{n} + \Delta\alpha_H \tag{15.22}$$

benötigt.

Bei der Prüfung der Kreisteilung wird der jeweils auszumessende Winkel durch ein anzeigendes Meßgerät bestimmt. Aus den Meßwerten $(\alpha_{Ii} - \alpha_H)$ läßt sich der Fehler des Hilfswinkels α_H bestimmen

$$\Delta\alpha_H = \frac{1}{n} \sum_{i=1}^{n} (\alpha_{Ii} - \alpha_H) \tag{15.23}$$

α_H Größe des Hilfswinkels, α_{Ii} Größe des zu messenden Winkels, n Anzahl der Intervalle des Vollkreises, $(\alpha_{Ii} - \alpha_H)$ Meßwerte, $\Delta\alpha_H$ Fehler des Hilfswinkels.

Die Größe der zu messenden Winkel α_{Ii} ergibt sich aus den Gln. (15.22) und (15.23) zu

$$\alpha_{Ii} = (\alpha_{Ii} - \alpha_H) + \frac{2\pi}{n} + \Delta\alpha_H. \tag{15.24}$$

Während des Teilungsvorgangs entstehen durch ungleichmäßiges Weiterschalten der Maschine unterschiedliche Intervalle b auf dem Teilkreis. Die Teilungsfehler Δb bewirken den sog. **Schenkellagefehler** $\Delta\alpha_1$ des Teilkreises

$$\Delta\alpha_1 = \Delta b/R \tag{15.25}$$

R Radius des Teilkreises.

Liegen das Zentrum der Teilung und das Zentrum des Grundkörpers (Rotationszentrum) nicht übereinander, so bewirkt diese Exzentrizität e den **Scheitellagefehler** $\Delta\alpha_2$

$$\Delta\alpha_2 \approx (e/R) \sin\alpha \tag{15.26}$$

R Radius des Teilkreises, α angezeigter Teilkreiswinkel.

Bei Messungen mit Teilkreisen kann der Scheitellagefehler eliminiert werden. Dazu wird eine zweite Ablesung vorgenommen, die zur ersten um 180° versetzt ist. Der Mittelwert aus beiden Ablesungen hat keinen Scheitellagefehler.

Stehen Rotationsachse und Teilungsebene nicht senkrecht aufeinander, so entsteht der **Taumelfehler** $\Delta\alpha_3$

$$\Delta\alpha_3 \approx -\frac{\beta^2}{4} \sin 2\alpha \tag{15.27}$$

α angezeigter Teilkreiswinkel, β Achsenneigung der Rotationsachse zur Teilungsebene.

Durch fehlerhaften Einbau einer Libelle in das Gehäuse zeigt die Libelle bei waagerechter Meßbasis nicht den Wert Null an. Dieser **Libellenfehler** $\Delta\alpha$ läßt sich auch bei fehlerhafter Meßbasis durch die Umschlagmethode bestimmen. Es gilt

$$\Delta\alpha = (\alpha_1 - \alpha_2)/2 \tag{15.28}$$

α_1 Meßwert in Stellung 1 der Libelle, α_2 Meßwert in Stellung 2 der Libelle.

Ein typischer systematischer Meßfehler ergibt sich aus dem sog. **Pyramidalfehler** $\Delta\alpha$, der dann auftritt, wenn die Winkelscheitelkanten von Meßobjekt und Winkelendmaß nicht parallel liegen. Es gilt

$$\Delta\alpha = -\frac{\gamma^2}{4}\sin 2\alpha \qquad (15.29)$$

α angegebener Winkel des Winkelendmaßes, γ Drehwinkel der Schenkel 1 und 2 in der Ebene der Meßfläche gegenüber dem Hauptschnitt des Winkelendmaßes [15.3, S. 109].

Weitere Ursachen systematischer Meßfehler

Bei größeren Körpern treten unter dem Einfluß der Schwerkraft der Erde in Abhängigkeit von der Lage und Befestigung der Körper beachtliche **Deformationen** (Kürzungen, Längungen, Durchbiegungen) auf. Den relativ größten Einfluß hat die Durchbiegung langer Meßobjekte, die senkrecht zur Erdachse gelagert werden. Um den Einfluß der Durchbiegung klein zu halten, sind die Meßobjekte und Meßgeräte an ausgewählten Punkten zu unterstützen [15.28, S. 78].

Die minimale Änderung der Gesamtlänge L der neutralen Faser bei H- und X-förmigem Querschnitt fordert eine Unterstützung in den „Besselschen Punkten" in der Entfernung

$$\Delta L_1 = 0{,}2203L \qquad (15.30)$$

von den Endpunkten.

Die minimale Änderung der Gesamtlänge L der Teilungsschicht auf der Oberfläche eines Maßstabs mit vierkantigem Querschnitt und die Beibehaltung der parallelen Lage der Endflächen des Maßstabs fordern die Unterstützung in den „günstigsten Punkten" in der Entfernung

$$\Delta L_2 = 0{,}2113L \qquad (15.31)$$

von den Endpunkten.

Die minimale Änderung aller Teilstrecken l in der Gesamtlänge L eines vierkantigen Maßstabs fordert die Unterstützung in den „optimalen Punkten" in der Entfernung

$$\Delta L_3 = 0{,}2232L \qquad (15.32)$$

von den Endpunkten.

Unter der Einwirkung der **Meßkraft** der mechanischen Meßgeräte können sich die Meßobjekte elastisch oder plastisch verformen sowie die Meßbügel und Meßständer (TGL 15043) aufbiegen [15.28, S. 85].

Sehr großen Einfluß auf die systematischen Meßfehler bei der Messung von Werkstücken vor allem größerer Längen haben die **Temperatur** des Meßobjekts und des Meßgeräts sowie ihr thermisch-dynamisches Verhalten [15.34].

Die Längenänderung Δl der Körper ist direkt proportional ihrer Temperaturänderung

$$\Delta l = \alpha_1 l \Delta\vartheta \qquad (15.33)$$

l Länge des Meßobjekts, α_1 thermischer Längenausdehnungskoeffizient **(s. Tafel 19.8)**, $\Delta\vartheta$ Temperaturänderung.

Bei einem Meßobjekt aus legiertem Stahl von 1 m Länge beträgt bei einer Temperaturänderung von $\Delta\vartheta = 1$ K die Längenänderung $\Delta l = (10 \ldots 15)$ µm. Das erklärt die hohen Anforderungen an die Thermostatierung bei Präzisionsfertigungen und -messungen [15.28] [15.35].

15.7.2. Zufällige Meßfehler

Zufällige Meßfehler haben nicht erfaßte systematische Ursachen oder basieren auf zufälligen Einflüssen wie zufälligen Temperatur- und Meßkraftschwankungen, Reibung und Spiel in Lagern und Führungen, Erschütterungen in Form von Stößen und kurzzeitigen Schwingungen und auf Einflüssen von Feuchte und Staub sowie von Beleuchtungsschwankungen und Parallaxe.

Bei Präzisionsmessungen sind besondere Maßnahmen zu ergreifen, um die Ursachen zufälliger Meßfehler einzuschränken. Auch ist zu beachten, daß die moderne rechnergestützte Koordinatenmeßtechnik neue Probleme bei der Fortpflanzung zufälliger Meßfehler aufwirft [15.36].

16. Messung zeitlicher Größen

Nahezu kein Bereich der Wirtschaft, der Naturwissenschaften, der Landesverteidigung und auch des persönlichen Lebens kommt ohne Zeitmessung aus.

Im Produktionsprozeß eines Betriebs sind alle Vorgänge zeitlich aufeinander abgestimmt. Arbeitsschritte sind in ihrer Zeitdauer durch Normzeiten und ihre Reihenfolge innerhalb des Arbeitstags festgelegt. Besonders wichtig ist die Zeitabhängigkeit der Produktion in Betriebsabteilungen, die mit Taktstraßen, Fließreihen und Montagebändern ausgerüstet sind. In der chemischen Industrie besteht häufig ein direkter Zusammenhang zwischen Reaktionsdauer und Produktqualität.

Durch genaue Zeitanalysen können Fehler im technologischen und organisatorischen Ablauf der Produktion festgestellt werden. Die Korrektur dieser Fehler führt zur Steigerung der Produktionsintensität und damit -effektivität.

Im Transport- und Verkehrswesen ist die Einhaltung der Zeitpläne (Fahrpläne) des Güter- und Personenverkehrs entscheidend für Effektivität und Sicherheit. Schiffe und Flugzeuge benötigen genaugehende Uhren auch für die Standortbestimmung.

In den Naturwissenschaften, vor allem in Physik, Chemie und Astronomie, sind sehr genaue Zeitmessungen für die Gewinnung neuer Erkenntnisse und die Überprüfung von Theorien notwendig. So wurde beispielsweise zur Überprüfung der Halbwertszeit des radioaktiven Zerfalls von $^{212}_{84}Po$ mit $3 \cdot 10^{-7}$ s **(Tafel 16.1)** ein Zeitmeßsystem benötigt, das für diese Messung eine Genauigkeit von mindestens 10^{-8} s haben mußte.

Die Steuerung von kosmischen Flugkörpern über riesige Entfernungen basiert auf zeitlicher Abstimmung der Programmabläufe.

Im militärischen Bereich entscheidet die exakte zeitliche Koordinierung der Handlungen durch die einzelnen Führungsstäbe und Waffengattungen über den Erfolg einer Operation. Die Artillerie ermittelt durch Zeitmessung in Verbindung mit Horchgeräten den Standort gegnerischer Geschütze. Bei der Radarüberwachung des Luftraums wird auf Bildschirmen die Zeit zwischen Abgang des Radarimpulses und Ankunft des Reflexsignals als Abstand von Lichtmarken sichtbar. Durch diese Kurzzeitmessung ist die Entfernung anfliegender Flugkörper zu bestimmen.

16.1. Standards, Grundbegriffe und Definitionen der Zeitmeßtechnik

Die verbindlichen **Standards** für die Messung zeitlicher Größen sind im TGL-Standardverzeichnis [1.23] unter den Suchzahlen (15.0), (30.0), (236.0), (237.0), (405.0), (688.0) und (942.0) bis (942.3) eingeordnet.

Außerdem sind **ASMW-Vorschriften** für das Meßwesen zu beachten.

ASMW-VM 111, Ausg. 11.65: Zeit; Stoppuhren; Eichvorschrift.
ASMW-VM 137, Ausg. 12.66: Zeit; Zeitmeßgeräte; Beglaubigungsvorschrift.

Die wichtigsten **Grundbegriffe und Definitionen** zur Messung zeitlicher Größen sind in Standards enthalten.

Tafel 16.1. Zeitskale

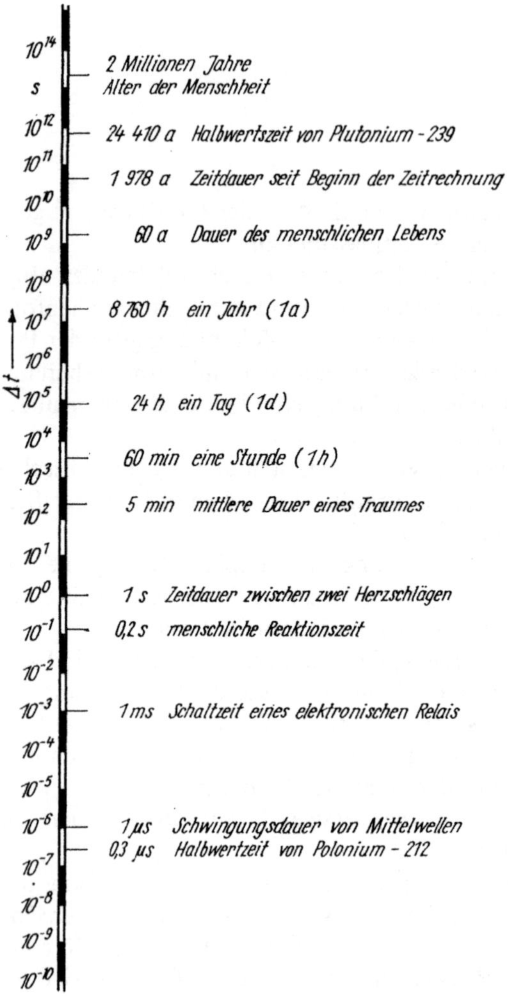

TGL 0-1355,	Ausg. 2.63: Zeit; Zeiteinheiten, Wochentage, Wochen, Monate.
TGL 22747/01,	Ausg. 5.75: Geräte und Einrichtungen zur Messung nichtelektrischer Größen; Schwingungsmeßeinrichtungen; Begriffe.
TGL 20314,	Ausg. 1.65: Elektrische Uhrenanlagen; Begriffe, Benennungen.
TGL 2860-56,	Ausg. 0.56: Zeitgliederung in der Produktion; Begriffe, Kurzzeichen, Erläuterungen.
TGL 25094/01,	Ausg. 2.71: Asynchron-Tachometer-Generatoren mit unmagnetischem Hohlläufer; Begriffe.
TGL 25095/01,	Ausg. 2.71: Synchron-Tachometer-Generatoren; Analoge Geber; Begriffe.
TGL 200-7032/01,	Ausg. 8.63: Elektronische Meßgeräte; Frequenzmesser; Begriffe.

Darüber hinaus existieren zahlreiche Standards zu einzelnen standardisierten Meßaufgaben und Meßgeräten.

TGL 20002, Ausg. 4.78: Armbanduhren; Technische Bedingungen.
TGL 13259, Ausg. 3.74: Weckeruhren; Technische Lieferbedingungen.
TGL 22238, Ausg. 1.74: Großuhren; Technische Lieferbedingungen.
TGL 27500, Ausg. 4.79: Frequenzen von Schwingungssystemen für Zeitmeßgeräte.
TGL 200-3768/01, Ausg. 6.65: Elektrische Schaltuhren; Tarif- und Sperrschaltuhren; Technische Forderungen.
TGL 200-3659/01, Ausg. 9.72: Niederspannungsschaltgeräte; Zeitrelais mit Kontaktfedersätzen; einstufig, motorbetätigt; Hauptabmessungen, Kennwerte.
TGL 200-3659/02, Ausg. 9.72: Niederspannungsschaltgeräte; Zeitrelais mit Kontaktfedersätzen; einstufig, magnetbetätigt; Hauptabmessungen, Kennwerte.

Normen zur Zeitmeßtechnik sind im DIN-Katalog [1.34] unter den Suchzahlen (5), (7), (13), (21), (117), (175), (507), (583) und (584) eingeordnet.

Genormte Grundbegriffe und Definitionen der Zeitmeßtechnik sind enthalten in:

DIN 1355 T. 1, Ausg. 3.75: Zeit; Kalender, Wochennumerierung, Tagesdaten, Uhrzeit.
DIN 5476, Ausg. 4.78: Zeitbezogene Größen; Bilden von Benennungen.
DIN 45661, Ausg. 9.62: Schwingungsmeßgeräte; Begriffe, Kenngrößen, Störgrößen.
DIN 40015, Ausg. 8.63: Frequenz- und Wellenbereiche; Benennungen und Anwendungsbeispiele.
E DIN 46120, Ausg. 10.77: Zeitrelais; Begriffe.
DIN 8235 T. 1, Ausg. 3.76: Einteilung und Aufbau der Zeitmeßgeräte; Benennung der Uhrenarten.
DIN 8236 T. 1, Ausg. 3.70: Zeitmeßtechnische Begriffe; Anzeige, Gang.
DIN 8236 T. 2, Ausg. 7.71: Zeitmeßtechnische Begriffe; Frequenz, Periodendauer.
DIN 8236 T. 3, Ausg. 7.77: Zeitmeßtechnische Begriffe; Koeffizienten des Ganges.
DIN 8236 T. 4, Ausg. 4.75: Zeitmeßtechnische Begriffe; Prüflagen für Uhren.
DIN 8287 T. 1, Ausg. 10.69: Triebfedern für Uhren; Begriffe, Benennungen.
DIN 8318, Ausg. 7.75: Radioaktive Leuchtfarben für Zeitmeßgeräte; Begriffe, Anforderungen, Prüfung.
V DIN 41080, Ausg. 2.70: Begriffe für elektrische Uhren.
E DIN 41080 T. 1, Ausg. 10.78: Zeitdienst; Grundbegriffe und allgemeine Begriffe.
E DIN 41080 T. 2, Ausg. 10.78: Zeitdienst; Begriffe, Benennungen und Aufbau der Zeitdienstzentralen (Uhrenzentralen).
E DIN 41080 T. 3, Ausg. 10.78: Zeitdienst; Begriffe und Benennungen der Hauptuhren.
E DIN 41080 T. 4, Ausg. 10.79: Zeitdienst; Begriffe, Benennungen und Aufbau der Nebenuhren.
E DIN 41080 T. 5, Ausg. 10.78: Zeitdienst; Begriffe, Einteilung, Benennung und Aufbau der Zeitschalter.
E DIN 41080 T. 6, Ausg. 10.78: Zeitdienst; Begriffe und Einteilung der Einzeluhren.
DIN 19015, Ausg. 7.71: Zeitmessung an Zentralverschlüssen; Begriffe, Belichtungszeiten, Meßanordnung.

Tafel 16.2. Zeitliche Größenarten und Einheiten

Größenart	Zeit	Frequenz	Geschwindigkeit	Beschleunigung	Winkelgeschwindigkeit
Einheit	Sekunde	Hertz	Meter je Sekunde	Meter je Quadratsekunde	Radiant je Sekunde
Kurzzeichen	s	Hz	$m \cdot s^{-1}$	$m \cdot s^{-2}$	$rad \cdot s^{-1}$
Definition	Die Sekunde ist die Dauer von 9192631770 Perioden der Strahlung, die dem Übergang zwischen den beiden Hyperfeinstrukturniveaus des Grundzustands des Atoms Zäsium 133 entspricht.	Ein Hertz ist die Frequenz eines periodischen Vorgangs von der Periodendauer 1 s.	Ein Meter je Sekunde ist die Geschwindigkeit eines sich gleichmäßig bewegenden Körpers, der während der Zeit 1 s den Weg 1 m zurücklegt.	Ein Meter je Quadratsekunde ist die Beschleunigung eines sich geradlinig bewegenden Körpers, dessen Geschwindigkeit sich während der Zeit 1 s gleichmäßig um $1 m \cdot s^{-1}$ ändert.	Ein Radiant je Sekunde ist die Winkelgeschwindigkeit eines gleichmäßig rotierenden Körpers, der sich während der Zeit 1 s um den Winkel 1 rad um seine Achse dreht.
Symbol	t	f	v	a	ω
Beziehung	Basisgröße	–	$v = s/t$	$a = v/t$	–
	Teile der Sekunde werden mit SI-Vorsätzen gebildet. Vielfache der Sekunde werden mit SI-fremden Vorsätzen gebildet. 1 min = 60 s 1 h = 60 min = 3600 s 1 d = 24 h = 1440 min = 86400 s	Für Umlauffrequenzen oder Drehzahlen gelten die Einheiten s^{-1} oder $U \cdot s^{-1}$. Außerdem sind die inkohärenten Einheiten $U \cdot min^{-1}$ und $U \cdot h^{-1}$ zulässig.	Die Geschwindigkeit von Fahrzeugen wird in Kilometern je Stunde angegeben. Es ist $1 km \cdot h^{-1} = 0{,}278 m \times s^{-1}$.	Die Fallbeschleunigung im Schwerefeld der Erde beträgt $g = 9{,}806 m \times s^{-2}$. Häufig ist der Näherungswert $g = 10 m \cdot s^{-2}$ ausreichend. Der Begriff Erdbeschleunigung ist nicht zu verwenden.	Die Winkelgeschwindigkeit wird auch als Winkelfrequenz bezeichnet.

Tafel 16.3. Zeitliche Einheiten

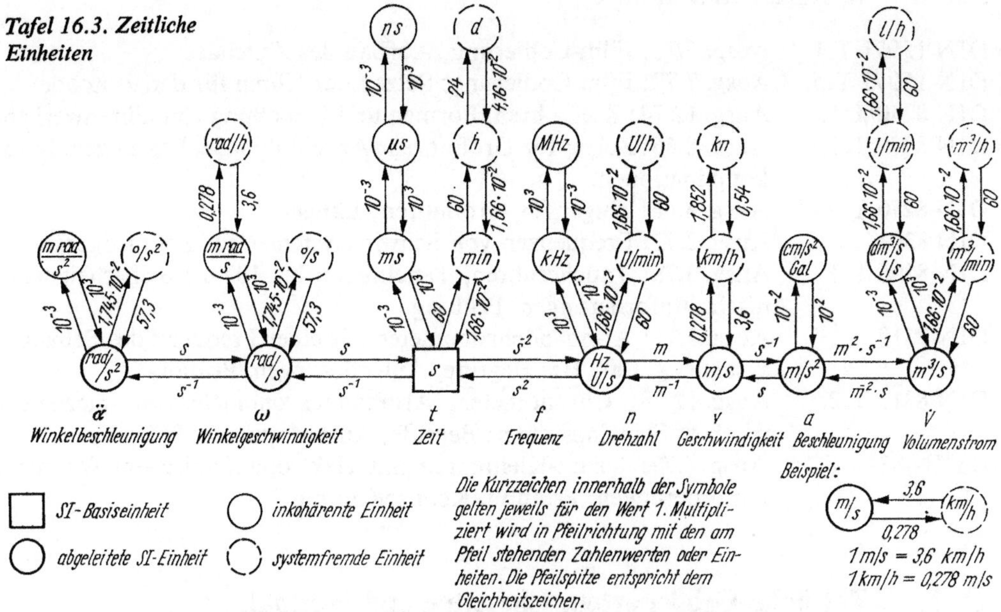

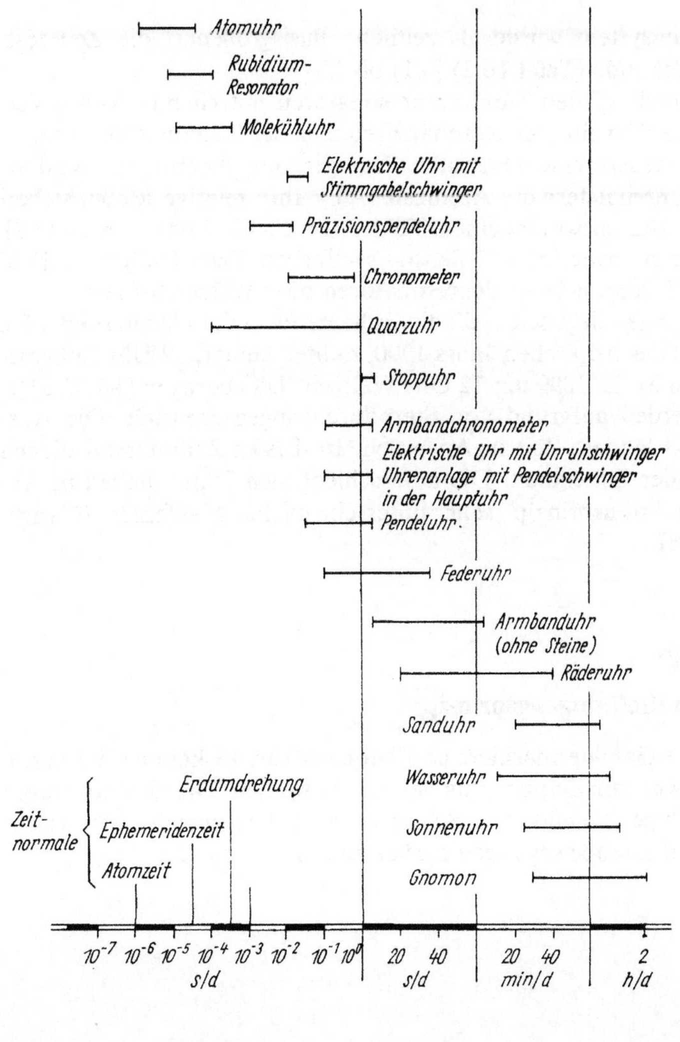

Tafel 16.4
Gang von Zeitmeßgeräten

DIN 15971 T. 1,	Ausg. 6.77: Film-Codierung; Aufbau des Zeitcodes.
DIN 15971 T. 5,	Ausg. 7.77: Film-Codierung: Setzen der Uhren für den Zeitcode.
DIN 8240 T. 1,	Ausg. 12.74: Kleinuhren, Formen und Bemaßung von Uhrenwerken.
DIN 8270 T. 1,	Ausg. 8.66: Zeiger für Großuhren; Anschlußmaße, Passungen, Maßkombinationen.
DIN 8270 T. 2,	Ausg. 8.66: Zeiger für Großuhren; Längen.
DIN 8303,	Ausg. 2.72: Frequenzen von Schwingsystemen für Zeitmeßgeräte.
DIN 8306 T. 1,	Ausg. 3.78: Taucheruhren, Tauchtiefen bis 100 m; Sicherheitstechnische Anforderungen, Prüfung.
DIN 8319,	Ausg. 1.75: Armbandchronometer mit einer Frequenz des Schwingsystems $\leqq$ 1000 Hz; Begriffe, Anforderungen, Prüfung.
DIN 8319 T. 2,	Ausg. 12.78: Chronometer; Armbandchronometer mit piezoelektrischem Schwingsystem; Begriffe, Anforderungen, Prüfung.
E DIN 8326 T. 1,	Ausg. 6.77: Quarz-Kleinuhren mit elektromechanischem Wandler; Anforderungen, Prüfung, Kennzeichnung.

16.2. Zeitliche Größenarten, Einheiten und Normale

Im Internationalen Einheitensystem wurde als zeitliche Basisgrößenart die Zeit festgelegt. Ihre Einheit ist die Sekunde **(Tafel 16.2)** [3.1] bis [3.4].

Zur Darstellung der Sekunde dienen Hohlraumresonatoren mit einem Zäsium-Verdampfer als Strahlungsquelle. Der mit der Resonanzfrequenz der Zäsiumatome schwingende Hohlraumresonator steuert eine Quarzuhr. Die gesamte Anordnung wird als Atomuhr bezeichnet. Atomuhren liefern die Atomzeit (AT). Ihre relative Meßunsicherheit ist kleiner als $5 \cdot 10^{-13}$. Das entspricht einem Fehler von 1 s in 100000 Jahren [3.1]. Die Weitergabe der Zeiteinheit sowie ihrer Teile und Vielfachen **(Tafel 16.3)** nach [3.8] erfolgt mit Rubidium- und Thallium-Gaszellenresonatoren oder Wasserstoffmaser.

Astronomischen Berechnungen liegt seit 1952 die Ephemeridensekunde zugrunde. Sie ist der 31556925,9747te Teil des tropischen Jahrs 1900, nullter Januar, 12 Uhr Ephemeridenzeit. Sie ist also auf den 31. 12. 1899 um 12 Uhr Weltzeit (UT) bezogen [3.1, S. 51].

Astronomische Zeiten werden aufgrund von Sterndurchgängen ermittelt. Die Auswertung nimmt in der Regel längere Zeit in Anspruch. In diesem Zeitintervall dienen Uhren als Verkörperungen der Zeiteinheit. Die unterschiedlichen Uhren haben in Abhängigkeit von ihrem Funktionsprinzip sehr unterschiedliche Meßfehler (Gänge) **(Tafel 16.4)** [16.1] bis [16.12].

16.3. Zeitmeßprinzipe

16.3.1. Rotationsprinzip (Schwingungsprinzip)

Sind gleichförmig rotierende Gebilde markiert und beobachtbar, so können die periodisch wiederkehrenden Marken zur Zeitmessung verwendet werden. Die gleichförmigen Bewegungen schwingungsfähiger Gebilde wie Schwerependel, Federpendel, elektrische Schwingkreise lassen sich auf Drehbewegungen zurückführen.

16.3.2. Akkumulationsprinzip

In Natur und Technik gibt es zahlreiche Erscheinungen, die durch eine gleichförmige oder gesetzmäßig bekannte Zu- oder Abnahme des Stoff- oder Energieniveaus gekennzeichnet sind. Hierzu zählen gleichförmige Füllung oder Entleerung von Behältern, gesetzmäßige, bekannte Ladung oder Entladung von Kondensatoren usw. Sind diese Prozesse reproduzierbar und beobachtbar, so können sie zur Zeitmessung herangezogen werden.

16.4. Zeitmeßsysteme

16.4.1. Rotationsfähige Zeitnormale

16.4.1.1. Mechanische Drehsysteme

Der Zeiteinteilung (Kalendereinteilung) in Tage und Jahre liegen periodisch wiederkehrende Erscheinungen zugrunde, die auf der Eigenrotation der Erde (Tage) und auf dem Umlauf der Erde um die Sonne (Jahre) basieren. Sie bestimmen den Lebensrhythmus des Menschen. Nach dem heute noch gültigen, von Papst Gregor XIII. 1582 eingeführten Kalender besteht das Jahr aus 365 Tagen, eingeteilt in 12 Monate und 52 Wochen.

Die dabei auftretenden Zeitunterschiede zum Jahresumlauf der Erde um die Sonne werden durch Einschieben von Schalttagen ausgeglichen.

Für Wirtschaft und Industrie sind die ungleiche Dauer der Monate und die veränderliche Lage der Feiertage ungünstig. Es bestehen deshalb Bestrebungen zu einer Kalenderreform, die die Nachteile des Gregorianischen Kalenders überwinden soll.

Außerdem existieren im asiatischen und afrikanischen Raum noch Kalendersysteme, die auf dem Mondumlauf basieren und deren Bedeutung sich auf nationale und religiöse Bereiche beschränkt [16.1, S. 51].

Für die Tageseinteilung wird der Kulminationspunkt der Sonne an einem Beobachtungspunkt benutzt. Die Dauer eines Sonnentags ergibt sich als Dauer zwischen zwei aufeinanderfolgenden Kulminationen der Sonne. Durch die Exzentrizität der Erdbahn und die Schiefe der Ekliptik haben die Sonnentage Abweichungen bis zu 30 Minuten. Deshalb wurde der „mittlere Sonnentag" als der Mittelwert aller Sonnentage eines Jahrs definiert. Die Differenz zwischen der Dauer eines „mittleren Sonnentags" und des „wahren Sonnentags" wird als Zeitgleichung bezeichnet. Der Tag wird in 24 Stunden zu 60 Minuten oder 86400 Sekunden eingeteilt. Infolge der Rotation der Erde kann man keine einheitliche Ortszeit angeben. Deshalb wurde die Ortszeit der Meridiane, vom Nullmeridian ausgehend, in Abständen von 30° als Zonenzeit festgelegt, die in den jeweiligen Ländern als Normalzeit gilt.

Die Ortszeit des Nullmeridians wird als Weltzeit UT (Universal-Time) bezeichnet und vor allem in der Luft- und Schiffahrt verwendet.

Für die Weltzeit UT ist der Tagesbeginn 0^h festgelegt durch die Kulmination der „mittleren Sonne" auf dem 180. Längengrad und das Tagesende 24^h durch die darauffolgende Kulmination. Von Ost nach West verschiebt sich der Tagesanfang entsprechend den Zeitdifferenzen der Zonenzeiten zur Weltzeit [16.1, S. 47].

Der **Zeitstand** (Zeitpunkt, Uhrzeit) wird durch den Vergleich mit astronomischen Ereignissen, mit der Weltzeit oder mit der Zonenzeit ermittelt. Die Angabe des Zeitstands

Tafel 16.5. Zeitnormale

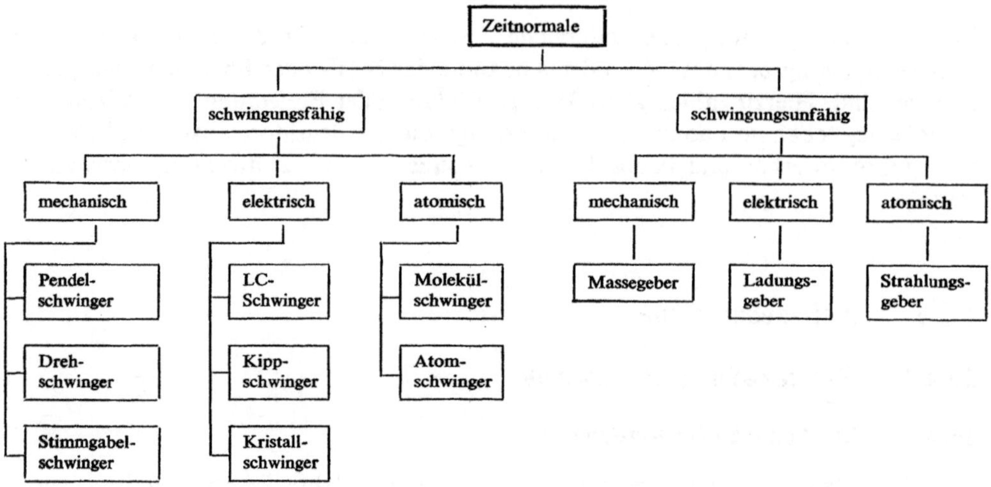

Tafel 16.6. Schwingungsfähige Zeitnormale

	Mechanische Zeitnormale		
	Pendelschwinger	Drehschwinger	Stimmgabelschwinger
Bauprinzip		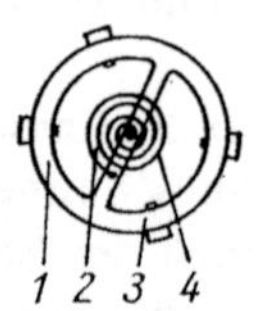	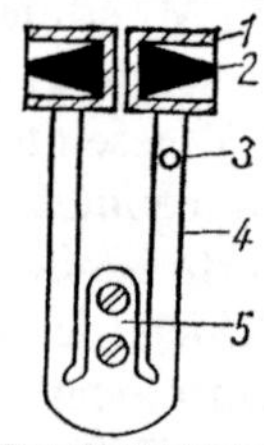
Bezeichnung	*A* Pendelachse *S* Pendelschwerpunkt *φ* Drehwinkel	*1* Schwungring *2* Spiralfeder *3* Schrauben zur Auswuchtung *4* Lagerachse	*1* Joch *2* Dauermagnet *3* Lagerbolzen für Schaltklinke *4* Stimmgabel *5* Befestigung
Vorteile	einfacher Aufbau	lageunabhängig	hohe Schwingfrequenz
Nachteile	nur für ortsfeste Geräte	komplizierter Aufbau	komplizierte Schwingungsabnahme

erfolgt durch Hochstellung der Zeiteinheiten, beispielsweise $12^{h}18^{min}24^{s}$ mit der Bedeutung 12 Uhr, 18 Minuten und 24 Sekunden.

Die Angabe von **Zeitintervallen** (Zeitstandsdifferenzen, Zeitdifferenzen) erfolgt in der Form 12 h 18 min 24 s mit der Bedeutung 12 Stunden, 18 Minuten und 24 Sekunden.

16.4.1.2. Elektrische Drehsysteme

Typische Vertreter zeitstabiler elektrischer Drehsysteme sind Synchronmotoren, die mit Wechselspannungen konstanter Frequenz angetrieben werden. Synchronmotoren sind weitverbreitete Zeitnormale in Schaltrelais und elektrischen Uhren. Auf sie wird im Abschn. 16.4.4.2. näher eingegangen.

16.4.2. Schwingungsfähige Zeitnormale

16.4.2.1. Mechanische Schwinger

Mechanische Schwingungen sind durch Systeme mit Energiespeichern (Masse, Feder) realisierbar **(Tafel 16.5)**, die kräftefreie Gleichgewichtslagen haben und bei denen in allen anderen Lagen Kräfte entstehen, die die Systeme in diese Gleichgewichtslagen zurücktreiben.

Elektrische Zeitnormale			Atomische Zeitnormale	
LC-Schwinger	Kippschwinger	Kristall-schwinger	Molekül-schwinger Ammoniak-schwinger	Atomschwinger Zäsium-schwinger
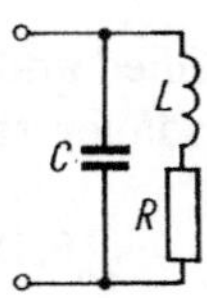	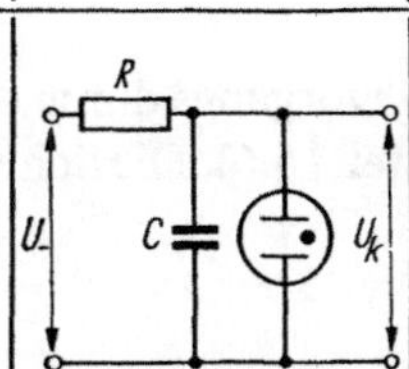	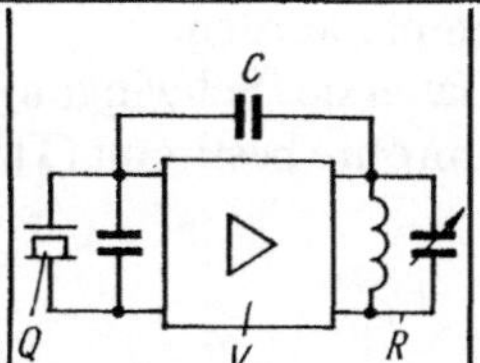	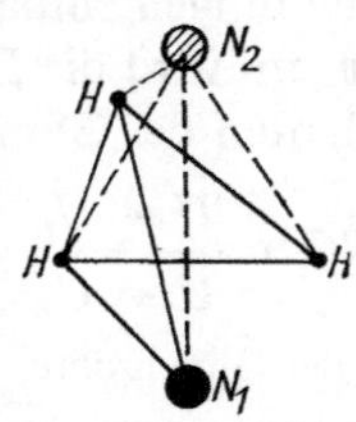	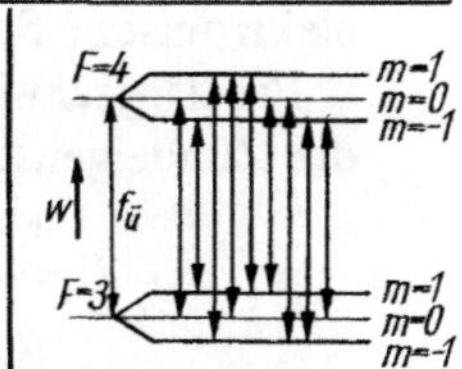
C Kapazität des Kondensators *L* Induktivität der Spule *R* Ohmscher Widerstand von Spule und Leitungen	*G* Glimmlampe *R* Widerstand *C* Kondensator U_K Kipp-spannung *U* Betriebs-spannung	*C* Rückkopp-lungs-kondensator *Q* Schwingquarz *R* Resonanz-schwingkreis *V* Verstärker	H Wasserstoff-atom N_1 Lage 1 des Stickstoff-atoms N_2 Lage 2 des Stickstoff-atoms	*W* Energie $f_{ü}$ Übergangs-frequenz 9192 MHz
großer Frequenz-bereich	einfacher Auf-bau	konstante Frequenz	konstante Frequenz	konstante Frequenz, zahl-reiche Übergänge
starke Dämpfung	Betriebs-spannung 100 V	teuer, kompli-zierter Aufbau	große Linien-breite wegen Doppler-Effekt	teuer, kein Dauerbetrieb möglich

Pendelschwinger (Tafel 16.6) haben unter der Voraussetzung kleiner Drehwinkel φ [16.3, S. 222] die Schwingungsdauer (Periode)

$$T = 2\pi \sqrt{\frac{I_A}{mgl}} \tag{16.1}$$

I_A Trägheitsmoment der Achse, m Masse des Pendels, g Fallbeschleunigung auf der Erde, l Abstand zwischen Achse und Pendelschwerpunkt.

Drehschwinger (Tafel 16.6) aus Spiralfeder und Massestück haben die Schwingungsdauer

$$T = 2\pi \sqrt{I/c} \tag{16.2}$$

I Trägheitsmoment des Massestücks, c Richtmoment der Spiralfeder (Federkonstante).

Die Schwingungsdauer einer **Stimmgabel (Tafel 16.6)** ist von der Dichte des Werkstoffs, vom Elastizitätsmodul und von der Form der Gabel (Zinkenlänge, Zinkenquerschnitt) abhängig [6.20, S. 88].

16.4.2.2. Elektrische Schwinger

LC-Schwinger haben zur Erzeugung elektrischer Schwingungen eine Spule und einen Kondensator **(Tafel 16.6)**. Durch Aufladung des Kondensators erhält der Schwingkreis die benötigte Schwingungsenergie. Die Energie wandelt sich aus der elektrischen Feldenergie des Kondensators in die magnetische Feldenergie der Spule um und umgekehrt. Für die Schwingungsdauer ergibt sich

$$T = 2\pi \Big/ \sqrt{\frac{1}{LC} - \left(\frac{R}{2L}\right)^2} \tag{16.3}$$

L Induktivität der Spule, C Kapazität des Kondensators, R Ohmscher Widerstand der Spule und der Leitungen.

Die elektrische Schwingung ist gedämpft. Sie kann durch äußere Energiezufuhr über elektronische Schaltungen entdämpft werden.

Bei **Kippschwingern** wird die Dauer des Schwingungsvorgangs durch das RC-Glied und die Zündeigenschaften der Glimmröhre bestimmt **(Tafel 16.6)**. Die Schwingungsdauer ist

$$T = RC \ln \frac{U - U_L}{U - U_Z} \tag{16.4}$$

U_L Löschspannung der Glimmröhre, U_Z Zündspannung der Glimmröhre, U Betriebsspannung.

In **Kristallschwingern** werden Quarz- oder Turmalinkristalle mechanisch verformt **(Tafel 16.6)**. Dadurch treten Verschiebungen elektrischer Ladungen und damit Influenzerscheinungen auf. Wirkt dagegen ein elektrisches Feld auf die piezoelektrischen Kristalle ein, so werden sie mechanisch verformt (reziproker piezoelektrischer Effekt). Wird an die Kristalle ein periodisch veränderliches elektrisches Feld gelegt, beginnt der Kristall bei Übereinstimmung der Erregerfrequenz mit seiner Eigenfrequenz zu schwingen. Die Schwingungsdauer der Eigenschwingungen ist vom Kristallaufbau, den Kristallabmessungen und von der Temperatur abhängig [6.20, S. 91].

16.4.2.3. Atomische Schwinger

Molekülschwinger enthalten Ammoniakmoleküle NH_3 mit pyramidenförmiger Struktur **(Tafel 16.6)**. Das Stickstoffatom schwingt periodisch zwischen zwei gleichwertigen Gleichgewichtslagen. Dabei wird eine Frequenz von 23870 MHz mit großer Konstanz eingehalten.

Tafel 16.7. Schwingungsunfähige Zeitnormale

	Mechanische Zeitnormale		Thermische Zeitnormale		Elektrische Zeitnormale	Atomische Zeitnormale
	Wasseruhr	Sanduhr	Kerze	Zündschnur	*RC*-Kombination	Kohlenstoff C_{14}
Bauprinzip	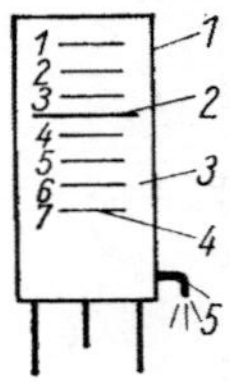	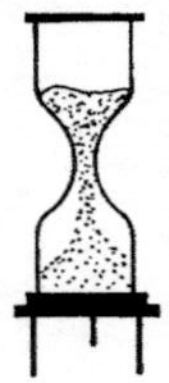	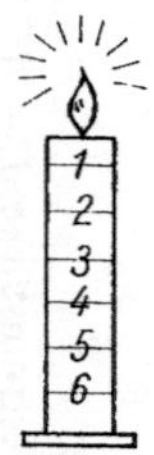	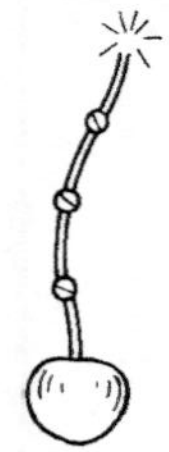	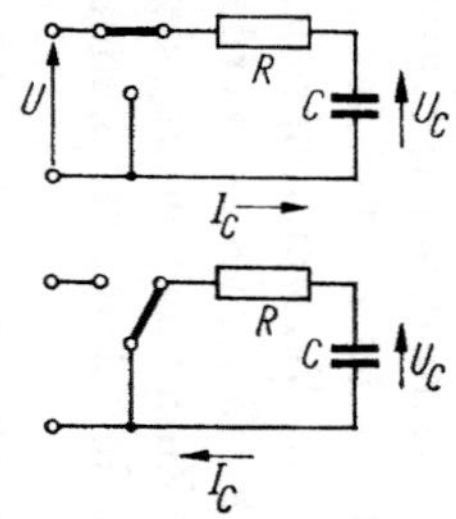	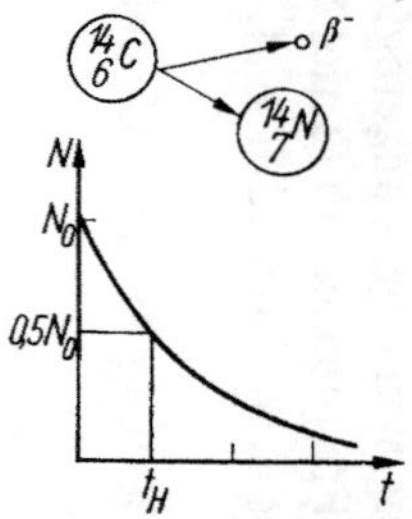
Bezeichnung	*1* Glasgefäß *2* Wasserstand *3* Wasser *4* Zeitskale *5* Auslauf	–	–	–	*R* Widerstand *C* Kondensator, Kapazität *U* elektrische Spannung *I* elektrische Stromstärke	*N* Anzahl der aktiven Kerne t_H Halbwertszeit
Vorteile	einfacher Aufbau				Kurzzeitmesser	Langzeitmesser
Nachteile	muß nachgefüllt werden	zerbrechlich	nur einmalig anwendbar		aufwendiger als mechanische Zeitgeber	komplizierte Meßapparatur erforderlich
Anwendung	historisch	Haushalt, Medizin	historisch	Bergbau, Militärtechnik	Naturwissenschaft, Technik, Sport	Geologie, Archäologie, Zeitmessung bis 40000 Jahre
Richtwert (in M)	–	5	–	1	500 für komplettes Gerät	50000 für komplettes Gerät

In **Atomschwingern** strahlen Atome beim Übergang von einem angeregten Zustand in ihren Grundzustand Impulse mit charakteristischen Frequenzen ab **(Tafel 16.6)**. Bei Zäsium 133 beträgt diese Frequenz beim Übergang aus dem Zustand $F = 4$, $m = 0$ in den Zustand $F = 3$, $m = 0$ genau 9192613770 Hz.

Die Frequenz ist dabei sehr konstant und die Strahlung durch zahlreiche Übergänge eindeutig zu erfassen [16.4, S. 12].

16.4.3. Schwingungsunfähige Zeitnormale

16.4.3.1. Mechanische Zeitnormale

In Wasser- und Sanduhren wird die Masse (Volumen) des aus- oder einlaufenden Wassers oder Sands als Zeitmaß verwendet **(Tafel 16.7)**. Die auslaufende Masse ist abhängig von der Größe der Ausflußöffnung und vom Druck an der Ausflußstelle. Ebenso können in mechano-thermischen Uhren **(Tafel 16.7)** die Verbrennungsvorgänge in Öllampen, Kerzen, Lunten und Zündschnuren als Zeitmaß verwendet werden. Die Dauer des Verbrennungsvorgangs ist von der chemischen Zusammensetzung der zu verbrennenden Stoffe, von der Sauerstoffzufuhr und von der Gestaltung des Brenners abhängig.

16.4.3.2. Elektrische Zeitnormale

Für Kurzzeitmessungen wird die Auf- oder Entladung von Kondensatoren über Widerstände vielfach genutzt **(Tafel 16.7)**. Sie verläuft nach Exponentialfunktionen. Für die Aufladung eines Kondensators gilt

$$u_C = U(1 - e^{-t/T}) \quad \text{und} \quad i_C = \frac{U}{R} e^{-t/T} \qquad (16.5), (16.6)$$

$_C$ Ladestromstärke, u_C Kondensatorspannung, T Zeitkonstante, t Zeit.

Für die Entladung eines Kondensators gilt

$$u_C = U_0 e^{-t/T} \quad \text{und} \quad i_C = \frac{U_0}{R} e^{-t/T} \qquad (16.7), (16.8)$$

U_0 Kondensatorspannung vor Beginn der Entladung, i_C Entladestromstärke, $T = RC$ Zeitkonstante.

16.4.3.3. Atomische Zeitnormale

Für die Langzeitbestimmung sind radioaktive Zerfallsprozesse **(Tafel 16.7)** geeignet. Sie verlaufen nach dem Zerfallsgesetz [16.5, S. 72]

$$N = N_0 e^{-\lambda t} \quad \text{oder} \quad N = N_0 e^{-\ln 2 t/t_H} \qquad (16.9)$$

λ Zerfallskonstante, t_H Halbwertszeit.

In organischen Stoffen kann mit Hilfe des Kohlenstoffisotops C_{14} mit einer Halbwertzeit von 5760 Jahren eine Altersbestimmung für Zeitdauern bis zu 40000 Jahren durchgeführt werden.

16.4.4. Zeitmeßgeräte

16.4.4.1. Mechanische Zeitmeßgeräte

Mit Zeitmeßgeräten **(Tafel 16.8)** werden Zeitstände oder Zeitintervalle gemessen. Alle Zeitmeßgeräte ordnen der zu messenden Zeit einen zeitabhängigen physikalischen Vorgang zu.

Tafel 16.8. Zeitmeßgeräte

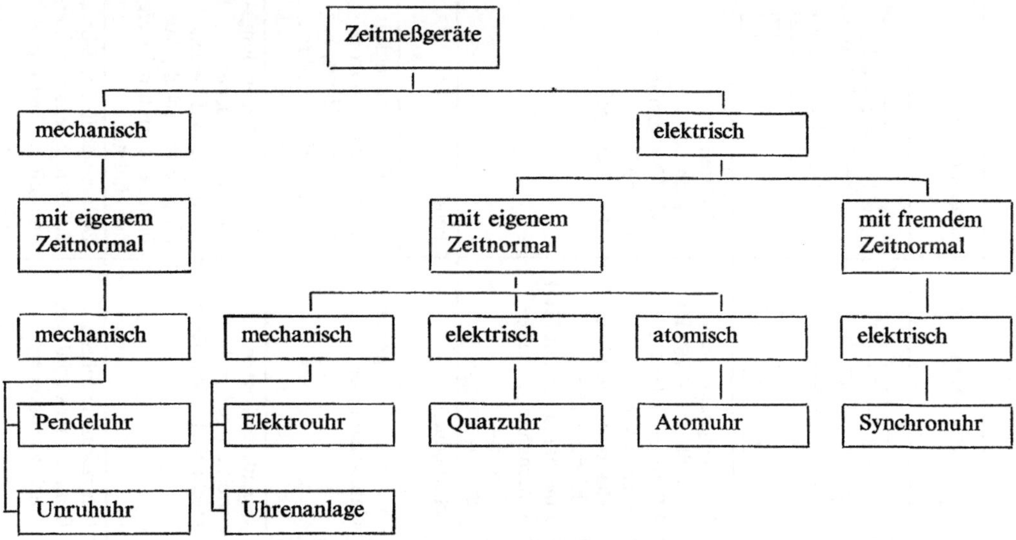

Ortsfeste Zeitmeßgeräte sind durch Aufbau, Zeitmeßprinzip, Antriebsart oder Größe an einen festen Aufstellungsort gebunden.

Ortsbewegliche Zeitmeßgeräte können während der Messung ohne größere Beeinflussung des Meßergebnisses transportiert werden.

Mechanische Zeitmeßgeräte, im folgenden als mechanische Uhren bezeichnet, benutzen zur Zeitmessung mechanische Vorgänge. Ihre Funktionseinheiten Aufzug, Antrieb, Gangregler, Laufwerk und Anzeige sind mechanische Bauelemente **(Tafel 16.9)**.

Von mechanischen Uhren wird auch dann gesprochen, wenn in mechanischen Uhrwerken Aufzug oder Kurzzeitschaltung elektrisch erfolgen.

Mechanische Uhren mit eigenem mechanischem Zeitnormal

Der **Aufzug** kann mechanisch, elektrisch oder manuell erfolgen. Der mechanische Selbstaufzug wird z.B. in Armbanduhren angewendet. Durch die Armbewegung führt eine Schwungmasse Pendelbewegungen aus. Das dabei auftretende Moment wird über ein Getriebe auf den Antrieb übertragen. Der elektrische Aufzug durch Motor oder Elektromagnet ist vor allem für ortsfeste Uhren geeignet.

Der **Antrieb** der Uhr dient als Energiequelle und -speicher. Die vom Aufzug diskontinuierlich zugeführte Energie wird vom Antrieb gespeichert und kontinuierlich an Laufwerk und Gangregler abgegeben. Mechanische Antriebe sind Gewichtsstücke oder spiralförmig gewickelte Blattfedern. Gewichtsantriebe sind nur für ortsfeste Uhren geeignet. Durch den Aufzug wird das Gewicht um eine Höhe h angehoben. Dabei speichert es die potentielle Energie

$$W_{pot} = mgh \tag{16.10}$$

m Masse des Gewichtsstücks, g Fallbeschleunigung auf der Erde.

Über Kette mit Kettenrad oder Seil mit Seiltrommel wird bei der Abwärtsbewegung des Gewichts die Energie auf Laufrad und Regler übertragen. Der Gewichtsantrieb zeichnet sich durch Abgabe eines konstanten Drehmoments und durch einfachen Aufbau aus.

Der Spiralfederantrieb wirkt unabhängig von Ort und Lage der Uhr. Die Spiralfeder

Tafel 16.9. Uhren mit eigenen mechanischen und elektrischen Zeitnormalen

	Mechanische Uhr			Elektrische Uhr	
	Pendeluhr	Unruhuhr	Elektrouhr mit direktem Antrieb	Gebrauchsquarzuhr	Uhrenanlage
Bauprinzip	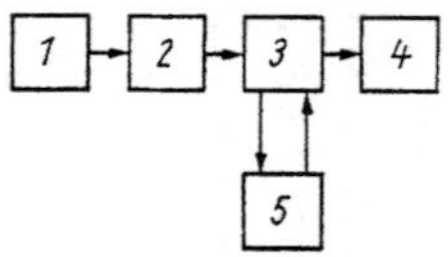		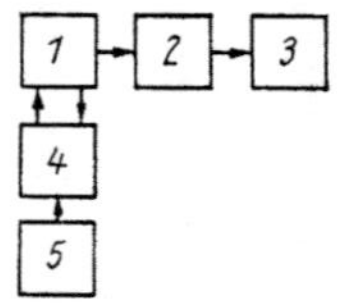	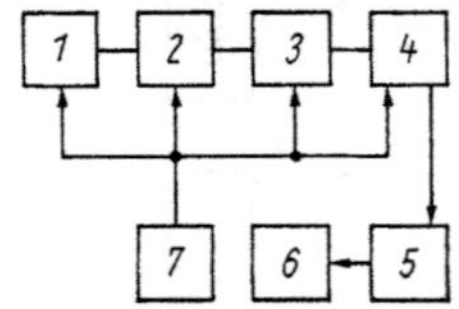	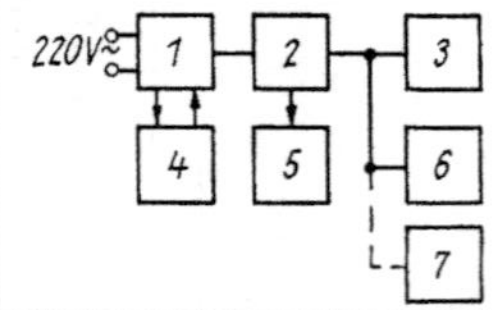
Bezeichnung	*1* Aufzug *2* Antrieb *3* Laufwerk *4* Anzeige *5* Gangregler (Schwinger)		*1* elektromechanische Zeitgeber *2* mechanisches Laufwerk *3* mechanische Anzeige *4* Schalter *5* Stromversorgung	*1* Schwingquarz mit Oszillator 32768 Hz *2* Frequenzteiler 1:2^{16} *3* Verstärker *4* elektromechanischer Schrittschalter *5* mechanisches Laufwerk *6* mechanische analoge Anzeige *7* Stromversorgung	*1* Netzteil *2* Hauptuhr *3*, *6*, *7* Nebenuhr *4* Batterie *5* Signalanlage
Zeitnormal	Pendel	Drehschwinger	Drehschwinger, Stimmgabel	Schwingquarz	Pendel
Vorteile	große Ganggenauigkeit	ortsbeweglich, lageunabhängig	netzunabhängig, ortsbeweglich, lageunabhängig	Präzisionsuhren großer Ganggenauigkeit	große Ganggenauigkeit der Nebenuhren trotz einfachen Aufbaus, Gleichlauf aller Uhren einer Einrichtung
Nachteile	ortsfest, lageunabhängig, großes Ganggeräusch	geringe Ganggenauigkeit, regelmäßiger Aufzug erforderlich	Ganggenauigkeit, spannungsabhängig, Korrosionsgefahr	Gangdauer begrenzt durch Energiequelle, mechanische Bauglieder	elektrische Verbindungsleitungen zwischen Hauptuhr und Nebenuhren erforderlich, Ausfall aller Uhren bei Defekt der Hauptuhr
Anwendung	Hauptuhren für Uhrenanlagen, Wanduhren, Standuhren	Taschenuhren, Armbanduhren, Tischuhren, Wecker, Stoppuhren	Taschenuhren, Armbanduhren, Tischuhren, Wanduhren	Quarzarmbanduhren, Quarzwohnraumuhren, Marinechronometer	Zeitanzeige in Betrieben, Schulen, Krankenhäusern und öffentlichen Einrichtungen
Richtwert (in M)	200 ... 500	5 ... 500	200 ... 500	300 ... 800	500 ... 1000

entwickelt im gespannten Zustand ein Drehmoment (bei beiderseitig fester Einspannung) von

$$M = \frac{Ebs^3}{12l}\varphi \tag{16.11}$$

E Elastizitätsmodul, b Federbreite, s Federdicke, l Federlänge, φ Verdrehungswinkel.

Der **Gangregler** besteht aus mechanischem Schwinger, Ankerrad und Anker. Um die Drehzahl des Laufwerks konstant zu halten, wird die Bewegung des Laufwerks durch einen Anker abwechselnd gehemmt und wieder freigegeben.

Zeitbestimmendes Glied ist dabei der Schwinger. Vollführt der Schwinger eine Halbschwingung, dreht sich das Ankerrad um einen Zahn weiter. Das Ankerrad ist mit Antrieb und Laufwerk fest verbunden und ersetzt Energieverluste des Schwingers durch Reibung und Regelung des Laufwerks.

Als Schwinger dienen Pendelschwinger und Drehschwinger. Drehschwinger werden in Uhren als Unruh bezeichnet. Pendelschwinger schwingen mit Frequenzen von 0,05 bis 0,5 Hz und Drehschwinger im Frequenzbereich von 2,5 bis 5 Hz [16.6, S. 210] [16.7, S. 87].

Das **Laufwerk** dient als Verbindungsglied zwischen Antrieb, Gangregler und Anzeige. Es besteht aus mehreren Zahnradgetrieben, die das vom Antrieb abgegebene Drehmoment und die vom Gangregler bestimmten Drehzahlen auf die Anzeige übertragen und durch Untersetzungen die Drehzahlen für die einzelnen Zeiger, Anzeigescheiben, Trommeln oder Rollen abgeben.

Die **Anzeige** erfolgt in mechanischen Uhren durch Zeiger auf einem feststehenden Zifferblatt. Datumsangaben werden durch eine Scheibe angezeigt. Nur Sonderausführungen arbeiten mit Trommel- oder Rollenanzeige [16.6, S. 172] [16.7, S. 71].

Sondereinrichtungen in mechanischen Uhren sind Weckerwerke, Schlagwerke und Kurzzeitschalter in Stoppuhren.

Wecker- und Schlagwerke sind selbständige Gerätegruppen mit eigenem Antrieb und Laufwerk, die durch die Uhr zu den eingestellten Zeiten ausgelöst werden. Als Wecker können auch elektrische oder elektronische Bauelemente verwendet werden. In Stoppuhren wird durch die Stoppeinrichtung der Vorgang der Zeitmessung ausgelöst und beendet.

Die Zeigerrückstellung erfolgt durch eine Herzscheibe, die alle Zeiger durch Auslösung der Drucktaste in die Nullage zurückbringt.

Sonderausführungen von Stoppuhren gestatten eine Unterbrechung der Zeitmessung oder die Messung von Zwischenzeiten mit einem Schleppzeiger [16.6, S. 179] [16.7, S. 185].

Mechanische Uhren haben immer eigene Zeitnormale.

16.4.4.2. Elektrische Zeitmeßgeräte

Elektrische Uhren mit eigenem mechanischem Zeitnormal

Elektrische Uhren sind Zeitmeßgeräte, in denen mindestens eine der Funktionen Antrieb, Gangregelung, Energieübertragung zur Anzeige oder Zeitanzeige durch elektrische Bauelemente realisiert wird.

Elektrouhren werden aus elektrischen Energiespeichern angetrieben (Batterie, Niederspannungsnetz) **(Tafel 16.9).**

Als Schwingsysteme werden Drehschwinger oder Stimmgabeln verwendet, die mit Weicheisenkernen, Dauermagneten oder Spulen versehen sind. Der Schwinger ist mechanisch oder magnetisch mit dem Laufwerk verbunden und treibt es direkt an. Die Energiezufuhr zum Schwingsystem steuert der Schwinger selbst.

Bei Kontaktsteuerung erfolgt die Energiezufuhr über Schaltkontakte. Ihr Nachteil besteht vor allem im mechanischen Verschleiß der Schaltkontakte. Bei kontaktloser Steuerung wird die Energie über Schalttransistor zugeführt [16.8, S. 58].

Die Frequenzen der Schwingsysteme bei der Verwendung von Drehschwingern liegen unter 5 Hz. Stimmgabeln arbeiten als Schwinger mit Frequenzen um 300 Hz. Bei Antriebsystemen mit Stimmgabeln sind für die Energieübertragung von der Stimmgabel zum Laufwerk ein sehr genau gearbeitetes Zahnrad mit Fortschaltgetriebe sowie eine große Untersetzung notwendig [16.8, S. 67].

Elektrische **Uhrenanlagen** versorgen Betriebe, Schulen und öffentliche Uhrensysteme mit gleichem Zeitstand. Häufig ist mit der Hauptuhr zusätzlich ein Signalsystem mit elektrischen Glocken, Summern oder Sirenen verbunden, um Produktionsabläufe zu steuern.

Elektrische Uhrenanlagen bestehen aus einer Hauptuhr und mehreren Nebenuhren **(Tafel 16.9)**. Haupt- und Nebenuhren sind durch ein eigenes Leitungsnetz verbunden. Die Hauptuhr wird in gleichen Zeitabständen elektrisch aufgezogen und hat ein Pendel, das durch Gewicht oder Spiralfeder angetrieben wird.

Das Pendel schwingt mit einer Frequenz von 0,5 oder 1 Hz. Die Pendelfrequenz wird im Uhrwerk mechanisch untersetzt. Durch Schaltrad oder Schaltnocken werden Schaltkontakte betätigt, die einen Gleichstrom in positive und negative Impulse zerlegen. Diese Impulse werden den Nebenuhren zugeleitet. Man unterscheidet zwischen Sekundenuhren (ein Schaltimpuls je Sekunde) und Minutenuhren (ein Schaltimpuls je Minute). Die Nebenuhren bewegen durch ein Schrittschaltwerk über ein Getriebe die Zeiger.

Die Anzahl der zu betreibenden Nebenuhren begrenzt der Stromverbrauch der Nebenuhren und die Schaltstromstärke der Hauptuhr. In größeren Anlagen steuert eine Zwischenuhr mehrere Nebenuhren. Damit die Uhren bei Netzausfall nicht stehenbleiben, speist man sie aus Batterien, die automatisch aus dem Netz nachgeladen werden. Bekannt sind auch Akkumulatorenanlagen, die sich bei Spannungsausfall selbsttätig einschalten.

Elektrische Uhren mit eigenem elektronischem Zeitnormal

Elektrische Zeitmeßgeräte, die als Frequenznormal einen elektrischen Schwingquarz enthalten **(Tafel 16.10)**, werden als Quarzuhren bezeichnet. Die von einem Transistoroszillator erzeugte Frequenz wird dabei durch den Quarz stabilisiert. In einer anschließenden Verstärkerstufe wird die Schwingung verstärkt und deren Frequenz durch Frequenzteiler elektronisch geteilt. Nach der Frequenzteilung ergibt sich am Ausgang eine Wechselspannung mit einer Frequenz von 1 bis 10 Hz (je nach Uhrentyp), die ein Synchronmotor antreibt. Der Synchronmotor bewegt über ein Getriebe die Zeiger.

Außer der beschriebenen Anzeigevorrichtung sind impulsgesteuerte, digitale Anzeigeröhren, Leuchtdioden oder akustische Zeitzeichen bekannt [16.9, S. 149]. Um die Resonanzfrequenz des Schwingquarzes zu stabilisieren, muß der Quarz eine konstante Temperatur aufweisen. Der Quarz wird deshalb in einem evakuierten Gehäuse untergebracht und bei hohen Genauigkeitsanforderungen in einen Thermostaten eingebaut.

Quarzuhren werden heute in verschiedenen Ausführungen und mit unterschiedlichen Ganggenauigkeiten gebaut. Die Fertigung reicht von Großanlagen für zentrale Zeitdienste bis zu Armbanduhren [16.8, S. 73]. Moderne Quarzarmbanduhren enthalten hochintegrierte elektronische Schaltkreise mit mehreren Programmen. Sie ermöglichen die Anzeige von Zeitstand, Zeitintervall (Stoppuhr), Datum (Monat, Tag) und sind teilweise über eine Tastatur als Mikrorechner zu verwenden [16.9, S. 487].

Elektrische Uhren mit eigenem atomischem Zeitnormal

Atomuhren arbeiten mit den Schwingungen des NH_3-Moleküls, mit periodischen Zustandsübergängen des Zäsiums Cs 133 oder nach dem Maserprinzip mit Wasserstoff oder Thallium.

Tafel 16.10. Uhren mit eigenen und fremden elektrischen sowie eigenen atomischen Zeitnormalen

	Elektronische Uhr	Atomische Uhr	Elektrische Uhr	Elektrische Uhr
	Vollelektronische Quarzuhr	Zäsiumatomuhr	Synchronuhr	Funkferngesteuerte Uhr
Bauprinzip	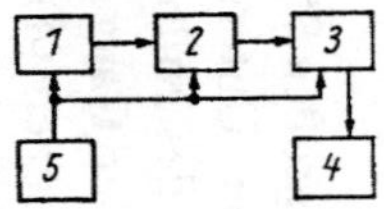	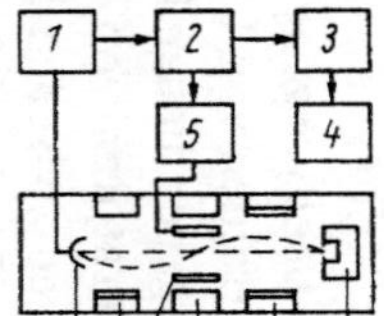	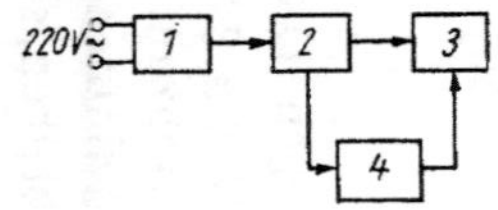	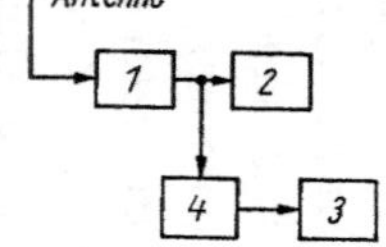
Bezeichnung	*1* Quarzoszillator *2* Verstärker *3* Frequenzteiler *4* elektronische digitale Anzeige *5* Stromversorgung	*1* Frequenzteiler *2* Schwingquarz mit Verstärker *3* Frequenzteiler *4* Anzeige *5* Frequenzvervielfacher, Mikrowellengenerator *6* Strahlungsquelle, Ofen *7* A-Magnet *8* C-Magnet *9* Schwingkreis *10* B-Magnet *11* Detektor	*1* Synchronmotor *2* Laufwerk *3* Anzeige *4* Reserveuhrwerk	*1* Empfänger *2* Lautsprecher *3* Anzeiger *4* Schrittschaltwerk
Zeitnormal	Schwingquarz (eigen)	Zäsiumresonator (eigen)	Netzfrequenz (fremd)	Quarzuhr (fremd)
Vorteile	große Ganggenauigkeit, netzunabhängig	sehr große Genauigkeit bei der Darstellung der Zeiteinheit, sehr kleiner Gangfehler	wartungsarm, relativ genau	leichter, großräumiger Zeitstandsvergleich über Radio und Fernsehen
Nachteile	teuer	sehr komplizierte und aufwendige Meßapparatur	netzunabhängig, empfindlich gegenüber Frequenzschwankungen	nicht zu jeder Zeit verfügbar
Anwendung	Zeitdienst und Einzeluhren mit kleinem Gangfehler, digitale Quarzarmbanduhren	Zeitdienst in wissenschaftlichen Institutionen, internationales Zeitnormal höchster Genauigkeit	Wanduhren in Industrie und Haushalt	zentraler Zeitdienst, Zeitnormal für Technik und Wirtschaft
Richtwert (in M)	500 … 2000	500000	100	200 … 1000

Die Zäsiumuhr z.B. ist eine Quarzuhr mit hoher Ganggenauigkeit, deren Frequenz durch einen Cs-Resonator gesteuert wird **(Tafel 16.10)**.

Er arbeitet mit einem Atomstrahl des $^{133}_{55}Cs$, der von einem Emitter ausgesendet und in einem homogenen Magnetfeld abgelenkt wird. Im Spalt steht der Atomstrahl unter dem Einfluß eines magnetischen Wechselfelds hoher Frequenz. Die Frequenz ist gleich der Übergangsfrequenz der Cs-Atome vom Zustand $F = 4, m = 0$ in den Zustand $F = 3, m = 0$. Sie wird vom Oszillator der Quarzuhr abgegeben. Bei Zustandsänderungen wird das magnetische Moment der Cs-Atome umgekehrt. Ein zweites homogenes Magnetfeld leitet die Atome auf einen Detektor. Bei maximalem Atomstrahl am Detektor entspricht die angelegte Frequenz am Resonatorspalt der Übergangsfrequenz der Cs-Atome. Eine elektronische Regelung, die der Detektor steuert, hält die Frequenz des Quarzoszillators auf dem Wert der Resonanzfrequenz von 9192631770 Hz.

Dieses Zeitmeßsystem wird in verschiedenen wissenschaftlichen Instituten verwendet und realisiert die Basiseinheit Sekunde als Primärnormal (Etalon) [3.1, S. 50] [16.4, S. 12].

Elektrische Uhren mit fremdem elektrischem Zeitnormal

Diese Uhren arbeiten mit Zeitnormalen, die außerhalb des Geräts liegen. Die einfachste Form besteht aus einem Synchronmotor, der durch die Netzspannung gespeist wird **(Tafel 16.10)** und bei einer Netzfrequenz von 50 Hz eine konstante Drehzahl hat. Durch ein Getriebe wird die Drehzahl des Synchronmotors für Sekunden-, Minuten- und Stundenzeiger untersetzt. Damit diese Uhren bei Netzausfall nicht stehenbleiben, sind sie häufig mit einem mechanischen Hilfsuhrwerk gekoppelt [16.8, S. 42]. Weiterhin gibt es Zeitmeßgeräte mit Impulssteuerung über Funk oder Postkabel im Langwellenbereich [16.8, S. 44].

Elektrische Zeitmeßsysteme für Sonderaufgaben

Für Kurzzeitmessungen werden in Naturwissenschaft, Technik, Militärwesen und Sport elektrische Sonderuhren mit Kurzzeitschaltern eingesetzt. Der Zeitmeßvorgang wird durch Steuersignale begrenzt, beispielsweise Unterbrechung der Lichtstrahlen von Lichtschranken. Die Anzeigegeräte haben eine Nullstelleinrichtung. Als Zeitgeber dienen häufig Auf- oder Entladevorgänge von *RC*-Kombinationen sowie Kippgeneratoren von Oszillographen. In Funkmeßgeräten oder Echoloten werden Zeitdifferenzen zwischen Sende- und Empfangsimpulsen über die Licht- oder Schallgeschwindigkeit in Längendifferenzen umgerechnet [6.20, S. 103].

16.5. Zeitmeßfehler

Zur Beschreibung der Fehler von Zeitmeßsystemen werden die Kenngrößen Stand, Gang und Gangschwankung benutzt. Der **Stand** eines Zeitmeßgeräts ist der Unterschied zwischen seiner Zeitanzeige und einer Sollzeit (z.B. mittlere Sonnenzeit des Nullmeridians). Der Stand kann durch Verstellen der Anzeige korrigiert werden. Der **Gang** eines Zeitmeßsystems **(Tafel 16.4)** ist die Standdifferenz innerhalb von 24 Stunden (*d*). Ein konstanter Gang kann durch Nachregeln des Zeitnormals korrigiert werden. Die **Gangschwankung** ist die maximale Gangdifferenz bezogen auf 24 Stunden.

Diese Kenngrößen für Meßsysteme zur Zeitstandsbestimmung sind auch auf Meßsysteme zur Zeitintervallmessung anzuwenden. Zur Angabe der Frequenzgenauigkeit von Zeitnormalen und der Genauigkeit der Zeitmessung mit Kurzzeitmessern wird der relative Meßfehler (s. Abschn. 9.) bevorzugt.

16.5.1. Systematische Meßfehler

Systematische Meßfehler von Zeitmeßsystemen sind auf bekannte, aber mit vertretbarem technischem Aufwand nicht zu überwindende Eigenschaften der verwendeten Einzelteile, Werkstoffe und Konstruktionslösungen zurückzuführen.

Bei mechanischen Uhren hat die abnehmende Antriebskraft der Zugfeder Einfluß auf das Schwingverhalten des Zeitnormals. Ebenso kann der Schwinger durch altes Öl und Abrieb in den Lagern in seinen Eigenschaften verändert werden. In Pendeluhren ist die wirksame Pendellänge abhängig vom Pendelausschlag. In Präzisionspendeluhren darf der Pendelausschlag nicht größer als 3° sein.

Bei elektrischen Uhren ist die Genauigkeit von der Betriebsspannung abhängig. Durch die abfallende Entladekennlinie der Batterien kommt es zum Nachgehen der Uhren. Kontaktgesteuerte elektrische Uhren sind in ihrer Ganggenauigkeit zusätzlich vom Verschleiß der Kontakte abhängig. In allen Zeitmeßgeräten wird der Gang durch Temperaturänderungen beeinflußt. In mechanischen Uhren kann der Temperatureinfluß durch Verwendung von Materialien mit kleinen Wärmeausdehnungskoeffizienten oder Einrichtungen zur Kompensation der Wärmedehnung herabgesetzt werden. In elektrischen Uhren ist dies durch Verwendung von Bauelementen mit unterschiedlichen Temperaturempfindlichkeiten oder durch Thermostate möglich.

Für systematische Zeitmeßfehler, die aus der Verwendung der Sonnenzeitskale, der Ephemeridenzeitskale und der Atomzeitskale resultieren, nimmt man unterschiedliche Korrekturen bei der Zeitstandsbestimmung vor [16.10].

16.5.2. Zufällige Meßfehler

Zufällige Meßfehler ergeben sich beim Ablesen der analogen Anzeige von Zeitmeßgeräten und bei Kurzzeitmessungen durch die Reaktionszeit des Beobachters bei der Betätigung der Stopptaste. Weiterhin können bei mechanischen Uhren durch regellos schwankenden Luftdruck sowie ständige, geringe Veränderungen der Schwerebeschleunigung der Erde und bei elektrischen Uhren durch den Einfluß fremder elektrischer und magnetischer Felder zufällige Zeitmeßfehler entstehen [16.9, S. 391].

Bei allen tragbaren Uhren wird der Lauf des Gangreglers oder des Räderwerks durch zufällige Kräfte beeinflußt, die bei willkürlichen Bewegungen des Trägers auftreten.

17. Messung mechanischer Größen

Alle Fließ-, Chargen- und Stückgutprozesse schließen die Bearbeitung, den Transport und die Lagerung von Massen ein. Alle Feststoffe, Flüssigkeiten und Gase haben Massen, die sich gegenseitig anziehen, die sich gegenüber Bewegungsänderungen träge verhalten und die sich nur unter dem Einfluß äußerer Einwirkungen teilen oder zusammenfügen lassen.

Als **schwere** Masse bezeichnet man die Eigenschaft aller Körper, ein Gravitationsfeld auszustrahlen und selbst im Gravitationsfeld anderer Körper beschleunigt zu werden.

Unter **träger** Masse versteht man die Eigenschaft aller Körper, gegenüber der Änderung ihres Bewegungszustands träge zu sein. Beide Massen sind streng proportional.

Die Masse eines Körpers wird durch die Gesamtheit seiner materiellen Teilchen gebildet.

Die Messung makroskopischer Massen geschieht durch Wägung aufgrund der Schwere der Körper.

Die Messung mikroskopischer Massen erfolgt dagegen durch Beobachtung ihres Trägheitsverhaltens unter dem Einfluß äußerer Kräfte (Massenspektrometer).

Wägetechnik und Kraftmeßtechnik sind sehr eng miteinander verknüpft. In der Volkswirtschaft haben sie breite Anwendung gefunden in der Metallurgie, im Maschinenbau, in der Chemieindustrie, in der Glas-, Keramik- und Baustoffindustrie, aber auch vor allem in der Nahrungsmittelindustrie und im Handel.

Masse- und Kraftmessungen tragen dazu bei, die Materialökonomie zu verbessern, die Erzeugnisqualität zu erhöhen und Bearbeitungsprozesse zu intensivieren. Masse-, Kraft- und auch Druckmeßsysteme werden deshalb zunehmend in die technologischen Prozesse integriert. Das gilt beispielsweise für solche wichtigen technologischen Linien wie die Herstellung von Zement, Beton, technischem Glas, Kali, Mischfuttermitteln und Nahrungsmitteln. Kraft- und Druckmessungen dienen ebenfalls der Optimierung und Grenzwertsignalisation von Dampfdrücken in Energieanlagen, von Kräften und Drücken an hochproduktiven Ur- und Umformmaschinen sowie von Schnittkräften an Abspan- und Abtragemaschinen.

17.1. Standards, Grundbegriffe und Definitionen der Wäge-, Kraft- und Druckmeßtechnik

Die verbindlichen **Standards** für die Messung mechanischer Größen sind im TGL Standardverzeichnis [1.21] unter den Suchzahlen (19.0), (27.0), (947.0) und (948.0) zusammengefaßt.

Außerdem sind die folgenden ASMW-Vorschriften für das Meßwesen zu beachten.

ASMW-VM 160, Ausg. 4.75: Masse, Nichtselbsttätige Waagen; Allgemeine Eichvorschrift.

ASMW-VM 166, Ausg. 12.65: Masse; Förderbandwaagen; Eichvorschrift.
ASMW-VM 162, Ausg. 5.71: Kraft; Normalbelastungsmaschinen; Beglaubigungsvorschrift.
ASMW-VM 244, Ausg. 4.67: Kraft; Kraftmeßgeräte; Beglaubigungs- und Eichvorschrift.
ASMW-VM 188, Ausg. 2.71: Druck; Kolbenmanometer mit Gewichtsbelastung; Beglaubigungsvorschrift.
ASMW-VM 190, Ausg. 7.66: Druck; U-Rohr-Manometer mit Quecksilberfüllung UQ 2,5; Beglaubigungsvorschrift.
ASMW-VM 191, Ausg. 8.66: Druck; Feindruck-Prüfwaage FD 150; Beglaubigungsvorschrift.
ASMW-VM 398, Ausg. 1.76: Druck; Flüssigkeitsmanometer; Beglaubigungsvorschrift.

Die wichtigsten **Grundbegriffe und Definitionen** zur Messung mechanischer Größen sind in Standards enthalten.

TGL 29124, Ausg. 4.76: Masse, Kraft; Begriffe.
TGL 34854, Ausg. 5.79: Druck; Begriffe, Formelzeichen.
TGL 18315, Ausg. 12.75: Waagen; Hängebahnwaagen; Höchstlast von 110 bis 1500 kg; Kennwerte.
TGL 27992, Ausg. 2.77: Waagen; Laufgewichtseinrichtungen; Hauptabmessungen.
TGL 18 233/01 Ausg. 5.79: Druck; Kennzeichnung von Drücken; Überdruck, absoluter Druck.
TGL 8701/02, Ausg. 5.66: Manometer mit elastischem Meßglied; Technische Lieferbedingungen.
TGL 27 487/01, Ausg. 4.75: Meß-, Steuerungs- und Regelungstechnik; System ursamat; Druckmeßumformer; Begriffe.
TGL 27 487/02, Ausg. 4.75: Meß-, Steuerungs- und Regelungstechnik; System ursamat; Druckmeßumformer; Technische Forderungen für elektrische Druckmeßumformer.
TGL 27 487/03, Ausg. 12.75: Meß-, Steuerungs- und Regelungstechnik; System ursamat; Druckmeßumformer; Prüfung von elektrischen Druckmeßumformern.

Normen zur Messung mechanischer Größen sind im DIN-Katalog [1.34] unter den Suchzahlen (11), (16), (17), (18), (19), (174), (256) und (587) eingeordnet.

Genormte Grundbegriffe und Definitionen zur Messung mechanischer Größen sind enthalten in:

DIN 1305, Ausg. 5.77: Masse, Kraft, Gewichtskraft, Gewicht, Last; Begriffe
DIN 877, Ausg. 5.59: Richtwaagen (Wasserwaagen); Begriffe, Anforderungen, Zulässige Abweichungen, Prüfung
DIN 1314, Ausg. 2.77: Druck; Grundbegriffe, Einheiten
DIN 16000 T. 1, Ausg. 11.66: Betriebs-Druckmeßgeräte; Übersicht, 50 bis 250 mm Gehäusedurchmesser, Zeigeranordnung zentrisch
E DIN 16129, Ausg. 11.66: Überdruckmeßgeräte; Verwendungsbereiche
DIN 16129, Ausg. 8.71: Verwendungsbereiche (Betriebsmeßbereiche) für Druckmeßgeräte

DIN 16255,	Ausg. 1.43: Betriebs-Manometer; Begriffe, Anbringen, Behandlung, Bedienung
DIN 75553,	Ausg. 1.72: Druckgeber
DIN 75554,	Ausg. 1.72: Druckanzeiger
DIN 19231,	Ausg. 7.74: Messen, Steuern, Regeln; Druckbereich für pneumatische Signalübertragung
E DIN 1925,	Ausg. 10.77: Brückenwaagen; Lastannahmen, Sicherheitskennzeichnung
DIN 1926 T.1,	Ausg. 1.73: Brückenwaagen; Höchstlast, Brückengrößen
DIN 8120,	Ausg. 1.71: Waagenbau; Begriffe
E DIN 8120 T.1,	Ausg. 11.78: Begriffe im Waagenbau; Gruppeneinteilung und Begriffe von Waagen

Ergänzende Informationen über Kraft- und Druckmessungen sind auch Standards für die Werkstoffprüfung zu entnehmen, die im TGL-Taschenbuch Werkstoffprüfung Band 1, Abschnitte 2., 3. und 4., und Band 2, Abschnitt 12., aufgeführt sind [17.1].

Tafel 17.1. Masseskale

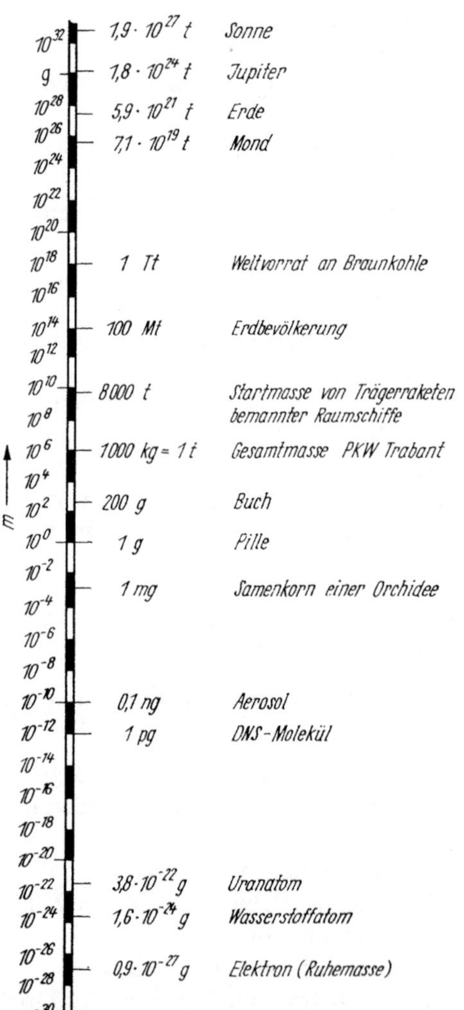

17.2. Mechanische Größenarten, Einheiten und Normale

Im Internationalen Einheitensystem SI wurde die **Masse** als Basisgrößenart der mechanischen Größen festgelegt **(Tafel 17.1)**. Basiseinheit ist das Kilogramm **(Tafel 17.2.1)** [3.1] [3.2] [3.8] [17.2]. Beim Anschluß von Normalwägestücken höchster Ordnung ist für die Masse 1 kg eine Unsicherheit von 10^{-7} erzielbar. Sowohl bei kleineren als auch bei größeren Massen **(Tafel 17.3)** nimmt die Meßunsicherheit zu **(Tafel 17.4)** [1.11] [3.1].

Für den Anschluß von Normalen hoher Genauigkeit wird im ASMW im Meßbereich von 100 g bis 1 kg eine Vertauschungswaage mit Fernbedienung verwendet.

Im Milligrammbereich wird mit oberschaligen Waagen und im Tonnenbereich mit Hebelwaagen für Gleis- und Straßenfahrzeuge gearbeitet.

Die Einheit der **Kraft** ist das Newton **(Tafel 17.2.1)** [3.2] [3.8] [17.2]. Die Kraftskale des ASMW wird für statische Zug- und Druckkräfte bis zu 10 MN durch sog. Normalbelastungsmaschinen dargestellt. In ihnen wirken bekannte Massen bei bekannter Normfallbeschleunigung von $g_n = 9{,}80665 \text{ m} \cdot \text{s}^{-2}$ auf das Meßobjekt ein. Die Normfallbeschleunigung weicht geringfügig von der örtlichen Fallbeschleunigung ab. Der dadurch entstehende systematische Meßfehler (s. Abschn. 9.) wird rechnerisch oder experimentell korrigiert. Um bei der Umschaltung der Massen glatte Werte zu erhalten, sind die Massen in der Regel so abgeglichen, daß sie die örtliche Fallbeschleunigung des Beobachtungsorts berücksichtigen [3.1, S. 55].

Zur Erzeugung sehr großer Kräfte und Drücke werden mechanische und hydraulische Übersetzungen angewendet.

Der **Druck** p ist als Quotient einer Kraft F definiert, die auf eine Fläche A einwirkt, d. h., $p = F/A$.

Es wird zwischen Absolutdruck p_a, Überdruck $p_ü$, Unterdruck p_u und barometrischem Druck p_b (Atmosphärendruck) unterschieden. Der Überdruck $p_ü$ ist als Differenz des Absolutdrucks und barometrischen Drucks

$$p_ü = p_a - p_b \; (p_a > p_b)$$

und der Unterdruck p_u als Differenz des barometrischen Drucks und des Absolutdrucks

$$p_u = p_b - p_a \; (p_a < p_b)$$

definiert.

Die Einheit des Drucks ist das Pascal **(Tafel 17.2.1)** [3.2] [3.8] [17.2].

Weitere inkohärent gebildete Einheiten des Drucks sind **Tafel 17.3** nach [3.8] zu entnehmen.

Die Druckskale wird mit Manometern dargestellt. Im Bereich des Überdrucks dienen Kolbenmanometer, im Bereich des Luftdrucks Quecksilbernormalbarometer, im Vakumbereich Kompressionsvakuummeter als Primärnormale [1.11].

Die Weitergabe der Druckskale an die Industrie erfolgt durch die Beglaubigung von Kolbenmanometern, Feindruckprüfwaagen, Federmanometern, Schrägrohrmanometern, Quecksilberbarometern, Kompressionsvakuummetern, Reifenluftdruckmeßgeräten, Blutdruckmeßgeräten usw. [1.11, S. 20].

Im ASMW existiert darüber hinaus auch eine **Drehmoment**einrichtung, mit der sich statische Drehmomente von 100 bis 2000 N · m erzeugen lassen. Diese Einrichtung wird zur Beglaubigung von Normalen für Drehmomente **(Tafel 17.2.2)** benutzt [1.11] [3.1] [17.2].

Tafel 17.2.1. Mechanische Größenarten und Einheiten

Größenart	Masse	Kraft	Druck	Mechanische Spannung	Dichte
Einheit	Kilogramm	Newton	Pascal	Pascal	Kilogramm je Kubikmeter
Kurzzeichen	kg	N	Pa	Pa	$kg \cdot m^{-3}$
Definition	Das Kilogramm ist die Masse des internationalen Kilogrammprototyps, der in Sèvres bei Paris aufbewahrt wird.	Ein Newton ist die Kraft, die der Masse 1 kg in der Wirkungsrichtung der Kraft die Beschleunigung $1\ m \cdot s^{-2}$ erteilt.	Ein Pascal oder ein Newton je Quadratmeter ist der Druck, der durch eine auf die Fläche $1\ m^2$ senkrecht wirkende, gleichmäßig verteilte Kraft 1 N erzeugt wird.	Ein Pascal oder ein Newton je Quadratmeter ist die Spannung, die durch eine auf die Fläche $1\ m^2$ senkrecht wirkende, gleichmäßig verteilte Kraft 1 N erzeugt wird.	Ein Kilogramm je Kubikmeter ist die Dichte eines homogenen Körpers, der das Volumen $1\ m^3$ und die Masse 1 kg hat.
Symbol	m	F	p	σ	ϱ
Beziehung	Basisgröße	$F = ma$	$p = F/A$	$\sigma = F/A$	$\varrho = m/V$
Erläuterung	Das staatliche Etalon der DDR ist der Platin-Iridium-Kilogrammprototyp Nr. 55 im ASMW. Seine Masse ist mit einer Unsicherheit von 10^{-9} bekannt.	Bei der Umstellung vom Kilopond kp auf das Newton N darf in erster Näherung $1\ kp \approx 10\ N$ gesetzt werden. Die Gewichtskraft G einer Masse m lautet $G = mg$; g Schwerebeschleunigung der Erde.	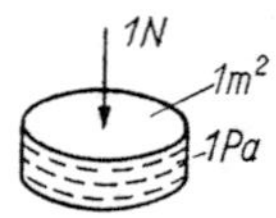 Bei der Umstellung vom Kilopond je Quadratzentimeter auf das Megapascal darf in erster Näherung $1\ kp \cdot cm^{-2} = 1\ bar \approx 0{,}1\ MPa$ gesetzt werden.	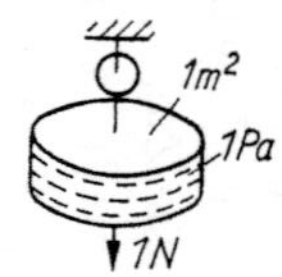 Bei der Umstellung in SI-Einheiten ist $1\ kp \cdot cm^{-2} \approx 0{,}1\ N \cdot mm^{-2}$ $1\ kp \cdot mm^{-2} \approx 10\ N \cdot mm^{-2}$	Die Größenarten Wichte (Gewichtskraft je Volumen) und spezifisches Gewicht (Masse des Körpers im Vergleich zur Masse von Wasser bei gleichen Volumina) dürfen nicht mehr verwendet werden.

Tafel 17.2.2. Mechanische Größenarten und Einheiten

Größenart	Kraft-, Drehmoment	Massestrom	Arbeit, Energie	Leistung
Einheit	Newton mal Meter je Radiant	Kilogramm je Sekunde	Joule	Watt
Kurzzeichen	$N \cdot m \cdot rad^{-1}$	$kg \cdot s^{-1}$	J	W
Definition	Ein Newtonmeter je Radiant ist das Drehmoment, das die Kraft 1 N im Drehpunkt erzeugt, wenn die Kraft im Abstand von 1 m senkrecht am Radiusvektor als Hebelarm angreift.	Ein Kilogramm je Sekunde ist der Massestrom eines Stoffs (Feststoff, Flüssigkeit, Gas) mit der Masse 1 kg in der Zeit 1 s.	Ein Joule ist die Arbeit, die verrichtet wird, wenn sich der Angriffspunkt der Kraft 1 N in Richtung der Kraft um 1 m verschiebt.	Ein Watt ist die Leistung eines gleichmäßig ablaufenden Vorgangs, bei dem in der Zeit 1 s die Arbeit 1 J verrichtet wird.
Symbol	M_α	$\dot{m}$	W	P
Beziehung	$M_\alpha = Fr/\alpha$	$\dot{m} = m/t$	$W = A = Fl$	$P = W/t$
Erläuterung	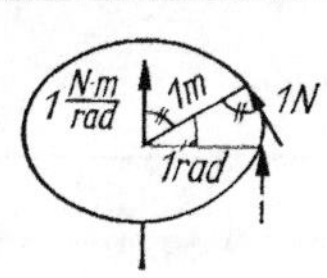	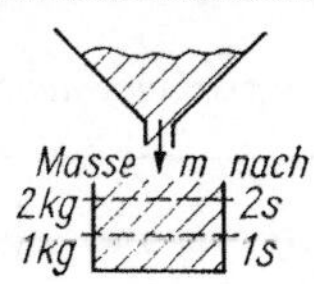	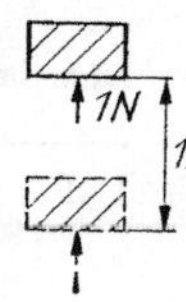 $1\,J = 1\,N \cdot m$ $= 1\,W \cdot s$ $W = E_m = mv^2/2$ (mechanische Energie) $W = E_{el} = IUt$ (elektrische Energie)	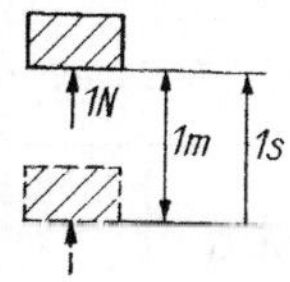 $1\,W = 1\,J \cdot s^{-1}$ $= 1\,V \cdot A$ $P = IU = I^2R$ (elektrische Leistung) $P = Q/t$ (thermische Leistung)

17.3. Mechanische Meßprinzipe

17.3.1. Massevergleichsprinzip

Wird ein zweiarmiger beweglicher Hebel mit der Masse m_L eines Wägeguts belastet, so wird der Hebel aus der Nullage ausgelenkt. Ein Ausgleich der durch das Wägegut erzeugten Auslenkung kann mit Wägestücken erfolgen, die der Auslenkung entgegenwirken.

Die Masse m_A der Wägestücke ist bei gleicharmigen Hebeln in der Nullage ein Maß für die zu bestimmende Masse m_L

$$m_L = m_A. \tag{17.1}$$

Bei ungleicharmigen Hebelwaagen muß das Übersetzungsverhältnis berücksichtigt werden.

Tafel 17.3. Mechanische Einheiten nach [3.8]

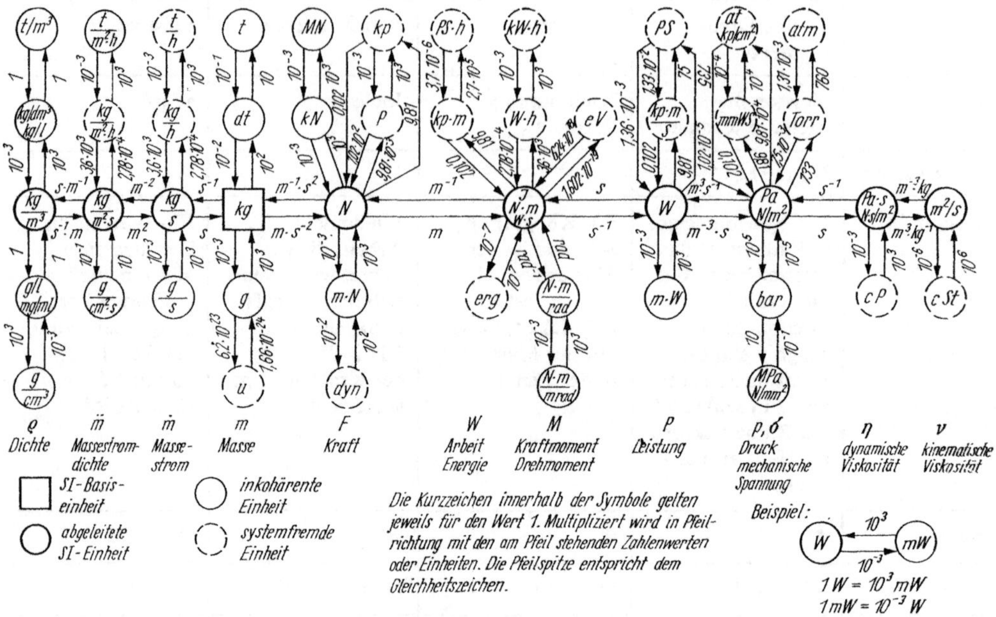

Tafel 17.4. Erzielbare Meßunsicherheiten in metrologischen Staatsinstituten

Meß-größenart	Meßgröße	Meßmittel	Relative Meß-unsicherheit
Masse	10 µg	Wägestück und Vertauschungswaage	$1 \cdot 10^{-1}$
	100 µg	Wägestück und Vertauschungswaage	$1 \cdot 10^{-2}$
	1 mg	Wägestück und Vertauschungswaage	$5 \cdot 10^{-4}$
	10 mg	Wägestück und Vertauschungswaage	$1 \cdot 10^{-4}$
	100 mg	Wägestück und Vertauschungswaage	$5 \cdot 10^{-5}$
	1 g	Wägestück und Vertauschungswaage	$5 \cdot 10^{-6}$
	10 g	Wägestück und Vertauschungswaage	$5 \cdot 10^{-7}$
	100 g	Wägestück und Vertauschungswaage	$1 \cdot 10^{-7}$
	1 kg	Wägestück und Vertauschungswaage	$6 \cdot 10^{-8}$
	10 kg	Wägestück und Vertauschungswaage	$1 \cdot 10^{-6}$
	100 kg	Wägestück und Substitutionswägung	$1 \cdot 10^{-5}$
	1 t	Wägestück und Substitutionswägung	$3 \cdot 10^{-5}$
Kraft	10 N	Direktbelastung	$5 \cdot 10^{-4}$
	100 N	Direktbelastung	$5 \cdot 10^{-4}$
	1 kN	Direktbelastung	$5 \cdot 10^{-4}$
	10 kN	Hebelübersetzung	$5 \cdot 10^{-4}$
	100 kN	Hebelübersetzung	$5 \cdot 10^{-4}$
	1 MN	Pumpenübersetzung	$5 \cdot 10^{-4}$

17.3.2. Gegenkraftprinzip

Haben Feststoffe, Flüssigkeiten oder Gase die Masse m und werden sie mit $\boldsymbol{a}$ beschleunigt, so entwickeln sie die Kraft

$$\boldsymbol{F} = m\boldsymbol{a}. \tag{17.2}$$

Alle Massen entwickeln auf der Erde unter dem Einfluß der Schwerebeschleunigung $\boldsymbol{g}$ der Erde die Gewichtskraft $\boldsymbol{F} = m\boldsymbol{g}$. Diese Kraft ist auf den Erdmittelpunkt gerichtet. Befinden sich die Feststoffe, Flüssigkeiten oder Gase in Ruhe, dann wird ihre Gewichtskraft durch eine Gegenkraft kompensiert. Die Gegenkraft wird durch proportionale Formänderungen von Feststoffen, Lageänderungen in Kraftfeldern oder Druckänderungen in Flüssigkeiten und Gasen erzeugt.

Bei bekannter Kraft $\boldsymbol{F}$ und bekannter Beschleunigung $\boldsymbol{a}$ ist es möglich, eine unbekannte Masse m zu ermitteln

$$m = \boldsymbol{F}/\boldsymbol{a} \tag{17.3}$$

Die Formänderungen von sog. Verformungskörpern setzen im Bereich elastischer Verformung **mechanische** Kräfte frei, die der einwirkenden Kraft proportional sind. Die Verformung der Verformungskörper kann durch die Messung räumlicher Größen (siehe Abschn. 15.) oder elektrischer Größen (s. Abschn. 18.) bestimmt werden.

Die **Lageänderungen** sind in elektrostatischen, elektromagnetischen und magnetischen Feldern den Kräften proportional, die auf die Verschiebung der Körper in den Kraftfeldern einwirken. Die Gegenkräfte werden in der Regel **elektrisch** erzeugt und können durch die Messung elektrischer Größen (s. Abschn. 18.) und räumlicher Größen (s. Abschn. 15.) bestimmt werden.

Die **Druckänderungen** in Flüssigkeiten und Gasen werden durch Meßglieder ermittelt, die proportionale Form- oder Lageänderungen zulassen. Die Messungen von Druckänderungen sind also hauptsächlich auf die Messung räumlicher und/oder elektrischer Größen (s. Abschnitte 15. und 18.) zurückzuführen.

17.3.3. Strahlungsintensitätsprinzip

Wird die Masse eines Wägeguts von der Strahlung eines Isotops durchsetzt, dann ist die Intensität I der durchgelassenen Ausgangsstrahlung von der Masse je Fläche (Dicke d) des durchstrahlten Materials

$$I = I_0 \, \mathrm{e}^{-\mu_m \varrho d} \tag{17.4}$$

I_0 Eingangsstrahlungsintensität, μ_m Massenschwächungskoeffizient, d Dicke (Masse je Fläche) des durchstrahlten Materials, ϱ Dichte des Materials.

Die Differenz zwischen der Eingangs- und der Ausgangsstrahlungsintensität ist ein Maß für die zu bestimmende Masse [17.3].

17.4. Masse-, Kraft- und Druckmeßsysteme

17.4.1. Masseaufnehmer

Geräte zur Massenmessung heißen Waagen **(Tafel 17.5)**.

Typische Vertreter der Masseaufnehmer sind die sog. **Hebelaufnehmer**. Sie arbeiten nach dem Prinzip des Massevergleichs und sind unabhängig von der örtlichen Schwerebeschleunigung der Erde. Der Massevergleich erfolgt mit Hebel oder Hebelsystem und Waagschalen **(Tafel 17.6)** [17.2] bis [17.16].

Für jeden Hebelaufnehmer gilt die Gleichgewichtsbedingung

$$\sum_{i=1}^{n} M_i \stackrel{!}{=} 0 \tag{17.5}$$

M_i Moment; $i = 1, 2, \ldots, n$.

Tafel 17.5. Klassifikation der Waagen

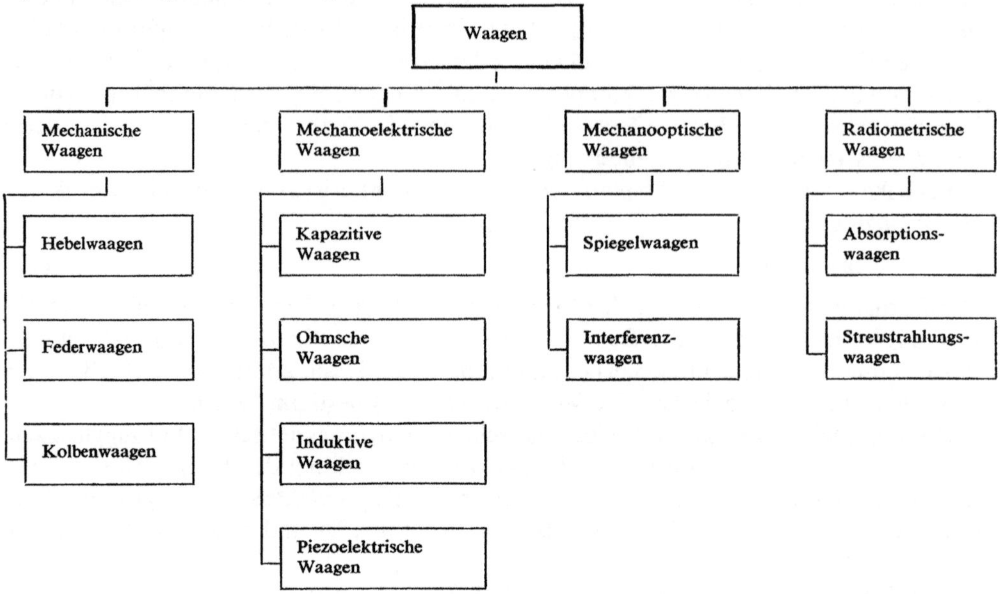

Für den einfachen, ungleicharmigen Hebel ist:

$$F_A l_A \sin(\gamma - \alpha) - F_H h \sin(\beta + \alpha) = F_L l_L \sin(\lambda + \alpha) \qquad (17.6)$$

F_A Ausgleichsgewichtskraft, F_H Hebeleigengewichtskraft, F_L Lastgewichtskraft, h Abstand des Schwerpunkts vom Drehpunkt, l_A Länge des Hebelarms auf der Ausgleichsseite, l_L Länge des Hebelarms auf der Lastseite, α Ausschlagwinkel, β, γ, λ Kraftangriffswinkel in Nullage.

Aus den Gln. (17.2) und (17.6) folgt nach einfacher Umformung die Bestimmungsgleichung für die zu wägende Masse

$$m_L = \frac{m_A l_A \sin(\gamma - \alpha) - m_H h \sin(\beta + \alpha)}{l_L \sin(\lambda + \alpha)} \qquad (17.7)$$

Aus Gl. (17.7) ist ersichtlich, daß zum Ausgleich der Masse m_L mindestens eine der in Gl. (17.7) rechts stehenden Größen verändert werden muß. Bekannt sind folgende unterschiedliche Hebelaufnehmer

- Ausgleichsgewichtsmasse m_A variabel:
  Hebel mit Schale und Wägestücken
  Schaltgewichtshebel
- Hebelarmlänge l_A auf der Ausgleichsseite variabel:
  Laufgewichtshebel
  Rollgewichtshebel
- Ausschlagwinkel α variabel:
  Neigungshebel
  Hubgewichtshebel.

Die Eigenmasse m_H des Hebels und der Abstand h des Schwerpunkts D vom Drehpunkt B werden als unveränderlich angesehen. In praktischen Fällen wird die Lastarmlänge l_L ebenfalls konstant gehalten, da sonst die beschwerte Lastschale längs ihres Hebelarms verschoben werden müßte.

Tafel 17.6. Mechanische Hebelwaagen

	Balkenwaage	Schaltgewichtswaage	Laufgewichtswaage	Neigungswaage	Dosierwaage
Bauprinzip	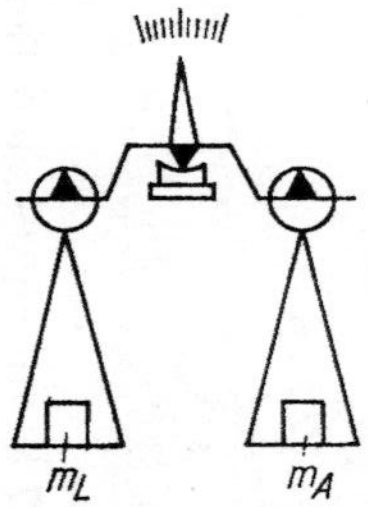	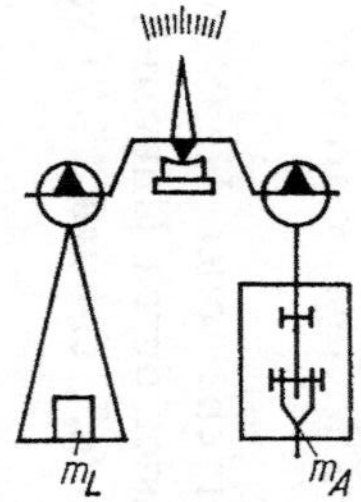	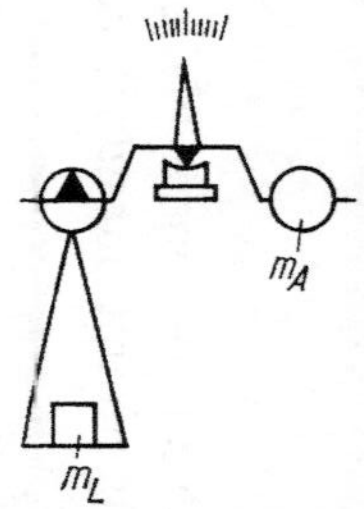	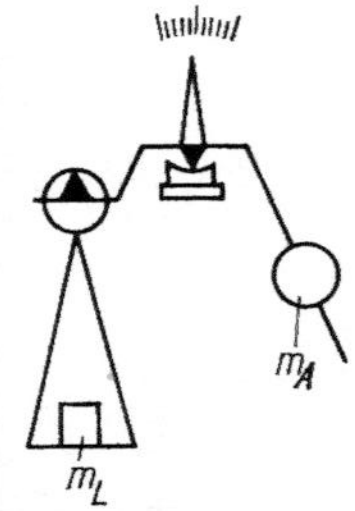	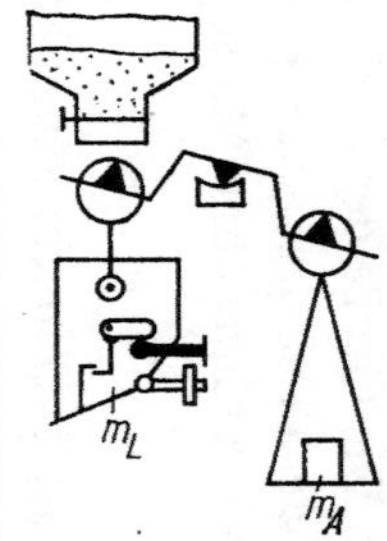
Meßbereich	$(10^{-6} \dots 10^{3})$ kg	$(10^{-6} \dots 10^{3})$ kg	$(10^{-4} \dots 10^{6})$ kg	$(10^{-3} \dots 10^{4})$ kg	$(10^{1} \dots 10^{3})$ kg
Meßunsicherheit	±0,1%	±0,1%	±0,5%	±0,5%	±0,5%
Einstellzeit	(5 ... 10) s	(30 ... 60) s	(30 ... 60) s	(2 ... 5) s	0,1 s
Vorteile	sehr genau, ortsunabhängig		Waagen geringerer Genauigkeit, aber größerer Bedienkomfort als bei Balkenwaage		Automatisierung der Wägung möglich
Nachteile	viele mechanische Verschleißteile, manuelle Bedienung, keine direkte Fernübertragung der Meßwerte möglich				nicht für kleine Abfüllmassen einsetzbar
Anwendung	Analysenwaage, Briefwaage, Mikrowaage, Präzisionswaage, Haushaltswaage	Brückenwaage, Bunkerwaage, Fuhrwerkswaage, Gleiswaage, Seilzugwaage	Brückenwaage, Bunkerwaage, Fuhrwerkswaage, Gleiswaage	Sortierwaage, Tischwaage, Schnellwaage, Briefwaage	Abfüllwaage
Richtwert (in M)	10 ... 1000	500 ... 1000	100 ... 1000	100 ... 1000	1000

Radiometrische Masseaufnehmer [17.9] arbeiten nach dem Strahlungsintensitätsprinzip. Durch das Einbringen einer Masse m_L in den Strahlungsbereich eines Isotops wird die Intensität der aufgefangenen Strahlung verändert. Die Größe der Änderung ist von der Dicke (Masse je Fläche) des durchstrahlten Materials abhängig. Aus Gl. (17.4) ergibt sich für die Strahlungsintensität I_1 der aufgefangenen Strahlung ohne Masse m_L ($d = 0$)

$$I_1 = I_0. \tag{17.8}$$

Die Strahlungsintensität I_2 der aufgefangenen Strahlung bei eingebrachter Masse m_L ist

$$I_2 = I_0 \, e^{-\mu_m \varrho d}. \tag{17.9}$$

Für die Differenz ΔI zwischen den Intensitäten I_1 und I_2 ergibt sich mit den Gln. (17.8) und (17.9)

$$\Delta I = I_2 - I_1 = I_0 \, (e^{-\mu_m \varrho d} - 1). \tag{17.10}$$

Daraus folgt für die relative Strahlungsintensitätsänderung

$$\Delta I / I_1 = e^{-\mu_m \varrho d} - 1. \tag{17.11}$$

Zu den radiometrischen Masseaufnehmern gehören Absorptions- und Streustrahlungsaufnehmer **(Tafel 17.7)**. Beim **Absorptionsstrahlungsaufnehmer** nimmt die Intensität der aufgefangenen Strahlung mit zunehmender Dicke des Materials ab.

Es gilt

$$m_L \sim d \sim -\ln \Delta I.$$

Beim **Streustrahlungsaufnehmer** wird die Primärstrahlung von einem Bleischirm absorbiert. Die Intensität der aufgefangenen Streustrahlung nimmt mit zunehmender Dicke des Materials zu.

17.4.2. Kraftaufnehmer

Kraftaufnehmer arbeiten nach dem Gegenkraftprinzip. Die Gegenkraft wird durch elastische Verformung einer oder mehrerer Federn erzeugt.

Die kleinen Verformungswege werden durch Getriebe- oder Hebelübersetzungen (s. Abschn. 15.), durch hydraulische Vorrichtungen oder durch Umwandlung in elektrische Größen (s. Abschnitte 6. und 18. sowie **Tafeln 6.3, 6.4 und 17.7**) verstärkt und angezeigt.

Wird ein Festkörper im elastischen Bereich gedehnt oder gestaucht, dann ist seine Längenänderung $\varepsilon = \Delta l / l$ proportional der mechanischen Spannung $\sigma = F/A$ und umgekehrt proportional dem Elastizitätsmodul E (Hookesches Gesetz)

$$\frac{\Delta l}{l} = \varepsilon = \frac{\sigma}{E} = \frac{F}{AE} \tag{17.12}$$

A Fläche, F Kraft.

Wird ein einseitig eingespannter Festkörper **(Tafel 17.8)** im elastischen Bereich durchgebogen, dann ist für einen Biegebalken mit rechteckigem Querschnitt die Auslenkung

$$l_a = \frac{4 l^3 F}{b h^3 E} \tag{17.13}$$

E Elastizitätsmodul, F Kraft senkrecht zum Biegebalken, b Balkenbreite, h Balkenhöhe, l Balkenlänge von der Einspannstelle bis zum Kraftangriff, l_a Auslenkung am Kraftangriffspunkt in Kraftrichtung.

Tafel 17.7. Radiometrische und mechanoelektrische Waagen

	Absorptionswaage	Streustrahlungswaage	Ohmsche Waage	Induktive Waage	Piezoelektrische Waage
Bauprinzip	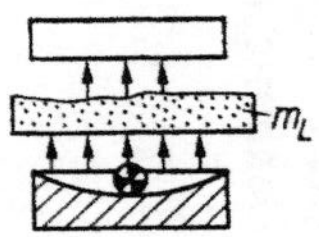	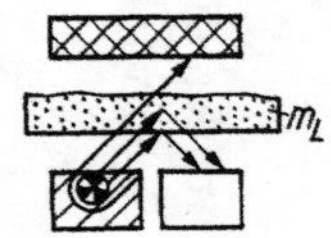	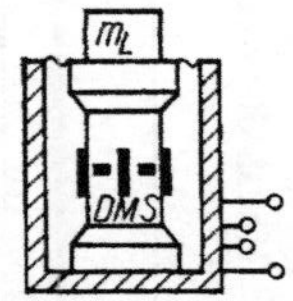	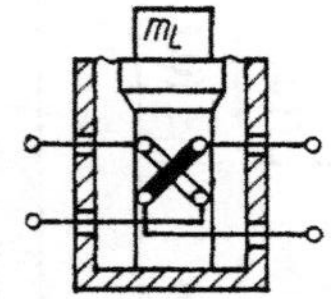	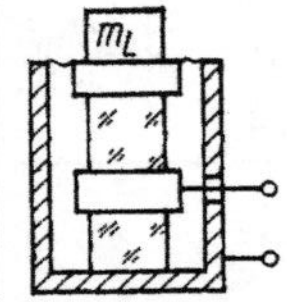
Meßbereich	$\leqq 10^2$ kg · m^{-2}	$\leqq 10^2$ kg · m^{-2}	$\leqq 10^6$ kg	$\leqq 10^8$ kg	$\leqq 10^4$ kg
Meßunsicherheit	±1%	±1%	±(0,1 ... 1) %	± (0,5 ... 1) %	± 1%
Einstellzeit	(0,5 ... 30) s	(0,5 ... 30) s	$\ll$ 1 s	$\ll$ 1 s	$\ll$ 1 s
Vorteile	kleine Meßkräfte, sehr vielseitig, Unempfindlichkeit gegen große Temperaturen	kleine Meßkräfte, sehr vielseitig, Unempfindlichkeit gegen große Temperaturen	vielseitig, billig, große Grenzfrequenz, kleine Verformung, große Genauigkeit	robust, verschleißfrei Betrieb ohne Verstärker möglich	sehr gute Linearität, großer Temperaturbereich, kleine Federwege, großer Meßbereich
Nachteile	Störanfälligkeit (dielektrische Medien, elektrische Störfelder)	Störanfälligkeit (dielektrische Medien, elektrische Störfelder)	sehr kleine Empfindlichkeit, große Meßkräfte, feuchteempfindlich	Kompensation von Temperatur- und Widerstandsänderungen erforderlich	sehr großer Isolationswiderstand nötig, für statische Messungen wenig geeignet
Anwendung	dynamischer Dauerbetrieb, weniger genaue Messungen	dynamischer Dauerbetrieb, weniger genaue Messungen	Bandwaage, Kranwaage, Plattformwaage, Dauerbetrieb	weniger genaue Messungen, Dauerbetrieb, Bunkerwaage, Kranwaage	Miniaturwaagen
Richtwert (in M)	500 ... 2000	500 ... 2000	100 ... 1000	100 ... 1000	100 ... 1000

Tafel 17.8. Kraftaufnehmer (Verformungskörper)

	Biegefedern		Torsionsfedern	
	gerade	gewunden	gerade	gewunden
Bauprinzip	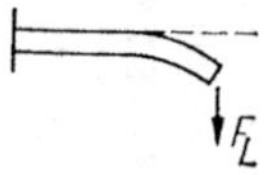	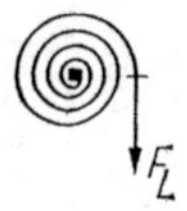	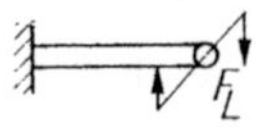	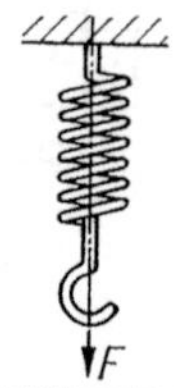
Meßbereich	$(10^{-2} \dots 10^{3})$ N	$(10^{-2} \dots 10^{3})$ N	$(10^{-1} \dots 10^{6})$ N	$(10^{-1} \dots 10^{7})$ N
Meßunsicherheit	$\pm(0{,}05 \dots 1)\%$	$\pm(0{,}5 \dots 1)\%$	$\pm(0{,}05 \dots 0{,}5)\%$	$\pm(0{,}1 \dots 1)\%$
Einstellzeit	(0,2 ... 0,001) s			
Vorteile	lineare Kennlinie innerhalb des Bereichs der elastischen Verformung, unempfindlich gegen häufige Lastwechsel, billig			
Nachteile	empfindlich gegen Überlastungen, dann bleibende Verformung, Nullpunktkontrolle und Nacheichung erforderlich			
Anwendung	Kranwaage, Fahrzeugwaage, Bandwaage, Paketwaage, Haushaltswaage, Kraftmesser			
Richtwert (in M)	5 ... 200 für komplettes Gerät			

Eine Feder entwickelt bei ihrer elastischen Verformung die Federkraft

$$F_F = c\,\Delta l \tag{17.14}$$

c Federkonstante, Δl Längenänderung der Feder.

Zur Kalibrierung der Kraftaufnehmer werden Massestücke m_L verwendet, die unter dem Einfluß der Schwerebeschleunigung g der Erde die Gewichtskraft F_L entwickeln

$$F_L = m_L g. \tag{17.15}$$

Die einzelnen Federaufnehmer werden nach den verwendeten **Verformungskörpern** klassifiziert. Man unterscheidet zwischen **Biege-** und **Torsionsfedern (Tafel 17.8).**
Als Federmaterialien dienen hysteresefreie Metalle oder Nichtmetalle (z.B. Quarzgläser, Kunststoffe). Große Verformungen werden mit Längenaufnehmern (s. Abschnitte 6. und 15.), kleine Verformungen werden mit Dehnungsaufnehmern (Dehnungsmeßstreifen) (s. Abschn. 6.2.5.2.) gemessen [6.17] [17.10] bis [17.13].

17.4.3. Druckaufnehmer

Druckmeßsysteme sind je nach der Art des zu messenden Drucks (Überdruck, Unterdruck und barometrischer Druck) unter den Namen Manometer, Vakuummeter und Barometer bekannt. Daneben sind noch die Benennungen Differentialmanometer für Geräte zur Messung von Druckdifferenzen und Manovakuummeter für Geräte zur Messung des Über- und Unterdrucks üblich [1.1] [17.6] [17.10] [17.14]. Druckaufnehmer **(Tafel 17.9)** arbeiten nach dem Gegenkraftprinzip.

Ringfeder	Tellerfeder	Zylinderfedern	
voll	gesickt	hohl	voll
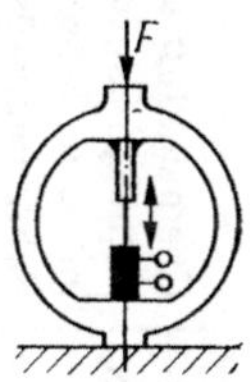	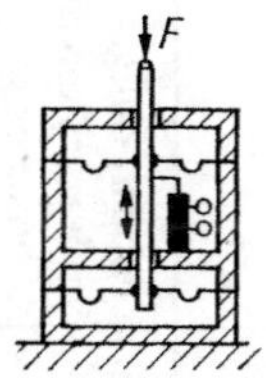	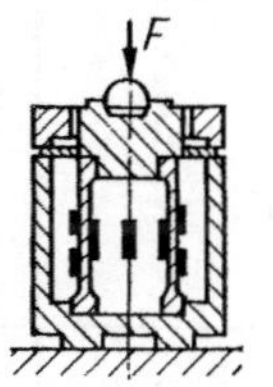	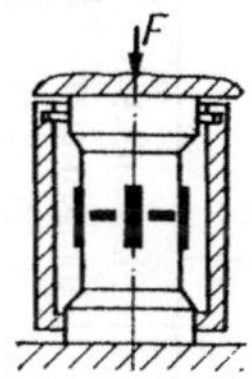
(10 ... 100) N	$(10^{-1} ... 10^5)$ N	$(10 ... 10^4)$ N	$(1 ... 10^4)$ kN
±(0,1 ... 0,5)%	±(0,25 ... 1)%	±(0,05 ... 0,5)%	±(0,025 ... 0,5)%
(0,2 ... 0,001) s			
universelle Aufnehmer für hohe Genauigkeiten, einfach und robust		universelle Aufnehmer für höchste Genauigkeiten	
nicht für kleine Kräfte einsetzbar		aufwendige Primärelektronik erforderlich, nicht für kleine Kräfte einsetzbar	
Kranwaage, Bandwaage, Bunkerwaage, Fahrzeugwaage, Dosierwaage, Gattierwaage, automatische Waagen, elektrische Kraftmeßsysteme			
500 ... 5000 für komplettes Gerät			

Zweischenklige U-Rohr-Manometer (Tafel 17.9) sind U-förmig gebogene Glasrohre, die mit einer manometrischen Flüssigkeit (Wasser, Alkohol, Quecksilber) gefüllt sind. Das Meßsystem befindet sich im Gleichgewicht, wenn der hydrostatische Druck der Flüssigkeitssäule mit der Länge Δl gleich der Druckdifferenz Δp ist

$$\Delta p = p_1 - p_2 = \frac{V_1 \varrho g}{A_1} - \frac{V_2 \varrho g}{A_2} = (h_1 + h_2)\, \varrho g = \Delta l \varrho g \qquad (17.16)$$

für $A_1 = A_2$; $\varphi = 90°$

$A_{1,2}$ Querschnittsfläche der Manometerrohre *1, 2*; $V_{1,2}$ Volumen der verdrängten Manometerflüssigkeit im Rohr *1, 2*; g Schwerebeschleunigung der Erde; $h_{1,2}$ Auslenkung der Flüssigkeitssäule aus der Nullage; $\Delta l = 2h_2$ Ableselänge; $p_{1,2}$ Druck auf Rohr *1, 2*; Δp Druckdifferenz; φ Neigungswinkel der Manometerrohre zur Horizontalen; ϱ Dichte der Sperrflüssigkeit.

Einschenkelmanometer (Gefäßmanometer) **(Tafel 17.9)** haben im Unterschied zu den zweischenkligen U-Rohr-Manometern zwei Schenkel mit unterschiedlichen Querschnittsflächen $A_1 > A_2$.

Die Bestimmungsgleichung lautet

$$\Delta p = p_1 - p_2 = h_2 \left(1 + \frac{A_2}{A_1}\right) \varrho g = \Delta l \varrho g \qquad (17.17)$$

für $A_1 > A_2$; $\varphi = 90°$

mit

$$\Delta l = h_1 + h_2 = h_2 + h_2\,(A_2/A_1) = h_2\,(1 + A_2/A_1). \qquad (17.18)$$

Tafel 17.9. Druckaufnehmer

	Flüssigkeitsmanometer					Kolben-manometer	Elastische Manometer	
	U-Rohr-Manometer		Schrägrohr-manometer	Tauchglocken-manometer	Ringwaage	Druckwaage	Plattenfeder-manometer	Rohrfeder-manometer
	Zweischenkel	Einschenkel						
Bauprinzip	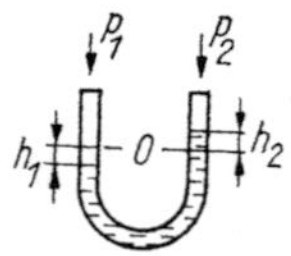	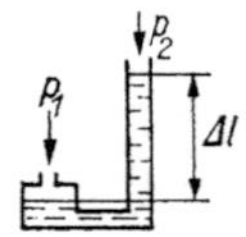	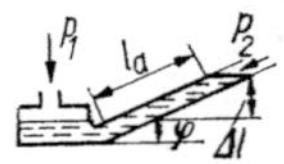	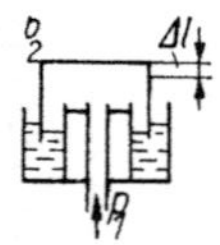	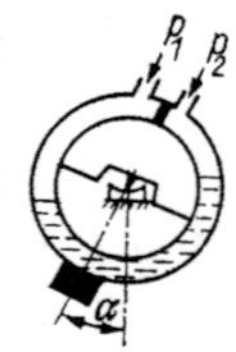	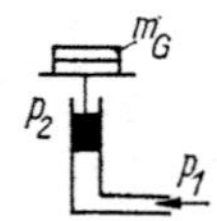	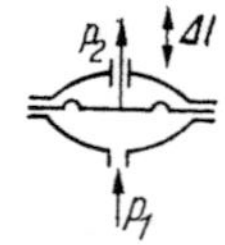	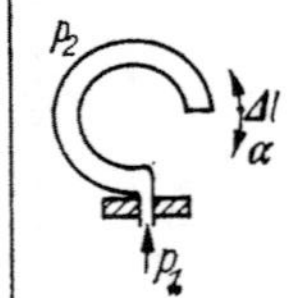
Meßbereich	(0,01 … 2) bar		(0,0001 … 0,5) bar		(0,01 … 250) bar	(0 … 10000) bar	(0,1 … 10000) bar	
Meßunsicherheit	±1%		±1%		±1%	±0,02%	(±0,5 … ±2,5)%	
Einstellzeit	< 1 s		1 s	10 s	10 s	30 s	< 1 s	
Vorteile	einfach im Aufbau, billig		große Empfindlichkeit	lineare statische Kennlinie	Ganzmetallausführung, leichte Ablesung	große statische Meßgenauigkeit	robust, billig, universell einsetzbar, kleine Abmessungen	
Nachteile	zerbrechlich, schwer ablesbar		Winkelmessung erforderlich	teuer	lotrechte Montage erforderlich	für dynamische Messungen ungeeignet	bei Überlastung bleibende Verformungen der Federn	
Anwendung	Labormeßtechnik		Messung kleiner Unter- oder Überdrücke in Labor und Industrie		Chemieindustrie, Volumenstrommessung	Kalibrier- und Eichmanometer	Chemieindustrie, Energietechnik, Nahrungsmittelindustrie, Maschinenbau, Fahrzeugausrüstung	
Richtwert (in M)	5		20	50 … 250	250	250 … 1000	20	

Bei **Schrägrohrmanometern (Tafel 17.9)** ist Rohr *2* gegenüber der Horizontalen im Bereich $0° < \varphi < 90°$ gekippt.

Außerdem unterscheiden sich die Querschnittsflächen der Manometerschenkel voneinander, und zwar $A_1 \gg A_2$. Schrägrohrmanometer dienen der Messung kleiner Drücke gemäß

$$\Delta p = p_1 - p_2 = l_a \varrho g \sin\varphi = \Delta l \varrho g \tag{17.19}$$

für $A_1 \gg A_2$; $0° < \varphi < 90°$.

Tauchglockenmanometer (Tafel 17.9) dienen der Messung kleinster Überdrücke. Sind die Drücke p_1 und p_2 gleich groß, so wird die Gewichtskraft F_G der Tauchglocke durch die Gewichtskraft F_F der verdrängten Flüssigkeit kompensiert. Die Gewichtskraft der verdrängten Flüssigkeit beträgt

$$F_F = V_F \varrho g = A_G h_0 \varrho g = F_G \tag{17.20}$$

$A_G = \pi d \Delta d$ Querschnittsfläche der Tauchglocke für $\Delta d \ll d$, V_F Volumen der verdrängten Flüssigkeit, d Innendurchmesser der Tauchglocke, Δd Wanddicke der Tauchglocke, g Schwerebeschleunigung der Erde, h_0 Eintauchtiefe der Tauchglocke für $p_1 = p_2$, ϱ Dichte der Sperrflüssigkeit.

Für $p_1 > p_2$ hebt sich die Tauchglocke infolge der Druckkraft $F_p = A_i \Delta p$ um Δl nach oben. Es gilt für die Druckkraft F_p mit der Innenfläche A_i der Sperrflüssigkeit im Tank

$$F_p = A_i (p_1 - p_2) = F_G - A_G h \varrho g. \tag{17.21}$$

Aus den Gln. (17.20) und (17.21) resultiert

$$A_i \Delta p = A_G \varrho g (h_0 - h). \tag{17.22}$$

Die Auslenkung Δl der Tauchglocke beträgt

$$\Delta l = h_0 - h - \Delta h \tag{17.23}$$

h_0 äußere Eintauchtiefe der Tauchglocke für $p_1 = p_2$, h äußere Eintauchtiefe der Tauchglocke für $p_1 > p_2$, Δh Absenkung des äußeren Stands der Sperrflüssigkeit für $p_1 > p_2$ durch Herausheben der Tauchglocke.

Das durch die angehobene Tauchglocke nicht mehr verdrängte Volumen $V_G = A_G \Delta l$ ist gleich dem abgesenkten Volumen im Tank $V_T = (A_a + A_i)\Delta h$ mit A_a als Außenfläche und A_i Innenfläche der Sperrflüssigkeit im Tank [17.14].

Also ist mit den Gln. (17.22) und (17.23)

$$\Delta l = \frac{A_i \Delta p}{A_G \varrho g} - \frac{A_G}{A_a + A_i} \Delta l$$

und schließlich

$$\Delta p = \Delta l \varrho g \frac{A_G}{A_i} \left(1 + \frac{A_G}{A_i + A_a}\right). \tag{17.24}$$

Ringwaagen (Tafel 17.9) bestehen aus einem Hohlring, den eine Trennwand in zwei Kammern teilt. Der Hohlring ist zentrisch gelagert und bis etwa zur Mitte mit einer Sperrflüssigkeit gefüllt. Am Hohlring ist eine Zusatzmasse befestigt. Besteht zwischen beiden Zuleitungen p_1 und p_2 eine Druckdifferenz Δp, so wird das Hohlrohr gedreht. Für die Abhängigkeit zwischen Druckdifferenz Δp und Auslenkung der Flüssigkeitssäule Δl gilt analog Gl. (17.16)

$$\Delta p = p_1 - p_2 = \Delta l \varrho g. \tag{17.25}$$

Die Druckdifferenz erzeugt an der Trennwand ein Drehmoment

$$M_{\mathrm{d}\Delta\mathrm{p}} = \Delta p A r_{\mathrm{m}} \tag{17.26}$$

A Fläche der Trennwand, r_{m} mittlerer Radius des Hohlrings.

Dieses Drehmoment lenkt den Hohlring um den Winkel α aus. Das Gegendrehmoment wird durch die Gewichtskraft der Zusatzmasse m_z aufgebracht

$$M_{\mathrm{dG}} = m_z g l_z \sin\alpha \tag{17.27}$$

g Schwerebeschleunigung der Erde, l_z Abstand des Schwerpunktes des Hohlringes mit Zusatzmasse vom Drehpunkt, m_z Zusatzmasse.

Die Gleichgewichtsbedingung lautet

$$\Delta p = \frac{m_z g l_z}{A r_{\mathrm{m}}} \sin\alpha . \tag{17.28}$$

Kolbenmanometer (Tafel 17.9) sind die genauesten Druckmeßgeräte. Sie haben einen großen Meßbereich und werden zur Kalibrierung und Eichung anderer Druckmeßgeräte verwendet. Die zu messende Druckdifferenz $\Delta p = p_1 - p_2$ wirkt auf die innere Kolbenfläche A. Die entstehende Druckkraft $F_p = \Delta p A$ wird durch die Gewichtskraft des Kolbens und der aufgelegten Massestücke kompensiert

$$\Delta p = p_1 - p_2 = (m_{\mathrm{K}} + m_{\mathrm{G}})\, g/A \tag{17.29}$$

g Schwerebeschleunigung der Erde, m_{G} Masse der Massestücke, m_{K} Masse des Kolbens und der Auflage.

Gl. (17.29) gilt nur für vernachlässigbar kleine Reibungskräfte bei der Bewegung des Kolbens im Zylinder.

Plattenfedermanometer (Tafel 17.9) enthalten auf Biegespannung beanspruchte Membranen. Für kleine Druckdifferenzen (kleine Auslenkungen) und runde, nicht gesickte Plattenfedern gilt

$$\Delta p = \left(\frac{3}{16}\,\frac{1-\mu^2}{E}\,\frac{R^4}{d^3}\right)^{-1} \Delta l \tag{17.30}$$

E Elastizitätsmodul, R Radius der Plattenfeder, d Dicke der Plattenfeder, Δl Auslenkung der Federmitte, μ Querkontraktionszahl.

Rohrfedermanometer (Tafel 17.9) sind die am weitesten verbreiteten Druckmeßgeräte. Die Druckfedern (Bourdon-Federn) bestehen aus einseitig eingespannten, kreisförmig gebogenen Rohren mit bevorzugt ovalem oder ellipsenförmigem Querschnitt. Unter Einwirkung der Druckdifferenz $\Delta p = p_1 - p_2$ verändert sich der Querschnitt des Rohrs. Gleichzeitig biegt sich das Rohr auf (für $p_1 > p_2$) oder krümmt sich zusammen (für $p_1 < p_2$). Die Bewegung des freien Rohrendes (Δl oder α) ist der Druckdifferenz Δp proportional. Sie wird experimentell ermittelt.

Die Längenänderungen oder Winkeländerungen werden bei allen Druckaufnehmern mechanisch, optisch oder elektrisch gemessen (s. Abschnitte 6., 15. und 18.).

17.4.4. Masse-, Kraft- und Druckmeßgeräte

17.4.4.1. Hebelwaagen

Hebelwaagen (Tafel 17.5) werden als einfache und zusammengesetzte Hebelwaagen ausgeführt. Als Masseaufnehmer dienen die in **Tafel 17.6** aufgeführten Hebel.

Hebelwaagen sind besonders für Massemessungen in der Analysenmeßtechnik geeignet. Einen wesentlichen Einfluß auf die erreichbare Genauigkeit der Massemessung hat die **Empfindlichkeit** der Waage. Als Empfindlichkeit S einer Waage wird der Quotient aus der Verschiebung Δl der Ablesemarke und der sie verursachenden Belastungsänderung Δm_L bezeichnet

$$S = \frac{\Delta l}{\Delta m_L} \approx l_z \frac{d\alpha}{dm_L} \tag{17.31}$$

α Ausschlagswinkel, l_z Zeigerlänge.

Die Massemessung mit Hebelwaagen erfolgt nach drei Wägemethoden:

- Proportionalmethode: für genauere Absolutwägungen nicht geeignet, da Übersetzungsverhältnis genau bekannt und unveränderlich sein müßte; Tarierung müßte ebenfalls längere Zeit erhalten bleiben; für Relativwägungen anwendbar
- Substitutionsmethode: für genauere Wägungen gleicher Massen besonders geeignet; Wägeergebnis unabhängig vom Fehler des Übersetzungsverhältnisses und von der Tarierung
- Vertauschungsmethode: für Wägungen höchster Genauigkeit geeignet; nur bei gleicharmigen Hebelwaagen anwendbar.

17.4.4.1.1. Wägung nach Proportionalmethode

Bei der Proportionalmethode werden nacheinander folgende Schritte ausgeführt:

- unbelastete Waage wird tariert
- Masse m_L des Wägeguts wird auf die Lastseite gegeben und mit Masse m_A von Wägestücken auf der Ausgleichseite kompensiert.

Es gilt

$$m_L = i m_A \, [(l_{a2} - l_{a1})/S] \tag{17.32}$$

l_{a1} bei Tarierung der unbelasteten Waage erreichte Gleichgewichtslage, l_{a2} nach Kompensation erreichte Gleichgewichtslage, i Hebelarmverhältnis (Übersetzungsverhältnis), $S = \Delta l_a/\Delta m$ Empfindlichkeit, Δl_a durch Belastungsänderung hervorgerufene Verschiebung der Ablesemarke, Δm Belastungsänderung.

17.4.4.1.2. Wägung nach Substitutionsmethode

Bei der Substitutionsmethode (Bordasche Wägung) werden nacheinander folgende Schritte ausgeführt:

- die Masse m_L des Wägeguts wird auf die Lastseite gegeben und die Waage durch Tariermaterial m_t auf der Ausgleichseite in Gleichgewichtslage l_{a1} gebracht. Es gilt

$$m_t = i m_L + (l_{a1}/S) \tag{17.33}$$

- die Masse m_L des Wägeguts wird durch Wägestücke m_A ersetzt, bis die Waage die Gleichgewichtslage l_{a2} erreicht hat. Es gilt

$$m_t = i m_A + (l_{a2}/S) \tag{17.34}$$

Die Masse m_L des Wägeguts wird dann nach folgender Beziehung ermittelt

$$m_L = m_A + \frac{l_{a2} - l_{a1}}{iS}. \tag{17.35}$$

17.4.4.1.3. Wägung nach Vertauschungsmethode

Bei der Vertauschungsmethode (Gaußsche Wägung) werden nacheinander folgende Schritte ausgeführt:

- die Masse m_L des Wägeguts wird auf die Lastseite gegeben und mit der Masse m_A von Wägestücken auf der Ausgleichseite kompensiert;
  es gilt

$$m_L = m_{A1} i \tag{17.36}$$

- die Masse m_L des Wägeguts und die Masse m_A der Wägestücke werden vertauscht; es gilt

$$m_L = m_{A2}/i. \tag{17.37}$$

Die Kompensation nach dem Vertauschen erreicht man meist erst unter Zugabe einer Zusatzmasse Δm, d.h. $m_{A2} = m_{A1} + \Delta m$. Die Masse m_L des Wägeguts wird dann nach der Beziehung

$$m_L = (m_{A1} + m_{A2})/2 = m_{A1} + (\Delta m/2) \tag{17.38}$$

ermittelt. (Größen zweiter Ordnung werden vernachlässigt.)

Zur Erhöhung der Genauigkeit können auch vier Teilwägungen durchgeführt werden, wobei man die angeführten Teilschritte in umgekehrter Reihenfolge wiederholt.

17.4.4.2. Radiometrische Waagen

Zu den radiometrischen Waagen **(Tafel 17.5)** gehören die Absorptions- und die Streustrahlungswaagen **(Tafel 17.7)**. Besonders geeignet sind radiometrische Waagen zur kontinuierlichen Messung flächiger Massen (Papierbahnen, Stahlbänder). Als Strahlungsquellen können β- und γ-Strahler, als Detektoren Ionisationskammern verwendet werden.

17.4.4.3. Federwaagen und Kolbenwaagen

Federwaagen (Tafel 17.5) werden ohne und mit Lasthebelwerk ausgeführt. Als Aufnehmer dienen die in **Tafel 17.8** angegebenen Federn. Federwaagen sind besonders geeignet für Messungen, bei denen die zu messenden Massen (Kräfte) häufigen Änderungen unterworfen sind. Da Überlastungen bleibende Formänderungen hervorrufen, bedürfen Federwaagen häufiger Nullpunktkontrolle und Nacheichung. Für Wägungen, bei denen sehr kleine Fehlergrenzen eingehalten werden sollen, muß die Schwerebeschleunigung des Aufstellungsorts berücksichtigt werden.

Kolbenwaagen (Tafel 17.5) werden als hydraulische und pneumatische Waagen ausgeführt. Kolbenwaagen sind für Messungen großer Massen (Kräfte), die sich stoßweise und in großen Bereichen ändern, besonders geeignet.

17.5. Spezielle Konstruktionselemente von Waagen

Für die Funktion von Hebelwaagen ist die Ausführung der **Drehgelenke** von besonderer Bedeutung. Die Hebelarme werden von ihnen eindeutig begrenzt. Drehgelenke müssen so hergestellt sein, daß die durch Schwingungen auftretenden Reibungswiderstände vernachlässigbar klein bleiben. Das im Waagenbau übliche Drehgelenk besteht aus Schneide und Pfanne. Schneiden werden vorwiegend als Flach- und Vierkantschneiden mit Schneidenwinkeln von 60° bis 90° hergestellt. Pfannen haben meist eine V-Form mit Pfannenwinkeln von 120° bis 150°. Neben starren Drehgelenken werden auch besonders für Waagen mit kleinen Belastungen elastische Gelenke verwendet. Bei elastischen Gelenken wird zwischen Torsions-, Biegungs- und Abwicklungsgelenken unterschieden. Elastische Gelenke haben nur sehr kleine Reibungswiderstände und Abnutzungserscheinungen.

Die **Verbindungen** zwischen Hebeln, zwischen Hebel und Gestell sowie zwischen Hebel und Last- oder Lastausgleichträger werden von Zwischengliedern hergestellt. Sie haben Pfannen und Schneiden.

Die wichtigsten Verbindungsglieder sind Koppeln (zwei Pfannen zwischen zwei Hebeln), Gehänge (eine oder zwei Pfannen mit Pfannenspuren in einer Geraden; liegen zwischen Hebeln und Lastträger oder Gestell) und Lenker (Vorrichtungen zum Geradführen oberschaliger oder hängender Last- bzw. Lastausgleichsträger).

Zum **Ausgleich** (Nullstellung) der durch äußere Einflüsse veränderten Einspiellage der unbelasteten Waage dienen Ausgleichseinrichtungen wie ein Hohlraum zum Aufnehmen von Berichtigungsmaterial am Lastträger oder an der Auswägeeinrichtung, ein verschiebbares Massestück an einem Hebel, eine Ketten- und Federnullstelleinrichtung.

Zur **Dämpfung** von Schwingungen an Waagen sind Dämpfungseinrichtungen erforderlich. Dabei wird unterschieden zwischen Luftdämpfung (für kleine Waagen mit kleiner schwingender Masse, staubempfindlich, im Vakuum nicht einsetzbar), Flüssigkeitsdämpfung (für Waagen mit größeren trägen Massen, stärkere Dämpfung als bei Luftdämpfung infolge der größeren Viskosität der Flüssigkeit) und Wirbelstromdämpfung (für fast alle Waagenarten geeignet).

17.6. Masse-, Kraft- und Druckmeßfehler

17.6.1. Systematische Meßfehler

Zu den systematischen Massemeßfehlern gehört der Luftauftrieb. Für die einfache, ungleicharmige Hebelwaage ergibt sich unter Berücksichtigung des Luftauftriebs folgende Beziehung zur Ermittlung der unbekannten Masse m_L

$$m_L = \frac{l_A}{l_L} m_A (1 + K_{Lu}) \qquad (17.39)$$

mit

$$K_{Lu} = \left(\frac{\varrho_{Lu}}{\varrho_L} - \frac{\varrho_{Lu}}{\varrho_A}\right) \cdot 1000 \text{ in ‰}$$

K_{Lu} Luftauftriebsfaktor, ϱ Dichte (L Last, A Wägestück, Lu Luft).

Weitere systematische Meßfehler sind Biegungsfehler, die auf belastungsabhängige, elastische Formänderungen an Waagenbauteilen zurückzuführen sind.

Ortsabhängige Meßfehler bei kraftvergleichenden Waagen, Fehler der verwendeten Wägestücke und Fehler durch Schiefstellung bei bestimmten Waagen können ebenfalls erfaßt und korrigiert werden.

Werden Verformungskörper über die Proportionalitätsgrenze hinaus belastet, so erleiden sie irreversible Formänderungen. Weiterhin sind spezifische Stoffgrößen der Verformungskörper temperaturabhängig. Deshalb können Temperaturänderungen an unkorrigierten Kraftmeßdosen Gewichtskraftänderungen vortäuschen.

Bei Einleitung der Gewichtskraft ist darauf zu achten, daß das Meßergebnis nicht durch Kraftableitung über Querkräfte unrichtig wird. Biegestäbe müssen sorgfältig und fest gelagert werden, damit die wirksame Hebellänge nicht variiert. Dehnungsmeßstreifen sind an solchen Stellen zu montieren, an denen ein homogenes Spannungsfeld vorliegt. Dies ist erst in größerem Abstand von der Krafteinleitungsstelle der Fall.

Bei allen Waagen ist mit Umkehrspannen (Hysteresefehlern) zu rechnen.

Bei Druckmessungen ist vor allen Dingen zu berücksichtigen, daß sowohl die Flüssigkeitsdichten der Sperrflüssigkeiten in den Flüssigkeitsmanometern als auch die Elastizitätsmodule der Federelemente in den elastischen Manometern temperaturabhängig sind.

Bei U-Rohr-Manometern führen Querschnittsfehler der Manometerrohre zu systematischen Meßfehlern.

Sind sehr genaue Messungen des Absolutdrucks mit Flüssigkeitsmanometern vorzunehmen, so ist die örtliche Schwerebeschleunigung der Erde zu korrigieren

$$h_n = h_1 g_1 / g_n \qquad (17.40)$$

$g_n = 9{,}80665\ \mathrm{m/s^2}$ Normalschwerebeschleunigung der Erde, g_1 örtliche Schwerebeschleunigung der Erde, h_n Höhe der Flüssigkeitssäule bei Normalschwerebeschleunigung g_n, h_1 abgelesene Höhe der Flüssigkeitssäule bei örtlicher Schwerebeschleunigung g_1.

Durch exakte Kennzeichnung der manometrischen Flüssigkeiten ist Verwechslungen vorzubeugen, die wegen der unterschiedlichen Dichte der manometrischen Flüssigkeiten Ursache von systematischen Meßfehlern werden können.

Bei Kolbenmanometern kann man nicht ausschließen, daß die Reibung des Dichtungskolbens im Druckzylinder zu systematischen Meßfehlern führt.

Fehlerursachen von elastischen Manometern sind bleibende Verformungen der Federn aufgrund von Überlastungen und/oder Haarrisse in Zuleitungen oder Federn.

17.6.2. Zufällige Meßfehler

Zu den zufälligen Fehlern von Massemessungen mit Waagen gehört die Veränderlichkeit. Als Veränderlichkeit bezeichnet man die streuenden Meßwerte einer Waage, die bei Wägungen derselben Last unter Wiederholbedingungen auftreten. Die Ursachen der Veränderlichkeit sind in erster Linie in der Lagerreibung und eventuell in ungleichmäßiger Erwärmung der Waagenbauteile zu suchen. Ungleichmäßige Erwärmungen führen zu Änderungen der Hebelverhältnisse oder auch zu unerwünschten Luftströmungen. Außerdem treten Verschmutzungen und Abnutzungen auf.

Weitere typische zufällige Meßfehler bei Masse-, Kraft- und Druckmessungen sind Ablesefehler und Fehler aufgrund regellos schwankender Umgebungstemperaturen.

18. Messung elektrischer Größen

Die stürmische Entwicklung der Naturwissenschaften und der Technik verursachte eine stürmisch wachsende Leistungsfähigkeit der Elektrotechnik–Elektronik und wird durch letztere selbst wieder stimuliert.

Besonders beeindruckend sind die Erfolge bei der Elektrifizierung und Elektronifizierung der Volkswirtschaft. Elektrische Antriebsmaschinen entwickeln gewaltige Kräfte im Maschinenbau, in der Chemieindustrie und im Verkehrswesen und schaffen so beachtliche Anteile des Volksvermögens. Die Funktionsparameter der Maschinen und ihre Arbeitsergebnisse werden ständig elektronisch überwacht. Leistungsfähige elektronische Meßgeräte gewinnen zuverlässige Meßinformationen, die elektronische Rechenmaschinen mit gespeicherten Sollwerten vergleichen und im Falle von Abweichungen korrigierende Reaktionen von Menschen oder Mechanismen auslösen.

Besonders durch die wachsende Leistungsfähigkeit der Elektrotechnik–Elektronik tritt der Mensch immer mehr aus dem unmittelbaren Produktionsprozeß heraus und wird zu dessen schöpferischem Gestalter bei ständig besseren Arbeitsbedingungen.

Es ist naheliegend, daß die elektrische Meßtechnik [18.1] bis [18.22] so wachsende Bedeutung für die Messung elektrischer Größen gewinnt **(Tafeln 18.1 und 18.2)**. Daneben ist aber nicht zu übersehen, daß die elektrische Messung auch räumlicher, zeitlicher, mechanischer, thermischer und optischer Größen immer breiteren Raum einnimmt. Das ist auf spezifische Vorteile elektrisch-elektronischer Messungen zurückzuführen wie

- größere Empfindlichkeit (elektrische Übersetzungen bzw. Verstärkungen haben fast keine zusätzlichen Übersetzungsfehler [18.1])
- große Genauigkeit und Reproduzierbarkeit (leichte Erfassung schnell veränderlicher Vorgänge, geringe Rückwirkung des Meßsystems auf das Meßobjekt)
- fast unbegrenzte elektrische Leistungsverstärkungen für Meßzwecke
- große Lebensdauer, kleiner Verschleiß und kleines Wartungsbedürfnis
- montierbar unmittelbar am Meßobjekt oder auch in großen Entfernungen.

Elektrische Messungen gestatten nicht nur die Erfassung dynamischer Vorgänge, sondern zeichnen sich auch durch kurze Meßdauer aus.

Beliebige Meßwerte lassen sich leicht vom Meßobjekt zu einem räumlich weit oder sehr weit entfernten Anzeigeort übertragen, lassen sich zentral erfassen und dezentral oder zentral elektronisch verarbeiten, überwachen, registrieren und übersichtlich dokumentieren. Zunehmende Bedeutung gewinnt dabei die Meßwertreduzierung durch Klassierung, Mittelwertbildung und Grenzwertsignalisation. Elektrisch-elektronische Meßeinrichtungen lassen sich leicht an Steuer- und Regeleinrichtungen anschließen. Der zunehmende Übergang zu digitalen Meßsystemen (s. Abschn. 7.) verringert den Einfluß objektiver Fehler bei der Meßwertverarbeitung und subjektiver Fehler bei der Meßwertablesung. Ein vor allem aus ökonomischer Sicht nicht zu unterschätzender Vorteil elektrischer Meßsysteme ist ihr zunehmendes Angebot in Form kompatibler Funktionseinheiten. Dadurch lassen sich unterschiedliche Meßsysteme zur Lösung unterschiedlicher Meßaufgaben aus wenigen „standardisierten" Bausteinen zusammensetzen. Der ökono-

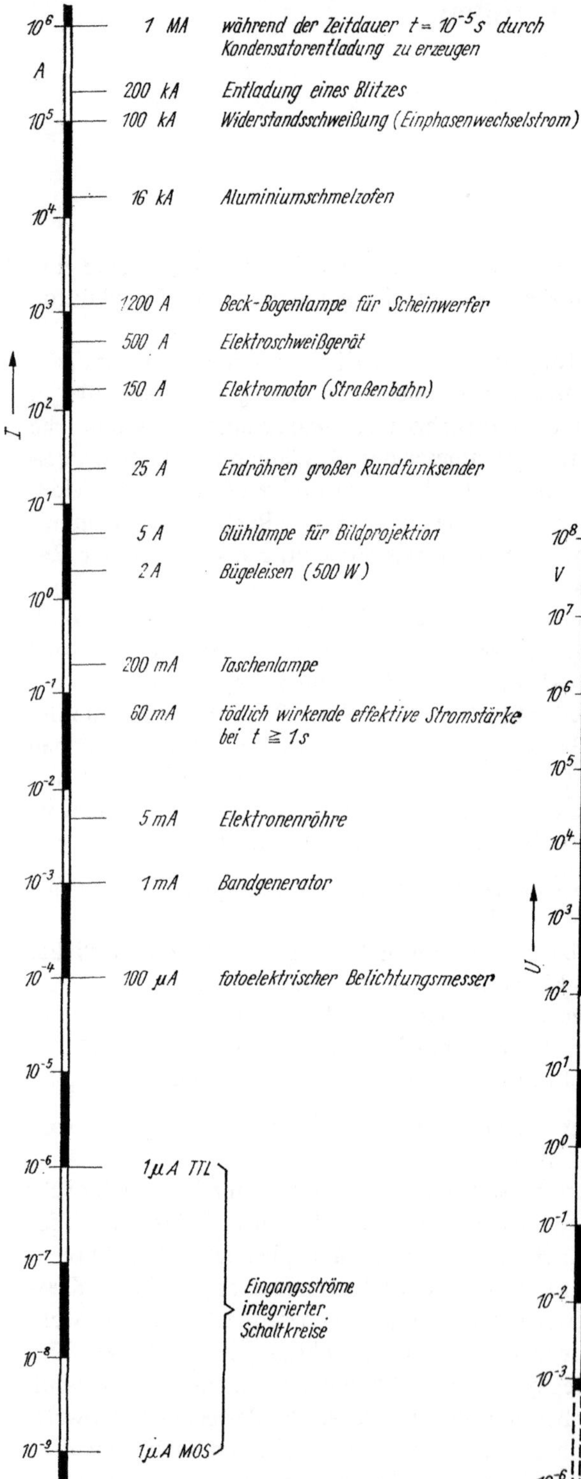

Tafel 18.1. Skale elektrischer Stromstärken

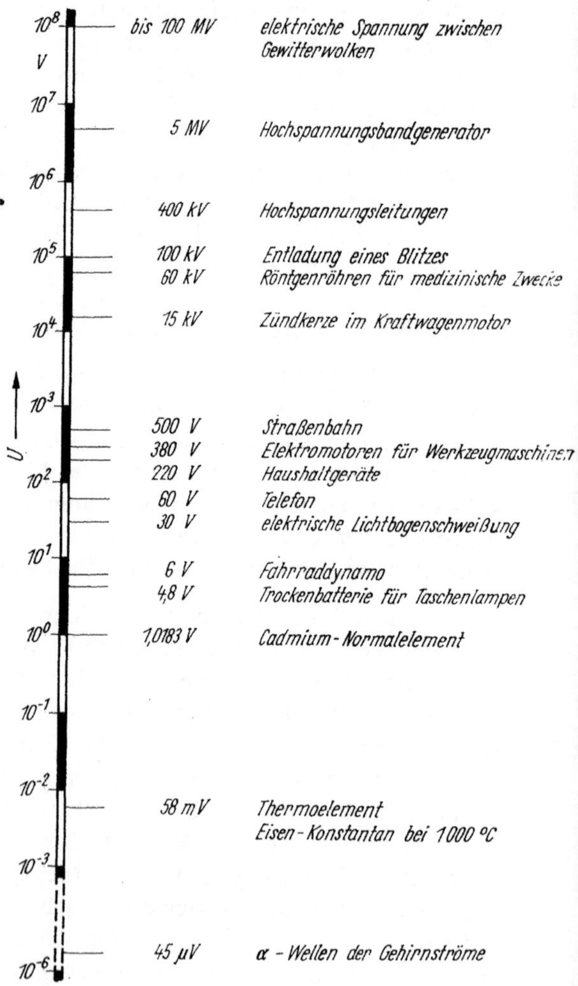

Tafel 18.2. Skale elektrischer Spannungen

mische Gewinn solcher Lösungen resultiert nicht nur aus den vergleichsweise geringeren Anschaffungskosten des Meßsystems gegenüber einem Spezialgerät, sondern auch aus der Möglichkeit einer relativ schnellen Umrüstbarkeit des Meßsystems für andere Aufgaben sowie der leichteren Lagerhaltung und Reparatur von Baugruppen. Außerdem sind die Geräte schneller verfügbar, da sie nicht neu entwickelt werden müssen. Nicht zu vernachlässigen ist schließlich der Gewinn für die Ausbildung und den Kundendienst. Der Umgang mit funktionsorientiert typisierten Meßmitteln organisiert den Meßprozeß nach inhaltlichen Gesichtspunkten und gestaltet ihn dadurch einheitlicher, systematischer und übersichtlicher (s. Abschnitte 4. bis 7.).

18.1. Standards, Grundbegriffe und Definitionen der elektrischen Meßtechnik

Aufgrund der über 500 verbindlichen **Standards** zur elektrischen Meßtechnik kann hier nur angegeben werden, in welchen Sachteilen des TGL-Standardverzeichnisses [1.21] die wichtigsten Standards zur Messung elektrischer und magnetischer Größen enthalten sind.

Dabei ist zu beachten, daß die Benennungen der Sachteile nur in sehr grober Näherung Rückschlüsse auf die in den Sachteilen zusammengestellten Standards zulassen. Zur Lösung spezieller Meßaufgaben ist deshalb in jedem Falle erforderlich, alle Sachteile mit den folgenden **Suchzahlen** durchzusehen.

(39.0): 6 Standards über „Elektrizität, Magnetismus“ (Formen elektrischer Entladungen in Luft und anderen Gasen; Kompasse und Meßverfahren zur Bestimmung der magnetischen Eigenschaften magnetischer Werkstoffe).

(160.0): 89 Standards zur „Elektrotechnik“ (elektromechanische Geräte für Haushalt und andere Zwecke; Prüfgeräte und Prüfverfahren für elektrische Geräte; Prüfung der elektrischen Ausrüstungen von Baumaschinen, Werkzeugmaschinen und Schiffen; elektrotechnische Anlagen).

(161.0): 7 Standards über „Strom, Spannung, Frequenz“ (Begriffe und Nennbereiche).

(169.0): 31 Standards über „Magnetischer Kreis, Kerne und Bleche“ (Mikroelektronik).

(172.0): 10 Standards über „Schaltungsarten. Schaltpläne“.

(174.0): 44 Standards über „Schaltpläne“.

(175.0): 102 Standards über „Schaltzeichen, Symbole“ (Elektrotechnik und Elektronik).

(182.0): 149 Standards über „Umformung elektrischer Energie. Transformatoren“ (Meßwandler).

(226.0): 20 Standards über „Drahtwiderstände“ (Nebenwiderstände von elektrischen Meßinstrumenten).

(236.0): 118 Standards über „Elektrische Meßtechnik“ (elektrische und elektronische Meßgeräte; Baugruppen; Meßverfahren und spezielle Meßaufgaben).

(259.0): 163 Standards über „Elektronische Bauelemente auf Festkörpergrundlage. Halbleiterbauelemente“ (Messungen an Halbleiterdioden, Transistoren und mikroelektronischen Schaltkreisen).

(276.0): 52 Standards über „Elektrische Nachrichtentechnik“ (spezielle Meßverfahren zur Ermittlung der magnetischen und elektrischen Störfestigkeit von Geräten der Informationstechnik).

(280.0): 8 Standards zur „Fernwirktechnik. Fernmeßtechnik“.

Darüber hinaus sind zahlreiche standardisierte Lösungen von Meßaufgaben auch in solchen Sachteilen zu finden, die sich mit elektrischen, elektronischen oder magnetischen

Bauelementen und Baugruppen befassen, deren Suchzahlen hier aus Gründen der Übersichtlichkeit und des Umfangs nicht aufgenommen wurden.

Für grafische Darstellungen sind **RGW-Standards** zu beachten.

ST RGW 141-74:	Einheitliches System der Konstruktions-Dokumentation (ESKD) des RGW; Grafische Kurzzeichen in elektrischen Schaltplänen; Bezeichnungen allgemeiner Anwendung.
ST RGW 210-75:	ESKD RGW; Grafische Kurzzeichen in elektrischen Schaltplänen; Bezeichnungen allgemeiner Anwendung, die mit alphanumerischem Zeichendrucker hergestellt werden.

Außerdem sind **ASMW-Vorschriften** für das Meßwesen zu beachten.

ASMW-VM 146/03,	Ausg. 10.75: Elektrische Energie; Wechselstromzähler; Eichung; Abnahme.
ASMW-VM 147/01,	Ausg. 4.68: Elektrische Energie; Eichvorschrift für Meßwandler und Meßsätze; Meßwandler.
ASMW-VM 147/02,	Ausg. 7.67: Elektrische Energie; Eichvorschrift für Meßwandler und Meßsätze; Meßsätze.
ASMW-VM 171/01,	Ausg. 12.79: Widerstand; Elektrische Widerstände und Widerstandsmeßgeräte; Beglaubigungs- und Sonderprüfvorschrift.
ASMW-VM 171/02,	Ausg. 11.66: Widerstand; Elektrische Widerstände und Widerstandsmeßgeräte; Beglaubigungs- und Sonderprüfvorschrift; 3.4. Meßtechnische Prüfung.
ASMW-VM 172,	Ausg. 1.76: Digitalvoltmeter für Gleichspannung; Beglaubigung, Sonderprüfung.
ASMW-VM 175,	Ausg. 10.73: Kapazität; Normale der Kapazität; Beglaubigungsvorschrift.
ASMW-VM 177,	Ausg. 11.65: Frequenz; Frequenzerzeugende und frequenzmessende Geräte bis 300 MHz; Beglaubigungsvorschrift.
ASMW-VM 403,	Ausg. 12.75: Normale der Induktivität; Beglaubigungsvorschrift.
ASMW-VM 450/06,	Ausg. 10.66: Elektrische Meßtechnik; Elektronische Meßgeräte; Beglaubigungs- und Sonderprüfvorschrift.
ASMW-VM 465,	Ausg. 5.73: Meßeinrichtungen; Allgemeine Vorschrift.

Die Mehrzahl der **Grundbegriffe und Definitionen** der elektrischen Meßtechnik wurden ebenfalls standardisiert. Wegen ihres Umfangs sei auf die wichtigsten Quellen verwiesen.

TGL 31550/02 bis 08,	Ausg. 9.77 bis 1.80: Grundbegriffe der Metrologie.
TGL 14091/01,	Ausg. 7.67: BMSR-Technik, Symbole und Kennzeichen, Darstellung in technologischen Schemata.
TGL 22502/01,	Ausg. 2.75: Meß-. Steuerungs- und Regelungstechnik; System ursamat; elektrisch-analoge Informationsverarbeitung; Begriffe.
TGL 22112/01,	Ausg. 10.77: Elektrotechnik-Elektronik; Größen, Formelzeichen, Einheiten, allgemeine Grundgrößen.
TGL 22112/02,	Ausg. 10.77: Elektrotechnik-Elektronik; spezielle Größen.
TGL 22112/03,	Ausg. 10.77: Elektrotechnik-Elektronik; Größen, Formelzeichen, Einheiten, Konstanten.
TGL 22112/04,	Ausg. 10.77: Elektrotechnik-Elektronik; Größen, Formelzeichen, Einheiten, Vorzeichen- und Richtungsregeln.
TGL 200-0600,	Ausg. 12.65: Begriffe für elektrische Anlagen.

TGL RGW 780-77,	Ausg. 5.79: Elektrische Geräte und Ausrüstungen; Nennströme.
TGL 13020,	Ausg. 11.77: Wellenlängen- und Frequenzbereiche.
TGL 17872,	Ausg. 6.68: Elektrotechnik; Nennspannungen bis 380 kV.
TGL 29949,	Ausg. 7.75: Mikroelektronik; Integrierte Widerstandsnetzwerke in Flachbauweise; Begriffe.
TGL 16005,	Ausg. 12.76: Schaltzeichen der Elektrotechnik; Allgemeine Kennzeichen.
TGL 16008/01,	Ausg. 12.79 ESKD RGW: Schaltzeichen für Widerstände.
TGL 16009/01,	Ausg. 10.69: Schaltzeichen der Elektrotechnik; Kondensatoren; Allgemein.
TGL 16010/01,	Ausg. 8.75: Schaltzeichen der Elektrotechnik; Spulen und Transformatoren; Allgemeines.
TGL 16050,	Ausg. 4.71: Schaltzeichen der Elektrotechnik; Meßgeräte.
TGL 16052/01,	Ausg. 10.73: Schaltzeichen der Elektrotechnik; Ein- und Ausgabegeräte der Informationstechnik; Allgemein.
TGL 14151/01,	Ausg. 12.70: Strom- und Spannungswandler; Begriffe.
TGL 14283/01,	Ausg. 12.71: Elektrische Meßtechnik; Elektronische Meßgeräte; Übersicht.
TGL 14283/02,	Ausg. 12.71: Elektrische Meßtechnik; Elektronische Meßgeräte; Begriffe.
TGL 29435/01,	Ausg. 12.73: Elektrische Meßgeräte; Strom- und Spannungsmesser; Begriffe.
TGL 29435/02,	Ausg. 10.76: Elektronische Meßgeräte; Strom- und Spannungsmesser; Kenngrößen.
TGL 200-7032/01,	Ausg. 8.63: Elektronische Meßgeräte; Frequenzmesser; Begriffe.
TGL 31750/01,	Ausg. 9.76: Elektronische Meßgeräte; Elektronenstrahl-Oszillographen; Begriffe.
TGL 200-1696,	Ausg. 12.64: Medizinische Elektronik; Begriffe.
TGL 200-8317/01,	Ausg. 11.72: Halbleiterbauelemente; Meßverfahren für Transistoren; Übersicht und allgemeine Meßbedingungen.
TGL 200-0044/01,	Ausg. 3.78: Elektrische Nachrichtentechnik; Geräte und Einrichtungen; Begriffe.

Normen zur elektrischen Meßtechnik sind im DIN-Katalog [1.34] unter folgenden Suchzahlen eingeordnet:

(30): 11 DIN über „Elektrizität. Magnetismus. Elektromagnetismus" (Elektrisches und magnetisches Feld, Gasanlagen, Einheiten elektrischer und magnetischer Größen, Wechselstromgrößen).

(104): 51 DIN über „Kennzeichnung für Elektrotechnik" (Sicherheitsschilder, Verbandszeichen, Kennzeichnung von Leitern, Codierung von Datumsangaben).

(115): 103 DIN zur „Elektrotechnik" (Umweltprüfungen; Klimatische und elektrische Prüfungen für elektrische Bauelemente, Bildzeichen der Elektrotechnik, Stabilisierte Stromversorgungsgeräte, Internationales Elektrotechnisches Wörterbuch).

(115 A): 235 DIN für die „Energietechnik" (z. B. VDE-Bestimmungen für die elektrische Prüfung von Isolierstoffen, für Geräte zum Prüfen der Schutzmaßnahmen in

elektrischen Anlagen, für Schalter der Hausinstallation, für Niederspannungssicherungen, für Wechselstromschaltgeräte usw.).

(115 B): 49 DIN für „Errichtung und Betrieb elektrischer Anlagen" (z.B. für sicherheitsgerechtes Gestalten elektrotechnischer Erzeugnisse, VDE-Bestimmungen für die elektrische Ausrüstung von Bearbeitungs- und Verarbeitungsmaschinen, elektrische Betriebsmittel für explosionsgefährdete Bereiche usw.).

(115 C): 43 DIN für die „Nachrichtentechnik".

(116): 69 DIN über „Schaltzeichen".

(117): 21 DIN über „Strom. Spannung. Frequenz. (Begriffe und Nennbereiche).

(123): 163 DIN über „Bauelemente. Gedruckte Schaltungen. Integrierte Schaltungen. Mikroelektronik" (Meß- und Prüfverfahren für elektrisch-mechanische Bauelemente, Meßverfahren für integrierte Schaltungen).

(124): 13 DIN über „Schaltpläne, Schaltungsunterlagen".

(166): 21 DIN über „Widerstände".

(167): 41 DIN über „Festwiderstände".

(168): 41 DIN über „Drehwiderstände".

(174): 71 DIN über „Elektrische Meßtechnik" (elektrische und elektronische Meßgeräte; Baugruppen; Meßverfahren und spezielle Meßaufgaben).

(189): 84 DIN über „Elektronik. Röntgentechnik" (Harmonisiertes Gütebestätigungssystem für Bauelemente der Elektronik).

(190): 77 DIN über „Halbleiterbauelemente".

(192): 21 DIN über „Elektrische Nachrichtentechnik".

Genormte Grundbegriffe und Definitionen zur elektrischen Meßtechnik sind enthalten in:

DIN 1319 T.1, Ausg. 11.71: Grundbegriffe der Meßtechnik; Messen, Zählen, Prüfen.

DIN 1319 T.2, Ausg. 12.68 und Entwurf, Ausg. 3.78: Grundbegriffe der Meßtechnik; Begriffe für die Anwendung von Meßgeräten.

DIN 1319 T.3, Ausg. 1.72: Grundbegriffe der Meßtechnik; Begriffe für die Fehler beim Messen.

DIN 1323, Ausg. 2.66: Elektrische Spannung, Potential, Zweipolquelle, elektromotorische Kraft; Begriffe.

DIN 1324, Ausg. 1.72: Elektrisches Feld; Begriffe.

DIN 1325, Ausg. 1.72: Magnetisches Feld; Begriffe.

DIN 19230, Ausg. 9.69: Gleichstromsignal für elektrische Meß- und Regelanlagen; Begriffe und Anforderungen.

DIN 40100 T.1, Ausg. 8.78: Bildzeichen der Elektrotechnik; Grundlagen.

DIN 40108 Ausg. 5.78: Elektrische Energietechnik; Stromsysteme, Begriffe, Größen, Formelzeichen.

DIN 43743, Ausg. 7.77: Stabilisierte Stromversorgungsgeräte für Meßzwecke; Begriffe, Datenblattangaben und Prüfungen.

DIN 57411 T.1/VDE 0411 T.1, Ausg. 10.73: VDE-Bestimmungen für elektronische Meßgeräte und Regler; Schutzmaßnahmen für elektronische Meßgeräte.

E DIN 19232, Ausg. 11.75: Gleichspannungssignal für elektrische Meß- und Regelanlagen; Begriffe und Anforderungen.

DIN 40001, Ausg. 4.57: Nennspannungen unter 100 V; Richtlinien.

DIN 40005, Ausg. 12.69: Nennfrequenzen von $16^2/_3$ bis 10000 Hz.

DIN 40015, Ausg. 8.63: Frequenz- und Wellenbereiche; Benennungen und Anwendungsbeispiele.

E DIN 41639 T. 1, Ausg. 3.76: Begriffe für elektrisch-mechanische Bauelemente: Lötfreie Verbindungen.
E DIN 41639 T. 2, Ausg. 3.76: Begriffe für elektrisch-mechanische Bauelemente; Steckverbindungen und Fassungen.
E DIN 41639 T. 3, Ausg. 3.76: Begriffe für elektrisch-mechanische Bauelemente; Schalter.
E DIN 41639 T. 4, Ausg. 5.76: Begriffe für elektrisch-mechanische Bauelemente; Bauweisen.
DIN 41857, Ausg. 9.69: Mikroelektronik; Grundbegriffe.
DIN 41859 T. 1, Ausg. 12.73: Elektrische Digitalschaltungen; Begriffe.
DIN 41859 T. 1, Bbl., Ausg. 12.73: Elektrische Digitalschaltungen; Begriffe, Allgemeine Anmerkungen.
DIN 41859 T. 2, Ausg. 12.73: Elektrische Digitalschaltungen; Kurzbezeichnungen von Folgeschaltungen und Beschreibung ihrer Wirkungsweise.
DIN 41860, Ausg. 1.73: Lineare integrierte Verstärker; Einstellung und Begriffe.
E DIN 44472, Ausg. 12.76: Begriffe für integrierte Anpassungsschaltungen; Analog – Digital – Umsetzer.
E DIN 44499 T. 102, Ausg. 1.76: Integrierte Schaltungen; Begriffe und Definitionen für statische Schreib – Lese – Speicher.
E DIN 44499 T. 103, Ausg. 1.76: Integrierte Schaltungen; Begriffe und Definitionen für Mikroprozessoren.
DIN 40719 T. 1, Ausg. 6.73: Schaltungsunterlagen; Begriffe, Einteilung.
DIN 40719 T. 2, Ausg. 6.78: Schaltungsunterlagen; Kennzeichnung von elektrischen Betriebsmitteln.
DIN 40719 T. 2, Bbl. 1, Ausg. 6.78: Schaltungsunterlagen; Kennzeichnung von elektrischen Betriebsmitteln; Alphabetisch geordnete Beispiele.
DIN 43701 T. 1, Ausg. 2.75: Elektrische Schalttafel-Meßinstrumente; Technische Lieferbedingungen, Allgemeine Bedingungen.
DIN 43701 T. 2, Ausg. 2.75: Elektrische Schalttafel-Meßinstrumente; Technische Lieferbedingungen, Anzeigende Strom-, Spannungs- und Leistungsmesser.
DIN 43780, Ausg. 8.76: Elektrische Meßgeräte; Direkt wirkende anzeigende Meßgeräte und ihr Zubehör.
DIN 43782 Ausg. 5.77: Messen, Steuern, Regeln; Elektrische Meßgeräte, Selbstabgleichende elektrische Kompensations-Meßgeräte.
DIN 43782 Bbl. 1, Ausg. 11.79: Messen, Steuern, Regeln; Elektrische Meßgeräte, Selbstabgleichende elektrische Kompensations-Meßgeräte; Stichwortverzeichnis in Deutsch–Englisch–Französisch.
DIN 43821, Ausg. 6.61: Elektrische Meßgeräte; Widerstandsferngeber; Begriffe.
DIN 41852, Ausg. 8.78: Halbleitertechnik; Begriffe.
DIN 44020 T. 1, Ausg. 5.71: Photoelektrische Bauelemente; Allgemeine Begriffe.
DIN 44020 T. 2, Ausg. 7.69: Photoelektrische Bauelemente; Begriffe für Photovervielfacher.
DIN 41740 T. 1, Ausg. 1.71: Selendioden; Begriffe.
DIN 41786, Ausg. 6.76: Thyristoren; Begriffe.
E DIN 41854, Ausg. 11.76: Bipolare Transistoren; Begriffe.
DIN 41854, Ausg. 11.67: Transistoren (Flächentransistoren); Begriffe.
DIN 41855, Ausg. 10.74: Halbleiterbauelemente und integrierte Schaltungen; Arten und allgemeine Begriffe.

DIN 41856, Ausg. 7.69: Tunneldioden; Begriffe.
DIN 41858, Ausg. 11.73: Feldeffekttransistoren; Begriffe.
DIN 41862 u. Bbl. Ausg. 12.71: Halbleiterbauelemente und integrierte Mikroschaltungen; Mit der Temperatur zusammenhängende Begriffe, Benennungen und Erklärungen.
DIN 41863, Ausg. 12.72: Halleffekt-Bauelemente; Begriffe.
E DIN IEC 47.699, Ausg. 12.78: Allgemeine Regeln für Meßverfahren; Überarbeitung der IEC-Publikation 147–2 (Signal- und Z-Dioden, Transistoren).
DIN 40040, Ausg. 2.73: Anwendungsklassen und Zuverlässigkeitsangaben für Bauelemente der Nachrichtentechnik und Elektronik.
DIN 40041, Ausg. 10.67: Zuverlässigkeit elektrischer Bauelemente; Begriffe.

18.2. Elektrische und magnetische Größenarten, Einheiten und Normale

Im Internationalen Einheitensystem wurde die elektrische Stromstärke als Basisgrößenart vereinbart. Ihre Einheit ist das Ampere **(Tafeln 18.3.1 und 18.4.1)** [3.1] [3.2].

Die abstrakte Definition der Einheit der elektrischen Stromstärke kann nicht direkt zur technischen Realisierung des Ampere herangezogen werden. Anstelle der unendlich langen Leiter werden Spulen verwendet. Mit Stromwaagen wird die Kraft ermittelt (siehe Abschn. 17.), die stromdurchflossene Flach- oder Zylinderspulen aufeinander ausüben [3.1, S. 55]. Die relative Unsicherheit von etwa 10^{-5} bei der Darstellung des Ampere basiert auf der Unsicherheit bei der Ermittlung der räumlichen Abmessungen der Spulen und ihrer Lage zueinander (s. Abschn. 15.), bei der Ermittlung der entwickelten Kraft (s. Abschn. 17.) und beruht auch auf der Temperaturabhängigkeit der verwendeten Materialien (s. Abschn. 19.).

Die direkte definitionsgemäße Darstellung der Einheit des elektrischen **Widerstands**, ein Ohm **(Tafel 18.3.2)**, stößt auf ähnliche Schwierigkeiten wie die definitionsgemäße Darstellung der Stromstärke. Deshalb wird die Absolutdarstellung des Ohm im ASMW durch einen berechenbaren Kondensator realisiert [1.11] [3.1]. Dabei gehen Unsicherheiten bei der Ermittlung räumlicher Größen (s. Abschn. 15.) und thermischer Größen (s. Abschn. 19.) in die Unsicherheit des Ohms ein.

Zur Übertragung der Widerstandseinheit auf die Widerstandsskale werden eine Kelvindoppelbrücke und Umschaltwiderstände verwendet, die im Bereich von 10^{-2} bis $10^5 \Omega$ eine Unsicherheit von maximal $5 \cdot 10^{-7}$ garantieren **(Tafel 18.5)**. Diese Angaben gelten für Messungen mit konstantem Gleichstrom.

Die Einheit der elektrischen **Spannung**, ein Volt, wird ebenso nicht definitionsgemäß **(Tafel 18.3.1)**, sondern nach dem Ohmschen Gesetz aus Stromstärke- und Widerstandsmessungen abgeleitet. Als Primärnormal (Etalon) dient ein sog. Weston-Normalelement mit einer Unsicherheit von etwa $5 \cdot 10^{-7}$. Daneben wurden Z-Dioden-Spannungsnormale mit den Eigenschaften von Sekundärnormalen entwickelt. Sie sind robust, klein, transportsicher und haben nur kleine Temperaturkoeffizienten [1.11, S. 20].

Die Darstellung magnetischer Einheiten **(Tafeln 18.3.3 und 18.4.2)** kann experimentell auf Naturkonstanten zurückgeführt werden, und zwar auf das pyromagnetische Verhältnis des Protons ($\gamma'_p = 2{,}675127 \cdot 10^8$ rad · Hz · T^{-1}) oder den Quotienten aus Planckschem Wirkungsquantum und elektrischer Elementarladung

$$(h/e = 4{,}135707 \cdot 10^{-15}\ \mathrm{J \cdot s \cdot C^{-1}})\ [3.1, S. 58].$$

Tafel 18.3.1. Elektrische Größenarten und Einheiten

Größenart	Elektrische Stromstärke	Elektrizitätsmenge	Elektrische Leistung	Elektrische Spannung	Elektrische Feldstärke
Einheit	Ampere	Coulomb	Watt	Volt	Volt je Metre
Kurzzeichen	A	C	W	V	$V \cdot m^{-1}$
Definition	Das Ampere ist die Stärke des konstanten elektrischen Stroms durch zwei parallele Leiter, die den Abstand 1 m haben und zwischen denen die durch den Strom hervorgerufene Kraft je 1 m Länge $2 \cdot 10^{-7}$ N beträgt.	Ein Coulomb ist die Elektrizitätsmenge, die in der Zeit 1 s bei einem konstanten Strom der Stärke 1 A durch den Querschnitt eines Leiters fließt.	Ein Watt ist die elektrische Leistung, die der mechanischen Leistung von 1 W äquivalent ist.	Ein Volt ist die elektrische Spannung zwischen zwei Punkten eines Leiters, in dem bei konstanter Stromstärke von 1 A zwischen den beiden Punkten die Leistung 1 W umgesetzt wird.	Ein Volt je Meter ist die elektrische Feldstärke eines elektrischen Felds, in dem der Spannungsabfall zwischen zwei Punkten im Abstand 1 m in Richtung des Feldvektors 1 V beträgt.
Symbol	I	Q	P	U	E
Beziehung	Basisgröße	$Q = It$	$P = UI$	$U = P/I$	$E = U/l$
Erläuterung	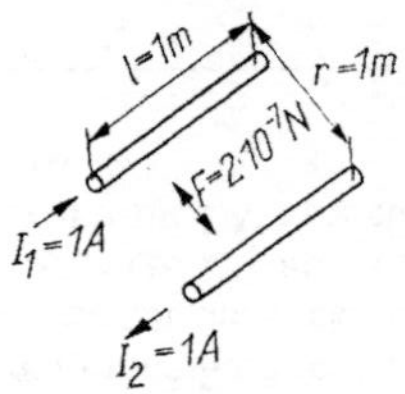 $F = \frac{\mu_0 I_1 I_2 l}{2\pi r}$ μ_0 Permeabilitätskonstante	Die Elektrizitätsmenge oder elektrische Ladung (Speicherfähigkeit) von elektrischen Sammlern darf auch die Einheit Amperesekunde As haben.	Die Scheinleistung hat die Einheit Voltampere: 1 VA Die Blindleistung hat auch die Einheit Var: 1 var. Trotz gleicher Dimension dürfen Größen mit den Einheiten W, VA und var nicht linear addiert werden.	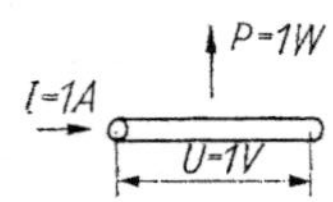	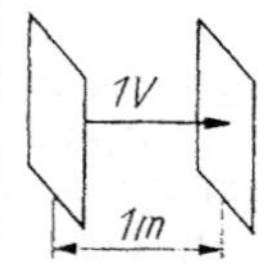

Tafel 18.3.2. Elektrische Größenarten und Einheiten

Größenart	Elektrische Kapazität	Elektrischer Widerstand	Spezifischer elektrischer Widerstand	Elektrischer Leitwert	Elektrische Leitfähigkeit
Einheit	Farad	Ohm	Ohmmeter	Siemens	Siemens je Meter
Kurzzeichen	F	Ω	Ω · m	S	$S \cdot m^{-1}$
Definition	Ein Farad ist die Kapazität eines Kondensators, der durch die Elektrizitätsmenge 1 C auf die Spannung 1 V aufgeladen wird.	Ein Ohm ist der elektrische Widerstand zwischen zwei Punkten eines Leiters, durch den bei der angelegten Spannung von 1 V ein Strom der Stärke 1 A fließt.	Ein Ohmmeter ist der spezifische elektrische Widerstand eines homogenen Leiters mit der Querschnittsfläche 1 m^2 und der Länge 1 m, dessen Widerstand 1 Ω beträgt.	Ein Siemens ist der elektrische Leitwert eines elektrischen Widerstands von 1 Ω.	Ein Siemens je Meter ist die elektrische Leitfähigkeit eines homogenen Leiters mit der Querschnittsfläche 1 m^2 und der Länge 1 m, dessen Leitwert 1 S beträgt.
Symbol	C	R	ϱ	G	γ
Beziehung	$C = Q/U$	$R = U/I$	$\varrho = RA/l$	$G = 1/R$	$\gamma = 1/\varrho = l/RA$

Tafel 18.3.3. Magnetische Größenarten und Einheiten

Größenart	Magnetischer Fluß	Magnetische Induktion	Magnetische Feldstärke	Magnetische Spannung	Induktivität
Einheit	Weber	Tesla	Ampere je Meter	Ampere	Henry
Kurzzeichen	Wb	T	$A \cdot m^{-1}$	A	H
Definition	Ein Weber ist der magnetische Fluß, der in einer ihn umschlingenden Windung die elektrische Spannung 1 V induziert, wenn er während der Zeit 1 s gleichmäßig auf Null geht.	Ein Tesla ist die magnetische Induktion eines homogenen magnetischen Flusses, der die Fläche 1 m^2 senkrecht mit der Stärke 1 Wb durchsetzt.	Ein Ampere je Meter ist die magnetische Feldstärke, die ein Strom der Stärke 1 A auf dem Rand einer zum runden Leiterquerschnitt konzentrischen Kreisfläche mit dem Umfang 1 m hervorruft.	Ein Ampere ist die magnetische Spannung zwischen zwei Punkten im Abstand 1 m in Richtung des Vektors eines magnetischen Felds mit der Feldstärke 1 $A \cdot m^{-1}$. R_m magnetischer Widerstand	Ein Henry ist die Induktivität einer geschlossenen Windung, die den magnetischen Fluß 1 Wb erzeugt, wenn sie von einem Gleichstrom der Stärke 1 A durchflossen wird.
Symbol	Φ	B	H	V	L
Beziehung	$\Phi = BA$	$B = \Phi/A$	$H = I/l$	$V = Hl = \Phi R_m$	$L = \Phi/I$

Tafel 18.4.1. Elektrische Einheiten nach [3.8]

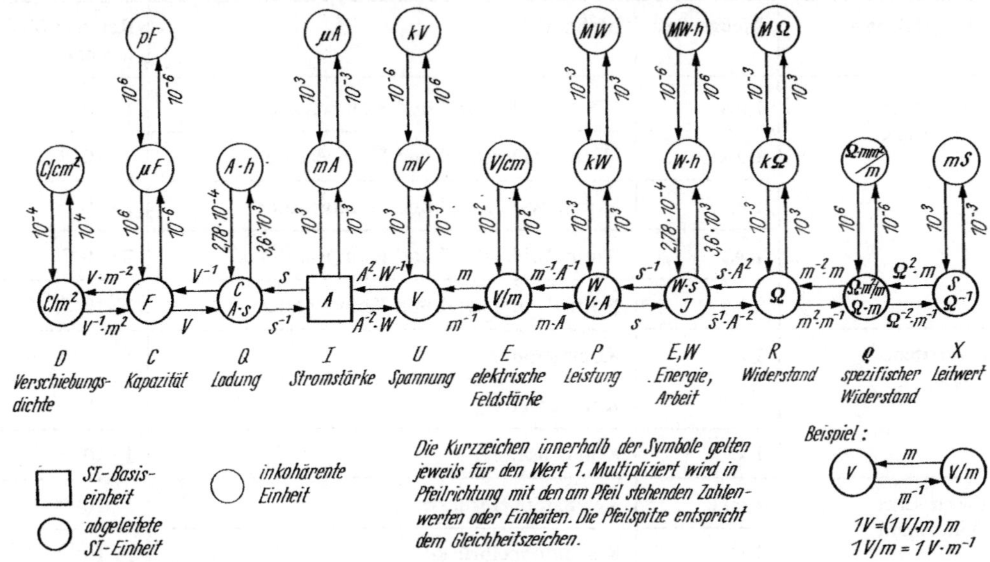

Tafel 18.4.2. Magnetische Einheiten nach [3.8]

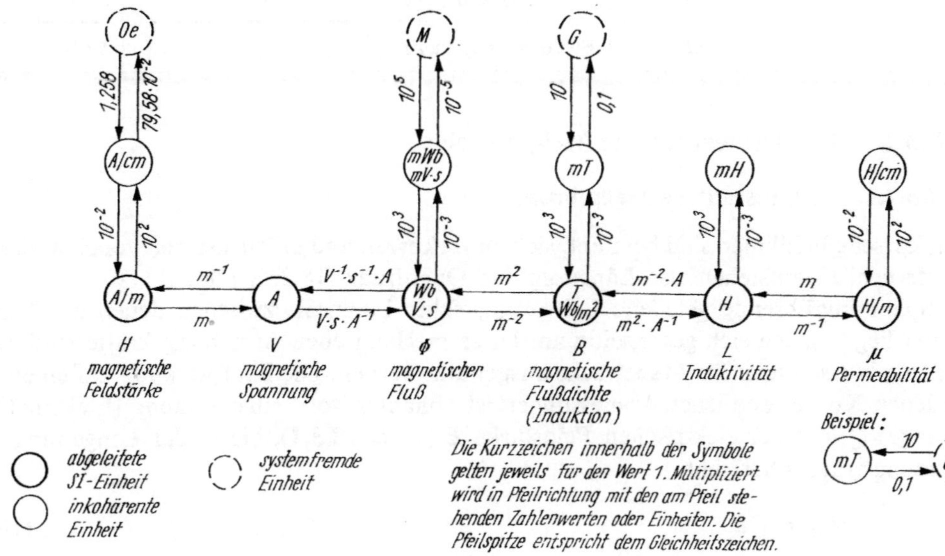

18.3. Elektrische Meßprinzipe

18.3.1. Gegenspannungsprinzip

Befinden sich in einem geschlossenen elektrischen Stromkreis zwei Spannungsquellen, so wird in dem Stromkreis der Strom zu Null, wenn der Spannungsquelle *1* mit der Spannung E_1 eine Spannungsquelle *2* mit der gleichgroßen Spannung $E_2 = E_1$ entgegengesetzt geschaltet ist.

Tafel 18.5. Erzielbare Meßunsicherheiten in metrologischen Staatsinstituten

Meßgrößenart	Meßgröße	Meßmittel	Relative Meßunsicherheit
Elektrische Stromstärke	1 nA	Normalwiderstand und Kompensator	$1 \cdot 10^{-3}$
	1 μA	Normalwiderstand und Kompensator	$2 \cdot 10^{-5}$
	1 mA	Normalwiderstand und Kompensator	$2 \cdot 10^{-5}$
	1 A	Normalwiderstand und Kompensator	$2 \cdot 10^{-5}$
	1 kA	Normalwiderstand und Kompensator	$3 \cdot 10^{-4}$
Elektrische Spannung	1 mV	Kompensator	$5 \cdot 10^{-6}$
	1 V	Kompensator	$1 \cdot 10^{-5}$
	1 kV	Kompensator	$1 \cdot 10^{-5}$
Elektrischer Widerstand	1 mΩ	Kelvindoppelbrücke	$1 \cdot 10^{-6}$
	1 Ω	Kelvindoppelbrücke	$1 \cdot 10^{-7}$
	1 kΩ	Kelvindoppelbrücke	$5 \cdot 10^{-7}$
	1 MΩ	Elektrometerbrücke	$2 \cdot 10^{-6}$
	1 GΩ	Elektrometerbrücke	$5 \cdot 10^{-6}$

18.3.2. Elektromechanische Meßprinzipe

18.3.2.1. Elektrostatische Meßprinzipe

Elektrische Feldlinien sind bestrebt, sich zu verkürzen und möglichst weit voneinander zu entfernen. Es entstehen also Längszug und Querdruck [18.2, S. 178].

Spannungführende geladene Leiter ungleicher Polarität, zwischen denen ein Nichtleiter liegt, ziehen sich gegenseitig an. Diese mechanischen Anziehungskräfte sind zwar gering, können aber für Meßzwecke ausgenutzt werden. Die Kraftwirkung auf einen geladenen Körper endlicher Abmessungen ist abhängig von seiner Ladung (Elektrizitätsmenge) Q und der elektrischen Feldstärke $\boldsymbol{E}$ **(Tafel 18.3.1)**, die in der Umgebung des Ladungsträgers herrscht

$$\boldsymbol{F}_{el} = Q\boldsymbol{E} \tag{18.1}$$

$\boldsymbol{F}_{el}$ mechanischer Kraftvektor im elektrischen Feld, $\boldsymbol{E}$ Vektor der elektrischen Feldstärke.

Befinden sich entgegengesetzte Ladungen auf zwei **Trennflächen** (Kondensatorplatten), so ist die Kraftwirkung bestrebt, die Kapazität der Anordnung zu vergrößern (den Abstand zu verkleinern)

$$F_{el} = \frac{U^2}{2}\frac{dC}{dx} \tag{18.2.1}$$

U elektrische Spannung an den Kondensatorplatten, C Kapazität des Kondensators, x Abstand zwischen den Kondensatorplatten.

Die mechanische Kraftwirkung kann eine Längsverschiebung einer beweglichen Elektrode oder ihre Drehbewegung um eine feste Achse verursachen

$$M_{\mathrm{d\,el}} = \frac{U^2}{2} \frac{\mathrm{d}C}{\mathrm{d}\alpha} \tag{18.2.2}$$

$M_{\mathrm{d\,el}}$ elektrisch erzeugtes Drehmoment, α Ausschlagwinkel, Drehwinkel.

Die Kraft wirkt senkrecht zur Trennfläche.

Befinden sich zwei **unterschiedliche Dielektrika** in einem elektrischen Feld, so treten senkrecht zur Trennfläche der Dielektrika mechanische Kräfte auf. Sie beanspruchen das Dielektrikum mit der größeren Dielektrizität auf Zug, das andere auf Druck.

18.3.2.2. Elektromagnetische Meßprinzipe

Bewegt sich eine Ladung Q mit der Geschwindigkeit $\boldsymbol{v}$ in einem Magnetfeld mit der magnetischen Induktion $\boldsymbol{B}$ **(Tafel 18.3.3)**, dann wirkt auf diese Ladung die Kraft

$$\boldsymbol{F}_{\mathrm{magn}} = Q\,(\boldsymbol{v} \times \boldsymbol{B}). \tag{18.3}$$

Geschwindigkeit $\boldsymbol{v}$, magnetische Induktion $\boldsymbol{B}$ und Kraft $\boldsymbol{F}$ bilden ein Rechtssystem (Rechtsschraube).

Befindet sich ein **stromdurchflossener Leiter** in einem Magnetfeld mit der magnetischen Induktion $\boldsymbol{B}$, dann ist die Kraft, die auf den linienhaften Leiter der Länge $\boldsymbol{l}$ ausgeübt wird

$$\boldsymbol{F}_{\mathrm{magn}} = I\,(\boldsymbol{l} \times \boldsymbol{B}). \tag{18.4}$$

Wirksame Leiterlänge $\boldsymbol{l}$, magnetische Induktion $\boldsymbol{B}$ und Kraft $\boldsymbol{F}$ bilden ein Rechtssystem (Rechtsschraube).

Magnetische Feldlinien sind bestrebt, sich zu verkürzen und möglichst weit voneinander zu entfernen. Es entstehen also Längszug und Querdruck [18.2, S. 288].

Werden parallele **linienhafte Leiter** von elektrischen Strömen durchflossen, so ziehen sich die beiden Leiter an, wenn die Ströme in gleicher Richtung fließen oder stoßen sich ab, wenn sie in entgegengesetzter Richtung fließen

$$F_{\mathrm{magn}} = \frac{\mu l}{2\pi a} I_1 I_2 \tag{18.5}$$

$I_{1,2}$ Stromstärke in Leiter *1,2*; a Abstand zwischen den Leitern *1* und *2*; l Länge der Leitungsführung mit parallelem Verlauf; μ Permeabilität zwischen den Leitern.

Verlaufen die Kraftlinien zwischen zwei **Trennflächen** (Spule mit Eisenkern), so ist die Kraftwirkung bestrebt, die Induktivität der Anordnung zu vergrößern (den Abstand des Kerns zu verkleinern)

$$F_{\mathrm{magn}} = \frac{I^2}{2} \frac{\mathrm{d}L}{\mathrm{d}x} \tag{18.6.1}$$

I elektrische Stromstärke durch die Spule, L Induktivität der Spule, x Abstand zwischen Spule und Eisenkern.

Die mechanische Kraftwirkung kann sowohl eine Längsbewegung des Kerns, als auch seine Drehbewegung um eine feste Achse verursachen

$$M_{\mathrm{d\,magn}} = \frac{I^2}{2} \frac{\mathrm{d}L}{\mathrm{d}\alpha} \tag{18.6.2}$$

$M_{\mathrm{d\,magn}}$ magnetisch erzeugtes Drehmoment, α Ausschlagwinkel (Drehwinkel).

Die Kraft wirkt senkrecht zur Trennfläche.

Befinden sich zwei **unterschiedliche Magnetika** in einem magnetischen Feld, so treten senkrecht zur Trennfläche der Magnetika mechanische Kräfte auf. Sie beanspruchen das Magnetikum mit der größeren Permeabilität auf Zug, das andere auf Druck.

18.3.3. Elektrothermische Meßprinzipe

Ändert sich die Stromstärke I durch einen elektrischen Leiter um den Wert ΔI, so ändert sich die **Temperatur** des Leiters um [18.3, S. 211]

$$\Delta\vartheta = \frac{R}{kA}\,\Delta I^2 \tag{18.7}$$

A Leiteroberfläche, R elektrischer Widerstand des Leiters, k Proportionalitätsfaktor – entspricht der Wärmeübergangszahl α bei konvektivem Wärmeaustausch [18.2, S. 88].

Außerdem tritt infolge der Temperaturänderung eine **Längenänderung** Δl des Leiters ein. Für die Abhängigkeit zwischen der Temperaturänderung $\Delta\vartheta$ des Leiters und seiner Längenänderung Δl gilt

$$\Delta l = \alpha_l l_0\,\Delta\vartheta, \tag{18.8}$$

l_0 Anfangslänge des Leiters, α_l Längenausdehnungskoeffizient (s. Abschn. 19.).

Für den Zusammenhang zwischen der Stromstärkeänderung ΔI und der Längenänderung Δl folgt mit Gl. (18.7)

$$\Delta l = \frac{\alpha_l l_0 R}{kA}\,\Delta I^2. \tag{18.9}$$

Die Temperaturänderung $\Delta\vartheta$ oder die temperaturabhängige Längenänderung Δl sind ein Maß für die zu messende elektrische Stromstärke ΔI.

Die Temperaturänderung des Leiters nach Gl. (18.7) kann auch direkt mit einem Thermoelement (s. Abschn. 19.) gemessen werden. Bei Thermoelementen besteht bei konstanter Vergleichsstellentemperatur Proportionalität zwischen der Meßstellentemperatur und der erzeugten elektrischen Spannung.

18.4. Elektrische Meßsysteme

18.4.1. Elektromechanische Meßinstrumente

In konsequenter Anwendung der bisherigen Klassifikation müßten die Glieder, die die Meßgröße aufnehmen, als Meßgrößenaufnehmer bezeichnet werden. Werden die folgenden Aufnehmer mit einem Zeiger und einer Skale versehen, sind sie ohne weitere Zusatzeinrichtungen als Meßgeräte zu verwenden. Deshalb werden sie nicht nur als **Aufnehmer**, sondern auch als Meßgeräte, Meßinstrumente, Meßwerke oder Meßsysteme bezeichnet. Hier soll der bevorzugt verwendete Begriff Instrument beibehalten werden, da die nähere Bestimmung zu Instrument das Funktionsprinzip der primären Meßsignalwandlung (s. Abschn. 4.) zum Ausdruck bringt **(Tafel 18.6)** [6.18] [18.2] bis [18.6].

Drehspulmeßinstrumente (Tafel 18.7) arbeiten nach einem elektromagnetischen Meßprinzip. Sie können für Gleichstrom- und mit zusätzlichen Umformern auch für Wechselstrommessungen verwendet werden.

Tafel 18.6
Elektrische Meßinstrumente

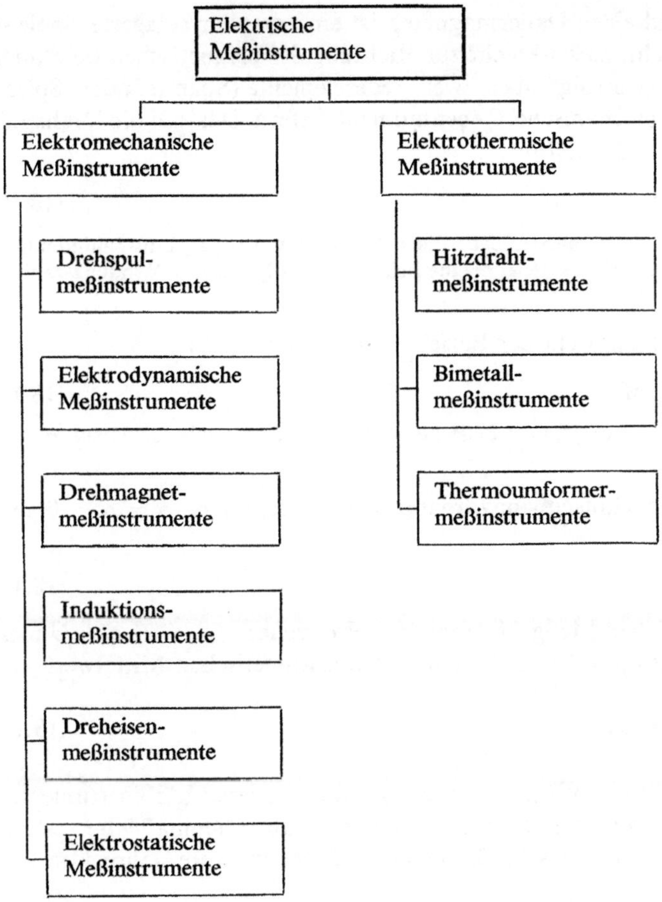

Tafel 18.7. Elektrische Meßinstrumente (EM Einfachmeßinstrument; QM Quotientenmeßinstrument)

	Drehspulmeßinstrument	Elektrodynamisches Meßinstrument (eisenlos)	Elektrodynamisches Meßinstrument (eisengeschlossen)
Bauprinzip	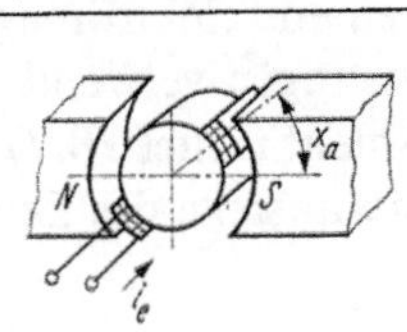	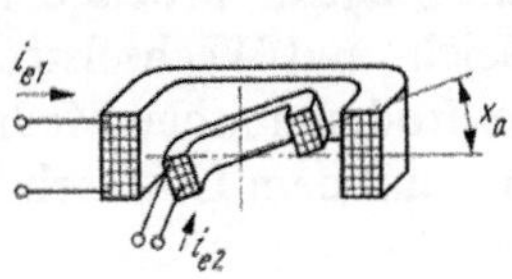	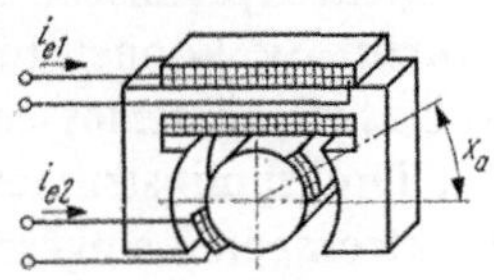
Sinnbild	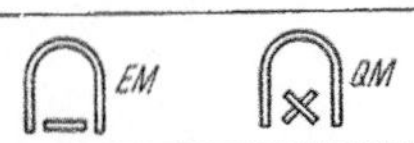		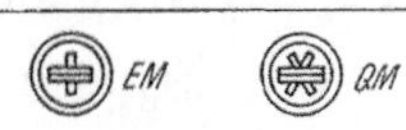
Benennung	Dreheisenmeßinstrumente	Hitzdrahtmeßinstrumente	Vibrationsmeßinstrumente
Bauprinzip	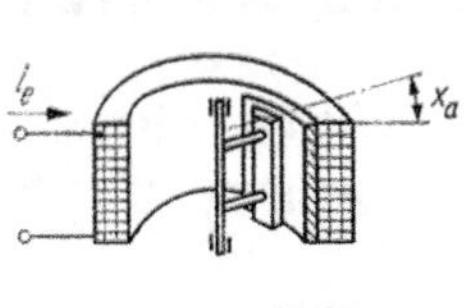	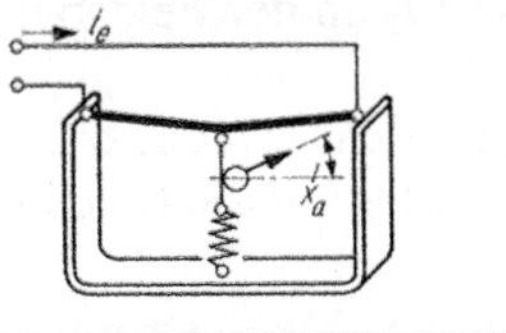	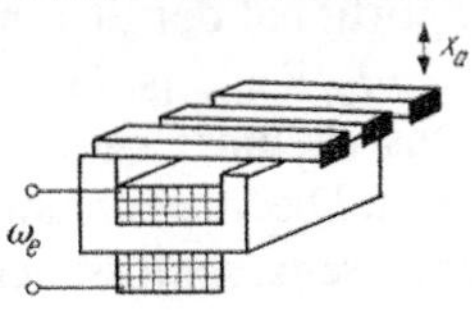
Sinnbild	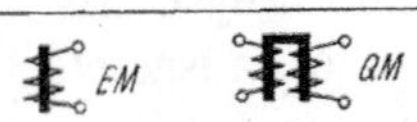	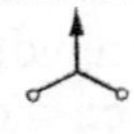	

Im homogenen Magnetfeld eines Dauermagneten ist eine drehbar gelagerte Spule so angeordnet, daß die Stromrichtung senkrecht zur Richtung der magnetischen Feldlinien verläuft. Die Stromzuführung erfolgt über zwei Federelemente (Spannbänder, Spiralfedern), die gleichzeitig das mechanische Gegenmoment liefern. Das auf die Drehspule ausgeübte Drehmoment ist [18.3, S. 276]

$$M_d = \Psi I_M = B_L A n I_M \tag{18.10}$$

A Drehspulenfläche, die vom verketteten magnetischen Fluß Ψ durchsetzt wird; B_L Luftspaltinduktion; I_M Meßstromstärke in der Drehspule; Ψ verketteter magnetischer Fluß (18.2, S. 239); n Windungszahl der Spule.

Die Bewegung der Drehspule gehorcht der Beziehung (s. Abschn. 5.3.)

$$\Theta\ddot{\alpha} + R\dot{\alpha} + c\alpha = M_r \tag{18.11}$$

M_r Rückstellmoment, R Dämpfungskonstante, c Federkonstante, Θ Massenträgheitsmoment, α Ausschlagwinkel.

Für den stationären Zustand (Einschwingvorgang abgeschlossen) ist $\ddot{\alpha} = \dot{\alpha} = 0$ und $M_\alpha = M_r$, und es gilt

$$\alpha = nAB_L I_M / c. \tag{18.12}$$

Bei zeitlich schnell veränderlichen Meßgrößen mit den Frequenzen $f = 1/T \ll R/\Theta$ messen die Drehspulmeßwerke aufgrund ihrer Trägheit den arithmetischen Mittelwert

$$\alpha \sim \frac{1}{T}\int_0^T i_M \,\mathrm{d}t = \bar{i}_M. \tag{18.13}$$

Ein wesentlicher Vorteil der Drehspulinstrumente gegenüber anderen Meßinstrumenten ist ihre große Genauigkeit. Es werden z. B. Präzisionsinstrumente serienmäßig hergestellt, die einen Anzeigefehler von höchstens 0,1 % haben und der mehrere Jahre konstant bleibt.

Bei Messungen mit Drehspulinstrumenten macht sich der Temperatureinfluß nachteilig bemerkbar, da sich die elektrischen Widerstände sowohl der Drehspule, als auch der Rückstellfeder mit der Temperatur ändern. Außerdem ist die Rückstellkraft temperaturabhängig.

Elektrodynamische Meßinstrumente arbeiten nach einem elektromagnetischen Meßprinzip. Sie können für Gleich- und Wechselstrommessungen verwendet werden.

Das **eisengeschlossene** elektrodynamische Meßinstrument **(Tafel 18.7)** funktioniert wie das Drehspulinstrument, nur mit dem Unterschied, daß anstelle des Dauermagneten ein Elektromagnet eingesetzt wird.

Für das Drehmoment gilt analog Gl. (18.10)

$$M_d = B_F A n I_M. \tag{18.14}$$

B_F ist die durch die Magnetspule im Luftspalt erzeugte magnetische Induktion. Sie ist proportional der Stromstärke I_F in der Feldspule wegen $B_F = \Phi/A$ **(s. Tafel 18.3.3)** und $\Phi = nI_F/R_{magn}$ [s. Gl. (6.47)].

Das **eisenlose** elektrodynamische Meßinstrument **(Tafel 18.7)** ist völlig eisenfrei aufgebaut. Die Wirkungsweise ist bis auf die Erzeugung des magnetischen Felds dieselbe wie beim eisengeschlossenen.

Eisenlose elektrodynamische Meßinstrumente sind wegen des schwachen eigenen Magnetfelds dem Störeinfluß von Fremdfeldern besonders ausgesetzt. Eisengeschlossene elektrodynamische Aufnehmer haben diesen Nachteil nicht.

Elektrodynamische Meßinstrumente zeichnen sich dadurch aus, daß sie zur **Produktbildung** $I_F I_M$ geeignet sind. Für $I_F = I_M$ zeigen sie aufgrund ihrer Trägheit das Quadrat des sog. quadratischen Mittelwerts beliebig geformter Ströme an

$$\alpha \sim \frac{1}{T}\int_0^T i_M^2 \, dt = I_{M\,eff}^2 \quad \text{für} \quad T \ll \Theta/R. \tag{18.15}$$

Die Skale der Meßinstrumente wird allerdings so geteilt, daß sie direkt den quadratischen Mittelwert (Effektivwert) wiedergibt. Eisengeschlossene elektrodynamische Meßinstrumente können bis zu einer Frequenz von etwa 2 kHz, eisenlose bis zu 10 kHz verwendet werden.

Drehmagnetmeßinstrumente arbeiten nach einem elektromagnetischen Meßprinzip. Sie können für Gleichstrom- und mit zusätzlichem Umformer auch für Wechselstrommessungen verwendet werden [18.5] [18.6].

Im Feld einer feststehenden Spule befindet sich ein drehbar gelagerter Dauermagnet (Magnetnadel, Scheibe, Trommel), der sich in Richtung eines konstanten äußeren Felds (z. B. Magnetfeld der Erde) einstellt. Bei Stromfluß bewegt sich der Drehmagnet in die Richtung der Resultierenden aus Richtfeld und Spulenfeld.

Das Drehmagnetinstrument stellt lediglich eine „Umkehrung" des Drehspulinstruments dar, d. h., Spule und Dauermagnet sind bezüglich ihrer Lage vertauscht worden. Ein besonderer Vorteil der Drehmagnetinstrumente ist ihr einfacher und robuster Aufbau. Als nachteilig erweist sich das schwache Eigenfeld, so daß es vor Fremdfeldern geschützt werden muß.

Induktionsmeßinstrumente arbeiten nach einem elektromagnetischen Meßprinzip. Sie können nur für Wechselstrommessungen verwendet werden. In einem umlaufenden Magnetfeld ist ein geschlossener Leiter (Trommel oder Scheibe) drehbar gelagert. Durch Wirbelstrominduktion wird der Leiter in Richtung des Drehfelds bewegt. Das Drehfeld selbst erzeugen zwei ruhende Wechselstromwicklungen, deren Felder räumlich um 90° versetzt und zeitlich um $\pi/2$ phasenverschoben sind. Der Ausschlagwinkel ist in Analogie zu Gl. (18.15) dem Produkt der Stromstärken durch beide Feldwicklungen proportional. Auch mit Induktionsinstrumenten wird für $I_M = I_F$ und eine Phasenverschiebung von $\pi/2$ zwischen beiden Strömen das Quadrat des Effektivwerts angezeigt.

Induktionsmeßinstrumente benötigen keine Zuleitungen für das bewegliche Organ. Infolge der geschlossenen Bauart ist der Aufnehmer gut gegen Fremdfelder geschützt.

Ein Nachteil des Induktionsmeßinstruments ist seine Frequenzabhängigkeit.

Dreheisenmeßinstrumente (Tafel 18.7) arbeiten nach einem elektromagnetischen Prinzip. Sie können für Gleich- und Wechselstrommessungen verwendet werden. Die wichtigsten Vertreter sind der Flachspul- und der Rundspultyp.

Beim **Flachspultyp** befindet sich im Innern einer Feldspule ein exzentrisch gelagertes drehbares Eisenplättchen, dessen Drehachse senkrecht zur Erregerspule liegt. Bei Stromfluß wird das Eisenplättchen unter Einfluß des elektromagnetischen Felds in die Spule hineingezogen, d. h., es dreht sich um seine eigene Achse.

Beim **Rundspultyp** befinden sich im Innern einer Feldspule ein festes und ein drehbar gelagertes Eisenplättchen, dessen Drehachse parallel zur Spulenachse angeordnet ist. Bei Stromfluß werden beide Eisenplättchen gleichsinnig magnetisiert und stoßen sich gegenseitig ab, d. h., das drehbare Plättchen führt eine Drehbewegung in Richtung geringerer Breite des feststehenden Plättchens aus.

Die folgenden Beziehungen gelten für beide Typen. Das auf das bewegliche Eisenplättchen ausgeübte Drehmoment ist nach Gl. (18.6.2)

$$M_d = \frac{I_M^2}{2} \frac{dL}{d\alpha} \tag{18.16}$$

I_M Meßstromstärke, L Induktivität der Feldspule.

Wird die Induktivitätsänderung $dL/d\alpha$ durch konstruktive Maßnahmen konstant gehalten, gilt für $M_d = M_r$

$$\alpha \sim I_M^2. \tag{18.17}$$

Dreheiseninstrumente sind wegen ihres einfachen Aufbaus billig in der Herstellung. Wegen der fehlenden beweglichen stromführenden Teile können diese Meßinstrumente stark überlastet werden. Gegen Fremdfelder sind sie durch astatischen Aufbau oder Eisenschirme zu schützen. Weiterhin muß der Frequenzeinfluß berücksichtigt werden. Dreheiseninstrumente sind Effektivwertmesser.

Elektrostatische Meßinstrumente können für Gleich- und Wechselspannungsmessungen verwendet werden.

Das Meßinstrument besteht aus einem Kondensator, dessen eine Elektrode drehbar gelagert ist. Bei Anlegen einer Spannung tritt eine mechanische Kraft auf, die in Richtung einer Kapazitätsvergrößerung wirkt. Eine Kapazitätsänderung kann entweder durch eine Änderung der wirksamen Elektrodenfläche oder durch Änderung des Elektrodenabstands hervorgerufen werden. Das auf die bewegliche Elektrode ausgeübte Drehmoment ist nach Gl. (18.2.2)

$$M_d = \frac{U_M^2}{2} \frac{dC}{d\alpha} \tag{18.18}$$

C Kapazität des Kondensators, U_M Meßspannung.

Wird die Kapazitätsänderung $dC/d\alpha$ konstant gehalten, gilt für den Ausschlagwinkel bei $M_d = M_r$

$$\alpha \sim U_M^2. \tag{18.19}$$

Elektrostatische Meßinstrumente haben einen äußerst niedrigen Eigenverbrauch (theoretisch Null). Vorteilhaft sind auch der geringe Temperatur- und Frequenzeinfluß. Nachteilig macht sich der Einfluß elektrostatischer Fremdfelder bemerkbar, die die Anzeige stark verfälschen können. Elektrostatische Meßinstrumente sind Effektivwertmesser.

18.4.2. Elektrothermische Meßinstrumente

Hitzdrahtmeßinstrumente (Tafel 18.7) arbeiten nach einem elektrothermischen Meßprinzip. Sie können für Gleich- und Wechselstrommessungen verwendet werden [18.7] und messen Effektivwerte. Ein Draht von der Länge l_0 wird vom Meßstrom der Stromstärke I_M durchflossen. Dabei ändern sich in Abhängigkeit von der Stromstärke die Temperatur ϑ und die Länge l_0 des Leiters. Es gelten die Gln. (18.7) bis (18.9). Für die Längenänderung Δl des Leiters folgt aus Gl. (18.9)

$$\Delta l \sim I_M^2. \tag{18.20}$$

Bimetallinstrumente arbeiten ebenso nach einem elektrothermischen Meßprinzip [18.5]. Sie können für Gleich- und Wechselstrommessungen verwendet werden und messen Effektivwerte. Ein Bimetallstreifen wird direkt durch den Meßstrom der Stromstärke I_M

oder über eine isoliert aufgebrachte Wicklung beheizt. In Abhängigkeit von der Meßstromstärke I_M erwärmt sich der spiralförmig aufgewickelte und einseitig eingespannte Bimetallstreifen und krümmt sich infolge unterschiedlicher Längenausdehnungskoeffizienten der beiden Metalle.

Für die Temperaturänderung $\Delta\vartheta$ gilt Gl. (18.7).

Die Ausbiegung ist proportional der Differenz der Längenänderungen der beiden Bimetallstreifen, also

$$\alpha \sim I_M^2. \tag{18.21}$$

Thermoumformer arbeiten nach einem elektrothermischen Meßprinzip. Sie können für Gleich- und Wechselstrommessungen verwendet werden. Bevorzugt sind sie zur Messung hochfrequenter Ströme im Einsatz [18.7]. Thermoumformer bestehen aus einem Heizdraht, den der hindurchfließende Meßstrom I_M erhitzt. In der Mitte des Heizdrahts befindet sich die Meßstelle eines Thermoelements. Die entstehende Thermospannung ist dem Quadrat der Stromstärke proportional. Thermoumformer sind Effektivwertmesser.

Elektrothermische Meßinstrumente haben den Vorteil, daß die Messungen durch Fremdfelder in keiner Weise beeinflußt werden. Als Nachteil erweist sich der Einfluß schwankender Raumtemperaturen, der jedoch durch günstige Materialauswahl sehr vermindert werden kann. Es ist eine häufige Nullpunktkontrolle erforderlich. Für $T_\vartheta \gg 1/f$ (T_ϑ thermische Zeitkonstante der Aufnehmer) sind die Messungen quasi frequenzunabhängig.

18.4.3. Elektronische Meßgeräte

18.4.3.1. Lichtstrahl- und Elektronenstrahloszillografen sowie Oszilloskope

Oszillografen sind die wichtigsten Meßgeräte zur Messung der Parameter sowie des Zeitverlaufs schnellveränderlicher elektrischer Spannungen und Ströme (s. Abschn. 6.4.).

Lichtstrahloszillografen (s. Tafeln 6.8 und 18.8) arbeiten nach einem elektromagnetischen Meßprinzip. Ihre Meßschleife ist ein modifiziertes Drehspulinstrument (s. Abschnitt 18.4.1.), mit dem eine Strommessung erfolgt.

Elektronenstrahloszillografen (s. Tafeln 6.8 und 18.8) arbeiten entweder nach einem elektrostatischen Meßprinzip – Ablenkung einer beschleunigten elektrischen Ladung im elektrischen Feld (zur Spannungsmessung) – oder nach einem elektromagnetischen Meßprinzip – Ablenkung einer beschleunigten elektrischen Ladung im magnetischen Feld (zur Strommessung) [18.7, S. 615].

Für den Zusammenhang zwischen der an den Ablenkplatten liegenden Meßspannung U_M und der vertikalen Auslenkung des Elektronenstrahls in y-Richtung gilt [7.8] [17.10]

$$y = \frac{la}{2dU_A} U_M \tag{18.22}$$

a Abstand zwischen Platten und Schirm, d Plattenabstand, l Plattenlänge, U_A Anodenspannung.

Zum Betrieb der Lichtstrahl- und Elektronenstrahloszillografen ist eine ganze Reihe von Zusatzgeräten erforderlich.

Der Lichtstrahloszillograf benötigt für die Lichtstrahlablenkung ein elektromechanisches Antriebssystem und eine externe Lichtquelle.

Der Elektronenstrahloszillograf braucht Netzteile zur Erzeugung der Anodenspannung (bis 2 kV) und der Nachbeschleunigungsspannung (bis 20 kV), Gleich- und Wechsel-

Tafel 18.8. Elektrische Meßsysteme

	Elektromechanisches Meßinstrument	Manueller Kompensator	Automatischer Kompensator	Verstärkervoltmeter	Digitaler Spannungsmesser	Lichtstrahl-oszillograf	Elektronenstrahl-oszillograf
Frontansicht	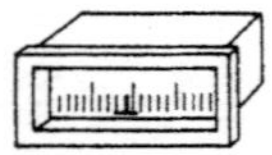	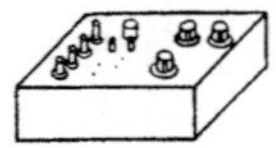	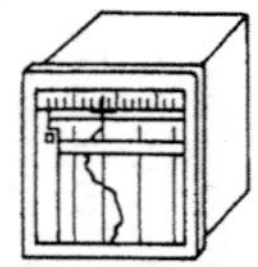	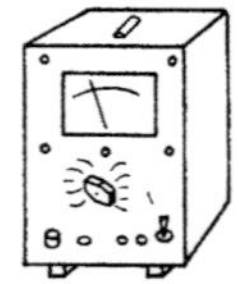	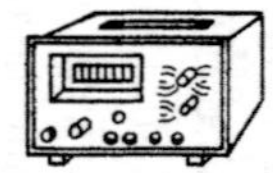		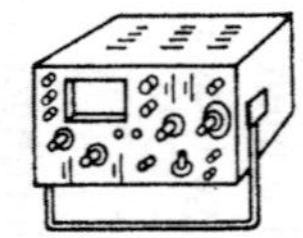
Meßbereich	je nach Verwendungszweck	$(0{,}2 \cdot 10^{-3} \ldots 2)$ V	$(10^{-3} \ldots 10^{3})$ V $(5 \ldots 10^{6})$ Ω $(10^{-6} \ldots 1)$ A	$(10^{-3} \ldots 500)$ V	$(10^{-6} \ldots 10^{3})$ V	0 Hz … 5 kHz	(0 … 50) MHz
Meßunsicherheit	± (0,5 … 2,5) %	± (0,02 … 0,1) %	± (0,2 … 0,5) %	± (1 … 3,5) %	Auflösungsvermögen ± (0,005 … 0,01) %	± 1 %	± 2 %
Einstellzeit	1 s	100 s	< 1,5 s; 2,5 s; 5 s; 10 s; 20 s	10^{-1} s	$5 \cdot 10^{-3}$ s	10^{-4} s	10^{-8} s
Vorteile	robust, billig, universell einsetzbar	robust, hohe Kompensationsgenauigkeit	automatischer Abgleich, Registrierung des Meßsignals	große Meßgenauigkeit bei guter Nullpunktkonstanz, großer Eingangswiderstand	digitale Meßwertanzeige, einfache Kopplung mit Meßwertverarbeitung, EDV	gleichzeitige Aufzeichnung mehrerer veränderlicher unabhängiger Größen, Registrierung	direkte Anzeige des zeitlichen Verlaufs des Meßwerts, große obere Grenzfrequenz
Nachteile	träge	zeitaufwendige Messung	begrenzte Genauigkeit, träge	teurer als elektromechanisches Meßinstrument	großer Aufwand, teuer	Einsatz von Spezialpapieren	großer Aufwand zur Aufzeichnung von Meßsignalen
Anwendung	Anzeige aller elektrisch darstellbaren physikalischen Größen	Präzisionsmessungen kleiner Spannungen wie Thermospannungen usw.	Messung und Registrierung von elektrischen Spannungen, Strömen und Widerständen	Labormessungen und Einsatz im Prüffeld	Labormessungen, Einsatz im Prüffeld und an NC-Maschinen	universell einsetzbares Registriergerät	Beobachtung und Messung des zeitlichen Verlaufs elektrischer Größen
Richtwert (in M)	100	1200	2500	1300	15000	10000	15000

spannungsverstärker zur Verstärkung der Meßspannungen, Kippgeneratoren zur Ablenkung des Elektronenstrahls sowie Rechenglieder zur Erzeugung spezieller Funktionen. Eine wesentliche Erhöhung der Genauigkeit und des Bedienkomforts wird durch die zunehmende Einführung von nachleuchtenden, mehrstrahligen und mehrfarbigen Elektronenstrahlröhren sowie von digitalen Elektronenstrahloszillografen erreicht. Sampling- oder Abtastoszillografen dienen der Darstellung von elektrischen Schwingungen über 100 MHz oder von periodischen Impulsen im Nanosekundenbereich.

Oszilloskope ermöglichen sowohl eine analoge Darstellung der Signale in Echtzeit als auch eine beliebig oft wiederholbare und zeittransformierbare Darstellung des Signals aus dem internen Speicher.

Digitalisierte Speicheroszilloskope haben neuerdings eine automatisierte Einstellung der Meßparameter und Anzeige, um die Meßfolgen zu verkürzen. Anweisungen zur Bedienung erscheinen in Form eines Menu Tableaus auf dem Bildschirm. Die Informationen werden grafisch und alphanumerisch ausgegeben.

Integrierter Bestandteil der Oszilloskope ist ein leistungsstarkes Betriebssystem, das über ROM die Gerätefunktionen des Meßsystems steuert. Kalibrierungsfaktoren und Frontplatteneinstellungen werden in einem nichtflüchtigen RAM gespeichert [18.23].

18.4.3.2. Rechnergestützte elektronische Meßgeräte

Unter dem Einfluß der stürmischen Entwicklung der Mikroelektronik und Mikrorechentechnik vollzieht sich ein schneller Generationswechsel bei elektronischen Meßgeräten. Er ist gekennzeichnet durch

- Digitalisierung ehemals analoger Meßgeräte
- Entwicklung neuartiger digitaler Meßgeräte
- Ergänzung digitaler oder digitalisierter Meßgeräte mit einer Standardschnittstelle (Interface)
- Einbeziehung von Rechnern in die elektronischen Meßgeräte.

Dadurch sind die Voraussetzungen gegeben, unterschiedlichste elektronische Meßgeräte für Forschung, Entwicklung, Produktion und Prüfung zu automatischen Meßplätzen nach individuellen Bedürfnissen zusammenzustellen. Die Verkopplung der Meßgeräte erfolgt über die Schnittstellen und Busleitungen. Die Steuerung der Meßgeräte kann entweder mit internen Rechnern, mit Tischrechnern oder mit Prozeßrechnern vorgenommen werden (s. Abschn. 8.).

Typische Geräte sind Mikroprozessorvoltmeter, Transientenrecorder, Funktionsgeneratoren, Spektrumanalysatoren, Logikanalysatoren und Datenerfassungssysteme bis hin zu automatischen Testern und Mikrorechnerentwicklungssystemen **(Tafeln 18.9.1 und 18.9.2)** [18.24] bis [18.27].

Mikroprozessorvoltmeter (Tafel 18.9.1) realisieren durch einen eingebauten Mikrorechner sowie gespeicherte Programme eine Reihe von technischen und mathematischen Funktionen. Durch Bedienung über ein Tastenfeld kann das Meßgerät veranlaßt werden, automatisch folgende Arbeitsgänge auszuführen:

- Multiplikation mit einer Konstanten
- Ermittlung der prozentualen Abweichung von einem Nennwert
- Verschiebung der Kennlinie (Nullpunktunterdrückung usw.) durch Addition oder Subtraktion einer Konstanten vom Meßwert
- Verhältnisbildung durch Teilung des Meßwerts durch eine Bezugsgröße

Tafel 18.9.1. Rechnergestützte elektronische Meßgeräte

	System Volmeter, Mikroprozessorvoltmeter, Functionmeter, Datastore Voltmeter	Transientenrecorder	Meßstellenumschalter, Scanner, Multiplexer
Frontansicht	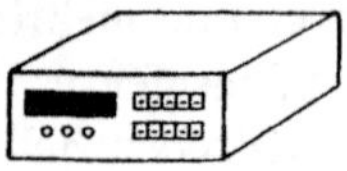	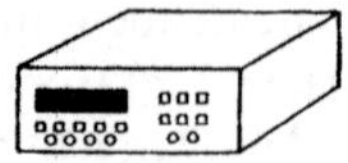	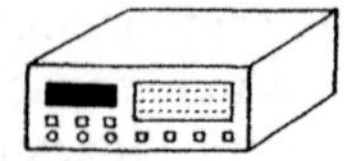
Meßbereich	100 mV ... 1000 V 100 μΩ ... 10 MΩ	10 mV ... 100 V	1 ... 30 V
Meßunsicherheit u Auflösung a	$u = 1 \cdot 10^{-5}$	a = 8 bit	–
Einstellzeit	$1 \cdot 10^{-3}$ s	$1 \cdot 10^{-6}$ s	$1 \cdot 10^{-1}$ s
Interface	IEC 625	IEC 625	IEC 625
Vorteile	systemkompatibel, präzise, universell einsetzbar, interner Speicher	Zeittransformation von Signalen durch Raffung oder Dehnung, Erfassung und Speicherung einmaliger Vorgänge	frei programmierbar, modularer Aufbau, bis 160 zweipolige Koppelpunkte
Besonderheiten	10 interne Programme zur Meßwertverarbeitung, Zeitsteuerung für Meßprogramme in Sekundenschritten bis zu 4 Tagen	Speicherkapazität bis 16 K Byte, Datensicherung bei Netzausfall (Puffer)	Anzeige von Programmierungsfehlern, Datensicherung bei Netzausfall (Puffer)
Anwendung	Präzisionsvoltmeter für Forschung und Entwicklung, Gerät zur Meßwerterfassung, -verarbeitung, -speicherung und Steuerung	technische und medizinische Diagnostik, Analyse von Einschaltvorgängen elektrischer und nichtelektrischer Größen, Materialprüfung	Mikroprozessorgesteuertes Relaiskoppelfeld
Richtwert (in M)	20 T	30 T	10 T

Tafel 18.9.2. Rechnergestützte elektronische Meßgeräte

	Signalgenerator, Signal Source, Frequency Synthesizer, Function Generator, Wave-Word-Generator	Spektrumanalysator, Frequenzanalysator, Spectrum Analyzer, Modulationsanalysator	Logikanalysator, Logic Analyzer, Data Analyzer
Frontansicht	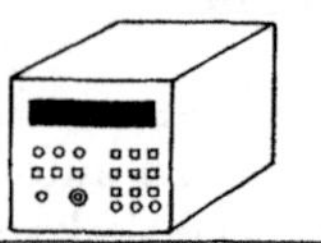	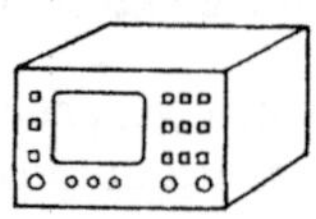	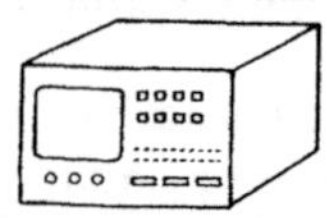
Meßbereich	10 Hz ... 500 MHz	10 Hz ... 10 GHz	(−30 ... +30) V
Meßunsicherheit u Auflösung a	a = 0,1 Hz	$u = 2 \cdot 10^{-3}$	a = 0,4 V dc
Einstellzeit	2 ms	10 ns	30 ns
Interface	IEC 625–1/IEEE 488	IEEE 488	IEEE 488
Vorteile	universeller programmierbarer Meßsender für Sinus, Dreieck, Rechteck, einfache Bedienung, quasianaloge Variation von Frequenz, Modulation und Pegel (sweep)	Darstellung des Amplitude/Frequenz-Diagramms mit grafischer und alphanumerischer Anzeige auf Bildschirm	Darstellung des Amplitude/Zeit-Diagramms mit grafischer und alphanumerischer Anzeige der Bitposition und des binären Datenworts
Besonderheiten	Generierung von Kurvenformen aus (512 × 1024) Kurvenpunkten (Wave-Generator) oder von Bitmustern (Word Generator); Komparatorbetrieb bis 2 MHz	durchstimmbares Filter, Mitlaufgenerator zur selektiven Frequenzgangmessung, digitaler Speicher	Speicher: 16 Kanäle × 2048 bit, Dehnung wählbar; 24 Signaleingänge: 16 Daten, 4 Qualifier
Anwendung	Signalgeneratoren hoher spektraler Reinheit für Forschung, Entwicklung, Produktion, Gütekontrolle, Service und Ausbildung	Messung von Frequenzen, Frequenzgängen, Rauschanalyse, Spektralzerlegung, Messung von Verzerrungen	Gerät zur zeit- oder taktbezogenen Logikanalyse von 16 binären Signalfolgen, Überwachung digitaler Systeme
Richtwert (in M)	10 T	30 T	15 T

Frequenzmesser, Zeitmesser	Stromversorgung, stabilisiertes Netzgerät, Kalibrator, Standard, Eichnormal	Steuergerät, System-Controller, Instrument-Controller
	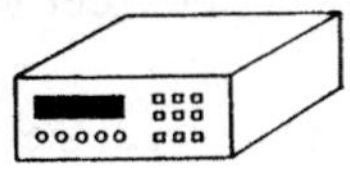	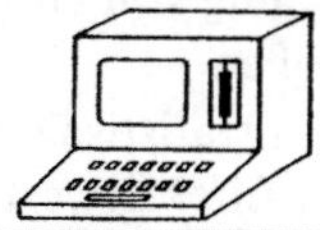
1 Hz ... 1 GHz 100 ns ... 10^9 s	10 mV ... 1000 V	siehe Meßgeräte
u = 100 ns/N	$u = \pm 1 \cdot 10^{-5}$	a = 8 bit
$1 \cdot 10^{-8}$ s	$5 \cdot 10^{-3}$ s	$3 \cdot 10^{-3}$ s
IEEE 488	IEC 625/IEEE 488	IEC 625/IEEE 488
Messung von Pulsdauer, -frequenz und -breite; Zeitmessung von A nach B, A während B, A durch B	digitale Einstellung der Spannungswerte, einstellbare Strombegrenzung, Zustandsanzeige	frei programmierbarer Tischrechner mit Interface, 40-KByte-Arbeitsspeicher und 2 × 80-KByte-Mini-Floppy-Disk
Zeitbasis 10 MHz, $N = 1 \ldots 10^8$ Mittelungen, 8 Meßfunktionen	Zwei- und Vierleiteranschluß, kurzschlußfest, systemfähig	16-KByte-BASIC-Interpreter, Anzeige 20 Zeilen je 24 Zeichen, 25 arithm. Funktionen, Menu tableau und touch screen bei Fluke 1720 A
Präzisionszeit- und Frequenzmesser für einmalige und periodische Vorgänge in Forschung und Entwicklung	Überprüfung und Kalibrierung von analogen und digitalen Meßgeräten, Referenzspannungsquelle	zentrales Steuergerät zur Verknüpfung von einzelnen kompatiblen Meßgeräten zu automatischen Meßplätzen für Forschung, Entwicklung, Produktion und Service
20 T	10 T	40 T

Datenerfassungssystem, Data-Acquisition System, Data Logger	Automatischer Tester, Data-Communication Tester, IC-Tester, PCB-Tester	Mikrorechnerentwicklungssystem, Microcomputer Development System
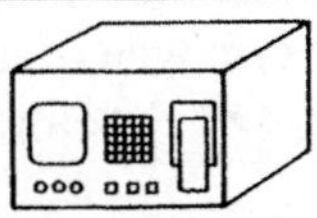	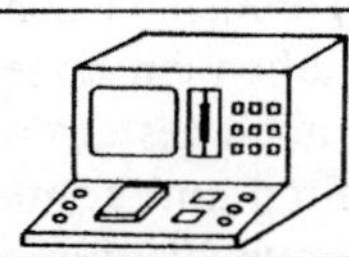	
40 mV ... 40 V	(+5 ... +15) V	(+5 ... +15) V
a = 1 µV	a = 16 bit	a = 16 bit
100 ms	1 µs	1 µs
IEEE 488	IEEE 488	IEEE 488
komplettes System zur Meßdatenerfassung, -verarbeitung, -registrierung; Schalterprogrammierung, geeignet zur externen Systemsteuerung, Selbstkalibrierung	automatische Überprüfung der Anschlußkontakte in analogen und digitalen Schaltungen und Vergleich mit vorgegebenen Sollwerten, Selbstkalibrierung	Unterstützung des Entwicklers in allen Entwurfsphasen durch spezielle Software, Hardware und Betriebssysteme, Selbstkalibrierung
modulares System mit bis zu 1000 Meßstellen, Programmierung ohne Softwarekenntnisse möglich	On-line-Programmierung durch Schalter; Anzeige und Ausdruck der Fehlerstelle; programmierbare Stromversorgung	Fehlersuchprogramme, Echtzeitanalysatoren, Assembler für verschiedene Mikroprozessoren, Compiler für verschiedene höhere Programmiersprachen
Messung, Signalisierung und Steuerung von elektrischen und nichtelektrischen Größen in allen Bereichen von Wissenschaft, Technik und Produktion	programmierbare Tester zur Fehlersuche an mikroelektronischen Bauelementen (IC) und auf gedruckten Leiterkarten (PCB)	Mikrorechner mit umfangreicher Peripherie zur Softwareentwicklung und Hardware/Software-Zuordnung für mikrorechnerintegrierte Erzeugnisse
40 T	60 T	80 T

- Signalisation von Maxima und Minima durch Speicherung der Meßwerte und fortlaufende Aktualisierung
- Überwachung von Grenzwerten durch Vergleich der Meßwerte mit vorgegebenen Vergleichsgrößen
- Ermittlung statistischer Kennwerte zur Datenreduzierung wie Mittelwert, Standardabweichung, Effektivwert
- Linearisierung der statischen Kennlinie bei Temperaturmessung mit Thermoelementen
- Interne Steuerung des Meßablaufs über maximal 96 Stunden in Zeitintervallen von einer Sekunde
- Bewertung von Polynomen durch Messung und linearisierte Anzeige bei nichtlinearen Bauelementen.

Mikroprozessorvoltmeter sind in der Lage, mehr als eine Milliarde Meßwerte zu verarbeiten.

Die Quittung der Bedienung als auch die Angabe der Meßergebnisse erfolgt über eine alphanumerische Anzeige. Die unterschiedlichen Funktionen werden durch Mnemonics verschlüsselt und gewährleisten den Dialog zwischen Meßgerät und Meßperson. Fehlbedienungen werden der Meßperson angezeigt.

Transientenrecorder (Tafel 18.9.1) sind digitalisierte Geräte zum ein- oder mehrkanaligen Erfassen von einmalig auftretenden Ereignissen (Transienten). Die zwischengespeicherten Signale lassen sich dehnen oder raffen, um so die Voraussetzungen für eine einfache Anzeige und Registrierung zu schaffen. Transientenrecorder haben sich besonders in der Prozeßmeßtechnik bei der elektrischen Messung nichtelektrischer Größen bewährt.

Meßstellenumschalter (Tafel 18.9.1) sind als Koppelfelder aus Reedrelais aufgebaut, die durch Mikroprozessor angesteuert werden können. Reedrelais haben eine Lebensdauer von etwa 10^7 Schaltspielen bei 40 V und 1 mA. Der maximale Schaltstrom darf 15 mA betragen.

Zeit- und Frequenzmesser (Tafel 18.9.1) dienen der schnellen und exakten Bestimmung von Zeitintervallen und Frequenzen. Sie haben ein hohes Auflösungsvermögen, das bei periodischen Vorgängen durch Mittelung noch gesteigert werden kann. Die Anzeige der Meßwerte erfolgt mit den richtigen Einheiten und kommarichtig.

Kalibratoren (Tafel 18.9.1) sind hochgenaue Spannungs- oder Stromquellen, die häufig durch Fernsteuerung in feiner Abstufung die benötigten Prüfspannungen oder -ströme bereitstellen. Der jeweilige Gerätezustand wird digital angezeigt. Kalibratoren dienen zum Prüfen und Kalibrieren von Spannungs- und Stromstärkemeßgeräten, von Temperaturmeßgeräten mit Thermoelementen, von elektronischen Bauelementen in vorgegebenen Arbeitspunkten ihrer Kennlinien, von Spannungsquellen durch Kompensation und von Widerständen durch Spannungsmessung bei konstanter Stromstärke. Eine Modifikation der Kalibratoren sind programmierbare Stromversorgungen, die in zunehmendem Maße als stabilisierte Energiequellen in elektronische Meßgeräte eingebaut werden.

Steuergeräte (Tafel 18.9.1) haben die Aufgabe, unterschiedliche systemfähige Meßgeräte miteinander zu verknüpfen, um so komplizierte Prüffunktionen zu realisieren. Diese Steuergeräte ähneln freiprogrammierbaren Rechnern. Die Steuergeräte werden in höheren Programmiersprachen programmiert oder über Funktionstasten (Makros) bedient. Der Dialog mit der Meßperson erfolgt über Bildschirm. Eine spezielle Entwicklung ist der Instrument-Controller Typ 1720 A von Fluke, der mit einem berührungsaktiven Bildschirm ausgerüstet ist. Der Meßperson werden die zu realisierenden Funktionen auf dem Bildschirm angeboten. Durch Fingerdruck auf dem Bildschirm wird die entsprechende Funktion ausgelöst. Dadurch entfällt die Programmierung bei Standardaufgaben.

Signalgeneratoren (Tafel 18.9.2) sind universelle Meßsender. Durch die Synthesizertechnik wird eine quarzgenaue und stabile Ausgangsfrequenz mit geringer Störmodulation garantiert. Der Rauschabstand liegt bei 120 dB. Durch entsprechenden Aufbau der Geräte können alle Funkempfangsbereiche überstrichen werden. Der eingebaute Mikroprozessor besorgt sowohl die Steuerung des Geräts, die genaue Einstellung von Pegel und Kurvenverlauf als auch die Selbstkontrolle des Geräts in seinen Funktionen. Bei Frequenzgangmessungen oder Gütebestimmungen kann die Frequenz digital gewobbelt werden. Außerdem lassen sich einzelne Frequenzen und ihre Pegel abspeichern und später wieder aufrufen.

Spektrumanalysatoren und Logikanalysatoren (Tafel 18.9.2) dienen der Analyse von Frequenzgemischen und logischen Zustandsgemischen. Auf den Bildschirmen werden die Amplituden/Frequenz- und die Amplituden/Zeit-Diagramme grafisch und alphanumerisch angezeigt. Diese Geräte sind eine wesentliche Voraussetzung zur Leistungssteigerung der frequenzanalogen und digitalen Meßtechnik. Die Leistungsparameter der Geräte wachsen sprungartig. Ein tragbarer Logikanalysator mit einer maximalen Leistungsaufnahme von 40 W bei Versorgungsspannungen von 19 bis 240 V im Frequenzbereich von 48 bis 440 Hz ermöglicht die Realisierung von folgenden Funktionen:

- grafische Darstellung der parallelen Zeitdiagramme von maximal 16 Datenkanälen und nach Knopfdruck alphanumerische Darstellung der entsprechenden logischen Zustandstabelle im Binär-, Hexadezimal-, Oktal- oder Dezimalzahlensystem; durch sog. Latch-Betrieb lassen sich Störimpulse mit Impulsbreiten gleich oder größer 5 ns sichtbar machen
- alphanumerische Darstellung von seriellen Statusanzeigen im Logikbereich von 500 mV bis 30 V mit kleinster Dateneingangsbreite von 10 ns; Abtastfrequenzen reichen von 50 bis 9600 Baud (bit/s); Synchronisierung erfolgt über Synchronisations- oder Hunt-Wort
- alphanumerische Darstellung von Signaturdaten zur Analyse von sporadisch auftretenden Fehlern und zusätzliche Anzeige der Flankenart (Vorder- oder Hinterflanke) der Takt-, Start- und Stoppimpulse.

Die Daten lassen sich mit einer Verzögerung bis zu 65 535 Taktimpulsen (Clockimpulsen) hinter dem Triggerwort speichern. Die Darstellung geschieht wahlweise vor dem Triggerwort (Pre-Trigger) oder nach dem Triggerwort (Post-Trigger).

Durch Knopfdruck läßt sich die Lage des Cursors im Speicher, bezogen auf den Triggerpunkt, auf dem Bildschirm anzeigen.

Im Searchbetrieb kann der Datenspeicher auf ein bestimmtes Wort abgesucht werden.

Darüber hinaus lassen sich durch interne Referenzspeicher abgetastete Daten mit Solldaten vergleichen und Abweichungen auf dem Bildschirm hellgetastet signalisieren.

Die Führung der Meßperson erfolgt über Bildschirm mit Menu Tableau. Alle Funktionssteuerungen werden durch intern gespeicherte Software (Firmware) nach Auslösung durch Tastendruck auf softwaregesteuerte Funktionstasten (softkeys) realisiert.

Der interne Taktgeber hat eine quarzstabilisierte Taktfrequenz von 20 MHz. Bei der asynchronen Abtastung können über den internen Takt Geschwindigkeiten bis zu 20 MHz gewählt werden.

Zur Erhöhung des Diagnosekomforts erlaubt die automatische Lagesteuerung für den Bildschirm eine Auswahl des Datenfensters für die Darstellung von 42, 84 oder 168 Worten unter Ausnutzung des gesamten Bildschirms.

Vektoranalysatoren sind mikrorechnergestützte Voltmeter, mit denen Spannungen nach Betrag und Phase oder Vierpolparameter von Netzwerken sowie Gruppenlaufzeiten vollautomatisch gemessen werden können. Durch die Automatisierung des Meßprozesses wird die Genauigkeit erhöht und die Meßdauer wesentlich verkürzt.

Datenerfassungssysteme (Tafel 18.9.2) sind eine neue Klasse von Geräten mit umfangreichen Funktionen, die unter dem Einfluß der Mikroelektronik einer internationalen Vereinheitlichung zustreben. Datenerfassungssysteme enthalten in kompakter Bauform Meßstellenumschalter, AD-Umsetzer, Mikrorechner, Verstärker, Echtzeituhr, Bildschirm, Drucker, Tastenfeld, Speicher und DA-Umsetzer sowie ein standardisiertes Interface. Durch Selbstkalibrierung, schnelle und genaue Ermittlung von Meßwerten, interaktive Kontakte mit der Meßperson und automatische Wahl des Meßregimes wird eine hohe Genauigkeit und Zuverlässigkeit bei der Datenerfassung gewährleistet. Alle Anzeigen auf dem Bildschirm und entsprechende Hartkopien mit dem Drucker sind selbstdokumentierend. Sie enthalten Datum und Uhrzeit sowie die Benennung der Meßstelle, den Meßwert und die Einheit. Bei Stromausfall oder Abschaltung bleibt der Speicherinhalt für mehrere Tage oder Wochen erhalten. Das Datenerfassungssystem realisiert alle Funktionen wie das Mikroprozessorvoltmeter. Bei Messungen mit Dehnmeßstreifen werden die Nichtlinearität der Meßbrücke und der k-Faktor korrigiert. Der Meßbereich wird automatisch gewählt. Außerdem kann das Gerät den Isolationswiderstand bestimmen. Bei Temperaturmessungen mit Thermoelementen lassen sich die Thermoelemente direkt anschließen und äußere Störeinflüsse kompensieren. Die Anzeige der Temperatur ist in °C oder °F möglich. Für Präzisionsmessungen erfolgt eine Linearisierung der statischen Kennlinie. Außerdem realisiert das Datenerfassungssystem eine Thermoelementbruchkontrolle.

Automatische Tester und Mikrorechnerentwicklungssysteme (Tafel 18.9.2) sind komplizierte Funktionseinheiten mit leistungsfähigen Rechnern sowie anspruchsvoller Peripherie. Ihre Abmessungen reichen je nach Ausrüstungsgrad von kleinen Tischgeräten bis zu großen Standgeräten. Entsprechend breit streuen ihre Funktionsparameter. Zu Einzelheiten muß auf die Literatur verwiesen werden [18.24] bis [18.31].

Mit steigender Komplexität der Herstellung und Funktionsverknüpfung elektronischer Baugruppen und Geräte gewinnt die automatische Prüfung immer mehr an Bedeutung. Ohne hochwertige Prüftechnik sind weder eine rationelle Entwicklung noch eine ökonomische Produktion sowie eine zuverlässige Anwendung möglich.

18.4.4. Elektrische Meßschaltungen

18.4.4.1. Meßbrückenschaltungen

Meßbrückenschaltungen **(Tafeln 18.10 und 18.11)** sind Anpassungsglieder. Sie dienen der Nulleinstellung oder dem Nullabgleich von Schaltungen mit ohmschen, kapazitiven und induktiven (verallgemeinert komplexen) passiven Widerständen. Zur Kennzeichnung der Widerstände, Spannungen und Stromstärken werden im folgenden die Symbole Z, U, I verwendet, wobei es sich i. allg. um **komplexe Größen** handelt. Zur Rechnung mit komplexen Größen siehe [18.7] [18.8].

Meßbrücken können als Zusammenschaltung von zwei Spannungsteilern aufgefaßt werden **(Tafel 18.10)**.

Nach der Spannungsteilerregel gilt im Abgleichfall bzw. für $I_a = 0$

$$U_2 = U_b \frac{Z_2}{Z_1 + Z_2} \tag{18.23}$$

Tafel 18.10. Meßbrückenschaltung und ihre Betriebsarten

Meßkreisdarstellung	Zweipoldarstellung	Vierpoldarstellung
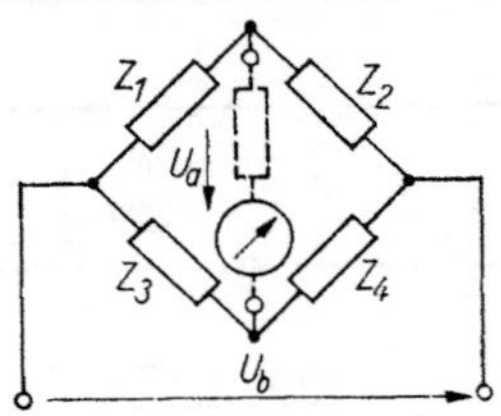	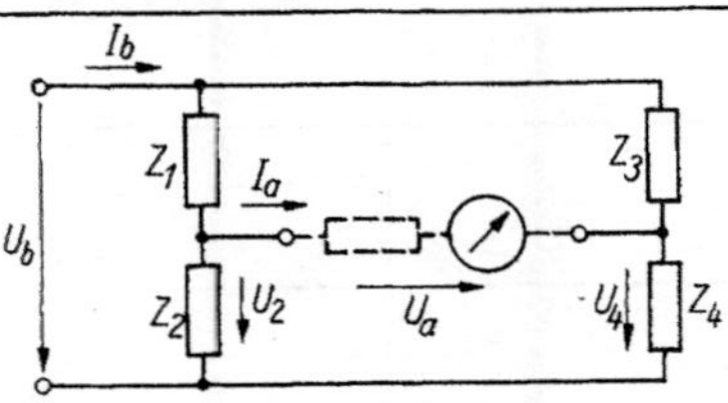	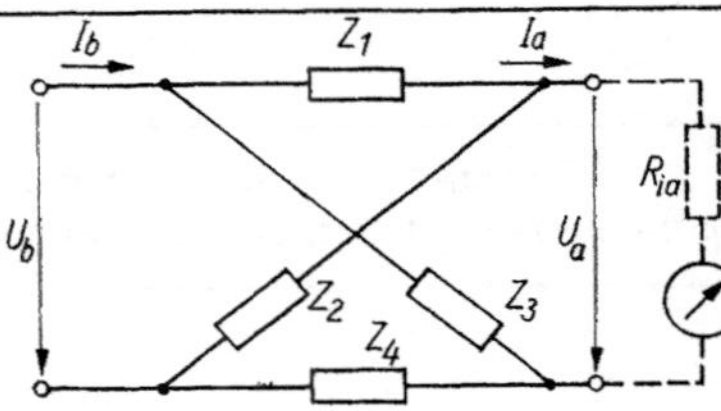

Messung von Widerständen				Messung von Kapazitäten				Messung von Induktivitäten			
Wheatstone-Brücke				Maxwell-Wien-Brücke				Maxwell-Wien-Brücke			
Z_1	Z_2	Z_3	Z_4	Z_1	Z_2	Z_3	Z_4	Z_1	Z_2	Z_3	Z_4
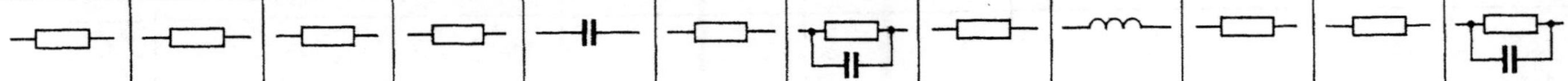											
$R+\Delta R_x$	$R_2=R$	$R_3=R$	$R_4=R$	$-j\frac{1}{\omega C_x}$	R_2	$\frac{R_3}{1+j\omega C_3 R_3}$	R_4	$j\omega L_x$	R_2	R_3	$\frac{R_4}{1+j\omega C_4 R_4}$
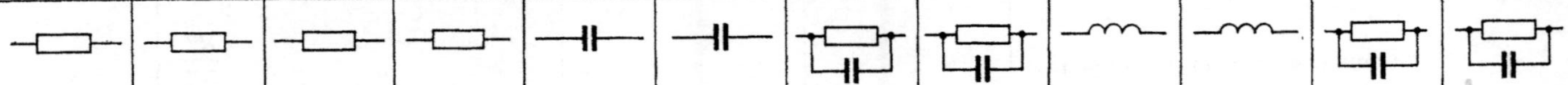											
$R+\Delta R_x$	$R-\Delta R_x$	$R_3=R$	$R_4=R$	$-j\frac{1}{\omega C_x}$	$-j\frac{1}{\omega C_2}$	$\frac{R_3}{1+j\omega C_3 R_3}$	$\frac{R_4}{1+j\omega C_4 R_4}$	$j\omega L_x$	$j\omega L_2$	$\frac{R_3}{1+j\omega C_3 R_3}$	$\frac{R_4}{1+j\omega C_4 R_4}$

Tafel 18.11. Betriebsbedingungen von Meßbrückenschaltungen

Verstimmung	Brückenübertragungsfaktor U_a/U_z	Linearisierungs-bedingung	Linearisierter Übertragungs-faktor	Anwendung
$Z_1 = R + \Delta R$ $Z_2 = Z_3 = Z_4 = R$	$\frac{\Delta R}{2\,(2R + \Delta R)}$	$\Delta R \ll 2R$	$\frac{\Delta R}{4R}$	Aufnehmer in Standardschaltung
$Z_2 = R + \Delta R$ $Z_1 = Z_3 = Z_4 = R$	$\frac{\Delta R}{2\,(2R + \Delta R)}$	$\Delta R \ll 2R$	$-\frac{\Delta R}{4R}$	Aufnehmer in Standardschaltung
$Z_1 = R + \Delta R$ $Z_2 = R - \Delta R$ $Z_3 = Z_4 = R$	$\frac{\Delta R}{2R}$	–	–	Aufnehmer in Differenzschaltung
$Z_1 = R + \Delta R$ $Z_2 = R + \Delta R$ $Z_3 = Z_4 = R$	0	–	–	Kompensation von Störgrößen
$Z_1 = R + \Delta R$ $Z_4 = R + \Delta R$ $Z_2 = Z_3 = R$	$\frac{2R\,\Delta R + (\Delta R)^2}{4\,(R^2 + R\,\Delta R) + (\Delta R)^2}$	$\Delta R \ll R$	$\frac{\Delta R}{2R}$	Verdopplung des Übertragungsfaktors
$Z_1 = R + \Delta R$ $Z_4 = R - \Delta R$ $Z_2 = Z_3 = R$	$\frac{(\Delta R)^2}{4R^2 - \Delta R^2}$	$\frac{\Delta R}{R} \to 0$	0	Kompensation von Störgrößen bei zwei Aufnehmern
$Z_1 = Z_4 = R + \Delta R$ $Z_2 = Z_3 = R - \Delta R$	$\frac{\Delta R}{R}$	–	–	Verdopplung des Übertragungsfaktors durch Differenzschaltung zweier Aufnehmer

und

$$U_4 = U_b \frac{Z_4}{Z_3 + Z_4}. \tag{18.24}$$

Zur Messung wird von einer abgeglichenen Meßbrücke ausgegangen. Das Abgleichen erfolgt durch Einstellen eines (oder mehrerer) Zweigwiderstände, so daß die Spannung U_a in der inneren Meßbrückendiagonale verschwindet, also $U_a = 0$ und damit $I_a = 0$. Daraus folgt zwangsläufig $U_2 = U_4$ und damit

$$\frac{Z_2}{Z_1 + Z_2} = \frac{Z_4}{Z_3 + Z_4} \tag{18.25}$$

und hieraus schließlich die Abgleichbedingung

$$Z_1/Z_2 = Z_3/Z_4. \tag{18.26}$$

Wird an einer abgeglichenen Meßbrücke ein Widerstand geändert (z.B. durch Erwärmung des Meßwiderstands Z_1), heißt die Meßbrücke verstimmt, und die sich einstellende Spannung U_a ist ein Maß für die Widerstandsänderung ΔZ. Es gilt dann nach Gl. (18.23)

$$U_2 = U_b \frac{Z_2}{(Z_1 + \Delta Z) + Z_2}. \tag{18.27}$$

Da U_4 nahezu unverändert bleibt ($I_a \neq 0$), folgt aus den Gln. (18.24) bis (18.27) sowie **Tafel 18.10**

$$U_a = U_2 - U_4 \doteq -U_b \frac{Z_2 \Delta Z}{(Z_1 + Z_2 + \Delta Z)(Z_1 + Z_2)}. \tag{18.28}$$

Für kleine Widerstandsänderungen ΔZ gilt wegen $\Delta Z \ll Z_1 + Z_2$

$$U_a \approx -U_b \frac{Z_2}{(Z_1 + Z_2)^2} \Delta Z = k \Delta Z. \tag{18.29}$$

Meßwiderstands- und Ausgangsspannungsänderung sind praktisch proportional. Die Empfindlichkeit kann erhöht werden, wenn bei Änderung von Z_1 um ΔZ gleichzeitig Z_4 um ΔZ geändert wird (**Tafel 18.10 und Tafel 18.11**, Zeile 5). Die spezielle Auslegung der Widerstände in den einzelnen Meßbrückenzweigen wird durch die jeweilige Meßaufgabe bestimmt [18.3] [18.7] [18.8].

18.4.4.2. Kompensationsschaltungen

Kompensatoren **(Tafel 18.8)** arbeiten nach dem Gegenspannungsprinzip. Sie haben ein einstellbares Abgleichelement [18.5, S. 226] und einen Nullindikator für den Strom.

Grundsätzlich wird eine unbekannte Meßspannung E_M mit einer bekannten Normalspannung E_N verglichen (Abgleichbedingungen s. **Tafel 18.12**). Gleichspannungskompensatoren arbeiten mit einem Gleichspannungsnormal. Da es für Wechselspannungen keine spezifischen Normale gibt, werden Wechselspannungsmessungen stets auf Gleichspannungsmessungen zurückgeführt [18.9]. In technischen Kompensatoren nach dem Potentiometerverfahren wird zusätzlich eine Hilfsspannungsquelle verwendet, um die belastungsempfindliche Normalspannungsquelle E_N nicht ständig über den Kompensationswiderstand R_1 zu entladen.

Die Normalspannung E_N wird in Schalterstellung 1 **(Tafel 18.12)** kompensiert

$$E_N = R_{21} I_H. \tag{18.30}$$

Tafel 18.12. Grundschaltungen für Kompensatoren

	Potentiometerverfahren (nach Poggendorff)			
	Spannungskompensator	Stromkompensator	Widerstandskompensator	Kompensator mit Hilfsspannungsquelle
Bauprinzip	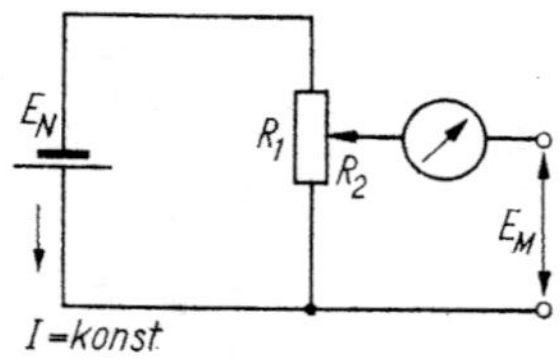 I = konst	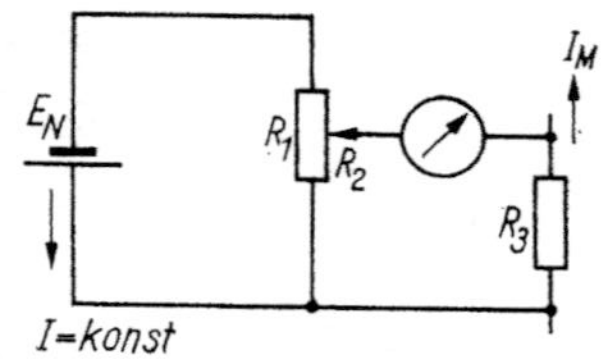 I = konst	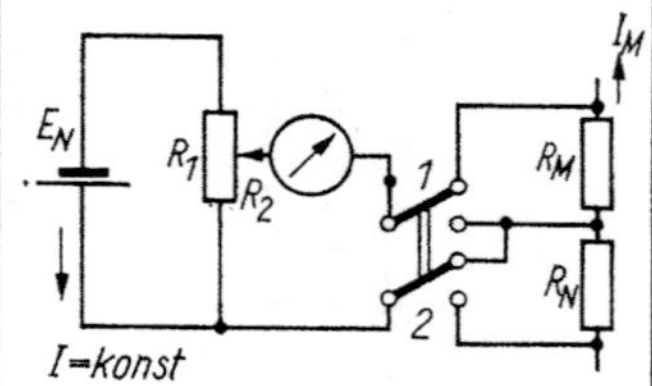 I = konst	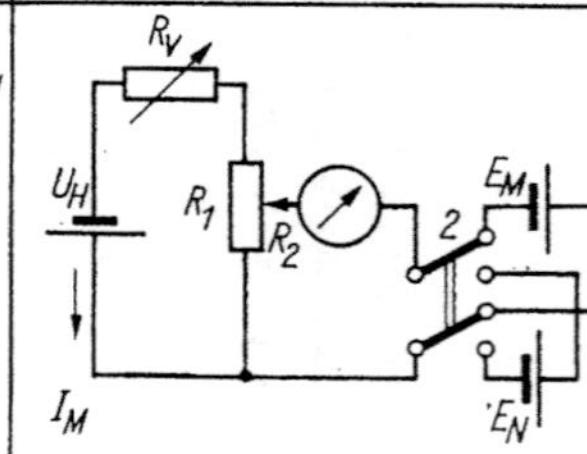
Abgleichbedingung	$E_m = E_N R_2/R_1$	$I_M = E_N R_2/R_1 R_3$	$R_M = R_N R_{21}/R_{22}$	$E_M = E_N R_{22}/R_{21}$
	Strommesserverfahren (nach Lindeck – Rothe)			
	Strom-Spannungs-Kompensator	Strom-Strom-Kompensator	Strom-Widerstands-Kompensator	Automatischer Kompensator
Bauprinzip	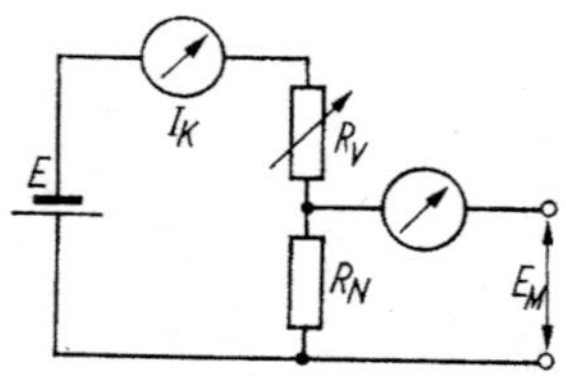 R_N = konst	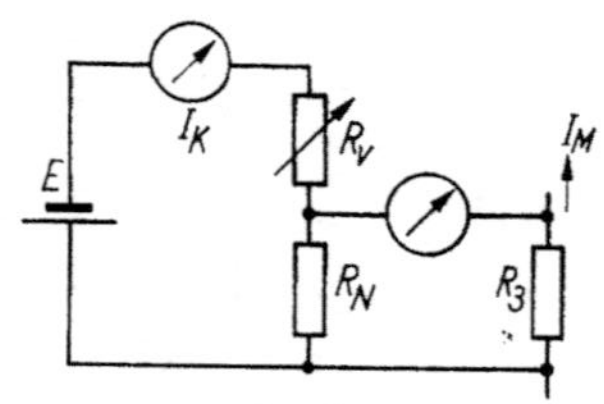 R_N = konst	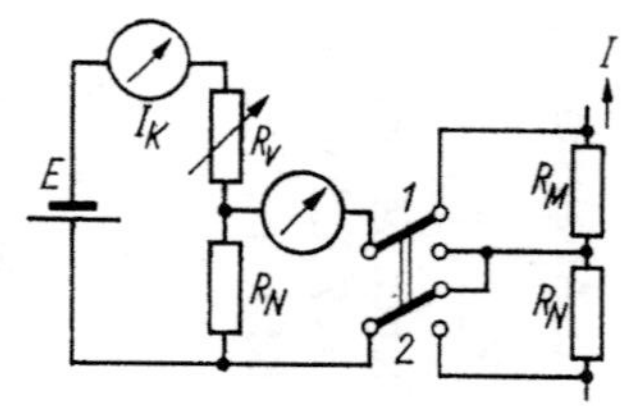 R_N = konst	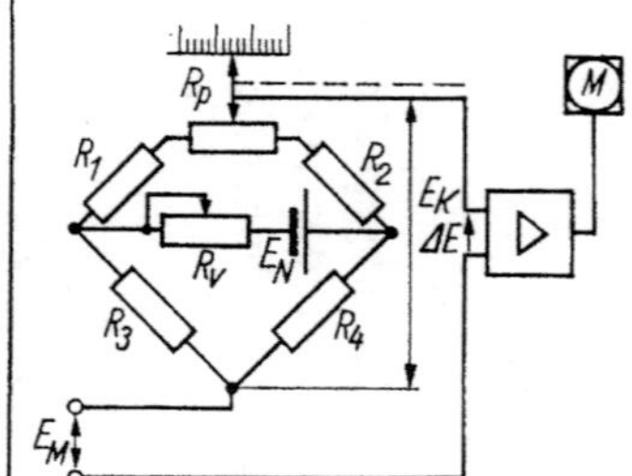
Abgleichbedingung	$E_M = R_N I_K$	$I_M = R_N I_K/R_3$	$R_M = R_N I_{K1}/I_{K2}$	$\Delta E = 0$ für $E_M = E_K$

Bezeichnung

E	Spannung	I	Stromstärke	$R_{1;2}$	Kompensationswiderstände	U_H	Hilfsspannungsquelle	M	Motor
E_M	Meßspannung	I_H	Hilfsstromstärke	R_M	Meßwiderstand	R_p	Meßpotentiometer	▷	Verstärker
E_N	Normalspannung	I_K	Kompensationsstromstärke	R_N	Normalwiderstand	ΔE	Differenzspannung		
E_K	Kompensationsspannung	I_M	Meßstromstärke	R_V	Vorschaltwiderstand	$R_1 ... R_4$	Brückenwiderstände für automatischen Kompensator		

Die Meßspannung E_M wird in Schalterstellung 2 kompensiert

$$E_M = R_{22} I_H. \tag{18.31}$$

Für die Ermittlung der Meßspannung E_M gilt

$$E_M = E_N (R_{22}/R_{21}). \tag{18.32}$$

Das Potentiometerverfahren ist wegen der hochgenauen Vergleichsspannungsquellen genauer als das Strommesserverfahren. Das Strommesserverfahren ist dagegen technisch billiger zu realisieren.

Bei **manuellen** Kompensatoren wird der Abgleich zwischen Meßspannung und Normal mit der Hand vorgenommen. Manuelle Kompensatoren sind preiswert und robust.

Automatische Kompensatoren enthalten einen phasenempfindlichen Verstärker und einen Umkehrmotor **(Tafel 18.12)**. Meßgröße ist beispielsweise die veränderliche elektrische Spannung E_M. Sie wird mit der am senkrechten Diagonalzweig der Brücke liegenden Kompensationsspannung E_K verglichen. Die Differenz ΔE zwischen Meßspannung E_M und Kompensationsspannung E_K wird im Verstärker V mit Wechselrichtereingang in eine Wechselspannung umgeformt, phasenempfindlich verstärkt und dann dem Umkehrmotor M zugeführt. Der Umkehrmotor verstellt das Potentiometer R_p, bis $\Delta E = 0$ (Abgleich) erzielt ist. Die Motorwelle des Umkehrmotors kann für Anzeige und Registrierung mit einem Schreibzeiger verbunden werden. Nach diesem Prinzip arbeiten Kompensations- und Koordinatenschreiber.

18.5. Elektrische Meßfehler

18.5.1. Systematische Meßfehler

Zu den systematischen Meßfehlern gehören Anzeigefehler, deren Hauptursachen auf unzulängliche Justierung, ungeeignete Meßprinzipe und Meßgeräte, ungenaue Skalenteilungen (statische Meßfehler) und auf Trägheiten (dynamische Meßfehler) zurückzuführen sind (s. Abschn. 9.).

Ein weiterer Fehler kann aus der Fremdbeeinflussung des Meßgrößenaufnehmers durch elektrische oder magnetische Störungen resultieren. Wesentliche Auswirkungen auf den Meßwert haben Temperaturabhängigkeiten der mechanischen, elektrischen und magnetischen Eigenschaften der im Meßsystem verwendeten Werkstoffe.

Bei der Messung elektrischer Größen mit stromführenden elektromechanischen und elektrothermischen Meßinstrumenten entstehen in jedem Fall systematische Meßfehler, weil die Strom- und Spannungsverhältnisse im Meßkreis gegenüber dem ungestörten Fall ohne Meßgerät verändert werden.

Meßfehler und teilweise sogar Beschädigungen der Meßinstrumente treten weiterhin auf, wenn die Meßbereiche der Meßgeräte nicht für die Meßspannungen oder Meßstromstärken ausgelegt sind.

Meßfehler infolge von **Fremdfeldern** kann man durch Abschirmung oder astatischen Aufbau vermindern oder beseitigen. Astatische Meßsysteme werden aus zwei Meßwerken so zusammengesetzt, daß das Fremdfeld die Meßwertbildung in einem Aufnehmer verstärkend und im anderen schwächend beeinflußt (Differentialschaltung) [6.18, S. 122].

Zum Ausgleich der **Temperaturabhängigkeit** werden dem Meßgerät temperaturabhängige Widerstände vor- oder parallelgeschaltet. Vorwiderstände werden verwendet, wenn die Stromempfindlichkeit, und Nebenwiderstände, wenn die Spannungsempfindlichkeit erhalten bleiben soll. Noch günstiger ist die Swinburne-Schaltung **(Tafel 18.13)**, mit deren Hilfe der Temperaturfehler kompensiert werden kann [6.18, S. 144].

Um den Einfluß von Meßgeräten auf das Meßergebnis möglichst klein zu halten, muß die Meßschaltung der Meßaufgabe angepaßt sein. Der Meßfehler ist eingangsseitig um so kleiner, je geringer die Leistungsaufnahme des Aufnehmers ist. Ein idealer Aufnehmer soll die Leistungsaufnahme $P = 0$ haben.

Aus den Leistungsaufnahmen P für Stromstärkemesser

$$P_I = I_{\mathrm{M}}^2 R_{\mathrm{G}I} \tag{18.33}$$

und für Spannungsmesser

$$P_U = U_{\mathrm{M}}^2 / R_{\mathrm{G}U} \tag{18.34}$$

resultiert für $P_I \to 0 \frown R_{\mathrm{G}I} \to 0$ und für $P_U \to 0 \frown R_{\mathrm{G}U} \to \infty$.

In der Praxis können diese Forderungen nicht erfüllt werden; eine Annäherung an ideale Bedingungen wird jedoch angestrebt.

Bei einem realen Strommesser sollte deshalb der Meßgerätewiderstand $R_{\mathrm{G}I}$ wesentlich kleiner sein als der Lastwiderstand R der angeschlossenen Schaltung ($R_{\mathrm{G}I} \ll R$).

Bei einem realen Spannungsmesser sollte dagegen der Meßgerätewiderstand $R_{\mathrm{G}U}$ wesentlich größer sein als der Lastwiderstand R der angeschlossenen Schaltung ($R_{\mathrm{G}U} \gg R$).

Im Ersatzschaltbild **(Tafel 18.13)** wird ein realer Strommesser als Reihenschaltung von idealem Strommesser und Meßgerätewiderstand, ein realer Spannungsmesser als Parallelschaltung von idealem Spannungsmesser und Meßgerätewiderstand dargestellt.

Bei der **„stromrichtigen"** Schaltung **(Tafel 18.13)** von Strom- und Spannungsmessern wird die durch den Lastwiderstand R fließende Stromstärke I_R richtig gemessen, der vom Spannungsmesser gemessene Spannungsabfall $U_{\mathrm{G}U}$ wird jedoch durch den Spannungsabfall $U_{\mathrm{G}I}$ am Strommesser vergrößert.

Tafel 18.13. Schaltungen für Meßgeräteanschluß

	Korrekturschaltung	Meßschaltung
	Swiburne-Schaltung	Ersatzschaltbilder
	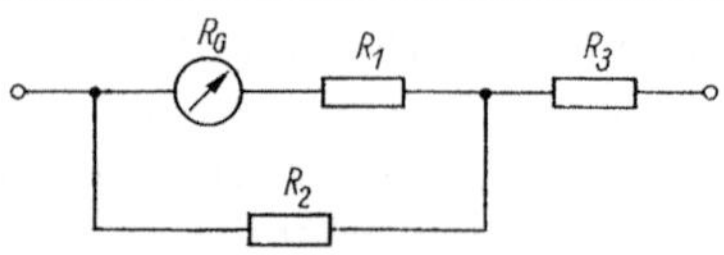	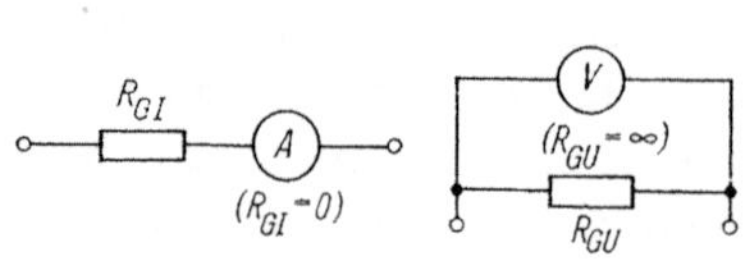
Typ	Meßschaltung	Meßschaltung
Art	„stromrichtig"	„spannungsrichtig"
	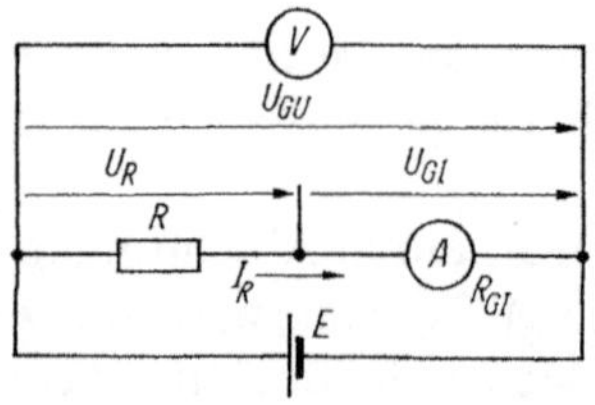	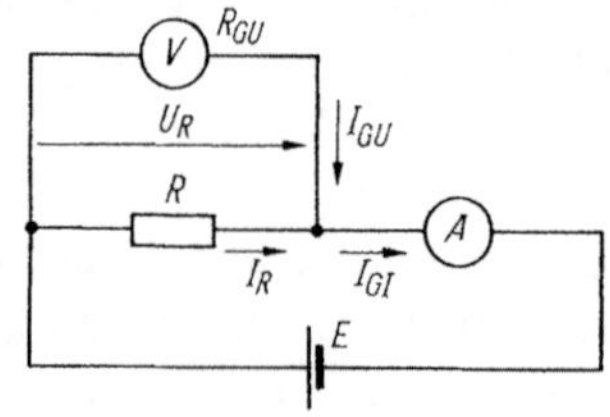
Bezeichnung	R_G Meßgerätewiderstand R_{GI} Meßgerätewiderstand des Stromstärkemessers R_{GU} Meßgerätewiderstand des Spannungsmessers R_1, R_3 temperaturabhängige Widerstände R_2 Widerstand mit gleichem Temperaturkoeffizienten wie Meßwiderstand	I_{GI} Stromstärke im Stromstärkemesser I_{GU} Stromstärke im Spannungsmesser U_{GI} Spannung am Stromstärkemesser U_{GU} Spannung am Spannungsmesser R Lastwiderstand

Die Korrekturgleichung lautet

$$U_R = U_{GU} - I_R R_{GI}. \tag{18.35}$$

Bei der **„spannungsrichtigen"** Schaltung **(Tafel 18.13)** wird die Spannung U_R richtig gemessen, die Stromstärke I_R jedoch um die Stromstärke I_{GU} durch den Spannungsmesser vergrößert.

Die Korrekturgleichung lautet

$$I_R = I_{GI} - U_R/R_{GU}. \tag{18.36}$$

Fehler, die durch fehlende Meßbereichsanpassung entstehen, sind durch Verwendung von Verstärkungs- oder Dämpfungsgliedern einzuschränken. Dieses Korrekturverfahren wird als **Meßbereichserweiterung** bezeichnet.

Bei **Stromstärkemessungen (Tafel 18.14)** erfolgt die Meßbereichserweiterung durch eine Stromteilung. Dazu fließt ein Teil des Meßstroms über einen kalibrierten temperaturunabhängigen Nebenwiderstand. Um gleichzeitig den durch Temperatureinfluß auf Kupferwicklungen entstehenden Fehler zu vermindern, wird dem Stromaufnehmer ein temperaturunabhängiger Widerstand R_V vorgeschaltet, der groß gegenüber dem Widerstand des Stromaufnehmers ist, also $R_V \gg R_{GI}$.

Ist es jedoch erforderlich, daß der gesamte Meßstrom durch die Meßspule fließen muß (z.B. Dreheiseninstrument), wird der Meßbereich durch wahlweise Unterteilung der Meßspule erweitert. Dabei können die einzelnen Teile der Spule in Reihe oder parallel geschaltet werden.

Zum Messen großer Wechselstromstärken erfolgt die Meßbereichserweiterung durch Stromwandler. Die Stromübersetzung wird so gewählt, daß ein unmittelbarer Anschluß an den Strommesser möglich ist [18.7, S. 592].

Bei **Spannungsmessungen (Tafel 18.14)** ist häufig eine Meßbereichserweiterung durch Vorschalten eines Widerstands erforderlich, da in den meisten Spannungsaufnehmern nur ein geringer Teil der Meßspannung als Spannungsabfall umgesetzt wird. Um gleichzeitig den schädlichen Temperatureinfluß auf den Aufnehmer (Leistungsaufnahme der Spulen aus Kupferdraht ist raumtemperaturabhängig) zu verringern, wird ein Vorschaltwiderstand aus temperaturunabhängigem Material (Konstantan, Manganin) verwendet. Er muß groß gegenüber dem Widerstand des Spannungsaufnehmers sein, also $R_V \gg R_{GU}$.

Bei elektrostatischen Meßinstrumenten mit geringer Leistungsaufnahme und rein kapazitivem Meßgerätewiderstand kann der Meßbereich durch Vorschalten einer Kapazität oder durch einen kapazitiven Spannungsteiler erweitert werden.

Da sich die Kapazität C_{GU} des Spannungsmessers mit dem Ausschlagwinkel α ändert, ist für jeden Vorschaltkondensator eine besondere Kalibrierung erforderlich. Günstiger sind in diesem Fall Meßbereichserweiterungen mit Vorschalt- und Nebenschaltkapazität. Auch dann ändert sich die Kapazität C_{GU} des Meßgeräts mit dem Ausschlagwinkel α. Wird jedoch die Kapazität C_N groß gegenüber der Kapazität C_{GU} gewählt, kann der bei Messungen noch auftretende geringe Meßfehler vernachlässigt werden.

Bei Wechselspannungsmessungen kann man die Meßbereichserweiterung durch einen Spannungswandler so vornehmen, daß ein direkter Anschluß an den Spannungsmesser möglich ist.

18.5.2. Zufällige Meßfehler

Zufällige Meßfehler resultieren aus Ablesefehlern, aus zufälligen Änderungen der Lagerreibung infolge von Abnutzung oder Verschmutzung und aus zufällig schwankenden elektrostatischen, elektromagnetischen und thermischen Störungen.

Tafel 18.14. Schaltungen für Meßbereichserweiterungen

	Stromteiler	Stromteiler	Stromwandler	Spannungsteiler	Spannungsteiler	Spannungswandler
Bauprinzip	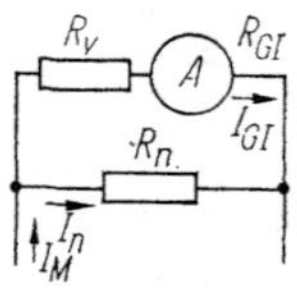	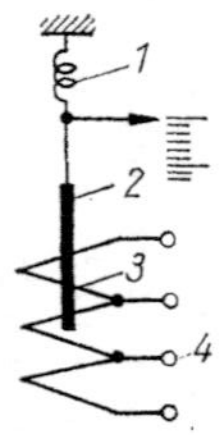	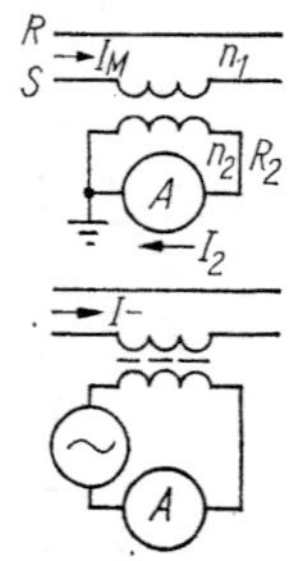	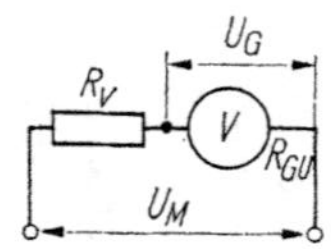	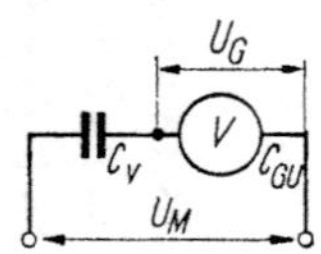	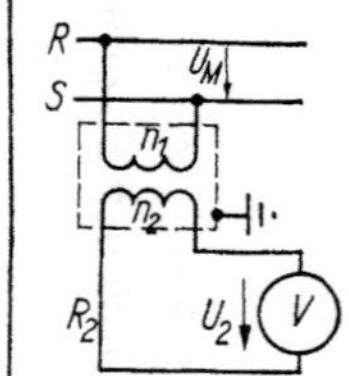
Bemessung	$R_n = (R_{GI} + R_V) \dfrac{I_{GI}}{I_M - I_{GI}}$	$n = \dfrac{\Phi R_m}{I_M}$	$\dfrac{I_M}{I_2} = \dfrac{1}{k} \dfrac{n_2}{n_1}$ für $R_2 \to 0$	$R_V = R_{GU} \dfrac{U_M - U_G}{U_G}$	$C_V = C_{GU} \dfrac{U_M - U_G}{U_G}$	$\dfrac{U_M}{U_2} = k \dfrac{n_1}{n_2}$ für $R_2 \to \infty$
Bezeichnung	A Strommesser I_{GI} Stromstärke durch A I_M zu messende Stromstärke I_n Stromstärke durch R_n R_{GI} Meßgerätewiderstand R_n Nebenwiderstand R_V Vorschaltwiderstand	*1* Spannfeder *2* Spulenkern *3* Meßspule *4* Anzapfung I_M zu messende Stromstärke R_m magnetischer Widerstand n Windungszahl Φ magnetischer Fluß	A Strommesser I_M zu messende Stromstärke I_2 Sekundärstrom R R-Leiter R_2 ohmscher Widerstand des Sekundärkreises k Kopplungsfaktor n_1 Windungszahl der Primärwicklung n_2 Windungszahl der Sekundärwicklung S S-Leiter	R_{GU} Meßgerätewiderstand R_V Vorschaltwiderstand U_G Spannungsabfall über V U_M zu messende Spannung V Spannungsmesser	C_{GU} Meßgerätekapazität C_V Vorschaltkapazität U_G Spannungsabfall über V U_M zu messende Spannung V Spannungsmesser	R R-Leiter R_2 ohmscher Widerstand des Sekundärkreises S S-Leiter U_M zu messende Spannung U_2 Sekundärspannung V Spannungsmesser k Kopplungsfaktor n_1 Windungszahl der Primärwicklung n_2 Windungszahl der Sekundärwicklung

19. Messung thermischer Größen

Technische, physikalische, chemische und physiologische Prozesse sind häufig mit thermischen Wirkungen eng gekoppelt. Temperaturmessungen liefern deshalb direkt oder indirekt wichtige Informationen über den Verlauf der Prozesse. Die Temperatur eines Meßobjekts ist eine Zustandsgröße, die seinen Wärme(energie)zustand beschreibt [19.1] bis [19.60].

Temperaturmessungen sind in Forschung, Entwicklung und Produktion aller Industriezweige anzutreffen. In Stückgutprozessen dienen etwa 10%, in Fließprozessen etwa 50% aller Messungen der Ermittlung thermischer Größen.

Die Temperaturmessung ist für viele technische Prozesse notwendige Voraussetzung für einen richtigen, sicheren und ökonomischen Prozeßablauf.

Energietechnik, Nahrungsgüterindustrie, Chemieindustrie und moderne Massengüterproduktion bezeichnen die Temperaturmessung als lebenswichtig.

Zur Temperaturmessung werden unterschiedlichste Ausführungsformen von Thermometern verwendet.

Steht die temperaturempfindliche Meßstelle des Thermometers konduktiv und/oder konvektiv mit dem Meßobjekt in Verbindung, so spricht man von Berührungsthermometern.

Eine Reihe von Temperaturmeßproblemen ist mit Berührungsthermometern nicht zu bewältigen. Das gilt besonders dann, wenn es sich um die Messung hoher bis sehr hoher Temperaturen handelt, wenn die Meßobjekte sehr groß oder sehr klein sind oder wenn sich die Meßobjekte bewegen und die Temperaturmessung schnell vonstatten gehen muß. In diesen Fällen sind Strahlungspyrometer den Berührungsthermometern überlegen. Bei der Strahlungstemperaturmessung (Strahlungspyrometrie) wird die Temperatur von Meßobjekten aus der Intensität der Gesamtstrahlung, der Intensität der Strahlung bei bestimmten Wellenlängen oder der Farbe der Strahlung dieser Meßobjekte ermittelt.

19.1. Standards, Grundbegriffe und Definitionen der Temperaturmeßtechnik

Standards zur **Berührungstemperaturmessung** führt das TGL-Standardverzeichnis [1.23] unter den folgenden **Suchzahlen**.

(35.0): 60 Standards zu „Temperatur, Temperaturmessung, Temperaturregelung" (Flüssigkeitsglasthermometer, Maschinenthermometer, Flüssigkeitsfederthermometer, Dampfdruckfederthermometer).

(36.0): 25 Standards zu „Elektrische Temperaturmeßgeräte" (Kontaktthermometer, Thermopaare, Thermoelemente, Meßeinsätze für Widerstandsthermometer, Widerstandsthermometer).

(37.0): 9 Standards für „Thermometerhülsen und -schutzrohre".

(38.0): 4 Standards zur „Temperaturmessung für Experimentalchemie" (Kalorimeterthermometer, Siebensatz- und Fünfsatzlaborthermometer).

Standards zur **Strahlungspyrometrie** sind unter der Suchzahl (35.0) unter dem Oberbegriff „Temperatur, Temperaturmessung, Temperaturregelung" registriert.

Außerdem sind **ASMW-Vorschriften** für das Meßwesen zu beachten.

ASMW-VM 193, Ausg. 3.76: Temperatur; Quecksilberglasthermometer; Referenznormale 1. und 2. Ordnung; Beglaubigung.
ASMW-VM 226, Ausg. 8.71: Temperatur; Medizinische Quecksilberglasthermometer mit Maximumvorrichtung; Eichvorschrift.
ASMW-VM 236, Ausg. 2.77: Temperatur; Einstellthermometer (Beckmann-Thermometer); Beglaubigungs- und Sonderprüfvorschrift.
ASMW-VM 237, Ausg. 1.74: Temperatur; Tiefseekippthermometer; Sonderprüfvorschrift.
ASMW-VM 459, Ausg. 6.74: Temperatur; Gesamtstrahlungspyrometer 20 bis 2500 °C; Sonderprüfvorschrift.
ASMW-VM 466, Ausg. 12.73: Temperatur; Thermoelemente 0 bis 1800 °C; Sonderprüfvorschrift.
ASMW-VM 467, Ausg. 1.74: Temperatur; PtRh-Pt-Thermoelemente 300 bis 1200 °C; Beglaubigungsvorschrift.
ASMW-VM 469, Ausg. 1.74: Temperatur; Widerstandsthermometer 0 bis 630 °C; Beglaubigungsvorschrift.
ASMW-VM 470, Ausg. 7.73: Temperatur; Flüssigkeitsglasthermometer; Temperaturbereich − 200 °C bis 630 °C; Eichvorschriften.
ASMW-VM 481, Ausg. 3.76: Temperatur; Flüssigkeits- und Dampfdruckfederthermometer − 200 bis 600 °C; Sonderprüfvorschrift.

Die für Temperaturmessungen wichtigen **Grundbegriffe und Definitionen** wurden standardisiert.

TGL 31 550/01bis08, Ausg. 9.77 bis 1.80: Grundbegriffe der Metrologie.
TGL 0-16 160/01, Ausg. 9.63: Meßgeräte; Thermometer; Allgemeine Begriffe (12 Begriffe).
TGL 94-80 101, Ausg. 12.62: Flüssigkeitsglasthermometer; Begriffe (57 Begriffe).
TGL 0-16 160/05, Ausg. 9.60: Meßgeräte; Thermometer; Begriffe für elektrische Thermometer (63 Begriffe)
TGL 0-16 160/06, Ausg. 10.62: Meßgeräte; Thermometer; Begriffe für Strahlungsthermometer (Pyrometer). (13 Begriffe).
TGL 0-1953, Ausg. 11.60: Temperaturmessungen bei Abnahmeversuchen und in der Betriebsüberwachung (Temperaturmeßregeln).

Normen zur Messung thermischer Größen sind im DIN-Katalog [1.34] unter folgenden Suchzahlen eingeordnet:

(26): 19 DIN zu „Temperatur. Temperaturmessung" (Begriffe, Thermometer, Thermostate).
(27): 27 DIN für „Maschinen-Glasthermometer".
(28): 20 DIN über „Elektrische Temperaturmeßgeräte" (Thermoelemente, Widerstandsthermometer, Schwingquarz-Thermostate).
(29): 17 DIN zur „Temperaturmessung für Experimentalchemie" (Laborthermometer).

(134): 5 DIN über „Leiter“ (Thermodrähte, Ausgleichsdrähte und -litzen, Ausgleichsleitungen für Thermoelemente).

(166): 9 DIN über „Widerstände“ (Meßwiderstände für Widerstandsthermometer, temperaturabhängige Widerstände, Heißleiter/Kaltleiter).

(187): 38 DIN über „Thermoelektrizität. Elektrowärme“ (elektrische Thermometer, Elektrische Haushaltgeräte).

DIN 43712, Ausg. 11.76: Elektrische Thermometer; Thermodrähte für Thermopaare.

E DIN 43713, Ausg. 8.63: Elektrische Temperaturmeßgeräte; Ausgleichs-Drähte und -Litzen.

E DIN 43714, Ausg. 12.76: Elektrische Thermometer; Ausgleichsleitungen für Thermoelemente.

DIN 43714, Ausg. 12.63: Elektrische Temperaturmeßgeräte; Ausgleichsleitungen für Thermoelemente.

DIN 43760, Ausg. 9.68: Elektrische Temperaturmeßgeräte; Grundwerte der Meßwiderstände für Widerstandsthermometer.

E DIN 44081, Ausg. 8.78: Temperaturabhängige Widerstände; Kaltleiter; Thermischer Maschinenschutz, Anwendungsklassen HEP.

DIN 43710, Ausg. 9.77: Messen, Steuern, Regeln; Elektrische Thermometer, Thermospannungen und Werkstoffe der Thermopaare.

E DIN 43721, Ausg. 12.78: Messen, Steuern, Regeln; Elektrische Thermometer, Mantel-Thermoelementleitungen und Mantel-Thermoelemente.

DIN 43729, Ausg. 12.78: Messen, Steuern, Regeln; Elektrische Thermometer, Anschlußköpfe für Thermoelemente und Widerstandsthermometer.

Genormte Begriffe und Definitionen zur Temperaturmeßtechnik sind enthalten in:

DIN 5496, Ausg. 7.71: Temperaturstrahlung.

DIN 5496 T.2, Ausg. 7.77: Temperaturstrahlung; Volumenstrahlung.

DIN 5031 T.5, Ausg. 8.76: Strahlungsphysik im optischen Bereich und Lichttechnik; Temperaturbegriffe.

E DIN 13346, Ausg. 4.78: Temperatur, Temperaturdifferenz; Grundbegriffe und Einheiten.

DIN 16160 T.1, Ausg. 1.70: Thermometer; Allgemeine Begriffe.

DIN 16160 T.2, Ausg. 1.70: Thermometer; Begriffe für Stabausdehnungs- und Bimetallthermometer.

DIN 16160 T.3, Ausg. 5.68: Thermometer; Begriffe für Flüssigkeits-Glasthermometer.

DIN 16160 T.4, Ausg. 11.68: Thermometer; Begriffe für Flüssigkeits- und Dampfdruck-Federthermometer.

DIN 16160 T.5, Ausg. 1.70: Thermometer; Begriffe für elektrische Thermometer.

DIN 16160 T.6, Ausg. 1.70: Thermometer; Begriffe für Strahlungsthermometer.

DIN 58966 T.1, Ausg. 8.75: Thermostate; Allgemeine Begriffe.

DIN 58966 T.2, Ausg. 8.75: Thermostate; Flüssigkeitsthermostate; Begriffe und Bestimmung der Kenndaten.

DIN 16159, Ausg. 12.68: Maschinen-Glasthermometer; Übersicht.

DIN 43732, Ausg. 6.64: Elektrische Temperaturmeßgeräte; Thermopaare für Thermoelemente.

DIN 45170, Ausg. 8.65: Begriffe für Schwingquarz-Thermostate.

19.2. Thermische Größenarten, Einheiten und Normale

Als thermische Basisgrößenart wurde im Internationalen Einheitensystem SI die thermodynamische Temperatur festgelegt. Ihre Einheit ist das Kelvin K **(Tafel 19.2.1)** [3.2].

Bei Angabe von Celsius-Temperaturen ist die Einheit °C (Grad Celsius) zu verwenden. Temperaturdifferenzen der absoluten Temperatur oder der Celsius-Temperatur sind in Kelvin K anzugeben.

Die Einheit K darf mit Vorsätzen, die Einheit °C darf nicht mit Vorsätzen verbunden werden.

Tafel 19.1. Temperaturskale I PTS-68 mit Festpunkten (Festpunkte unterstrichen) [19.1]

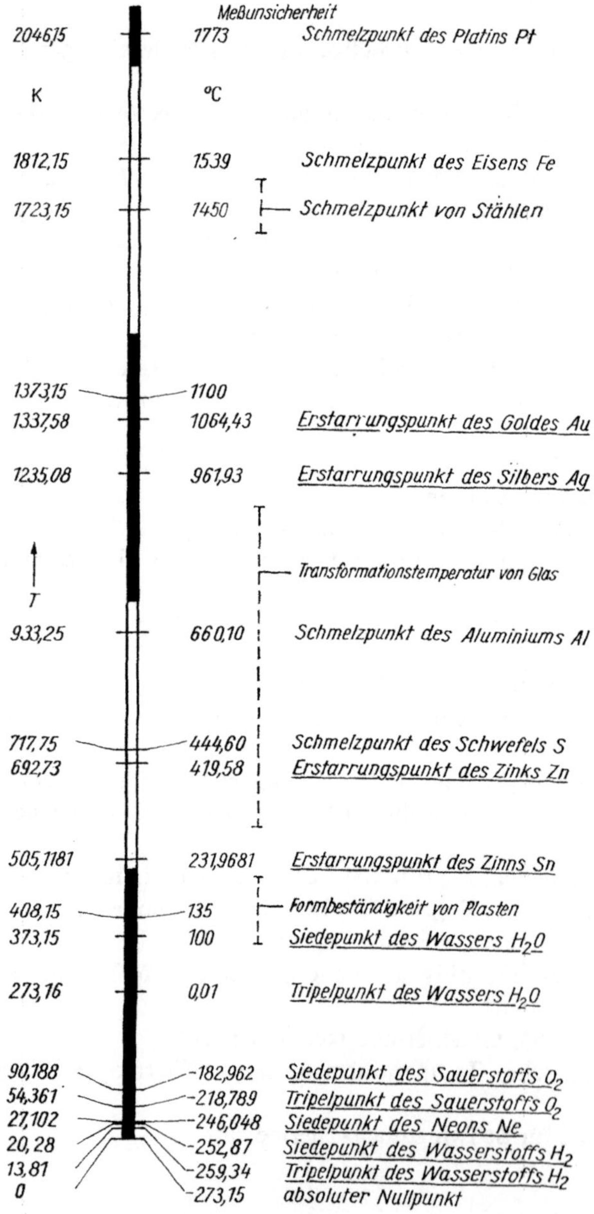

Tafel 19.2.1. Thermische Größenarten und Einheiten

Größenart	Temperatur	Wärmemenge	Wärmekapazität	Entropie	Wärmestrom
Einheit	Kelvin	Joule	Joule je Kelvin	Joule je Kelvin	Watt
Kurzzeichen	K	J	$J \cdot K^{-1}$	$J \cdot K^{-1}$	W
Definition	Das Kelvin ist der 273,16te Teil der (thermodynamischen) Temperatur des Tripelpunkts von Wasser.	Ein Joule ist die Wärmemenge, die der mechanischen Arbeit (Energie) von 1 J entspricht.	Ein Joule je Kelvin ist die Wärmekapazität eines Körpers, dessen Temperatur bei Zuführung der Wärmemenge 1 J um 1 K erhöht wird.	Ein Joule je Kelvin ist die Entropieänderung eines Systems, dem bei der Temperaturänderung um 1 K die Wärmemenge 1 J reversibel zugeführt wird.	Ein Watt ist der Wärmestrom, der der mechanischen Leistung von 1 W entspricht.
Symbol	T	Q	C	S	Φ
Beziehung	Basisgröße	$Q \triangleq W$	$C = Q/\Delta T$	$S = Q/T$	$\Phi = Q/t$
Erläuterung	Die Temperaturdifferenz $\vartheta = T - T_0$ mit $T_0 = 273{,}15$ K wird als Celsius-Temperatur bezeichnet und erhält das Kurzzeichen °C.	$1 J = 1 N \cdot m = 1 W \cdot s$ $= 1 m^2 \cdot kg \cdot s^{-2}$ weitere Benennungen: – Enthalpie – innere Energie – freie Energie – Phasenumwandlungswärme – chemische Reaktionswärme.	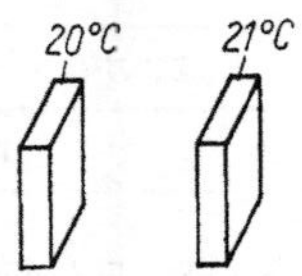 vor und nach der Zuführung der Wärmemenge 1 Joule.	S. Erläuterung zu Wärmekapazität. Die spezifische Entropie ist die auf die Masse bezogene Entropie, d.h., $s = S/m$ mit der Einheit $J \cdot kg^{-1} \cdot K^{-1}$.	$1 W = 1 J \cdot s^{-1}$ $= 1 N \cdot m \cdot s^{-1}$ $= 1 m^2 \cdot kg \cdot s^{-3}$ t Zeit in s

Tafel 19.2.2. Thermische Größenarten und Einheiten

Größenart	Wärmeübergangskoeffizient	Wärmedurchgangskoeffizient	Wärmeleitfähigkeit	Thermischer Längenausdehnungskoeffizient	Thermischer Volumenausdehnungskoeffizient
Einheit	Watt je Quadratmeter und Kelvin	Watt je Quadratmeter und Kelvin	Watt je Meter und Kelvin	Meter je Meter und Kelvin	Kubikmeter je Kubikmeter und Kelvin
Kurzzeichen	$W \cdot m^{-2} \cdot K^{-1}$	$W \cdot m^{-2} \cdot K^{-1}$	$W \cdot m^{-1} \cdot K^{-1}$	$m \cdot m^{-1} \cdot K^{-1}$	$m^3 \cdot m^{-3} \cdot K^{-3}$
Definition	Ein Watt je Quadratmeter und Kelvin ist der Wärmeübergangskoeffizient zwischen zwei isothermen Flächen, zwischen denen beim Fließen eines Wärmestroms der Dichte $1\ W \cdot m^{-2}$ die Temperaturdifferenz 1 K herrscht.	Ein Watt je Quadratmeter und Kelvin ist der Wärmedurchgangskoeffizient zwischen zwei isothermen Flächen, zwischen denen beim Fließen eines Wärmestroms der Dichte $1\ W \cdot m^{-2}$ die Temperaturdifferenz 1 K herrscht.	Ein homogener Stoff hat die Wärmeleitfähigkeit $1\ W \cdot m^{-1} \times K^{-1}$, wenn ein durch ihn fließender Wärmestrom der Dichte $1\ W \cdot m^{-2}$ auf der Länge 1 m eine Temperaturänderung von 1 K hervorruft.	Ein Meter je Meter und Kelvin ist der Längenausdehnungskoeffizient eines Stoffs mit der Länge 1 m, der bei einer Temperaturänderung von 1 K eine Längenänderung von 1 m erfährt.	Ein Kubikmeter je Kubikmeter und Kelvin ist der Volumenausdehnungskoeffizient eines Stoffs mit dem Volumen 1 m^3, der bei einer Temperaturänderung von 1 K eine Volumenänderung von 1 m^3 erfährt.
Symbol	α	k	λ	α_l	α_V
Beziehung	$\alpha = \Phi/(A\ \Delta T)$	$k = (1/\alpha + \Sigma\, l/\lambda)^{-1}$	$\lambda = Q/(l\ \Delta T)$	$\alpha_l = \Delta l/(l\ \Delta T)$	$\alpha_V = \Delta V/(V\ \Delta T)$
Erläuterung		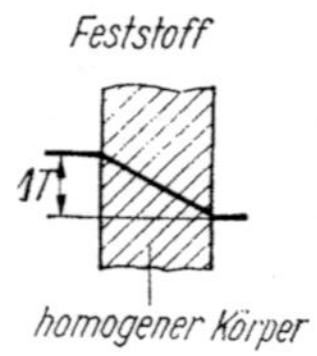	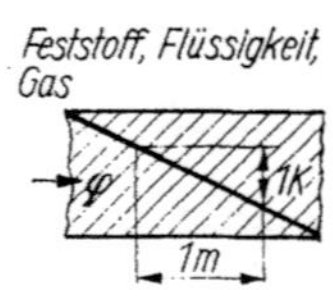 φ Wärmestromdichte $\varphi = \Phi/A = 1\ W \cdot m^{-2}$ A Querschnittsfläche in m^2	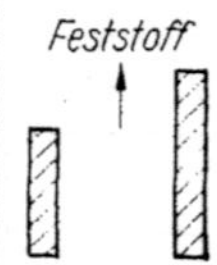 vor und nach der Erwärmung l Länge in m, zulässige Einheit für technische Stoffe: $mm \cdot m^{-1} \cdot K^{-1}$	 vor und nach der Erwärmung V Volumen in m^3, zulässige Einheit für technische Stoffe: $mm^3 \cdot m^{-3} \cdot K^{-1}$

Die thermodynamische Temperaturskale wird für die Belange der praktischen Temperaturmessungen durch die sog. Internationale Praktische Temperaturskale (IPTS) ersetzt. Die IPTS dient als gesetzliche Temperaturskale. Sie wurde eingeführt, weil die Darstellung der thermodynamischen Temperaturskale mit Gasthermometern außerordentlich schwierig und zeitraubend ist [3.4, S. 162] [19.8].

Die heute gültige Internationale Praktische Temperaturskale von 1968 (IPTS-68) beruht auf reproduzierbaren Gleichgewichtszuständen (Festpunkten), denen definierte Temperaturwerte zugeordnet wurden **(Tafel 19.1)**. Zur Interpolation der Temperaturskale zwischen den Festpunkten dienen Normalplatinwiderstandsthermometer (von 13,81 K bis 630,74 °C) und Normal-PtRh-Pt-Thermoelemente (von 630,74 °C bis 1064,43 °C). Oberhalb 1064,43 °C wird die IPTS-68 durch das Plancksche Strahlungsgesetz mit 1337,58 K als Bezugstemperatur und mit der Strahlungskonstante $C_2 = 0{,}014388\,\text{m}\cdot\text{K}$ definiert [19.8], [19.9].

Da sich die Angaben der heute verfügbaren Temperaturmeßgeräte und die sog. Grundwertreihen für die Widerstandsthermometer und Thermoelemente größtenteils noch auf die Internationale Praktische Temperaturskale von 1948 (IPTS-48) beziehen, ist für genaue Temperaturmessungen eine Korrektur vorzunehmen [19.1].

Eine Übersicht über die wichtigsten thermischen Größenarten und Einheiten geben die **Tafeln 19.2.1 und 19.2.2** [3.1] [3.2] [3.4].

Die thermische Energie Wärmemenge (innere Energie, Enthalpie, freie Energie, Phasenumwandlungswärme, chemische Reaktionswärme) hat dieselbe Einheit wie die mechanische Energie (Arbeit), das Joule J. Systemfremde Einheiten, beispielsweise Kalorie cal und Kilokalorie je Stunde kcal/h, sind umzurechnen **(Tafel 19.3)**.

Das Staatliche Etalon (Primärnormal) für die Wiedergabe der IPTS-68 wird als ein Komplex von Meßmitteln bestimmt, zu denen im Temperaturbereich von (−259,34 bis 1064,43) °C Mittel für die Wiedergabe der Festpunkte **(Tafel 19.1)**, Platinwiderstandsthermometer, Platinrhodium-Platin-Thermoelemente und elektrische Meßapparaturen gehören. Das Primärnormal dient der Übertragung der IPTS-68 auf Sekundärnormale (Arbeitsnormale) **(Tafel 19.4)** [1.11] [3.16] [19.1].

Tafel 19.3. Thermische Einheiten nach [3.8]

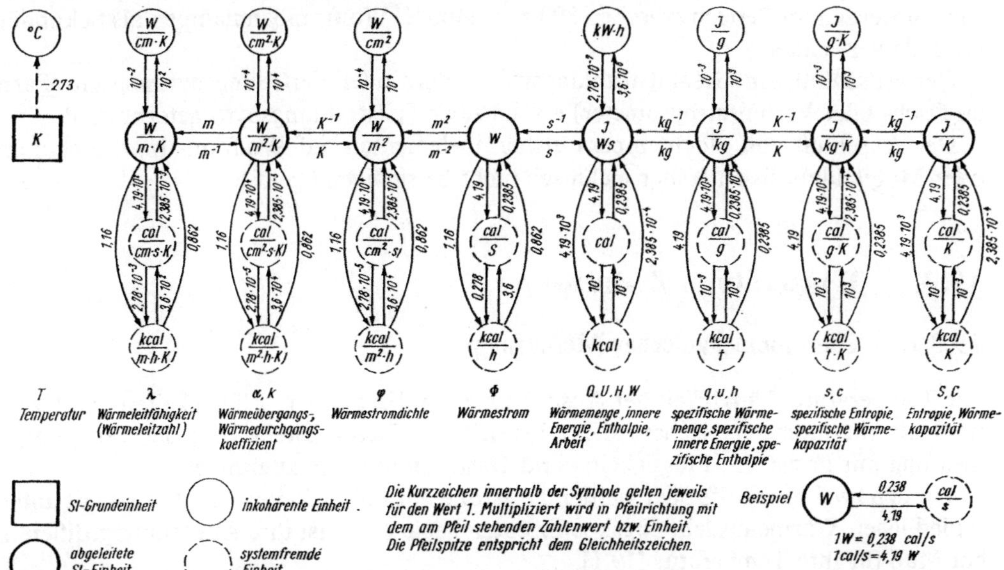

Die angegebenen Fehler gelten nur für die Meßglieder in den Thermometern. Wärmeableitungsfehler, Isolationsfehler usw. wurden nicht berücksichtigt [19.10].

Die Staffelung der Normale für die Strahlungspyrometrie bereitet größere Schwierigkeiten. Hier dient ein visuelles Teilstrahlungspyrometer mit entsprechenden optischen Schwächungseinrichtungen zur Darstellung der Temperaturskale. Die Einmessung des Teilstrahlungspyrometers erfolgt an einem horizontalen schwarzen Strahler bei der Temperatur des erstarrenden Golds.

Tafel 19.4. Erzielbare Meßunsicherheiten in metrologischen Staatsinstituten [19.1]

Meßgrößenart	Meßgröße	Meßmittel	Absolute Meßunsicherheit
Temperatur	−200 °C	Pt-Widerstandsthermometer	0,01 K
	−100 °C	Pt-Widerstandsthermometer	0,01 K
		Cu-Konst.-Thermopaar	0,2 K
		Flüssigkeitsglasthermometer	0,5 K
	0 °C	Pt-Normalwiderstandsthermometer	0,002 K
		Pt-Widerstandsthermometer	0,03 K
		Cu-Konst.-Thermopaar	0,1 K
		Flüssigkeitsglasthermometer	0,005 K
	100 °C	Pt-Normalwiderstandsthermometer	0,003 K
		Pt-Widerstandsthermometer	0,03 K
		Nichtedelmetallthermopaar	0,5 K
		Flüssigkeitsglasthermometer	0,01 K
	1000 °C	PtRh-Pt-Thermopaar	1 K
		Nichtedelmetallthermopaar	3 K
		Teilstrahlungspyrometer visuell	3 K
		Gesamtstrahlungspyrometer	10 K
		Farbpyrometer	15 K

Zur Verringerung der Meßunsicherheiten bei strahlungsoptischen Temperaturmessungen werden im Bereich zwischen 800 und 2400 °C Wolframbandlampen als Sekundärnormale verwendet.

Der Anschluß von Gesamtstrahlungspyrometern oder Verteilungspyrometern (Farbangleich- oder Verhältnispyrometer) erfolgt über Teilstrahlungspyrometernormal.

Der Anschluß von Hochtemperaturthermoelementen auf Wolfram- bzw. Rheniumoder Molybdänbasis ist bisher technisch nicht befriedigend gelöst.

19.3. Temperaturmeßprinzipe

19.3.1. Thermomechanisches Meßprinzip

Die Temperaturabhängigkeit der Ausdehnung von Feststoffen, Flüssigkeiten und Gasen wird als thermomechanischer Effekt bezeichnet. Dieser Effekt liegt der Temperaturmessung mit Feststoff-, Flüssigkeits- und Gasthermometern zugrunde.

Werden zwei Feststoffe oder werden Feststoffe mit Flüssigkeiten oder Gasen mit unterschiedlichen Wärmeausdehnungskoeffizienten gepaart, so ist ihre Ausdehnungsdifferenz ein Maß für ihre Temperatur [19.1].

Tafel 19.5. Strahlungsgesetze für ideale Strahler [19.4]

	Schwarze (ideale) Strahler			
Wellenlängen-bereich	Teilstrahlung	Teilstrahlung	Teilstrahlung	Gesamtstrahlung
	Kirchhoffsches Strahlungsgesetz	Plancksches Strahlungsgesetz	Wiensches Verschiebungsgesetz	Stefan-Boltzmannsches Gesetz
Gesetz	$L_s(\lambda, T) = L(\lambda, T)/\varepsilon(\lambda T)$	$L_s(\lambda, T) = \frac{C_1}{\pi\Omega_0}\lambda^{-5}$ $\left[\exp(C_2/\lambda T) - 1\right]^{-1}$	$\hat{\lambda} = A/T$	$W_s = \int_0^\infty L_s(\lambda, T)d\lambda = \frac{\sigma}{\pi\Omega_0}T^4$
Verwendete Kurzzeichen	$L_s(\lambda, T)$ spektrale Strahldichte d. idealen Strahlers $L(\lambda, T)$ spektrale Strahldichte d. realen Strahlers T absolute Temperatur $\varepsilon(\lambda, T)$ Emissionsgrad λ Wellenlänge	$C_1 = 2\pi hc_o^2 = 3,741 \cdot 10^{-16}$ $W \cdot m^2$ $C_2 = hc_o/k = 1,438 \cdot 10^{-2}$ $m \cdot K$ $C_o = 2,997 \cdot 10^8$ $m \cdot s^{-1}$ $h = 6,624 \cdot 10^{-34}$ $J \cdot s$ $k = 1,380 \cdot 10^{-23}$ $J \cdot K^{-1}$ $\Omega_o = 1$ sr	$A = C_2/Q = 2,896 \cdot 10^{-3}$ $m \cdot K$ $Q = 5\left[1 - \exp(-Q)\right] = 4,965$ C_o Lichtgeschwindigkeit im Vakuum h Plancksches Wirkungsquantum k Boltzmannsche Konstante $\hat{\lambda}$ Wellenlänge des Strahldichtemaximums Ω_o Raumwinkel	$\sigma = 5,672 \cdot 10^{-8}$ $W \cdot m^{-2}/K^4$ W_s Strahlungsleistung σ Stefan-Boltzmannsche Konstante

Funktionelle Abhängigkeit

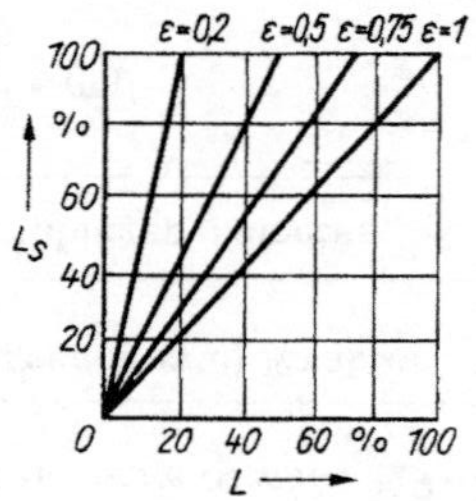

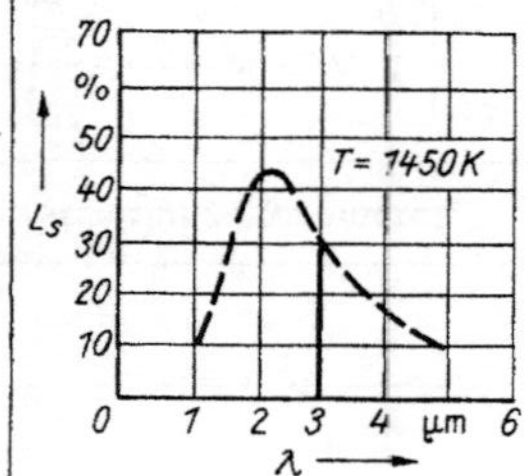

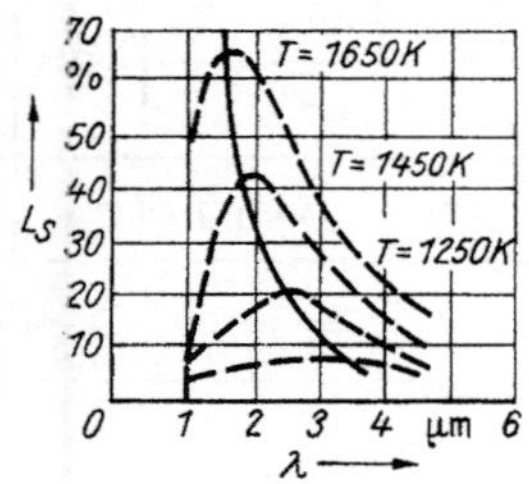

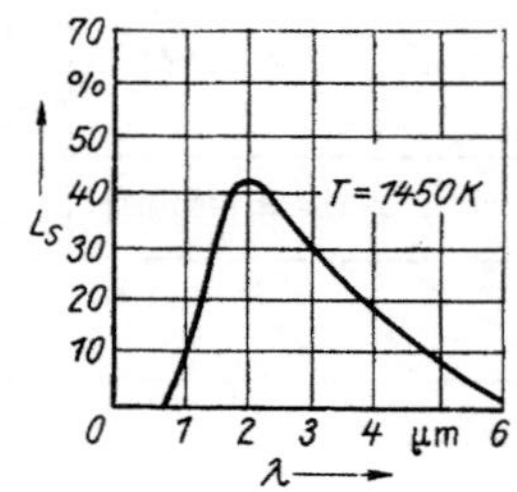

Tafel 19.6. Strahlungsgesetze für reale Strahler [19.4]

	Nichtschwarze (reale) Strahler			
	Gesamtstrahlungspyrometer	Teilstrahlungspyrometer	Verhältnispyrometer	Emissionsgrad
Gesetz	$T = T_t / \sqrt[4]{\varepsilon(T)}$	$T = \left[\frac{1}{T_s} + \frac{\lambda}{C_2} \ln \varepsilon(\lambda, T)\right]^{-1}$	$T = \left[\frac{1}{T_f} + \frac{\lambda_1 \lambda_2}{C_2(\lambda_2 - \lambda_1)} \ln \frac{\varepsilon_{\lambda_1}}{\varepsilon_{\lambda_2}}\right]^{-1}$	$\varepsilon(\lambda, T) < 1$
Verwendete Kurzzeichen	T wahre Temperatur T_t Gesamtstrahlungs-temperatur (gemessen) $\Delta T = T_t - T$ Temperaturmeßfehler $\varepsilon(T)$ Emissionsgrad	T wahre Temperatur T_s Teilstrahlungstemperatur (gemessen) $\Delta T = T_s - T$ Temperaturmeßfehler C_2 Konstante $\varepsilon(\lambda, T)$ Emissionsgrad λ Wellenlänge	T wahre Temperatur T_f Farbtemperatur (gemessen) $\Delta T = T_f - T$ Temperaturmeßfehler C_2 Konstante $\varepsilon_{\lambda_1}, \varepsilon_{\lambda_2}$ Emissionsgrad λ_1, λ_2 Wellenlänge	Ag Silber Al Aluminium Au Gold Cu Kupfer Fe Eisen $\varepsilon(\lambda, T)$ Emissionsgrad

Funktionelle Abhängigkeit

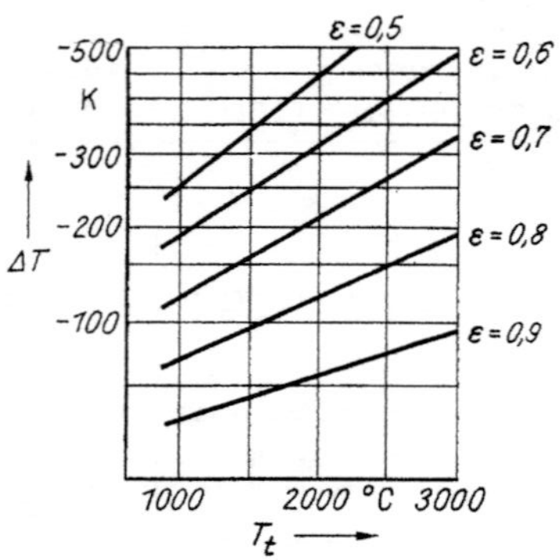

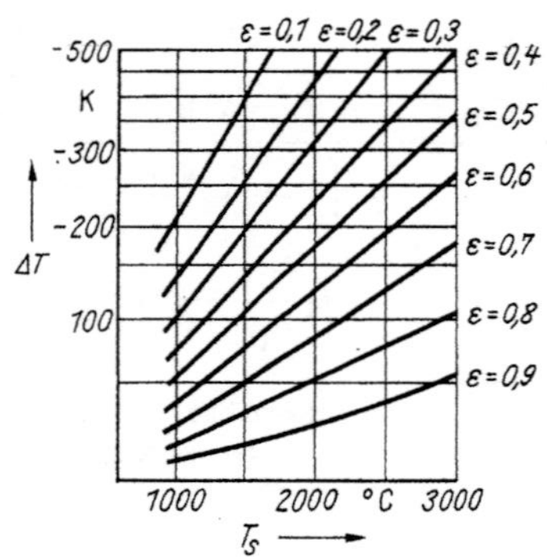

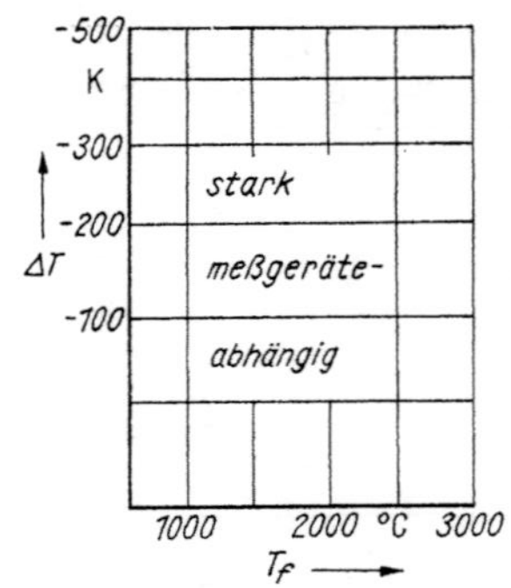

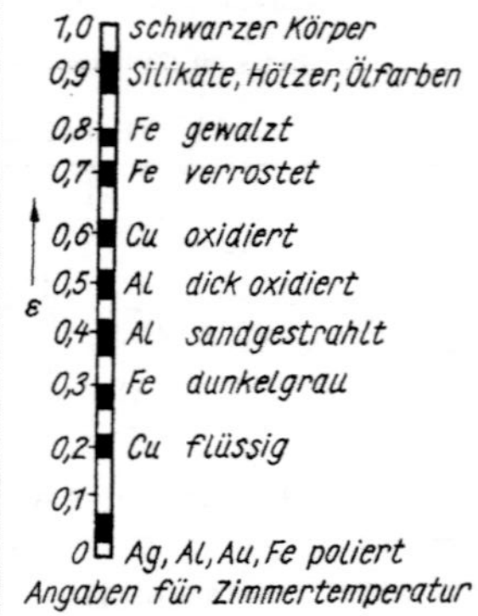

19.3.2. Thermoelektrische Meßprinzipe

Das thermowiderstandselektrische Meßprinzip beruht auf der Temperaturabhängigkeit des elektrischen Widerstands von Leitern oder Halbleitern.

Das thermospannungselektrische Meßprinzip basiert auf dem sog. Seebeck-Effekt. Wird aus zwei verschiedenen metallischen Leitern ein Stromkreis gebildet und haben beide Verbindungsstellen unterschiedliche Temperaturen, dann wird im Stromkreis eine Thermospannung erzeugt. Diese Thermospannung ist ein Maß für die Temperaturdifferenz zwischen den beiden Verbindungsstellen des Thermoelements [19.1].

19.3.3. Strahlenthermische Meßprinzipe

Feststoffe und Flüssigkeiten senden bei einer absoluten Temperatur $T > 0$ K elektromagnetische Wellen (Wärmestrahlung und Licht) aus. Der Temperaturermittlung mit Strahlungsmessungen liegt die Temperaturabhängigkeit der Strahldichte **(s. Tafel 20.2.2)** oder Leuchtdichte **(s. Tafel 20.2.1)** zugrunde [19.11] bis [19.15].

Nach dem Kirchhoffschen Strahlungsgesetz ist die spektrale Strahldichte $L(\lambda, T)$ nichtschwarzer (realer) Strahler proportional der spektralen Strahldichte $L_s(\lambda, T)$ schwarzer (idealer) Strahler. Proportionalitätsfaktor ist der Emissionsgrad $\varepsilon(\lambda, T) < 1$ **(Tafeln 19.5 und 19.6)**.

Das Emissionsvermögen von Metallen, Plasten und Silikatwerkstoffen ist bei ihren Verarbeitungstemperaturen relativ groß.

Die von einem schwarzen Strahler emittierte spektrale Strahldichte als Funktion der absoluten Temperatur wird durch das Plancksche Strahlungsgesetz **(Tafel 19.5)** beschrieben. Die spektrale Strahldichte der Wärmestrahlung nimmt mit wachsender Temperatur zu, während sich das Strahlungsdichtemaximum zu kleineren Wellenlängen verschiebt. Es gehorcht dabei dem Wienschen Verschiebungsgesetz. Die von einem schwarzen Strahler emittierte Gesamtstrahlung ist nach dem Stefan-Boltzmannschen Gesetz der vierten Potenz seiner absoluten Temperatur proportional. Die Wärmestrahlung wird mit thermischen Strahlungsaufnehmern gemessen [19.4].

19.3.4. Strahlenoptisches Meßprinzip

Die Leuchtdichte wird mit optoelektronischen Strahlungsaufnehmern gemessen. Optoelektronische Strahlungsaufnehmer reagieren auf die Anzahl N der von einer Strahlungsquelle ausgesendeten Fotonen $N(\lambda, T) = 2\pi C_0 \lambda^{-4} [\exp(C_2/\lambda T) - 1]^{-1}$, wobei in Analogie zur Wärmestrahlung die Leuchtdichte mit wachsender Temperatur zunimmt, während sich das Leuchtdichtemaximum zu kleineren Wellenlängen verschiebt.

19.4. Temperaturmeßsysteme

19.4.1. Mechanische Berührungsthermometer

Alle mechanischen Berührungsthermometer **(Tafeln 19.7 und 19.8)** funktionieren nach dem thermomechanischen Meßprinzip.

Die Ausdehnung eines Stoffs genügt nach dem Gay-Lussacschen Gesetz der Bedingung

$$A_2 = A_1 [1 + \alpha (\vartheta_2 - \vartheta_1)] \tag{19.1}$$

oder

$$\Delta A = A_2 - A_1 = A_1 \Delta\vartheta \tag{19.2}$$

$A_{1,2}$ Ausdehnung des Stoffs bei den Temperaturen ϑ_1 und ϑ_2, α Ausdehnungskoeffizient.

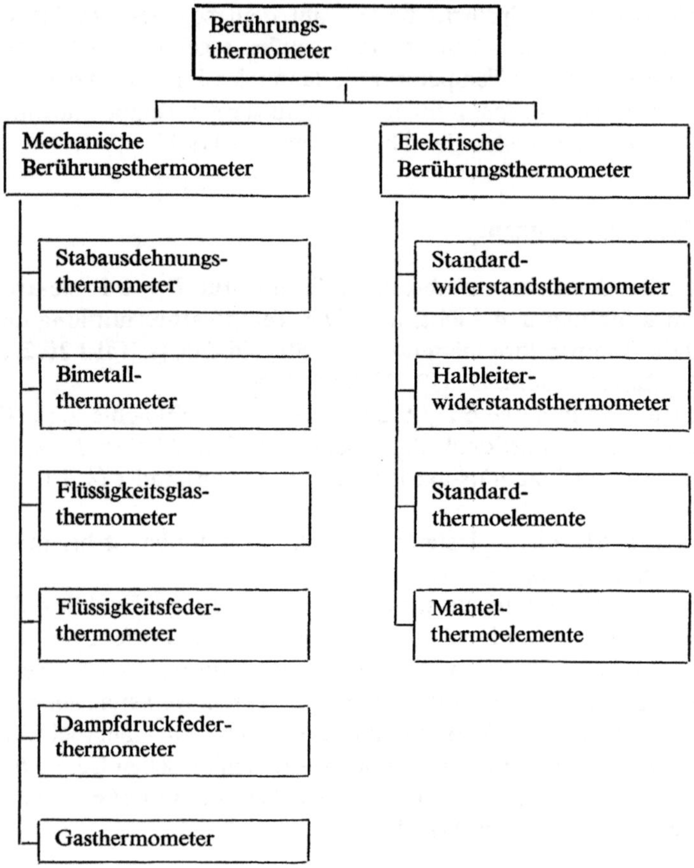

Tafel 19.7
Berührungsthermometer
[19.1]

Die Empfindlichkeit von Ausdehnungsthermometern beträgt

$$S = \Delta A/\Delta\vartheta = A_0\,[(\alpha_1 - \alpha_2)] \tag{19.3}$$

A_0 gemeinsame Ausdehnung zweier Stoffe bei einer Bezugstemperatur ϑ_0, $\alpha_{1,2}$ Ausdehnungskoeffizienten der Stoffe 1 und 2 [19.1].

19.4.1.1. Metallausdehnungsthermometer

Stabausdehnungsthermometer (ST) bestehen aus einem einseitig geschlossenen Rohr und einem Stab als Mittelachse. Das Rohr (häufig Metall) hat einen großen linearen thermischen Längenausdehnungskoeffizienten, der Stab (häufig Porzellan) einen kleinen.

Die temperaturabhängige Längenausdehnungsdifferenz zwischen Rohr und Stab kann über Hebelgetriebe und Zahnradsegment auf einen Zeiger übertragen werden.

Die Definitionsgleichung des mittleren linearen thermischen **Längenausdehnungskoeffizienten** α_l lautet

$$\alpha_l = \frac{l_2 - l_1}{l_1\,(\vartheta_2 - \vartheta_1)} = \frac{1}{l_1}\,\frac{\Delta l}{\Delta\vartheta} \tag{19.4}$$

$l_{1,2}$ Längen der Thermometerelemente (Stab oder Rohr) bei den Temperaturen ϑ_1 und ϑ_2.

Tafel 19.8. Mechanische Berührungsthermometer [19.1]

	Metallausdehnungsthermometer		Flüssigkeitsthermometer			Gasthermometer
Typ	Stabausdehnungs-thermometer	Bimetall-thermometer	Flüssigkeits-Glastherometer	Flüssigkeits-Federthermometer	Dampfdruck-Federthermometer	Helium-Thermometer
Bauprinzip	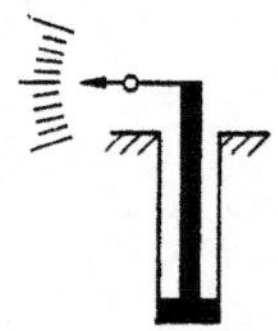	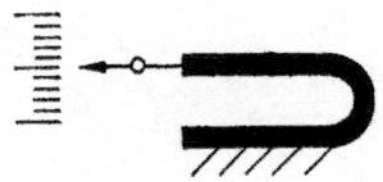				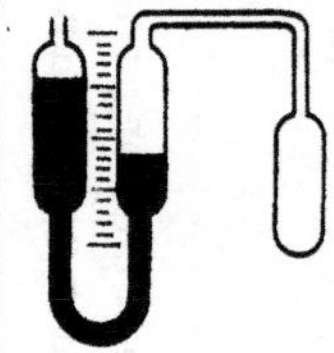
Meßbereich	(0 ··· 1000) °C	(0 ··· 500) °C	(−55 ··· +600) °C	(−30 ··· +600) °C	(0 ··· 400) °C	
Meßunsicherheit	± 5 %	± 5 %	± 1%	± 1%	± 1 %	
Einstellzeit	groß	groß	groß	groß	klein	
Vorteile	billig, robust, kurze Ansprech-zeit, sehr große Stellkraft	sehr billig, robust, große Stellkraft	sehr billig	billig, robust, ohne Hilfsenergie, Fernübertragung bis 50 m, große Stellkraft	billig, robust, ohne Hilfsenergie, Fernübertragung bis 50 m, kleine Einstellzeit	Anschluß an thermodynamische Temperaturskale
Nachteile	ungenau, träge große Einstellzeit	ungenau	mechanisch empfindlich, keine Fern-übertragung	Temperatur der Verbindungs-kapillare hat Einfluß auf Anzeige	nichtlineare statische Kennlinie	mechanisch empfindlich, sehr aufwendiger Meßprozeß
Anwendung	Temperatur-schalter	orientierende Temperatur-kontrolle, Temperatur-schalter	Laborthermometer, Zimmer-thermometer	Industrie Maschinen-thermometer, Schaltthermometer	Industrie Maschinen-thermometer, Schaltthermometer	Prüflabor
Richtwert (in M)	10	5	5	20	30	100

Für $\vartheta_1 = 0\,°C$ vereinfacht sich Gl. (19.4) zu

$$\alpha_l = \frac{1}{l_0}\frac{\Delta l}{\vartheta_2}. \tag{19.5}$$

Die zu messende Temperatur ϑ_2 ist bei bekannten linearen **Längenausdehnungskoeffizienten** des Rohrs (R) und des Stabs (St) und bei bekannten normierten Längenänderungen $\Delta l/l_0$ aus

$$\vartheta_2 = \left(\frac{1}{l_0}\frac{\Delta l}{\alpha_l}\right)_R - \left(\frac{1}{l}\frac{\Delta l}{\alpha_l}\right)_{St} \tag{19.6}$$

zu bestimmen.

Richtwerte für mittlere lineare thermische Längenausdehnungskoeffizienten im Bereich von (20 ... 100) °C s. **Tafel 19.9.**

Tafel 19.9. Temperaturkoeffizienten von Feststoffen und Flüssigkeiten [19.1]

Material	Längenausdehnungskoeffizient α_l in $m \cdot m^{-1} \cdot K^{-1}$
Aluminium	$23{,}8 \cdot 10^{-6}$
Gußeisen	$10{,}4 \cdot 10^{-6}$
Glas	$5{,}9 \cdot 10^{-6}$
Invar	$1{,}5 \cdot 10^{-6}$
Kupfer	$16{,}5 \cdot 10^{-6}$
Messing	$18{,}4 \cdot 10^{-6}$
Nickel	$13{,}0 \cdot 10^{-6}$
Porzellan (hart)	$3{,}5 \cdot 10^{-6}$
PVC	$80 \cdot 10^{-6}$
Quarzglas	$0{,}5 \cdot 10^{-6}$
Stahl (legiert)	$15 \cdot 10^{-6}$
Material	**Volumenausdehnungskoeffizient α_V in $m^3 \cdot m^{-3} \cdot K^{-1}$**
Äthylalkohol	$110 \cdot 10^{-5}$
Benzol	$106 \cdot 10^{-5}$
Glyzerin	$49 \cdot 10^{-5}$
Petroleum	$96 \cdot 10^{-5}$
Quecksilber	$18 \cdot 10^{-5}$
Toluol	$109 \cdot 10^{-5}$
Thermometerglas	$2 \cdot 10^{-5}$
Material	**Widerstandskoeffizient α_R in $\Omega \cdot \Omega^{-1} \cdot K^{-1}$**
Kupfer	$4{,}27 \cdot 10^{-3}$
Nickel	$6{,}17 \cdot 10^{-3}$
Oxidkeramik	$-2{,}5 \cdot 10^{-2}$
Platin	$3{,}85 \cdot 10^{-3}$

Bimetallthermometer (BT) bestehen aus zwei aufeinandergepreßten Metallstreifen. Die Materialien dieser Metallstreifen haben verschiedene thermische Ausdehnungskoeffizienten. Verbreitet sind Messing (Kupfer-Zink-Legierung) und Invar (Eisen-Nickel-Legierung). Die durch eine Temperaturänderung $\Delta\vartheta$ bewirkte Auslenkung Δx eines einseitig eingespannten Bimetallstreifens der Länge l, der Streifenstärke s je Metallfeder und der

Differenz $\Delta\alpha_l = \alpha_{l1} - \alpha_{l2}$ beider thermischer Längenausdehnungskoeffizienten α_{l1} und α_{l2} kann für $\alpha_{l1} > 10\alpha_{l2}$ in guter Näherung aus

$$\Delta x = \frac{l^2}{2s}\Delta\alpha_l\,\Delta\vartheta \tag{19.7}$$

errechnet werden [19.16, S. 35].

Ein Streifen mit $l = 5$ cm, $s = 1$ mm und $\Delta\alpha_l = 15 \cdot 10^{-6}\,\text{m} \cdot \text{m}^{-1} \cdot \text{K}^{-1}$ wird bei Temperaturänderungen $\Delta\vartheta = 100$ K etwa $\Delta x = 2$ mm ausgelenkt.

Diese Querauslenkung liegt etwa zwei Größenordnungen über der reinen Längenausdehnung der Stabausdehnungsthermometer [19.1].

19.4.1.2. Flüssigkeitsglasthermometer

Flüssigkeitsglasthermometer (FGT) bestehen aus einem Glasgefäß, das mit einer thermometrischen Flüssigkeit gefüllt ist. Die Temperaturmessung basiert auf den unterschiedlichen mittleren thermischen **Volumenausdehnungskoeffizienten** des Glasgefäßes und der thermometrischen Flüssigkeit. Der mittlere thermische Volumenausdehnungskoeffizient ist definiert als

$$\alpha_V = \frac{V_2 - V_1}{V_1(\vartheta_2 - \vartheta_1)} = \frac{1}{V_1}\frac{\Delta V}{\Delta\vartheta} \tag{19.8}$$

$V_{1,2}$ Volumen der Flüssigkeit oder des Glasgefäßes bei den Temperaturen ϑ_1 und ϑ_2.

Für die Bezugstemperatur $\vartheta_1 = 0\,°\text{C}$ vereinfacht sich Gl. (19.8) zu

$$\alpha_V = \frac{1}{V_0}\frac{\Delta V}{\vartheta_2}. \tag{19.9}$$

Die Differenz der thermischen Volumenausdehnungskoeffizienten der Flüssigkeit (F) und des Glases (G)

$$\Delta\alpha_V = \alpha_{V(\text{F})_{\vartheta_0\vartheta_2}} - \alpha_{V(\text{G})_{\vartheta_0\vartheta_2}} \tag{19.10}$$

ist umgekehrt proportional der Anzeige des Flüssigkeitsglasthermometers

$$\vartheta_2 = \left(\frac{1}{V_0}\frac{\Delta V}{\alpha_V}\right)_{\text{F}} - \left(\frac{1}{V_0}\frac{\Delta V}{\alpha_V}\right)_{\text{G}}. \tag{19.11}$$

Für Präzisionsmessungen werden Thermometer mit nicht benetzenden (metallischen) thermometrischen Flüssigkeiten verwendet. Am weitesten verbreitet sind Quecksilberglasthermometer. Quecksilber oxydiert fast nicht, ist leicht in chemisch reiner Form herzustellen und ist in einem großen Temperaturintervall (Schmelzpunkt −38,8 °C, Siedepunkt +356,6 °C) einsetzbar.

Nachteilig ist der gegenüber benetzenden (organischen) thermometrischen Flüssigkeiten, z. B. Alkohol (Alk), vergleichsweise niedrige thermische Volumenausdehnungskoeffizient **(Tafel 19.9)** [19.1].

19.4.1.3. Flüssigkeitsfederthermometer

Flüssigkeitsfederthermometer (FFT) bestehen aus einem metallischen Tauchrohr, einer metallischen Verbindungskapillare und einem metallischen, elastischen Meßglied. Das ganze System ist mit einer thermometrischen Flüssigkeit gefüllt. Der temperaturabhängige

Tafel 19.10. Elektrische Berührungsthermometer [19.1]

	Widerstandsthermometer		Thermoelemente	
Typ	Metall-Widerstandsthermometer	Halbleiter-Widerstandsthermometer	Standardthermoelemente	Mantelthermoelemente
Bauprinzip	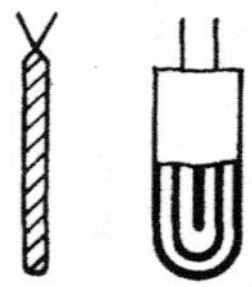	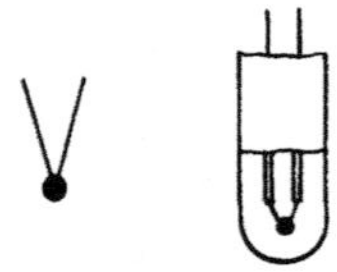	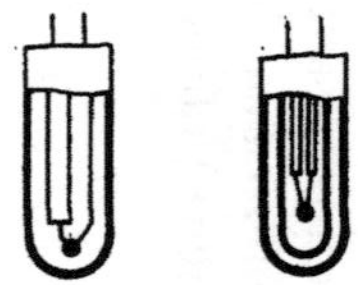	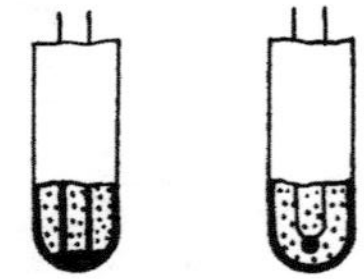
Meßbereich	(−200 ··· +800) °C	(−150 ··· +450) °C	(0 ··· 1600) °C	(0 ··· 2500) °C
Meßunsicherheit	± 0,5 %	± (1 ... 5) %	± 0,5 %	± 0,5 %
Empfindlichkeit	(0,04 ··· 04) $\Omega \cdot K^{-1}$	2 $\Omega\, K^{-1}$	(0,006 ··· 0,05) $mV \cdot K^{-1}$	0,05 $mV \cdot K^{-1}$
Einstellzeit	groß	klein	groß	klein
Vorteile	sehr genau, lineare statische Kennlinie	große Meßgrößenempfindlichkeit, punktförmige Temperaturmessung möglich	billig, genau, lineare statische Kennlinie	flexibel, robust, kleine Wärmeträgheit, lineare statische Kennlinie
Nachteile	keine punktförmige Temperaturmessung möglich	nichtlineare statische Kennlinie, großer Streubereich, geringe Alterungsbeständigkeit	große Wärmeträgheit	unbekannt
Anwendung	Energietechnik, Verfahrenstechnik, Lebensmittelindustrie	Energietechnik, Verfahrenstechnik, Kunststoffindustrie, Medizin	Energietechnik, Verfahrenstechnik, Lebensmittelindustrie	Energietechnik, Verfahrenstechnik, Reaktortechnik, Medizin, Bautechnik, Kunststoffindustrie
Richtwert (in M)	50	30	30	40

Ausdehnungsunterschied zwischen Tauchrohr und Meßflüssigkeit wird über das Kapillarrohr auf das Meßglied übertragen und bewirkt dort eine Längenänderung, die als Maß für die Temperatur des Thermometers dient. Flüssigkeitsfederthermometer sind billig und robust, arbeiten ohne Hilfsenergie, haben dabei große Stellkräfte und lassen auch Fernübertragungen bis 50 m zu. Nachteilig ist, daß sowohl der Umgebungsdruck als auch die Temperatur der Verbindungskapillare Einfluß auf die Temperaturmessung haben können. Frei von diesen Nachteilen sind Dampfdruckfederthermometer [19.1].

19.4.1.4. Dampfdruckfederthermometer

Dampfdruckfederthermometer (DFT) unterscheiden sich in ihrem mechanischen Aufbau nicht von den Flüssigkeitsfederthermometern (FFT). Das Tauchrohr ist aber beim DFT gegenüber dem FFT nur zu einem kleinen Teil mit thermometrischer Flüssigkeit gefüllt. Die thermometrische Flüssigkeit im DFT siedet leicht. Der über der Flüssigkeit vorhandene Druck ist ein Maß für die Temperatur des DFT. Durch ein elastisches Meßglied erfolgt die Umsetzung der Druckänderung in eine Längenänderung. Die Vorteile der FFT gelten auch für DFT. Die DFT haben nicht die Nachteile der FFT. Gegenüber FFT ist nachteilig, daß DFT teurer in der Herstellung sind und eine nichtlineare statische Kennlinie haben [19.1].

19.4.2. Elektrische Berührungsthermometer

19.4.2.1. Widerstandsthermometer

Widerstandsthermometer **(Tafeln 19.7 und 19.10)** bestehen aus Meßwiderstand, Schutzrohr und Anschlußkopf. Meßglied ist der Meßwiderstand. Sein elektrischer Widerstand ist abhängig von seiner Temperatur. Der Meßwiderstand besteht entweder aus einem wärmebeständigen, elektrisch isolierenden Träger, auf dem der Meßdraht aufgewickelt

Tafel 19.11. Thermoelektrische Grundstromkreise [19.1]

	Thermowiderstandselektrischer Grundstromkreis	Thermospannungselektrischer Grundstromkreis
Schaltung	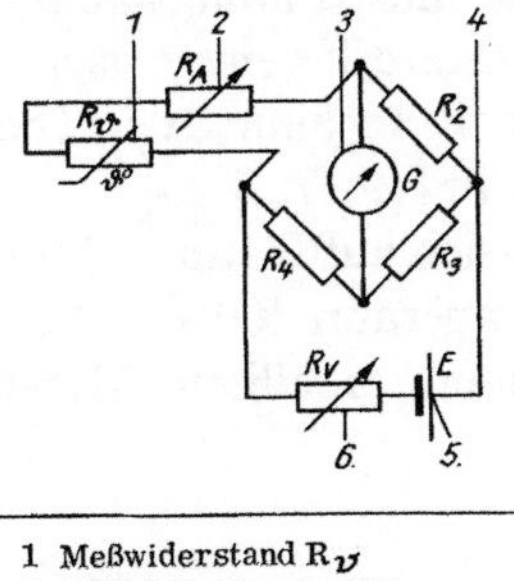	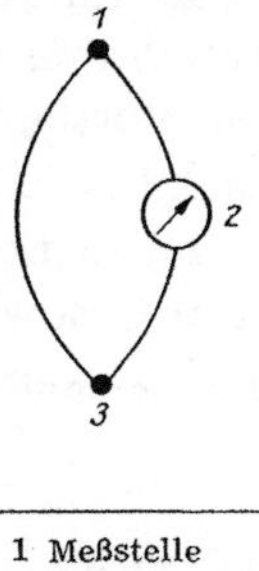
Bezeichnung	1 Meßwiderstand R_ϑ 2 Abgleichwiderstand R_A 3 Anzeigeinstrument G 4 Meßbrücke mit den Widerständen R_ϑ, R_2, R_3, R_4, R_A 5 Spannungsquelle E 6 Einstellwiderstand R_V	1 Meßstelle 2 Anzeigeinstrument 3 Vergleichsstelle

ist (Standardmetallwiderstandsthermometer) oder einer mit zwei Anschlüssen versehenen Halbleiterscheibe oder -perle (Halbleiterwiderstandsthermometer).

Das Funktionsprinzip dieser Thermometer erlaubt eine Temperaturmessung durch

Widerstandsmessung bzw. Spannungsmessung bei konstanter Stromstärke oder eine Stromstärkemessung bei konstanter Spannung. Beim thermowiderstandselektrischen Grundstromkreis **(Tafel 19.11)** ist die Änderung des Meßwiderstands ein Maß für seine Temperaturänderung. Mit dem Abgleichwiderstand wird der Zuleitungswiderstand auf einen vorgegebenen Festwert eingestellt (häufig 20 Ω).

Die Anzeige am Galvanometer in der Diagonale der Meßbrücke ist außerdem der Speisespannung proportional. Deshalb sorgt ein Einstellwiderstand für konstante Versorgungsspannung.

Der **Temperaturkoeffizient (Tafel 19.9)** der Meßwiderstände ist als mittlere relative Zunahme des Widerstands bei einer Erwärmung um 1 K im Bereich zwischen (0 ... 100) °C definiert

$$\alpha_R = \frac{1}{R_0} \frac{\Delta R}{\Delta \vartheta}. \tag{19.12}$$

$\Delta R = R_{100} - R_0$, R_0 Widerstand bei 0 °C in Ω, R_{100} Widerstand bei 100 °C in Ω, $\Delta\vartheta$ = 100 K [19.1].

Die standardisierten Grundwertreihen (Widerstandswerte als Funktion der Temperatur) sind für standardisierte Widerstandsthermometer in [19.1] angegeben. Grundlegende Meßschaltungen für Temperaturmessungen mit Widerstandsthermometern siehe Abschnitt 19.4.2.3.

19.4.2.2. Thermoelemente

Thermoelemente **(Tafeln 19.7 und 19.10)** bestehen aus Thermopaar, Schutzrohr und Anschlußkopf. Meßglied ist das Thermopaar. Es hat zwei Thermodrähte aus unterschiedlichem Material. Wird die Temperatur der einen Verbindungsstelle der Thermodrähte (Vergleichsstelle) konstant gehalten (gebräuchlich 0 °C oder +50 °C), dann ist die erzeugte Thermospannung ein Maß für die Temperatur der zweiten Verbindungsstelle der Thermodrähte (Meßstelle).

Der thermospannungselektrische Grundstromkreis **(Tafel 19.11)** besteht aus Thermopaar und Indikator. Nach ihrem Aufbau wird zwischen Standard- und Mantelthermoelementen unterschieden. Die Höhe der erzeugten Thermospannung hängt von der Materialkombination der Thermodrähte und der Temperaturdifferenz zwischen Meßstelle und Vergleichsstelle ab. Eine Vorstellung von der Größenordnung der Thermospannungen vermittelt die Thermoelektrische Spannungsreihe in [19.17, S. 23].

Die angegebenen Thermospannungen beziehen sich auf Platin (Pt) und gelten für Vergleichsstellentemperatur 0 °C sowie Meßstellentemperatur 100 °C. Die auf Platin bezogene Thermospannung $E_{x,\mathrm{Pt}}$ kann auf jedes andere tabellierte Metall y umgerechnet werden.

$$E_{x,y} = E_{x,\mathrm{Pt}} - E_{y,\mathrm{Pt}} \tag{19.13}$$

Beispiel: Für ein Eisen-Konstantan-Thermoelement (Fe-Konst-Thermoelement) ergibt sich nach Gl. (19.13)

$$E_{\mathrm{Fe\text{-}Konst}} = 1{,}9\ \mathrm{mV} - (-3{,}4\ \mathrm{mV}) = 5{,}3\ \mathrm{mV}.$$

Die Temperaturempfindlichkeit eines Fe-Konst-Thermoelements beträgt demnach

$$S = \frac{\Delta E}{\Delta \vartheta} = \frac{5{,}3\ \mathrm{mV}}{100\ \mathrm{K}} = 5{,}3 \cdot 10^{-2}\ \mathrm{mV} \cdot \mathrm{K}^{-1}.$$

Standardisierte Thermopaarkombinationen sind Kupfer–Konstantan, Eisen–Konstantan, Nickelchrom–Nickel und Platinrhodium–Platin. Reihenfolge in der Benennung: Pluspol (z. B. Kupfer)–Minuspol (z. B. Konstantan). Die Spannungswerte der Thermoelemente (Thermopaare) s. [19.1].

Da nur die Thermospannungen, nicht aber die Zusammensetzungen der Legierungen der Thermopaardrähte standardisiert sind, ist es nicht zulässig, Drähte verschiedener Hersteller zu einem Thermopaar zu vereinen.

Erfolgt die Temperaturmessung bei einer Vergleichsstellentemperatur ϑ_V, die von der Vergleichsstellentemperatur ϑ_K bei der Kalibrierung abweicht, dann wird die tatsächliche Temperatur aus der angezeigten Temperatur ϑ_A berechnet, und zwar für lineare statische Kennlinien der Thermoelemente aus

$$\vartheta = \vartheta_A + (\vartheta_V - \vartheta_K) \qquad (19.14)$$

und für nichtlineare statische Kennlinien der Thermoelemente aus

$$\vartheta = \vartheta_A + C\,(\vartheta_V - \vartheta_K). \qquad (19.15)$$

C ist ein Korrekturfaktor, der TGL 0-43710 entnommen werden kann.

Sind die Anschlußklemmen der Thermoelemente für die Thermostatierung nicht geeignet, wird die Vergleichsstelle der Thermoelemente durch **Ausgleichsleitungen** an einen anderen Ort verlegt. Ausgleichsleitungen haben im Bereich (0 ... 200) °C dieselben Thermospannungen wie die entsprechenden Thermopaare, haben aber gegenüber den Thermodrähten bessere elektrische und mechanische Eigenschaften.

Die Ausgleichsleitungen tragen folgende Kennzeichen:

Cu–Konst	braun
Fe–Konst	blau
NiCr–Ni	grün
PtRh–Pt	weiß.

Der Pluspol ist zusätzlich rot gekennzeichnet. Fehler bei der Auswahl und beim Anschluß der Ausgleichsleitungen führen zu erheblichen Meßfehlern. Ebenso die ungenügende Berücksichtigung des Leitungswiderstands von Thermopaar und Ausgleichsleitung. Zur Vermeidung systematischer Meßfehler wurden in [19.1] typische Unterscheidungsmerkmale für die gebräuchlichsten Thermoelemente zusammengestellt.

19.4.3. Elektrische Strahlungsaufnehmer

19.4.3.1. Thermische Strahlungsaufnehmer

Thermische Strahlungsaufnehmer **(Tafel 19.12)** haben in breiten Wellenlängenbereichen von Infrarot (IR) bis Ultraviolett (UV) **(Tafel 19.13)** eine konstante Empfindlichkeit [19.19] bis [19.25].

Ihre Reaktion auf den Strahlungsfluß **(s. Tafel 20.2.2)** erklärt ihre wellenlängenunabhängige Empfindlichkeit sowie ihre bei einigen Typen relativ große Trägheit (ms-Bereich). Um das Absorptionsvermögen der Strahlungsaufnehmer zu erhöhen, werden ihre Empfängerflächen geschwärzt. Im langwelligen IR (ab 20 µm) dagegen sind ungeschwärzte Metallschichten spezieller Dicke (Woltersdorff-Dicke) vorteilhafter. Um konvektive und konduktive Wärmeverluste der Aufnehmer gegenüber der Umgebung möglichst einzuschränken, werden sie in evakuierte oder schutzgasgefüllte Gehäuse eingebaut.

Tafel 19.12. Thermische Strahlungsaufnehmer [19.4]

	Thermische Strahlungsaufnehmer					
	Thermoelektrisch				Thermopneumatisch	Thermooptisch
Typ	Strahlungsthermo-element	Bolometer	thermischer Kurzzeit-Detektor	pyroelektrischer Kristall	Golay-Detektor	flüssiger Kristall
Bauprinzip	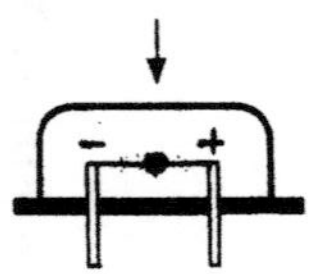	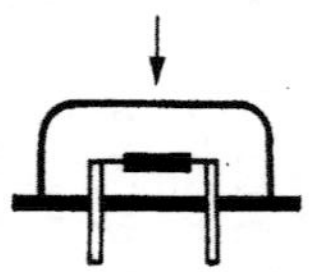	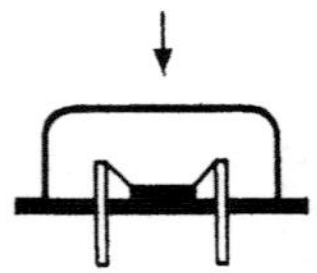	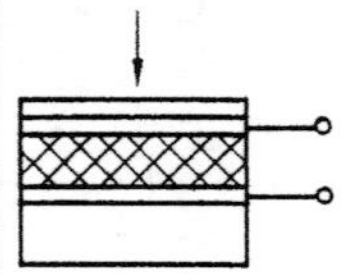	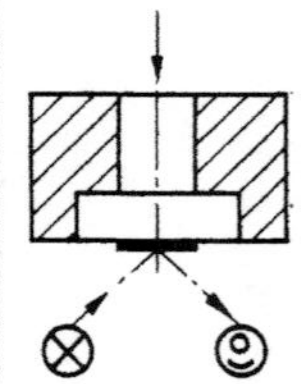	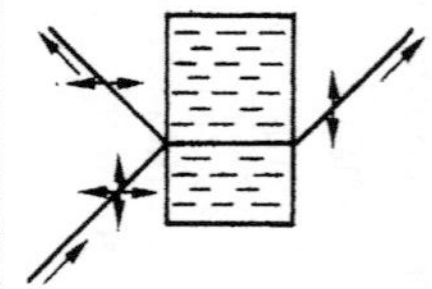
Meßbereich ΔT	theoretisch unbegrenzt, abhängig vom Aufbau					$(10^2 \cdots 10^3)$ K
Empfindlichkeit	10^0 V/W	10^1 V/W	10^{-4} V/W	10^3 V/W	10^5 V/W	10^2 nm/K
Einstellzeit	10^{-2} s	10^{-3} s	10^{-8} s	10^{-7} s	10^{-2} s	10^{-1} s
Vorteile	große zeitliche Konstanz	größere Empfindlichkeit als Strahlungs-thermoelemente	kleine thermische Trägheit	kleine thermische Trägheit, großes zeitliches Auf-lösungsvermögen	extrem frequenz-unabhängig	großes Auflösungs-vermögen 10^{-3} K
Nachteile	größere Trägheit als Bolometer	Hilfsspannung Eigenerwärmung	geringe Empfindlichkeit	Depolarisation oberhalb Curie-Punkt	für statische Messungen ungeeignet	große thermische Trägheit
Anwendung	Pyrometrie Spektroskopie Radiometrie	Pyrometrie Spektroskopie Radiometrie	Nachweis von Laserstrahlung	Pyrometrie Spektrometrie Thermografie	Spektrometrie	Medizin Forschung
Richtwert (in M)	1000	1000		2000	1500	2 je g

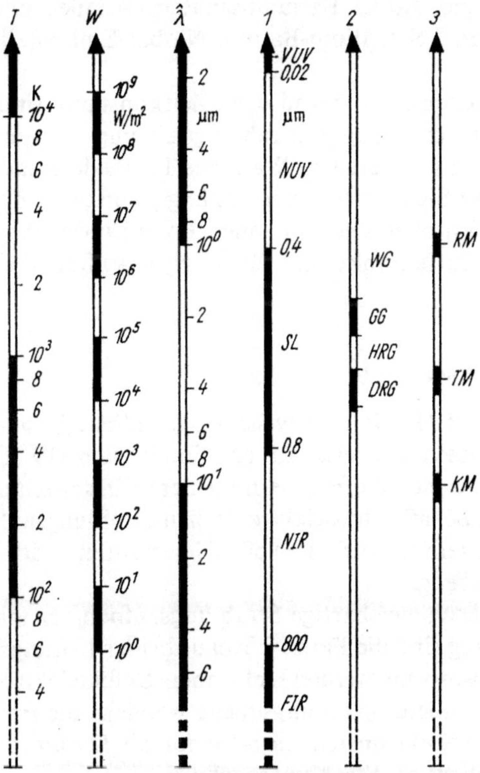

Tafel 19.13
Strahlungsskalen nach [19.15]
T absolute Temperatur, *W* Gesamtstrahlung eines Körpers,
λ̂ Wellenlänge des Strahlungsmaximums bei *T*
1 Klassifikation: *FIR* fernes Infrarot, *NIR* nahes Infrarot, *SL* sichtbares Licht, *NUV* nahes Ultraviolett, *VUV* Vakuum-Ultraviolett
2 Glühfarben: *DRG* Dunkelrotglut, *HRG* Hellrotglut, *GG* Gelbglut, *WG* Weißglut
3 Auspuffgastemperaturen: *KM* Kolbenantrieb, *TM* Turbinenantrieb, *RM* Raketenantrieb

Strahlungsthermoelemente bestehen aus dünnen Aufdampfschichten, Folien oder feinen Drähten. Zur Erhöhung der Thermospannung werden Thermosäulen gebildet (z.B. 20 Thermoelemente in Reihe). Strahlungsthermoelemente sind relativ niederohmig (10^1 bis 10^2 Ω), ihre Zeitkonstanten liegen bei 10^1 bis 10^2 ms, ihre Empfindlichkeit bei 10^0 V · W^{-1}.

Als **Bolometer** bezeichnet man Meßwiderstände aus Leitern (Metallfolien, Temperaturkoeffizient $T_k \approx 10^{-3}$ K^{-1}) oder Halbleitern (Thermistoren $T_k \approx 10^{-1}$ K^{-1}, Meßschaltung wie für Widerstandsthermometer). Bei Schwarzschichtbolometern ist die Metallfolie geschwärzt. Dünnschichtbolometer basieren auf dem besonderen Absorptionsmechanismus dünner Metallschichten im langwelligen IR. Metallbolometer haben Widerstände von einigen hundert Ohm und Empfindlichkeiten bei 10^1 V · W^{-1}. Thermistorbolometer haben Widerstände von einigen tausend Ohm und Empfindlichkeiten zwischen 10^1 und 10^3 V · W^{-1}. Bolometer benötigen eine Hilfsspannung. Ihre Empfindlichkeit hängt von der Betriebsspannung ab. Die minimalen Zeitkonstanten aller Bolometertypen liegen bei 1 ms. Thermistorbolometer zeigen relativ großes Stromrauschen.

Thermische Kurzzeitdetektoren sind Dünnschichtthermoelemente oder -bolometer, bei denen die aktiven Schichten in gutem Wärmekontakt mit einer Wärmesenke (Träger) stehen. Sie haben deshalb vergleichsweise kleine Einstellzeiten (10^{-9} s), aber auch nur geringe Empfindlichkeiten (10^{-4} V · W^{-1}). Sie werden zum Nachweis energiereicher Signale, beispielsweise zur Registrierung hochfrequenzmodulierter Laserstrahlung, eingesetzt und können bei Zimmertemperatur betrieben werden.

Pyroelektrische Strahlungsaufnehmer sind Kristalle bestimmter Symmetrie, in denen in Abhängigkeit von der Temperatur spontane Polarisationen auftreten. Sie wirken wie

Kondensatoren und arbeiten ohne Hilfsenergie. Außer Bariumtitanateinkristallen und -keramiken zeigen vor allem Triglyzinsulfat und Strontium-Barium-Niobat-Einkristalle besonders starke pyroelektrische Effekte.

Für Frequenzen, die groß gegenüber der reziproken thermischen Zeitkonstante sind, wird der pyroelektrische Signalstrom frequenzunabhängig (Strahlungsleistungsmessung im MHz-Bereich). Der Frequenzbereich ist durch geeignete Wahl des Lastwiderstands auf Kosten der Empfindlichkeit einstellbar. Der Signalstrom ist unabhängig von der Empfängerflächengröße. Nachteilig ist das Verschwinden der spontanen Polarisation oberhalb des Curie-Punkts der Detektoren. Der Curie-Punkt liegt für Triglyzinsulfateinkristalle bei 49 °C [19.4].

19.4.3.2. Optoelektronische Strahlungsaufnehmer

Optoelektronische Strahlungsaufnehmer **(Tafel 19.14)** sind wellenlängenabhängig und dabei im sichtbaren oder nahen infraroten Spektralbereich am empfindlichsten [19.26] bis [19.29]. Sie haben i. allg. gegenüber thermischen Aufnehmern kleinere Einstellzeiten und größere strahlungsempfindliche Flächen. Bei allen fotoelektronischen Strahlungsaufnehmern ist zu beachten, daß ihre Umgebungstemperatur selten 50 °C überschreiten darf, um irreversiblen Parameteränderungen vorzubeugen.

Fotoelemente und Fotodioden sind physikalisch gleichartige Strahlungsaufnehmer mit einem *pn*-Übergang. Ohne Fotoneneinstrahlung sind die Fermi-Niveaus beider Leitungsbereiche im Gleichgewicht. Durch Fotonenabsorption werden Elektronen-Defektelektronen-Paare gebildet. Bei Fotoelementen ohne äußere Spannungsquelle wandern die freigesetzten Elektronen in die *n*-Region, die Defektelektronen in die *p*-Region ab. Die an den Elektroden entstehende Potentialdifferenz u dient als Strahlungsnachweis.

Bei Fotodioden mit äußerer Spannungsquelle wird eine Sperrspannung als Vorspannung an den *pn*-Übergang angelegt. Die durch Fotoneneinstrahlung eintretende Änderung des Sperrstroms ist der einfallenden Strahlung proportional.

Fototransistoren haben einen hochempfindlichen *npn*- oder *pnp*-Übergang mit echtem innerem Verstärkungsmechanismus. Ihre Fotostromstärke liegt deshalb etwa eine Größenordnung über der von Fotodioden. Die Einstellzeit von Fototransistoren ist größer als die von Fotodioden.

Fotowiderstände sind fotoelektrische Halbleiter, bei denen infolge Fotonenabsorption eine Leitfähigkeitsänderung eintritt. Fotowiderstände können wegen ihrer relativ großen Belastbarkeit empfindliche Relais direkt ansteuern.

Fotozellen werden mit Fotokatoden ausgerüstet, die bei Fotoneneinfall Elektronen emittieren. Die resultierende Stromstärke ist ein Maß für die einfallende Strahlung. Durch ihren großen Innenwiderstand entstehen über Fotozellen große Spannungspotentiale, die direkt für Steuer- und Regelzwecke ausgenutzt werden können.

Fotosekundärelektronenvervielfacher (FSEV) verstärken schwache Elektronenströme. Die durch Fotonen aus Fotokatoden ausgelösten Elektronen werden in einem elektrischen Feld beschleunigt und auf Prallelektroden (Dynoden) fokussiert. Beim Aufprall setzen die beschleunigten Elektronen aus den Prallelektroden die fünf- bis zehnfache Anzahl von Elektronen frei. Bekannt sind FSEV mit 9 bis 14 Dynoden und Verstärkungsfaktoren bis 10^9. Die genannten Strahlungsaufnehmer können so ausgelegt werden, daß sie den gesamten optischen Bereich des elektromagnetischen Spektrums nahezu lückenlos überdecken, und zwar vom Vakuumultraviolett mit Wellenlängen von (0,01 ... 0,18) µm bis hin zum fernen Infrarot mit Wellenlängen von (50 ... 1000) µm [19.4].

Tafel 19.14. Optoelektronische (fotoelektronische) Strahlungsaufnehmer [19.4]

	Fotoelektronische Strahlungsaufnehmer						
	Mit innerem fotoelektrischem Effekt					Mit äußerem fotoelektr. Effekt	
Typ	Fotoelement	Fotodiode	Fototransistor	Fotowiderstand	PEM-Detektor	Fotozelle	FSEV
Bauprinzip	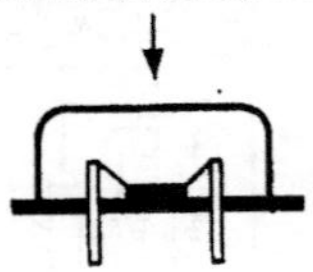	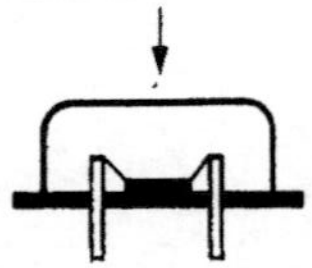	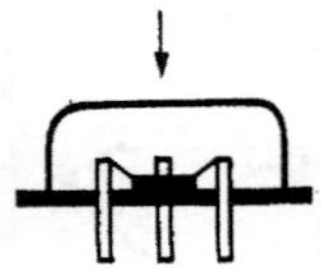	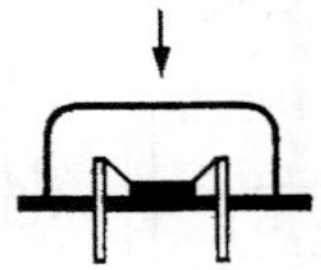	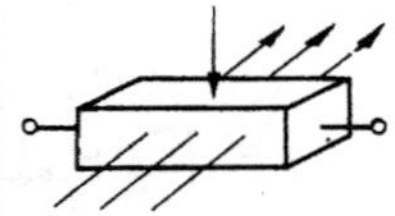	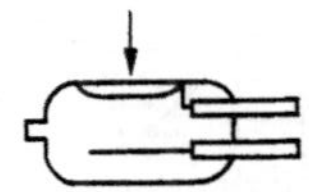	
Meßbereich	$(10^2 \cdots 10^4)$ K	$(10^2 \cdots 10^4)$ K	$(10^2 \cdots 10^4)$ K	$(10^2 \cdots 10^4)$K	$(10^2 \cdots 10^4)$K	$(10^3 \cdots 10^4)$K	$(10^3 \cdots 10^4)$K
Meßunsicherheit							
Empfindlichkeit	10^{-4} A/lm	10^{-2} A/lm	10^{-1} A/lm	10^3 Ω/lx		10^{-5} A/lm	10^3 A/lm
Einstellzeit	10^{-2} s	10^{-7} s	10^{-6} s	10^{-4} s (PbS)	10^{-6} s	10^{-8} s	10^{-8} s
Vorteile	passiver Wandler	kleine Trägheit	große Empfindlichkeit	große Empfindlichkeit	passiver Wandler, kleiner Innen-widerstand	große Empfind-lichkeit	sehr große Empfindlichkeit
Nachteile	große Trägheit	Hilfsspannung	Hilfsspannung	Hilfsspannung	Magnetfeld	Hilfsspannung	große Hilfs-spannungen (>1 kV)
Anwendung	Pyrometrie, Informations-technik	Pyrometrie, Informations-technik	Pyrometrie, Informations-technik	Pyrometrie Belichtungs-messer, Medizin, Schwellwertsch.		Informations-technik, Licht-mengen-messung	Astronomie, Kernphysik
Richtwert (in M)	10	10	50	10	100	50	500

Tafel 19.15. Meßschaltungen für Thermoelemente [19.4]

Verfahren	Ausschlagverfahren				
	Grundstromkreis	mit Thermostat	mit Kompensationsdose	mit Nullpunktunterdrückung	mit Verstärker
Meßschaltung	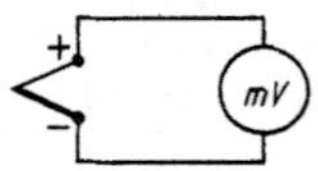	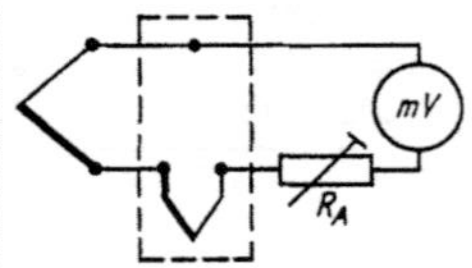	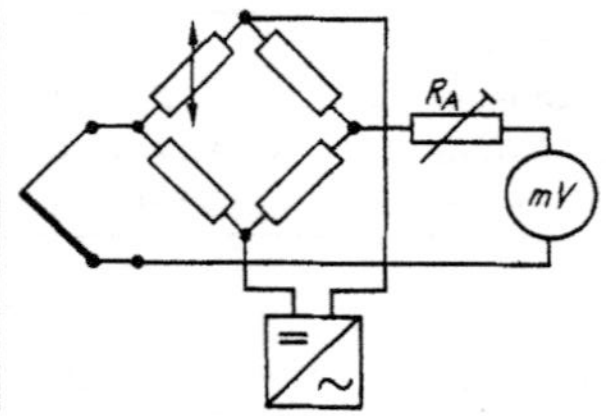	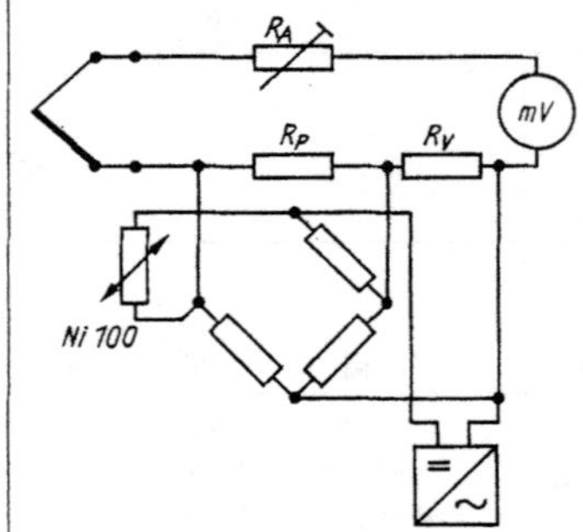	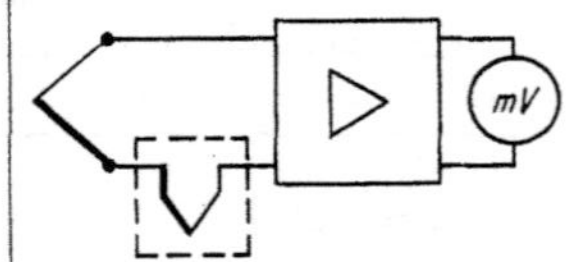

Verfahren	Kompensationsverfahren				
	Strommesserverfahren	Strommesserverfahren	Potentiometerverfahren	automatisches Potentiometer	automatisches Potentiometer
Meßschaltung	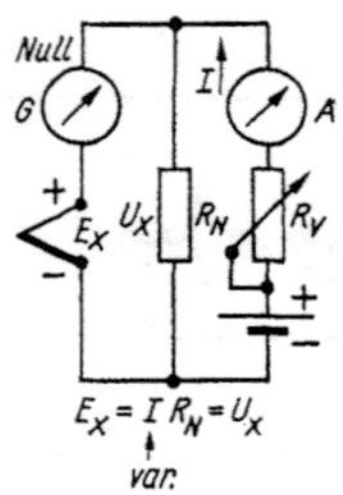	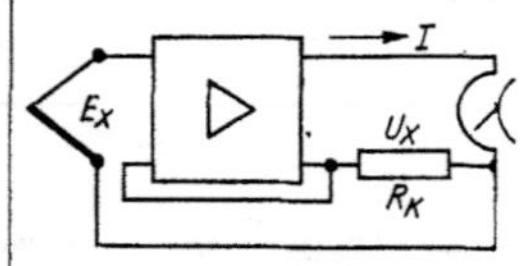	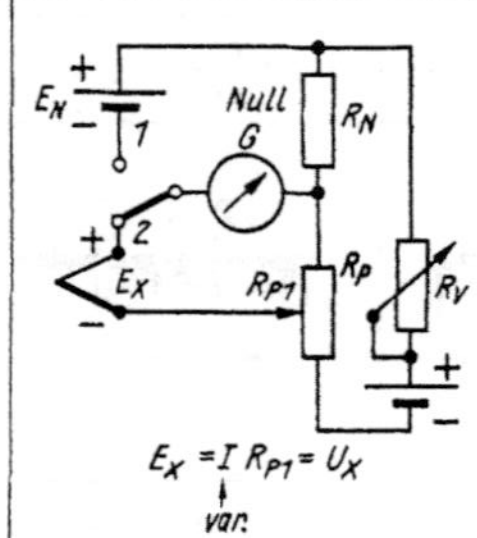	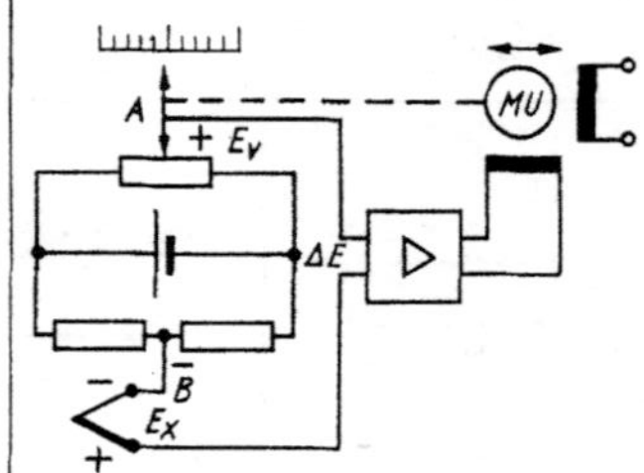	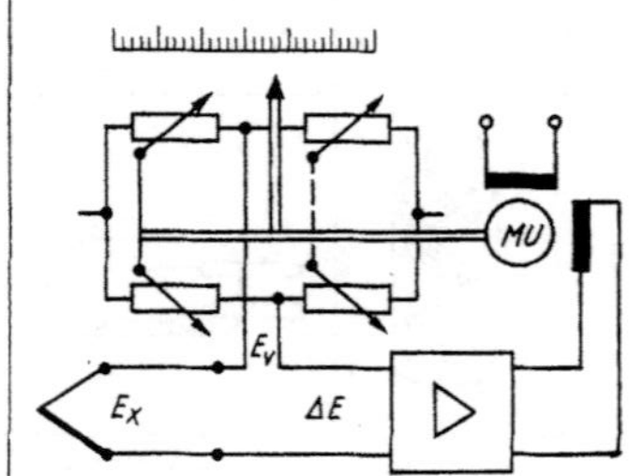

19.4.4. Temperaturmeßschaltungen

19.4.4.1. Meßschaltungen für Thermoelemente

Ausschlagverfahren (Tafel 19.15) sind dadurch gekennzeichnet, daß die Thermospannung direkt oder über einen Verstärker das Meßinstrument aussteuert. Nachteilig ist, daß mit Ausschlagverfahren nicht leistungslos gemessen wird, sondern daß Änderungen des Leitungswiderstands voll in das Meßergebnis eingehen, daß Temperaturänderungen des Meßinstruments das Meßergebnis beeinflussen und daß der Meßvorgang ohne Verstärker relativ langsam abläuft.

Bei der einfachsten Schaltung nach dem Ausschlagverfahren erfolgt die Temperaturmessung ohne Ausgleichsleitung und ohne Leitungsabgleich. Der Spannungsabfall über den Zuleitungen beträgt (0 ... 10)% in Abhängigkeit vom Innenwiderstand des Galvanometers und der Leitungslänge.

Aufwendigere Schaltungen sind mit Ausgleichsleitungen, mit Leitungsabgleich und mit Vergleichsstellenthermostat versehen. Das Vergleichsthermopaar wird in einem Metallblock untergebracht und auf eine konstante Temperatur (meistens +50°C) aufgeheizt. Fehler dieser Meßschaltung durch Fehlabgleich betragen etwa 0,5% und durch Temperaturschwankungen der Zuleitungen sowie der Vergleichsstelle etwa 0,3%.

Wird die Vergleichsstellentemperatur nicht konstant gehalten, so kann über einen temperaturabhängigen Kupferwiderstand und eine Brücke eine der Umgebungstemperatur proportionale Korrekturspannung dem Thermokreis zugeführt werden. Diese sog. Kompensationsdosen arbeiten im Bereich von (−10 ... +70)°C. Durch Verwendung eines Verstärkers erfolgt auch beim Ausschlagverfahren eine fast leistungslose Thermospannungsmessung, so daß der Leitungsabgleich entfallen kann. Ein weiterer Vorteil dieser Schaltung ist ihr gutes dynamisches Verhalten. Zu erwartende Meßfehler durch Schwankungen der Vergleichsstellentemperatur, durch Drift des Verstärkers und durch Fehlergrenzen des Anzeigeinstruments sind kleiner 1%.

Kompensationsverfahren (Tafel 19.15) sind dadurch gekennzeichnet, daß der Thermospannung eine gleich große Kompensationsspannung entgegengeschaltet wird. Kompensationsschaltungen messen leistungslos. Änderungen des Leitungswiderstands gehen nicht in die Messung ein, Temperaturänderungen des Meßinstruments beeinflussen das Meßergebnis nicht. Der Meßvorgang kann wegen der zugeführten Hilfsenergie relativ schnell ablaufen. Außerdem sind Kompensationsverfahren hervorragend für den Bau von Registriergeräten geeignet. Der gesamte Abgleich der Kompensatoren kann leicht automatisiert werden. Bei Kompensationsverfahren ist zwischen dem Strommesserverfahren nach *Lindeck-Rothe* und dem Potentiometerverfahren nach *Poggendorff* (siehe Abschnitt 18.4.4.2.) zu unterscheiden [19.4].

19.4.4.2. Meßschaltungen für Widerstandsthermometer

Meßschaltungen nach dem **Ausschlagverfahren (Tafel 19.16.1)** werden mit Drehspul- und Kreuzspulmeßinstrumenten in Zwei- und Dreileiterschaltung betrieben. In der Zweileiterschaltung ist die vom Drehspulinstrument G angezeigte Stromstärke I der Brückendiagonale ein Maß für die Temperatur ϑ des Meßwiderstands R_ϑ. Da die Anzeige des Drehspulinstruments auch noch eine Funktion der Speisespannung ist, muß eine Konstantspannungsquelle (gekennzeichnet durch Spannungsquelle E und Vorschaltwiderstand R_V) zur Speisung der Meßbrücke ($R_\vartheta + R_A$), R_2, R_3, R_4 verwendet werden. Fehlabgleich der Zuleitungsdrähte, Temperaturänderungen der Zuleitungen, Nichtlinearität der statischen Kennlinie der Meßbrücke, Toleranzen der Meßbrückenwiderstände R_2,

Tafel 19.16.1. Meßschaltungen für Widerstandsthermometer [19.1]

Verfahren	Ausschlagverfahren		
	Zweileiterschaltung	Dreileiterschaltung	Schaltung mit Kreuzspulinstrument
Meßschaltung	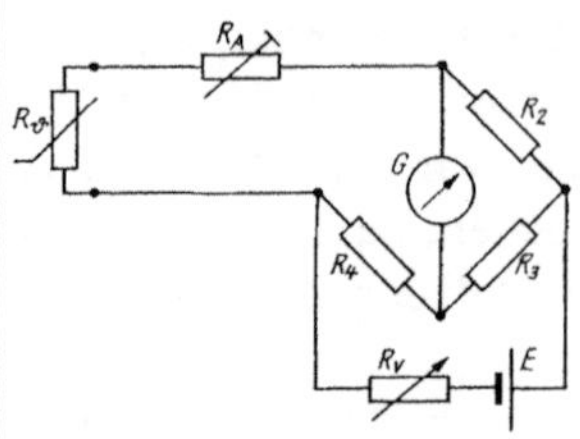	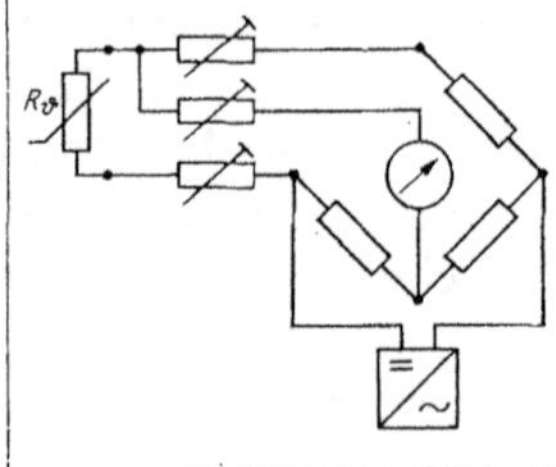	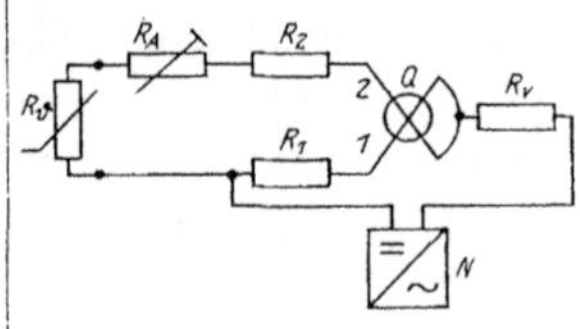
	Dreileiterschaltung mit Kreuzspuleninstrument	Schaltung mit Drehspulinstrument	
	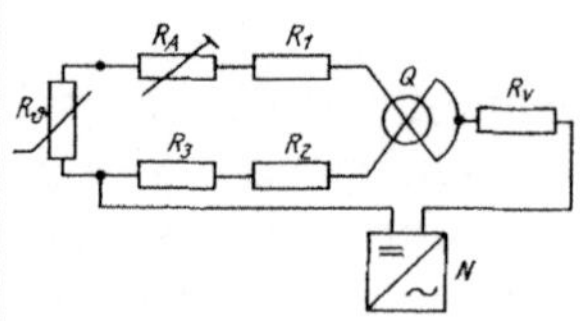	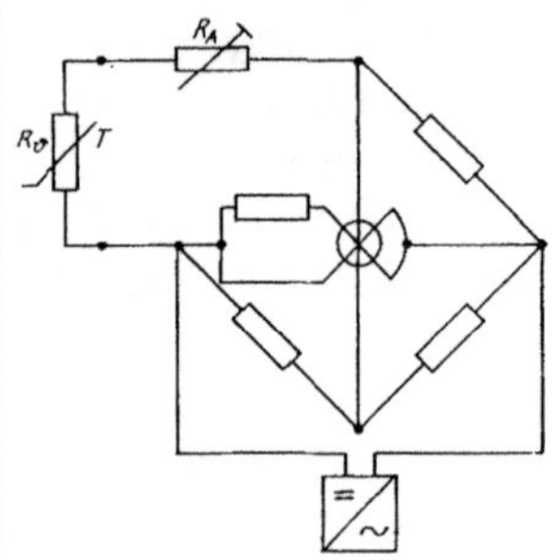	

R_3 und R_4, Eigenerwärmung des Meßwiderstands R_ϑ, Spannungsschwankungen der Speisespannungsquelle E und Fehler des Drehspulinstruments G wirken sich voll auf den Meßfehler aus.

In der Dreileiterschaltung wirken sich die Widerstandsänderungen durch Temperaturschwankungen der Zuleitungen auf beide Meßbrückenäste gleichartig aus. Dadurch werden sie eliminiert.

Weit verbreitet sind Meßschaltungen mit Kreuzspulinstrumenten. Kreuzspulinstrumente sind Quotientenmesser, d.h., Schwankungen der Speisespannung haben keinen Einfluß auf die Anzeige. Die Drehmomente der sich kreuzenden, starr gekoppelten Wicklungen der Kreuzspulinstrumente wirken gegeneinander. Der Zeigerausschlag ist proportional dem Quotienten der Stromstärken, die im Stromkreis 1 aus Spule 1, R_V, R_1 und N und im Stromkreis 2 aus Spule 2, R_V, R_A, R_2, R_ϑ und N fließen. Nur der Meßwiderstand R_ϑ ist temperaturabhängig und bestimmt den Zeigerausschlag. Der Meßstrom, der den Meßwiderstand durchfließt, führt auch hier zu einer Eigenerwärmung des Meßwiderstands. Dieser **„Erwärmungsfehler"** hängt vom Quadrat der Meßstromstärke, dem Aufbau des Thermometers und den Wärmeübergangsbedingungen ab. Bei einer Meßstromstärke von maximal 10 mA kann der Erwärmungsfehler zwischen (0,02 ... 1) K liegen.

Sind die Zuleitungen relativ lang und Temperaturschwankungen ausgesetzt, dann verhindern Dreileiterschaltungen größere Meßfehler. Bei Widerstandsthermometern Pt 100 (Meßwiderstand Platin, $R_0 = 100\ \Omega$ bei 0°C) bringt eine Veränderung des Leitungswiderstands um 1 Ω in einer Zweileiterschaltung eine Fehlanzeige von 2,5 K [19.30, S. 34].

In Schaltungen nach dem **Spannungskompensationsverfahren (Tafel 19.16.2)** wird die der Temperatur des Meßwiderstands und seiner bekannten Stromstärke I proportionale Meßspannung U_x durch eine gleichgroße Gegenspannung U_N kompensiert. Der Thermometerwiderstand wird durch Vergleich der Spannungsabfälle über dem Normalwiderstand R_N und dem Meßwiderstand R_ϑ nach $R_\vartheta = (U_x/U_N) R_N$ ermittelt. Erfolgt die Spannungsmessung leistungslos mit einem Kompensator K und werden die Stromzuführungen von den Spannungsabgriffen getrennt (Vierleiterschaltung), so haben die Widerstände der Zuleitungsdrähte keinen Einfluß auf das Meßergebnis.

In einem Meßstromkreis mit Stromkonstanthalter SK und einem selbstabgleichenden automatischen Kompensator AK ist die Kompensationsspannung U_x ein Maß für die zu messende Temperatur.

In **Dreileiterbrückennullschaltungen (Tafel 19.16.2)** wird der Brückenwiderstand R_4 manuell so lange verstellt, bis die Brückendiagonale stromlos ist. Dadurch ist die Nichtlinearität der statischen Kennlinie der Meßbrücke ohne Einfluß auf das Meßergebnis. Ebenso beeinflussen Spannungsschwankungen in den üblichen Grenzen die Messungen nicht.

Tafel 19.16.2. Meßschaltungen für Widerstandsthermometer [19.1]

Verfahren	Kompensationsverfahren		
	Spannungskompensationsverfahren	Spannungskompensationsverfahren	Spannungskompensationsverfahren
Meßschaltung	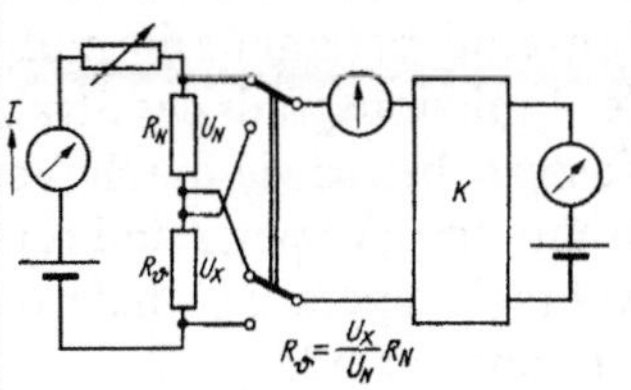	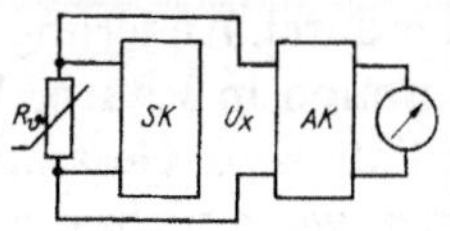	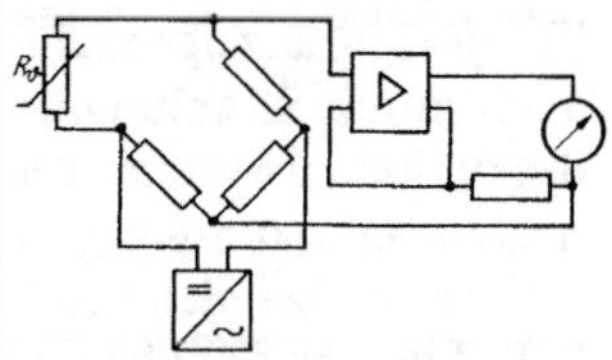
	Brückennullverfahren		Automatisches Brückennullverfahren
	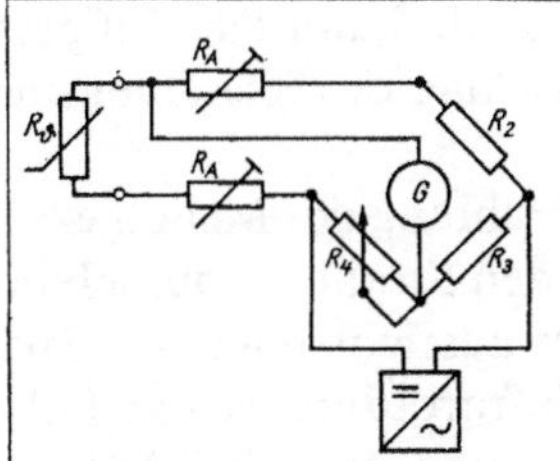		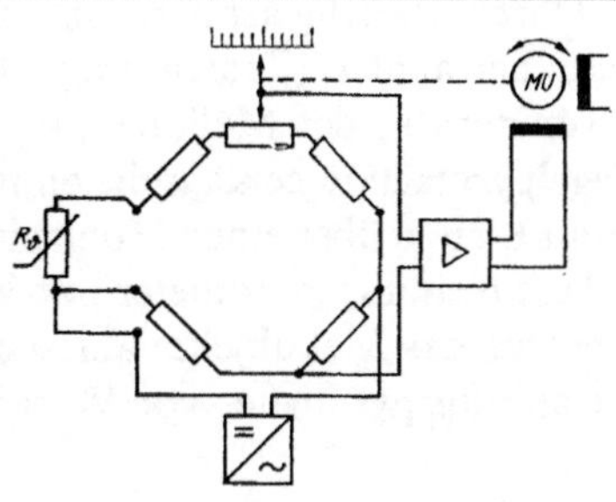

In automatischen Dreileiterbrückennullschaltungen wird der Nullabgleich selbsttätig vorgenommen. Mit Brückennullschaltungen sind die Temperaturmessungen fast leistungslos durchführbar, so daß Eigenerwärmungsfehler kaum ins Gewicht fallen [19.4].

19.4.5. Strahlungspyrometer

19.4.5.1. Gesamtstrahlungspyrometer

Gesamtstrahlungspyrometer **(Tafeln 19.17 und 19.18.1)** sollen mindestens 90% der Gesamtstrahlung eines Strahlers meßtechnisch erfassen. Die Messung der wahren Temperatur T eines schwarzen Strahlers erfolgt nach dem Stefan-Boltzmannschen Gesetz **(Tafel 19.5)**. Für einen nichtschwarzen Strahler unbekannten Emissionsgrads wird nicht die wahre Temperatur T, sondern die Gesamtstrahlungstemperatur T_t gemessen. Für den Fall, daß der Emissionsgrad bekannt ist, kann die wahre Temperatur berechnet werden **(Tafel 19.6)**.

Tafel 19.17. Strahlungspyrometer [19.4]

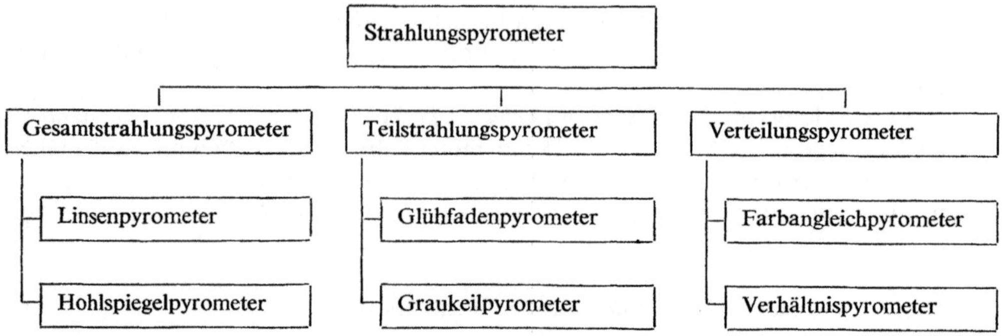

Korrekturwerte für Temperaturmessungen mit Gesamtstrahlungspyrometern bei Gesamtemissionsgraden $\varepsilon < 1$ sind in [19.2] angegeben. Für den Einsatz von Gesamtstrahlungspyrometern ist nachteilig, daß der Emissionsgrad bekannt sein muß und daß die Temperaturanzeige nicht nur durch Änderung des Emissionsgrads des Strahlers, sondern auch durch Strahlungsabsorption in Rauch, Wassernebel sowie durch Verschmutzung des optischen Systems beeinflußt wird. Gesamtstrahlungspyrometer sind für Temperaturmessungen dann gut geeignet, wenn nicht die wahre Temperatur, sondern Temperaturdifferenzen bei gleichen Versuchsbedingungen zu messen sind.

In **Linsenpyrometern** wird die emittierte Strahlung des Meßobjekts durch Objektiv und Blende auf den thermoelektrischen Strahlungsaufnehmer (hier Strahlungsthermoelement) konzentriert. Durch Rauchglasfilter, Okular und Blende kann die Meßperson das Bild des Meßobjekts betrachten (Zentrierung). Der Ausschlag des Spannungsmessers ist ein Maß für die Temperatur des Meßobjekts.

In **Hohlspiegelpyrometern** gelangt die emittierte Strahlung des Meßobjekts durch Polyäthylenfolie und Blende über einen Hohlspiegel auf den Strahlungsaufnehmer. Die Meßperson kann das Strahlungspyrometer mit Visierrohr ausrichten und am Spannungsmesser die Temperatur des Meßobjekts ablesen. Eine infrarotdurchlässige Polyäthylenfolie schützt das Strahlungspyrometer vor Verschmutzung und Zugluft [19.4].

19.4.5.2. Teilstrahlungspyrometer

Alle Strahlungspyrometer, die bei einer bestimmten Wellenlänge oder in einem engen Spektralbereich arbeiten, werden als Teilstrahlungspyrometer **(Tafeln 19.17 und 19.18.2)** bezeichnet. Der Zusammenhang zwischen wahrer Temperatur T und Teilstrahlungstemperatur T_s resultiert aus dem Planckschen Strahlungsgesetz für kleine Werte von λT (Wiensche Näherung) **(Tafel 19.5)**.

In **Glühfadenpyrometern** wird das Meßobjekt mit Objektiv in der Glühfadenebene der Lampe abgebildet. Durch Okular, Blende und Filter sieht die Meßperson sowohl Meßobjekt als auch Glühfaden scharf. Monochromatisches Licht (meist $\lambda = 0{,}65$ µm) kann beispielsweise durch Filter aus Jenaer Rotglas RG 2 erzeugt werden. Mit einem Widerstand wird die Stromstärke im Lampenkreis so lange verändert, bis die Leuchtdichten des Meßobjekts und des Glühfadens übereinstimmen (Glühfadenbild verschwindet). Der Strommesser kann unmittelbar in Einheiten der Meßgröße (°C) kalibriert werden.

Tafel 19.18.1. Strahlungspyrometer [19.4]

	Gesamtstrahlungspyrometer		Teilstrahlungspyrometer
Typ	Linsenpyrometer	Hohlspiegelpyrometer	Glühfadenpyrometer
Bauprinzip	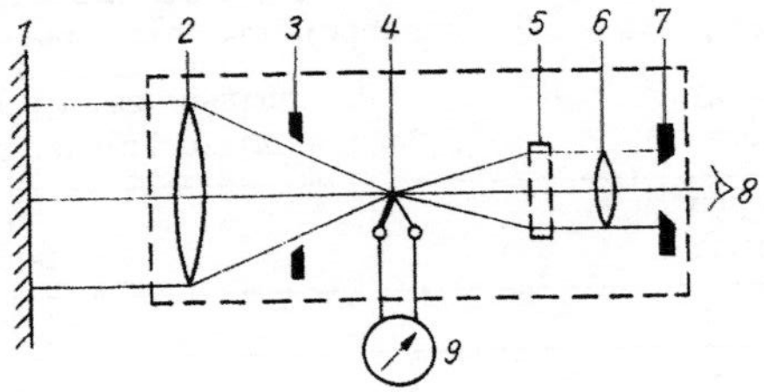	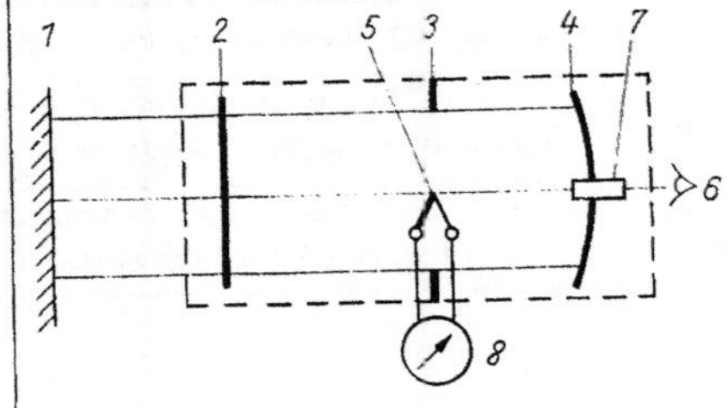	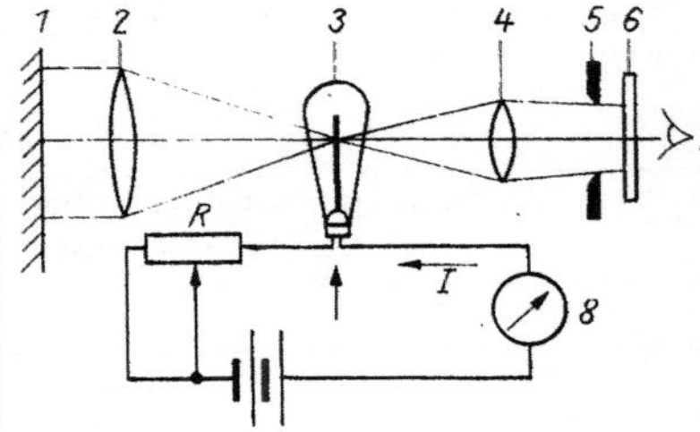
Bezeichnung	1 Meßobjekt 2 Objektiv 3 Blende 4 Strahlungsaufn. 5 Rauchglasfilter 6 Okular 7 Blende 8 Experimentator 9 Spannungsmesser	1 Meßobjekt 2 Polyäthylenfolie 3 Blende 4 Hohlspiegel 5 Strahlungsaufn. 6 Experimentator 7 Visierrohr 8 Spannungsmesser	1 Meßobjekt 2 Objektiv 3 Lampe 4 Okular 5 Blende 6 Filter 7 Experimentator 8 Strommesser
Meßbereich	(100 ··· 2000) °C	(−100 ··· 2000) °C	(700 ··· 3000) °C
Meßunsicherheit	± 1 %	± 1 %	(0,5 ··· 1) %
Einstellzeit	(0,005 ··· 5) s	(0,005 ··· 5) s	30 s
Vorteile	robust, billig	für sehr niedrige Temperaturen einsetzbar	robust billig
Nachteile	mit Glasoptik nur für hohe Temperaturen einsetzbar, emissionsgradabhängig	teurer als Linsenpyrometer	Temperaturanzeige abhängig vom Emissionsgrad
Anwendung	Walzwerke, Gummiindustrie, Textilindustrie, keramische Industrie, Glasindustrie	Papierindustrie, Kunststoffindustrie, Nahrungsmittelindustrie, Textilindustrie	Glasindustrie, Stahlindustrie
Richtwert (in M)	2000.	2000	500

Tafel 19.18.2. Strahlungspyrometer [19.4]

	Teilstrahlungspyrometer	Verteilungspyrometer	
Typ	Graukeilpyrometer	subjektives Zweifarbenpyrometer	objektives Zweifarbenpyrometer
Bauprinzip	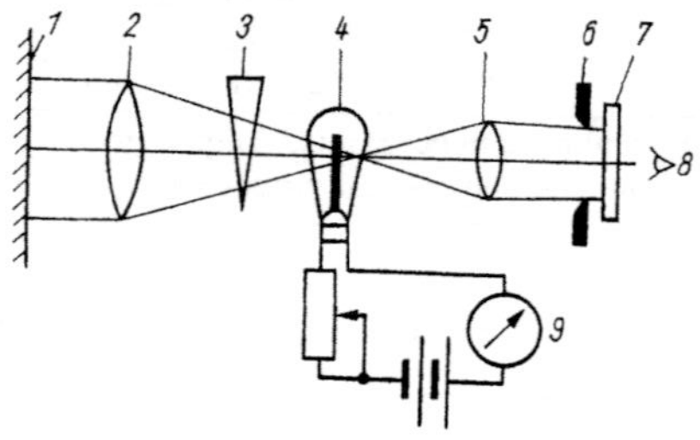	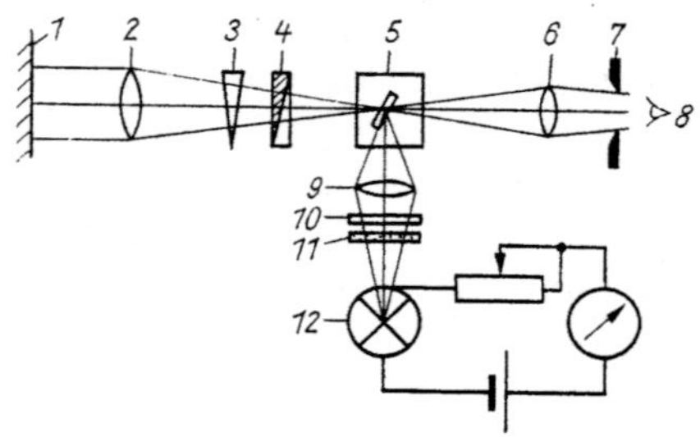	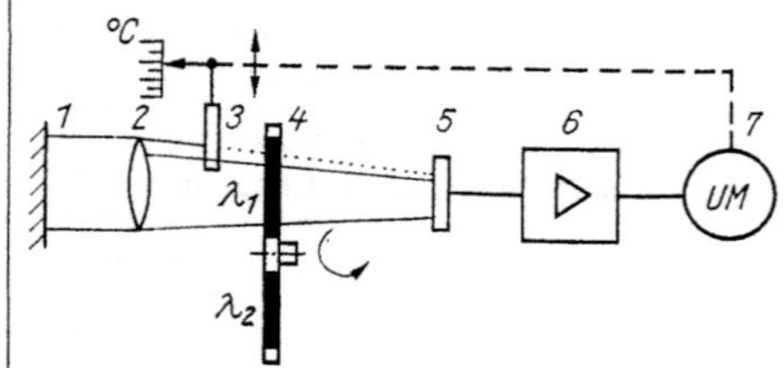
Bezeichnung	1 Meßobjekt 2 Objektiv 3 Graukeil 4 Lampe 5 Okular 6 Blende 7 Filter 8 Experimentator 9 Strommesser	1 Meßobjekt 2 Objektiv 3 Graukeil 4 bichrom. Farbfilter 5 Fotometerwürfel 6 Okular 7 Blende 8 Experimentator 9 Hilfslinse 10 Farbfilter 11 Mattscheibe 12 Vergleichslampe	1 Meßobjekt 2 Objektiv 3 Ausgleichsfilter 4 Wechselfilter 5 Fotoelement 6 Verstärker 7 Umkehrmotor
Meßbereich	(700 ··· 6000) °C	(1000 ··· 2000) °C	(800 ··· 2500) °C
Meßunsicherheit	(0,5 ··· 1) %	(1 ··· 1,5) %	(1 ··· 1,5) %
Einstellzeit	30 s	30 s	5 s
Vorteile	robust billig	gleichzeitige Messung von wahrer und schwarzer Temperatur	automatische Messung, unabhängig vom Emissionsgrad
Nachteile	Temperaturanzeige abhängig vom Emissionsgrad	teuer, manueller Abgleich, nur von Farbtüchtigen bedienbar	teuer
Richtwert (in M)	Glasindustrie, Stahlindustrie	Hochöfen, Abstichrinnen, Drehrohröfen	Hochöfen, Abstichrinnen, Drehrohröfen
	500	3000	5000

Graukeilpyrometer sind Modifikationen der Glühfadenpyrometer, bei denen die Stromstärke durch den Glühfaden konstant gehalten und der Leuchtdichteabgleich mit Graukeil realisiert wird. Durch den Graukeil, dessen Transmissionsgrad stetig veränderbar ist, wird die Leuchtdichte des Strahlers variiert. Die Stellung des Graukeils ist ein Maß für die Temperatur des Meßobjekts.

In **Bandstrahlungspyrometern** wird in Übereinstimmung mit dem Planckschen Strahlungsgesetz die Strahlungsenergie in einem begrenzten Spektralbereich herangezogen. Strahlungsaufnehmer von Bandstrahlungspyrometern sind selektiv wirkende Fotodioden, Fotowiderstände usw. Die spektrale Zerlegung der Strahlung erfolgt mit Filter oder Prismen.

Bandstrahlungspyrometer mit optoelektronischen Strahlungsaufnehmern sind wegen ihrer kleinen Einstellzeit (etwa 10^{-3} s) besonders zur Messung schneller Temperaturänderungen auch an kleinen Objekten geeignet. Durch Auswahl spezieller spektraler Bereiche können die Bedingungen für schwarze Strahler geschaffen und die Absorptionsbanden von Kohlendioxid und Wasserdampf umgangen werden [19.4].

19.4.5.3. Verteilungspyrometer

Das Wiensche Verschiebungsgesetz **(Tafel 19.5)**, das auch für nichtschwarze (reale) Körper Gültigkeit hat, gibt die Lage des Intensitätsmaximums der absoluten Temperatur eines Körpers an. Diese Gesetzmäßigkeit kommt in Farbangleichs- und Zweifarben- oder Verteilungspyrometern zur Anwendung. Maß für die Temperatur ist entweder die Farbe des Meßobjekts (jeder Farbe ist eine Temperatur zuzuordnen) oder das Intensitätsverhältnis der Strahlung bei zwei verschiedenen Wellenlängen.

Da in den meisten Fällen die Strahlungsintensitäten als Funktion der Wellenlängen für schwarze und für nichtschwarze Strahler annähernd gleich sind, kann die ermittelte Farbtemperatur in der Praxis der wahren Temperatur gleichgesetzt werden **(Tafel 19.18.2)**.

Verteilungspyrometer haben den großen Vorteil, daß sie vom Strahlungsvermögen des Meßobjekts sowie von Rauch, Dunst, Verschmutzungen usw. relativ unabhängig sind.

In **Farbangleichpyrometern** wird das Leuchtdichteverhältnis subjektiv durch den Farbeindruck bestimmt, den die Mischung zweier monochromatischer Strahlen hervorruft.

Das Meßobjekt wird mit Objektiv durch Graukeil und bichromatisches Farbfilter hindurch auf dem Fotometerwürfel abgebildet. Durch Okular und Blende beobachtet die Meßperson das Bild. Mit dem bichromatischen Farbfilter lassen sich zwei Farben (rot und grün) aus der Strahlung des Meßobjekts herausfiltern.

Hilfslinse, Farbfilter und Mattscheibe machen die gleichen Spektralfarben (rot und grün) der Vergleichslampe sichtbar. Durch Verstellen des Farbkeils wird die Mischfarbe des Meßobjekts auf die Mischfarbe der mit konstanter Temperatur brennenden Vergleichslampe abgeglichen. Zum Vergleich der Farben von Meßobjekt und Vergleichslampe müssen ihre Leuchtdichten etwa gleich groß sein. Ein Angleich kann mit dem Graukeil erfolgen. Die Stellung des Graukeils ist ein Maß für die schwarze Temperatur, und die Stellung des Farbkeils ein Maß für die Farbtemperatur.

Bei Temperaturmessungen mit subjektiven Zweifarben- oder Farbangleichpyrometern muß vorausgesetzt werden, daß die Meßperson farbsehtüchtig ist. Diese Forderung entfällt bei objektiven Pyrometern.

Verhältnispyrometer arbeiten nach der Wechsellichtmethode. Aus der Strahlung des Meßobjekts werden mit rotierendem Wechselfilter Strahlen mit zwei verschiedenen Wellenlängen λ_1 und λ_2 ausgesiebt und auf ein Fotoelement gegeben. Die Wechselspannungskomponente am Fotoelement wird verstärkt und einem Umkehrmotor zugeführt. Der Motor verstellt über ein Getriebe das Ausgleichsfilter so lange, bis die Strahldichten beider Farben gleich sind. Im abgeglichenen Zustand ist die Stellung des Ausgleichsfilters ein Maß für die zu messende Temperatur [19.4].

19.5. Temperaturmeßfehler

19.5.1. Systematische Meßfehler

Die systematischen Meßfehler setzen sich aus statischen und dynamischen Meßfehlern zusammen. Wesentliche statische Meßfehler von **Berührungsthermometern** sind neben Kalibrierfehlern die Wärmeableitungsfehler oder Einbaufehler: Dem Meßobjekt wird über den Thermometerkörper Wärme zu- oder abgeführt. Das ursprünglich vorhandene Temperaturfeld wird verzerrt [19.31]. Besonders einflußreich ist dieser Effekt bei Oberflächentemperaturmessungen [19.32].

Bei Flüssigkeits-Glas-Thermometern tritt ein weiterer statischer Meßfehler auf, wenn im Unterschied zum Kalibriervorgang das Thermometer beim Messen nicht voll in das Meßobjekt eintaucht. Dieser Fehler kann durch Fadenkorrektur [17.6, S. 36] behoben werden.

Bei Flüssigkeits-Feder-Thermometern ist zu beachten, daß veränderter Umgebungsdruck und veränderte Umgebungstemperatur der Verbindungskapillare systematische Meßfehler bewirken können.

Bei Dampfdruck-Feder-Thermometern kann durch Haarrisse im Meßsystem der Innendruck unbemerkt absinken und eine zu niedrige Temperaturanzeige verursachen.

Bei elektrischen Thermometern haben die Leitungswiderstände bei allen Ausschlagverfahren Einfluß auf die Temperaturanzeige. Außerdem können Fehler durch falsche Auswahl der Thermometer, durch Abbrand oder Aufnahme von Fremdstoffen entstehen.

Thermoelemente sind darüber hinaus sehr anfällig gegen Fremdspannungen (verursacht durch magnetische Felder oder parasitäre Thermopaare an Kontaktstellen) sowie gegen Irrtümer bei Auswahl oder Anschluß von Ausgleichsleitungen und Abweichungen der Vergleichsstellentemperatur vom vorgegebenen Wert [19.33].

Widerstandsthermometer sind sehr anfällig gegen Eigenerwärmung durch den Meßstrom sowie parasitäre Widerstände an Kontaktstellen [19.34].

Alle Berührungsthermomter verursachen bei zeitabhängigen Temperaturmessungen dynamische Meßfehler.

Bei Berührungsthermometern ist in der Mehrzahl aller Fälle die thermische Trägheit der Temperaturaufnehmer ausschlaggebend für die dynamischen Eigenschaften des gesamten Meßsystems. Dessenungeachtet sind Angaben über die dynamischen Eigenschaften von Berührungsthermometern bisher noch relativ selten [19.4] [19.35] [19.36].

Statische Meßfehler können bei **Strahlungspyrometern** mit Thermoelementen durch eine veränderte Raumtemperatur entstehen, wenn dadurch die vorgeschriebene Temperatur der Vergleichsstelle des Thermoelements nicht erhalten bleibt. Die angegebene Vergleichstemperatur (meist 20 °C) ist zu beachten! Zur Beseitigung von auftretenden Temperaturmeßfehlern dienen Ausgleichsschaltungen mit temperaturempfindlichen Widerständen oder Bimetallstreifen, die die Öffnung der Blende verändern. Der Einfluß der Zuleitungen ist zu berücksichtigen und gegebenenfalls zu korrigieren.

Weiterhin muß zur Vermeidung von systematischen Meßfehlern der angegebene Visierkennwert (das Verhältnis von Meßflächendurchmesser zu Meßobjektentfernung) eingehalten werden; ebenso verhält es sich mit den Umgebungstemperaturen für die Strahlungsaufnehmer (thermische Strahlungsaufnehmer < 150 °C, optoelektronische Strahlungsaufnehmer < 50 °C).

Fehler durch Fremdstrahlungseinflüsse (Rauch, Gase, Dämpfe, offene Flammen u. ä.) müssen vermieden werden, da sie gar nicht oder nur mit sehr großem Aufwand erfaßbar sind [19.32]. Häufig nicht erfaßbar sind systematische Meßfehler, die durch Alterungserscheinungen an optoelektronischen Strahlungsaufnehmern entstehen.

Dynamische Meßfehler werden bei Strahlungstemperaturmessungen fast ausnahmslos durch Anpassungs-, Abgleichs- und Anzeigeglieder verursacht. Die thermische Trägheit der Strahlungsaufnehmer liegt häufig um mehrere Größenordnungen unter der thermischen Trägheit von Berührungsthermometern **(Tafel 19.19)**.

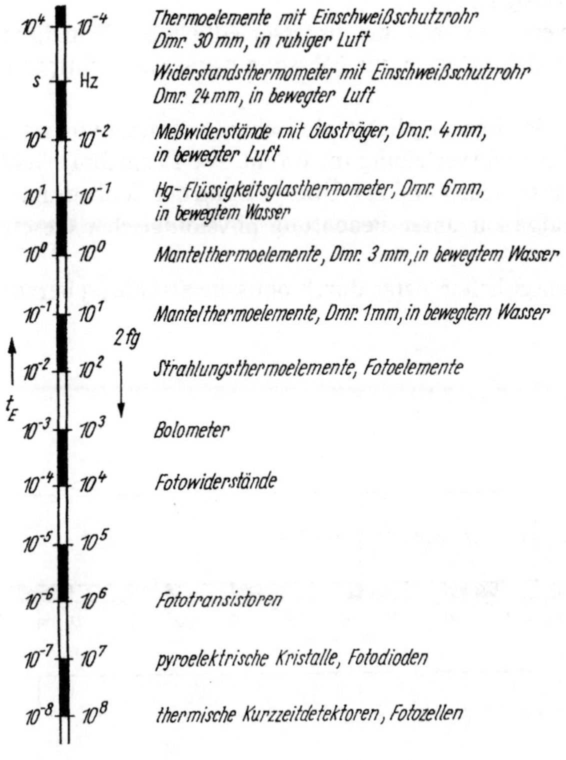

Tafel 19.19
Trägheitsskale von Temperaturaufnehmern [19.4]

19.5.2. Zufällige Meßfehler

Zufällige Meßfehler resultieren aus Anzeigefehlern, hervorgerufen durch Lagerreibung beweglicher Teile, aus Ablesefehlern, hervorgerufen durch fehlerhafte Interpolation von Zwischenwerten sowie aus Störungen, die auf alle Glieder von Temperaturmeßsystemen regellos einwirken können. Störenden Einfluß haben bei allen Thermometern besonders Schwankungen der Umgebungstemperaturen sowie bei elektrischen Thermometern zusätzlich elektrische Störspannungen.

Bei Strahlungspyrometern sind weiterhin regellos schwankende Emissionsgrade von Strahlern, regellos schwankende Absorptionsgrade von Zwischenmedien, physiologische Schwächen der Meßperson und zufälliger Wärmeaustausch zwischen Strahlungsaufnehmer und umgebendem Medium Ursachen für zufällige Meßfehler.

20. Messung von optischen, lichttechnischen Größen

Die elektromagnetische Strahlung wird vom menschlichen Auge im Wellenlängenbereich $\lambda = (0{,}38 \ldots 0{,}75)\ \mu m$ als sichtbares Licht wahrgenommen.

Die Lichttechnik verfolgt das Ziel, dem Menschen für alle vorkommenden Sehaufgaben die besten Sehbedingungen zu schaffen. Diese Bedingungen sollen ein einwandfreies Erkennen der Dinge und Vorgänge ermöglichen.

Die Lichtmeßtechnik oder Fotometrie umfaßt die unterschiedlichsten Prinzipien, Methoden, Verfahren und Geräte sowie Strategien zur Messung optischer, lichttechnischer Größen.

Lichtmessungen sind notwendig zur Bestimmung lichttechnischer Parameter von Lampen, wie Lichtstärke, Leuchtdichte und Lichtverteilung im Raum, zur Ermittlung lichttechnischer Parameter von Beleuchtungsanlagen und zur Überprüfung der Sehbedingungen für sich oft wiederholende Sehaufgaben unter Beachtung physiologischer Gesetzmäßigkeiten.

Der Helligkeitseindruck wird im menschlichen Auge durch optische Strahlung hervorgerufen **(Tafeln 20.1 und 20.2)**.

Tafel 20.1. Elektromagnetisches Spektrum

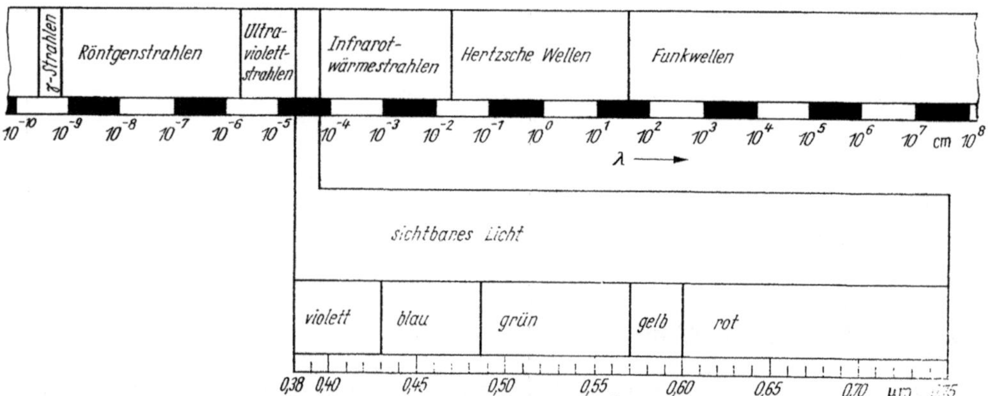

Bei allen lichtmeßtechnischen Aufgaben sind aber nicht nur physiologische, sondern auch lichttechnische, optische, elektronische und energetische Parameter zu beachten [20.1, S. 14] bis [20.20]. In Abhängigkeit vom Lichtaufnehmer wird zwischen physiologischer Lichtmeßtechnik (mit den Augen) und physikalischer Lichtmeßtechnik (mit technischen Mitteln) unterschieden.

Tafel 20.2. Lichtstromskale Φ, Leuchtdichteskale L, Beleuchtungsstärkeskale E und Zusammenhang zwischen Beleuchtungsstärke E und Augenempfindlichkeit ε nach [20.2]

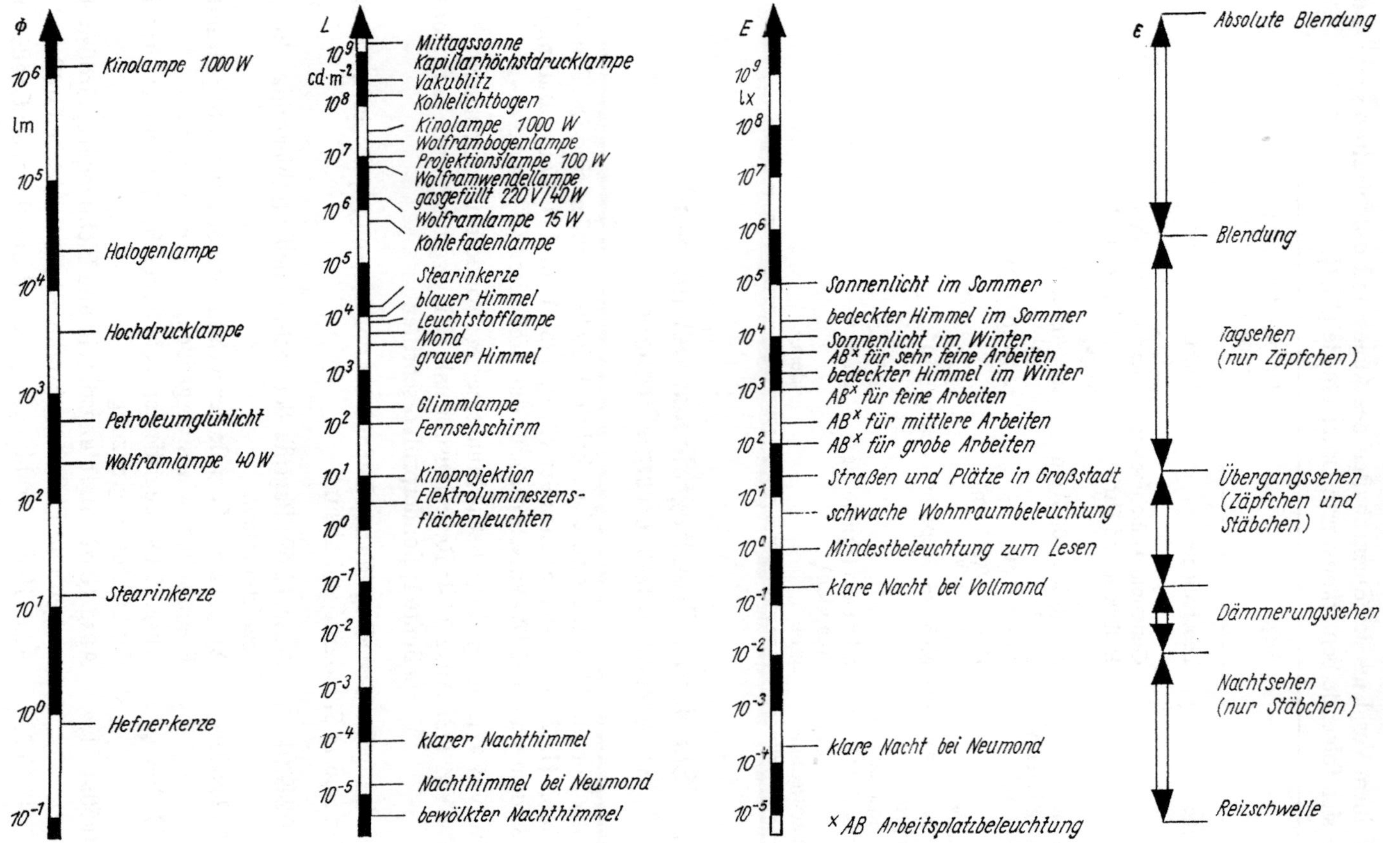

Bei einem Vergleich der Eigenschaften des Auges und optoelektronischer Aufnehmer zeigen sich folgende bemerkenswerte Unterschiede [20.3]:

	Auge	Optoelektronischer Aufnehmer
Meßgröße	Leuchtdichte	Lichtstrom Beleuchtungsstärke
Meßart	Getrennte Aufnahme von Helligkeit und Farbe	Integrale Aufnahme von Helligkeit und Farbe
Meßbereich	$\lambda = (0{,}38 \ldots 0{,}75)\,\mu m$	$\lambda = (0{,}2 \ldots 2)\,\mu m$
Änderungsbereich	$1:10^5$	$1:10^{10}$
Meßschwelle	$2 \cdot 10^{-17}$ W (für $\lambda = 0{,}555\,\mu m$)	$\ll 2 \cdot 10^{-17}$ W
Auflösung	$\pm(1 \ldots 2)\%$	$\pm 1\%$
Meßfehler bei Absolutmessungen	Mehrere Größenordnungen	$\pm 10\%$
Grenzfrequenz	20 Hz	10^9 Hz
Langzeitstabilität	sehr klein (Ermüdung, Adaption)	groß
Exemplarstreuung	groß	klein

20.1. Standards, Grundbegriffe und Definitionen der optischen und Lichtmeßtechnik

Standards für die Messung optischer, lichttechnischer Größen sind im TGL-Standardverzeichnis [1.23] unter den Suchzahlen (31.0), (259.1) und (1067.0) zusammengestellt.

Außerdem sind **ASMW-Vorschriften** für das Meßwesen zu beachten.

ASMW-VM 471, Ausg. 7.79: Beleuchtungsmesser; Sonderprüfvorschriften.
ASMW-VM 473, Ausg. 3.74: Reflexionsnormale III. Ordnung und Reflexionsarbeitsmeßmittel; Sonderprüfvorschriften.

Die wichtigsten **Grundbegriffe und Definitionen** zur Messung optischer, lichttechnischer Größen sind in Standards enthalten.

TGL 20249/01, Ausg. 12.69: Begriffe der technischen Strahlenoptik; Buchstabenbezeichnungen.
TGL 20249/02, Ausg. 12.69: Begriffe der technischen Strahlenoptik; Grundpunkte, Brennweiten, Maßstabsgrößen, Vergrößerungen.
TGL 20249/03, Ausg. 12.69: Begriffe der technischen Strahlenoptik; Grundbegriffe der Strahlenbegrenzung.
TGL 0-5031/01, Ausg. 10.62: Strahlungsphysik und Lichttechnik; Größen, Bezeichnungen und Einheiten; Strahlungsphysikalische Größen.
TGL 0-5031/02, Ausg. 10.62: Strahlungsphysik und Lichttechnik; Größen, Bezeichnungen und Einheiten; Strahlungsbewertung durch verschiedene Empfänger.
TGL 0-5031/04, Ausg. 10.62: Strahlungsphysik und Lichttechnik; Größen, Bezeichnungen und Einheiten; Wirkungsgrad.
TGL 32076/01, Ausg. 8.76: Lichtmessung; Übersicht, Formelzeichen.
TGL 32076/02, Ausg. 8.76: Lichtmessung; Grundlagen.

TGL 32076/03,	Ausg. 8.76: Lichtmessung; Normale.
TGL 32076/04,	Ausg. 8.76: Lichtmessung; Meßbedingungen für elektrische Lampen.
TGL 32076/05,	Ausg. 8.76: Lichtmessung; Beleuchtungsstärkemessung.
TGL 32076/06,	Ausg. 8.76: Lichtmessung; Lichtstärkemessung.
TGL 32076/07,	Ausg. 8.76: Lichtmessung; Lichtstrommessung.
TGL 32076/08,	Ausg. 8.76: Lichtmessung; Leuchtdichtemessung.
TGL 32076/09,	Ausg. 8.76: Lichtmessung; Verteilungstemperaturmessung an Glühlampen.
TGL 0-5033/01-09,	Ausg. 10.62: Farbmessung.
TGL 0-6164/01,	Ausg. 11.62: Farbenkarte.
TGL 0-1349,	Ausg. 1.63: Lichtabsorption in optisch klaren Stoffen.

Darüber hinaus existieren zahlreiche Standards zu einzelnen standardisierten Meßaufgaben und Meßgeräten, z. B.

TGL 200-8197,	Ausg. 9.66: Elektrische Lampen; Photometerkugel (Ulbrichtsche Kugel).
TGL 24165/01,	Ausg. 6.79: Elektronenröhren; Photovervielfacher; Allgemeine technische Bedingungen.
TGL 24165/03,	Ausg. 12.74: Elektronenröhren; Photovervielfacher; Prüfverfahren.
TGL 17610/01 bis 04,	Ausg. 7.75: Filmprojektoren; Prüfvorschriften; Technische Forderungen/Prüfumfang, Prüfbedingungen/Allgemeine und mechanisch-optische Prüfung/Prüfung der Wiedergabequalität.

Normen zur Messung optischer, lichttechnischer Größen sind im DIN-Katalog [1.34] unter den Suchzahlen (22), (23), (189) und (440) zusammengestellt.

Genormte Grundbegriffe und Definitionen zur Messung optischer, lichttechnischer Größen sind enthalten in:

DIN 1335,	Ausg. 7.75: Technische Strahlenoptik in der Photographie; Zeichen, Benennungen.
DIN 1349 T. 1,	Ausg. 6.72: Durchgang optischer Strahlung durch Medien: Optisch klare Stoffe, Größen, Formelzeichen, Einheiten.
DIN 1349 T. 2,	Ausg. 4.75: Durchgang optischer Strahlung durch Medien; Optisch trübe Stoffe, Begriffe.
DIN 5031 Bbl.,	Ausg. 1.71: Strahlungsphysik im optischen Bereich und Lichttechnik; Inhaltsübersicht über Größen, Formelzeichen und Einheiten sowie Stichwortverzeichnis zu DIN 5031 Bl. 1–7.
DIN 5031 T. 1,	Ausg. 10.76: Strahlungsphysik im optischen Bereich und Lichttechnik; Größen, Formelzeichen und Einheiten der Strahlungsphysik.
DIN 5031 T. 2,	Ausg. 5.77: Strahlungsphysik im optischen Bereich und Lichttechnik; Strahlungsbewertung durch Empfänger.
DIN 5031 T. 3,	Ausg. 5.77: Strahlungsphysik im optischen Bereich und Lichttechnik; Größen, Formelzeichen und Einheiten der Lichttechnik.
DIN 5031 T. 4,	Ausg. 8.76: Strahlungsphysik im optischen Bereich und Lichttechnik; Wirkungsgrade.
DIN 5031 T. 5	Ausg. 8.76: Strahlungsphysik im optischen Bereich und Lichttechnik; Temperaturbegriffe.
DIN 5031 T. 6,	Ausg. 4.75: Strahlungsphysik im optischen Bereich und Lichttechnik; Pupillen-Lichtstärke als Maß für die Netzhautbeleuchtung.

DIN 5031 T. 7, Ausg. 9.76: Strahlungsphysik im optischen Bereich und Lichttechnik; Benennung der Wellenlängenbereiche.
DIN 5031 T. 8, Ausg. 5.77: Strahlungsphysik im optischen Bereich und Lichttechnik; Strahlungsphysikalische Begriffe und Konstanten.
DIN 5031 T. 9, Ausg. 8.76: Strahlungsphysik im optischen Bereich und Lichttechnik; Lumineszenz-Begriffe.
E DIN 5031 T. 10, Ausg. 9.78: Strahlungsphysik im optischen Bereich und Lichttechnik; Größen und Formelzeichen für photobiologisch wirksame Strahlung.
DIN 44020 T. 1, Ausg. 5.71: Photoelektronische Bauelemente; Allgemeine Begriffe.
DIN 44020 T. 2, Ausg. 7.69: Photoelektronische Bauelemente; Begriffe für Photovervielfacher.
DIN 5032 T. 1, Ausg. 7.78: Lichtmessung; Photometrische Verfahren.
DIN 5032 T. 2, Ausg. 6.66 und Entwurf, Ausg. 11.78: Lichtmessung; Meßbedingungen für elektrische Lampen.
DIN 5032 T. 3, Ausg. 5.76: Lichtmessung; Meßbedingungen für Gasleuchten.
DIN 5032 T. 4, Ausg. 11.77: Lichtmessung; Messungen an Leuchten.
DIN 5036 Bbl., Ausg. 3.70: Bewertung und Messung der lichttechnischen Eigenschaften von Werkstoffen; Inhaltsverzeichnis und Stichwortverzeichnis.
DIN 5036 T. 1, Ausg. 7.78: Strahlungsphysikalische und lichttechnische Eigenschaften von Materialien; Begriffe, Kennzahlen.
E DIN 5036 T. 3, Ausg. 7.77: Strahlungsphysikalische und lichttechnische Eigenschaften von Materialien; Meßverfahren.
DIN 5036 T. 3, Ausg. 3.70: Strahlungsphysikalische und lichttechnische Eigenschaften von Materialien; Lichttechnische Stoffkennzahlen, Meßverfahren.
DIN 5036 T. 4, Ausg. 8.77: Strahlungsphysikalische und lichttechnische Eigenschaften von Materialien; Klasseneinteilung.
DIN 5039, Ausg. 1.67: Licht, Lampen, Leuchten; Begriffe, Einteilung.
E DIN 5033 T. 1, Ausg. 11.77: Farbmessung; Grundbegriffe der Farbmetrik.
DIN 5033 T. 1, Ausg. 7.70: Farbmessung; Begriffe der Farbmetrik.
E DIN 6164 T. 1, Ausg. 4.78: DIN-Farbenkarte; System der DIN-Farbenkarte für den 2°-Normalbeobachter.
V DIN 6164 T. 1, Ausg. 5.62: DIN-Farbenkarte; Farbensystem.
E DIN 6164 T. 2, Ausg. 4.78: DIN-Farbenkarte; Festlegung der Farbmuster.
V DIN 6164 T. 2, Ausg. 5.62: DIN-Farbenkarte; Überwachte Farbmuster und Farbenkarten.
DIN 6169 T. 1, Ausg. 1.76: Farbwiedergabe; Allgemeine Begriffe.
DIN 6169 T. 2, Ausg. 2.76: Farbwiedergabe; Farbwiedergabeeigenschaften von Lichtquellen in der Beleuchtungstechnik.

20.2. Optische, lichttechnische Größenarten, Einheiten und Normale

Basisgrößenart der Lichtstrahlung ist die Lichtstärke **(Tafel 20.3.1)** [3.2].

Die elektromagnetische Strahlung wird im Wellenlängenbereich zwischen 380 und 750 nm **fotometrisch**, d.h. entsprechend der **physiologischen** Empfindlichkeitsverteilung $V(\lambda)$ des menschlichen Auges, bewertet (s. Abschn. 20.1.1.).

Tafel 20.3.1. Optisch-lichttechnische Größenarten und Einheiten

Größenart	Lichtstärke	Leuchtdichte	Lichtstrom	Lichtmenge	Beleuchtungsstärke
Einheit	Candela	Candela je Quadratmeter	Lumen	Lumensekunde	Lux
Kurzzeichen	cd	$cd \cdot m^{-2}$	$lm = cd \cdot sr$	$lm \cdot s$	$lx = lm \cdot m^{-2}$
Definition	Eine Candela ist die Lichtstärke, die ein schwarzer Körper der Fläche (1/600000) m^2 bei der Erstarrungstemperatur des Platins beim Druck 101325 $N \cdot m^{-2}$ senkrecht zu seiner Oberfläche ausstrahlt.	Eine Candela je Quadratmeter ist die Leuchtdichte der Fläche 1 m^2, die in Richtung der Flächennormalen mit der Lichtstärke 1 cd leuchtet (Primärstrahler).	Ein Lumen ist der Lichtstrom, den eine punktartige Lichtquelle der Lichtstärke 1 cd gleichmäßig in den Raumwinkel 1 sr aussendet.	Eine Lumensekunde ist die ausgesandte oder aufgefangene Lichtmenge des 1 s dauernden Lichtstroms 1 lm.	Ein Lux ist die Beleuchtungsstärke auf der Fläche 1 m^2, auf die der Lichtstrom 1 lm gleichmäßig auftrifft (Sekundärstrahler).
Symbol	I_v	L_v	Φ_v	Q_v	E_v
Beziehung	Basisgröße	$L_v = I_v/A$	$\Phi_v = I_v\Omega$	$Q_v = \Phi_v t$	$E_v = \Phi_v/A$
Erläuterung	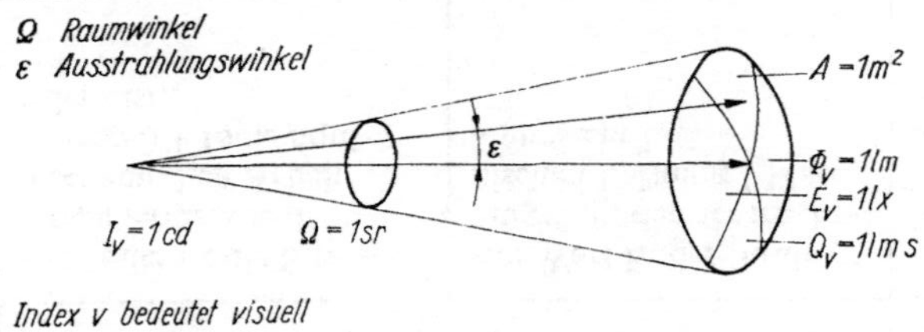				

Tafel 20.3.2. Optisch-energetische Größenarten und Einheiten

Größenart	Strahlungsenergie	Strahlungsfluß	Strahlstärke	Strahldichte	Strahlungsflußdichte
Einheit	Joule	Watt	Watt je Steradiant	Watt je Quadratmeter und Steradiant	Watt je Quadratmeter
Kurzzeichen	J	W	$W \cdot sr^{-1}$	$W \cdot m^{-2} \cdot sr^{-1}$	$W \cdot m^{-2}$
Definition	Ein Joule ist die Strahlungsenergie, die der mechanischen Arbeit (Energie) 1 Joule äquivalent ist.	Ein Watt ist der Strahlungsfluß, der der mechanischen Leistung 1 Watt äquivalent ist.	Ein Watt je Steradiant ist die Strahlstärke, die im Raumwinkel 1 sr den Strahlungsfluß 1 W erzeugt.	Ein Watt je Quadratmeter und Steradiant ist die Dichte des aus der Fläche 1 m² in Richtung der Flächennormalen in den Raumwinkel 1 sr austretenden Strahlungsflusses 1 W.	Ein Watt je Quadratmeter ist die Strahlungsflußdichte der Fläche 1 m², durch die (von der) der Strahlungsfluß 1 W hindurchtritt (ausgesendet oder empfangen wird).
Symbol	W_e	Φ_e	I_e	L_e	Ψ_e
Beziehung	$W_e = \Phi_e t$	$\Phi_e = W_e/t$	$I_e = \Phi_e/\Omega$	$L_e = I_e/A$	$\Psi_e = \Phi_e/A$
Erläuterung	Ω Raumwinkel ε Ausstrahlungswinkel Index e bedeutet energetisch				

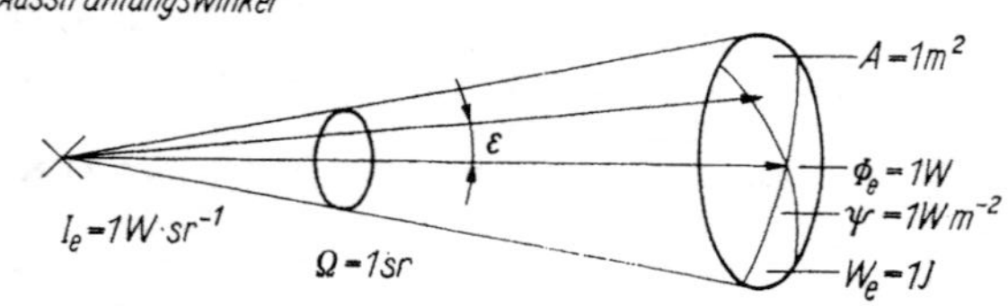

Die Einheit der Lichtstärke wird im ASMW in einer Unikateinrichtung durch einen schwarzen Körper bei der Temperatur des erstarrenden Platins dargestellt [1.11] [3.1].

Als Strahler dient ein unten geschlossenes Röhrchen aus Thoriumoxid. Das Röhrchen taucht in einen Tiegel mit geschmolzenem Platin ein. Die aus dem Thoriumröhrchen austretende Lichtstrahlung wird mit der Lichtstrahlung einer elektrischen Etalonglühlampe besonderer Form fotometrisch verglichen. Die gegenwärtig erreichbare Unsicherheit ist kleiner als 1 %.

Die Einheiten der fotometrischen Größen Leuchtdichte, Lichtstrom, Lichtmenge und Beleuchtungsstärke **(Tafel 20.3.1)** werden von der Basiseinheit Candela abgeleitet und durch gestaffelte Normale an Wissenschaft und Technik weitergegeben.

Die Übertragung der Einheit der Lichtstärke auf die Einheit des Lichtstroms erfolgt mit einer Lichtstärkeverteilungsmeßeinrichtung. Die Einheit des Lichtstroms wird durch eine Fotometerkugel mit einem Durchmesser von 2 m weitergegeben [1.11].

Die Weitergabe der Einheit der Lichtstärke an die Einheit der Beleuchtungsstärke geschieht auf einer 14 m langen Meßstrecke mit einer beweglichen Fotometerbank. Dem Meßprinzip liegt zugrunde, daß die Beleuchtungsstärke mit dem Quadrat der Entfernung von der Lichtquelle abnimmt **(Tafel 20.4)**. Die Unsicherheiten bei der Weitergabe der Einheiten betragen etwa $1 \cdot 10^{-2}$.

Tafel 20.4. ***Optisch-lichttechnische (v) und -energetische (e) Einheiten nach*** [3.8]

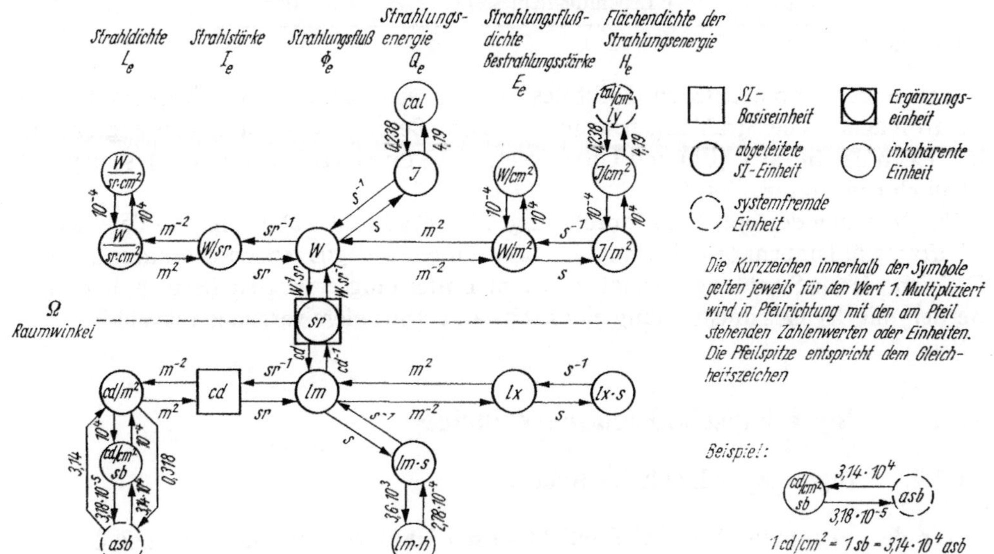

Leuchtdichtemessungen werden indirekt über die Bestimmung der Lichtstärke in der interessierenden Richtung und der Messung der Größe der gesehenen leuchtenden Fläche vorgenommen. Die erzielbaren Meßunsicherheiten **(Tafel 20.5)** sind relativ groß.

Nicht selten sind Lichtquellen zu untersuchen, die eine andere Farbe, d.h. eine andere spektrale Zusammensetzung des Lichts haben als die Etalons. In diesem Falle ist die sog. Farb- oder Verteilungstemperatur zu berücksichtigen. Die Strahlung des Normals wird dabei nacheinander mit einem vorgeschalteten Rotfilter und mit einem vorgeschalteten Blaufilter bewertet. Das Verhältnis der beiden gemessenen Strahlungen dient als Maß für die Verteilungstemperatur.

Beispielsweise wurde zur Messung des Rückstrahlwerts CIL in mcd/lx von Rückstrahlern an Kraftfahrzeugen eine international verglichene Meßeinrichtung geschaffen [1.11].

Auf dem Gebiet der Farbmessung wird daran gearbeitet, ein System von Farbnormalen aufzubauen.

Tafel 20.5. Erzielbare Meßunsicherheiten in metrologischen Staatsinstituten

Meßgrößenart	Meßgröße	Meßmittel	Relative Meßunsicherheit
Lichtstärke	1 cd	Fotometermeßstrecke	$1 \cdot 10^{-3}$
	10 cd	Fotometermeßstrecke	$8 \cdot 10^{-3}$
	100 cd	Fotometermeßstrecke	$1 \cdot 10^{-2}$
	1000 cd	Fotometermeßstrecke	$1 \cdot 10^{-2}$
Lichtstrom	10 lm	Fotometerkugel	$8 \cdot 10^{-3}$
	100 lm	Fotometerkugel	$1 \cdot 10^{-2}$
	1000 lm	Fotometerkugel	$2 \cdot 10^{-2}$
	10000 lm	Fotometerkugel	$3 \cdot 10^{-2}$
Leuchtdichte	10^{-6} sb*	Leuchtdichtemesser	$3 \cdot 10^{-2}$
	10^{-3} sb*	Leuchtdichtemesser	$3 \cdot 10^{-2}$
	10^{0} sb*	Leuchtdichtemesser	$3 \cdot 10^{-2}$
	10^{3} sb*	Leuchtdichtemesser	$3 \cdot 10^{-2}$

* 1 sb = 10^{-4} cd · m^{-2}

Neben der fotometrischen Lichtmessung im sichtbaren Spektralbereich kann die elektromagnetische Strahlung sowohl in diesem Bereich als auch in den angrenzenden Bereichen des Infrarot (IR) und Ultraviolett (UV) durch **radiometrische** Messungen **physikalisch** bewertet werden.

Die Messung der optischen Strahlungsgrößen **(Tafel 20.3.2)** erfolgt auf der Basis von Wolframglühlampennormalen mit sehr konstanter und gut reproduzierbarer Emission. Die von diesen Strahlungsnormalen in 2 m Entfernung erzeugten Bestrahlungsstärken werden mit der Gesamtstrahlung eines schwarzen Strahlers verglichen [1.11].

20.3. Physiologische Lichtmeßprinzipe

20.3.1. Augenempfindlichkeitseffekt

Unter dem Augenempfindlichkeitseffekt **(Tafel 20.6)** wird verstanden, daß die Lichtstrahlung vom Auge im sichtbaren Bereich entsprechend seiner spektralen Empfindlichkeit für verschiedene Wellenlängen unterschiedlich bewertet wird.

Aufgrund unterschiedlicher Lichtsinneszellen in der menschlichen Netzhaut (Zapfen für das Tagessehen und Stäbchen für das Dämmerungssehen) ergeben sich die Augenempfindlichkeitskurven $V(\lambda)$ und $V'(\lambda)$ **(Tafel 20.7)**. Die Kurven unterscheiden sich infolge der unterschiedlichen Empfindlichkeit der Rezeptoren in der Lage ihrer Maxima. Die $V(\lambda)$-Kurve (Hellempfindlichkeits- oder Zapfenkurve) beschreibt die spektrale Empfindlichkeit des menschlichen Auges beim Tagessehen. Sie hat ihr Maximum bei einer Wellenlänge von $\lambda = 0{,}555$ µm. Die $V'(\lambda)$-Kurve (Dämmerungsempfindlichkeits- oder Stäbchenkurve) gilt für das Dämmerungssehen des menschlichen Auges. Das Maximum ist zu kleineren Wellenlängen hin verschoben und liegt bei $\lambda = 0{,}507$ µm [20.1, S. 22].

Tafel 20.6. Lichtmeßprinzipe und -verfahren

Lichtmeßprinzipe

- **Physiologische Lichtmeßprinzipe**
  - Augenempfindlichkeitseffekt
  - Adaptionseffekt
  - Unterschiedsempfindlichkeitseffekt
  - Augenträgheitseffekt
  - Helligkeitsadditivitätseffekt
  - Helligkeitseffekt
  - Farbeffekt
  - Simultankontrasteffekt
- **Physikalische Lichtmeßprinzipe**
  - Äußerer Fotoeffekt
  - Innerer Fotoeffekt
  - Sperrschichtfotoeffekt
  - Thermospannungselektrischer Effekt
  - Thermowiderstandselektrischer Effekt
  - Schwärzungseffekt

Lichtmeßverfahren

- **Physiologische Lichtmeßverfahren**
  - Direktverfahren
  - Substitutionsverfahren
- **Physikalische Lichtmeßverfahren**
  - Ausschlagverfahren
  - Kompensationsverfahren

Tafel 20.7. Physiologische Lichtmeßprinzipe

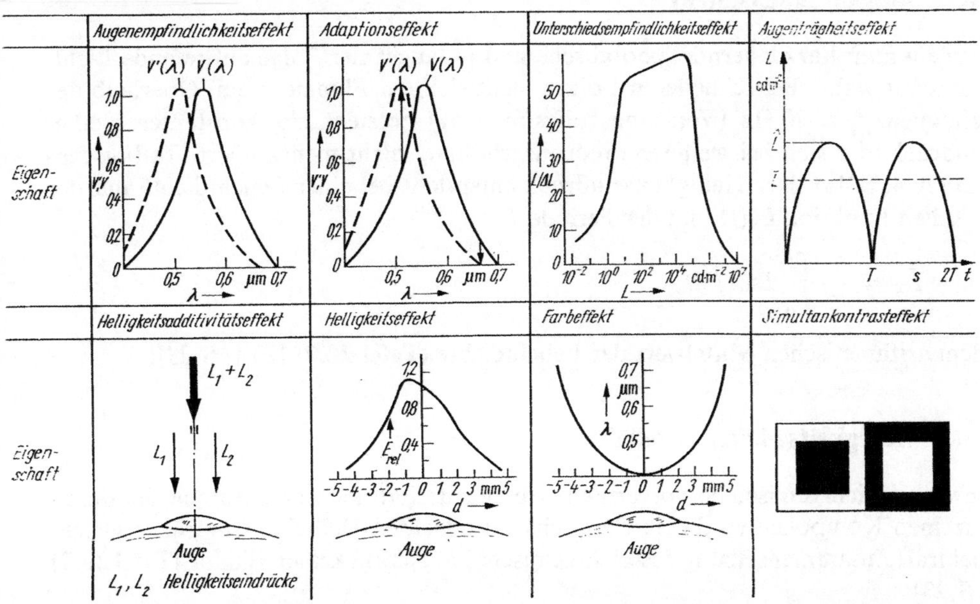

Die Formen der Kurven und die Lage ihrer Maxima sind individuellen Schwankungen unterworfen. Beim gleichen Individuum treten darüber hinaus noch jahreszeitliche Schwankungen und Schwankungen im Laufe des Lebens auf. Um einen einheitlichen Bewertungsmaßstab für die Lichtmeßtechnik zu erhalten, wurden von der Commission Internationale de l'Eclairage (CIE) die Augenempfindlichkeitskurven eines „Normalbeobachters" für Zapfensehen und Stäbchensehen international vereinbart.

20.3.2. Adaptionseffekt

Der Adaptionseffekt (Purkyně-Effekt) hat seine Ursache in der Verschiedenheit der spektralen Empfindlichkeiten des Auges bei Hell- und Dunkeladaption.

Verschieden gefärbte Flächen, die mit helladaptiertem Auge gleich hell erscheinen, unterscheiden sich im Helligkeitseindruck, wenn sie proportional verdunkelt werden und ihre Leuchtdichte unter den Wert von 3 cd · m^{-2} absinkt. Der Farbeindruck verschwindet. Die in der Farbe des kurzwelligeren Lichts leuchtende Fläche (grün, blau, violett) erscheint heller als die in der Farbe des langwelligeren Lichts leuchtende Fläche (gelb, orange, rot) **(Tafel 20.7)** [20.4, S. 48].

20.3.3. Unterschiedsempfindlichkeitseffekt

Bei Beobachtung zweier nebeneinanderliegender Felder mit den Leuchtdichten L_V und $L_V + \Delta L_V$ wird erst dann ein Helligkeitsunterschied wahrgenommen, wenn ΔL_V den Wert der Unterschiedsschwelle erreicht hat. Als Kriterium der Hell-Dunkel-Unterscheidungsfähigkeit wird die Unterschiedsempfindlichkeit $L_V/\Delta L_V$ definiert. Die klassische Kurve der Unterschiedsempfindlichkeit zeigt **(Tafel 20.7)**. Im Leuchtdichtebereich von (0,6 ... 60) 10^3 cd · m^{-2} erreicht sie ein Maximum, und der Wert für die Unterschiedsempfindlichkeit bleibt annähernd konstant.

20.3.4. Augenträgheitseffekt

Das Auge nimmt kurzdauernde, periodische und in langsamer Folge auftretende Lichtreize getrennt wahr. Bei schnelleren Folgen stellt sich ein Flimmern ein. Oberhalb der Grenzfrequenz $f_g \approx 20$ Hz (Verschmelzungsfrequenz) entsteht ein konstanter Helligkeitseindruck, der sich bei weiterer Frequenzerhöhung nicht mehr ändert (Talbotsches Gesetz) [20.4, S. 48]. Der Helligkeitseindruck entspricht bei einer Leuchtdichte mit der periodischen Funktion $L_V(t)$ und der Periode T

$$\bar{L}_V = \frac{1}{T} \int_0^T L_V(t)\,dt,$$

d.h. dem arithmetischen Mittelwert der Leuchtdichte **(Tafel 20.7)** [20.1, S. 23].

20.3.5. Helligkeitsadditivitätseffekt

Der durch ein Lichtgemisch hervorgerufene Helligkeitseindruck ist der Summe der durch die einzelnen Komponenten dieses Gemischs verursachten Helligkeitseindrücke gleich. Die spektrale Zusammensetzung des Lichtgemischs hat hierauf keinen Einfluß **(Tafel 20.7)** [20.1, S. 23].

20.3.6. Helligkeitseffekt

Zwei gleichartige, auf benachbarte Stellen der Netzhautgrube fallende Lichtbündel rufen beim Tagessehen unterschiedliche Helligkeitseindrücke hervor, wenn die Lichtbündel durch die Mitte oder durch den Rand der Pupille hindurchgegangen sind. Der Helligkeitseindruck ist bei zentralem Durchtritt am größten. Er vermindert sich mit wachsendem Abstand des Bündels von der Augenachse, und zwar schläfenseitig anders als nasenseitig **(Tafel 20.7)**. Dieser Effekt ist in der Anatomie des Auges begründet [20.1, S. 24].

20.3.7. Farbeffekt

Zwei gleichartige monochromatische Lichtbündel, die auf benachbarte Stellen der Netzhautgrube treffen, rufen unterschiedliche Farbeindrücke hervor, wenn die Lichtbündel durch die Mitte oder durch den Rand der Pupille hindurchgegangen sind. Die Verschiedenheit des Farbeindrucks nimmt mit der Beobachtungszeit ab **(Tafel 20.7)** [20.1, S. 25].

20.3.8. Simultankontrasteffekt

Als Simultankontrast werden Kontrasterscheinungen bezeichnet, die im Auge bei einem Nebeneinander verschiedener Reize entstehen. Hierdurch erscheint ein helles Objekt in dunkler Umgebung noch heller, ein dunkles Objekt in heller Umgebung noch dunkler **(Tafel 20.7)**, und ebenso erscheint ein und dieselbe Farbe je nach der Farbe ihrer Umgebung in verschiedener Nuance.

20.4. Physikalische Lichtmeßprinzipe

20.4.1. Äußerer Fotoeffekt

Der äußere Fotoeffekt basiert auf der Elektronenemission durch Fotonen. Das Licht, das aus einzelnen Korpuskeln (Fotonen) besteht, fällt auf eine lichtempfindliche Metallschicht (Fotokatode). Jedes Foton hat die Energie $E = h\nu$ ($h = 6{,}626 \cdot 10^{-34}$ J · s Plancksches Wirkungsquantum, ν Frequenz) und liefert die Austrittsarbeit für die Elektronen, denen es eine kinetische Anfangsenergie vermittelt. Die freigesetzten Elektronen werden durch eine positive Anodenvorspannung zur Anode beschleunigt und rufen im Außenkreis einen elektrischen Strom hervor. Seine Stromstärke ist ein Maß für die lichttechnische Eingangsgröße.

Der äußere Fotoeffekt wird bei Fotozellen und Foto-Sekundärelektronen-Vervielfachern ausgenutzt **(Tafel 20.8.1)** [20.1, S. 221].

20.4.2. Innerer Fotoeffekt

Der innere Fotoeffekt oder Halbleiterfotoeffekt beruht auf der Fotoleitung in Halbleitern und Isolatoren **(Tafel 20.8.1)**. Die bei der Lichtabsorption abgelösten Fotoelektronen verbleiben im Halbleiter und bilden den Primärstrom. Sie hinterlassen eine positive Raumladung (Löcher oder Defektelektronen), deren Eigenbeweglichkeit geringer ist als die der Fotoelektronen. Zur Auffüllung der positiven Raumladung werden von der

Tafel 20.8.1. Physikalische Lichtmeßprinzipe und optoelektronische Aufnehmer

	Äußerer Fotoeffekt		Innerer Fotoeffekt				Sperrschicht-fotoeffekt
Meßanordnung	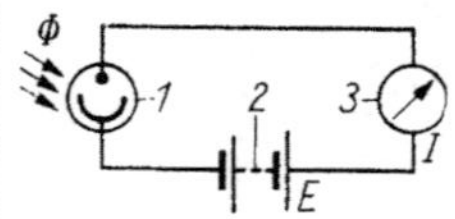		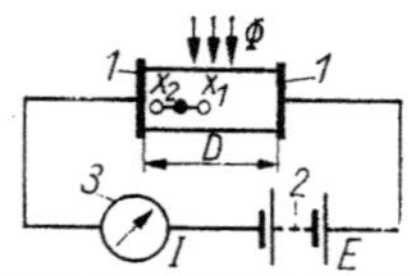				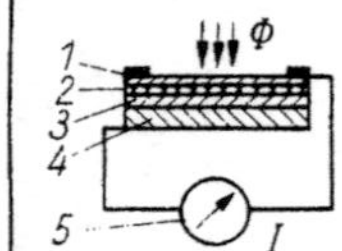
Bezeichnung	*1* Fotoelektronischer Lichtaufnehmer *2* Spannungsquelle *3* Strommesser		*1* Elektroden *2* Spannungsquellen *3* Strommesser		**D** Abstand der Elektroden $x_{1,2}$ Verschiebung der negativen bzw. positiven Ladung		*1* Elektrode *2* n-Leiter *3* p-Leiter *4* Elektrode *5* Strommesser
Typ	Fotozelle	FSEV	Fotoelement	Fotodiode	Fototransistor	Fotowiderstand	Fotoelement
Bauprinzip	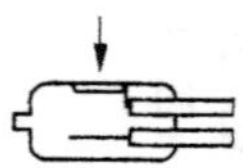		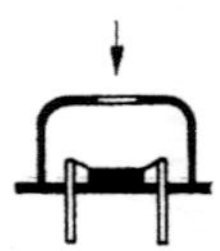	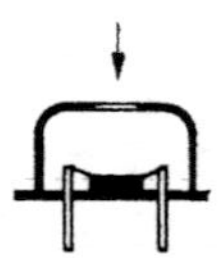	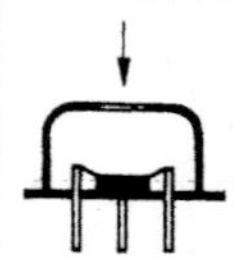	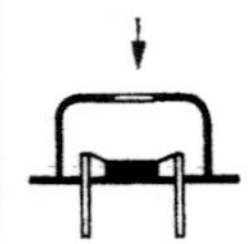	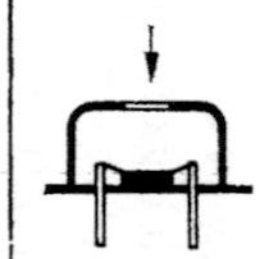
Meßbereich	$(10^1 \dots 10^4)$ lm	$(10^{-3} \dots 10^1)$ lm	$(10^1 \dots 10^8)$ lm	$(10^2 \dots 10^6)$ lm	$(10^{-1} \dots 10^6)$ lm	$(10^{-2} \dots 10^5)$ lx	$(10^1 \dots 10^8)$ lm
Empfindlichkeit	10^{-5} A · lm^{-1}	10^{-3} A · lm^{-1}	10^{-4} A · lm^{-1}	10^{-2} A · lm^{-1}	10^{-1} A · lm^{-1}	10^3 Ω · lx^{-1}	10^{-4} A · lm
Einstellzeit	10^{-8} s	10^{-8} s	10^{-2} s	10^{-7} s	10^{-6} s	10^{-4} s	10^{-2} s
Vorteile	große Empfindlichkeit	sehr große Empfindlichkeit	keine Hilfsspannung	kleine Trägheit	große Empfindlichkeit	große Empfindlichkeit	keine Hilfsspannung
Nachteile	Hilfsspannung	große Hilfsspannungen (> 1 kV)	große Trägheit	Hilfsspannung	Hilfsspannung	Hilfsspannung	große Trägheit
Richtwert (in M)	50	500	30	30	50	30	30

Anode Elektronen angesaugt. Erreichen während der Existenz eines Defektelektrons mehrere Katodenelektronen die Anode, so entsteht ein sekundärer Fotostrom.

Bei ungenügender Elektronenzufuhr verringert sich die Fotoleitung. Es tritt eine lichtelektrische Ermüdung auf, die mit steigender Intensität und fallender Wellenlänge des Lichts zunimmt [20.5, S. 471].

Der innere Fotoeffekt wird bei Fotoelementen, Fotodioden, Fototransistoren und Fotowiderständen ausgenutzt.

20.4.3. Sperrschichtfotoeffekt

Der Sperrschichtfotoeffekt tritt an einer Metall-Halbleiter-Kombination auf. Zwischen dem Material und dem Halbleiter liegt eine unipolar leitende Sperrschicht **(Tafel 20.8.1)**. Bei Berührung des Metalls mit dem Halbleiter fließen Leitungselektronen aus dem Leitfähigkeitsband des Metalls in den Halbleiter. Sie lagern sich in den Akzeptoren an. An

Tafel 20.8.2. Physikalische Lichtmeßprinzipe und optoelektronische Aufnehmer

	Thermospannungs-elektrischer Effekt	Thermowiderstands-elektrischer Effekt	Schwärzungseffekt
Meßanordnung	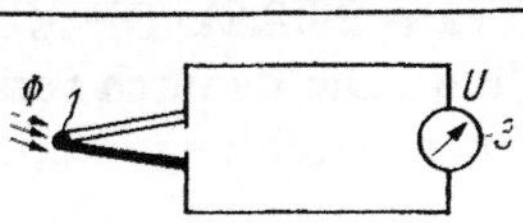	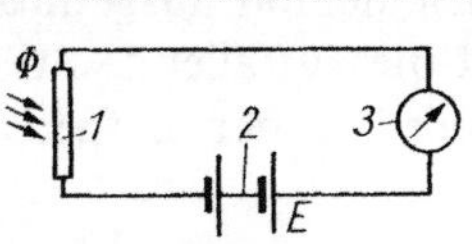	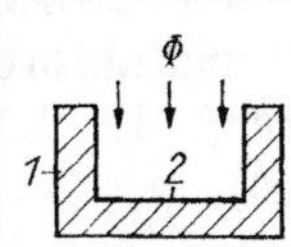
Bezeichnung	*1* Kontaktstelle *2* Fotothermoelement *3* Spannungsmesser	*1* Bolometer *2* Spannungsquelle *3* Spannungsmesser	*1* Fassung *2* Silberbromid-Gelatine-Gemisch
Typ	Fotothermoelement	Fotobolometer	Fotokamera mit Objektiv
Bauprinzip	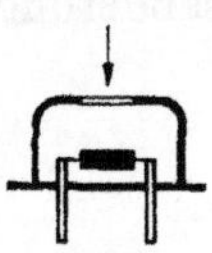	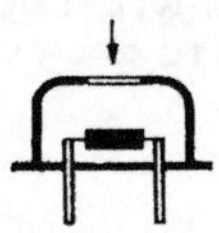	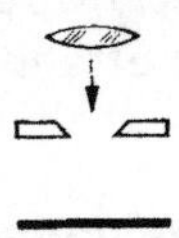
Meßbereich	theoretisch unbegrenzt, abhängig vom Aufbau		
Empfindlichkeit	10^0 V · W^{-1}	10^1 V · W^{-1}	NP 15, NP 20, NP 27
Einstellzeit	10^{-2} s	10^{-3} s	10^{-3} s
Vorteile	große zeitliche Konstanz	größere Empfindlichkeit als Fotothermoelemente	schwache und kurze Lichtblitze erfaßbar, viele Meßwerte in kurzer Zeit erfaßbar
Nachteile	größere Trägheit als Bolometer	Hilfsspannung, Eigenerwärmung	geringe Meßgenauigkeit, großer meßtechnischer Aufwand
Richtwert (in M)	1000	1000	500

der Berührungsstelle herrscht beim Metall ein Überschuß an positiver Ladung und beim Halbleiter ein Überschuß an negativer Ladung. Dieses elektrische Feld verhindert einen weiteren Elektronenfluß bzw. Defektelektronenfluß.

Bei Lichteinfall auf die negative Sperrschicht entstehen freie Fotoelektronen. Sie wandern über das Leitungsband des Halbleiters zum Metall und kompensieren die positive Raumladung. Die gleichzeitig entstehenden Defektelektronen kompensieren die negative Ladung im Halbleiter.

Der Halbleiter grenzt an seinem anderen Ende ebenfalls an eine Metallschicht. Die hier befindliche Sperrschicht ist unbelichtet und ungestört. Zwischen gestörter und ungestörter Sperrschicht entsteht eine Fotospannung. Werden Grundplatte und Deckschicht miteinander elektrisch verbunden, so fließt im Außenkreis ein elektrischer Strom. Die Stromstärke dieses Stroms ist ein Maß für die lichttechnische Eingangsgröße.

Der Sperrschichtfotoeffekt wird bei Fotoelementen ausgenutzt.

20.4.4. Thermospannungselektrischer Effekt

Zwei verschiedene Metalle, die miteinander elektrischen Kontakt haben, erzeugen dann eine elektrische Spannung, wenn die Temperatur der Kontaktstelle von der Temperatur der freien Enden der beiden Metalldrähte verschieden ist. Dieser physikalische Effekt wird bei den Fotothermoelementen ausgenutzt **(Tafel 20.8.2)**. Die Kontaktstelle wird geschwärzt und absorbiert die auffallende Strahlung. Die dadurch verursachte Temperaturänderung der Lötstelle ist der aufgetroffenen Strahlung proportional (s. Abschnitt 19.3.).

20.4.5. Thermowiderstandselektrischer Effekt

Durch Absorption der auffallenden Strahlung werden dünne Metalldrähte oder dünne Metallbänder erwärmt **(Tafel 20.8.2)**. Der elektrische Widerstand des Strahlungsaufnehmers (Bolometer) wird dadurch verändert. Diese Widerstandsänderung ist ein Maß für die auffallende Strahlung (s. Abschn. 19.3.).

20.4.6. Schwärzungseffekt

Die Lichtenergie kann zur Schwärzung fotografischer Filme und Platten verwendet werden. Die fotografische Emulsion der Filme und Platten besteht aus einem Silberbromid-Gelatine-Gemisch. Bei Lichteinfall werden die Silberbromidteilchen in Silber und Brom zerlegt **(Tafel 20.8.2)**. Das entstandene elementare Silber sieht nach fotografischer Entwicklung in feiner Verteilung schwarz aus. Der Schwärzungsgrad des auf diese Weise entstandenen Negativs ist ein Maß für die Belichtung [22.15, S. 285].

20.5. Physiologische Lichtmeßverfahren

Alle physiologischen lichttechnischen Messungen der Lichtstärke, Leuchtdichte, des Lichtstroms, der Beleuchtungsstärke und Lichtmenge beruhen auf dem Vergleich zweier dem Auge sichtbaren Leuchtdichten. Das Auge ist nicht in der Lage, absolute Helligkeitswerte zu erfassen. Es kann nur feststellen, daß zwei Flächen etwa gleich hell sind.

20.5.1. Direktverfahren

Bei einem Direktverfahren hat ein physiologisches Fotometer zwei Fotometerfelder. Die Leuchtdichte des einen Fotometerfelds ist eine Funktion der zu messenden Größe einer X-Lampe. Das andere Fotometerfeld wird von einer Normallampe (N-Lampe) mit bekannten lichttechnischen Eigenschaften beleuchtet. Beide Leuchtdichten werden vom Auge wahrgenommen [20.6, S. 246]. Das Licht einer Lampe wird bis zum Erreichen des fotometrischen Gleichgewichts durch Abgleichelemente **(Tafel 20.9)** meßbar verändert [20.6, S. 255]. Im Abgleichsfall sieht das Auge eine gleichmäßig ausgeleuchtete Fläche. Die gesuchte lichttechnische Größe der X-Lampe ermittelt man durch Multiplikation der bekannten lichttechnischen Größe der N-Lampe mit dem Abgleichfaktor [20.1, S. 109].

Tafel 20.9. Fotometrische Abgleichverfahren mit Abgleichelementen

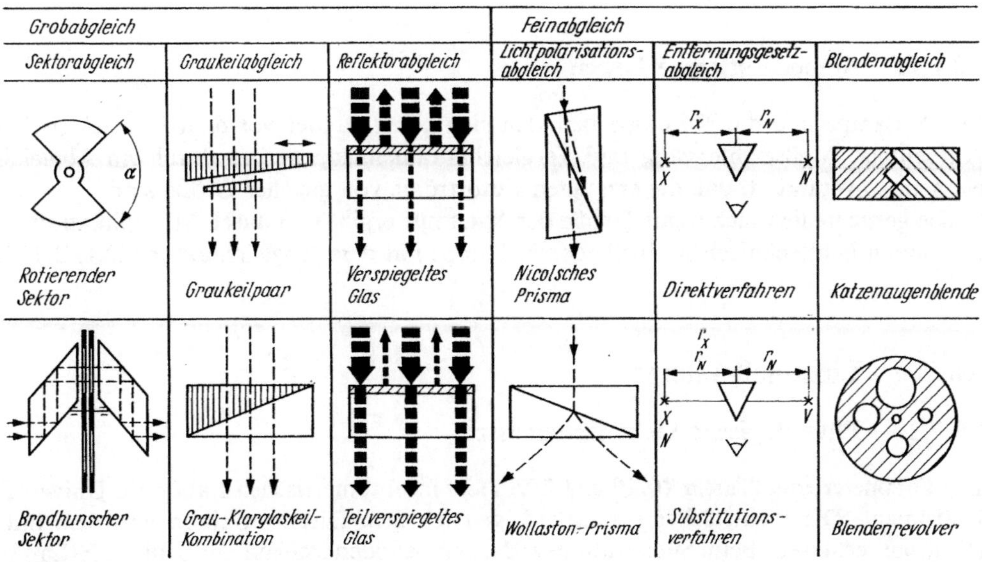

20.5.2. Substitutionsverfahren

Außer der zu messenden Lichtquelle (X-Lampe) und der Normallampe (N-Lampe) wird zusätzlich eine Vergleichslampe (V-Lampe) in die Messung einbezogen. Zuerst wird der fotometrische Abgleich zwischen der X-Lampe und der V-Lampe durchgeführt. Die X-Lampe wird durch die N-Lampe ersetzt. Dann erfolgt der fotometrische Abgleich zwischen der N-Lampe und der V-Lampe [20.4, S. 101]. Die gesuchte lichttechnische Größe der X-Lampe ergibt sich aus den bekannten Werten der N-Lampe und der beiden Ablesungen der Abgleichvorrichtung [20.1, S. 109].

20.6. Physikalische Lichtmeßverfahren

Alle physikalischen lichttechnischen Messungen der Lichtstärke, der Leuchtdichte, des Lichtstroms, der Beleuchtungsstärke und der Lichtmenge beruhen auf der Bestimmung der im Aufnehmer erzeugten Beleuchtungsstärke. In den physikalischen Fotometern wird dabei die Lichtenergie in andere Energieformen oder in chemische Reaktionen umgesetzt [20.6, S. 267].

20.6.1. Ausschlagverfahren

Zur Realisierung des Ausschlagverfahrens **(Tafel 20.6)** befinden sich die X-Lampe und die N-Lampe in gleicher Entfernung von dem fotoelektrischen Aufnehmer. Meßstrahlengang und Vergleichsstrahlengang fallen nacheinander auf den Aufnehmer.

Aus dem Verhältnis der im Aufnehmer erzeugten Beleuchtungsstärken und der bekannten lichttechnischen Eigenschaften der N-Lampe ergibt sich durch Multiplikation die gesuchte lichttechnische Größe der X-Lampe. Sind die Beleuchtungsstärken den erzeugten Fotoströmen proportional, so kann der Quotient der Beleuchtungsstärken durch das Verhältnis der Fotoströme ersetzt werden [20.1, S. 117].

20.6.2. Kompensationsverfahren

Die X-Lampe und die N-Lampe befinden sich nacheinander vor dem fotoelektrischen Aufnehmer. Meßstrahlengang und Vergleichsstrahlengang werden durch ein Abgleichelement so verändert, daß die erzeugten Fotoströme von gleicher Größe sind.

Die gesuchte lichttechnische Größe der X-Lampe ergibt sich durch Multiplikation der bekannten lichttechnischen Größe der N-Lampe mit dem Abgleichfaktor [20.1, S. 117].

20.7. Lichtmeßsysteme

20.7.1. Physiologische Lichtstärkemesser

Die **Fotometerbank (Tafeln 20.10 und 20.11)** ist im fotometrischen Labor ein Universalinstrument. Die Lichtstärkemessung erfolgt nach dem Direktverfahren und dem Substitutionsverfahren. Beim Substitutionsverfahren befinden sich auf der Schiene X-Lampe bzw. N-Lampe, Schirm und Fotometerkopf, der über einen Schirm mit der V-Lampe fest gekoppelt ist. Diese Kombination wird gegen die X-Lampe bzw. N-Lampe bis zum fotometrischen Gleichgewicht verschoben [20.1, S. 109]. Als Fotometerköpfe sind die Konstruktionen nach *Lummer-Brodhun* und *Bechstein* bekannt **(Tafel 20.12)**.

Beim **Gleichheitsvergleich (Tafel 20.12)** fallen im Lummer-Brodhun-Fotometerkopf die beiden zu vergleichenden Strahlengänge auf die weißen, diffus reflektierenden Flächen des Gipsschirms. Ein Teil des dort reflektierten Lichts trifft über Spiegel auf den Lummer-Brodhun-Fotometerwürfel. Dieser besteht aus zwei 90°-Prismen, die mit ihren Hypotenusenflächen aneinandergesprengt sind. Aus einer dieser Flächen sind die im Gesichtsfeld erkennbaren Figuren herausgeätzt. Das Licht der X-Lampe bzw. N-Lampe tritt an den Stellen mit optischem Kontakt durch den Lummer-Brodhun-Fotometerwürfel hindurch und gelangt ins Auge. An den geätzten Stellen des Lummer-Brodhun-Fotometerwürfels wird das Licht total reflektiert. Analoges geschieht mit dem Licht der V-Lampe. Der an den geätzten Stellen total reflektierte Teil gelangt ins Auge. Der durch die angesprengten Flächen hindurchtretende Teil ist für die Meßperson unwirksam. Das Auge sieht das linke Trapez und das rechte Umfeld im Licht der X-Lampe bzw. N-Lampe und das rechte Trapez und das linke Umfeld im Licht der V-Lampe [20.1, S. 58]. Im

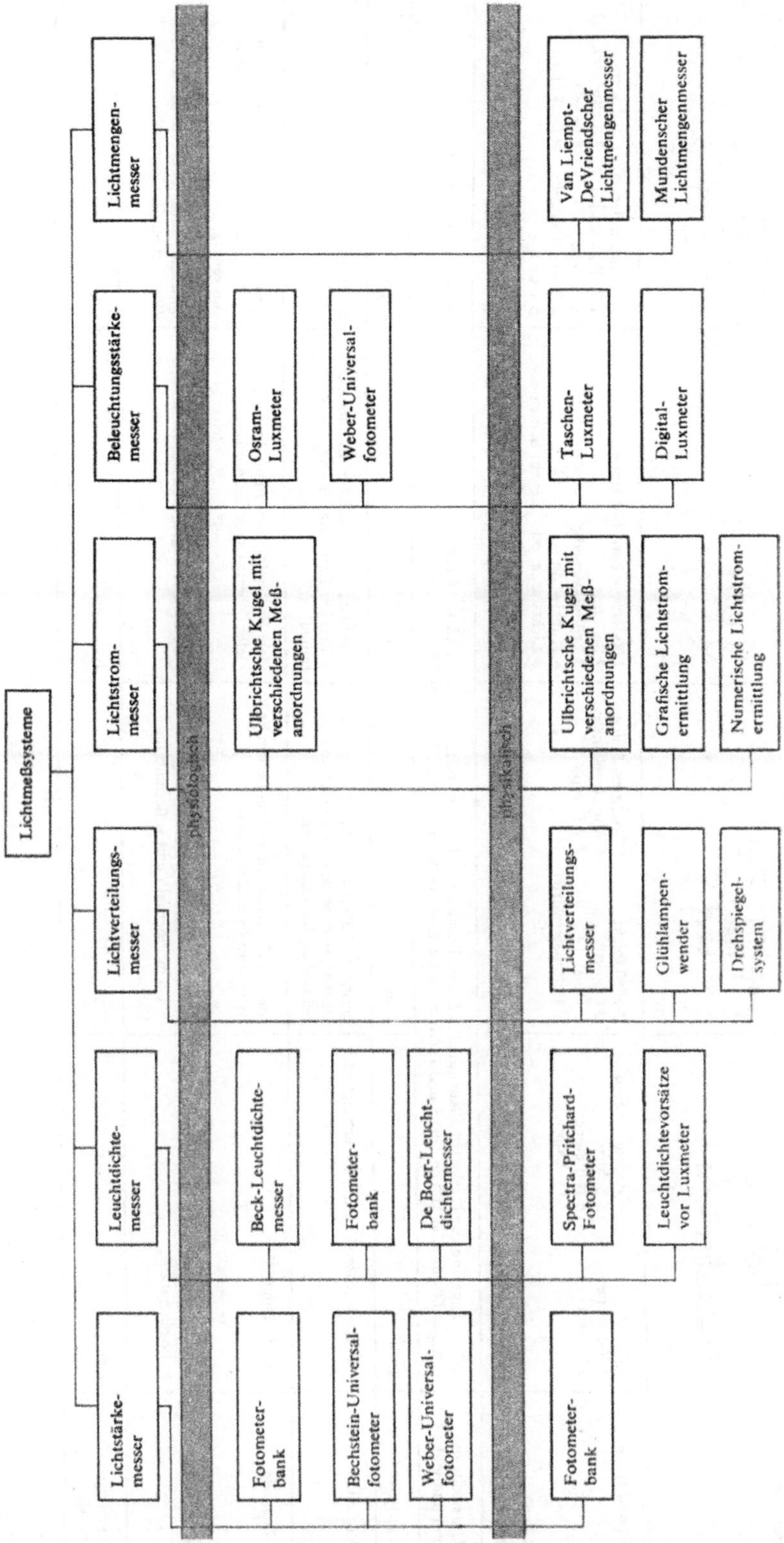

Tafel 20.10. Klassifikation von Lichtmeßsystemen

Tafel 20.11. Physiologische Lichtmeßsysteme

	Lichtstärkemesser	Leuchtdichtemesser	Lichtstrommesser	Beleuchtungsstärkemesser
	Fotometerbank mit Fotometerkopf	Beck-Leuchtdichtemesser	Ulbrichtsche Kugel	Osram-Luxmeter
Bauprinzip	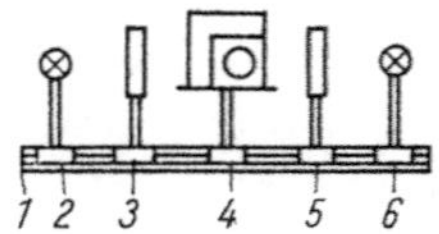	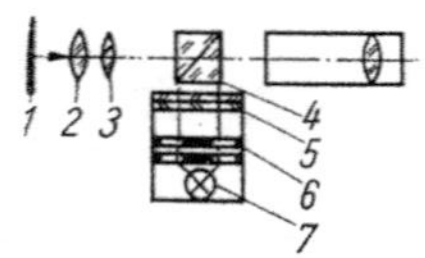	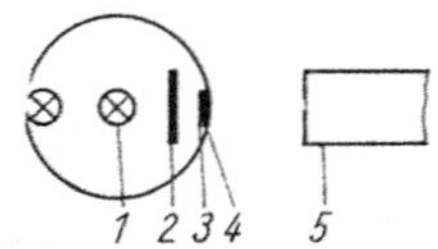	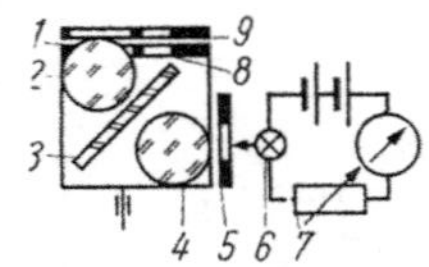
Bezeichnung	*1* Schiene *2* X-Lampe *3* Schirm *4* Fotometerkopf *5* Schirm *6* N-Lampe (V-Lampe)	*1* Meßobjekt *2* Objektiv *3* Objektiv *4* Fotometerwürfel *5* Trübglasscheibe *6* Abgleichelement *7* V-Lampe	*1* X-Lampe bzw. N-Lampe *2* Schalter *3* Trübglasscheibe *4* Kugelwand *5* Lichtstärke- oder Leuchtdichtemesser	*1* Drehzylinder *2* Trübglaskugel *3* Glasplatte *4* Trübglaskugel *5* Öffnung *6* V-Lampe *7* Stellwiderstand *8* Fenster *9* Deckplatte
Meßbereich	$(10^{-3} \dots 10^{7})$ cd · m^{-2}	$(10^{-1} \dots 10^{6})$ cd · m^{-2}	$(10^{-1} \dots 10^{6})$ lm	$(10^{-1} \dots 10^{3})$ lx
Unterschiedsempfindlichkeit	$L/\Delta L$ hängt von der Gesichtsfeldleuchtdichte L nichtlinear ab und beträgt beispielsweise $L/\Delta L \approx 10$ für $L = 0{,}01$ cd · m^{-2}, $L/\Delta L \approx 40$ für $L = 1$ cd · m^{-2}, $L/\Delta L \approx 60$ für $L = 100$ cd · m^{-2} und $L/\Delta L \approx 50$ für $L = 10000$ cd · m^{-2} (s. *Tafel 20.7.*)			
Einstellzeit	groß	groß	groß	groß
Vorteile	universell einsetzbar, hohe Genauigkeit	geringer Meßaufwand, leicht einsetzbar, tragbar, sehr geringe Leuchtdichten bei kleiner Meßfläche meßbar	unabhängig von örtlichen Empfindlichkeiten der Empfängerfläche, einfach, schnell	tragbar
Nachteile	nicht tragbar	hohe Anforderungen an Meßperson bei heterochromen Messungen	viele Fehlereinflüsse, Einhaltung von vielen Voraussetzungen notwendig	geringe Genauigkeit, komplizierter Aufbau, große Herstellungsgenauigkeit notwendig
Anwendung	Universalinstrument für fotometrischen Laboreinsatz	für kleine Objekte in Entfernung > 1,5 m innerhalb und außerhalb des Labors	Routinemessungen, Betriebsmessungen	innerhalb und außerhalb des Labors (kaum noch in Gebrauch)
Richtwert (in M)	200	200	100	200

Abgleichsfall ist die Leuchtdichte der Umfelder und der Trapeze gleich. Das Auge sieht eine gleichmäßig beleuchtete Fläche, vorausgesetzt, das Licht der beiden Lichtquellen ist von gleicher Farbe [20.7, S. 116].

Beim **Kontrastvergleich (Tafel 20.12)** befinden sich vor dem Prisma des Lummer-Brodhun-Fotometerwürfels zwei Kontrastscheiben. Die beiden Trapeze haben im Abgleichfall ebenfalls die gleiche Leuchtdichte, aber sie heben sich mit einem Kontrast von 8% vom gleichmäßig ausgeleuchteten Umfeld ab. Das Auge stellt fest, wann beide Trapeze den gleichen Kontrast gegenüber dem Umfeld aufweisen. Bei geringen Farbunterschieden wird eine höhere Meßgenauigkeit als beim Gleichheitsvergleich erreicht [20.7, S. 117].

Tafel 20.12. Fotometerköpfe mit Vergleichsprinzipien

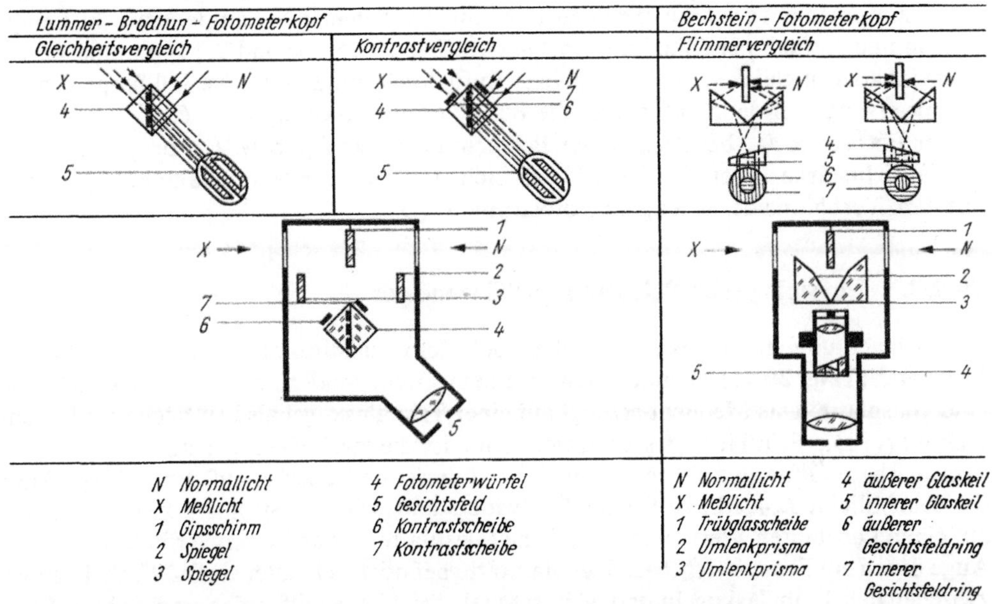

Beim **Flimmervergleich (Tafel 20.12)** gelangen im Bechstein-Fotometer die beiden zu vergleichenden Strahlengänge über die weißen, diffus reflektierenden Flächen einer Trübglasscheibe und Umlenkprismen auf eine rotierende Keilkombination. Die brechenden Winkel des äußeren und inneren Glaskeils sind gleich groß. Ihre brechenden Flächen sind in entgegengesetzter Richtung geneigt. Die konzentrischen Kreisflächen bilden das Gesichtsfeld. Bei Rotation des Doppelkeils erhalten die Kreisflächen in schnellem Wechsel abwechselnd das Licht der zu vergleichenden Lichtquellen. Die Rotation bewirkt die Flimmererscheinung. Bei Verschiedenfarbigkeit des Lichts nimmt das Auge bei kleiner Wechselfrequenz ein Farbflimmern wahr. Das Farbflimmern verschwindet bei größeren Wechselfrequenzen. Auf Farbeindrücke reagiert das Auge träger als auf Helligkeitseindrücke. Das Auge sieht deshalb ein Gesichtsfeld, das nur noch in der Leuchtdichte flimmert. Sind die erzeugten Leuchtdichten beider Lichtquellen gleich, erreicht das Helligkeitsflimmern ein Minimum. Die Feststellung dieses Minimums bildet das Kriterium für die Gleichheit der Gesichtsfeldleuchtdichten.

Für höchste Genauigkeit wird die Flimmerfrequenz so gewählt, daß das Flimmern verschwindet, aber bei kleiner Leuchtdichteänderung wieder auftritt [20.1, S. 60].

Die Abstände von der X-Lampe bis zum Fotometerkopf r_X und von der N-Lampe bis zum Fotometerkopf r_N werden gemessen.

Die Lichtstärke I_X ergibt sich nach dem fotometrischen Gesetz aus der Lichtstärke I_N der Normallampe, multipliziert mit dem quadratischen Verhältnis der gemessenen Entfernung $(r_X/r_N)^2$.

Weitere physiologische Lichtstärkemesser sind Bechstein-Universalfotometer [20.1, S. 111], Weber-Universalfotometer [20.1, S. 112] und Martens-Polarisationsfotometer [20.6, S. 261].

20.7.2. Physikalische Lichtstärkemesser

Auf der **Fotometerbank (Tafel 20.13.1)** erfolgt die Lichtstärkemessung nach dem Ausschlagverfahren und dem Kompensationsverfahren.

Beim Ausschlagverfahren befinden sich auf der Schiene X-Lampe bzw. N-Lampe, Schirm und Aufnehmer (Siliziumfotoelement). Die X-Lampe und die N-Lampe werden nacheinander in gleicher Entfernung vom Aufnehmer aufgestellt. Die X-Lampe bzw. N-Lampe erzeugt auf dem Aufnehmer die Beleuchtungsstärke E_{vX} bzw. E_{vN}.

Der Fotostrom I_{FX} bzw. I_{FN} ist der Beleuchtungstärke E_{vX} bzw. E_{vN} proportional.

Die Lichtstärke I_{vK} ergibt sich aus der Lichtstärke I_{vN} der Normallampe, multipliziert mit dem Verhältnis der erzeugten Fotoströme I_{FX}/I_{FN}.

20.7.3. Physiologische Beleuchtungsstärkemesser

Die Beleuchtungsstärkemessung erfolgt nach dem Substitutionsverfahren. Im Osram-Luxmeter **(Tafel 20.11)** befinden sich in einem Drehzylinder zwei Trübglaskugeln und eine Glasplatte. Das Meßlicht erzeugt auf einer Trübglaskugel als Prüffläche die Leuchtdichte L_{vX}. Die Prüffläche des Vergleichslichts ist die zweite Trübglaskugel. Durch eine veränderbare Öffnung fällt das Licht der V-Lampe und erzeugt auf der Trübglaskugel die Leuchtdichte L_{vV}. Mit Hilfe eines Stellwiderstands wird die Stromstärke der V-Lampe auf einen konstanten Wert eingestellt. Eine Glasplatte ist das Fotometerfeld. Sie ist vom Auge durch ein Fenster sichtbar. Die Glasplatte befindet sich unter einem Winkel von 45° zwischen den Trübglaskugeln und ist in schmale Streifen geteilt. Jeder geradzahlige Streifen ist verspiegelt und jeder ungeradzahlige klar. Über die verspiegelten Streifen wird die eine Trübglaskugel gesehen, durch die nicht verspiegelten Streifen die andere. Der fotometrische Abgleich erfolgt durch Rotation des Drehzylinders. Eine Veränderung der Öffnung bewirkt die Änderung des Vergleichslichts. Im Abgleichsfall ist die Glasplatte gleichmäßig beleuchtet.

Das Osram-Luxmeter wird mit Beleuchtungsstärken E_{vN} einer N-Lampe kalibriert. Die Beleuchtungsstärke E_{vX} wird auf der Skale in der Deckplatte des Luxmeters abgelesen [20.6, S. 324].

20.7.4. Physikalische Beleuchtungsstärkemesser

Das **Taschenluxmeter (Tafel 20.13.2)** ist ein tragbares Luxmeter. Die Beleuchtungsstärkemessung erfolgt nach dem Ausschlagverfahren.

Das Meßlicht erzeugt auf einer Trübglasscheibe die Beleuchtungsstärke E_{vX} und gelangt auf einen Aufnehmer (Siliziumfotoelement). Die Stärke des erzeugten Fotostroms I_{FX} ist der Beleuchtungsstärke E_{vX} proportional. Der Strommesser wird in Beleuchtungsstärken E_{vN} einer N-Lampe kalibriert. Die Beleuchtungsstärke E_{vX} ist am Stromstärkemesser abzulesen [20.6, S. 326].

Tafel 20.13.1. Physikalische Lichtmeßsysteme

	Lichtstärkemesser	Leuchtdichtemesser	Lichtverteilungsmesser
	Fotometerbank mit Siliziumfotoelement	Spectra-Pritchard-Fotometer mit Fotovervielfacher	Lichtverteilungsmeßgerät mit Siliziumfotoelement
Bauprinzip	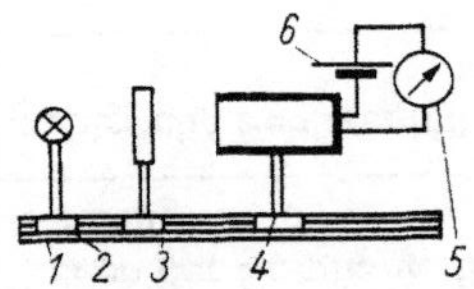	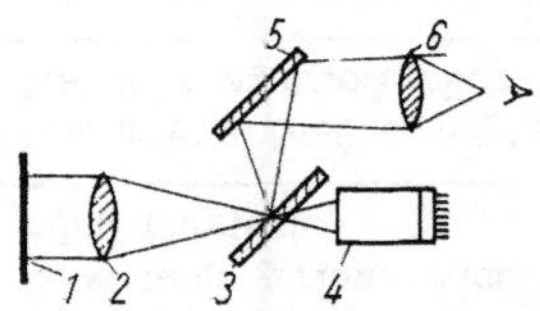	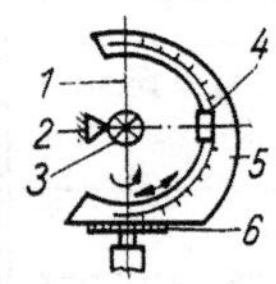
Bezeichnung	*1* Schiene *2* X-Lampe bzw. N-Lampe *3* Schirm *4* Siliziumfotoelement *5* Strommesser *6* Spannungsquelle	*1* Meßobjekt *2* Objektiv *3* Spiegel *4* Fotovervielfacher *5* Spiegel *6* Okular	*1* Achse *2* Achse *3* X-Lampe bzw. N-Lampe *4* Siliziumfotoelement *5* Kreisbogen *6* Teilkreis
Meßbereich	$(10^{-3} \dots 10^{8})$ cd · m^{-2}	$(10^{-4} \dots 10^{8})$ cd · m^{-2}	$(10^{-2} \dots 10^{6})$ cd · m^{2}
Empfindlichkeit	10^{-3} A · lm^{-1}	10^{2} A · lm^{-1}	10^{-3} A · lm^{-1}
Einstellzeit	10^{-2} s	10^{-2} s	10^{-2} s
Vorteile	universell einsetzbar, hohe Genauigkeit	hohe Empfindlichkeit, $V(\lambda)$-gemäße Bewertung, Öffnungswinkel von 6′–2°, kleine Felder meßbar	hohe Genauigkeit, jede Ausstrahlungsrichtung erreichbar
Nachteile	nicht tragbar	hohe Einstellgenauigkeit notwendig, Nachkalibrierung notwendig	Entfernung der Lichtquelle zum Empfänger < fotometrischer Grenzentfernung
Anwendung	Universalinstrument für fotometrischen Laboreinsatz	Messungen innerhalb und außerhalb des Labors	Messen von Lichtstärke, Leuchtdichte, Gesamtlichtstrom bei Lichtquellen kleiner und mittlerer Abmessungen
Richtwert (in M)	500	1000	500

Tafel 20.13.2. Physikalische Lichtmeßsysteme

	Lichtstrommesser	Beleuchtungsstärkemesser	Lichtmengenmesser
	Ulbrichtsche Kugel mit Zäsiumoxid-fotozelle	Taschenluxmeter mit Siliziumfotoelement	Meßanordnung mit Zäsiumoxidfotozelle nach *van Liempt* und *de Vrient*
Bauprinzip	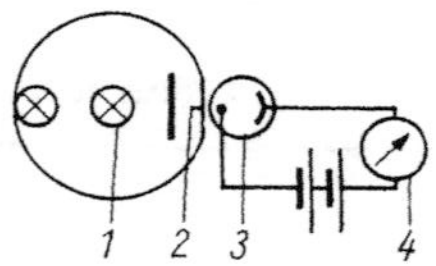	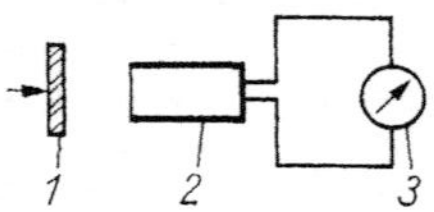	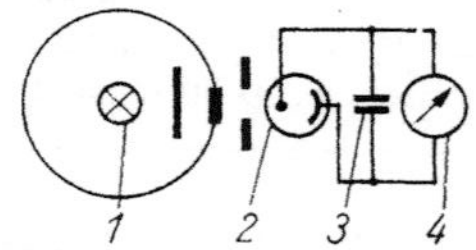
Bezeichnung	*1* X-Lampe bzw. N-Lampe *2* Meßfenster *3* Zäsiumoxidfotozelle *4* Strommesser	*1* Trübglasscheibe *2* Siliziumfotoelement *3* Strommesser	*1* X-Lampe bzw. N-Lampe *2* Zäsiumoxidfotozelle *3* Kondensator *4* Spannungsmesser
Meßbereich	$(10^{-1} \ldots 10^{6})$ lm	$(10^{1} \ldots 10^{4})$ lx	$(10^{-1} \ldots 10^{8})$ lm · s
Empfindlichkeit	10^{-2} A · lm	10^{-3} A · lm^{-1}	10^{-2} A · lm^{-1}
Einstellzeit	10^{-8} s	10^{-2} s	10^{-6} s
Vorteile	unabhängig von örtlichen Empfindlichkeiten der Empfängerfläche, einfach, schnell	kosinusgetreue Bewertung, $V(\lambda)$-gemäße Bewertung, geringer Meßaufwand, tragbar, billig, handlich	proportionale Abhängigkeit zwischen Lichtmenge und Ladungsmenge
Nachteile	zahlreiche Fehlereinflüsse vorhanden	beschränkte Meßgenauigkeit, regelmäßige Kalibrierung erforderlich	Anpassung des Empfängers an die $V(\lambda)$-Kurve erforderlich
Anwendung	Routinemessungen, Betriebsmessungen	Routinemessungen innerhalb und außerhalb des Labors	Messungen bei fotochemischen, fotografischen, lichtbiologischen Prozessen, Messung der Lichtleistung von Blitzlichtquellen
Richtwert (in M)	200	100	200

20.7.5. Leuchtdichte-, Lichtstrom-, Lichtmengen- und Lichtverteilungsmesser

Leuchtdichtemessungen erfolgen durch unmittelbaren Vergleich mit einer bekannten Leuchtdichte oder über die Ermittlung anderer lichttechnischer Größen. Bekannte Meßsysteme sind Beck-Leuchtdichtemesser [20.1, S. 118], optisches Pyrometer (Teilstrahlungspyrometer) [20.6, S. 332] und Abschn. 19.4.5.2, Luckiesh-Taylor-Leuchtdichtemesser [20.6, S. 334], De-Boer-Leuchtdichtemesser [20.8], Schreuder-Leuchtdichtemesser [20.9], Spectra-Pritchard-Fotometer [20.1, S. 126], Standard- und Ultrasensitivmodell des Spectra-Brightness-Spot-Meter nach *Freund* [20.1, S. 125, 126], Luminancemeter-Massard-Schreder [20.10], Berger-Fischer-Leuchtdichtemesser [20.11] und Leuchtdichtevorsätze vor Luxmeter [20.1, S. 124].

Lichtstrom- und Lichtmengenmessungen (Tafel 20.13.2) werden mit der Ulbrichtschen Kugel [20.1, S. 109, 117] durchgeführt. Zur grafischen Lichtstrombestimmung empfehlen sich das Rousseau- und das Helbig-Diagramm [20.1, S. 143].

Bei Lichtverteilungsmessungen wird in verschiedenen Ausstrahlungsrichtungen um das Meßobjekt dessen Lichtstärke oder Leuchtdichte bestimmt. Die einzelnen Meßwerte werden als Radiusvektoren in das ebene Polar- oder räumliche Kugelkoordinatensystem eingetragen [20.1, S. 130] [20.7, S. 1021].

20.8. Lichtmeßfehler

20.8.1. Systematische Meßfehler

Der **Streu- und Fremdlichtfehler** wird durch das Auftreffen von Streu- und Fremdlicht auf den Aufnehmer verursacht. Reflexionen an Decken und Wänden im verdunkelten Laboratorium, Streuungen in Linsensystemen und ungenügend abgeschirmte Lampen verursachen Streu- und Fremdlicht [20.6, S. 242]. Bei der Streu- und Fremdlichtfehlerkorrektur werden zwischen das Meßobjekt und den Aufnehmer Blendenschirme gestellt. Die Blendenschirme sind mit schwarzem Samt bezogen [20.1, S. 115].

Bei Messungen in der Ulbrichtschen Kugel ergeben sich systematische Meßfehler durch unvollständige Streuung der Kugelwandreflexion, Selektivität des Kugelwandanstrichs, Abschirmung eines Kugelwandsegments durch Lampe und Schattenblech (Schatter), Teilabsorption des reflektierten Lichts durch die Lampe, die Aufhängevorrichtung und den Schatter, unterschiedliche Bewertung von senkrecht und streifend einfallendem Licht.

Die Meßfehler können durch gezielte Maßnahmen [20.6, S. 310] in Grenzen gehalten werden.

Der **Kosinusfehler** tritt bei lichtempfindlichen Aufnehmern auf. Er wird durch die Abhängigkeit der Oberflächenreflexion des Aufnehmers von der Lichteinfallrichtung, dem Einfluß des Glaskolbens und der Abschattung durch die Fassung verursacht. Das Licht des Meßobjekts gelangt unter verschiedenen Winkeln auf den Aufnehmer. Die erzeugten Beleuchtungsstärken ändern sich mit dem Kosinus des Einfallwinkels

$$E_{v\varepsilon} = \hat{E}_v \cos \varepsilon .$$

Der Kosinusfehler kann durch den Keitz-Vorsatz [20.6, S. 279], den Hartwig-Helbig-Vorsatz [20.1, S. 67], oder den Reeb-Tosberg-Vorsatz [20.1, S. 68] korrigiert werden.

Der **Proportionalitätsfehler** tritt bei Fotozellen und Fotoelementen auf. Bei Fotozellen ist der erzeugte Fotostrom dem einfallenden Meßlicht proportional. Eine strenge Proportionalität gilt nur für monochromatisches Licht. Bei polychromatischem Licht ergeben sich Abweichungen. Der Proportionalitätsfehler bei Fotozellen wird durch gute Evakuierung der Fotozelle, Vorhandensein eines gleichmäßigen elektrischen Felds in der Fotozelle und durch gute Leitfähigkeit der Katode an allen Stellen korrigiert [20.1, S. 229]. Bei Fotoelementen wird der Proportionalitätsfehler durch einen großen inneren Widerstand (Widerstand des Halbleiters und der Deckelelektrode) verursacht. Der Proportionalitätsfehler bei Fotoelementen wird durch kleine Außenwiderstände und geringe Beleuchtungsstärken korrigiert [20.1, S. 239].

Der **Empfindlichkeitsfehler** tritt bei Aufnehmern auf, die eine ungleichmäßige Empfindlichkeit auf der Aufnehmerfläche haben. Der Empfindlichkeitsfehler ist durch vollständige und gleichmäßige Ausleuchtung der lichtempfindlichen Fläche des Aufnehmers zu korrigieren [20.1, S. 69].

Der **Frequenzfehler** tritt beim Messen von Wechsellicht hoher Frequenzen und/oder Lichtblitzen auf. Er wird durch die Frequenzabhängigkeit der lichtempfindlichen Aufnehmer verursacht. Der Frequenzfehler ist durch eine kleine Zeitkonstante der Meßschaltung zu korrigieren [20.1, S. 69].

Der **Temperaturfehler** basiert auf dem Einfluß der Umgebungstemperatur auf die Empfindlichkeit des Aufnehmers und andere Elemente des Meßkreises. Präzisionsmessungen werden deshalb bei einer konstanten Temperatur von 25 °C durchgeführt [20.1, S. 69].

20.8.2. Zufällige Meßfehler

Zufällige Meßfehler resultieren aus Ablesefehlern, die bei allen lichttechnischen Messungen auftreten können, sowie Fehlern, die durch physiologische Mängel der Meßperson beim Helligkeitsvergleich entstehen.

Stromschwankungen im Netz, regellos schwankende Absorptionsgrade von Zwischenmedien und die zeitlich veränderliche Empfindlichkeit der Aufnehmer sind ebenfalls Ursachen für zufällige Fehler [20.1, S. 221].

21. Ausblick

Das technische Niveau der Produktion, ihre Qualität und Zuverlässigkeit sowie ihre Arbeits-, Material- und Energieökonomie werden wesentlich durch die Anwendung einer leistungsfähigen Meß- und Prüftechnik beeinflußt. Während beispielsweise im Maschinen- und Gerätebau die Fertigungszeiten tendenziell abnehmen, wachsen die Prüfzeiten an. Sie betragen gegenwärtig im Schnitt 25 ... 30 %. Durch komplizierte Gestaltung der Einzelteile, Einengung der zulässigen Maßtoleranzen und Verkleinerung der zulässigen Formabweichungen und Oberflächenrauheiten werden sowohl die fertigungstechnische als auch die meßtechnische Beherrschung der Produktion erschwert. Hohe Montagekosten durch Anpaßarbeiten (etwa 50 %) basieren auf unvollständiger meßtechnischer Erfassung der Qualitätsparameter von Einzelteilen und Baugruppen.

Die fortschreitende Intensivierung der technologischen Prozesse ist begleitet von

- Vergrößerung der Anlagen
- Vermaschung der Prozeßstufen
- Annäherung der Prozeßparameter an technisch-physikalische, technologische und ergonomische Grenzen
- Einengung der Toleranzen.

Für Meßtechnik und Qualitätssicherung resultieren daraus

- Vergrößerung der Anzahl der Meßstellen
- kompliziertere Gestaltung der Meßstrategien
- stärkere Belastung der Sensoren
- höhere Anforderungen an Genauigkeit und Zuverlässigkeit der Meßmittel.

In fortgeschrittenen technologischen Investitionsobjekten stieg die Anzahl der installierten Meßstellen innerhalb der letzten zehn Jahre etwa um den Faktor 10.

Die Erhöhung der Produkt- und Prozeßqualität zielt auf bessere Beherrschung der Meßinformationsgewinnung, -verarbeitung und -nutzung für

- Einsparung von Arbeitszeit, Energie und Material
- Entlastung von Mensch und Umwelt
- Sicherung von Mensch und Anlagen
- Erarbeitung von mehr und besseren Endprodukten
- Gewährleistung von Marktgängigkeit und Exportrentabilität.

Im folgenden soll auf ausgewählte Probleme hingewiesen werden, die zur weiteren Steigerung der Arbeitsproduktivität auf einem höheren Niveau gelöst werden müssen.

21.1. Einfluß der Gerätetechnik auf die Entwicklung der Meß- und Automatisierungstechnik

Theorie und Praxis der Meß- und Automatisierungstechnik durchliefen in den letzten fünfzig Jahren eine stürmische qualitative und quantitative Entwicklung. Stimulierende Elemente waren technische Erfindungen mit Hardwarecharakter. Etwa aller zehn Jahre

Tafel 21.1. Entwicklungsetappen der Meßinformationsverarbeitung und Prozeßführung

<table>
<tr><th colspan="2" rowspan="2">Entwicklungsetappen</th><th rowspan="2">Ziel</th><th rowspan="2">Mittel</th><th rowspan="2">Stimulierende Hardware</th><th rowspan="2">Meßinformationsgewinnung</th><th colspan="3">Meßinformationsverarbeitung</th><th colspan="3">Prozeßführung</th></tr>
<tr><th>funktionell</th><th>räumlich</th><th>energetisch</th><th>funktionell</th><th>räumlich</th><th>energetisch</th></tr>
<tr><td>bis 1940</td><td>klassische Meßtechnik</td><td>Messung der Zustände von Einzelobjekten</td><td>Nutzung der klassischen Gerätetechnik (fast ohne Theorie)</td><td>Meßgerät</td><td>dezentral, bevorzugt mechanisch</td><td rowspan="3">dezentral, parallel</td><td rowspan="2"></td><td rowspan="2">manuell, parallel</td><td colspan="2" rowspan="2">dezentral</td><td>manuell</td></tr>
<tr><td>1940 bis 1950</td><td>Regelungstechnik</td><td>Regelung der Zustände von Einzelobjekten</td><td>Entwicklung der klassischen Systemtheorie</td><td>Regler</td><td>dezentral, mechanisch elektrisch</td><td rowspan="4">maschinell</td></tr>
<tr><td>1950 bis 1960</td><td>Automatisierungstechnik</td><td>Automatisierung von Teilstrecken</td><td>Nutzung der klassischen Systemtheorie</td><td>Meßumformer</td><td>dezentral, elektrisch mechanisch</td><td>zentral, parallel</td><td>maschinell, parallel</td><td colspan="2" rowspan="3">zentral</td></tr>
<tr><td>ab 1960</td><td>Prozeßrechentechnik</td><td>Automatisierung von Anlagen</td><td>Entwicklung der modernen Systemtheorie</td><td>Prozeßrechner</td><td>dezentral, bevorzugt elektrisch</td><td colspan="2">zentral, seriell</td><td>maschinell, seriell</td></tr>
<tr><td>ab 1975</td><td>Mikroprozeßrechentechnik</td><td>Automatisierung von großen Systemen (stofflich, energetisch, informell)</td><td>Nutzung von MT + RT, Suche nach leistungsfähigen Theorien</td><td>Mikroprozeßrechner</td><td>dezentral, elektrisch elektronisch</td><td colspan="2">zentral, dezentral, quasiparallel</td><td>maschinell, quasiparallel</td></tr>
</table>

beschleunigten prinzipiell neue Erzeugnisse und ihre technologische Beherrschung die Weiterentwicklung von Meß- und Automatisierungstechnik **(Tafel 21.1)** [21.1] [8.18]. Die genannten Erfindungen basierten auf Ergebnissen der wissenschaftlichen Grundlagenforschung und haben anschließend technologisch bedingte, tiefergehende wissenschaftlich-technische Untersuchungen stimuliert. Die Entwicklungsetappen ließen sich durch lineare Extrapolation **nicht** vorhersagen. Es ist zu erwarten, daß weitere neue Erfindungen die Entwicklung der Meß- und Automatisierungstechnik nachhaltig beeinflussen werden. Ihr spezieller Charakter ist noch unbekannt. Mit großer Wahrscheinlichkeit entspringt er aus Mikroelektronik und Optoelektronik, möglicherweise aus der Bionik.

In der Gegenwart kommt es darauf an, die zwar bekannten, aber noch unerschlossenen potentiellen Möglichkeiten der Mikroelektronik durch Anwendung in der Meßtechnik und Qualitätssicherung voll zu nutzen.

Es darf nicht übersehen werden, daß es sich gegenwärtig bevorzugt um die Nutzung von Mikroprozessorsystemen für die Meßwertverarbeitung handelt. Typische Einsatzfälle konventioneller Prozeß- und Kleinsteuerrechner werden auf Mikrorechner umgesetzt.

Der Stand der Prozeßmeßtechnik ist aber durch die Leistungsfähigkeit aller Komponenten, d.h. ihrer proportionalen Entwicklung, bestimmt [21.2]. Das bezieht sich auf Hardware (Geräte), Software (Programme), Firmware (ROM-gespeicherte Programme) und „Brainware" (Meßpersonen).

Beeindruckende Fortschritte in der Meßwert**verarbeitung** durch Rechner dürfen nicht darüber hinwegtäuschen, daß zahlreiche Probleme der Meßwert**gewinnung** bisher nicht in gleichem Maße bewältigt wurden.

Durch die ungenügende theoretische und praktische Beherrschung von Meßprozessen gibt es erhebliche Schwierigkeiten bei der qualifizierten Anwendung von Mikroprozessormeßsystemen. Es gibt keine allgemein anwendbaren Strategien

- für die Prüfung von Meßaufgaben auf Lösbarkeit
- für die Projektierung von Meßsystemen mit garantierten Funktionsparametern
- für die exakte Bedienung von Meßsystemen durch erfahrene und unerfahrene Meßpersonen
- für die Gewährleistung der Einheitlichkeit und Richtigkeit von Messungen [21.3].

Das beeinträchtigt oder verhindert die Aufstellung von Programmablaufplänen und Anwenderprogrammen für den Rechnereinsatz. Konzeptionell neuartige Lösungen entwickeln sich relativ langsam.

21.2. Einfluß der Meßtheorie auf die Entwicklung der Meß- und Automatisierungstechnik

Der Einsatz von Mikroprozessoren fördert die weitere Mathematisierung von Meßprozessen und die Arbeit mit Modellen. **Modelle** sind im Unterschied zu den Originalen (Meßsignalen, Meßsystemen, Meßprozessen) je nach Situation einfacher, billiger, leichter zu beschreiben, raum- oder zeittransformiert, leicht variierbar, begrenzt optimierbar und einfacher zu lehren und zu lernen.

Die Modellierung vergröbert in der Regel das Original. Es werden stets nur einzelne Seiten des Objekts genauer betrachtet [21.4].

Für die Erkenntnisgewinnung und Theorienbildung ist von größtem Vorteil, daß Originale sehr unterschiedlicher Natur zu isomorphen oder homomorphen Abbildungen führen können, die sich gleichen [4.26] [21.5] bis [21.8]. Sie gestatten dann eine einheitliche Behandlung und Interpretation. In jedem Fall müssen die mit Hilfe eines Modells im Bildbereich gewonnenen Erkenntnisse im Objektbereich durch die Praxis bestätigt werden. Andernfalls ist ihr Wert fraglich.

Die Meßtheorie arbeitet bevorzugt mit scharfen oder unscharfen Verhaltensmodellen [4.26] in Form von Algorithmen. Mathematische Algorithmen zeichnen sich durch Determiniertheit, Endlichkeit, Allgemeinheit und Lösungsgarantie aus. Heuristische Algorithmen sind weniger streng, haben aber dafür nur eine Lösungswahrscheinlichkeit $P < 1$ (s. Abschn. 12.). In letzter Zeit werden verstärkt stochastische Modelle eingesetzt [4.22] [21.9] [21.10] [21.11]. Dabei ist zu beachten, daß es keine „besten" Modelle gibt. Ein Modell ist gut, wenn es den Bedürfnissen der Praxis entspricht und mit den empirischen Erfahrungen aus der Praxis übereinstimmt.

Es besteht ständig die Gefahr,

- zu einfache oder zu komplizierte Modelle zu verwenden
- nur die Teilaufgaben zu lösen, für die Modelle bekannt sind
- Prozeßstufen für wichtiger zu halten, die durch mathematische Algorithmen zu beschreiben sind, als solche, die bisher nur heuristischen Beschreibungen zugänglich sind.

Ausgewählte typische Beispiele auf diesem Gebiet sind:

- Bevorzugung von zufälligen vor systematischen Meßfehlern bei der Meßfehleranalyse
- Bevorzugung der Auswertung zuungunsten der Durchführung bei fast vollständiger Vernachlässigung der Vorbereitung bei der Beschreibung von Meßprozessen
- Bevorzugung von Normalverteilungen auch bei nicht normalverteilten Ereignissen
- Bevorzugung unvollständig formulierter Meßaufgaben (Suchproblem) ohne Lösungsgarantie (Erkundungsmessung) und Vernachlässigung vollständig formulierter Meßaufgaben (Wiederholproblem) mit Lösungsgarantie (Produkt-Prozeß-Messungen)
- Vernachlässigung anthropotechnischer Gesichtspunkte bei der Schaffung neuer Meßgeräte und -prozesse
- Vernachlässigung ökonomischer Schlußfolgerungen aus fehlerhaften oder nicht durchgeführten Messungen.

Durch die verstärkte Arbeit mit Modellen können die von Meßpersonen unterschiedlicher Spezialisierungsrichtungen erforschten Gesetzmäßigkeiten interdisziplinär besser genutzt werden. Dabei ist *normal*, daß unterschiedliche Systemkonzeptionen auch für gleichartige Objekte unterschiedliche Modelle liefern. Da jedes Modell in Abhängigkeit von seiner Zielorientierung unterschiedliche Seiten des Objekts hervorhebt oder auch unterdrückt, liefern zahlreiche unterschiedliche Grobmodelle häufig tiefergehende Einsichten in das Wesen des Objekts als ein einzelnes verfeinertes Modell [21.6].

Es wirkt erschwerend, daß dem Messen gegenwärtig zwei unterschiedliche Definitionen zugrunde liegen, und zwar

- Messen im engen Sinn ist experimentelles Vergleichen einer Meßgröße mit einer bekannten Vergleichsgröße gleicher Art (Qualität), die als Maßeinheit festgelegt wurde. Typisch hierfür sind Messungen physikalischer Größen und die Verwendung von Verhältnisskalen **(Tafel 21.2)** [21.5].
- Messen im weiten Sinn ist die Zuordnung von Zahlen zu Zuständen oder Vorgängen nach irgendeiner Regel. Typisch hierfür ist die Klassifikation technischer und nichttechnischer Sachverhalte auf einem niedrigen Kenntnisstand und die Anwendung niederwertiger Skalen **(Tafel 21.2)**.

Tafel 21.2. Klassifikation von Skalen und deren Eigenschaften

Skale	bevorzugte Anwendungsgebiete	Informationsgehalt	geeignet für	empirische Operationen	zulässige Transformationen	Prüfmerkmal
Nominal	Sozialwissenschaft	klein	qualitative Klassifikation	$a = b,\ a \neq b$	$ab;\ ba$	Attribut
Ordinal	Wirtschaftswissenschaft	mittel	quantitative Klassifikation	$abcd$	$y = f(a, b, c, d)$	Attribut
Intervall	Technikwissenschaft	groß	relative Messung	$\overline{ab} = \overline{bc} = \overline{cd}$	$y = k_1 + k_2 \overline{ab}$	Variable
Verhältnis	Naturwissenschaft	sehr groß	absolute Messung	$b/a = c/b = d/c$	$y = k\,\overline{ab}$	Variable

Die Meßstrategie setzt sich in der Regel aus zahlreichen mathematischen und heuristischen Algorithmen zusammen. Zur Automatisierung von Meßprozessen ist ihre mathematische Algorithmierung erstrebenswert. Das erklärt das wachsende Interesse für eine Mathematisierung des Messens, für eine axiomatische Begründung des Messens, für Maßtheorie und Meßtheorie [21.12] bis [21.16]. Hier sind auch der Entwurf von Meßsystemen [21.17] und die Meßmittelauswahl (s. Abschn. 11.1.) einzubeziehen.

Wie die Erfahrungen zeigen, läßt sich aus einer allgemeinen technologischen Aufgabenstellung für die automatische Messung und Steuerung in einer Produktions- oder Forschungsanlage nur selten eine geschlossene mathematische Aufgabenstellung ableiten. Liegt dessen ungeachtet ein mathematisches Modell vor, so genügt dies in der Regel weder zur Projektierung des Systems noch zur technischen Beherrschung des Prozesses. Ursachen liegen in

- der Unschärfe der Modelle
- Abweichungen der Geräteparameter von den Modellparametern
- unvollständigen oder fehlenden Lösungsalgorithmen
- zu langer Rechenzeit für On-line-Betrieb
- ökonomischen Restriktionen.

Einen Ausweg bieten Dekomposition und Herauslösung solcher Teilaufgaben, die mit der vorhandenen Technik effektiv gelöst werden können [21.18]. Die Dekomposition erfolgt im wesentlichen intuitiv und ist voller Zufälle.

Der wissenschaftlich-technische Fortschritt ist aktuell dadurch zu fördern, daß in Meßtheorie und Meßtechnik der Schwerpunkt auf die Meßinformationsgewinnung gelegt wird. Folgende aktuelle Tendenzen sind erkennbar:

- Verschmelzung von
  - Meßtechnik und Rechentechnik
  - Produktionstechnik und Meßtechnik
  - Meßtechnik und Qualitätssicherung
  - Fertigungs-, Prozeß- und Labormeßtechnik

- Verknüpfung von

  Meßinformationsgewinnung,
  -übertragung,
  -reduzierung,
  -verarbeitung und
  -auswertung

- Vereinheitlichung und Modularisierung von
  - Meßwertgewinnungs- und -verarbeitungstechnik (Hardware)
  - Meßwertgewinnungs- und -verarbeitungsprogrammen (Software).

Schlüsselbegriffe, die der Meßtechniker im Zusammenhang mit der Lösung von Meßproblemen immer besser beherrschen muß, sind:

Algorithmus	Meßvorschrift
Architektur	Meßwertgewinnung
Entwurf	Meßwertverarbeitung
Firmware	Plausibilitätstest
Hardware	Problemanalyse
Kalibrierung	Programmierung
Kenngröße	Prozeßanalyse
Klassifikation	Prüfung
Mathematisierung	Qualifikation
Meßaufgabenstellung	Sensor
Meßfehler	Software
Meßmethode	Störeinfluß
Meßprinzip	Systementwicklung
Meßstrategie	Terminologie.

Die Mikroelektronik ist **nicht** in der Lage, Mängel in der Wahl des Ziels, in den untersetzten Aufgabenstellungen, in der technologischen Vorbereitung, in der Materialbeschaffung und in der Arbeitskräftebilanzierung auszugleichen.

Entgegen zweckoptimistischen Darstellungen in einigen Firmenschriften nehmen die Anforderungen an die Meßperson nicht ab, sondern zu.

Die Anwendung der Mikroelektronik bringt nicht nur Umprofilierungen der Arbeitsplatzstrukturen, sondern erfordert auch die Weiterentwicklung des Bildungsniveaus. Die Industriezweige sind davon unterschiedlich betroffen, weil die bisherige meßtechnische Aus- und Weiterbildung bevorzugt hardwareorientiert war. Die Automatisierung von Meßprozessen und die Einführung moderner Technologien wird aber bevorzugt softwareseitig bewältigt. Nicht Geräte, sondern **Prozesse** müssen verstanden werden.

Softwareorientiertes Denken reduziert sich nicht auf das Herstellen von Rechenprogrammen, sondern schließt folgende Probleme ein:

- Auswahl geeigneter Begriffe und Definitionen
- zielorientierte Präzisierung der Meßaufgaben
- Aufteilung von Funktionen in Hardware und Software
- Aufteilung in zentrale und dezentrale Funktionen
- Klärung der Kommunikation zwischen Meßpersonen und Meßsystem sowie zwischen Meßsystemen und zwischen Meßpersonen
- Automatisierung von Meßprozessen unter Beachtung personeller Kriterien (Anzahl der Meßpersonen und ihre Vorkenntnisse; Urteilskraft, Bildungsstand und Bildungsfähigkeit von Meßpersonen)
- Automatisierung von Meßprozessen unter Beachtung ökonomischer Kriterien (Kosten durchgeführter oder unterlassener Messungen, vorhandene und anzuschaffende Meßmittel, Bildungskosten).

Qualitativ neue Anforderungen an die Meßtechnik und deren Automatisierung resultieren, wie oben schon mehrfach angedeutet, sowohl aus einer Erweiterung der Einsatzbereiche auf immer neue Anwendungsgebiete (etwa zu vergleichen mit einer Erweiterung der Breite des Spektrums) als auch mit Erschließung neuer Größenordnungen und Wertebereiche (etwa als Vertiefung der Anforderungen interpretierbar).

Die Breite der Anforderungen an die Meßtechnik resultiert aus der Ausdehnung der Bereiche der Meßinformationsgewinnung in der Produktion **(s. Tafel 1.1)**.

Tafel 21.3. Bereich der Meßinformationsgewinnung in Physik und Technik (beschränkt auf Grundgrößen des Internationalen Einheitensystems SI); schraffiert: von menschlichen Sinnesorganen direkt erfaßbarer Bereich

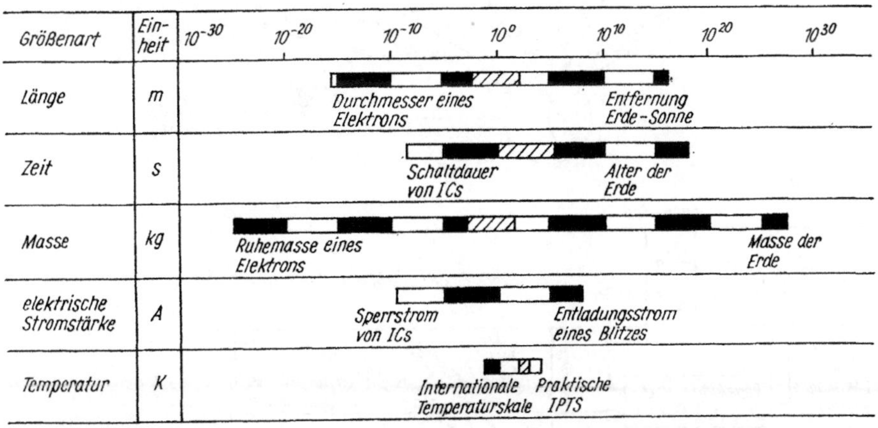

Die Tiefe der Anforderungen an die Meßtechnik resultiert aus dem Vorstoß der naturwissenschaftlich-technischen Forschung zu neuen Erkenntnissen im Mikro- und Makrokosmos **(Tafel 21.3)**. Dabei zeigen Prozeß- und Forschungstechnik fließende Übergänge sowie inhaltliche und organisatorische Gemeinsamkeiten. In der Prozeßtechnik gehen die Anforderungen heute schon weit über die reine Informationsgewinnung hinaus. Zuwachs an Effektivität der Produktion erfordert vielfach die Kopplung mit anderen Fachgebieten, die vordergründig keinerlei direkte Bindung zur Meßtechnik im engeren Sinne erkennen lassen.

21.3. Einfluß der Meßpersonen auf die Entwicklung der Meß- und Automatisierungstechnik

Die Meßperson wird nicht überflüssig. Sie bleibt Organisator, Überwacher, Entscheider, Problemfinder, Problemlöser, Fehlersucher und Handelnder **(Tafel 21.4)** [21.19]. Durch den Rechner wird sie von einfacheren Aufgaben entlastet, um kompliziertere zu übernehmen. Zwischen Rechner und Meßperson tritt eine Arbeitsteilung ein. Die Kooperation Mensch–Rechner kann auf verschiedenen Stufen erfolgen [21.20]:

- Der Rechner bietet der Meßperson Handlungsalternativen an und berechnet mögliche Konsequenzen.
- Der Rechner übernimmt selbständig Aufgabenteile, wenn er feststellt, daß sein internes Modell zuverlässig genug arbeitet.
- Die Meßperson delegiert Teilaufgaben zur autonomen Bearbeitung an den Rechner.
- Der Rechner wartet ab und handelt nur, wenn von der Meßperson keine Reaktion erfolgt.
- Der Rechner blockiert zweifelhafte Entscheidungen der Meßperson und alarmiert die Meßperson in Konfliktfällen.

Tafel 21.4. Entwicklung der Meßgeräte, Arbeitsgebiete und Bildungsarunfordengen

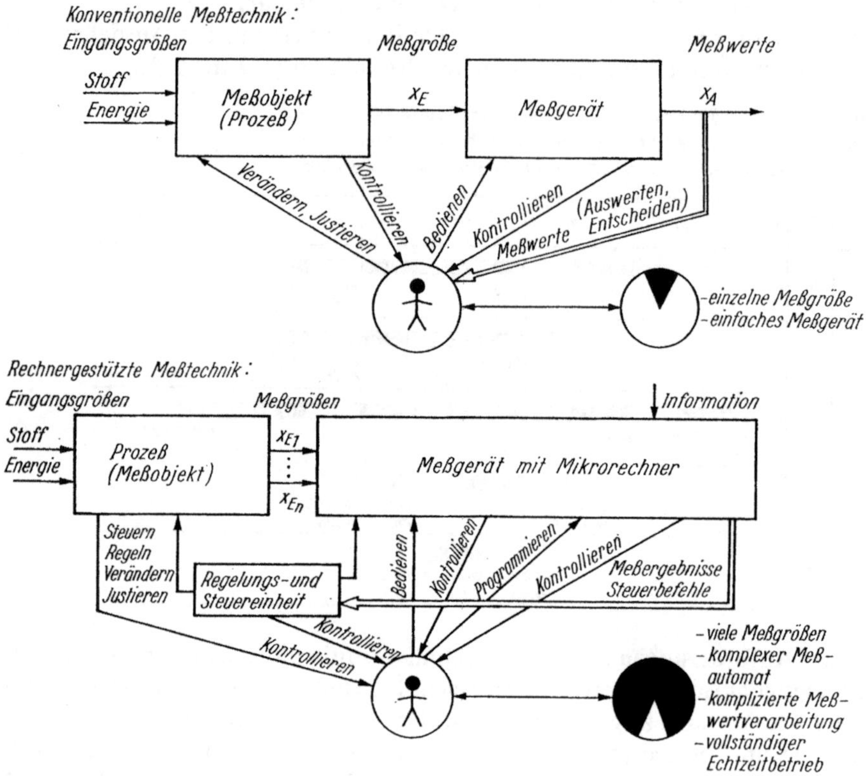

Bei keinem Generationswechsel der Meßgeräte haben Angstschwelle und Lernschwelle eine derartige Höhe erreicht, wie beim Übergang zur Mikroelektronik. Die Schwächen und Stärken von Meßpersonen im Meßprozeß müssen exakter erfaßt und genutzt werden.

Für alle Berufsgruppen gilt gemeinsam, daß erhöhte Anforderungen gestellt werden müssen an die

- Wahl des Ziels
- Kenntnis des Prozesses
- Denkdisziplin und
- Begriffsschärfe.

21.4. Ausgewählte offene Probleme der Meßtechnik und Qualitätssicherung

Zusammenfassend ergibt sich folgende Problemliste, für die keine oder nur partielle Lösungen für konkrete Fälle existieren:

- Prozeßanalyse
  - Erfassung des Zusammenhangs zwischen stofflichen, energetischen und informatorischen Größen
  - Prüfung komplexer Qualitätsparameter
  - Verwendung vereinheitlichter Termini und Definitionen, Symbole und Kurzzeichen, Tabellen und Listen, Zeichnungen und Bilder

- Problemanalyse
  - Erkennung und Unterscheidung von Suchproblemen (Erkundungsmessungen) und Wiederholproblemen (Produkt-Prozeß-Messungen)
  - Aufgliederung der Lösungsansätze in Hardware- und Softwarerealisierungen
  - Differenzierung zwischen unterschiedlichen Kommunikationsformen (Mensch–Maschine, Mensch–Mensch, Maschine–Maschine)
- Meßaufgabenstellung
  - Unterscheidung zwischen Meßaufgaben mit vollständiger oder unvollständiger Lösungsgarantie sowie Verlagerung des Schwerpunkts von der Produktkontrolle auf die Prozeßsteuerung
  - Unterscheidung zwischen Lösungsansätzen mit mathematischen oder heuristischen Algorithmen
  - Beachtung des Einflusses der Meßperson auf das Meßergebnis durch berufstypische Eigenschaften der Berufsgruppe und individuelle Eigenschaften der Einzelperson
- Hardwarerealisierung
  - Entwicklung und Herstellung leistungsfähiger, zuverlässiger und preiswerter Sensoren mit elektrischem Ausgang zur Aufnahme elektrischer und vor allem nichtelektrischer Größen
  - Entwicklung und Herstellung leistungsfähiger und preiswerter Koppelglieder wie A/D-Umsetzer, Multiplexer, Anzeigen, Schaltmatrizen, Kodeumsetzer und Treiberstufen für unterschiedliche Interfaces, Stromversorgungen und Stellglieder (Aktoren)
  - Erhöhung des „Intelligenzgrads" der Meßgeräte und Tester, in Einzelfällen auch der Sensoren.
- Softwarerealisierung
  - Erarbeitung aufwandsoptimaler Meßstrategien sowie ihre Umsetzung in Meßvorschriften und Rechenprogramme
  - Übergang von der Ad-hoc- zur strukturierten Programmierung
  - Schaffung von Programmbibliotheken mit Programmsystemen, Programmen und Routinen (Makros) für meßtechnische Aufgabenstellungen; Bevorzugung von „aufwärtskompatiblen" Lösungen
- Vereinheitlichung und Standardisierung
  - Erarbeitung vereinheitlichter Termini und Definitionen, Symbole und Kurzzeichen, Tabellen und Listen, Zeichnungen und Bilder
  - Festlegung von Kenngrößen zur Bewertung der funktionellen und ökonomischen Eigenschaften von Sensoren, Meßgeräten und Meßrechenkomplexen
  - Ableitung von Festlegungen zur Auswahl von Meßmitteln und Funktionseinheiten nach Meßaufgabe, Genauigkeit, Zuverlässigkeit, Zugriff und Ökonomie sowie Qualifikationsniveau der Meßperson
- Qualifizierung
  - Betonung physikalisch-technischer, mathematischer und je nach Wissensgebiet prozeßtechnischer Grundlagen in der Ausbildung
  - Intensivierung der Weiterbildung durch arbeitsplatzbezogene Lehrgänge mit starker Orientierung auf Anwendungsprobleme der modernen Technik
  - Erweiterung von handaktiven Trainingskursen (hands on training) an modernen Geräten mit hohem Anteil geführter selbständiger Arbeit der Kursteilnehmer bei der Lösung bevorzugt eigener Problemstellungen.

Die Anwendung der Mikroelektronik erfordert zwar ein radikales Umdenken und Umlernen, ist aber nicht notwendigerweise von einer radikalen Umrüstung der gesamten Gerätetechnik begleitet.

Das wissenschaftlich-technische Potential der Volkswirtschaft setzt sich aus vorhandenen Investitionen und vorhandenen Kenntnissen und Erfahrungen sowie dem im Verhältnis dazu relativ geringen Zuwachs an Investitionen und Kenntnissen zusammen. Stets ist anzustreben, mit entwicklungsbedingtem überproportionalem Zuwachs auf Teilgebieten – gegenwärtig betrifft das Mikroelektronik und Mikrorechentechnik – optimalen volkswirtschaftlichen Nutzen in großer Breite zu erzielen.

Durch zunehmende Kompliziertheit der Meßanordnungen und die Einbeziehung umfangreicher Software in den Meßprozeß nehmen Verständlichkeit, Überprüfbarkeit, Einheitlichkeit, Richtigkeit und auch Wiederholbarkeit von bewährten Meßlösungsprozessen objektiv und subjektiv ab. Diese Entwicklungstendenz sollte dadurch entschärft werden, daß neben der Hardware auch

- die Software ausführlich dargelegt wird,
- daß bei der Prüfung der Meßgeräte auch die Software der Prüfung und Attestierung unterliegt und
- daß schließlich für zu lösende Meßaufgaben nicht nur die Meßgeräte selbst (Hardware), sondern auch die dazu erforderlichen Algorithmen, Programme und Vorschriften (Software) vorgeschrieben werden.

Dabei kann die Frage nach der Genauigkeit teilweise irrelevant sein. Es ist entscheidend, daß die Lösungsansätze beherrscht werden, d.h. stabil sind und von allen Nutzern übereinstimmend angewendet werden.

Meßtechnik, betriebliches Meßwesen, Prüftechnik und Qualitätssicherung sind gegenwärtig durch kombinierte Technik aus herkömmlichen bewährten Meßgeräten, ergänzt durch Mikrorechner, sehr effektiv zu fördern.

Folgende Vorteile liegen auf der Hand

- vollständige Nutzung vorhandener Investitionen und Erfahrungen
- erhebliche qualitative und quantitative Erweiterung der Leistungsparameter bewährter Meßgeräte durch relativ geringe Zusatzinvestitionen
- schrittweise Qualifizierung der Meßpersonen und dadurch effektiver Abbau der Angst- und Lernschwelle bei der Einführung der neuen Technik.

Die mikroelektronisch und prozeßorientierte Qualifizierung der Meßpersonen ist gegenwärtig und zukünftig eine Hauptaufgabe der Erziehung, Aus- und Weiterbildung.

Literatur

[1.1] Taschenbuch Betriebsmeßtechnik. Hrsg. von *K. Götte, H. Hart* und *G. Jeschke*. Berlin: VEB Verlag Technik 1974.

[1.2] Verordnung über das Meßwesen. GBl. der DDR, Teil II, Nr. 32 (1961), S. 191–193 und Nr. 66 (1961), S. 437.

[1.3] TGL 31532, Ausg. 10. 74: Betriebliches Meßwesen, Grundsätze.

[1.4] Verordnung über die Entwicklung und Sicherung der Qualität der Erzeugnisse. GBl. der DDR, Teil I, Nr. 14 (1980) S. 117–125.

[1.5] Anordnung über die Anmelde- und Prüfpflicht auf dem Gebiet der staatlichen Qualitätskontrolle. GBl.-Sonderdruck Nr. 803/4, 1980.

[1.6] Statut des Amtes für Standardisierung, Meßwesen und Warenprüfung – Beschluß des Ministerrates. GBl. der DDR, Teil I, Nr. 16 (1975), S. 301–304.

[1.7] Qualitätssicherung und Standardisierung. Handbuch. Hrsg. v. *H. Lilie*. Berlin: Verlag Die Wirtschaft 1979.

[1.8] *Masing, W.* (Herausg.): Handbuch der Qualitätssicherung. 2. Aufl. München, Wien: Carl Hanser Verlag 1981.

[1.9] Anordnung über die Nomenklatur der Arbeitsstufen und Leistungen von Aufgaben des Planes Wissenschaft und Technik. GBl. der DDR, Teil I, Nr. 23 (1975), S. 426–428.

[1.10] Finanzierungsrichtlinie für die volkseigene Wirtschaft. GBl. der DDR, Teil I, Nr. 23 (1975), S. 408–415.

[1.11] Meß- und Prüfmöglichkeiten des DAMW-Bereich Meßwesen. Berlin: DAMW 1972.

[1.12] TGL 29513, Ausg. 4.78: Qualitätssicherung. Betriebliche Qualitätssicherung und Standardisierung (QSS). Grundlagen.

[1.13] DIN 55355, Entw. 11.79: Grundelemente für Qualitätssicherungssystem.

[1.14] Anordnungen 1 und 2 über die Zulassungspflicht auf dem Gebiet der staatlichen Qualitätskontrolle. GBl. der DDR Teil II Nr. 74 (1971) S. 634–636, Teil I Nr. 37 (1973) S. 399.

[1.15] Anordnungen 1 und 2 über das Rahmenpflichtenheft für die Entwicklung und Weiterentwicklung von Erzeugnissen, Verfahren und Technologien – Pflichtenheft Ordnung GBl. der DDR, Teil I, Nr. 14 (1977) S. 145–148 und Nr. 15 (1979) S. 119.

[1.16] Betriebliche Qualitätssicherung und Standardisierung (QSS). Werkstandard. Dresden: VEB Kombinat Luft- und Kältetechnik 1980.

[1.17] *Kripfgans, H.; Degen, L.; Pfitzke, G.; Israel, H.*: Qualitätssicherung, Teil I, II und IV. Entwurf: Bezirksneuererzentrum Erfurt 1972 und 1973.

[1.18] TGL 14449/02, Ausg. 8.63: Statistische Qualitätskontrolle; Begriffe.

[1.19] *Juran, J. M.*: Japanese and Western Quality – A Contrast. Quality Progress (1978) Dec. S. 10–18.

[1.20] *Hofmann, D.*: Trainingsprogramm für Qualitätsproduktion. Technische Gemeinschaft 29. (1981) H. 2, S. 21–22.

[1.21] *Hofmann, D.*: Zeitgewinn ist Geldgewinn. Technische Gemeinschaft, 28 (1980) H. 3, S. 5–6.

[1.22] Verordnung über die Standardisierung in der Deutschen Demokratischen Republik – Standardisierungsverordnung. GBl. der DDR, Teil II, Nr. 90 (1967), S. 665–674.

[1.23] TGL-Standardverzeichnis 1979. Berlin: Staatsverlag der DDR 1980.

[1.24] *Schumann, W.*: Untersuchungen zur betrieblichen Qualitätssicherung der Mittelserienfertigung von Magnetbandspeichergeräten im Kombinat VEB Carl Zeiss JENA. Diss. A. Jena: Friedrich-Schiller-Universität 1977.

[1.25] *Derbišer, A. V.*: Das System der Qualitätssicherung in der UdSSR. In: Qualitätssicherung durch Standardisierung, S. 108–118. Berlin: Staatsverlag der DDR 1972; s. a.: Standardisierung 17 (1971) H. 12, S. 409–412 und 18 (1972) H. 11, S. 349–353.

[1.26] *Bojcov, V. V.*: Die Rolle der Standardisierung bei der Verbesserung der Qualität der Produktion. In: Qualitätssicherung durch Standards, S. 7–21. Berlin: Staatsverlag der DDR 1972.

[1.27] GOST. Verzeichnis staatlicher Standards der UdSSR. Berlin: Staatsverlag der DDR 1979.

[1.28] ST RGW. Verzeichnis der Standards des RGW. Berlin: Staatsverlag der DDR 1979.
[1.29] Klassifikator GOST-Standards, RGW-Standards und -Empfehlungen. Berlin: Staatsverlag der DDR 1975.
[1.30] TGL 29512, Ausg.4.76: Qualitätssicherung; Arbeit mit Gütezeichen.
[1.31] Physikalisch-Technische Bundesanstalt. Eine Übersicht. Braunschweig: PTB 1979.
[1.32] Organisationsplan der Physikalisch-Technischen Bundesanstalt (PTB). Stand 1.4.1980. Braunschweig: PTB 1980.
[1.33] Deutscher Kalibrierdienst (DKD). Gemeinschaftsaufgabe von Staat und Wirtschaft. Braunschweig: PTB – DKD 1979.
[1.34] DIN-Katalog 1979. Berlin, Köln: Beuth Verlag 1979.
[1.35] *Feigenbaum, A. V.:* Quality Strategy for the Modern Industrial Economy. Proceedings of the 25th Conference EOQC Paris 1981, Vol. 1, pp. 17–24.
[1.36] *Nasko, H.:* Qualität – Herausforderung und Chance. Elektroniker (1980) H. 11, S.13–20.
[1.37] *Glichev, A. V.:* The Experience in the Development and Implementation of the Integrated Products Quality Control Systems at the USSR Industrial Enterprises. Proceedings of the 25th Conference EOQC Paris 1981. Vol. 1, pp. 45–51.
[1.38] *Juran, J.M.:* Product Quality – A Prescription for the West. Proceedings of the 25th Conference EOQC Paris 1981, Vol. 3, pp. 221–242.
[1.39] *Sweeny, G.P.:* Mikroelektronik und Beschäftigung. Perspektiven eines technischen Umbruchs in Japan und Europa. Umschau 80 (1980) H. 23, S.713–717
[1.40] *Trumpold, H.:* The Role of Measuring Techniques for Quality Control in Continuous and Batch Processes. Proceedings of the 25th Conference EOQC Paris 1981. Vol. 2, pp. 52–61.
[1.41] *Pfeifer, T.* u.a.: Prüfdatenverarbeitung zur Ermittlung von Qualitätsdaten in der Fertigung. 17. Aachener Werkzeugmaschinen-Kolloquium 1981, S.171–184.
[1.42] *König, W.; Pfeifer, T.; Storr, A.* u.a.: Prozeßnahes Messen – Steigerung der Automatisierung/ Sicherung der Qualität. 17. Aachener Werkzeugmaschinen-Kolloquium 1981, S.185–199.
[2.1] DIN 2330, Ausg.3.79: Begriffe und Benennungen. Allgemeine Grundsätze.
[2.2] MS 14-71: Metrologie. Benennungen und Definitionen. Standardisierungsempfehlung des Rates für Gegenseitige Wirtschaftshilfe. Moskau: RGW 1971.
[2.3] *Jeschke, G.:* Kleines Lexikon der Betriebsmeßtechnik. Berlin: VEB Verlag Technik 1967.
[2.4] TGL 31550/01 bis 08, 10, Ausg.9.77 bis 1.80: Grundbegriffe der Metrologie; Übersicht – Größen, Einheiten, Gleichungen – Prüfen, Messen, Zählen und weitere metrologische Tätigkeiten – Fehler von Messungen – Aufbau und Bestandteile der Meßmittel – Anwendungsbedingungen und meßtechnische Eigenschaften der Meßmittel – Gesetzliche Metrologie.
[2.5] ASMW – VM 465: Meßeinrichtungen. Allgemeine Vorschrift. Berlin: ASMW 1973.
[2.6] ESEG – Begriffe. Leipzig: Institut für Rationalisierung und Organisation der Elektroindustrie 1971.
[2.7] GOST 16263-70: Staatliches System zur Gewährleistung der Einheitlichkeit von Messungen. Metrologie. Begriffe und Definitionen.
[2.8] Internationales meßtechnisches Vokabularium der OIML. PTB-Mitteilungen 77 (1967) H.3, S.229ff.
[2.9] Internationale Organisation für Gesetzliches Meßwesen: Arbeitsweise der Sekretariate der OIML. Braunschweig: PTB 1978.
[2.10] TGL 14591, Ausg.1.78: Automatische Steuerung; Begriffe, Benennungen.
[2.11] TGL 22500/01, Ausg. 3.77: Meß-, Steuerungs- und Regelungstechnik; System ursamat; Begriffe.
[2.12] DIN 1319/01, Ausg. 11.71: Grundbegriffe der Meßtechnik; Messen, Zählen, Prüfen.
[2.13] DIN 19226; Ausg. 5.68: Regelungstechnik und Steuerungstechnik; Begriffe und Benennungen.
[2.14] VDE/VDI 2600: Bl.1 bis Bl.6, Ausg.11.73: Metrologie (Meßtechnik) – Grundbegriffe – Gerätetechnische Begriffe – Begriffe zur Beschreibung der Eigenschaften von Meßeinrichtungen – Begriffe zur Darstellung der Wirkungsweise von Meßeinrichtungen – Benennung von Meßeinrichtungen.
[2.15] *Masing, W.:* Qualitätslehre. 6.Aufl. Frankfurt a.M.: Dt. Ges. f. Qualität e.V. 1979.
[2.16] *Juran, J.M.; Seder, L.A.; Gryna, F.M.:* Quality control handbook. 3rd. ed. New York, London: McGraw Hill Book Comp. 1973.
[2.17] *Hansen, B.C.:* Quality control: Theory and applications. Englewood Cliffs, N.J.: Prentice Hall 1963.
[2.18] *Geiger, W.:* Die Abweichung und der Fehler. Feinwerktechnik & Meßtechnik 87 (1979) H.1, S.16–22.
[2.19] *Geiger, W.:* Noch einmal: Die Abweichung und der Fehler. Feinwerktechnik & Meßtechnik 87 (1979) H.3, S.109.
[2.20] DIN 55350: Begriffe der Qualitätssicherung und Statistik.

[2.21] *Hofmann, D.; Meinhard, R.; Reineck, H.:* Meßwesen, Prüftechnik, Qualitätssicherung. Begriffe und Definitionen. Berlin: VEB Verlag Technik 1980.
[2.22] Vocabulary of Legal Metrology. Fundamental Terms. Paris: International Bureau of Legal Metrology 1978.
[2.23] BS 5233: 1975: Glossary of Terms used in Metrology. London. British Standard Institution 1975.
[2.24] ISA-S 51.1: 1976: Process Instrumentation Terminology. Pittsburgh: Instrument Society of America 1976.
[3.1] *Padelt, E.; Laporte, H.:* Einheiten und Größenarten der Naturwissenschaften. 3. Aufl. Leipzig: VEB Fachbuchverlag 1976.
[3.2] TGL 31548, Ausg. 3.79: Einheiten physikalischer Größen.
[3.3] RS 3472-72: Ordnung und Verfahren des Übergangs zum Internationalen Einheitensystem (SI). Allgemeine Empfehlungen. Moskau: Ständ. Komm. Stand. RGW 1972.
[3.4] *Bender, D.; Pippig, E.:* Einheiten, Maßsysteme, SI. 2. Aufl. Berlin: Akademie-Verlag 1975.
[3.5] *Padelt, E.:* Bemerkungen zu einigen Definitionen von Einheiten des SI. messtechnik 78 (1970) H. 9, S. 178–181.
[3.6] *Kortum, H.:* Ergänzende Bemerkungen zur Grundgrößenart Raumwinkel und ihre Maßeinheit Steradiant sowie einige zusätzliche Bemerkungen zur Maßeinheit des Radiusvektors bzw. der Hebellänge. Feingerätetechnik 22 (1973) H. 6, S. 275–276.
[3.7] *Quick, C.:* Zur praktischen Anwendung des Internationalen Einheitensystems SI. messen – steuern – regeln 17 (1974) H. 8, S. 183–185.
[3.8] *Fischer, R.; Padelt, E.; Schindler, H.:* Physikalisch-technische Einheiten richtig angewandt. 3. Aufl. Berlin: VEB Verlag Technik 1977.
[3.9] TGL 31542/01, Ausg. 4.78: Staatliche Etalons. Auswahl, Bestätigung, Bewahrung und Anwendung.
[3.10] *Schmidt, K.:* Ein Beitrag der staatlichen Metrologie zur Sicherung der Einheitlichkeit und Richtigkeit von Längenmessungen. Wiss. Z. der TH Magdeburg (1971) H. 5, S. 503–508.
[3.11] *Maas, H.; Nündel, S.; Rothe, H.:* Aufbau eines Systems staatlicher Etalons in der DDR. Standardisierung und Qualität 22 (1976) H. 3, S. 113–115.
[3.12] TGL 31533, Entw. 8.79: Prüfschemata für betriebliche Meßmittel, Gestaltung.
[3.13] TGL 31534, Entw. 8.79: Prüfvorschriften für Arbeitsmeßmittel, Gestaltung.
[3.14] RS 37-69. Empfehlungen zur Standardisierung. Metrologie. Prüfschema für Längenmeßmittel.
[3.15] Änderungen und Ergänzungen zur DAMW-Broschüre 1972. Meß- und Prüfmöglichkeiten des DAMW-Bereich Meßwesen. Berlin: ASMW 1973.
[3.16] *Syčev, V. V.:* Gosudarstvennye etalony SSSR (Staatliche Etalons der UdSSR). Moskau: Izd. Standartov 1976.
[3.17] *Petzold, M.; Gensheimer, J.:* Wie rechnet man die SI-Einheiten um. München: Carl Hanser Verlag 1974.
[3.18] Metrication bibliography books and pamphlets. London: Department of Trade and Industry 1972.
[3.19] *Feirer, J. L.:* SI Metric handbook. New York: Scribners 1977.
[3.20] *German, S.; Draht, P.:* Handbuch SI-Einheiten. Definition, Realisierung, Bewahrung und Weitergabe der SI-Einheiten, Grundlagen der Präzisionsmeßtechnik. Wiesbaden: Friedr. Vieweg und Sohn GmbH 1979.
[3.21] *Fischer, R.; Vogelsang, K.:* Größen und Einheiten in Physik und Technik. Berlin: VEB Verlag Technik 1978.
[4.1] *Borucki, L.; Dittmann, J.:* Digitale Meßtechnik. 2. Aufl. Berlin, Heidelberg, New York: Springer Verlag 1971.
[4.2] *Knüpfer, A.:* Technik digitaler Rechenanlagen. Berlin: VEB Verlag Technik 1969.
[4.3] *Ebert, J.; Jürres, E.:* Digitale Meßtechnik. 2. Aufl. Berlin: VEB Verlag Technik 1976.
[4.4] *Steinbuch, K.:* Taschenbuch der Nachrichtenverarbeitung. 2. Aufl. Berlin, Heidelberg, New York: Springer Verlag 1967.
[4.5] *Semrad, H.:* Numerisch gesteuerte Maschinen. Berlin: VEB Verlag Technik 1967.
[4.6] *Fuchs, H.; Könitzer, L.:* Digitale Meßwerterfassung. 2. Aufl. RA 46. Berlin: VEB Verlag Technik 1975.
[4.7] *Lange, F. H.:* Signale und Systeme, Bd. 1. Spektrale Darstellung. 2. Aufl. Berlin: VEB Verlag Technik 1975.
[4.8] *Bronstein, I. N.; Semendjajew, K. A.:* Taschenbuch der Mathematik für Ingenieure und Studenten der Technischen Hochschulen. 15. Aufl. Leipzig: B. G. Teubner Verlagsgesellschaft 1975.
[4.9] *Zaezdnyj, A. M.:* Garmoničeskij sintez v radiotechnike i elektrosvjazi (Harmonische Synthese in der Funktechnik und Nachrichtentechnik). Moskau: Izd. Gosenergoizdat 1961.
[4.10] *Unbehauen, R.:* Systemtheorie. Eine Einführung für Ingenieure. Berlin: Akademie-Verlag 1969.

[4.11] *Doetsch, G.:* Anleitung zum praktischen Gebrauch der Laplace-Transformation. München, Wien: R. Oldenbourg Verlag 1964.

[4.12] *Kindler, H.; Wilfert, H.-H.; Buchta, H.:* Aufgabensammlung zur Regelungstechnik. 2. Aufl. Berlin: VEB Verlag Technik 1968.

[4.13] *Göldner, K.:* Mathematische Grundlagen für Regelungstechniker. 3. Aufl. Leipzig: VEB Fachbuchverlag 1970.

[4.14] *Lange, F. H.:* Signale und Systeme, Bd. 3. Regellose Vorgänge. 2. Aufl. Berlin: VEB Verlag Technik 1973.

[4.15] *Zaezdnyj, A. M.:* Osnovy rasčetov po statističeskoj radiotechnike (Grundlagen von Berechnungen in der stochastischen Funktechnik). Moskau: Izd. Svjaz' 1969.

[4.16] *Smirnow, N. V.; Dunin-Barkovskij, I. V.:* Kurs teorii verojatnostej i matematičeskoj statistiki dlja techničeskich priloženij (Kurs Wahrscheinlichkeitstheorie und mathematische Statistik für technische Anwendungen). 3. Aufl. Moskau: Izd. Nauka 1969.

[4.17] *Woschni, E. G.:* Informationstechnik. Signal, System, Information. Berlin: VEB Verlag Technik 1973.

[4.18] *Zedginidze, G. P.; Gogsadze, P. Š.:* Matematičeskie metody v izmeritel'noj technike (Mathematische Methoden in der Meßtechnik). Moskau: Izd. Standartov 1970.

[4.19] *Sahner, G.:* Digitale Meßverfahren. Berlin: VEB Verlag Technik 1979.

[4.20] *Smirnow, N. W.; Dunin-Barkowski, I. W.:* Mathematische Statistik in der Technik. Berlin: VEB Dt. Verlag der Wissenschaften 1963.

[4.21] *Müller, P. H.:* Lexikon der Stochastik. Berlin: Akademie-Verlag 1975.

[4.22] *Lange, F. H.:* Methoden der Meßstochastik. Berlin: Akademie-Verlag 1978.

[4.23] *Renyi, A.:* Wahrscheinlichkeitsrechnung. Berlin: VEB Dt. Verlag der Wissenschaften 1971.

[4.24] *Sweschnikow, A. A.:* Wahrscheinlichkeitsrechnung und mathematische Statistik in Aufgaben. Leipzig: BSB B. G. Teubner Verlagsges. 1970.

[4.25] *Beyer, O.; Hackel, H.; Pieper, V.; Tiedge, J.:* Wahrscheinlichkeitsrechnung und mathematische Statistik. Leipzig: BSB B. G. Teubner Verlagsges. 1976.

[4.26] *Peschel, M.:* Modellbildung für Signale und Systeme. Berlin: VEB Verlag Technik 1978.

[4.27] *Dietrich, C. F.:* Uncertainty, calibration and probability; the statistics of scientific and industrial measurement. London: Adam Hilger 1973.

[4.28] *Sovetov, B. J.:* Teorija informacii: Teoritičeskie osnovy peredači informacii v ASU (Informationstheorie: Theoretische Grundlagen der Informationsübertragung in ASU). Leningrad: Izd. Leningr. Univ. 1977.

[5.1] *Wunsch, G.:* Systemtheorie der Informationstechnik. Leipzig: Akadem. Verlagsges. Geest & Portig K.G. 1971.

[5.2] Autorenkollektiv: Automatisierung im Maschinenbau. Berlin: VEB Verlag Technik 1970.

[5.3] TGL 19472/02, Ausg. 12.74: Elektrische Meßtechnik; Elektrische Meßinstrumente; Technische Forderungen.

[5.4] TGL 15041, Ausg. 2.80: Längen- und Winkelmeßmittel. Klassifizierung nach ihren Fehlern.

[5.5] TGL RGW 303, Ausg. 8.79: Grundstandards der Austauschbarkeit. Zulässige Meßunsicherheiten bei der Messung von Längenmaßen bis 500 mm.

[5.6] TGL RGW 720, Ausg. 9.79: Parallelendmaße; Technische Bedingungen.

[5.7] *Krauß, M.; Woschni, E. G.:* Meßinformationssysteme. 2. Aufl. Berlin: VEB Verlag Technik 1975.

[5.8] *Woschni, E. G.:* Meßdynamik. 2. Aufl. Leipzig: S. Hirzel Verlag 1972.

[5.9] *Dobesch, H.; Sulanke, H.:* Zeitfunktionen. 3. Aufl. Berlin: VEB Verlag Technik 1970.

[5.10] *Küpfmüller, K.:* Die Systemtheorie der elektrischen Nachrichtenübertragung. 4. Aufl. Stuttgart: S. Hirzel Verlag 1974.

[5.11] *Zipser, L.; Hofmann, D.:* Über meßinformationstheoretische Aspekte der Meßtheorie. messen – steuern – regeln 20 (1977) H. 2, S. 62–66.

[5.12] *Graubner, W.:* Untersuchung der Abhängigkeit vom Aufbau und Einsatz der Gerätetechnik von der Ökonomie in der Meßtechnik. Measurement and Instrumentation, ACTA IMEKO 1973, Vol. 1, S. 167–180. Budapest: Akademiai Kiado 1974.

[5.13] *Jähn, R.:* Zuverlässigkeit – ein wissenschaftlich-technischer und ökonomischer Beitrag zur Sicherung der Qualität elektrotechnischer und elektronischer Erzeugnisse. messen – steuern – regeln 17 ap (1974) H. 2, S. 36–40.

[5.14] Autorenkollektiv: Erarbeitung von Weltstandsvergleichen. Technische Gemeinschaft 18 (1970) H. 6, S. 16–18.

[5.15] *Novickij, P. V.:* Sistema osnovnych ponjatij pri analize kačestva izmeritel'nych sredstv (Grundbegriffe zur Analyse der Qualität von Meßgeräten). Izmeritel'naja Technika (1971) H. 6, S. 18–20.

[5.16] *Novickij, P. V.:* Električeskie izmerenija neelektričeskich veličin (Elektrische Messung nichtelektrischer Größen). Leningrad: Izd. Energija 1975.

[5.17] *Novickij, P.V.:* Gütekriterien für Meßeinrichtungen. Berlin: VEB Verlag Technik 1978.

[5.18] *Kaverkin, I. J.; Cvetkov, E. I.:* Analiz i sintez izmeritel'nych sistem (Analyse und Synthese von Meßsystemen). Leningrad: Izd. Energija 1974.

[5.19] *Fritz, R.:* Elektronische Meßwertverarbeitung. Schaltungen und Systeme. Heidelberg: Dr. Alfred Hüthig Verlag 1977.

[5.20] 4. IFAC-Symposium: Identification and System Parameter Estimation. Tbilissi, 21.–27. Sept. 1976, 3 Bände. Moskau: Institute of Control Sciences 1977.

[5.21] *Jones, B. E.:* Instrumentation, measurement and feedback. New York, Toronto, London: McGraw Hill Book Comp. 1977.

[5.22] *Stein, P. K.:* Measurement Engineering. Phoenix, Arizona: Stein Engineering Services 1969.

[6.1] *Graubner, W.:* Perspektivische Entwicklung des Systems ursamat. messen – steuern – regeln 17 ap (1974) H. 2, S. 45–47 und H. 3, S. 70–71.

[6.2] *Baumann, W.; Kurtze, P.; Naumann, G.:* Standard-Interfaces der elektronischen Meßtechnik. RA 165. Berlin: VEB Verlag Technik 1974.

[6.3] Katalogserie „Elektrische und elektronische Meßgeräte". Berlin: Staatliches Maschinen-Kontor 1971.

[6.4] Katalog Feinmeßzeuge, Meßgeräte und Lehren der Längenprüftechnik. Suhl: VEB Feinmeßzeugfabrik 1973.

[6.5] *Agejkin, D. T.:* Datčiki kontrolja i regulirovanija (Meßwandler für Kontrolle und Regelung). 2. Aufl. Moskau: Izd. Mašinostroenie 1965.

[6.6] *Iljunina, K. K.:* Spravočnik po elektroizmeritel'nym priboram (Handbuch elektrischer Meßgeräte). Moskau: Izd. Energija 1973.

[6.7] *Harvey, G. F.:* ISA-Transducer Compendium, Bd. 1–3. New York: IFI-Plenum Press 1969 bis 1971.

[6.8] *Norton, H. N.:* Handbook of Transducers for Electronic Measuring Systems. Englewood Cliffs, N. J.: Prentice Hall Inc. 1969.

[6.9] *Führer, U.:* Intermess 1971. Internationales Instrumenten-Nachschlagwerk für die Meß-, Prüf-, Kontroll-, Steucr- und Regeltechnik einschließlich der Elektronik und Datenverarbeitung. München: Peter-Winkler-Verlag 1971.

[6.10] *Hofmann, D.:* Aktuelle Probleme der Meßtheorie. messen – steuern – regeln 17 (1974) H. 6, S. 203–207.

[6.11] *Voigt, K. H.:* Analoge Meßsysteme. Ingenieurbeleg. Jena: Friedrich-Schiller-Universität, Sektion Technologie 1974.

[6.12] *Oppelt, W.:* Kleines Handbuch technischer Regelvorgänge. 5. Aufl. Weinheim/Bergstraße: Verlag Chemie 1972.

[6.13] *Töpfer, H.; Kriesel, W.:* Funktionseinheiten der Automatisierungstechnik – elektrisch, pneumatisch, hydraulisch. Berlin: VEB Verlag Technik 1977.

[6.14] *Doebelin, E. O.:* Measurement Systems: Application and Design. Bearb. Aufl. New York, St. Louis, San Francisco, Toronto, London, Sydney: McGraw-Hill Book Company 1975.

[6.15] *Haug, A.:* Elektronisches Messen mechanischer Größen. München: Carl Hanser Verlag 1969.

[6.16] *Lenk, A.:* Elektromechanische Systeme, Bd. 1–3. Berlin: VEB Verlag Technik 1973, 1975, 1977.

[6.17] *Woschni, E.-G.:* Meßgrößenverarbeitung. Leipzig: S. Hirzel Verlag 1969.

[6.18] *Drachsel, R.:* Grundlagen der elektrischen Meßtechnik. 5. Aufl. Berlin: VEB Verlag Technik 1977.

[6.19] *Hart, H.:* Einführung in die Meßtechnik. 2. Aufl. Berlin: VEB Verlag Technik 1979.

[6.20] *Eder, F. X.:* Moderne Meßmethoden in der Physik, Bd. 1. 3. Aufl. Berlin: Deutscher Verlag der Wissenschaften 1968.

[6.21] *Völz, H.:* Elektronik für Naturwissenschaftler. Berlin: Akademie-Verlag 1974.

[6.22] *Frühauf, U.:* Grundlagen der elektronischen Meßtechnik. Leipzig: Akadem. Verlagsges. Geest & Portig K.-G. 1977.

[6.23] *Pabst, D.:* Operationsverstärker. 3. Aufl. RA 108. Berlin: VEB Verlag Technik 1973.

[6.24] *Holzweissig, F.; Meltzer, G.:* Meßtechnik der Maschinendynamik. Leipzig: VEB Fachbuchverlag 1973.

[6.25] *Carniol, B.:* Schiwngkreisdämpfung. Verfahren zur Messung mechanischer und elektrischer Größen. Berlin: VEB Verlag Technik 1969.

[6.26] *Mennenga, H.:* Schaltungstechnik mit Operationsverstärkern. Berlin: VEB Verlag Technik 1979.

[6.27] *Merz, L.:* Grundkurs der Meßtechnik. 4. Aufl. München, Wien: R. Oldenbourg Verlag 1976.

[6.28] *Bass, H. G.:* Introduction to engineering measurements. New York, Toronto, London: McGraw Hill Book Comp. 1974.

[6.29] *Adams, L. F.:* Engineering measurements and instrumentation. London: English Universities Press 1975.

[6.30] *Mansfield, P. H.:* Electrical transducers for industrial measurement. London: Butterworth 1973.

[6.31] *Soisson, H. L.:* Instrumentation in industry. New York, London: John Wiley and Sons Inc. 1975.

[6.32] *Niebuhr, J.:* Physikalische Meßtechnik, Bd. 1: Aufnehmer und Anpasser, Bd. 2: Meßprinzipe und Meßverfahren. München, Wien: R. Oldenbourg Verlag 1977.

[6.33] *Brookes, A. M. P.:* Basic instrumentation for engineers and physicists. Oxford: Pergamon Press 1968.

[6.34] *Considine, D. M.:* Process instruments and controls handbook: prepared by 110 specialists. 2. Aufl. New York, Toronto, London: McGraw Hill Book Comp. 1974.

[6.35] *Juettemann, H.:* Grundlagen des elektrischen Messens nichtelektrischer Größen. Düsseldorf: VDI-Verlag 1974.

[6.36] *Carroll, G. C.:* Industrial process measuring instruments. New York, Toronto, London: Mc Graw Hill Book Comp. 1962.

[6.37] *Callett, C. V.; Hope, A. D.:* Engineering measurements. New York: Pitman Publ. 1974.

[6.38] *Bonfig, K. W.:* Messen, Regeln, Automatisieren. Essen: Vulkan Verlag 1977.

[6.39] *Solt, J.; Nika, E.; Kemeny, T.:* Measurement and instrumentation. ACTA IMEKO 1973, Vol. 1–3. Budapest, Amsterdam: Akademiai Kiadó, North Holland Publishing Comp. 1974.

[6.40] *Striker, G.; Solt, J.; Kemeny, T.:* Practical measurement for improving efficiency. ACTA IMEKO 1976, Vol. 1–3. Budapest, Amsterdam: Akademiai Kiadó, North Holland Publishing Comp. 1977.

[6.41] *Striker, G.; Solt, J.; Kemeny, T.:* Measurement for progress in science and technology. ACTA IMEKO 1979 Vol. 1–3. Budapest, Amsterdam: Akademiai Kiadó, North Holland Publishing Comp. 1980.

[6.42] *Zehnula, K.:* Snímače neelektrických veličin. Prag: SNTL 1977.

[7.1] *Körner, W.; Meyer, R.:* Neue Meßwertgeber für Automatisierung. Jenaer Rundschau, Messe-Sonderheft Nr. 16 (1971), S. 66–69.

[7.2] *Jäger, G.:* Direkte digitale Meßwertwandlung. Feingerätetechnik 22 (1973) H. 1, S. 27–31.

[7.3] *Richter, W.:* Frequenzanaloge Meßanordnungen in der Prozeßtechnik. Diss. B. Dresden: Technische Universität 1973.

[7.4] *Novickij, P. V.; Knorring, V. G.; Gutnikov, V. S.:* Frequenzanaloge Meßeinrichtungen. Berlin: VEB Verlag Technik 1975.

[7.5] Interferentielle elektronische Digitalwaagen Modellreihe IW. Prospekt V 2 20 Ag 405/77. VEB Analytik Dresden.

[7.6] *Tietze, G.:* Analog/Digital-Umsetzer der elektronischen Meßtechnik. radio, fernsehen, elektronik 21 (1972) H. 19, S. 620–623; H. 20, S. 670–673; H. 21, S. 689–692; H. 22, S. 736–740; H. 23, S. 776–779.

[7.7] *Davies, D. W.:* Digitaltechnik. München, Wien: R. Oldenbourg Verlag 1966.

[7.8] *Reusch, V.; Hoschke, G.; Scholz, J.:* Lehrbuch elektrischer Systeme, Bd. 3. Berlin: VEB Verlag Technik 1972.

[7.9] *Schröder, H.; Feldmann, G.; Rommel, G.:* Elektrische Nachrichtentechnik, Bd. 3. Berlin-Borsigwalde: Verlag für Radio-Foto-Kinotechnik GmbH 1972.

[7.10] TGL 16056/01 ... 06, Ausg. 12.74: Schaltzeichen der Elektrotechnik; Logische binäre Elemente: Übersicht und allgemeine Festlegungen, Ein- und Ausgänge, Logische Verknüpfungsglieder, Trigger, Kombinierte Elemente, Spezielle Elemente.

[7.11] *Stürz, H.; Cimander, W.:* Logischer Entwurf digitaler Schaltungen. Leitfaden und Aufgaben. Berlin: VEB Verlag Technik 1976.

[7.12] *Dokter, F.; Steinhauer, J.:* Digitale Elektronik in der Meßtechnik und Datenverarbeitung, Bd. 1, 2. Hamburg: Philips Fachbücher 1971/70.

[7.13] *Eckhardt, D.; Groß, W.:* Grundlagen der digitalen Schaltungstechnik. Berlin: Militärverlag der DDR 1973.

[7.14] *Eckhardt, D.; Groß, W.:* Arbeitsbuch der digitalen Schaltungstechnik. Berlin: Militärverlag der DDR 1975.

[7.15] *Mildenberger, D.:* Analyse elektronischer Schaltkreise. München, Heidelberg: Hüthig und Pflaum Verlag GmbH 1975.

[7.16] *Bergt, H. E.; Walter, K.-H.:* Optoelektronische Anzeigeeinheiten, Wirkungsweise – Aufbau – Anwendung. Elektronik 25 (1976) H. 4, S. 36–42.

[7.17] *Tränkler, H. R.:* Die Technik des digitalen Messens. München, Wien: R. Oldenbourg Verlag 1976.

[7.18] *Lange, W. R.:* Digital-Analog Analog-Digital-Wandlung. München, Wien: R. Oldenbourg Verlag 1974.

[7.19] *Woolvet, G. A.:* Transducers in digital systems. Stevenage: Peter Peregrinus Ltd. 1977.

[7.20] *Seifart, M.; Bogk, D.:* Spannungs- und Stromfrequenzwandler mit hoher Linearität und großem Dynamikbereich. Nachrichtentechnik – Elektronik 27 (1977) H. 6, S. 255–258.

[7.21] *Seifart, M.; Oberst, W.:* Integrierende A-D-Umsetzer. radio, fernsehen, elektronik 28 (1979) H. 7, S. 419–421.

[7.22] *Stiefken, H.:* Analoge Schaltkreise. Heidelberg: Dr. Alfred Hüthig Verlag 1972.

[7.23] *Noack, J.:* Analoge Eingabe/Ausgabemodule für den Mikrorechner. messen – steuern – regeln 21 (1978) H. 9, S. 489–491.

[7.24] *Bethe, K.; Meyer-Ebrecht, D.:* Sensoren für die Konsumelektronik. Elektronik (1980) H. 10, S. 41 bis 46 und H. 11, S. 75–84.

[7.25] *Allan, R.:* New applications open up for silicon sensors: a special report. Electronics (1980) Nov. No. 6, pp. 113–122.

[7.26] *Schwaier, A.:* Miniaturisierte Druckaufnehmer mit piezoresistiven Fühlern. Regelungstechnische Praxis 21 (1979) H. 7, S. 193–198.

[7.27] *Hencke, H.:* Piezoresistive Druckaufnehmer: Aufbau, Beschaltung, Einsatz. Elektronik (1980) H. 10, S. 47–50.

[7.28] *Ohr, S.:* Focus on transducers: Semiconductors make inroads, but electromechanicals hold their own. Electronic Design 14 (1979) July No. 5, pp. 89–94.

[7.29] Präzisions-Sensoren Serien TSP 102, TL 170. Prospekt. Texas Instruments Deutschland GmbH 1980.

[7.30] *von Willisen, F.K.:* Die Quarz-Armbanduhr. Elektronik (1980) H. 12, S. 59–71.

[7.31] *Weiss, R.; Harlegard, J.:* Mikroelektronik in der Unterhaltungsindustrie. Ein Bereich mit Zukunft? Schweiz. Techn. Zeitschr. (1980) H. 16, S. 814–817.

[7.32] *Schad, E.:* Energiesparender Fortschritt: Mikroelektronik in Hausgeräten. elektro-handel 25 (1980) H. 9, S. 546–550.

[7.33] *Weinerth, H.:* Die Chancen der Mikroelektronik. Very Large Scale Integration (VLSI) als nächster Schritt der Miniaturisierung. Umschau 81 (1981) H. 1, S. 19–21.

[7.34] *Hensel, H.:* Allgemeine Sinnesphysiologie. Hautsinne, Geschmack, Geruch. Berlin, Heidelberg, New York: Springer Verlag 1966.

[7.35] Automatische Bildverarbeitung in Medizin und Biologie. Hrsgg. von *H. Simon* u. a. Dresden: Verlag Theodor Steinkopff 1975.

[7.36] *Woschni, H.G.:* Fotoelektrische Mikroskope für Präzisions-Längenmessungen. Dissertation B. Magdeburg: Technische Hochschule 1979.

[7.37] *Warnecke, H.J.; Bläsing, J.P.:* Sichtprüfung – Technische Hilfen und Automatisierung als Aufgabe der Fertigungsmeßtechnik. In: Automatisches Messen und Prüfen in der Fertigung. Hrsgg. v. *H.J. Warnecke*, 12. IPA Arbeitstagung. Stuttgart: IPA – IFS – FPF 1980.

[7.38] *Hofmann, D.:* INQUAMESS training programme for the application of microcomputers in measurement engineering and quality control. In: Proceedings of the IMEKO TC 1 Colloquium on Problems and trends in measurement and instrumentation application. Microprocessors and allied techniques. Budapest: IMEKO Secretariat 1980.

[7.39] *Schumny, H.:* Lernen im Selbststudium? In: Taschenrechner + Mikrocomputer Jahrbuch 1981. Hrsgg. v. *H. Schumny*. Braunschweig/Wiesbaden: Friedr. Vieweg u. Sohn 1980.

[7.40] *Huang, A.:* Optischer Rechner umgeht den von Neumannschen Engpaß. Elektronik (1981) H. 2, S. 115.

[7.41] *Hoekstra, W.; Meyer-Ebrecht, D.:* Neue Speichertechnologien: Die zentrale Prozeßdatenarchivierung mit optischen Massenspeichern. In: Meß- und Automatisierungstechnik. Technologien, Verfahren, Ziele. Hrsgg. v. *D. Ernst* u. *M. Thoma*. INTERKAMA-Kongreß 1980. Berlin, Heidelberg, New York: Springer Verlag 1980.

[7.42] *Bhattacharya, S.; Rooks, B.W.:* Microprocessor controlled optical measurement. In: *Warnecke, H.-J.:* Automated Inspection and Product Control. Proceedings of the 5th Conference. Stuttgart: IPA – IFS – FPF 1980.

[7.43] *Beynon, J.D.E.:* Principles of Self-Scanned Arrays. The Radio and Electronic Engineer 49 (1979) H. 10, S. 493–498.

[7.44] *Schielicke, R.:* Photoelektrische Bildempfänger für schwache Intensitäten. Forschungsergebnisse N/81/8. Jena: Friedrich-Schiller-Universität 1981.

[7.45] Wege zu sehr fortgeschrittenen Handhabungssystemen. Hrsgg. v. *H. Streusloff*. Berlin, Heidelberg, New York: Springer Verlag 1980.

[7.46] *Bretschi, J.:* Intelligente Meßsysteme zur Automatisierung technischer Prozesse. München, Wien: R. Oldenbourg Verlag 1979.

[7.47] Angewandte Scenenanalyse. Hrsgg. v. *J.P. Foith*. Berlin, Heidelberg, New York: Springer Verlag 1979.

[7.48] CCD Productinformation. Data Sheet. Fairchild USA 1980.
[7.49] Hitachi Monochromatic Imaging Device HE 97211. Data Sheet. Hitachi Japan 1980.
[7.50] *Stucki, P.:* Advances in Digital Image Processing. New York: Plenum Press 1979.
[7.51] *Hofmann, D.:* Neue Entwicklungstendenzen der Sensortechnik. msr 24 (1981) H. 12, S. 662–667.
[7.52] *Görner, W.:* Klassifikationsprobleme der automatischen Bildverarbeitung – Vektorkonzept, Linguistikkonzept und Strukturkonzept. Tag.-Ber., Akad. Landwirtsch.-Wiss. DDR, Berlin (1978) Nr. 164, S. 5–15.
[7.53] *Klette, R.:* Geometrische Probleme der digitalen Bildverarbeitung. Forschungsergebnisse der Friedrich-Schiller-Universität Jena Nr. N/81/38, 1981.
[7.54] *Hofmann, D.:* Theoretical aspects of measurement in technical diagnostics. In: *G. C. Knight* (ed.): Proceedings of the 2 nd. International Symposium on Technical Diagnostics London 1981 IMEKO.
[7.55] *Hofmann, D.:* Topical trends in computerized measurement – sensors, devices, strategies. In: *D. Hofmann* (ed.): Proceedings of the 3rd International Symposium on Measurement Theory and its Application to Practice – Computerized Measurement. Budapest: IMEKO Secretariat 1981.
[7.56] *Striker, G.:* Transducers for Industrial Measurement – Problems and Trends. In: ACTA IMEKO 1967, Vol. 1, S. 91–111. Budapest: Akademiai Kiado 1968.
[7.57] *Stein, P. K.:* Transducers: Flies in the Ointment of the Microprocessor Panacea. Lf/MSE Publication No. 75. Phoenix (Arizona): Stein Engineering Services Inc. 1980.
[8.1] *Schlegel, W.E.:* Anwendungen von Mikrorechnern. radio, fernsehen, elektronik 26 (1977) H. 12, S. 393–395.
[8.2] *Jugel, A.:* Mikroprozessorsysteme. 2. Aufl. Berlin: VEB Verlag Technik 1980.
[8.3] *Roth, M.:* Mikroprozessoren. 2. Aufl. Ilmenau: Technische Hochschule 1978.
[8.4] *Meiling, W.:* Mikroprozessor – Mikrorechner. Funktion und Anwendung. Berichte zur Forschungstechnologie. Bd. 5. 2. Aufl. Berlin: Akademie Verlag 1979.
[8.5] *Meiling, W.:* Digitalrechner in der elektronischen Meßtechnik. Bde. I und II. Berlin: Akademie Verlag 1978.
[8.6] *Schulze, M.:* Möglichkeiten der funktionellen Erweiterung von Meßgeräten unter Einbeziehung von Mikroprozessoren. messen – steuern – regeln 19 (1976) H. 11, S. 390–393.
[8.7] *Obermeier, E.; Reichl, H.:* Meßwerterfassungssysteme und Sensorprinzipien. Elektronik 28 (1979) H. 26, S. 23–29.
[8.8] *Gorelikov, N. I.; Zvetkov, E. I.:* Bausteinsystem elektrischer Meßgeräte ASET. messen - steuern - regeln 19 (1976) H. 1. S. 18–20.
[8.9] Electronic Instruments and Systems 1980. Firmenschrift. Hewlett Packard Measurement/Computation 1980.
[8.10] *Naumann, G.; Meiling, W.; Stscherbina, A.:* Standard-Interfaces der Meßtechnik. Berlin: VEB Verlag Technik 1980.
[8.11] Messung elektronischer Parameter an Halbleiterbauelementen. Leipzig: VEB Fachbuchverlag 1976.
[8.12] *Reissmann, C.:* Der Einsatz der Prozeßrechentechnik in der klinischen Funktionsdiagnostik. rechentechnik/datenverarbeitung 13 (1976) H. 5, S. 19–22.
[8.13] *Volkmer, H.; Krause, W.; Michels, W.:* On-line-fetal monitoring (meaning for data acquisition). Zeitschrift für Geburtshilfe und Perinatologie 180 (1976) H. 6, S. 420–426.
[8.14] *Geier, R.:* Überwachung von Geburten mit IBM Systemen /370 und /7. IBM Nachrichten 26 (1976) H. 231, S. 212–216.
[8.15] *Neumann, L.:* Anwendung der programmierbaren Kleinstrechner der Modellreihe robotron K 1000. Neue Technik im Büro 23 (1979) H. 2, S. 54–55.
[8.16] *Dawidczak, S.; Weise, K. D.:* Mikrorechnersystem K 1510. messen – steuern – regeln 20 (1977) H. 12, S. 671–675.
[8.17] *Hofmann, D.; Meiling, W.; Richter, W.:* Stand und Tendenzen der Meßautomatisierung in der Prozeß- und Forschungstechnik. In: Möglichkeiten der Rationalisierung der Meßwertverarbeitung durch Einsatz der Mikroelektronik. Berlin: Kammer der Technik (WGMA) 1979.
[8.18] ECB Mikrocomputer Baugruppen. Anwender-Handbuch. Hardware, Software, Systeme. Eching: Kontron Elektronik GmbH 1979.
[8.19] Intel develops first analogue „micro computer“ for signal processing. Electron and Power 25 (1979) H. 4, S. 244.
[8.20] *Hoff, M. E.; Townsend, M.:* Einchip-Signalprozessor verarbeitet Analogsignale in Echtzeit. Elektronik 28 (1979) H. 14, S. 37–42.
[8.21] *Rembold, U.:* Aufgaben der Meßtechnik und Mustererkennung in rechnerintegrierten Fertigungssystemen. In: Automatisierungstechnik im Wandel durch Mikroprozessoren. INTERKAMA-Kongreß 1977. Hrsg. v. *M. Syrbe* und *B. Will.* Berlin, Heidelberg, New York: Springer Verlag 1977.

[8.22] *Jensen, K.; Wirth, N.E.:* PASCAL – User manual and report. Lecture Notes in Computer Science. Vol.18. 2.Aufl. Berlin, Heidelberg, New York: Springer Verlag 1976.

[8.23] *Wickham, K.:* PASCAL im Vergleich mit anderen Programmiersprachen. Elektronik 29 (1980) H.3, S.47–54.

[8.24] *Lotze, W.; Trumpold, H.:* Stand und Tendenzen der Meßautomatisierung im Maschinen- und Gerätebau. In: Möglichkeiten der Rationalisierung der Meßwertverarbeitung durch Einsatz der Mikroelektronik. Berlin: Kammer der Technik (WGMA) 1979.

[8.25] Handbuch Qualitätssicherung durch rechnergestützte Fertigungsmeßtechnik. Hrsg. v. *T.Pfeifer.* Düsseldorf: VDI-Bildungswerk 1980.

[8.26] *Dietzsch, M.; Schwertz, M.:* Anforderungen an die Datenverarbeitung bei Mehrkoordinatenmeßgeräten. In: VDI-Berichte 265. Düsseldorf: VDI-Verlag GmbH 1976.

[8.27] *Herzog, K.:* Automatische Dreikoordinatenmessung als Beispiel für den Rechnereinsatz in der Fertigungstechnik. In: VDI-Berichte Nr.230. Düsseldorf: VDI-Verlag GmbH 1975.

[8.28] *Donat, H.; Friedrich, K.; Plontke, B.:* Dynamische Meßwerterfassung und automatische Auswertung mit dem neuen Dreikoordinatenmeßgerät DKM 1-300 DP des VEB Carl Zeiss JENA. Jenaer Rundschau 23 (1978) H.6, S.288–293.

[8.29] Methoden der Informatik für Rechnerunterstütztes Entwerfen und Konstruieren. Hrsg. v. *R.Gnatz* u. *K.Samelson.* Informatik Fachberichte Nr.11. Berlin, Heidelberg, New York: Springer Verlag 1977.

[8.30] Elektronische Meßgeräte und Meßsysteme 1979. Firmenschrift. München: Rohde & Schwarz GmbH & KG 1979.

[8.31] *Reinert, D.:* Prüftheorie diskreter Systeme. Berlin: VEB Verlag Technik 1979.

[8.32] *Dal Cin, M.:* Fehlertolerante Systeme. Stuttgart: B.G.Teubner Verlag 1979.

[8.33] Leiterplatten-Prüfautomat LPA 101. Firmenschrift. Dresden: VEB Robotron Meßelektronik „Otto Schön" 1979.

[8.34] *Deegen, A.; Schoch, W.; Urbitsch, H.:* Schnelles elektrisches Prüfen von gedruckten Leiterplatten. In: VDI-Berichte 265. Düsseldorf: VDI Verlag GmbH 1976.

[8.35] Dialog zwischen Rechner und Prüfling. VDI nachrichten (1979) H.20, S.11.

[8.36] Lösung komplexer Prüfaufgaben. VDI nachrichten (1979) H.36, S.22.

[8.37] *Teunis, G.:* Automation of teststands with microcomputers. Wolfsburg: Volkswagenwerk AG 1979.

[8.38] *Bajek, W.A.; Sampson, R.W.; McLaughlin, J.H.:* An on-stream boiling point monitor employing a microcomputer. In: Measurement for Progress in Science and Technology, ACTA IMEKO 1979. Budapest, Amsterdam, Akademiai Kiadó, North Holland Publishing Comp. 1980.

[8.39] *Berg, S.:* Environmental and structural instrumentation of platforms on the norwegian continental shelf. In: Measurement for Progress in Science and Technology, ACTA IMEKO 1979. Budapest, Amsterdam: Akademiai Kiadó, North Holland Publishing Comp. 1980.

[8.40] Gesellschaftlicher Standpunkt zu Bedeutung und Aufgabenstellungen für Prozeßüberwachung und Prozeßsicherung. messen – steuern – regeln 22 (1979) H.11, S.602–604.

[8.41] *Balzer, D.; Richter, W.:* Measuring data reduction in data processing systems by consideration of disturbances and measuring errors. In: Measurement for Progress in Science and Technology, ACTA IMEKO 1979. Budapest: Akademiai Kiadó 1980.

[8.42] *Richter, W.:* Interference voltages on measurement lines and statistical methods of their correction. In: Application of Statistical Methods in Measurements. Hrsg. v. *D.Hofmann.* Proceedings of IMEKO TC 7 Symposium in Leningrad 1978. Budapest: IMEKO Secretariat 1978.

[8.43] *Friedewald, W.; Charwat, H.J.:* Prozeßbeobachtung und Prozeßbedienung mit „normierten Darstellungen" auf Sichtgeräten. Regelungstechnische Praxis 21 (1979) H.6, S.159–164.

[8.44] TDC 2000. Total distributed control. Zentrale Bedienung. Überblick. Firmenschrift. Offenbach: Honeywell 1978.

[8.45] TDC 2000. Total distributed control. Allgemeine Beschreibung. Firmenschrift. Offenbach: Honeywell 1978.

[8.46] Prozeßleittechnik mit Mikrorechnern im System ursamat K4000. Firmenschrift. Teltow: VEB Geräte- und Regler-Werke Teltow, Zentraler Anlagenbau der BMSR-Technik 1979.

[8.47] *Barge, W.; Müller-Zahn, K.-H.; Neumann, P.:* Prozeßleittechnik mit Mikrorechnern im System ursamat K4000–PLM 4000. Technische Informationen GRW 17 (1979) H.1, S.1–7.

[8.48] *Dietrich, S.:* Leipziger Frühjahrsmesse 1979. Technische Informationen GRW 17 (1979) H.1, S.III.

[8.49] *Fürst, A.:* Prozeßintermittierende Werkstückvermessung. Direktes Messen prismatischer Teile auf Bearbeitungszentren. VDI nachrichten (1979) H.45, S.6.

[8.50] *Gantzlin, J.:* Automatisierte Qualitätssicherung in der Zerspantechnik. Qualität und Zuverlässigkeit 24 (1979) H.3, S.71–74.

[8.51] *Gantzlin, J.:* Probleme der Im-Prozeß-Messung bei der Drehbearbeitung. Qualität und Zuverlässigkeit 24 (1979) H.4, S.85–88.

[8.52] Minirechner in der Qualitätssicherung. VDI nachrichten (1979) H.29, S.13.

[8.53] *Hofmann, D.; Linß, G.:* Ermittlung des Prüfumfangs für Attributmerkmale unter Berücksichtigung von statistischen Informationen über den Prozeßverlauf. Wiss. Z. der Friedrich-Schiller-Universität Jena, Math.-Nat. Reihe 28 (1979) H.1, S.67–74.

[8.54] Programmierbarer Kleinstrechner robotron K1002 Bedien- und Programmierbuch. Zella-Mehlis: VEB Robotron-Elektronik 1978.

[8.55] *Zürn, R.:* Probleme und Trends der Qualitätssicherung in der Mengenfertigung am Beispiel der Automobilindustrie. In: VDI-Berichte 265. Düsseldorf. VDI-Verlag GmbH 1976.

[9.1] *Hofmann, D.:* Meßfehleranalyse linearer Meßsysteme. messen – steuern – regeln 12 (1969) H.8, S.325–330 und H.9, S.353–357.

[9.2] *Hofmann, D.:* Zur systematischen Auswertung von Messungen in der Labor-, Fertigungs- und Prozeßmeßtechnik. Wiss. Z. der Friedrich-Schiller-Universität Jena, Math.-Nat. R. 23 (1974) H.6, S.991–1000.

[9.3] *Hultzsch, E.:* Ausgleichsrechnung mit Anwendungen in der Physik. 2. Aufl. Leipzig: Akadem. Verlagsges. Geest & Portig K.G. 1971.

[9.4] *Kemnic, Ju. V.:* Teorija ošibok izmerenij (Theorie der Meßfehler). 2. Aufl. Moskau: Izd. Nedra 1967.

[9.5] *Rabinovič, S.G.:* Progrešnosti izmerenij (Fehler von Messungen). Leningrad: Izd. Ėnergija 1978.

[9.6] *Burdun, G.D.; Markov, B.N.:* Osnovy metrologij (Grundlagen der Metrologie). Moskau: Izd. Standartov 1972.

[9.7] *Capenko, M.P.:* Izmeritel'nye informacionnye sistemy (Meßinformationssysteme). Moskau: Izd. Energija 1974.

[9.8] *Ivancov, A.I.:* Osnovy teorii točnosti izmeritel'nych ystrojstv (Grundlagen der Theorie der Genauigkeit von Meßgeräten). Moskau: Izd. Standartov 1972.

[9.9] *Fritz, W.; Pohleck, H.:* Über die Fehler beim Messen und die praktische Beurteilung von Meßergebnissen. ATM 1965 J 021-12, 13, 14.

[9.10] *Meyer, H.W.:* On Analysis of Errors and Interference. In: Proceedings of the IMEKO Colloquium on "The Nature and Scope of Measurement Science" London 1975. Published by IMEKO Sekretariat Budapest 1976.

[9.11] Proceedings of the IMEKO-Symposium on "Measurement Theory-Measurement Error Analysis" held at the Twente Univ. of Technology 1975 Enschede. Hrsg. von *D. Hofmann*. Published by IMEKO Secretariat Budapest 1976.

[9.12] *Moffat, R.J.:* The measurement chain and validation of experimental measurements. Measurement and Instrumentation, ACTA IMEKO 1973, Vol.1, S.45–53. Budapest: Akademiai Kiado 1974.

[9.13] *Strobel, H.:* Experimentelle Systemanalyse. Berlin: Akademie Verlag 1975.

[9.14] *Solodownikow, W.W.:* Einführung in die statistische Dynamik linearer Regelungssysteme. Berlin: VEB Verlag Technik 1963.

[9.15] *Dobrynin, E.M.; Pan Čžun Čžen:* Voprosy dinamičeskoj točnosti priborov avtomatičeskogo kontrolja rasmerov (Fragen der dynamischen Genauigkeit von Geräten zur automatischen Längenmessung). Moskau: Mašgiz 1963.

[9.16] *Fichtenholz, G.M.:* Differential- und Integralrechnung, Teil 1. 2. Aufl. Berlin: Deutscher Verlag der Wissenschaften 1966.

[9.17] *Jakowlew, K.P.:* Mathematische Auswertung von Meßergebnissen. Berlin: VEB Verlag Technik 1952.

[9.18] *Schmoll, F.:* Fehlerfortpflanzung. ZIF 4506.2.3. Karl-Marx-Stadt: Zentralinstitut für Fertigungstechnik 1965.

[9.19] *Hofmann, D.:* Zur elektrischen Korrektur des dynamischen Verhaltens von trägen Meßwandlern. messen – steuern – regeln 10 (1967) H.1, S.20–27.

[9.20] Kleine Enzyklopädie Mathematik. Hrsg. von *W. Gellert, H. Küstner, M. Hellwich* und *H. Kästner*. 10. Aufl. Leipzig: VEB Bibliographisches Institut 1977.

[9.21] TGL 14283/06, Ausg. 12.71: Elektrische Meßtechnik; Elektronische Meßgeräte; Fehlerermittlung und Angabe.

[9.22] TGL 31536, Ausg. 10.74: Darstellung von Meßergebnissen.

[9.23] *Tjurin, N.I.:* Vvedenie v metrologiju (Einführung in die Metrologie). 2. Aufl. Moskau: Izd. Standartov 1976.

[9.24] *Storm, R.:* Wahrscheinlichkeitsrechnung, mathematische Statistik und statistische Qualitätskontrolle. 6. Aufl. Leipzig: VEB Fachbuchverlag 1976.

[9.25] *Schindowski, E.; Schürz, O.:* Statistische Qualitätskontrolle. Kontrollkarten und Stichprobenpläne. 6. Aufl. Berlin: VEB Verlag Technik 1974.
[9.26] *Hofmann, D.; Reineck, H.:* KDT-Fernkurs „Grundlagen der Meßtechnik und Qualitätssicherung", 5. Lehrbrief. Berlin: KDT 1977.
[9.27] *Hofmann, D.:* Erhöhung der Genauigkeit von Meßsystemen mittels Korrektur. ACTA IMEKO 1970. Budapest: Akademiai Kiado 1971.
[9.28] *Dušin, E.M.; Hofmann, D.:* Posledovatel'naja korrekcija električeskich promyšlennych termometrov (Reihenkorrektur elektrischer Industriethermometer). IVUS Priborostroenie 9 (1966) H. 1, S. 141–145.
[9.29] *Seidler, J.:* Optimierung informationsübertragender Systeme. Berlin: VEB Verlag Technik 1971.
[9.30] *Paßmann, W.:* Auswerten von Meßreihen. 2. Aufl. Berlin: Beuth Vertrieb GmbH 1974.
[9.31] *Squires, G.L.:* Meßergebnisse und ihre Auswertung. Berlin, New York: Verlag de Gruyter 1971.
[9.32] *Wagner, G.; Lang, R.:* Statistische Auswertung von Meß- und Prüfergebnissen. Berlin: Beuth Vertrieb GmbH 1974.
[9.33] *Booster, P.; van Kampen, E.J.:* Auswertung von Meßergebnissen im Labor. Frankfurt (Main): Umschau Verlag 1975.
[9.34] *Leufer, R.H.; Thomas, T.R.:* Versuchsauswertung. Braunschweig: Friedr. Vieweg und Sohn GmbH 1976.
[9.35] *Nalimov, V.V.:* Teorija eksperimentov (Theorie des Experiments). Moskau: Izd. Energija 1971.
[9.36] *Rozenberg, V.J.:* Vvedenije v teoriju točnosti izmeritel'nych sistem (Einführung in die Theorie der Genauigkeit von Meßsystemen). Moskau: Izd. Energija 1975.
[9.37] *Wagner, S.R.:* On the quantitative characterization of the experimental results in metrology. PTB-Mitteilungen 89 (1979) H. 2, S. 83–89.
[9.38] *Semel'man, M.A.; Mif, N.P.:* Planirovanie techničeskich izmerenii i ozenka ich pogrešnostej (Planung technischer Experimente und Bewertung ihrer Fehler). Moskau: Izd. Standartov 1979.
[9.39] *Rasch, D.:* Verfahrensbibliothek Versuchsplanung und -Auswertung. Berlin: Dt. Landwirtschaftsverlag 1978.
[9.40] *Skripnik, J.A.:* Povyšenie točnosti izmeritel'nych ustrojstv (Erhöhung der Genauigkeit von Meßgeräten). Kiew: Izd. Technika 1976.
[9.41] *Braslavskij, D.A.:* Točnost' izmeritel'nych ustrojstv (Genauigkeit von Meßgeräten). Moskau: Mašinostroenie 1976.
[10.1] TGL 22500/02, Ausg. 11.74: Meß-, Steuerungs- und Regelungstechnik; System ursamat; Technische Forderungen; Prüfung.
[10.2] TGL 14283/05, Ausg. 5.74: Elektrische Meßtechnik, Elektronische Meßgeräte, Arbeitsbedingungen.
[10.3] TGL 9199/01, Ausg. 7.70: Umgebungseinflüsse auf technische Erzeugnisse; Klimaklassifizierung; Klimatische Einteilung der Erde für technische Zwecke.
[10.4] TGL 9200/01, Ausg. 7.70: Umgebungseinflüsse; Klassifizierung von Erzeugnissen; Ausführungsklassen.
[10.5] TGL 9200/02, Ausg. 7.70: Umgebungseinflüsse; Klassifizierung von Erzeugnissen; Prüfklassen.
[10.6] TGL 9200/03, Ausg. 9.71: Umgebungseinflüsse; Klassifizierung von Erzeugnissen; Einsatzklassen.
[10.7] TGL 9203/01, Ausg. 7.70: Grundlegende Umgebungsprüfverfahren; Prüfverfahren; Begriffe, Standardbedingungen, Kurzzeichen.
[10.8] TGL 9203/02, Ausg. 11.71: Grundlegende Umgebungsprüfverfahren, Prüfverfahren; Aufstellung von Prüfprogrammen.
[10.9] TGL 9204, Ausg. 7.70: Grundlegende Umgebungsprüfverfahren; Beanspruchung durch niedrige Temperaturen (Prüfung A).
[10.10] TGL 9205, Ausg. 7.70: Grundlegende Umgebungsprüfverfahren; Beanspruchung durch trockene Wärme (Prüfung B).
[10.11] TGL 9206/01, Ausg. 7.70: Grundlegende Umgebungsprüfverfahren; Beanspruchung durch feuchte Wärme; Konstante Temperatur (Prüfung C).
[10.12] TGL 9206/02, Ausg. 7.70: Grundlegende Umgebungsprüfverfahren; Beanspruchung durch feuchte Wärme; Zyklischer Temperaturwechsel (Prüfung D).
[10.13] TGL 9207, Ausg. 7.70: Grundlegende Umgebungsprüfverfahren; Beanspruchung durch Sand und Staub (Prüfung L).
[10.14] TGL 9208, Ausg. 7.70: Grundlegende Umgebungsprüfverfahren; Resistenz gegen Schimmelbewuchs (Prüfung J).
[10.15] TGL 9209/01, Ausg. 7.70: Grundlegende Umgebungsprüfverfahren; Beanspruchung durch korrosive Atmosphären; Salznebelatmosphäre (Prüfung Ka).

[10.16] TGL 9209/05, Ausg. 3.73: Grundlegende Umgebungsprüfverfahren; Beanspruchung durch korrosive Atmosphären; SO_2-Atmosphäre geringer Konzentration (Prüfung Ki).
[10.17] TGL 9210/01, Ausg. 7.70: Grundlegende Umgebungsprüfverfahren; Beanspruchung durch Strahlung; imitierte Sonnenstrahlung (Prüfung Sa).
[10.18] TGL 9211, Ausg. 9.71: Grundlegende Umgebungsprüfverfahren; Beanspruchung durch schnellen Temperaturwechsel (Prüfung N).
[10.19] *Brack, G.:* Technik der Automatisierungsgeräte. 2. Aufl. Berlin: VEB Verlag Technik 1972.
[10.20] TGL 15165/03, Ausg. 12.71: Elektrotechnik; Schutzgrade für Berührungs-, Fremdkörper- und Wasserschutz; Symbole.
[10.21] TGL 22500/03, Ausg. 9.79: Meß-, Steuerungs- und Regelungstechnik; System ursamat; Umgebungsbedingungen.
[10.22] *Lenk, A.; Rehnitz, J.:* Schwingungsprüftechnik. 2. Aufl. Berlin: VEB Verlag Technik 1976.
[10.23] TGL 200-0057/04, Ausg. 6.71: Elektrische Informations- und Meßtechnik; Stoßfolge- und Schwingungsprüfung; Prüfklassen.
[10.24] TGL 30030/01–03, Ausg. 1.76; Gesundheits- und Arbeitsschutz, Brandschutz; Explosionstechnische Kennzahlen brennbarer Gase und Dämpfe; Begriffe der Klassifizierung – Bestimmung der Zündgruppen – Bestimmung der Explosionsklassen.
[10.25] TGL 14283/07, Ausg. 6.78: Elektrische Meßtechnik; Elektronische Meßgeräte; Sicherheitsbestimmungen; Forderungen, Prüfungen.
[10.26] TGL 19491/01, Ausg. 7.72: Schlagwetter- und explosionsgeschützte elektrische Betriebsmittel; Allgemeine technische Forderungen.
[10.27] TGL 19491/02, Ausg. 7.72: Schlagwetter- und explosionsgeschützte elektrische Betriebsmittel; Druckfeste Kapselung.
[10.28] TGL 19491/03, Ausg. 7.72: Schlagwetter- und explosionsgeschützte elektrische Betriebsmittel; Erhöhte Sicherheit.
[10.29] TGL 19491/04, Ausg. 7.72: Schlagwetter- und explosionsgeschützte elektrische Betriebsmittel; Ölkapselung.
[10.30] TGL 19491/05, Ausg. 7.72: Schlagwetter- und explosionsgeschützte elektrische Betriebsmittel; Fremdbelüftung.
[10.31] TGL 19491/06, Ausg. 7.72: Schlagwetter- und explosionsgeschützte elektrische Betriebsmittel; Eigensicherheit.
[10.32] TGL 19491/07, Ausg. 7.72: Schlagwetter- und explosionsgeschützte elektrische Betriebsmittel; Sonderschutz.
[10.33] TGL 19491/08, Ausg. 7.72: Schlagwetter- und explosionsgeschützte elektrische Betriebsmittel; Partikelzünddurchschlagsicherheit.
[10.34] TGL 19491/09, Ausg. 7.72: Schlagwetter- und explosionsgeschützte elektrische Betriebsmittel; Sandkapselung.
[10.35] TGL 19491/10, Ausg. 7.72: Schlagwetter- und explosionsgeschützte elektrische Betriebsmittel; Prüfung.
[10.36] TGL 19491/11, Ausg. 7.72: Schlagwetter- und explosionsgeschützte elektrische Betriebsmittel; Kennzeichnung.
[10.37] *Tornau, F.:* VEM-Handbuch Elektrische Störbeeinflussung in Automatisierungs- und Datenverarbeitungsanlagen. Berlin: VEB Verlag Technik 1973.
[10.38] *Wassiljew, R.R.; Schastowa, G.A.:* Informationsübertragung in der Fernwirktechnik. Berlin: VEB Verlag Technik 1963.
[10.39] *Richter, W.; Vogler, G.:* Zur Störsicherheit frequenzanaloger Meßeinrichtungen. Measurement and Instrumentation, ACTA IMEKO 1973, Vol. 1, S. 335–350. Budapest: Akademiai Kiado 1974.
[10.40] *Richter, W.; Schmidt, K.:* Ergebnisse aus Störspannungsmessungen an Signalleitungen der BMSR-Technik. messen – steuern – regeln 18 (1975) H. 8, S. 298–300 und H. 11, S. 395–399.
[10.41] ursacord-Periphere Geräte des VEB Meßgerätewerk Erich Weinert Magdeburg. Prospekt Ag 27/047/75. Magdeburg: VEB Meßgerätewerk Erich Weinert 1975.
[10.42] DIN 50010 T. 1, Ausg. 10.77: Klimate und ihre technische Anwendung; Klimabegriffe, Allgemeine Klimabegriffe.
[10.43] DIN 50019 T. 1, Ausg. 11.79: Klimate und ihre technische Anwendung; Technoklimate; Kennzeichnung und kartographische Darstellung der Freiluftklimate.
[10.44] DIN 50019 T. 2, Ausg. 7.63: Werkstoff-, Bauelemente und Geräteprüfung; Freiluftklimate; Klima-Daten.
[10.45] DIN 50019 T. 3, Ausg. 11.79: Klimate und ihre technische Anwendung; Technoklimate; Statistische Klimamodelle.

[10.46] DIN 50012, Ausg. 3.78: Klimate und ihre technische Anwendung; Beschaffenheit des Normalklimaraums; Messen der relativen Luftfeuchte.

[10.47] DIN 5450 T. 1, Ausg. 11.68: Norm-Atmosphäre; Allgemeine Beziehungen und Atmosphäre für mittlere Verhältnisse.

[10.48] DIN 40045, Ausg. 1.69: Richtlinien für die Bildung von klimatischen Prüfklassen für elektrische Bauelemente der Nachrichtentechnik.

[10.49] DIN 40046 T. 1, Bbl. 1, Ausg. 1.80: Umweltprüfungen der Elektrotechnik; Verzeichnis der Prüfungen und einschlägigen Normen.

[10.50] DIN 40046 T. 1, Ausg. 11.74: Umweltprüfungen für die Elektrotechnik; Begriffe, Einteilung und Reihenfolge der Prüfungen.

[10.51] DIN 33403 T. 1, Ausg. 10.75: Klima am Arbeitsplatz und in der Arbeitsumgebung; Klimaermittlung.

[10.52] DIN 33403 T. 2, Ausg. 10.75: Klima am Arbeitsplatz und in der Arbeitsumgebung; Einwirkung des Klimas auf den Menschen.

[10.53] DIN 33403 T. 3, Ausg. 11.76: Klima am Arbeitsplatz und in der Arbeitsumgebung; Arbeit in Klimazonen und unter Wärmestrahlung.

[10.54] DIN 40050, Ausg. 7.80: IP-Schutzarten; Berührungs-, Fremdkörper- und Wasserschutz für elektrische Betriebsmittel.

[10.55] DIN 40051 T. 1, Ausg. 4.72: Schutzarten; Prüfung des Berührungsschutzes; Prüffinger 1.

[10.56] DIN 40052, Ausg. 7.80: IP-Schutzarten; Prüfung des Fremdkörperschutzes; Staubkammer.

[10.57] DIN 40053 T. 1, Ausg. 10.78 E: IP-Schutzarten; Prüfung des Wasserschutzes; Tropfgerät.

[10.58] DIN 40053 T. 2, Ausg. 10.78 E: IP-Schutzarten; Prüfung des Wasserschutzes; Schwenkrohr.

[10.59] DIN 40053 T. 3, Ausg. 10.78 E: IP-Schutzarten; Prüfung des Wasserschutzes; Spritzbrause.

[10.60] DIN 40053 T. 4, Ausg. 10.78 E: IP-Schutzarten; Prüfung des Wasserschutzes; Strahldüse.

[10.61] DIN 40053 T. 5, Ausg. 10.78 E: IP-Schutzarten; Prüfung des Wasserschutzes; Tropfwasserbrause.

[10.62] DIN 5747 T. 1, Ausg. 10.78: Prüfgeräte und Prüfverfahren; Prüfung des Berührungsschutzes (VDE-Bestimmung).

[10.63] DIN 57410, Ausg. 10.76: VDE-Bestimmung für elektrische Meßgeräte; Sicherheitsbestimmungen für anzeigende und schreibende Meßgeräte und ihr Zubehör.

[10.64] DIN 57411, Ausg. 2.80: Elektronische Meßgeräte und Regler; Teil 1 Schutzmaßnahmen für elektronische Meßgeräte.

[10.65] DIN 43745, Ausg. 2.75: Elektronische Meßeinrichtungen; Angaben der Betriebsgüte in Datenblättern und Normen.

[10.66] DIN 40100 T. 8, Ausg. 8.78: Bildzeichen der Elektrotechnik; Schutzzeichen, Warnzeichen, Rufzeichen, Ergänzungszeichen.

[10.67] DIN 40040, Ausg. 2.73: Anwendungsklassen und Zuverlässigkeitsangaben für Bauelemente der Nachrichtentechnik und Elektronik.

[10.68] DIN 58390 Bl. 1, Ausg. 11.73: Umweltprüfung von optischen Geräten; Begriffe; Prüfumfang.

[10.69] DIN 58390 Bl. 10, Ausg. 12.78 E: Umweltprüfungen von optischen Geräten; Schwingen bei Wärme und Kälte.

[10.70] DIN 57166, Ausg. 2.76 E: VDE-Bestimmungen für elektrische Anlagen und deren Betriebsmittel in explosivstoffgefährdeten Bereichen.

[10.71] DIN 57165, Ausg. 4.78 E: VDE-Bestimmung für das Errichten elektrischer Anlagen in explosionsgefährdeten Bereichen.

[10.72] DIN EN 50014, Ausg. 5.78: Elektrische Betriebsmittel für explosionsgefährdete Bereiche, Allgemeine Bestimmungen.

[10.73] DIN EN 50015, Ausg. 5.78: Elektrische Betriebsmittel für explosionsgefährdete Bereiche, Ölkapselung „o".

[10.74] DIN EN 50016, Ausg. 5.78: Elektrische Betriebsmittel für explosionsgefährdete Bereiche, Überdruckkapselung „p".

[10.75] DIN EN 50017, Ausg. 5.78: Elektrische Betriebsmittel für explosionsgefährdete Bereiche, Sandkapselung „q".

[10.76] DIN EN 50018, Ausg. 5.78: Elektrische Betriebsmittel für explosionsgefährdete Bereiche, Druckfeste Kapselung „d".

[10.77] DIN EN 50019, Ausg. 5.78: Elektrische Betriebsmittel für explosionsgefährdete Bereiche, Erhöhte Sicherheit „e".

[10.78] DIN 57228 T. 1, Ausg. 7.75: VDE-Bestimmung für Maßnahmen bei Beeinflussung von Fernmeldeanlagen durch Starkstromanlagen; Allgemeine Grundlagen.

[10.79] DIN 57228 T. 2, Ausg. 7.75: VDE-Bestimmung für Maßnahmen bei Beeinflussung von Fernmeldeanlagen durch Starkstromanlagen; Beeinflussung durch Drehstromanlagen.

[10.80] DIN 57228 T. 3, Ausg. 5.77: VDE-Bestimmung für Maßnahmen bei Beeinflussung von Fernmeldeanlagen durch Starkstromanlagen; Beeinflussung durch Wechselstrom-Bahnanlagen.

[10.81] DIN 57228 T. 4, Ausg. 5.77: VDE-Bestimmung für Maßnahmen bei Beeinflussung von Fernmeldeanlagen durch Starkstromanlagen; Beeinflussung durch Gleichstromanlagen.

[10.82] DIN 57875, Ausg. 6.77: VDE-Bestimmung für die Funkentstörung von elektrischen Betriebsmitteln und Anlagen.

[10.83] DIN 45410, Ausg. 5.76: Störfestigkeit von elektroakustischen Geräten; Meßverfahren und Meßgrößen.

[10.84] *Lange, F. H.:* Strategien der Störfestigkeit in der Informationstechnik. Berlin: Akademie Verlag 1978.

[11.1] *Hofmann, D.; Michel, B.:* KDT-Fernkurs „Grundlagen der Meßtechnik und Qualitätssicherung", 5. Lehrbrief. Berlin: KDT 1977.

[11.2] *Deixler, A.:* Zählende und messende Methoden für Zuverlässigkeitsangaben. Technische Zuverlässigkeit in Einzeldarstellungen, H. 9. München, Wien: R. Oldenbourg Verlag 1967.

[11.3] *Matalin, A. A.; Ryszowa, W. S.:* Genauigkeit, Produktivität und Wirtschaftlichkeit der mechanischen Bearbeitung. Karl-Marx-Stadt: Zentralinstitut für Fertigungstechnik 1964.

[11.4] *Markov, N. N.; Kajner, G. B.; Sacerdotŏv, P. A.:* Progrešnost' i vybor sredstv pri linejnych izmerenijach (Fehler und Meßmittelauswahl bei Längenmessungen). Moskau: Izd. Mašinostroenie 1967.

[11.5] *Hofmann, D.; Markov, N. N.; Rüllich, A.:* Effektive Rationalisierung der Prüftechnologie durch Anwendung von internationalen Standards und Meßmitteleinsatzcharakteristiken zur Erhöhung der Einheitlichkeit und Richtigkeit von Längenmessungen. Jena: Friedrich-Schiller-Universität 1979.

[11.6] TGL RGW 303, Ausg. 8.79: Grundstandards der Austauschbarkeit; zulässige Meßunsicherheiten bei der Messung von Längenmaßen bis 500 mm.

[11.7] *Mordwinow, B. S.:* Maßketten als Graphen und deren Anwendung zum Projektieren von Fertigungsabläufen. Manuskriptdruck. Dresden: INFERT 1974.

[11.8] TGL 19115/01 ... 04, Entwurf 3.76 und 05, Entwurf 7.76: Berechnung von Maß- und Toleranzketten.

[11.9] *Balakschin, B. S.:* Technologie des Werkzeugmaschinenbaus. Berlin: VEB Verlag Technik 1953.

[11.10] *Felber, E.; Felber, K.:* Toleranz- und Passungskunde. 8. Aufl. Leipzig: VEB Fachbuchverlag 1976.

[11.11] TGL RGW 144-75, Ausg. 5.77: Einheitliches System der Toleranzen und Passungen des RGW; Toleranzfelder und empfohlene Passungen.

[12.1] *Hofmann, D.:* Heuristische Algorithmen zur Rationalisierung von Meßprozessen. messen – steuern – regeln 14 (1971), H. 5, S. 172–174.

[12.2] *Ehlert, G.:* Untersuchungen zur algorithmischen Beschreibung von Meßlösungsprozessen. Diss. A. Jena: Friedrich-Schiller-Universität, Sektion Technologie 1976.

[12.3] *Schmidt, K.:* Zur Systematisierung in der Metrologie. Feingerätetechnik 19 (1970) H. 11, S. 481 bis 484.

[12.4] *Pázman, A.; Kubáček, L.:* On the Elements of Mathematical Theory of Measurement. Part 2: Manuals for Experimentalists. Bratislava: Institute for Measurement Theory, Slovak Akademy of Sciences 1969.

[12.5] *Naumann, G.:* Ein Beitrag über Möglichkeiten zur rechnergestützten Analyse einer vorgegebenen Meßaufgabe und Synthese der zur Lösung der Meßaufgabe geeigneten Meßeinrichtung. Wiss. Z. der TU Dresden 19 (1970) H. 2, S. 423–429.

[12.6] *Naumann, G.:* System elektrischer Meßeinrichtungen. Ein Beitrag zu einer allgemeinen Theorie, Teil 3: Rechnergestützter Entwurf, Anwendungsbeispiele. Nachrichtentechnik 20 (1970) H. 12, S. 469–472.

[12.7] *Spröd, G.:* Gründliche Analyse der Prüfaufgabe – Voraussetzung für die optimale Lösung. Feingerätetechnik 19 (1970) H. 4, S. 173.

[12.8] *Paul, S.:* Beitrag zur Rationalisierung der Prüfung rotationssymmetrischer Wiederholteile. Diss. A. Karl-Marx-Stadt: Technische Hochschule, Fakultät für Ingenieurwesen 1968.

[12.9] *Dutschke, W.:* Ordnungssystem für Grundaufgaben der industriellen Meßtechnik. Werkstattechnik 60 (1970) H. 1, S. 22–25.

[12.10] *Richter, W.:* Grundsätzliche Probleme der Meßtechnik in automatischen Prozessen mit Beispielen aus der elektrischen und der Kernstrahlungsmeßtechnik. Diss. B. Dresden: Technische Universität, Sektion Physik 1971.

[12.11] *Tschirpke, H.; Scherf, G.; Gramß, G.:* Der Optische Kreisteiltisch 800 des VEB Carl Zeiss JENA. Jenaer Rundschau 17 (1972) H. 2, S. 55–56.

[12.12] *Hultzsch, E.:* Präzisionskomparatoren des VEB Carl Zeiss JENA für Ein-Koordinaten-Messungen. Jenaer Rundschau 18 (1973) H. 4, S. 220–228.

[12.13] *Fischer, H.; Hofmann, D.; Pawlik, H.; Winter, E.:* Das registrierende Gitterspektralphotometer SPECORD 61 NIR für das nahe Infrarot mit Lufttrockner LT 1. Jenaer Rundschau 21 (1976) H. 6, S. 293–297.

[12.14] *Wolf, O.:* Die optischen Methoden in der Längenmeßtechnik. Vortrag zu Lehrgängen des Kundendienstes. VEB Carl Zeiss JENA 1970.

[12.15] *Nothelle, U.:* Spezielle Anwendungsfälle des Tastschnittmeßgerätes ME 10. Vortrag zu Lehrgängen des Kundendienstes. VEB Carl Zeiss JENA 1973.

[12.16] *Vogel, P.:* Rationalisierung der Produktionskontrolle mit Feinmeßgeräten des VEB Carl Zeiss JENA. Vortrag zu den Lehrgängen des Kundendienstes. VEB Carl Zeiss JENA 1976.

[12.17] Meßtechnik Praktikum. Hrsg. von *D. Hofmann* und *E. Schorcht*. Jena: Friedrich-Schiller-Universität, VEB Carl Zeiss JENA 1974.

[12.18] TGL 14283, Bl. 12, Ausg. 10.76: Elektrische Meßtechnik – Elektronische Meßgeräte – Anwenderdokumentation.

[12.19] ZN 34-1591: Kundendokumentation für Erzeugnisse des Wissenschaftlichen Gerätebaus. VEB Carl Zeiss JENA 1970.

[12.20] ZN 34-1592: Kundendienstdokumentation für Erzeugnisse des Wissenschaftlichen Gerätebaus im VEB Carl Zeiss JENA 1979.

[12.21] Gebrauchsanleitung zum Tastschnittmeßgerät ME 10. Druckschrift Nr. 24-G 463a-1. VEB Carl Zeiss JENA.

[12.22] Beschreibung und Gebrauchsanleitung zum Profilograf-Profilometer Modell 201. Moskauer Instrumentenwerk „Kaliber".

[12.23] Betriebsanleitung für das „Talysurf" – Oberflächenmeßgerät Modell 3. Druckschrift Nr. 204-32 G. Taylor-Hobson, Leicester, GB.

[12.24] Ordnung für die Erarbeitung von Vorschriften des Meßwesens (ASMW – VM) Berlin: ASMW 1971.

[12.25] ASMW-VM 193, Ausg. 3.76: Quecksilber-Glasthermometer. Referenznormale 1. und 2. Ordnung. Beglaubigung.

[12.26] *Dutschke, W.; Metzger, H.:* Systematische Erstellung eines Prüfplanes. Wiss. techn. Z. industrieller Fertigung 63 (1973) H. 6, S. 352–356.

[12.27] *Weber, H. H.:* Systematisierung und Automatisierung der technologischen Prüfvorbereitung. Feingerätetechnik 21 (1972) H. 5, S. 206–207.

[12.28] *Hofmann, R.; Ziegert, O.:* Entscheidungsanalyse bei der Auswahl von Meß- und Regelgeräten. Regelungstechnische Praxis 14 (1972) H. 4, S. 115–118.

[12.29] *Krull, F.:* Ein Beitrag zur Bewertung von Meßsystemen unter besonderer Berücksichtigung des dynamischen Verhaltens. Diss. Braunschweig: TU Carlo-Wilhelmina, Fakultät für Maschinenbau und Elektrotechnik 1974.

[12.30] *Markow, N. N.:* Der Einfluß des Meßfehlers auf das Meßergebnis und auf die Wahl des Meßmittels. Feingerätetechnik 20 (1971) H. 3, S. 125–127.

[12.31] *Hacker, W.:* Allgemeine Arbeits- und Ingenieurpsychologie. Berlin: VEB Deutscher Verlag der Wissenschaften 1973.

[12.32] *Sydow, H.:* Versuche zur strukturellen und metrischen Darstellung von Problemzuständen in Lösungsprozessen. In: *Klix, F.:* Kybernetische Analysen geistiger Prozesse. Berlin: VEB Deutscher Verlag der Wissenschaften 1968.

[12.33] *Sydow, H.:* Zur Klassifikation von Problemen und Lösungsprozeduren. Kybernetische Forschung, Bd. 2. Analyse und Synthese von Problemlösungsprozessen. Berlin: VEB Deutscher Verlag der Wissenschaften 1972.

[12.34] *Landa, L. H.:* Algorithmierung im Unterricht. Berlin: Volk und Wissen Volkseigener Verlag 1969.

[12.35] *McDaniel, H.:* Entscheidungstabellen – Eine Einführung. Stuttgart: Kunst und Wissen Erich Bieber 1970.

[12.36] *Strunz, H.:* Entscheidungstabellen und ihre Anwendung bei Systemplanung, -implementierung und -dokumentation. Elektronische Datenverarbeitung 12 (1970) H. 2, S. 56–65.

[12.37] *Klein, H. K.:* Heuristische Entscheidungsmodelle. Diss. München: Ludwig-Maximilians-Universität 1969.

[12.38] *Hofmann, D.; Ehlert, G.; Hochbach, M.:* Probleme der rationellen Durchführung von Messungen. Jenaer Rundschau 20 (1975) H. 2, S. 66–72.

[12.39] *Strunz, H.:* Entscheidungstabellentechnik. München, Wien: Carl Hanser Verlag 1977.

[12.40] *Gewald, K.; Hacke, G.; Pfadler, W.:* Software Engineering. Grundlagen und Technik rationeller Programmentwicklung. München, Wien: R. Oldenbourg Verlag 1977.

[12.41] *Wirth, N.:* Systematisches Programmieren. Stuttgart: B. G. Teubner GmbH 1972.

[12.42] *Walter, G.:* Strukturierte Programmierung mit ALGOL 60. München, Wien: R. Oldenbourg Verlag 1977.

[13.1] Arbeitsgesetzbuch der Deutschen Demokratischen Republik mit Einführungsgesetzen. Berlin: Staatsverlag der DDR 1977.

[13.2] *Lotze, W.:* Einführung in die Fertigungsmeßtechnik, Praktikum, Komplex Prüftechnologie, Lehrbrief. Dresden: Technische Universität 1972.

[13.3] *Schmidt, W.; Hochheim, K.-D.:* KDT-Empfehlung für die Gestaltung des betrieblichen Meßwesens in den Betrieben der metallverarbeitenden Industrie. Erfurt: Bezirksverband der KDT 1976.

[13.4] *Israel, H.:* Die Aufgaben des betrieblichen Meßwesens und seine innere Struktur. Feingerätetechnik 18 (1969) H. 6, S. 243–248.

[13.5] Prüftechnologische Richtlinien. VEB Maschinen- und Apparatebau Schkeuditz 1969.

[13.6] *Reineck, H.; Linß, G.:* Zur systematischen Durchführung von Off-line-Messungen im Rahmen der produktionsbegleitenden Qualitätssicherung. Wiss. Z. der Friedrich-Schiller-Universität Jena, Math.-Nat. R. 23 (1974) H. 6, S. 983–989.

[13.7] Vereinheitlichte datenverarbeitungsgerechte Vordrucke der Fertigungsorganisation, Teil 1. Technologischer Auftragsbelegsatz. Zentralstelle für Primärdokumentation 1972. Bezug: Zentral-Versand 501 Erfurt, PSF 696.

[13.8] *Müller, G.:* Technologische Fertigungsvorbereitung – Maschinenbau. 6. Aufl. Berlin: VEB Verlag Technik 1975.

[13.9] *Müller, E.:* Prüftechnologie, Lehrbriefe für das Zusatzstudium Kontrollingenieur. Karl-Marx-Stadt: Technische Hochschule 1971.

[13.10] Qualitätssicherungssystem des VEB Carl Zeiss JENA. Ordnung des Generaldirektors vom 16. 6. 1976.

[13.11] Rahmenrichtlinie komplexe Qualitätssicherung und Standardisierung der VVB Automobilbau. Direktive des Generaldirektors Nr. 8/75 vom 31. 7. 75.

[13.12] Qualitätssicherungssystem des VEB Kombinat Fortschritt Landmaschinen, Neustadt/Sachsen.

[13.13] Betriebliche Qualitätssicherung und Standardisierung (QSS). Werkstandard. Dresden: VEB Kombinat Luft- und Kältetechnik 1980.

[13.14] *Dutschke, W.:* Qualitätsregelung in der Fertigung. Berlin, Göttingen, Heidelberg: Springer-Verlag 1964.

[13.15] *Bläsing, J. P.:* Die rechnerunterstützte Prüfplanung. Mainz: Krausskopf Verlag 1978.

[13.16] *Stumpf, Th.:* Anforderungen an Qualitätssicherungssysteme – eine Übersicht. Qualität und Zuverlässigkeit 24 (1979) H. 1, S. 14–18.

[14.1] TGL 14449/01-02, Ausg. 12.62–8.63. Statistische Qualitätskontrolle; Symbole, Begriffe.

[14.2] *Hofmann, D.:* Fehleranalyse und Fertigungskontrolle zur Erhöhung der Qualität industrieller Erzeugnisse. Wiss. Z. der Friedrich-Schiller-Universität Jena, Math.-Nat. R. 25 (1976) H. 5, S. 609–618.

[14.3] *Azizov, A. M.; Gordov, A. N.:* Točnost' izmeritel'nych preobrazovatelej (Genauigkeit von Meßwandlern). Leningrad: Izd. Energija 1975.

[14.4] *Heinze, W.:* Analyse technologischer Prozesse in der elektronischen Industrie. Berlin: VEB Verlag Technik 1974.

[14.5] *Schaafsma, A.-H.; Willemze, F. G.:* Moderne Qualitätskontrolle. 6. Aufl. Hamburg: Deutsche Philips GmbH 1970.

[14.6] *Reineck, H.; Linß, G.; Meinhard, R.:* Probleme der produktionsbegleitenden Qualitätssicherung. Feingerätetechnik 24 (1975) H. 11, S. 482–486 und 499.

[14.7] *Reineck, H.; Linß, G.:* Entscheidungstafeln für die Kontrollkartenauswahl in der Fertigungskontrolle und zur Fertigungsfehleranalyse. Wiss. Z. der Friedrich-Schiller-Universität Jena, Math.-Nat. R. 25 (1976) H. 5, S. 627–632.

[14.8] TGL RGW 293, Ausg. 3.78: Statistische Qualitätskontrolle; kontinuierliche Stichprobenpläne für die Attributprüfung.

[14.9] TGL 14452, Ausg. 2.66: Statistische Qualitätskontrolle; Stichprobenpläne für die Variablenprüfung.

[14.10] TGL 14451, Ausg. 5.69: Statistische Qualitätskontrolle; Wahrscheinlichkeitsverteilungen.

[14.11] TGL 14454, Ausg. 7.70: Statistische Qualitätskontrolle; Prüfung auf Normalverteilung.

[14.12] *Keilwerth, R.:* Zur Auswahl des richtigen AQL-Wertes. Qualität und Zuverlässigkeit 17 (1972) H. 6, S. 119–121.

[14.13] ASMW-VW 1364: Statistische Qualitätskontrolle (SQK). Einbeziehung in den betrieblichen Reproduktionsprozeß. Berlin: ASMW 1980.

[14.14] *Stange, K.:* Kontrollkarten für meßbare Merkmale. Berlin, Heidelberg, New York: Springer Verlag 1975.

[14.15] *Sarkadi, K.; Vincze, I.:* Mathematical methods of statistical quality control. Budapest: Akademiai Kiadó 1974.

[14.16] Statistische Prüfung der Arbeitsgenauigkeit von Werkzeugmaschinen. Berlin, Köln: Beuth-Vertrieb GmbH 1967.

[14.17] *Haller-Wedel, E.:* Statistische Verfahren für Arbeitsstudien und Fertigung, Prüf- und Meßtechnik. München: Carl Hanser Verlag 1973.

[14.18] *Schwarz, H.:* Stichprobenverfahren. München, Wien: R. Oldenbourg Verlag 1975.

[14.19] *Stange, K.:* Stichprobenpläne für messende Prüfung. 3. Aufl. Berlin: Beuth-Vertrieb GmbH 1974.

[14.20] ASQ-Stichprobentabellen zur Attributprüfung. Berlin, Köln: Beuth-Vertrieb GmbH 1968.

[14.21] *Schürz, O.:* Stichprobenpläne. Anleitung zur Benutzung der TGL 14450 (Attributprüfung), TGL 14452 (Variablenprüfung). Berlin: Kammer der Technik 1968.

[14.22] *Geiger, W.:* Bedeutung des AQL-Wertes des ABC – STD – 105. Qualität u. Zuverlässigkeit 18 (1973) H. 12, S. 289–293.

[14.23] Methoden zur Ermittlung geeigneter AQL-Werte. Berlin, Köln: Beuth-Vertrieb GmbH 1975.

[14.24] *Molter, H.-H.:* Prüfpläne der statistischen Qualitätskontrolle bei Berücksichtigung von Vorinformationen. Diss. Aachen: Technische Hochschule, Fak. für Maschinenwesen 1976.

[14.25] *Uhlmann, W.:* Kostenoptimale Prüfpläne. Würzburg, Wien: Physika-Verlag 1970.

[14.26] *Linß, G.:* Untersuchungen zur wissenschaftlich begründeten Ermittlung des Prüfumfangs für Attributmerkmale in der Feinbearbeitung des Gerätebaus. Diss. Jena: Friedrich-Schiller-Universität, Math.-Naturwiss.-Techn. Fakultät 1979.

[14.27] *Hofmann, D.; Linß, G.:* Ermittlung des Prüfumfangs für Attributmerkmale unter Berücksichtigung von statistischen Informationen über den Prozeßverlauf. Wiss. Z. der Friedrich-Schiller-Universität Jena, Math.-Nat. Reihe 28 (1979) H. 1, S. 67–74.

[14.28] *John, B.:* Wirtschaftliche Pläne für messende Prüfung bei Kenntnis der Qualitätszahlverteilung (A-priori-Verteilung). Diss. Aachen: Technische Hochschule, Fak. für Maschinenwesen 1964.

[14.29] *Goubeaud, F.:* Kritische Bemerkungen zur Verwendung der EDV in der Qualitätssicherung. Qualität und Zuverlässigkeit 20 (1975) H. 12, S. 275–277.

[14.30] *Keilwerth, R.:* Einsatzmöglichkeiten des Q-Rechners für Prüf- und Qualitätstechnik. Qualität und Zuverlässigkeit 22 (1977) H. 11, S. 241–244.

[14.31] *Reineck, H.; Linß, G.:* Sonderrechenstab für die Auswertung mathematisch-statistischer Prüfverfahren in Fertigungsprozessen. Wiss. Z. der Friedrich-Schiller-Universität Jena, Math.-Nat. Reihe 28 (1979) H. 1, S. 75–82.

[14.32] *Hofmann, D.* u.a.: Rechnergestützte Prüftechnik. Programmpaket INQUAMESS. Berlin: Kammer der Technik 1981.

[14.33] *Reineck, H.; Linß, G.:* Einsatz der programmierbaren Kleinstrechner K 1001 und K 1002 für die Rationalisierung der Anwendung mathematisch-statistischer Verfahren der Qualitätssicherung. Mitteilungen der Mathematischen Gesellschaft der DDR (1980) H. 2/3, S. 48–68.

[14.34] Datenverarbeitung als Hilfe der Qualitätssicherung. DGQ-Schrift 14–31. 2. Aufl. Berlin: Beuth-Verlag 1979.

[14.35] DIN 55302, Ausg. 11.70. Statistische Auswerteverfahren – Häufigkeitsverteilung. Mittelwert und Streuung.

[14.36] *Würpel, A.:* Statistische Qualitätssteuerung im Zahnradgetriebebau. Dissertation B. Magdeburg: Technische Hochschule, Sektion Technologie der mvI 1980.

[14.37] DIN 40080, Ausg. 4.79. Verfahren und Tabellen für Stichprobenprüfung anhand qualitativer Merkmale (Attributprüfung).

[14.38] DIN 55303, Entwurf 9.78. Statistische Auswertung von Daten.

[14.39] *Niefer, W.:* Fortschritte der rechnergestützten Produktionssteuerung und Qualitätssicherung. Zeitschrift für wirtschaftliche Fertigung 74 (1979) H. 8, S. 380–384.

[14.40] Qualitätsregelkarten DGQ-Schrift 16–30, 3. Aufl., Berlin: Beuth-Verlag 1979.

[14.41] *Augart, G.:* Q-Rechnereinsatz am Beispiel der Kabelfertigung. Qualität und Zuverlässigkeit 21 (1976) H. 10, S. 217–219.

[14.42] *Wilrich, P.-Th.:* Qualitätsregelkarten bei vorgegebenen Grenzwerten. Qualität und Zuverlässigkeit 24 (1979) H. 10, S. 260–271.

[14.43] MIL-STD-105 D (ABC-STD-105), Ausg. 1963: Sampling procedures and tables for inspection by attributes.

[14.44] ISO 2859, Ausg. 1974 (E): Sampling procedures and tables for inspection by attributes.

[15.1] *Lotze, W.:* Beiträge der Sektion Fertigungstechnik und Werkzeugmaschinen zur Steigerung der Produktivität und Qualität der Fertigungsprozesse im Maschinenbau. Manuskriptdruck. Dresden: INFERT 1974.

[15.2] *Kondaschewski, W. W.; Lotze, W.:* Meßsteuergeräte spanender Werkzeugmaschinen. Berlin: VEB Verlag Technik 1974.

[15.3] *Trumpold, H.:* Längenprüftechnik – Eine Einführung. Leipzig: VEB Fachbuchverlag 1980.

[15.4] *Mönch, G. C.:* Interferenzlängenmessung und Brechzahlbestimmung. Leipzig: B. G. Teubner Verlagsgesellschaft 1966.

[15.5] *Hartmann, O.:* Automatischer Interferenzkomparator zum Anschluß von Strichmaßstäben bis 2 m Länge an Wellenlängennormale. Measurement and Instrumentation, ACTA IMEKO 1973, Vol. 3. Budapest: Akademiai Kiado 1974.

[15.6] *Kühn, H.:* Stabilisierter Helium-Neon-Gaslaser. Feingerätetechnik 25 (1976) H. 6, S. 259–261.

[15.7] *Popela, B.:* Einfluß der Meßbedingungen bei Messungen mit Laser-Interferometern. Feingerätetechnik 25 (1976) H. 6, S. 256–259.

[15.8] *Petru, F.:* Eigenschaften der in der ČSSR hergestellten Einfrequenz-Laser und Laser-Interferometer. Feingerätetechnik 25 (1976) H. 6, S. 252–256.

[15.9] *Leinweber, P.:* Taschenbuch der Längenmeßtechnik. Berlin, Göttingen, Heidelberg: Springer Verlag 1954.

[15.10] *Wiemer, A.:* Pneumatische Längenmessung. 2. Aufl. Berlin: VEB Verlag Technik 1970.

[15.11] *Müller J.:* Untersuchungen zur Systematisierung des Prüfprozesses „Lehren". Ingenieurbeleg. Jena: Friedrich-Schiller-Universität, Sektion Technologie 1972.

[15.12] *Zill, H.:* Messen und Lehren im Maschinenbau und in der Feingerätetechnik. 3. Aufl. Berlin: VEB Verlag Technik 1974.

[15.13] *Hodam, F.:* Formelsammlung und Tabellenbuch der technischen Optik. Berlin: VEB Verlag Technik 1974.

[15.14] *Räntsch, K.:* Die Optik in der Feinmeßtechnik. München: Carl Hanser Verlag 1949.

[15.15] *Joza, J.:* Messen großer Längen. Berlin: VEB Verlag Technik 1969.

[15.16] *Hodam, F.:* Optik in der Längenmeßtechnik. 2. Aufl. Berlin: VEB Verlag Technik 1966.

[15.17] *Erben, A.; Höche, B.:* Die neuen Zweikoordinatenmeßgeräte ZKM 02-150 und ZKM 1-150 D des VEB Carl Zeiss JENA. Jenaer Rundschau 20 (1975) H. 2, S. 55–61.

[15.18] *Tschirner, R.; Drahokoupil, E.; Köhler, D.:* Erfahrungen beim Einsatz der neuen Zweikoordinatenmeßgeräte des VEB Carl Zeiss JENA im VEB Barkas-Werke Karl-Marx-Stadt. Jenaer Rundschau 21 (1976) H. 4, S. 197–200.

[15.19] *Lotze, W.:* Zur Entwicklung der Programmierung und Programmsysteme für die rechnergestützte Koordinatenmessung. Informationen der TU Dresden 14-32-76 (1976).

[15.20] *Lotze, W.; Hartmann, M. W.:* MAUS (2 D) Programmsystem zur Berechnung von Maß, Form und Lage punktweise gemessener ebener Werkstücke. Nutzerbeschreibung. Dresden: Technische Universität 1977.

[15.21] ZRM-12 – ein Elektronenstrahlkontroll-, meß- und -belichtungsgerät für Mikrostrukturen. Jenaer Rundschau, Messe-Sonderbeilage 1977, S. 29, 30.

[15.22] *Krause, E.; Donat H.; Uhrlau, H.:* Die neuen Dreikoordinatenmeßgeräte DKM 02-300 und DKM 1-300 D des VEB Carl Zeiss JENA. Jenaer Rundschau 21 (1976) H. 4, S. 180–186.

[15.23] *Donat, H.:* Anwendungsbeispiele für den Einsatz der Dreikoordinatenmeßgeräte DKM 02-300 und DKM 1-300 D. Jenaer Rundschau 21 (1976) H. 4, S. 187–192.

[15.24] *Nestler, M.; Fonfara H.; Hübner, G.:* Der Universalmeßstand, ein dreidimensionales automatisches Dreikoordinatenmeßgerät des VEB Carl Zeiss JENA. Jenaer Rundschau 18 (1973) H. 4, S. 211–216.

[15.25] *Vogel, P.:* Maß-, Form- und Lagemessungen mit dem Universalmeßstand DKM 1-750 DA. Jenaer Rundschau 21 (1976) H. 4, S. 193–196.

[15.26] *Lotze, W.:* Paarungslehrung für ebene und prismatische Werkstücke auf Mehrkoordinaten-Meßgeräten. Stuttgart: IPA 1977.

[15.27] Programmierhandbuch MAUS (3 D) Druckschriften-Nr.: 24-G 901/902-1. VEB Carl Zeiss JENA 1977.

[15.28] *Lehmann, R.:* Leitfaden der Längenmeßtechnik. Berlin: VEB Verlag Technik 1960.

[15.29] *Räntsch, K.:* Grundlagen der technischen Winkelmessungen. München: Carl Hanser Verlag 1952.

[15.30] Inkrementaler Geber rotatorisch IGR. Druckschriften-Nr. 67-040 b-1 des VEB Carl Zeiss JENA.

[15.31] *Deumlich, F.:* Instrumentenkunde der Vermessungstechnik. 5. Aufl. Berlin: Verlag für Bauwesen 1972.

[15.32] *Dorenwendt, K.; Grunert, H.J.:* Ein zählendes Interferometer zur Bestimmung von Winkeln. Feinwerktechnik und Meßtechnik 84 (1976) H. 7, S. 344–346.

[15.33] *Beyer, W.:* Messung ebener Winkel in der physikalisch-technischen Bundesanstalt (PTB). PTB Mitteilungen 87 (1977) H. 2, S. 106–109.

[15.34] *Markov, N.N.; Sacerdotov, P.A.:* Pogrešnosti ot temperaturnych deformacij pri linejnych izmerenijach (Fehler bei Längenmessungen durch Temperatureinfluß). Moskau: Izd. Mašinostroenie 1976.

[15.35] *Zejtlin, Ja.M.; Grečuchina, G.B.:* Analiz uslovij vypolnenija linejnych i uglovych izmerenij (Analyse der Bedingungen zur Durchführung von Längen- und Winkelmessungen). Izmeritel'naja technika 37 (1976) H.1, S.46–47.

[15.36] *Lotze, W.:* Zum Einfluß der Korrelation zufälliger Fehler bei geometrischen Messungen. Informationen der TU Dresden 14-26-76 (1976).

[15.37] *Lotze, W.; Hartmann, M.W.:* Nutzerbeschreibungen von Programmen zur rechnergestützten Koordinatenmeßtechnik. Weiterbildungslehrgang Rechnergestützte Koordinatenmeßtechnik. Dresden: Technische Universität 1978.

[15.38] *Dietzsch, M.:* Wirtschaftlicher Einsatz von Mehrkoordinaten Meßgeräten. Mainz: Krausskopf Verlag 1978.

[15.39] *Graham, A.R.:* An introduction to engineering measurements. Englewood Cliffs, N.J.: Prentice Hall 1975.

[15.40] *Hume, K.J.:* Engineering metrology. London: Macdonald 1970.

[15.41] *Moore, W.R.:* Foundations of mechanical accuracy. Connecticut, Bridgeport: Moore Special Tool Corp. 1970.

[15.42] *Thomas, G.G.:* Engineering metrology. London: Butterworth 1974.

[15.43] Technik der elektro-optischen Tachymetrie. 12 Vorträge zum Oberkochener Geo-Instrumentenkursus 1972. Karlsruhe: Wichmann 1973.

[15.44] *Pfeifer, T.:* Neuere Meßverfahren zur Beurteilung der Arbeitsgenauigkeit von Werkzeugmaschinen. Diss. Aachen: Technische Hochschule, Fak. für Maschineningenieurwesen 1972.

[15.45] *Norberg, R.:* On the development and application of the computer controlled measuring machine IRIS. Stockholm: Kungliga Tekniska Högskolan 1976.

[15.46] *Davidson:* Handbook of precision engineering. London: Macmillan 1974.

[15.47] *Farago, F.T.:* Handbook of dimensional measurement. New York: Industrial Press 1968.

[15.48] *Maier, U.:* Genauigkeitsuntersuchungen zur elektro-optischen Messung langer Strecken. Diss. Karlsruhe: Technische Hochschule, Fak. für Bauingwesen 1977.

[15.49] *Opitz, H.; Schüßler, H.H.; Lerenbach, T.:* Untersuchungen über die Genauigkeit von Wegmeßsystemen und Verfahren zur Messung der Gradlinigkeit von Schlittenbewegungen. Opladen: Westdeutscher Verlag 1973.

[15.50] *Walcher, H.:* Digitale Lagemeßtechnik: Technik der digitalen Messung von Winkeln und Wegen. Düsseldorf: VDI-Verlag 1974.

[15.51] *Bressel, E.:* Untersuchung eines Verfahrens zur Korrektur geometrischer Fehler in der Längenmeßtechnik und seine Anwendung bei der Messung von Maß-, Form- und Lageabweichungen. Diss. Dresden: Technische Universität 1975.

[15.52] *Debler, E.:* Winkelmessungen mit Laser-Interferometern, Mehrfachreflexionen und Dreirosetten-Meßverfahren. Braunschweig: PTB 1975.

[15.53] *Schreuer, E.:* Meßmaschinen für Längenmessung. 2. Aufl. Braunschweig: PTB 1973.

[15.54] *Kajner, G.B.:* Izmerenije linejnych razmerov vysokotočnych detailej (Messung linearer Abmessungen hochgenauer Teile). Moskau: Izd. Mašinostroenie 1975.

[15.55] *Zemskov, G.G.; Saveljev, V.A.:* Sredstva izmerenija linejnych razmerov s ispolsovaniem optičeskich kvantovych generatorov (Geräte zur Längenmessung mit optischen Quantengeneratoren). Moskau: Izd. Mašinostroenie 1977.

[15.56] *Kramer, H.; Bonfig, K.W.:* Praxis der Längenmeßtechnik. Bad Wörishofen: Holzmann Verlag 1977.

[15.57] *Koutny, G.; Kulke, W.; Steudel, R.:* Längenprüftechnik. Berlin: Kammer der Technik 1978.

[15.58] 5. PTB Seminar Längenmeßtechnik. Braunschweig: PTB 1978.

[15.59] *Gluchich, V.M.; Dobrynin, B.N.:* Sredstva mechanizacii statističeskogo kontrolja razmerov (Mechanisierung der statistischen Kontrolle von Abmessungen). Moskau: Izd. Mašinostroenie 1977.

[15.60] *Golueke, H.:* Ein Beitrag zur meßtechnischen Ermittlung und analytischen Beschreibung systematischer Anteile der Arbeitsunsicherheit von Fertigungseinrichtungen. Diss. Aachen: Technische Hochschule, Fak. für Maschineningenieurwesen 1976.

[15.61] *Lang, H.:* Längenmessungen an bewegten Teilen mit berührungslos wirkenden Aufnehmern. Mainz: Krausskopf Verlag 1978.

[15.62] *Naumann, M.:* Meß- und Prüftechnik. Braunschweig: Friedr. Vieweg u. Sohn GmbH 1974.

[16.1] *Padelt, E.:* Menschen messen Zeit und Raum. Berlin: VEB Verlag Technik 1971.

[16.2] *Ersfeld, K.:* Zeitmessung. Ingenieurarbeit. Jena: Friedrich-Schiller-Universität, Sektion Technologie 1972.

[16.3] *Recknagel, A.:* Physik. Mechanik. 11. Aufl. Berlin: VEB Verlag Technik 1977.
[16.4] *Vieweg, R.:* Ephemeridenzeit und Atomzeit. Abhandlungen der Mathematisch-Naturwissenschaftlichen Klasse, Jahrgang 1965, H. 11. Wiesbaden: Verlag der Akademie der Wissenschaften und der Literatur in Mainz in Kommission bei Franz Steiner Verlag GmbH.
[16.5] *Lindner, H.:* Grundriß der Atom- und Kernphysik, 5. Aufl. Leipzig: VEB Fachbuchverlag 1963.
[16.6] *Aßmus, F.:* Technische Laufwerke einschließlich Uhren. Berlin, Göttingen, Heidelberg: Springer Verlag 1958.
[16.7] *Schmidt, F.; Jendritzki, H.; Brauns, W.:* Lehrbuch für das Uhrmacherhandwerk. 4.-6. Aufl. Halle (Saale): Verlag von Wilhelm Knapp 1951.
[16.8] *Krug, G.:* Elektrische Uhren. 3. Aufl. Berlin: VEB Verlag Technik 1975.
[16.9] *Špoljanskij, V. A.:* Chronometrija (Chronometrie). Moskau: Izd. Mašinostroenie 1974.
[16.10] *Padelt, E.:* Zeit, Begriffe und Zeitskalen. Uhren und Schmuck 10 (1973) H. 5, S. 130–131.
[16.11] *Milton, J. B.:* Standard time and frequency its generation, control, and dissemination by the National Bureau of Standards. Washington: U.S. Department of Commerce 1974.
[16.12] *Barnes, J. A.; Winkler, G. M. R.:* The standards of time and frequency in the USA. Washington: U.S. Department of Commerce 1974.
[17.1] TGL-Taschenbuch Werkstoffprüfung. Leipzig: VEB Deutscher Verlag für Grundstoffindustrie 1976.
[17.2] *Förster, H.:* Einheiten, Größen, Gleichungen und ihre praktische Anwendung. 3. Aufl. Leipzig: VEB Fachbuchverlag 1976.
[17.3] *Padelt, E.; Damm, H.:* Mengen- und Strömungsmessung mit mechanischen und elektrotechnischen Hilfsmitteln, Teil 1. Wägetechnik. Leipzig: Akadem. Verlagsges. Geest & Portig K.-G. 1970.
[17.4] *Padelt, E.; Damm, H.:* Wägetechnik in der Automatisierung. Berlin: VEB Verlag Technik 1972.
[17.5] *Finger, H.:* Elektrische Wägetechnik. RA 23. Berlin: VEB Verlag Technik 1964.
[17.6] *Kulakow, M. W.:* Geräte und Verfahren der Betriebsmeßtechnik. Berlin: VEB Verlag Technik 1969.
[17.7] Taschenbuch Maschinenbau, Bd. 1. Grundlagen. 4. Aufl. Berlin: VEB Verlag Technik 1977.
[17.8] *Karpin, E. B.:* Wägemaschinen. Leipzig: VEB Fachbuchverlag 1960.
[17.9] *Hart, H.:* Radioaktive Isotope in der Betriebsmeßtechnik. 2. Aufl. Berlin: VEB Verlag Technik 1962.
[17.10] *Rohrbach, C.:* Handbuch für elektrisches Messen mechanischer Größen. Düsseldorf: VDI-Verlag GmbH 1967.
[17.11] *Erler, W.; Walter, L.:* Elektrisches Messen nichtelektrischer Größen mit Halbleiterwiderständen. 2. Aufl. Berlin: VEB Verlag Technik 1973.
[17.12] *Potma, T.:* Dehnungsmeßstreifen – Meßtechnik. Hamburg: Deutsche Philips GmbH 1968.
[17.13] *Baumann, E.:* Elektrische Kraftmeßtechnik. Berlin: VEB Verlag Technik 1976.
[17.14] *Hofmann, W.; Gatzmanga, H.:* Einführung in die Betriebsmeßtechnik. 4. Aufl. Berlin: VEB Verlag Technik 1979.
[17.15] Messung von Kraft und Masse. VDI-Berichte 312 Düsseldorf: VDI-Verlag 1978.
[17.16] *Profos, P.:* Handbuch der industriellen Meßtechnik. 2. Aufl. Essen: Vulkan Verlag 1978.
[18.1] *Beckers, J. H.:* Elektrisches Messen mechanischer Größen – eine Übersicht. Technisches Messen atm 43 (1976) H. 7/8, S. 209–216.
[18.2] *Lunze, K.:* Einführung in die Elektrotechnik. 5. Aufl. Berlin: VEB Verlag Technik 1975.
[18.3] *Philippow, E.:* Grundlagen der Elektrotechnik. 3. Aufl. Leipzig: Akadem. Verlagsges. Geest & Portig K.-G. 1970.
[18.4] *Fremke, A. W.:* Električeskije izmerenija (Elektrische Meßtechnik). 4. Aufl. Leningrad: Izd. Energija 1973.
[18.5] *Pflier, P. M.:* Elektrische Meßgeräte und Meßverfahren. 3. Aufl. Berlin, Göttingen, Heidelberg: Springer Verlag 1965.
[18.6] *Stöckl, H.; Winterling, K. H.:* Elektrische Meßtechnik. 4. Aufl. Stuttgart: B. G. Teubner Verlag 1968.
[18.7] Taschenbuch Elektrotechnik. Band 1. Grundlagen. Hrsg. von *E. Philippow*. 3. Aufl. Berlin: VEB Verlag Technik 1972.
[18.8] *Ostrovskij, L. A.:* Elektrische Meßtechnik, Grundlagen einer allgemeinen Theorie. 2. Aufl. Berlin: VEB Verlag Technik 1974.
[18.9] *Ornatskij, P. P.:* Teoretičeskie osnovy informacionno-izmeritel'noj techniki (Theoretische Grundlagen der Meßinformationstechnik). Kiew: Vysča Škola 1976.
[18.10] *Davis, B.:* Electrical measurements and instrumentation. Boston: Allyn and Bacon 1963.
[18.11] *Gregory, B. A.:* Electrical instrumentation; an introduction. London: Mac Millan 1973.
[18.12] *Preobraženski, A. A.:* Analogovye elektroizmeritel'nye pribory (Analoge Meßgeräte). Moskau: Izd. Vysšaja Škola 1979.

[18.13] *Arnolds, F.:* Elektronische Meßtechnik. Stuttgart: Verlag Berliner Union, Verlag W. Kohlhammer 1976.

[18.14] *Herrick, C.N.:* Instruments and measurements for electronics. New York, Toronto, London: McGraw-Hill Book Comp. 1972.

[18.15] *Felderhoff, R.:* Elektrische Meßtechnik. München: Carl Hanser Verlag 1976.

[18.16] *Nuehrmann, D.:* Wie messe ich richtig. Meßtechnik und Meßfehler in der Elektronik. München: Franzis Verlag 1975.

[18.17] *Schuster, D.H.:* Die Grundlagen elektronischer Meßgeräte. München, Wien: R. Oldenbourg Verlag 1973.

[18.18] *Bartak, W.H.:* Elektrische Meßgeräte und ihre Anwendung in der Praxis. München: Pflaum Verlag 1973.

[18.19] *Pfueller, S.:* Halbleitermeßtechnik. Berlin: VEB Verlag Technik 1976.

[18.20] *Felderhoff, R.:* Elektrische Meßtechnik. München: Carl Hanser Verlag 1976.

[18.21] *Lenk, J.D.:* Handbook of electronic test equipment. Englewood Cliffs, N.J.: Prentice Hall 1971.

[18.22] *Wieder, H.H.:* Laboratory notes on electrical and galvanometric measurements. Amsterdam: Elsevier 1979.

[18.23] Oszilloskop-System Modell 1980 A/B, Technische Daten, 15. Sept. 1980. Schlieren-Zürich: Hewlett-Packard (Schweiz) AG 1980.

[18.24] Elektronische Meßgeräte und Meßsysteme 80/81. Katalog: München: Rohde u. Schwarz GmbH u. Co. KG 1980.

[18.25] Elektrische Meßgeräte. Geräte für Forschung, Entwicklung, Ausbildung und Service. Katalog MP 51. München: Siemens AG 1981.

[18.26] Tektronix 1981. Katalog, Beaverton, Oregon Tektronix, Inc. 1980.

[18.27] Fluke Catalog 1980/81. Mountlake Terrace, WA: Fluke International Corp. 1980.

[18.28] Linear Testsystem LTS 2000. Technische Beschreibung. München: Analog Devices GmbH 1981.

[18.29] SPS – das modulare Siemens-Prüfsystem zur Prüfung analoger, digitaler und hybrider Funktionen. Firmenschrift. München: Siemens AG 1980.

[18.30] The Automatic Test Equipment. Risks and Returns. Seminar. Maidenhead, Berkshire Gen. Limited 1980.

[18.31] LTX MTS 77 Modular Test System. Newton Highlands Mass. LTX Corporation 1980.

[19.1] *Hofmann, D.:* Temperaturmessungen und Temperaturregelungen mit Berührungsthermometern. Berlin: VEB Verlag Technik 1977.

[19.2] *Engel, F.:* Temperaturmessungen mit Strahlungspyrometern. RA 157. Berlin: VEB Verlag Technik 1974.

[19.3] *Lieneweg, F.:* Handbuch Technische Temperaturmessung. Braunschweig: Verlag F. Vieweg und Sohn 1976.

[19.4] *Hofmann, D.:* Dynamische Temperaturmessung. Berlin: VEB Verlag Technik 1976.

[19.5] *Henning, F.; Moser, H.:* Temperaturmessung. Leipzig: Johann Ambrosius Barth 1977.

[19.6] *Weichert, L. u.a.:* Temperaturmessung in der Technik – Grundlagen und Praxis. Kontakt + Studium, Bd. 9. Grafenau: Lexika-Verlag 1976.

[19.7] *Hunsinger, W.:* Temperaturmessung. In: Handbuch der Physik, Bd. XXIII. Hrsg. von *S. Flügge*. Berlin, Heidelberg, New-York: Springer Verlag 1967.

[19.8] *Thomas, W.:* Die internationale praktische Temperaturskale als Approximation der thermodynamischen Temperaturskale. VDI-Berichte 198: Technische Temperaturmessung. Düsseldorf: VDI-Verlag GmbH 1973.

[19.9] *Seifert, O.:* Die Internationale Praktische Temperaturskale von 1968 (IPTS-68) – ihre Bedeutung für die Temperaturmeßtechnik. In: *Maas, H.:* Bericht über Temperatur '73. Feingerätetechnik 23 (1974) H. 3, S. 133.

[19.10] *Maas, H.:* Bericht über Temperatur '73. Feingerätetechnik 23 (1974) H. 3, S. 133–137.

[19.11] *Svet, D. Ja.:* Ob'ektivnye metody vysokotemperaturnoj pirometrie pri nepreryvnom spektre izlučenija (Objektive Methoden der Strahlungspyrometrie bei kontinuierlichem Strahlungsspektrum). Moskau: Izd. Nauka 1968.

[19.12] *Ruffino, G.:* Grundlagen und Grenzen der Strahlungspyrometrie. VDI-Berichte Nr. 198: Technische Temperaturmessung. Düsseldorf: VDI-Verlag GmbH 1973.

[19.13] *Mester, U.:* Industrielle Strahlungspyrometer – Ausführungsformen und Einsatzmöglichkeiten. VDI-Berichte Nr. 198: Technische Temperaturmessung. Düsseldorf: VDI-Verlag GmbH 1973.

[19.14] *Kruse, P.W.; McGlauchlin, L.D.; McQuistan, R.B.:* Elements of Infrared Technology. New York, London: John Wiley & Sons, Inc. 1963.

[19.15] *Hackforth, H.L.:* Infrared Radiation. New York, London: McGraw-Hill Book Comp. Inc. 1960.

[19.16] *Bley, H.; Goldmann, A.:* Elektronische Meßfühler, Bd. 2. Stuttgart: Franckh'sche Verlagshandlung 1963.

[19.17] *Landolt-Börnstein:* Zahlenwerte und Funktionen, Bd. IV. Technik, Teil 4a. Wärmetechnische Meßverfahren. Berlin, Heidelberg, New York: Springer Verlag 1967.

[19.18] TGL 0-43710, Ausg. 9.63: Elektrische Temperaturmeßgeräte, Thermospannungen und Werkstoffe der Thermopaare.

[19.19] *Hofmann, D.:* Strahlungsaufnehmer und Meßgeräte zur berührungslosen Temperaturmessung. messen – steuern – regeln 17 ap (1974) H. 11, S. 250–253 und H. 12, S. 286–288.

[19.20] *Kortum, H.; Müller, J.E.:* Thermische Kurzzeit-Detektoren. Feingerätetechnik 21 (1972) H. 4, S. 166–168.

[19.21] *Müller, J.E.:* Herstellung und Eigenschaften thermischer Infrarot-Strahlungsaufnehmer. messen – steuern – regeln 17 ap (1974) H. 11, S. 257–260.

[19.22] *Stahl, K.:* Infrarot-Detektoren. Optik 27 (1968) H. 1, S. 11–30.

[19.23] *Becker, H.:* Ultrarot-Thermometrie. VDI-Zeitschrift 112 (1970) H. 1, S. 7–13.

[19.24] *Kremenčugskij, L.S.:* Sovremennye teplovye priemniki izlučenija i vozmožnosti ich primenenija (Moderne thermische Strahlungsaufnehmer und Möglichkeiten ihrer Anwendung). PTE (1970) H. 3, S. 12–31.

[19.25] *Putley, E.H.:* Solid state devices for infra-red detection. J. Sci. Instrum. 43 (1966) H. 10, S. 857 bis 868.

[19.26] *Görlich, P.:* Photoeffekte, Bd. I bis III. Leipzig: Akadem. Verlagsges. Geest & Portig K.-G. 1962/66.

[19.27] *Shapiro, Ph.:* Infrared detector chart outlines materials and characteristics. Electronics 42 (1969) H. 2, S. 91.

[19.28] *Goldbach, M.:* Strahlungsempfänger, insbesondere Halbleiterempfänger. Feingerätetechnik 20 (1971) H. 3, S. 114–116.

[19.29] Semiconducteurs et Microelectronique. Guide de L'Ingenieur 1971/72. Paris: R.T.C. La Radiotechnique-Compelec 1971.

[19.30] *Westhoff, G.:* Grundlagen und Praxis der Temperaturmessung und Temperaturregelung. Essen: Vulkan Verlag Dr. W. Classen 1965.

[19.31] *Papernyj, E.A.; Ejdel'stejn, I.L.:* Pogrešnosti kontaktnych metodov izmerenija temperatur (Fehler bei der Berührungstemperaturmessung). Moskau, Leningrad: Izd. Energija 1966.

[19.32] VDE/VDI 3511: Technische Temperaturmessungen. Düsseldorf: VDI-Verlag GmbH 1967.

[19.33] *Vanvor, H.:* Stand und Entwicklungstendenzen der Temperaturmessung mit Thermoelementen. VDI-Berichte Nr. 198: Technische Temperaturmessung. Düsseldorf: VDI-Verlag GmbH 1973.

[19.34] *Obrowski, W.; Scholz, J.:* Stand und Entwicklungstendenzen der Temperaturmessung mit Widerstandsthermometern. VDI-Berichte Nr. 198: Technische Temperaturmessung. Düsseldorf: VDI-Verlag GmbH 1973.

[19.35] *Hofmann, D.:* Über den Aussagewert einer Thermometerzeitkonstante für die BMSR-Technik. Technische Information GRW 9 (1971) H. 3, S. 1–11.

[19.36] *Gordov, A.N.; Malikov, Ja.V.; Ergardt, N.N.; Jaryšev, N.A.:* Točnost' kontaktnych metodov izmerenija temperatury (Genauigkeit der Berührungstemperaturmessung). Moskau: Izd. Standartov 1976.

[19.37] *Benedict, R.P.:* Fundamentals of temperature, pressure and flow measurements. New York, London: John Wiley and Sons Inc. 1969.

[19.38] *Plumb, H.H.:* Temperature – its measurement and control in science and industry. Pittsburgh: ISA 1972.

[19.39] *Abramovič, B.G.; Kartavzev, V.F.:* Zwetovye indikatory temperatury (Temperaturmeßfarben). Moskau: Izd. Energija 1978.

[19.40] *Kulakov, M.V.; Makarov, B.I.:* Izmerenie temperatury poverchnosti tverdych tel (Oberflächentemperaturmessung an Festkörpern). Moskau: Izd. Energija 1979.

[19.41] *Krasnoščekov, E.A.; Sukomel, A.S.:* Problems in heat transfer. Moscow: Mir Publ. 1977.

[19.42] *Preobraženskij, V.P.:* Teplotechničeskie izmerenija i pribory (Wärmetechnische Messungen und Geräte). 3. Aufl. Moskau: Izd. Energija 1978.

[19.43] *Stoeckle, H.:* Elektronische Thermometer; Temperaturmessungen von $-100\,°C$ bis $+1300\,°C$. Stuttgart: Frank'sche Verlagshandlung 1971.

[19.44] *Ladyženskij, M.M.; Mongajit, E.M.:* Ustrojstvo dlja distancionnogo mnogotočečnogo kontrolja temperatury (Gerät zur Mehrstellenfernmessung von Temperaturen). Leningrad: LDNTP 1974.

[19.45] *Sachse, H.B.:* Semiconducting temperature sensors and their applications. New York, London: John Wiley and Sons Inc. 1975.

[19.46] *Hamilton, C.A.; Day, G.W.; Phelan, R.J.:* An electrically calibrated pyroelectric radiometer system. Washington: US. Dep. of Commerce, NBS 1976.

[19.47] *Vlajčič, T.:* Ein instationäres Verfahren zur Bestimmung der Temperatur- und Wärmeleitfähigkeit von festen Stoffen. Diss. Aachen: Technische Hochschule 1976.

[19.48] *Warnke, K.:* Anwendung des Heißdrahtverfahrens zur Messung der Wärmeleitfähigkeit und Temperaturleitfähigkeit an festen Stoffen, Schüttungen und Flüssigkeiten. Diss. Aachen: Technische Hochschule 1976.

[19.49] *Schmitt, H.:* Holografische Untersuchungen zur Wärmeübertragung durch natürliche Konvektion am kritischen Punkt von Kohlendioxid bei kleinen Temperaturdifferenzen. Diss. Darmstadt: Technische Hochschule 1976.

[19.50] *Billing, B.F.; Quinn, T.J.:* Temperature measurement: invited and contributed papers. London, Bristol: Institute of Physics 1975.

[19.51] *Leyers, H.J.:* Beiträge zu dem Temperaturmeßfehler von Temperaturfühlern infolge Wärmeleitung zwischen dem Temperaturfühler und dem zu messenden Objekt. Jülich: Zentralbibl. der Kernforschungsanlage 1974.

[19.52] *Azimov, R.K.:* Izmeritel'nye preobrazovateli s teplovymi raspredelennymi parametrami (Meßwandler mit thermischen verteilten Parametern). Moskau: Izd. Energija 1977.

[19.53] *Braasch, K.:* Funktionsfehlererkennbarkeit bei eichfähigen Elektrothermometern. Braunschweig: PTB 1976.

[19.54] *Korotkov, P.A.; London, G.E.:* Dinamičeskie kontaktnye izmerenija teplovych veličin (Dynamische Messung von thermischen Größen mit Berührungsthermometern). Leningrad: Izd. Mašinostroenie 1974.

[19.55] *Wagner, A.:* Nichtstationäre Methode zur Bestimmung der Wärmeleitfähigkeit, Temperaturleitfähigkeit und der spezifischen Wärmekapazität nichtmetallischer Baustoffe. Diss. Berlin: Technische Universität 1976.

[19.56] *Preobraženskij, V.P.:* Teplotechničeskie izmerenija i pribory. (Wärmetechnische Messungen und Geräte). 3. Aufl. Moskau: Izd. Energija 1978.

[19.57] *Kuznecov, N.D.:* Sbornik zadač i voprosov po teplotechničeskim izmerenijam i priboram (Handbuch wärmetechnischer Messungen und Geräte). Moskau: Izd. Energija 1978.

[19.58] Handbuch Technische Temperaturmessung. Braunschweig: PTB 1978.

[19.59] *Bliek, L.:* Temperaturmessung in der Medizin mit geeichten Meßgeräten. PTB-Mitteilungen 88 (1978) H.5, S.332–335.

[19.60] *Blanke, W.; Thomas, W.:* Darstellung der Internationalen Praktischen Temperaturskala von 1968 unterhalb von 273 K in der Physikalisch-Technischen Bundesanstalt. PTB-Mitteilungen 89 (1979) H.2, S.90–95.

[20.1] *Helbig, E.:* Grundlagen der Lichtmeßtechnik. 2. Aufl. Leipzig: Akadem. Verlagsges. Geest & Portig K.-G. 1977.

[20.2] *Völz, H.:* Anwendung magnetischer Materialien für die Speicherung von Bildern. J. Signal AM 3 (1975) H.4, S.257–287.

[20.3] *Wöckel, R.:* Messung optischer Größen. Diplomarbeit. Jena: Friedrich-Schiller-Universität, Sektion Technologie 1973.

[20.4] *Rieck, I.:* Kleines Lehrbuch der Elektrotechnik, Bd.6. Lichttechnik. Braunschweig: Verlag Vieweg u. Sohn 1966.

[20.5] *Keitz, H.A.E.:* Lichtberechnungen und Lichtmessungen. Eindhoven: Philips Technische Bibliothek 1967.

[20.6] *Reeb, O.:* Grundlagen der Photometrie. Karlsruhe: Braun-Verlag 1962.

[20.7] Taschenbuch Feingerätetechnik. Hrsg. von *H.-J. Fischer, A. Ignatius, A. Jensch* und *E. Padelt.* 2. Aufl. Berlin: VEB Verlag Technik 1971/72.

[20.8] *De Boer, I.B.:* Ein Leuchtdichtemesser für Straßenbeleuchtung. Lichttechnik 7 (1955), S.307 bis 309.

[20.9] *Schreuder, D.A.:* Ein Leuchtdichtemesser im Taschenformat. Lichttechnik 15 (1963), S.456–457.

[20.10] *Bauer, C.:* Neuer Leuchtdichtemesser. Lichttechnik 14 (1962), S.505–509.

[20.11] *Berger, K.; Fischer, U.:* Ein physikalischer Leuchtdichtemesser. Lichttechnik 20 (1968), S.37A bis 38A.

[20.12] *Maron, E.:* Applications of holography and optical data processing. Oxford: Pergamon Press 1976.

[20.13] *Vanzetti, R.:* Practical applications of IR-technique. New York, London: John Wiley and Sons Inc. 1972.

[20.14] *Salamandra, G.D.:* Fotografičeskie metody issledovanija bystroprotekajuščich processov (Fotografische Methoden zur Untersuchung schnellveränderlicher Prozesse). Moskau: Izd. Nauka 1974.

[20.15] *Ackermann, G.; Hermann, W.:* Lichtelektrische Photometrie im nahen Infrarot. Heidelberg-Königstuhl: Landessternwarte 1967.

[20.16] *Steiner, B.:* The present state of radiometry and photometry: optical radiation measurements. Washington: US Department of Commerce 1974.

[20.17] *Kingslake, R.:* Applied optics and optical engineering. New York: Academic Press 1967.

[20.18] *Levi, L.:* Applied optics. A guide to optical system design. New York, London: John Wiley and Sons Inc. 1968.

[20.19] *Harrison, N.J.:* Electro-optics handbook. 2. Aufl. New York: DCA Commercial Engineering 1974.

[20.20] *Uhlenbruck, H.:* Meßgrößen und Fehler der quantitativen Bildanalyse: Definition und quantitative Beschreibung. Jülich: Kernforschungsanlage 1977.

[21.1] *Ankel, Th.; Pavlik, E.:* Regelungstechnik am Wendepunkt. Regelungstechnik 27 (1979) H. 1, S. 3–11.

[21.2] *Töpfer, H.:* Wechselwirkungen zwischen Theorie, Gerätetechnik und Anlagenprojektierung. Regelungstechnik 27 (1979) H. 1, S. 12–18.

[21.3] *Hofmann, D.; Tarbejev, Ju.:* Theoretical, physical and metrological problems of further development of measurement techniques and instrumentation in science and technology. In: Measurement for Progress in Science and Technology, ACTA IMEKO 1979. Budapest: Akademiai Kiadó 1980.

[21.4] *Fuchs, H.:* Anwendung der Mikroelektronik in der Automatisierungstechnik. impuls 18 (1978) H. 3, S. 97–101.

[21.5] *Gutjahr, W.:* Die Messung psychischer Eigenschaften. Berlin: VEB Dt. Verlag der Wissenschaften 1971.

[21.6] *Wehrmann, W.:* Korrelationsmeßtechnik, ein neuer Zweig der Betriebsmeßtechnik. Grafenau/Württ.: Lexika Verlag 1977.

[21.7] *Finkelstein, L.:* Instrument science. Introductory article. Journal of Physics E, Scientific Instruments 10 (1977) S. 566–572.

[21.8] *Mesch, F.:* Systemtheorie in der Meßtechnik – eine Übersicht. Technisches Messen atm (1976) H. 4, S. 105–112.

[21.9] *Kavalerov, G.I.; Mandelstam, S.M.:* Vvedenie v informacionnuja teorijy izmerenii (Einführung in die Meßinformationstheorie). Moskau: Izd. Energija 1974.

[21.10] *Efimov, A.N.:* Informacija: Cennost' starenie, rassejanie (Information: Wert, Alterung, Streuung). Moskau: Izd. znanie 1978.

[21.11] *Cvetkov, E.I.:* Osnovy teorii statističeskich izmerenii (Grundlagen der Theorie statistischer Messungen). Leningrad: Izd. Energija 1979.

[21.12] *Halmos, P.R.:* Measure theory. New York, Heidelberg, Berlin: Springer Verlag 1974.

[21.13] *Pfanzagl, J.; Baumann, V.; Huber, H.:* Theory of measurement. 2. Aufl. Würzburg, Wien: Physica Verlag 1971.

[21.14] *Finkelstein, L.:* The relation between the formal theory of measurement and pattern recognition; Practical Measurement for Improving Efficiency. ACTA IMEKO 1976. Budapest: Akademiai Kiadó 1977.

[21.15] *Morita, Y.; Kobayashi, A.; Iida, H.; Ishigami, M.:* Of classification and industrial measurement. In: Practical Measurement for Improving Efficiency. ACTA IMEKO VII. Preprint Vol. 3, 1976.

[21.16] *Stachov, A.P.:* Vvedenie v algoritmičeskuju teoriju izmerenija. Moskau: Izd. Sovetskoe Radio 1977.

[21.17] *Bosman, D.:* Instrument science. Systematic design of instrumentation systems. Journal of Physics E., Scientific Instruments 11 (1978) S. 97–105.

[21.18] *Balzer, D.:* Einsatz der Prozeßrechen- und Mikroprozeßrechentechnik zur Steuerung verfahrenstechnischer Systeme. messen – steuern – regeln 22 (1979) H. 6, S. 320–326.

[21.19] *Hofmann, D.:* Bedeutung der Theorienbildung für die Weiterentwicklung der Meßtechnik. messen – steuern – regeln 22 (1979) H. 5, S. 243–245.

[21.20] *Kraiss, K.-F.:* Mensch–Rechner-Kooperation in Lenk- und Leitsystemen. Regelungstechnik 27 (1979) H. 1, S. 32–33.

Sachwörterverzeichnis

GPSR Compliance

The European Union's (EU) General Product Safety Regulation (GPSR) is a set of rules that requires consumer products to be safe and our obligations to ensure this.

If you have any concerns about our products, you can contact us on ProductSafety@springernature.com

In case Publisher is established outside the EU, the EU authorized representative is:

Springer Nature Customer Service Center GmbH
Europaplatz 3
69115 Heidelberg, Germany

Batch number: 08567184

Printed by Printforce, the Netherlands